Die Unternehmensberatung

Dirk Lippold

Die Unternehmensberatung

Von der strategischen Konzeption
zur praktischen Umsetzung

2., aktualisierte und erweiterte Auflage

 Springer Gabler

Dirk Lippold
Berlin, Deutschland

ISBN 978-3-658-09332-7   ISBN 978-3-658-09333-4 (eBook)
DOI 10.1007/978-3-658-09333-4

Die Deutsche Nationalbibliothek verzeichnet diese Publikation in der Deutschen Nationalbibliografie; detaillierte
bibliografische Daten sind im Internet über http://dnb.d-nb.de abrufbar.

Springer Gabler
© Springer Fachmedien Wiesbaden 2013, 2016

Gedruckt auf säurefreiem und chlorfrei gebleichtem Papier

Springer Gabler ist Teil der Fachverlagsgruppe Springer Science+Business Media.
www.springer-gabler.de

If you can do it, teach it.

If you can teach it, write about it.

Geleitwort

Ein vielleicht überraschendes Beispiel zum Einstieg: Wie kaum ein anderes Unternehmen hat sich IBM in den letzten 50 Jahren grundlegend gewandelt – vom Hersteller von Schreibmaschinen und Großrechnern über den Anbieter von Systemen der mittleren Datentechnik und PCs bis zum Beratungsunternehmen. Zum Beratungsunternehmen? Ja, IBM ist in der Tat die weltweit größte Unternehmensberatung – wenn auch nicht unbedingt eine typische Unternehmensberatung. Doch was sind eigentlich *typische* Unternehmensberatungen, und wie haben sie sich über die Jahre entwickelt? Und vor allem: Was sind erfolgreiche Unternehmensberatungen? Wie sehen ihre Geschäftsmodelle aus? Wie sind sie organisiert? Was ist ihr Nutzen? Welche Marketing-Philosophie und welche Personalpolitik verfolgen sie? Kurzum: Was sind die Erfolgsfaktoren moderner Beratungsunternehmen?

Dirk Lippold liefert praxiserprobte Antworten auf diese und andere Fragen vor dem Hintergrund der komplexen Tätigkeitsfelder moderner Unternehmensberatungen. Der besondere Nutzen ist die ständige, themenbezogene Verknüpfung von Theorie und Praxis. „Die Unternehmensberatung" ist aber kein Werk zum „Runterlesen", sondern vielmehr ein praxisorientierter Leitfaden, der als Grundlage – ja fast als Nachschlagewerk – für die verschiedenen Facetten des Beratungsgeschäfts dient. Jedes der sechs Kapitel orientiert sich an den sechs Erfolgsfaktoren im Beratungsgeschäft und bietet dem Strategen, dem Key-Account-Manager, dem Marketer, dem Personalmanager, dem Projektleiter oder dem Studierenden eine eindrucksvolle Grundlage für die weitere Arbeit. So ist beispielsweise das 4. Kapitel ein nahezu vollständiges Glossar aller wichtigen Management- beziehungsweise Beratungsansätze. Insgesamt liegt hier ein Praxishandbuch vor, das ich mit voller Überzeugung als Grundlagenwerk für unsere Beratungsbranche bezeichnen möchte. Dies erfährt auch deshalb eine ganz besondere Bedeutung, weil die Profession der Unternehmensberater in Deutschland bekanntlich kein Berufsrecht und damit keine vorgeschriebenen Ausbildungswege kennt.

Besonders erfreut bin ich darüber, dass dieses Grundlagenwerk von einem Autor vorgelegt wird, mit dem ich über 25 Jahre intensiv zusammengearbeitet habe. Seiner besondere Fähigkeit, einzelfallbezogene Aspekte und Phänomene zu typologisieren und auf eine allgemeine Grundlage zu stellen, verdanken wir den hier gewählten Ansatz. Mit dieser induktiven Vorgehensweise gibt er unserer Profession einen Rahmen, in dem neben dem Beratungstyp *Strategieberatung*, dem ja ohnehin bislang die meiste (theoretische) Beachtung geschenkt wird, nun auch eine gleichwertige Auseinandersetzung mit dem umsatzstärkeren Beratungstyp *IT-Beratung* erfolgen kann.

Ich wünsche allen interessierten Lesern viel Freude beim Gewinnen neuer Erkenntnisse über eine Branche, die über Jahrzehnte so vielfältig, aufregend, spannend, lehrreich und erfolgreich wie kaum ein anderer Wirtschaftszweig war und mit Bestimmtheit auch in Zukunft bleiben wird.

Antonio Schnieder
Präsident des Bundesverbandes Deutscher Unternehmensberater BDU e.V.

Vorwort zur 2. Auflage

Seit der ersten Auflage sind erst zwei Jahre vergangen. Ganz offensichtlich hat sowohl die praktische als auch die theoretische Auseinandersetzung mit dem Phänomen „Unternehmens-beratung" in dieser umfassenden Form einen erfreulichen Zuspruch gefunden. Aufgrund der besonderen Dynamik der Beratungsdisziplin wurde die zweite Auflage in vielen Erfolgsfakto-ren überarbeitet, aktualisiert und insbesondere im Bereich der IT-orientierten Beratung deut-lich erweitert.

Die bewährte Struktur, die sich an den wesentlichen, funktional ausgerichteten Erfolgsfakto-ren des Beratungsgeschäfts orientiert, ist geblieben. Somit ist jedes Kapitel in sich abge-schlossen und kann quasi als „Buch im Buch" betrachtet werden. Auf diese Weise ist es mög-lich, das Grundlagenwerk einerseits nicht nur zur Unterstützung, sondern als Fundament einer „Consulting-Lehre" und andererseits als Handbuch und Glossar für viele Fragen und Pro-blemstellungen in der täglichen Beratungspraxis zu verwenden.

Die schrittweise Verbesserung dieser Auflage verdanke ich nicht zuletzt der kritischen Lektü-re von Kollegen und Studierenden.

Mein besonderer Dank gilt Frau EVA-MARIA FÜRST, die das Projekt verlagsseitig gefördert und vertrauensvoll betreut hat.

Berlin, im August 2015

Vorwort zur 1. Auflage

Knapp 100.000 Berater sind es, die in Deutschland einen Umsatz (2012) von gut 22 Milliarden Euro erzielen. Doch nicht nur zahlenmäßig ist die Zunft der Unternehmensberater ein bedeutender Wirtschaftsfaktor. Ihr Einfluss strahlt in alle Branchen aus. Sie wächst schneller als das Sozialprodukt. Sie zählt zu den begehrtesten Einstiegsbranchen für junge Hochschulabsolventen. An mehr als 30 deutschen Hochschulen werden inzwischen Bachelor- und Masterstudiengänge für Consulting angeboten.

Gleichzeitig sind aber auch die Anforderungen an die Qualität der Beratungsprojekte und an den messbaren Erfolg von Beratungsleistungen gestiegen. Besonders die größeren Kundenunternehmen haben die Beschaffung von Beratungsleistungen professionalisiert und orientieren sich mehr und mehr an objektiven Auswahlkriterien. Auch die Institutionalisierung des Inhouse Consulting in diesen Unternehmen hat den Wettbewerbsdruck auf die Beratungshäuser weiter erhöht. Diese Situation erfordert von den Beratungsanbietern, dass sie sich ebenfalls stärker professionalisieren. Hierzu zählt die Entwicklung von Gestaltungskonzepten für die strategische Ausrichtung ebenso wie die Professionalisierung von Marketing und Vertrieb, von Personalrekruting, -einsatz und -bindung, von Controlling und Organisation sowie die qualitätsorientierte Leistungserstellung, kurzum: die Beherrschung der **Erfolgsfaktoren des Beratungsgeschäfts**.

Da sowohl die theoretische als auch die praktische Auseinandersetzung mit diesen Themen vergleichsweise jung, wenig fortgeschritten und nahezu ausschließlich auf die Aspekte der Strategie- und Organisationsberatung beschränkt ist [vgl. NISSEN 2007, S. 9], soll die vorliegende Ausarbeitung die Lücke schließen und einen entsprechenden Beitrag zur Wettbewerbsfähigkeit der Beratungsbranche insgesamt leisten. Die strikte Orientierung an den o. g. Erfolgsfaktoren kennzeichnet daher die Struktur dieser Abhandlung.

Ein besonderes Augenmerk gilt der IT-orientierten Beratung, deren geschätzter Anteil am Gesamtumsatz der Unternehmensberatungen mehr als 65 Prozent beträgt und bislang wenig thematisiert worden ist. Dabei steht aber nicht so sehr die theoretische Fundierung der Beratungsleistung im Vordergrund, sondern mehr der praxisorientierte Leitfaden, der sich sowohl an Studierende mit Beratungsaffinität (Was erwartet mich in einem Beratungsunternehmen und was erwartet es von mir?) als auch an den Berater mit Blick über den Tellerrand wendet (Wie machen es die Anderen?). Wertvolle Impulse soll der „Leitfaden mit theoretischem Hintergrund" insbesondere für all jene liefern, die im Beratungsgeschäft Verantwortung tragen.

Eine zusätzliche Motivation ist schließlich der glückliche Umstand, dass zu zwei der fünf Erfolgsfaktoren einer Unternehmensberatung ein spezifischer Ansatz mit hohem Nutzenpotential vorgestellt werden kann: für den Erfolgsfaktor *Marketing/Vertrieb* die **Marketing-Gleichung** und für den Erfolgsfaktor *Personal* die **Personalmarketing-Gleichung**.

Ich möchte mich bei all jenen Kollegen, Mitarbeitern und Studierenden bedanken, die mich zur „Niederschrift" dieser Gedanken und Erkenntnisse rund um die Unternehmensberatung motiviert haben. Ein ganz besonderer Dank gilt meiner Frau Petra, die mir den entsprechenden Freiraum dazu eingeräumt hat.

Berlin, im Juli 2013

Inhaltsübersicht

Inhaltsverzeichnis

1. Grundlagen und Nutzen der Unternehmensberatung

1. Grundlagen und Nutzen der Unternehmensberatung

Es muss gute Gründe dafür geben, dass der Beratungsmarkt immer noch deutlich schneller wächst als die Wirtschaft und dass Konzerne dazu übergegangen sind, eigene interne Unternehmensberatungsgruppen aufzubauen. Was macht die Faszination des Beratungsgeschäfts aus? Was spricht für den Einsatz von Unternehmensberatern? Welchen Nutzen, welchen Mehrwert bieten Beratungsleistungen? Warum drängen so viele Hochschulabsolventen in dieses Tätigkeitsfeld? Aber: Warum wird der Unternehmensberatung gleichzeitig mit so viel Skepsis begegnet?

Das 1. Kapitel versucht, Antworten auf diese Fragen zu finden, in dem es sie in einen Gesamtzusammenhang mit folgenden Aspekten stellt:

➢ Aussagen über die Erfolgsfaktoren der Unternehmensberatung

➢ Aussagen über die verschiedenen Perspektiven und Dimensionen der Unternehmensberatung

➢ Aussagen über Beratungsfunktionen, Beraterrollen und Anforderungen der Kundenunternehmen an die Beratungstätigkeit

➢ Aussagen über Entwicklung und Struktur des deutschen und des internationalen Beratungsmarktes

➢ Aussagen über die Abgrenzung zu Bereichen wie Softwareerstellung, Wirtschaftsprüfung, Steuerberatung und Outsourcing

➢ Aussagen über Inhouse Consulting und das Verhältnis zur externen Beratung

➢ Aussagen über Ethik und Berufsbild des Unternehmensberaters.

1.1 Begriffliche und sachlich-systematische Grundlegung

1.1.1 Motivation

Nur wenige Professionen haben es so hautnah mit den aktuellen Herausforderungen von Wirtschaft und Gesellschaft zu tun wie die der Unternehmensberater. Nur wenige Professionals wissen über Trends in Management, Technologie und Organisation ähnlich gut Bescheid wie Berater. Diese gehören einer Branche an, die sich wie kaum eine andere dynamisch bewegt und täglich vor neue Herausforderungen gestellt wird. Sie, die dieses Business betreiben, erleben hautnah mit, wie sich Unternehmen, ganze Branchen und Märkte in kurzer Zeit bewegen und verändern. Die Begleitung des Wandels (engl. *Change*) ist das tägliche Brot des Beraters. Für die Kunden ist dies eine hochprofessionelle Dienstleistung, über die man kurzfristig nicht verfügt und sie deshalb vorübergehend ins Unternehmen holt. Mit der Nachfrage nach externer Lösungskompetenz für strategische und operative Fragen ist zugleich auch das unternehmerische Konzept arbeitsteiliger Spezialisierung verbunden. Eine solche Arbeitsteilung funktioniert immer dann, wenn Neutralität, Objektivität und Unabhängigkeit sowie Kompetenz, analytische Brillanz und innovative Kreativität zu den Vorgaben eines jeden Beraters zählen. Dank solcher hohen Standards, verbunden mit den entsprechenden Arbeitsergebnissen, konnte sich die Beratungsbranche in den letzten dreißig Jahren zu einer der attraktivsten Industrien entwickeln, die um ein Vielfaches schneller wächst als die Wirtschaft insgesamt [vgl. BERGER 2004, S. 1].

Attraktiv – aber nicht nur für Stake- und Shareholder, sondern auch für Hochschulabsolventen: Die Beratungsbranche hat sich in sehr kurzer Zeit zum attraktivsten Arbeitgeber für High Potentials entwickelt. Nach einer TRENDENZ-Studie aus dem Jahre 2006 ist sie die meist genannte Wunschbranche der BWL-Hochschulabsolventen. Nahezu jeder zweite BWL-Studierende sieht in der Unternehmensberatung den idealen Karriereeinstieg. Eine Abwechslungsreiche, herausfordernde Tätigkeit, gutes Arbeitsklima, selbstständiges Arbeiten, hervorragende Weiterbildungsmöglichkeiten und gute Bezahlung werden mit dem Berufsbild des Beraters in Verbindung gebracht (siehe Abbildung 1-01).

Für den Hochschulabsolventen ist dieser Berufseinstieg ideal, weil er eine streng praxisorientierte Grundausbildung erhält und sich prinzipiell nicht gleich zu Beginn seines Berufslebens auf eine Branche oder auf einen Funktionsbereich festlegen muss. Die beraterische Grundausbildung erhält der Berufsanfänger in größeren Beratungsunternehmen schwerpunktmäßig durch *Training-off-the-job-Maßnahmen*, d. h. durch spezielle, nicht fakturierbare Aus- und Fortbildungsmaßnahmen, die teilweise in eigenen Trainingszentren oder Hochschulen („Corporate Universities") durchgeführt werden. In kleineren Beratungsunternehmen erfolgt diese Grundausbildung zum Berater dagegen regelmäßig im Rahmen von *Training-on-the-job-Maßnahmen*.

Den offensichtlichen Vorzügen dieser Profession stehen außerordentlich hohe Anforderungen an Mobilität und Flexibilität gegenüber. Besonders im Fokus steht dabei eine Work-Life-Balance, die die Berater in den allermeisten Beratungsunternehmen vor hohe Herausforderungen stellt. [vgl. LIPPOLD 2010b, S. 1 f.].

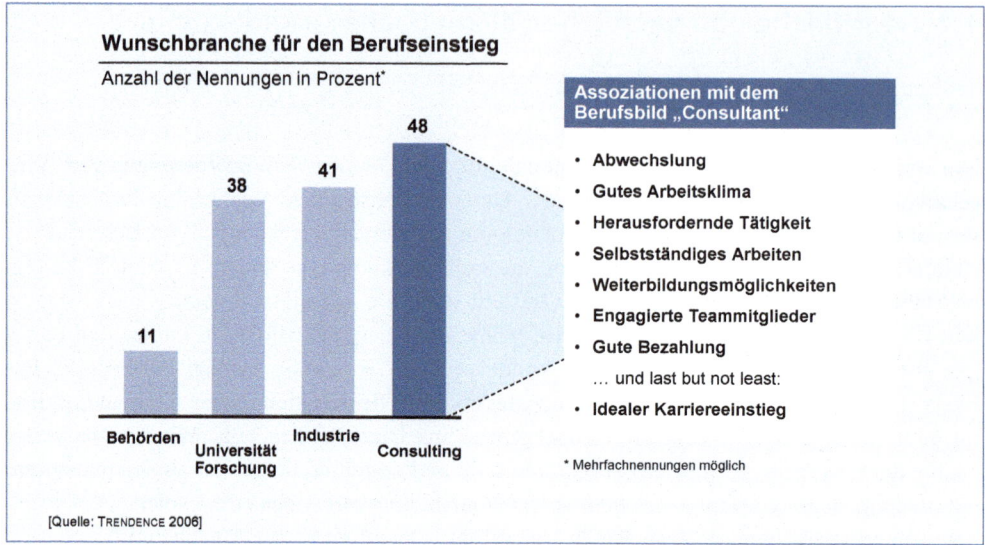

Abb. 1-01:   Wunschbranche für den Berufseinstieg von BWL-Studierenden

So ist es auch wenig verwunderlich, dass zwar auf dem Level des Beratungseinstiegs (Junior Berater) und vor allem in den Backoffices ein signifikanter Anteil weiblicher Arbeitskräfte zu finden ist, in den späteren Führungspositionen der Unternehmensberatungen aber kaum noch weibliche Manager vertreten sind. Das heißt, lediglich vier von 100 Top-Managern (Partner bzw. Vice President) sind weiblich.

Der in Abbildung 1-02 dargestellte Anteil von Frauen im Consulting hat sich mit Blick auf die letzten Jahre und auf die unterschiedlichen Hierarchiestufen – auch angesichts der Diskussion um die Frauenquote – nicht gravierend verändert.

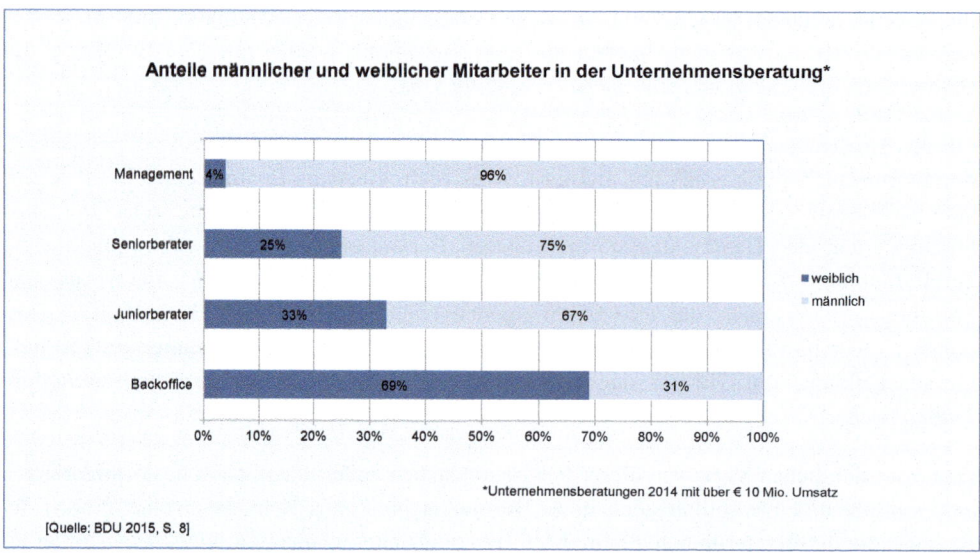

Abb. 1-02:   Anteile männlicher und weiblicher Mitarbeiter in der Beratung 2014

Doch nicht nur für Hochschulabsolventen, sondern auch für berufserfahrene Ingenieure und Naturwissenschaftler, die mit einem MBA ihre Karriere beschleunigen wollen, ist die Consultingbranche ausgesprochen attraktiv. Nach einer Umfrage des STAUFENBIEL-Instituts peilen mehr als 70 Prozent aller MBA-Absolventen in Europa einen Job im Consulting an. Damit ist der Beratungsbereich die beliebteste Einstiegsbranche für MBA-Absolventen (siehe Abbildung 1-03).

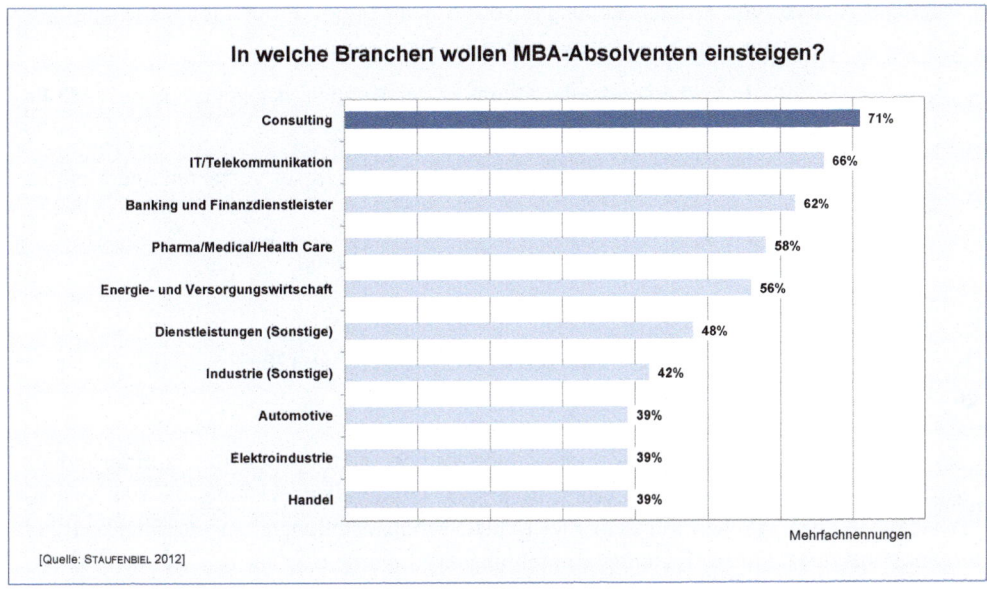

Abb. 1-03: Einstiegsbranchen der MBA-Absolventen in Europa

1.1.2 Begriffliche Abgrenzungen

Ebenso wie das Wesen des *Marketings* im Grunde nichts anderes als *Differenzierung* ist, so ist das Wesen des *Consultings* im Kern nichts anderes als *Change*, also Veränderung, oder noch deutlicher: *Verbesserung* (engl. *Improvement*). Schließlich wird die Beratungsleistung zumeist dann in Anspruch genommen, wenn es sich um die externe Begleitung betrieblicher Veränderungen handelt, die zu einer Verbesserung der Unternehmenssituation führen soll.

In diesem Sinne auch die Definition von PETER BLOCK: *„Eine Beratung ist nichts anderes als der Versuch, eine Situation zu verändern oder zu verbessern, wobei jedoch der Berater keinen direkten Einfluss darauf hat, inwieweit seine Veränderungsvorschläge in die Tat umgesetzt werden. Bewirkt man direkte Veränderungen, ist man Manager, nicht Berater (...)"* [BLOCK 2000, S. 11].

Demnach lässt sich knapp formulieren: **Consulting ist die externe Unterstützung zur erfolgreichen Bewältigung des Wandels.** Aufgrund der nahezu unendlich vielen Facetten der Tätigkeiten einer Unternehmensberatung ist es fast unmöglich, eine umfassende Definition dieser Dienstleistung vorzunehmen. Dennoch lassen sich einige Eckpunkte (als konstitutive Merkmale) zur definitorischen Eingrenzung festhalten:

- **Art der Tätigkeit:** überwiegend entgeltliche, individuelle und höherwertige professionelle Dienstleistung;

- **Durchführende(r) der Tätigkeit:** eine oder mehrere (qualifizierte) Person(en);

- **Adressat der Tätigkeit:** Unternehmen/Organisationen;

- **Inhalt der Tätigkeit:** in Abhängigkeit des Kundenwunsches die Identifikation, Definition und Analyse von Problemstellungen sowie unabhängige Empfehlung, Planung, Erarbeitung, Umsetzung und Kontrolle von Problemlösungen;

- **Ziel der Tätigkeit:** Verbesserung der Fähigkeit des Kunden, das zugrunde liegende Problem zu lösen;

- **Gegenstand der Tätigkeit:** Strategien, Organisation, Prozesse, Verfahren und Methoden des Kundenunternehmens;

- **Dauer der Tätigkeit:** zeitliche Befristung der Dienstleistung;

- **Voraussetzung der Tätigkeit:** Expertise und Erfahrung.

Daraus lässt sich in Anlehnung an FINK [2009a, S. 3] und NISSEN [2007, S. 3] der **Begriff der Unternehmensberatung** wie folgt fassen:

Unternehmensberatung ist eine eigenverantwortlich, zeitlich befristet, auftragsindividuell und zumeist gegen Entgelt erbrachte professionelle Dienstleistung, die sich an Unternehmen/Organisationen mit dem Ziel richtet, Problemstellungen zu identifizieren und zu analysieren und/oder Handlungsempfehlungen zu erarbeiten, um den Kunden bei der Planung, Erarbeitung und Umsetzung von Problemlösungen zu unterstützen bzw. dessen Fähigkeiten zur Bewältigung des zugrunde liegenden Problems zu verbessern.

Dieser Definition liegt sowohl ein transitives als auch ein reflexives Beratungsverständnis zugrunde. Mit dem *transitiven* Beratungsverständnis ist die Erteilung eines Ratschlags verbunden, d. h. der Berater hilft seinem Kunden mit fachlichem Rat und Sachverstand aus einer Problemsituation. Konstitutiv für das transitive Beratungsverständnis ist die *Informationsasymmetrie*, also das ungleich verteilte Wissen zwischen den an einem Beratungsprozess beteiligten Personen. Das *reflexive* Beratungsverständnis unterstreicht die partnerschaftliche Interaktionsbeziehung zwischen den beteiligten Personen und zielt auf die Förderung und Wiederherstellungskompetenz des Kunden, ohne diesem die eigentliche Problemlösung abzunehmen [vgl. JESCHKE 2004, S. 13 f.].

Formal ist die Beratung von Unternehmen bzw. Organisationen eine professionelle Dienstleistung. Der **Dienstleistungsbegriff** dient im Wesentlichen zur Abgrenzung von Sachleistungen (Produkten).

Inhaltlich hat das Tätigkeitsfeld des Consultings viele Aspekte. Es reicht im Kern von der klassischen Managementberatung über die Prozess- und IT-Beratung bis hin zum Outsourcing. Diese **Kerngebiete** sind auch Gegenstand der hier vorliegenden Abhandlung.

Schließlich soll noch auf die im angelsächsischen Raum gebräuchliche Bezeichnung **Professional Service Firms** hingewiesen werden. Professional Service Firms, die zunehmend als eigenständige Gruppe innerhalb der Dienstleistungsunternehmen wahrgenommen werden, erbringen professionelle Dienstleistungen (engl. *Professional Services*) wie beispielsweise die Unternehmensberatung „ … *also Dienstleistungen, die in hohem Maße auf individuelle Kundenbedürfnisse zugeschnitten sind und in meist enger Zusammenarbeit mit dem Kunden unter Einbringung ausgeprägten Fachwissens und Erfahrung hochqualifizierter Mitarbeiter erbracht werden"* [MÜLLER-STEWENS et al. 1999, S. 23]. Demnach sind Beratungsunternehmen eine Teilmenge der Professional Service Firms, zu denen auch Wirtschaftsprüfungs- und Steuerberatungsgesellschaften, Anwaltskanzleien oder Investmentbanken gehören.

Fragt man nach den verschiedenen **Anbietergruppen** von Beratung, so ist es grundsätzlich unerheblich, ob diese Kerndienstleistungen von Einzelberatern oder von Beratungsunternehmen mit 500 und mehr Mitarbeitern angeboten werden. Auch spielt es keine Rolle, ob diese Beratungsleistungen zum Randportfolio von Finanzdienstleistungsunternehmen, von Wirtschaftsprüfungsgesellschaften oder von branchenfremden Großunternehmen zählen. Ebenfalls unerheblich ist es, ob diese Dienstleistung als Inhouse Consulting, von Hochschullehrern bzw. Wissenschaftlern oder von studentischen Beratungsgruppen erbracht werden [zu den Berührungspunkten von Wissenschaft und Beratung siehe insbesondere DEELMANN 2007, S. 45].

Fragt man weiterhin nach den verschiedenen **Ausrichtungen** der Beratungsleistungen, so kann der Berater als *Generalist* oder als *Spezialist* auftreten. Als Spezialist ist wiederum eine sektorale (branchenbezogene), eine funktionale oder eine thematische Ausrichtung möglich. Weitere denkbare Gegensatzpaare bei der Leistungserbringung sind die Methoden- vs. Produktorientierung, die Projektdurchführung in gemischten oder in autonomen Teams und die Auftragsdurchführung in Form der konkreten Umsetzung (Realisierung) oder lediglich als Realisierungsbegleitung.

Hinsichtlich der **Größenordnung** und **Internationalität** von Beratungsunternehmen lässt sich feststellen, dass Auftragsvolumen, Laufzeit und Umfang von Projekten besonders in Verbindung mit der Informations- und Kommunikationstechnik eine Dimension erreicht haben, die das klassische Problemlösungsgeschäft weit hinter sich lassen. So sind gerade im Bereich der Informationsverarbeitung und Systemintegration, in dem der Kunde (z. T. länderübergreifende) Komplettlösungen erwartet, Projekte in zweistelliger Millionenhöhe keine Seltenheit mehr. Solche Projekte können nur von (IT-) Beratungsgesellschaften gestemmt werden, die auch über entsprechende personelle und international ausgerichtete Ressourcen verfügen. Insofern reicht die organisatorische Größenordnung auf der Angebotsseite des Beratungsgeschäfts vom Einzelberater bis zum global aufgestellten Beratungsunternehmen mit deutlich mehr als 100.000 Mitarbeitern.

Auf der Grundlage dieser Verständigung über die verschiedenen Anbietergruppen und Ausrichtungen von Beratungsleistungen werden die Begriffe *Unternehmensberatung*, *Beratung* und *Consulting* weitgehend synonym behandelt. Zum **Kernberatungsgebiet** gehören nach unserem Verständnis die

- Strategie- und Managementberatung,
- Organisations- und Prozessberatung,
- IT- und Technologieberatung,

- individuelle Softwareentwicklung,
- IT-Systemintegration und das
- IT-Outsourcing.

An das Kernberatungsgebiet angrenzende Bereiche wie Steuerberatung, Wirtschaftsprüfung, Personalberatung, Rechtsberatung, Engineering-Beratung, Standardsoftwareerstellung und -vermarktung u. a. werden zwar immer wieder gestreift, zählen aber nicht unbedingt zum Betrachtungsschwerpunkt, der – wenn man denn eine Schwerpunktsetzung vornimmt – eher bei **größeren Management- und IT-Beratungsunternehmen** liegt. Daher werden die *Strategieberatung* und die *IT-Beratung* auch immer wieder als polarisierende und beispielgebende Beratungsfelder (Beratungstypen) herangezogen.

1.1.3 Erfolgsfaktoren der Unternehmensberatung

Die bisherige Betrachtung zeigt das Consulting als faszinierende Branche mit Wachstumsambitionen, die den Wandel begleitet, manchmal sogar initiiert und damit die Hand am Puls der Zeit hat. Insbesondere für Einsteiger sind diese Aussichten äußerst attraktiv, zumal die Eintrittsbarrieren in manchen Beratungssegmenten schon deshalb relativ niedrig sind, weil es keine gesetzliche Reglementierung des Berufsstands gibt. Auf der anderen Seite ist das Consulting eine äußerst wettbewerbsintensive Branche, deren Segmente immer umkämpfter geworden sind. Klassische Unternehmensberater konkurrieren heute mit Investmentbankern, Programmierbüros, Werbe- und PR-Agenturen, Ingenieurbüros, studentischen Beratungsgruppen und Lehrstühlen von Universitäten. So einfach jedoch der Markteintritt sein mag, behaupten wird sich langfristig nur, wer sich durch Wettbewerbsvorteile auszeichnen kann [vgl. BERGER 2004, S. 10].

Erfolgsfaktoren im Wettbewerb sollten vier Eigenschaften erfüllen [vgl. BARNEY 1991, S. 105 f.] :

- Sie sind für das Unternehmen wertvoll, da sie einen positiven Einfluss auf Umsatz und Gewinn haben.
- Sie sind unter gegenwärtigen und künftigen Wettbewerbern selten.
- Sie sind schwer nachzuahmen.
- Sie sind nicht oder kaum zu ersetzen.

Diese vier Eigenschaften werden in der Literatur auch als **VRIO-Eigenschaften** (engl. V = *valuable*, R = *rare*, I = *inimitable*, 0 = *organizationally oriented*) bezeichnet.

Im Wesentlichen sind es *fünf* Bereiche, in denen sich Erfolgsfaktoren im Wettbewerb um das Beratungsgeschäft generieren bzw. begründen lassen:

- Unternehmenskonzept
- Marketing und Vertrieb
- Qualität und Professionalität der Leistungserbringung
- Personaleinsatz und -management
- Controlling und Organisation.

Die fünf Bereiche bestimmen zugleich auch Struktur und Gliederung dieses Lehrbuches.

(1) Unternehmenskonzept

Der Erfolg eines Beratungsunternehmens steht und fällt mit seiner grundsätzlichen Unternehmenskonzeption, d. h. mit seinem Geschäftsmodell. Auf folgende Fragen sollte eine Antwort gefunden werden: In welchen Marktsegmenten soll das Beratungsunternehmen welche Leistungen anbieten? Wer sind die Zielgruppen und Zielpersonen? Welche Spielregeln (Preisniveau, Wettbewerbsintensität, Kapitalbedarf) herrschen in diesen Segmenten? Welches sind die wesentlichen Einflussfaktoren und Trends, die zu berücksichtigen sind? Welche Ziele sollen kurz-, mittel- und langfristig verfolgt werden? Welche Alleinstellungsmerkmale zeichnet das Unternehmen aus? Eine detaillierte Einführung in diesen Fragenkomplex, der die Grundlagen für alle weiteren internen und externen Aktivitäten legt, wird im *2. Kapitel* vorgenommen.

(2) Marketing und Vertrieb

Wie kann aus dem Leistungsangebot des Beratungsunternehmens ein Wettbewerbsvorteil generiert werden, der auch vom Markt bzw. den (potentiellen) Kunden honoriert wird? Dies ist die kritische Frage, die über Erfolg oder Misserfolg der Geschäftstätigkeit entscheidet. Daher sind alle Aktivitäten zur Segmentierung des Marktes, zur Positionierung, Kommunikation, Vertrieb und Akquisition des Leistungsportfolios von erfolgskritischer Bedeutung für das Beratungsgeschäft. Größere Beratungsgesellschaften haben überdies erkannt, dass das Leistungsprofil durch erfolgreiche Branding-Aktivitäten noch einen zusätzlichen Nutzen erfahren kann, da eine hervorragend eingeführte Marke ein weiteres Differenzierungsmerkmal ist und für eine bestimmte Leistungsqualität steht.

Der Erfolgsfaktor „Marketing und Vertrieb" mit seinen verschiedenen Aktionsfeldern und Aktionsparametern ist Gegenstand der ausführlichen Darstellung im *3. Kapitel*.

(3) Qualität und Professionalität der Leistungserbringung

Qualität und Professionalität in der Beratung zeichnet sich im ersten Schritt dadurch aus, dass man nur solche Aufträge annimmt, die man auch erfüllen kann. Wettbewerbsrelevante Voraussetzung für eine anerkannte Leistungsqualität sind tiefgehende Branchen- und Methodenkenntnisse. Nicht nur größere, international agierende Beratungsunternehmen müssen in der Lage sein, inhaltliche und methodische Kompetenz in homogener Qualität zu erbringen. Jeder „gelernte" Berater verfügt heute über ein Baukasten von Beratungswerkzeugen (engl. *Toolset*), der es ihm ermöglicht, Problemlösungen im Sinne des Kunden zu erarbeiten. Professionelle Beratung zeichnet sich darüber hinaus durch weitgehende Objektivität und Neutralität aus. Ein wesentlicher Aspekt jeder Beratung ist Vertrauen – Vertrauen in die Verschwiegenheit und Vertrauen in die sorgfältige Erfüllung eines Auftrags. Ethische Fragestellungen sind daher von zentraler Bedeutung für die Consulting-Branche [vgl. BERGER 2004, S. 12].

Produkte und Prozesse der Leistungserbringung (engl. *Delivery*) sowie das methodische Rüstzeug des Beraters sind Inhalt des *4. Kapitels*.

(4) Personaleinsatz und -management

Neben den Kundenbeziehungen sind die Mitarbeiter mit ihren Fähigkeiten, ihrem Wissen und ihrer Motivation das eigentliche Kapital von Beratungsgesellschaften. Der oft geäußerte Anspruch, dass der Berater „besser" als der Kundenmitarbeiter sein sollte, kann nur dann erfüllt werden, wenn die besten Mitarbeiter rekrutiert werden. Dieses Kapital der hervorragend ausgebildeten Mitarbeiter gilt es durch abwechslungsreiche und spannende Projekte zu *pflegen* und durch die permanente Einstellung von Top-Talenten zu *mehren*. Nur so kann die notwendige Zirkulation von Ideen gewährleistet, neues Wissen ans Unternehmen gebunden und der interne Wettbewerb um Spitzenleistungen sichergestellt werden. Flexibilität und hohe Geschwindigkeit bei der Personalgewinnung und -bindung sowie beim Personaleinsatz zählen zu den wichtigsten Fähigkeiten, die ein Unternehmen aufweisen muss [vgl. BERGER 2004, S. 13].

Im *5. Kapitel* werden alle wichtigen Aktionsfelder und -parameter für die Personalbeschaffung und die Personalbetreuung aufgezeigt und entsprechende Maßnahmen diskutiert.

(5) Controlling und Organisation

Infrastrukturelle Einrichtungen wie Controlling und Organisation zählen unter dem Aspekt der Wertschöpfung nach PORTER zwar nicht zu den Primäraktivitäten eines Unternehmens, dennoch haben sie für die Unternehmensberatung einen signifikanten Stellenwert. Da sich Beratungsleistungen – im Gegensatz zu Produkten – nicht beliebig vervielfältigen lassen, kommt der Ressource „Zeit" und der damit verbundenen Überlegung, dass man im Beratungsgeschäft einen Personentag immer nur einmal (und nicht mehrfach) verkaufen kann, eine besondere Bedeutung zu. Das heutige Beratungsgeschäft, in dem klassische Formen der Beratung immer mehr von größeren Projekten verdrängt werden, ist ohne moderne Controlling-Instrumente gar nicht denkbar. Die erfolgreiche Umsetzung solcher Projekte erfordert eine angemessene Projektorganisation. Überhaupt zeichnen sich Beratungsunternehmen durch eine hohe Flexibilität und Mobilität aus, die durch entsprechende organisatorische Vorkehrungen erleichtert werden können [vgl. STOLORZ 2005, S. 12].

Im *6. Kapitel* werden die besonderen Aspekte des Controllings und der Organisation von Unternehmensberatungen behandelt.

Grundsätzlich ist dieses Lehrbuch durch ein empirisch-induktives Vorgehen gekennzeichnet. Ausgehend von praktisch feststellbaren Sachverhalten und durch Rückgriff auf Theorien und Konzepte wird versucht, Gestaltungsoptionen in Form von praktisch-normativen Aussagen für die Unternehmensberatungspraxis aufzuzeigen. Auf der Grundlage einer systematischen Analyse der historischen Entwicklung, der aktuellen Situation und identifizierter Entwicklungstendenzen der Beratungsbranche greift die vorliegende Arbeit unternehmensrelevante Problemstellungen vorwiegend in den erfolgskritischen Bereichen Unternehmensführung, Marketing und Vertrieb, Leistungserstellung, Personal, Controlling und Organisation auf, um diese anhand vorliegender Konzepte und Erfahrungen zu diskutieren und Lösungsansätze vorzustellen [vgl. auch JESCHKE 2004, S. 5].

1.2 Perspektiven und Dimensionen der Beratung

Heute sind es rund 15.400 Beratungsunternehmen in Deutschland mit insgesamt 125.000 Beschäftigten, die einen Jahresumsatz von über 25 Mrd. Euro erzielen [Quelle: BDU 215, S. 5]. Damit stellt die Branche einen Wirtschaftszweig dar, dessen Bedeutung nicht hoch genug eingeschätzt werden kann, weil er durch seine Tätigkeit in praktisch alle anderen Branchen ausstrahlt. Umso mehr überrascht es, *„dass die intensive wissenschaftliche Auseinandersetzung mit den Besonderheiten dieser Disziplin vergleichsweise jung und wenig fortgeschritten ist"* [Nissen 2007, S. 9].

Hinzu kommt, dass sich die (wenigen) wissenschaftlichen Veröffentlichungen zur Unternehmensberatung nahezu ausschließlich mit den Aspekten der Strategie- und Organisationsberatung befassen. Der IT- und Technologieberatung – immerhin der umsatzstärkste Bereich im Consulting Business – wird in der wissenschaftlichen Auseinandersetzung kaum oder gar keine Beachtung geschenkt. Auch beeinflusst die Beratungspraxis derzeit mehr die *Lehre* als die *Forschung* in der Unternehmensberatung. So sind zwischenzeitlich – nachdem Consulting als wissenschaftliche (Teil-)Disziplin anerkannt wurde – deutlich mehr als 30 Consulting-Studiengänge im Master- und Bachelorbereich in ganz Deutschland eingerichtet worden. Und auch die klassischen Universitätslehrstühle bieten heutzutage eine Vielzahl von Consulting-Lehrveranstaltungen in Form von Vorlesungen, Übungen und Seminare an, in dem sie sich dem Thema *Consulting* von angrenzenden Funktions- und Themenbereichen wie Unternehmensführung, Marketing, Controlling, Human Resources oder Supply Chain Management aus nähern.

Nicht nur die neu eingerichteten Consulting-Studiengänge benötigen eine stärkere theoretische Fundierung, auch die Beratungspraxis kann durch eine kontinuierliche, wissenschaftliche Begleitung fundamentale Fehlannahmen (wie z. B. die strikte Unabhängigkeit oder Neutralität der Berater) oder Lücken der praktischen Unternehmensberatung korrigieren bzw. vermeiden. Das vorliegende Lehrbuch hat allerdings nicht die Ambition, diese Lücke zu schließen. Es ist keine forschungsorientierte Literatur. Im Gegenteil, es handelt sich um eine „Leitfadenliteratur" mit dem Anspruch, Theorie und Praxis zu verbinden.

Um die zentralen Wesensmerkmale der Unternehmensberatung zu „clustern", ist es erforderlich, die verschiedenen **Perspektiven**, die die unterschiedlichen Aspekte des Consultings strukturiert zusammenfassen, herauszuarbeiten. Unter *Perspektiven* sind die (z.T. auch theoretischen) Sichtweisen auf den Untersuchungsgegenstand *Unternehmensberatung* zu verstehen. Sie sollen einen möglichst strukturierten Einblick in die verschiedenen **Dimensionen** der Profession *Unternehmensberatung* liefern. Unterschieden werden folgende Perspektiven [siehe auch HESSELER 2011, S. 22 ff.]:

- Dienstleistungsperspektive
- Institutionelle Perspektive
- Funktionale Perspektive
- Systembezogene Perspektive
- Prozessbezogene Perspektive
- Instrumentell-methodische Perspektive
- Theoretische Perspektive.

1.2.1 Dienstleistungsperspektive

Es besteht allgemeiner Konsens darüber, dass Beratungsleistungen im Rahmen eines interaktiven, problemlösungsbezogenen und auftragsindividuellen Beratungsprozesses von qualifizierten Personen unter Einbeziehung der Mitarbeiter des Kundenunternehmens erbracht werden [vgl. JESCHKE 2004, S. 18].

Beratungsleistungen sind demnach professionelle Dienstleitungen (engl. *Professional Services*) und damit **People Business**. Da auch die IT-(Beratungs-)Dienstleistungen zum Untersuchungsgegenstand gehören, drängt sich die Frage auf, wie sich Dienstleistungen von Produkten (besonders) im IT-Umfeld abgrenzen.

Dienstleistungen werden häufig anhand der folgenden drei Merkmale gekennzeichnet [vgl. stellvertretend MEFFERT/BRUHN 1995, S. 23 ff.]:

- **Potenzialorientierung**, d. h. die Dienstleistung besteht aus der Vermarktung von Leistungsversprechen (im Sinne von Fähigkeit und Bereitschaft zur Erbringung einer Dienstleistung);

- **Prozessorientierung**, d. h. der Leistungserstellungsprozess ist gekennzeichnet durch die Integration von internen und externen Produktionsfaktoren sowie durch die Synchronisation von Erbringung und Inanspruchnahme einer Tätigkeit;

- **Ergebnisorientierung**, d. h. das Leistungsergebnis ist immateriell und intangibel.

Die **Abgrenzung zwischen Dienstleistungen und Sachleistungen** auf dieser Grundlage ist allerdings nicht unproblematisch, da alle drei Kriterien bestimmte Ausnahmen nicht erfassen bzw. auch für Sachleistungen zutreffen. Aber auch die von MUGLER und LAMPE [1987, S. 478] vorgelegte und von HAGENMEYER [2002, S. 362 f.] übernommene Definition der Unternehmensberatung als eine *„Dienstleistung, die durch (I) Externalität, (II) Unabhängigkeit und (III) Professionalität gekennzeichnet ist"* kann unter Einbeziehung und besonderer Berücksichtigung der IT-Beratung *nicht* immer zielführend sein, denn

- **Externalität** bedeutet, dass das Inhouse Consulting zwangsläufig aus der Betrachtung des Untersuchungsgegenstands *Unternehmensberatung* ausscheiden müsste. Sicherlich ist es erstrebenswert, wenn der Berater dem Kundenunternehmen eine Sichtweise anbieten kann, die sich von der üblichen und notwendigerweise vorhandenen „Betriebsblindheit" unterscheidet, dennoch können unzählige (IT-)Beratungsfälle aufgezählt werden, bei denen „Betriebsblindheit" für die Beauftragung keine Rolle spielt.

- **Unabhängigkeit** ist ebenfalls nicht in jedem Fall für den Berater erforderlich. Wie kann bspw. ein SAP-Berater unabhängig bzw. neutral sein, wenn er vielleicht doch nur die SAP-Software kennt und beherrscht? Sicherlich, für die *Auswahlberatung* eines ERP-Systems (ERP = Enterprise Resource Planning) sollte möglichst ein Berater beauftragt werden, der seine Sichtweise unabhängig von persönlichen und organisationsinternen Interessen, d. h. ausschließlich zum Wohle des Kunden aus einer objektiven Position formulieren kann. Doch wenn es um die *Einführungsberatung* von konkreter ERP-Software geht, kann der Berater seine Neutralität gegenüber anderen, vielleicht konkurrierenden Softwaresystemen durchaus ablegen.

- **Professionalität** ist für den Berater in der Tat unentbehrlich, denn sie macht die Kern-kompetenz eines Beraters aus. Unter Professionalität sind *„das Wissen und die Fähigkeit zu verstehen, die man – weitgehend unabhängig vom konkreten Bearbeitungsthema – zur Mitgestaltung und Steuerung von Beratungsprozessen benötigt, um sich und dem Klienten die notwendigen Freiräume zur Problembearbeitung zu sichern"* [TITSCHER 2001, S. 31].

Somit bleibt festzuhalten, dass eine vollständige und überschneidungsfreie Abgrenzung von Dienst- und Sachleistungen anhand von rein definitorischen Ansätzen auf der Grundlage von sogenannten *konstitutiven Merkmalen* doch erhebliche Probleme aufwirft. Im Sinne eines ge-schlossenen Theoriegebäudes ist dagegen der **typologische Ansatz** eher geeignet, das Ab-grenzungsproblem zwischen Dienst- und Sachleistungen transparent zu machen. Im Unter-schied zu den rein definitorischen Ansätzen besteht der Vorteil der Typologie darin, dass die als relevant erachteten Ausprägungen eines Merkmals nicht eineindeutig bestimmt werden müssen, sondern als Kontinuum zwischen ihren Extremausprägungen dargestellt werden kön-nen. Typologien verwenden somit keine konstitutiven Beschreibungsmerkmale sondern Krite-rien, die für das jeweilige Ziel der Typologiebildung die höchste Aussagekraft besitzen [vgl. MEFFERT/BRUHN 1995, S. 30 f.].

Auf Grundlage dieser Überlegungen haben ENGELHARDT et al. [1993, S. 416] eine Leistungs-typologie vorgelegt, die auf zwei Dimensionen beruht und die zu vier Grundtypen von Leis-tungen führt (siehe Abbildung 1-04). Die beiden Dimensionen sind der

- **Integrationsgrad** des betrieblichen Leistungsprozesses und der
- **Immaterialitätsgrad** des Leistungsergebnisses.

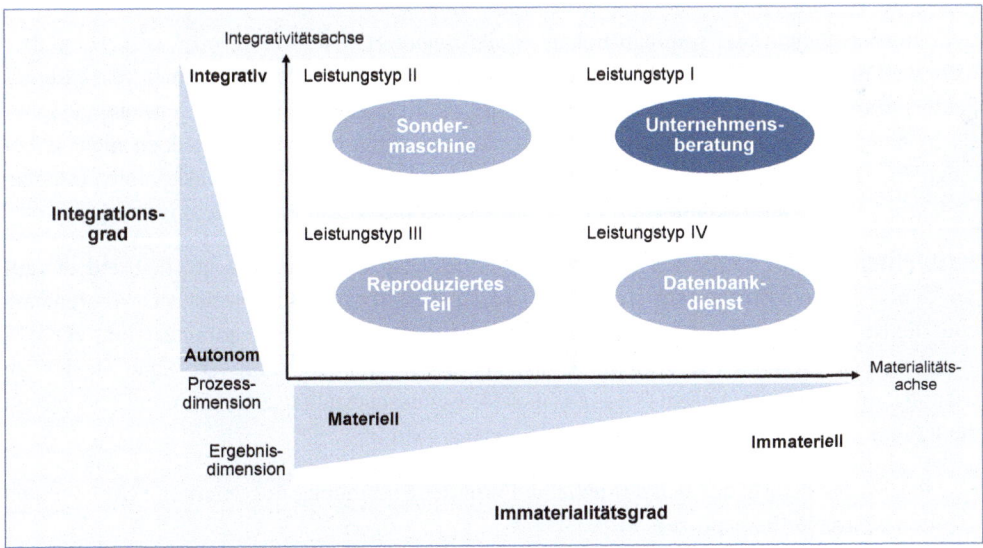

Abb. 1-04: Leistungstypologie nach ENGELHARDT et al. [1993]

Auf der *Integrativitätsachse* geht es um die Gestaltung des **Leistungsprozesses**. Sie be-schreibt die *Prozessdimension*. Danach sind Leistungen integrativ, wenn der *Kunde* an der Erstellung der Leistung in irgendeiner Form mitwirkt. Man spricht dabei auch von der Notwendigkeit zur Integration eines *externen Faktors* als Grundlage der Leistungserstellung. Ein solcher externer Faktor kann der Kunde selbst, ein Gegenstand des Kunden oder auch nur ein Kundenwunsch sein, der für die Erstellung der Dienstleistung wesentlich ist.

Auf der *Materialitätsachse* geht es um das **Leistungsergebnis**. Sie beschreibt die *Ergebnisdimension*. Leistungen sind dann immateriell, wenn die Leistungsergebnisse nicht „greifbar" sind.

Die **Extremfälle** dieser Typologie können wie folgt charakterisiert werden [vgl. MEFFERT/BRUHN 1995, S. 31]:

- Der erste Leistungstyp beschreibt Problemlösungen, die nahezu ausschließlich immaterielle Leistungsergebnisse beinhalten und die unter starker Integration des externen Faktors erstellt werden (z. B. Unternehmensberatung).

- Der zweite Leistungstyp beinhaltet demgegenüber in hohem Maße materielle Leistungsergebnisse, die vom Anbieter unter Mitwirkung externer Faktoren erstellt werden (z. B. eine im Kundenauftrag erstellte Sondermaschine).

- Beim dritten Leistungstyp handelt es sich um Problemlösungen, die durch ein materielles Leistungsergebnis bei gleichzeitig weitgehend autonom gestaltetem Leistungserstellungsprozess gekennzeichnet sind (z. B. die klassischen Konsumgüter von Automobilen bis hin zu Lebensmittelprodukten).

- Für den vierten Leistungstyp sind ebenfalls autonome Prozesse bei der Leistungserstellung kennzeichnend, wobei das Leistungsergebnis hier jedoch immaterieller Natur ist (z.B. Datenbankdienste oder Softwareprodukte).

Beratungsleistungen sind somit in hohem Maße *immateriell* und *integrativ*. **Integrativ** deshalb, weil die Problemlösungen im engen Kontakt mit den Kundenunternehmen (als externer Faktor) erarbeitet werden. **Immateriell** deshalb, weil Beratungsleistungen nun einmal (physisch) nicht „greifbar" (engl. *tangible*) sind. Diese Zuordnung bedeutet jedoch nicht unbedingt, dass Beratungsleistungen vollständig ohne materielle Bestandteile auskommen müssen. So können Beratungsergebnisse auf Papier oder auf Folien zusammengefasst werden.

Noch differenzierter ist die Leistungstypologie, die MEFFERT [1994] vorschlägt und die auf der Typologie von ENGELHARDT et al. aufsetzt. Sie führt zwar hinsichtlich der Abgrenzung von Dienst- und Sachleistungen zu keinem unmittelbar höheren Erkenntnisgewinn, zur Abgrenzung von Produkten und Dienstleistungen in der IT-nahen Software kann sie jedoch wichtige Anhaltspunkte liefern. MEFFERT behält die Immaterialitätsdimension bei und zerlegt die Integrationsdimension in die beiden Teildimensionen

- **Interaktionsgrad**, der sich auf jegliche Form der Einbindung des externen Faktors in den Leistungserstellungsprozess bezieht, und

- **Individualisierungsgrad**, der ein Kontinuum zwischen Standard- und Individualleistungen aufspannt.

Lässt man den bereits diskutierten Immaterialitätsgrad unberücksichtigt, so ergibt die Leistungstypologie von MEFFERT die in Abbildung 1-05 gezeigte Darstellung. Auch in dieser Typologie nimmt die Unternehmensberatung eine Extremposition ein. Beratung ist hiernach eine Leistung, die durch eine hohe *Interaktivität* und gleichzeitig durch eine hohe *Individualität* gekennzeichnet ist.

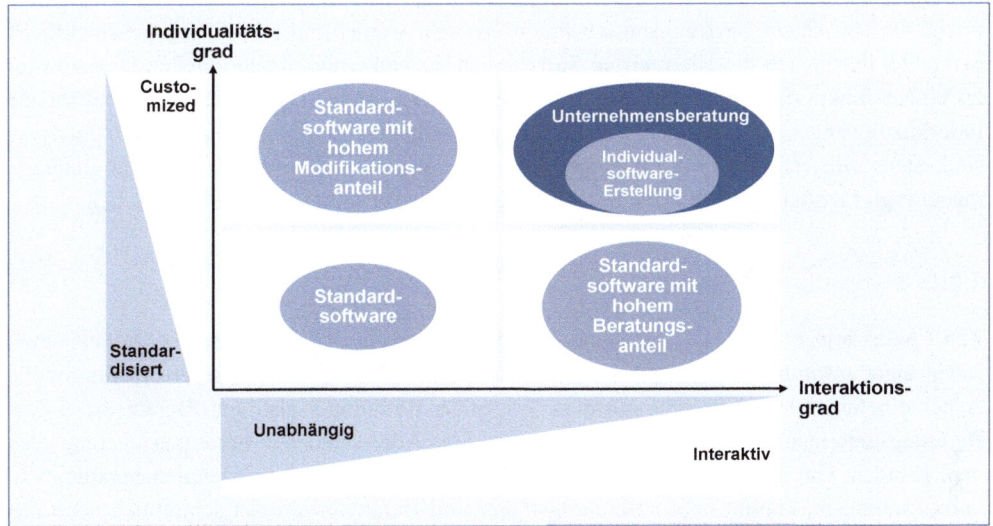

Abb. 1-05:   Leistungstypologie im Softwareumfeld

Auf der Grundlage dieser Leistungstypologie lassen sich nun auch relativ unproblematisch Produkte und Dienstleistungen im **Softwareumfeld** abgrenzen. Ob es sich bei einer Software-entwicklung um ein Produkt oder um eine Dienstleistung handelt, hängt davon ab, ob der Kunde als externer Faktor in den Softwareerstellungsprozess eingebunden ist oder nicht. Bei der individuellen Softwareentwicklung handelt es sich regelmäßig um eine **Dienstleistung**, da hier einerseits die *Interaktion* mit dem Kunden und andererseits die *individuelle* Kundenorien-tierung im Sinne einer „Customization" wesentlich sind. Standardsoftware oder auch „Packa-ged Software" zeichnet sich dagegen durch (Kunden-)Unabhängigkeit und ein hohes Maß an Standardisierung aus, weil sie weitestgehend ohne Zutun des Kunden erstellt wird. Damit ist Standardsoftware eine **Sachleistung** oder ein IT-Produkt. Wird Standardsoftware mit einem hohen Modifikationsanteil oder mit einem hohen Beratungsanteil (Installationsberatung) in-stalliert, so handelt es sich nach dieser Darstellung um eine Mischform.

In diesem Zusammenhang ist noch auf den für das Beratungsgeschäft wichtigen Unterschied zwischen *funktioneller* und *institutioneller* Dienstleistung hinzuweisen. Als **funktionelle Dienstleistungen** sind jene immateriellen und integrativen Leistungen zu verstehen, die ein Unternehmen zur Absatzförderung seiner selbsterstellten Sachgüter – quasi als „Neben"-Funktion – zusätzlich anbietet und erbringt. Beispiele für solche „Auch-Dienstleister" sind Softwarehäuser, die im Umfeld ihrer Standardsoftwareprodukte auch Beratungsleistungen wie Hotline-Service oder Einsatzunterstützung anbieten. Demgegenüber werden **institutionelle Dienstleistungen** von „Nur-Dienstleistern" (z. B. Beratungsunternehmen) erbracht – und zwar als Hauptfunktion zum Absatz von Sachleistungen, Nominalgütern und Dienstleistun-gen. Insofern liegt für Standardsoftware (im B2B-Bereich) das Verständnis einer investiven Sachleistung mit funktionellen Dienstleistungsanteilen zugrunde. Die Entwicklung von Individualsoftware ist dagegen eine institutionelle Dienstleistung. Beratungsleistungen, die im Umfeld von Standardsoftware erbracht werden (z. B. Einsatzberatung, Installationsunterstützung, Modifikationsservice), können sowohl funktionelle Dienstleistungen (wenn sie vom Softwareproduzenten durchgeführt werden) als auch institutionelle Dienstleistungen sein (wenn sie von einem Beratungsunternehmen erbracht werden). „Entwicklungsgeschichtlich" betrachtet haben sich die allermeisten Softwarehäuser von einen institutionellen Dienstleister zu einem funktionalen Dienstleister entwickelt, denn sehr häufig werden kundenbezogene Individuallösungen, die besonders leistungsfähig und funktional von allgemeinem Interesse sind, standardisiert und als Softwareprodukte einem größeren Kundenkreis zugänglich gemacht [vgl. LIPPOLD 1998, S. 35 f. unter Bezugnahme auf FORSCHNER 1988, S. 14 ff.].

1.2.2 Institutionelle Perspektive

Zur Charakterisierung des Gegenstandsbereichs *Unternehmensberatung* wird zumeist zwischen einer *institutionellen* und einer *funktionalen* Perspektive unterschieden. Institutionelle Aspekte befassen sich einerseits mit dem Träger der Beratung – also dem Berater bzw. dem Beratungsunternehmen – und andererseits mit dem Adressaten der Beratungsleistung, also dem Kunden. Um den „dreidimensionalen Anwendungsraum der Unternehmensberatung" zu vervollständigen, kommt neben Beratungsträger und Beratungsadressat schließlich noch das Beratungsobjekt als inhaltlicher Gegenstand der Beratungsdienstleistung hinzu [vgl. HESSELER 2011, S. 25 f.].

(1) Beratungsträger

Beratungsträger sind diejenigen Personen bzw. Organisationen, die die Beratungsleistung anbieten und durchführen. Konstitutives Merkmal der Beratungsträger ist deren spezifische Qualifikation bzw. Sachverstand, obgleich das Kriterium der Qualifikation – aufgrund fehlender rechtlicher Grundlagen für die anerkannte Berufsausbildung – häufig nur schwer zu operationalisieren ist [vgl. JESCHKE 2004, S. 21].

Aufgrund des freien Marktzugangs hat sich in Deutschland eine Vielzahl von Beratungsträgern etabliert. Die bislang vorgelegten Systematiken zur Strukturierung der Angebotsseite beziehen sich in der Regel auf *quantitative* oder zumindest leicht abgrenzbare Ordnungskriterien, die dann auch in den einschlägigen Marktstudien verwendet werden. Dies sind hauptsächlich **Träger- bzw. organisationsbezogene Kriterien** wie

- Zielmarktbezogene Unternehmensgröße (z. B. Mittelstandsberatung, regionale Beratung, nationale Beratung, internationale Beratung)
- Unternehmensträger (z. B. Unternehmensberatung, Wirtschaftsprüfung, Steuerberatung, Verbandsberatung, studentische Beratung, Institutsberatung, Inhouse Beratung)
- Organisationsform (z. B. Einzelberater, Beratungsunternehmen, Corporate Consulting Company, Entrepreneurial Consulting Company, Semi-public Consulting Company)
- Rechtsform (z. B. GmbH, AG, KG, OHG).

Mindestens ebenso interessant und aussagekräftig können mehr *qualitative* Kriterien sein. Solche Merkmale beziehen sich eher auf **Leistungsinhalte** bzw. Portfolioinhalte wie

- Beratungsumfang (Spezialist, Generalist, Full-Service-Beratung)

- Funktionale Ausrichtung (z. B. Marketing-, Controlling-, HR- oder Logistikberatung)

- Branchenorientierte Ausrichtung (z. B. Bankenberatung, Speditionsberatung)

- Querschnittsorientierte Beratung (z. B. Strategieberatung, IT- und Technologieberatung, Organisations- und Prozessberatung, Sanierungsberatung, Innovationsberatung, Nachfolgeberatung).

Damit ergibt sich die Darstellung in Abbildung 1-06, in der die verschiedenen Ausprägungen der Beratungsträger nach Unternehmensmerkmalen und nach Leistungsmerkmalen aufgeführt sind. Eine tiefergehende Betrachtung dieser verschiedenen Ausprägungen wird in Abschnitt 1.3 vorgenommen.

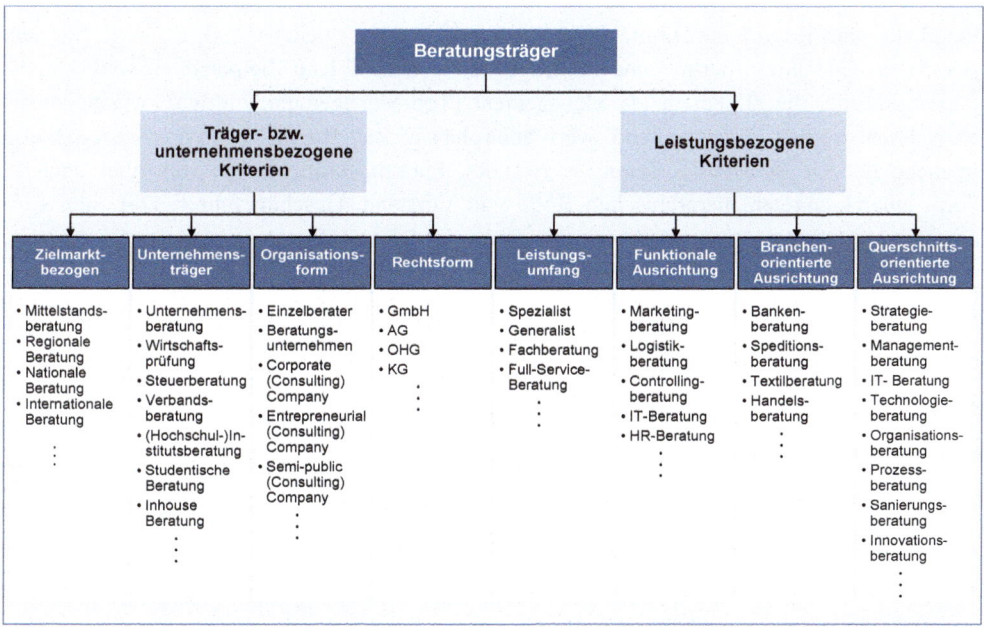

Abb. 1-06:   Systematisierung der Beratungsträger

Bisher vorgelegte Systematiken differenzieren im Wesentlichen entweder in *funktions-/bereichsspezifische* und in *funktionsübergreifende* Beratung [vgl. CAROLI 2007, S. 111] oder in *Beratungsträger der Kernbranche* bzw. in *Wettbewerber als Beratungsträger* [vgl. NIEDER-EICHHOLZ 2010, S. 16] und können damit lediglich nur einen Teilausschnitt aller Beratungsträger-Bezeichnungen erfassen.

(2) Beratungsadressaten

Als **Beratungsadressaten** werden alle Arten von Unternehmen bzw. Organisationen, privat- oder nicht-privatwirtschaftlicher Natur, verstanden, die Beratungsleistungen beauftragen oder beauftragen können. Diese Unternehmen bzw. Organisationen lassen sich – ähnlich wie die Beratungsträger – nach Betriebsgröße, Branche, Rechtsform etc. klassifizieren. Sie bilden die **Zielgruppe** der Beratungsträger. Eine gewichtige Zielgruppe können **Klein- und Mittelunternehmen** (KMU) sein, die sich durch relativ leicht erfassbare quantitative Merkmale wie Umsatz- und Mitarbeiterzahlen beschreiben lassen. Hier ist dann lediglich die immer wieder zu Diskussionen führende Unter-, vor allem aber Obergrenze von KMUs zu definieren. Solche quantitativen Merkmale beschreiben allerdings nur Symptome, die – trotz objektiven Bedarfs – die geringe Nachfrage nach Beratungsleistungen (vor allem IT-Beratung und Nachfolgeberatung) nicht erklären können. Zumeist handelt es sich dabei um Familienunternehmen, die sich durch nur schwer erfassbare qualitative Wesensmerkmale (z. B. patriarchalischer Führungsstil, ausgeprägtes Preisbewusstsein, Zusammengehörigkeitsgefühl und gemeinsame Geisteshaltung sowie Wertestabilität der Unternehmerfamilie) auszeichnen und die zu einer höheren *Beratungsresistenz* führen können. Insofern ist es vor allem die Analyse der qualitativen Kriterien, die ein bedarfsgerechtes Beratungsangebot initiieren kann [vgl. HESSELER 2011, S. 25 f.].

Innerhalb eines jeden Unternehmens sind es wiederum verschiedene **Zielpersonen**, die dem Berater als Interaktionspartner und Auftraggeber dienen. Solche Zielpersonen sind zumeist Führungskräfte, die allgemein als Management (Top-Management, mittleres Management) bezeichnen werden. Entsprechend wird auch häufig der Begriff **Managementberatung** (manchmal auch *Führungsberatung*) verwendet. Führungskräfte lassen sich aber auch in Form einer konkreten hierarchischen Rolle wie Vorstand, Geschäftsführer, IT-Leiter, Einkaufsleiter, Marketingleiter etc. charakterisieren.

(3) Beratungsobjekte

Die dritte Dimension im Anwendungsraum *Unternehmensberatung* sind die **Beratungsobjekte**, die den Gegenstand der Problemlösung beschreiben. Das Beratungsobjekt kann sehr eng mit dem Beratungsträger korrelieren, weil es dem Träger häufig seinen Namen verleiht. Beispiele hierfür sind:

- Beratungsobjekt: Nachfolgemanagement ↔ Beratungsträger: Nachfolgeberater bzw. -Nachfolgeberatung;

- Beratungsobjekt: Strategie bzw. strategisches Management ↔ Beratungsträger: Strategieberater bzw. Strategieberatung;

- Beratungsobjekt: Logistik bzw. Logistikmanagement ↔ Beratungsträger: Logistikberater bzw. Logistikberatung.

Neben der möglichen Verwechslungsgefahr zwischen Beratungsträger und Beratungsobjekt kommen noch die Vielfältigkeit, Interdependenz und Veränderbarkeit der Beratungsfelder bzw. Beratungsthemen hinzu, so dass es schwer fällt, fest abgrenzbare Objekte im Anwendungsraum der Beratungsleistungen zu definieren. Der Bundesverband Deutscher Unternehmensberater **BDU** e. V. sucht einen pragmatischen Ausweg, in dem er seine **Fachverbände** nach den Auftragsschwerpunkten seiner Mitgliedsfirmen ausrichtet und auf diese Weise zu einer Auflistung vorwiegend relevanter Beratungsobjekte gelangt [vgl. HESSELER 2011, S. 31 f.]:

- Unternehmensführung + Controlling
- Management + Marketing
- Informationsmanagement + Logistik
- Personalmanagement
- Change Management
- Integrative Unternehmensprozesse
- Finanzierung
- Gründung, Entwicklung, Nachfolge
- Sanierung und Insolvenz
- Outplacement
- Öffentlicher Sektor
- Healthcare.

Die Liste der BDU-Fachverbände vervollständigt noch die *Personalberatung*, die hier aber nicht Gegenstand der Betrachtung ist.

1.2.3 Funktionale Perspektive

Warum gibt es die Unternehmensberatung? Was sind ihre Aufgaben? Was ist die Existenzberechtigung der Beratungsunternehmen? Was macht das Spezifische einer Beratungsleistung aus? Was erwartet der Kunde, wenn er einen Berater hinzuzieht? Die Beratungsforschung beantwortet diese Fragen im Wesentlichen mit folgenden sieben Funktionen [vgl. KRAUS/MOHE 2007, S. 268 und 271 sowie JESCHKE 2004, S. 50 ff.]:

Wissenstransferfunktion. Diese Funktion dominiert in der Beraterliteratur und entspricht im Wesentlichen auch der Selbstbeschreibung der Branche. Der Berater verfügt über das erforderliche Fakten-, Erfahrungs- und Methodenwissen und setzt dieses zur Lösung von Problemen beim Kunden ein.

Prüfungsfunktion. Mit der Transferfunktion einher geht häufig die Prüfungsfunktion. So wird der Unternehmensberater zur quasi-empirischen Überprüfung von Annahmen, Realitätsnähe und Exaktheit praktisch-normativer Handlungen (z. B. als Gutachter) eingesetzt.

Impulsfunktion. Von der Beratungspraxis gehen zunehmend Impulse auf betriebswirtschaftliche Entwicklungsrichtungen aus. Unternehmensberater setzen sich frühzeitig mit einzel- und gesamtwirtschaftlichen Trends auseinander, erfassen anwendungsorientierte Anforderungen der Kundenunternehmen an betriebswirtschaftliche Modelle und IT-Technologien und geben so Impulse zur Initiierung von Innovationen.

Politikfunktion. Diese (latente) Funktion spielt immer dann eine Rolle, wenn der Berater zur Unterstützung des Auftraggebers bei der Durchsetzung bereits feststehender Vorstellungen herangezogen wird.

Durchsetzungsfunktion. Im Rahmen dieser Funktion wird der Berater zur aktiven Mobilisierung von Unterstützung und zur Konsensfindung bei noch nicht feststehenden Vorstellungen des Kunden eingesetzt.

Legitimationsfunktion. Hier werden insbesondere sehr namhafte Beratungshäuser beauftragt, um bestimmten Ideen oder Projekten ihren guten Ruf bei der Durch- und Umsetzung zu verleihen.

Interpretationsfunktion. Im Rahmen dieser Funktion bietet der Berater als Gesprächspartner („soundboard") neue Interpretationsweisen an und hilft, die Aktionen des Managements zu reflektieren.

Innerhalb dieser Auflistung ist die *Wissenstransferfunktion*, die den Berater als Vermittler fundierten (theoretischen) Wissens (an die Praxis) kennzeichnet, von zentraler Bedeutung. Neben dieser dominierenden Funktion des Wissenstransfers sind die übrigen Funktionen eher latente Funktionen, die kaum im Mittelpunkt der Außendarstellung stehen, aber dennoch die Inanspruchnahme von Beratungsleistungen motivieren können [vgl. KRAUS/MOHE 2007, S. 271].

Ein etwas differenzierterer Ansatz, der zunächst drei „engpassorientierte Typen" von Unternehmensberatung unterscheidet, ordnet diesen drei **Beratungstypen** jeweils drei Beratungsfunktionen zu [vgl. CAROLI 2007, S. 115 ff.]:

Der erste Beratungstyp, die **instrumentelle Beratung**, dient dem Kundenunternehmen als **zusätzliche Handlungskapazität**. Die instrumentelle Beratungsbeziehung ist somit eine *Delegationsbeziehung*, bei der der Berater die Rolle einer externen Stabsabteilung einnimmt. Dieser Beratungstyp ist durch folgende Funktionen gekennzeichnet:

- Managementfunktion
- Sanierungsfunktion
- Stabsfunktion.

Die **konzeptionelle Beratung** als zweiter Beratungstyp dient dem Kunden primär als **Zusatzexpertise**. Sie soll dem Kundenunternehmen helfen, neue zweckmäßige Problemlösungen zu finden, die sonst außerhalb des Erfahrungshorizonts des Kunden gelegen hätten. Dieser Beratungstyp ist gekennzeichnet durch eine Sparringsbeziehung und zeichnet sich durch folgende Funktionen aus:

- Interventionsfunktion
- Moderationsfunktion
- Orientierungsfunktion.

Bei der **symbolischen Beratung**, dem dritten Beratungstyp, nutzt der Kunde die Beratung als **zusätzlichen Urteilsmaßstab**. Die symbolische Beratungsbeziehung lässt sich auch als **Schiedsbeziehung** auffassen, da das Urteil des Beraters zweckmäßige Handlungsalternativen ermöglichen soll, zu deren Auswahl dem Management des Kundenunternehmens allein die Vertrauensbasis gefehlt hätte. Folgende Funktionen sind Grundlage der symbolischen Beratung:

- Konfirmationsfunktion
- Legitimationsfunktion
- Schlichtungsfunktion.

Abbildung 1-07 liefert einen Überblick über die Beratungsfunktionen im Kontext der drei Beratungstypen.

Beratungstyp	Instrumentelle Beratung	Konzeptionelle Beratung	Symbolische Beratung
Beratungsfunktion	• Managementfunktion • Sanierungsfunktion • Stabsfunktion	• Interventionsfunktion • Moderationsfunktion • Orientierungsfunktion	• Konfirmationsfunktion • Legitimationsfunktion • Schlichtungsfunktion
Nutzen der Beratungsbeziehung	Zusätzliche Handlungskapazität	Zusatzexpertise	Zusätzlicher Urteilsmaßstab
Wesen der Beratungsbeziehung	Unternehmensberatung als Kapazitätsausleihe (Wirtschaftlichkeitskalkül)	Unternehmensberatung als Erfahrungstransfer (Entwicklungskalkül)	Unternehmensberatung als Vertrauensgrundlage (Objektivierungskalkül)
Art der Beratungsbeziehung	Delegationsbeziehung	Sparringsbeziehung	Schiedsbeziehung
Beratungsansatz	Capacity-based Consulting	• Content-based Consulting • Experience-based Consulting • Process-based Consulting	Arbitration-based Consulting

[Quelle: in Anlehnung an CAROLI 2007, S. 117]

Abb. 1-07:   Beratungsfunktionen im Kontext

In diesem Kontext sind auch die fünf grundsätzlichen **Beratungsansätze** von Unternehmensberatern aufgeführt. Diese Beratungsansätze sind im Einzelnen [vgl. SOMMERLATTE 2004, S. 2 f.]:

Capacity-based Consulting. Häufig werden Leistungen, die nicht zur Beherrschung des laufenden Geschäfts gehören und für die das Unternehmen über keine oder nur geringe eigenen Kapazitäten verfügt, an Externe verlagert. Berater erfüllen hierbei die Funktion abrufbarer Bearbeitungskapazitäten. Das Projektmanagement, für das kein eigener Manager abgestellt werden kann, ist ein typisches Beispiel. Letztlich zählt aber auch die SAP-Einführungsunterstützung, die aus Kapazitätsgründen zeitlich begrenzt in Anspruch genommen wird, zu diesem Dienstleistungsansatz, der vorwiegend dem Beratungstyp *instrumentelle Beratung* zuzuordnen ist.

Content-based Consulting. Bei diesem Ansatz geht es um die Beschaffung von Kenntnissen und Expertisen, über die man selber nicht verfügt. Typische Beispiele sind Methodenberatung, Benchmarkings, Aufbau eines E-Business-Systems, Customer Relationship Management etc. Das Content-based Consulting zählt zum Beratungstyp der *konzeptionellen Beratung*.

Experience-based Consulting. Hierbei handelt es sich um die Einbringung von Erfahrungen bei der Lösung von Aufgaben und Problemen und der Realisierung neuer Vorhaben. Dazu zählen insbesondere Restrukturierungsvorhaben, Umgestaltung oder Roll-out von ERP-Systemen, Akquisitions- und Fusionsvorhaben. Dieser Beratungsansatz wird ebenfalls überwiegend zum Beratungstyp der *konzeptionellen Beratung* gezählt.

Process-based Consulting. Will das Unternehmen schließlich einen beschlossenen Veränderungsprozess unter zuverlässiger, externer Führung realisieren, so werden regelmäßig Berater beauftragt, die sich auf Problemlösungs-, Interaktions- und Moderationsmethoden spezialisiert haben. Auch das Process-based Consulting ist ein gutes Beispiel für die *konzeptionelle Beratung*.

Arbitration-based Consulting. Besteht Unsicherheit bei der Bewertung bestimmter Entscheidungen, wird häufig eine neutrale Sichtweise gesucht. In solchen Fällen wird auf das unabhängige und neutrale Urteil eines externen Beraters gesetzt. Das Arbitration-based Consulting ist eindeutig dem Beratungstyp der *symbolischen Beratung* zuzuordnen.

In Abbildung 1-08 sind die verschiedenen Dienstleistungsansätze des Beratungsgeschäfts im Überblick dargestellt.

Beratungsansatz	Situation beim Kundenunternehmen	Mehrwert durch Unternehmensberater	Beispiele
Content-based Consulting	Methodische, organisatorische, IT- oder sonstige Expertise ist für bestimmte Aufgabenstellungen nur unzureichend vorhanden	Spezifische Kenntnisse und kreative Impulse von außen	• Methodenberatung • Benchmarkings • Aufbau eines E-Business-Systems • Customer-Relationship-Management
Experience-based Consulting	Bestimmte Erfahrungen bei der Realisierung neuer Vorhaben nur unzureichend vorhanden	Spezifische Erfahrungen für bestimmte Vorhaben von außen	• Restrukturierungsvorhaben • Roll-out von ERP-Systemen • Akquisitions- und Fusionsvorhaben
Capacity-based Consulting	Eigene Mitarbeiter können den Ressourcenbedarf für bestimmte Projekte nicht oder nur unzureichend abdecken	Abbau von Kapazitätsengpässen	• Projektmanagement • Wartung und Pflege von ERP-Systemen • Business Process Outsourcing
Arbitration-based Consulting	Entscheidungssituationen/ Veränderungsprozesse sollen ohne Betriebsblindheit oder Interessenkonflikte bewältigt werden	Objektivität des Unparteiischen	Auswahl- und Entscheidungsprozesse für den Einsatz neuer IT-Systeme
Process-based Consulting	Wichtige Entscheidungs-, Führungs- und Veränderungsprozesse sollen begleitet und kritisch hinterfragt werden	Kritische Begleitung des Veränderungsprozesses	Alle Veränderungsprozesse

[Quelle: in Anlehnung an SOMMERLATTE 2004, S. 2 f.]

Abb. 1-08: Dienstleistungsansätze im Beratungsgeschäft

Darüber hinaus soll nicht verschwiegen werden, dass es auch gute Gründe geben kann, warum in manchen Situationen der Einsatz von Unternehmensberatern nicht sinnvoll ist bzw. ernsthaft in Frage gestellt werden sollte. Hierzu zählen bspw. Situationen, wenn sich der Ruf nach Beratern so eingebürgert hat, dass kaum noch ein Vorhaben ohne externe Hilfe entschieden und umgesetzt werden kann. Dadurch verliert die eigene Unternehmensführung an Akzeptanz, ja es entsteht bei den Mitarbeitern sogar der Eindruck der Degradierung. Auch in jenen Situationen, wenn die jeweils laufenden Projekte durch die Berater dazu benutzt werden, immer neue Problemstellungen zu identifizieren und ins Bewusstsein der Kunden zu rücken, um damit Folgeaufträge zu generieren, ist zumindest Vorsicht seitens der Kundenunternehmen geboten [vgl. SOMMERLATTE 2004, S. 10 f.].

1.2.4 Systembezogene Perspektive

Das Beratungssystem setzt sich aus Interaktion und Kommunikation von Beratungsträger (Berater) und Beratungsadressat (Kunde bzw. Interessent) zusammen. Das Zusammenwirken zwischen Beratungsträger und Beratungsadressat ist zugleich maßgebend für den Beratungserfolg. Folgende Teilsysteme des Beratungssystems sind zu unterscheiden [vgl. HESSELER 2011, S. 36 f.]:

(1) Beratungssystem im weiteren Sinne

Das Beratungssystem im weiteren Sinne setzt sich zusammen aus den Beziehungen zwischen dem

- **Kunden-/Interessentensystem**, das aus der Organisation des Kunden insgesamt und vor allem auch aus der Organisation des Kunden (Interessenten) in der Akquisitionsphase z.B. als Buying Center (Influencer, Gatekeeper, Decider, Buyer, User) besteht und dem

- **Beratersystem im Allgemeinen**, das die Organisation des Beratungsunternehmens insgesamt sowie seine vertriebliche Organisation (z. B. in Form eines Selling Centers) in der Akquisitionsphase meint.

(2) Beratungssystem im engeren Sinne

Das Beratungssystem im engeren Sinne ist eingebettet in das Beratungssystem im weiteren Sinne und bezieht sich auf die konkrete Systemumgebung des Beratungsprojekts. Es besteht aus dem

- **Kunden-/Auftraggebersystem**, das sich aus den in das Beratungsprojekt eingebundenen Personen des Auftraggebers (Projektleiter, Projektmitarbeiter, User etc.) zusammensetzt und dem

- **Beratersystem**, zu dem alle Personen/Berater zählen, die in das Beratungsprojekt eingebunden sind (z. B. Projektmanager, Projektmitarbeiter, Berater etc.).

In Abbildung 1-09 sind die entsprechenden Teilmengen und Beteiligte am Beratungssystem dargestellt.

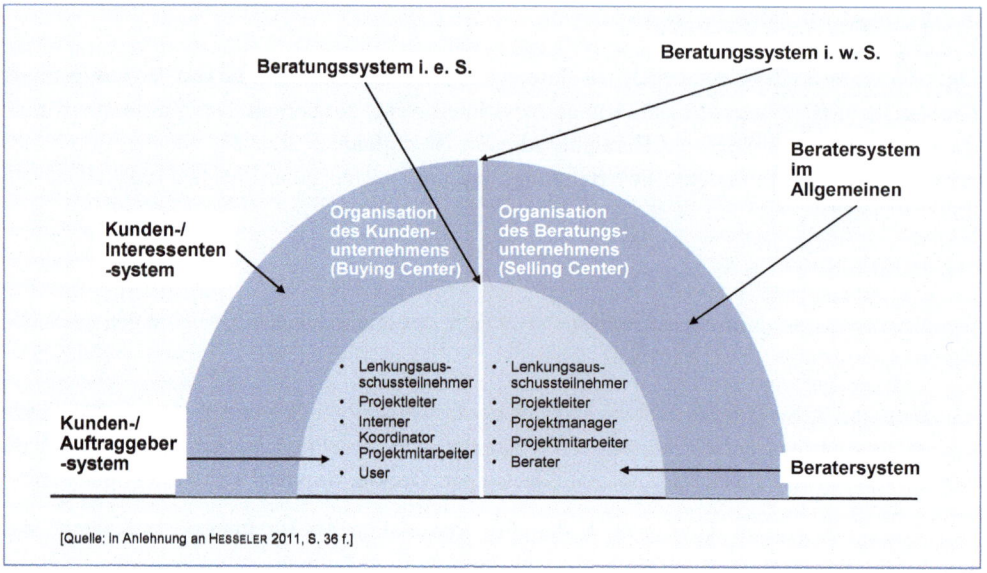

Abb. 1-09:   Das Beratungssystem und seine Teilmengen

(3) Kunden-Berater-Beziehung

Der Grad der Wechselbeziehung zwischen den Teilsystemen untereinander und der Austausch der Beziehungen zwischen Beratungssystem und Beratungsumgebung sind ebenfalls Teil des gesamten Beratungssystems und mitverantwortlich für den letztendlichen Beratungserfolg.

Insert 1-01 veranschaulicht eine zeitgemäße Kunden-Berater-Beziehung bei größeren Veränderungsvorhaben. Es wird darin deutlich, dass sich sowohl inhaltliche als auch formale Aspekte der Kunden-Berater-Beziehung im Zeitablauf verändern können.

Insert

Kunden-Berater-Beziehung
– Partnerschaft mit Ergebnis- und Umsetzungsverantwortung

Die zurückliegenden Jahre des Booms, der Überhitzung, der Konsolidierung und der Erholung haben die Sicht der Kundenunternehmen auf Beratungsleistungen und insbesondere auf die Form der Zusammenarbeit nachhaltig verändert. Dies hängt vorwiegend mit Veränderungen auf der Kundenseite zusammen. Die Kundenunternehmen haben in dreierlei Hinsicht kräftig „aufgerüstet":

- Von den größeren Unternehmen wurden hauseigene Beratungseinheiten aufgebaut, die sich in einigen Bereichen zu ernsthaften Wettbewerbern der externen Beratung entwickelt haben.

- Viele ehemalige Berater wurden in Linienfunktionen der Kundenunternehmen eingestellt, so dass externe Expertise in einigen Unternehmen ein wenig an Bedeutung verloren hat.

- Und schließlich haben die Auftraggeber professionelle Einkaufsabteilungen etabliert, die – insbesondere unter dem Aspekt der Preisverhandlungen – ein gewichtiges Wort bei der Auftragsvergabe mitzureden haben.

Unter diesen Rahmenbedingungen ergeben sich – insbesondere bei größeren Veränderungsvorhaben – folgende drei Hauptanforderungen an eine erfolgreiche Kunden-Berater-Beziehung:

- Berater müssen heutzutage in der Lage sein, Veränderungsprozesse komplett inhaltlich auszugestalten und sie anschließend zu managen. Sie werden daran gemessen, dass sich langfristige und nachhaltige Veränderungen einstellen, deren Wirkung nachvollziehbar und somit quantifizierbar ist. Bei erfolgreicher Arbeit dankt dies der Kunde mit einem hohen Maß an Treue.

- Eine weitere Anforderung an eine moderne Kunden-Berater-Beziehung ist die Ergebnisverantwortung für den gesamten Veränderungsprozess. Werkverträge sind hierbei die üblichen Instrumente. Transformationsbegleiter sind somit die größeren Unternehmensberatungshäuser, die häufig im Sinne von Generalunternehmen agieren und die ihrerseits wiederum Dienstleister mit einbinden können.

- Das dritte Element ist der ausgelagerte Betrieb von Prozessen und Systemen. In diesem Fall wird Beratung häufig nicht alleine „eingekauft", sondern sie ist Bestandteil der Outsourcing-Dienstleistungen. Darüber hinaus sind Berater zunehmend in Business Process Outsourcing (BPO)-Projekte eingebunden, indem sie dabei helfen, Geschäftsprozesse aus den Kundenunternehmen herauszulösen.

[Quelle: SCHULTE 2006, S. 48 f.]

Insert 1-01:   Zeitgemäße Kunden-Berater-Beziehung bei größeren Veränderungsvorhaben

(4) Beraterrollen und Kundenerwartungen

Ein Teil des Beratungssystems sind die Erwartungen des Kunden an die beauftragte Leistung. Werden die Kundenerwartungen erfüllt oder gar übertroffen, spricht man von *Kundenzufriedenheit*. Die Erwartungen des Kunden sind somit der Ausgangspunkt der Beratungsleistung. Insofern ist es nur konsequent, dass der Berater den *Erwartungswert* seiner Leistungen hinterfragt. Da bei einer Dienstleistung die Erwartungen immer an bestimmte Personen gerichtet sind, ist es anschaulicher, die Erwartungen an bestimmten Rollen festzumachen und den Mehrwert dieser Rollen zu hinterfragen. Folgende Rollen sollen hier beispielhaft erläutert werden [vgl. überwiegend EICHEN/STAHL 2004, S. 3 ff.]:

Der Irritierende. In der Rolle des Irritierenden unterbricht der Berater Routinen und stört Bestehendes. Das können Strukturen, Weltbilder, mentale Modelle, soziale Schemata, Einstellungen, Normen oder Regeln sein, kurz alles, was der Berechenbarkeit der Organisation dient. Seinen Mehrwert stiftet der Irritierende durch Perspektiven, die das Kundenunternehmen selbst vielleicht nie verfolgt hätte.

Der Mentor. Mit der Rolle des Mentors verbindet man einen erfahrenen Ratgeber und Helfer. Er führt das Kundenunternehmen durch schwierige Themen (Markt, Technologie) und besticht durch das breite Spektrum seiner Kompetenzen. Er hilft, wahrgenommene Komplexität zu bewältigen. Sein Mehrwert entsteht aus intensiver Beobachtung, aktivem Zuhören und gemeinsamer Reflexion.

Der Konzeptlieferant. Der Konzeptlieferant bietet Werkzeuge (engl. *Tools*) an, die – sofern sie zu den Problemen passen – als kostengünstige Lösung einen erheblichen Mehrwert bieten können. Allerdings ist beim Konzeptlieferanten die Versuchung groß, dass das Verkaufen der Tools über die Beratung gestellt wird.

Der Schamane. Der Schamane ist Mittler zwischen der gruppengemeinsamen Alltagsrealität und der transzendenten Welt. Er steht besonders den beiden Problemfeldern von Organisationen sehr nahe: der Zukunft und der Kultur. Sein Mehrwert kann darin liegen, dass er die Kräfte jenseits der Ratio zu wecken weiß.

Der Benchmarker. Benchmarking, d. h. das Lernen von den Besten und das Gucken über den Tellerrand, ist die ureigene Disziplin des Beraters. Aufgrund seiner Branchenkenntnisse verfügt keiner über so viel Benchmark-Know-how wie der Berater. Der Mehrwert des Benchmarkers liegt darin, dass das Kundenunternehmen Einsicht in das Wettbewerberumfeld bekommt und von den Besten lernen kann.

Der Umsetzer. Der Umsetzer stellt sein Handeln über das Denken. Er ist der Macher unter den Beratern. Im Gegensatz zum Konzeptlieferanten kann das Konzept beim Macher durchaus auch vom Kunden selbst oder ggfs. auch von anderen Beratern kommen. Und anders als beim Mentor pocht er auf eine rasche Umsetzung, die den Mehrwert seiner Aktivitäten darstellt.

Der Spiegel. Von Zeit zu Zeit ist es unumgänglich, dass Organisationen einen Blick in den Spiegel werfen. Be*rat*er halten diesen Spiegel sehr gerne vor, weil sich im Spiegelbild einer Organisation immer Abweichungen vom Idealzustand finden lassen. Die Rolle des Spiegels hat insbesondere den Mehrwert, dass ein Problembewusstsein in der Organisation geschaffen wird.

Der Legitimator. Häufig gibt es Ideen im Kundenunternehmen, die weder auf fremden Konzepten beruhen noch einer Umsetzung durch andere bedürfen. Doch da der „Prophet im eigenen Lande" nichts zählt, ist es sehr schwierig, solche Ideen umzusetzen. Hier springt der Berater als Legitimator ein. Sein Mehrwert liegt darin, dass er der Idee oder dem Projekt seinen guten Ruf leiht.

Der Change Agent. Unternehmen auf neue Trends und Zukunftsmärkte vorzubereiten, das ist die Aufgabe von Change Agents. Mit dieser Rolle wird der Berater zum Brückenbauer zwischen Wissenschaft und Praxis. Mit seinen profunden IT-Kenntnissen spürt er neue Entwicklungen auf und hilft dabei, den Anwendungsbezug verständlich zu machen und diese Trends in Innovationsfelder und neue Produkte zu transferieren.

Der Zeitarbeiter. Zeitweise geht es den Kundenunternehmen einfach nur darum, vorhandene Kapazitätsspitzen abzudecken bzw. auszugleichen, ohne gleich neue Mitarbeiter, die man nach Projektabschluss nicht mehr benötigt, einstellen zu müssen. Hier ist die Rolle des Beraters als Zeitarbeiter gefragt. Dieser arbeitet zwar nicht konzeptionell, sein Mehrwert liegt aber in der Beseitigung von Kapazitätsengpässen.

Der Moderator. Die Rolle des Beraters als Moderator ist mehr auf der Managementebene angesiedelt. Der Moderator hat nicht den Ehrgeiz und Willen, dem Kunden neues Wissen beizubringen. Ihm geht es vielmehr um eine neutrale Einflussnahme und Steuerung, um Arbeitsgruppen in die Lage zu versetzen, effektiv und effizient zu arbeiten.

Der Coach. Coaching ist ein Mittel zur Förderung der Entwicklung von Führungskräften und Mitarbeitern und vereinfacht in der Regel dadurch angestoßene Veränderungsprozesse. Der *Coach* zieht diverse Gesprächstechniken und seine professionelle Erfahrung heran, um den *Coachee* dabei zu unterstützen, dessen gesetzten Ziele zu erreichen.

Der Gutachter. Der Gutachter wird besonders in Zweifelsfällen herangezogen. Er bewertet Geschäftsvorfälle und stellt so etwas wie eine letzte, unumstößliche Instanz dar. Sein Mehrwert besteht hauptsächlich darin, Projektergebnisse gegenüber einem interessierten Kreis zu plausibilisieren und zu evaluieren.

In Abbildung 1-10 sind die Beraterrollen nach Wesen, Mehrwert und nach ihrer Bedeutung im Rahmen des *Plan-Build-Run*-Modells (siehe Abschnitt 1.4.4) zusammengefasst.

Rolle	Wesen	Mehrwert	Bedeutung für		
			Plan	Build	Run
Irritierender	Stört Bestehendes	Erweitert und verändert Perspektiven	+		
Mentor	Hört zu, regt an, nimmt an der Hand	Hilft Komplexität zu bewältigen	+		
Konzeptlieferant	Bietet Werkzeuge an	Liefert „kostengünstige" Lösungen		+	+
Schamane	Sorgt sich um das Spirituelle	Weckt Kräfte jenseits der Ratio	+		
Benchmarker	Guckt über Tellerrand	Bringt Einsicht in Wettbewerberumfeld	+	+	+
Umsetzer	Der „Macher" unter den Beratern	Bringt Dinge in Bewegung		+	
Spiegel	Hilft die „blinden Flecken" zu entdecken	Schafft Problembewusstsein	+		
Legitimator	Erteilt den „rubber stamp"	Beruhigt Zweifler und Kritiker	+		
Change Agent	Vermittelt zwischen zwei Welten	Macht Erkenntnisse nutzbar	+	+	
Zeitarbeiter	Arbeitet nicht konzeptionell	Beseitigt Kapazitätsengpässe		+	+
Moderator	Schafft Neutralität	Bringt Effizienz in Arbeitsgruppen	+		
Coach	Bewertet Geschäftsvorfälle	Plausibilisiert Projektergebnisse	+		
Gutachter	Bewertet Geschäftsvorfälle	Plausibilisiert Projektergebnisse	+		

[Quelle: EICHEN/STAHL 2004, S. 4]

Abb. 1-10:   Beraterrollen

Alle hier aufgeführten Rollen sind nicht überschneidungsfrei und damit häufig auch nicht isoliert zu sehen. So kann ein Berater durchaus in mehrere Rollen schlüpfen. Ein *Change Agent* kann irritieren, spiegeln oder umsetzen. Oder er kann als Mentor, Schamane oder Legitimator agieren.

1.2.5 Prozessbezogene Perspektive

Die Dienstleistungsproduktion in der Beratung, also die Erstellung der Problemlösung, ist ein *Prozess*, der durch einige Besonderheiten charakterisiert ist. Ein Kennzeichen ist die Unbestimmtheit des Erstellungsprozesses, die unmittelbaren Einfluss auf den Phasenverlauf einer Beratung ausübt. Die Interdependenzen zwischen Unbestimmtheit und Phasenkonzept des Beratungsprozesses sollen im Folgenden aufgezeigt werden.

(1) Unbestimmtheit als Charakteristikum von Beratungsprozessen

Die relevanten Komponenten der Dienstleistungsproduktion (also des Leistungserstellungs- bzw. Beratungsprozesses) sind

- der **Input**,

- der **Transformationsprozess** (individuelle Beratungstechnologien sowie Wirkung der Zusammenarbeit zwischen Berater und Kundenunternehmen) und

- der **Output** [vgl. SCHADE 2000, S. 88].

Eine Besonderheit bei Beratungsprozessen ist nun, dass diese Bestandteile in der Regel *indeterminiert* sind, d. h. die Komponenten der Dienstleistungsproduktion im Beratungsbereich können noch verschiedene, im Voraus nicht bekannte Ausprägungen annehmen und sind daher in hohem Maße unbestimmt [vgl. SCHADE 2000, S. 88 ff. und GERHARD 1987, S. 105 ff.]:

- Die Unbestimmtheit des **Inputs** ist u. a. darin begründet, dass möglicherweise bestimmte Informationen, die für den Projektverlauf von Bedeutung sind, bei Projektbeginn noch nicht bekannt sind bzw. vorliegen oder auch (sowohl auf der Berater- als auch auf der Kundenseite) zurückgehalten werden.

- Die Indeterminiertheit des **Transformationsprozesses** ist in erster Linie auf die hohe Flexibilität der Beratungsdurchführung, auf die Unwägbarkeiten bei der Zusammenarbeit zwischen Kunden- und Beraterteams, auf Einflüsse des Umfeldes sowie auf mögliche Erkenntniszuwächse während des Projektablaufs zurückzuführen.

- Die Unbestimmtheit des **Outputs** ist wiederum Folge des indeterminierten Inputs und des flexiblen Transformationsprozesses, d. h. auch der Output kann *ex ante* nicht exakt geplant werden, wenn Input und Transformationsprozess unbestimmt sind.

Die Unbestimmtheit des Beratungsprozesses kann sich negativ, aber auch positiv auf den Beratungsauftrag auswirken. Die negative Sicht besteht darin, dass der Transformationsprozess schlecht steuerbar ist. Die positive Sicht bezieht sich auf den Vorteil einer höheren Flexibilität.

(2) Phasen des Beratungsprozesses

Beratungsprojekte bestehen regelmäßig aus mehreren, technologisch unterschiedlichen und aufeinander aufbauenden Phasen. In Theorie und Praxis wird eine Vielzahl von Phasenmodellen vorgestellt, diskutiert und gehandhabt. Letztendlich liegen die Unterschiede dieser Prozessmodelle im Wesentlichen in der Anzahl der Phasen und weniger in inhaltlichen Überlegungen. Hier soll ein idealtypischer Beratungsprozess, der aus vier Prozessphasen und acht

Prozessschritten besteht und damit einem Modellvorschlag von SCHADE [2000] sehr ähnelt, als Grundlage für die Diskussion der Prozess-Perspektive dienen:

- **Akquisitionsphase** mit den Prozessschritten *Kontakt und Information* und *Angebots- und Vertragsgestaltung*

- **Analysephase** mit den Prozessschritten *Ist-Analyse* und *Zielformulierung*

- **Problemlösungsphase** mit den Prozessschritten *Soll-Konzept* und *Realisierungsplanung*

- **Implementierungsphase** mit den Prozessschritten *Realisierung/Umsetzung* und *Evaluierung/Kontrolle*.

Das so beschriebene Phasenmodell (siehe Abbildung 1-11) zeichnet sich gegenüber anderen Modellansätzen dadurch aus, dass hier die Akquisitionsphase, deren Aktivitäten in aller Regel nicht fakturiert werden können, mit zum Beratungsprozess gezählt wird. Das Prozessmodell hat u. a. die Aufgabe, der oben skizzierten Unbestimmtheit des Beratungsprozesses und den damit verbundenen Informationsproblemen gerecht zu werden. Konkret bedeutet dies, dass das Kundenunternehmen nach Abschluss einer Phase die zusätzliche Option hat, das Beratungsunternehmen zu wechseln oder insgesamt aus dem Projekt auszusteigen. Das führt dann in der Praxis dazu, dass ein großer Prozentsatz der so definierten Beratungsprojekte naturgemäß bereits nach der Akquisitionsphase beendet ist, da das Beratungsunternehmen den Zuschlag nicht erhält.

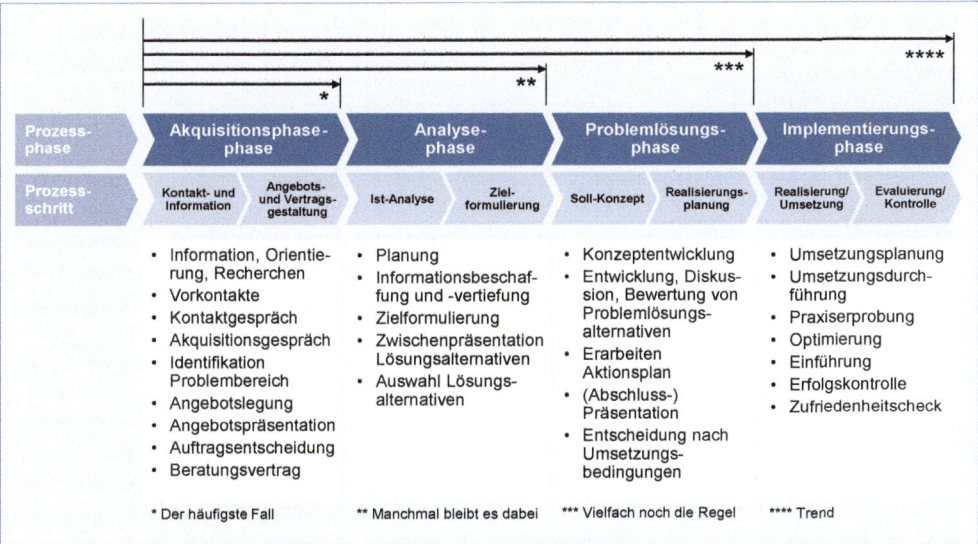

Abb. 1-11:   Phasenmodell eines idealtypischen Beratungsprozesses

Innerhalb der fakturierten Phasen kommt es durchaus vor, dass das Projekt bereits nach der Analysephase beendet wird. Sehr viel häufiger ist aber ein Projektende nach Abschluss der Problemlösungsphase anzutreffen. So sind in der Praxis immer wieder Kundenunternehmen anzutreffen, die für den strategischen Teil eines Projektes eine **Managementberatung** und für die Realisierung eine **Umsetzungsberatung** (engl. *Transformation Consulting*) beauftra-

gen. Um diesem „hybriden" Projektvergabeverhalten entgegenzuwirken, sind namhafte Stra-
tegie- und Managementberatungen dazu übergegangen, auch die Umsetzungsberatung in ihr
Beratungsportfolio aufzunehmen. Ebenso bauen größere IT-Beratungsgesellschaften, deren
Kernkompetenz bislang ausschließlich die IT-basierte Umsetzung war, verstärkt das Angebot
an strategischer Beratung aus. Gleichzeitig sehen diese Beratungsgesellschaften in der ver-
stärkten Bearbeitung von strategischen Komponenten die Möglichkeit, auch den Vertriebsweg
über die Geschäftsleitungen und nicht nur ausschließlich über den CIO (Chief Information
Officer) zu beschreiten.

(3) Prozessberatung vs. Inhaltsberatung

Ein weiterer Aspekt der prozessbezogenen Perspektive ist die Unterscheidung zwischen In-
halts- und Prozessberatung. Bei der *inhaltsbezogenen* Beratung besteht die Aufgabe des Beraters zumeist darin, die inhaltliche Lösung eines Problems zu entwickeln und dem Kundenunternehmen in Form eines *Gutachtens* zur Implementierung zu übergeben. Durch die Einbindung inhaltsorientierter Berater erlangt der Kunde unmittelbaren Zugriff zu neuem Wissen
und einen Vorschlag zur Problemlösung. Der Berater nimmt somit die Rolle eines *Lösungs-
finders* ein. Im Gegensatz dazu wird in der *Prozessberatung* die inhaltliche Lösung des zugrunde liegenden Problems von der Kundenorganisation selbst entwickelt und implementiert.
Der Berater übernimmt in diesem Fall lediglich die *Moderatorfunktion* und bringt Methoden
und Denkweisen in den Prozess ein. Bei der prozessorientierten Beratung geht es also letztlich
darum, die Lernfähigkeit der Kundenorganisation zur selbständigen Findung von Problemlösungen zu entwickeln (Transferfunktion). In der Praxis wird es im Rahmen eines Beratungsprojektes häufig zu einer Vermischung beider Beratungsarten kommen [vgl. BAMBERGER/
WRONA 2012, S. 16 ff.].

1.2.6 Instrumentell-methodische Perspektive

Problemlösungen als Ziel des Beratungsprozesses sind zumeist eingebettet in **Beratungskonzepte**, die „*als allgemeine, theoretisch oder auch empirisch begründete Regeln verstanden
werden (und) ... als konditionale normative Denkmodelle ... vornehmlich der Ideologiebil-
dung im Rahmen meinungsbildender Diskurse (dienen)*" [FINK 2009a, S. 7]. Beispiele für
erfolgreiche Beratungskonzepte auf Strategieebene sind die Leitgedanken des *Shareholder
Value*, die Konzepte des *Portfoliomanagements*, der *Kernkompetenzen* oder der *Mergers &
Acquisitions*, das Konzept des *Outgrowing*, die Ideen des *Lean Management* oder des *Business Process Reengineering*. Solche Beratungskonzepte, die aufgrund ihrer Zielpersonen auch
als Managementkonzepte bzw. -ansätze bezeichnet werden, haben gerade in den letzten Jahren Hochkonjunktur. In diesem Zusammenhang ist auch von **Managementmoden**, die in der
Literatur zum Teil heftig kritisiert werden, die Rede [vgl. JESCHKE 2004, S. 52 f.].

Insert 1-02 macht die „inflationäre" Entwicklung der Beratungs- bzw. Managementansätze
deutlich. Obendrein widersprechen sich diese Ansätze zum Teil oder es handelt sich um „alten Wein in neuen Schläuchen".

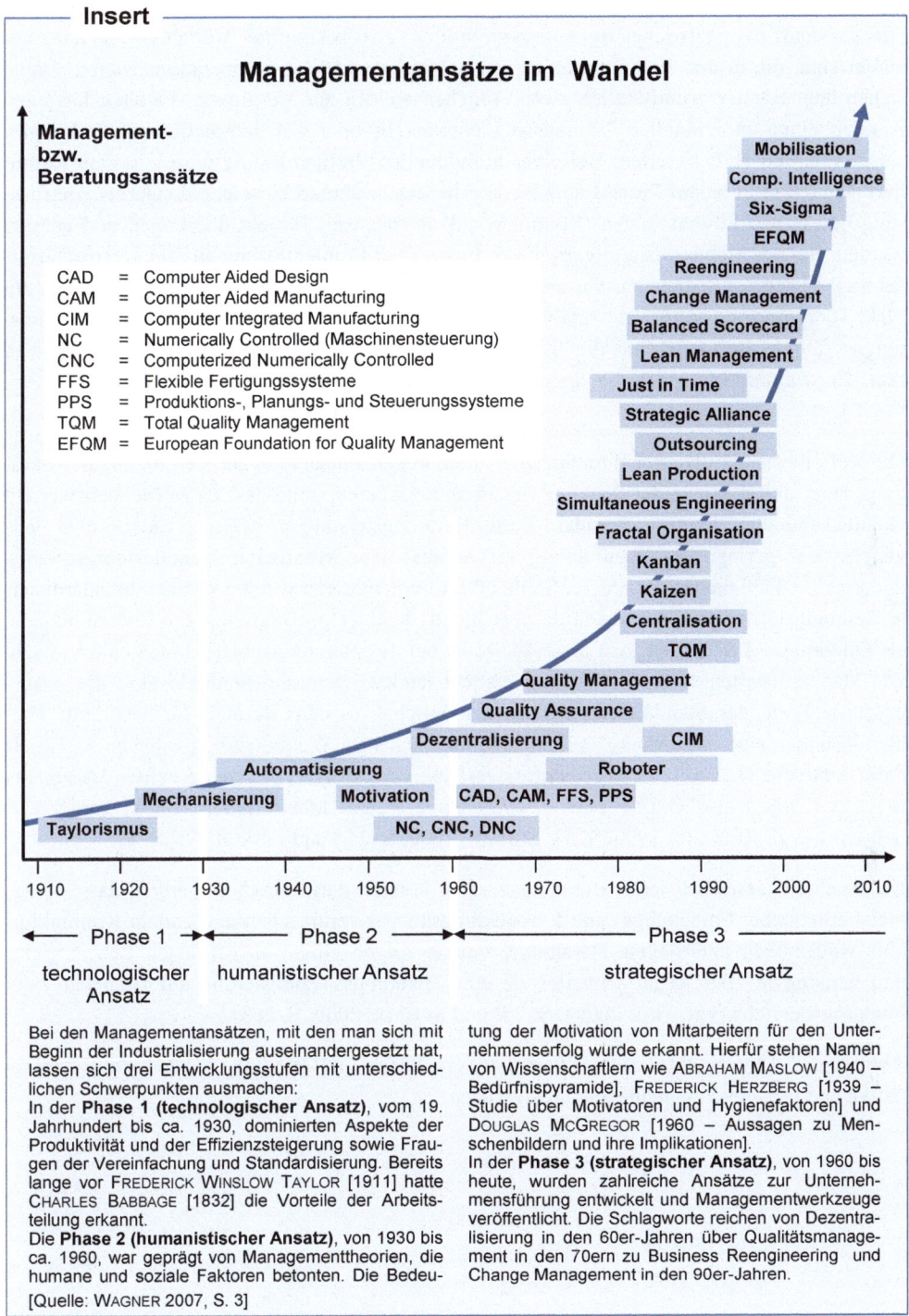

┌─ Insert ──

Managementansätze im Wandel

Management-
bzw.
Beratungsansätze

Mobilisation
Comp. Intelligence
Six-Sigma
EFQM
Reengineering

CAD   = Computer Aided Design
CAM   = Computer Aided Manufacturing
CIM   = Computer Integrated Manufacturing
NC   = Numerically Controlled (Maschinensteuerung)
CNC   = Computerized Numerically Controlled
FFS   = Flexible Fertigungssysteme
PPS   = Produktions-, Planungs- und Steuerungssysteme
TQM   = Total Quality Management
EFQM = European Foundation for Quality Management

Change Management
Balanced Scorecard
Lean Management
Just in Time
Strategic Alliance
Outsourcing
Lean Production
Simultaneous Engineering
Fractal Organisation
Kanban
Kaizen
Centralisation
TQM
Quality Management
Quality Assurance
Dezentralisierung   CIM
Automatisierung   Roboter
Mechanisierung   Motivation   CAD, CAM, FFS, PPS
Taylorismus   NC, CNC, DNC

1910 1920 1930 1940 1950 1960 1970 1980 1990 2000 2010

◄─ Phase 1 ─►◄─ Phase 2 ─────►◄─ Phase 3 ──────────

technologischer   humanistischer Ansatz   strategischer Ansatz
Ansatz

Bei den Managementansätzen, mit den man sich mit Beginn der Industrialisierung auseinandergesetzt hat, lassen sich drei Entwicklungsstufen mit unterschiedlichen Schwerpunkten ausmachen:
In der **Phase 1 (technologischer Ansatz)**, vom 19. Jahrhundert bis ca. 1930, dominierten Aspekte der Produktivität und der Effizienzsteigerung sowie Fraugen der Vereinfachung und Standardisierung. Bereits lange vor FREDERICK WINSLOW TAYLOR [1911] hatte CHARLES BABBAGE [1832] die Vorteile der Arbeitsteilung erkannt.
Die **Phase 2 (humanistischer Ansatz)**, von 1930 bis ca. 1960, war geprägt von Managementtheorien, die humane und soziale Faktoren betonten. Die Bedeu-

tung der Motivation von Mitarbeitern für den Unternehmenserfolg wurde erkannt. Hierfür stehen Namen von Wissenschaftlern wie ABRAHAM MASLOW [1940 – Bedürfnispyramide], FREDERICK HERZBERG [1939 – Studie über Motivatoren und Hygienefaktoren] und DOUGLAS MCGREGOR [1960 – Aussagen zu Menschenbildern und ihre Implikationen].
In der **Phase 3 (strategischer Ansatz)**, von 1960 bis heute, wurden zahlreiche Ansätze zur Unternehmensführung entwickelt und Managementwerkzeuge veröffentlicht. Die Schlagworte reichen von Dezentralisierung in den 60er-Jahren über Qualitätsmanagement in den 70ern zu Business Reengineering und Change Management in den 90er-Jahren.

[Quelle: WAGNER 2007, S. 3]

└──

Insert 1-02:   Beratungsansätze im Zeitablauf

Ideen und Konzepte reichen allerdings nicht aus, um konkrete Aufträge bearbeiten zu können. Hierzu bedarf es spezifischer **Beratungsmethoden**, also bestimmter Verfahren, die dazu geeignet sind, die in den Beratungskonzepten propagierten Ideen zu operationalisieren. Dabei stehen dem Berater grundsätzlich zwei Vorgehensweisen zur Verfügung: Er kann für jeden Kunden einen individuellen Lösungsweg entwickeln oder auf standardisierte Problemlösungsverfahren zurückgreifen. Bei einer individuellen Problemlösung wird – salopp formuliert – das Rad in jedem Projekt aufs Neue erfunden, während bei einer standardisierten Lösung bewährte Aktivitätsfolgen (Routinen) auf ein nächstes Projekt übertragen und genutzt werden. Bei der Standardisierung greift der Berater zur Problemlösung auf ein vorstrukturiertes methodisches Instrumentarium im Sinne eines **Methodenbaukastens** (engl. *Toolbox*) zurück. Tools sind standardisierte Analyse-Werkzeuge, die zu teilstandardisierten Beratungsleistungen führen. Beispiele sind die *Wettbewerbsanalyse* nach PORTER, das *Lebenszykluskonzept*, *Portfoliomodelle* oder die funktionale *Stärken-/Schwächenanalyse* [vgl. FINK 2009a, S. 7 f.].

Die Vorteile standardisierter Beratungsmethoden liegen zunächst in der Verkürzung der Beratungsdauer und damit in der Senkung der Beratungskosten, ohne dass es zu (nennenswerten) Qualitätseinbußen kommt. Standardisierte Beratungsleistungen weisen zudem eine vergleichsweise geringe Personenbindung auf, so dass neue Mitarbeiter schneller eingearbeitet und kreative Fähigkeiten an anderer Stelle effektiver eingesetzt werden können. Standardisierte Beratungsleistungen lassen sich darüber hinaus leichter positionieren und kommunizieren als individuelle Leistungen. Auf diese Weise ist bei den Beratungsunternehmen eine Vielzahl von standardisierten **Beratungsprodukten** entstanden. Beratungsprodukte sind die ausgeprägteste Form der Standardisierung und ermöglichen es dem Berater, für bestimmte Problemlösungen eine Art „Marke" aufzubauen und sich vom Wettbewerb abzuheben. Beispiele dafür sind die *Gemeinkostenwertanalyse (GWA)* von MCKINSEY, die *4-Felder-Matrix* der BOSTON CONSULTING GROUP oder das *Economic Value Added-Modell* (EVA) von STERN STEWART [vgl. RÜSCHEN 1990, S. 53, SCHADE 2000, S. 254 und FINK 2009a, S. 8].

Die Nachteile standardisierter Beratungsansätze können darin gesehen werden, dass sie zumeist erhebliche Forschungs- und Entwicklungskosten verursachen und zudem Konjunktur- und Modezyklen unterliegen. Beratungsprodukte folgen einem ausgeprägten Lebenszyklus und veralten in aller Regel schneller als eine Beratungsspezialisierung auf Branchen oder Funktionsbereiche [vgl. FINK 2009a, S. 7 f. und SCHADE 2000, S. 263].

Abbildung 1-12 versucht Beratungskonzepte, -methoden und -produkte anhand von Charakteristika und Beispielen voneinander abzugrenzen.

	Beratungskonzept	Beratungsmethode	Beratungsprodukt
Charakteristika	• Gedankengerüst • Konditionales, normatives Denkmodell • Dient der Ideologiebildung	• Beratungsverfahren • Operationalisierung des Beratungskonzeptes • Toolbox	• Standardisierter Beratungs-ansatz zur Problemlösung • Positionierung als „Marke"
Beispiele	Shareholder Value-Konzept	Finanzwirtschaftliches Instru-mentarium zur wertorientierten Unternehmensführung	Economic Value Added (EVA) als eingetragenes Warenzeichen von STERN STEWART
	Portfoliokonzept	• Lebenszyklusmodelle • Portfolio-Matrix • Erfahrungskurve • Ableitung von Normstrategien	• BCG-Matrix (4 Felder) • McKINSEY-Matrix (9 Felder) • ARTHUR D. LITTLE-MATRIX (20 Felder)

[Quelle: in Anlehnung an FINK 2009a, S. 7 ff.]

Abb. 1-12:   Charakteristika und Beispiele für Beratungskonzept, -methode, und -produkt

1.2.7 Theoretische Perspektive

Um Zusammenhänge und Wirkungsweisen im Beratungsgeschäft erkennen zu können, sind gedankliche Gebilde von Bedeutung, die geeignet sind, Phänomene der Realität zu erklären. Solche Gedankenkonstrukte werden als Theorien bezeichnet. **Theorien** treffen Aussagen über Ursache-Wirkungsbeziehungen und identifizieren Gesetzmäßigkeiten, die über den Einzelfall hinausgehen [vgl. KUß 2013, S. 47 und LIPPOLD 2015a, S. 17].

So will man in der Beratung eben verstehen, wie eine Auftragserteilung zu Stande gekommen ist, wie verstärktes Marketing ankommt und wie sich Kundenzufriedenheit auf Nachfolgeauf-träge auswirkt. Davon ausgehend kann man dann Maßnahmen planen und realisieren, die zu den angestrebten Wirkungen führen. In diesem Sinne wird Theorie hier nicht als reine, zweck-freie Erkenntnisgewinnung auf hohem Abstraktionsniveau verstanden, sondern als *empirisch-realistische* Theorie, also als *angewandte* Wissenschaft. Ihr Abstraktionsgrad ist entsprechend geringer als der einer reinen Theorie [vgl. LIPPOLD 2015b, S. 2].

Für eine ökonomische Beschreibung bestimmter Gesetzmäßigkeiten der Dienstleistung *Un-ternehmensberatung* gibt die (Neue) Institutionenökonomik wesentliche Anhaltspunkte. Im Gegensatz zur neoklassischen Theorie befasst sich die **Institutionenökonomik** (engl. *Institu-tional Economics*) mit der Unvollkommenheit realer Märkte und mit den Einrichtungen (Insti-tutionen), die zur Bewältigung dieser Unvollkommenheit geeignet sind. *Institutionen* sind gewachsene oder bewusst geschaffene Einrichtungen, die quasi die Infrastruktur einer arbeits-teiligen Wirtschaft bilden. Märkte, Unternehmen, Haushalte, Verträge und Gesetze sind eben-so Institutionen wie Handelsbräuche, Kaufgewohnheiten, Geschäftsbeziehungen oder Netz-werke [vgl. KAAS 1992b, S. 3].

Eine aus Sicht der Institutionenökonomik grundlegende Unterscheidung ist die in *Austausch-güter und Kontraktgüter*. Diese Differenzierung, die auf KAAS [1992a] zurückgeht, ist wichtig für die Beschreibung und das Verständnis der Dienstleistung *Unternehmensberatung*. **Aus-**

tauschgüter sind fertige, standardisierte Produkte, die auf Vorrat gefertigt werden. Im Gegensatz dazu liegen bei **Kontraktgütern** zum Zeitpunkt des Vertragsabschlusses die Leistungen noch nicht vor, d. h. das Kontraktgut existiert zum Zeitpunkt des Kaufes noch gar nicht. Daher kann die Qualität und die Eignung von Kontraktgütern für die Lösung des Kundenproblems häufig nur unzureichend eingeschätzt werden. In der Regel handelt es sich dabei um hochspezifische und komplexe Leistungen. Beratungsleistungen zählen in geradezu idealtypischer Weise zu solchen Kontraktgütern [vgl. SCHADE 2000, S. 26 f. unter Bezugnahme auf ALCHIAN/WOODWARD 1988 und SCHADE/SCHOTT 1993].

Vereinfachend werden folgende Teildisziplinen zur Institutionenökonomik gezählt:

- Property-Rights-Theorie
- Principal-Agent-Theorie
- Transaktionskostentheorie
- Informationsökonomik.

(1) Property-Rights-Theorie

Die Property-Rights-Theorie setzt sich – angesichts der Knappheit von Gütern – mit der Regelung von Handlungs- und Verfügungsrechten über Ressourcen auseinander. Die Theorie besagt, dass nicht die physischen Eigenschaften eines Gutes, sondern die bestehenden Rechte an diesem Gut und seiner Nutzung für dessen Wert und Austauschrelation maßgeblich sind. Somit beschäftigt sich dieser Ansatz mit der Übertragung von Rechten, ein Gut zu benutzen, dessen Form zu verändern, sich den Ertrag aus der Nutzung zu sichern und die genannten Rechte zu veräußern [vgl. GÜMBEL/WORATSCHEK 1995, Sp. 1010 f.].

Die Handlungs- und Verfügungsrechte zwischen Berater und Kunde werden durch Beratungsverträge geregelt. Ihre Gestaltung ist eine zentrale Aufgabe der Angebots- und Vertragsgestaltung (siehe Abschnitt 3.6.7). Besonders bei Beratungsleistungen, die in der Zusammenarbeit zwischen Berater und Kundenunternehmen entstehen, kann es zu Zurechnungsproblemen kommen. Hier kann die Property-Rights-Theorie als ein Instrument der Analyse und Effizienzbeurteilung von Beratungsverträgen zu definierten Leistungsversprechen und den damit verbundenen Verfügungsrechten ebenso herangezogen werden wie zur Begrenzung der Gefahren individueller Nutzenmaximierung durch opportunistisches Verhalten [vgl. JESCHKE 2004, S. 141 f.].

Für das Kundenunternehmen ist die zentrale Frage, wie es seine spezifischen Investitionen vor opportunistischem Verhalten der Berater schützen kann. Hierfür bieten sich vier *Institutionen* an [vgl. KAAS/SCHADE 1995, S. 1072]:

- **Vertragliche Regelungen.** Diese Institution kann Risiken verteilen, Reaktionsweisen auf zukünftige Ereignisse festlegen sowie erfolgsabhängige Mechanismen bei Termin- oder Budgeteinhaltung vorsehen.

- **Langfristige Geschäftsbeziehungen.** Auf Dauer angelegte Kontakte führen zu Erfahrungen, die opportunistisches Verhalten eindämmen und Transaktionskosten senken können, da die Risiken aus Geschäftsbeziehungen mit immer neuen Beratern ausgeschlossen werden können.

- **Reputation.** Auf Kontraktgütermärkten stellt die Reputation eine zentrale Institution dar. Sie wird als Signal für Kompetenz interpretiert und kann durch schlechte Nachrede beschädigt werden. Berater müssen daher massiv an ihrer Aufrechterhaltung interessiert sein.

- **Netzwerk von Geschäftsfreundschaften.** Die von Vertrauen geprägte Beziehung mit geschäftlichem Interesse kann als weitere Institution zur Verbreitung von Reputation und zur Reduzierung von Ungewissheit interpretiert werden, denn für den Unternehmensberater wird opportunistisches Verhalten in einem solchen Falle deutlich unattraktiver.

(2) Principal-Agent-Theorie

Die Principal-Agent-Theorie behandelt mögliche Zielkonflikte, die aus einem Vertragsverhältnis zwischen mindestens zwei Personen hervorgehen. Es kann sich dabei um Arbeits- oder Kaufverträge, aber auch um Beziehungen handeln. Typische Beispiele sind die Vertragsverhältnisse von Eigentümer und Manager, von Arbeitgeber und Arbeitnehmer oder von Käufer und Verkäufer. Eine Principal-Agent-Beziehung ist gekennzeichnet durch **asymmetrisch verteilte Informationen** und **opportunistisches Verhalten**. Das zentrale Problem dieses Ansatzes ist die Berücksichtigung von Kooperationsrisiken und die Gestaltung von geeigneten Anreiz- und Kontrollsystemen.

Aus der Sicht der Principal-Agent-Theorie, die auch maßgebend für die Entwicklung des *Kontraktgütermarketings* ist, wird ein Beratungsprojekt als Kooperation zwischen *Prinzipalen* (= Kunde) und *Agenten* (= Berater) aufgefasst. Dabei geht es für den Kunden darum, gemeinsam *„mit dem Beratungsunternehmen vertragliche Regelungen zu finden, die neben der Definition konkreter Beratungsziele auch Reaktionsformen auf nicht erwartete Entwicklungen eines Beratungsprojekts festschreiben sowie Vertragsbestandteile zu vereinbaren, die ein Beratungsunternehmen durch Vertragsstrafen oder erfolgsorientierte Honorarzahlungen an dem Risiko sowie den Chancen eines Beratungsprojekts beteiligen“* [JESCHKE 2004, S. 146].

Von besonderer Bedeutung für eine solche Vertragsgestaltung ist das Konzept der **Informationsasymmetrie**, bei dem vier unterschiedliche Konstellationen unterschieden werden können [vgl. STOCK-HOMBURG 2013, S. 479]:

- **Verdeckte Eigenschaften** (engl. *Hidden characteristics*), d. h. dem Prinzipal sind wichtige Eigenschaften des Agenten bei Vertragsabschluss unbekannt;

- **Verdeckte Handlungen** (engl. *Hidden action*), d. h. der Prinzipal kann die Leistungen des Agenten während der Vertragserfüllung nicht beobachten bzw. die Beobachtung ist mit hohen Kosten verbunden;

- **Verdeckte Informationen** (engl. *Hidden information*), d. h. der Prinzipal kann die Handlungen des Agenten zwar problemlos beobachten, aufgrund fehlender Kenntnisse oder Informationen jedoch nicht hinreichend beurteilen;

- **Verdeckte Absichten** (engl. *Hidden intention*), d. h. dem Prinzipal sind Absichten und Motive des Agenten in Verbindung mit der Vertragserfüllung verborgen.

Bei den Konstellationen *Hidden action* und *Hidden information* besteht das Problem des subjektiven Risikos (engl. *Moral hazard*). Das Problem gründet sich darin, dass der Prinzipal auch nach Vertragserfüllung nicht beurteilen kann, ob das Ergebnis durch qualifizierte Anstrengungen des Agenten erreicht wurde, oder ob (bzw. wie sehr) andere Faktoren das Ergebnis beeinflusst haben.

Um die Vertragsprobleme zwischen den Akteuren – also bspw. zwischen Hersteller und Zulieferer, zwischen Hersteller und Händler, zwischen Hersteller und Handelsvertreter oder zwischen Hersteller und Hersteller – grundsätzlich zu lösen, bieten sich drei Möglichkeiten an [vgl. GÖBEL 2002, S. 110]:

- Reduktion der Informationsasymmetrie
- Auflösung von Zielkonflikten
- Aufbau vertrauensbildender Maßnahmen.

Abbildung 1-13 zeigt beispielhaft, welche Maßnahmen zur Lösung von Agency-Problemen in der vor- und der nachvertraglichen Phase zur Verfügung stehen.

	Informationsasymmetrie senken		Ziele harmonisieren		Vertrauen bilden	
	Prinzipal	Agent	Prinzipal	Agent	Prinzipal	Agent
Vorvertragliche Phase	Screening = Informationsgewinnung, die von der weniger informierten Seite ausgeht	Signaling = Informationsangebot, das von der (besser) informierten Seite ausgeht	Verträge zur Auswahl vorlegen	Self-Selection Reputation	Screening in Bezug auf Vertrauenswürdigkeit	Reputation signalisieren
Nachvertragliche Phase	Monitoring	Reporting	Anreizverträge gestalten	Commitment/ Bonding Reputation	Vertrauensvorschuss, Extrapolation guter Erfahrungen	Sozialkapital aufbauen

[Quelle: GÖBEL 2002, S. 110]

Abb. 1-13:   Lösung von Agency-Problemen

Allerdings ist die Anreiz- und Kontrollstruktur bei der Durchführung von Beratungsprojekten, an denen ja zum Teil (ganze) Teams sowohl auf der Kunden- als auch auf der Beraterseite beteiligt sind, häufig wesentlich komplizierter als die Delegationsbeziehung zwischen einem einzelnen Agenten und einem einzigen Prinzipal, die in den klassischen Agency-Modellen unterstellt wird. Dies ist vor allem auf das Informationsparadoxon zurückzuführen. Es besagt, dass der Kunde den Nutzen einer Beratungsleistung erst dann beurteilen kann, wenn er diese in Anspruch genommen hat. Eine Rückgabe der Beratungsleistung bei Unzufriedenheit ist nicht möglich [vgl. SCHADE 2000, S. 47 und 51].

(3) Transaktionskostentheorie

Der Kerngedanke des Transaktionskostenansatzes ist die effiziente Bewertung und Koordination dauerhafter Austauschbeziehungen *(„Transaktionen")*, wobei ökonomische Fragestellungen als Probleme der Aushandlung und Durchsetzung von Verträgen formuliert werden.

Als Transaktionskosten werden jene Kosten bezeichnet, die im Vorfeld und/oder im Verlauf einer Austauschbeziehung entstehen. Transaktionskosten können in *externe* Kosten (Kosten der Marktinanspruchnahme) und in *interne* Kosten (Kosten der Organisationsnutzung) unterteilt werden. Überwiegen für die Transaktionen zwischen Wirtschaftssubjekten die externen Transaktionskosten, so entstehen Unternehmen. Insofern versucht man mit dem Transaktionskostenansatz auch die Existenz von Unternehmen und Märkten zu erklären. Die Entscheidung eines Unternehmens für oder gegen den Einsatz eines externen Beraters ist bspw. eine typische *Make-or-Buy*-Entscheidung [vgl. GÜMBEL/WORATSCHEK 1995, Sp. 1013 f.].

In Abhängigkeit von der Vertragsphase einer Geschäftstransaktion kann zwischen folgenden **Arten von Transaktionskosten** unterschieden werden [vgl. JESCHKE 2004, S. 143 unter Bezugnahme auf WILLIAMSON 1990, S. 59 ff.]:

- **Anbahnungskosten** sind aus Sicht der Unternehmensberatung sämtliche Kosten, die mit der Suche und Gewinnung attraktiver Kunden verbunden sind.

- **Vereinbarungskosten** treten für beide Vertragsparteien in der Vertragsabschlussphase auf und resultieren aus der Notwendigkeit, Verträge aushandeln zu müssen.

- **Abwicklungskosten** fallen in Verbindung mit der Umsetzung von Verträgen bzw. von Verhandlungsergebnissen an.

- **Kontrollkosten** fallen ebenfalls für beide Vertragspartner an und entstehen durch die Überprüfung der Einhaltung von Verträgen und vereinbarter Bedingungen innerhalb der Durchführungsphase einer Transaktion.

- **Anpassungskosten** schließlich können für beide Partner während der Durchführungsphase anfallen, weil Verträge ex-ante nicht alle vertragsrechtlichen Risiken berücksichtigen können. Kosten für *Change Requests* sind demnach typische Anpassungskosten.

Die **Make-or-buy-Entscheidung** ist die eigentliche Domäne des Transaktionskostenansatzes. Der Ansatz empfiehlt, diese Entscheidung durch einen Vergleich der Produktions- und Transaktionskosten abzusichern. Beim Kauf fallen die Transaktionskosten in Form der Marktbenutzungskosten an, beim Selbstmachen in Form von Hierarchie- oder Bürokratiekosten. Weiterhin nimmt der Theorieansatz an, dass die Transaktionskosten mit zunehmender **Spezifität** ansteigen, da *spezifische* Güter und Dienstleistungen in gewisser Weise einmalig und nicht ohne weiteres austauschbar sind, wie etwa das Technologie-Knowhow einer bestimmten Unternehmensberatung. Solange es um austauschbare Güter und Dienstleistungen geht, für die es viele Anbieter gibt, überwacht der Markt die Agenten ausreichend. Die Prinzipale können durch einen Vergleich der Agenten die Informationsasymmetrie senken, der Agent hat starke Anreize sich zufriedenstellend zu verhalten, weil er sonst ausgetauscht werden kann. Dann sollte man die Leistungen kaufen. Bei spezifischen Leistungen gestaltet sich die Suche am Markt deutlich aufwendiger, die Verhandlungen sind komplizierter, weil möglicherweise kein Marktpreis vorliegt. Hier befürchtet WILLIAMSON ein nachvertragliches „Hold up", also einen Erpressungsversuch des Agenten. Ist der Abnehmer auf diesen einen Lieferanten angewiesen („Lock-in"-Effekt), könnte dieser in Nachverhandlungen versuchen, die Vertragskonditionen zu seinen Gunsten zu ändern. Unter diesen Umständen sollte die Leistung besser selbst erbracht werden [vgl. GÖBEL 2002, S. 14 f. unter Bezugnahme auf WILLIAMSON 1990, S. 60 ff.].

(4) Informationsökonomik

Die Informationsökonomik durchdringt den Property-Rights- und den Transaktionskostenansatz, in dem sie sich mit der Frage befasst, wie Märkte funktionieren, die durch Unsicherheit und asymmetrische Informationen unter den Marktteilnehmern charakterisiert sind. So befasst sich die Informationsökonomik vor allem mit den Voraussetzungen und Konsequenzen der Marktunsicherheit. Diese ist dadurch gekennzeichnet, dass die Anbieter nur unvollkommene Informationen über die Zukunftserwartungen, Bedürfnisse und Restriktionen der Nachfrager haben und dass diese wiederum nicht alle Produkte, Qualitäten und Preise der Anbieter kennen [vgl. KAAS 1995, Sp. 972].

Informationsunsicherheit bzw. Informationsasymmetrie kommt aus Sicht der anbietenden Beratungsunternehmen dadurch zum Ausdruck, dass ihnen nur unvollkommene Informationen über aktuelle und zukünftige Beratungsbedarfe sowie über die Entscheidungsstrukturen innerhalb der Kundenunternehmen vorliegen. Aus Sicht der nachfragenden Kundenunternehmen sind die Informations- und Unsicherheitsprobleme Ausdruck unvollständiger Informationen über die Qualität und Leistungsfähigkeit der Anbieter von Beratungsleistungen [vgl. JESCHKE 2004, S. 139].

Angesichts dieser – zugegebenermaßen – sehr verkürzt wiedergegebenen Grundgedanken der Neuen Institutionenökonomik können Beratungsunternehmen als *Institutionen* bezeichnet werden, die sich in Märkten, die durch *Informationsasymmetrie* gekennzeichnet sind, auf die Beschaffung, Erstellung und den Vertrieb von Unsicherheit reduzierenden Informationen spezialisiert haben. Aufgrund dieser Spezialisierung und der Übertragbarkeit von Informationen sind Berater in der Lage, diese Leistungen wirtschaftlicher als andere Institutionen anzubieten. Durch die Nutzung der *Informationsprodukte* wird das Kundenunternehmen in eine bessere Umweltsituation versetzt. Aber nicht der Eintritt einer bestimmten Umweltsituation wird verhindert. Vielmehr wird die Wahrscheinlichkeit verringert, dass sich eine bestimmte Handlungsalternative nicht realisieren lässt. Das Kundenunternehmen wird durch die zusätzlichen entscheidungsrelevanten Informationen davor bewahrt, Handlungsalternativen auszuwählen, deren Realisierungswahrscheinlichkeit nicht sehr hoch ist. Die Informationsprodukte der Berater tragen insofern zur Steigerung des Kundenunternehmenswertes bei [vgl. HÖSELBARTH/SCHULZ 2005, S. 201 f.].

In Abbildung 1-14 sind die Beziehungen zwischen den einzelnen Teildisziplinen der (Neuen) Institutionenökonomik dargestellt.

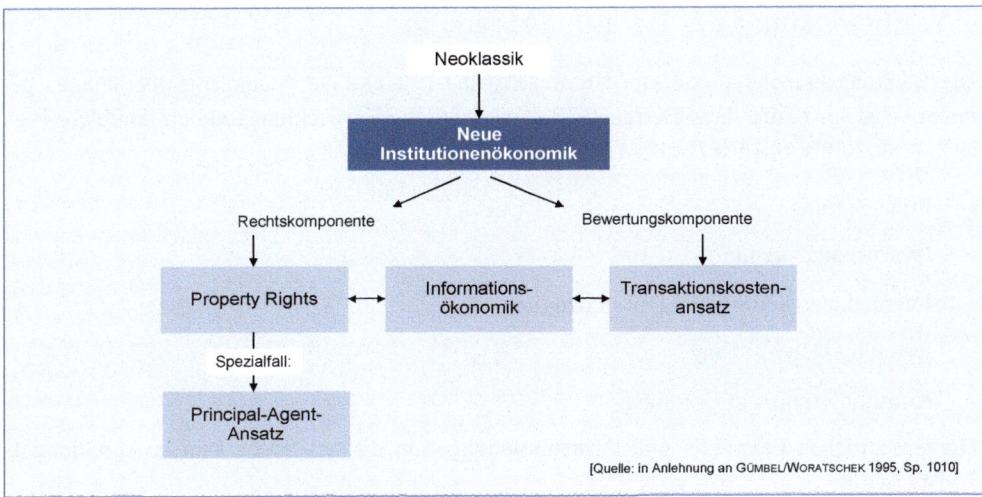

Abb. 1-14:   *Komponenten der Neuen Institutionenökonomik*

1.3　Entwicklung der Beratungsbranche

Die Beratungsbranche – und hier ist zunächst die Branche der Managementberatungen gemeint – hat im Laufe ihres Bestehens fünf wesentliche Entwicklungsstadien durchlebt [vgl.
auch FINK 2009a, S. 14 ff.]:

- Initialisierung

- Professionalisierung

- Internationalisierung und Differenzierung

- Boom und Überhitzung

- Konsolidierung und Erholung.

Die wesentlichen Eckpfeiler und Firmengründungen in diesen Phasen sind in Abbildung 1-
15dargestellt.

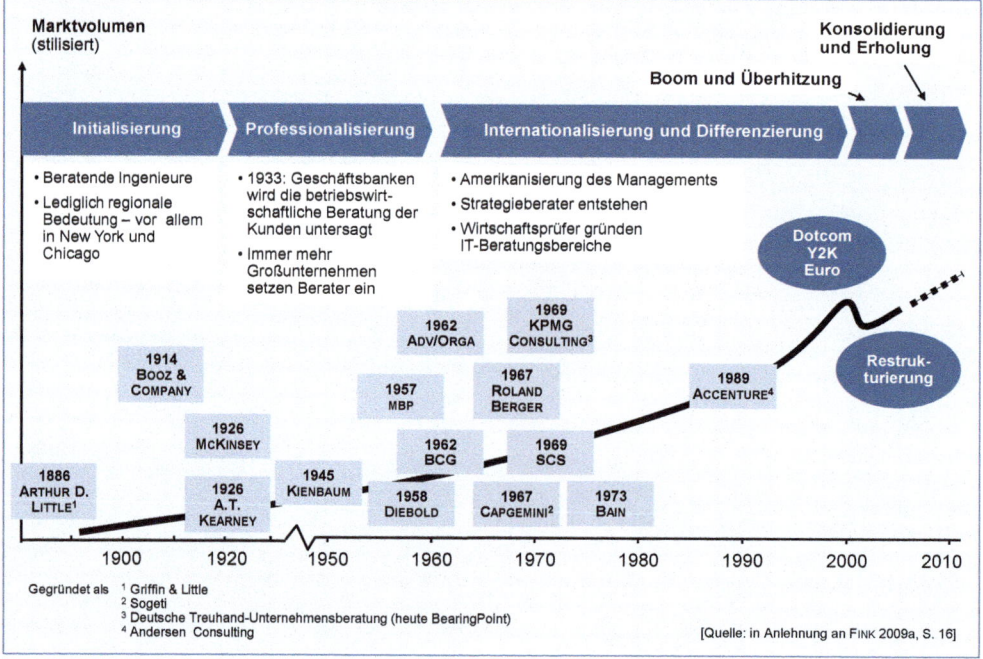

Abb. 1-15:　Historie der Beratungsbranche

1.3.1　Initialisierung und Professionalisierung

Historisch betrachtet sind Unternehmensberatungen das Ergebnis arbeitsteiliger Prozesse, die
sich in Wirtschaftssystemen mit zunehmender Komplexität herausbilden. Entsprechend
schnell ist die Beratungsbranche vor allem in der zweiten Hälfte des vorigen Jahrhunderts

gewachsen. Ihre Ursprünge reichen bis zum Ende des 19. Jahrhunderts zurück, als in den USA die ersten Unternehmensberatungen entstanden [vgl. BERGER 2010, S. 1].

Als **Geburtsstunde** der heutigen Unternehmensberatung gilt das Jahr 1886. Es ist das Gründungsjahr der Firma ARTHUR D. LITTLE, die sich später zu einer Managementberatung im heutigen Sinn entwickelte und allgemein als das älteste Beratungsunternehmen gilt. 1886 ist aber auch das Gründungsjahr von Unternehmen, die heute noch Weltgeltung haben: SEARS ROEBUCK, COCA COLA und JOHNSON & JOHNSON. Begonnen hatte der Bostoner Chemiker ARTHUR DEHON LITTLE gemeinsam mit seinem Partner ROGER GRIFFIN zunächst mit chemischen und technischen Analysen von Farben, Ölen, Fetten, Seifen und Nahrungsmitteln, bevor es dann – viele Jahre später – auch betriebswirtschaftliche Beratungsleistungen anbot. So nimmt neben ARTHUR D. LITTLE auch die 1914 in Chicago als Spezialist für Marktstudien gegründete Firma BOOZ & COMPANY für sich in Anspruch, das älteste Beratungsunternehmen zu sein. Es ist historisch gesehen allerdings kaum möglich, den Beginn der Initialisierungsphase exakt festzulegen. Auch andere Pionierunternehmen wie MCKINSEY oder A. T. KEARNEY, die das Feld der Managementberatung in den 1920er erschlossen und später ab den 1930er Jahren dominieren sollten, gingen nahezu ausnahmslos aus kleinen Partnerschaften und Kanzleien hervor [vgl. FINK 2009a, S. 14 f. und FINK/KNOBLACH 2006, S. 38].

Mit Beginn der anschließenden **Professionalisierungsphase** hat ein Datum eine besondere Bedeutung erlangt: Am 9. April 1930 erschien in der BUSINESS WEEK ein Artikel, der die Leser des Magazins zum ersten Mal auf eine neue Branche hinwies. JAMES O. MCKINSEY, Wirtschaftsprofessor an der University of Chicago, wies in dem Beitrag darauf hin, dass ein neuer Typ des Management-Helfers benötigt werde, der die Unternehmen sicher durch das Dickicht professioneller Dienstleistungen führen könne – der *Management Consultant*. Doch die Managementberater dieser Zeit verzeichneten noch verhaltene Wachstumsraten. Der Grund lag darin, dass Beratungsleistungen in den USA zunächst eine Domäne der Banken war. Das sollte sich ab 1933 ändern. Die US-Regierung reagierte auf den großen Börsencrash mit einem Verbot der Universalbanken. Mit dieser gesetzlichen Trennung von Geschäfts- und Investmentbanken war es den Banken nun nicht mehr möglich, ihre bisherigen betriebswirtschaftlichen Beratungs- und Reorganisationsaktivitäten fortzuführen. In der Folge prosperierte das Geschäft vieler junger Beratungsfirmen, da sich die Kundenunternehmen mit entsprechenden Aufgabenstellungen nun nicht mehr an die Banken, sondern an Berater wandten. Während des zweiten Weltkriegs übernahmen viele Berater Projekte der amerikanischen Regierung bzw. der US Navy. Inhaltlich betätigten sich Berater wie FREDERICK TAYLOR und viele Nachfolger als externe Experten für Effizienz im Arbeitsprozess. Im Mittelpunkt standen Zeit- und Bewegungsstudien, mit denen sie Arbeitsabläufe analysierten und die Wirtschaftlichkeit vieler Unternehmen verbesserten [vgl. MCKENNA 1995, S. 51 ff.].

In den 1950er Jahren wurde diese Form der Unternehmensberatung, die sich vornehmlich an die Fertigungsbereiche produzierender Unternehmen wandte, durch Beratung abgelöst, die sich auf die Unternehmensorganisation als Ganzes sowie auf strategische Fragen konzentrierten. Auf der Grundlage dieses ganzheitlichen Ansatzes bildete sich in der Beratungsbranche eine klare Hierarchie heraus, die von drei Unternehmen angeführt wurde: BOOZ, ALLEN & HAMILTON sowie CRESAP, MCCORMICK & PARTNER und MCKINSEY & COMPANY. Alle drei Firmen hatten ihren Ursprung in Chicago, alle drei Firmen rekrutierten ihre Nachwuchskräfte unter den besten Absolventen der HARVARD BUSINESS SCHOOL [vgl. FINK 2004, S. 7 und ARMBRÜSTER/KIESER 2001, S. 689].

1.3.2 Internationalisierung und Differenzierung

Ende der 1950er/Anfang der 1960er Jahre begannen die führenden US-Managementberatungen ihre Aktivitäten auch auf den europäischen Markt auszuweiten. Im Zuge dieser **Internationalisierung** von Beratungsleistungen stießen sie in Deutschland auf bis dahin insgesamt 2.000 bis 3.000 Berater und damit auf keinen nennenswerten Wettbewerb (siehe Abbildung 1-03). Einzig die Unternehmensberatung KIENBAUM, die im Oktober 1945 von GERHARD KIENBAUM in Gummersbach gegründet wurde, verfügte bereits 1960 über mehrere Geschäftsstellen im Bundesgebiet und ein Auslandsbüro in Wien. Die verzögerte Entwicklung des europäischen Beratungsmarktes und die dadurch immer noch geringe Beratungsintensität ist vornehmlich auf folgende Gründe zurückzuführen [vgl. BERGER 2004, S. 2]:

- In Europa dominierten lange Zeit Banken und unternehmensbezogene Dienstleister wie Wirtschaftsprüfer, Steuerberater oder Rechtsanwaltskanzleien den Beratermarkt.

- In einzelnen europäischen Ländern bestimmten Verbände das Beratungsgeschehen, in Deutschland bspw. die REFA-Organisation.

- Die Unternehmenslandschaft ist in vielen Ländern Europas – im Gegensatz zu den USA – durch mittelständische Familienunternehmen und andere nicht börsenorientierte Unternehmensformen geprägt. Diese Struktur begünstigt nicht unbedingt die Inanspruchnahme von Beratungsleistungen.

Durchschlagskräftiger und erfolgreicher als die Managementberatungen waren in Deutschland zu dieser Zeit die DV-orientierten Beratungsunternehmen, allen voran der 1957 von HOESCH gegründete Mathematische Beratungs- und Programmierdienst (kurz: MBP) in Dortmund und die ADV/ORGA in Wilhelmshaven, die FRIEDRICH A. MEYER im Jahr 1962 gründete. Aufgrund ihrer Größe und ihrer bundesweiten Geschäftsstellenstruktur konnten diese beiden Unternehmen einen beachtlichen Teil der seinerzeit von deutschen Unternehmen vergebenen individuellen Programmieraufträge auf sich vereinigen. Wesentliche Erfolgsfaktoren und zugleich Akquisitionshilfen für diese Programmierprojekte waren die in den Projekten eingesetzten Programmiertools: „VORELLE" (Vorübersetzer für Entscheidungstabellen) von MBP und „NPG" (Generator für normierte Programmierung) von ADV/ORGA, die in kurzer Zeit mehrere Hundert Installationen aufweisen konnten. Mit den beiden Produkten, die zur Kategorie der *systemnahen Software* zählen und die zu Beginn der 1970er Jahre die Installationslisten mit deutlichem Vorsprung anführten, waren MBP und ADV/ORGA die Protagonisten für die später so erfolgreichen Standardsoftwareprodukte.

Der eigentliche Durchbruch gelang allerdings nicht mit Systemsoftwareprodukten, die zu dieser Zeit von den Hardwareherstellern immer noch im *Bundling* (also zusammen mit der Hardware) angeboten wurden, sondern mit *Anwendungssoftwareprodukten* wie R/2 bzw. R/3 von SAP [vgl. LEIMBACH 2011; S. 373 ff.].

Später gesellte sich die SCIENTIFIC CONTROL SYSTEMS (SCS) dazu, die von der BRITISH PET-ROL (BP) 1969 in Hamburg ins Leben gerufen wurde. Diese „Großen Drei" dominierten in den 1970er Jahren die DV-Beratungsszene und waren nahezu auf jeder „Short List" für größe-re Planungs- und Realisierungsaufträge in der boomenden Datenverarbeitung vertreten. Doch trotz dieser Erfolge wuchs der Beratungsmarkt in Deutschland von 1970 bis 1980 um ledig-lich 1.500 auf 5.000 Berater. Dagegen hat sich die Anzahl der Berater von 1980 bis 2014 um mehr als das 21-Fache auf rund 106.000 erhöht (siehe Abbildung 1-16).

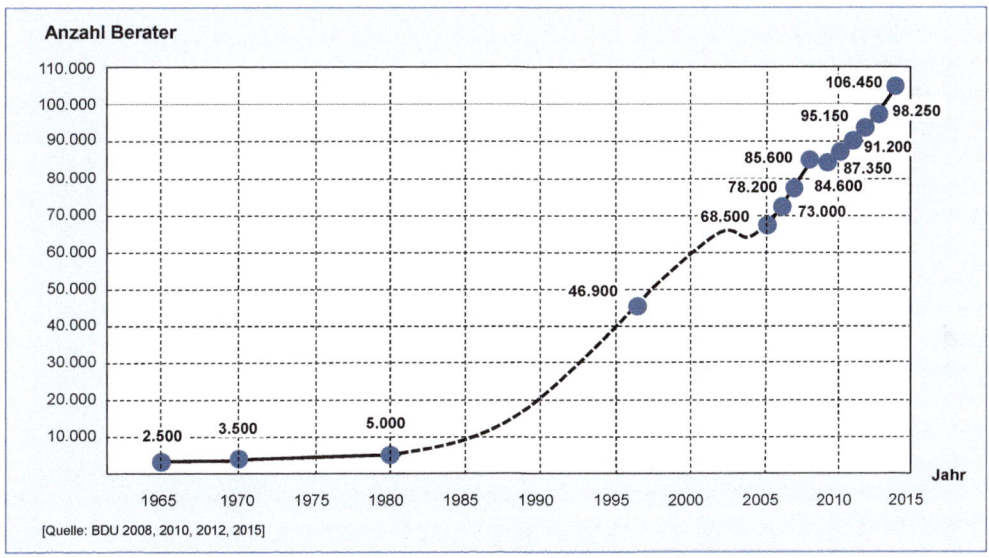

Abb. 1-16:   Entwicklung der Beraternzahl in Deutschland

Weitere Beratungsunternehmen, die in den 1970er und 1980er signifikante Marktanteile im DV- bzw. IT-Markt erzielen konnten, waren die Organisation PLAUT (Lugano), die Münchner SOFTLAB, das Wiesbadener EDV STUDIO PLOENZKE, die Berliner PSI sowie die beiden Stutt-garter Firmen IKOSS und ACTIS. Ihre jeweilige Geschäftsidee und ihre „Gradwanderung" zwischen Software und Beratung sind in Insert 1-03 skizziert.

Langfristig konnten sich die drei großen DV-Dienstleister der 1970er Jahre (MBP, ADV/ORGA und SCS) allerdings nicht durchsetzen. Das hing vornehmlich damit zusammen, dass sich diese Unternehmen sowohl im IT-Beratungsgeschäft mit Schwerpunkt Individual-softwareentwicklung als auch im Standardsoftwaregeschäft, das sich zunehmend als höchst attraktives Geschäftsfeld entwickelte, gleichermaßen positionieren wollten. Da beiden Ge-schäftsarten sehr unterschiedliche Geschäftsmodelle zugrunde liegen, gerieten diese Anbieter mehr und mehr zwischen die Stühle. Unternehmen, die diese „Stuck-in-the-middle"-Position vermieden, waren die Gewinner. Zu ihnen zählten auf der einen Seite die „reinen" Software-häuser wie SAP oder die SOFTWARE AG, die sich ausschließlich auf die Entwicklung und Vermarktung von Standardsoftware konzentrierten, und auf der anderen Seite die von den großen Wirtschaftsprüfungs- und Steuerberatungsgesellschaften ins Leben gerufenen IT-Beratungsabteilungen, die sich wiederum in der Hauptsache auf die Einführung der großen

Anwendungssoftwaresysteme (vor allem der SAP) konzentrierten und sich aus der Standard-softwareentwicklung vollständig heraushielten [vgl. Lippold 1998, S. 259].

Insert

Softwarehäuser und Berater
– zwischen Spezialisierung und Generalisierung

SOFTLAB. Zu den Unternehmen, die ähnlich wie MBP und ADV/ORGA eher eine hybride Strategie verfolgten, zählt SOFTLAB. 1971 von KLAUS NEUGEBAUER, GERHARD HELDMANN und PETER SCHNUPP aus privaten Mitteln gegründet, arbeitete das Unternehmen anfänglich vor allem als IT-Dienstleister für Großunternehmen in München. Im Vordergrund standen dabei Unteraufträge von SIEMENS zur Entwicklung von Software. Besonders hilfreich war hierbei ein für den Eigenbedarf konzipiertes Softwareprogramm, das die Softwareentwickler in die Lage versetzte, die meisten Entwicklungsschritte direkt am Terminal-Arbeitsplatz durchzuführen. Dies führte zu einer deutlichen Steigerung der Produktivität. Ursprünglich noch als Programm-Entwicklungs-Terminal-System (PET) bezeichnet, gelang es ab Ende der 1970er Jahre, diese Entwicklungsumgebung als PET/MAESTRO auch in den USA erfolgreich zu vermarkten. Doch trotz dieses Erfolges blieb SOFTLAB vor allem ein IT-Dienstleistungsunternehmen, das 1992 von BMW als Alleingesellschafter übernommen und 2008 auf die CIRQUENT GmbH verschmolzen wurde. Im selben Jahr gingen die Mehrheitsanteile an die japanische NTT DATA.

PLAUT. Als interessantes Beispiel für eine Unternehmensberatung, die auch IT-Dienstleistungen anbietet, kann die Organisation PLAUT angeführt werden. Gegründet wurde das Unternehmen bereits 1946 von HANS-GEORG PLAUT, der mit seinen Arbeiten zur Durchsetzung der modernen *Grenz- und Plankostenrechnung* einen wichtigen Beitrag zur Entwicklung der Unternehmensberatung und Betriebswirtschaft geleistet hatte. PLAUT erkannte die Möglichkeiten der Datenverarbeitung für seine Zwecke, denn oftmals wurde der Einsatz dieser Verfahren erst durch die Nutzung von Datenverarbeitungstechnologien ermöglicht. So fanden die betriebswirtschaftlichen Konzepte von PLAUT Eingang in die SAP Software. Heute ist das Unternehmen mit rund 200 Mitarbeitern Installationspartner von SAP.

EDV STUDIO PLOENZKE. Eine eher gemischte Strategie verfolgte anfänglich das 1969 von KLAUS C. PLÖNZKE, einem Mitarbeiter der IBM, gegründete EDV STUDIO PLOENZKE. Während in den 1970er Jahren das Angebot von der Datenerfassung, der Beratung bei der Konzeption und Implementierung von DV-Systemen über die Programmierunterstützung bei Individualprojekten bis hin zum Angebot eigener Softwarepakete reichte, änderte sich dieses Bild zu Beginn der 1980er Jahre deutlich. So positionierte sich das Unternehmen als IT-Dienstleister, der sich vor allem auf Beratung und Unterstützung von individuellen Kundenprojekten für kommerzielle Anwendungen konzentrierte. Die eigenen Softwareprogramme hatte man vom Markt zurück genommen und im Gegenzug spezialisierte man sich auf die Beratung und Unterstützung bei der Auswahl und Anpassung externer Softwarepakete. Von 1995 bis 1999 verkaufte PLÖNZKE sein Unternehmen sukzessive an die amerikanische Computer Sciences Corporation (CSC).

PSI. Im Gegensatz dazu war die heutige PSI AG, die 1969 von sechs ehemaligen Mitarbeitern der AEG als Gesellschaft für Prozesssteuerung und Informationssysteme gegründet wurde, von Beginn an als Dienstleistungsunternehmen mit einem deutlichen Schwerpunkt für System- und Softwareentwicklung und weniger Organisationsberatungen positioniert. Doch nicht nur in der Schwerpunktsetzung „Industrieautomatisierung", sondern auch in einem anderen Bereich unterschied sich die PSI von vielen Unternehmensberatungen: Geprägt von der enttäuschenden Erfahrung der Firmengründer mit der Struktur eines Großkonzerns und beeinflusst vom Zeitgeist der späten 1960er Jahre in Berlin, verschrieb sich das Unternehmen der gleichberechtigten Behandlung aller Mitarbeiter. Dementsprechend wurde ein Gesellschaftsvertrag erarbeitet, der neben Kapital- und Erfolgsbeteiligung auch die Mitbestimmung und die Aufnahme neuer Mitgesellschafter regelt. So wurde eine Unternehmensstruktur etabliert, die durch verschiedene Gremien wie Gesellschafterversammlung, Verwaltungsrat, Geschäftsleitung und Managementversammlung genossenschaftliche Züge aufwies. Die geschäftliche Organisation gliederte sich im Lauf der Zeit in die zwei Schwerpunktbereiche *Energie* und *Industrie*. Im Industriesegment stand vor allem die Konzeption und Entwicklung von Software für den Einzel- und Auftragsfertiger im Vordergrund. 1986 erfolgte die Markteinführung des Standardsoftwareprodukts PIUSS-O für den Bereich der Produktionsplanung und -steuerung. Im Bereich Energie fokussierte sich PSI auf die Konzeption und Entwicklung von Steuerungssystemen. Somit gelang es dem Unternehmen, mit einer eher ungewöhnlichen Gesellschaftskonstruktion und einer starken Fokussierung auf Prozesssteuerung eine erfolgreiche Position im Markt zu besetzen.

IKOSS und ACTIS. Die in Stuttgart gegründeten Firmen IKOSS und ACTIS waren Spin-Offs der Universität Stuttgart. Die Geschäftsidee von IKOSS beruhte auf den Arbeiten von JOHN ARGYRIS zur Theorie der finiten Elemente. Die darin verwendeten numerischen Methoden zur Berechnung von Flugzeugflügelfestigkeiten und die dazu entwickelten Programme fanden in der Luft- und Raumfahrtindustrie großes Interesse. 1978 übernahmen ein norwegischer Wirtschaftsprüfer als stiller Teilhaber sowie PETER BEYER als Geschäftsführer das Unternehmen. In der Folge erweiterte BEYER das Tätigkeitsspektrum durch organisches Wachstum sowie durch Übernahmen. Doch dieses Wachstum schuf letztlich auch Probleme, da die Eigenkapitalentwicklung trotz der guten geschäftlichen Entwicklung nicht mithalten konnte. Demgegenüber hatte sich die von GÜNTHER STÜBEL gegründete ACTIS, ein Akronym für Angewandte Computertechnik und Informationssysteme, von Beginn klar auf die kommerzielle Datenverarbeitung spezialisiert. Eine weitere Besonderheit war auch die Anwendung des EDI-Qualitätsstandards. Beide Unternehmen – IKOSS und ACTIS – wurden 1994 von der französischen SLIGOS-Gruppe (heute: ATOS) übernommen.

[Quelle: in Anlehnung an LEIMBACH 2011, S. 295 ff.]

Insert 1-03: Softwarehäuser und Berater zwischen Spezialisierung und Generalisierung

Zurück zu den amerikanischen Managementberatungen: Einer der ersten amerikanischen Unternehmensberater, der seine Präsenz in Europa und speziell in Deutschland ausbaute, war JOHN DIEBOLD. Er gründete 1958 die DIEBOLD GROUP, die er 1991 an DAIMLER-BENZ verkaufte und die heute unter DETECON firmiert. Deutlich erfolgreicher waren aber die namhaften US-Managementberatungen (vor allem MCKINSEY, BOOZ ALLEN HAMILTON, ATHUR D. LITTLE, A. T. KEARNEY sowie die BOSTON CONSULTING GROUP), die ab den 1960er Jahren den weltweiten Markt für Beratungsleistungen dominierten. Damit trugen sie in erheblichem Maße dazu bei, dass sich die amerikanischen Managementpraktiken in aller Welt verbreiteten und es in der Folge auch zur *Amerikanisierung* des europäischen Managements kam [vgl. FINK 2004, S. 8].

Parallel zur Internationalisierung der amerikanischen Managementberatungen wurden auch die ersten kontinentaleuropäischen Beratungsunternehmen gegründet – darunter ROLAND BERGER und SOGETI, die Vorgängergesellschaft von CAPGEMINI. Die beiden Firmengründer verfolgten allerdings unterschiedliche Sachziele: Während ROLAND BERGER die Strategieberatung anstrebte, setzte SERGE KAMPF als Gründer von SOGETI auf das DV-orientierte Beratungsgeschäft. An dem unterschiedlichen Geschäftsmodell dieser beiden Unternehmen, die im selben Jahr (1967) gegründet wurden, wird die **Differenzierung** des Leistungsangebotes im Beratungsmarkt besonders deutlich.

Zwei weitere Unternehmen stehen stellvertretend für die Differenzierungsbestrebungen sowohl im deutschen, als auch im internationalen Beratungsmarkt: die BOSTON CONSULTING GROUP (BCG) und ACCENTURE, das Nachfolgeunternehmen von ANDERSEN CONSULTING.

Die BCG – 1962 in Boston gegründet – vertraute auf gut ausgebildete Berater. Im Gegensatz zu den meisten Wettbewerbern, die einen Ansatz als Generalist verfolgten, versuchten die BCG-Berater nicht, vorgefertigte Managementmethoden auf die spezifische Situation eines Kunden zu übertragen. Vielmehr wurde jedes Kundenproblem grundlegend analysiert und – gemeinsam mit dem Kunden – individuell gelöst. Der Berater wurde zum Partner des Kunden, Problemlösungen wurden in gemeinsamen Teams erarbeitet. „Soft skills" wie Präsentations- und Moderationstechniken gewannen an Bedeutung [vgl. FINK 2009b, S. 12].

Doch nicht nur junge Strategieberatungsgesellschaften mit neuen Beratungsansätzen wurden von der Attraktion des Beratungsgeschäfts angezogen. Auch die großen, teilweise bereits weltweit tätigen „reinen" Wirtschaftsprüfer richteten zunehmend Beratungsabteilungen ein und folgten damit dem Siegeszug der Computertechnologie. Bereits 1954 etablierte ARTHUR ANDERSEN als erste Wirtschaftsprüfungsgesellschaft eine „IT-Practice", die den Elektrokonzern GENERAL ELECTRIC bereits im selben Jahr bei der Einführung einer computergestützten Gehaltsabrechnung unterstützte. In den 1980er Jahren überstieg das Wachstum des Beratungsgeschäfts von ARTHUR ANDERSEN das der Wirtschaftsprüfung deutlich. So kam es 1989 zu einem für die Prüfungsbranche bedeutsamen Schritt: ARTHUR ANDERSEN wurde unter dem Dach der neugegründeten Holding ANDERSEN WORLDWIDE in zwei Geschäftsbereiche aufgeteilt – in einen Wirtschaftsprüfungsbereich, der weiterhin unter ARTHUR ANDERSEN firmierte, und in einen Beratungsbereich namens ANDERSEN CONSULTING (AC). Zwischenzeitlich hat sich AC vollständig von den ehemaligen Mutter- und Schwestergesellschaften, die im Jahre 2000 als Folge der Bilanzmanipulationen des Energiekonzerns ENRON („ENRON-Skandal") zerschlagen wurden, gelöst und firmiert heute mit seinen weltweit über 220.000 Mitarbeitern unter dem Namen ACCENTURE [vgl. FINK 2009a, S. 25 f.].

1.3.3 Boom und Überhitzung

Die Entstehung der Europäischen Union, die Globalisierung der Wirtschaft sowie die Möglichkeiten der neuen Informations- und Kommunikationstechnologien und die damit verbundene Restrukturierung ganzer Branchen – nicht zuletzt auch im Auftrag der TREUHANDANSTALT im wiedervereinigten Deutschland – führten in den 1990er Jahren zu einem prosperierendem Geschäft für die Beratungsbranche. Auf diesen Veränderungsdruck reagierten die Consultingunternehmen mit innovativen Ansätzen wie Portfoliomanagement oder Business Process Reengineering [vgl. BERGER 2004, S. 7].

In Abbildung 1-17 sind die wesentlichen Merkmale dieses Beratungsbooms zusammengestellt.

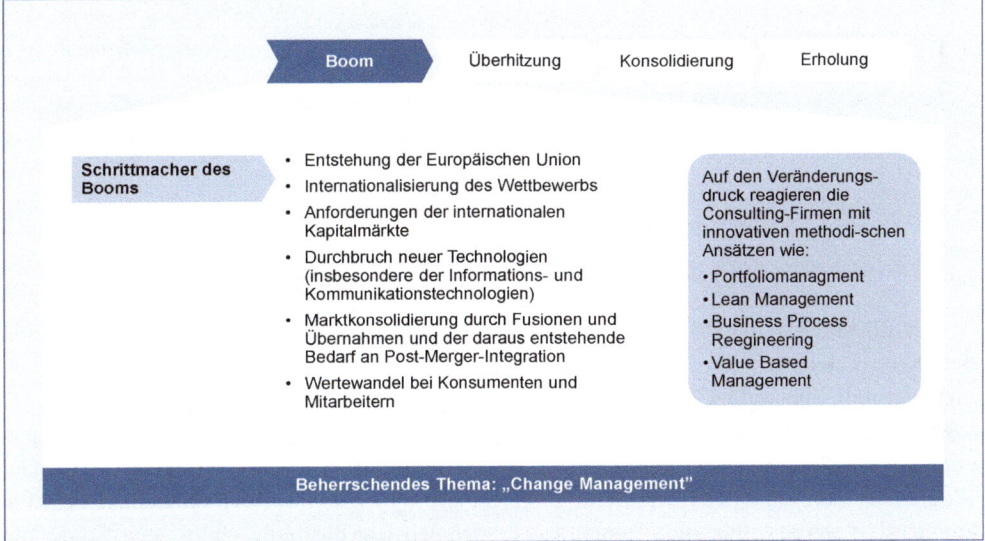

Abb. 1-17: Merkmale des Beratungsbooms

Zu diesen günstigen Umweltfaktoren kam dann Ende des Jahrzehnts der Aufstieg der *New Economy*, die Neuausrichtung zahlreicher Computersysteme auf das neue Jahrtausend und die Umstellungsvorbereitungen der europäischen Wirtschaft auf den Euro hinzu. Kaum eine Branche wurde so nachgefragt wie der Beratungsbereich und hier ganz besonders das IT-nahe Consulting. Dies führte zu überschwänglichem Optimismus bei vielen Beratungsunternehmen und hatte ein Ansteigen der Tagessätze und der Gehälter zur Folge. Außerdem reagierte die Branche mit einem massiven Ausbau der Beratungskapazitäten. So hatte sich das Beratungsvolumen in Deutschland innerhalb eines einzigen Jahrzehnts von rund 20.000 auf 60.000 Berater verdreifacht (siehe Abbildung 1-03). Während die deutsche Beratungsbranche in diesen Boomjahren eine durchschnittliche jährliche Wachstumsrate von 10 Prozent verzeichnen konnte, wuchs die deutsche Wirtschaft im gleichen Zeitraum lediglich um jährlich drei Prozent.

In Abbildung 1-18 sind die wesentlichen Merkmale dieser Überhitzungsphase im Überblick dargestellt.

Abb. 1-18:   Merkmale der Überhitzungsphase

1.3.4 Konsolidierung und Erholung

Als die Börsenblase platzte und die Weltwirtschaft zu Beginn des neuen Jahrtausends in eine tiefe Krise fiel, hatte auch die Beratungsbranche dieser Entwicklung wenig entgegenzusetzen. Im Gegenteil, führende Consulting-Firmen mussten erhebliche Umsatzeinbußen und z. T. sogar Verluste hinnehmen. Sie wurden von ausbleibenden Aufträgen, von Budgetkürzungen und von vorübergehenden Vertrauensverlusten hart getroffen (siehe Abbildung 1-19). Der Wegfall der Euro- und der Jahrtausend-Umstellungsprojekte konnte nicht durch neue Projekte kompensiert werden. Für viele Beratungsunternehmen war dies eine völlig neue Erfahrung. Nun galt es, entsprechende Strategien, die den Kundenunternehmen in solchen Situationen immer wieder aufgezeigt wurden, für das eigene Unternehmen umzusetzen [vgl. FINK 2009a, S. 26].

Die ersten Maßnahmen zielten auf den nachhaltigen Abbau von Kapazitäten. Da die Beratungsunternehmen bezüglich der Unternehmensgröße quasi mit ihren Mitarbeitern „atmen", wurde innerhalb kürzester Zeit die auf Hochtouren laufende Rekruting-Maschine abgestellt und ein Einstellungsstopp verkündet. Gleichzeitig wurde in den größeren Beratungseinheiten ein Großteil der in der Probezeit befindlichen Mitarbeiter gekündigt.

Neben den wirtschaftlichen Zwängen kam der Druck zur Konsolidierung aber noch aus einer anderen Richtung: Die amerikanische Börsenaufsichtsbehörde SEC hatte wiederholt die Unvereinbarkeit von Prüfung und Beratung angemahnt. Um hier nicht in einen Zugzwang zu geraten, trennten sich die großen Wirtschaftsprüfungsgesellschaften von ihren Beratungstöchtern. So übernahm CAPGEMINI die Beratungssparte von ERNST & YOUNG mit weltweit rund 18.000 Mitarbeitern und einem Jahresumsatz von 3,6 Mrd. Euro. PRICEWATERHOUSECOOPERS verkaufte seine Tochter PwC CONSULTING mit rund 30.000 Beratern an IBM, nachdem zuvor eine Übernahme durch HEWLETT PACKARD und auch ein IPO gescheitert waren. KPMG schließlich führte ein Management-Buy-Out für seine Consulting-Tochter unter dem neuen Namen BEARINGPOINT durch.

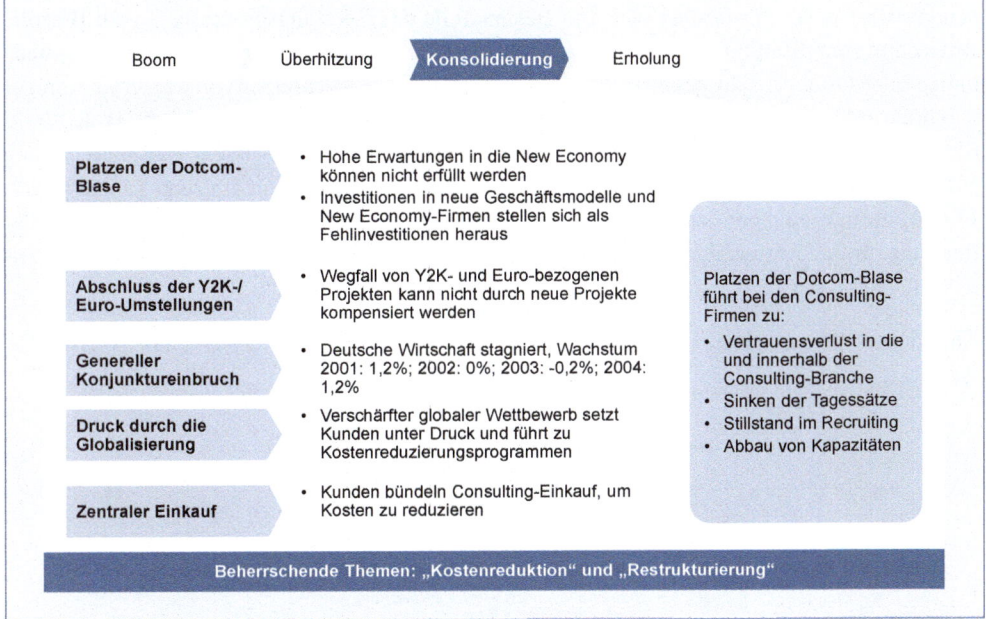

Abb. 1-19: Merkmale der Konsolidierungsphase

Ab 2005 erholte sich die Wirtschaft auf breiter Front, so dass sich die Investitionsstaus auflösten. Insbesondere die zurückgestellten Einführungen von ERP-Systemen kamen wieder auf die Agenda der Unternehmen. Die Begleitung und Umsetzung weltweiter SAP- oder Oracle-Rollouts bestimmten die Leistungserbringung (engl. *Delivery*) der großen, global agierenden IT-Dienstleister wie ACCENTURE, IBM und CAPGEMINI.

Aber auch im Bereich der Strategieberatung machte sich die **Erholung** der Wirtschaft bemerkbar. Die Industrie investierte wieder vermehrt in Wachstums- und Effizienzprojekte. Hinzu kamen erhöhte Aktivitäten im Mergers & Acquisitions-Bereich – seit je her eine Domäne der Strategieberater in enger Zusammenarbeit mit den Wirtschaftsprüfern. Im Vordergrund der Erholungsphase standen Maßnahmen, die einen messbaren ökonomischen Nutzen für das Kundenunternehmen liefern. Wertorientierung und damit die Identifizierung der erfolgsrelevanten Werttreiber in Verbindung mit einer starken Prozessorientierung waren und sind die Erfolgsfaktoren im neuen Jahrtausend.

Auf die Ende 2008 folgende Bankenkrise mit ihren gesamtwirtschaftlichen negativen Auswirkungen war die Beratungsbranche dann deutlich besser vorbereitet. Die Beratungsunternehmen hatten aus der letzten Krise in den Jahren 2002/2003 gelernt und die eigenen Strukturen wesentlich effizienter und flexibler auf die Marktveränderungen eingestellt. Personalent-
lassungen konnten daher weitestgehend vermieden werden, es wurde aber durch Kurzarbeit
flexibilisiert. Darüber hinaus wurden Einstellungsstopps ausgesprochen bzw. Einstellungen
nur bei Ersatzbedarf vorgenommen. Um die Kosten im Griff zu halten, wurden besonders bei
den großen Consulting-Firmen verstärkt Bestandteile des Beratungsprozesses – zum Beispiel
Anwendungsmodifikationen, Knowledge Management, Research oder Benchmarking – nach
Indien oder Osteuropa ausgelagert. Obwohl bestimmte Aufgabenfelder von der Krise weniger
berührt wurden oder sogar Konjunktur hatten (Outsourcing, Restrukturierung (z. B. ROLAND
BERGER bei OPEL)), hat das schwierige Marktumfeld zu einer gewissen Marktbereinigung
geführt, bei der 2009 die Zahl der Branchenteilnehmer um 2,5 Prozent auf rund 13.260 (2008:
13.600) zurückgegangen ist. Der überwiegende Teil der Marktaustritte war im Segment der
Beratungsfirmen mit weniger als 250.000 Euro Umsatz (Einzelberater) zu verzeichnen [Quel-
le: BDU 2010, S. 6].

Abbildung 1-20 gibt einen Überblick über die wichtigsten Merkmale der Erholungsphase.

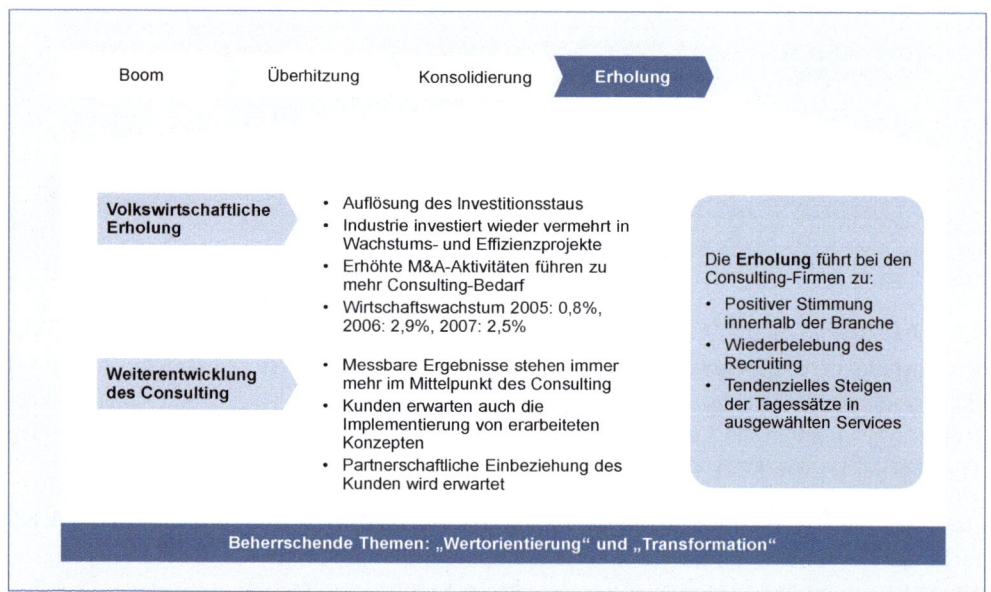

Abb. 1-20:   Merkmale der Erholungsphase

Deutlich schneller und dynamischer als erwartet, hat die deutsche Consultingbranche nach
dem Krisenjahr 2009 wieder ein nahezu zweistelliges Umsatzplus erzielt und damit den Anschluss an die Phase mit kräftiger Branchenkonjunktur und zweistelligen Wachstumsraten –
speziell der Jahre 2004 bis 2008 – erreicht. Die Beratungsbranche profitierte dabei stark von
der Sonderrolle der deutschen Wirtschaft als Konjunkturlokomotive in Europa. Gute Export-
zahlen, eine weiter verbesserte Binnenkonjunktur sowie ein belebter Arbeitsmarkt haben in
den letzten beiden Jahren für ein günstiges Investitionsklima in deutschen Firmen gesorgt.

Auch der in Europa schwächelnde Automobilabsatz konnte den positiven Gesamteindruck nicht trüben, da die Nachfrage nach den Modellen deutscher Hersteller in den USA und Asien zum Teil kräftig angezogen hat. Der gute Zustand der deutschen Industrie und Wirtschaft und die damit einhergehenden Erfolgsfaktoren haben weltweit mittlerweile Vorbildcharakter.

In vielen Branchen standen Beratungsprojekte im Vordergrund, in denen es bei den Kundenunternehmen einerseits um die Verteidigung der Gewinne und andererseits um die gezielte Festigung oder Ausdehnung der Marktposition ging. Die Kundenunternehmen haben den guten Konjunkturverlauf in Deutschland mit vielfach vollen Auftragsbüchern strategisch genutzt, um mit gezielten Produkt- und Prozessinnovationen die Zukunftsfähigkeit zu sichern und Wettbewerbsvorteile auszubauen. Unternehmensberater unterstützen ihre Kunden dabei durch strukturierte Analysen, um die durch den enormen Anstieg der Informationsvielfalt entstandene Komplexität abzubauen oder die Geschäftschancen in Auslandsmärkten strategisch und operational zu erhöhen [vgl. BDU 2013, S. 4 f.].

Abbildung 1-21 zeigt den Umsatzverlauf der deutschen Beratungsbranche seit 1997. Es wird deutlich, dass nach der *Konsolidierung* in der Phase der *Erholung* fast wieder an die Wachstumsraten des *Booms* (trotz eines kurzfristigen Einbruchs im Zuge der Bankenkrise) angeknüpft wird.

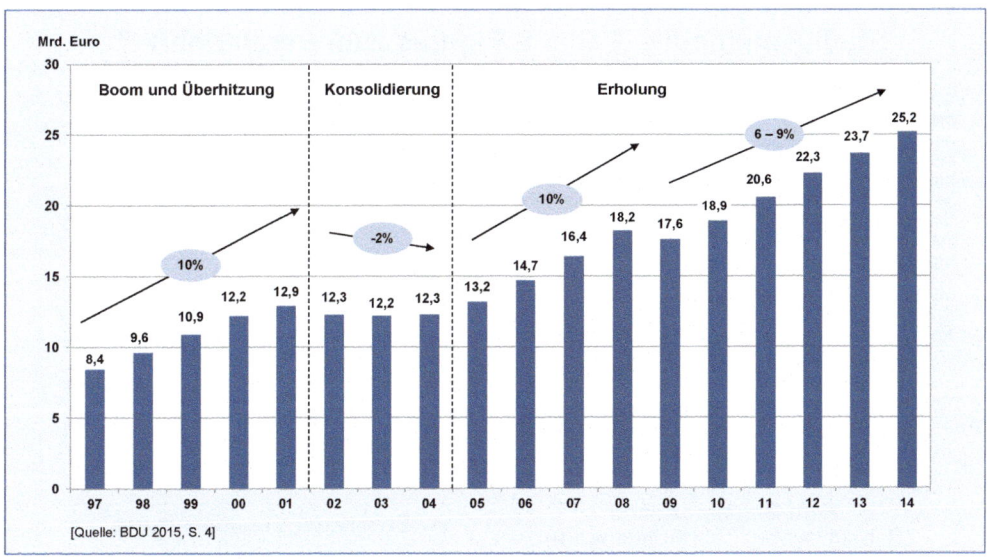

Abb. 1-21:   Entwicklung des Branchenumsatzes von 1997 – 2014

1.4 Struktur der Beratungsbranche

1.4.1 Allgemeine Branchenkennzahlen

Auftragsbezogene Kennzahlen zum Beratungs- und IT-Markt auf internationaler Ebene liefern in mehr oder weniger regelmäßigen Abständen Analysten- und Research-Unternehmen wie FORRESTER, GARTNER, PAC oder IDC.

Speziell für den *deutschen* Beratungsmarkt führt der Bundesverband Deutscher Unternehmensberater BDU jährliche Marktumfragen zur Struktur und Entwicklung der Beratungsbranche durch. Die Ergebnisse dieser Marktstudien fließen in die vom BDU veröffentlichten „Facts & Figures" ein (siehe Insert 1-04). Sie bilden auch die Grundlage der nachfolgenden Strukturanalyse. Inhaltlich gesehen zeigt die Einteilung des Consultingmarktes in die „klassischen" vier Beratungsfelder allerdings eine wesentliche Schwäche auf, denn unter den vielen funktionalen Beratungsfeldern (wie z. B. Marketingberatung, Controlling-Beratung, Logistik-Beratung etc.) wird hier lediglich die Human-Resources-Beratung aufgeführt.

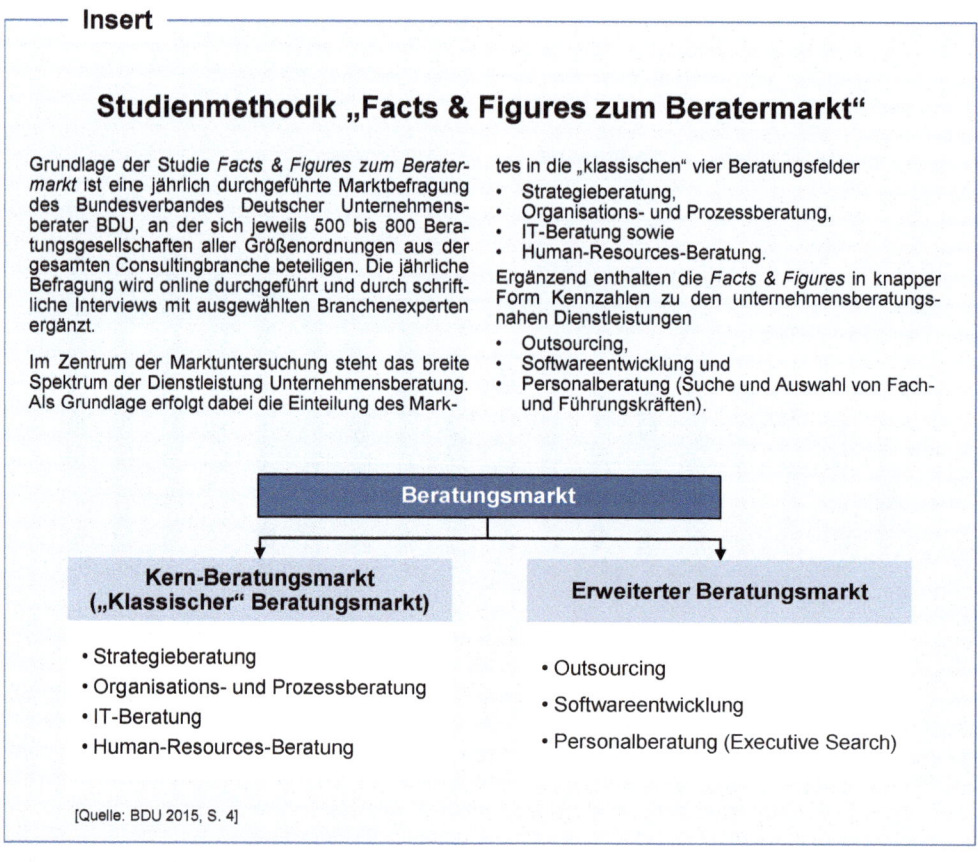

Insert

Studienmethodik „Facts & Figures zum Beratermarkt"

Grundlage der Studie *Facts & Figures zum Beratermarkt* ist eine jährlich durchgeführte Marktbefragung des Bundesverbandes Deutscher Unternehmensberater BDU, an der sich jeweils 500 bis 800 Beratungsgesellschaften aller Größenordnungen aus der gesamten Consultingbranche beteiligen. Die jährliche Befragung wird online durchgeführt und durch schriftliche Interviews mit ausgewählten Branchenexperten ergänzt.

Im Zentrum der Marktuntersuchung steht das breite Spektrum der Dienstleistung Unternehmensberatung. Als Grundlage erfolgt dabei die Einteilung des Mark-

tes in die „klassischen" vier Beratungsfelder
- Strategieberatung,
- Organisations- und Prozessberatung,
- IT-Beratung sowie
- Human-Resources-Beratung.

Ergänzend enthalten die *Facts & Figures* in knapper Form Kennzahlen zu den unternehmensberatungsnahen Dienstleistungen

- Outsourcing,
- Softwareentwicklung und
- Personalberatung (Suche und Auswahl von Fach- und Führungskräften).

Beratungsmarkt

Kern-Beratungsmarkt ("Klassischer" Beratungsmarkt)	Erweiterter Beratungsmarkt
• Strategieberatung • Organisations- und Prozessberatung • IT-Beratung • Human-Resources-Beratung	• Outsourcing • Softwareentwicklung • Personalberatung (Executive Search)

[Quelle: BDU 2015, S. 4]

Insert 1-04:   Studienmethodik „Facts & Figures"

Es soll in diesem Zusammenhang nicht unerwähnt bleiben, dass es ausgesprochen schwierig ist, „harte" Zahlen für den Beratungsmarkt zu ermitteln. Zum einen beruhen die Umfragen auf individuellen, kaum überprüfbaren Angaben der Unternehmen. Zum anderen sind die einzelnen Beratungsfelder nur sehr schwer abgrenzbar. Auch hängen die Zuordnungen der Umsätze sehr häufig vom jeweiligen wirtschaftlichen Schwerpunkt des Beratungsunternehmens ab.

Der Gesamtumsatz des Unternehmensberatungsmarktes mit allen beratungsnahen Dienstleistungen – Outsourcing, Softwareentwicklung und Systemintegration sowie Personalberatung – betrug 2014 rund 36 Milliarden Euro. Davon entfielen etwa 70 Prozent auf den enger definierten „klassischen" Beratungsmarkt. Rund 15.400 Beratungsgesellschaften bieten in Deutschland „klassische" Beratungsleistungen an. Etwa die Hälfte hiervon erzielen weniger als 250.000 Euro Jahresumsatz und sind vielfach als Einzelberater tätig. 2014 waren insgesamt rund 130.000 Mitarbeiter in der „klassischen" Consultingbranche beschäftigt. Die Zahl der eigentlichen Berater („Professionals") stieg in diesem Bereich von 98.250 um 8,4 Prozent auf rund 106.500 (siehe Abbildung 1-22).

	Klassische Unternehmensberatung				Erweiterte Unternehmensberatung	Gesamt-Markt	Veränderung gegenüber 2013
	ab 45 Mio. € Jahresumsatz	1 bis 45 Mio. € Jahresumsatz	unter 1 Mio. € Jahresumsatz	Gesamt			
Umsatz in Mrd. Euro	10,7	9,2	5,3	**25,2**	10,9	**36,1**	+ 6,2 %
Marktanteil	29,6 %	25,5 %	14,7 %	**69,8 %**	30,2 %	**100,0 %**	
Anzahl Unternehmen	150	2.840	12.400	**rd. 15.400**	2.300	**rd. 17.700**	+ 1,1 %
Anzahl Mitarbeiter	41.000	46.250	42.500	**rd. 130.000**	70.000	**rd. 200.000**	+ 6,4 %
Anzahl Berater	34.000	38.350	34.100	**rd. 106.500**	53.500	**rd. 160.000**	+ 8,1 %

[Quelle: BDU 2015, S. 5 u. 11]

Abb. 1-22:   Wichtige Kennzahlen zum Beratungsmarkt 2014

Mit diesen Branchenkennzahlen ist zugleich auch eine wesentliche strukturelle Schwäche der deutschen Beratungsbranche aufgezeigt. Über 80 Prozent aller „klassischen" Beratungsunternehmen erzielen nicht einmal einen Jahresumsatz von einer Millionen Euro, d. h. der Anbietermarkt für Unternehmensberatung ist so stark zersplittert, dass man von einer *„atomistischen" Konkurrenz* sprechen kann. Im Gegenzug kann für den „klassischen" Unternehmensberatungsmarkt eine extrem *hohe Konzentration* festgestellt werden. So erzielen die 150 größten Beratungsunternehmen – das sind lediglich ein Prozent aller Beratungsunternehmen – allein 42 Prozent des gesamten Branchenumsatzes.

1.4.2   Struktur der Nachfrageseite – Branchenanalyse

Die größte Nachfragegruppe im Markt für Beratungsleistungen ist das verarbeitende Gewerbe, gefolgt vom Finanzdienstleistungssektor und dem Öffentlichen Bereich. Ein Drittel des Gesamtumsatzes der „klassischen" Unternehmensberaterbranche entfällt 2014 auf die verschiedenen Branchen des verarbeitenden Gewerbes. Absolut entspricht dies einem Umsatz von 8,5 Milliarden Euro. Den größten Anteil hat dabei der Fahrzeugbau mit einem Auftragsvolumen von 3,3 Milliarden Euro. Mit deutlichem Abstand folgen der Maschinenbau mit 1,6 Milliarden Euro sowie Chemie/Pharma und die Konsumgüterindustrie mit 1,4 bzw. 1,3 Milliarden Euro.

Auf das verarbeitende Gewerbe folgt der **Finanzdienstleistungsbereich** mit einem Anteil von 24,4 Prozent. Die Anteile der beiden Hauptgruppen dieses Bereichs – die Banken- und die Versicherungsbranche – halten sich in etwa die Waage. Zusammen wurden im Finanzdienstleistungsbereich Beratungsleistungen im Wert von mehr als sechs Milliarden Euro beauftragt.

Nachfrageimpulse gingen für die Unternehmensberater auch vom **Public Sector** aus. Mit 9,1 Prozent ist der öffentliche Bereich der drittgrößte Auftraggeber im Rahmen dieser Branchenanalyse. Es folgen die **TIMES**-Branche (Times = **T**elekommunikation, **I**nformationstechnik, **M**edien, **E**ntertainment und teilw. **S**ecurity) mit 7,8 Prozent und die **Energie- und Wasserversorger** mit 7,7 Prozent.

Abbildung 1-23 gibt einen Überblick über die Anteile der Kundenbranchen am beauftragten Beratungsvolumen im Jahr 2014.

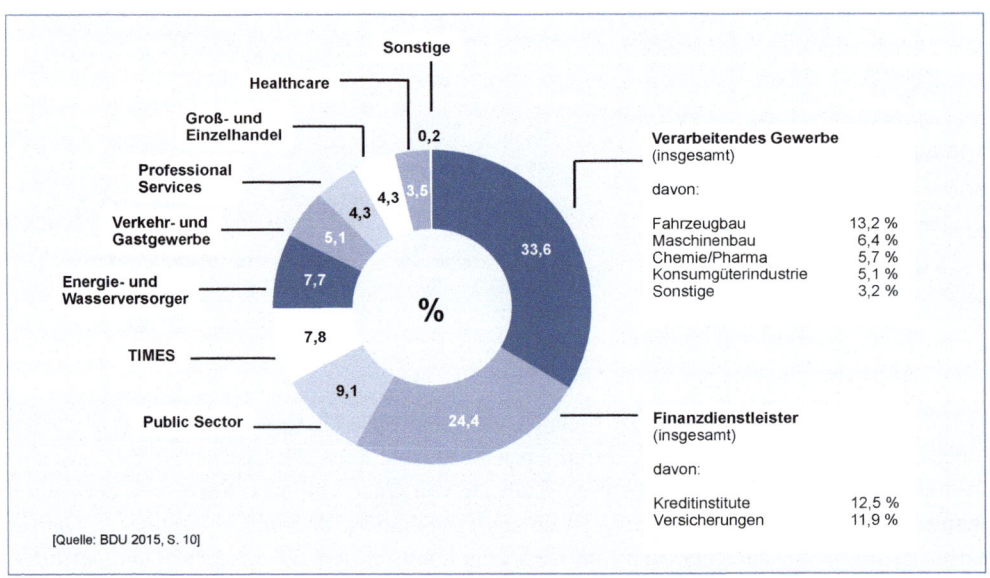

Abb. 1-23:   Aufteilung des Beratungsmarktes nach Kundenbranchen

1.4.3 Struktur der Angebotsseite – Beratungsfelder

Das größte Beratungsfeld ist die Organisations- und Prozessberatung mit einem Anteil von 30,5 Prozent, gefolgt von der Softwareentwicklung/Systemintegration mit 19,1 Prozent, der Strategieberatung mit 17,1 Prozent und der IT-Beratung mit 14,8 Prozent. Abbildung 1-24 gibt einen Überblick über die Anteile der wichtigsten Beratungsfelder am Gesamtmarktumsatz 2014.

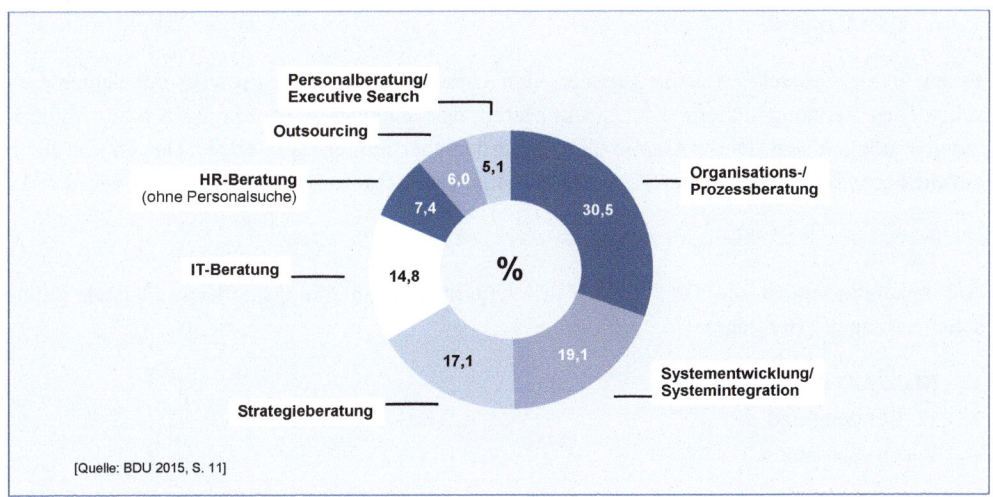

Abb. 1-24:   Aufteilung des Gesamtmarktumsatzes nach Beratungsfeldern

Der Anteil des Beratungsfeldes **Organisations- und Prozessberatung** sank leicht auf 30,5 Prozent (2013: 30,7 %). Aufgrund des gestiegenen Gesamtumsatzes in der Branche legte der auf dieses Beratungsfeld entfallende Umsatz allerdings in absoluten Zahlen auf 10,9 Milliarden Euro zu (2013: 10,4 Milliarden Euro). Wachstumstreiber in diesem Beratungsfeld sind Change Management (+7,1 Prozent gegenüber 2013), Projektmanagement (+6,9 Prozent) sowie CRM- und Vertriebsthemen (+ 6 Prozent).

Der Anteil der beratungsnahen **Softwareentwicklungs- und Systemintegrationsaktivitäten** am Gesamtumsatz der Beratungsbranche ist mit 19,1 Prozent nahezu konstant geblieben. Dieses Beratungsfeld, das nach BDU-Nomenklatur nicht zum Kern-Beratungsangebot zählt, vereint – absolut gesehen – einen Umsatz von 6,9 Milliarden Euro auf sich.

Im Jahr 2014 entfielen 17,1 Prozent des gesamten Marktumsatzes auf das Beratungsfeld **Strategieberatung** (2013: ebenfalls 17,1 Prozent). Damit konnten die Unternehmensberatungsgesellschaften mit Projekten in diesem Beratungsfeld umgerechnet 6,2 Milliarden Euro erwirtschaften (2013: 5,8 Milliarden Euro). Gefragt waren besonders Business Development & Innovation-Themen (+ 8,1 %) und Marketing- und Vertriebsstrategien (+7,4 %).

Der Anteil der **IT-Beratungsleistungen** verzeichnete mit 14,8 Prozent im Jahr 2014 im Vergleich zum Vorjahr ein leichtes Plus (2013: 14,7 Prozent). In absoluten Zahlen waren dies 5,3 Milliarden Euro (2013: 5 Milliarden Euro).

Die **Human-Resources-Beratung**, die hier – wie bereits erwähnt – als einziges funktionales Beratungsfeld aufgeführt ist, verzeichnete mit leichter Abschwächung einen Anteil am Branchenumsatz von 10,4 Prozent (2013: 10,6 %) und damit ein Umsatzvolumen von 2,6 Milliarden Euro (2013: 2,5 Milliarden Euro).

Im Beratungsfeld **IT-Outsourcing**, das nicht zu den Kern-Beratungsfeldern zählt, wurde 2014 ein Umsatz in Höhe von 2,2 Milliarden Euro realisiert (2013: 2,0 Milliarden Euro).

1.4.4 Das Consulting-Kontinuum

Es hat immer wieder Versuche gegeben, den Unternehmensberatungsmarkt mit seinen verschiedenen Beratungsfeldern so zu strukturieren, dass eindeutige Zuordnungen bzw. Abgrenzungen möglich sind. Diese Abgrenzungen werden aber immer schwieriger. Das ist vor allem auf die besondere Dynamik der IT-nahen Beratungsbereiche zurückzuführen.

(1) Klassische Dreiteilung des Unternehmensberatungsmarktes

Am bekanntesten ist die **Dreiteilung** des Unternehmensberatungsmarktes. Danach unterscheidet man die Bereiche

- Managementberatung,
- IT-Beratung und
- Personalberatung.

Während die *Managementberatung* Unternehmen im Bereich der strategischen und organisatorischen Führung sowie bei der Realisierung von Veränderungsprozessen unterstützt, fokussiert sich die *IT-Beratung* auf die Planung, Entwicklung und Implementierung sowie auf den Betrieb von informationstechnischen Systemen. Bei der *Personalberatung* stehen die Akquisition von Führungskräften, die Personalentwicklung, das Outplacement sowie die Gehalts- und Vertragsgestaltung im Mittelpunkt [vgl. FINK 2009a, S. 3 ff.].

Abbildung 1-25 zeigt die „klassische" Einteilung des Unternehmensberatungsmarktes.

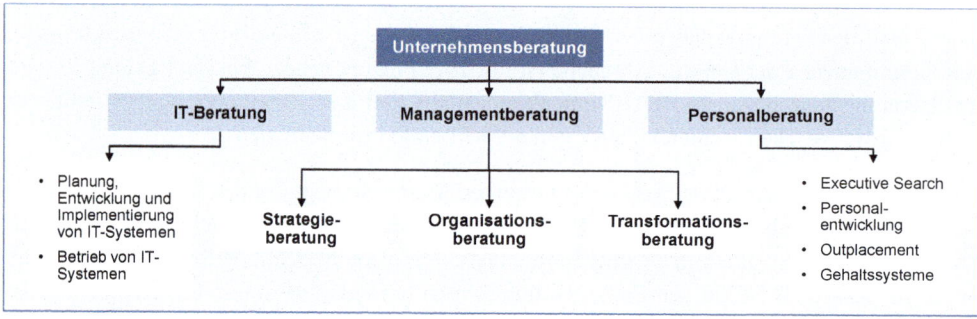

Abb. 1-25:   Klassische Einteilung des Unternehmensberatungsmarktes

(2) BDU-Systematik

Ein weiterer „Abgrenzungsversuch" ist die vom Bundesverband Deutscher Unternehmensberater BDU vorgenommene Einteilung in die vier „klassischen" *Kern-Beratungsfelder* (siehe auch Insert 1-03)

- Strategieberatung,
- Organisations- und Prozessberatung,
- IT-Beratung und
- Human-Resources-Beratung (HR-Beratung)

sowie den *beratungsnahen* Dienstleistungsbereichen

- IT-Outsourcing,
- Softwareentwicklung/Systemintegration und
- Personalberatung.

Gegenüber den Kern-Beratungsfeldern lässt sich vorbringen, dass sich *Organisations- und Prozessberatung* nicht oder nur sehr schwer von der *IT-Beratung* trennen lässt. Außerdem weist die *Human-Resources-Beratung* als funktionsorientierte Beratungsleistung eine ganz andere logische Dimension auf, als die übrigen drei Beratungsfelder. Somit stellt die HR-Beratung in gewisser Weise ein „Fremdkörper" innerhalb dieser „klassischen" Beratungsfelder dar.

Und auch die beratungsnahen Dienstleistungen geraten wie „Äpfel" und „Birnen" ein wenig durcheinander. So ist die *Personalberatung* mit seiner Hauptausprägung „*Executive Search"* ein derart eigenständiges Business, dass es in diese Systematik gar nicht aufgenommen werden sollte. *IT-Outsourcing* und *Softwareentwicklung/Systemintegration* sind dagegen Beratungsfelder, die sich unmittelbar aus dem Beratungsgeschäft entwickelt haben. Ganz besonders das Softwaregeschäft wäre ohne die Keimzelle *IT-Beratung* gar nicht denkbar. Ohnehin sind die Grenzen zwischen Softwareentwicklung und IT-Beratung fließend. Softwareentwicklung im Kundenauftrag ist eine *Dienstleistung*. Das vermarktungsfähige Ergebnis der Entwicklung von Standardsoftware wird dagegen als *Produkt* (engl. *Packaged Software*) bezeichnet. Darüber hinaus gibt es im Umfeld von Standardsoftware wiederum ein großes Spektrum produktbezogener Dienstleistungen. Aufgrund dieser fließenden Grenzen zwischen IT-Produkten und -Dienstleistungen sind Aussagen über Umsatzvolumen und -entwicklung des IT-Dienstleistungsmarktes mit Vorsicht zu interpretieren.

Dennoch hat die BDU-Systematik schon deshalb eine besondere Relevanz, weil eine Vielzahl von Statistiken zu Größenordnung und Entwicklung der einzelnen Beratungsfelder auf der Grundlage dieser Systematik herausgegeben werden.

Ebenso wie es eine allumfassende und allen Ansprüchen genügende Systematisierung von IT-Dienstleistungen (als Teilmarkt des Beratungsgeschäfts) nicht gibt, so existiert auch keine allgemein akzeptierte Systematisierung des Unternehmensberatungsgeschäfts insgesamt. Vielmehr gibt es zur oben vorgestellten Systematik des BDU noch Alternativen, die – aus anderen Perspektiven heraus – interessante Einblicke in die IT-Dienstleistungslandschaft bieten können.

(3) Plan-Build-Run-Modell

So nutzen viele Anbieter bei der Vorstellung ihres Dienstleistungsportfolios die Aufteilung des Consulting-Kontinuums nach „*Plan"*, „*Build"* und „*Run"*. Dabei stehen

- **Plan** (manchmal auch als „*Think"* bezeichnet) für Strategieberatung,
- **Build** für Umsetzungsberatung (Transformation bzw. Process Consulting) und
- **Run** (manchmal auch als „*Operate"* bezeichnet) für IT-Outsourcing.

Diese Einteilung, die ursprünglich aus der Systematisierung der IT-Dienstleistungen stammt, ist nicht ohne Grund so populär, bietet sie doch ein einfaches und verständliches Schema für die komplexe Welt der IT-und Beratungsdienstleistungen.

Abbildung 1-26 gibt einen Überblick über das Consulting-Kontinuum mit entsprechend zugeordneten Beratungsfirmen.

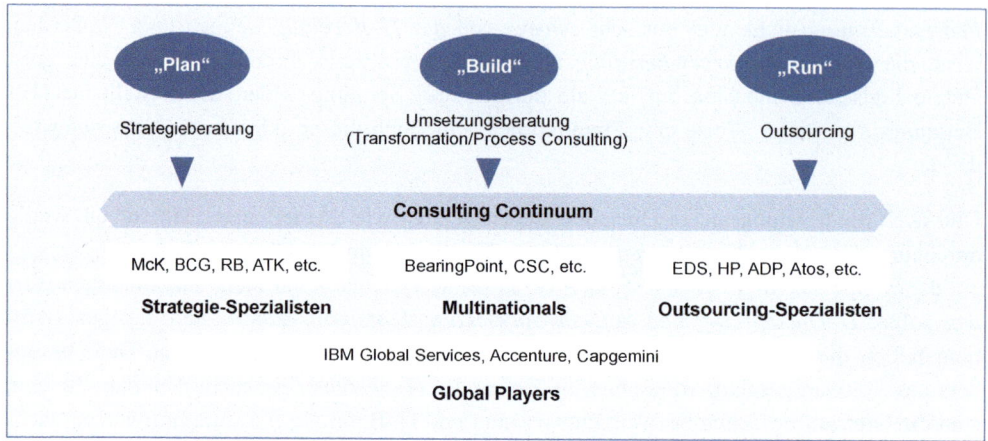

Abb. 1-26:   Das Consulting-Kontinuum

Eine grafisch etwas andere Darstellung mit inhaltlich ähnlicher Struktur wie das „Plan-Build-Run"-Modell bieten die Darstellungen der internationalen Wirtschaftsprüfungsgesellschaften, um ihr Advisory-Angebot im Rahmen des Consulting-Kontinuums visuell zu positionieren (siehe Abbildung 1-27).

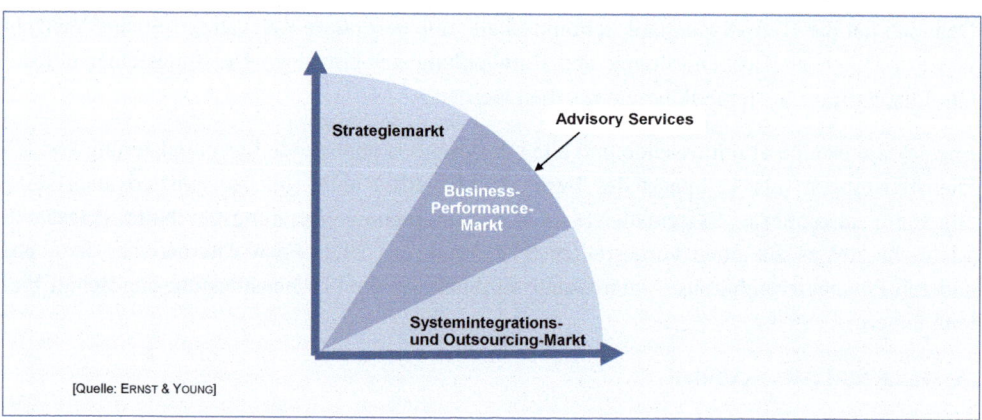

Abb. 1-27:   Unternehmensberatungsmarkt aus Sicht der Wirtschaftsprüfungsgesellschaften

(4) Lünendonk-Systematik

Noch deutlich differenzierter ist die vom Marktforschungs- und Marktanalyse-Dienstleister LÜNENDONK vorgenommene Systematisierung des Beratungs- und Dienstleistungsmarktes.

Im Mittelpunkt steht dabei die Unterteilung der gesamten Beratungs- und IT-Service-Wertschöpfungskette in sechs Geschäfts- und IT-Prozesse:

- Strategieberatung
- Organisations- und Prozessberatung
- IT-Beratung (Prozesse, Technologien, Infrastruktur)
- IT-Systemintegration
- IT-System-Betrieb
- Betrieb kompletter Geschäftsprozesse (BPO).

Entlang dieser Wertschöpfungskette werden dann die nach LÜNENDONK relevanten Anbieterkategorien im Beratungs- und IT-Dienstleistungsmarkt zugeordnet:

- Strategie- und Managementberater
- IT-Beratungs- und Systemintegrationsunternehmen
- IT-Service-Provider
- BPO-Spezialanbieter
- Business Innovation/Transformation Partner (BITP).

So erstreckt sich nach dieser – zugegebenermaßen etwas IT-lastigen Betrachtungsweise – das Angebot der *BITP-Unternehmen* über die gesamte Beratungs- und IT-Service-Wertschöpfungskette, während sich das Angebot der Strategie- und Managementberater auf die Strategieberatung, die Organisations- und Prozessberatung und auf Teile der IT-Beratung konzentriert.

Abbildung 1-28 gibt einen Überblick über die Einteilung und Zuordnung des Beratungs- und IT-Dienstleistungsmarktes nach der LÜNENDONK-Systematik.

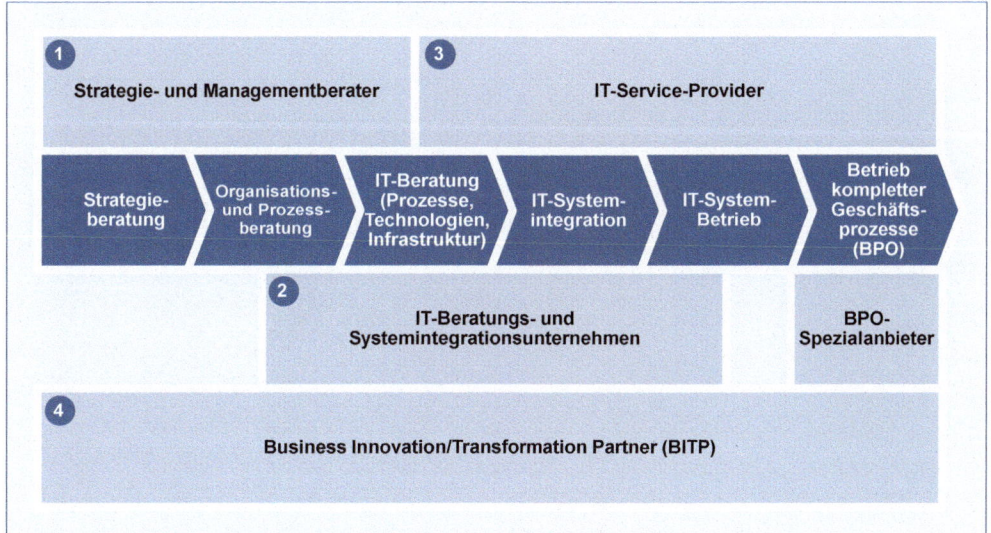

Abb. 1-28: Die LÜNENDONK-Systematik

Auf der Grundlage dieser Systematik werden auch die LÜNENDONK-Listen® abgegrenzt. In den Inserts 1-05 bis 1-08 sind die verschiedenen Rankings, die sich aufgrund der Systematik für die einzelnen Marktsegmente ergeben, abgebildet.

Insert 1-05 zeigt bereits das Dilemma der Abgrenzungsproblematik, denn neben den sachlich-inhaltlichen Zuordnungsschwierigkeiten kommen auch noch regionale Aspekte hinzu. So weist LÜNENDONK zu Recht darauf hin, dass die großen internationalen Beratungsunternehmen, die weder ihre Gründungshistorie noch ihre Kapitalmehrheit in Deutschland haben, ihre Umsätze bei großen, global agierenden Unternehmen grenzüberschreitend und aus unterschiedlichen Niederlassungen heraus realisieren.

Fazit nach LÜNENDONK: Die Abgrenzung zwischen den einzelnen Beratungs- und IT-Dienstleistungs-Märkten wird immer schwieriger. Es gibt nicht einen Markt für Consulting, sondern mehrere Teilmärkte, deren Leistungen sich teilweise überschneiden und letztlich nach dem Schwerpunktprinzip zugeordnet werden müssen. Hinzu kommt, dass sich ein Ranking ausschließlich nach Beratungsumsätzen in Deutschland bei den internationalen Anbietern nicht mehr sinnvoll abbilden lässt.

Insert

 Führende Managementberatungs-Unternehmen in Deutschland 2014

Top 10 der deutschen Managementberatungen				
Unternehmen, die ihren Hauptsitz sowie die Mehrheit des Grund- und Stammkapitals in Deutschland haben.	Gesamtumsatz in Mio. Euro		Mitarbeiterzahl insgesamt	
	2014	2013	2014	2013
1 Roland Berger Strategy Consultants Holding GmbH, München *)	560,0	750,0	2.400	2.700
2 zeb.rolfes.schierenbeck.associates GmbH, Münster	179,0	169,0	897	844
3 Simon Kucher & Partners Strategy Consultants GmbH, Bonn	172,0	152,0	720	680
4 Horváth AG (Horváth & Partners-Gruppe), Stuttgart	122,0	105,5	536	483
5 Kienbaum (Unternehmensgruppe), Gummersbach	115,0	112,0	670	710
6 KPS AG, München	111,1	97,0	317	171
7 d-fine GmbH, Frankfurt am Main	95,5	82,0	530	471
8 Q_Perior AG, München	92,0	90,0	427	425
9 Porsche Consulting Gruppe, Bietigheim-Bissingen *)	90,0	85,0	372	360
10 goetzpartners Group, München	82,0	77,0	250	220

Internationale Managementberatungen in Deutschland (alphabetische Reihenfolge)				
Unternehmen, die nicht ihren Hauptsitz sowie die Mehrheit des Grund- und Stammkapitals in Deutschland haben und im Jahr 2014 signifikante Umsätze mit Managementberatungsleistungen in Deutschland erzielten.	Weltweite Beratungsumsätze in Mrd. Euro		Weltweite Mitarbeiterzahlen	
	2014	2013	2014	2013
A.T. Kearney	0,8	0,8	3.500	3.200
Accenture *)	11,8	11,6	65.500	64.000
AlixPartners 1)	k.A.	k.A.	1.300	1.200
Aon Hewitt	3,2	3,1	27.000	27.000
Bain & Company *)	1,7	1,6	6.000	5.700
BearingPoint	0,6	0,6	3.150	3.055
Capgemini *)	2,4	2,3	9.550	9.150
Deloitte *) 2)	10,8	9,9	67.500	62.000
E&Y 3)	4,9	4,4	34.534	29.747
KPMG 3)	6,8	6,2	45.500	40.000
McKinsey & Company *)	5,6	5,3	20.000	19.000
Mercer	3,3	3,1	20.535	20.535
Oliver Wyman	1,3	1,1	3.700	3.500
PricewaterhouseCoopers 3) 4)	7,5	6,9	44.500	42.200
The Boston Consulting Group	3,4	3,0	10.500	9.700
The Capital Markets Company 1)	k.A.	k.A.	2.900	2.200
Towers Watson	2,6	2,6	15.000	14.000

*) Umsatz- und/oder Mitarbeiterzahlen teilweise geschätzt
k.A. = keine Angabe
1) Für die Unternehmen ALIXPARTNERS und THE CAPITAL MARKETS COMPANY sind keine internationalen Zahlen verfügbar. Beide Unternehmen erzielen jedoch in Deutschland signifikante Umsätze.
2) DELOITTE erzielte nach eigenen Angaben mit integrierten Consulting, Advisory & Implementation Services im Jahr 2014 rund 23 Mrd. US-$ und im Jahr 2013 21,6 Mrd. US-$.
3) Hierbei handelt es sich um die internationalen Advisory-Umsätze der Wirtschaftsprüfungs-Gesellschaften.
4) Inklusive anteilig konsolidierter Umsätze von STRATEGY& (3 Monate).
Für das Unternehmen IBM liegen keine validen Informationen vor, weshalb auf eine Darstellung verzichtet wurde.
Umrechnungskurs: Euro-Referenzkurs der Europäischen Zentralbank 1 € = 1,3285 US-$ (2014) und 1,3281 (2013) US-$ (im Jahresdurchschnitt)

Aufnahmekriterium:

Mehr als 60 Prozent des Umsatzes bzw. signifikant hohe Segmentumsätze werden mit klassischer Unternehmensberatung wie Strategie- sowie Organisations- und Prozessberatung erzielt.

Die seit 1997 jährlich erscheinenden Lünendonk®-Listen über die führenden Managementberatungen in Deutschland haben seit dem letzten Jahr ein neues Gesicht. Die Beratungstätigkeit sowohl internationaler als auch deutscher Beratungsanbieter im Auftrag großer beziehungsweise global agierender Kunden gestaltet sich zunehmend grenzüberschreitend und aus unterschiedlichen Niederlassungen heraus weltweit. Ein Ranking ausschließlich nach Beratungsumsätzen in Deutschland lässt sich bei der internationalen Anbieterkategorie daher nicht mehr sinnvoll und ausreichend detailliert abbilden. Aus diesem Grund werden im klassischen Lünendonk®-Ranking der Managementberatungen in Deutschland seit 2014 nur noch Unternehmen berücksichtigt, die ihre Gründungshistorie und Kapitalmehrheit in Deutschland haben. Diese zehn umsatzstärksten deutschen Beratungen sind in der Reihenfolge ihrer Gesamtumsätze in der aktuellen Lünendonk®-Liste 2015 „Top 10 der deutschen Managementberatungen" gelistet. Die multinationalen Managementberatungs-Konzerne, die ihren Hauptsitz beziehungsweise ihre Kapitalmehrheit im Ausland haben, werden – soweit sie 2014 signifikante Umsätze mit Managementberatungsleistungen im deutschen Markt erzielt haben – in einer eigenen Übersicht „Internationale Managementberatungen in Deutschland" mit ihren relevanten weltweiten Beratungsumsatz- und Mitarbeiterzahlen in alphabetischer Reihenfolge aufgeführt. Dabei handelt es sich sowohl um die klassischen großen Strategieberatungen, wie MCKINSEY, THE BOSTON CONSULTING GROUP und BAIN, als auch um Gesamtdienstleister wie ACCENTURE und CAPGEMINI sowie spezialisierte Beratungsunternehmen aus dem HR-Sektor. Bei den ebenfalls berücksichtigten Umsätzen der Big-4-Unternehmen aus dem Marktsektor Wirtschaftsprüfung handelt es sich um deren so genannte Advisory-Umsätze. Aufgrund der Heterogenität der Umsätze ist ein Ranking auf Basis der weltweiten Beratungsumsätze inhaltlich nicht angemessen.

® Lünendonk

Insert 1-05: Top 25 Managementberatungsunternehmen in Deutschland 2012

— Insert ——————————————————————————————————————

② Die 25 führenden IT-Beratungs- und Systemintegrationsunternehmen in Deutschland 2014

Unternehmen	Umsatz in Deutschland in Mio. Euro		Mitarbeiterzahl in Deutschland		Gesamtumsatz in Mio. Euro (Nur Unternehmen mit Hauptsitz bzw. der Mehrheit ihres Grund- und Stammkapitals in Deutschland)	
	2014	2013	2014	2013	2014	2013
1 IBM Global Business Services, Ehningen *) 1)	1.410,0	1.380,0	6.800	6.800		
2 Accenture GmbH, Kronberg *) 1)	1.380,0	1.250,0	5.850	5.750		
3 T-Systems, Frankfurt am Main *) 2)	1.220,0	1.400,0	4.442	4.700	1.720,0	1.950,0
4 Capgemini Deutschland Holding GmbH, Berlin *) 1)	620,0	595,0	3.100	3.050		
5 Atos IT Solutions and Services GmbH, München *) 2) 3)	595,0	602,0	2.800	2.700		
6 msg systems AG (Unternehmensgruppe), Ismaning	431,0	417,4	3.662	3.562	653,0	583,0
7 CSC Deutschland Solutions GmbH, Wiesbaden *)	340,0	343,2	1.400	1.469		
7 Hewlett-Packard Deutschland Services, Böblingen *) 2)	340,0	322,0	1.100	1.100		
9 Arvato Systems Group, Gütersloh	336,9	286,7	2.035	1.635	382,1	329,2
10 Allgeier SE, München 4)	334,4	332,2	2.650	2.559	428,3	414,8
11 CGI Deutschland Ltd. & CO. KG, Leinfelden-Echterdingen	243,0	226,0	2.320	2.230		
12 Infosys Limited, Frankfurt am Main *) 5)	229,0	201,0	1.200	1.000		
13 Tata Consultancy Services Deutschland GmbH, Frankfurt am Main *)	228,0	178,0	1.000	884		
14 Itelligence AG, Bielefeld 6)	225,7	166,7	1.497	1.105		
15 ESG Elektroniksystem- und Logistik Gruppe, Fürstenfeldbruck	213,0	223,9	1.249	1.274	251,0	258,4
16 Sopra Steria GmbH, Hamburg 7)	212,0	239,0	1.567	1.581		
17 Lufthansa Industry Solutions Unternehmensgruppe, Norderstedt 8)	209,9	199,9	978	863	212,0	202,0
18 All for One Steeb AG, Filderstadt-Bernhausen	193,2	166,3	835	698		
19 NTT Data Deutschland GmbH, München	190,0	205,0	1.125	1.189		
20 Mieschke Hofmann und Partner GmbH (MHP), Ludwigsburg	183,0	150,1	1.065	937	188,0	152,8
21 BTC Business Technology Consulting AG, Oldenburg	177,2	177,6	1.290	1.538	199,7	195,2
22 Materna GmbH (Gruppe), Dortmund	168,5	142,0	1.415	1.286	192,0	158,0
23 Adesso AG (Gruppe), Dortmund	131,9	112,9	1.236	1.106	156,9	135,3
24 Reply Gruppe, Gütersloh	98,0	88,5	650	600		
25 SQS Software Quality Systems AG, Köln	94,0	94,0	909	879	268,5	225,8

*) Umsatz- und/oder Mitarbeiterzahlen teilweise geschätzt.
1) Umsätze enthalten auch die Umsätze mit Managementberatung
2) Umsätze mit IT-Beratung und Systemintegration
3) kein Vergleich der Umsätze mit dem Vorjahr aufgrund neuer Reporting-Struktur möglich; Integration der Bull GmbH
4) Veräußerung der Tochtergesellschaft Didas Business Service GmbH und der Geschäftseinheit Allgeier Benelux 2014
5) Inkl. Infosys Lodestone
6) Ist ein 100-prozentiges Tochterunternehmen von NTT Data Europe
7) ehemals Steria Mummert Consulting GmbH
8) Umstrukturierung von Lufthansa Systems in zwei eigenständige Gesellschaften: Lufthansa Industry Solutions und
    Lufthansa Systems Airline Solutions; Verkauf der IT-Infrastruktur-Sparte an IBM 2014

Aufnahmekriterium für diese Liste: Mehr als 60 Prozent des Umsatzes werden mit IT-Beratung, Individual-Software-Entwicklung und Systemintegration erzielt.

® Lünendonk

Insert 1-06:   Top 25 IT-Beratungs- und Systemintegrationsunternehmen in Deutschland 2014

— Insert ——————————————————————————————————————

③ 25 führende IT-Service-Unternehmen in Deutschland 2014 (alphabetisch)

Unternehmen	Anteil konzerninterner Umsatz am Gesamtumsatz > 66%	Umsatz in Deutschland in Mio. Euro		Mitarbeiterzahl in Deutschland		Gesamtumsatz in Mio. Euro (Nur Unternehmen mit Hauptsitz bzw. der Mehrheit ihres Grund- und Stammkapitals in Deutschland)	
		2014	2013	2014	2013	2014	2013
Aareon AG, Mainz		117,5	119,8	720	713	177,7	173,4
Atos IT Solutions and Services GmbH, München *) 1) 2)		992,0	1.088,0	6.430	6.130		
Bitmarck Holding GmbH, Essen		309,0	286,0	1.416	1.350	309,0	286,0
BWI Informationstechnik GmbH, Meckenheim		643,0	642,0	1.829	1.826	643,0	642,0
Cenit AG, Stuttgart		98,8	97,8	560	566	123,4	118,9
Cognizant (Deutschland) Gruppe, Frankfurt am Main *) 3)		160,0	145,0	600	590		
Computacenter AG & Co. oHG, Kerpen		1.448,0	1.498,0	4.700	4.700		
Controlware GmbH, Dietzenbach		175,0	169,0	590	570	183,0	178,0
Datagroup AG, Pliezhausen		151,1	156,0	1.260	1.300	152,4	156,9
Dimension Data AG & Co. KG, Bad Homburg 4) 5)		440,0	224,0	1.100	500		
Fidelity Information Services: Kordoba GmbH, München *)		80,0	85,0	250	280		
Fiducia IT AG, Karlsruhe	•	734,3	733,1	3.074	3.040	734,3	733,1
Finanz Informatik GmbH & Co. KG, Frankfurt am Main	•	1.624,0	1.508,6	4.832	4.992	1.624,0	1.511,0
Freudenberg IT SE & Co. KG, Weinheim *)		83,0	88,0	459	440	136,0	135,0
GAD eG (Gruppe), Münster	•	773,9	760,5	1.750	1.750	773,9	760,5
Gisa GmbH, Halle		80,3	85,4	624	586	80,3	85,4
gkv informatik GbR, Wuppertal	•	263,4	240,1	844	825	263,4	240,1
H&D International Group, Gifhorn 6)		88,6	86,5	1.609	1.544	93,6	91,5
Hewlett Packard Deutschland Services, Böblingen *) 1)		1.340,0	1.370,0	4.000	4.100		
IBM Global Technology Services, Ehningen *)		2.570,0	2.540,0	10.000	10.200		
Pan Dacom Networking AG, Dreieich *)		49,0	51,0	260	260	49,0	51,0
QSC AG, Köln		420,4	443,7	1.692	1.620	431,4	455,7
SVA System Vertrieb Alexander GmbH, Wiesbaden		232,0	196,0	390	300	245,0	209,0
T-Systems, Frankfurt am Main *) 1)		4.799,0	5.053,0	21.542	22.600	6.881,0	7.541,0
Unisys Deutschland Gruppe, Sulzbach		86,0	86,0	305	301		

*) Umsatz- und/oder Mitarbeiterzahlen teilweise geschätzt.
1) Ohne die Umsätze mit IT-Beratung und Systemintegration
2) kein Vergleich der Umsätze mit dem Vorjahr aufgrund neuer Reporting-Struktur möglich; Integration der Bull GmbH
3) In den Umsätzen der Cognizant (Deutschland) Gruppe sind die Umsätze folgender Tochtergesellschaften enthalten:
    Cognizant Technology Solutions, Cognizant Solutions, Cognizant Business Services, Cognizant SetCon,
    Cognizant Consulting and Services (btconsult), Cognizant Energy and Financial Services Consulting
4) 00%ige Tochter der NTT-Gruppe. Übernahme von NextiraOne im Jahr 2014
5) Dimension Data agiert in Deutschland in den drei legal entities Dimension Data Communications Deutschland,
    Dimension Data AG & Co. KG, Dimension Data International Services & Projekt GmbH
6) Hönigsberg & Düvel Datentechnik GmbH

Aufnahmekriterium für diese Liste: Mehr als 50 Prozent des Umsatzes werden mit IT-Dienstleistungen, z.B. Outsourcing, ASP, RZ-Services, Maintenance, Schulung oder Software erzielt.

® Lünendonk

Insert 1-07:   Führende IT-Service-Unternehmen in Deutschland 2014

(5) BITP-Anbietergruppe – Konzept der Gesamtdienstleistungen

Letztlich soll noch auf eine Besonderheit bei der Strukturierung der Unternehmensberatungslandschaft eingegangen werden. Der Marktforschungs- und Marktanalysedienstleister LÜNENDONK beobachtet schon seit einigen Jahren, dass die Kunden ihre Strategien bei der Vergabe von Beratungs- und IT-Projekten deutlich verändert haben. So vergeben sie Organisationsprojekte häufig nur noch in Kombination mit IT-Beratung, d. h. sie erwarten von ihren Dienstleistern für viele Themen ein Gesamtangebot von Beratung, ICT-Technologie und Outsourcing, das alle oder zumindest viele Anforderungen aus einer Hand abdecken kann. Dabei spielt die Fähigkeit von Dienstleistungspartnern eine wichtige Rolle, Projekte mit unterschiedlichen Inhalten von der Konzeption bis zur Umsetzung zu begleiten. Und mittlerweile vergeben auch große mittelständische Unternehmen in hohem Maße Projekte an Beratungsunternehmen, die alles aus einer Hand anbieten. Für eine solche Art der Geschäftsbeziehung und Projektumsetzung bedarf es einer speziellen Anbietertypologie: der des **Gesamtdienstleisters**. Sie bieten in ihrem Leistungsportfolio einen kunden- und projektspezifischen Mix aus Management- und IT-Beratung, Realisierung, IT-Outsourcing und Business Process Outsourcing (BPO) an. Die Anbietergruppe, die dieses Konzept – nämlich der Auftritt als Gesamtdienstleiter – verfolgt, wird als **Business Innovation/Transformation Partner** (BITP) bezeichnet [vgl. LÜNENDONK 2013/2014, S. 6 f.].

Folgende Kompetenzen bilden den Kern des Anforderungsprofils dieser Anbietergruppe [vgl. LÜNENDONK 2013/2014, S. 6 f.]:

- Branchenkompetenz
- Fachkompetenz
- Technologiekompetenz
- Innovationsfähigkeit
- Umsetzungs- und Transformationskompetenz
- Nachweisbare Erfahrung im jeweiligen Ausschreibungs-Scope
- Soft Skills der Projektmitarbeiter
- Im Mittelstand: Anbieter- und Auftraggeber-Management agieren auf Augenhöhe
- Fähigkeit zur Umsetzung internationaler Projekte.

Um eine eindeutige Zuordnung für einen Business Innovation/Transformation Partner (BITP) zu erreichen, muss das Dienstleistungsunternehmen mehr als 60 Prozent seines Umsatzes mit Beratung und Dienstleistungen erwirtschaften. Von diesen Umsätzen entfallen jeweils mindestens zehn Prozent auf die vier Leistungskategorien

- Management- beziehungsweise IT-Beratung
- Systemrealisierung beziehungsweise -integration
- Betrieb von IT-Systemen (IT-Outsourcing)
- Betrieb von Geschäftsprozessen (BPO).

Ein weiteres Kriterium für einen Business Innovation/Transformation Partner ist, dass er mindestens eine Milliarde Euro Gesamtumsatz weltweit erwirtschaftet und eine globale Beratungs- und Delivery-Organisation nachweisen kann [vgl. LÜNENDONK 2013/2014, S. 7 f.].

Insert

(4) Führende Business Innovation/Transformation Partner (BITP) in Deutschland 2013

Unternehmen	Umsatz in Deutschland in Mio. Euro		Mitarbeiterzahl in Deutschland	
	2013	2012	2013	2012
1 T-Systems, Frankfurt am Main	6.453,0	6.869,0	27.300	29.000
2 IBM, Ehningen *) 1)	3.920,0	4.030,0	17.000	18.500
3 Hewlett-Packard Deutschland Services, Böblingen *)	1.692,0	1.800,0	5.200	5.200
4 Atos IT Solutions and Services GmbH, München *)	1.661,0	1.690,0	8.830	9.500
5 Accenture GmbH, Kronberg *)	1.250,0	1.176,0	5.750	5.495
6 Capgemini Deutschland Holding GmbH, Berlin *)	595,0	590,0	3.050	3.000
7 CSC Deutschland Solutions GmbH, Wiesbaden *)	325,0	335,0	2.550	2.672
8 Steria Mummert Consulting GmbH, Hamburg 2)	239,2	244,0	1.581	1.672
9 CGI (Germany) GmbH & Co. KG, Leinfelden-Echterdingen	226,0	250,0	2.230	2.500
10 NTT Data Deutschland GmbH, München	205,0	198,0	1.189	1.296
11 Infosys Limited, Frankfurt am Main *)	200,0	150,0	1.000	870

*) Umsatz- und/oder Mitarbeiterzahlen teilweise geschätzt.
1) IBM Global Business Services und IBM Global Technology Services
2) Geplanter Zusammenschluss mit Sopra noch nicht berücksichtigt

Aufnahmekriterium für diese Liste: Mehr als 60 Prozent des Umsatzes der Unternehmen werden mit Beratung und Dienstleistungen erwirtschaftet. Von diesen Umsätzen entfallen jeweils mindestens 10 Prozent auf die drei Leistungskategorien Management- bzw. IT-Beratung, System-Realisierung bzw. –Integration sowie Betrieb von IT-Systemen und Prozessen (Outsourcing) im Auftrag des Kunden. Das Unternehmen macht selbst oder als Gruppe weltweit mind. 1 Mrd. € Umsatz.

® Lünendonk

Insert 1-08:   Führende Business Innovation/Transformation Partner in Deutschland 2013

1.5 Wachstumstreiber im Markt für IT-Beratung und -Services

Motor des Wachstums für die Beratungsbranche sind nicht so sehr die klassischen betriebs-wirtschaftlichen Themen der Strategieberatung, sondern vornehmlich IT-orientierte Themen von Cloud Computing über Big Data/Analytics bis hin zur IT-Security. Aufbauend auf den Möglichkeiten der zunehmenden Digitalisierung zeichnet sich darüber hinaus ein Trend zum Online-Vertrieb und zu Online-Services ab [vgl. BDU 2015, S. 11].

In diesem Zusammenhang spielt die Frage eine Rolle, in welche Technologiethemen die Kun-denunternehmen besonders investieren und wie Anwender und Berater die Bedeutung und Nachhaltigkeit dieser Themen einschätzen. Dazu hat LÜNENDONK eine Studie herausgebracht, die sich mit der Stellung bestimmter, besonders relevanter Technologiethemen im Rahmen ihres Lebenszyklus' befasst [vgl. LÜNENDONK-Studie 2013].

1.5.1 Relevante Technologiethemen

Zur Bewertung und Einschätzung durch Anwender und Berater hat die Studie folgende Tech-nologiethemen vorgegeben:

- Big Data
- Mobile Computing
- IT-Security
- Cloud Computing
- ERP-Systeme
- Konvergenzlösungen (ICT).

Big Data sind Lösungen, die geeignet sind, die riesige Datenflut in Unternehmen mit vielen detaillierten Informationen (z.B. zur eigenen Produktivität oder zum Kaufverhalten ihrer Kunden) übersichtlicher und strukturierter zu erfassen und sie für Unternehmensentscheidun-gen besser als bislang nutzbar zu machen. Hierbei kommt häufig spezielle Software der *Busi-ness Analytics* zum Einsatz, die in die existierende IT-Infrastruktur integriert werden muss.

Mobile Computing ist die Internetnutzung mit Geräten wie Smartphones oder Tablets. Un-ternehmen stehen damit vor der Herausforderung, organisationsinterne Daten bzw. Anwen-dungen auf mobilen Geräten sicher und verlässlich zugänglich zu machen. Geschäftsprozesse werden also unterstützt und optimiert, in dem das IT-System des Unternehmens mit mobilen Endgeräten verbunden wird, so dass in vielen Bereichen (z.B. Vertrieb) ortsunabhängig gear-beitet werden kann (Stichwort: *Bring Your Own Device (BYOD)*. Noch in den Anfängen ste-hen derzeit Anwendungen des *Mobile Payment*. Neben den Beratungsunternehmen stellen sich zahlreiche andere Anbietergruppen wie Finanzinstitute, Internetunternehmen oder Mobil-funkanbieter strategisch und operativ für diesen interessanten Zukunftsmarkt auf.

Nicht zuletzt die spektakulären Angriffe auf die **IT-Sicherheit** großer Konzerne haben vielen Unternehmen klar gemacht, dass sie größere Anstrengungen zur Sicherung ihrer Systeme und Daten betreiben müssen. Durch die vermehrte Nutzung von Smartphones und Tablets wächst auch die Zahl der Angriffe aus dem mobilen Internet. Beratungsunternehmen unterstützen ihre Klienten in diesem Zusammenhang zum Beispiel bei Analyse und Prävention von Sicherheitslücken.

Cloud Computing bezeichnet die Bereitstellung und Nutzung von IT-Leistungen nach Bedarf über Datennetze (in der „Wolke") anstatt auf lokalen Rechnern. Internetanwendungen wie E-Mail, soziale Netzwerke oder Videodienste laufen bereits fast ausschließlich in der Cloud. *Cloud Services* haben einen großen Sprung in die Unternehmenswelt gemacht. Sie werden unter anderem dazu genutzt, mobile Strategien voranzutreiben, bei denen die Schnittstellen zwischen Mitarbeitern, Geschäftspartnern oder auch Kunden neu definiert und verknüpft werden.

ERP-Systeme (engl. *Enterprise Resource Planning*) sind integrierte Standardsoftwaresysteme, deren Teilsysteme zwar jeweils funktional ausgerichtet sind, über eine gemeinsame Datenbasis aber die Integration dieser Teilsysteme ermöglichen. Typische Einsatzfelder sind Produktionsplanung und -steuerung (PPS), Einkauf- und Materialwirtschaft bzw. Logistik, Vertrieb, Kostenrechnung und Controlling sowie Personal. Die Einsatz- und Umfeldberatung von ERP-Systemen ist seit Jahren eine der größten Einkunftsquellen der IT-Beratung.

Konvergenzlösungen im ICT-Bereich (engl. *Information and Communication Technology*) begünstigen das Zusammenwachsen von IT- und Kommunikationssystemen. Besonders ICT-Sourcing-Beratungen werden seit Jahren von Unternehmen des gehobenen Mittelstandes und Großunternehmen beauftragt, wenn es um die Partnersuche für IT-Outsourcing oder technologisch komplexe IT-Projekte geht. Die ICT-Sourcing-Berater begleiten den Prozess von der Planung bis zur Vergabe. Zu den Leistungen gehört neben dem Markt- Screening und der abschließenden Empfehlung für einen oder wenige IT-Provider auch die Gestaltung der rechtlichen Rahmenbedingungen der Zusammenarbeit.

1.5.2 Lebenszyklusphasen der Technologiethemen

In der LÜNENDONK-Studie wurden insgesamt

- 54 IT-Beratungsunternehmen,
- 34 IT-Serviceunternehmen und
- 30 IT-Anwendungsunternehmen

befragt, in welcher von vier Lebenszyklusphasen sich bei ihren Kunden respektive in ihrem Unternehmen die sechs ausgewählten Technologiethemen befinden. Dabei wurden folgende Lebenszyklusphasen vorgegeben:

- Phase 1: Pilotprojekt
- Phase 2: Roll Out
- Phase 3: Standardisierung
- Phase 4: Konsolidierung.

Die Ergebnisse sind in Insert xxx zusammenfasst. Danach sind die Technologiethemen Big Data und Cloud Computing schwerpunktmäßig der Pilotphase zuzurechnen. Beide Themen stehen also noch am Anfang ihrer Entwicklung und haben sicherlich noch ein großes Beratungspotenzial vor sich. Etwas weiter im Lebenszyklus wird das Mobile Computing einge-schätzt. Hier liegt die Anzahl der Nennungen für die Roll Out-Phase (47 Prozent) relativ knapp vor den Nennungen für die Pilotphase (40 Prozent). In der Standardisierungsphase be-finden sich nach Ansicht der Studienteilnehmer die Themen IT-Security und Konvergentlö-sungen im ICT-Umfeld. Die „reifste" Technologie ist schließlich der ERP-Bereich, den über zwei Drittel der Befragten der Konsolidierungsphase zurechnen.

Insert

Lebenszyklusphasen ausgewählter IT-Themen

Insgesamt 118 IT-Beratungs- und Systemintegra-tionsunternehmen, IT-Service-Anbieter und IT-An-wender wurden gefragt, in welcher von vier Phasen sich bei ihren Kunden respektive in ihrem Unter-nehmen sechs ausgewählte Technologie-themen befinden. Dabei waren Mehrfachnennungen aus ein-sichtigen Gründen möglich. Zur Bewertung standen die Technologien *Big Data, Mobile Computing, IT-Security, Cloud Computing, ERP (Enterprise Resource Planning)* und *Konvergenzlösungen (ICT)*. Diese Themen mussten den Lebenszyklusphasen *Pilotprojekt, Roll Out, Standardisierung* und *Kon-solidierung* zugeordnet werden:

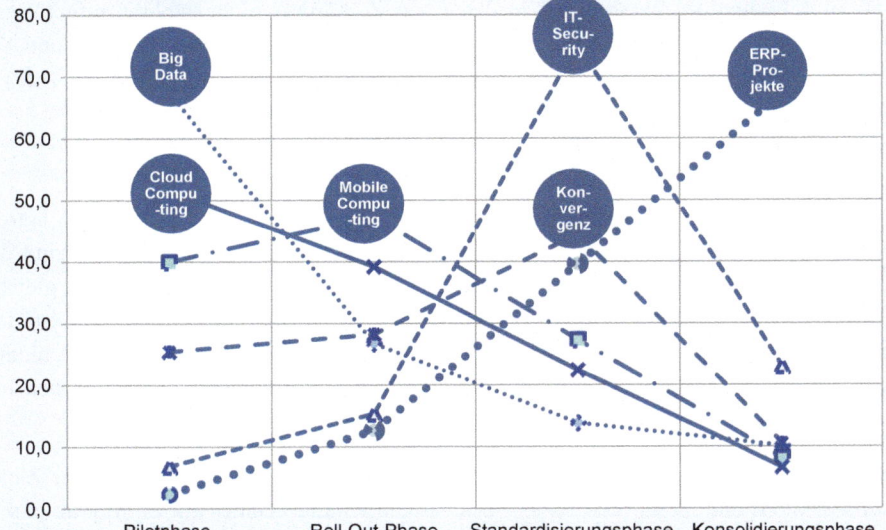

In einer relativ frühen Lebenszyklusphase befindet sich nach Auskunft der Befragten das Thema **Big Data**. Hauptsächlich handelt es sich um Pilotprojekte oder Roll-Out-Projekte. Nur jedes zehnte Projekt ist in der Standardisierungsphase.

Beim **Mobile Computing** sehen etwa 40 Prozent der Befragten die Projekte in der Pilotphase, die Mehr-zahl der IT-Anbieter und -Anwender (ca. 50 Prozent) sortieren die Projekte allerdings in die Roll-Out-Pha-se ein. Beim Thema **IT-Security** sind sich die Befrag-ten einig: Über 75 Prozent ordnen das Thema der Standardisierungsphase zu.

Das Technologiethema **Cloud Computing** zeigt ein ähnliches Bild wie bei „Big Data". Über 50 Prozent der Befragungsteilnehmer sehen die Leistungen rund um Cloud Services in der Pilotphase.

Beim Technologiethema **Konvergenzlösungen (ICT)** herrscht Einigkeit unter den Befragungsteil-nehmern. Rund ein Viertel der Projekte befindet sich in der Pilotphase, knapp die Hälfte in der Standardi-sierungsphase und maximal ein Viertel in der Konso-lidierungsphase.

Die „reifste" der zur Auswahl stehenden Technolo-gien ist **Enterprise Resource Planning (ERP)**. Kaum noch Projekte befinden sich in der Pilotphase, vergleichsweise viele in der Roll-Out-Phase. Die hohe Zahl von SAP-Roll-Out-Projekten resultiert zum Teil aus dem Auf- und Ausbau internationaler Stand-orte und der dazugehörigen Anbindung an die ERP-Systeme, vor allem durch Unternehmen aus dem gehobenen Mittelstand. So sind nahezu alle befrag-ten Großunternehmen und Konzerne dabei, ihre ERP-Systeme an bereits existierenden internationa-len Standorten zu standardisieren oder zu konsoli-dieren. Dagegen richten große mittelständische Unternehmen sukzessive ihre Geschäftsaktivitäten international aus, weshalb sie sowohl Standardisie-rungsprojekte des bestehenden IT-Landschaft durch-führen als auch gleichzeitig ERP-Systeme ausrollen. [Quelle: LÜNENDONK-Studie 2013, S. 46 ff.]

Insert 1-09:   Lebenszyklusphasen ausgewählter IT-Themen

1.6 Inhalte ausgewählter Beratungsbereiche

Um einerseits die Beratungstätigkeiten als solche ein wenig griffiger zu beschreiben und andererseits die Vielfalt dieser Profession aufzuzeigen, sollen im folgenden Abschnitt die Tätigkeitsprofile einiger ausgewählter Beratungsbereiche dargestellt werden. Als Beispiele sollen die vier größten Beratungsfelder herangezogen werden. Sie machen – bezogen auf die BDU-Statistik *Facts & Figures 2015* – einen Umsatzanteil von fast 90 Prozent des deutschen Beratungsmarktes aus. Es handelt sich hierbei um die Profile der

- Strategieberatung (Anteil: 17,1 Prozent)
- Organisations- und Prozessberatung (Anteil: 30,5 Prozent)
- IT- und Technologieberatung (Anteil: 33,9 Prozent)
- IT-Outsourcing (Anteil: 6,0 Prozent)

Die IT- und Technologieberatung ist in den *Facts & Figures* nicht explizit aufgeführt. Sie setzt sich aus der Addition der Beratungsfelder *IT-Beratung* (Anteil 14,8 Prozent) und *Systementwicklung/Systemintegration* (Anteil 19,1 Prozent) zusammen (siehe Abbildung 1-24).

1.6.1 Strategieberatung

Die Strategieberatung gilt als die „Königsdisziplin" im Consulting. Ihre Themen betreffen den Kernbereich aller Unternehmensaktivitäten, die *Unternehmensstrategie*, und sind daher ganz oben im Top-Management der Kundenunternehmen angesiedelt. Das bedeutet gleichzeitig, dass Vorstände und Geschäftsführer zu den wichtigsten Ansprechpartnern von Strategieberatern zählen. Der persönliche Kontakt zur Führungsriege des Kunden erfordert nicht nur sicheres Auftreten, sondern Gewandtheit und eloquentes Auftreten sowie einen hohen Informationsstand über Markt und Wettbewerb.

Die Unternehmensstrategie als langfristiger Plan zur Erreichung unternehmerischer Ziele ist zukunftsorientiert und damit mit großer Unsicherheit behaftet. Daher gilt es, Märkte und Einflussfaktoren zu verstehen und Veränderungen rechtzeitig zu antizipieren. Zielkunden, Leistungsversprechen und Geschäftsmodelle sind regelmäßig Gegenstand der Strategiefestlegung. Im Allgemeinen wird die Unternehmensstrategie in verschiedene Einzelziele und -aufgaben aufgefächert, um wirksam werden zu können. Die damit gebundene Managementkapazität wird durch den Einsatz von Strategieberatern ergänzt.

(1) Anlässe der Strategieberatung

Mit der Beauftragung von Strategieberatern verfolgt das Top-Management eines Unternehmens das Ziel, eine unvoreingenommene Perspektive für das Unternehmen zu gewinnen und evtl. verschiedene Auffassungen über die Weiterentwicklung des Unternehmens zu diskutieren. Grundsätzlich sind es **vier Anlässe**, die bei der Beauftragung eines Strategieberaters unterschieden werden können [vgl. auch HÜTTMANN/MÜLLER-OERLINGHAUSEN 2012, S. 20; SCHNEIDER, J. 2014]:

- **Strategiebewertung** (engl. *Strategic Review*), d. h. die intern entwickelte Strategie wird von externen Experten überprüft und kritisch hinterfragt. Stichhaltigkeit, Konsistenz und

Widerspruchsfreiheit der bestehenden Strategie stehen im Vordergrund der Evaluierung. Anlässe für eine Überprüfung können sinkende Erträge, rückläufige Nachfrage, neue erfolgversprechende Geschäftsideen oder auch anstehende Investitionen sein.

- **Weiterentwicklung/Anpassung von Strategien** (engl. *Strategic Redesign*), d. h. aufgrund veränderter interner oder externer Rahmenbedingungen (z. B. Marktsättigung, neue Technologien, neue Gesetze, Auslauf von Patenten, Verlust wichtiger Mitarbeiter) hilft der Berater dem Management bei der Anpassung der Strategie durch Analysen und als erfahrener Sparringspartner.

- **Neuentwicklung von Strategien** (engl. *Strategic Renewal*), d. h. hier bietet der Strategieberater profunde Unterstützung bei der Neudefinition des allgemeinen Unternehmensziels, die eine strategische Neuformierung und eine Anpassung der Wertschöpfungskette nach sich ziehen kann. Die Notwendigkeit für eine neue Unternehmensausrichtung ergibt sich im Zusammenhang mit Neugründungen, Fusionen, Übernahmen oder Eigentümerwechsel.

- **Strategieumsetzung** (engl. *Strategic Transformation*), d. h. jede Strategieentwicklung sollte die Umsetzung im Unternehmen und die Durchsetzung im Markt zum Ziel haben. Der Erfolg hängt dabei in hohem Maße von der Entschlossenheit des Managements und von der Veränderungsbereitschaft der Mitarbeiter ab. Damit die Strategien für Mitarbeiter richtungsweisend und umsetzbar werden, ist der strategische Plan in Stoßrichtungen für die einzelnen Unternehmensbereiche zu übersetzen und mit konkreten Maßnahmen zu hinterlegen. Hierbei lässt sich das Management von externen Beratern in der Weise unterstützen, dass diese den Umsetzungsvorgang absichern, erleichtern und beschleunigen. Die methodische Kompetenz des Beraters, der über Erfahrungen mit dem Einsatz der in Kapitel 4 aufgezeigten Beratungstechnologien verfügen sollte, ist dabei von besonderem Nutzen. Neben der Einführung und Anwendung dieser Instrumente zählt auch die Durchführung von Kommunikations- und Schulungsmaßnahmen im Umfeld des Veränderungsprozesses zum festen Bestandteil der Strategieberatung.

(2) Ebenen der Strategieberatung

Neben den Anlässen bei der Beauftragung lassen sich verschiedene Ebenen der Strategieberatung unterscheiden:

- Unternehmensstrategie (engl. *Corporate Strategy*)
- Geschäfts(bereichs)strategie (engl. *Business Strategy*).

Auch wenn häufig der Unterschied zwischen Unternehmensstrategie und Geschäfts(bereichs)strategie sehr akademisch erscheint, so werden den beiden Ebenen unterschiedliche Aspekte zugeordnet:

Im Rahmen der **Unternehmensstrategie** – also auf der obersten Unternehmensebene (z. B. Konzernebene) – sind Vision und Mission ebenso festzulegen wie die Auswahl der einzubeziehenden Geschäftsfelder (Geschäftsportfolio). Außerdem muss auf dieser Ebene die Aufteilung der Mittel auf die einzelnen Geschäftseinheiten (engl. *Allocation of Resources*) vorgenommen werden. Trendanalysen, Szenariotechnik, Analyse der Kompetenzposition, Portfolio-

Management, Wertmanagement, Mergers & Acquisitions und Outgrowing sind hier wichtige Arbeitsbereiche.

Die **Geschäfts(bereichs)strategie** ist auf der Ebene selbständig planender und operierender Geschäftseinheiten angesiedelt. Sie befasst sich mit der Auswahl von Marktsegmenten und der Positionierung von Geschäftseinheiten. Wichtige Arbeitsbereiche in Verbindung mit der Geschäftsstrategie sind die Umwelt- und Unternehmensanalyse, die Analyse von Branchen- und Technologietrends, die Bewertung strategischer Wettbewerbsvorteile sowie die Identifikation und Evaluierung strategischer Optionen.

(3) Typische Aufgaben der Strategieberatung

Das Aufgabenspektrum eines Strategieberaters ist so vielfältig, dass es hier nur im Rahmen einiger typischer Aufgaben wieder gegeben werden kann [vgl. HÜTTMANN/MÜLLER-OERLINGHAUSEN 2012, S. 20 f.; SCHNEIDER, J. 2014]:

- **Bestandsaufnahme**, d. h. zu Beginn eines Projektes werden gemeinsam mit den Kundenmitarbeitern die Ist-Situation analysiert und erste Aussagen zu Trends erarbeitet. Hier kommen dem Berater die Aufgabe der eindeutigen Projektformulierung sowie die Klärung der Strategieebene zu. Die Ergebnisse der Bestandsaufnahme sollten grundsätzlich mit dem Kunden abgestimmt werden, so dass von der gleichen Faktenbasis ausgegangen wird. Sehr häufig werden Teile der Bestandsaufnahme bereits in der Akquisitionsphase vorgenommen.

- **Problemerkennung und -strukturierung**, d. h. aufbauend auf der Faktenbasis müssen die Probleme eingegrenzt und priorisiert werden. Die Identifikation und Darstellung von Ursache-Wirkungs-Verhältnissen, Korrelationen und Hebelwirkungen kann dabei eine wichtige Rolle spielen. Beratung impliziert auch die grundsätzliche Klärung und Überprüfung der Unternehmensziele und häufig auch ihre Neuformulierung im Dialog mit der Unternehmensführung. Strategieberatung kann daher auch Anlass zur Revision von Unternehmenszielen sein.

- **Auswahl relevanter Informationen**, d. h. aus Sicht des Beraters muss rasch Klarheit über die vorhandene bzw. notwendige Informationsbasis gewonnen werden. Der Berater stellt Schlüsselinformationen zusammen, überprüft diese auf ihre Relevanz und fasst sie in einer Situationsbeschreibung zusammen. Eventuelle Fehlinterpretationen müssen frühzeitig eliminiert werden. Auf diese Weise kann im Einvernehmen mit dem Kundenunternehmen eine gemeinsame Wissensbasis für die Hypothesenbildung und die strategische Analyse eingerichtet werden.

- **Hypothesenentwicklung**, d. h. auf der Grundlage der Erfahrungen auf Kunden- und Beraterseite werden erste Hypothesen formuliert. Die Hypothesenentwicklung ist eine bewährte Technik, um systematisch die Vorgehensweise im Projekt zu fokussieren und die gesteckten Projektziele zu erreichen.

- **Analyse und Bewertung**, d. h. um die erarbeiteten Hypothesen zu testen und sich ein deutlicheres Bild von den erfolgversprechenden Strategien zu machen, werden gezielte Untersuchungen von Marktforschungsdaten (z. B. Umsatzzahlen, Marktanteile), Interviews oder Tests genutzt und ausgewertet. In diesem Aufgabenbereich ist vor allem die methodische Kompetenz des Beraters gefragt. Die externe Analyse bezieht sich auf die Position des Kundenunternehmens im wirtschaftlichen Umfeld, die Stellung und das Verhalten der Wettbewerber, die Machtverhältnisse von Kunden und Lieferanten, die Möglichkeit des Auftretens neuer Marktteilnehmer oder von Substitutionsprodukten. Die interne Analyse zielt auf die Kosten- und Ertragsposition des Unternehmens ab und bezieht vorhandene Kernkompetenzen mit ein. Wesentlich ist auch die Analyse der Wertschöpfungskette in Bezug auf Markterfordernisse und Zielgruppen sowie die Bewertung einzelner Geschäftsbereiche bezüglich Umsatz- und Marktanteilsentwicklung. Auch zu erwartende konjunkturelle Verläufe sowie strukturelle Trends bzw. Brüche sind zu erfassen (z.B. technologische Entwicklungen, demografische Veränderungen) und ggf. zu Szenarien zu verdichten.

- **Szenarioentwicklung**, d. h. bestimmte Parameter (z. B. Umsatz, Kosten) werden bei verschiedenen Annahmen simuliert, um über geeignete Szenarien zu einer Abschätzung von Chancen und Risiken zu gelangen und zu prüfen, ob die Ziele des Top-Managements durch die entwickelte Strategie erreichbar sind. Potenzielle Risiken (z.B. das Nichteintreten von Annahmen, Gegenreaktionen von Wettbewerbern) werden in ihren möglichen Auswirkungen als Varianten berücksichtigt. Falls mehrere Zukunftsszenarien in Betracht gezogen werden, sind deren Parameter zu einer weiteren Auffächerung der zu erwartenden Ergebnisse einzusetzen. Schließlich ist die reale Umsetzbarkeit jeder Variante zu prüfen. Liegen mehrere plausible Zukunftsszenarien vor, so ist es erforderlich, alle Handlungsalternativen vor dem Hintergrund dieser Szenarien durchzuspielen und so auf ihre Robustheit und ihr Wertsteigerungspotenzial zu überprüfen.

- **Entscheidungsvorbereitung**, d. h. die gesammelten Erkenntnisse müssen konsolidiert und für das Management aufbereitet werden. Zwar trägt das Management des Kundenunternehmens die verantwortliche Entscheidung zugunsten einer strategischen Option, aber der Berater muss in der Lage sein, Empfehlungen abzugeben und diese nachvollziehbar quantitativ und qualitativ zu begründen. Hierzu gehört in erster Linie die finanzielle Bewertung jeder Alternative, im Fall einer Geschäftsstrategie etwa in Form eines Geschäftsplans (Business Plan).

- **Umsetzungsplanung**, d. h. in diesem Aufgabenbereich werden alle Schritte für eine erfolgreiche Umsetzung der verabschiedeten strategischen Option genau festgelegt. Wer macht was bis wann? Um das Umsetzungsteam optimal für die anstehenden Aufgaben vorzubereiten, kann der externe Berater eine Vielzahl von detaillierten Umsetzungsplänen bereitstellen.

1.6.2 Organisations- und Prozessberatung

Die Organisations- und Prozessberatung ist mit einem Anteil von 30,5 Prozent das größte Beratungsfeld in Deutschland (siehe Abbildung 1-24). Es befasst sich mit Fragen der Aufbau- oder Ablauforganisation sowie Prozessen. Die Organisations- und Prozessberater setzen auf eine bestehende oder neu erarbeitete Strategie eines Unternehmens auf. Zielsetzung dabei ist, die Leistungs- und Anpassungsfähigkeit der Kundenunternehmen durch die Gestaltung oder Neugestaltung der Strukturen und Prozesse zu verbessern, ohne die Unternehmensleitlinien und -vision in Frage zu stellen. Generell steht im Vordergrund, die Strukturen und Prozesse *effektiver* („Doing the right things") und/oder *effizienter* („Doing things right") zu gestalten [vgl. HARTEL 2008, S. 5].

(1) Abgrenzung zu anderen Beratungsfeldern

Im Gegensatz zur *Strategieberatung*, die die Überprüfung und vor allem *Gestaltung* von Geschäftsmodellen und Geschäftsfeldern zum Gegenstand hat, bewegt sich die Organisations- und Prozessberatung innerhalb gegebener Potenziale und damit auf der *Umsetzungsebene*. Insofern setzt die Organisationsberatung auf den Konzepten der Strategieberatung auf. Daher erfolgt der Kontakt zwischen Unternehmensberater und Kundenunternehmen nicht auf Ebene des Top- Managements, sondern in der Regel auf der mittleren bis unteren Führungsebene.

Im Unterschied zur *IT- und Technologieberatung*, die sich mit der Überprüfung und Gestaltung von Architekturen, Systemen und Anwendungen befasst, steht bei der Organisations- und Prozessberatung nicht das IT-System, sondern die Geschäftsanforderungen an das IT-System im Vordergrund. Die IT ist also der „*Enabler*" für effiziente Strukturen und Prozesse und sollte somit auf dem Organisations- und Prozesskonzept aufsetzen. Damit ergibt sich in gewisser Weise die logische (Aufsatz-) Kette: Strategieberatung → Organisations- und Prozessberatung → IT- und Technologieberatung [vgl. HIOB 2012, S. 25].

Konkret bedeutet diese begriffliche Abgrenzung bzw. Zuordnung, dass die Einführungs-, Modifikations- und Umfeldberatung von ERP-Systemen (z. B. SAP oder ORACLE) zur Organisations- und Prozessberatung zählt, während die auftragsbezogene Programmierung von Modifikationen in der SAP- oder ORACLE-Software der IT- und Technologieberatung zugerechnet werden muss.

(2) Beziehungen zwischen Organisations- bzw. Prozessberater und Kunden

Erfolgsentscheidend für die Organisations- und Prozessberatung ist das Gleichgewicht zwischen Konzeption und Umsetzung. Der Berater muss stets eine Brücke schlagen von der theoretisch-konzeptionellen Ideallinie hin zur Machbarkeit. Doch nicht nur die „fachliche Passung" ist wesentlich für den Erfolg von Projekten. Ebenso wichtig sind die „menschliche Passung" und die gegenseitige Wertschätzung von Berater und Kunde. EDGAR H. SCHEIN hat diese besondere Beziehung des Organisations- und Umsetzungsberaters zu den Mitarbeitern des Kundenunternehmens als Grundpfeiler einer erfolgreichen Prozessberatung ausgemacht und dabei drei wesentliche „Operationsmodi" identifiziert [vgl. SCHEIN 2003, S.23 ff.]:

- **Der Expertenmodus**, d. h. dem Kunden wird gesagt, was er zu tun hat; der Kunde kauft Informationen ein, die er selbst nicht erheben kann.

- **Der Arzt-Patient-Modus**, d. h. der Berater soll die Organisation des Kundenunternehmens „checken" und Bereiche herausfinden, die zu optimieren sind; die Analyse der Ursache und die anschließende „Behandlung" des Problems stehen im Vordergrund.

- **Der Prozessberatungsmodus**, d. h. der Kunde wird in den Prozess einbezogen. Allerdings weiß er bei Projektbeginn nur, dass etwas, unter zu Hilfenahme eines Beraters, zu verbessern ist. Welche Art von Hilfe nötig ist, wird gemeinsam erarbeitet.

(3) Ansätze in der Organisations- und Prozessberatung

Idealtypisch können vier Grundformen der Unternehmensberatung unterschieden werden, auf die Organisations- und Prozessberater gegenüber dem Kunden zurückgreifen können, um die Vorgehensweise in Projekten zu bestimmen [vgl. DEELMANN 2012, S. 13 ff.]:

- **Gutachterliche Beratung**, d. h. diese Form der Beratung ist relativ interaktivitätsarm und dient vornehmlich dem Wissenstransfer und der Erkenntnisvermittlung. Vor dem Hintergrund einer fixierten Zielsetzung und verschiedener Handlungsalternativen nimmt der Berater die Rolle eines neutralen Sachverständigen ein. Auf diese Weise können wissenschaftliche Erkenntnisse in das Kundenunternehmen transferiert werden. Die durch das Beratungsprojekt betroffenen Personen sind an der Erstellung der Empfehlungen nicht oder nur wenig beteiligt. Auch wird der Berater an der Umsetzung seiner Empfehlungen zumeist nicht beteiligt. Das Management des Kundenunternehmens sieht die beratene Organisation als Mittel zur Realisierung der von ihm formulierten Ziele.

- **Expertenberatung**, d. h. im Gegensatz zur gutachterlichen Beratungstätigkeit wird hier von Führungskräften und Beratern gemeinsam ein Problemlösungsprozess initiiert. Ein Organisationsvorschlag wird durch beide Gruppen erstellt und gemeinsam festgelegt. Die betrachtete Kundenorganisation wird dabei als offenes, zielgerichtetes und soziales System betrachtet, bei dem Menschen, Maschinen und Technologien zusammenwirken. Entscheidungen sind bei dieser Beratungsform das Ergebnis eines arbeitsteiligen Prozesses der Problemformulierung, Informationsbeschaffung, Suche und Bewertung von Alternativen, Realisierung und Kontrolle. Wie bei der gutachterlichen Beratungstätigkeit sind hier die eigentlich Betroffenen – in der Regel sind dies die Mitarbeiter des Kundenunternehmens – nicht oder nur zu einem geringen Umfang beteiligt.

- **Organisationsentwicklung**, d. h. dieser Beratungsansatz ist eher passiv und unterscheidet sich von den beiden vorgenannten Ansätzen dadurch, dass es die Mitarbeiter des Kunden selbst sind, die das vorliegende Problem angehen, Entscheidungen treffen und eine Veränderung der Organisation vorantreiben. Im Zentrum dieser Beratungsform steht die Vorstellung des lernfähigen Menschen. Der Berater zieht sich teilweise zurück und fungiert als Experte für die Initiierung des Lernens der Organisation bzw. der einzelnen Beteiligten. Er dient ihnen als Coach bei den Lernprozessen. Seine Rolle versucht der Berater umzusetzen, indem er organisatorische Verhaltensmuster z. B. durch Reflexion oder Spiegelung abbildet.

- **Systemische Beratung**, d. h. der Berater agiert als sogenannter „Beobachter zweiter Ordnung", der versucht, den Sinn und die zentralen Werte und Normen des Kundensystems zu verstehen. Die systemische Beratung hat ihre Wurzeln vor allem in der neueren Systemtheorie. Während der Berater beim Ansatz der Organisationsentwicklung selber reflektiert, unterstützt der systemische Berater den Kunden bei seiner Selbstreflexion. Der systemische Berater hilft dem Kunden bei der Erarbeitung einer neuen Problemsicht und macht ihn auf sogenannte latente Strukturen aufmerksam.

Während in der (wissenschaftlichen) Literatur die Ansätze der Organisationsentwicklung und systemischen Beratung dominieren, folgen in der Praxis die meisten Berater ganz offensichtlich dem Ansatz der gutachterlichen Beratung und noch stärker der Expertenberatung.

1.6.3 IT- und Technologieberatung

Die IT- und Technologieberatung weist sicherlich die größte Bandbreite und Vielfalt der hier explizit aufgeführten Beratungsfelder auf. Sie reicht von der Erstellung unternehmenskritischer Individualsoftware über die Implementierung von Standardsoftware oder Web-basierten Anwendungen bis hin zur Systemintegration und zu Fragen der Optimierung von IT-Architektur und -Infrastruktur. Verbindendes Element aller Dienstleistungskomponenten der IT- und Technologieberatung (engl. *Technology Services*) ist die Informationstechnologie.

(1) Besonderheiten der IT- und Technologieberatung

Informationstechnologie ist eine Querschnittsfunktion mit vielen Berührungspunkten zu allen Unternehmensbereichen und -funktionen. Die IT- und Technologieberatung erfordert vom Berater ein hohes technisches Verständnis und eine Affinität zu IT-Themen. Ein besonderes Merkmal ist das hohe Veränderungstempo in der IT. Immer wieder werden neue Grenzen mit der Informations- und Kommunikationstechnik durchbrochen. Trends wie *Cloud Computing* oder das schnelle Vordringen der *Smartphones* und *Tablets* erfordern immer wieder das Überdenken und Anpassen der IT-Strategien der Unternehmen. Gefragt ist hier die Bewertung von Chancen und Risiken neuer Techniken gepaart mit dem Wissen um die Möglichkeiten und Grenzen verschiedener IT-Technologien und Produkte. Eine besondere Herausforderung ist es dabei, die innovative Technik mit gewachsenen IT-Systemen zu verbinden. Die Freischaltung neuer Systeme ist immer mit besonderen Risiken verbunden. Hier ist die Fachkompetenz des externen Beraters ganz besonders gefragt.

Trotz der hohen Veränderungsgeschwindigkeit und ihrer Auswirkungen ist die Informations- und Kommunikationstechnik niemals Selbstzweck, sie dient vielmehr als Werkzeug für die Verbesserung von Arbeitsabläufen, für die Schaffung neuer Produkte und Dienstleistungen und zur Erreichung der Unternehmensziele schlechthin. Technologieberatung bedeutet nicht nur, die richtigen Plattformen zur Verfügung zu stellen, sondern die optimale Verbindung der Kommunikationskanäle sicher zu stellen. Sie verbindet umfangreiche Technologie-Expertise und strategische Fähigkeiten, um Kunden bei der Entwicklung und Umsetzung einer integrierten, zukunftsfähigen IT-Strategie bestmöglich zu unterstützen. Das Leistungsspektrum reicht dabei von der Idee und Planung über die Auswahl und Optimierung von IT-Infrastruktur und IT-Anwendungen bis zum laufenden Management der IT-Lösungen [vgl. WAMSTEKER 2012, S. 24].

(2) IT-Spezialberatungen

Allerdings sind nur die größeren Beratungsgesellschaften in der Lage, große Teile dieses Leistungsspektrums abzudecken. **Kleinere Unternehmensberatungen** haben sich auf klar umrissene Aufgabenstellungen im IT-Umfeld spezialisiert. Zu den Themenfeldern solcher IT-Spezialberater zählen u. a.:

- **IT-Strategie- und Umsetzungsberatung** (engl. *IT Strategy & Transformation*), d. h. der IT-Berater vereint IT- und Unternehmensstrategien und hilft, IT-Strategie und -Investitionen an Kriterien und Anforderungen auszurichten, die für das Management relevant sind;

- **IT-Infrastrukturberatung** (engl. *IT Infrastructure Consulting*), d. h. der Infrastrukturberater unterstützt Unternehmen dabei, komplexe IT-Infrastruktur durch kosteneffiziente und flexible Lösungen zu ersetzen;

- **IT-Netzwerkberatung** (engl. *Network Transformation*), d. h. der IT-Berater unterstützt eine grundlegende Neuformierung der Netz-Infrastruktur, um kosteneffizientere, flexibler skalierbare, sicherere und verlässlichere Netzwerke zu ermöglichen;

- **IT-Performanceberatung**, d. h. der IT- und Technologieberater hilft Unternehmen bei der Bewertung, Diagnose und Optimierung der Leistungsfähigkeit ihrer Anwendungen, der Anwendungsentwicklung und Testverfahren;

- **IT-Architekturberatung**, d. h. der Berater definiert die IT-Vision, Prinzipien, Standards und Planung, die Unternehmen dabei helfen, ihre Schlüsseltechnologien auszuwählen, einzuführen und zu aktualisieren;

- **IT-Sicherheitsberatung** (engl. *IT-Security*), d. h. externe Berater unterstützen Unternehmen, ihre Daten zu sichern, Identitäten zu schützen und vertrauliche Beziehungen mit Kunden, Auftraggebern und Partnern zu pflegen.

(3) Technology Services

Größere Unternehmensberatungen, die nahezu die gesamte Bandbreite der IT- und Technologieberatung abdecken, teilen die **Technology Services** in folgende vier Bereiche auf:

- **Softwareentwicklung und Systemintegration** (engl. *Costumer Solution Management*), d.h. die Entwicklung von individuellen Softwarelösungen, das Software-Qualitätsmanagement sowie die Integration der Lösungen in die bestehende Systemlandschaft;

- **Daten- und Informationsmanagement** (engl. *Business Information Management*), d. h. die richtige Interpretation von Daten, damit die Kundenorganisation einen wirklich geschäftlichen Nutzen aus den vielfältigen Datenbeständen zieht. Beispiele dafür sind das Data Warehousing oder die elektronische Akte und deren Archivierung;

- **Technologie- und Architekturmanagement** (engl. *Business Technology*), d. h. mit intelligenten Architekturen, Netzwerken und Infrastrukturen die Innovations- und Wettbewerbsfähigkeit der Kundenunternehmen steigern;

- **Anwendungsmanagement** (engl. *Application Management*), d. h. die Implementierung von Standard-Anwendungssoftware (z. B. SAP, ORACLE, MICROSOFT) inklusive integrierbarer ergänzender Lösungen, um Geschäftsergebnisse nachhaltig und messbar zu verbessern.

Abbildung 1-29 liefert eine beispielhafte Darstellung der wichtigsten **Technology Services** eines Full-Service-Anbieters für IT- und Technologieberatung.

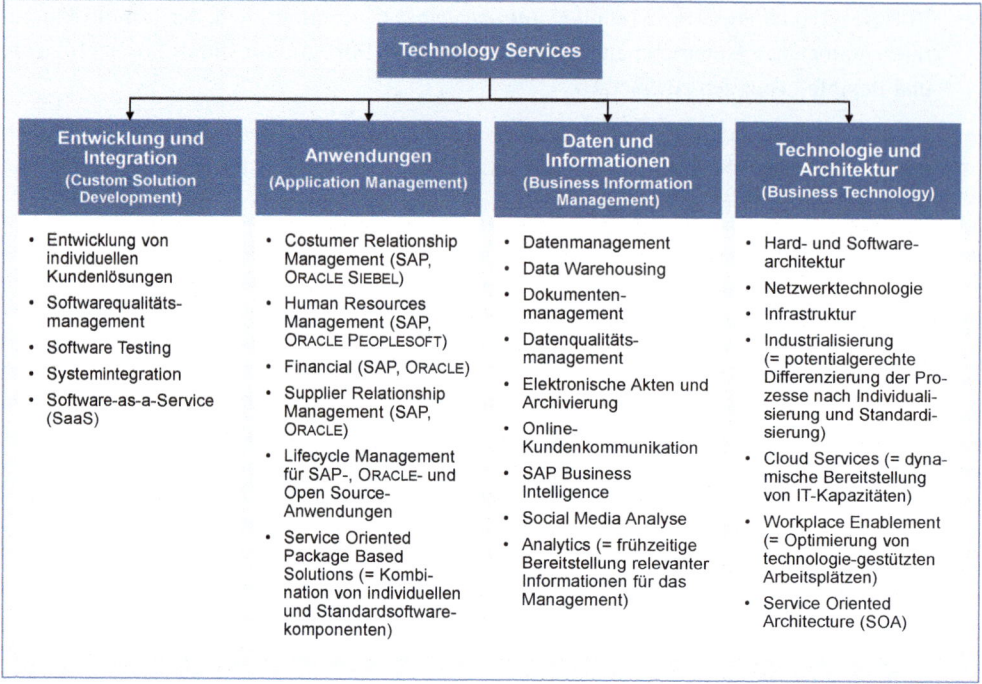

Abb. 1-29:   Technology Services eines Full-Service-Anbieters (Beispiel)

1.6.4 IT-Outsourcing

Der Anteil des Beratungsfeldes **IT-Outsourcing**, das nach den BDU-Statistiken nicht zu den Kern-Beratungsfeldern zählt, beträgt sechs Prozent vom gesamten Beratungsmarkt in Deutschland – mit steigender Tendenz (Wachstum 2014/2013: 10 Prozent). Eine Abgrenzung zu den klassischen Beratungsfeldern wird in Abschnitt 1.6.4 vorgenommen.

Aufgrund der verschiedenen Anforderungen der Outsourcing-Kunden an ein Outsourcing-Projekt haben sich auch sehr unterschiedliche organisatorische Formen des IT-Outsourcings heraus gebildet:

- **Komplettes Outsourcing**, d. h. die gesamte Unternehmens-IT inklusive der IT-Architektur wird an einen Dienstleister ausgelagert. Die Auslagerung umfasst dabei auch die Asset- und Hardwareübernahme bzw. -bereitstellung. Der Outsourcing-Dienstleister übernimmt die Gesamtverantwortung für alle IT-Leistungen, einschließlich Personalmanagement, Einkauf, Finanzierung, Wartung und Entsorgung [vgl. BOHLEN 2004, S. 56].

- **Selektives Outsourcing**, d. h. nicht alle Bereiche der IT eines Unternehmens, sondern nur ein oder mehrere Teilbereiche werden ausgelagert und auf einen Outsourcing-Dienstleister übertragen. Wichtige Bereiche hierbei sind das *Application Management* (Hosting, Betrieb, Konfiguration und Optimierung inklusive Wartung der unternehmenskritischen Anwendungssoftware) oder das *Infrastructure Management* (IT-Architektur, Netzwerkwartung, Systemtechnik, Hardwaretechnik und Infrastrukturbetreuung).

- **Business Process Outsourcing**, d. h. ein kompletter Geschäftsprozess (z. B. Buchhaltung) wird an einen externen Dienstleister übertragen, der die gesamte Verantwortung für diesen Prozess übernimmt.

Eine sehr wichtige Funktion bei der Durchführung von Outcourcing-Projekten kommt dem **Service Level Agreement** (SLA) zu, das die verhandelten Service Levels für ein Outsourcing-Paket in einer schriftlichen, standardisierten Vereinbarung zwischen dem IT-Dienstleister und seinem Kunden dokumentiert. In Service Level Agreements werden die angeforderten und zu liefernden Serviceleistungen besonders in Bezug auf Qualität, Quantität und Kosten spezifiziert. Darin werden beispielsweise die maximale Reaktionszeit auf Störmeldungen, die Verfügbarkeit von technischem Personal oder der Minimaldurchsatz von Rechnern und Leitungen geregelt.

1.7 Angrenzende Bereiche der Unternehmensberatung

1.7.1 Consulting und Software

Die in Abschnitt 1.1.2 vorgenommene Abgrenzung zwischen Sachgütern und Dienstleistungen ist auch maßgebend für die Abgrenzung von Softwarehäusern und IT-Beratungsunternehmen. Während Softwarehäuser ihre Produkte auftragsunabhängig und damit für den anonymen Markt produzieren, befassen sich IT-Beratungsunternehmen schwerpunktmäßig mit der Erstellung von auftragsbezogener Individualsoftware oder der Modifikation und Einführung von Standardsoftware. Das Abgrenzungskriterium ist also, ob der Kunde (als externer Faktor) in den Softwareerstellungs-, -modifikations- oder -einführungsprozess eingebunden ist oder nicht.

Die Abgrenzung von Sach- und Dienstleistungen darf aber nicht dazu führen, beide Komponenten als völlig verschiedene oder unvereinbare Dinge anzusehen. Im Gegenteil, die Problemlösungskraft von Standard(anwendungs)software besteht ja gerade in einer engen Verzahnung von Sach- und Dienstleistung [vgl. WOLLE 2005, S. 125].

Ähnlich einer *Zwiebel* besteht das Softwarepaket zumeist aus mehreren *Schalen*: Neben dem reinen Programm-Code und dem Help-System zählen hierzu die Anwenderdokumentation, eine Demo-Version, eine Testinstallation, die Software-Wartung (inkl. Hotline-Service) sowie die Benutzerschulung (siehe hierzu das „Schalenmodell" in Abbildung 1-30).

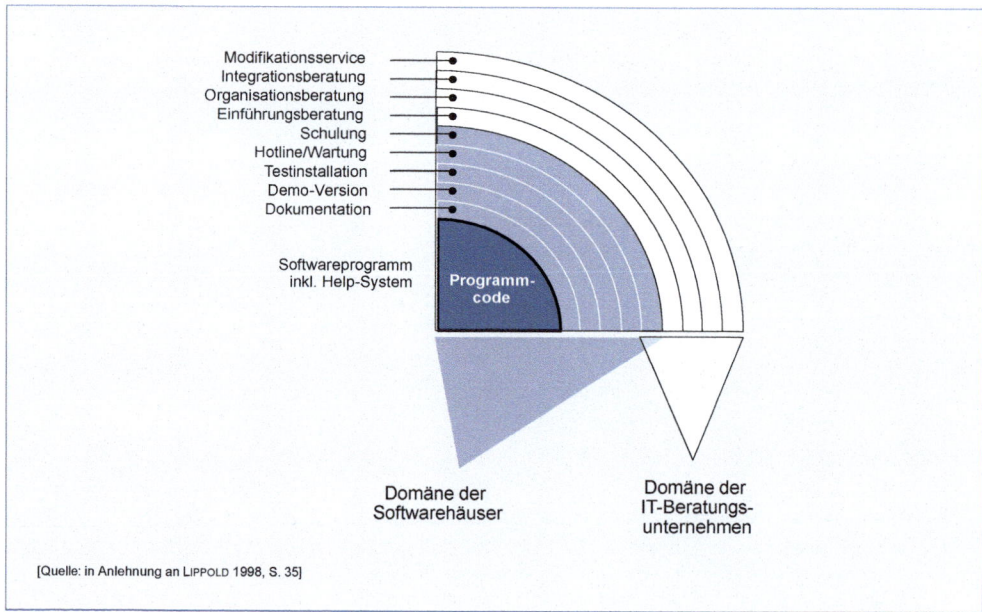

Abb. 1-30: *Standardsoftware als Kombination aus Sach- und Dienstleistung*

Neben diesen mehr oder weniger obligatorischen Angebotskomponenten kommen bei Softwarepaketen, deren Einsatz besonders einschneidende organisatorische Veränderungen nach sich ziehen (wie z. B. bei ERP-Systemen), noch weitere „Schalen" wie Einführungs-, Organisations- und Integrationsberatung sowie die Übernahme von evtl. erforderlichen Modifikationen hinzu. Und genau an dieser Stelle setzt häufig die Arbeitsteilung zwischen Softwarehäusern und IT-Beratungsunternehmen an. Während sich Softwarehäuser auf die Entwicklung und Wartung ihrer Softwareprodukte konzentrieren, übernehmen IT-Beratungsunternehmen die organisatorische Einführung, Anpassung und Schulung der Produkte. Diese Arbeitsteilung ist insbesondere bei den ERP-Systemen von SAP und ORACLE zu beobachten. Aber auch in anderen Anwendungsgebieten wie z. B. im *Product Lifecycle Management (PLM)* werden Entwicklung und organisatorische Einführung häufig unter getrennter Verantwortung durchgeführt (siehe hierzu das Beispiel in Insert 1-10).

Insert

Abgrenzung zwischen
Softwarehaus – Systemhaus – VAR – Distributor

Ein gutes Beispiel für die Arbeitsteilung im Softwarebereich ist das CAD-Produkt CATIA (Computer Aided Three-Dimensional Interactive Application), das in den 1980er Jahren vom französischen **Softwarehaus** DASSAULT Systèmes zunächst für den Flugzeugbau entwickelt wurde. Dank der permanenten Weiterentwicklung von DASSAULT ist die Software heute auch im Automobilbereich, im Anlagen- und Maschinenbau, in der Medizintechnik, im Schiffbau, im High-Tech-Bereich und in der Konsumgüterindustrie im Einsatz.

Im deutschsprachigen Raum wird ein Groß-teil der Softwareinstallationen vom Stutt-garter **Systemhaus** CENIT betreut.

Der Begriff *Systemhaus* umfasst aber neben der organisatorischen Einführung und Betreuung noch eine weitere Dimension: Neben der Beratungskompetenz ist CENIT auch für den Vertrieb von CATIA zuständig. Dabei fungiert das Systemhaus als **Value-Added-Reseller (VAR)**, d.h. es ergänzt das Produkt durch eigene Softwareentwicklungen im Umfeld von CATIA und bietet so dem Anwenderunternehmen eine vollständige Lösung an, bei dem es das Produkt des Herstellers „mitverkauft" und dafür eine entsprechende Vermittlungsprovision erhält. Auf

diese Weise werden Fertigungsunternehmen in die Lage versetzt, bestehende Lösungen zu erweitern und verschiedene Softwarewelten miteinander zu verbinden.

Der Vertrieb über Value-Added-Reseller geht einen Schritt weiter als der Vertrieb über (Software-) **Distributoren**. Während der Distributor das Softwareprodukt weitgehend unverändert anbietet, „veredelt" der VAR die Software durch wesentliche eigene Komponenten.

Der entscheidende Unterschied zum Distributor besteht darüber hinaus darin, dass der VAR das Produkt auf Rechnung des Herstellers verkauft und damit nicht Eigentümer der Software wird. Distributoren ziehen somit ihre Wertschöpfung weitgehend aus dem Verkauf der Softwareprodukte, wohingegen der VAR sein Geschäftsmodell in der Umfeldberatung und Veredelung der Software sieht. Insofern ist der VAR eher dem Beratungs- als dem Softwaregeschäft zuzuordnen.

PRODUCT LIFECYCLE MANAGEMENT
VON DER IDEE ZUM PRODUKT
...UND STANDARD WIRD INDIVIDUELL

Das CENIT PLM Beratungs-, Service- und Softwareangebot beruht auf Dassault Systèmes Standardprodukten und CENIT Lösungen. Unsere Mitarbeiter verfügen über ein hohes Prozess- und Technologieverständnis einzelner Branchen und unterstützen unsere Kunden aus der Fertigungsindustrie bei der Optimierung der digitalen Produktentwicklung und Produktion.

Insert 1-10:   Arbeitsteilung im Softwareumfeld (Beispiel aus dem PLM-Bereich)

Zur weiteren Verdeutlichung des Zusammenspiels von Sach- und Dienstleistungen im Softwareumfeld soll der in Abbildung 1-31 gezeigte **Marketing-Verbund-Kasten** herangezogen werden. Auf der linken Seite des Kastens werden die angebotenen *Sachleistungen* von oben nach unten abgetragen, auf der anderen Seite die angebotenen Dienstleistungen von unten nach oben gemessen. Auf diese Weise lässt sich in der Senkrechten darstellen, in welchem Umfang sich ein bestimmter Auftrag aus Sach- und Dienstleistungen zusammensetzt, um für einen (potentiellen) Kunden eine vollständige Problemlösung zu bedeuten. Dabei darf die Begrenzungslinie *nicht* als Diagonale durch den Marketing-Verbund-Kasten dargestellt werden, denn es ist kaum möglich, die investive Sachleistung *Software* ohne jegliche Dienstleistung (z. B. Hotline- oder Modifikationsservice) abzusetzen. Daher beginnt die Begrenzungslinie etwas oberhalb der linken unteren Ecke des Kastens. Andererseits zeigt das Beispiel der auftragsbezogen erstellten Software, bei dem der externe Faktor *Kunde* vollständig eingebunden ist, dass eine Absatzleistung zu 100 Prozent nur aus Dienstleistungen bestehen kann. Daher endet die Begrenzungslinie direkt im oberen rechten Eckpunkt. Außerdem sollen die in Abbildung 1-31 gezeigten Beispiele den engen Verbund zwischen Sach- und Dienstleistungen veranschaulichen [vgl. LIPPOLD 1998, S. 38 f. unter Bezugnahme auf HILKE 1989, S. 7 f.].

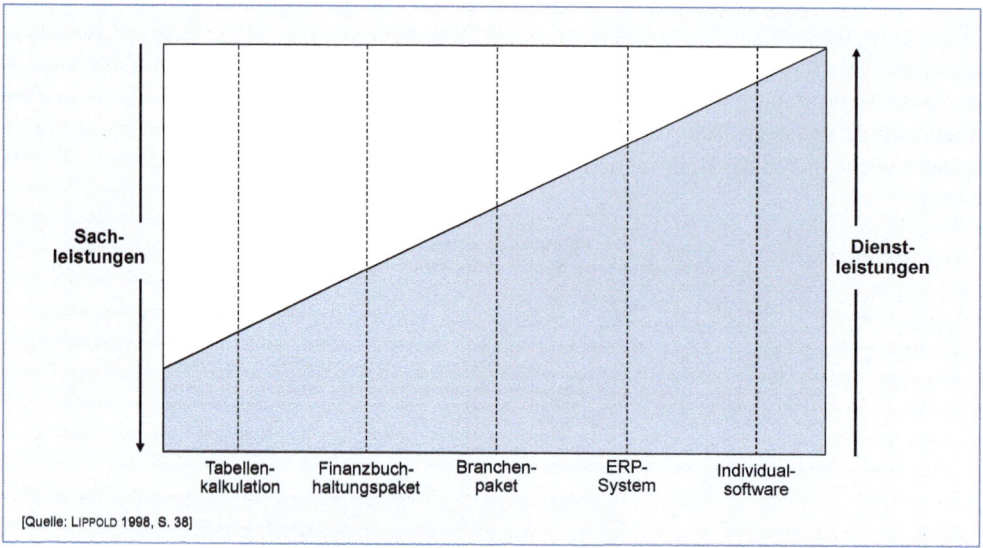

Abb. 1-31:   Der Marketing-Verbund-Kasten für Software

Aufgrund dieser engen Verzahnung zwischen Sach- und Dienstleistung, die ja nicht nur für Software, sondern für jegliche beratungsbedürftigen Sachleistungen (Produkte) zutrifft, kommt MICHAEL KLEINALTENKAMP zu der Einschätzung, *„dass es bis heute keine eindeutige Trennung zwischen Sach- und Dienstleistung und damit auch keine eindeutige Abgrenzung des Dienstleistungsbegriffs gibt ... (und) ... vermutlich gar nicht geben kann"* [KLEINALTEN-KAMP 2001, S. 40].

Zur Vervollständigung der statistischen Sicht wird in Insert 1-11 auch die entsprechende LÜ-NENDONK-Liste® für Softwarehäuser aufgeführt.

```
┌─ Insert ──────────────────────────────────────────────────────────────────┐
```

TOP 10 der deutschen Standard-Software-Unternehmen 2013

Unternehmen	Gesamtumsatz in Mio. Euro		Mitarbeiterzahl insgesamt	
	2013	2012	2013	2012
1 SAP AG, Walldorf *)	16.815,0	16.223,0	66.500	64.422
2 Software AG, Darmstadt	927,7	1.047,3	5.238	5.419
3 Datev eG, Nürnberg	803,0	759,5	6.100	5.900
4 CompuGroup Medical AG, Koblenz	460,0	451,0	3.789	3.519
5 Nemetschek AG, München *)	185,9	175,1	1.355	1.230
6 PSI AG, Berlin	176,3	180,9	1.671	1.559
7 COR&FJA AG, Leinfelden-Echterdingen	131,3	136,7	1.139	1.194
8 Mensch und Maschine SE, Wessling	126,0	119,0	705	659
9 AOK Systems GmbH, Bonn	95,6	100,8	510	505
10 P&I AG, Wiesbaden *)	82,1	70,6	380	331

*) Umsatz- und/oder Mitarbeiterzahlen teilweise geschätzt.

Aufnahmekriterium für diese Liste: Mehr als 60 Prozent des Umsatzes werden mit Standard-Software-Produktion, -Vertrieb und -Wartung erwirtschaftet und der Hauptsitz des Unternehmens liegt in Deutschland.

Die seit 1997 jährlich erscheinenden Lünendonk®-Listen über die führenden Standard-Software-Unternehmen in Deutschland erhalten ein neues Gesicht. In dem klassischen Lünendonk®-Ranking werden nur noch Unternehmen berücksichtigt, die ihre Gründungshistorie und Kapitalmehrheit in Deutschland haben. Diese zehn umsatzstärksten deutschen Standard-Software-Unternehmen (Top 10) sind in der aktuellen Lünendonk®-Liste 2014 „Top 10 der deutschen Standard- Software-Unternehmen" in der Reihenfolge ihrer Gesamtumsätze gelistet. Im Geschäftsjahr 2013 erzielten sie einen Gesamtumsatz von 19,8 Milliarden Euro und beschäftigten insgesamt rund 87.400 Mitarbeiter.

Alle wichtigen multinationalen Standard-Software-Konzerne, die ihren Hauptsitz beziehungsweise ihre Kapitalmehrheit im Ausland haben, sind mit eigenen Tochtergesellschaften oder Vertriebspartnern auf dem deutschen Markt aktiv. Die größten dieser Gesellschaften, zu denen Microsoft, Oracle, Adobe, Infor, SAS, CA und BMC zählen, erzielen schätzungsweise Umsätze von jeweils mehr als 100 Millionen Euro auf dem deutschen Markt.

® Lünendonk

Insert 1-11:　　Top 25 Standardsoftware-Unternehmen in Deutschland 2011

1.7.2 Consulting und Wirtschaftsprüfung

Im Gegensatz zum Unternehmensberater ist der Beruf des Wirtschaftsprüfers (WP) nicht nur geschützt, sondern sogar ein öffentliches Amt. Um sich Wirtschaftsprüfer nennen zu dürfen, muss ein angehender Prüfer hohe Hürden überspringen. Das Wirtschaftsprüferexamen gilt als eines der schwersten Examina überhaupt und es gibt einige Voraussetzungen, die gegeben sein müssen, um überhaupt zu dem Examen zugelassen zu werden. Studierende mit Hochschulabschluss müssen mindestens vier Jahre Berufserfahrung vorweisen, während Absolventen mit über acht Semestern Regelstudienzeit noch mindestens drei Jahre im Beruf gewesen sein müssen. Ohne Hochschulabschluss muss man mindestens zehn Jahre Prüfungstätigkeiten nachweisen können, um überhaupt die Möglichkeit zu haben, an dem Examen teilzunehmen.

Heute gibt es rund 14.000 Wirtschaftsprüfer in Deutschland. Ihre wesentliche Aufgabe ist es, den **Jahresabschluss** (inklusive der Buchführung) auf die Einhaltung der relevanten Vorschriften (beispielsweise der nationalen und internationalen Rechnungslegungsstandards, Aktiengesetz, Vorschriften des Gesellschaftsvertrags beziehungsweise der Satzung) zu überprüfen und Bestätigungsvermerke über die Vornahme und das Ergebnis solcher Prüfungen zu erteilen. Im Rahmen des Jahresabschlusses, zu dessen Prüfung alle mittelgroßen und großen Unternehmen verpflichtet sind, ist der Lagebericht dahingehend zu untersuchen, ob er mit dem Abschluss des Unternehmens im Einklang steht, insgesamt ein zutreffendes Bild der Lage des Unternehmens vermittelt und die Chancen und Risiken der künftigen Entwicklung zutreffend darstellt. Diese Prüfungen sind ausschließlich dem Wirtschaftsprüfer vorbehalten (*„Vorbehaltsaufgaben"*).

Die Aufgabe eines Wirtschaftsprüfers ist aber nicht auf die Prüfung von Jahresabschlüssen und Bilanzen sowie auf die Analyse der wirtschaftlichen Situation eines Unternehmens beschränkt. Gemäß § 2 der Wirtschaftsprüferordnung (WPO) ist der Wirtschaftsprüfer zusätzlich befugt, in Steuerangelegenheiten zu beraten sowie Gutachter- und treuhänderische Aufgaben zu übernehmen. Auch lässt die Wirtschaftsprüferordnung ausdrücklich alle Tätigkeiten eines Wirtschaftsprüfers zu, die die Beratung in wirtschaftlichen Angelegenheiten zum Gegenstand haben (vgl. WPO, § 43, Abs. 4, Nr. 1). Dies hat in den letzten dreißig Jahren zu einer deutlichen Verschiebung der Tätigkeitschwerpunkte von Wirtschaftsprüfungsunternehmen in Richtung Unternehmensberatung geführt. Nicht zuletzt aufgrund dieses breiten Aufgabenspektrums gilt der Beruf des Wirtschaftsprüfers als herausragend und die Wirtschaftsprüfung als die Kerndisziplin der Betriebswirtschaftslehre.

Doch gerade in der jüngsten Zeit hat sich die „heile Welt" rund um den Wirtschaftsprüfer ein wenig verdunkelt. Denn obwohl das Geschäft mit Jahresabschlüssen, Firmenbewertungen, Gutachten und Steuergestaltungen immer noch wächst, hat sich der Kampf um die Mandate massiv verschärft. Dies kommt in einem enormen Preiskampf zum Ausdruck. Als Ursachen können verschiedene Aspekte angeführt werden:

- Prüfungstätigkeiten sind Standarddienstleistungen (engl. *Commodity*) und damit weitestgehend austauschbar, d. h. die jeweiligen Prüfungsgesellschaften haben in diesem Geschäftsfeld kaum Möglichkeiten, sich vom Wettbewerb zu differenzieren.

- Größere Unternehmen und Konzerne sind dazu übergegangen, die Prüfungsaufträge grundsätzlich auszuschreiben. Das erhöht den Wettbewerb und drückt den Preis.

- Staatliche und halbstaatliche Auftraggeber sind per Gesetz gezwungen, grundsätzlich den preiswertesten Anbieter zu nehmen.

- Bei Unternehmen führen immer häufiger die geschulten Einkaufsabteilungen – und nicht das Rechnungswesen – die Preisverhandlungen mit dem Prüfer.

- Schließlich bestehen im Prüfungssegment ganz offensichtlich Überkapazitäten auf Seiten der Wirtschaftsprüfungsgesellschaften.

Ein weiterer wichtiger Aspekt sind die Konzentrationsbestrebungen der Wirtschaftsprüfungsgesellschaften auf internationaler Ebene, die es einer Wirtschaftsprüfungsgesellschaft erlauben, ihre Mandanten auch über die Ländergrenzen hinaus zu betreuen. So entstand bereits in den 1980er Jahren der Begriff der *Big Eight*, der die damals größten acht international dominierenden Wirtschaftsprüfungsgesellschaften bezeichnete (siehe Abbildung 1-32). Die *Big Eight* waren aus Zusammenschlüssen einer Vielzahl von regionalen Wirtschaftsprüfungsgesellschaften entstanden. In den 1990er Jahren wurden aus den *Big Eight* dann die *Big Six*, nachdem ERNST & WHINNEY mit ARTHUR & YOUNG zu ERNST & YOUNG und DELOITTE, HASKINS & SELLS mit TOUCHE ROSS zu DELOITTE & TOUCHE fusionierte. Aus den *Big Six* wurden 1998 die *Big Five*, als sich PRICE WATERHOUSE mit COOPERS & LYBRAND zu PRICE-WATERHOUSECOOPERS zusammenschloss.

Als Folge des ENRON-Skandals im Jahr 2001 fusionierten die selbständigen Ländergesellschaften von ARTHUR ANDERSEN mit unterschiedlichen Gesellschaften. In Deutschland schloss sich der größte Teil des Unternehmens mit ERNST & YOUNG zusammen. Zugleich ging das Unternehmen, dessen Namen so etwas wie der Gattungsbegriff für Wirtschaftsprüfungsgesellschaften war, als eigenständige Gesellschaft bzw. Marke unter. Aus den *Big Five* wurden die *Big Four*.

"Big Eight" 1980er Jahre	"Big Six" 1990er Jahre	"Big Four" ab 2000	Anzahl der von den *Big Four* geprüften DAX-Unternehmen
Ernst & Whinney			
	Ernst & Young		
Arthur Young			
		Ernst & Young	3
Arthur Andersen	Arthur Andersen		
Peat Marwick International	KPMG	KPMG	16
Deloitte, Haskins & Sells			
	Deloitte & Touche	Deloitte	1
Touche Ross			
Price Waterhouse	Price Waterhouse		
		PWC	10
Coopers & Lybrand	Coopers & Lybrand		

Abb. 1-32:   Zusammenschlüsse der großen internationalen WP-Gesellschaften

In Deutschland entfallen auf die „großen Vier" etwa 80 Prozent des Prüfungsgeschäfts (engl. *Assurance*) mit den 150 wichtigsten Aktiengesellschaften. 100 Prozent beträgt dieser Anteil sogar bei den 30 DAX-Unternehmen, wobei hier eher von einer *Big-Two-Situation* gesprochen werden müsste, denn 26 DAX-Unternehmen werden allein von KPMG (16) und PWC (10) geprüft. Allerdings wird in diesem Tagesgeschäft kaum noch Wachstum erzielt. Im Gegenteil, Jahr für Jahr erzielen die *Big Four* weniger Honorare aus den reinen Jahresabschlussprüfungen bei den DAX-Unternehmen. Allein 10 Millionen Euro hat SIEMENS beim Prüferwechsel von KPMG zu ERNST & YOUNG für die Erstellung des Jahresabschlusses gespart. Trotzdem hat der Kampf um diese „Blue Chips" der deutschen Wirtschaft an Intensität eher zu- als abgenommen. Keiner will diese "Leuchtturmmandate" verlieren, sie sind gut fürs Image, und sie bringen weitere Einnahmequellen – etwa bei der Beratung. Denn der Gewinn dieser Prüfungsmandate sichert nicht nur eine jahrelange Auslastung, sondern bietet überdies ideale Chancen für zusätzliche, prüfungsnahe Beratungsaufgaben. Denn wer gut prüft, den verpflichten die Unternehmen auch gern als Berater. Die DAX-Mandate sind also Türöffner für weitere attraktive Beratungsprojekte. So sind die Tagessätze für strategische Beratung zum Teil doppelt so hoch wie die für reine Prüfungsarbeiten. Ein Viertel ihrer Gesamthonorare zahlen die führenden Konzerne schon jetzt für Beratungsleistungen am Rande der eigentlichen Abschlussprüfung [vgl. HANDELSBLATT vom 19.01.2011].

Insert 1-12 gibt einen Überblick über die Größenverhältnisse der 25 umsatzstärksten WP-Gesellschaften in Deutschland.

Insert

Führende Wirtschaftsprüfungs- und Steuerberatungs-Gesellschaften in Deutschland 2013

	Unternehmen	Umsatz in Deutschland in Mio. Euro		Mitarbeiterzahl in Deutschland	
		2013	2012	2013	2012
1	PwC AG, Frankfurt am Main	1.515,0	1.500,9	9.299	9.302
2	KPMG AG, Berlin 1)	1.334,3	1.306,0	9.170	8.800
3	Ernst & Young GmbH, Stuttgart 2)	1.271,9	1.158,1	7.746	7.205
4	Deloitte GmbH, München 3)	682,4	652,2	5.259	4.838
5	BDO AG, Hamburg	195,0	191,9	1.772	1.773
6	Rödl & Partner GbR, Nürnberg	160,9	153,8	1.650	1.600
7	Ebner Stolz Gruppe, Stuttgart	150,4	137,6	954	910
8	Baker Tilly Roelfs Gruppe, Düsseldorf	94,5	92,9	750	655
9	Warth & Klein Grant Thornton AG, Düsseldorf	83,6	87,4	792	823
10	RBS RoeverBroennerSusat GmbH & Co. KG, Hamburg	74,8	67,7	638	631
11	PKF Fasselt Schlage Partnerschaft, Berlin	63,0	63,0	544	533
12	DHPG Dr. Harzem & Partner KG, Bonn	38,0	36,5	354	337
13	Dornbach GmbH, Koblenz	35,6	33,4	317	341
14	Mazars GmbH, Frankfurt am Main	33,5	35,0	269	333
15	Bansbach Schübel Brösztl & Partner GmbH, Stuttgart	31,6	28,3	253	255
16	MDS Möhrle & Partner, Hamburg	30,9	27,2	279	249
17	Solidaris Gruppe, Köln	27,6	27,1	254	243
18	TPW Todt & Partner GmbH & Co. KG, Hamburg	26,6	25,1	247	243
19	Fides Gruppe, Bremen	26,4	26,7	300	300
20	Curacon GmbH, Münster 1)	26,0	25,3	244	236
21	Falk & Co. Unternehmensgruppe, Heidelberg	25,6	22,6	327	280
22	RWT Gruppe, Reutlingen	24,0	23,0	251	232
23	Esche Schümann Commichau Partnerschaftsgesellschaft mbB, Hamburg *)	22,5	22,1	208	200
24	Trinavis Gruppe, Berlin	22,3	18,7	230	194
25	LKC Kemper, Czarske, von Gronau, Berz GbR, Grünwald bei München	21,0	20,0	200	200

*) Daten teilweise geschätzt
1) inkl. Rechtsberatung
2) Gesamtumsatz der EY-Gruppe: 1.307,8 Mio. € (2013); 1.197,4 Mio. € (2012). Gesamtmitarbeiter: 7.920 (2013); 7.389 (2012)
3) Rumpfgeschäftsjahr 01.07.2011 bis 31.05.2012, Umsatz wurde auf einen 12-Monatszeitraum hochgerechnet
4) Umsatzstagnation bei geringerer Mitgliederzahl
5) Seit 01.01.2014 besteht die Allianz aus den Mitgliedern: Falk & Co., Fides, FGS Flick Gocke Schaumburg, H/W/S sowie Mazars

Aufnahmekriterien für die Top-25-Liste:
1. Mehr als 60 Prozent des Umsatzes werden mit Wirtschaftsprüfung, Steuerberatung (ohne Steuerdeklaration und Buchhaltung), Corporate Finance und/oder Rechtsberatung erzielt, davon entfallen mindestens 15 Prozent auf Wirtschaftsprüfung (reine Abschlussprüfung, ohne Beratung).
2. Nur selbstständig organisierte Wirtschaftsprüfungs-Gesellschaften (keine Netzwerkgesellschaften oder Allianzen).

® Lünendonk

Insert 1-12:   Wirtschaftsprüfungs- und Steuerberatungsgesellschaften in Deutschland 2013

Mit welch harten Bandagen im Prüfungssegment gekämpft wird, macht eine Studie deutlich, die am Lehrstuhl für internationale Rechnungslegung und Wirtschaftsprüfung der Universität Tübingen durchgeführt wurde. Danach sind „Fee Cutting" und „Low Balling" an der Tagesordnung. *„Fee Cutting"* bedeutet, dass wechselwilligen Kunden besonders niedrige Eingangshonorare, die unter den Sätzen für Folgeprüfungen liegen, angeboten werden. *„Low Balling"* liegt vor, wenn die Prüfer im harten Preiskampf bei den Honoraren unter ihren Kosten bleiben. Die Studie kommt schließlich zum Fazit, dass der Wettbewerb auf dem Markt für Erstprüfungen zu einer Verdrängung kleinerer Wirtschaftsprüfer führt, die kein Fee Cutting betreiben [vgl. WILD 2010, S. 513 ff.].

Angesichts dieser Marktsituation ist es also nicht verwunderlich, dass der Wirtschaftsprüfer immer stärker beratungsnahe Aktivitäten übernimmt. Diese Aktivitäten, zu denen bspw. die Beratung bei Unternehmenstransaktionen und Finanzierungen, die Einsatzberatung bei Systemen des Finanz- und Rechnungswesens, die Gestaltung von Management- und Kontrollsystemen, Restrukturierungen sowie die Aufklärung wirtschaftskrimineller Sachverhalte zählen, werden als **prüfungsnahe Beratung** (engl. *Advisory*) bezeichnet. Mittlerweile nimmt diese prüfungsnahe Beratung einen nicht unbeträchtlichen Anteil am Gesamtumsatz von Wirtschaftsprüfungsgesellschaften ein (siehe Abbildung 1-33).

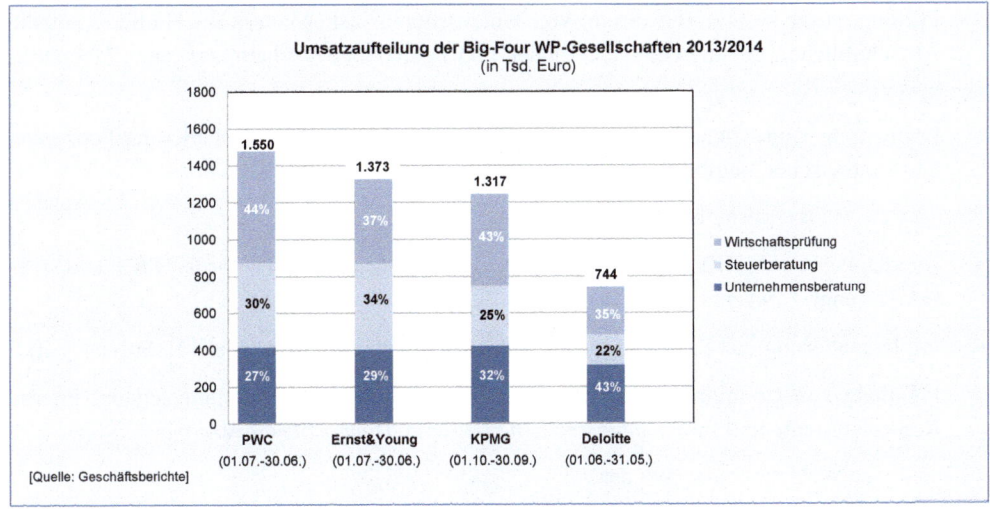

Abb. 1-33: Umsatzaufteilung der Big-Four-Gesellschaften in Deutschland 2013/2014

Da mit dem *organischen* Consulting-Wachstum naturgemäß keine allzu großen Umsatzsprünge zu bewerkstelligen sind, widmen sich die WP-Gesellschaften in den letzten Jahren verstäkt den **Zukäufen** von Consulting-Firmen im Umfeld von Advisory und Consulting Services. Besonders PwC ist mit der weltweiten Übernahme der Managementberatung BOOZ & COMPANY und deren Markenwechsel zu STRATEGY& (gesprochen: Strategy and) in den Blickpunkt gerückt. Doch nicht nur im Bereich der Strategieberatung, sondern auch in der IT-Beratung wurde PwC fündig: Mit der Duisburger CUNDUS AG geht PwC künftig bei Business Intelligence und Data Analytics in die beraterische Offensive. Derweil verstärkte sich KPMG mit BRAINNET, DR. GEKE & Associates sowie TELLSELL Consulting. ERNST & YOUNG (EY) wiederum erweiterte das Beratungsportfolio durch den Zukauf der Unternehmensberatung J&M Management Consulting AG, das sich auf das Supply Chain Management, insbesondere die Optimierung von Lieferketten und operativen Prozessen, spezialisiert hat. Und auch das Unternehmen DELOITTE, das sich im Gegensatz zu den anderen Big Four zu Beginn dieses Jahrtausends nicht von seiner Consulting-Sparte trennte, verstärkt die ohnehin starke Beratungsexpertise unter anderem durch den Erwerb der MONITOR Group.

Aus systematischer Sicht lässt sich das fachliche Know-how der prüfungsnahen Beratungsleistungen zur Beantwortung transaktionsorientierter, regulatorischer und prozessorientierter Fragestellungen wie folgt bündeln [vgl. KLEES 2012, S. 29 f.]:

Transaktionsorientierte Beratung bei der

- Durchführung von Unternehmenskäufen, -verkäufen und -fusionen (engl. *Mergers & Acquisitions*),

- Begleitung von Börsengängen (engl. *Initial Public Offering – IPO*),

- vertraglichen Zusammenarbeit zwischen öffentlicher Hand und privatrechtlich organisierten Unternehmen (engl. *Public Private Partnership – PPP*),

- Prüfung, Analyse und Bewertung von Unternehmen insbesondere im Hinblick auf die wirtschaftlichen, rechtlichen, steuerlichen und finanziellen Verhältnisse (engl. *Due Dilligence*),

- Erarbeitung und Umsetzung von Restrukturierungsmaßnahmen, Sanierungskonzepten und strategischer Neuformierung (engl. *Restructuring*).

Regulatorische Beratung bei der

- Umstellung von HGB auf internationale Rechnungslegungsstandards IFRS und US-GAAP (engl. *Conversion*),

- Implementierung von Rating- oder Risikomanagement-Systemen (Basel II, Solvency II),

- Erfüllung von Compliance-Anforderungen in den Bereichen Rechnungslegung, interne Kontrollsysteme und Informationstechnologie (engl. *Corporate Governance*).

Prozessorientierte Beratung bei der

- Konzeption und Realisierung von Planungs-, Informations-, Steuerungs- und Controllingsystemen,
- Prävention und Aufklärung von Wirtschaftskriminalität (Forensic),
- Begleitung des Finanzierungs-, Treasury & Working Capital Managements.

Bei ihrer Beratungstätigkeit profitieren die Wirtschaftsprüfer nicht nur von ihrer hervorragenden fachlichen Ausbildung, sondern auch – und dies gilt naturgemäß in besonderem Maße für die Big-Four-Gesellschaften – von der zunehmend international geprägten Organisationsstruktur. Diese stellt eine kontinuierliche Präsenz in vielen Ländern sicher, so dass die Berater mit den jeweiligen regionalen Besonderheiten vertraut sind.

Eine weitere Besonderheit ist die zumeist langjährige Beziehung zu seinen Kunden (Mandanten), die dem Wirtschaftsprüfer ein besonderes Verständnis für das jeweilige Geschäftsmodell verschafft. Während die „klassischen" Strategieberatungen vorwiegend Konzerne und große Unternehmen im Angebotsfokus haben, ermöglicht der von den Wirtschaftsprüfern verfolgte, eher analytische bzw. „zahlengetriebene" Beratungsansatz, der große Teile der heutzutage wesentlichen Problemfelder abdeckt, dass vor allem auch mittelständische Unternehmen von den Wirtschaftsprüfern aus einer Hand bedient werden [vgl. KLEES 2012, S. 30].

Fazit: Wenn Wirtschaftsprüfer ein Unternehmen länger betreuen, werden sie häufig zu gesuchten Beratern, die bei vielen Fragen und Problemstellungen weiterhelfen können. Auf Grund der genauen Kenntnisse des Unternehmens wissen Wirtschaftsprüfer, welche betriebswirtschaftlichen, steuerlichen und rechtlichen Konsequenzen sich bei bestimmten Fragestellungen ergeben würden. Hier sind also deutliche Überschneidungen zum Aufgabenspektrum eines Unternehmensberaters zu sehen. Während das Schwergewicht des Wirtschaftsprüfers bei solchen Fragestellungen mehr die retrograde **Prüfung** und **Analyse** ist, liegt der Hauptbeitrag eines Unternehmensberaters mehr in der nach vorne gerichteten **Gestaltung** unternehmerischer Maßnahmen.

1.7.3 Consulting und Steuerberatung

Ebenso wie die Wirtschaftsprüfung zählt auch die Steuerberatung zu den freien Berufen und ebenso wie der Beruf des Wirtschaftsprüfers ist auch der Beruf des Steuerberaters geschützt. Um den Titel „Steuerberater" zu erlangen, muss nach deutschem Recht auch ein Examen abgelegt werden, das die allermeisten Wirtschaftsprüfer auf ihrem Weg zum WP-Examen ebenfalls ablegen. Die Aufgaben eines Steuerberaters, die im Steuerberatungsgesetz (StBerG) geregelt sind, gehen weit über die reine Hilfestellung in Steuersachen hinaus. Insbesondere bei betriebswirtschaftlichen Beratungen gewinnt die Unterstützung durch den Steuerberater zunehmend an Bedeutung. Zu den Vorbehaltsaufgaben des Steuerberaters – also zu den Aufgaben, die ausschließlich dem Steuerberater vorbehalten sind – zählen die

- **Steuerdeklarationsberatung**, d. h. Hilfestellung bei der Erfüllung der dem privaten oder betrieblichen Steuerpflichtigen auferlegten Steuererklärungspflichten,

- **Steuerrechtsdurchsetzungsberatung**, d. h. sämtliche Aufgaben und Hilfestellungen bei Auseinandersetzungen mit der Finanzbehörde und der Finanzgerichtsbarkeit,

- **Steuergestaltungsberatung**, d. h. die optimale Gestaltung steuerrelevanter Sachverhalte im Sinne des Mandanten.

Wie Abbildung 1-34 erkennen lässt, kann der Wirtschaftsprüfer den Steuerberater substituieren, da die Themenfelder, die der Steuerberater bearbeitet auch im Aufgabenbereich des Wirtschaftsprüfers liegen. Andersherum kann keine Substitution stattfinden, da der Wirtschaftsprüfer zusätzliche Qualifikationen benötigt. Die Unternehmensberatung jedoch kann sowohl vom Wirtschaftsprüfer, als auch vom Steuerberater und vom Unternehmensberater ausgeführt werden. Ein Unternehmensberater kann aber weder eine steuerrechtliche Beratung abgeben noch eine Jahresabschlussprüfung durchführen.

Bei den großen Wirtschaftsprüfungsgesellschaften war die Steuerberatung (engl. *Tax*) nach der Abschlussprüfung traditionell das zweitgrößte Umsatzsegment. Wie aber die vorstehende Abbildung 1-33 zeigt, wird dem Steuerberatungsumsatz diese Position zunehmend vom Beratungsumsatz streitig gemacht.

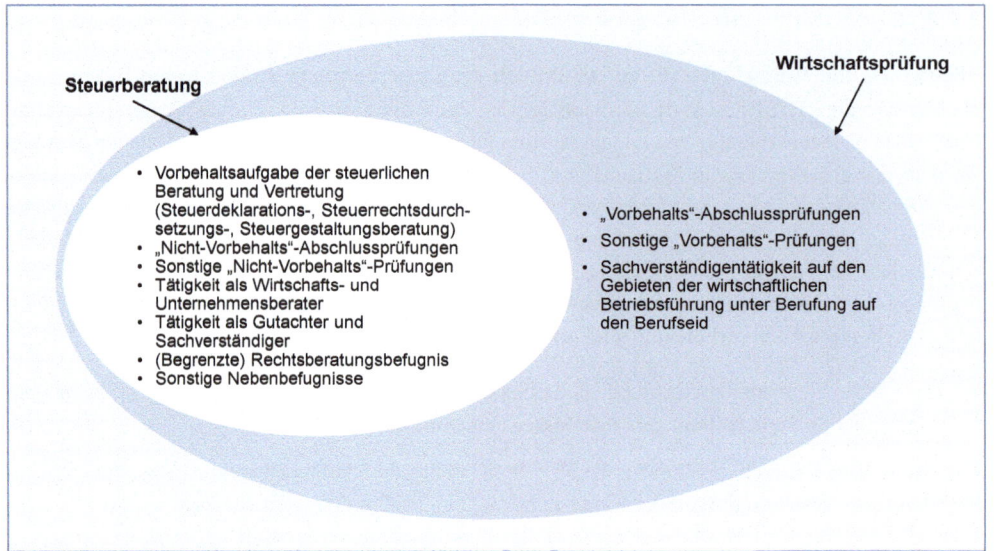

Abb. 1-34:   Aufgabenarten der Steuerberatung und Wirtschaftsprüfung

1.7.4 Consulting und Outsourcing

Richtigerweise müsste die Abgrenzung, um die es in diesem Abschnitt geht, "Consulting und **IT-Outsourcing**" heißen, denn die teilweise oder vollständige Auslagerung der betrieblichen *Informationsverarbeitung* an einen Dienstleister ist Gegenstand der hier diskutierten Abgrenzung zur „klassischen" Beratung. Ohnehin ist das IT-Outsourcing Vorreiter beim Fremdbezug von bislang intern (aus Sicht der Kundenunternehmen) erbrachten Leistungen. Hierbei dominierte zunächst das infrastrukturorientierte Outsourcing (Hardware, IT-Netze). Aktuell gewinnen aber das anwendungsbezogene Outsourcing (engl. *Application Management*) und das prozessorientierte Outsourcing (engl. *Business Process Outsourcing*) zunehmend an Bedeutung im Rahmen des IT-Outsourcings.

Bei allen Varianten des IT-Outsourcings ist allerdings auf einen Unterschied zu den klassischen Beratungsleistungen hinzuweisen: Während der Berater „im Normalfall" dem Kunden keine Entscheidung abnimmt, sondern nur Hilfe zur Selbsthilfe leistet und damit mit seiner Dienstleistung die Entscheidung des Kunden lediglich vorbereitet, trägt der Berater beim Outsourcing die volle *Verantwortung* für Realisierung und Umsetzung. Beim Outsourcing als Beratungsleistung entfällt also die Freiheit und Pflicht des Kunden zur Entscheidung über die Realisierung der Beraterempfehlungen. Hier übernimmt der IT-Berater von vornherein die volle Verantwortung für alle an ihn ausgelagerten Aufgaben und Prozesse.

Die Hauptgründe für das IT-Outsourcing der Kundenunternehmen sind zumeist Kostensenkung, Konzentration auf das Kerngeschäft sowie fehlendes oder mangelndes Know-how im IT-Bereich. Da viele, insbesondere größere IT-Beratungsunternehmen genau über diese Ressourcen als Kernkompetenz verfügen, ist die Dienstleistung als fester Bestandteil des Leistungsangebots und als „Run" in das *Plan – Build – Run-Modell* aufgenommen worden (siehe Abschnitt 1.4.4).

Eine grundsätzliche Einschätzung aus Sicht der Kundenunternehmen darüber, ob zentrale Unterstützungsleistungen und -prozesse in eigener Regie lokal, als Shared Service Center oder als Fremdbezug in Form eines Business Process Outsourcing organisiert werden sollten, liefert Abbildung 1-35.

Danach wird der Entscheidungsprozess anhand der beiden Parameter „Reifegrad der Prozesse" und „Kosteneinsparungspotenzial" bestimmt. Je höher der Reifegrad (engl. *Maturity*), also die Stabilität der Prozesse ist und je höhere Kosteneinsparungen (engl. *Cost Savings*) angestrebt werden, umso mehr spricht für eine „Buy"-Entscheidung in Form eines Business Process Outsourcing.

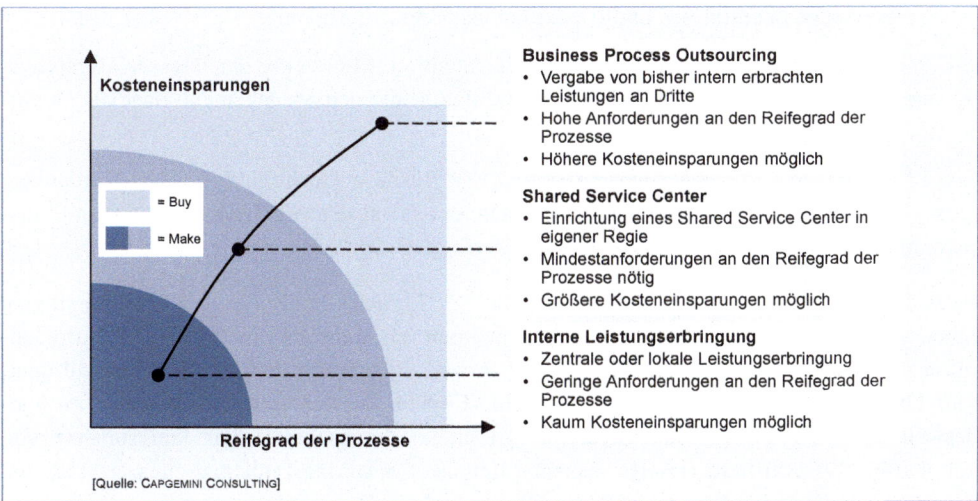

Abb. 1-35: Parameter für „Make-or-buy"-Entscheidungen bei Support-Funktionen

1.7.5 Consulting und Inhouse Consulting

Inhouse Consulting ist noch ein relativ junges Phänomen, das sich in der deutschen Konzernlandschaft aber bereits weitgehend durchgesetzt hat. So bezeichnet ROLAND BERGER bereits im Jahr 2002 die Kunden als größte Konkurrenz des Beraters und beschreibt damit die Situation, dass interne Beratung häufig der Beauftragung von externen Beratern vorgezogen wird [vgl. GAITANIDES/ACKERMANN 2002, S. 302].

Durch die Etablierung einer internen Unternehmensberatung werden gegenwärtig folgende **Funktionen** wahrgenommen [vgl. LEKER et al. 2007, S. 148]:

- **Problemlösungsfunktion**, d. h. die Unterstützung bei Problemstellungen im Unternehmen durch Lösungsvorschläge;

- **Koordinationsfunktion**, d. h. die Angleichung unterschiedlicher Zielsetzungen und der Herstellung einer Verbindung zwischen Hierarchiestufen und Funktionsbereichen im Unternehmen;

- **Kommunikationsfunktion**, d. h. durch bereichsübergreifende Projekte wird der Informationsaustausch von Unternehmenseinheiten gefördert, die ansonsten nicht miteinander in Berührung stehen;

- **Wissensfunktion**, d. h. die systematische und zentrale Dokumentation der innerbetrieblichen Wissenspotentiale einerseits und die Wissensförderung der Linien-Mitarbeiter durch stetigen Wissenstransfer andererseits;

- **Innovationsfunktion**, d. h. die Möglichkeit, Innovationen im Unternehmen anzustoßen, voranzutreiben und zu bewerten;

- **Organisationsentwicklungsfunktion**, d. h. der interne Berater kann Einstellungen im Unternehmen beeinflussen und Umdenkungsprozesse initiieren;

- **Personalentwicklungsfunktion**, d. h. die Intention, Mitarbeiter der internen Beratungseinheit weiterzubilden und zu fördern und damit internen Management-Nachwuchs aufzubauen.

Einer Marktstudie unter Federführung der BAYER Business Consulting ist es zu verdanken, dass zwischenzeitlich auch verlässliches Datenmaterial zu Entwicklung, Struktur und Ausrichtung dieses prosperierenden Marktes zur Verfügung steht (siehe Insert 1-13).

Nach dieser Studie haben mehr als zwei Drittel (21 Firmen) der 30 DAX-Unternehmen eine Inhouse Consulting Unit etabliert. Bei Unternehmen mit mehr als fünf Milliarden Euro Jahresumsatz liegt der Anteil sogar bei etwa 50 Prozent. Insgesamt verfügen 100 bis 150 deutsche Unternehmen über eine eigene Consulting-Einheit. Dies entspricht einer Zahl von bundesweit etwa 2.000 bis 2.600 Beratern. Bei einem durchschnittlichen Jahresumsatz von 220.000 bis 275.000 Euro erzielen deutsche Inhouse Consulting-Einheiten einen geschätzten Gesamtumsatz von 450 bis 640 Millionen Euro pro Jahr. Die wichtigsten strategischen Gründe für den Aufbau einer eigenen Beratungseinheit sind:

- Reduktion von Kosten gegenüber der Beauftragung externer Beratungen
- Entwicklung interner Strategien
- Aufbau von internem Management-Nachwuchs
- Einführung neuer, externer Manager in den Konzern
- Bildung einer schnellen, umsetzungsstarken und allseits akzeptierten „Eingreiftruppe".

Der Studie zufolge berichtet die Mehrzahl der Inhouse Consulting Einheiten direkt an Geschäftsführung oder Vorstand und erhält somit eine hohe Sichtbarkeit vor dem Management. Das relativ junge Durchschnittsalter der Berater – mehr als die Hälfte aller Inhouse Consultants sind jünger als 35 Jahre – und die Verweildauer von durchschnittlich drei Jahren zeigt, dass sich Inhouse Consulting Units als **Talentpool** in den Unternehmen etabliert haben. Ein weiteres Indiz für den hohen Stellenwert solcher Beratungsabteilungen sind die Bildungsabschlüsse der Inhouse Consultants: Über 90 Prozent verfügen über einen Master- oder Diplom-Abschluss, 20 Prozent sind promoviert oder weisen einen MBA-Abschluss auf.

Insert

Inhouse Consulting:
Unterschiedliche Einsatzgebiete für interne und externe Berater

Im Rahmen der Marktstudie *„Der Inhouse Consulting Markt in Deutschland"* wurden Führungskräfte von 20 Inhouse Consulting Einheiten in Deutschland befragt. Die Ergebnisse dieser Stichprobe wurde um eine Befragung unter Unternehmensentscheidern ergänzt. Auf die Frage, in welchen Situationen eher mit einem externen Berater und in welchen Situationen eher mit einem internen Berater zusammengearbeitet werden sollte, kann ein Bild gezeichnet werden, das folgende Rückschlüsse auf Beauftragungsmuster zulässt:

Bevorzugter Einsatz des externen Beraters. Die Auftraggeber nennen auf die Frage nach Gründen für die Projektvergabe an externe Berater beispielsweise „politische Themen", „Projekte, die spezielles Know-how benötigen" oder „sehr ressourcenintensive Projekte". Die Befragung ergab, dass externe Berater besonders bei sensiblen Spezialthemen wie zum Beispiel Restrukturierungen, Benchmarking (16 Prozent), Marktthemen wie beispielsweise Markterschließungen (12 Prozent) oder bei sehr ressourcenintensiven Projekten eingesetzt werden. Weitere Projekte, bei denen die befragten Auftraggeber eher mit externen Beratern zusammenarbeiten würden, sind Projekte mit hohen Anforderungen an IT-Spezialthemen, M&A-Projekte oder mit strategischem Fokus.

Bitte nennen Sie spontan 3 Gründe/Situationen in denen Ihr Konzern intuitiv eher mit externen Beratern zusammenarbeiten würde. *

* Es wurden in Summe 48 Grunde/Situationen genannt

Bevorzugter Einsatz des internen Beraters. Inhouse Consultants werden dagegen bevorzugt für Projekte mit kurzfristigem Beratungsbedarf, strategischer Ausrichtung oder bei Bedarf an speziellen Vorkenntnissen des Unternehmens (alle 16 Prozent) beauftragt. Die Auftraggeber nannten außerdem „Projekte, die wiederholt werden müssen": Die Aussage verdeutlicht das Ziel, Know-how intern aufzubauen. Als weiterer Grund wurden Implementierungen genannt, da die Inhouse Consulting Units besser vernetzt sind. Diese Unterschiede in der Vergabe von Projekten unterstützen die Merkmale von Inhouse Consulting Einheiten: Durch ihre Nähe zum Management des Unternehmens werden interne Berater besonders für die Arbeit an Projekten mit direktem Unternehmensbezug, aber auch bei datensensiblen Themen angefragt.

Bitte nennen Sie spontan 3 Gründe/Situationen in denen Ihr Konzern intuitiv eher mit internen Beratern zusammenarbeiten würde. *

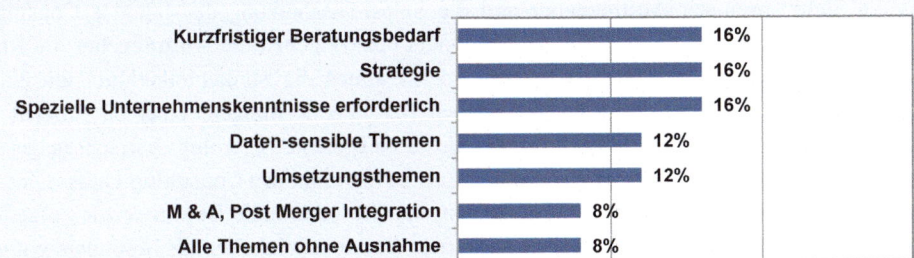

* Es wurden in Summe 25 Gründe/Situationen genannt

[Quelle: Bayer 2009, S. 16]

Insert 1-13:   Unterschiedliche Einsatzgebiete für interne und externe Berater

Die Inhouse Consulting Studie zeigt weiter, dass der Fokus des Leistungsportfolios von Inhouse Consulting Einheiten vornehmlich auf den Feldern Strategie/Organisation sowie Operations/Prozess liegt. Finance (11 Prozent der Beratungsleistungen) und IT oder Marketing (acht Prozent der Beratungsleistungen) spielen eine untergeordnete Rolle. Vor allem große Einheiten arbeiten bei über 60 Prozent der Projekte in einem internationalen Kontext. Inhouse Consulting lässt sich aufgrund seiner zunehmend strategischen Ausrichtung als **Strategieberatung** einordnen.

Da Inhouse Consultants zunehmend am Markt nicht nur mit namhaften Generalisten, sondern zudem mit erfolgreich etablierten, funktionalen Spezialisten konkurrieren, unterliegen externe und interne Beratungsleistungen im Einkauf den gleichen Kriterien. So wird häufig eine zentrale Einkaufsabteilung in den Beauftragungsprozess eingebunden. Außerdem werden Angebote von konkurrierenden Wettbewerbern eingeholt. Insert 1-05 gibt einen Eindruck darüber, in welchen Situationen externe oder eher interne Berater beauftragt werden. Professionelle Inhouse Consulting Units offerieren Leistungen auch an **Kunden** außerhalb des eigenen Konzerns. Im Durchschnitt machen externe Projekte 10 bis 15 Prozent der Gesamtprojekte aus.

Die Studie kommt darüber hinaus zu der Erkenntnis, dass die Meinung der Inhouse Berater hinsichtlich ihrer externen Konkurrenz überwiegend positiv ist. Während 40 Prozent sich als Co-Worker einschätzen, beurteilen 20 Prozent die externen Berater als Partner. Nur 20 Prozent der Befragten gaben an, das Verhältnis sei konkurrierend. Die Größe der Einheiten hatte keinen Einfluss auf die Einschätzung. Für einen detaillierten Einblick wurden die Inhouse Consultants bezüglich ihrer Selbsteinschätzung gegenüber externen Beratern befragt. In Bezug auf

- Implementierungsorientierung,
- Kundenzufriedenheit,
- Akzeptanz im Unternehmen,
- Durchsetzungsfähigkeit im Konzern und
- Karrieremöglichkeiten

haben sich die Inhouse Consultants als gleich oder besser eingestuft. Besonders interessant ist, dass die Sichtweisen der Auftraggeber und die Selbsteinschätzung der Inhouse Consulting Units im Wesentlichen übereinstimmen. Besonders positiv heben die Auftraggeber die Branchenkenntnisse der internen Berater hervor. Auch rechnen die Studienteilnehmer mit einem deutlichen **Wachstum** bei intern zu vergebenen Beratungsleistungen: Über 60 Prozent der Befragten prognostizieren ein Wachstum von bis zu 20 Prozent. Allerdings herrscht insgesamt immer noch eine **geringe öffentliche Wahrnehmung** von Inhouse Consulting Units. Dies hat naturgemäß eine geringe Akzeptanz und Attraktivität für potentielle Bewerber zur Folge, obwohl gerade die Karrierechancen in diesen internen Beratungseinheiten als besonders gut eingestuft werden.

Abschließend soll noch auf folgende Grundfrage eingegangen werden: Ist es wirtschaftlicher, eine dispositive, originär unternehmerische Aufgabe intern zu lösen oder über den externen Markt zu erbringen? Die *Transaktionskostentheorie* kann Hinweise zur (theoretischen) Auflösung dieses *Make-or-Buy*-Problems liefern. Im Falle einer externen Beauftragung entstehen beim Kundenunternehmen Transaktionskosten *ex ante* für den Such- und Auswahlprozess

(Bedarfsbeschreibung/Pflichtenheft, Anbietersuche, Angebotseinholung, Anbietervorauswahl, Vertragsverhandlungen, Vertragsabschluss). *Ex post* ergeben sich Transaktionskosten für das Monitoring des Beratungsprojekts sowie für Änderungsanträge (engl. *Change request*). Im Fall einer Inhouse Beratung entstehen Transaktionskosten *ex ante* im Zusammenhang mit Aus- und Weiterbildungsmaßnahmen, mit entsprechenden Anreiz- und Vergütungssystemen, mit zusätzlichen Personaleinstellungen oder internen Versetzungen. *Ex post* fallen ebenfalls Transaktionskosten für das Monitoring des Projekts sowie für die Aufrechterhaltung der Einsatzbereitschaft des Teams an. Letztlich sind es Kriterien wie die Häufigkeit der nachgefragten Beratungsprojekte, die Opportunitätskosten des Investments einer Inhouse Consulting-Einheit, die Einzigartigkeit der erwarteten Aufgaben sowie die entsprechenden Transaktionskosten, an denen entlang ein theorie-basierter Vergleich darüber vorgenommen werden sollte, in welchen Fällen eine interne Lösung oder eine externe Lösung wirtschaftlicher ist [vgl. ARMBRÜSTER 2006, S. 45 und 103].

Unterstellt man bei einem solch theorie-basierten Vergleich den (nicht ganz realistischen) Fall, dass ein Gleichgewicht zwischen interner und externer Qualität und Leistung (engl. *Performance*) besteht, dann ist zumindest die Unterscheidung zwischen fixen und variablen Kosten ein wesentlicher Gesichtspunkt. So sind die Kosten für die externe Beratung vollständig variabel; sie variieren mit der Anzahl der Projekte bzw. mit der Anzahl der Beratungstage. Im Gegensatz dazu sind die Kosten bei der Inhouse Beratung weitgehend fix bzw. sprungfix [vgl. THEUVSEN 1994, S. 71 f.].

Abbildung 1-36 veranschaulicht diesen (theoretischen) Kostenvergleich zwischen einer institutionalisierten internen Beratungseinheit und der Inanspruchnahme einer externen Beratung.

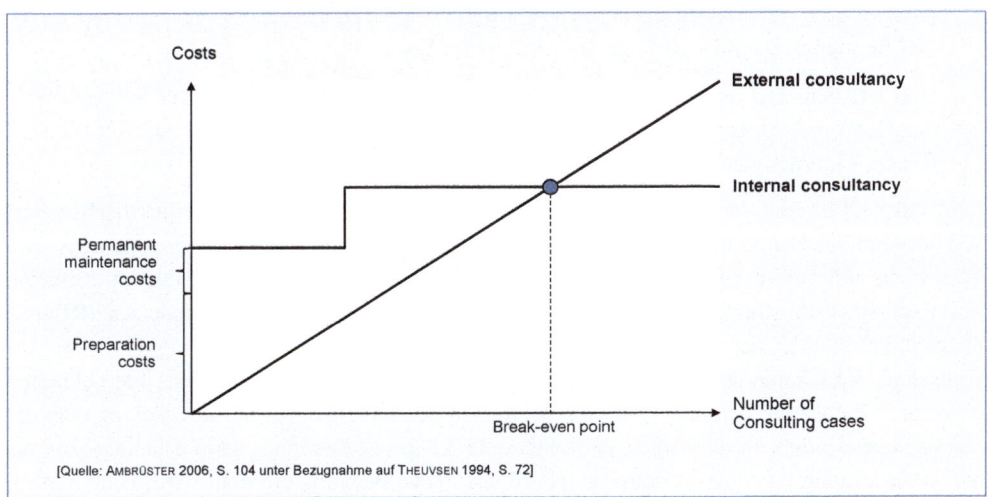

Abb. 1-36: *Kostenvergleich zwischen interner und externer Beratung*

1.8 Berufsbild des Unternehmensberaters

1.8.1 Berufsausübung und vertragliche Grundlagen

Die Berufsbezeichnung „Unternehmensberater" ist gesetzlich nicht geschützt, d. h. der Berufsstand der Unternehmensberater hat **kein Berufsrecht**. Im Gegensatz zum Beruf und den Dienstleistungen des Wirtschaftsprüfers, Rechts- und Steuerberaters, des Arztes, Rechtsanwalts oder Apothekers kennt der Unternehmensberater **keine vorgeschriebenen Ausbildungswege** (z. B. Berufsbild) und keine förmliche Berufszulassung. Es gibt kein Berufsregister mit einer klaren Berufsbezeichnung für betriebswirtschaftlich-kaufmännische Berater im Rahmen einer Berufsordnung. Die Unternehmensberatung stellt **keine gesetzliche Vorbehaltsleistung** einer definierten Berufsgruppe dar, so dass nur diese eine Beratung durchführen dürfte. Folglich bestehen in Deutschland – bspw. im Gegensatz zu Österreich oder Kanada – **keine Zulassungsbeschränkungen** aufgrund fehlender Qualifikationsvoraussetzungen. Somit kann prinzipiell jeder „Schuhputzer mit Visitenkarte" beraten [vgl. HESSELER 2011, S. 73].

Die Gründe, warum der Beruf des Unternehmensberaters nicht nach eindeutigen Regeln ausgeübt werden kann, sind vielfältig [vgl. HESSELER 2011, S. 75]:

- Große Beratungsunternehmen stellen – entgegen dem Maßstab einer betriebswirtschaftlichen Ausbildung – zu mehr als 50 Prozent Physiker, Mathematiker, Psychologen und Mediziner ohne BWL-Hintergrund ein.

- Eine dreijährige Berufserfahrung ist selten Voraussetzung für die Berufsausübung.

- Es fehlt eine hauptberuflich beratende Tätigkeit als durchgehender Bezugspunkt (z. B. 150 Beratungstage plus 30 Tage Fortbildung im Jahr).

- Und letztlich: Die enorme Bandbreite der Beratungstätigkeit, die von der Strategieberatung bis zur Auftragsprogrammierung reicht, macht ein Ausbildungskonzept für die Profession Unternehmensberatung nahezu unmöglich.

Obwohl die Tätigkeit der Unternehmensberatung von jeder natürlichen oder juristischen Person ausgeübt werden kann, gelten auch für Unternehmensberater **rechtliche Schranken**, und zwar nicht aufgrund berufsspezifischer, sondern allgemeingültiger Gesetze. Die Vorschriften des Rechtsdienstleistungsgesetzes (RDG), das 2008 das Rechtsberatungsgesetzes (RBerG) abgelöst hat, richten sich zwar im Wesentlichen auf die rechtsberatenden Tätigkeiten der Anwaltschaft, sie können aber auch in Einzelfällen mit der Berufsausübung des Unternehmensberaters in Berührung kommen. Dies gilt beispielsweise für die *Fördermittelberatung* oder die *Sanierungsberatung*. In derartigen Fällen ist eine rechtliche Beratung dann erlaubt, wenn sie als Nebenleistung zu einer betriebswirtschaftlichen Hauptleistung erbracht wird. Die Grenzen der Zulässigkeit hängen dabei stets vom Einzelfall ab.

Eine ähnliche Beschränkung der Berufstätigkeit gilt in Bezug auf das Steuerberatungsgesetz (StBerG). Auch hier richtet sich das Gesetz im Wesentlichen auf die geschäftsmäßige Hilfeleistung des Steuerberaters. Erlaubt ist dem Unternehmensberater eine beschränkte Hilfeleistung in steuerlichen Angelegenheiten nur dann, wenn sie in unmittelbarem Zusammenhang zu einem (Unternehmensberatungs-) Geschäft erfolgt und nur eine untergeordnete Tätigkeit darstellt. Allerdings ist auch hier anhand des Einzelfalls zu prüfen, ob eine erlaubte oder uner-laubte steuerliche Nebenberatung vorliegt.

Die Art und Weise der vertraglichen Zusammenarbeit zwischen dem Unternehmensberater und seinem Kunden unterliegt grundsätzlich **keinen besonderen Vorschriften**, auch nicht im Hinblick auf die Form. Denkbar sind daher auch Verträge per Handschlag, ohne ausdrückliche Fixierung. Auch in der Wahl des Vertragstyps sind Berater und Kunden frei.

In Betracht kommen insbesondere der Dienstvertrag (§§ 611 ff. BGB) und der Werkvertrag (§§ 631 ff. BGB). Ob Dienstvertragsrecht oder Werkvertragsrecht oder auch beides gemischt zur Anwendung kommt, hängt vom Vertragsinhalt bzw. Vertragsgegenstand ab.

Für die reine Beratungsleistung ist regelmäßig der **Dienstvertrag** üblich. Beim Dienstvertrag, dessen Honorar sich in der Regel an Stunden- oder Tagessätzen orientiert, wird die Dienstleistung an sich und nicht der Erfolg der Dienstleistung geschuldet bzw. honoriert. Demzufolge kennt das Dienstvertragsrecht auch keine Gewährleistung.

Bei einem **Werkvertrag** schuldet der Berater hingegen die Erstellung eines bestimmten Werkes (z. B. ein Gutachten oder eine Anwendungssoftwarelösung) oder die Veränderung einer Sache (z. B. Modifikation einer Softwarelösung). Mangels ausdrücklicher gesetzlicher Regelungen ist es auch den Vertragspartnern überlassen, welcher Mindestinhalt bei einer Unternehmensberatung geschuldet sein soll. Denkbar sind indes auch Mischformen der beiden Vertragstypen. Im Zweifel entscheidet über die vertragliche Ein- bzw. Zuordnung das wirtschaftlich Gewollte in Verbindung mit dem tatsächlich Abgewickelten.

1.8.2 Unternehmensberatung und Ethik

Die Beratungsbranche hat sich zu einem festen Bestandteil unserer Volkswirtschaft entwickelt. Während vor gar nicht so langer Zeit die Beauftragung von Unternehmensberatern als ein Zeichen für das Versagen des Managements galt, ist die Zusammenarbeit mit Beratern – zumindest bei größeren Unternehmen – heute zur alltäglichen Normalität geworden [vgl. ARMBRÜSTER/KIESER 2001, S. 689].

Trotzdem haftet dem Unternehmensberater immer noch etwas Dubioses, Windiges an. Das hat sicher damit zu tun, dass sich jeder Unternehmensberater nennen kann. Unter dieser Bezeichnung braucht man bloß – so scheint es vielen – ein wenig rhetorisches Geschick und selbstbewusstes Auftreten, um Geschäfte mit den Problemen anderer zu machen. *Gleichzeitig umgibt die renommierteren Consultingfirmen die Aura der Elite, klingen ihre Tagessätze und Gewinnmargen frappierend hoch und treten ihre Mitarbeiter gelegentlich mit Allüren auf, die gestandenen Unternehmensführern allzu selbstbewusst und neunmalklug erscheinen, zumal viele der Consultants häufig eher grün und theoretisch wirken* [SOMMERLATTE 2004, S. 14].

Die **ungeschützte Berufsbezeichnung** des Titels „Unternehmensberater" (oder „Betriebsberater", „Wirtschaftsberater" etc.) einerseits und die **niedrigen Markteintrittsschranken** andererseits führen immer wieder dazu, dass inkompetente und unseriöse Personen („schwarze Schafe") im Beratungsmarkt akquirieren. Solche schwarzen Schafe haben dem Ruf des Unternehmensberaters durchaus geschadet, gleichwohl haben sie der Attraktivität der Branche keinen Abbruch getan. In den meisten Fällen konnten die laienhaften oder auch betrügeri-schen Vorgehensweisen von den Standesorganisationen hinlänglich dokumentiert werden, so dass eine eindeutige Identifizierung solcher schwarzen Schafe möglich wurde [vgl. NIEDER-EICHHOLZ 2010, S. 14].

Es mag aber auch damit zu tun haben, dass es sich bei Beratungsleistungen – wie in Abschnitt 1.2.7 erläutert – um **Kontraktgüter** handelt, bei denen die Vereinbarung über Leistung und Gegenleistung, die ja in der Zukunft liegen, unter extrem großer Unsicherheit erfolgt. Kon-traktgüter erfordern daher von beiden Transaktionspartnern spezifische Investitionen und ins-besondere Vertrauen.

Überdies sorgt die sog. „Enthüllungsliteratur" in Form von Insider-Romanen dafür, dass hin und wieder zweifelhafte Methoden der Beratungsbranche in die breitere Öffentlichkeit gera-ten. Zusammen mit Berichten über gescheiterte Großprojekte mit involvierten namhaften Be-ratungsunternehmen wird auf diese Weise ein Negativbild einer „gesinnungslosen" Bera-tungsindustrie gezeichnet, deren einziger Wert der eigene Profit zu sein scheint. Damit wird das moralische Dilemma deutlich, vor dem die Beratungsunternehmen stehen können: Da nicht nur ihre Kunden, sondern auch sie selber im Wettbewerb stehen, besteht die potentielle Gefahr, „gegen den Kunden" zu beraten. Nicht das zu lösende Kundenproblem, sondern die eigene Umsatz- und Gewinnmaximierung rückt dann in den Vordergrund. In einer solchen Situation, in der sich das ethisch verantwortungsvolle Handeln betriebswirtschaftlich nicht rechnet, aber in der sich Unternehmensethik überhaupt erst bewähren muss, kommt es für eine verantwortungsvolle und professionelle Beratungsbranche darauf an, sich nicht bloß opportu-nistisch zu verhalten, sondern sich an vorher reflektierten und festgeschriebenen Geschäfts-prinzipien zu orientieren [vgl. HAGENMEYER 2004, S. 1 f. und 13; ULRICH 2001, S. 44].

Dies hat der BDU als Branchenverband erkannt und – um „schwarze Schafe" und „Trittbrett-fahrer" fernzuhalten – ethische Geschäftsprinzipien (**BDU-Berufsgrundsätze**, siehe Ab-schnitt 1.8.4) formuliert, die sich an Kriterien wie fachlicher Kompetenz, Seriosität, Objekti-vität, Neutralität, Vertraulichkeit und fairem Wettbewerb orientieren. Umso mehr sollten sich die Kundenunternehmen aufgefordert sehen, grundsätzlich nur Beratungsunternehmen zu be-auftragen, die sich den BDU-Berufsgrundsätzen verpflichtet fühlen.

Vielen Berufsethikern gehen die Maßnahmen des BDU allerdings nicht weit genug. Da es eine berufsrechtlich abgesicherte Berufsbezeichnung nicht gibt (und sicherlich nicht geben wird), fordert MICHAEL HESSLER, dass allein berufsethische Normen Beratungs*dienstleistun-gen* – also die konkrete Arbeit des Beraters – legitimieren sollen. Dafür sollten auf der Grund-lage berufsethischer Basisnormen wie

- Glaubwürdigkeit,
- Vertrauenswürdigkeit,
- Zuverlässigkeit,
- Verantwortung,
- Berufswürdigkeit,
- Integrität und
- Objektivität

die Anforderungen an die Beratungsqualität (Effizienz, Effektivität, Reputation) sowie ein entsprechender organisatorischer Rahmen für die Umsetzung in Rollen, Tugenden und Kompetenzen entwickelt werden [vgl. HESSELER 2011, S. 179 ff.].

1.8.3 Certified Management Consultant

Eine weitere Maßnahme des BDU, die o. g. Defizite zu kompensieren, ist die Verleihung des Titels **Certified Management Consultant** als Qualitätsnachweis des International Council of Management Consulting Institutes (ICMCI) mit dementsprechenden Verhaltenskodex an nachweislich erfahrene Unternehmensberater mit speziellem Expertenwissen, exzellenten Leistungen, langjähriger Erfahrung und Verpflichtung zu ethischem Handeln. Allerdings darf nicht übersehen werden, dass im BDU lediglich ein Bruchteil der praktizierenden Unternehmensberater Mitglied sind. Verbände, die nur eine relativ kleine Gruppe von „Berufsangehörigen" repräsentieren, können naturgemäß nur eingeschränkt flächendeckende, verbindliche ethische Gestaltungsrichtlinien organisieren und umsetzen [vgl. HESSELER 2011, S. 73].

Die Dachorganisation ICMCI wurde zum Zweck der Förderung eines einheitlichen Standards für Unternehmensberater gegründet. Der Standard gilt inzwischen in rund 45 Ländern. Insgesamt sind mehr als 10.000 Managementberater als Certified Management Consultant zertifiziert. Das Zertifizierungsverfahren wird weltweit koordiniert. Die einzelnen Länderorganisationen unterziehen sich internationalen Audits. In Deutschland verleiht das Institut der Unternehmensberater IdU im BDU den Titel CMC/BDU.

1.8.4 BDU und seine Berufsgrundsätze

Da es kein Berufsrecht für Unternehmensberater gibt, fehlt es auch an einer Berufsgerichtsbarkeit. Umso mehr kommt dem Vertrauensverhältnis zwischen dem Berater und seinem Kunden eine außerordentlich große Bedeutung zu. Der Beitritt zu einem Berufsverband ist eine Möglichkeit, diese Vertrauensbasis und den Qualifikationsnachweis unter Beweis zu stellen.

Der Bundesverband Deutscher Unternehmensberater **BDU** e.V. mit Sitz in Bonn ist der Wirtschafts- und Berufsverband der Unternehmensberater und Personalberater in Deutschland. Der BDU ist der größte Unternehmensberater-Verband in Europa und Mitglied im europäischen Beraterdachverband **FEACO** (Fédération Européenne des Associations de Conseils en Organisation) mit Sitz in Brüssel und im International Council of Management Consulting Institutes (ICMCI), der weltweiten Vereinigung zur Qualitätssicherung in der Unternehmensberatung mit Sitz in den USA.

Im Verband, der bereits 1954 gegründet wurde, sind rund 13.000 Berater organisiert, die sich auf 530 Mitgliedsfirmen verteilen. Die Mitgliedsunternehmen im BDU besitzen einen Marktanteil von rund 25 Prozent am Gesamtbranchenumsatz. Der BDU hat derzeit 14 Fachverbände, in denen sich die Mitglieder zur Weiterbildung und zum fachlichen Erfahrungsaustausch treffen.

Um der Aufnahme von „Schwarzen Schafen" vorzubeugen, ist eine Mitgliedschaft im BDU erst nach fünf Jahren nachweisbarer Beratungserfahrung möglich. Im Rahmen des Aufnahmeverfahrens werden u. a. Qualifikation, Zuverlässigkeit und Referenzen überprüft. So muss der Aufnahmekandidat mindestens drei Kundenreferenzen nachweisen. Zum Aufnahmeritual zählen weiterhin zwei Aufnahmegespräche mit bestehenden Mitgliedern, die Vorlage eines Gewerbezentralregisterauszugs sowie bei Einzel-Unternehmen ein polizeiliches Führungszeugnis.

Wichtige Aufgaben des BDU bestehen darin, die wirtschaftlichen und rechtlichen Rahmenbedingungen der Beratungsbranche positiv zu beeinflussen und Qualitätsmaßstäbe durch **Berufsgrundsätze** zu etablieren, um den Leistungsstandard der Branche zu erhöhen und weiterzuentwickeln (siehe Insert 1-14). Diesen Berufsgrundsätzen, die durch ein Ehrengericht kontrolliert werden, unterliegen alle BDU-Mitglieder.

Insert

BDU-Berufsgrundsätze

1. Fachliche Kompetenz

Unternehmensberater übernehmen nur Aufträge, für deren Bearbeitung die erforderlichen Fähigkeiten, Erfahrungen und Mitarbeiter bereitgestellt werden können.

2. Seriosität und Effektivität

Unternehmensberater empfehlen ihre Dienste nur dann, wenn sie erwarten, dass ihre Arbeit Vorteile für den Klienten bringt. Sie geben realistische Leistungs-, Termin- und Kostenschätzungen ab und bemühen sich, diese einzuhalten.

3. Objektivität, Neutralität und Eigenverantwortlichkeit

Unternehmensberater werden grundsätzlich eigenverantwortlich tätig und akzeptieren in Ausübung ihrer Tätigkeit keine Einschränkung ihrer Unabhängigkeit durch Erwartungen Dritter. Sie führen eine unvoreingenommene und objektive Beratung durch und sprechen auch Unangenehmes offen aus. Sie erstellen keine Gefälligkeitsgutachten.

4. Unvereinbare Tätigkeiten

Mit dem Beruf des Unternehmensberaters unvereinbar ist die Annahme von Aufträgen für Tätigkeiten, die die Einhaltung der Berufspflichten und Mindeststandards berufsethischen Handelns gefährden.

5. Vertraulichkeit

Unternehmensberater behandeln alle internen Vorgänge und Informationen der Klienten, die ihnen durch ihre Arbeit bekannt werden, streng vertraulich. Insbesondere werden auftragsbezogene Unterlagen nicht an Dritte weitergegeben. Unternehmensberater gewähren keinen generellen Konkurrenzausschluss.

6. Unterlassung von Abwerbung

Unternehmensberater bieten Mitarbeitern ihrer Klienten weder direkt noch indirekt Positionen bei sich selbst oder anderen Klienten an. Unternehmensberater erwarten, dass auch ihre Klienten während der Zusammen-arbeit mit ihnen mit keinem ihrer Mitarbeiter Einstellungsverhandlungen führen und ihre Mitarbeiter nicht ab-werben.

7. Fairer Wettbewerb

Unternehmensberater erbringen mit Ausnahme der Erarbeitung und Abgabe von Angeboten keine unentgeltlichen Vorleistungen, noch bieten sie Arbeitskräfte oder andere Leistungen zur Probe an. Unternehmens-berater achten das geistige Urheberrecht an Vorschlägen, Konzeptionen und Veröffentlichungen anderer und verwenden solches Material nur mit Quellenangabe.

8. Angemessene Preisbildung

Unternehmensberater berechnen Honorare, die im richtigen Verhältnis zu Art und Umfang der durchgeführten Arbeit stehen und die vor Beginn der Beratungstätigkeit mit dem Klienten abgestimmt worden sind. Unternehmensberater geben Festpreisangebote nur für Projekte ab, deren Umfang zu überblicken ist und bei denen nach honorarpflichtigen Voruntersuchungen Umfang und Schwierigkeitsgrad der zu lösenden Probleme präzise und für beide Vertragsparteien überschaubar und verbindlich herausgearbeitet worden sind.

9. Seriöse Werbung

Unternehmensberater verpflichten sich zu seriösem Verhalten in der Werbung und der Akquisition und präsentieren ihre Qualifikation einzig im Hinblick auf ihre Fähigkeiten und ihre Erfahrung.

Insert 1-14:   Berufsgrundsätze des Bundesverbandes Deutscher Unternehmensberater

Ebenso wie seine Mitglieder unterliegt auch der BDU einem permanenten Wandel. So spaltete sich Anfang der 1990er Jahre mit der Fachgruppe „Informationstechnik" der größte BDU-

Fachverband ab und gründete den Bundesverband Informationstechnik **BVIT** e.V., dem sich alle maßgebenden IT-Dienstleistungsunternehmen in Deutschland anschlossen. Aufgrund ihrer besonderen Herausforderungen – auch und besonders in ihrer Position zu den damaligen Hardware-Herstellern – fanden sich diese IT-Beratungsunternehmen durch den aus ihrer Sicht sehr „unternehmens- und personalberatungslastigen" BDU nicht mehr ausreichend repräsentiert. Dem BVIT war allerdings keine lange Lebensdauer vergönnt, denn bereits 10 Jahre nach seiner Gründung schloss er sich dem ebenfalls neugegründeten „Bundesverband Informationswirtschaft, Telekommunikation und neue Medien" **BITKOM** e.V. an.

Abbildung 1-37 gibt einen Überblick über den „Verschmelzungsprozess" der Verbände im Umfeld der Kommunikations- und Informationstechnik.

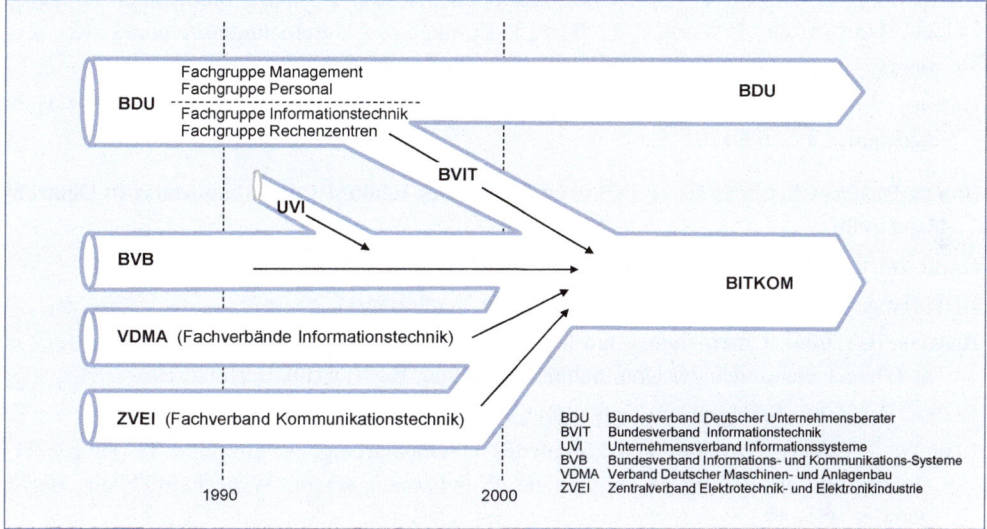

Abb. 1-37:   *Gründungsverbände des BITKOM*

Literatur zum 1. Kapitel

ALCHIAN, A. A./WOODWARD, S. (1988): The Firm is Dead; Long Live the Firm: A Review of Oliver E. Williamson's "The Economic Institutions of Capitalism", in: Journal of Economic Literature, Vol. 26, S. 65-79.

AMBRÜSTER, T. (2006): Economics and Sociology of Management Consulting, Cambridge University Press 2006.

ARMBRÜSTER, T./KIESER, A. (2001): Unternehmensberatung – Analysen einer Wachstumsbranche, in: DBW 61/6 (2001), S. 688-709.

BAMBERGER, I./WRONA, T. (2012): Konzeptionen der strategischen Unternehmensberatung, in: BAMBERGER, I./WRONA, T. (Hrsg.): Strategische Unternehmensberatung. Konzeptionen – Prozesse – Methoden, 6. Aufl., Wiesbaden 2012.

BARNEY, J. (1991), Firm Resources and Sustained Competitive Advantage, Journal of Management, 17, S. 99-120.

BAYER Business Services (Hrsg.) (BAYER 2009): Der Inhouse Consulting Markt in Deutschland 2009.

BABBAGE, C. (1832): On the Economy of Machinery and Manufactures, London 1832.

BDU (Hrsg.) (2008-2015): Facts & Figures zum Beratermarkt.

BERGER, R. (2004): Unternehmen und Beratung im Wandel der Zeit, in: NIEDEREICHHOLZ et al. (Hrsg.): Handbuch der Unternehmensberatung, Bd. 1, 0100, Berlin 2010.

BLOCK, P. (2000): Erfolgreiches Consulting, 2. Aufl., München 2000.

BOHLEN, J. (2004): Partielles und komplettes IT-Outsourcing, in: Gründer, T. (Hrsg.): IT-Outsourcing in der Praxis. Strategien, Projektmanagement, Wirtschaftlichkeit, Berlin 2004, S. 45 – 59.

CAROLI, T. S. (2007): Unternehmensberatung als Sicherstellung von Führungsrationalität? In: NISSEN, V. (Hrsg.): Consulting Research. Unternehmensberatung aus wissenschaftlicher Perspektive, Wiesbaden 2007, S. 109-126.

DEELMANN, T. (2007): Beratung, Wissenschaft und Gesellschaft – Interdependenzen und Gegenläufigkeiten, in: NISSEN, V. (Hrsg.): Consulting Research. Unternehmensberatung aus wissenschaftlicher Perspektive, Wiesbaden 2007, S. 39-54.

DEELMANN, T. (2012): Organisations- und Prozessberatung. In: NISSEN, V./KLAUK, B. (Hrsg.): Studienführer Consulting. Studienangebote in Deutschland, Österreich und der Schweiz, Wiesbaden 2012.

EICHEN, VON DER, S. A. F./STAHL, H. K. (2004): Die Rollen der Berater, in: NIEDEREICHHOLZ et al. (Hrsg.): Handbuch der Unternehmensberatung, Bd. 1, 1500, Berlin 2010.

ENGELHARDT, W. H./KLEINALTENKAMP, M./RECKENFELDERBÄUMER, M. (ENGELHARDT et al. 1993): Dienstleistungen als Absatzobjekt, in: Zeitschrift für betriebswirtschaftliche Forschung (ZfbF), 45. Jg., Heft 5, 1993, S. 395-426.

FINK, D. (2004): Eine kleine Geschichte der Managementberatung, in: FINK, D. (Hrsg.): Management Consulting Fieldbook. Die Ansätze der großen Unternehmensberater, 2. Aufl., München 2004.

FINK, D. (2009a): Strategische Unternehmensberatung, München 2009.

FINK, D. (2009b): Geschichte und Struktur der Managementberatung: 1886-2009, in: NIEDER-EICHHOLZ et al. (Hrsg.): Handbuch der Unternehmensberatung, Bd. 1, 1410, Berlin 2010.

FINK, D./KNOBLACH, B. (2006): Geschichte der Unternehmensberatung – einhundertzwanzig Jahre Consulting, in: FINK et al. (Hrsg.): Consulting Kompendium 2006. Das Jahrbuch für Managementberatung, Unternehmensführung, Human Resources und Informationstechnologie, Frankfurt am Main 2006, S. 38-41.

FORSCHNER, G. (1988): Investitionsgüter-Marketing mit funktionellen Dienstleistungen. Die Gestaltung immaterieller Produktbestandteile im Leistungsangebot industrieller Unternehmen, Berlin 1988.

GAITANIDES, M./ACKERMANN, I. (2002): Die größte Konkurrenz sind immer die Kunden – Interview mit Prof. Dr. h. c. ROLAND BERGER, in: Zeitschrift für Führung und Organisation, 71 (2002), S. 300-305.

GERHARD, J. (1987): Dienstleistungsproduktion. Eine produktionstheoretische Analyse der Dienstleistungsprozesse, Bergisch-Gladbach/Köln 1987.

GÖBEL, E. (2002): Neue Institutionenökonomik. Konzeption und betriebswirtschaftliche Anwendung, Stuttgart 2002.

GÖBEL, E. (2002): Neue Institutionenökonomik. Konzeption und betriebswirtschaftliche Anwendung, Stuttgart 2002.

GÜMBEL, R./WORATSCHEK, H.: Institutionenökonomik, in: TIETZ, B./KÖHLER, R./ZENTES, J. (Hrsg.): Handwörterbuch des Marketing, 2. Aufl., Stuttgart 1995, Sp. 1008-1020.

HAGENMEYER, U. (2002): Integrative Unternehmensberatungsethik: Grundlagen einer professionellen Managementberatung jenseits reiner betriebswirtschaftlicher Logik, in: zfwu, 3/3 (2002), S. 356-377.

HAGENMEYER, U. (2004): Ethik ist das Fundament einer integren Unternehmensberatung, in: NIEDEREICHHOLZ et al. (Hrsg.): Handbuch der Unternehmensberatung, Bd. 2, 7610, Berlin 2010.

HARTEL, D. H. (2008): Ein weites Feld. Consulting: Die vier größten Beratungsfelder unter der Lupe. Online verfügbar unter URL: http://www.economag.de/magazin/2008/1/46+Ein+weites+Feld

HESSELER, M. (2011): Unternehmensethik und Consulting. Berufsmoral für professionelle Beratungsprojekte, München 2011.

HESSELER, M. (2011a): Service-Teil zu: Unternehmensethik und Consulting. Berufsmoral für professionelle Beratungsprojekte, München 2011.

HERZBERG, F. (1966): Work and the Nature of Man, Cleveland 1966.

HIOB, R. (2012): Organisations- und Prozessberatung, in: Perspektive Unternehmensberatung. Das Expertenbuch zum Einstieg, hrsg. v. HIES, M., München 2012, S. 25-26.

HILKE, W. (1989): Grundprobleme und Entwicklungstendenzen des Dienstleistungs-Marketing, in: Dienstleistungs-Marketing, Bd. 35, Wiesbaden 1989.

HÖSELBARTH, F./SCHULZ, J. (2005): Personal-Controlling in Beratungsunternehmen, in: NISSEN, V. (Hrsg.): Consulting Research. Unternehmensberatung aus wissenschaftlicher Perspektive, Wiesbaden 2007, S. 198-244.

HÜTTMANN, A./MÜLLER-OERLINGHAUSEN, J. (2012): Strategieberatung, in: Perspektive Unternehmensberatung. Das Expertenbuch zum Einstieg, hrsg. v. HIES, M., München 2012, S. 19-21.

JESCHKE, K. (2004): Marketingmanagement der Beratungsunternehmung. Theoretische Bestandsaufnahme sowie Weiterentwicklung auf der Basis der betriebswirtschaftlichen Beratungsforschung, Wiesbaden 2004.

KAAS, K. P. (1992a): Kontraktgütermarketing als Kooperation zwischen Prinzipalen und Agenten, in: Zeitschrift für betriebswirtschaftliche Forschung (ZfbF), Jg. 44, S. 884-901.

KAAS, K. P. (1992b): Marketing und Neue Institutionenlehre; Arbeitspapier Nr. 1 aus dem Forschungsprojekt ‚Marketing und ökonomische Theorie', Frankfurt am Main 1992.

KAAS, K. P. (1995), Informationsökonomik, in: TIETZ, B./KÖHLER, R./ZENTES, J. (Hrsg.): Handwörterbuch des Marketing, 2. Aufl., Stuttgart 1995, Sp. 971-981.

KAAS, K. P./SCHADE, C. (1995): Unternehmensberater im Wettbewerb: Eine empirische Untersuchung aus der Perspektive der Neuen Institutionenlehre. In: Zeitschrift für Betriebswirtschaft, Jg. 65 (1995), S. 1067-1089.

KLEES, T. (2012): Alternative: Prüfungsnahe Beratung, in: Perspektive Unternehmensberatung. Das Expertenbuch zum Einstieg, hrsg. v. HIES, M., München 2012, S. 29-32.

KLEINALTENKAMP, M. (2001): Begriffsabgrenzungen und Erscheinungsformen von Dienstleistungen, in: BRUHN, M./MEFFERT, H. (Hrsg.): Handbuch Dienstleistungsmanagement. Von der strategischen Konzeption zur praktischen Umsetzung, 2. Aufl., Wiesbaden 2001, S. 27-50.

KRAUS, S./MOHE, M. (2007): Zur Divergenz ideal- und realtypischer Beratungsprozesse, in: NISSEN, V. (Hrsg.): Consulting Research. Unternehmensberatung aus wissenschaftlicher Perspektive, Wiesbaden 2007, S. 263-279.

LEIMBACH, T. (2011): Die Softwarebranche in Deutschland: Entwicklung eines Innovationssystems zwischen Forschung, Markt, Anwendung und Politik von 1950 bis heute, München 2011.

LEKER, J./MAHLSTEDT, D./DUWE, K. (LEKER et al. 2007): Status quo und Entwicklungstendenzen interner Unternehmensberatungen, in: NISSEN, V. (Hrsg.): Consulting Research. Unternehmensberatung aus wissenschaftlicher Perspektive, Wiesbaden 2007, S. 145-158.

LIPPOLD, D. (1998): Die Marketing-Gleichung für Software. Der Vermarktungsprozess von erklärungsbedürftigen Produkten und Leistungen dargestellt am Beispiel von Software, 2. Aufl., Stuttgart 1998.

LIPPOLD, D. (2010a): Die Marketing-Gleichung für Unternehmensberatungen, in: NIEDEREICHHOLZ et al. (Hrsg.): Handbuch der Unternehmensberatung, Bd. 2, 7440, Berlin 2010.

LIPPOLD, D. (2010b): Die Personalmarketing-Gleichung für Unternehmensberatungen, in: NIEDEREICHHOLZ et al. (Hrsg.): Handbuch der Unternehmensberatung, Bd. 2, 7560, Berlin 2010.

LIPPOLD, D. (2015a): Die Marketing-Gleichung. Einführung in das prozess- und wertorientierte Marketingmanagement, 2. Aufl., Berlin/Boston 2015.

LIPPOLD, D. (2015b): Theoretische Ansätze in der Marketingwissenschaft. Ein Überblick, Wiesbaden 2015.

LIPPOLD, D. (2015d): Theoretische Ansätze der Personalwirtschaft. Ein Überblick, Wiesbaden 2015.

MASLOW, A. (1970): Motivation and Personality, 2. Aufl., New York 1970.

McGregor, D. (2005): The Human Side of Enterprise: Annotated Edition 2005.

McKENNA, C. D. (1995): The origins of modern management consulting. In: Business and Economic History, 24. Jg., Heft 1 (1995), S. 51-58.

MEFFERT, H./BRUHN, M. (1995): Dienstleistungsmarketing. Grundlagen – Konzepte - Methoden, Wiesbaden 1995.

MUGLER, J./LAMPE, R. (1987): Betriebswirtschaftliche Beratung von Klein- und Mittelbetrieben, in: BFuP, 1987, Heft 6: 477-493.

MÜLLER-STEWENS, G./DROLSHAMMER, J./KRIEGMEIER, J. (MÜLLER-STEWENS et al. 1999): Professional Service Firms – Branchenmerkmale und Gestaltungsfelder des Managements. In: MÜLLER-STEWENS, G./DROLSHAMMER, J./KRIEGMEIER, J. (Hrsg.): Professional Service Firms. Wie sich multinationale Dienstleister positionieren, Frankfurt a. M. 1999, S. 11-153.

NIEDEREICHHOLZ, C. (2010): Unternehmensberatung, Band 1, Beratungsmarketing und Auftragsakquisition, 5. Aufl., München 2010.

NISSEN, V. (2007): Consulting Research – Eine Einführung, in: NISSEN, V. (Hrsg.): Consulting Research. Unternehmensberatung aus wissenschaftlicher Perspektive, Wiesbaden 2007, S. 3-38.

RÜSCHEN, T. (1990): Consulting-Banking: Hausbanken als Unternehmensberater, Wiesbaden 1990.

SCHADE, C. (2000): Marketing für Unternehmensberatung. Ein institutionenökonomischer Ansatz, 2. Aufl., Wiesbaden 2000.

SCHADE, C./SCHOTT, E. (1993): Kontraktgüter im Marketing, in: Marketing – Zeitschrift für Forschung und Praxis, Jg. 15, S. 15-25.

SCHEIN, E. H. (2003): Prozessberatung für die Organisation der Zukunft – der Aufbau einer helfenden Beziehung, Bergisch-Gladbach 2003.

SCHNEIDER, J. 2014: Stichwort: Unternehmensberatung. Online verfügbar unter URL: http://wirtschaftslexikon.gabler.de/Archiv/17888/strategieberatung-v9.html

SCHULTE, M. (2006): Kunden-Berater-Beziehung – Partnerschaft mit Ergebnisverantwortung, in: FINK et al. (Hrsg.): Consulting Kompendium 2006. Das Jahrbuch für Managementberatung, Unternehmensführung, Human Resources und Informationstechnologie, Frankfurt am Main 2006, S. 48-49.

SOMMERLATTE, T. (2004): Gründe für den Einsatz von Unternehmensberatern, in: NIEDEREICHHOLZ et al. (Hrsg.): Handbuch der Unternehmensberatung, Bd. 1, 1200, Berlin 2010.

STAUFENBIEL MBA Trends-Studie 2011/12 (STAUFENBIEL 2012), online verfügbar unter URL: http://www.mba-master.de/mba/news-trends/staufenbiel-mbatrends-studie-201112/statistiken.html

STOLORZ, C. (2005): Controlling in Beratungsunternehmen: Aufgaben, Probleme und Instrumente. In: STOLORZ, C./FOHMANN, L. (Hrsg.): Controlling in Consultingunternehmen. Instrumente, Konzepte, Perspektiven, 2. Aufl., Wiesbaden 2005, S. 9-26.

STOCK-HOMBURG, R. (2013): Personalmanagement: Theorien – Konzepte – Instrumente, 3. Aufl., Wiesbaden 2013.

TAYLOR, F. W. (1911): The principles of scientific management. New York: Cosimo, 2006 (Nachdruck der Ausgabe: London: Harper & Brothers, 1911).

THEUVSEN, L. (1994): Interne Beratung: Konzept, Organisation, Effizienz, Wiesbaden 1994.

TITSCHER, S. (2001): Professionelle Beratung, 2. Aufl., Frankfurt, Wien 2001.

TRENDENCE-Institut für Personalmarketing (TRENDENCE 2006): Das Absolventenbarometer 2006 – Deutsche Business und Engineering Edition.

ULRICH, P. (2001): Integritätsmanagement und „verdiente" Reputation, in: io management, 1/2 2001, S. 42-47.

WAGNER, R. (2007): Strategie und Management-Werkzeuge, Teil 9 der Handelsblatt Mittelstands-Bibliothek, Stuttgart 2007.

WAMSTEKER, S. (2012): IT-/Technologieberatung, in: Perspektive Unternehmensberatung. Das Expertenbuch zum Einstieg, hrsg. v. HIES, M., München 2012, S. 22-24.

WILD, A. (2010): Fee Cutting and Fee Premium of German Auditors (Fee Cutting und Honorarprämien deutscher Abschlussprüfer). In: Die Betriebswirtschaft, 70. Jahrgang 2010, Heft 6, S. 513-527.

WILLIAMSON, O. E. (1990): Die ökonomischen Institutionen des Kapitalismus: Unternehmen, Märkte, Kooperationen, Tübingen 1990.

WOLLE, B. (2005): Grundlagen des Software-Marketing. Von der Softwareentwicklung zum nachhaltigen Markterfolg, Wiesbaden 2005.

2. Konzeption und Gestaltung der Unternehmensberatung

2. Konzeption und Gestaltung der Unternehmensberatung

Ein wesentliches Merkmal von Gestaltungskonzepten der Unternehmensführung ist die *marktorientierte* Betrachtung der Planung, Analyse und Strategieformulierung. Hier zeigt die Unternehmensberatungsbranche, die zumeist von Funktions-, Technologie- oder Branchenspezialisten dominiert wird, häufig eine strukturelle Schwäche: Es mangelt an Marketing-Kompetenz.

Daher wird im Kapitel 2 ein Bezugsrahmen für ein Gestaltungskonzept vorgestellt, das vornehmlich marktorientierte Aspekte berücksichtigt und folgende Bestandteile enthält:

➢ Aussagen über Bezugsrahmen und Prozess der marktorientierten Unternehmensplanung

➢ Aussagen über die Wertschöpfungskette der Unternehmensberatung

➢ Aussagen über Einflussfaktoren und Tendenzen im Beratungsgeschäft

➢ Aussagen über die Identifikation von Chancen und Risiken sowie Stärken und Schwächen der Unternehmensberatung

➢ Aussagen über das Zielsystem der Unternehmensberatung

➢ Aussagen über die zu bearbeitenden Beratungsfelder.

2.1 Marktorientierte Unternehmensplanung

2.1.1 Bezugsrahmen und Planungsprozess

Eine erfolgversprechende Unternehmenskonzeption ist im ersten Schritt das Ergebnis einer systematischen Umwelt- und Unternehmensanalyse. Eine solche Analyse identifiziert und bewertet die Chancen und Risiken der relevanten Märkte einerseits sowie die Stärken und Schwächen des Beratungsunternehmens andererseits. Die Verdichtung und Verzahnung dieser Daten und Informationen führt zum sogenannten **konzeptionellen Kristallisationspunkt**, der den Ausgangspunkt für Zielbildung, Strategiewahl und Vorgehensmodell sowie für den auszuwählenden Maßnahmen-Mix darstellt [vgl. BECKER 2009, S. 92 f.].

In Abbildung 2-01 sind die Zusammenhänge zwischen Umwelt- und Unternehmensanalyse sowie Unternehmensplanung dargestellt.

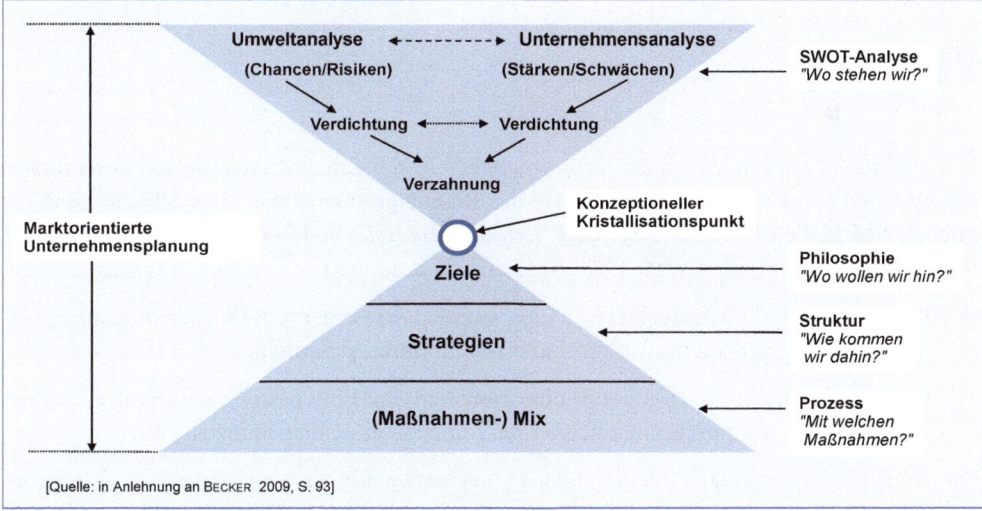

[Quelle: in Anlehnung an BECKER 2009, S. 93]

Abb. 2-01:   Marktorientierte Unternehmensplanung

Da die relevanten Märkte einer Unternehmensberatung keine statischen Gebilde sind, sondern *dynamische* Strukturen aufweisen, gibt es auch nicht *ein* Unternehmenskonzept und damit auch nicht *ein* Erfolgsrezept für das Beratungsmanagement, sondern verschiedene Optionen, um auf die unterschiedlichen Rahmenbedingungen zu reagieren.

Mit Abbildung 2-01 ist zugleich auch die Grundlage für den generellen *Bezugsrahmen einer marktorientierten Unternehmensplanung* gelegt. Die Abfolge des Planungsprozesses orientiert sich an folgenden Phasen [vgl. LIPPOLD 2015a, S. 33, ff. sowie dazu auch BIDLINGMAIER 1973, S. 16 ff.]:

- **Situationsanalyse** (Wo stehen wir?)
- **Zielsetzung** (Wo wollen wir hin?)
- **Strategie** (Wie kommen wir dahin?)
- **Mix** (Welche Maßnahmen müssen dazu ergriffen werden?)

Abbildung 2-02 zeigt diese vier Phasen als generellen Bezugsrahmen der marktorientierten Unternehmensplanung.

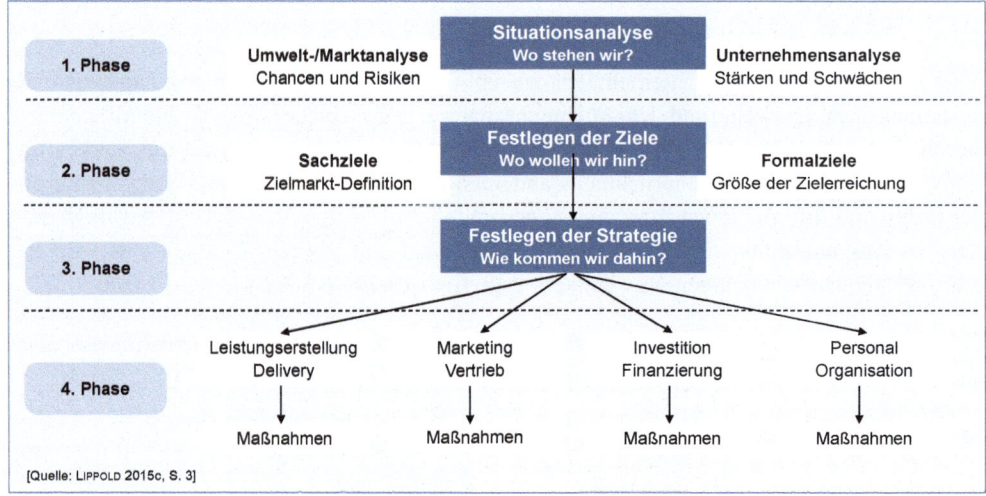

Abb. 2-02:   Bezugsrahmen der Unternehmensplanung

In der ersten Phase geht es um die Situationsanalyse, d.h. um eine Analyse der wesentlichen *externen* und *internen* Einflussfaktoren auf das Beratungsunternehmen. Die Situationsanalyse gliedert sich in die Umweltanalyse (engl. *External Analysis*) und in die Unternehmensanalyse (engl. *Self Analysis*) [vgl. AAKER 1984, S. 47 ff. und S. 113 ff.].

• Die Umweltanalyse betrachtet wichtige unternehmensexterne Rahmenbedingungen und ihre Auswirkungen auf das Unternehmens- und Marketingumfeld.

• Die Unternehmensanalyse liefert eine systematische Einschätzung und Beurteilung der strategischen, strukturellen und kulturellen Situation des Unternehmens.

Das Ergebnis der Analysephase, die in der Praxis regelmäßig als SWOT-Analyse *(Strengths, Weaknesses, Opportunities, Threats)* durchgeführt wird, ist eine Darstellung der Ausgangssituation.

An die umwelt- und unternehmensanalytisch aufbereitete Situationsanalyse schließt sich der Zielbildungsprozess als zweite Phase an. Hier werden die wesentlichen Zielgruppen, das Leistungsangebot der Unternehmensberatung und die zum Einsatz kommenden Ressourcen vorgeplant.

In der dritten Phase wird auf der Grundlage des unternehmerischen Zielsystems die Strategie festgelegt. Sie hat die Aufgabe, Entscheidungen für die wichtigsten Unternehmensfunktionen (z. B. Leistungserstellung/Delivery, Marketing/Vertrieb, Investition/Finanzierung, Personal/ Organisation) und den entsprechenden Ressourceneinsatz zu kanalisieren und Erfolgspotenziale aufzubauen bzw. zu erhalten.

In der vierten Phase des Planungsprozesses geht es darum, für die einzelnen Aktionsfelder der Unternehmensberatung einen Handlungsrahmen zu entwickeln, in dem die für das operative Handeln relevanten Maßnahmen und Prozesse zusammengefasst und im Sinne bestimmter Anforderungskriterien optimiert werden können. Dieser Handlungsrahmen, der auf der Wertschöpfungsstruktur einer Unternehmensberatung aufbaut, bildet den Hauptgegenstand dieses Lehrbuchs und wird im folgenden Abschnitt einführend behandelt.

2.1.2 Wertschöpfungskette der Unternehmensberatung

Die Wertschöpfungskette (Wertkette) eines Unternehmens umfasst die Wertschöpfungsaktivitäten in der Reihenfolge ihrer operativen Durchführung. Diese Tätigkeiten schaffen Werte, verbrauchen Ressourcen und sind in Prozessen miteinander verbunden. Die in Abbildung 2-03 gezeigte Darstellung der Wertschöpfungskette geht auf MICHAEL E. PORTER [1986] zurück und unterscheidet *Primär*aktivitäten und *Sekundär*aktivitäten:

- Primäraktivitäten *(Kern- oder Hauptprozesse)* sind Eingangslogistik, Produktion, Ausgangslogistik, Marketing und Vertrieb sowie Kundendienst.

- Sekundäraktivitäten *(Unterstützungsprozesse)* stellen Beschaffung, Forschung und Entwicklung, Personalmanagement und Infrastruktur dar.

Aus der Kostenstruktur und aus dem Differenzierungspotenzial aller Wertaktivitäten lassen sich bestehende und potenzielle Wettbewerbsvorteile eines Unternehmens ermitteln. Durch die „Zerlegung" eines Unternehmens in seine einzelnen Wertschöpfungsaktivitäten kann jeder Prozess auf ihren aktuellen und ihren potenziellen Beitrag zur Wettbewerbsfähigkeit des Unternehmens hin durchleuchtet werden [vgl. PORTER 1986, S. 19].

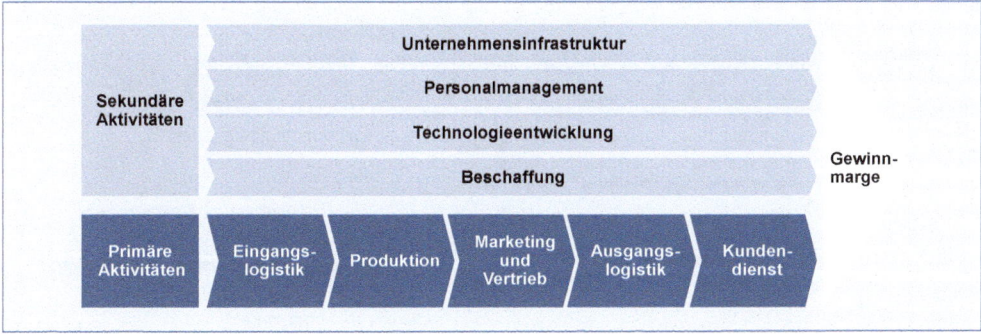

Abb. 2-03:   Wertschöpfungskette für Industriebetriebe nach PORTER

Das oben dargestellte Grundmodell von PORTER bezieht sich in seiner Systematik allerdings schwerpunktmäßig auf die Wertschöpfungskette von *Betrieben des verarbeitenden Gewerbes*. Überträgt man den Ansatz von PORTER auf die Wertschöpfungskette von Beratungsunternehmen, so ergibt sich ein grundsätzlich anderes Bild. Allerdings ist vorauszuschicken, dass es *den* Wertschöpfungsprozess einer Unternehmensberatung gar nicht gibt. Zu unterschiedlich sind die Ausprägungen der Beratungsunternehmen mit ihren einzelnen Wertketten. So sieht der Wertschöpfungsprozess einer Managementberatung anders aus als der eines IT-Beratungsunternehmens und die Wertkette einer lediglich national agierenden Logistikberatung ist unterschiedlich zu der einer internationalen aufgestellten Outsourcing-Beratung. Ein idealtypischer (weil linearer und einfacher) Wertschöpfungsprozess, an dem entlang ein Beratungsunternehmen seine Wertaktivitäten organisiert, ist:

- Akquisition,
- Projektplanung,
- Ressourcenbeschaffung und -einsatz,
- Projektabwicklung und
- Nachfolgeaufträge.

Mit dieser zeitlichen Abfolge ist aber noch nicht die eigentliche (vernetzte) Struktur der Haupt- bzw. Kernprozesse einer (typischen) Unternehmensberatung wiedergegeben. Der Prozess *Akquisition* ist beispielsweise im Hauptprozess *Marketing/Vertrieb* eingebettet und der Prozess *Ressourcenbeschaffung* stellt zweifellos einen wichtigen Teil(prozess) des Hauptprozesses *Personalmanagement* dar.

In Abbildung 2-04 sind diese Beziehungen derart dargestellt, dass sich daraus folgende **Haupt- bzw. Kernprozesse** *(Primäraktivitäten)* einer typischen Wertschöpfungsstruktur für Beratungsunternehmen ableiten lassen:

- Beratung (Leistungserstellung/Delivery),
- Marketing/Vertrieb und
- Personalmanagement.

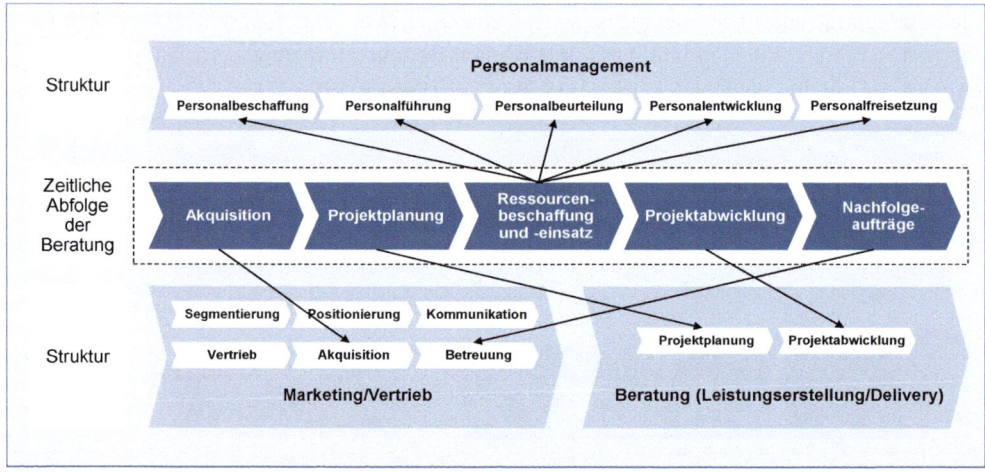

Abb. 2-04:   Zeitliche Abfolge und Struktur der Kernprozesse im Beratungsgeschäft

Diese drei Primäraktivitäten bilden zugleich auch die zentralen *Kapitel 3, 4 und 5* dieses Lehrbuchs. Es handelt sich dabei um die direkt wertschöpfenden Prozesse, die die Kundenzufriedenheit beeinflussen und Differenzierungsmerkmale gegenüber dem Wettbewerb besitzen.

Die **sekundären Aktivitäten** sind nicht wertschöpfend und können nochmals in Führungs- und in Unterstützungsprozesse unterteilt werden. Zu den **Führungsprozessen** sollen hier folgende Aktivitäten gezählt werden:

- Strategisches Management (Teil des *2. Kapitels*) und
- Controlling *(Kapitel 6)*.

Die **Unterstützungsprozesse**, die für die Ausübung der Hauptprozesse notwendig sind, lassen sich unterteilen in:

- Unternehmensinfrastruktur (Finanz- und Rechnungswesen, IT-Support, Facility Management etc.),
- Wissensmanagement (engl. *Knowledge Management*),
- (Beratungs-)Produkt- und Toolentwicklung (Teil des *4. Kapitels*) und
- Qualitätsmanagement (engl. *Quality Management*).

Die Unterstützungsaktivitäten liefern somit einen *indirekten* Beitrag zur Erstellung der Beratungsleistung.

Abbildung 2-05 liefert einen Gesamtüberblick über die (typischen) Haupt-, Führungs- und Unterstützungsprozesse einer Unternehmensberatung.

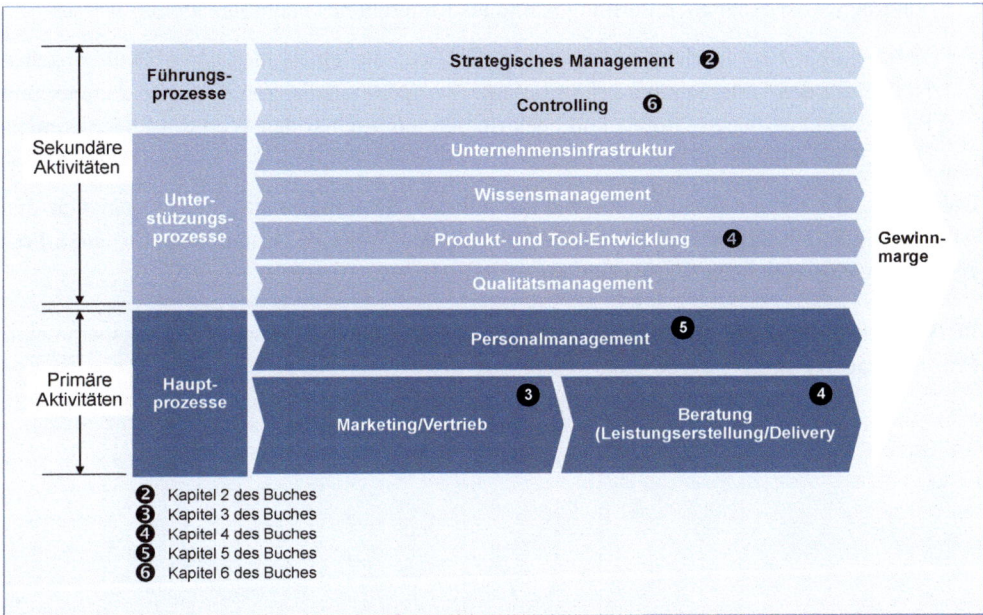

Abb. 2-05: Wertschöpfungskette für Beratungsunternehmen

Sowohl die Hauptprozesse als auch die Prozesse der Sekundäraktivitäten lassen sich unterteilen in Prozessphasen, Prozessschritte etc. Prozesse können so auf unterschiedlichen Ebenen in verschiedenen Detaillierungsgraden betrachtet werden.

2.2 Ausprägungen des Beratungsmanagements

2.2.1 Wertorientiertes Beratungsmanagement

Mit der Analyse der Wertschöpfungskette ist zugleich auch die Grundlage für ein *wertorientiertes Beratungsmanagement* gelegt. Es steht für eine betont quantitative Ausrichtung der *Aktionsparameter*, der *Prozesse* und der *Werttreiber* am Unternehmenserfolg.

- **Aktionsparameter** sind Stellschrauben, die dem Management zur Verbesserung der Effizienz und Effektivität innerhalb eines Aktionsfeldes zur Verfügung stehen. Im Vordergrund steht also die aktive Beeinflussung erfolgswirksamer Maßnahmen im Sinne der angestrebten Aktionsfeldziele.

- **Prozesse** haben drei verschiedene Rollen: als Kunde eines vorausgehenden Prozesses, als Verarbeiter der erhaltenen Leistungen und als Lieferant des nachfolgenden Prozesses.

- **Werttreiber** sind betriebswirtschaftliche Größen, die einen messbaren ökonomischen Nutzen für den Unternehmenserfolg liefern. Sie operationalisieren Aktionsparameter und Prozesse in messbaren Größen und beeinflussen unmittelbar den Wert des Unternehmens [vgl. DGFP 2004, S. 27].

Das inhaltliche Rahmenkonzept des wertorientierten Beratungsmanagements geht von den Aktionsparametern aus, ordnet diesen die betreffenden Prozesse zu und zeigt für jeden Prozess die jeweils relevanten Werttreiber auf.

In Abbildung 2-06 sind die konzeptionellen Zusammenhänge zwischen Aktionsparameter, Prozesse und Werttreiber dargestellt.

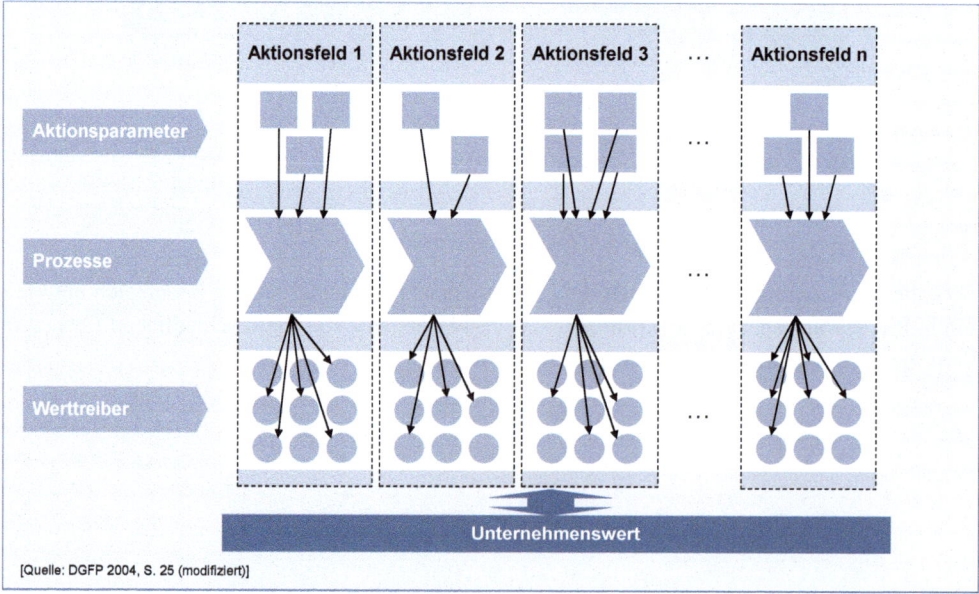

[Quelle: DGFP 2004, S. 25 (modifiziert)]

Abb. 2-06:   Zusammenhänge zwischen Aktionsparameter, Prozesse und Werttreiber

Da die einzelnen Markt- und Umfeldbedingungen für jedes Beratungsunternehmen unterschiedlich sind, kann es auch kein einheitliches Standardkonzept für das wertorientierte Beratungsmanagement geben. Jedes Unternehmen muss daher sein eigenes wertorientiertes Konzept für die Primär- und Sekundäraktivitäten entwickeln.

2.2.2 Qualitätsorientiertes Beratungsmanagement

Die Bedeutung des **Qualitätsmanagements (QM)** in der Unternehmensberatung ist unbestritten. Aufgrund der Informationsasymmetrie zwischen Anbieter und Nachfrager im Beratungsgeschäft kann eine dauerhafte Kundenbeziehung nur erreicht werden, wenn die Qualität der erbrachten Beratungsleistungen die Kundenerwartungen dauerhaft erfüllt oder sogar übertrifft. Qualität und Reputation zählen zu den entscheidenden Kriterien bei der Auswahl einer Beratungsgesellschaft. Damit wird das Qualitätsmanagement zu einer zentralen Aufgabe des Beratungsmanagements [vgl. NISSEN 2007, S. 235 unter Bezugnahme auf EFFENBERGER 1997, S. 230 f.].

Die Qualität als bewertete Beschaffenheit einer Leistung (wie z. B. Zuverlässigkeit, Fehlerfreiheit oder Schnelligkeit) ist aber nicht nur ein wichtiges Argument zur Entscheidung für einen fähigen Anbieter. Im Zusammenhang mit der prozessorientierten Betrachtungsweise ist der Qualitätsgedanke auch zum zentralen Konstrukt eines Managementansatzes geworden: **Total Quality Management (TQM)**, das eine Optimierung aller Unternehmensprozesse unter dem Aspekt der Qualität anstrebt. Ohne hier detailliert auf die ganzheitliche Handlungs- und Denkhaltung von TQM eingehen zu wollen, sollen die drei wichtigen TQM-Faktoren, die für jedes Qualitätsmanagement von Bedeutung sind, kurz genannt werden [vgl. auch SCHMITT/PFEIFER 2010 und ROTHLAUF 2010, S. 69 ff.]:

- **Kundenorientierung**, d. h. der Kunde bestimmt letztendlich, ob die Dienstleistung qualitativ zufriedenstellend ist,

- **Mitarbeiterorientierung**, d. h. jeder Mitarbeiter ist in den Qualitätsprozess einzubeziehen, denn eine auf Vorbeugung basierende Qualitätsstrategie benötigt das Engagement aller am Wertschöpfungsprozess beteiligten Mitarbeiter,

- **Prozessorientierung**, d. h. jede Aktivität muss als Prozess betrachtet werden und beinhaltet somit ein ständiges Verbesserungspotential.

Aufgrund der hohen Personalintensität und Interaktivität der Leistungserbringung sollte das Qualitätsmanagement in Beratungsunternehmen direkt am Beratungsprozess ansetzen. NISSEN [2007] schlägt sogar vor, das Qualitätsmanagement im Rahmen des Geschäftsprozessmodells einer Unternehmensberatung als Hauptprozess anzusehen, dem hier allerdings nicht gefolgt wird. Grundsätzlich können vier Prozessphasen des Qualitätsmanagements unterschieden werden [vgl. NISSEN 2007, S. 237 f.]:

1. Schritt: **Qualitätsplanung**, die sich mit der Planung, Konkretisierung und Gewichtung von Qualitätsanforderungen an die Beratungsleistungen befasst. Diese münden ein in formal fixierte *Qualitätsstandards* und im Unternehmen kommunizierte *Quali-

tätsgrundsätze, zu denen bspw. auch die berufsethischen Grundsätze des BDU zu zählen sind.

2. Schritt: **Qualitätslenkung**, die alle Aktivitäten beinhaltet, um die definierten Qualitätsanforderungen zu erfüllen. Unterschieden werden dabei *mitarbeiterbezogene* Instrumente (z. B. Rekrutierungskriterien, Projektstaffing-Kriterien) Personalentwicklungsmaßnahmen, Zielvereinbarungen), *kulturbezogene* Instrumente (z. B. Kundenorientierung, Veränderungsbereitschaft) und *organisationsbezogene* Instrumente (z. B. Qualitätsmanager, Arbeitsanweisungen und Prozessvorgaben).

3. Schritt: **Qualitätsprüfung**, die feststellt, ob die definierten Qualitätsanforderungen (insbesondere an den Beratungsprozess) in der Praxis umgesetzt werden. Dabei ist zu unterscheiden zwischen externen Methoden der Qualitätskontrolle (z. B. Kundenbefragungen) und internen Aufgaben der Qualitätsprüfung (z. B. Projektkontrollen, Mitarbeitergespräche).

4. Schritt: **Qualitätsdarlegung**, die darauf abzielt, nach innen und außen Vertrauen in die eigene Qualitätsfähigkeit zu schaffen. Zu diesen vertrauensbildenden Maßnahmen zählen die *Zertifizierung* nach DIN EN ISO 9000 ff., die Durchführung von *Qualitätsaudits* sowie die Erstellung von *QM-Handbüchern*.

Abbildung 2-07 zeigt die vier Teilprozesse des Qualitätsmanagements in Verbindung mit den Hauptprozessen eines Beratungsunternehmens.

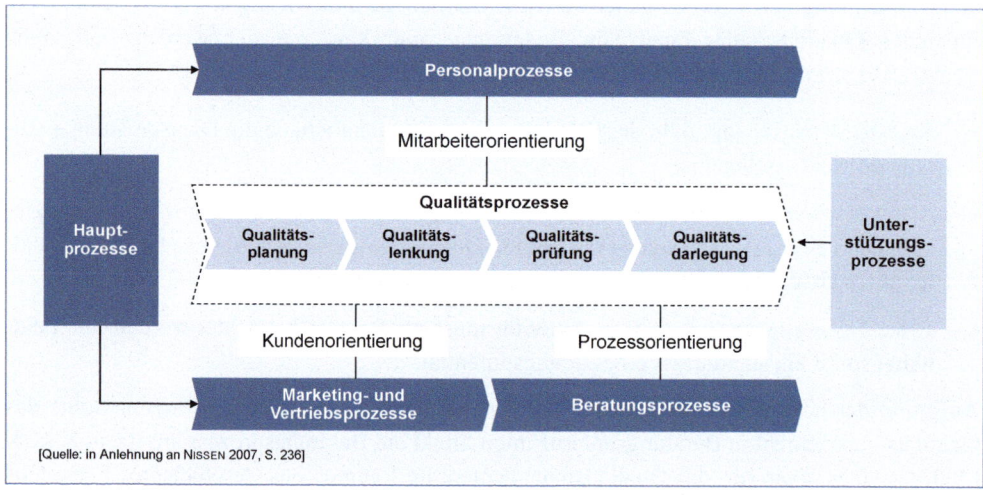

[Quelle: in Anlehnung an NISSEN 2007, S. 236]

Abb. 2-07:   Teilprozesse des Qualitätsmanagements

Allerdings sind diese Erkenntnisse in der Praxis noch nicht flächendeckend umgesetzt. Besonders bei kleineren Beratungsunternehmen (< 20 Beschäftigte) besteht ein Nachholbedarf. So haben lediglich 44 Prozent der befragten kleineren Unternehmensberatungen ein formales Qualitätsmanagementsystem im Einsatz. Bei den größeren Beratungsfirmen (> 200 Beschäftigte) sind es immerhin drei Viertel, bei denen ein Qualitätsmanagement vorliegt, und die

Hälfte dieser Firmen verfügt über eine QM-Zertifizierung. Bei den kleineren Firmen sind dagegen noch nicht einmal 20 Prozent zertifiziert.

Abbildung 2-08 zeigt zwar eine inhaltsgleiche Darstellung wie Abbildung 2-07, jedoch sind hier die oben aufgeführten Teilprozesse des Qualitätsmanagements in die Wertschöpfungskette für Beratungsunternehmen analog zur Darstellung in Abbildung 2-05 integriert.

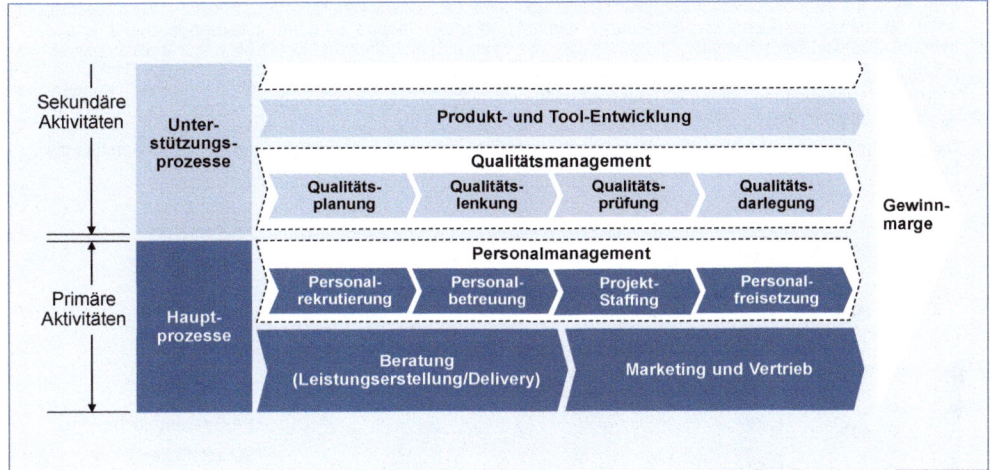

Abb. 2-08: Integration der Teilprozesse des Qualitätsmanagements in die Wertkette

Insert 2-01 gibt einen Überblick über Einsatz und Zertifizierung von Qualitätsmanagementsystemen (QM) bei deutschen Beratungsunternehmen nach Betriebsgrößenklassen. Das Insert liefert zudem Begründungen dafür, warum größere Beratungsunternehmen auf dem Weg zum Qualitätsmanagement zum Teil deutlich weiter vorangeschritten sind als mittlere und vor allem kleinere Unternehmen.

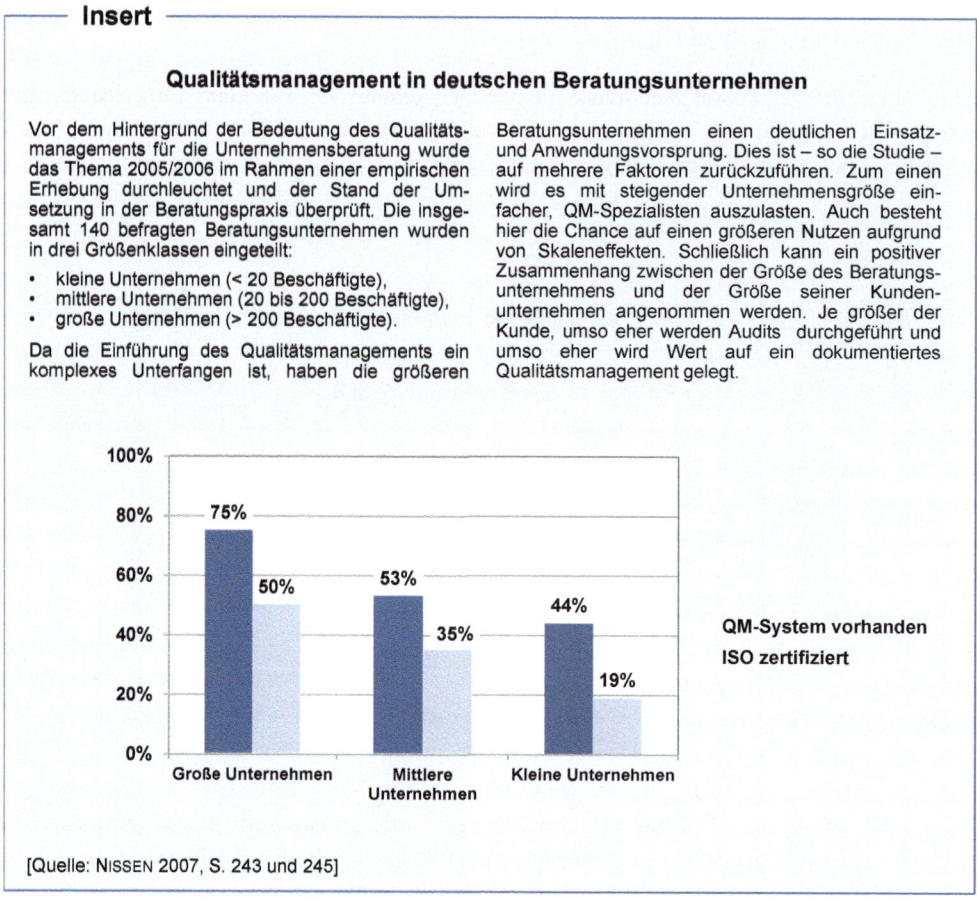

─── **Insert** ───────────────────────────────────────

Qualitätsmanagement in deutschen Beratungsunternehmen

Vor dem Hintergrund der Bedeutung des Qualitätsmanagements für die Unternehmensberatung wurde das Thema 2005/2006 im Rahmen einer empirischen Erhebung durchleuchtet und der Stand der Umsetzung in der Beratungspraxis überprüft. Die insgesamt 140 befragten Beratungsunternehmen wurden in drei Größenklassen eingeteilt:

- kleine Unternehmen (< 20 Beschäftigte),
- mittlere Unternehmen (20 bis 200 Beschäftigte),
- große Unternehmen (> 200 Beschäftigte).

Da die Einführung des Qualitätsmanagements ein komplexes Unterfangen ist, haben die größeren

Beratungsunternehmen einen deutlichen Einsatz- und Anwendungsvorsprung. Dies ist – so die Studie – auf mehrere Faktoren zurückzuführen. Zum einen wird es mit steigender Unternehmensgröße einfacher, QM-Spezialisten auszulasten. Auch besteht hier die Chance auf einen größeren Nutzen aufgrund von Skaleneffekten. Schließlich kann ein positiver Zusammenhang zwischen der Größe des Beratungsunternehmens und der Größe seiner Kundenunternehmen angenommen werden. Je größer der Kunde, umso eher werden Audits durchgeführt und umso eher wird Wert auf ein dokumentiertes Qualitätsmanagement gelegt.

QM-System vorhanden
ISO zertifiziert

[Quelle: NISSEN 2007, S. 243 und 245]

Insert 2-01:   QM-Einsatz und -Zertifizierung in deutschen Beratungsunternehmen

2.2.3 Risikoorientiertes bzw. professionell-ethisches Beratungsmanagement

Da der Beratungsberuf in Deutschland rechtlich nicht geschützt ist und somit auch verbindliche ethisch-moralische Regeln fehlen, erschöpft sich **Beratungsethik** auf ein „*Beratungsverständnis als Ergebnis einer selbstdefinierten beruflichen Zuständigkeit im Spektrum zwischen einer ausschließlich betriebswirtschaftlichen Ausrichtung zur Stärkung der asymmetrischen Verteilung von Wissen und Marktchancen im Beratungsprozess (...) und einer (...) Unternehmensberatung, die die systemische Kommunikation und Symmetrie in den Beziehungen der beteiligten Akteure betont*" [HESSELER 2011, S. 19].

Damit nehmen das **Risikomanagement** (engl. *Risk Management*) und der Umgang mit **professionell-ethischen Risiken** in Beratungsprojekten eine zentrale Rolle im Beratungsgeschäft ein. Schließlich ist die Beschäftigung mit (moralischen) Risiken ein Zeichen professioneller

Kompetenz. Voraussetzung für ein funktionierendes, tragfähiges Risikomanagement ist ein in der Unternehmenskultur verankertes Risikobewusstsein (Risikokultur), das Entscheidungen zur praktischen Risikovorsorge und die Grundlage für die Akzeptanz oder Nicht-Akzeptanz von Projektrisiken im Rahmen von Toleranzwerten schafft. Eine so definierte Risikokultur kann in *drei Schritten* implementiert werden [vgl. HESSELER 2011a, S. 105 ff.]:

(1) Risikoanalyse (1. Schritt)

Ziel der Risikoanalyse ist die Identifikation, Dokumentation und Bewertung der die Projektziele tangierenden bedeutsamen Risiken hinsichtlich Risikowahrscheinlichkeit (z.B. Gefährdung des qualitativen Nutzens) und Schadenswahrscheinlichkeit/-höhe (z.B. Reputation).

- **Risikoidentifikation.** Zunächst müssen risikobehaftete Aktivitäten gebündelt werden, um die Wirkungen moralischer Risiken zu erkennen. Es folgt die genaue Ermittlung der Auswirkungen auf Meilensteine bzw. Endtermin mit Hilfe von Alternativbetrachtungen. Die Ergebnisse werden für weitere Expertenbewertungen verwendet und der Risikokatalog nach Risikoarten abgestimmt.

- **Risikodokumentation.** In diesem Teilschritt erfolgt eine Beschreibung und zeitliche Einordnung der Risiken. Außerdem müssen mögliche Abhängigkeiten zu anderen Risiken und Vorgängen sowie die Auswirkungen der Risiken auf Kosten, Termine und Ergebnisqualität dokumentiert werden.

- **Risikobewertung.** Schließlich müssen mehrere Einzelrisiken hinsichtlich eines gleichartigen Merkmals zusammengefasst werden. Auf Basis der Analyse des Gesamtrisikoumfangs wird dabei die relative Bedeutung mehrerer Einzelrisiken bestimmt.

(2) Risikogestaltung (2. Schritt)

Ziel der Risikogestaltung sind die Konzipierung und Einleitung geeigneter Maßnahmen zur Vorbeugung oder Minimierung von möglichen (moralischen) Schäden. Dabei stehen die Teilschritte *Risikoklassifikation, -selektion und -handhabung* im Vordergrund.

- **Risikoklassifikation.** Die identifizierten und bewerteten Risiken werden mit Hilfe der Merkmalsausprägungen „hohe Eintrittswahrscheinlichkeit" und „Schadenshöhe nach dem Grad der Behandlungsbedürftigkeit" klassifiziert.

- **Risikoselektion.** Es folgt eine übersichtliche, zielorientierte und effiziente Sortierung der Projektrisikosituationen auf Grundlage der einzuleitenden Maßnahmen im Risikofall.

- **Risikohandhabung.** Je nach Klassifizierung der bewerteten Risiken sollten entweder ursachenbezogen-präventive Maßnahmen entsprechend der Risikoplanung oder auswirkungsbezogen-korrektive Maßnahmen für behandlungsbedürftige Risiken (Risikovorsorge für Risikoüberwälzung) eingeleitet werden.

(3) Risikocontrolling (3. Schritt)

In diesem dritten und letzten Schritt soll festgestellt werden, ob die wesentlichen Risiken erkannt und richtig bewertet wurden und ob sich entschiedene Maßnahmen als wirksam und

geeignet erweisen werden. Weiterhin muss das Risikocontrolling die Umsetzung der Maßnahmen überwachen und die Risiken im Projektablauf frühzeitig erkennen. Außerdem muss
Sorge dafür getragen werden, dass die gebündelten Erkenntnisse für neue Projekte auf Grundlage der evaluierten Ergebnisse genutzt und dass Vorgehensregeln entwickelt werden. Generell ist das Risikocontrolling so etwas wie ein **Krisenmanagement**.

Als wichtige, vorzuschaltende **Regel** im Risikomanagement gilt, dass das Gesamtrisiko
grundsätzlich auf alle Projektbeteiligten aufzuteilen ist. So sollte die Verantwortung für Projektrisiken auf Schuldige in den unteren Hierarchien beim Beratungsunternehmen nicht reduziert werden. Auch muss dem Kundenunternehmen als Auftraggeber ein Teil der Verantwortung zugeschrieben werden. Eine weitere **Empfehlung** ist die Bildung überschaubarer und
begrenzbarer Risiken, damit die Zielverantwortung der Projektleitung und die Ergebnisverantwortung des Beratungsmanagements zusammenwirken können [vgl. Hesseler 2011a,
S. 108].

2.3 Analyse – Einflussfaktoren und Trends im Beratungsgeschäft

Um effektive Unternehmensstrategien entwickeln und umsetzen zu können, muss das Beratungsmanagement zunächst den Kontext analysieren, in welchem das Unternehmen agiert, und die wichtigsten Einflussfaktoren dieser Umgebung identifizieren. Grundsätzlich können solche Einflussfaktoren Auswirkungen in zwei Richtungen haben. Zum einen auf die Kundenunternehmen und damit indirekt auf das Leistungsprofil der Unternehmensberatung und zum anderen direkt auf das Beratungsunternehmen selber.

Abbildung 2-09 gibt einen Überblick über die verschiedenen Einflussfaktoren einer Unternehmensberatung.

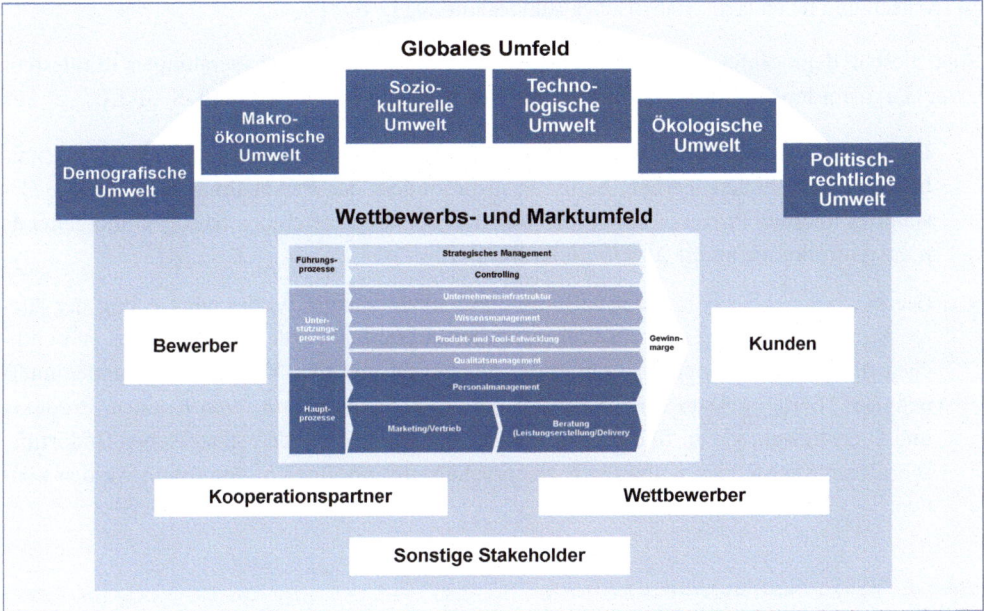

Abb. 2-09: Einflussfaktoren auf das Marketing einer Unternehmensberatung

2.3.1 Externe Einflussfaktoren – das Makro-Umfeld der Unternehmensberatung

Die externen Einflussfaktoren, also das Makro-Umfeld des Beratungsunternehmens, lassen sich nach dem **DESTEP-Prinzip** in sechs Einflussgruppen unterteilen [vgl. RUNIA et al. 2011, S. 57]. DESTEP ist ein englisches Akronym für:

- Einflüsse der demografischen Umwelt (engl. *Demographic* environment)
- Einflüsse der makro-ökonomischen Umwelt (engl. *Economic environment*)
- Einflüsse der sozio-kulturellen Umwelt (engl. *Social-cultural environment*)
- Einflüsse der technologischen Umwelt (engl. *Technological environment*)
- Einflüsse der ökologischen Umwelt (engl. *Ecological environment*)
- Einflüsse der politisch-rechtlichen Umwelt (engl. *Political environment*).

Gebräuchlich ist aber auch das Akronym PESTLE, das für nahezu die gleichen Inhalte bzw. Abkürzungen lediglich eine andere Reihenfolge verwendet. Der einzige Unterschied besteht darin, dass bei der PESTLE-Systematik die *demografische Umwelt* der *sozio-kulturellen Umwelt* zugeordnet wird und die *politische-rechtlichen Faktoren* in zwei Einflussbereiche aufgeteilt werden.

2.3.1.1 Demografische Einflüsse

Bereits heute lässt sich mit hoher Zuverlässigkeit für Deutschland vorhersagen, dass im Jahr 2030 die Gruppe der über 65-Jährigen um ca. ein Drittel von derzeit 16,7 Millionen auf 22,3 Millionen anwachsen wird. Gleichzeitig werden 17 Prozent weniger Kinder und Jugendliche in Deutschland leben [vgl. Statistisches Bundesamt 2011, S. 8].

Aus diesem demografischen Wandel lassen sich für Unternehmensberatungen mindestens zwei Herausforderungsdimensionen ableiten [vgl. KOHLBACHER et al. 2010, S. 30 f.]:

- Die internen Herausforderungen, die durch das steigende Durchschnittsalter der Mitarbeiterschaft induziert werden, berühren insbesondere das Personalmanagement, die Gestaltung interner Prozesse sowie die mit der Leistungserstellung häufig einhergehende hohe Anforderung an die *Mobilität* der Berater.

- Die externen Herausforderungen, die durch einen ständig wachsenden Anteil der älteren Menschen an der Gesamtbevölkerung hervorgerufen werden, betreffen im Wesentlichen die Produktentwicklung sowie das Marketing und den Vertrieb der Kundenunternehmen. Hierbei geht es für die Berater darum, gemeinsam mit ihren Kunden, Produkte und Dienstleistungen zu finden und so auszustatten, dass sie den spezifischen Bedürfnissen dieser wachsenden Kundschaft entsprechen und erfolgreich vermarktet werden können.

2.3.1.2 Makro-ökonomische Einflüsse

Zu den relevanten Einflussfaktoren in diesem Bereich zählt die Verschärfung der Wettbewerbssituation, d. h. der Wandel der Konkurrenzverhältnisse im internationalen und globalen Kontext. In diese Kategorie fällt auch der Trend zur Optimierung der Dienstleistungstiefe, d.h. die Frage, inwieweit bestimmte Aktivitäten des „Overhead-Managements" ausgelagert und durch andere Unternehmen wahrgenommen werden können (*Outsourcing*). Die zentralen Zielsetzungen in Verbindung mit Outsourcing bestehen darin, sich auf Kernkompetenzen zu konzentrieren und Kosten zu reduzieren.

Nach der Optimierung der Produktivität, die als erste Revolution der Wertschöpfung bezeichnet wird, und nach der Optimierung der Fertigungstiefe (zweite Revolution der Wertschöpfung) geht es bei der Optimierung der Leistungstiefe, der dritten Revolution der Wertschöpfung, um die Reduzierung von Ineffizienz und Ineffektivität auf der Verwaltungsebene.

In Insert 2-02 sind die drei Wertschöpfungsrevolutionen im Zusammenhang dargestellt. Bei der aktiven Umsetzung dieser dritten Revolution sind die Beratungsunternehmen mehr denn je gefragt. Werden diese Dienstleistungsinnovationen nicht realisiert, ist zu befürchten, dass weitere Unternehmen aus Deutschland abwandern, weil sie ihre Profitabilität nur noch durch Reduktion der Overhead-Kosten verbessern können.

Insert

Optimierung der Leistungstiefe als dritte Revolution der Wertschöpfung

Im Zusammenhang mit der Wertschöpfung von Unternehmen hat es drei wesentliche Entwicklungs-schübe gegeben. Man spricht auch von den drei Revolutionen der Wertschöpfung.

Die **erste Revolution** begann mit HENRY FORDS Fließband-Produktion. FORD und FREDERICK WINS-LOW TAYLOR verfolgten das Ziel, durch Massenferti-gung und Standardisierung die Produktivität zu stei-gern und damit die Autopreise erschwinglich zu machen.

Gegen Ende der 80er Jahre des letzten Jahrhunderts rückte die Fertigungstiefe in den Blickpunkt - die **zweite Revolution** der Wertschöpfung. Ziel war die Konzentration auf Kernkompetenzen und damit die Reduktion der Fertigungstiefe. Durch die Auslage-rung einzelner Produktionsschritte sollen Kosten- und Qualitätsvorteile erzielt werden. Der Effekt dieser „schlanken" Produktion (engl. *Lean Production*) hat in der deutschen Automobilindustrie dazu geführt, dass der Anteil der Eigenproduktion an einem fertigen Auto bei durchschnittlich 25 Prozent liegt. Beim PORSCHE Cayenne liegt dieser Eigenanteil sogar noch bei neun Prozent.

Die zu erzielenden Kostenvorteile durch Reduzierung der Fertigungstiefe sind jedoch weitgehend ausge-schöpft. Um den nötigen Freiraum für weitere Zu-kunftsinvestitionen zu bekommen, müssen und können Unternehmen neue Wege gehen. In den nächsten Jahren wird daher die Verringerung der

Leistungstiefe – das Gegenstück zur Fertigungstiefe bei den internen Dienstleistungen wie Buchhaltung, Personal, Logistik/Einkauf, IT und Callcenter im Bereich Costumer Relationship Management (CRM) - verstärkt in den Mittelpunkt rücken.

Die **dritte Revolution** der Wertschöpfung legt also das Augenmerk auf Dienstleistungen und die Verwal-tung administrativer Prozesse. Die wichtigsten Bereiche sind das Finanz- und Rechnungswesen, Personal, Einkauf, Logistik und Callcenter im Bereich Costumer Relationship Management (CRM). Ziel der dritten Revolution ist die Reduzierung bzw. Opti-mierung der Leistungstiefe. Die dadurch freigewor-denen und zum Teil auch neu entstandenen Aufga-ben werden von sog. „Innovationspartnern" wahrge-nommen. Durch solche Partnerschaften im Dienst-leistungsbereich erhalten Unternehmen mehr Frei-räume für Investitionen, die wiederum zur Schaffung neuer Arbeitsplätze dienen. Das Auslagern von Arbeitsplätzen ist demnach eine Chance - ein Job-motor und kein Jobvernichter [Quelle: TALGERI 2008, S. 20 f.].

Die untenstehende Grafik verdeutlicht die drei Revolutionen der Wertschöpfung im Zeitablauf.

[Quelle: FINK 2004]

Während die Herstellkosten in Relation zum Umsatz zumindest stabil geblieben sind, haben sich die Verwaltungskosten im Verhältnis zum Umsatz schrittweise erhöht. Dieses Ungleichgewicht nimmt die dritte Revolution der Wertschöpfung zum Ausgangspunkt. Die untenstehende Grafik verdeutlicht den Zusammenhang zwischen der Entwicklung der Herstell- und Verwaltungskosten im Verhältnis zum jeweiligen Umsatz bei ausgewählten deutschen Unternehmen.

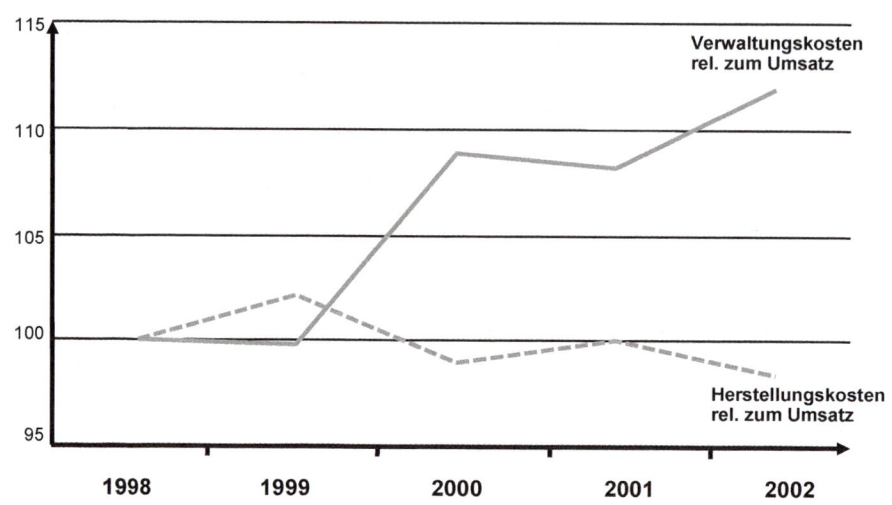

Veränderung zum Vorjahr (indexiert): ALTANA, BAYER, BMW, EON, SAP, SCHERING, SIEMENS, VW

[Quelle: FINK 2004]

In der nachstehenden Grafik sind die wesentlichen Effekte bei der Optimierung der Fertigungstiefe und bei der Optimierung der Leistungstiefe dargestellt. Während bei der Reduktion der Fertigungstiefe der Großteil der Fertigungsprozesse von Zulieferern abgedeckt wird, werden die Verwaltungsprozesse von externen Dienstleistern wahrgenommen.

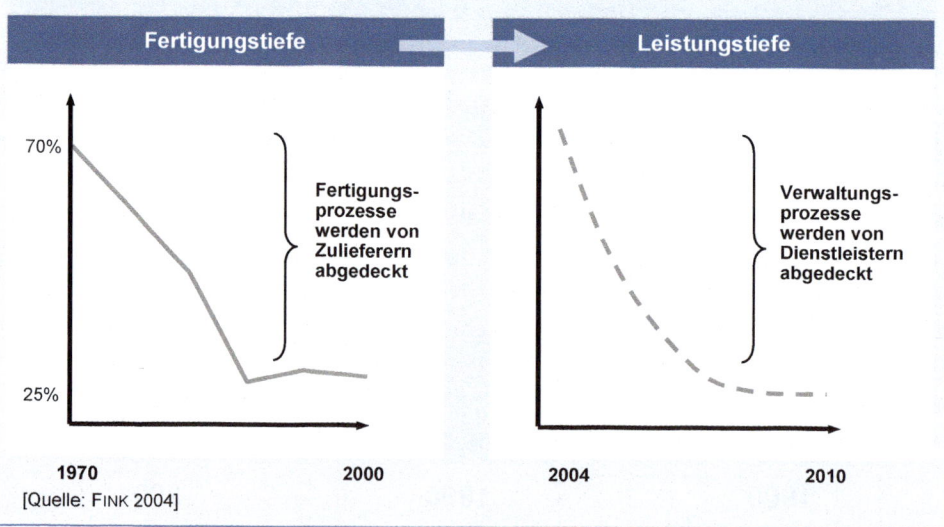

[Quelle: FINK 2004]

Insert 2-02:   Optimierung der Dienstleistungstiefe

2.3.1.3 Sozio-kulturelle Einflüsse

Nach dem Zukunfts- und Trendforscher MATTHIAS HORX sind es vier sogenannte *Megatrends*, die unser künftiges sozio-kulturelles Umfeld beeinflussen werden (siehe Abbildung 2-10):

- Erstarken des weiblichen Geschlechts mit Auswirkungen auf Kaufverhalten und Design
- Trend zur Kleinfamilie und Zunahme nomadischer Haushaltsformen
- Veränderung der Altersstruktur mit gravierenden Auswirkungen auf das Kaufverhalten
- Zunehmender wirtschaftlicher und kultureller Einfluss Asiens.

Alle genannten Megatrends haben zum Teil gravierende Auswirkungen auf das Kaufverhalten und erzeugen vielfältige Marktchancen. Neue oder erweiterte Zielgruppen (Senioren, Frauen im Beruf, Single-Haushalte) haben bei vielen Produkten abweichende Bedürfnisse, die insbesondere das Marketing der Kundenunternehmen berücksichtigen muss.

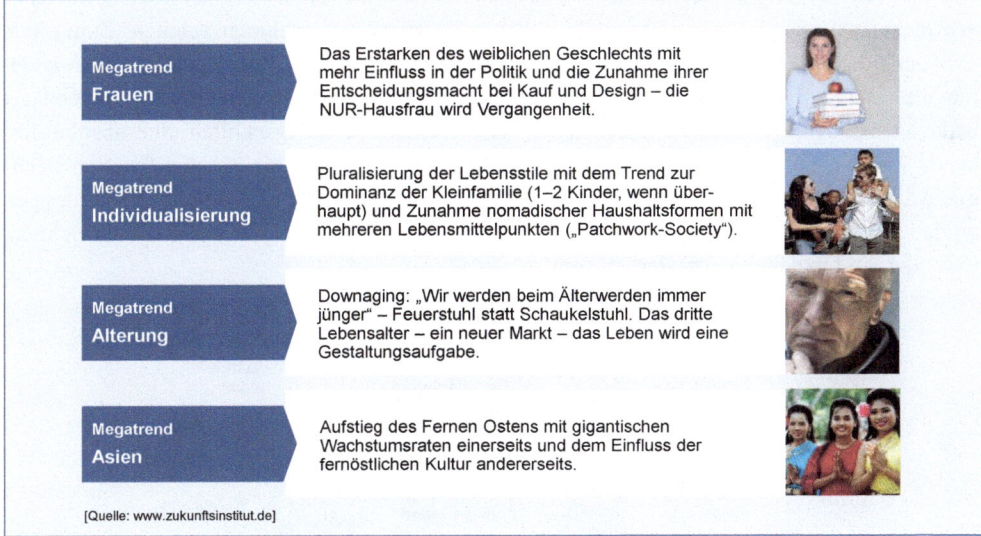

Abb. 2-10:   Vier Megatrends im sozio-kulturellem Umfeld

Speziell für Beratungsunternehmen sind diese Megatrends nicht nur von mittelbarem, sondern auch von direktem Einfluss. Dabei lassen sich die Megatrends *Frauen* und *Alterung* auch unter dem Label *„demografischer Wandel"* zusammenfassen.

Megatrend Frauen. Neben der steigenden Sensibilität für Freizeit und Gesundheit kommt noch ein weiterer Aspekt hinzu: Die zunehmenden Karriereambitionen **weiblicher Führungskräfte und Mitarbeiterinnen**, auf das mit entsprechenden *Karriere- und Diversity-Programmen* reagiert werden sollte. Besonders im Fokus steht hierbei die aktuelle Diskussion über die *Frauenquote* in den Führungsetagen deutscher Unternehmen. Dies gilt übrigens in gleicher Weise für den immer noch verschwindend geringen Frauenanteil im Top-Management von Unternehmensberatungen. Während sich bei den Hochschulabsolventen als Berufseinsteiger der Anteil von Frauen und Männern noch in etwa die Waage hält, scheiden im Laufe der Beratungskarriere deutlich mehr Frauen als Männer aus den Unternehmen aus. Hier sollte das Personalmanagement in der Diskussion eine Vorreiterrolle einnehmen und die allzu hohen Mobilitätsansprüche an Beraterinnen auf ein vernünftiges Maß begrenzen. Auch sollte es gelingen, durch Home-Office-Vereinbarungen oder Ähnliches das gerade in der Beraterbranche sehr häufig anzutreffende „Ich-muss-die-Welt-retten-Syndrom" einzuschränken.

Megatrend Individualisierung. Mit der zunehmenden Individualisierung sind nicht nur die von HORX angesprochenen Veränderungen der Lebensstile und Haushaltsformen angesprochen. Von Bedeutung für die Unternehmensberatung als Arbeitgeber ist vor allem der Wandel der **allgemeinen Wertvorstellungen** (Wertewandel) im Hinblick auf Eigenschaften wie Loyalität und Disziplin. Auch die Verschiebung der Aufmerksamkeit von der Arbeits- in die Privatsphäre steht unter dem Begriff *Work-Life-Balance* ganz oben auf der Agenda des Personalmanagements einer Unternehmensberatung.

Megatrend Alterung. Hierzu zählen in erster Linie die Veränderungen der **Altersstruktur** und ihre Auswirkung auf die Arbeitskräfteverfügbarkeit. Daraus lassen sich zwei Dimensionen einer zukunftsweisenden Personalpolitik für Beratungsunternehmen ableiten: Zum einen eine veränderte *Lebensphasenplanung* der Mitarbeiter (siehe Abbildung 2-11) und zum anderen die nachhaltige Sicherung der Beschäftigungsfähigkeit (engl. *Employability*). Konkret bedeutet der demografische Wandel neben älter werdenden Belegschaften eine absolut sinkende Zahl an verfügbaren Erwerbspersonen und eine Verknappung an qualifizierten Fach- und Führungskräften sowie an jüngeren Arbeitskräften. Da gerade Unternehmensberatungen zu den Branchen gehören, die sich durch ein relativ geringes Durchschnittsalter auszeichnen, wird hier ein Umdenken erforderlich sein.

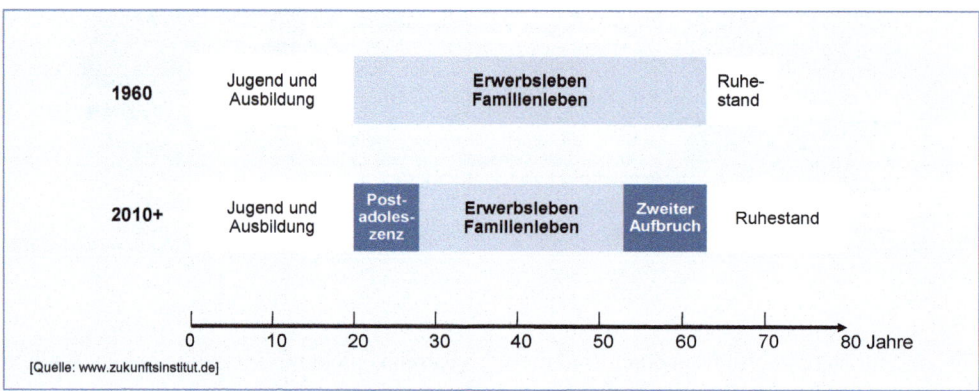

Abb. 2-11:   Von der drei- zur fünf-phasigen Biografie

Megatrend Asien. Hier sind insbesondere Länder und Regionen wie Indien, China und Vietnam angesprochen, die seit Jahren als attraktive und kostengünstige Alternative zu den traditionellen High-Tech- und Service-Standorten der westlichen Welt gelten. Auch dort finden globale Unternehmen mittlerweile ein wachsendes Reservoir hochqualifizierter Fachkräfte vor. Dies gilt nicht nur für die globalen Wertschöpfungsketten im Bereich der Hardware- und Chip-Produktion, deren Schwerpunkt heute bereits Asien ist. Im Zentrum dieser auch für die Unternehmensberatung relevanten Entwicklungen stehen vor allem

- die Internationalisierung von Software-Entwicklung und IT-Dienstleistungen,

- der Aufbau sogenannter *Shared Services Center* in Niedriglohnregionen, in denen Unternehmen Verwaltungstätigkeiten wie z.B. Buchhaltung, Reisekostenabrechnung u.ä. konzentrieren *(Business Process Outsourcing)*,

- die Internationalisierung der F&E-Abteilungen großer Unternehmen, die nun auch in Niedriglohnregionen eigene Entwicklungsstandorte etablieren.

Der Bereich Software-Entwicklung und IT-Dienstleistungen erweist sich dabei als Vorreiter der Globalisierung der Dienstleistungswirtschaft. In diesen Feldern lassen sich deshalb neue Muster der Globalisierung, des Welthandels und internationaler Arbeitsteilung idealtypisch erkennen [vgl. BOES et al. 2011, S. 6 ff.].

Hinweise, wie diese Potenziale der Globalisierung auch für Beratungsunternehmen genutzt werden können, finden sich insbesondere in Indien. Hier haben sich Unternehmen wie TATA CONSULTANCY SYSTEMS (TCS), INFOSYS oder WIPRO in der westlichen Welt als sogenannte Outsourcer einen Namen gemacht. Sie übernehmen IT-Routine-Aufgaben wie den Betrieb eines Rechenzentrums, aber auch komplette Prozesse wie etwa das Rechnungsmanagement für große und mittelgroße Unternehmen. Die IT-Dienstleister profitieren dabei von niedrigeren Nebenkosten in Indien.

Aber auch die großen IT-Dienstleister, die nicht indischen Ursprungs sind, beschäftigen zwischenzeitlich mehr Beschäftigte auf dem asiatischen Kontinent als in ihren Ursprungsländern. Zu den Einzelheiten dieser Entwicklung siehe Insert 2-03.

Insert

Indien: Von der „verlängerten Werkbank" zum Knotenpunkt eines neuen globalen Produktionsmodells für IT-Dienstleistungen

In einem rasanten Entwicklungsprozess ist Indien in den vergangenen Jahren zu einem Boomland für IT-Dienstleistungen avanciert. Nahezu alle wichtigen IT-Dienstleister besitzen heute große Dependancen in Indien mit mehreren Tausend Mitarbeitern, die auch in den letzten Jahren rapide Wachstumsraten verzeichneten.

Insbesondere die Marktführer im Bereich der IT-Dienstleistungen, ACCENTURE, IBM und CAPGEMINI, stocken ihre indischen Tochterfirmen personell sehr schnell auf. Heute beschäftigen ACCENTURE und CAPGEMINI in Indien bereits mehr Angestellte als in den USA, der indische Standort von IBM ist gleichzeitig zum größten Auslandsstandort von „Big Blue" geworden. Ebenfalls hohe Wachstumsraten der Beschäftigtenzahlen sind – wenn auch von einem deutlich niedrigeren Niveau aus – auch für Niederlassungen europäischer IT- Unternehmen wie SAP oder SIEMENS zu verzeichnen. Auch die Entwicklungsabteilungen von klassischen Industrieunternehmen wie GENERAL ELECTRICS oder BOSCH können mittlerweile auf große Entwicklungsstandorte in Indien

zurückgreifen. Vor allem aber haben sich in Indien in einem rasanten Entwicklungsprozess eigenständige, global wettbewerbsfähige IT-Dienstleistungsunternehmen herausgebildet.

Deren wichtigste Vertreter INFOSYS, WIPRO und TATA CONSULTING SYSTEMS (TCS) haben heute bereits zu den traditionellen Marktführern westlicher Herkunft aufgeschlossen bzw. die wichtigsten europäischen Unternehmen wie z.B. CAPGEMINI, ATOS oder T-SYSTEMS hinsichtlich der Beschäftigtenzahl überholt. So beschäftigt das größte Unternehmen, TCS, aktuell rund 300.000 Mitarbeiter, INFOSYS ca. 160.000 und WYPRO knapp 130.000. Lediglich ACCENTURE mit zur Zeit über 320.000 Mitarbeitern ist nach diesem Kriterium noch größer als die indischen Unternehmen (siehe Grafik). Angesichts der im selben Zeitraum insgesamt rückläufigen oder stagnierenden Beschäftigungsentwicklung vieler europäischer Unternehmen wird hier der Bedeutungsgewinn der indischen IT-Industrie greifbar.

Anzahl Beschäftigte   **Entwicklung der Beschäftigtenzahlen internationaler IT-Dienstleistungsunternehmen 2001 - 2013**

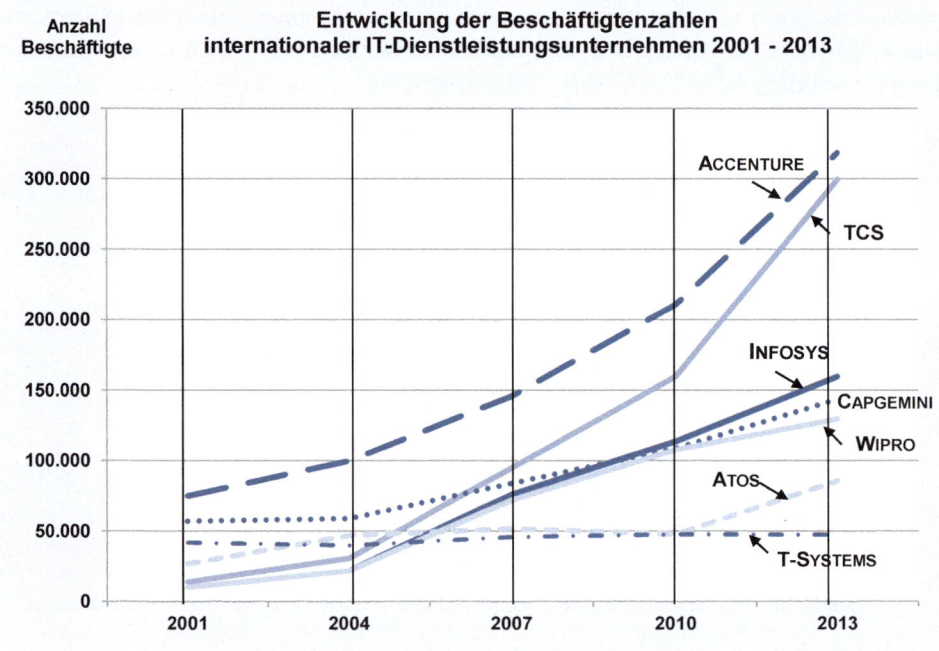

[Quelle: Annual Reports 2001, 2004, 2007, 2010, 2013]

Ein ähnliches Bild zeigt sich bei den Umsatzwachstumsraten. Stellt man diese zusammen mit der Umsatzrendite in einer sogenannten Rendite-Wachstums-Matrix dar, so zeigen sich zwei Cluster: Zum einen die westlichen IT-Dienstleister mit durchschnittlicher Rendite und einem moderatem Umsatzwachstum von fünf Prozent, zum anderen die drei großen indischen IT-Dienstleister mit beachtlich hohen Rendite- und Wachstumszahlen (siehe untere Grafik).

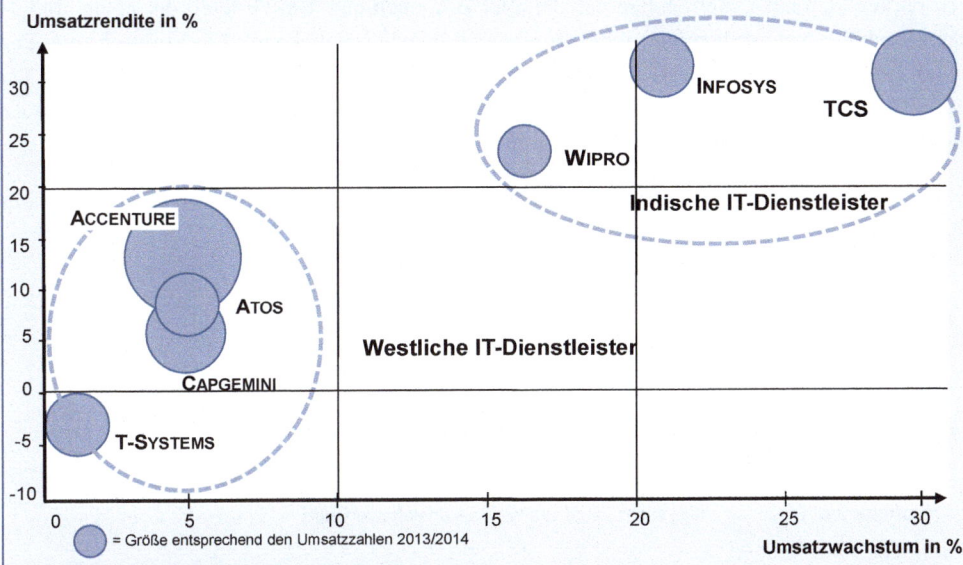

Rendite-Wachstums-Matrix 2013/14 für führende IT-Dienstleister

[Quelle: Errechnet aus Annual Reports 2013/2014]

Die großen indischen IT-Firmen verfügen mittlerweile über langjährige Erfahrungen mit global verteilter Erbringung von IT-Dienstleistungen. Begonnen wurde zunächst mit dem sogenannten Bodyleasing indischer IT-Fachkräfte. Danach folgte eine Phase der Offsite-Produktion, d. h. indische Firmen etablierten kleine Marketingstandorte in der Nähe wichtiger Kunden, während die Leistungen selbst weiterhin in Indien erstellt wurden. Hier konnten jedoch zunächst nur einfache Projekte mit definierten Funktionalitäten ausgeführt werden, die kein aufwändigeres Projektmanagement erforderten. Erst danach wurden global verteilte Onsite-offsite-Modelle entwickelt. Um die Koordination und Problemlösung zu verbessern, wurden Projektmanager und Mitarbeiter vor Ort beim Kunden eingesetzt, während große Bereiche des operativen Projektgeschäfts in Indien selbst verrichtet wurden. Dadurch sollten die Kostenvorteile der Entwicklung in einem Niedriglohnland mit Managementpräsenz beim Kunden verbunden werden. In diesem Prozess haben die indischen IT-Firmen gelernt, nicht nur einfache Projekte durchzuführen, sondern immer komplexere. So wurden die großen indischen Firmen in der Folge zu strategischen Partnern für komplexe SAP-Lösungen. Große indische IT-Dienstleister erbringen also keineswegs nur einfache IT-Dienstleistungen. Sie haben sich nicht auf ihre Kostenführerschaft verlassen, sondern frühzeitig auch auf Qualität gesetzt. Seit einigen Jahren verfolgen sie aufbauend darauf das Ziel, höherwertige Dienstleistungen zu erbringen. Die enge Partnerschaft dieser Unternehmen mit den großen Standardsoftware-Herstellern wie zum Beispiel SAP ist in diesem Zusammenhang von besonderer strategischer Bedeutung für sie. In diesem Kontext fällt auch die Ankündigung von INFOSYS, künftig auf der Wertschöpfungskette weiter nach oben zu klettern und über die reine Informationstechnologie hinaus auch Beratungsleistungen anzubieten. Prozesskosten- und Lieferkettenoptimierung stehen dabei ganz oben auf der Angebotsliste der Inder.
[Quelle: BOES et al. 2011, S. 37 ff. und Handelsblatt 17.12.2011]

Insert 2-03:   Entwicklung führender indischer IT-Dienstleistungsunternehmen

2.3.1.4 Technologische Einflüsse

Die technologische Entwicklung ist sicherlich der Einflussfaktor, der unser Umfeld am stärksten formt und gestaltet. Zu den technischen Innovationen, die die Rahmenbedingungen für unsere Unternehmen besonders prägen, zählen die neuen Kommunikationsmittel. Im Mittelpunkt stehen dabei die enormen Potenziale, die das Internet den Unternehmen und ihren Kunden bietet. Aber auch neue Produktionsverfahren, die gravierende Änderungen im Leistungserstellungsprozess mit sich bringen, sowie vor allem Produkt- und Dienstleistungsinnovationen wirken sich auf Unternehmen nahezu aller Branchen aus. Ein Großteil der heute alltäglichen Produkte war vor wenigen Jahrzehnten noch gänzlich unbekannt: Flachbildschirme, Personal Computer, MP3-Player, Digitalkameras, Mobiltelefone und vieles andere mehr. Die Liste ließe sich beliebig fortführen. Neue Technologien schaffen neue Märkte und Absatzmöglichkeiten. Häufig ersetzt auch eine neue Technologie eine ältere.

Insert 2-04 verdeutlicht, wie in der Unterhaltungselektronik innerhalb weniger Jahre die analoge Technologie vollends durch die digitale verdrängt wurde.

Insert

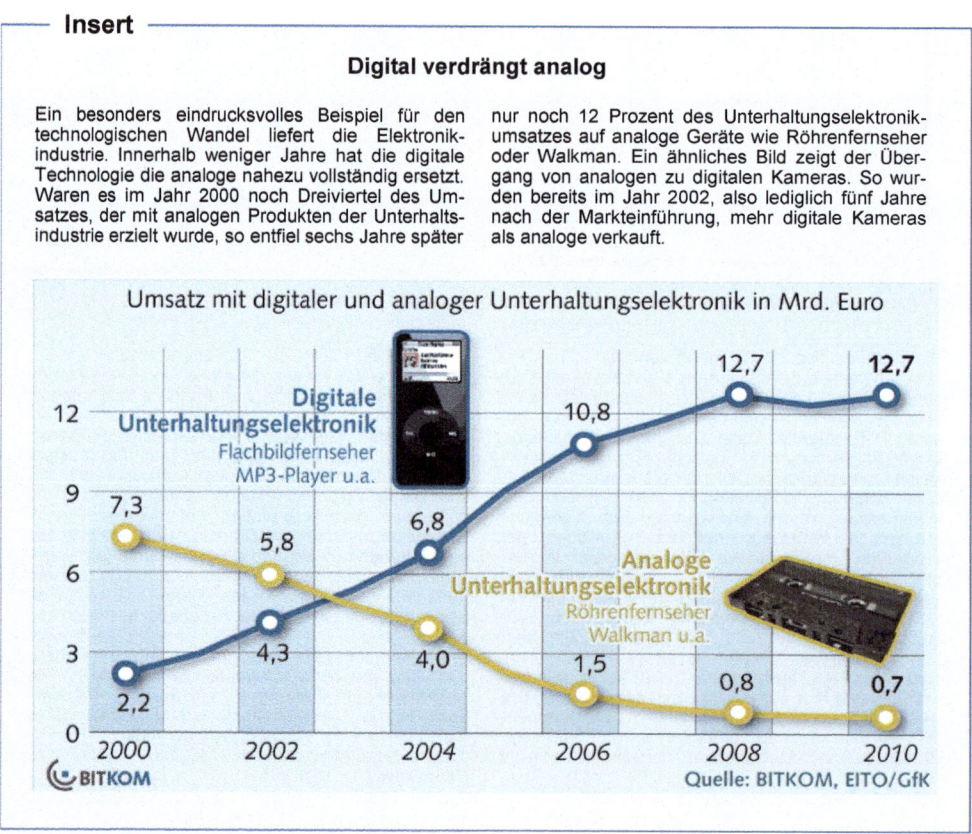

Digital verdrängt analog

Ein besonders eindrucksvolles Beispiel für den technologischen Wandel liefert die Elektronikindustrie. Innerhalb weniger Jahre hat die digitale Technologie die analoge nahezu vollständig ersetzt. Waren es im Jahr 2000 noch Dreiviertel des Umsatzes, der mit analogen Produkten der Unterhaltsindustrie erzielt wurde, so entfiel sechs Jahre später nur noch 12 Prozent des Unterhaltungselektronikumsatzes auf analoge Geräte wie Röhrenfernseher oder Walkman. Ein ähnliches Bild zeigt der Übergang von analogen zu digitalen Kameras. So wurden bereits im Jahr 2002, also lediglich fünf Jahre nach der Markteinführung, mehr digitale Kameras als analoge verkauft.

Umsatz mit digitaler und analoger Unterhaltungselektronik in Mrd. Euro

Digitale Unterhaltungselektronik
Flachbildfernseher
MP3-Player u.a.

Analoge Unterhaltungselektronik
Röhrenfernseher
Walkman u.a.

BITKOM   Quelle: BITKOM, EITO/GfK

Insert 2-04:   „Digital verdrängt analog"

Während der Wachwechsel in der Unterhaltungselektronik damit abgeschlossen ist, steht gleichzeitig ein neuer Innovationsschub durch die Internettechnologie bevor. Zu den wichtigsten IT-Trends mit weitreichenden Auswirkungen insbesondere auf die IT-nahe Beratung zählen

- Cloud Computing,
- Big Data,
- Business Analytics,
- IT-Security,
- Mobile Anwendungen,
- Social Media und
- Konvergenzthemen, die das Zusammenwachsen von Informations- und Kommunikationstechniken zum Gegenstand haben.

Eine Einschätzung eines Teils dieser Technologiethemen anhand ihrer Stellung im Lebenszyklus ist in Abschnitt 1.5 vorgenommen worden.

Als *der* wesentliche Treiber für den Erhalt und Ausbau der Wettbewerbsfähigkeit Deutschlands wird aber **Industrie 4.0** angesehen. Als vierte Stufe der industriellen Revolution wird darunter eine intelligente Vernetzung von Produkten und Prozessen in der industriellen Wertschöpfung verstanden, um daraus bessere Absatzchancen für höherwertige Produkte, Dienstleistungen bzw. deren Kombinationen zu erzielen (siehe Insert 2-05).

---- **Insert** ----

Industrie 4.0 – Die vierte industrielle Revolution gestalten

	Gestern Industrie 1.0 und 2.0	Heute Industrie 3.0	Morgen Industrie 4.0
Supersystem	**Analog-Kommunikation** • Heimatmärkte • Großrechner	**Internet und Intranet** • Exportmärkte • PCs	**Internet der Dinge** • Lokalisierte Märkte • Mobile & Cloud Computing
System	**Neo-Taylorismus** • Vorratsfertigung • Verrichtungsorientierung • Meister-Organisation	**Lean Production** • JiT-Produktion • Prozessorientierung • Team-Organisation	**Smart Factory** • Individualproduktion • Resiliente Produktion • Augmented Operators
Subsystem	**Mechanisierung** • Konventionelle Maschinen • Arbeitspläne • Zeichenbretter • Handräder	**Automatisierung** • CNC-Maschinen • ERP / MES • 3D-CAD / CAD-CAM • Bedienpulte	**Virtualisierung** • Social Machines • Virtual Production • Smart Products • Mobile Devices

[Quelle: ARBEITSKREIS INDUSTRIE 4.0 2012, S. 12 unter Bezugnahme auf TRUMPF]

Die erste und die zweite industrielle Revolution – die arbeitsteilige Massenproduktion von Gütern mithilfe elektrischer Energie seit der Wende zum 20. Jahrhundert – mündeten ab Mitte der 1970er Jahre in die bis heute andauernde dritte industrielle Revolution. Hierbei wurde mit dem Einsatz von Elektronik und Informationstechnologien die Automatisierung von Produktionsprozessen weiter vorangetrieben und ein Teil der „Kopfarbeit" von der Maschine übernommen. Die vertikale Vernetzung eingebetteter Systeme mit betriebswirtschaftlichen Prozessen in Fabriken und Unternehmen und deren horizontale Vernetzung zu verteilten, führen nun zur vierten Stufe der Industrialisierung – der **„Industrie 4.0"**. Die vierte industriellen Revolution wurde also durch das **Internet der Dinge und Dienste** in Gang gesetzt.

In der Produktion entstehen sogenannte **Cyber-Physical Production Systems (CPPS)** mit intelligenten Maschinen, Lagersystemen und Betriebsmitteln, die eigenständig Informationen austauschen, Aktionen auslösen und sich gegenseitig selbstständig steuern. Sie können industrielle Prozesse in der Produktion, dem *Engineering*, der Materialverwendung sowie des Lieferketten- und Lebenszyklusmanagements enorm verbessern. CPPS schaffen **Smart Factories**, der Inbegriff des Zukunftsprojekts Industrie 4.0. In der Smart Factory herrscht eine völlig neue Produktionslogik: Die Pro-

dukte sind eindeutig identifizierbar, jederzeit lokalisierbar und kennen ihre Historie, den aktuellen Zustand sowie alternative Wege zum Zielzustand. Die eingebetteten Produktionssysteme sind vertikal mit betriebswirtschaftlichen Prozessen in Fabriken und Unternehmen vernetzt und horizontal zu verteilten, in Echtzeit steuerbaren Wertschöpfungsnetzwerken verknüpft – von der Bestellung bis zur Lieferung. Gleichzeitig ermöglichen und erfordern sie ein durchgängiges *Engineering* über den gesamten Lebenszyklus eines Produkts einschließlich seines Produktionssystems hinweg.

Im Mittelpunkt der **Industrie 4.0** steht der Mensch (Beschäftigte, Management, Zulieferer, Kunden), der seine Fähigkeiten mittels technischer Unterstützung erweitert und so in der Smart Factory zum „kreativen Schöpfer" und vom reinen „Bediener" zum Steuernden und Regulierenden wird. Die neue Produktion erfordert eine Beherrschung der zunehmenden Komplexität und ein hohes Maß an selbstverantwortlicher Autonomie und dezentrale Führungs- und Steuerungsformen sowie eine neue, kollaborative Arbeitsorganisation.

Industrie 4.0 adressiert alle großen Herausforderungen – die Wettbewerbsfähigkeit unseres Hochlohn-Standorts, die Schaffung von Ressourcen- und Energieeffizienz, den demografischen Wandel und die Frage der urbanen Produktion.

[Quelle: Abschlussbericht des Arbeitskreises Industrie 4.0 (2012)]

Insert 2-05:   Industrie 4.0

2.3.1.5 Ökologische Einflüsse

Natürliche Umwelteinflüsse haben i. d. R. keine direkten Auswirkungen auf Ziele und Strategien von Beratungsunternehmen, es sei denn, dass die *Umweltberatung* zum ausgewiesenen Leistungsprofil des Beratungsunternehmens zählt. Heute sind es etwa 500 Consulting-Unternehmen, die sich auf die Beratung in Energie- und Umweltfragen spezialisiert haben.

Fünf Tendenzen sollen hier skizziert werden, die im Umweltbereich besondere Auswirkungen auf Unternehmensberatungen mit dem Geschäftsfeld *Umweltberatung* haben:

- Verknappung der natürlichen Ressourcen in Verbindung mit steigenden Energiekosten
- Einsatz erneuerbarer Energien
- Neue Antriebstechnologien im Automobilbereich
- Zunehmende Umweltverschmutzung
- Umweltpolitische Interventionen staatlicher Institutionen.

Besondere Bedeutung kommt der Entwicklung **alternativer Energiequellen** wie Wind- und Solarenergie zu. Die Sicherstellung einer zuverlässigen, wirtschaftlichen und umweltverträglichen Energieversorgung ist eine der großen Herausforderungen des 21. Jahrhunderts. Dabei werden nach der beschleunigten Energiewende in Deutschland (Ausstieg aus der Kernenergie) die erneuerbaren Energien eine herausragende Rolle spielen.

Bei den **erneuerbaren Energien** stehen deutsche Unternehmen und Forschungseinrichtungen mit ihrer Innovationskraft weltweit an der Spitze. Nicht zuletzt der hohe Exportanteil der deutschen Unternehmen, bei der Windenergie beispielsweise über 80 Prozent – spiegelt dies wider. Der Einstieg in das Zeitalter der erneuerbaren Energien kann aber nicht mit den heutigen Stromnetzen funktionieren – weder was die Länge, Kapazität und Lage der Leitungen noch ihre Technik anbetrifft. Die mit der beschleunigten Energiewende in Deutschland verbundenen Ziele sind in Insert 2-06 dargestellt und bieten Industrie- und Beratungsunternehmen eine Vielzahl von Betätigungsfeldern.

Die Schaffung energieeffizienter Technologien in Verbindung mit **Antriebstechniken**, die sich hinsichtlich Energieart oder konstruktiver Lösung von den auf dem Markt verbreiteten Antriebstechniken unterscheiden, gehört ebenfalls zu den wichtigen Aufgabenfeldern industrieller Forschungsabteilungen. So arbeitet die Automobilindustrie intensiv an neuen Antriebstechnologien und energiesparenden Kompaktwagen. Unternehmen, die sich auf die Beratung der Automobilsparte konzentrieren, werden nicht an einer intensiven Auseinandersetzung mit neuen Antriebstechnologien, sei es der Hybridantrieb oder der Elektroantrieb, vorbeikommen.

Auch die Entsorgung chemischer und nuklearer Abfälle und die **Verschmutzung der Umwelt** durch biologisch nicht abbaubarer Materialien stellen die Kundenunternehmen vor erhebliche Herausforderungen. Die Einhaltung von Umweltrichtlinien stellt zwar zunächst eine Belastung dar, sie bietet aber auch die Chance, neue Absatzpotenziale zu erschließen.

Ob es sich um die Förderung der Erforschung der klimafreundlichen Nutzung von Biomasse, um die Förderung von Forschung und Entwicklung auf dem Gebiet von Energiespeichertechnologien oder um **Marktanreizprogramme** für erneuerbare Energien handelt, auch hier finden Beratungsunternehmen eine Vielzahl von attraktiven Tätigkeitsgebieten.

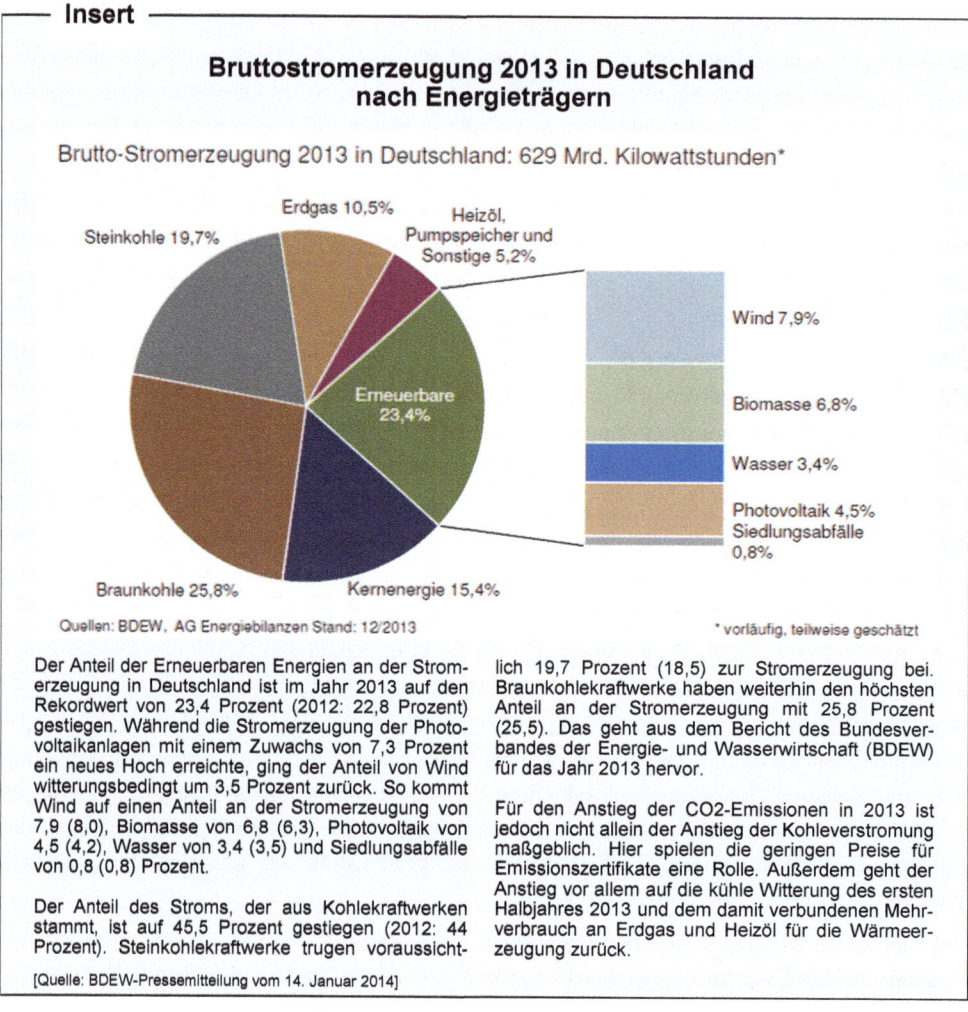

Insert

Der Anteil der Erneuerbaren Energien an der Stromerzeugung in Deutschland ist im Jahr 2013 auf den Rekordwert von 23,4 Prozent (2012: 22,8 Prozent) gestiegen. Während die Stromerzeugung der Photovoltaikanlagen mit einem Zuwachs von 7,3 Prozent ein neues Hoch erreichte, ging der Anteil von Wind witterungsbedingt um 3,5 Prozent zurück. So kommt Wind auf einen Anteil an der Stromerzeugung von 7,9 (8,0), Biomasse von 6,8 (6,3), Photovoltaik von 4,5 (4,2), Wasser von 3,4 (3,5) und Siedlungsabfälle von 0,8 (0,8) Prozent.

Der Anteil des Stroms, der aus Kohlekraftwerken stammt, ist auf 45,5 Prozent gestiegen (2012: 44 Prozent). Steinkohlekraftwerke trugen voraussicht

lich 19,7 Prozent (18,5) zur Stromerzeugung bei. Braunkohlekraftwerke haben weiterhin den höchsten Anteil an der Stromerzeugung mit 25,8 Prozent (25,5). Das geht aus dem Bericht des Bundesverbandes der Energie- und Wasserwirtschaft (BDEW) für das Jahr 2013 hervor.

Für den Anstieg der CO_2-Emissionen in 2013 ist jedoch nicht allein der Anstieg der Kohleverstromung maßgeblich. Hier spielen die geringen Preise für Emissionszertifikate eine Rolle. Außerdem geht der Anstieg vor allem auf die kühle Witterung des ersten Halbjahres 2013 und dem damit verbundenen Mehrverbrauch an Erdgas und Heizöl für die Wärmeerzeugung zurück.

[Quelle: BDEW-Pressemitteilung vom 14. Januar 2014]

Insert 2-06:   Bruttostromerzeugung nach Energieträgern

2.3.1.6 Politisch-rechtliche Einflüsse

Es existiert eine Vielzahl von Gesetzen, die das Wettbewerbsverhalten, die Produktstandards, den Urheber- und Markenschutz aber auch den Verbraucherschutz regeln und damit von erheblicher Bedeutung für die Kundenunternehmen der Unternehmensberatungen sind.   Die Liberalisierung des europäischen Strommarktes und die Deregulierung des Telekommunikationsmarktes sind Beispiele für politisch-rechtliche Einflüsse, die dem Management vieler Kundenunternehmen neue Chancen und Perspektiven eröffnet haben. Hier können Beratungsunternehmen mit entsprechender Expertise wertvolle Hilfestellung für ihre Kunden leisten. Aber auch kommunalpolitische Rahmenbedingungen und die spezifische(n) Standortsituation(en) des Unternehmens, die durch die (jeweilige) regionale Infrastruktur bestimmt wird (werden), zählen zu den politisch-rechtlichen Einflussfaktoren.

Politisch-rechtliche Rahmenbedingungen, die unmittelbaren Einfluss auf die Beratungsunternehmen selbst haben, sind für große Teile der Beratungsbranche weniger von Bedeutung. Allerdings sind die **Wirtschaftsprüfungs- und Steuerberatungsgesellschaften**, die teilweise eigene Beratungsgesellschaften unterhalten, zum Teil sehr massiv von politisch-rechtlichen Einflüssen betroffen.

Zum einen sind hier die Bestrebungen der amerikanischen Börsenaufsichtsbehörde (SEC) zu nennen, nach denen sich die vier großen internationalen Wirtschaftsprüfungsgesellschaften (Big-Four: KPMG, PWC, ERNST & YOUNG, DELOITTE) vollends von ihren angeschlossenen Beratungseinheiten trennen sollen. Ausgangspunkt war hier der ENRON-Skandal, der dazu führte, dass die großen Audit-Gesellschaften (Ausnahme: DELOITTE) mehr oder weniger halbherzig ihre eigenständig geführten Beratungshäuser verselbständigten oder an andere Unternehmen verkauften. Die Trennung der Wirtschaftsprüfer von den Consultants sollte dabei insbesondere den Konflikt mit dem sogenannten **Sarbanes-Oxley Act of 2002** (auch *SOX*, *SarbOx* oder *SOA* genannt) vermeiden. Es handelt sich dabei um ein US-Bundesgesetz, das 2002 als Reaktion auf die Bilanzskandale von ENRON und WORLDCOM von PAUL SARBANES und MICHAEL OXLEY verfasst wurde. Das Sarbannes-Oxley Act verbietet den Wirtschaftsprüfungsgesellschaften Prüfungs- und Beratungsdienstleistungen gleichzeitig bei demselben Kunden zu erbringen.

Zum anderen gelten für die Auditoren die Bestimmungen der Wirtschaftsprüferordnung (WPO), nach denen ihnen nur ein „Marketing mit Handschellen" (z. B. keine „marktschreierische" Werbung) erlaubt ist.

Abbildung 2-12 fasst die unternehmensexternen Einflussfaktoren – also das Makro-Umfeld der Unternehmensberatung – zusammen.

Das Makro-Umfeld der Unternehmensberatung		
	Ausprägungen	Mögliche Auswirkungen auf/durch ...
Ökologische Einflüsse	Verknappung der natürlichen Ressourcen	Beratungsinhalte
	Steigende Energiekosten	Beratungsinhalte
	Zunehmende Umweltverschmutzung	Beratungsinhalte
Sozio-kulturelle Einflüsse	Megatrend Asien	Kostenstrukturen
	Megatrend Individualisierung	Wertewandel, Work-Life-Balance
Demografische Einflüsse	Megatrend Frauen	Karriere- und Diversity-Programme, Frauenquote
	Megatrend Alterung	Employability, veränderte Lebensphasenplanung
Makro-ökonomische Einflüsse	Optimierung der Dienstleistungstiefe	Beratungsinhalte, Outsourcing
	Globalisierung	Beratungsinhalte
Politisch-rechtliche Einflüsse	Forderung der SEC	Trennung von Audit und Consulting
	Wirtschaftsprüferordnung	„Marketing mit Handschellen"
Technologische Einflüsse	Wettbewerbsorient. Innovationsrichtung	Neue Geschäftsmodelle, Tools, Methoden, Produkte
	Kundenorientierte Innovationsrichtung	Innovationsberatung, Innovationsprozessberatung

Abb. 2-12:   Das Makro-Umfeld der Unternehmensberatung

2.3.2 Chancen-Risiken-Analyse

Nachdem das Makro-Umfeld – also die externen Einflussfaktoren – der Unternehmensberatung gesichtet worden sind, geht es nun darum, auf dieser Grundlage mögliche Chancen und Risiken für das definierte Beratungsgeschäft zu identifizieren und daraus strategische Stoßrichtungen zu definieren. **Chancen** bzw. Möglichkeiten (engl. *Opportunities*) sind alle Situationen und Trends, die sich positiv auf die Entwicklung des Unternehmens auswirken bzw. die Nachfrage nach bestimmten Beratungsinhalten unterstützen. **Risiken** bzw. Bedrohungen (engl. *Threats*) sind demgegenüber alle Situationen, die sich schädlich auf das Unternehmen auswirken. Typische Fragen in diesem Zusammenhang können sein [vgl. ANDLER 2008, S. 179 ff.]:

- Welche Auswirkungen haben die (ökologischen, sozio-kulturellen, makro-ökonomischen, politisch-rechtlichen und technologischen) Einflussfaktoren auf Beratungsinhalte, Mitarbeiter, Manager, Kunden und Kostenstrukturen?

- Ist die Unternehmensberatung durch solche Veränderungen verletzlich?

- Wie intensiv ist der Wettbewerb?

- Wie wahrscheinlich ist es, dass neue Wettbewerber in die definierten Beratungsfelder eindringen werden?

- Wie sicher ist die gegenwärtige Marktposition des Unternehmens?

- Welche konkreten Auswirkungen haben neue Technologien auf das Unternehmen insgesamt, auf Beratungsinhalte, Prozesse, Zielgruppen etc.?

Mit dem Umfang der Chance nimmt in der Regel auch die Höhe des Risikos zu und umgekehrt. Daher wird in der Unternehmensberatungspraxis dem Risiko unter dem Thema **Risikomanagement** (engl. *Risk Management*) eine besondere Bedeutung beigemessen.

2.3.3 Interne Einflussfaktoren – das Mikro-Umfeld der Unternehmensberatung

Dem Makro-Umfeld, also den unternehmensexternen Faktoren, auf die das Unternehmen keinen Einfluss hat, werden sodann die unternehmensinternen Faktoren gegenübergestellt. Hierbei handelt es sich prinzipiell um eine Analyse der Beratungsbranche und damit um eine Betrachtung des Mikro-Umfeldes. Sie lässt sich sinnvoller Weise in Rahmenbedingungen, die von Marktstruktur, Marktvolumen und -potential gesetzt werden, sowie in Einflüsse der Kunden und des Wettbewerbs unterteilen. Eine grundsätzliche Analyse und Beschreibung des Beratungsmarktes ist bereits in Abschnitt 1.4 vorgenommen worden. In diesem Zusammenhang sollen lediglich die wichtigsten Einflussfaktoren des Mikro-Umfeldes zusammengefasst und den Einflüssen des Makro-Umfeldes gegenübergestellt werden.

Marktstruktur. Bei der Analyse der Marktstruktur geht es um *Ein- und Austrittsbarrieren* für Marktsegmente, in denen die Unternehmensberatung tätig ist. Prinzipiell gelten für das Geschäftsfeld der Strategie- und Managementberatung ebenso wie für das Marktsegment der international tätigen IT-Beratungen relativ hohe Markteintrittsbarrieren. Niedrige Barrieren liegen eher bei den kleineren Nischenanbietern vor, die sich auf eine bestimmte Branche oder auf einen bestimmten Funktionsbereich konzentrieren. Auch für Unternehmen, die mit einigen wenigen Mitarbeitern als verlängerte Werkbank bei der Einführung oder Anpassung von ERP-Systemen agieren, liegen relativ niedrige Eintrittsbarrieren vor. Marktaustrittsbarrieren dürften bei nahezu allen Geschäftsmodellen der Beratungsbranche relativ niedrig sein.

Marktvolumen und -potential. Der BDU gibt für 2012 den Umsatz der Beratungsbranche in Deutschland mit rund 22 Mrd. Euro an. Für die Größe des weltweiten Consulting-Marktes gibt es allerding keine verlässlichen Daten. Die Umsatzeinbußen, die der deutsche Beratungsmarkt als Folge der weltweiten Finanzmarkt- und Wirtschaftskrise 2009 erlitten hatte, konnte die Branche im Jahr 2010 wieder wettmachen. Insgesamt gilt die Beratungsbranche als eine der attraktivsten Wirtschaftsbereiche mit jährlichen Wachstumsraten, die immer noch im zweistelligen Bereich liegen.

Kunden. Als Beratungskunden kommen grundsätzlich alle Unternehmen in Frage. Das Beratungsgeschäft ist somit ein typisches B2B-Geschäft. Wesentliche Kundenanforderungen sind Seriosität, Qualität, Quantifizierbarkeit und Nachhaltigkeit der Beratungsleistungen. Obwohl die Preisbereitschaft in der Regel bei Großunternehmen höher ist als bei kleineren und mittleren Kundenunternehmen, sind es aber gerade die größeren Unternehmen, die mit der Einrichtung von Inhouse Consulting-Einheiten diesen hohen Kosten zunehmend aus dem Wege gehen wollen.

Wettbewerb. Zahl und Struktur der Wettbewerber im Beratungsmarkt ändert sich von Markt-segment zu Marktsegment. Grundsätzlich ist der Beratungsmarkt in seiner Gesamtheit ein atomistischer Markt. Selbst die größeren Beratungsunternehmen verfügen nicht über Markt-anteile, die im zweistelligen Bereich liegen. In bestimmten Marktsegmenten (z. B. bei großen, weltweiten SAP-Rollouts) liegt eine oligopolistische Angebotsstruktur vor, da nur sehr weni-ge Beratungsunternehmen in der Lage sind, eine Nachfrage dieser Größenordnung zu befrie-digen.

In Abbildung 2-13 sind wichtige Einflussfaktoren des **Mikro-Umfeldes** zusammengestellt.

Das Mikro-Umfeld der Unternehmensberatung		
	Merkmal	**Mögliche Ausprägungen**
Marktstruktur	Markteintrittsbarrieren	Hoch, in bestimmten Marktsegmenten sehr hoch
	Marktaustrittsbarrieren	Generell nicht sehr hoch
Marktvolumen und -potential	Anzahl Kunden	Gesamter B2B-Bereich
	Marktwachstum	Überdurchschnittlich
	Preisniveau	Relativ Hoch
	Kapitalbedarf	Hoch für internationale Marktpräsenz, niedriger für Nischenanbieter
Kunden	Kundenanforderungen	Hoch in Richtung Qualität, Quantifizierbarkeit und Nachhaltigkeit
	Preisverhalten	Verhandlungsbedarf nimmt zu
Wettbewerb	Anzahl Wettbewerber	Atomistische Angebotsstruktur, in Märkten mit hohem Volumen eher oligopolistisch
	Wettbewerbsintensität	Hoch (insbesondere bei Ausschreibungen)

Abb. 2-13:   Das Mikro-Umfeld der Unternehmensberatung

2.3.4 Stärken-Schwächen-Analyse

Im Anschluss an die Sichtung der internen Einflussfaktoren – also des Mikro-Umfeldes – der Unternehmensberatung geht es nun darum, die Stärken und Schwächen des Unternehmens zu analysieren und daraus entsprechende Strategien abzuleiten. Ebenso wie bei der Chancen-Risiken-Analyse gibt es auch bei der Stärken-Schwächen-Analyse keinen allgemeinverbindli-chen Kriterienkatalog mit entsprechenden Gewichtungsmodalitäten etc. Hilfreich für die Stär-ken-Schwächen-Analyse ist vielmehr eine vorherige Identifikation der entscheidenden Er-folgsfaktoren. Solche Faktoren sind in jedem Beratungsunternehmen gut bekannt und können daher schnell abgerufen werden. Anhand der wichtigsten Erfolgsfaktoren können dann alle Stärken und Schwächen abgeprüft werden.

Die **Stärken** (engl. *Strengths*) sind dabei jene Faktoren, die dem Unternehmen zu einer relativ starken Wettbewerbsposition verhelfen, während die **Schwächen** (engl. *Weaknessess*) das

Unternehmen daran hindern, Wettbewerbsvorteile zu erzielen. Untersucht wird bei einer Stär-ken-Schwächen-Analyse die Position (Fähigkeiten und Ressourcen) des eigenen Unterneh-mens oder Geschäftsbereichs im Vergleich zu dem/zu den stärksten Wettbewerber(n). Alle identifizierten Stärken und Schwächen sind also relativ. Diese Relationen gewinnen häufig erst durch ein Benchmarking (Vergleich mit Wettbewerbern oder Branchenstandards) einen Aussagewert.

Durch die Einschätzung der erhobenen Merkmale durch den Befragten entsteht ein Stärken-Schwächen-Profil, das die Potentiale und den Verbesserungsbedarf des Unternehmens abbil-det. Diese Analyse ist nicht nur für den Marketing-Bereich relevant. Auch für den Personalbe-reich, die Organisation oder für das Delivery kann die Analyse wichtige Hinweise geben. Ei-ne Stärken-Schwächen-Analyse kann sowohl von den eigenen Mitarbeitern als auch von Au-ßenstehenden durchgeführt werden. Sie ist eine empirische Grundlage zur Definition von Strategien wie auch von Qualitätsverfahren.

In Abbildung 2-14 ist beispielhaft eine Stärken-Schwächen-Analyse abgebildet, wobei die Kriterienbereiche *Unternehmen* (allgemein), *Markt/Marketing*, *Leistungserbringung/Delivery*, *Finanzen* sowie *Management* und *Personal* des eigenen Unternehmens mit den zwei stärksten Wettbewerbern verglichen werden. Wichtig dabei ist, dass die einzelnen Kriterien von den Befragten in gleicher Weise interpretiert werden. So ist bspw. das Kriterium *Kapitalstruk-tur/Anteilseigner* dahingehend auszulegen, ob es sich um eine Partnerschaft, um eine Kapital-gesellschaft mit fremden Anteilseignern oder um eine Personengesellschaft handelt.

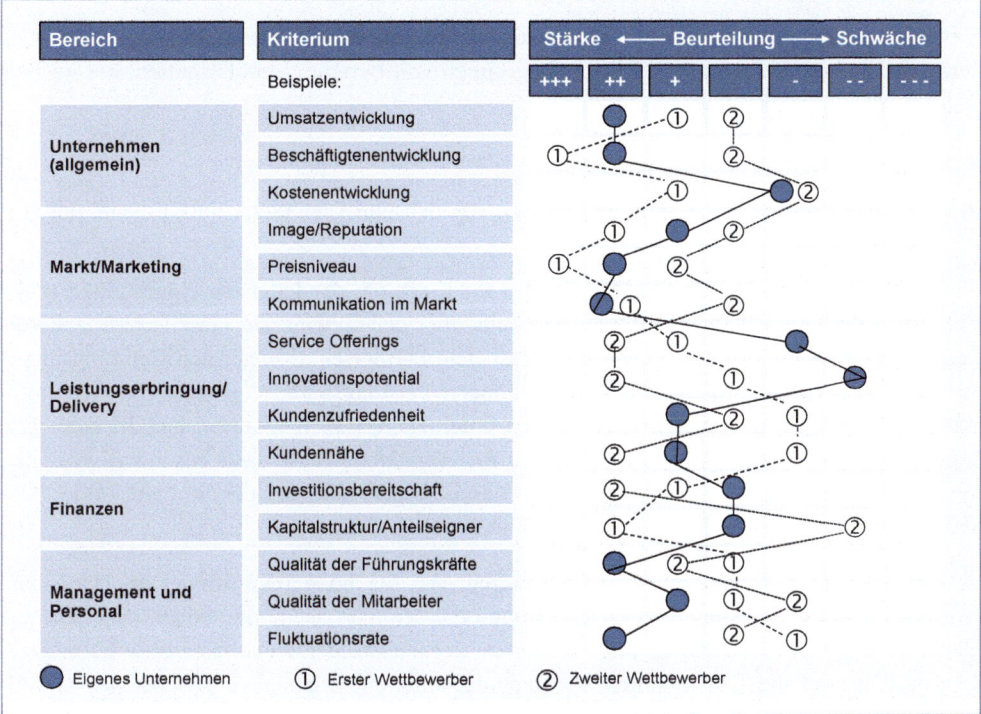

Abb. 2-14:   Stärken-Schwächen-Analyse (fiktives Beispiel)

In der Unternehmenspraxis werden Unternehmensanalyse und Umweltanalyse miteinander kombiniert und als **SWOT-Analyse** (SWOT = Strengths, Weaknesses, Opportunities, Threats) durchgeführt. Die SWOT-Analyse stellt also Chancen und Risiken aus dem Makro-Umfeld sowie Stärken und Schwächen aus dem Mikro-Umfeld in einen Zusammenhang. Sie zählt neben der BCG-Matrix zu den am meisten verwendeten Beratungstools und wird daher in Abschnitt 4.4.1 näher beleuchtet.

2.3.5 Eigentumsrechte an Unternehmensberatungen

Lassen sich aus der Eigentumsfrage, deren Analyse für die Beratungsbranche von besonderem Interesse ist und daher immer wieder diskutiert wird, ebenfalls Stärken oder Schwächen einer Unternehmensberatung ableiten? Die Analyse der Eigentumsfrage ist auch vor dem Hintergrund interessant, dass in den vergangenen Jahren einige Unternehmensberatungen bereits tiefgreifende Veränderungen aufgrund des Wechsels ihrer Eigentumsform durchlaufen haben. Zu nennen sind hier insbesondere das Management Buy-out von ROLAND BERGER Strategy Consultants (als Rückkauf der Anteile von der Deutschen Bank 1998) und von A. T. KEARNEY (als Rückkauf der Anteile von EDS 2006) sowie im umgekehrten Fall die Übernahme der Partneranteile von ERNST & YOUNG Consulting durch die Aktiengesellschaft CAP-GEMINI S. A. im Jahr 2000.

2.3.5.1 Eigentumsverhältnisse

Fast man die Eigentümergruppen der Partnerschaften und der Gründer zusammen, so sind es letztlich zwei große, homogene Eigentumsgruppen von Beratungsgesellschaften, die im Folgenden näher untersucht werden sollen:

- Gründer und Mitarbeiter als Eigentümer (Partnerschaftsmodell) sowie

- Unternehmensexterne Kapitalgeber (inkl. Kunden und Lieferanten) als Eigentümer (Investoren).

Partnerschaften sind Unternehmen, die sich im Eigentum der leitenden Angestellten (Partner) befinden. Diese Partner verfügen einerseits über den Gewinn der Gesellschaft, andererseits legen sie die Corporate Governance fest. Die Partnerschaft bietet den Beratungsunternehmen (besser: den Partnern) die Vorzüge höherer Leistungsanreize, gegenseitiger Kontrolle sowie der unmittelbaren Beteiligung an den unternehmerischen Chancen und Risiken. Das Partnerschaftsmodell (engl. *Professional Partnership Model*)) ist dann besonders geeignet, wenn wenig Anlagekapital benötigt wird. Dies ist regelmäßig bei der Strategie- oder Managementberatung der Fall [vgl. NISSEN/KINNE 2008, S. 92 f.].

Anders sieht es bei IT-Beratungsgesellschaften aus, die hohe Investitionen in Hard- und Software sowie in die Rauminfrastruktur tätigen müssen. Um den relativ hohen Kapitalbedarf dieser IT-orientierten Beratungsunternehmen zu decken, werden zumeist **externe Kapitalgeber** gesucht und die Unternehmen als Kapitalgesellschaft organisiert. Bei solchen Gesellschaften sind Eigentum und Führung ganz oder teilweise getrennt, d.h. die Führung liegt bei angestellten Managern ohne nennenswerte Kapitalanteile. Daher wird diese Organisations-form in der angelsächsischen Literatur als *Managed Professional Business* bezeichnet.

Einer empirischen Untersuchung aus dem Jahre 2003 zur Folge, bei der die Allokation der Eigentumsrechte an den 50 renommiertesten **Managementberatungen** weltweit untersucht wurde, sind 58 Prozent der befragten Unternehmen im Eigentum von Partnerschaften, 40 Prozent im Eigentum von unternehmensexternen Kapitalgebern (Investoren) und zwei Prozent der untersuchten Managementberatungen sind Gründereigentum. Und auch Ausgründungen von Beratungsunternehmen aus Konzernen werden zunehmend als Partnerschaften organisiert [vgl. RICHTER/SCHRÖDER 2007, S. 162 unter Bezugnahme auf LERNER 2003].

NISSEN/KINNE gehen aufgrund der Überlegungen zum Kapitalbedarf davon aus, dass die Tendenz der Allokation der Eigentumsverhältnisse bei **IT-Beratungsgesellschaften** eher in Richtung Kapitalgesellschaften geht. Hinzu kommt noch ein weiteres Argument, das diese These untermauert: Vertraulichkeit. Sie kann dann besonders gut gewährleistet werden, wenn kein Kapitalgeber an dem Beratungsunternehmen beteiligt ist, dem die Beratung rechenschafts-pflichtig ist. Daher ist das Partnerschaftsmodell hier besonders gut geeignet. Bei der IT-beratung spielt dagegen die Vertraulichkeit eine weniger wichtige Rolle als in der Strategiebe-ratung, da bspw. die Einführung einer Standardsoftware eine wenig vertrauliche Dienstleis-tung darstellt [vgl. NISSEN/KINNE 2008, S. 93].

In der Beziehung zwischen dem Beratungsunternehmen und den verschiedenen Eigentümer-gruppen treten prinzipiell zwei Kostenarten auf: Transaktionskosten und Governance-Kosten. *Transaktionskosten* entstehen bei Tauschprozessen zwischen dem Unternehmen und seinen Eigentümern. *Governance-Kosten* entstehen den Eigentümern durch die Kontrolle bzw. Über-wachung des Managements, durch die Erzielung kollektiver Entscheidungen (z. B. über die Gewinnverwendung) und durch die Übernahme von Eigentümerrisiken. Nach HENRY HANS-MANN ist die optimale Allokation von Eigentumsrechten nun diejenige, die die Summe aller Transaktions- und Governance-Kosten über alle Gruppen von Vertragsparteien (also Unter-nehmensberatung einerseits und Eigentümer andererseits) hinweg minimiert [vgl. RICHTER/SCHRÖDER 2007, S. 164 f. unter Bezugnahme auf HANSMANN 1996].

2.3.5.2 Managed Professional Business – das Investorenmodell

In der Gruppe der Investoren sind sämtliche externen Kapitalgeber als Eigentümer zusam-mengefasst. Hierunter zählen nicht nur reine Kapitalinvestoren, sondern auch Stakeholder in Form von Kunden oder Lieferanten. Besonders die Variante, dass eine Unternehmensberatung einem Kunden oder einem spezifischen Interessenvertreter gehört, ist in der Praxis häufig zu beobachten. Folgende Eigentümergruppen können identifiziert werden [vgl. NIEDEREICHHOLZ 2010, S. 15 ff.]:

- **Finanzdienstleister**, die ihre Firmenkunden über finanzwirtschaftlichen Fragen hinaus beraten wollen (historische Beispiele: Deutsche Bank mit der DGM – Deutschen Gesell-schaft für Mittelstandsberatung, ROLAND BERGER & Partner; IKB Consult; GERLING Consulting Gruppe);

- **Großunternehmen**, die ihre internen Servicebereiche ausgliedern oder die bestimmte Dienstleistungen bevorzugt von einer Tochtergesellschaft einkaufen (Beispiele: LUFT-HANSA Systems; BASF IT Services; BAYER Business Services; PORSCHE Consulting; historisches Beispiele: BREMER VULKAN mit VSS – Vulkan Software Services; THYSSEN-KRUPP mit TRIATON);

- **Internationale IT-Anbieter**, die angelockt von hohen Wachstumsraten immer stärker in den Dienstleistungsbereich drängen (Beispiele: IBM Global Business Services mit der Übernahme von PRICEWATERHOUSECOOPERS Consulting; HP mit der Übernahme von EDS und TRIATON);

- **Internationale Wirtschaftsprüfungsgesellschaften** (Big-Four-Gesellschaften), die aus ihren gesättigten Märkten heraus nach Diversifikationsmöglichkeiten suchen und – nachdem sie sich in einer ersten Welle von ihren profitablen Beratungsgesellschaften getrennt hatten (siehe auch 1.7.2 und 2.3.1.6) – nun dazu übergehen, wieder eigene Consulting-Einheiten aufzubauen und ihren Audit- und Tax-Bereichen anzugliedern;

- **Verbände**, die ihren Mitgliedern über ausgegliederte Tochtergesellschaften Beratungs-leistungen (Branchenstudien, Betriebsvergleiche, Außenwirtschaftsberatung etc.) anbieten (Beispiel: BBE Handelsberatung).

In allen genannten Fällen ist das Management des Beratungsunternehmens nicht identisch mit den Eigentümern. Das bedeutet, dass externe Eigentümer vor dem Problem der Bewertung des Geschäftsverlaufs und der Kontrolle des Managements stehen. Dies liegt vor allem an der **Informationsasymmetrie** zwischen dem Management der Unternehmensberatung und den externen Kapitalgebern. Somit entstehen für externe Kapitalgeber als Eigentümer relativ hohe Governance-Kosten. Bei der Übertragung der Eigentumsrechte entstehen gegenläufige Effekte. Normalerweise entwickelt eine Beratungsfirma keinen erhöhten Kapitalbedarf. Es benötigt Humankapital und nur in relativ geringem Umfang IT-Systeme, Logistik (Fuhrpark) und Rauminfrastruktur – es sei denn, das Beratungsunternehmen verfolgt nicht das „klassische Beratungsmodell", sondern weitet sein Anbot auf infrastrukturintensivere Dienstleistungen wie Outsourcing oder auf kapitalintensivere internationale Märkte aus. Ist der externe Kapitalgeber ein Kunde der Unternehmensberatung, so werden die Transaktionskosten zunächst signifikant reduziert, da innerhalb ein- und desselben Unternehmens(verbundes) die Gefahr des opportunistischen Verhaltens begrenzt wird. Andererseits nehmen die Transaktionskosten in der Beziehung zwischen dem Beratungsunternehmen und anderen, potenziellen Kunden, die nicht Eigentümer sind, zu und erreichen teilweise prohibitive Ausmaße. Das liegt daran, dass potenzielle Kunden häufig nicht bereit sind, mit einer dem Wettbewerber gehörenden Unternehmensberatung zusammenzuarbeiten [vgl. RICHTER/SCHRÖDER 2007, S. 165 ff.].

2.3.5.3 Professional Partnership Model – das Partnerschaftsmodell

Sind Gründer und Mitarbeiter Miteigentümer an Beratungsunternehmen, so handelt es sich in der Regel um Partnerschaften, wobei nur ein geringer Teil der Mitarbeiter in den Genuss einer solchen Partnerschaft kommt (Senior-Berater). Durch die Übertragung der Eigentumsrechte an diese Senior-Berater kann eine gleiche Interessensrichtung zwischen Unternehmensberatung und Partner hergestellt werden, so dass die Transaktionskosten reduziert werden. Partner haben geringere Anreize, sich opportunistisch zu verhalten, da sie sich dadurch letztlich nur selbst schaden können. Für jüngere Mitarbeiter (Junior-Mitarbeiter) dient die Aussicht auf Aufnahme in die Partnerschaft zugleich als Anreiz, so dass sich auch hier die Tendenzen zu opportunistischem Verhalten reduzieren. Durch diese vergleichsweise eingeschränkte Zuteilung der Eigentumsrechte werden die Transaktionskosten, die sich aus der Informationsasymmetrie und dem opportunistischen Verhaltens ergeben, allerdings nicht vollständig reduziert [vgl. RICHTER/SCHRÖDER 2007, S. 171 ff.].

Bedeutender sind aber in jedem Fall die Governance-Kosten, die bei einer Partnerschaft durch die spezifische Allokation von Eigentumsrechten an eine ausgewählte Gruppe anfallen. Diese Governance-Kosten entstehen zum einen durch die relativ hohe Fluktuation der Mitarbeiter auf den unteren Hierarchiestufen (engl. *Grade*). Würde man diesen Junior-Beratern ebenfalls Eigentumsrechte zuteilen, so wäre der administrative Aufwand dafür bei weitem zu hoch. Zum anderen besitzen jüngere Mitarbeiter in der Regel nicht ausreichend viel ungebundenes Kapital, das ihnen erlauben würde, auch die Risiken einer solchen Partnerschaft zu tragen. Generell lässt sich feststellen, dass ein partnerschaftliches Governance-Modell einerseits zu einer erhöhten Heterogenität zwischen Junior- und Senior-Beratern und andererseits zu einer erhöhten Homogenität der Partner (Senior-Berater) untereinander führt. Die Homogenität der Partnerschaft ist auch darauf zurückzuführen, dass Partner im Laufe ihrer Karriere einen internen Sozialisierungsprozess durchlaufen, der zu einer zunehmenden Internationalisierung der Werte und Kulturmerkmale der Unternehmensberatung führt. Dies hat zur Konsequenz, dass die Neueinstellung von Mitarbeitern auf Senior-Managementebene vergleichsweise selten ist [vgl. COVALESKI et al. 1998, S. 293 ff. und STEINER 2000, S. 85 ff.].

Fazit: Die Eigentümerform der Partnerschaft ist nur dann überlegen, wenn sie an bestimmte Bedingungen geknüpft ist. Zu diesen Bedingungen zählen ein moderater Kapitalbedarf sowie eine weitgehend homogene Interessenlage zwischen Management und Beratern.

2.4 Das Zielsystem der Unternehmensberatung

Nachdem die externen und internen Einflussfaktoren der Unternehmensberatung analysiert und ggf. Verbesserungspotenziale identifiziert sind, ist der *konzeptionelle Kristallisationspunkt* (siehe Abbildung 2-01) erreicht. Im nächsten Schritt muss erarbeitet werden, wie und mit welchen Inhalten das Beratungsgeschäft betrieben werden soll. Dabei sind definierte Ziele unerlässlich: Sie steuern die Aufmerksamkeit aller Beteiligten in eine einheitliche Richtung und helfen ihnen dabei, ihre Aktivitäten zu fokussieren und untereinander abzustimmen. Formal und inhaltlich werden verschiedene Zielvorstellungen unterschieden. Der Aufbau eines solchen Zielsystems lässt sich aus Gründen der Anschauung als eine Art Pyramide darstellen, in der gleichzeitig eine hierarchische Ordnung zum Ausdruck kommt.

An der Spitze der Zielpyramide steht die *Unternehmensphilosophie* mit den allgemeinen Wertvorstellungen (engl. *Basic Beliefs*), die im Sinne eines *„Grundgesetzes"* Ausdruck dafür sind, dass Unternehmen neben ihrer einzelwirtschaftlichen Verantwortung auch eine gesamtwirtschaftliche Aufgabe zukommt [vgl. BECKER 2009, S. 29]. Die allgemeinen Wertvorstellungen eines Unternehmens bilden den Rahmen für die *Unternehmenskultur*, die *Unternehmensidentität*, die *Unternehmensleitlinien* sowie die Grundlagen für den *Unternehmenszweck*.

Den eigentlichen Kern des Zielsystems bilden die *Unternehmensziele*, die dann weiter in Teilziele (z. B. Funktions- oder *Aktionsbereichsziele*, *Aktionsfeldziele* etc.) heruntergebrochen werden.

Abbildung 2-15 gibt einen Überblick über das hierarchische Zielsystem des Unternehmens.

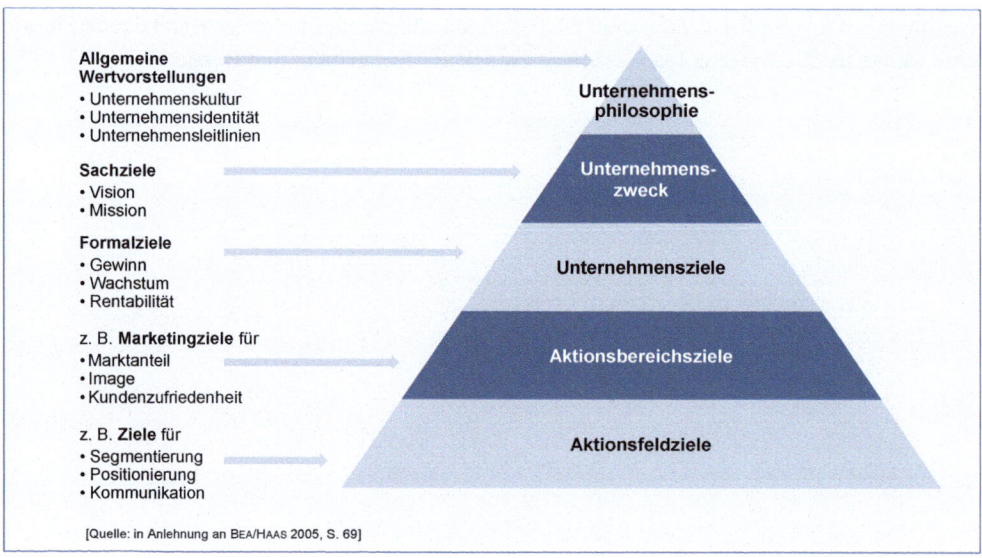

Abb. 2-15:   Die Zielpyramide des Unternehmens

2.4.1 Formale Ausrichtung

2.4.1.1 Unternehmenskultur

Jedes Unternehmen – und damit auch jede Unternehmensberatung – verfügt über eine Unternehmenskultur. Diese wird nicht einfach erfunden oder verordnet, sondern (vor)gelebt. Sie entsteht mit der Unternehmensgründung und ist je nach Entwicklungsgeschichte des Unternehmens mehr oder weniger ausdifferenziert. Häufig liegen die Ursprünge einer Unternehmenskultur beim Unternehmensgründer (z. B. THOMAS WATSON bei IBM, STEVE JOBS bei APPLE, BILL GATES bei MICROSOFT, SERGE KAMPF bei CAPGEMINI, FRIEDRICH A. MEYER bei ADV/ORGA, ROLAND BERGER), die mit ihren Visionen und Ideen, mit ihren Wertvorstellungen, Eigenarten und Neigungen als Vorbilder für nachfolgende Managergenerationen dienen. Kulturprägend wirken aber auch Krisen und einschneidende Veränderungen sowie die Art und Weise, wie diese gemeistert werden, neue Geschäftsmodelle, die Branche und das (regionale) Umfeld eines Unternehmens, die Art der Kunden, der Investoren etc. [vgl. BUSS 2009, S. 176 ff.].

Welchen Beitrag kann die Unternehmenskultur zur Wettbewerbsfähigkeit leisten? Besteht ein Zusammenhang zwischen Unternehmenskultur und wirtschaftlichem Erfolg? Bevor diese Fragen erörtert werden, soll aufgezeigt werden, was Unternehmenskultur ist und was sie bewirken kann.

Die Unternehmenskultur (engl. *Corporate Culture*) besteht zunächst aus einem unsichtbaren Kern aus **grundlegenden, kollektiven Überzeugungen**, die das Denken, Handeln und Empfinden von Führungskräften und Mitarbeitern maßgeblich beeinflussen und die insgesamt typisch für das Unternehmen sind (innere Haltung). Diese grundlegenden Überzeugungen beeinflussen die Art, wie die **Werte** nach außen gezeigt werden (äußere Haltung). Gleichzeitig sind sie maßgebend für die **Verhaltensregeln** („so wie man es bei uns macht"), die an neue Mitarbeiter und Führungskräfte weitergegeben werden und die als Standards für gutes und richtiges Verhalten gelten. Diese Regeln zeigen sich für alle sichtbar an **Artefakten** wie Ritualen, Statussymbolen, Sprache, Kleidung etc. [vgl. SACKMANN 2004, S. 24 ff.].

Abbildung 2-16 zeigt die verschiedenen Ebenen unternehmenskultureller Aspekte.

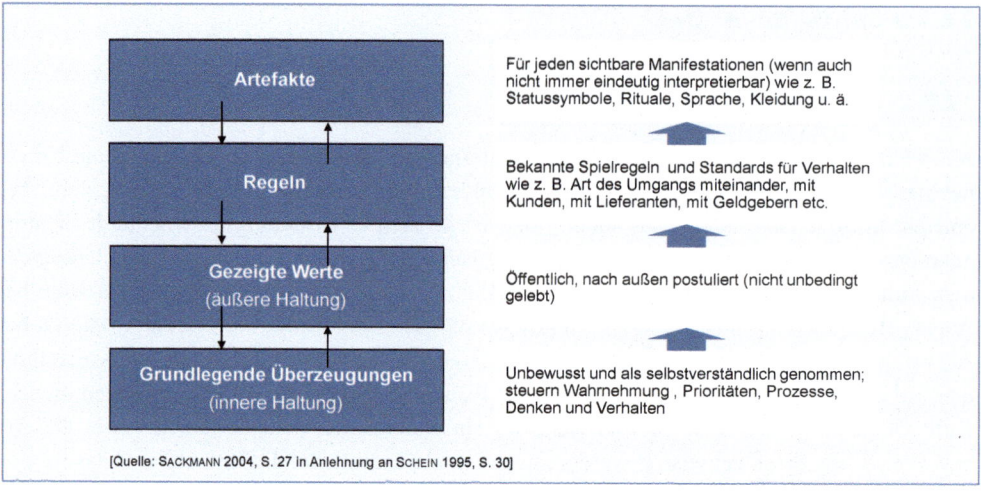

Abb. 2-16:   Unternehmenskulturelle Aspekte auf verschiedenen Ebenen

Die Unternehmenskultur ist in vielfacher Hinsicht von besonderer Bedeutung. Sie ist sowohl für das Unternehmen selbst als auch für die Mitarbeiter sinnstiftend. Als unsichtbare Einflussgröße erfüllt die Unternehmenskultur fünf zentrale Funktionen, die für das Bestehen und Funktionieren eines Unternehmens notwendig sind [vgl. SACKMANN 2004, S. 27 ff.]:

- **Reduktion von Komplexität**, d. h. die von der Unternehmenskultur vorgegebenen kollektiven Denkmuster dienen als Filter für die Wahrnehmung und bewirken eine schnelle Vorsortierung vorhandener Informationsfülle in „relevant" und „nicht relevant". Ohne den Mechanismus der Komplexitätsreduktion wäre sinnvolles Handeln in einem bestimmten Zeitumfang also gar nicht möglich.

- **Koordiniertes Handeln**, d. h. die Unternehmenskultur stellt Mitarbeitern und Führungskräften ein gemeinsames Sinnsystem bereit, das sinnvolle gemeinsame Kommunikationsprozesse und damit abgestimmtes Handeln erst möglich macht. Die Bedeutung eines solchen gemeinsamen Sinnsystems wird bei der Zusammenarbeit von Menschen, die aus unterschiedlichen Kulturkreisen stammen, besonders deutlich.

- **Identifikation**, d. h. die grundlegenden Überzeugungen und Annahmen, die der Unternehmenskultur innewohnen, hat Einfluss auf das Ausmaß an Identifikation von Mitarbeitern mit ihrem Unternehmen. Je nach konkreter Ausgestaltung der Unternehmenskultur kann die Identifikation hoch, mittel oder gering sein. Sie wirkt damit auf die Motivation und die Bereitschaft der Mitarbeiter, sich für das Unternehmen einzusetzen.

- **Kontinuität**, d. h. die in der Unternehmenskultur enthaltene kollektive Lerngeschichte erlaubt routiniertes Handeln und schreibt die in der Vergangenheit erfolgreichen Erfolgsrezepte in der Gegenwart und Zukunft weiter fort. Damit muss nicht jeder Arbeitsgang neu überdacht und erst entwickelt werden.

- **Integrationkraft**, d. h. jede Unternehmenskultur übt eine mehr oder weniger starke Integrationskraft aus, die besonders dann zu Tragen kommt, wenn Bedrohungen aufkommen oder wenn unterschiedliche Kulturen oder Subkulturen zusammengeführt werden (sollen).

Differenziert man die Beratungslandschaft nach der Eigentümerstruktur, so lassen sich – wie in Abschnitt 2.3.5 gezeigt – zwei weitgehend homogene Governance-Formen unterscheiden: das **Partnerschaftsmodell** (engl. *Professional Partnership Model*) und das **Investorenmodell** mit angestellten Führungskräften (engl. *Managed Professional Business*). Bezogen auf die Unternehmenskultur fungiert das **Professional Partnership Model** vorwiegend als „One firm"-Kultur mit großer Bedeutung professioneller Verhaltensmaßstäbe (z. B. Wahrung strikter Unabhängigkeit gegenüber den Kunden). Bei Unternehmen des **Managed Professional Business** dagegen haben die Kulturen der einzelnen Unternehmensbereiche eine stärkere Bedeutung. Auch dominiert hier mehr die Dienstleistungskultur, d. h. das grundsätzliche Selbstverständnis als Erbringer qualifizierter Services [vgl. RICHTER et al. 2005, S. 3].

Kultur kann als Wettbewerbsfaktor und/oder als sozialer Verantwortungsträger fungieren. Es lässt sich vermuten, dass der Einfluss und die spezielle Bedeutung von Unternehmenskultur bei **wissensbasierten Firmen**, bei denen Wissen als Produkt oder als Dienstleistung eine zentrale Rolle spielt (wie bei Beratungsunternehmen), besonders groß ist.

So kann eine starke Unternehmenskultur für **international** ausgerichtete Beratungsunternehmen einen bedeutenden Erfolgsfaktor darstellen. Hier sind das koordinierte Handeln und die Integrationskraft besonders wichtig für ein erfolgreiches Auftreten auf den internationalen Märkten.

Eine herausragende Rolle spielt die Unternehmenskultur auch bei **Unternehmenszusammenschlüssen** (engl. *Merger*). Hier ist die behutsame Integration verschiedener Unternehmenskulturen ein entscheidender, allerdings häufig unterschätzter Erfolgsfaktor. Nicht selten ist das Scheitern einer Unternehmenszusammenlegung darauf zurückzuführen, dass es offensichtlich nicht gelungen ist, verschiedene Unternehmenskulturen harmonisch miteinander zu verschmelzen. Diese Vermutung lässt sich jedenfalls aus der Analyse gescheiterter Mergers & Acquisitions (M&A)-Projekte ableiten. Vielfach sind es nicht ökonomische Defizite, sondern die mangelhafte Berücksichtigung weicher Faktoren, die zu Integrationsproblemen führen. Diese Problematik stellt sich aber nicht nur bei internationalen, sondern auch bei nationalen M&A-Projekten, da auch Unternehmen aus demselben Kulturkreis durchaus unterschiedliche „Binnenkulturen" aufweisen können [vgl. MACHARZINA/WOLF 2010, S. 731 f.].

Teilweise sehr differenzierte Erfahrungen mit Unternehmensfusionen, bei denen unterschiedlich starke Unternehmenskulturen aufeinanderprallen, haben PRICE WATERHOUSE beim Zusammenschluss mit COOPERS & LYBRAND, ERNST & YOUNG (bei der Übernahme von ARTHUR ANDERSEN in Deutschland), CAPGEMINI (bei der Übernahme von ERNST & YOUNG CONSULTING) oder auch DELOITTE (bei der missglückten Fusion mit ROLAND BERGER) gemacht. In diesen oder vergleichbaren Fällen kann davon ausgegangen werden, dass besonders starke Unternehmenskulturen ceteris paribus die größeren Chancen haben, sich bei Unternehmenszusammenführungen erfolgreich durchzusetzen.

Doch nicht nur bei Unternehmenszusammenschlüssen, sondern auch im Umgang mit älteren Mitarbeitern oder bei der Handhabung der Work-Life-Balance bietet die Unternehmenskultur wichtige Ansatzpunkte.

Auf der anderen Seite kann eine starke Unternehmenskultur aber auch einige Nachteile aufweisen. Neben einem Mangel an Flexibilität tendieren Kulturen zur „Abschließung", sie blockieren „Neues" und können Verkrustungen bilden. Damit können Innovationsbarrieren einhergehen.

2.4.1.2 Unternehmensidentität

Als **Unternehmensidentität** (engl. *Corporate Identity*) wird die strategisch geplante und operativ eingesetzte Selbstdarstellung und Verhaltensweise eines Unternehmens nach innen und außen auf der Basis einer festgelegten Unternehmensphilosophie und -zielsetzung bezeichnet. Auf der Basis eines einheitlichen Unternehmens(leit)bildes soll über die Entwicklung eines „Wir-Bewusstseins" das Corporate Identity-Konzept nach innen eine Unternehmenskultur etablieren und sicherstellen. Nach außen soll mit dem Corporate Identity-Konzept bei den verschiedenen Adressatenkreisen wie Kunden, Presse, Kapitalgeber, Lieferanten etc. der Aufbau eines Unternehmensimages ermöglicht werden [vgl. BIRKIGT/STADLER 1992, S. 18].

Corporate Identity (CI) drückt sich in vier Komponenten aus:

- **Corporate Behavior**,
- **Corporate Design**,
- **Corporate Communication** und
- **Corporate Governance**.

Betrachtet man Corporate Culture als *Fundament* der Unternehmensphilosophie, dann bilden die vier CI-Komponenten quasi den *Aufbau* und werden unter dem *Dach* der Corporate Identity zusammengefasst. Abbildung 2-17 veranschaulicht diese Sichtweise und liefert eine kurze Darstellung und Beschreibung der Ziele der vier CI-Komponenten.

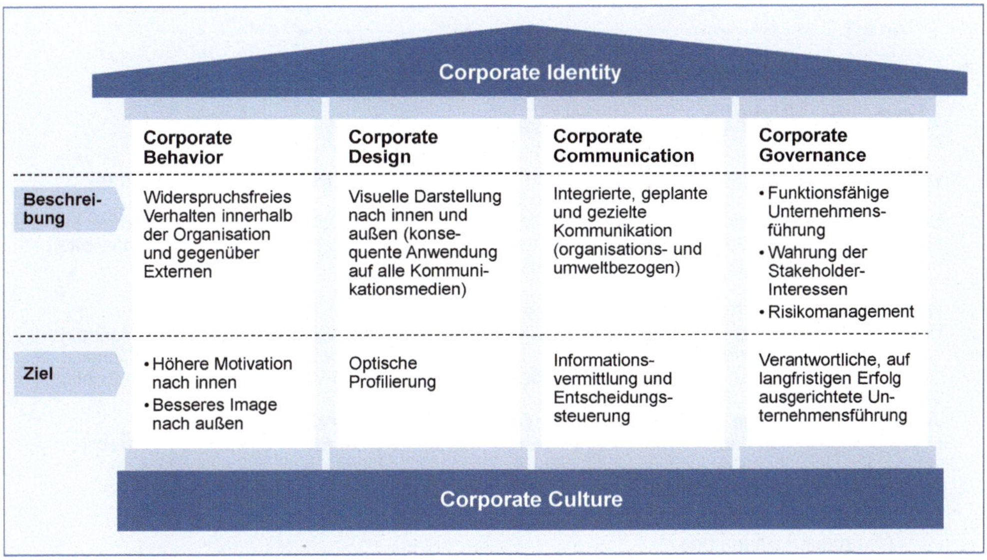

Abb. 2-17:   Die CI-Komponenten

Aus Sicht des Marketing-Verantwortlichen haben die *Corporate Communications*, die sich durch einen integrierten Einsatz aller Kommunikationsinstrumente des Unternehmens auszeichnen, sowie das *Corporate Design*, das das äußere Erscheinungsbild des Unternehmens (von Visitenkarten über Briefbögen und Werbeanzeigen bis hin zum Gebäudeschriftzug) zum Gegenstand hat, die höchste praktische Bedeutung.

2.4.1.3 Unternehmensleitlinien und -grundsätze

Unternehmenskultur und Unternehmensidentität finden ihren Niederschlag in den **Unternehmensleitlinien**. Derartige Leitbilder sind Orientierungshilfen für das Verhalten der Mitarbeiter gegenüber den Partnern des Unternehmens. Sie werden daher auch als **Verhaltensrichtlinien** (engl. *Policy*) bezeichnet [vgl. BEA/HAAS 2005, S. 69 f.].

Viele Unternehmen fassen ihre Leitlinien als **Unternehmensgrundsätze** in Broschüren, Handbüchern oder auf Websites zusammen. Beispiele hierfür sind:

- der internationale Verhaltenskodex der KPMG,
- die globalen Unternehmenswerte („Seven Values") von CAPGEMINI.

Der Verhaltenskodex der internationalen Wirtschaftsprüfungs- und Steuerberatungsgesellschaft KPMG zählt zu den bekanntesten Beispielen für die Formulierung von Unternehmensgrundsätzen (siehe Insert 2-07).

Insert

Unsere Werte

Was uns so einzigartig macht? Vor allem sind es unsere mehr als 140.000 Mitarbeiter in mehr als 146 Ländern, die alle nach gemeinsamen Werten handeln.
Sie bilden die Basis des Erfolgs von KPMG. Mit Wissen Werte schaffen: Aus dieser Maxime entsteht für uns eine Verantwortung, der wir gegenüber unseren Mandanten, der Geschäftswelt und unseren Mitarbeitern gerecht werden müssen.

Weltweit die gleiche hohe Qualität für unsere Kunden
Wir beschäftigen Mitarbeiter aus unterschiedlichen Nationen und Kulturen. Durch unser Handeln wollen wir unserem Unternehmen bei aller Vielfalt einer globalen Organisation ein einheitliches Gesicht geben. Kunden von KPMG können deshalb überall auf der Welt die gleiche hohe Qualität, Vertrauenswürdigkeit und Verlässlichkeit erwarten.
Wir haben uns auf eine Reihe gemeinsamer Werte verständigt. Sie bestimmen unsere Unternehmenskultur und sind uns Verpflichtung im persönlichen und professionellen Verhalten:

➢   Wir achten den Einzelnen.
➢   Wir handeln integer.
➢   Wir arbeiten zusammen.
➢   Wir gehen den Tatsachen auf den Grund und bieten nachvollziehbare Lösungen.
➢   Wir kommunizieren offen und ehrlich.
➢   Wir gehen mit gutem Beispiel voran.
➢   Wir fühlen uns der Gemeinschaft gegenüber verpflichtet

Insert 2-07:   Der internationale Verhaltenskodex von KPMG

Während der Wertekanon von KPMG als Verpflichtung für das persönliche und professionelle Verhalten aller Mitarbeiter gegenüber Kunden und sonstigen Stakeholdern formuliert sind, haben die sieben Werte des internationalen Beratungs- und IT-Dienstleistungsunternehmens CAPGEMINI mehr den Charakter einer Aufzählung von Eigenschaften, die die Art der Beziehungen der Mitarbeiter untereinander regeln sollen oder zumindest als erstrebenswert erscheinen lassen (siehe Insert 2-08).

In jedem Fall bestimmen derartige Unternehmensgrundsätze und Wertvorstellungen in hohem Maße die Unternehmenskultur, die ja insbesondere unter dem Aspekt von Unternehmenszusammenschlüssen oder Übernahmen eine ganz besondere Rolle spielen. So ist bspw. immer wieder festzustellen, dass partnergeführte Unternehmensberatungen ganz anders „ticken" als Beratungsunternehmen, deren Anteilseigner betriebsfremde Shareholder sind.

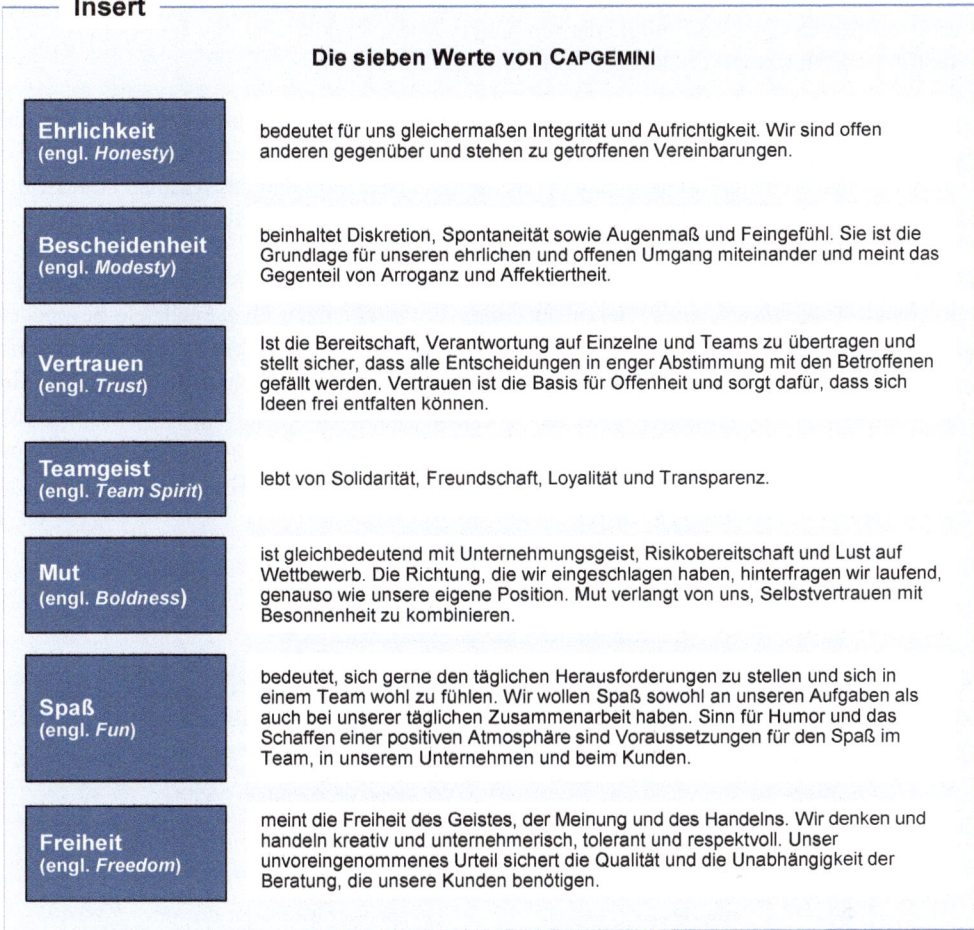

─── **Insert** ───

Die sieben Werte von CAPGEMINI

Ehrlichkeit
(engl. *Honesty*)
bedeutet für uns gleichermaßen Integrität und Aufrichtigkeit. Wir sind offen anderen gegenüber und stehen zu getroffenen Vereinbarungen.

Bescheidenheit
(engl. *Modesty*)
beinhaltet Diskretion, Spontaneität sowie Augenmaß und Feingefühl. Sie ist die Grundlage für unseren ehrlichen und offenen Umgang miteinander und meint das Gegenteil von Arroganz und Affektiertheit.

Vertrauen
(engl. *Trust*)
ist die Bereitschaft, Verantwortung auf Einzelne und Teams zu übertragen und stellt sicher, dass alle Entscheidungen in enger Abstimmung mit den Betroffenen gefällt werden. Vertrauen ist die Basis für Offenheit und sorgt dafür, dass sich Ideen frei entfalten können.

Teamgeist
(engl. *Team Spirit*)
lebt von Solidarität, Freundschaft, Loyalität und Transparenz.

Mut
(engl. *Boldness*)
ist gleichbedeutend mit Unternehmungsgeist, Risikobereitschaft und Lust auf Wettbewerb. Die Richtung, die wir eingeschlagen haben, hinterfragen wir laufend, genauso wie unsere eigene Position. Mut verlangt von uns, Selbstvertrauen mit Besonnenheit zu kombinieren.

Spaß
(engl. *Fun*)
bedeutet, sich gerne den täglichen Herausforderungen zu stellen und sich in einem Team wohl zu fühlen. Wir wollen Spaß sowohl an unseren Aufgaben als auch bei unserer täglichen Zusammenarbeit haben. Sinn für Humor und das Schaffen einer positiven Atmosphäre sind Voraussetzungen für den Spaß im Team, in unserem Unternehmen und beim Kunden.

Freiheit
(engl. *Freedom*)
meint die Freiheit des Geistes, der Meinung und des Handelns. Wir denken und handeln kreativ und unternehmerisch, tolerant und respektvoll. Unser unvoreingenommenes Urteil sichert die Qualität und die Unabhängigkeit der Beratung, die unsere Kunden benötigen.

Insert 2-08:   Die globalen Unternehmenswerte von CAPGEMINI

2.4.1.4 Unternehmenszweck

Der Unternehmenszweck gibt vor, welche Art von Leistungen das Unternehmen im Markt erbringen und anbieten soll. Er gibt Antwort auf die Frage. „Was ist unser Geschäft und was wird zukünftig unser Geschäft sein?" Die damit angesprochene *Mission* einerseits und *Vision* andererseits müssen durch bestimmte Leistungen verwirklicht und „gelebt" werden, damit sie zu starken Marken-, Produkt- bzw. Unternehmenskompetenzen sowie zu *Wettbewerbsvorteilen* führen. Die wichtigsten Fragen zur Mission, die die „klare Absicht des Unternehmenszwecks" beschreibt, und zur Vision als „ehrgeizige Zukunftsvorstellung" eines Unternehmens liefert Abbildung 2-18 [vgl. BECKER 2009, S. 40].

Besonders die **Vision** verfügt über wesentliche unternehmerische Funktionen und Effekte. Sie ist die treibende Kraft zur Durchsetzung des Wandels und hat die Aufgabe, den Mitarbeitern ein unternehmerisches Zukunftsbild vorzugeben, Komplexität zu beherrschen und gerade in unsicheren Zeiten eine Orientierung und Richtung zu weisen. Zudem setzt eine tragfähige Vision bei den Organisationsmitgliedern in hohem Maße Kreativitäts- und Innovationspotenziale frei [vgl. MENZENBACH 2012, S. 13 f.].

Der Unternehmenszweck beschreibt gleichzeitig das **Sachziel** des Unternehmens. Während das Sachziel den Markt definiert, in dem das Unternehmen tätig sein will, legen die **Formalziele** die Dimensionen der Zielerreichung (Gewinn, Umsatz etc.) und das Ausmaß ihrer Erfüllung (Maximierung, Minimierung) fest [vgl. BIDLINGMAIER 1973, S. 25].

THEODORE LEVITT weist in seinem berühmt gewordenen Beitrag zur *„Marketing-Kurzsichtigkeit"* (engl. *Marketing Myopia*) darauf hin, dass Entscheidungen über Sachziele besonders weitreichende, wenn nicht gar existenzielle Auswirkungen haben. So gingen z. B. die amerikanischen Eisenbahnen davon aus, ausschließlich im Eisenbahngeschäft tätig zu sein. Sie übersahen, dass ihr Geschäft nicht nur das Transportgeschäft zur Schiene, sondern auch das zu Wasser und zu Luft ist. So mussten sie trotz steigender Nachfrage nach Transportleistungen immer mehr Umsatzrückgänge und damit einen zunehmenden Bedeutungsverlust hinnehmen [vgl. LEVITT 1960, S. 45 ff.].

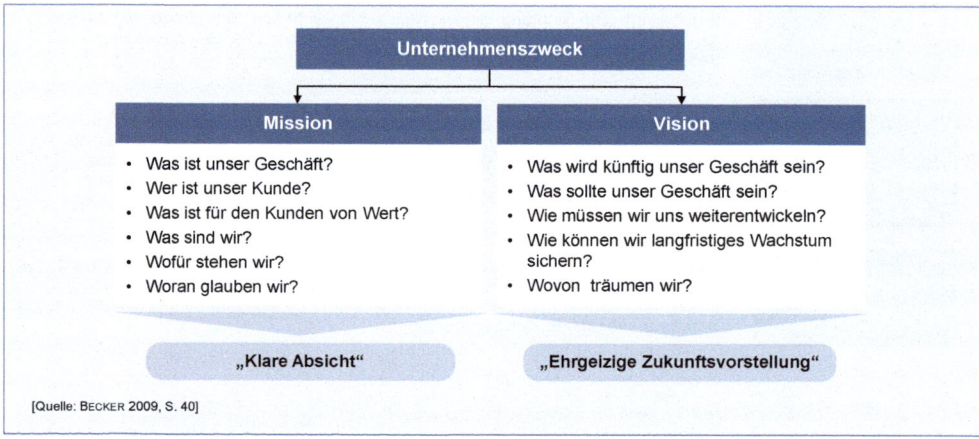

Abb. 2-18:   Fragen zu Mission und Vision

Die besondere Tragweite des Sachziels zeigt sich an einem Beispiel außerhalb der Beratungsbranche sehr deutlich: bei der Entwicklung des DAIMLER-Konzerns in den 1990er Jahren. Unter dem Vorstandsvorsitzenden EDZARD REUTER definierte sich DAIMLER als „Integrierter Technologiekonzern" mit den Sparten Automobil (MERCEDES-BENZ), Elektrotechnik (AEG, OLYMPIA) und Luft- und Raumfahrt (MBB, FOKKER, DORNIER). „Zurück zur Kernkompetenz Automobil" hieß dann die Devise unter REUTERS Nachfolger JÜRGEN SCHREMPP, der die Elektronik- und Luftfahrtsparte verkaufte und mit dem amerikanischen Automobilkonzern CHRYSLER fusionierte. Hier wurde also das Sachziel innerhalb sehr kurzer Zeit grundlegend verändert. Zwischenzeitlich hat sich DAIMLER wieder von CHRYSLER getrennt, ohne jedoch den Fokus auf das Kerngeschäft „Automobil" aufzugeben [vgl. LIPPOLD 2012, S. 28].

Aber auch die Beratungsbranche selbst ist schon „Opfer" falscher Sachziel-Definitionen geworden. So haben viele Unternehmen den **Spagat zwischen Unternehmensberatung und Softwarehaus** nicht bewältigt, d. h. das Sachziel wird in diesem Fall nicht zu eng, sondern zu weit gefasst: viele Unternehmen wollen sowohl beraten als auch Software erstellen und anbieten. Die Erklärung liegt darin, dass die (anfangs noch individuelle) Software zumeist im IT-Beratungsgeschäft entstanden ist und dann die Beratungserlöse dazu „herhalten" müssen, die Softwareentwicklung marktreif zu gestalten. Das führt schließlich dazu, dass nach der Erstellung der marktreifen Software das neue Geschäft nicht separat betrieben wird, sondern beide Geschäftsmodelle parallel nebeneinander praktiziert werden. Da aber allein die Vermarktung von Projektleistungen (Beratung) und die Vermarktung von Produkten (Software) völlig anderen Gesetzmäßigkeiten unterliegen, sind diese „hybriden" Unternehmen vor allem finanziell überfordert. ADV/ORGA, SCS und MBP sind die prominentesten Beispiele für falsche Sachziel-Ambitionen (siehe auch 1.3.2).

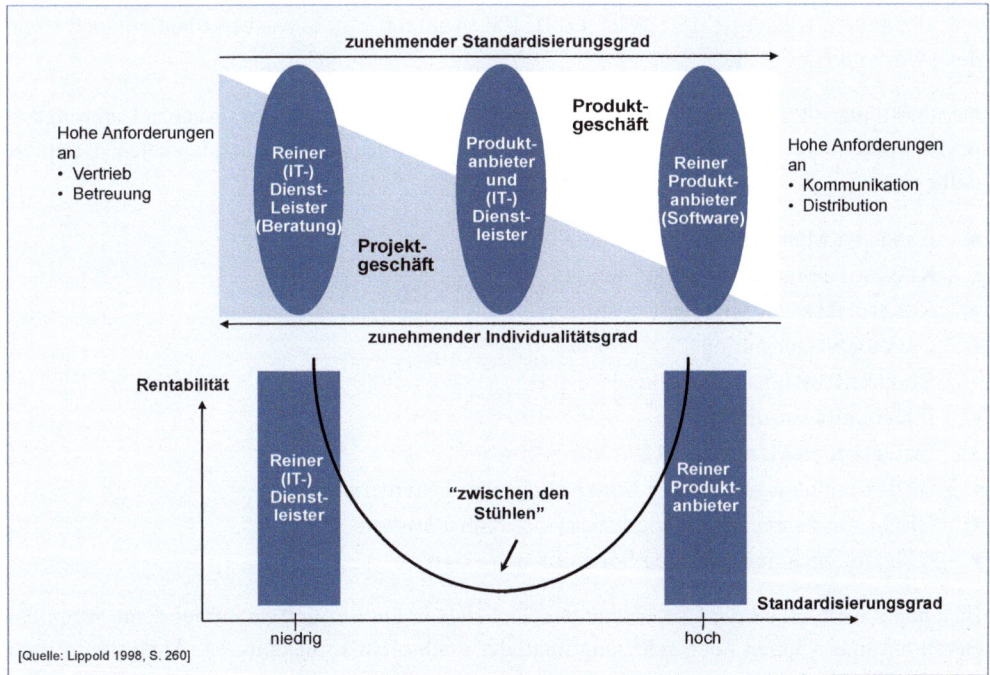

Abb. 2-19:   Zusammenhang zwischen Standardisierungsgrad und Rentabilität

Daraus lässt sich die These ableiten, dass Unternehmen entweder dann überdurchschnittlich erfolgreich sind, wenn sie sich voll auf das Projektgeschäft oder voll auf das Produktgeschäft konzentrieren. IT-Beratungshäuser dagegen, die sowohl dem Produkt- als auch dem Projektgeschäft nachgehen und daher auch einen (halbherzigen) Mix aus Produkt- und Dienstleistungsmarketing betreiben, weisen eine unterdurchschnittliche Rentabilität aus [vgl. LIPPOLD 1998, S. 257 ff.].

In Abbildung 2-19 ist die hypothetische Beziehung zwischen Rentabilität und Standardisierungsgrad dargestellt. Sie darf als eine mögliche Erklärung für die Marketing-Schwäche der deutschen Softwarebranche besonders in den 1980er und 1990er Jahren gelten.

Der Unternehmenszweck findet häufig – gepaart mit einer konsequent kundenorientierten Kernaussage – seinen Niederschlag in der **Kommunikationspolitik** als sogenannte *Tagline,* die im „Untertitel" der Unternehmensmarke geführt wird. Beispiele für solche Taglines sind:

- BEARINGPOINT: „To get there. Together."
- EY (ERNST & YOUNG):   "Building a better working world"
- ACCENTURE: „High performance. Delivered."
- KPMG: „Cutting through complexity"
- DROEGE: „Advisory & Capital"
- CAPGEMINI: „Consulting. Technology. Outsourcing"
                                  und „People matter. Results count."

Die Taglines der Beratungsgesellschaften lassen sich in zwei Kategorien einteilen. Eine Gruppe der Untertitel beschreibt das „Was" der Beratungstätigkeit (z. B. ROLAND BERGER, DROEGE), die andere Kategorie das „Wie" (z. B. EY, ACCENTURE). CAPGEMINI bedient sich sogar des „Was" *und* des „Wie".

Darüber hinaus besteht für Beratungsunternehmen die Möglichkeit, das Sachziel unmittelbar in die Firmenbezeichnung, also direkt in den Unternehmensnamen einzubeziehen. Beispiele dafür sind:

- CAMELOT Management Consultants
- KIENBAUM Management Consultants
- ROLAND BERGER Strategy Consultants
- CAPGEMINI Consulting
- STERIA MUMMERT Consulting
- IFH Retail Consultants
- Erfolgsketten Management WILKES-STANGE
- BMU Beratungsgesellschaft Mittelständischer Unternehmen
- UBG Unternehmensberatung für das Gesundheitswesen
- USL Unternehmensberatung Spedition und Logistik

Besonders wertvoll ist die Übernahme des Sachziels in die Firmierung immer dann, wenn das Beratungsunternehmen noch sehr jung und/oder noch nicht so bekannt ist. Auch wird dieses Prinzip immer dann angewendet, wenn ein Unternehmen, das einen anderen Geschäftsschwerpunkt hat, ein neues Geschäftsfeld im Bereich der Unternehmensberatung etablieren möchte.

2.4.1.5 Unternehmensziele

In jedem Unternehmen gibt es eine Vielzahl von Zielen: Bereichsziele, Marketingziele, Personalziele etc. Entscheidend ist, dass es sich dabei nicht um autonome Ziele handelt. Sie müssen vielmehr aus den obersten Unternehmenszielen abgeleitet werden. Daher ist die Kenntnis der Unternehmensziele (engl. *Objectives* oder *Corporate Goals*) unerlässlich für Management und Mitarbeiter. Als typische Unternehmensziele werden immer wieder genannt:

- Gewinn/Rentabilität
- Marktanteil/Marktposition
- Umsatz/Wachstum
- Unabhängigkeit/Sicherheit
- Soziale Verantwortung
- Prestige/Image.

Die Diskussionen darüber, welche Ziele im Rahmen dieses Zielkatalogs die höchste Priorität haben, führen in aller Regel zu dem Ergebnis, dass *Gewinn- bzw. Rentabilitätsziele* eine dominierende Bedeutung haben [vgl. BECKER 2009, S. 16 und 61]. Ziele erfüllen ihre Steuerungs- und Koordinationsfunktion umso besser, je klarer und exakter sie bestimmt werden. Daher müssen zweifelsfreie Angaben über

- Zielinhalt,
- Zielausmaß und
- Zeitspanne der Zielerfüllung

vorliegen. Ist der Zielbildungsprozess nicht von Beginn an auf messbare Größen ausgerichtet, verliert eine zielgesteuerte Führung von vornherein an Effizienz [vgl. BIDLINGMAIER 1973, S. 138].

Insbesondere größere Beratungsunternehmen sind in mehrere Geschäftsbereiche untergliedert, so dass die Unternehmensziele weiter heruntergebrochen werden müssen. Sollten keine Geschäftsbereiche vorliegen, so werden die Unternehmensziele zumindest in Funktionsbereichsziele (engl. *Functional Objectives*) bzw. Aktionsbereichsziele wie z. B. Marketingziele, Personalziele oder Finanzierungsziele zerlegt [vgl. BEA/HAAS 2005, S. 70 f.].

2.4.2   Inhaltliche Ausrichtung – die Sachziele der Unternehmensberatung

Wie bereits mehrfach erwähnt, gibt es nicht *den* Beratungsmarkt und damit auch nicht die typische Unternehmensberatung. Zu unterschiedlich sind die Beratungssegmente, zu unterschiedlich sind die Kundenanforderungen in diesen Segmenten und zu unterschiedlich die Möglichkeiten, diese Segmente zu bedienen. Die hochdifferenzierte Beratungslandschaft ist nichts anderes als das Spiegelbild der vielfältigen Ausprägungen unternehmerischer Tätigkeit und den damit verbundenen Anforderungen.

Ein Beratungsunternehmen, das sich auf solch einem heterogenen Markt behaupten will, muss zwei Aufgaben erfolgreich bewältigen. Zum einen muss es ein Leistungsangebot entwickeln, das dem des Wettbewerbs überlegen ist, und zum anderen muss diese Überlegenheit im Markt kommuniziert werden. KASS bezeichnet die erste Aufgabe als Leistungsfindung und die zweite Aufgabe als Leistungsbegründung [vgl. KAAS 2001, S. 106].

Zur Aufgabe der Leistungsfindung stellt sich für jedes Beratungsunternehmen die Frage, ob es als Strategie-, Management-, Marketing-, HR-, Controlling-, Outsourcing-, Innovations-, Sanierungsberatung oder vielleicht als Mittelstandsberatung agieren will.

Ferner ist im Rahmen der Leistungsfindung festzulegen, für welche Branchen und für welche Unternehmensgrößen diese Beratungsleistungen schwerpunktmäßig angeboten werden sollen. Gefragt ist also das **Sachziel** des Beratungsunternehmens. Um ihren Kunden dieses Sachziel und die damit verbundene Kompetenz zu vermitteln, wird es eben sehr häufig in der *Tagline* mitgeführt (siehe zuvor).

Die Sachzielbestimmung geht einher mit der Segmentierung des Zielmarktes, die Gegenstand weiterführender Überlegungen in Hauptabschnitt 3.2 ist. An dieser Stelle soll lediglich ein grober Überblick über die inhaltliche Ausrichtungsmöglichkeiten der Unternehmensberatung gegeben werden.

2.4.2.1 Geschäftsfelddefinition – Bestimmung der Beratungsfelder

Die Festlegung der Sachziele eines Unternehmens (und damit die *Leistungsfindung*) geht einher mit der Geschäftsfelddefinition (engl. *Defining the business*). Nach DEREK F. ABELL lassen sich die Geschäftsfelder durch folgende drei Dimensionen abbilden [vgl. ABELL 1980, S. 30]:

- Customer Functions (Funktionsbereiche/Probleme)
- Customer Groups (Branchen/Kundensegmente)
- Alternative Technologies (Technologien).

WILHELM HILL hat dieses Modell auf die Unternehmensberatung übertragen und interpretiert die drei Dimensionen wie folgt [vgl. HILL 1990, S. 178]:

- Funktionen/Probleme: die unterschiedlichen Kundenbedürfnisse
- Kundensegmente: Branchen bzw. Unternehmenstypen
- Technologien: spezifische Methoden der Analyse und Prognose.

Aus Gründen der praktischen Handhabbarkeit und der realen Bedeutung unterschiedlicher Geschäftsfelder erscheint folgende Einteilung, die auf den drei Dimensionen von ABELL aufbaut, zweckmäßiger:

- Funktionsorientierte Gliederung (z. B. Marketingberatung, HR-Beratung, Logistikberatung, Controllingberatung)
- Branchenorientierte Gliederung (z. B. Healthcare-Beratung, Bankenberatung, Automotive-Beratung)
- Querschnittsorientierte Gliederung (z. B. Innovationsberatung, Sanierungs- und Insolvenzberatung, IT- und Organisationsberatung)
- Kundengrößenorientierte Gliederung (z. B. Beratung für Konzerne und Großunternehmen, Mittelstandsberatung).

Eine solche, durchaus logische Einteilung der Beratungsbranche hat sich allerdings nicht durchgesetzt. Die „klassische Einteilung" des BDU sieht eine Untergliederung des **Kern-Beratungsmarktes** in vier Beratungsfelder vor (siehe ausführlicher 1.4.4):

- Strategieberatung,
- Organisations-/Prozessberatung,
- IT-Beratung sowie
- Human Resources-Beratung.

Zu den **beratungsnahen Dienstleistungen** werden dann noch

- Softwareentwicklung/Systemintegration,
- Outsourcing und
- Personalberatung (Executive Search)

gezählt. Hintergrund dieser Marktaufteilung ist sicherlich die recht praktikable Erhebung und Zuordnung der entsprechenden Marktdaten sowie eine gewisse „historische Bedingtheit". Anderseits ist die BDU-Gliederung logisch nicht nachvollziehbar, denn man muss sich fragen, warum es lediglich eine funktional ausgerichtete Beratung, nämlich die Human Resources-Beratung, gibt. Ebenso könnte man doch auch eine eigenständige Logistik- und Marketing-Beratung in die BDU-Einteilung aufnehmen.

Aus Sicht des Verfassers haben sich die in Abbildung 2-20 aufgeführten **Beratungsthemen**, die dann zu Beratungsfeldern ausgebaut wurden, als relativ eigenständig erwiesen. Dabei ist auffällig, dass die Beratungsfelder mit wenigen Ausnahmen vorwiegend querschnittsorientiert, d. h. funktions- und branchenneutral ausgerichtet sind.

Zu einem ähnlichen Ergebnis kommt bereits eine Befragung von 39 BDU-Beratern aus dem Jahre 1990, nach der zwei Drittel der Berater die Unternehmensberatung primär funktions- und branchenübergreifend durchführen. Die wichtigsten inhaltlichen Schwerpunkte bildeten die Organisation- und EDV-Beratung, gefolgt von der Marketingberatung [vgl. MEFFERT 1990, S. 183].

Dennoch hat eine Ausrichtung nach Funktionen, Beratungsthemen, Branchen oder nach der Unternehmensgröße der Kundenunternehmen den Vorteil, dass sich solch eine Spezialisierung in der Regel leichter kommunizieren und damit besser vermarkten lässt. Eine Unternehmensberatung, die sich auf ein bestimmtes Beratungsthema spezialisiert hat, kann leichter ein Markenbild aufbauen und sich damit besser profilieren als ein Generalist.

Die Chancen und Risiken der individuellen Leistungsfindung hängen von zahlreichen Bestimmungsfaktoren ab, z. B. von der Intensität des Wettbewerbs, vom Preisniveau und vom Umfang und Potential der definierten Beratungsfelder (siehe auch Abschnitt 3.2.4).

Beratungsthema	Beratungsfeld	Ausprägungen und Inhalte
Strategie	Strategieberatung (Managementberatung)	• Corporate Strategy • Corporate Finance • Marketing- und Vertriebsstrategie
Organisation	Organisationsberatung (Prozessberatung)	• Prozessoptimierung und Performance Management • Change Management • CRM und Vertrieb • Beschaffung und Supply Chain Management
IT (Informationstechnik)	IT-Beratung (IT-Consulting)	• Systemberatung • Systemintegration
Innovation	Innovationsberatung	• Technologieberatung • Business Development und Innovation
Fusion	Fusionsberatung	• M&A-Beratung • Post-Merger-Integration
Gründung	Gründungsberatung	• Entwicklungsberatung • Nachfolgeberatung
Steuerung	Steuerungsberatung	• Controlling-Beratung • Finanz- und Prozesscontrolling
Sanierung	Sanierungsberatung	• Restrukturierungsberatung • Insolvenzberatung • Turnaround-Beratung
HR (Human Resources)	HR-Beratung	• HR-Strategie • Vergütungsberatung • Talent Management • Management Diagnostik und Development • Outplacement-Beratung
...	...	...

Abb. 2-20:   Übergang von Beratungsthemen zu Beratungsfeldern

2.4.2.2   Spezialisierung nach Funktionen bzw. Beratungsthemen

Die Spezialisierung auf eine bestimmte Funktion bzw. auf ein Beratungsthema hat nicht nur den Vorteil der leichteren Vermarktungsfähigkeit, auch weist CHRISTIAN SCHADE theoretisch nach, dass sich ein Beratungsspezialist ceteris paribus auf der Umsatzseite besser entwickelt als ein Generalist [vgl. SCHADE 2000, S. 240 ff.].

Und wenn man zusätzlich in Erwägung zieht, dass sich mit der Festlegung der funktionalen Schwerpunkte auch die Möglichkeit zur Entwicklung und Vermarktung von **Beratungsprodukten** ergibt, wird leicht ersichtlich, welche Durchschlagskraft eine Orientierung nach Funktionen oder nach Beratungsthemen haben kann. Beratungsprodukte können dabei als wiederholbare standardisierte Vorgehensweisen zur Lösung eines (Standard-)Problems bezeichnet werden [vgl. NIEDEREICHHOLZ 2010, S. 55].

Zwei Beispiele für Beratungsunternehmen, die erfolgreich funktionale Schwerpunkte setzen, sollen hier genannt werden: Zum einen handelt es sich um die 4FLOW CONSULTING, die sich mit ihren 180 Mitarbeitern auf dem Gebiet der Logistikberatung einen Namen gemacht hat. Zum anderen ist es SIMON, KUCHER & PARTNERS mit Fokus auf Marketing-, Vertriebs- und Pricing-Strategien. Im Bereich der Preispolitik gilt das Unternehmen sogar als Weltspitze.

2.4.2.3 Spezialisierung nach Branchen

Einer alten angloamerikanischen Regel zur Folge wird die Branchenorientierung mit *Standbeinen* verglichen, auf denen man jederzeit fest stehen sollte. Die funktionale Spezialisierung von Beratungsunternehmen sind dagegen eher *Spielbeine*, die zur Not auch einmal in anderen Branchen tätig sein können. Branchenorientierung heißt für den Berater, dass er die Entwicklung, die Besonderheiten, das Selbstverständnis, das Preisgefüge und die psychologischen Befindlichkeiten der Branche aus eigener Erfahrung kennt. Er ist in dieser Branche bekannt, verfügt über ein Netzwerk von persönlichen Kontakten zu wichtigen Akteuren und den Meinungsführern der Branche [vgl. NIEDEREICHHOLZ 2010, S. 53 ff.].

Unter der Vielzahl der in unserer Wirtschaft existierenden Branchen hat sich das **verarbeitende Gewerbe** mit seinen Untergruppen (Wirtschaftsabteilungen) als größtes Reservoir eigenständiger Branchen entwickelt. Ob es sich um die Textilbranche, die Mineralölindustrie, den Maschinenbau oder die Elektroindustrie handelt, in jedem Fall handelt es sich um Wirtschaftssektoren mit einer sehr hohen Eigenständigkeit, die eben auch eigenständige Anforderungen an die dienstleistende Beratungsbranche hat. Hier kann es also für die Unternehmensberatung ratsam sein, sich – wenn es das individuelle Leistungsportfolio und das dahinter stehende Know-how zulässt – auf die Bearbeitung bestimmter Branchen zu konzentrieren.

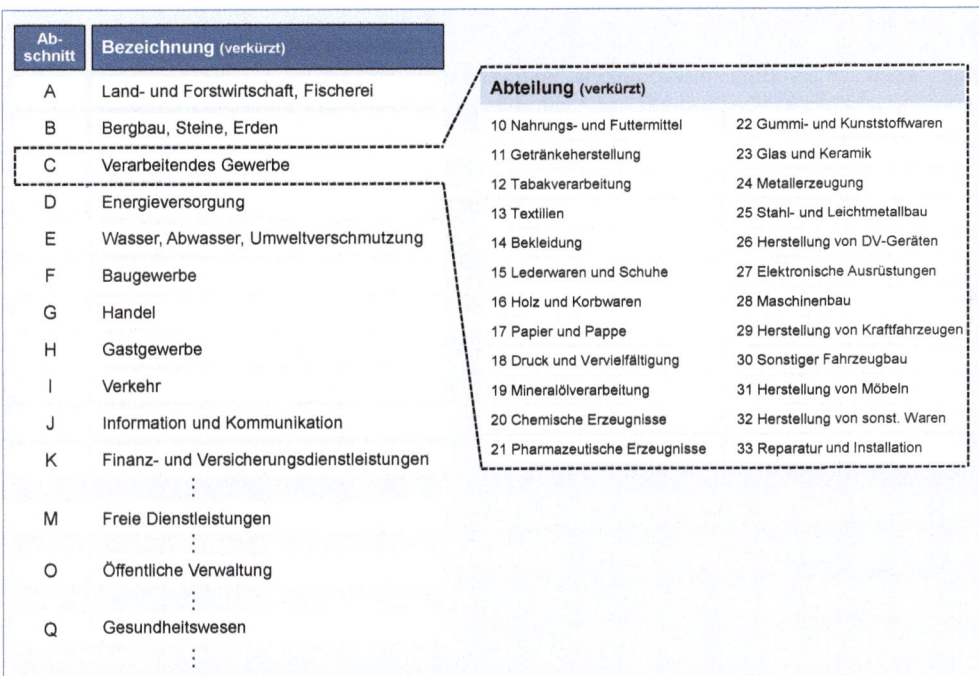

Abb. 2-21:   Gliederung der amtlichen Systematik der Wirtschaftszweige (Ausschnitt)

Es wird immer wieder die Frage diskutiert, ob Branchen mit geringeren Wachstumsaussichten und ihrem möglichen Bedarf an Sanierungs- und Reorganisationsberatung ein besseres Umsatzpotenzial bieten als Unternehmen in Wachstumsbranchen. Hierzu gibt es keine empirisch fundierten Daten. Auf der anderen Seite lässt sich ebenso argumentieren, dass Kundenunternehmen mit Wachstumsaussichten eher bereit sind, in externe Dienstleistungen zu investieren als Unternehmen mit weniger guten Perspektiven. Selbst Unternehmen, denen es ausgesprochen gut geht, haben zumindest eines: Wachstumsschmerzen. Und diese zu beheben, kann ein wichtiger Baustein im Angebotsportfolio einer Unternehmensberatung sein.

Abbildung 2-21 gibt einen Überblick über die Struktur der Wirtschaftszweige in Deutschland, so wie es die amtliche Statistik sieht. Dabei wird deutlich, dass sich im verarbeitenden Gewerbe die größte Anzahl eigenständiger Branchen befindet.

2.4.2.4 Innovationsberatung als Beispiel einer querschnittsorientierten Beratung

Auch für Beratungsunternehmen nimmt der Innovationsdruck ständig zu. Beratungsleistungen werden immer vergleichbarer. Bewährte Beratungs- und Management-Tools sind für jeden leicht zugänglich. Gleichzeitig nehmen die Anforderungen und Erwartungen der Kundenunternehmen hinsichtlich der Quantifizierbarkeit und Nachhaltigkeit an die Beratungsleistungen ständig zu. Viele Consulting-Firmen sehen daher nur die Möglichkeit, sich durch Innovationen am Markt zu differenzieren. So zeigt eine Umfrage unter den BDU-Beratern aus dem Jahre 2011, dass nach Ansicht der befragten Berater Beratungsmandate mit der Zielsetzung Differenzierung und Innovation zur Steigerung des Kundenumsatzes stärker nachgefragt werden. Auch nehme die Notwendigkeit, neue Beratungsthemen und -ansätze zu entwickeln, deutlich zu. Commodity-Anbieter gerieten dagegen immer mehr unter (Preis-)Druck [Quelle: BDU 2011].

Generell sind es zwei Stoßrichtungen, die der Berater hinsichtlich seiner Innovationsausrichtung verfolgen kann: eine *wettbewerbsorientierte* und/oder eine mehr *kundenorientierte* Stoßrichtung. Bei der wettbewerbsorientierten Ausrichtung ist das Innovationspotential z. B. mit neuen Geschäftsmodellen, neuen Methoden und Tools oder neuen Beratungsprodukten auf die Wettbewerbsfähigkeit des Beratungsunternehmens ausgerichtet. Im Gegensatz dazu ist die mehr kundenorientierte Stoßrichtung auf Beratungsinhalte (z. B. Innovationsberatung, Innovationsprozessberatung) ausgerichtet. Letztlich führen diese innovativen Beratungsinhalte, die eine Erhöhung der Wertschöpfung des Kunden zum Ziel haben, dann auch wieder zu einer stärkeren Differenzierung auf dem Beratermarkt (siehe Abbildung 2-22).

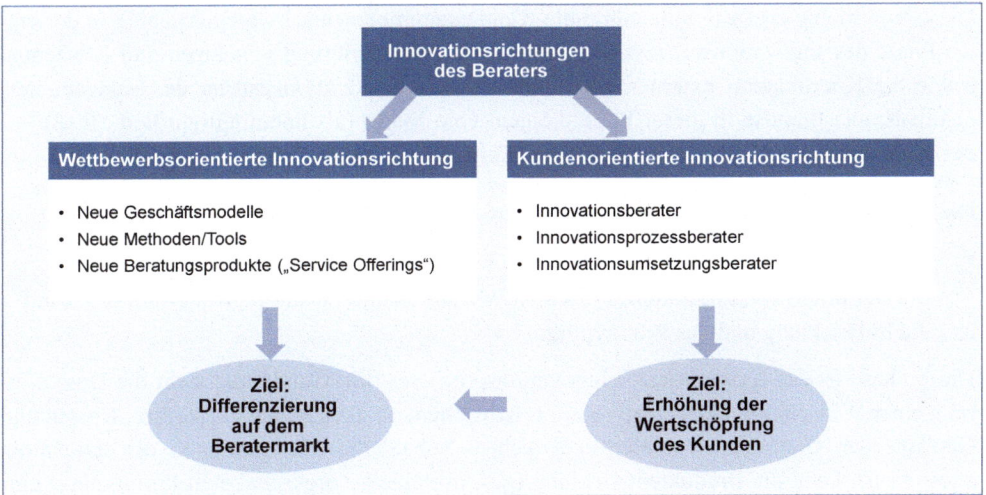

Abb. 2-22: Innovationsausrichtungen des Beraters

Versucht man die kundenorientierten Innovationsrichtungen, nämlich

● die Innovationsberatung,

● die Innovationsprozessberatung und

● die Innovationsumsetzungsberatung

den Phasen des idealtypischen Innovationsprozess eines Kundenunternehmens zuzuordnen, so erhält man die in Abbildung 2-33 dargestellte Struktur.

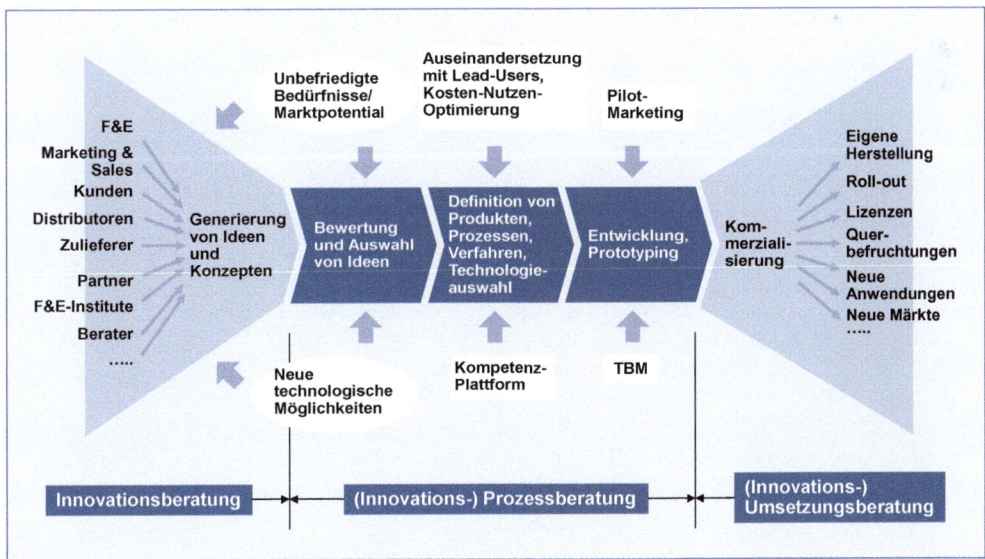

Abb. 2-23: Innovationsprozess und beraterische Unterstützung

Die Innovationsberatung unterstützt die Kundenunternehmen schwerpunktmäßig in der ersten Phase des Innovationsprozesses. Inhalte sind die Generierung von Ideen und Konzepten sowie die Koordination externer Entwicklungs- bzw. Innovationspartner des Kundenunternehmens. Die Impulse in dieser Phase können vom Markt (als unbefriedigte Bedürfnisse) oder auch durch neue technologische Möglichkeiten ausgehen.

Die Innovationsprozessberatung konzentriert sich auf

- die Bewertung und Auswahl von Ideen,
- die Definition von Produkten, Prozessen, Verfahren und Technologieauswahl sowie auf
- die Entwicklung und das Prototyping.

Diese Phase ist das Kernstück des Innovationsprozesses. Im Mittelpunkt steht die Durchführung einer Wirtschaftlichkeitsanalyse um festzustellen, ob die geplanten Umsätze, Kosten und Gewinne den Unternehmenszielen entsprechen. Sobald die Marktfähigkeit der Innovation attestiert ist, kann die Produktentwicklung (ggf. mit einem vorgeschalteten Prototyping) eingeleitet werden.

Aufgabe der Innovationsumsetzungsberatung ist die Unterstützung des Kundenunternehmens bei der Markteinführung bzw. Kommerzialisierung der Innovation. Hier geht es um Fragen des Make-or-Buy, der Lizensierung, der nationalen oder auch internationalen Einführung.

In Insert 2-09 sind weitere Aspekte des Innovationsbegriffs wie Innovationsobjekte, Innovationsgrad und Innovationstreiber zusammengetragen.

Insert

Aspekte des Innovationsbegriffs

Nicht nur aus einzelwirtschaftlicher Sicht sind Innovationen notwendig, um die Wettbewerbsfähigkeit von Unternehmen zu sichern. Auch gesamtwirtschaftlich gesehen besteht kein Zweifel darüber, dass in den westlichen Industrieländern die internationale Wettbewerbsfähigkeit nur durch Innovationen gewährleistet werden kann, da insbesondere Schwellenländer technisch-funktionale Wettbewerbsvorteile immer schneller imitieren können. So ist es auch kein Wunder, dass der Begriff der Innovation in den letzten Jahren zu einem bedeutenden Schlagwort geworden ist [vgl. MEFFERT et al. 2008, S. 408].

„Innovation is the use of new knowledge to offer a new product or service that costumers want. It is invention and commercialization." [AFUAH 1998, S. 13] Diese Definition fasst den unter den vielen in der Literatur angebotenen Auslegungen des Innovationsbegriffs am besten zusammen, weil sie die beiden wesentlichen Bestandteile – nämlich „kundenwertige Neuheit" und „Markterfolg" – vereint. Der Innovationsbegriff ist allerdings nicht nur auf *Produktinnovationen* (im Sinne von Sachgütern) beschränkt, sondern bezieht auch Neuheiten im

Bereich der Entwicklung von Prozessen (→ *Prozessinnovationen)*, Dienstleistungen (→ *Serviceinnovationen)*, Organisationen (→ *Organisationsinnovationen)* und Geschäftsmodellen (→ *Geschäftsmodellinnovationen)* als **Innovationsobjekte** mit ein.

Eine weitere Unterscheidung von Innovationen kann unter dem Aspekt des **Innovationsgrades** vorgenommen werden. Danach ist zwischen *Imitationsinnovationen*, *Anpassungsinnovationen* und *Basisinnovationen* zu differenzieren.

Schließlich kann noch nach dem **Treiber der Innovation** zwischen markt- und technologieinduzierten Innovationen unterschieden werden. Marktgetriebene Innovationen (engl. *Market Pull)* gehen von bislang nicht erfüllten Kundenbedürfnissen aus, während technologiegetriebene Innovationen (engl. *Technology Push)* in der Regel auf naturwissenschaftlich-technische Entwicklungen zurückzuführen sind [vgl. HOMBURG/KROHMER 2009, S. 542].

Die untenstehende Abbildung liefert einige Beispiele zu den verschiedenen Innovationstypen.

Innovationstypen	Beispiele
Objekt der Innovation → Produktinnovation	Gameboy (NINTENDO), Kinder-Überraschungsei (FERRERO), I-Phone (APPLE)
Prozessinnovation	Automatische Hochregallagersteuerung, RFID-Technologie im Handel
Serviceinnovation	Online-Banking für Privatkunden
Organisatorische Innovation	Einführung von Telearbeit im Unternehmen
Geschäftsmodellinnovation	IKEA-Geschäftsmodell (ein Teil der Wertschöpfung wird zum Kunden ausgelagert)
Grad der Innovation → Imitationsinnovation	Generika in der pharmazeutischen Industrie
Anpassungsinnovation	Anwendungsmodifikationen für SAP-Standardsoftware
Basisinnovation	Hybrid-Antrieb in der Automobilindustrie
Treiber der Innovation → Market Pull	SMART-Kleinwagen von DAIMLER
Technology Push	Digital-Kameras

[Quelle: LIPPOLD 2012, S. 119 f.]

Insert 2-09:   Aspekte des Innovationsbegriffs

2.4.2.5 Spezialisierung nach der Kundengröße

Eine Überlegung, die sich in diesem Zusammenhang stellt, ist die Frage nach der Größe der zu bedienenden Kundenunternehmen. Häufig ist die Branchenfokussierung auch unmittelbar an die Entscheidung geknüpft, auf welchen Unternehmensgrößen der Schwerpunkt der Beratung liegen soll. Da der Erfahrungssatz gilt, dass ein Konzernberater unter fachlich-inhaltlichem Aspekt auch immer in der Lage sein sollte, ein mittelständisches Kundenunternehmen zu beraten, ist die Frage nicht aus Sicht des eigenen Leistungsspektrums, sondern eher grundsätzlich zu beantworten. So hat bspw. ein Nischenanbieter gute Chancen, seine Leistungen sowohl in Konzernunternehmen als auch im Mittelstand erfolgreich zu platzieren. Darüber hinaus gibt es aber auch eine Reihe von Beratungsinhalten, die in erster Linie ausschließlich oder doch überwiegend von mittelständischen Unternehmen nachgefragt werden. Dazu zählen bspw. das Nachfolgemanagement oder das Kooperationsmanagement.

Dennoch muss betont werden, dass größere Kundenunternehmen in aller Regel einem Beratereinsatz positiver gegenüberstehen als kleinere Unternehmen. Das mag auf der einen Seite mit den (relativ hohen) Kosten pro Beratertag zusammenhängen, auf der anderen Seite gehört die Beauftragung von Beratern zum selbstverständlichen Tagesgeschäft, also zur Normalität eines großen Kundenunternehmens, während mittelständische Unternehmen in dieser Frage doch immer noch Berührungsängste zeigen.

Wahrscheinlich lässt sich aber diese psychologische Begründung nicht vom Kostenargument trennen. So ist in diesem Zusammenhang die Frage zu stellen, ob es nicht ein Mengen-/Preisverhältnis in Abhängigkeit von der Unternehmensgröße (zumindest im IT-nahen Beratungsgeschäft) existiert.

Abbildung 2-24 soll diesen Zusammenhang im Beratungsgeschäft rund um den Einsatz von Software verdeutlichen: Im Mittelpunkt der Darstellung steht die *Betriebsgrößenpyramide* als Basisdreieck. Die Betriebsgrößenpyramide sagt aus, dass es nur sehr wenige sehr große Unternehmen und sehr viele kleinere Unternehmen gibt. Je kleiner die Kundenunternehmen sind, desto geringer wird auch der Preis sein, der für eine Softwareeinheit erzielt werden kann. Dies ist insofern plausibel, weil ERP-Softwareanbieter wie SAP und ORACLE ihre Produkte vornehmlich nach der Anzahl der User bepreisen, d. h. ein größeres Unternehmen, das (naturgemäß) sehr viele User hat, zahlt für ein und dieselbe Software einen höheren Preis als ein kleineres Unternehmen mit weniger Softwarenutzern. Dies ist bei beliebig reproduzierbaren Softwareprodukten (also bei Produkteinheiten) weniger problematisch, denn geringere Preise lassen sich durch entsprechende Mengen kompensieren. Anders sieht es dagegen bei den *Dienstleistungseinheiten* aus, die in Form von Einführungs-, Installations- und Beratungsleistungen regelmäßig mit dem Softwareprodukteinsatz verbunden sind. Serviceeinheiten sind weder beliebig reproduzierbar noch beliebig teilbar. Sie basieren auf einer Kalkulation (Stunden- oder Tageshonorare), die sich zum überwiegenden Teil aus den Personal- und Arbeitsplatzkosten eines Beraters zusammensetzen. Diese Überlegung begründet auch die Erfahrung, dass in kleineren Betrieben (mit ebenso kleinen IT-Budgets) auf eine Produkteinheit nur Bruchteile einer Serviceeinheit entfallen, dagegen in Großbetrieben der Serviceanteil (meistens in Form von Modifikationen) häufig deutlich über dem entsprechen Produktanteil liegt. Ebenso ist aus dieser Überlegung abzuleiten, dass in Klein- und Mittelbetrieben nahezu ausschließlich Standardsoftware zum Einsatz kommt. Software mit hohen Individualanteilen ist für diese Marktsegmente unwirtschaftlich [vgl. LIPPOLD 1998, S. 127].

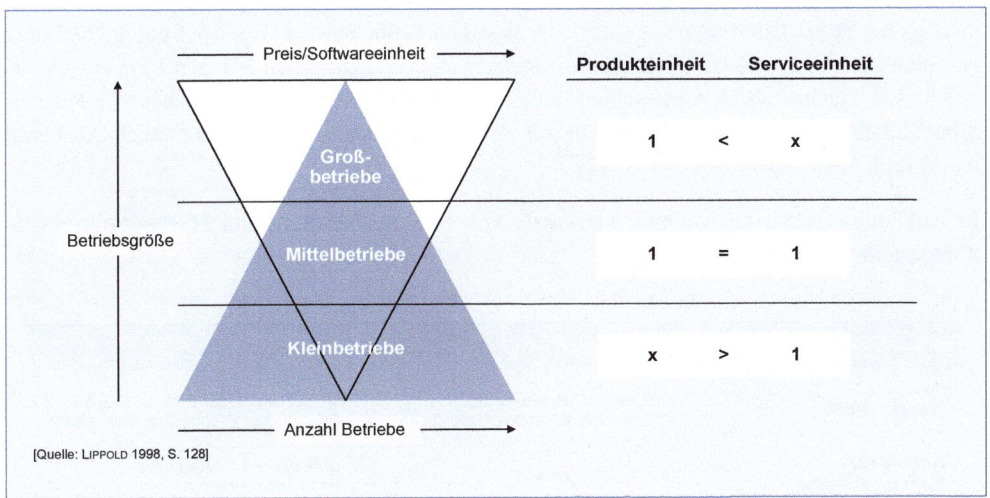

Abb. 2-24: *Mengen-/Preisverhältnis in Abhängigkeit vom Zielmarkt*

2.4.2.6 Strategieberatung vs. IT-Beratung

Unter allen Beratungsfeldern nehmen die *Strategieberatung* und die *IT-Beratung* eine in jeder Hinsicht dominierende und gleichzeitig polarisierende Rolle ein, ohne dass eine akzeptierte Trennlinie zwischen beiden Disziplinen vorhanden ist. Beide Beratungsfelder sind in gewisser Weise systembildend bzw. prägend für einen Großteil aller Beratungsunternehmen. Daher sollen nachfolgend beide Bereiche kurz charakterisiert und Unterscheidungskriterien identifiziert werden.

Strategieberatung hat die langfristigen Potentiale und Wettbewerbsvorteile der Kundenunternehmen im Blick. Die Beratungsleistung befasst sich mit der Entwicklung von Zukunftsbildern zur dauerhaften Sicherung des Unternehmenserfolgs des Auftraggebers. Die **IT-Beratung** ist dagegen primär operativ ausgerichtet. Ihr Ziel liegt in der Verbesserung des Einsatzes der Informationsverarbeitung. Dabei steht die Erhöhung der Effektivität und Effizienz im Mittelpunkt der Leistungserstellung. Überlegenes Wissen oder Ressourcenknappheit können hierbei ausschlaggebend für die Beauftragung sein [vgl. NISSEN/KINNE 2008, S. 90 f.].

Hinsichtlich der **Tätigkeitschwerpunkte** wird bei der Strategieberatung in den Beratungsphasen *Analysieren, Planen, Konzipieren* deutlich mehr Umsatz generiert als in den Phasen *Umsetzen, Implementieren.* Bei den IT-Beratungsunternehmen ist es genau umgekehrt. **Auftraggeber** für die Strategieberatung ist zumeist die Geschäftsführung. Auftraggeber der IT-Beratung sind dagegen mehrheitlich die Fachbereiche sowie die IT-Abteilung der Kundenunternehmen. Während die **Kundenstruktur** der IT-Beratung nahezu das gesamte Spektrum von den kleineren Unternehmen bis hin zu den Großunternehmen umfasst, nehmen – nicht zuletzt aufgrund deutlich höherer Tagessätze – nur mittelgroße und große Kundenunternehmen die Leistungen der Strategieberatung in Anspruch. Im IT-Beratungsbereich herrscht auch häufig eine Spezialisierung nach einer oder wenigen Branchen vor. Bei der Strategieberatung ist solch eine Branchenspezialisierung dagegen eher selten. Auch bei den Eigentumsverhältnissen zeichnen sich Unterschiede ab. Strategieberatungen tendieren eher zur Partnerschaft, IT-Beratungsgesellschaften eher zur Kapitalgesellschaft (siehe hierzu auch Abschnitt 2.3.5) [vgl. NISSEN/KINNE 2008, S. 92].

In Abbildung 2-25 sind wichtige Merkmale von Strategieberatung und IT-Beratung gegenübergestellt.

Kriterium	Strategieberatung	IT-Beratung
Ziel/Aufgabe	Analyse und Verbesserung strategischer Wettbewerbspositionen	Verbesserung der Effektivität und Effizienz der Informationsverarbeitung
Gründe für Auftragsvergabe	Überlegenes Wissen	Überlegenes Wissen oder Ressourcenknappheit
Tätigkeitsschwerpunkte	Analysieren, Planen, Konzipieren	Umsetzen, Implementieren
Auftraggeber	Überwiegend Geschäftsführung	Überwiegend Fachbereiche oder IT-Abteilung
Kundenstruktur	Große und mittelgroße Unternehmen	Alle Unternehmensgrößen
Ø Tagessatz	Eher > 1.500 Euro	Eher < 1.500 Euro
Branchenspezialisierung	Eher nicht	Häufig
Eigentumsverhältnis	Eher Partnerschaft	Eher Kapitalgesellschaft

[Quelle: in Anlehnung an NISSEN/KINNE 2008, S. 102]

Abb. 2-25:   Gegenüberstellung von Strategie- und IT-Beratung

2.5 Strategie und Umsetzung

2.5.1 Notwendigkeit der Strategieentwicklung

Im letzten Schritt der marktorientierten Unternehmensplanung werden die Strategien festgelegt und durch entsprechende Maßnahmen umgesetzt, denn *„Berater brauchen wie jede andere Unternehmung eine Markt-Leistungsstrategie"* [Hill 1990, S. 177].

Strategien bestimmen die grundsätzliche Ausrichtung eines Unternehmens im Markt. Sie legen zugleich fest, welche Ressourcen zu ihrer Verfolgung aufgebaut und eingesetzt werden sollen. Im Beratungsgeschäft sind dies vornehmlich Entscheidungen über die Anzahl und Ausprägung der einzustellenden Mitarbeiter. Die besonderen Merkmale strategischer Entscheidungen sind [vgl. HUNGENBERG/WULF 2011, S. 107 ff.]:

- Strategien beanspruchen eine längerfristige Gültigkeit und geben unter den sich ständig ändernden Rahmenbedingungen einen stabilen Entwicklungspfad vor.

- Strategien sind darauf ausgerichtet, den langfristigen Erfolg eines Unternehmens zu sichern.

- Strategien zielen darauf ab, Erfolgspotentiale und Wettbewerbsvorteile aufzubauen und zu verteidigen.

- Strategien werden in der Unternehmensberatung zumeist auf drei Ebenen gestaltet: auf der Ebene des Gesamtunternehmens (= Unternehmensstrategie bzw. Unternehmensentwicklungsstrategie), auf Geschäftsfeldebene (= Geschäftsfeldstrategie) und auf Ebene einzelner Funktionsbereiche (z. B. Marketing- oder Personalstrategie).

RINGLSTETTER/KAISER/KAMPE begründen die Notwendigkeit der Strategieentwicklung in der Unternehmensberatung in erster Linie mit dem natürlichen **Drang zum Wachstum**. Antriebskräfte sind dabei die zunehmende Wettbewerbsintensität der Unternehmensberater einerseits und die Anreizsysteme und Karriereversprechungen in der Beratung anderseits. Die stetige Zunahme der Anbieter im Beratungsgeschäft und die Ausweitung des Angebotsspektrums von bereits etablierten Firmen (IT-Dienstleister steigen in die Strategieberatung ein und umgekehrt) sind Kennzeichen der zunehmenden **Wettbewerbsintensität**. Unternehmensberatungen müssen aber auch deshalb wachsen, weil die **Anreiz- und Karrieresysteme** in der Beratung so ausgelegt sind, damit das Verhältnis zwischen den (nach Karriere strebenden) Junior-Beratern und den Senior-Beratern bzw. Managern rentabel bleibt [vgl. RINGLSTETTER et al. 2007, S. 182 f.].

Strategien bilden den Rahmen für das unternehmerische Handeln und sind damit ein zentrales Bindeglied *(„Scharnierfunktion")* zwischen den Zielen und den laufenden operativen Maßnahmen. Ziele bestimmen die Frage des *„Wohin"*, Strategien konkretisieren die Frage des *„Wie"*, und der Mix legt den Instrumentaleinsatz *(„Womit")* und damit den eigentlichen Handlungsprozess fest [vgl. BECKER 2009, S. 140 ff.; KOTLER et al. 2007, S. 88 f.].

Die besonders deutlich von JOCHEN BECKER [1993] herausgearbeitete Trennung von Zielen *(„Philosophie")*, Strategien *(„Struktur")* und Maßnahmen-Mix *(„Prozess")* lässt sich in der Praxis allerdings kaum durchhalten. Zu eng sind die **Verflechtungen zwischen Strategie-**

und Prozessebene. So ist es weder möglich, Strategien und Maßnahmen eindeutig voneinander zu trennen, da ein und dieselbe Entscheidung sowohl strategisch als auch maßnahmenorientiert ausgerichtet sein kann [vgl. BACKHAUS 1990, S. 206], noch lässt sich eine eindeutige Zuordnung der Instrumentalbereiche (Maßnahmen-Mix) zur strategisch-strukturellen Ebene bzw. zur taktisch-operativen Ebene vornehmen. Selbst BECKER [2009, S. 485] räumt ein, dass der Maßnahmen-Mix auch als die taktische Komponente der Strategie aufgefasst werden kann.

Mit der *Marketing-Gleichung* in *Kapitel 3* und der *Personalmarketing-Gleichung* in *Kapitel 5* werden hier zwei Ansätze verfolgt, die als Vorgehensmodelle Strategie und Maßnahmen-Mix im Rahmen ihrer Aktionsfelder integriert betrachten.

Abbildung 2-26 enthält eine synoptische Zuordnung der beiden Vorgehensmodelle zu den Konzeptionsebenen *Strategie* und *Maßnahmen-Mix*, d. h. die beiden Konzeptionsebenen fließen zu jeweils einem Vorgehensmodell zusammen.

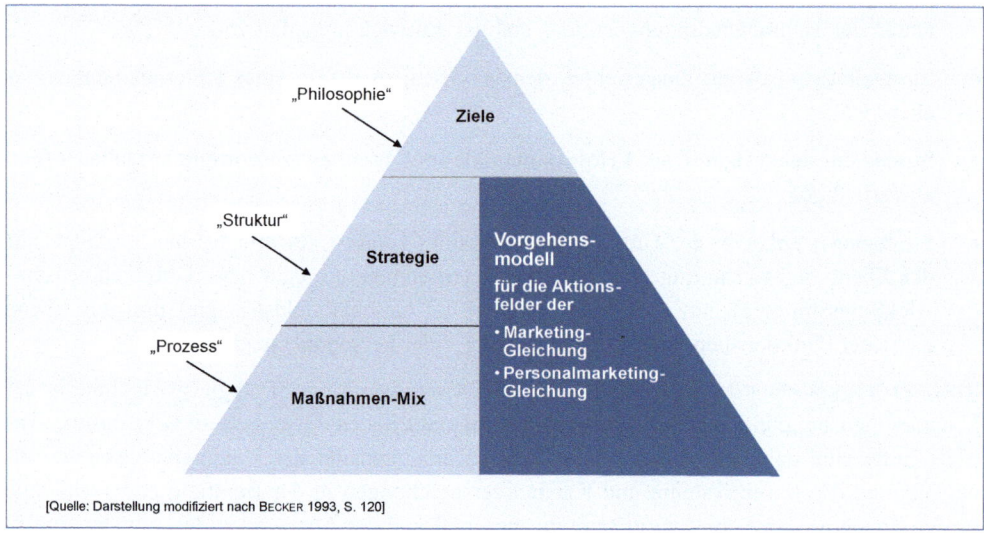

[Quelle: Darstellung modifiziert nach BECKER 1993, S. 120]

Abb. 2-26:   Das Schichtenmodell der Unternehmenskonzeption

2.5.2 Kritische Ressourcen der Unternehmensberatung

Es wird auf drei kritische Ressourcen hingewiesen, die die einzuschlagenden Strategien der Unternehmensentwicklung und damit die strategischen Stoßrichtungen der Unternehmensberatung maßgeblich beeinflussen [vgl. RINGLSTETTER et al. 2007, S. 182 f.]:

● **Wissen** (engl. *Knowledge*), d. h. die Wertschöpfung von Beratung erfordert weniger den Einsatz von Maschinen oder Kapital, sondern vielmehr das Fachwissen, die Erfahrung und die Problemlösungsfähigkeit der Mitarbeiter. Die häufig komplexen und unstrukturierten Problemstellungen der Kundenunternehmen ermöglichen im relevanten Wissensbereich einen Vorsprung gegenüber dem Kunden- und Wettbewerberwissen.

- **Kundenbeziehung** (engl. *Customer Relationship*), d. h. die Erstellung einer komplexen Beratungsleistung setzt eine (zumeist) multipersonelle Interaktion zwischen Beratern und Kundenmitarbeitern voraus. Nur durch die Interaktion können Beratungsanbieter Kenntnisse über die spezifische Situation des Kunden gewinnen und eine kundenspezifische Problemlösung erstellen. Die Kundenbeziehung ist also der Schlüssel sowohl zu einer erfolgreichen Interaktion mit dem Kunden, als auch zu einer erfolgreichen Integration des Kunden als *externer Faktor* in den Prozess der Leistungserstellung (siehe auch 1.1.2).

- **Reputation**, d. h. aufgrund der Unsicherheit gegenüber der Beratungsleistung, deren Qualität sich ja erst nach Auftragsabschluss zeigt, orientieren sich die Kundenunternehmen beim Kauf häufig am Qualitätsmerkmal *Reputation*. Eine hohe Reputation ist daher oftmals Türöffner und Voraussetzung für lukrative Beratungsprojekte.

Abbildung 2-27 zeigt die Zusammenhänge zwischen den Charakteristika von Beratungsleistungen und den kritischen Ressourcen von Unternehmensberatungen auf.

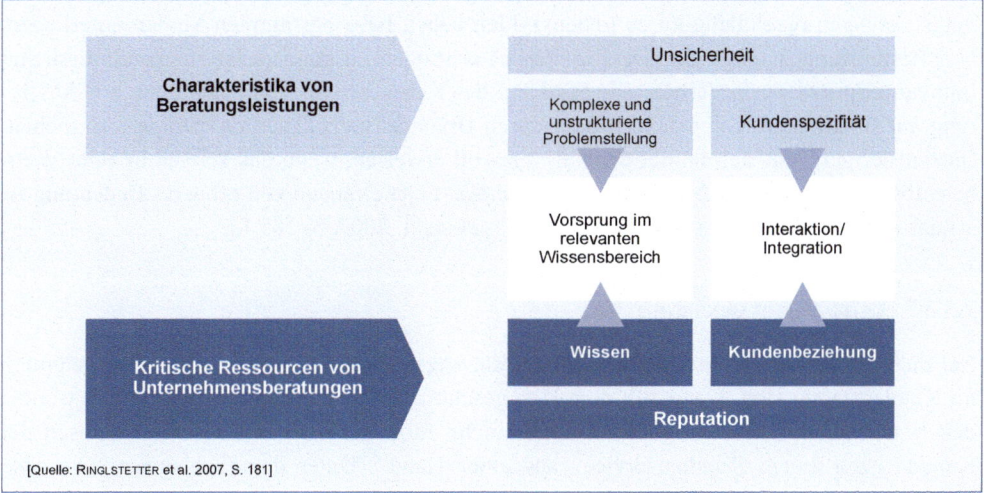

[Quelle: RINGLSTETTER et al. 2007, S. 181]

Abb. 2-27: Kritische Ressourcen von Unternehmensberatungen

2.5.3 Entwicklungsstrategien – die wichtigsten strategischen Stoßrichtungen

Auf der Grundlage der oben erläuterten kritischen Ressourcen des Beratungsgeschäfts bieten sich in Anlehnung an ANSOFF [1966, S. 132] prinzipiell vier Optionen für die strategische Entwicklung von Unternehmensberatungen an [vgl. auch RINGLSTETTER/BÜRGER 2003]:

- Kundendurchdringungsstrategie, d. h. mit dem bestehenden Leistungsprogramm die bestehenden Kundengruppen weiter durchdringen;

- Kundenentwicklungsstrategie, d. h. mit dem bestehenden Leistungsprogramm neue Kundengruppen gewinnen;

- Leistungsentwicklungsstrategie, d. h. mit neuen Leistungen die bestehenden Kunden-gruppen weiter entwickeln;

- Diversifikationsstrategie, d. h. mit neuen Leistungen neue Kundengruppen gewinnen.

In diesem Zusammenhang muss erwähnt werden, dass die oben beschriebenen strategischen Optionen allesamt den **Wachstumsstrategien** zuzuordnen sind. In schwierigen konjunkturel-len Zeiten oder in Phasen der strategischen Neuformierung kann durchaus eine **Konsolidie-rungsstrategie** – verbunden z. B. mit Einstellungsstopps – die erfolgversprechendere Alterna-tive darstellen.

2.5.3.1 Kundendurchdringung

Unabhängig von einer Verfolgung weiterer Strategien müssen sich *alle* Unternehmensbera-tungen *kontinuierlich* um die weitere Durchdringung ihrer Kundenbasis und damit um die Stärkung ihres Kerngeschäfts bemühen. Kontinuierlich deshalb, weil wissensintensive Bera-tungsleistungen regelmäßig kurze Lebenszyklen haben bzw. bestimmten Moden unterliegen. Um Bestleistungen (engl. *Service Excellence*) erbringen zu können, ist ein kontinuierlicher Innovationsprozess erforderlich. Die Stärkung des Kerngeschäfts kann dabei durch Fokussie-rung auf funktionale Kompetenzen oder durch Branchenspezialisierung erfolgen. Branchen-spezialisierung kann sich immer dann als sinnvoll erweisen, wenn das Wissen in einer Wett-bewerbssituation um die jeweiligen *Best Practices* einer Branche von größerer Bedeutung ist als das reine Methodenwissen [vgl. RINGLSTETTER et al. 2007, S. 185 f.].

2.5.3.2 Leistungsentwicklung

Bei dieser strategischen Stoßrichtung findet die angestrebte Umsatzausweitung vornehmlich im Kundenstamm statt. Neue, mit dem Kerngeschäft verwandte Beratungsleistungen werden den bestehenden Kunden angeboten. Eine solche Strategie orientiert sich am Wunsch der Kunden nach einem Rundumservice „aus einer Hand". Unter dem Schlagwort *One-Stop Shopping* gelingt es dem Berater durch *Customer Leverage* bzw. *Cross Selling* gleichzeitig verschiedene Projekte zu verkaufen und den Honorarumsatz entsprechend zu steigern. Da Unternehmensberatungen in starkem Maße von den spezifischen Problemstellungen ihrer Kundenunternehmen abhängig sind, kann eine Ausweitung des Leistungsspektrums negative Auswirkungen eines „kränkelnden" Teilbereichs auf den Gesamtumsatz ggf. kompensieren [vgl. SCOTT 2001, S. 38].

2.5.3.3 Kundenentwicklung

Die angestrebte Umsatzausweitung findet durch die Gewinnung neuer Kundengruppen statt. Mit dieser Strategie des *Knowledge Leverage* wird die vorhandene Wissensbasis und Prob-lemlösungskapazität einer größeren Anzahl von Kunden zugänglich gemacht. Neue Kunden-gruppen können bspw. durch eine stärkere internationale Ausrichtung gewonnen werden. Mit dieser häufigsten Ausprägung der Kundenentwicklungsstrategie können Unternehmensbera-tungen ihren Kundenunternehmen einen sogenannten *Seamless global Service* bieten. Dabei handelt es sich um die Möglichkeit, weltweit mit der gleichen Beratung zusammenzuarbeiten.

Neben der Internationalisierung ist auch das verstärkte Bemühen um den Mittelstand oder um öffentliche Unternehmen eine Option, neue Kundengruppen zu erschließen. Bei dieser strategischen Ausrichtung kann man von einer Positionierung nach dem Motto *One firm fits all* sprechen [vgl. RINGLSTETTER et al. 2007, S. 184 f.].

2.5.3.4 Diversifikation

Nach der ANSOFF'schen Produkt-Markt-Matrix sieht der vierte Quadrant eine Umsatzausweitung durch neue Leistungen (Produkte) bei neuen Kundengruppen vor. Diese strategische Stoßrichtung ist im Beratungsgeschäft bislang sehr selten wahrgenommen worden. Eine Ausnahme dabei bildet der Einstieg der großen, internationalen IT-Dienstleistungs- und Beratungsunternehmen in das *Outsourcing-Geschäft*.

In Abbildung 2-28 sind die strategischen Stoßrichtungen im Überblick dargestellt.

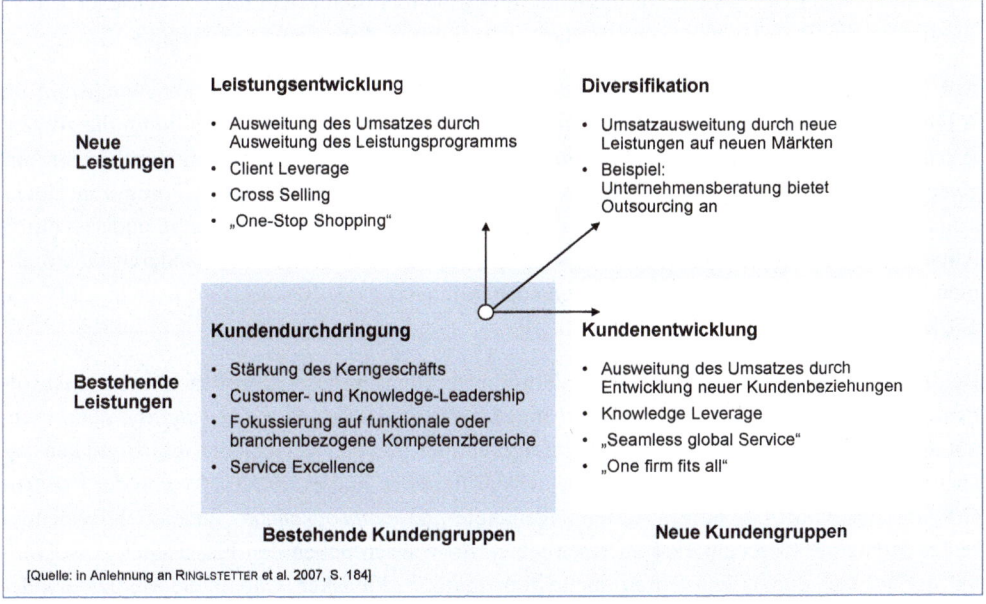

Abb. 2-28:   Strategische Stoßrichtungen im Beratungsgeschäft

2.5.4 Umsetzung der strategischen Entwicklungsoptionen

Zur Umsetzung der möglichen strategischen Stoßrichtungen bieten sich grundsätzlich drei Wege an:

- Internes (organisches) Wachstum,
- Externes Wachstum (Wachstum durch Akquisitionen) und
- Konsolidierung.

2.5.4.1 Organisches Wachstum

Organisches Wachstum liegt dann vor, wenn das Unternehmen aus eigener Kraft wächst. Im Mittelpunkt steht dabei die Gewinnung neuer Mitarbeiter. Dies erfolgt zum einen über die Rekrutierung von Hochschulabsolventen und zum anderen über die Abwerbung von erfahrenen Beratern anderer Unternehmen. Unternehmen wie ACCENTURE, MCKINSEY oder BOSTON CONSULTING GROUP haben ihr Wachstum in den letzten Jahren nahezu ausschließlich organisationsintern organisiert. Organische Wachstumsprogramme, die ihre Ausgangsbasis im Kundenstamm sowie im bestehenden Leistungsspektrum haben, ermöglichen möglicherweise einen höheren *Cash Return* als Akquisitionen [vgl. SCOTT 2001, S. 46].

Weitere Vorteile des organischen Wachstums stehen in unmittelbaren Zusammenhang mit der Unternehmenskultur. So lassen sich junge Hochschulabsolventen langsam an das Unternehmen heranführen, besser „formen" und erfolgreich integrieren, denn in einem frühen Entwicklungsstadium sind die Chancen, einen Mitarbeiter vollkommen in die Kultur des Unternehmens einzubinden, am größten. Daher sind die Firmenkulturen organisch gewachsener Unternehmen in aller Regel auch besonders stark gefestigt [vgl. SHAH/KRAATZ 2002, S. 9].

Auf der anderen Seite ist die Entwicklungsgeschwindigkeit beim organischen Wachstum im Allgemeinen nicht so hoch wie bei Akquisitionen, da die Wachstumsoption durch die Anzahl der fakturierbaren Professionals begrenzt ist. Diese Wachstumsbeschränkungen können auf zwei Wegen überwunden werden. Zum einen durch die verstärkte Rekrutierung von Hochschulabsolventen, Doktoranden und Absolventen von MBA-Programmen, zum anderen durch Abwerben von praxiserfahrenen Professionals (engl. *Lateral Hiring*) von anderen Unternehmen, bestenfalls von anderen Unternehmensberatungen [vgl. RINGLSTETTER et al. 2007, S. 186].

Beiden Wegen sind allerdings auch wiederum enge Grenzen gesetzt. Insbesondere der Absolventenmarkt für High-Potentials ist hart umkämpft (Stichwort: *War for Talents*), denn nicht nur Unternehmensberatungen, sondern Unternehmen aus den verschiedensten Branchen suchen motivierte, hochqualifizierte Nachwuchskräfte. Hier sind es MCKINSEY und der BOSTON CONSULTING GROUP gelungen, durch sogenannte „*Exotenprogramme*" neue, zielgruppengerechte Humanressourcenmärkte zu erschließen. So wurden neben den klassischen Absolventen der Wirtschaftswissenschaften auch Mathematiker, Physiker, Chemiker, Mediziner oder gar Theologen mit hervorragenden Abgangsnoten angesprochen, um sie als Mitarbeiter zu gewinnen. Ein solches Programm, bei dem die Einhaltung des Qualitätsniveaus eine wichtige Rolle spielt, setzt allerdings erhebliche Investitionen in die Selektion, Ausbildung und Integration der passenden Mitarbeiter voraus. Aber auch der Weg über das *Lateral Hiring* ist nicht unproblematisch. Zwar verfügen diese erfahrenen Professionals, die bereits einige Karrierestufen durchlaufen haben, über ein gutes Netzwerk an Kundenbeziehungen und über entsprechende Expertise in bestimmten Geschäftsbereichen, anderseits können solche „*Rainmaker*", die zumeist gleich auf Partnerebene einsteigen, nicht mehr so leicht integriert und – im Sinne des akquirierenden Unternehmens – „sozialisiert" werden. Zusätzlich vermindern solche Quereinsteiger die Aufstiegschancen der anderen Berater und können so zu erheblichen Motivationsverlusten führen [vgl. RINGLSTETTER et al. 2007, S. 188].

2.5.4.2 Wachstum durch Akquisitionen

Die Übernahme von PwC Consulting durch IBM Global Services oder der Zusammenschluss von CAPGEMINI und ERNST & YOUNG Consulting sind Beispiele dafür, wie aus Akquisitionen neue Key Player im internationalen Beratungsmarkt entstehen können. Aber auch kleinere Übernahmen wie z. B. BIW (Weinstadt), ABACUS (Düsseldorf) oder Dr. HÖFNER & Partner (München) jeweils durch ERNST & YOUNG Consulting zeigen, dass Wachstum immer wieder durch Akquisitionen bzw. Verschmelzungen erzeugt werden kann.

Wichtig dabei ist nun, dass bei einer Unternehmensakquisition aus 1 + 1 mindestens 2 oder gar 2,5 werden. Dazu sind zwei Schritte erforderlich. Zum einen ist zu prüfen, ob der geplante Zusammenschluss (engl. *Merger*) einen strategischen „Fit" ergibt, d. h. ob der Kundenstamm oder das spezifische Leistungsspektrum des Übernahmekandidaten zur Steigerung der *Service Excellence* beitragen. Ein gutes Beispiel hierfür ist der Merger zwischen CAPGEMINI und ERNST & YOUNG Consulting. Während CAPGEMINI vorwiegend in Europa und hier besonders gut in Frankreich, Großbritannien und Skandinavien aufgestellt war, erzielte ERNST & YOUNG Consulting mehr als die Hälfte des Umsatzes in den USA und in Deutschland. Neben diesem geografischen Fit waren es zudem die vielen ERNST & YOUNG-Mandate bei Großunternehmen, die CAPGEMINI vertrieblich nutzen wollte.

Der zweite, mindestens genau so wichtige Schritt ist eine erfolgreiche Integration des akquirierten Unternehmens, denn nur so lassen sich das hinzugewonnene Wissen und die neuen Kundenbeziehungen optimal nutzen. Nicht nur sachliche, sondern vor allem psychologische Argumente sollten einen Merger vorbereiten und begleiten. So kann eine Unternehmensakquisition bspw. als reine „Übernahme" oder auch als „Merger-unter-Gleichen" deklariert und umgesetzt werden.

Immer wieder sind es personenspezifische Widerstände, die den Integrationsprozess gefährden oder den geplanten Zusammenschluss sogar verhindern. Beispiele dafür sind die Übernahme der Strategieberatung A. T. KEARNEY durch den IT-Dienstleister und Outsourcing-Spezialisten Electronic Data Systems (EDS) sowie der gescheiterte Merger zwischen DELOITTE und ROLAND BERGER. Während die dauerhaften Widerstände und kulturellen Auseinandersetzungen letztlich dazu führten, dass EDS seine teuer erworbene Strategieeinheit wieder abstoßen musste, sprach sich bei ROLAND BERGER nahezu die gesamte Partnerschaft gegen die „von oben" geplante Fusion aus, so dass der Merger erst gar nicht zu Stande kam. Hier zeigen sich neben den psychologischen Widerständen auch verfahrenstechnisches Hindernisse, so dass bei Akquisitionen von Professional Service Firms, die sehr häufig als Partnerschaft organisiert sind, unbedingt gesellschaftsrechtliche Vorschriften geprüft und berücksichtigt werden sollten. So ist bspw. eine Übernahme gegen den Willen der Partner in den meisten Fällen kaum möglich [vgl. RINGLSTETTER et al. 2007, S. 190 f.].

Generell sind es drei Voraussetzungen, die den Erfolg einer Merger-Integration bestimmen:

- **Merger-Bedarf**, d. h. es muss die grundsätzliche Erkenntnis und Überzeugung im erweiterten Führungskreis (Management/Partnerschaft) herrschen, dass ein Zusammenschluss zu einer besseren Unternehmenssituation führt und damit wettbewerbsrelevant ist;

- **Merger-Fähigkeit**, d. h. sowohl die Führungskräfte als auch die Mitarbeiter müssen das Potenzial besitzen, den Merger erfolgreich umzusetzen (Post-Merger-Integration);

- **Merger-Bereitschaft**, d. h. bei allen Beteiligten und Betroffenen muss der Willen vorhanden sein, einen Merger erfolgreich durchzuführen.

Gerade die Merger-Bereitschaft ist es, die sehr stark von der Unternehmenskultur geprägt ist und häufig der Schlüssel für eine erfolgreiche Post-Merger-Integration darstellt. Der Weg dazu führt häufig nur über ausreichende Information und Kommunikation.

2.5.4.3 Konsolidierung

Bleiben wichtige geplante Auftragseingänge aus, bestehen Vertrauensverluste bei einigen Key Accounts oder flacht die Konjunktur insgesamt ab, dann stellt eine **Konsolidierungsstrategie** – im Gegensatz zu den oben beschriebenen Wachstumsstrategien – häufig eine erfolgversprechende Option dar. Eine Besinnung auf die kritischen Erfolgsfaktoren und die eigenen Stärken können dann durchaus „selbstheilende" Kräfte freisetzen.

Restrukturierungsmaßnahmen, die in aller Regel mit einem Image- bzw. Reputationsverlust verbunden sind und daher eher als „*Neuformierungen*" bezeichnet werden sollten, können dazu führen, bestimmte Bestandteile der Unterstützungsprozesse (Knowledge Management, Accounting, Research, Graphics, Benchmarking) nach Osteuropa oder Fernost zu verlagern. Diese Maßnahmen werden häufig von Einstellungsstopps begleitet bzw. Neueinstellungen werden nur bei Ersatzbedarf vorgenommen,

Auch wird in solchen Situationen darüber nachgedacht, ob das Unternehmen nicht selbst auch zum strategischen Fit eines (stärkeren) Wettbewerbers passt.

Literatur zum 2. Kapitel

AAKER, D. A. (1984): Strategic Market Management, New York 1984.

ABELL, D. F. (1980): Defining the Business. The Starting Point of Strategic Planning, Englewood Cliffs, N. J. 1980.

AFUAH, A. (1998): Innovation Management, Oxford University Press, New York 1998.

ANDLER, N. (2008): Tools für Projektmanagement, Workshops und Consulting. Kompendium der wichtigsten Techniken und Methoden, Erlangen 2008.

ANSOFF, H. I. (1966): Management-Strategie, München 1966.

BACKHAUS, K. (1990): Investitionsgütermarketing, 2. Aufl., München 1990.

BEA, F.X./HAAS, J. (2005): Strategisches Management, 4. Aufl., Stuttgart 2005.

BECKER, J. (1993): Marketing-Konzeption. Grundlagen des strategischen Marketing-Managements, 5. Aufl., München 1993.

BECKER, J. (2009): Marketing-Konzeption. Grundlagen des ziel-strategischen und operativen Marketing-Managements, 9. Aufl., München 2009.

BIDLINGMAIER, J. (1973): Marketing, Bd. 1, Reinbeck bei Hamburg 1973.

BIRKIGT, K./STADLER, M. M. (1992): Corporate Identity-Grundlagen, in: BIRKIGT, K./STADLER, M. M./FUNCK, H. J. (Hrsg.): Corporate Identity, 5. Aufl., 1992, S. 11-61.

BOES, A./KÄMPF, T./MARS, K. (2011): Herausforderung Globalisierung 2.0. Ausgangsbedingungen, Entwicklungsszenarien, Erfolgsfaktoren. GlobeProPrint1. Basisheft zur Internationalisierung von IT-Dienstleistungen, München 2011.

BUSS, E. (2009): Managementsoziologie. Grundlagen, Praxiskonzepte, Fallstudien, 2. Aufl., München 2009.

COVALESKI, M. A./DIRSMITH, M. W./HEIAN, J. B./SAMUEL, S. (COVALESKI et al. 1998): The calculated and the avowed: Techniques of discipline and struggles over identity in Big Six public accounting firms. In: Administrative Science Quarterly, 43 (1998) 2, S. 293-328.

DGFP e. V. (Hrsg.) (2004): Wertorientiertes Personalmanagement – ein Beitrag zum Unternehmenserfolg. Konzeption – Durchführung – Unternehmensbeispiele, Düsseldorf 2004.

HANSMANN, H. (1996): The ownership of enterprise, Cambridge (Mass.) 1996.

HILL, W. (1990): Der Stellenwert der Unternehmensberatung für die Unternehmensführung, in: Die Betriebswirtschaft, Jg. 50, S. 171-180.

HOMBURG, C./KROHMER, H. (2009): Marketingmanagement. Strategie – Umsetzung – Unternehmensführung, 3. Aufl., Wiesbaden 2009.

HUNGENBERG, H./WULF, T. (2011): Grundlagen der Unternehmensführung, 4. Aufl., Heidelberg-Dordrecht-London-New York 2011.

KAAS, K. P. (2001): Zur „Theorie des Dienstleistungsmanagements", in: BRUHN, M./MEFFERT, H.: Handbuch Dienstleistungsmanagement. Von der strategischen Konzeption zur praktischen Umsetzung, Wiesbaden 2001, S. 103-121.

KOTLER, P./KELLER, K. L./BLIEMEL, F. (KOTLER et al. 2007): Marketing-Management. Strategien für wertschaffendes Handeln, 12. Aufl., München 2007.

LERNER, M. (2003): Vault Guide to the top 50 management and strategy consulting firms, New York 2003.

LEVITT, T. (1960): Marketing Myopia, in: Harvard Business Review 7/8/1960, S. 45-56.

LIPPOLD, D. (1998): Die Marketing-Gleichung für Software. Der Vermarktungsprozess von erklärungsbedürftigen Produkten und Leistungen am Beispiel von Software, 2. Aufl., Stuttgart 1998.

LIPPOLD, D. (2015a): Die Marketing-Gleichung. Einführung in das prozess- und wertorientierte Marketingmanagement, 2. Aufl., Berlin/Boston 2015.

LIPPOLD, D. (2015c): Marktorientierte Unternehmensplanung. Eine Einführung, Wiesbaden 2015.

MACHARZINA, K./WOLF, J. (2010): Unternehmensführung. Das internationale Managementwissen. Konzepte – Methoden – Praxis, 7. Aufl., Wiesbaden 2010.

MEFFERT, H./BURMANN, C./KIRCHGEORG, M. (MEFFERT et al. 2008): Marketing. Grundlagen marktorientierter Unternehmensführung. Konzepte – Instrumente – Praxisbeispiele, 10. Aufl., Wiesbaden 2008.

MENZENBACH, J. (2012): Visionäre Unternehmensführung. Grundlagen, Erfolgsfaktoren, Perspektiven, Wiesbaden 2012.

NIEDEREICHHOLZ, C. (2010): Unternehmensberatung, Band 1, Beratungsmarkcting und Auftragsakquisition, 5. Aufl., München 2010.

NISSEN, V. (2006): Qualitätsmanagement in Beratungsunternehmen. Ergebnisse einer empirischen Studie im deutschen Markt für Unternehmensberatung. Reihe Forschungsberichte zur Unternehmensberatung Nr. 2006-01, 3. Aufl., Ilmenau 2006.

NISSEN, V. (2007): Qualitätsmanagement in Beratungsunternehmen, in: NISSEN, V. (Hrsg.): Consulting Research. Unternehmensberatung aus wissenschaftlicher Perspektive, Wiesbaden 2007, S. 235-259.

NISSEN, V./KINNE, S. (2008): IV- und Strategieberatung: eine Gegenüberstellung, in: LOOS, P./BREITNER, M./DEELMANN, T. (Hrsg.): IT-Beratung. Consulting zwischen Wissenschaft und Praxis, Berlin 2008, S. 89-106.

PORTER, M. E. (1986): Competition in Global Industries. A Conceptual Framework, in: PORTER, M. E. (Hrsg.): Competition in Global Industries. Harvard Business School Press, Boston, 1986, 15-60.

RICHTER, A./SCHMIDT, S. L./TREICHLER, C. (RICHTER et al. 2005): Organisation und Mitarbeiterentwicklung als Differenzierungsfaktoren, in: NIEDEREICHHOLZ et al. (Hrsg.): Handbuch der Unternehmensberatung, Bd. 2, 7220, Berlin 2010.

RICHTER, A./SCHRÖDER, K. (2007): Organisation von Managementberatungen als Partnerschaften, in: NISSEN, V. (Hrsg.): Consulting Research. Unternehmensberatung aus wissenschaftlicher Perspektive, Wiesbaden 2007, S. 161-177.

RINGLSTETTER, M./BÜRGER, B. (2003): Bedeutung netzwerkartiger Strukturen bei der strategischen Entwicklung von Professional Service Firms. In: BRUHN, M./STAUSS, B. (Hrsg.) Dienstleistungsmanagement Jahrbuch 2003: Dienstleistungsnetzwerke, Wiesbaden 2003, S. 115-130.

RINGLSTETTER, M./KAISER, S./KAMPE, T. (2007): Strategische Entwicklung von Unternehmensberatungen – Ein Beitrag aus Sicht der Professional Services Firms Forschung, in: NISSEN, V. (Hrsg.): Consulting Research. Unternehmensberatung aus wissenschaftlicher Perspektive, Wiesbaden 2007, S. 179-195.

ROTHLAUF, J. (2010): Total Quality Management in Theorie und Praxis: Zum ganzheitlichen Unternehmensverständnis, 3. Aufl., München 2010.

RUNIA, P./WAHL, F./GEYER, O./THEWIßEN, C. (RUNIA et al. 2011): Marketing. Eine prozess- und praxisorientierte Einführung, 3. Aufl., München 2011.

SACKMANN, S. A. (2004): Erfolgsfaktor Unternehmenskultur. Mit kulturbewusstem Management Unternehmensziele erreichen und Identifikation schaffen – 6 Best Practice-Beispiele, Wiesbaden 2004.

SCHADE, C. (2000): Marketing für Unternehmensberatung. Ein institutionenökonomischer Ansatz, 2. Aufl., Wiesbaden 2000.

SCHEIN, E. H. (1995): Unternehmenskultur. Ein Handbuch für Führungskräfte, Frankfurt/ Main 1995.

SCHMITT, R./PFEIFER, T. (2010): Qualitätsmanagement. Strategien – Methoden – Techniken, 4. Aufl., München-Wien 2010.

SCOTT, M. C. (2001): The Professional Service Firm: The Manager's Guide to Maximizing Profit and Value, Chichester u. a. 2001.

SHAH, N./KRAATZ, M. S. (2002): Changing Patterns of Personnel Flows: The Emergence of Lateral Hiring Among Corporate Law Firms. Working Paper presented at the Workshop on Professional Service Firms, University of Alberta, Edmonton, August 15th-17th 2002.

STEINER, G. (2000): Ökonomische Analyse von Partnerschaften, München 2000.

STOCK-HOMBURG, R. (2008): Personalmanagement: Theorien – Konzepte – Instrumente, Wiesbaden 2008.

TALGERI, V. (2008): IT-Outsourcing: Risiken und Grenzen im asiatischen Wirtschaftsraum. Eine empirische Studie, München 2008.

3. Marketing und Vertrieb der Unternehmensberatung

3. Marketing und Vertrieb der Unternehmensberatung

Das Marketing ist unbestritten einer der wichtigsten Erfolgsfaktoren der Unternehmensberatung. ROLAND BERGER fokussiert diesen Erfolgsfaktor sogar ausschließlich auf das *Branding*, also auf eine gut eingeführte Marke [vgl. BERGER 2004, S. 10 ff.]. Das scheint aber bei genauerer Betrachtung der Abläufe und Aktivitäten einer Unternehmensberatung zu kurz gegriffen. Im Gegenteil, Marketing *und* Vertrieb sind die ganz entscheidenden Faktoren einer erfolgreich operierenden Beratungseinheit – wenn auch das Branding, also eine solide Marke, in vielen Fällen die Initialzündung für spätere Aufträge sein kann.

Es soll hier also nicht alleine auf die Initialzündung bei der Auftragsvergabe abgehoben werden, sondern neben den strategischen Marketingaktivitäten – wie Segmentierung und Positionierung als Grundlage der Kommunikation mit dem Kunden – auch die vertrieblichen Aktivitäten – wie das erfolgreiche Akquisitionsgespräch und die Kundenbetreuung – betrachtet werden.

Zur Systematisierung der Wertschöpfungskette *Marketing und Vertrieb* im Beratungsbereich dient die Marketing-Gleichung, deren Beschreibung sich in den allgemeinen Teilen auf die Ausführungen von LIPPOLD [2015a und 2015d] bezieht.

Die Anwendung der Marketing-Gleichung liefert:

➤ Aussagen über Kundennutzen und Kundenvorteil von Beratungsleistungen

➤ Aussagen über die wirkungsvolle Positionierung in den ausgewählten Beratungssegmenten

➤ Aussagen über den Einsatz der Kommunikationsinstrumente

➤ Aussagen über die Effektivität und Effizienz von Akquisitionsprozessen im Beratungsgeschäft

➤ Aussagen über einen nachhaltigen Betreuungsprozess in der Unternehmensberatung.

3.1 Die Marketing-Gleichung für Unternehmensberatungen

Die Idee der Marketing-Gleichung beruht auf zwei Grundüberlegungen. Zum einen ist es die Darstellung und Analyse der **Wertschöpfungs- und Prozessketten** eines Unternehmens, zum anderen ist es die Erkenntnis, dass nur der vom Markt honorierte **Wettbewerbsvorteil** maßgebend für den nachhaltigen Gewinn eines Unternehmens ist.

3.1.1 Die Marketing-Wertschöpfungskette

Die Aufgaben von „Marketing und Vertrieb" zählen zu den Primäraktivitäten und damit zu den Kernprozessen einer Unternehmensberatung (siehe auch Abschnitt 2.1.2). Die Primäraktivitäten lassen sich nun – ebenso wie die Prozesse der Sekundäraktivitäten – weiter unterteilen in Prozessphasen, Prozessschritte etc. Für die erste Unterteilung in Prozessphasen erhält man das in Abbildung 3-01 dargestellte Schema.

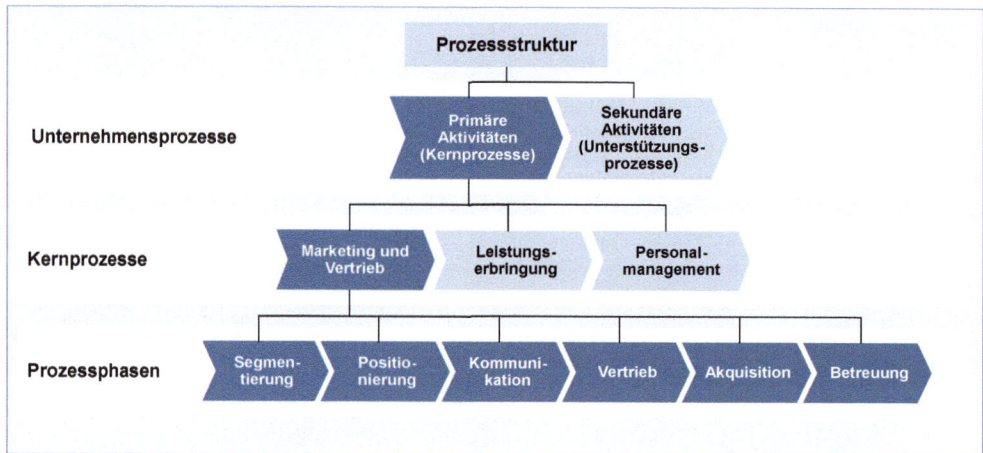

Abb. 3-01: Prozessstruktur der Marketing-Wertschöpfungskette in der Beratung

3.1.2 Konzeption, Aufbau und Elemente der Marketing-Gleichung

Zentrale Idee des Marketings ist es, die Vorteile des eigenen Unternehmens auf die Bedürfnisse vorhandener und potenzieller Kunden auszurichten. Die Bestimmungsfaktoren dieser Vorteile sind für die Unternehmensberatung das Leistungsportfolio, die besonderen Fähigkeiten und Erfahrungen, die genutzten Tool- und Know-how-Komponenten sowie die Innovationskraft, kurzum: die eingesetzte Problemlösungs- bzw. **Beratungstechnologie,** die die **Differenzierungsvorteile** und damit das Akquisitionspotenzial des Beratungsunternehmens ausmacht (siehe auch Abschnitt 4.1.2). Bereits WROE ALDERSON, einer der herausragenden Marketing-Theoretiker des 20. Jahrhunderts, nimmt in seinem umfassenden Entwurf zu einer generellen Marketing-Theorie die zentrale Idee der erst Jahrzehnte später voll entfachten Diskussion um die Erzielung von Wettbewerbsvorteilen vorweg: *„Der Ansatz der Differenzie-*

rungsvorteile, ..., geht davon aus, dass niemand in einen Markt eintritt, wenn er nicht die Erwartung hat, einen gewissen Vorteil für seine Kunden bieten zu können und dass Wettbewerb in dem dauernden Bemühen um die Entwicklung, Erhaltung und Vergrößerung solcher Vorteile besteht. " [ALDERSON 1957, S. 106 zit. nach KUSS 2013, S. 233].

Die spezifische Besonderheit im Beratungsgeschäft liegt nun darin, dass ein nicht unbeträchtlicher Teil des Wettbewerbsvorteils nicht nur von der Technologie des Beraters, sondern auch von der verfügbaren Technologie und den Mitarbeitern des jeweiligen Kundenunternehmens bestimmt ist, da die Problemlösung, auf die der Wettbewerbsvorteil abzielt, in aller Regel vom Kunden und dem Berater gemeinsam erstellt wird.

3.1.2.1 Entstehung von Wettbewerbsvorteilen im Beratungsgeschäft

Wie lässt sich die Entstehung von Wettbewerbsvorteilen bzw. des Akquisitionspotentials im Beratungsgeschäft (theoretisch) erklären? Hierzu soll in Anlehnung an CHRISTIAN SCHADE ein Vektorenmodell dienen, dem die Auffassung zugrunde liegt, *„dass sich ein idealtypisches Beratungsprojekt als temporäre Koproduktion durch ungleiche Partner auffassen lässt"* [SCHADE 2000, S. 68].

In diesem Modell werden die Arbeitsweisen, die von Kundenmitarbeitern und Unternehmensberatern zur Problemlösung eingesetzt werden, als unterschiedliche lineare *Problemlösungstechnologien* aufgefasst. Beide Problemlösungstechnologien kommen zum Einsatz, d. h. die Problemlösung wird von den Kunden und den Unternehmensberatern gemeinsam erstellt. Diese Technologien stellen Vektoren in einem Raum dar, der durch nutzenstiftende Eigenschaften des Beratungsergebnisses beschrieben wird. Dazu zählen bspw. die Breite (Anzahl der untersuchten Unternehmensfunktionen) oder Tiefe (Detaillierungsgrad) der erarbeiteten Problemlösung. Wettbewerbsvorteile ergeben sich nun aus der *Passform* der Technologien in Verbindung mit dem Verlauf der Indifferenzkurven der Nutzenfunktion des Kunden, die das unterschiedlich erreichbare *Nutzenniveau* darstellen.

In Abbildung 3-02 sind vier Technologien abgebildet: die Beratungstechnologien dreier konkurrierender Unternehmensberater A, B und C sowie die (vorhandene) Technologie des Kunden.

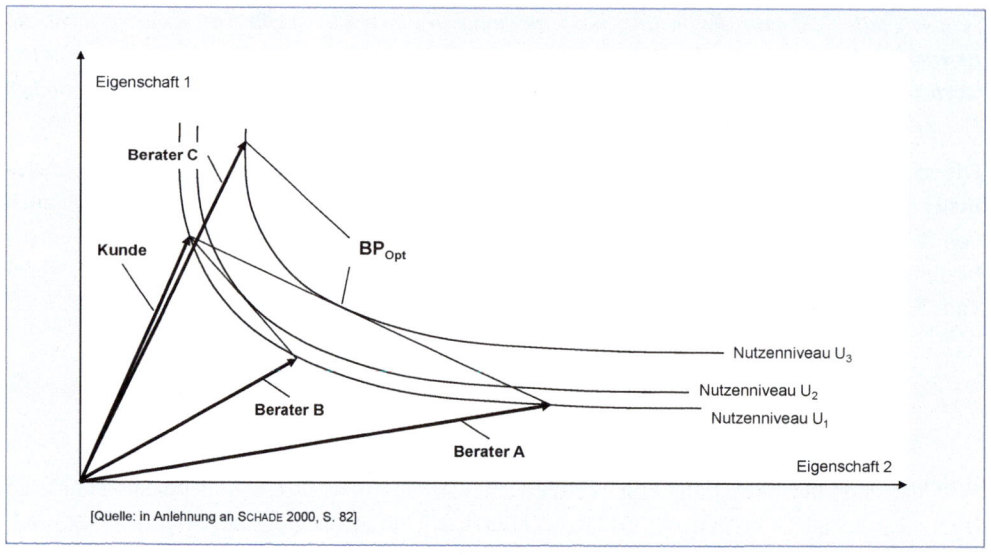

[Quelle: in Anlehnung an SCHADE 2000, S. 82]

Abb. 3-02:   Darstellung von Wettbewerbsvorteilen im Vektorenmodell

Betrachtet man zunächst den jeweils alleinigen Einsatz der Technologien des Kunden sowie der Berater A und B, so erreichen sie für den Kunden jeweils dasselbe Nutzenniveau U_1. Auf diese Weise ist weder ein Wettbewerbsvorteil für Berater A oder B zu erkennen, noch ist begründbar, warum überhaupt ein Berater eingesetzt werden soll. Betrachtet man jedoch den gleichzeitigen Einsatz der Kundenmitarbeiter *und* eines Unternehmensberaters, so ist die Zusammenarbeit mit einem Berater durchaus sinnvoll und vorteilhaft: Es liegt eine Nutzensynergie vor. Während der Kunde durch eine Zusammenarbeit mit dem Berater A ein Nutzenniveau U_3 erreichen kann, führt die Kooperation mit dem Berater B lediglich zu einem Nutzenniveau von U_2. Berater A verfügt also über einen (fachlichen) Wettbewerbsvorteil [vgl. SCHADE 2000, S. 83].

Der wesentliche Aspekt des Ergebnisses besteht nun darin, dass gerade Berater B, dessen Beratungstechnologie fast genau die gleiche Eigenschaftsmischung wie die des optimalen Beratungsprojektes BP_{opt} aufweist, nicht zum Zuge kommt. Vielmehr wird deutlich, dass Wettbewerbsvorteile vor allem dadurch erreicht werden können, dass sich die Technologien zwischen Unternehmensberatern und Kundenunternehmen ergänzen. Die Betrachtung der reinen Eignung unterschiedlicher Berater im Hinblick auf das zu lösende Problem ist also häufig „zu kurz gesprungen", um die Wettbewerbsvorteile im Beratungsgeschäft zu verstehen. Das Beispiel in Abbildung 3-02 zeigt vielmehr, dass sich ein hohes Nutzenniveau und damit Wettbewerbsvorteile in Folge erst durch das *Matching unterschiedlicher Technologien* ergeben. Ein ähnlich hohes Nutzenniveau kann in dem Beispiel nur noch der Berater C erreichen, der zwar (nur) über eine Technologie mit nahezu identischer Eigenschaftsmischung wie das Kundenunternehmen verfügt, der diese Technologie aber deutlich besser beherrscht und damit einen Wettbewerbsvorteil gegenüber anderen Beratern generiert. Somit sind es zwei Arten von Wettbewerbsvorteilen, die durch das Vektorenmodell aufgezeigt werden können: zum einen eine Beratungstechnologie, die relativ weit von der verfügbaren Technologie des Kundenunternehmens angesiedelt ist und durch ein Matching zu einem hohen Nutzenniveau führt, zum anderen durch eine Beratungstechnologie, die zwar in die gleiche Richtung wie die Technologie des Kunden zeigt, die dieser aber deutlich überlegen ist.

3.1.2.2 Vom Markt honorierter Wettbewerbsvorteil

Dieser Wettbewerbsvorteil (an sich), der durch das unterschiedliche Nutzenniveau bestimmt wird, ist aber letztlich ohne Bedeutung, wenn er nicht auch von den Kundenunternehmen wahrgenommen wird. Erst die Akzeptanz im Markt sichert den nachhaltigen Gewinn. Genau diese Lücke zwischen dem Wettbewerbsvorteil *an sich* und dem vom Markt *honorierten* Wettbewerbsvorteil gilt es zu schließen. Damit sind gleichzeitig auch die beiden Pole aufgezeigt, zwischen denen die Marketing-Wertschöpfungskette einzuordnen ist. Eine Optimierung des Marketingprozesses führt somit zwangsläufig zur Schließung der Lücke [vgl. LIPPOLD 2010a, S. 3 f.].

Voraussetzung für die angestrebte Optimierung ist, dass der Marketingprozess in seine Aktionsfelder *Segmentierung, Positionierung, Kommunikation, Vertrieb, Akquisition* und *Betreuung* zerlegt wird und diese jeweils einem zu optimierendem Kundenkriterium („Variable") zugeordnet werden:

- *Segmentierung* zur Optimierung des *Kundennutzens*
- *Positionierung* zur Optimierung des *Kundenvorteils*
- *Kommunikation* zur Optimierung der *Kundenwahrnehmung*
- *Vertrieb* zur Optimierung der *Kundennähe*
- *Akquisition* zur Optimierung der *Kundenakzeptanz*
- *Betreuung* zur Optimierung der *Kundenzufriedenheit*

Entsprechend lässt sich folgende Gleichung im Sinne einer Identitätsbeziehung ableiten:

> **Honorierter Wettbewerbsvorteil = fachlicher Wettbewerbsvorteil + Kundennutzen + Kundenvorteil + Kundenwahrnehmung + Kundennähe + Kundenakzeptanz + Kundenzufriedenheit**

Dabei geht es nicht um eine mathematisch-deterministische Auslegung des Begriffs „Gleichung". Angestrebt wird vielmehr der Gedanke eines herzustellenden *Gleichgewichts* (und *Identität*) zwischen dem Wettbewerbsvorteil an sich und dem vom Kunden honorierten Wettbewerbsvorteil.

Mit anderen Worten, hinter dieser Begriffsbildung steht die These, dass das Gleichgewicht durch die Addition der einzelnen, an Kundenkriterien ausgerichteten Aktionsfelder erreicht werden kann.

Abbildung 3-03 veranschaulicht den ganzheitlichen Ansatz der Marketing-Gleichung, indem sie die einzelnen Aktionsfelder in einen zeitlichen und inhaltlichen Wirkungszusammenhang stellt. In dieser Abbildung wird auch deutlich, dass die einzelnen Aktionsfelder zugleich die Hauptprozessphasen der Vermarktung darstellen.

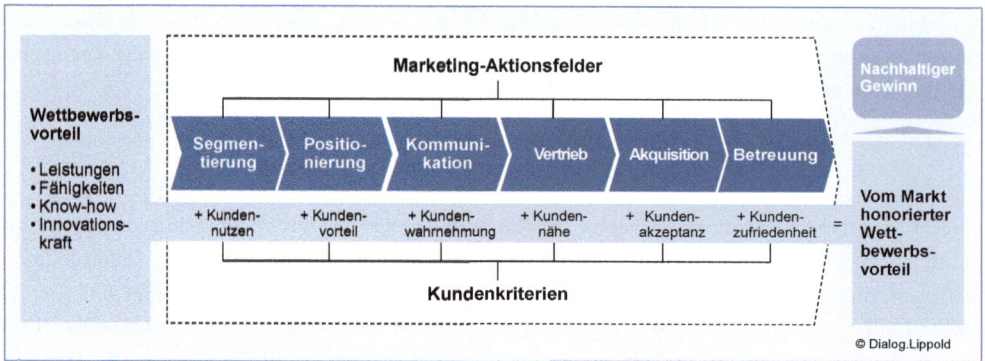

Abb. 3-03:   Die Marketing-Gleichung im Überblick

3.1.3 Besonderheiten des B2B-Marketings

Neben der methodisch wichtigen Einführung in die Marketing-Gleichung ist noch ein weiterer Aspekt zu berücksichtigen: die Zuordnung des Marketings von Unternehmensberatungen zum Business-to-Business (B2B)-Marketing. Diese Zuordnung ist deshalb von Bedeutung, weil die gängige Zuordnung des Beratungsmarketings zum *Dienstleistungsmarketing* eine weitgehend homogene Gestaltung der Marketingaktivitäten nicht leisten kann und daher aus Marketing-Sicht nicht zielführend ist. Das ist darauf zurückzuführen, dass sich der Dienstleistungssektor aus so unterschiedlichen Anbietern wie Banken, Versicherungen, Transportunternehmen, Steuerberatungen, Reinigungsunternehmen, Gaststätten und eben auch Unternehmensberatungen zusammensetzt.

Nicht zuletzt diese *Inhomogenität* des Dienstleistungsbereichs hat wohl dazu geführt, dass sich die Praxis an einer Marketing-Typologie orientiert, die auf den unterschiedlichen Käufergruppen aufbaut:

- **Business-to-Consumer (B2C) – Marketing**
- **Business-to-Business (B2B) – Marketing**

Das B2C-Marketing wendet sich ausschließlich an den Endkonsumenten als Kunden, während sich das B2B-Marketing an Unternehmen und sonstige Organisationen richtet. Die Stellung des Kunden im Wirtschaftsablauf ist somit das wesentliche Unterscheidungskriterium zwischen B2C und B2B. Mit dieser Einteilung lässt sich das unterschiedliche Kaufverhalten der einzelnen Käufergruppen dahingehend systematisieren, dass es typenübergreifend eine differenzierte, innerhalb eines Typs aber weitgehend einheitliche Ausrichtung der Marketingaktivitäten zulässt. Konkret bedeutet dies, dass sich die Marketing-Konzeptionen von Unternehmen des B2C-Bereichs teilweise grundsätzlich von denen der Unternehmen des B2B-Bereichs unterscheiden, sich innerhalb der jeweiligen Bereiche aber weitgehend ähneln.

Das Konsumgütermarketing ist nahezu ausnahmslos dem B2C-Marketing zuzuordnen. Die Bedarfsdeckung von Unternehmen und Organisationen mit Ver- und Gebrauchsgütern (z. B. für Betriebskantinen) kann vernachlässigt werden. Ebenso eindeutig ist die Zuordnung der

Vermarktungsaktivitäten des Industriegüterbereichs zum B2B-Marketing, das ohnehin den Begriff des Industriegütermarketings zunehmend ersetzt. B2B-Marketing ist breiter gefasst als das Industriegütermarketing, da es die Vermarktung von Konsumgütern gegenüber dem Handel und vor allem – und das ist hier entscheidend – die Vermarktung von Dienstleistungen gegenüber organisationalen Kunden mit einbezieht [vgl. HOMBURG/KROHMER 2006, S. 332 unter Bezugnahme auf BACKHAUS/VOITH 2004, BAUMGARTH 2004 und KLEINALTENKAMP 2000].

Weniger eindeutig ist hingegen die Zuordnung des Dienstleistungsmarketings. Der Dienstleistungssektor ist geprägt von einer Vielfalt von Dienstleistungsarten, die entweder nur Personen (z. B. Friseur), nur Unternehmen/Organisationen (z. B. Unternehmensberatung) oder beiden Käufergruppen (z. B. Banken/Versicherungen) angeboten werden.

Abbildung 3-04 liefert eine Zuordnung der güterbezogenen Segmente zu den beiden Käufergruppen (Konsumenten bzw. Unternehmen/Organisationen).

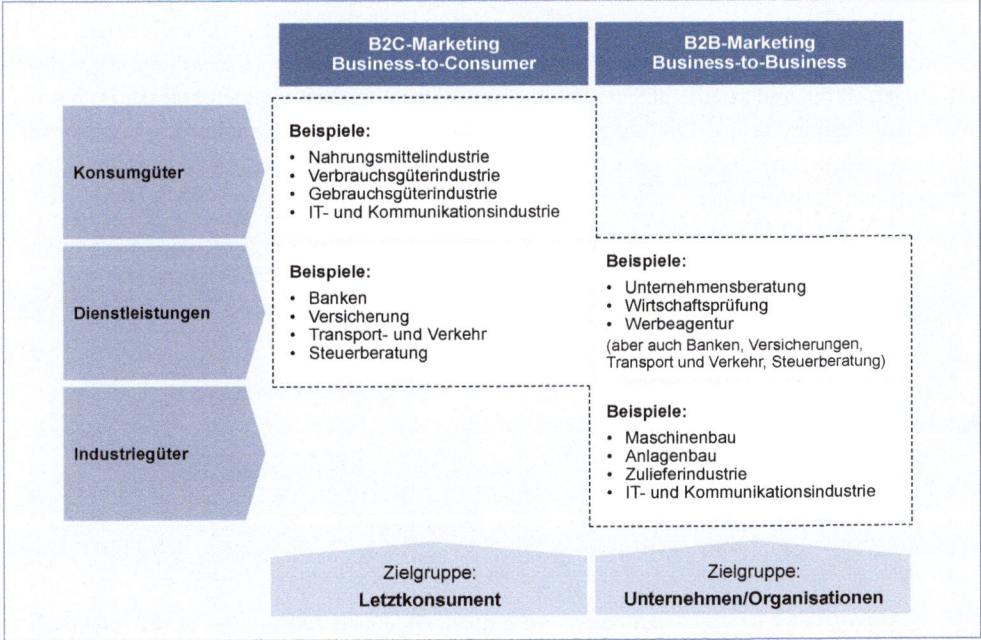

Abb. 3-04:   Zuordnung der güterbezogenen Segmente zu B2C und B2B

3.2 Segmentierung – Optimierung des Kundennutzens

3.2.1 Aufgabe und Ziel der Segmentierung

Der Beratungsmarkt ist keine homogene Einheit. Er besteht aus einer Vielzahl von Kunden-unternehmen, die sich in ihren Zielsetzungen, Anforderungen, Wünschen und Kaufmotiven hinsichtlich des Einsatzes von Beratungsleistungen z. T. deutlich voneinander unterscheiden. Unterteilt man die Menge der potenziellen Kunden derart, dass sie in mindestens einem rele-vanten Merkmal übereinstimmen, so erhält man Kundengruppen, die als Teilmärkte bzw. Segmente bezeichnet werden. Eine solche Segmentierung ist immer dann anzustreben, wenn die Marktsegmente einzeln effektiver und effizienter bedient werden können als der Gesamt-markt [vgl. KOTLER et al. 2007, S. 357].

Im Rahmen des Vermarktungsprozesses ist die Segmentierung, d. h. die Auswahl attraktiver Marktsegmente für die Geschäftsfeldplanung der Unternehmen, das *erste* wichtige *Aktionsfeld* (siehe Abbildung 3-05). Von besonderer Bedeutung ist dabei das Verständnis für eine *kun-denorientierte Durchführung* der Segmentierung, denn der Vermarktungsprozess sollte grundsätzlich aus Sicht der Kunden beginnen. Daher steht die *Kundenanalyse*, die sich mit den Zielen, Problemen und Nutzenvorstellungen der potenziellen Kunden befasst, im Vorder-grund der Segmentierung. Die hiermit angesprochene Rasterung der Kundengruppen erhöht die Transparenz des Marktes, lässt Marketing-Chancen erkennen und bietet die Möglichkeit, Produkt- und Leistungsmerkmale feiner zu differenzieren [vgl. KOTLER 1977, S. 165].

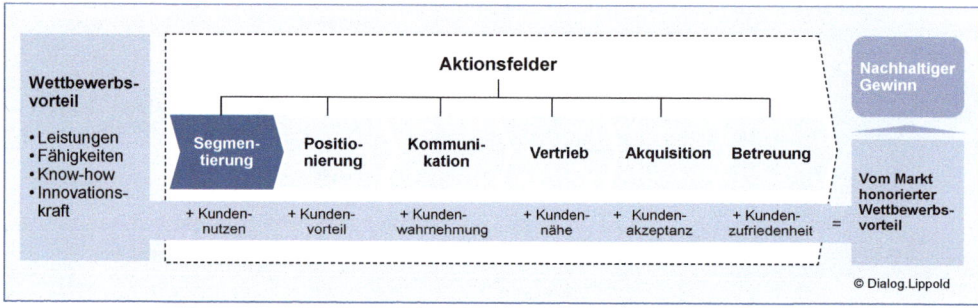

Abb. 3-05:   Segmentierung als erstes Aktionsfeld der Marketing-Gleichung

Ein **Marktsegment** ist eine *Zielgruppe* mit einer weitgehend *homogenen* Problemlandschaft und *Nutzenvorstellung* [vgl. TÜSCHEN 1989, S. 44]. An jedes Segment ist somit die Forderung zu stellen, dass es in sich betrachtet möglichst gleichartig (homogen) und im Vergleich zu anderen Segmenten möglichst ungleichartig (heterogen) ist. Dementsprechend sollte ein ho-hes Maß an Identität zwischen einer bestimmten Art und Anzahl von Käufern (Zielgruppe) einerseits und der angebotenen Beratungsleistung einschließlich ihres Vermarktungskonzep-tes andererseits erzielt werden [vgl. BECKER 2009, S. 248].

Aufgabe der Segmentierung ist es, alle relevanten Zielgruppen und deren Nutzenvorstellung über die angebotenen Leistungen zu bestimmen. Die Segmentierung hat demnach die Opti-mierung des Kundennutzens zum Ziel:

Kundennutzen = f (Segmentierung) → optimieren!

Durch die Marktsegmentierung soll die heterogene Struktur der Käufer aufgelöst werden, d. h. der Markt eines Unternehmens ist in homogene Käufergruppen zu zerlegen, um ihn entsprechend bearbeiten zu können [vgl. STROTHMANN/KLICHE 1989, S. 67]. Bei der Segmentierung handelt es sich um einen kreativen Akt, der letztlich Zielgruppen mit möglichst homogenem Bedarf und einheitlichem Kaufverhalten identifizieren soll. Eine wesentliche Hilfestellung leisten hierbei die vielfältigen Methoden der *Marktforschung*.

Vom Aufgabenspektrum her betrachtet, lässt sich die Marktsegmentierung in die *Marktsegmenterfassung* (Informationsseite) und in die *Marktsegmentbearbeitung* (Aktionsseite) einteilen. Auf der *Informationsseite* stehen das Kaufverhalten der Unternehmen und deren Analyse über die Marktforschung im Vordergrund. Die *Aktionsseite* ist geprägt von der Segmentbestimmung und -auswahl sowie der segmentspezifischen Bearbeitung, die jedoch den anderen Aktionsfeldern des Vermarktungsprozesses vorbehalten ist (siehe Abbildung 3-06).

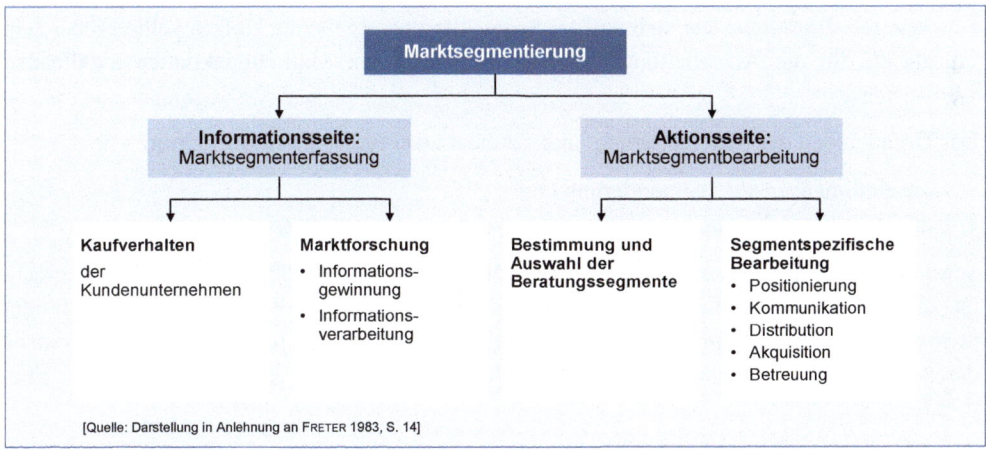

Abb. 3-06: Aufgabenspektrum der Marktsegmentierung

Der Beratungsmarkt ist kein monolithischer Block. Er umfasst mehr Einsatz- und Anwendungsfelder, mehr Käufergruppen, mehr Anwendungsfunktionen und mehr technologische Gestaltungsmöglichkeiten, als ein Unternehmen überhaupt abdecken kann [vgl. TÜSCHEN 1989, S. 38]. Der Gesamtmarkt aller Kundenunternehmen und Organisationen muss also in Teilmärkte (Segmente) aufgeteilt werden, damit diese individuell mit Marketingmaßnahmen bearbeitet werden können. Die Aufteilung hat so zu erfolgen, dass die einzelnen Segmente Unternehmen und Organisationen enthalten, die ähnliche Eigenschaften aufweisen und nach gleichen Gesichtspunkten einkaufen. Die Marktsegmentierung muss sicherstellen, dass Leistungen, Preise, Vertriebswege und Kommunikationsmaßnahmen zu den spezifischen Anforderungen der identifizierten Kundengruppen passen. Damit wird deutlich, welche bedeutende Rolle die Segmentierung des Zielmarktes auch im Beratungsmarketing einnimmt.

Neben der Forderung nach Homogenität der ausgewählten Zielgruppen sind noch weitere **Anforderungen** an ein effektives Segmentieren zu stellen [vgl. MEFFERT et al. 2008, S. 190]:

- **Messbarkeit**, d. h. die Segmente müssen hinsichtlich Potenzial und Volumen mit den vorhandenen Marktforschungsmethoden messbar und erfassbar sein.

- **Relevanz**, d. h. ein Marktsegment sollte hinsichtlich seiner Größe und seines Gewinnpotenzials ausreichend dimensioniert sein, damit sich ein segmentspezifisches Marketingprogramm lohnt.

- **Erreichbarkeit**, d. h. die Segmente müssen eine gezielte Ansprache ermöglichen und somit für segmentspezifische Marketingaktivitäten erreichbar sein.

- **Trennbarkeit,** d. h. die Segmente müssen vom Marketingkonzept her trennbar und damit einzeln ansprechbar sein („Scharfschützen-Konzept").

- **Stabilität**, d. h. die Marktsegmente sollten über einen längeren Zeitraum stabil und innerhalb einer ökonomischen Mindestzeit ausschöpfbar sein.

- **Wirtschaftlichkeit.** Der sich aus der Segmentierung ergebende Nutzen sollte größer sein als die für die Ausarbeitung der segmentspezifischen Marketingaktionen anfallenden Kosten.

Das Grundmodell der Segmentierung unterscheidet zwei **Segmentierungsarten**:

- die eindimensionale Segmentierung und
- die mehrdimensionale Segmentierung.

Wird nur ein Segmentierungsmerkmal (z. B. die Unternehmensgröße) als kaufrelevant erachtet, so handelt es sich um eine **eindimensionale Segmentierung**. Werden dagegen zwei oder mehrere Segmentierungsmerkmale (z. B. die Unternehmensgröße und zusätzlich die Branche der Kundenunternehmen) berücksichtigt, spricht man von einer **mehrdimensionalen Segmentierung**.

Abbildung 3-07 fasst die verschiedenen Arten der Segmentierung im Überblick zusammen.

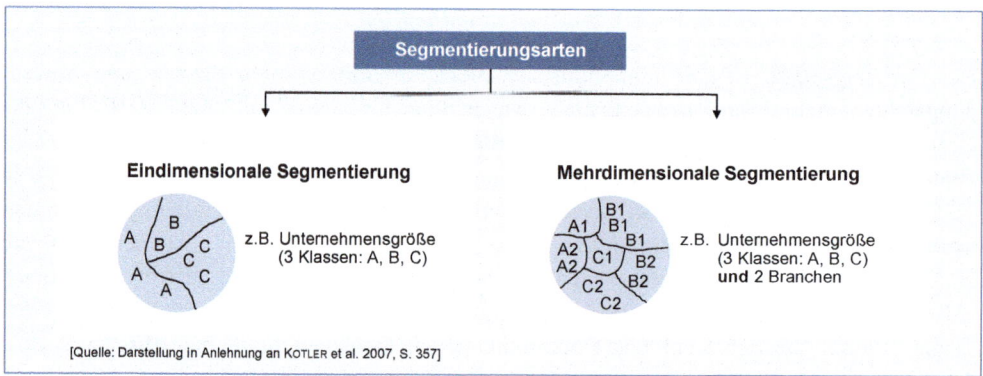

Abb. 3-07:   Segmentierungsarten

3.2.2 Kaufverhalten im B2B-Bereich

Das Kaufverhalten von Organisationen (Unternehmen und Behörden) weicht in vielerlei Hinsicht vom Kaufverhalten der Konsumenten in den Endverbrauchermärkten ab. Unternehmen erwerben Roh-, Hilfs- und Betriebsstoffe, technische Anlagen, Ersatzteile, Werkzeugmaschinen, Produktkomponenten, Telekommunikationseinrichtungen und Beratungsleistungen, um eigene Produkte und Dienstleistungen erstellen und anbieten zu können. Behörden bzw. öffentliche Institutionen kaufen Güter und Dienstleistungen ein, um die ihnen übertragenen Aufgaben zu erstellen. Das Verständnis für die Besonderheiten organisationaler Kaufentscheidungen ist für die Marktsegmentierung im B2B-Bereich und damit im Beratungsgeschäft eine wichtige Voraussetzung.

Die Besonderheiten des B2B-Marketings ergeben sich aus der Markt- und Nachfragestruktur, aus dem spezifischen Wesen des organisationalen Einkaufs sowie aus der Komplexität im organisatorischen Zusammenspiel zwischen Lieferanten und Kunden [vgl. KOTLER et al. 2007, S. 315].

Abbildung 3-08 liefert einen Überblick über die Besonderheiten der B2B-Märkte.

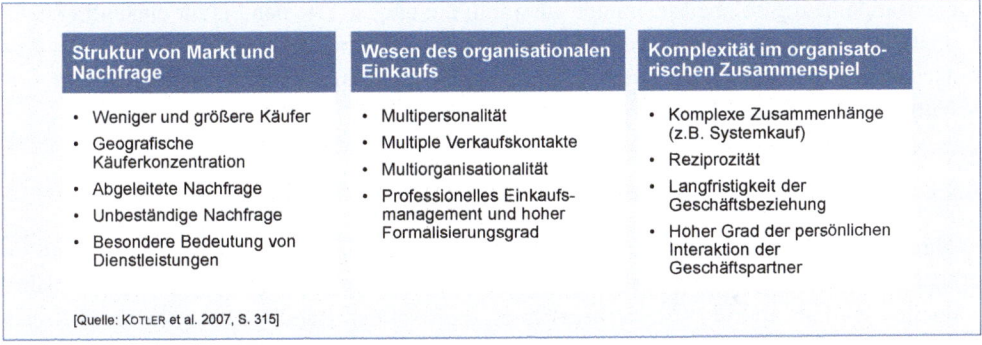

Abb. 3-08:   Charakteristika des organisationalen Kaufverhaltens

3.2.2.1 Struktur von Markt und Nachfrage

Das B2B-Marketing hat es in der Regel mit weniger, aber größeren Kunden als das B2C-Marketing zu tun. Auch ist häufig eine geografische Konzentration bestimmter Branchen zu beobachten (Zulieferer in Baden-Württemberg, Chemische Industrie entlang des Rheins, Werften in Norddeutschland). Eine weitere Besonderheit ist, dass sich die Nachfrage nach industriellen Gütern und Dienstleistungen letztlich aus der Nachfrage nach Konsumgütern ableitet. Auch wird die Gesamtnachfrage im B2B-Bereich durch Preisschwankungen weniger stark beeinflusst. Insbesondere bei komplexen Industriegütern und -dienstleistungen mit einem hohen Investitionsvolumen sind die Nachfragerhythmen eher unregelmäßig. Auch ist in solchen Fällen der Dienstleistungsanteil (z. B. Beratung) von besonderer Bedeutung für den Kaufabschluss.

3.2.2.2 Wesen des organisationalen Einkaufs

Organisationale Kaufentscheidungen haben zumeist mehrere Mitwirkende (Mitarbeiter aus Einkauf, Fachabteilung, Management). Auch ist der Verkaufsprozess im B2B-Bereich zeitlich länger anzusetzen als beim B2C-Marketing. So sind aufgrund der Vielzahl der beteiligten Akteure auf der Einkaufsseite und aufgrund der komplexen Leistungen in der Regel mehrere Kontaktbesuche erforderlich, um letztlich den Auftrag zu erhalten. Eine weitere Besonderheit ist die Vielzahl von weiteren Organisationen, die insbesondere bei komplexen Gütern und Leistungen sowohl auf der Anbieterseite (z. B. als Subunternehmen) als auch auf der Nach-fragerseite (z. B. Ingenieurbüros) in den Verkaufsprozess eingebunden sind. Charakteristisch für den B2B-Bereich ist weiterhin ein professionelles Beschaffungsmanagement mit einem hohen Formalisierungsgrad (Einholung von Alternativangeboten, Ausschreibungen).

3.2.2.3 Komplexität des organisatorischen Zusammenspiels

Komplexe technische Zusammenhänge bei einer Vielzahl von industriellen Gütern bestimmen das B2B-Marketing, das die Aufgabe hat, Leistungsdaten und technische Informationen ver-ständlich aufzubereiten. Eine weitere Besonderheit im B2B-Bereich ist, dass die einkaufende Organisation häufig solche Lieferanten auswählt, die umgekehrt auch bei ihr einkauft (Rezi-prozität). Aufgrund des Einkaufsvolumens und der damit verbundenen Einkaufsmacht, ist dem anbietenden Unternehmen besonders an einer engen, langfristigen und auch persönlichen Ge-schäftsbeziehung gelegen.

3.2.2.4 Das Buying Center und seine Akteure

Während Konsumenten ihre Kaufentscheidungen in der Regel individuell fällen, wirken im B2B-Bereich mehrere Personen als Entscheider oder Entscheidungsbeteiligte mit. Ein solches Gremium wird als **Buying Center** bezeichnet. Es weist den Beteiligten verschiedene Rollen im Hinblick auf die Auswahlentscheidung zu [vgl. WEBSTER/WIND 1972, S. 72 ff.]:

- **Initiatoren** (engl. *Initiator*) regen zum Kauf eines bestimmten Produktes an und lösen den Kaufentscheidungsprozess aus. Initiatoren müssen nicht zwingend die späteren Nut-zer der Lösung sein, sondern können aus den verschiedensten betrieblichen Funk-tionsbereichen kommen.

- **Informationsselektierer** (engl. *Gatekeeper*) strukturieren Informationen über das zu be-schaffende Produkt vor, bringen diese in das Buying Center ein und steuern den organisa-tionsinternen Informationsfluss. Diese Personengruppe ist häufig den Fachbereichen, also denjenigen Bereichen, in denen das Produkt (die Lösung) zum Einsatz kommt, zuzuord-nen.

- **Beeinflusser** (engl. *Influencer*) sind formal zwar nicht am Beschaffungsprozess beteiligt, verfügen aber als Spezialisten über besondere Informationen. Insbesondere über die Vor-gabe gewisser Mindestanforderungen kann ihre (informelle) Teilnahme am Auswahlpro-zess mitentscheidend sein. Beeinflusser sind bspw. im Qualitätsmanagement oder in (Normen-)Ausschüssen zu finden.

- **Entscheider** (engl. *Decider*) sind jene Organisationsmitglieder, die aufgrund ihrer hierarchischen Position letztlich die Kaufentscheidung treffen. Das monetäre Volumen des Auftrags ist zumeist ausschlaggebend dafür, auf welcher Hierarchieebene die Auftragsvergabe entschieden wird.

- **Einkäufer** (engl. *Buyer*) besitzen die formale Kompetenz, Lieferanten auszuwählen und den Kaufabschluss zu tätigen. Sie führen die Einkaufsverhandlungen unter kaufmännischen und juristischen Aspekten. In größeren Organisationen gehören Einkäufer einer Beschaffungs- oder Einkaufsabteilung an.

- **Benutzer** (engl. *User*) sind schließlich jene Personen, die die zu beschaffenden Güter und Dienstleistungen einsetzen bzw. nutzen werden. Da ein Einsatz gegen den Widerstand der User nur sehr schwer durchsetzbar ist, haben diese Organisationsmitglieder eine Schlüsselstellung im Rahmen des Auswahl- und Entscheidungsprozesses.

Buying Center bilden sich informell und sind in der Regel nicht organisatorisch verankert. Daher sind Umfang und Struktur dieses Einkaufsgremiums auch nur sehr schwer zu erfassen. Es lässt sich aber die These vertreten, dass die Anzahl der jeweils Beteiligten am Buying Center vom Wert, von der Komplexität und vom Einfluss des zu beschaffenden Produkts bzw. der Problemlösung auf Prozesse und Organisation sowie vom Informationsbedarf über das Investitionsobjekt abhängt. Auch kann nicht festgeschrieben werden, ob teilweise mehrere Rollen von einer Person und ob die einzelnen Rollen teilweise von mehreren Personen wahrgenommen werden. Gleichwohl haben empirische Untersuchungen gezeigt, dass die Funktion der einzelnen Rollen vom Grundsatz her bei jeder komplexen Beschaffungsmaßnahme ausgeübt wird. Daher ist es für einen vertriebsverantwortlichen Berater besonders wichtig, dass für jedes Akquisitionsprojekt die entsprechende Rollenverteilung auf der Kundenseite ausfindig gemacht wird [vgl. LIPPOLD 1998, S. 135].

Bei Investitionsprojekten, die einen nicht unerheblichen Einfluss auf das Veränderungsmanagement (engl. *Change Management*), also auf Struktur und Prozesse des beschaffenden Unternehmens haben, können die Akteure des Buying Center auch nach **Promotoren** oder **Opponenten** unterschieden werden, je nachdem, ob sie das Beschaffungsobjekt (z. B. Einführung eines ERP-Systems) eher fördern und unterstützen oder eher behindern und verlangsamen. Je nach Art des Einflusses im Buying Center können Promotoren bzw. Opponenten weiter unterteilt werden [vgl. HOMBURG/KROHMER 2009, S. 143 f.]:

- **Machtpromotoren bzw. -opponenten** beeinflussen das Buying Center aufgrund ihrer hierarchischen Stellung in der Organisation.
- **Fachpromotoren bzw. -opponenten** haben Einfluss aufgrund ihrer entsprechenden fachlichen Expertise und ihres besonderen Informationsstands.
- **Prozesspromotoren bzw. -opponenten** beeinflussen den Entscheidungsprozess aufgrund ihrer formellen und informellen Kommunikationsbeziehungen in der Organisation. Sie unterstützen bzw. behindern den Kaufprozess, in dem sie organisatorische und fachliche Barrieren überwinden oder errichten und Verbindungen zwischen Macht- und Fachpromotoren bzw. -opponenten herstellen.

Abbildung 3-09 gibt einen Überblick über Beziehungen und Beiträge von Macht-, Prozess- und Fachpromotoren. Es soll nicht unerwähnt bleiben, dass sich die Promotoren- bzw. Opponentenrolle sowohl auf den Beschaffungsvorgang insgesamt (also auf die Problemlösung an sich) als auch auf bestimmte Auswahlalternativen (also auf das Produkt A oder B) beziehen kann.

Die Kenntnis der Rollenstruktur und die Identifikation der verschiedenen Akteure eines Buying Center stellen zentrale Ansatzpunkte für das B2B-Marketing und insbesondere für den Projektvertrieb dar. Die unterschiedlichen Vorgehensweisen und Maßnahmen im Rahmen des Aktionsfeldes *Akquisition* sollten sehr stark geprägt sein von den unterschiedlichen Bedürfnissen und Anforderungen der verschiedenen Akteure im Buying Center.

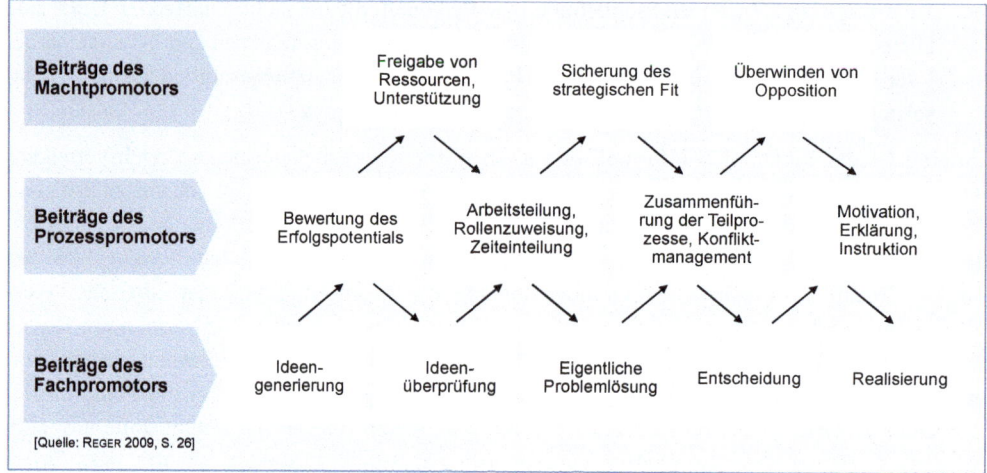

Abb. 3-09:   Beziehungen und Funktionen von Macht-, Prozess- und Fachpromotoren

3.2.3 Segmentierungspraxis

Für das Anwendungsfeld des B2B-Marketings gibt es eine Reihe von Segmentierungsansätzen, die sich wie folgt gruppieren lässt [vgl. BACKHAUS/VOETH 2010, S. 120]:

* **Einstufige Ansätze**, die lediglich einzelne Kriterien wie z. B. die Größe der Kundenunternehmen für die Segmentierung heranziehen;

* **Mehrstufige Ansätze**, die in einem stufenweisen Filterungsprozess Kriterien für das organisationale Beschaffungsverhalten festlegen (z. B. zunächst die Unternehmensgröße, dann die Organisationsstruktur);

* **Mehrdimensionale Ansätze**, die im Prinzip die gleichen Kriterien wie mehrstufige Ansätze verwenden, jedoch nicht stufenweise sondern gleichzeitig;

* **Dynamische Ansätze**, die Veränderungen von Kundenbedürfnissen und -präferenzen nachvollziehen.

Diese Segmentierungsansätze sollen hier jedoch nicht weiter verfolgt werden. Zur Identifizierung von Marktsegmenten im Beratungsbereich wird stattdessen ein Ansatz gewählt, der das *mehrstufige* mit dem *mehrdimensionalen* Modell unter dem Aspekt der *Praktikabilität* und

Umsetzbarkeit kombiniert und auf *zwei* wesentliche Kategorien von Segmentierungskriterien reduziert. Es handelt sich hierbei zum einen um den segmentierungs-*strategischen* Gesichtspunkt der Abgrenzung von Organisationsgruppen anhand von Organisations*charakteristika* (organisationsbezogene Kriterien) und zum anderen um den segmentierungs-*taktischen* Gesichtspunkt des tatsächlichen Organisations*verhaltens* bei der Kaufentscheidung [vgl. BECKER 2009, S. 280 f., der darüber hinaus noch *organisationsmitglieder-bezogene Kriterien* als dritte Kategorie anführt; diese dritte Kategorie ist hier jedoch erst im Rahmen des Aktionsfeldes *Akquisition* relevant].

Damit sind zugleich auch die beiden **Segmentierungsstufen** genannt [vgl. auch WIND/CARDOZO 1974]:

- **Makrosegmentierung** zur Abgrenzung von Kundengruppen mit homogener Problemlandschaft und Nutzenvorstellung (→ segmentierungs-*strategischer* Aspekt) und

- **Mikrosegmentierung** zur Auswahl und Ansteuerung der an der Kaufentscheidung beteiligten Personen *innerhalb* der ausgewählten Kundengruppe (→ segmentierungs-*taktischer* Aspekt).

3.2.3.1 Makrosegmentierung

Die (strategisch ausgelegte) Makrosegmentierung konzentriert sich problembezogen auf eine effiziente Aufteilung des Gesamtmarktes in möglichst homogene Teilmärkte. Dabei wird eine Beschreibung und Abgrenzung der Kundengruppen mit Hilfe folgender organisationsbezogener Kriterien vorgenommen, die in etwa den „demografischen" Kriterien im B2C-Bereich entsprechen [vgl. LIPPOLD 1998, S. 111]:

- Vertikale Märkte (Branchen)
- Horizontale Märkte (Funktionen)
- Räumliche Märkte (Regionen)
- Betriebsgröße (Umsatz, Anzahl der Beschäftigten, Bilanzsumme etc.)
- Technologie (Hardware, Betriebssystem, Datenbanksystem etc.).

Diese Segmentierungskriterien definieren und beschreiben den „strategischen Aktivitätenraum" des Unternehmens [vgl. BECKER 1993, S. 244].

Vertikale Segmentierung. Aus Sicht vieler Unternehmensberatungen ist die vertikale Segmentierung, d. h. die Aufteilung des Marktes nach **Branchen** maßgebend. Die Branchenorientierung empfiehlt sich vornehmlich für Anbieter, die ihr wichtigstes Kundenpotenzial im Mittelstand sehen und daher eine vertikale Gliederung ihres Produkt- und Leistungsangebotes anstreben.

Neben der generellen Branchenzugehörigkeit (Industrie, Handel, Banken, Versicherungen, Transport, Verkehr, sonstige Dienstleistungen und Öffentlicher Bereich) ist vor allem die Differenzierung *innerhalb* dieser Wirtschaftsbereiche besonders aussagekräftig. Im industriellen Bereich beispielsweise kann weiter unterschieden werden nach *Wirtschaftsabteilungen* wie chemische Industrie, Maschinen- und Anlagenbau, Elektroindustrie, Nahrungs- und Genuss-

mittelindustrie etc. oder nach *Fertigungsarten* wie Auftrags- und Einzelfertiger, Serienferti-
ger, Massenfertiger und Prozessfertiger.

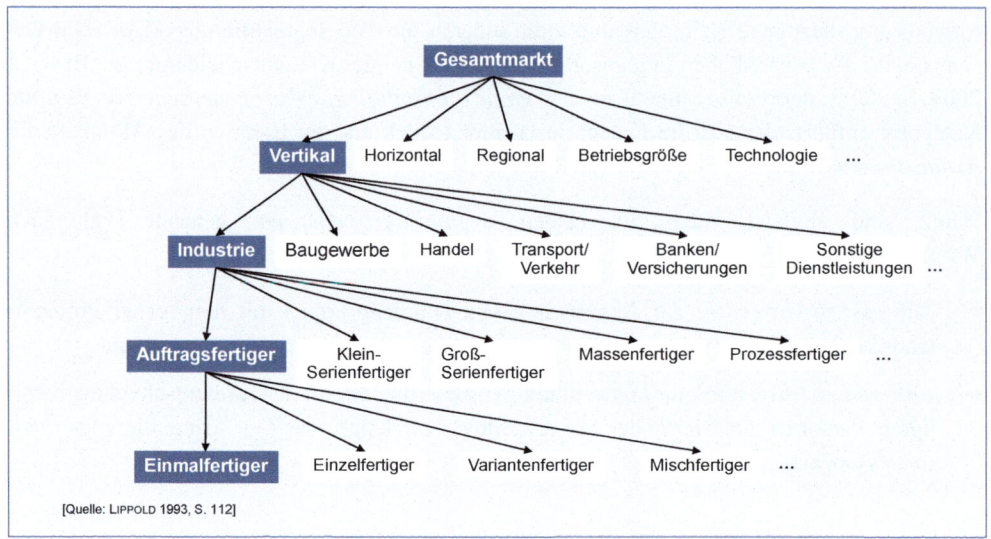

[Quelle: LIPPOLD 1993, S. 112]

Abb. 3-10:   Beispiel für einen Segmentierungsbaum

Häufig bietet erst eine solch umfassende Differenzierung (z. B. anhand eines **Segmentie-
rungsbaumes** wie in Abbildung 3-10 dargestellt) Anhaltspunkte dafür, welche primären
Zielgruppen ausgewählt, oder welche Organisationsgruppen als weniger relevant ausgeschlossen werden sollen [vgl. LIPPOLD 1993, S. 226].

Eine besonders aussagekräftige Segmentierung im Bereich der Fertigungsindustrie hat die
Unternehmensberatung UBM (heute: OLIVER WYMAN) für ihre Kunden entwickelt. Dabei
werden die beiden Merkmale *Stabilität des Produktionsprozesses* und *Komplexität des zu
fertigenden Produktes* zueinander in Beziehung gesetzt. Die Stabilität des Produktionsprozesses korreliert sehr stark mit der Anzahl der produzierten Erzeugnisse und wird mit den Ausprägungen *niedrig*, *mittel* und *hoch* auf der Abszisse abgetragen. Auf der Ordinate werden die
verschiedenen Komplexitätsstufen des Produktes dargestellt. Je komplexer das zu fertigende
Produkt ist, desto höher sind auch die Anforderungen an die *Stücklistenorganisation*. Auf
diese Weise lassen sich dann Industriesegmente wie Einmal-, Einzel-, Varianten-, Massen-,
Wiederhol- oder Prozessfertiger voneinander abgrenzen.

Abbildung 3-11 zeigt das Ergebnis dieser Abgrenzung in Form einer Matrix. Eine solche
Segmentierung ist besonders hilfreich für Unternehmen, die gezielt Produkte oder Dienstleistungen für die so identifizierten Marktsegmente anbieten (z. B. IT-Beratungshäuser, die sich
auf die Einführung von ERP-Systemen für die Produktionsplanung und -steuerung spezialisiert haben).

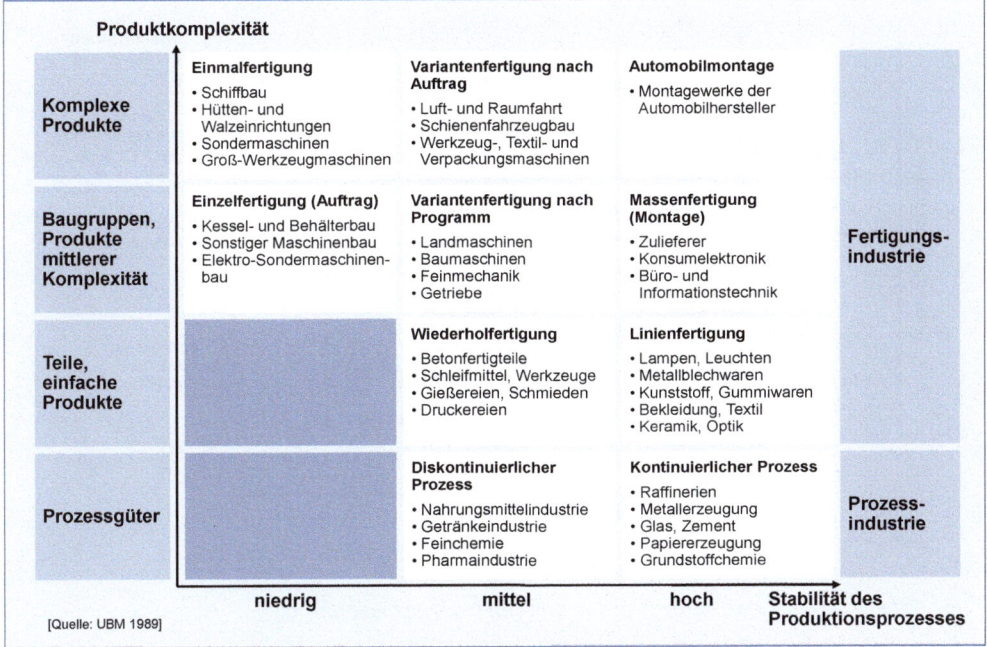

Abb. 3-11: Segmentierung der Fertigungsindustrie

Ein Beispiel für die Bestimmung relevanter Zielgruppen in der Mittelstandsberatung liefert Abbildung 3-12. Danach werden die beiden Merkmale *Unternehmensperformance* (mit den Ausprägungen *niedrig, mittel* und *hoch*) und *Unternehmenszugehörigkeit* (mit den Ausprägungen *Entrepreneurial Companies, Corporate Companies* und *Semi-public Companies*) zueinander in Beziehung gesetzt. Die so identifizierten Marktsegmente reichen von „erfolgreichen" und „innovativen" Unternehmen, über „Start-ups" bis hin zu „Sanierungsfällen" und „Insolvenzen". Auf diese Weise lässt sich bspw. der spezifische Bedarf an Unternehmensberatungsleistungen für die einzelnen Marktsegmente ableiten [vgl. LIPPOLD 2010a, S. 7]:

● Fokussierte Expertenberatung für erfolgreiche und innovative Unternehmen;

● Ganzheitliche Beratung für Wachstumsunternehmen, Privatisierungsfälle, „Stuck-in-the-middle"-Unternehmen und „Start-ups";

● Schnelle und zielsichere Umsetzungsberatung für Restrukturierungs- und Sanierungsfälle sowie Insolvenzen.

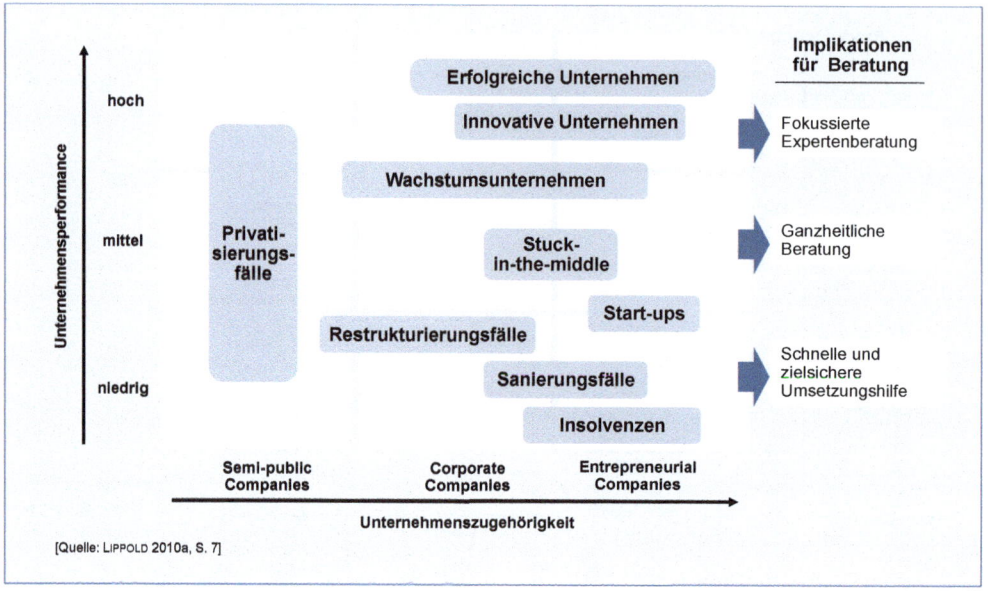

Abb. 3-12:   Segmentierungsansatz für die Mittelstandsberatung

Horizontale Segmentierung. Die horizontale Segmentierung kann dann für Beratungsunternehmen von Interesse sein, wenn die angebotenen Dienstleistungen eine Kaufrelevanz für bestimmte betriebliche Funktionsbereiche haben (z. B. Beratung für Materialwirtschaft/Logistik, Controlling-Beratung, CRM-Beratung). Zu den relevanten *Funktionsbereichen* zählen

- Materialwirtschaft/Logistik,
- Produktionsplanung und -steuerung,
- Personalwirtschaft,
- Finanzwirtschaft,
- Informationstechnik/Informationssysteme,
- Kostenrechnung/Controlling und
- Marketing/Vertrieb.

Regionale Segmentierung. Bei der räumlichen Marktaufteilung geht es darum, ob und inwieweit die Käufergruppen regional begrenzt, überregional und/oder in verschiedenen Auslandsmärkten aktiv bearbeitet werden sollen. Bei jüngeren Unternehmensberatungen mit Wachstumsambitionen verläuft die Entwicklung des Absatzgebietes häufig recht unkontrolliert. Sie beginnt mit einem lokalen Absatzgebiet, dem eine regionale und teilweise auch internationale Markterschließung folgt. Häufig stagniert diese Entwicklung, wenn das Unternehmen auf konkurrierende Wettbewerbszonen anderer Unternehmen stößt und keine Ressourcen zur Überwindung bereitstehen oder geplant sind [vgl. SCHILDHAUER 1992, S. 68].

Segmentierung nach der Betriebsgröße. Eine weitere Segmentierung kann nach der Größe der Kundenunternehmen vorgenommen werden. Hierfür bietet sich eine Klassifizierung nach der *Beschäftigtenzahl*, nach der *Umsatzgröße* oder – vornehmlich bei Banken und Versicherungen – nach der *Bilanzsumme* an. Die Betriebsgröße ist immer dann von besonderer Bedeutung, wenn es sich um den Verkauf von Projekten mit sehr großem Volumen handelt. So sind kleinere und mittelgroße Organisationen tendenziell weniger bereit, solche komplexen Lösungen zu beauftragen. Hier werden eher standardisierte Leistungen akzeptiert. Ein Beispiel dafür ist der jahrelange Versuch der SAP, ihr ERP-Softwaresystem R/3, das nahezu in jedem deutschen Großunternehmen eingesetzt ist, auch im Mittelstand zu positionieren. Während größere Unternehmen durchaus bereit und in der Lage sind, die Einführungs- und Beratungskosten im Umfeld des Softwaresystems zu bezahlen, sind mittelständische Unternehmen weniger geneigt, diese Zusatzkosten zu tragen.

Segmentierung nach technologischen Aspekten. Für viele Unternehmen – insbesondere aus dem High-Tech-Bereich – ist die systemtechnische Infrastruktur der Kundenunternehmen ein wichtiges Segmentierungsmerkmal. Differenzierungen können hier insbesondere nach Technologiekomponenten wie Hardware, Betriebssystem oder Datenbanksystem vorgenommen werden. Allerdings verlieren solche technologischen Merkmale zunehmend an Bedeutung, weil Unternehmen immer mehr auf technologische Standards, Industriestandards oder Quasistandards setzen. So ist bspw. im Betriebssystembereich die verstärkte Verbreitung von UNIX und Windows NT unübersehbar.

Eine weitere Segmentierungsmöglichkeit auf Ebene der Makrosegmentierung ist die Aufteilung des Zielmarktes nach *Innovationstypen*, die ebenfalls dem Technologiekriterium zugeordnet werden können. Danach ist zu unterscheiden zwischen folgenden drei Segmenten [vgl. STROTHMANN/KLICHE 1989, S. 75]:

- HIPs: Unternehmen mit hohem Innovationspotenzial
- MIPs: Unternehmen mit mittlerem Innovationspotenzial
- NIPs: Unternehmen mit niedrigem Innovationspotenzial.

Als Kriterium zur Bestimmung des jeweiligen Innovationspotenzials kann der innerbetriebliche Technologieeinsatz herangezogen werden, wie z. B. Unternehmen mit einem hohen Einsatzstand von Kommunikations- und Fertigungseinrichtungen.

Wichtig bei der Durchführung der Segmentierung ist, dass sich die Unternehmen nicht nur in ein oder zwei Kriterien (Dimensionen) festlegen. Erst eine **mehrdimensionale Marktausrichtung**, die bspw. eine Konzentration auf wenige Branchen und Funktionen oder auf bestimmte Betriebsgrößen in einem räumlich definierten Marktgebiet vorsieht, kann der Gefahr einer möglichen Verzettelung der knappen Entwicklungs- und Marketingkapazitäten begegnen. Umgekehrt kann die mehrdimensionale Segmentierung aber auch dazu führen, dass das Potenzial eines aus der Schnittmenge mehrerer Merkmale gewonnenen Marktsegments für eine intensive Bearbeitung nicht ausreicht [vgl. LIPPOLD 1993, S. 227].

In Abbildung 3-13 sind beispielhaft vier Segmentierungsdimensionen dargestellt.

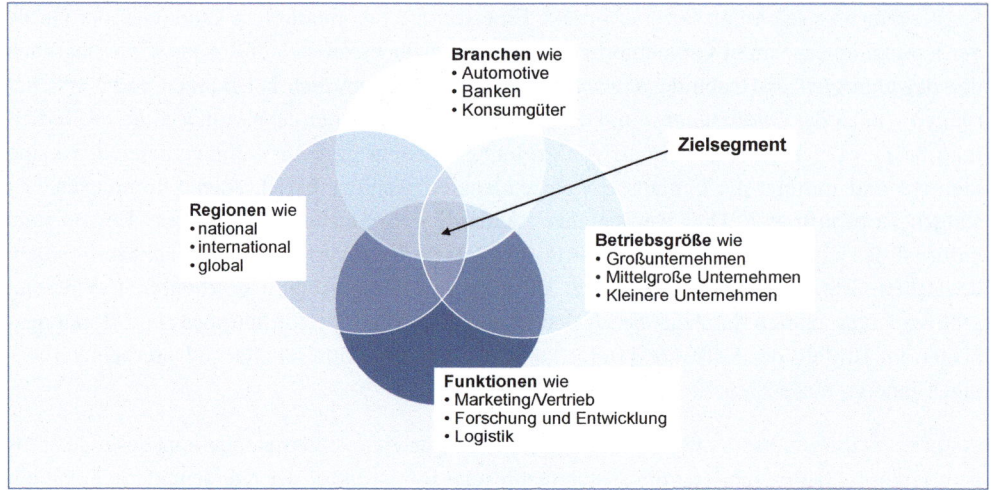

Abb. 3-13:   Mehrdimensionale Segmentierung im B2B-Bereich

3.2.3.2 Mikrosegmentierung

Der Segmentierung auf Mikroebene (Unternehmensebene) liegt eine andere logische Dimension zugrunde als der Makrosegmentierung. Während in der Makrosegmentierung die strategisch bedeutsame Auswahl des zu bearbeitenden Marktausschnitts (Zielgruppe) getroffen wird, legt die Mikrosegmentierung fest, welche *Zielpersonen* innerhalb der zuvor definierten *Zielgruppe* angesprochen werden sollen. Als Kriterien zur Abgrenzung der Mikrosegmente können Merkmale der an der Kaufentscheidung beteiligten Personen, wie Stellung in der Hierarchie, Zugehörigkeit zu bestimmten Funktionsbereichen oder persönliche Charakteristika, herangezogen werden. Für das B2B-Marketing und damit für das Beratungsmarketing ist diese **Multipersonalität** von besonderer Bedeutung. Folgende *Zielpersonenkonzepte* sollen vorgestellt werden [vgl. LIPPOLD 1998, S. 130 ff.]:

● Hierarchisch-funktionales Zielpersonenkonzept
● Buying-Center
● Kommunikationsorientiertes Zielpersonenkonzept.

Hierarchisch-funktionales Zielpersonenkonzept. Als eine sehr pragmatische Abgrenzung von Personen, die bei der Auswahl insbesondere von IT-orientierten Dienstleistungen (z. B. ERP-Einführungsberatung, SOA) beteiligt sind, hat sich das *hierarchisch-funktionale Zielpersonenkonzept* erwiesen. Es geht davon aus, dass in den Beschaffungsprozess des Kundenunternehmens drei Funktionsbereiche involviert sein können [vgl. HANSEN et al. 1983, S. 52]:

● Geschäftsleitung,
● IS-/IT-Management (CIO) und
● Fachabteilung.

Die Funktionsträger dieser drei Gruppen können wiederum drei Hierarchiestufen zugeordnet werden: Geschäftsleitung der obersten, IT-Management und Leiter der Fachabteilung der mittleren und IT-Mitarbeiter und Sachbearbeiter der untersten Managementebene.

Bei den Mitgliedern der *Geschäftsleitung* handelt es sich in erster Linie um Entscheidungsträger. Als Machtpromotoren verfügen sie über das hierarchische Potenzial, eine Beschaffungsentscheidung durchzusetzen. In kleineren Kundenunternehmen ist dies der Unternehmer selbst bzw. die Geschäftsführung, in größeren Unternehmen das Management der ersten und zweiten Führungsebene.

Bei Kundenunternehmen mit einer eigenen IT-Abteilung kann das *IT-Management* ein wichtiger Fach- aber auch Machtpromotor sein, den der Anbieter in jedem Fall in seinen Akquisitionsprozess einzubeziehen hat. Diese Zielpersonen sind ständig darum bemüht, alle technisch-wirtschaftlichen Details aufzunehmen, die sie in die Lage versetzen, mit dieser spezifischen Energie auf Entscheidungs- und Innovationsprozesse einzuwirken [vgl. STROTHMANN/KLICHE 1989, S. 81].

Gemeinsam mit dem IT-Management sind auch die Zielpersonen der *Fachabteilungen* der Gruppe der Fachpromotoren zuzuordnen. Sie bereiten nicht nur den Entscheidungsprozess vor, sondern sie sind letztendlich auch die Personengruppe, die die auszuwählende Problemlösung nutzen soll.

Buying Center. Die Funktionsweise des Buying Center und die verschiedenen Rollen seiner Akteure sind bereits in Abschnitt 3.2.3 vorgestellt worden. Von besonderer Bedeutung für das B2B-Marketing ist es, die Mitglieder des Buying Center zu identifizieren und diese in ihrem Rollenverhalten zu analysieren.

Kommunikationsorientiertes Zielpersonenkonzept. Neben den oben skizzierten Zielpersonenkonzepten als Segmentierungsansätze im Mikrobereich, die für den Abschnitt 3.6 *Akquisition* von grundlegender Bedeutung sind, soll hier noch auf das *kommunikationsorientierte Zielpersonenkonzept* als dritte Abgrenzungsmöglichkeit von Zielpersonen im Software-Marketing hingewiesen werden. Es handelt sich dabei um eine Klassifizierung der Zielpersonen innerhalb einer Anwendergruppe nach ihrem Verhältnis und Kenntnisstand gegenüber dem kommunizierenden Softwarehaus. Danach ist zu unterscheiden zwischen *Indifferenten*, *Sensibilisierten*, *Interessierten* und *Engagierten*, bezogen auf deren Einstellung zum kommunizierenden Unternehmen. Da dieser Ansatz der Mikrosegmentierung auf die Optimierung der Kundenwahrnehmung abzielt, wird er im Abschnitt 3.4 *Kommunikation* behandelt und dort als Grundlage des Kommunikationsmodells vorgestellt.

3.2.4 Segmentbewertung

Wenn die Bedürfnisse, Ziele, Probleme und Erwartungen der anzusprechenden Zielgruppe transparent sind, dann ergeben sich daraus unmittelbar die qualitativen Anforderungen an die anzubietenden Beratungsleistungen. Um jedoch den Mitteleinsatz für die Vermarktung planen zu können, werden Angaben über den quantitativen Bedarf jeder Zielgruppe bzw. jedes

Marktsegments benötigt. Damit stellt sich die Frage nach der *Attraktivität* der zu bearbeitenden Marktsegmente. Zur Bewertung und Absicherung der Attraktivität von Marktsegmenten können folgende Kriterien herangezogen werden [vgl. TÜSCHEN 1989, S. 48 ff.]:

- Segmentvolumen und -potenzial
- Wettbewerbsintensität
- Preisniveau
- Kapitalbedarf.

3.2.4.1 Segmentvolumen und -potenzial

Segmentvolumen und *Segmentpotenzial* stellen das Mengengerüst der Nachfrage auf Basis der Anzahl der aktuellen und potentiellen Kunden dar (siehe Abbildung 3-14).

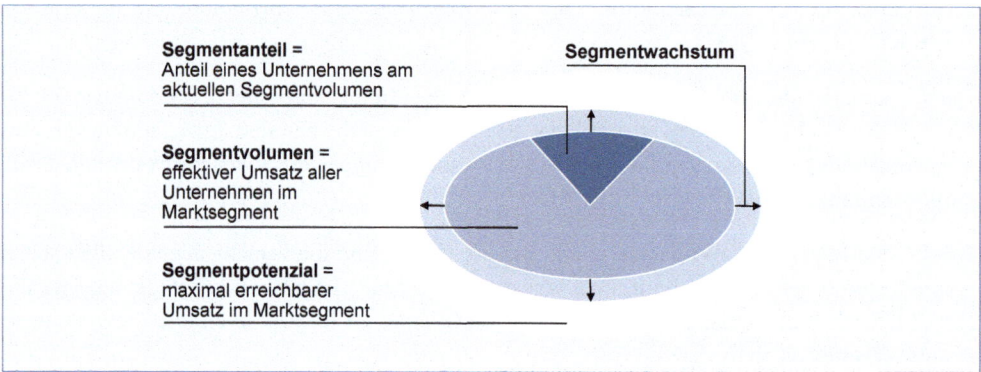

Abb. 3-14:   Segmentbezogene Zielgrößen einer quantitativen Nachfragebeurteilung

Dieses Mengengerüst erlaubt eine erste Einschätzung, ob es sich überhaupt um ein *tragfähiges Marktsegment* handelt. Im ersten Schritt wird also die Anzahl der Betriebe ermittelt, die der Zielbranche angehören, eine bestimmte Betriebsgröße aufweisen und in einer definierten Region ansässig sind. Zusätzlich können je nach Art der Beratungsleistungen auch technologische Kriterien zur Eingrenzung des insgesamt erreichbaren Marktpotenzials herangezogen werden [vgl. TÜSCHEN 1989, S. 48]. Der (wertmäßige) *Segmentanteil* eines Unternehmens ergibt sich aus dem Verhältnis des Umsatzes, der mit den eigenen Kunden im aktuellen Segment erzielt wird, zum gesamten Segmentvolumen.

Segmentvolumen und Segmentpotenzial werden in wachstumsintensiven Marktsegmenten stärker auseinanderfallen als in gesättigten Segmenten.

3.2.4.2 Wettbewerbsintensität

Mit der aktuellen Größe eines Marktsegments wächst auch die *Anzahl der Wettbewerber*, so dass das insgesamt erreichbare Segmentpotenzial im zweiten Schritt durch die Wettbewerbsintensität relativiert werden muss. Segmente, die bspw. von international agierenden Anbietern bearbeitet werden, dürften als sehr wettbewerbsintensiv einzustufen sein. Ein transparentes Angebot und hohe Anforderungen an Stabilität, Qualität und Funktionalität kennzeichnen solche wettbewerbsintensiven Märkte.

Anders sieht es hingegen in Marktnischen aus, die hinsichtlich des Segmentpotenzials weniger attraktiv sind: Hier werden sich größere Anbieter kaum engagieren. Auch in Segmenten mit sehr individuell geprägten Kundenproblemen ist die Wettbewerbsintensität aufgrund der intransparenten und weniger gut vergleichbaren Leistungsangebote eher niedrig einzuschätzen. Unter dem Aspekt der Bewertung neuer Marktsegmente ist die Berücksichtigung von *Segmentbarrieren* als Gesamtheit aller hemmenden Einflussfaktoren für den Eintritt in das Marktsegment von besonderer Bedeutung [vgl. TÜSCHEN 1989, S. 49 f.].

Darüber hinaus gilt die generelle Empfehlung, dass ein jüngeres Unternehmen nicht zu viele Marktsegmente für sich definieren sollte, da dazu die Investitionskraft in der Regel nicht ausreicht. Die Erfahrung zeigt, dass die Markteintrittsschranke bzw. Marktsegmentbarriere etwa so hoch ist, wie die bisherigen Investitionen des Markt(segment)führers. Andererseits werden die Eintrittsbarrieren durch den Technologiewandel permanent verändert und das bietet wiederum besondere Chancen für neue Service Offerings [vgl. LIPPOLD 1998, S. 127].

3.2.4.3 Preisniveau

Im dritten Schritt ist das *Preisniveau* des Segments auszuloten. Die Preisstellung in Verbindung mit dem Absatzpotenzial (an Beratungsprojekten) liefert eine erste Abschätzung für die Umsatzplanung. Hierbei ist zu beobachten, dass häufig ein *Mengen-/Preisverhältnis* in Abhängigkeit vom Zielmarkt (differenziert nach der Betriebsgröße) existiert. D. h. je kleiner die Kundenunternehmen sind, desto kleiner wird i. d. R. auch der Preis sein, der für eine Beratungs- bzw. Serviceeinheit erzielt werden kann. In einem Produktgeschäft (also mit nahezu beliebig reproduzierbaren Produkten) wäre dies weniger problematisch, denn geringere Preise lassen sich durch entsprechende Mengen kompensieren.

Nicht so bei den *Serviceeinheiten*, die z. B. in Form von Einführungs-, Installations- und Beratungsleistungen häufig mit dem Produkteinsatz verbunden sind. Serviceeinheiten sind weder beliebig reproduzierbar noch beliebig teilbar. Sie basieren auf einer Kalkulation (Stunden- oder Tageshonorare), die sich zum überwiegenden Teil aus den Personal- und Arbeitsplatzkosten zusammensetzen. Diese Überlegung begründet auch die Erfahrung in der Software- und Beratungsbranche, dass in kleineren Betrieben auf eine Produkteinheit nur Bruchteile einer Serviceeinheit entfallen, dagegen in Großbetrieben der Serviceanteil (meistens in Form von Modifikationen) häufig deutlich über dem entsprechen Produktanteil liegt [vgl. LIPPOLD 1998, S. 128].

3.2.4.4 Kapitalbedarf

Ein weiteres Kriterium für die Attraktivität eines Segments ist der mit seiner Bearbeitung verbundene *Finanzmittelbedarf*. Bei solchen Investitionsüberlegungen tut sich das Management von Beratungsunternehmen im Vergleich zu Produktionsunternehmen etwas leichter. Investitionen in bestimmte Marktsegmente bedeuten im Consulting zumeist Investitionen in das Know-how der Mitarbeiter und nicht in Maschinen und Anlagen. Entscheidet man sich dafür, ein neues Marktsegment zu bearbeiten, so steht das Beratungsmanagement vor der Entscheidung, in die Beschaffung neuer Mitarbeiter mit den entsprechenden Skills oder in das Knowhow bestehender Mitarbeiter durch gezielte Ausbildungsmaßnahmen zu investieren.

In Abbildung 3-15 ist das Konzept der mehrstufigen Segmentierung in Form der zielgruppenbezogenen Makrosegmentierung einerseits und der darauf aufbauenden zielpersonenorientierten Mikrosegmentierung andererseits grafisch dargestellt.

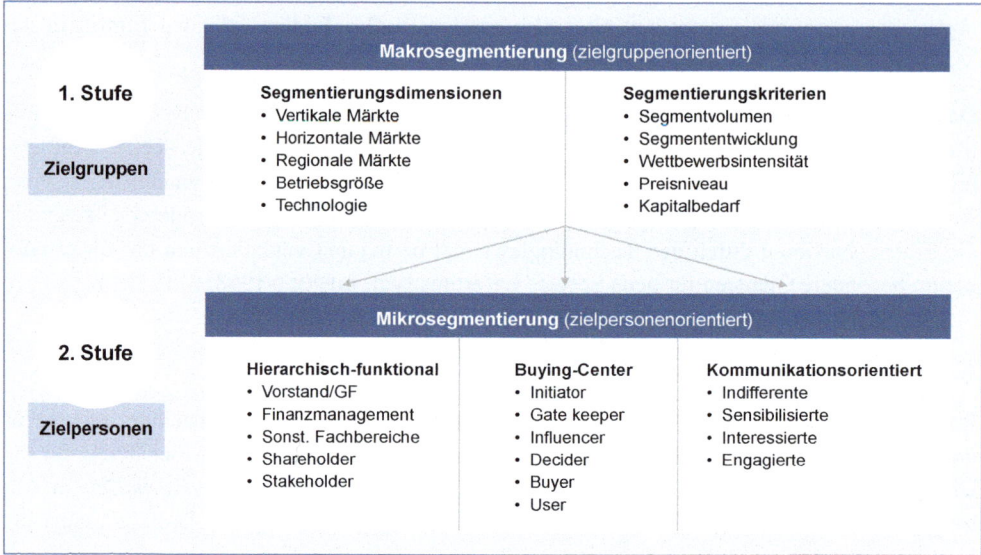

Abb. 3-15:   Das Konzept der mehrstufigen Segmentierung im B2B-Bereich

3.2.5 Geschäftsfeldplanung

Unter organisatorischen Gesichtspunkten und unter dem Aspekt einer gezielteren Marktbearbeitung ist die Segmentierung zugleich Grundlage der *Geschäftsfeldplanung bzw. -bestimmung* (engl. *Defining the Business*). Die für das eigene Leistungsangebot als relevant erachteten Segmente werden als **strategische Geschäftsfelder (SGF)** bezeichnet. Sie sind im Beratungsgeschäft eine Kombination aus Leistungsangebot und Markt (Zielgruppe). Sie erfüllen eigene Marktaufgaben, indem sie jeweils originäre Kundenprobleme lösen. Sie weisen gegenüber anderen Segmenten eine hinreichende Eigenständigkeit auf und haben eigene Ertragsaussichten [vgl. TÜSCHEN 1989, S. 43; MÜLLER 1995, Sp. 761 und SZYPERSKI/WINAND 1979, S. 197].

Ausgangspunkt der Geschäftsfeldplanung ist das bestehende Angebot bzw. Leistungsprofil der Unternehmensberatung, das den identifizierten Marktsegmenten gegenübergestellt wird. Auf diese Weise erhält man eine zweidimensionale *Leistungs-/Markt-Matrix*, in der jene Leistungs-/Markt-Kombinationen ausgewählt werden, die das Unternehmen momentan bedient. Auf der Grundlage der als besonders strategisch erachteten Kriterien (z. B. eine bestimmte

Technologie oder Kundengruppe) werden sodann einzelne Leistungs-/Markt-Kombinationen zu strategischen Geschäftsfeldern zusammengefasst [vgl. MÜLLER-STEWENS/LECHNER 2001, S. 114 ff.].

Das organisatorische Gegenstück zu markt(segment)orientierten Geschäftsfeldern bilden **strategische Geschäftseinheiten (SGE)**. Eine strategische Geschäftseinheit entsteht durch die *interne Segmentierung* eines Unternehmens und ist für die Bearbeitung eines oder mehrerer Geschäftsfelder zuständig [vgl. MÜLLER-STEWENS/LECHNER 2001, S. 121].

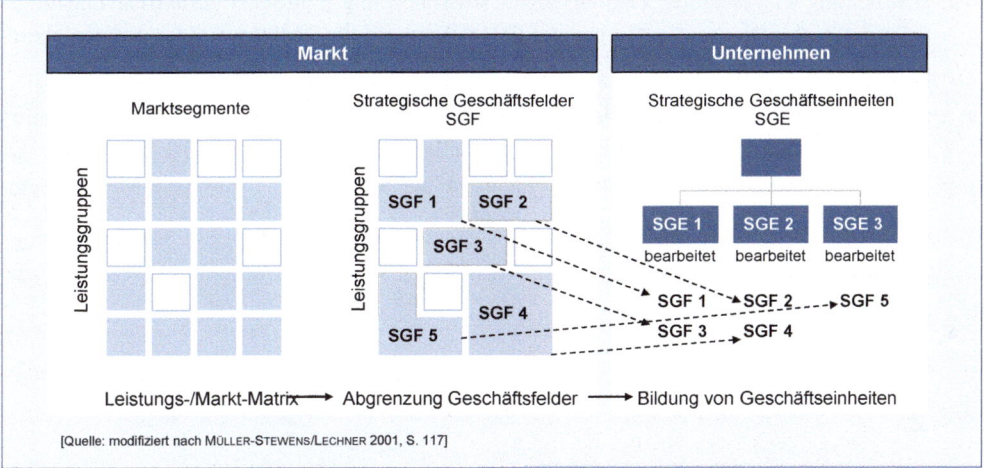

Abb. 3-16: Stufen der Geschäftsfeldplanung

Eine – zumindest vertrieblich ausgerichtete – Organisation nach Geschäftsfeldern in Form von Geschäftseinheiten verkürzt die Wege zum Kunden, weil sie neben den eigenen Produkten bzw. deren Funktionalitäten auch die Bedürfnisse der Kunden in den Mittelpunkt stellt. In Abbildung 3-16 sind die Stufen der Geschäftsfeldplanung dargestellt.

3.2.6 Segmentierungsstrategien

Die Bildung von Geschäftsfeldern als Ergebnis der Segmentierung wirft zugleich die Frage nach der *Anzahl* der zu bearbeitenden Geschäftsfelder bzw. Marktsegmente und damit den *Grad der Abdeckung* des Marktes auf. Grundsätzlich lassen sich die in Abbildung 3-17 dargestellten fünf **typische Marktbearbeitungsmuster** unterscheiden [vgl. BECKER 2009, S. 448 f. unter Bezugnahme auf ABELL 1980]:

- **Gesamtmarktabdeckung.** Hierbei geht es um die Abdeckung aller relevanten Teilmärkte mit jeweils darauf abgestimmten Leistungsalternativen. Für den Beratungsbereich ist dieses Marktbearbeitungsmuster kaum relevant, denn selbst die großen internationalen Beratungsunternehmen werden kaum eine Gesamtmarktabdeckung (z. B. inklusive Mittelstandsberatung) anstreben. Das bekannteste Beispiel für den B2B-Bereich ist die IBM im Computermarkt in den 1990er Jahren.

- **Marktspezialisierung.** Dieses Marktbearbeitungsmuster sieht die vollständige Abdeckung eines Teilmarktes mit einem „kompletten" Programm vor (Beispiele: Automotive-Beratung, Bankenberatung, Beratung für die Bekleidungsindustrie).

- **Leistungsspezialisierung.** Bei der Leistungsspezialisierung geht es um die vollständige Abdeckung eines Leistungsbereichs (Beispiele: Marketingberatung, CRM-Beratung, Sanierungsberatung).

- **Selektive (differenzierte) Spezialisierung.** Dieses Marktbearbeitungsmuster sieht die Bearbeitung ausgewählter Teilmärkte zur Ausschöpfung möglichst attraktiver Leistungs-/Markt-Kombinationen vor (Beispiele: CRM-Beratung für SAP-Anwender, Strategieberatung für den Mittelstand).

- **Nischenspezialisierung.** Bei der Nischenspezialisierung geht es um die Konzentration auf einen (kleinen) Teilmarkt aufgrund spezieller Kompetenzen und/oder besonderer Attraktivität der Nische (Beispiele: Hochregallagersteuerung, Life-Cycle-Managementberatung in der Automobilindustrie).

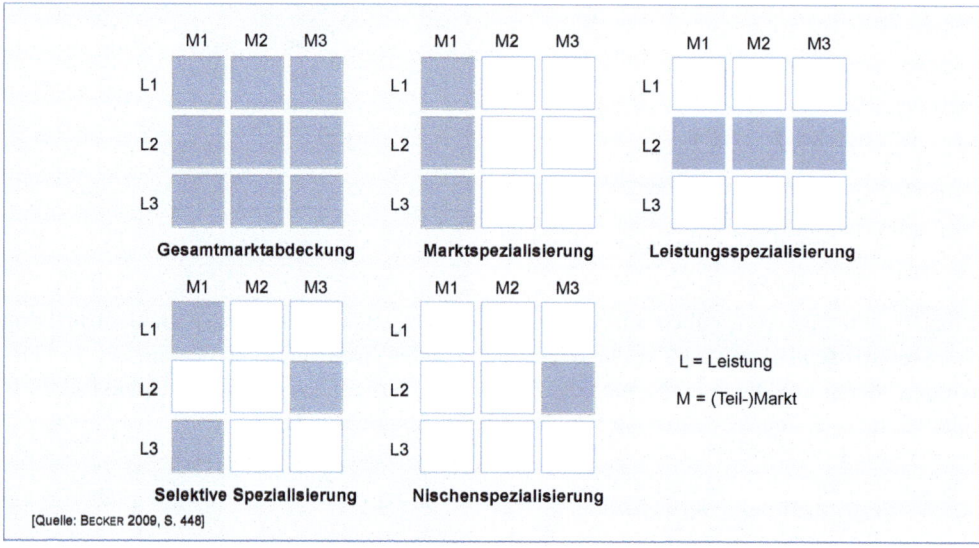

Abb. 3-17:   Idealtypische Marktbearbeitungsmuster

In diesem Zusammenhang müssen auch zwei typische Risiken der Marktsegmentierung genannt werden. Zum einen handelt es sich um die Gefahr der *Übersegmentierung*, zum anderen um die Gefahr der *Überkonzentration*.

Bei der **Übersegmentierung** (engl. *Oversegmentation*) besteht das Risiko darin, dass Märkte „künstlich" zu stark aufgeteilt werden. Diese Gefahr ist vornehmlich dann gegeben, wenn eine Unternehmensberatung (zu) viele Service Offerings mit unterschiedlichen Marketingprogrammen in einem Zielmarkt vorhält. Eine **Überkonzentration** (engl. *Overconcentration*) ist vor allem dann gegeben, wenn sich ein Unternehmen zu sehr auf ein Segment konzentriert [vgl. BECKER 2009, S. 291].

3.3 Positionierung – Optimierung des Kundenvorteils

3.3.1 Aufgabe und Ziel der Positionierung

Die Positionierung ist das zweite wichtige Aktionsfeld im Vermarktungsprozess (siehe Abbildung 3-18). Sie zielt darauf ab, innerhalb der definierten Segmente bzw. Geschäftsfelder eine klare *Differenzierung* gegenüber dem Leistungsangebot des Wettbewerbs vorzunehmen. Die Einbeziehung des Wettbewerbs und seiner Stärken und Schwächen ist also ein ganz entscheidendes Merkmal der Positionierung.

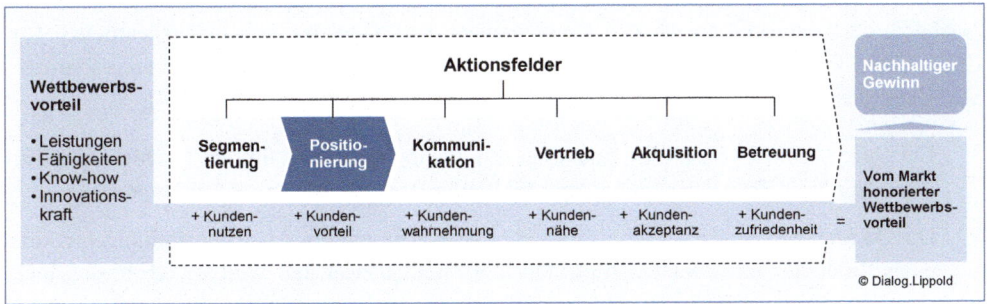

Abb. 3-18:   Positionierung als zweites Aktionsfeld der Marketing-Gleichung

Jedes Unternehmen tritt in seinen Marktsegmenten in aller Regel gegen einen oder mehrere Wettbewerber an. In dieser Situation reicht es nicht aus, *ausschließlich* nutzenorientiert zu argumentieren. Neben den reinen **Kunden*nutzen*** muss vielmehr der **Kunden*vorteil*** treten. Der Kundenvorteil im Consulting definiert sich als der Vorteil, den der Kunde beim Erwerb der Leistung gegenüber der des Wettbewerbers hat. Wer überlegenen Nutzen (= Kundenvorteil) bieten will, muss die Bedürfnisse, Probleme, Ziele und Nutzenvorstellungen des Kundenunternehmens sowie die Vor- und Nachteile bzw. Stärken und Schwächen seines Leistungsangebotes gegenüber denen des Wettbewerbs kennen. Die Positionierung zielt also auf die Optimierung des Kundenvorteils ab:

Kundenvorteil = f (Positionierung) → optimieren!

Die wesentlichen Fragen in diesem Zusammenhang sind:

- Wie differenziert sich das eigene Angebot von dem des Wettbewerbs?
- Welches sind die wichtigsten *Alleinstellungsmerkmale*?

Bei der Beantwortung geht es allerdings nicht so sehr um die Herausarbeitung von Wettbewerbsvorteilen an sich. Entscheidend sind vielmehr jene Leistungsvorteile, die für den Kunden interessant sind und einen besonderen Wert für ihn haben. Ein Unternehmen kann diesen Wert, dieses "Mehr an Nutzen bieten, indem es besser, neuer, schneller oder preisgünstiger ist" [KOTLER et al. 2007, S. 400]. Leistungsvorteile müssen also ein Bedürfnis bzw. ein Problem der Zielgruppe befriedigen bzw. lösen. Vorteile, die diesen Punkt nicht treffen, sind von untergeordneter Bedeutung. Unternehmen, die es verstehen, sich im Sinne des Kunden-problems positiv vom Wettbewerb abzuheben, haben letztendlich die größeren Chancen bei der Auftragsvergabe.

Positionierung ist also die Schaffung einer klaren Differenzierung aus Kundensicht und be-steht in der Reduktion auf die wichtigsten Ausprägungen des Kundenvorteils. Das führt zu einer Konzentration auf jene Leistungsmerkmale, die aus Kundensicht eine klare Diffe-renzierung gegenüber dem Wettbewerb bewirken. Damit führt die Positionierung zur Be-stimmung des Kommunikationsinhaltes, denn jegliche Kommunikation mit dem Kunden soll-te auf dessen Vorteil ausgerichtet sein [vgl. GROSSE-OETRINGHAUS 1986, S. 3].

Nachdem der Unterschied zwischen Kundennutzen und Kundenvorteil herausgearbeitet wor-den ist, sind in diesem Kontext noch weitere Begriffe, die teilweise synonym zum **Kunden-vorteil** verwendet werden, abzugrenzen [vgl. BACKHAUS/VOETH 2010, S. 19 ff.]:

- Ein **Netto-Nutzen-Vorteil** ist dann gegeben, wenn der Nutzen für den Nachfrager größer ist als der Preis. Bei diesem Konstrukt fehlt allerdings die Wettbewerbskomponente.

- Das Akronym **USP (Unique Selling Proposition)** beschreibt das Alleinstellungsmerkmal eines Produktes bzw. der Leistung. Der USP betont zwar den Wettbewerbsbezug, nicht aber den vom Nachfrager zu zahlenden Preis.

- **Value Proposition** ist der Wert (engl. *Value*) von Nutzenelementen, die ein Nachfrager im Austausch für den gezahlten Preis bekommt. Die Differenz zwischen Wert und Preis entspricht dem Netto-Nutzen-Vorteil.

- Beim **Wettbewerbsvorteil**, der sich neben Leistungs- bspw. auch aus Kosten- oder Standortvorteilen zusammensetzen kann, dominiert die Wettbewerbskomponente die Kundenkomponente. Der Wettbewerbsvorteil an sich zählt nicht, entscheidend ist, dass er auch vom Kunden wahrgenommen wird. Damit wirken Wettbewerbsvorteile nur mittel-bar.

- Das Konstrukt des **komparativen Konkurrenzvorteils (KKV)** fasst beide Perspektiven, also die Kundenkomponente und die Wettbewerbskomponente zusammen. Der KKV be-steht aus einer (kundenorientierten) *Effektivitätsposition* (mit den Merkmalen *Bedeutsam-keit* und *Wahrnehmung*) und einer (wettbewerbsorientierten) *Effizienzposition* (mit den Merkmalen *Verteidigungsfähigkeit* und *Wirtschaftlichkeit*).

Obwohl der KKV, der speziell für das Industriegütermarketing entwickelt worden ist [BACK-HAUS], sicherlich das umfassendste Konstrukt in diesem Kontext darstellt, soll hier weiterhin an der einfacheren Begrifflichkeit des **Kundenvorteils** festgehalten werden.

Grundsätzlich gibt es zwei Möglichkeiten, die Stärken von Beratungsunternehmen in Kun-denvorteile umzusetzen: Entweder mit dem **Leistungsvorteil** oder mit dem **Kosten- bzw. Preisvorteil**. Die Positionierung von Leistungsvorteilen ist häufig sehr viel schwieriger als die von Preisvorteilen, da der Preis- oder Kostenvorteil ceteris paribus objektivierend wirkt. Das Kriterium der leistungsbezogenen Differenzierung kann daher nur der *Alleinstellungsan-spruch* sein, denn die Einzigartigkeit wird im Wettbewerbsvergleich ebenfalls objektivierend beurteilt. Prinzipiell bietet jeder Leistungsparameter Chancen, Kundenvorteile zu erzielen.

Entscheidend für die Durchsetzung von Kundenvorteilen ist, dass sich der Kommunikationsinhalt auf Einzigartigkeit, Verteidigungsfähigkeit und auf jene Leistungseigenschaften konzentrieren sollte, die der Kunde besonders hoch gewichtet [vgl. GROSSE-OETRINGHAUS 1986, S. 3 und 41].

Hinzu kommt bei der Positionierung von Dienstleistungen noch ein weiterer Aspekt: Da sich das Kundenunternehmen im Vorfeld einer Auftragsvergabe häufig sehr schwer tut, einen Vergleich von Leistungen durchzuführen, die erst in der Zukunft erbracht werden, wird es sich anderer Vergleichskriterien bedienen. Hierzu zählt in erster Linie der Berater selbst, der die Leistung verkauft bzw. präsentiert und ggf. später auch ausführt. Insofern kommt zum reinen Leistungsvorteil noch der **Vertrauensvorteil**, den sich der Berater durch seine **Persönlichkeit** erwerben kann.

3.3.2 Die Leistung als Positionierungselement

Ein Beratungsunternehmen sollte ein Marktsegment letztlich nur dann als attraktiv für sich einschätzen, wenn es sich aufgrund seiner eigenen Leistungspotenziale einen oder mehrere Wettbewerbsvorteil(e) verspricht. Hierzu ist es im Rahmen der Positionierung erforderlich, sich ein genaues Bild über die *Erfolgs- oder Schlüsselfaktoren* – bezogen auf die Anforderungen der jeweiligen Marktsegmente – zu verschaffen. Solche Erfolgsfaktoren wirken stark *differenzierend* und zeigen Potenziale auf, um sich vom Wettbewerb innerhalb der Segmente abheben zu können.

Eine der Hauptaufgaben für das Marketing besteht demnach darin, diese Alleinstellungsmerkmale ausfindig zu machen, gegenüber dem Markt zu kommunizieren und damit *Präferenzen* zu bilden. Die Differenzierungsmöglichkeiten können je nach Branche sehr unterschiedlich sein. In einigen Branchen können solche Kundenvorteile relativ leicht gewonnen werden, in anderen ist dies nur sehr schwer möglich. Ersatzweise können dann Leistungsmerkmale herangezogen werden, die für sich genommen zwar keinen Alleinstellungsanspruch rechtfertigen, sehr wohl aber in ihrer *Kombination* einen Kundenvorteil darstellen.

Für das B2B-Marketing (und damit im Wesentlichen auch für das Beratungsmarketing) schlagen BACKHAUS/VOETH einen Ansatz vor, der die besonderen Ressourcen, Fähigkeiten und Kompetenzen des Anbieters zur Positionierung berücksichtigt. Als Differenzierungsmöglichkeiten werden dabei

- Potenzialunterschiede,
- Prozessunterschiede und
- Programmunterschiede

im Vergleich zum Wettbewerb herangezogen (siehe Abbildung 3-19).

Zu den **Potenzialunterschieden** als Quelle für den Kundenvorteil zählen z. B. ein patentrechtlich geschütztes Wissen ebenso wie der Zugang zu dominanten Technologien, ein exklusives Vertriebssystem oder besonders fähige Mitarbeiter.

Wettbewerbsrelevante **Prozessunterschiede** ergeben sich insbesondere beim Management der Supply Chain, bei den Prozessketten des Product Lifecycle sowie beim Customer Relationship Management. Hier stellt sich allerdings die Frage, wie solche Prozessketten im Hinblick auf Effektivität und Effizienz und vor allem im Vergleich zum Wettbewerb gemessen bzw. beurteilt werden sollen.

In den **Programmunterschieden** dokumentiert sich der vom Kunden wahrgenommene Marktauftritt eines Anbieters. Unternehmen, die bspw. nur als Komponentenlieferant, nur als Systemanbieter oder nur als Dienstleister auftreten, werden sich im Markt anders positionieren als Unternehmen, die über die vollständige Programmbreite verfügen [vgl. PLINKE 1995, S. 68]. So bieten viele ERP-Softwarehäuser neben dem Softwareprodukt auch die entsprechenden Beratungsleistungen wie Einführungsunterstützung, Anwendungsberatung, Customizing, Anwenderschulungen etc. an. Dagegen hat sich SAP jahrelang als reines Softwarehaus positioniert, während international operierende IT-Beratungsunternehmen wie ACCENTURE, CAPGEMINI oder BEARING POINT als SAP-Berater (z. B. für internationale SAP-Rollouts) agieren.

Die in Abbildung 3-19 aufgezeigten Differenzierungsmöglichkeiten machen deutlich, wie vielfältig die Gestaltungsansätze für das B2B-Marketing sind, um Erfolgsfaktoren und damit Kundenvorteile für eine erfolgreiche Positionierung herauszuarbeiten.

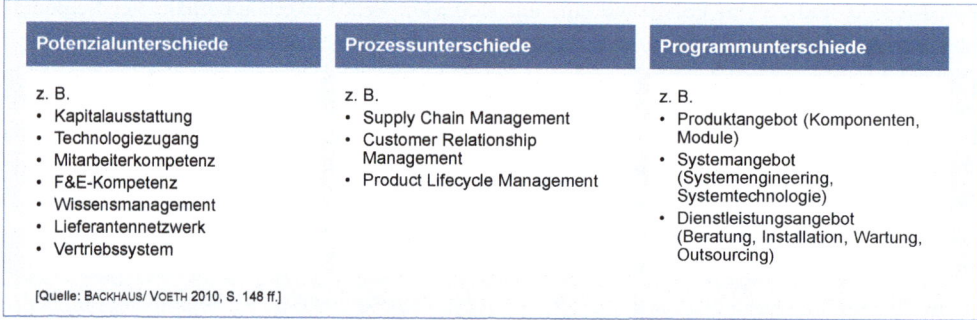

Abb. 3-19: Differenzierungsmöglichkeiten im B2B-Bereich

Darüber hinaus bieten die spezifischen Wettbewerbsverhältnisse und Kundenanforderungen innerhalb einer *Branche* weitere Differenzierungsmöglichkeiten. Ein Beispiel dafür sind die Differenzierungsmerkmale für Beratungsleistungen im Umfeld von ERP-Software (z. B. Software-Modifikationen), die sich an folgenden Anwenderbedürfnissen orientieren können (siehe Abbildung 3-20):

● Funktionaler Nutzen (der Modifikationen)

● Zukunftssicherheit (der Modifikationen)

● Stabilität (der Modifikationen)

● Serviceleistungen

● Kundennähe.

Häufig besteht der Bedarf, die so gewonnene Positionierung auch zu lokalisieren. Dazu werden die verschiedenen miteinander im Wettbewerb stehenden Leistungen in einem sog. *Eigenschafts- oder Merkmalsraum* angeordnet.

Abbildung 3-21 zeigt ein Beispiel für einen Merkmalsraum mit fünf Eigenschaften, die kaufentscheidend für die Beauftragung von ERP-Beratungsleistungen sein können. Als Eigenschaften sind hierbei die fünf Anwenderbedürfnisse aus Abbildung 3-20 über den Merkmalsraum für drei Positionierungsobjekte (Leistungsangebot A, B und C) gespannt.

Funktionaler Nutzen	Zukunftssicherheit	Stabilität	Serviceleistungen	Kundennähe
Funktionsbreite	Portabilität	Anzahl Modifikationen	Organisationsberatung	Anzahl Geschäftsstellen
Funktionstiefe	Image, Reputation	Anzahl Referenzen	Einsatzunterstützung	Anzahl Servicestellen
Integrationsfähigkeit	Finanzkraft	Zuverlässigkeit	Customizing	Internationale Präsenz
			Anwenderschulung	
[Quelle: LIPPOLD 1998, S. 159]			Hot-Line Wartung	

Abb. 3-20:   Kaufentscheidende Differenzierungsmerkmale für ERP-Beratungsleistungen

Sind die Erfolgsfaktoren identifiziert und beherrschbar, so müssen die Leistungs- und Unternehmensstärken gegenüber den potenziellen Kunden argumentiert (→ Kundenvorteil) und damit zu *strategischen Wettbewerbsvorteilen* ausgebaut werden. Der strategische Wettbewerbsvorteil sollte drei Kriterien erfüllen [vgl. SIMON 1988, S. 465]:

- Der Vorteil muss ein für den Kunden wichtiges Leistungsmerkmal betreffen.
- Der Vorteil muss vom Kunden tatsächlich wahrgenommen werden.
- Der Vorteil sollte vom Wettbewerb nicht schnell einholbar sein, d. h. er muss eine gewisse Dauerhaftigkeit aufweisen.

Wohlgemerkt, es handelt sich hierbei um *grundlegende* Wettbewerbsvorteile bei der Positionierung. Weitere Entscheidungskriterien bei der Auftragsvergabe, die zumeist erst in der Akquisitionsphase zum Tragen kommen und vorwiegend in den an der Akquisition beteiligten Personen begründet sind, können sein [vgl. NIEDEREICHHOLZ 2010, S. 307]:

- Fachliche Qualifikation und persönliche Überzeugungskraft der Berater
- Sympathie und Vertrauen zu den für das Projekt vorgesehenen Beratern
- Problemverständnis und Vorstellungen der Berater über mögliche Problemlösungen
- Fundiertes, sachgerechtes Angebot
- Terminplanung und Vorschläge zur Projektorganisation (Teambildung)
- Transparenz des Preis-Leistungs-Verhältnisses
- Honorarbildung und Modalitäten.

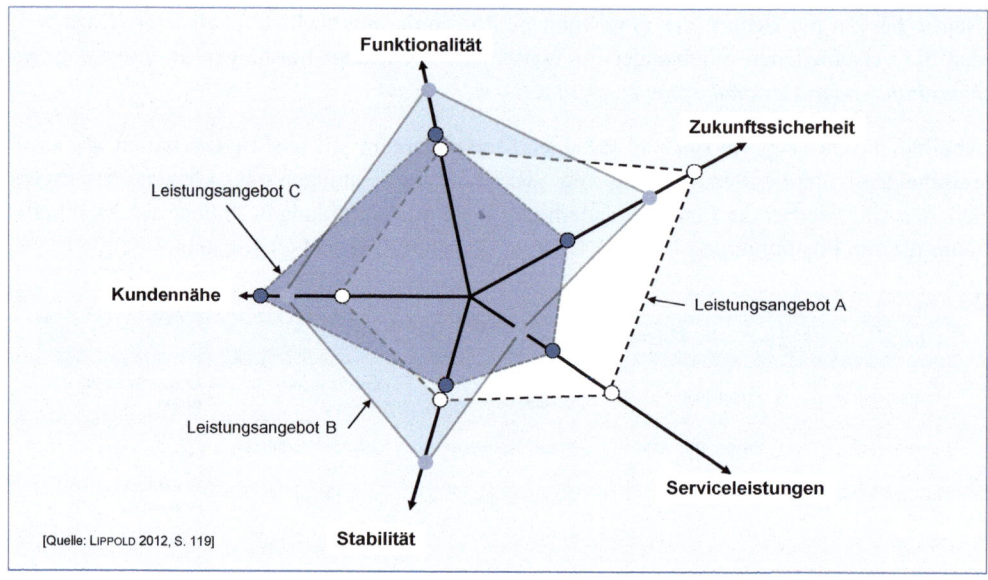

Abb. 3-21:   Beispiel für ein Positionierungsmodell mit fünf Dimensionen

3.3.3 Der Preis als Positionierungselement

Zunächst stellt sich die Frage, ob sich der Preis als Positionierungselement im Consulting überhaupt eignet. Schließlich verbinden die Kunden im B2B-Bereich – sicherlich noch mehr als im B2C-Bereich – mit jedem Preis auch eine bestimmte Qualität. Unterstellt man allerdings – unabhängig vom Preis – eine annähernd gleiche Qualität bei der Auftragsdurchführung, dann können preispolitische Maßnahmen immer dann eine erhebliche akquisitorische Wirkung ausüben, wenn die Einkaufsabteilungen das „letzte Wort" bei de4r Auftragsvergabe haben.

3.3.3.1 Preispolitische Grundlagen im Beratungsgeschäft

Unabhängig von diesen grundlegenden Aspekten einer Preispositionierung muss im Beratungsgeschäft unterschieden werden zwischen

- dem **Honorar** eines Beraters als Stunden- oder Tagessatz (wobei in der Praxis immer seltener auf Stundenbasis abgerechnet wird) und

- dem **Angebotspreis** für ein Projekt, in den das Honorar der leistenden Mitarbeiter des Beraters einfließt.

Wenn also vom *Preisniveau* oder genereller von *Preisstellung* gesprochen wird, dann kann es sich dabei nur um den Vergleich der Stunden- oder Tageshonorare von Mitarbeitern verschiedener Beratungsunternehmen handeln. Diese **Beraterhonorare** werden dann vergleichbar, wenn sie auf der Basis bestimmter Kriterien (z. B. Grade oder Level eines Beraters, Berufserfahrung, Branche, Umfeld der Lösung) ausdifferenziert werden. Insert 3-01 liefert ein Beispiel für die Transparenz solcher Beraterhonorare im IT-Bereich.

--- **Insert** ---

Beraterhonorare im Vergleich
So viel darf ein Consultant kosten

BI-Berater verdienen am besten. Für auf Business Intelligence (BI) spezialisierte Consultants können Dienstleister hohe Tagessätze verlangen. Das geht aus der aktuellen Analyse von PIERRE AUDOIN CONSULTANTS (PAC) hervor. Kategorisiert nach **Beratungslösungen (Solutions)** zeigt sich, dass BI-Spezialisten mit einem mittleren Tagessatz von 1075 Euro die Nase vorn haben. Über dem Durchschnitt liegen ferner spezialisierte Berater mit Branchenkenntnissen (1040 Euro) und CRM-Profis (980 Euro). Experten für Supply-Chain-Management positionieren sich mit 890 Euro im unteren

Mittelfeld. Für IT-Berater im Personalbereich sind die Preise etwas gefallen (885 Euro pro Tag), da "HR ein Commodity-Thema geworden ist", so die PAC-Analysten. "Nur in wenigen Bereichen wie Employee-Self-Services oder Talent Management können noch bessere Tagessätze erreicht werden." Auch Finance und Accounting (F&A) hat eine hohe Marktreife erreicht, in den Projekten geht es vor allem darum, gesetzliche Änderungen umzusetzen oder Akquisitionen zu integrieren. IT-Berater, die auf F&A spezialisiert sind, erhalten daher einen durchschnittlichen Tagessatz (960 Euro).

Durchschnittliche Tagessätze nach Beratungslösungen (Solutions)*

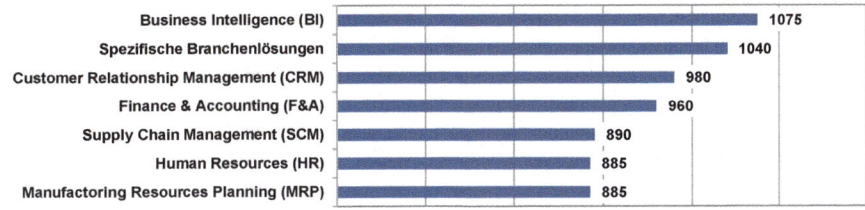

Business Intelligence (BI)	1075
Spezifische Branchenlösungen	1040
Customer Relationship Management (CRM)	980
Finance & Accounting (F&A)	960
Supply Chain Management (SCM)	890
Human Resources (HR)	885
Manufactoring Resources Planning (MRP)	885

*Preise in Euro pro Acht-Stunden ohne Nebenkosten

SAP-Berater dürfen sich weiterhin über Spitzenlöhne freuen. Welche Tagessätze IT-Berater erzielen, hängt auch von der **Plattform** ab, auf die sie sich spezialisiert haben. Wer im SAP-Umfeld als Berater unterwegs ist, gehört nicht nur zu den am stärksten umworbenen Kandidaten auf dem IT-Arbeitsmarkt, sondern auch zu den teuersten. So liegt der Tagessatz eines SAP-Beraters im Mittel bei 990 Euro und damit über dem Durchschnitt. Dieses hohe Preisniveau führen die Analysten darauf zurück, dass SAP in deutschen Unternehmen stark repräsentiert ist und im Umfeld der Software viele innovative Projekte umgesetzt werden. Oft werde SAP-Software schon im Rahmen von Pilotprojekten früh-zeitig eingeführt, obwohl sie für den allgemeinen Markt noch nicht freigegeben sei. Davon könnten erfahrene SAP-Berater finanziell profitieren. Einen überdurchschnittlichen Tagessatz von 1000 Euro am Tag können ebenfalls spezialisierte ORACLE-Berater in Rechnung stellen. In dem Fall ist den Analysten zufolge der Grund die geringe Verbreitung von ORACLE-Applikationen: Weil diese in Deutschland noch kaum eingesetzt würden, gebe

es auch nur wenige Berater, die sich darauf spezialisiert hätten. Die vorhandenen Ressourcen seien daher rar und teuer. Berater, die im IBM-Großrechner-Umfeld unterwegs sind, bewegen sich mit einem Tagessatz von 960 Euro genau im Mittelfeld. Laut PAC wirken an diesem Markt gegenläufige Kräfte ein. Einerseits laufen auf in vielen Banken Kernanwendungen, die den Beratungsmarkt beflügeln. Andererseits gibt es viele Alt-Anwendungen auf Großrechnern. Hier wird nur begrenzt in Innovationen und externe IT-Berater investiert. Unterdurchschnittlich ist der Tagessatz eines auf MICROSOFT spezialisierten Beraters. Da die Software vor allem im Mittelstand vertreten ist und dort weniger Komplexität herrscht als in Konzernen, spiegelt sich das in den Tagessätzen wider. Generell machen die PAC-Analysten einen anhaltenden Off-shoring-Trend aus: Je einfacher sich eine Leistung in Billiglohnländer verlagern lässt, desto größer ist der Preisdruck auf die Beraterhonorare. Das betrifft vor allem die Themen Entwicklung, Testen und Applikations-Management – egal auf welcher Software-plattform.

Durchschnittliche Tagessätze nach Plattformen*

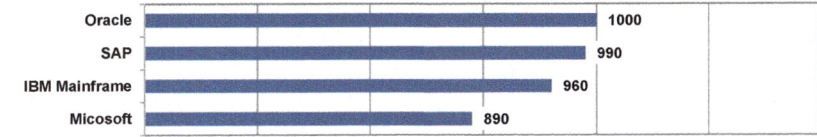

Oracle	1000
SAP	990
IBM Mainframe	960
Micosoft	890

*Preise in Euro pro Acht-Stunden ohne Nebenkosten

[Quelle: Computerwoche vom 20.01 und 08.02.2012]

Insert 3-01:   Beraterhonorare im Vergleich

Die grundsätzliche Gestaltung solcher Honorarsätze, die dann bspw. auch in einer *Preisliste* zu finden sind, hat mehr den Charakter einer **Preisstrategie** und ist mit der *Preislagenstrategie* im B2C-Marketing zu vergleichen. Einen entsprechenden Kriterienkatalog zum Aufbau einer solchen Preisliste für das Beratungsfeld der IT-Beratung bietet Abbildung 3-22.

Job Level (Grade)	Berufs-erfahrung	Beratungsart	Plattformen	Branchen	Solutions
Junior Consultant	< 2 Jahre	IT-Beratung	Microsoft Business Solutions	Manufacturing	Finance & Administration
Consultant	2-3 Jahre	Projektleitung	Microsoft Infrastructure	Financial Services	Human Resources
Senior Consultant	3-5 Jahre	Entwicklung	SAP	Public Sector	Business Intelligence
Manager	5-8 Jahre	Implementierung	IBM Middleware	Retail	Manufacturing Resources Planning
Senior Manager/ Principal	> 8 Jahre	Testing	IBM Mainframe	Telecom, Transport & Logistics	Costumer Relationship Management
		Infrastructur Services	Ocacle		Supply Chain Management
		Application Management			Branchenspezifische Lösungen

[Quelle: PAC Preisdatenbank IT-Services 2011/2012]

Abb. 3-22:   Kriterien für Honorarsätze von IT-Beratern

Dagegen lassen sich die **Preise von Projekten** nicht so ohne weiteres vergleichen, weil in die Projektkalkulation neben den Tages- bzw. Stundenhonoraren auch die Bearbeitungsdauer mit einfließt. Die Bearbeitungsdauer hängt wiederum hauptsächlich von der Qualifikation und der Erfahrung des Beraters ab. Insofern entziehen sich Projekte in der Regel einer grundsätzlichen Preisniveau- bzw. Preislagenbeurteilung. Die Gestaltung von Projektpreisen hat damit mehr den Charakter einer **Preistaktik**.

3.3.3.2 Gestaltung der Honorarsätze (Preisstrategie)

Preisstrategische Überlegungen einer Unternehmensberatung beziehen sich also vornehmlich auf die Festlegung der Tageshonorare für ihre Berater – kategorisiert nach Beratungsfeldern, nach der Erfahrung, nach der Branche etc. Bei der Entscheidung über die optimale Preisstrategie geht es nicht so sehr um die Preise selbst und ihre kurzfristige Wirkung. Vielmehr geht es darum, Preis-Leistungs-Positionen festzulegen, um damit langfristig Kapazitäten auszulasten. Es handelt sich also nicht um eine isolierte Preisfrage, sondern um eine langfristige Entscheidung über die richtige Kombination von Preis und Qualität auf dem Markt [vgl. MEFFERT et al. 2008, S. 504].

Aus der (fast schon trivialen) **Preispositionierungsmatrix** in Abbildung 3-23 mit dem relativen Preis und der relativen Leistung als Ordinaten ergeben sich die Optionen aus folgenden drei Positionierungsstrategien für eine dauerhafte Grundausrichtung:

- Niedrigpreisstrategie
- Mittelpreisstrategie
- Hochpreisstrategie (auch Premiumstrategie).

Die **Niedrigpreispositionierung** ist eine Kombination aus einer relativ niedrigen Leistungsqualität und einem relativ niedrigen Preis. In diesem unteren Markt zielt die Niedrigpreisstrategie auf die Realisierung des geringsten Preises bei einer Mindestqualität der Leistung. Insbesondere für Beratungsunternehmen, die sich gerade gegründet haben, oder für Einzelberater ist dies die einzige Möglichkeit, in Marktsegmente einzudringen.

Ein höheres Niveau sieht die **Mittelpreisstrategie** vor. Sie verbindet eine Standardqualität mit mittleren Preisen. Dies ist vor allem für mittelgroße Beratungsunternehmen ohne großen Overhead die gängige Praxis.

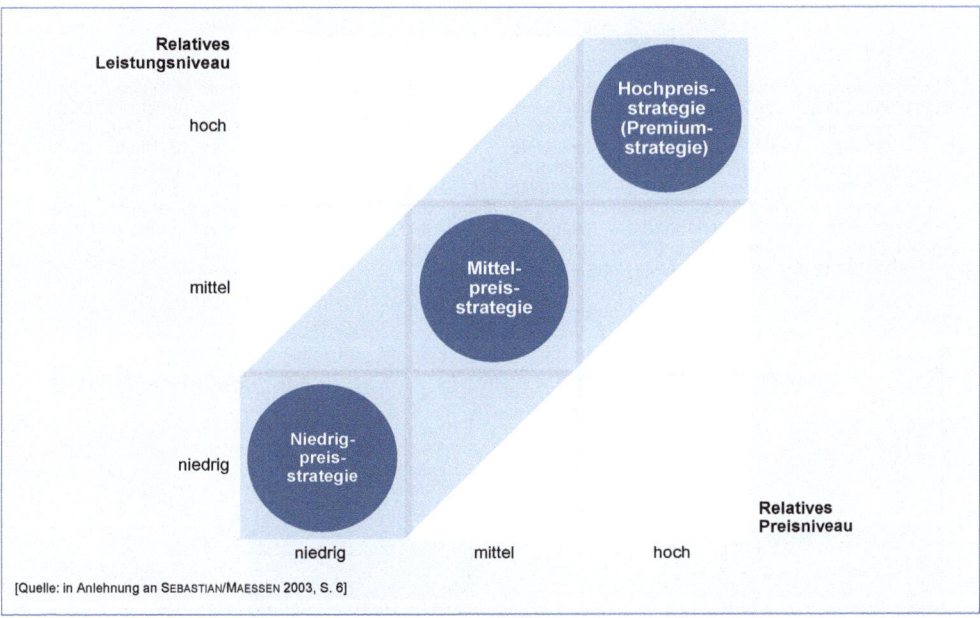

Abb. 3-23:   Preispositionierungsstrategien

Bei der **Hochpreisstrategie**, die auch als *Premiumstrategie* bezeichnet wird, fällt die Durchsetzung eines relativ hohen Preises mit einer (vermuteten) hohen Qualität des Leistungsangebots zusammen. Hier steht nicht der Preis, sondern der vom Kunden subjektiv empfundene Wert der Leistung (engl. *Value Pricing*) bzw. der Zusammenarbeit mit dem Beratungsunternehmen im Vordergrund. Beispiele hierfür sind die internationalen Managementberatungen wie McKinsey oder BCG.

Neben diesen drei Standardstrategien der Preispositionierung, die im Korridor eines ausgewogenen Verhältnisses zwischen Preis und Leistung angesiedelt sind, besteht (zumeist zeitlich begrenzt) die Möglichkeit, diesen Korridor zu verlassen.

Eine weitere preisstrategische Option für Unternehmensberatungen ist die Anwendung der **Preisdifferenzierung**. Grundlage von Preisdifferenzierungsstrategien ist das Phänomen, dass verschiedene Kunden bzw. Kundengruppen unterschiedliche Zahlungsbereitschaften für identische bzw. nahezu identische Produkte bzw. Dienstleistungen aufweisen. Zentrales Ziel der Preisdifferenzierung ist eine Gewinnsteigerung durch Abschöpfung der unterschiedlichen Zahlungsbereitschaften. Eine Gewinnsteigerung lässt sich dadurch erreichen, indem ausgehend von den beim Einheitspreis kaufenden Nachfragern zwei zusätzliche Nachfragegruppen besser erschlossen werden: Zum einen solche Nachfrager, die bereit wären, einen höheren Preis für das Produkt bzw. die Dienstleistung zu zahlen; zum anderen jene Nachfrager, deren Preisbereitschaft unterhalb des Einheitspreises liegt [vgl. MEFFERT et al. 2008, S. 511 und FASSNACHT 2003, S. 485].

Insert

Preisdifferenzierung in der Praxis

Ein Beispiel aus dem Produktgeschäft des IT-Beratungsbereichs soll die Wirkung der Preisdifferenzierung verdeutlichen (siehe untere Grafik). Anbieter von Softwareprodukten ziehen häufig die Anzahl der mit dem System arbeitenden Benutzer (User) zur Preisdifferenzierung heran. Bei einem Einheitspreis von p_0 wird man alle Kunden mit relativ kleinen IT-Budgets nicht erreichen und darüber hinaus bei jenen (Groß-)Anwendern, die aufgrund ihres höheren IT-Budgets auch einen höheren Preis akzeptieren würden, auf entsprechenden Mehrumsatz bzw. Gewinn verzichten. Mit einer nach User-Größenklassen ausgerichteten Preis-differenzierung mit p_1 für Unternehmen mit mehr als 32 Usern, p_0 für Unternehmen zwischen 16 und 32 Usern und p_2 für Unternehmen mit weniger als 16 Usern lässt sich die Preisbereitschaft wesentlich besser ausschöpfen und den Erlös eines Unternehmens nachhaltig steigern.

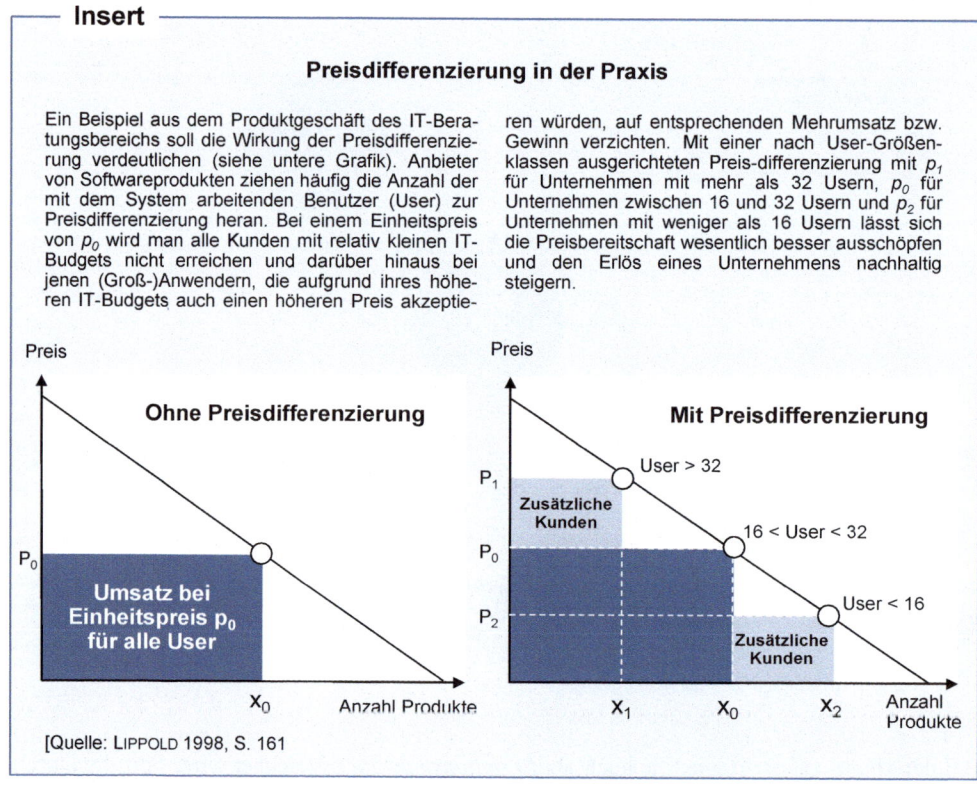

[Quelle: LIPPOLD 1998, S. 161]

Insert 3-02:   Ausschöpfung der Preisbereitschaft durch Preisdifferenzierung bei Software

---

In Insert 3-02 ist ein Beispiel für Anwendung und Wirkungsweise der Preisdifferenzierung im beratungsnahen Softwaregeschäft dargestellt.

Den Vorteilen der Preisdifferenzierung stehen allerdings auch Nachteile gegenüber. So sind insbesondere Kannibalisierungseffekte und Irritationen im Kaufverhalten bei zu großen Preisunterschieden in ihren Auswirkungen auf Erlöse und Kosten gegen zu rechnen. Ferner ist darauf zu achten, dass die Märkte bzw. Marktsegmente, zwischen denen die Preise differenziert werden sollen, voneinander deutlich getrennt sind und dass die Komplexität der Preisvielfalt kontrollierbar bleibt [vgl. SEBASTIAN/MAESSEN 2003, S. 7].

Grundsätzlich kann zwischen der *zeitlichen*, der *quantitativen*, der *regionalen* und der *qualitativen* Preisdifferenzierung unterschieden werden. Alle vier genannten **Preisdifferenzierungsformen** haben unterschiedliche Relevanz für das Beratungsgeschäft:

- Die **zeitliche Preisdifferenzierung**, bei der die Preise in Abhängigkeit vom Kaufzeitpunkt variiert werden, hat im Beratungsgeschäft kaum Bedeutung.

- Die **quantitative Preisdifferenzierung**, bei der in Abhängigkeit der abgenommenen Menge ein jeweils anderer Preis gefordert wird, ist im Consulting ebenfalls unüblich, da sich Beratungsleistungen weder beliebig multiplizieren, noch teilen lassen. Lediglich bei Projekten mit sehr großem Volumen kann aufgrund der dann gewährleisteten hohen Auslastungen ein („Mengen-")Nachlass eingeräumt werden.

- **Regionale Preisdifferenzierungen** können dann stattfinden, wenn sich Projekte über verschiedene Ländergrenzen erstrecken (z. B. internationale SAP-Roll-outs). Aufgrund unterschiedlicher Kaufkraftrelationen wird dann für einzelne Länder unterschiedlich kalkuliert.

- Die **qualitative Preisdifferenzierung** hat für das Beratungsgeschäft die größte Relevanz. So gelten i. d. R. für ein und dieselbe Beratungseinheit im Großkundengeschäft (Konzerne) andere Preise als im Mittelstand. Viele Unternehmensberatungen haben daher auch zwei Preislisten – eine für Großkunden und eine für mittelständische Kunden.

3.3.3.3 Gestaltung der Projektkalkulation (Preistaktik)

Preistaktische Überlegungen beziehen sich vornehmlich auf die Preisfindung bzw. -festsetzung im Rahmen der Projektkalkulation. Prinzipiell lassen sich bei der **Preisgestaltung von Projekten** vier Grundformen unterscheiden [vgl. FOHMANN 2005, S. 62]:

- **Projekt nach Aufwand** (engl. *Time & material project*), d. h. der Kunde bezahlt das Beratungsunternehmen für die abzuliefernden Projektergebnisse auf der Basis des Arbeitsaufwandes (Zeit- und Materialaufwand), den der Berater bei seinem Kundeneinsatz für die Bearbeitung des Projektgegenstandes bzw. für die Erstellung der Projektergebnisse eingesetzt hat (praktisch nur Dienstvertrag). Das Risiko einer evtl. Aufwandsüberschreitung trägt der Kunde. Der Kunde zahlt also für jeden geleisteten Tag (bzw. Stunde). Als Bemessungsgrundlage dient neben der Zeit ein Tageshonorar (z.B. Tagessatz von 1.080,-- Euro) oder (seltener) ein Stundenhonorar (z.B. Stundensatz von 90,-- Euro). Die Höhe des jeweiligen Honorarsatzes richtet sich nach Beratungsart und Branche sowie nach der Qualifikation und der Erfahrung des Beraters. Die Berechnungsgrößen werden üblicherweise vor Projektbeginn vereinbart. Die Honorarsätze dienen u. a. zur Abdeckung der reinen Personalkosten (fixes und variables Gehalt, Sozialkosten), der allgemeinen Verwaltungskosten, der im Projekt anfallenden Spesen und des kalkulatorischen Gewinns des Beratungsunternehmens (siehe hierzu auch die Abschnitte 6.2.1 bis 6.2.3). Der

Kunde übernimmt das alleinige Risiko für das Beratungsprojekt, da die Honorarzahlung unabhängig von den Projektergebnissen ist.

- **Projekt mit Festpreis** (engl. *Fix price project*), d.h. der Kunde zahlt eine feste Vergütung, die auf Basis einer Abschätzung des für das Beratungsprojekt zu erwartenden Zeitaufwands und eines kostenbezogenen Zeitmaßstabes (z. B. Tagessatz) vereinbart wird (Werkvertrag zum Festpreis; seltener Dienstvertrag zum Festpreis). Die zeitliche Abschätzung wird zumeist auf der Grundlage eines Pflichtenheftes vorgenommen. Die Garantie eines Festpreises wird regelmäßig vor Projektbeginn vom Berater gegeben, der allein das Risiko der evtl. Überschreitung des geplanten Arbeitsaufwands trägt. Der Festpreis kann immer nur einvernehmlich geändert werden. Eine solcher Änderungsantrag (engl. *Change request*), der die Auswirkungen auf die vereinbarten Aufwände und damit auf die Kalkulation des Festpreises spezifiziert, kann von einem der Vertragsparteien nachträglich gestellt werden.

- **Projekt nach Aufwand mit Obergrenze**, d.h. diese Vergütungsform ist eine Kombination aus Zeithonorar mit einem Pauschalbetrag als Obergrenze, innerhalb derer ein am zeitlichen Ressourceneinsatz orientiertes Zeithonorar berechnet wird. Ist bei dieser Mischform die Obergrenze erreicht, kann ggf. neu verhandelt werden.

- **Projekt zum Erfolgshonorar**, d.h. die Vergütung des Beraters erfolgt in Abhängigkeit von einer bestimmten zu vereinbarenden Erfolgsgröße (z.B. 10 Prozent der monatlichen Einsparung im Kundenunternehmen nach Umsetzung der Beratungsergebnisse). Diese Honorarform ist bis in die jüngste Zeit tabuisiert worden, da es nach deutschem Recht keine Definition des Erfolgs und auch keine anderweitigen parametrisierten Regelungen gibt. Als nachteilige Folgen werden ein möglicher Missbrauch *(„Verleiten Erfolgshonorare den Berater zu klientenschädlichem Verhalten?")* sowie große Anforderungen an die vertraglichen Festlegungen gesehen. Angesichts der Vorteile des Erfolgshonorars (Förderung von Innovation, Unternehmertum, Risikobereitschaft und Finanzierungsvorteil für das Kundenunternehmen) zeichnet sich aber ein Wandel der Einstellung zu dieser Honorarform ab [vgl. HESSELER 2011a, S. 86 f.].

In Abbildung 3-24 sind die grundsätzlichen Unterschiede zwischen dem Tageshonorar eines Beraters gemäß Preisliste und der Preisbildung von Beratungsprojekten dargestellt (siehe in diesem Zusammenhang auch Abschnitt 3.6.7.3).

„Die Kalkulation von Beratungsprojekten erfolgt einfach, pragmatisch und nicht immer nach der betriebswirtschaftlichen Lehre" [NIEDEREICHHOLZ 2010, S. 266]. In aller Regel handelt es sich bei der Angebotskalkulation aber um eine kostenorientierte Preisfindung, d. h. die Angebotspreise werden auf der Grundlage von Kosteninformationen getroffen. Diese stellen die Kostenrechnung zur Verfügung. Das Kalkulationsgerüst ergibt sich aus den geschätzten Zeiten der Auftragsdurchführung, aus den direkten Personalkosten (Honorarsätze unterschieden nach Projektleiter, Consultant etc.), weiteren direkt zurechenbaren Kosten wie IT-Servicekosten, Kommunikationskosten, Hilfspersonalkosten, Reisekosten etc. und dem allgemeinen Verwaltungsaufwand (Overhead). In allen Projekten stellen die Personalkosten den größten Aufwandsblock dar.

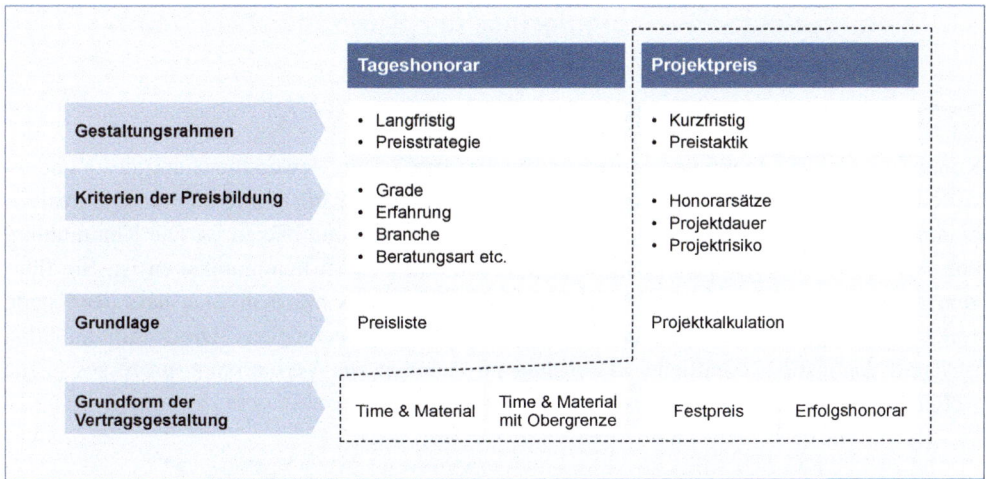

Abb. 3-24:   Gegenüberstellung von Tageshonorar und Projektpreis

Eine sehr vereinfachte Personalkostenkalkulation nach Projektphasen ist in Abbildung 3-25 dargestellt.

	Projektleiter	Senior Consultant	Consultant	Junior Consultant	Projekt-assistenten	Gesamt
	Zeitbedarf in Personentagen	Zeitbedarf in Personentagen	Zeitbedarf in Personentagen	Zeitbedarf in Personentagen	Zeitbedarf in Personentagen	Zeitbedarf in Personentagen
(1) Voruntersuchung						
(2) Ist-Analyse						
(3) Sollkonzeption						
(4) Realisierungsplanung						
(5) Realisierung						
(6) Summe Personentage						
(7) Tagessatz je Kategorie						
(8) Personalkosten (6)x(7)						

[Quelle: NIEDEREICHHOLZ 2010, S. 272]

Abb. 3-25:   Formblatt für die Personalkostenkalkulation nach Projektphasen

Preistaktische Maßnahmen können nun darin liegen, dass mit entsprechenden Risikozuschlägen oder – im umgekehrten Fall – bei Auslastungsproblemen mit geringeren Gewinnzuschlägen kalkuliert wird. Dieser Spielraum wird allerdings dann etwas eingeengt, wenn der Auftraggeber auf eine Offenlegung der Kalkulation besteht. Dies ist regelmäßig bei öffentlichen Aufträgen der Fall.

3.4 Kommunikation – Optimierung der Kundenwahrnehmung

3.4.1 Aufgabe und Ziel der Kommunikation

Kommunikation im Marketing besteht in der systematischen Bewusstmachung des Kundenvorteils und schließt damit unmittelbar an die Ergebnisse der Positionierung an. Die Positionierung gibt der Kommunikation vor, *was* im Markt zu kommunizieren ist. Die Kommunikation wiederum sorgt für die Umsetzung, d.h. *wie* das *Was* zu kommunizieren ist. Sie führt zum Aufbau eines umfassenden Meinungsbildungsprozesses mit dem Ziel, dass der Kunde von seinem Vorteil bei den kommunizierten Merkmalen überzeugt ist. Die Kommunikation ist damit das dritte wesentliche Aktionsfeld im Rahmen des Vermarktungsprozesses (siehe Abbildung 3-26) und zielt auf die **Optimierung der Kundenwahrnehmung** ab:

Kundenwahrnehmung = f (Kommunikation) → optimieren!

Kommunikationssignale haben im Beratungsmarketing die Aufgabe, einen Ruf aufzubauen und innovative Leistungsvorteile glaubhaft zu machen. Unverzichtbare Elemente sind daher Seriosität, Glaubwürdigkeit und Kompetenz in den Aussagen und Darstellungen. Dazu ist es erforderlich, dass die Signale mehrere Quellen (Unternehmens-, Mitarbeiter-, Vertriebssignale) haben und in sich konsistent sind. Gleichzeitig muss sich das kommunizierende Unternehmen bewusst machen, dass die Signale auf mehrere Empfänger mit unterschiedlichen Voraussetzungen und Zielen stoßen [vgl. LIPPOLD 1998, S. 166].

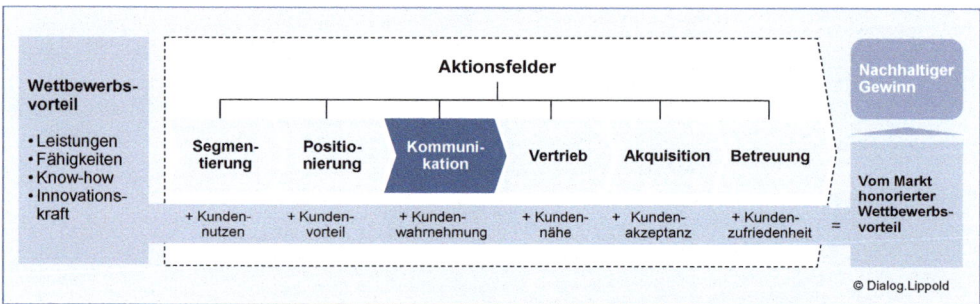

Abb. 3-26:   Kommunikation als drittes Aktionsfeld der Marketing-Gleichung

In diesem Kontext sei angemerkt, dass für die Bezeichnung des *äußeren* Kommunikationsprozesses eines Unternehmens der Begriff „**Signalisierung**" (statt Kommunikation) schärfer ist, da es bei der Signalisierung – im Gegensatz zur Kommunikation – nicht notwendigerweise zu einer Interaktion (zwischen Sender und Empfänger) kommen muss. Schließlich führt der Einsatz aller „klassischen" Kommunikationsmittel *nicht* zu einer Interaktion zwischen Unternehmen und Zielgruppe. Jedoch wird hier infolge der zunehmenden Bedeutung der **Online-Kommunikation**, deren besondere Stärke gerade in der Interaktion zwischen Anbieter und Nachfrager liegt, der weiter gefasste Kommunikationsbegriff für die (werbliche) Außendarstellung eines Unternehmens verwendet.

3.4.2 Konzeptionelle Grundlagen

Um die Empfänger, d.h. die Zielgruppe der Signale, in ihrer unterschiedlichen Konditionierung mit den jeweils richtigen Kommunikationsinhalten anzusprechen, sollte zunächst ein **Kommunikationsmodell** aufgestellt werden. Ein solches Modell stellt die *Struktur* des Kommunikationsprozesses (Ziele, Strategien, Zielgruppe, Zielpersonen etc.) dar und ist die Grundlage für die zu kommunizierenden Inhalte. Die **Kommunikationsinhalte** (Botschaften) wiederum bilden in ihrer Gesamtheit das **Kommunikationsprogramm** (Bewusstseins-, Image-, Leistungs-, Kundenprogramm), das dann von den **Kommunikationsinstrumenten** (Werbung, PR, Online-Marketing, Direct-Marketing, Messen, Events etc.) umgesetzt und an die **Zielgruppe/-person** herangetragen werden muss (siehe Abbildung 3-27).

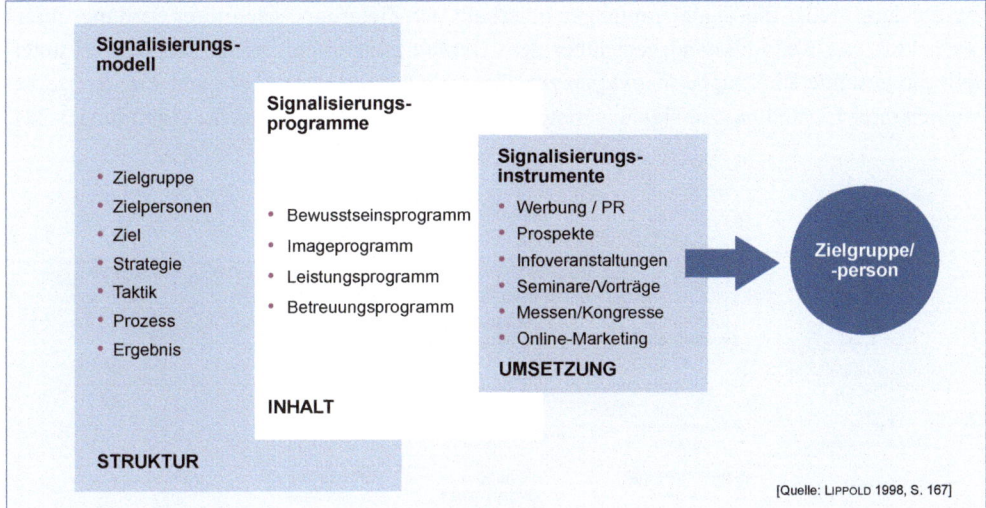

Abb. 3-27: Die Kommunikation: Von der Struktur über die Inhalte zur Umsetzung

3.4.2.1 Kommunikationsmodell

Neben seiner strukturbildenden Funktion hat das Kommunikationsmodell zugleich eine wichtige Aufgabe für die Implementierung einer nachhaltigen **Markenstrategie**. Wer eine starke Produkt- und/oder Unternehmensmarke in seinen definierten Marktsegmenten etabliert und weiterentwickelt, kann der Herausforderung, Aufträge in diesen Zielsegmenten zu gewinnen, leichter begegnen. Diese Erkenntnis gilt nicht nur für das B2C-Marketing. Auch im B2B-Bereich und hier ganz besonders im Beratungsmarketing kann eine starke Unternehmensmarke zu niedrigeren Kosten in der vertrieblichen Basisarbeit (z. B. bei der Kontaktgewinnung oder bei der Beraterauswahl für die Short-list) führen.

Eine solche Markenstrategie wirkt sich zudem auch positiv im *Personalbereich* aus. Eine bekannte, attraktive **Arbeitgebermarke** (engl. *Employer Branding*) erleichtert die Gewinnung von qualifizierten Mitarbeitern auf dem Bewerbermarkt und wirkt sich positiv auf den Verbleib der Mitarbeiter im Unternehmen aus. **Employer Branding** beugt auch der Abwanderung von Potenzial- und Leistungsträgern vor. Dieses Phänomen tritt verstärkt auf, sobald die Chancen zum Wechseln zunehmen. Dies gilt insbesondere dann, wenn die Konjunktur wieder anspringt [vgl. LIPPOLD 2011, S. 50 f.].

Kommunikationsmodelle haben die Aufgabe, den Kommunikationsprozess mit allen **Anspruchsgruppen** (engl. *Stakeholder*) eines Unternehmens zu strukturieren und in seiner Komplexität zu vereinfachen. Zur Verdeutlichung dieser Aufgabenstellung dient ein Kommunikationsmodell, das IBM in ähnlicher Form erfolgreich eingeführt hat [vgl. IBM 1984].

Im Vordergrund des Kommunikationsmodells steht eine *Typologisierung* der Signalempfänger innerhalb der definierten Zielgruppe. Diese Typologisierung ist keine fachbezogene Bestimmung der unterschiedlichen Zielgruppen, wie dies bei der Segmentierung der Fall ist, sondern grenzt die Signalempfänger innerhalb der Zielgruppe nach ihrer Stellung, ihrem Verhältnis und Kenntnisstand gegenüber dem Beratungsunternehmen ab. Das Modell unterteilt die gesamte Zielgruppe in *Indifferente, Sensibilisierte, Interessierte* und *Engagierte* bezüglich ihrer Einstellung zur signalisierenden Unternehmensberatung (siehe Abbildung 3-28).

Zielgruppe	Interessenten			Kunden
Ziel-personen	**Indifferente**	**Sensibilisierte**	**Interessierte**	**Engagierte**
Ziel (=Politik)	Indifferente sensibilisieren	Sensibilisierte interessieren	Interessierte engagieren	Engagierte betreuen
Strategie (=Pläne)	Idee signalisieren	Unternehmen signalisieren	Leistungen signalisieren	Kaufentscheidung absichern
Taktik (=Maßnahmen)	Bewusstseins-programm	Imageprogramm	Leistungs-programm	Kundenprogramm
Prozess	Wahrnehmungs-prozess	Meinungs-bildungsprozess	Entscheidungs-prozess	Betreuungsprozess
Ergebnis	Aufmerksamkeit	Vertrauen/ Glaubwürdigkeit	Kaufakt	Bestätigung

[Quelle: LIPPOLD 1998, S. 170 in Anlehnung an IBM 1984]

Abb. 3-28:   Elemente eines Kommunikationsmodells

3.4.2.2 Bewusstseinsprogramm

Den größten Teil dieser Zielgruppenzugehörigen (= Zielpersonen) bilden die **Indifferenten**. Sie stehen dem Beratungsunternehmen mit seinem Leistungsprogramm uninformiert und uninteressiert gegenüber. Kommunikationsziel muss es hier sein, die Indifferenten zu sensibilisieren. Das heißt, diesen Zielpersonen muss beispielsweise die Idee, dass eine neue Problemlösung (gegenüber einer konventionellen Lösung) oder ein neuer Beratungsansatz Vorteile bietet, nahegebracht werden. Ist die Idee kommuniziert, die Botschaft angekommen, dann ist das erste Kommunikationsziel *Indifferente sensibilisieren* erreicht, bzw. das signalisierende Unternehmen hat seinen Beitrag dazu geleistet. Alle Maßnahmen, die diesem ersten Kommunikationsziel dienen, spiegeln sich in einem *Bewusstseinsprogramm* wider. Damit ist ein *Wahrnehmungsprozess* eingeleitet, der bei den Zielpersonen *Aufmerksamkeit* erzeugt. Unternehmensberatungen, die lediglich die generellen Vorteile einer Zusammenarbeit mit ihnen kommunizieren wollen und keine explizit neue Lösung anbieten, sollten sich allerdings gleich auf die zweite Gruppe der Zielpersonen, also auf die *Sensibilisierten* konzentrieren.

Ein Bewusstseinsprogramm sollte demnach immer nur dann durchgeführt werden, wenn eine wirklich innovative Lösung signalisiert werden soll. Ein solches Programm hat in erster Linie die Aufgabe, einen latenten Bedarf bei den potenziellen Kundenunternehmen für die Innovation zu wecken. Im Beratungsbereich und insbesondere im Bereich der informationstechnischen Dienstleistungen werden immer wieder neue Anwendungsfelder erschlossen, so dass sich Unternehmensberatungen, die sich auf solch innovativen Anwendungsfeldern engagieren, die Notwendigkeit eines Bewusstseinsprogramms in ihre kommunikationspolitischen Überlegungen einbeziehen müssen [vgl. LIPPOLD 1998, S. 171].

Ein Bewusstseinsprogramm ist allerdings auch immer mit erheblichen Kosten verbunden, da die Ansteuerung der Indifferenten erfahrungsgemäß mit erheblichen Streuverlusten verbunden ist. Daher sind in der Regel nur größere Unternehmen in der Lage, ein Bewusstseinsprogramm konsequent und nachhaltig durchzuführen. Andererseits sind es häufig gerade kleinere Unternehmen, die besonders innovativ sind und die auf der Grundlage dieser Innovation ihre Wettbewerbsfähigkeit aufbauen wollen. In einer solchen Situation können Kooperationspartner oder der Einsatz besonders effizienter Kommunikationsinstrumente hilfreich sein [vgl. LIPPOLD 1998, S. 171].

3.4.2.3 Imageprogramm

Die zweite Gruppe der Zielpersonen ist bereits für die Idee sensibilisiert. Hier gilt es, das Interesse dieser **Sensibilisierten** auf das eigene Unternehmen zu lenken. Das zweite Signalisierungsziel lautet also *Sensibilisierte interessieren*. Den Sensibilisierten ist deutlich zu machen, dass unter allen Unternehmensberatungen im definierten Marktsegment keiner mehr Vertrauen verdient als das signalisierende Unternehmen. Die hierzu erforderlichen Kommunikationsmaßnahmen werden in einem *Imageprogramm* zusammengefasst. Ziel des Imageprogramms ist es, einen Meinungsbildungsprozess in Gang zu setzen, bei dem Vertrauen und Glaubwürdigkeit im Fokus stehen sollten.

Während das Bewusstseinsprogramm für viele Beratungshäuser lediglich eine Option darstellt, gehört das Imageprogramm zum festen Bestandteil des Kommunikationskonzepts. Es hat die Aufgabe, die Aufmerksamkeit der Zielgruppe auf die Leistungsfähigkeit des signalisierenden Unternehmens zu lenken und deren Meinung positiv zu beeinflussen.

Gegenstand des hier geforderten Imageprogramms ist die positive Beeinflussung des *Unternehmensimages* - nicht jedoch primär eines *Produkt- oder Leistungsimages*. Diese Abgrenzung ist deshalb besonders wichtig, weil die Betonung der generellen Leistungsstärke einer Unternehmensberatung häufig wirksamer ist als die Verwendung bestimmter Leistungsinformationen. Der Grund für die besondere Relevanz des Unternehmensimages von Beratungshäusern liegt darin, dass es nahezu unmöglich ist, eine allgemein anwendbare Leistungskonfiguration zu entwerfen und diese mit werblichen Maßnahmen zu kommunizieren. Es kommt vielmehr darauf an, die Kompetenz des Anbieterunternehmens als Ganzes als Beweis für die Leistungsfähigkeit herauszustellen [vgl. STROTHMANN/KLICHE 1989, S. 140].

3.4.2.4 Leistungsprogramm

Die dritte Gruppe innerhalb des Kommunikationsmodells sind jene Zielpersonen, die sich bereits konkret für bestimmte Leistungen des Beratungsunternehmens interessieren. Um diese Interessierten für das Unternehmen zu *engagieren*, muss der Kaufentscheidungsprozess dahingehend beeinflusst werden, dass sich der Interessent für das ihm angebotene Produkt entscheidet. Die Maßnahmen, die hierzu erforderlich sind, werden in einem *Leistungsprogramm* gebündelt. Ziel dieses Programms ist letztlich der *Kaufakt*.

Das Leistungsprogramm ist letztlich maßgebend für den Großteil der Marketingaktivitäten. Es gibt vor allem Hinweise dafür, welche Kommunikationsinstrumente wann und in welchem Umfang zum Einsatz kommen sollen (siehe hierzu im Einzelnen die von den Unternehmensberatungen bevorzugten Instrumente in Abschnitt 3.4.2.8).

3.4.2.5 Kundenprogramm

Das vierte und letzte Kommunikationsziel richtet sich an die Engagierten. Sie sind vielleicht die wichtigste Zielgruppe, da sie sich aus den Kunden formiert. Denn knapp zwei Drittel des Jahresumsatzes von Unternehmensberatungen werden durch Projekte mit bestehenden Kunden im Rahmen von Folgeprojekten generiert. Nur etwas mehr als ein Drittel des Jahresumsatzes kommt aus Projekten mit neuen Kunden. Der Anteil des Umsatzes, der mit neuen Kunden und damit durch die Knüpfung neuer Geschäftskontakte erwirtschaftet wird, nimmt mit wachsender Größe der Unternehmensberatungen stetig ab. So wird bei größeren Beratungshäusern nicht mehr als 25 Prozent des jährlichen Umsatzes mit neuen Kunden getätigt [vgl. BDU-Benchmarkstudie 2011, S. 26].

Besonders wichtig ist der Kunde deshalb, weil nicht nur sein Neu- sondern auch sein Ersatzbedarf ein erhebliches Absatzpotenzial darstellt. Die Engagierten tragen entscheidend dazu bei, dass das Unternehmen jetzt und in Zukunft erfolgreich ist. Kurzum: Der Kunde ist in seiner Kaufentscheidung zu bestätigen. Das Kommunikationsziel für die Kernzielgruppe lautet daher *Engagierte betreuen*. Das hierzu erforderliche Maßnahmenbündel ist das *Kundenprogramm*.

Im Rahmen des Aktionsfeldes *Kommunikation* nimmt das Kundenprogramm eine Sonderstellung ein. Während das Bewusstseinsprogramm, das Imageprogramm und das Leistungsprogramm den Kaufabschluss vorbereiten, kommt das Kundenprogramm erst *nach* dem Kauf bzw. der Beauftragung der Leistung zum Einsatz. Bewusstseins-, Image- und Produktprogramm zählen demnach zur *Pre-Sales*-Phase; das Kundenprogramm ist demgegenüber Teil der *Post-Sales*-Aktivitäten. Es hat die Aufgabe, die Entscheidung des Kunden zu bestätigen und evtl. auftretende kognitive Dissonanzen [FESTINGER 1957] zu beseitigen. Dem Kunden soll das Gefühl vermittelt werden, auch nach dem Kaufentscheid vom Anbieter umworben zu sein und als Kunde behandelt zu werden. Nur ein in seiner Entscheidung bestärkter Kunde wird Anschlussaufträge vergeben und zukünftig Referenzen abgeben. Das Kundenprogramm

ist somit ein wesentlicher Bestandteil des Aktionsfeldes *Betreuung* und soll engagierte Für-
sprecher für das Beratungsunternehmen gewinnen [vgl. LIPPOLD 1998, S. 177 f.].

3.4.2.6 Kommunikationskonzept

Das Kommunikationsmodell ist gleichzeitig auch die Grundlage für ein umfassendes, integriertes Kommunikationskonzept des Beratungsunternehmens. Es fasst das Ergebnis der
Kommunikationsplanung zusammen und bereitet die konkreten Aufgabenstellungen und Verantwortlichkeiten für die Akteure des Marketings auf. Integrierte Kommunikationskonzepte
beinhalten Entscheidungen über folgende **Dimensionen** [vgl. MEFFERT 1998, S. 689 ff.]:

- **Objektdimension** (Idee, Unternehmen, Leistungsprogramm, Kunden)
- **Ausrichtungsdimension** (personell, zeitlich, räumlich etc.)
- **Instrumentedimension** (Werbung, Messen, PR etc.)
- **Mediadimension** (z. B. Printmedien vs. elektronische Medien)
- **Gestaltungsdimension** (Inhalte, Botschaft)

In Abbildung 3-29 sind die verschiedenen Dimensionen des Kommunikationskonzepts zusammengestellt.

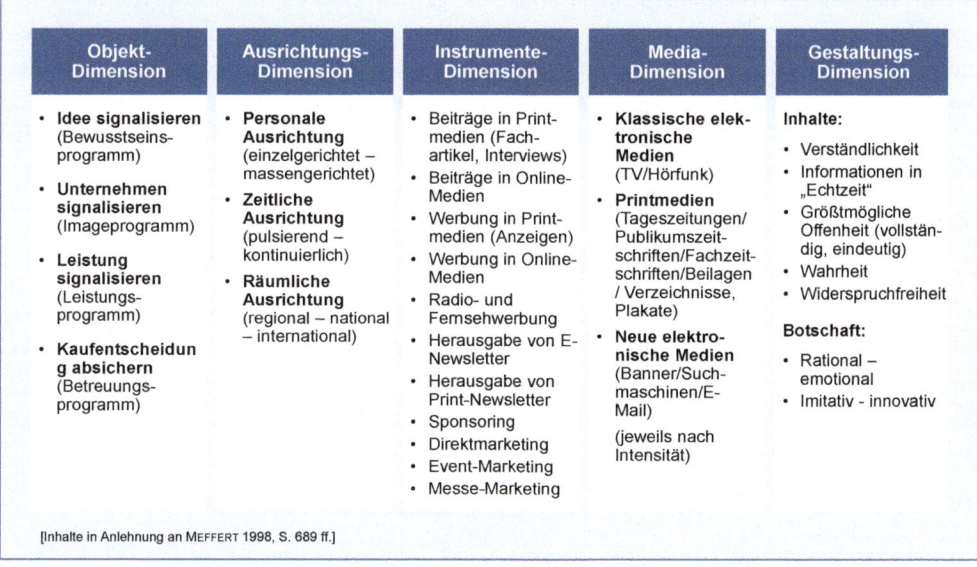

Abb. 3-29:   Dimensionen des Kommunikationskonzepts

3.4.2.7 Ressourcen- und Budgetplanung

Die Dimensionen geben zugleich auch die Orientierungsgrößen für die **Ressourcen- bzw.
Budgetplanung** vor. Das Budget für das Aktionsfeld *Kommunikation* zählt erfahrungsgemäß
zu den umfangreichsten Positionen im Marketing. Es orientiert sich in der Praxis in erster
Linie am erwarteten Umsatz, am Gewinn oder auch am Verhalten des Wettbewerbs. Erfah-

rungswerte, die in früheren Budgetprozessen gesammelt worden sind, sowie die Preissituation auf dem Markt für Marketing-Dienstleistungen sind weitere Orientierungsgrößen für die Festlegung des Budgets. Das so ermittelte Soll-Budget wird mit den Budget-Vorgaben der Unternehmensplanung verglichen und kann entweder zu einer Anpassung der Unternehmensplanung oder zu einer Anpassung der Marketingplanung führen [vgl. DGFP 2006, S. 65 f.].

Ist die Entscheidung über die Höhe des Marketing-Budgets gefallen, müssen im Rahmen der **Mediaselektion** die einzelnen Werbeträger ausgewählt und zu budgetiert werden. Dabei geht es im ersten Schritt um die Frage, welche Werbeträger sich grundsätzlich dafür eignen, die gesteckten Kommunikationsziele zu erreichen. Im zweiten Schritt wird dann die Wirtschaftlichkeit der Werbeträger anhand der Kommunikationsleistung (Reichweite, Zielgruppenabdeckung) und der Kosten analysiert [vgl. MEFFERT et al. 2008, S. 691 ff.].

3.4.2.8 Überblick Kommunikationsinstrumente

Unter den verschiedenen Dimensionen des Kommunikationskonzeptes für die Unternehmensberatung soll hier die Instrumente-Dimension weiter vertieft werden.

Prinzipiell stehen der Unternehmensberatung alle denkbaren Kommunikationsinstrumente zur Verfügung. Da Beratungsunternehmen in aller Regel nur etwa ein bis maximal drei Prozent ihres Jahresumsatzes für Werbung im weitesten Sinne (also für Kommunikationsmaßnahmen) budgetieren und dann zumeist noch nicht einmal ausgeben, ist es wenig verwunderlich, dass kostenintensivere Kommunikationsinstrumente wie Fernseh- oder Radiowerbung so gut wie gar nicht im Fokus der Marketingleiter von Beratungsunternehmen stehen. Insofern stellen sich zwei grundsätzliche Fragen:

- Welche Kommunikationsinstrumente setzt die Beratungsbranche bevorzugt ein?
- Wie beurteilt die Branche die Effizienz der eingesetzten Kommunikationsinstrumente?

Um die Bedeutung und Effizienz der eigenen Marketingmaßnahmen am branchenspezifischen Maßstab zu messen, hat der BDU 195 Marktteilnehmer aus der gesamten Unternehmensberatungsbranche im Juni/Juli 2011 befragt. Im Rahmen dieser Marktforschung wurden u. a. Kennzahlen über die Häufigkeit und Effizienz einzelner Marketing- bzw. Kommunikationsinstrumente erfasst.

Die Ergebnisse sind in Insert 3-03 (Häufigkeit) und Insert 3-04 (Effizienz) widergegeben.

Folgende Kommunikationsinstrumente sollen hier kurz im Hinblick auf einen möglichen Einsatz im Beratungsmarketing diskutiert werden:

- (Klassische) Werbung
- Online-Werbung
- Direktmarketing
- Öffentlichkeitsarbeit
- Messe- und Eventmarketing
- Corporate Social Responsibility/Sponsoring.

—— **Insert** ————————————————————————————————

Verwendungshäufigkeit von Kommunikationsinstrumenten

Im Rahmen der BDU-Benchmarkstudie wurde die Verwendungshäufigkeit von elf verschiedenen Kommunikationsinstrumenten erfasst. Bei der Berechnung wird die Anzahl der Unternehmensberatungen, die ein Instrument verwenden, ins Verhältnis zur Gesamtanzahl der Unternehmensberatungen gesetzt. Die Benchmarks werden für Unternehmensberatungen in zwei verschiedenen Größenklassen (kleiner bzw. größer 2,5 Mio. Jahresumsatz) widergegeben.

Die untenstehende Grafik zeigt, dass nahezu das gesamte Spektrum an verfügbaren Marketinginstrumenten von den Unternehmensberatungen verwendet wird, wobei keines der befragten Unternehmen Radio- und Fernsehwerbung einsetzt. Das Kommunikationsverhalten zwischen den großen und den kleinen Unternehmensberatungen unterscheidet sich zum Teil sehr deutlich.

Die wichtigsten Kommunikationsinstrumente für die größeren Unternehmensberatungen sind Beiträge in Printmedien (Fachartikel, Interviews), Direkt- und Eventmarketing-Maßnahmen sowie die Herausgabe von E-Newsletter. Alle vier Kommunikationsinstrumente werden von mehr als der Hälfte aller größeren Beratungshäuser eingesetzt. Bei den kleinen Beratungsunternehmen, die insgesamt deutlich weniger Marketingmaßnahmen ergreifen, ist es lediglich das Direktmarketing, das von mehr als der Hälfte praktiziert wird. Werbung und der Versand von Newslettern wird bevorzugt online abgewickelt. Aufwendige Kommunikationsinstrumente wie Event- und Messemarketing werden nur von den größeren Unternehmensberatungen häufiger eingesetzt. Sponsoring wird von einem Drittel aller größeren Beratungen praktiziert. Hinsichtlich des Kommunikationsverhaltens der befragten Unternehmen nach Beratungsfeldern konnte die BDU-Benchmarkstudie keine signifikanten Unterschiede feststellen.

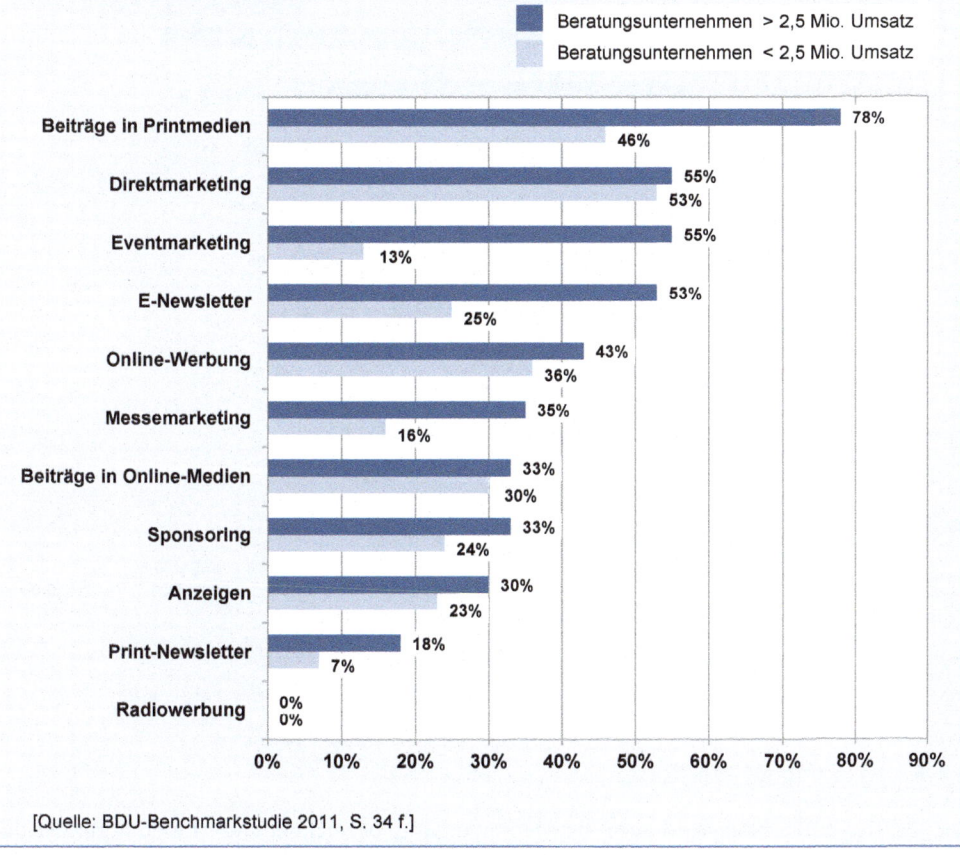

■ Beratungsunternehmen > 2,5 Mio. Umsatz
▫ Beratungsunternehmen < 2,5 Mio. Umsatz

[Quelle: BDU-Benchmarkstudie 2011, S. 34 f.]

Insert 3-03: Verwendung von Kommunikationsinstrumenten in der Beratungsbranche

---

Insert

Effizienz der Kommunikationsinstrumente

Die Kennzahl „Effizienz der Kommunikationsinstrumente" stellt dar, inwieweit Unternehmensberatungen die einzelnen Kommunikationsinstrumente für effizient in der Erreichung ihrer Marketingziele einschätzen. In der BDU-Benchmarkstudie wurde die Effizienz jeder Marketingaktivität auf einer Skala von eins bis fünf beurteilt, wobei eine Unterscheidung zwischen größeren und kleineren Unternehmensberatungen hier keine signifikanten Ergebnisunterschiede lieferte. Insgesamt wird von den befragten Unternehmensberatungen der Großteil der Marketinginstrumente eher als effizient eingeschätzt. Veröffentlichungen in Printmedien (4,08) und Direkt-marketing (4,05) sind die effizientesten Marketinginstrumente. Online-Medien werden als effizientes Marketingmedium bewertet. Darunter wird auch dem Versenden von elektronischen Newslettern (3,41) sowie dem Schalten von Werbung in Online-Medien (3,05) eine recht hohe Effizienz zugeschrieben. Als weniger effizient werden gedruckte Newsletter (2,98) und Werbung in Printmedien (2,18) eingeschätzt. Event- (3,20), Messe-Marketing (2,87) oder Sponsoring (2,51) werden eher neutral bewertet. Radio- und Fernsehwerbung ist für die Unternehmensberatungen das ineffizienteste Kommunikationsinstrument (1,62).

**Effizienz der Kommunikationsinstrumente
auf einer Skala von 1 (ineffizient) bis 5 (sehr effizient), Mittelwert**

[Quelle: BDU-Benchmarkstudie 2011, S. 36]

Insert 3-04: Effizienz von Kommunikationsinstrumenten in der Beratungsbranche

3.4.3 (Klassische) Werbung

Die klassische Werbung wird auch als **Mediawerbung** bezeichnet und ist eine Form der unpersönlichen Kommunikation, bei der mit Werbemitteln (z. B. Anzeigen, Rundfunk- oder Fernsehspots) durch Belegung von Werbeträgern (z. B. Zeitschriften, Rundfunk oder Fernsehen) versucht wird, unternehmensspezifische Zielgruppen zu erreichen und zu beeinflussen [vgl. BRUHN 2007, S. 356].

Die Bedeutung der Kommunikationsinstrumente und hier insbesondere der Werbung ist im Beratungsbereich allerdings deutlich niedriger einzuschätzen als im B2C-Bereich. Dies zeigen auch die Ergebnisse der BDU-Benchmarkstudie, die den klassischen **Anzeigen** in ihrer Effizienz nur den vorletzten Platz einräumt. Die **Radiowerbung** wird sogar nur auf den letzten Platz. Dennoch hat die klassische Werbung auch im Beratungsmarketing ihren Stellenwert. Sie muss allerdings im engen Zusammenhang mit dem Aktionsfeld *Akquisition* gesehen werden. So spielt in der Beratung das Zusammenwirken von *unpersönlicher* Kommunikation und *persönlichem* Verkauf eine wesentlich größere Rolle als im B2C-Marketing. Die Aufnahme von Werbebotschaften wird sehr stark von Image- und Kompetenzschwerpunkten bestimmt, die von persönlichen Verkaufs-, Informations- und Beratungsleistungen bei den Zielgruppen geschaffen wurden [vgl. BECKER 2009, S. 581].

Hinzu kommt, dass die erheblich geringere Zahl an potenziellen Zielpersonen im B2B-Bereich einen wesentlich gezielteren Einsatz von Werbeträgern und Werbemitteln erfordert und damit die Mediawerbung u. U. zu großen Streuverlusten führen kann [vgl. GODEFROID/ PFÖRTSCH 2008, S. 368].

Dies zeigt sich naturgemäß bei der **Fernsehwerbung**, die von den Beratungsunternehmen so gut wie gar nicht wahrgenommen wird. Lediglich ACCENTURE hatte vor Jahren einmal im Umfeld der RTL-Formel 1-Übertragungen geworben.

Insert

Insert 3-05: Werbung im B2B-Marketing

Eine weitere Besonderheit ist bei den Fragen nach der Gestaltungsart (emotional/ rational) und dem Grundmuster der Gestaltungsform zu beachten. So überwiegen im B2B-Marketing eher die rationale Gestaltungsart und die problemlösungs-orientierte Gestaltungsform. Das hängt in erster Linie mit dem Informationsverhalten der in den Unternehmen/Organisationen agierenden Zielgruppen zusammen. Sie sind aufgrund ihrer Rollen gehalten, sich rational im Sinne der Zielsetzungen des eigenen Unternehmens zu verhalten [vgl. BECKER 2009, S. 581].

Als (nahezu klassisches) Beispiel für eine sehr text-lastige und rationale Gestaltungsart ist die Anzeige der IBM in Insert 3-05 (linkes Bild) anzusehen. Dass es jedoch auch emotionale Gestaltungsarten von Anzeigen gibt, zeigt die an die Zielgruppe des Mittelstands gerichtete Anzeige der SAP (rechtes Bild in Insert 3-05).

3.4.4 Online-Werbung

Aufgrund der rasch zunehmenden und immer intensiveren Nutzung des Internets hat sich die Online-Werbung als feste Größe auch im Kommunikationsmix der Unternehmensberatungen durchgesetzt. Dies bestätigen auch die Ergebnisse der BDU-Benchmarkstudie, die der Online-Werbung deutliche Vorteile gegenüber der klassischen Werbung einräumt. Die Online-Werbung ist allerdings nicht überschneidungsfrei zu anderen Kommunikationsinstrumenten abzugrenzen. So kann die Banner-Werbung auch der klassischen Werbung, das E-Mail-Newsletter dem Direktmarketing und die veröffentlichte Pressemitteilung auf der Unternehmenshomepage der PR zugeordnet werden [vgl. MEFFERT et al. 2008, S. 662].

Online-Werbung ist eine Kombination aus Text, Bild und Toninhalten auf digitaler Basis. Sämtliche Werbeinhalte, die zuvor in den klassischen Medien getrennt angeboten wurden, lassen sich auch auf Online-Umgebungen übertragen [vgl. UNGER et al. 2004, S. 311].

Im Folgenden werden die wichtigsten Online-Werbeformen, die Wirkungsweisen von Online-Werbung sowie die Möglichkeiten der Web 2.0-Entwicklung vorgestellt.

3.4.4.1 Online-Werbeformen

Das Internet bietet eine nahezu unüberschaubare Anzahl unterschiedlicher Werbeformen und Werbeformate, da den gestalterischen Fähigkeiten der Web-Designer praktisch keine Grenzen gesetzt sind. Besonders die oft aus dem Englischen übernommenen Bezeichnungen dieser Werbeformen stiften eine starke Verwirrung und erschweren eine klare Gliederung in leicht nachvollziehbare Kategorien [vgl. RODDEWIG 2003, S. 15].

In Abbildung 3-30 ist in Anlehnung an den Online-Vermarkterkreis (OVK) des BUNDESVERBANDS DIGITALE WIRTSCHAFT eine Übersicht über wichtige Online-Werbeformen zusammengestellt.

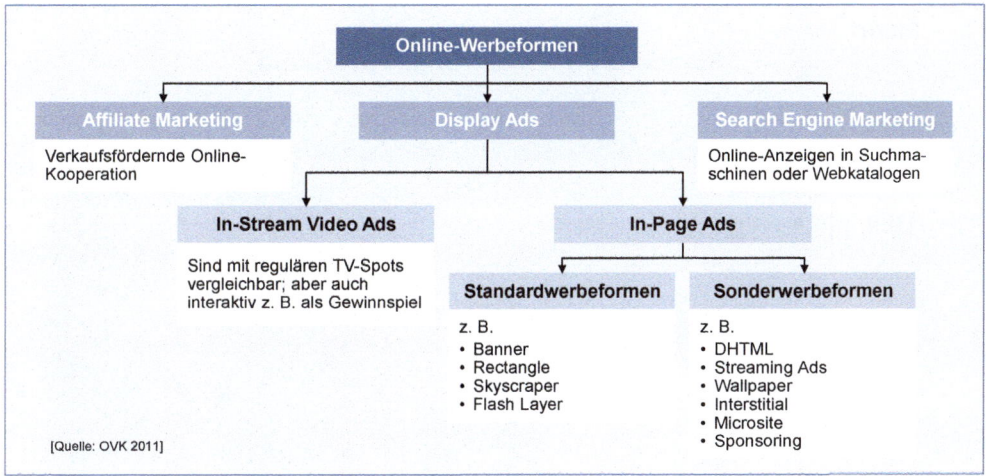

Abb. 3-30:   Wichtige Online-Werbeformen

Danach lassen sich die Online-Werbeformen in drei sehr unterschiedliche Bereiche aufteilen:

- **Display Ads** (Schwerpunkt: Banner-Werbung)

- **Affiliate Marketing** (Online-Vertriebskooperation)

- **Search Engine Marketing** (Suchmaschinen-Marketing, d. h. Online-Anzeigen in Suchmaschinen).

Die sogenannten **Display Ads** bilden das Zentrum der Online-Werbung. Sie lassen sich nochmals in *In-Stream Video Ads* (Online Video Advertising) und in *In-Page Ads* unterteilen. Zur Gruppe der *In-Page Ads* zählt vor allem die klassische **Banner-Werbung** als derzeit am weitesten verbreitete Werbeform. Das Banner ist eine grafische Darstellung mit der Möglichkeit zur Interaktion, die durch eine Verknüpfung bzw. Verbindung (engl. *Link*) zu einer anderen Website ermöglicht wird. Eine Differenzierung der Vielzahl von existierenden Bannern kann nach folgenden Kriterien vorgenommen werden [vgl. RODDEWIG 2003, S. 16 ff.]:

- Differenzierung nach der **Funktionalität** (z. B. statische, animierte oder transaktive Banner),

- Differenzierung nach der **Software bzw. Programmiersprache** (DHTML-, Java-, Flash- und Shockwave-Banner),

- Differenzierung nach dem **Erscheinungsbild** (z. B. Blend Banner, Bouncing Banner, Expanding Banner, Flying Banner, PopUp Banner).

In Insert 3-06 sind einige Standard-Bannerformate mit der entsprechenden Pixel-Angabe beispielhaft dargestellt.

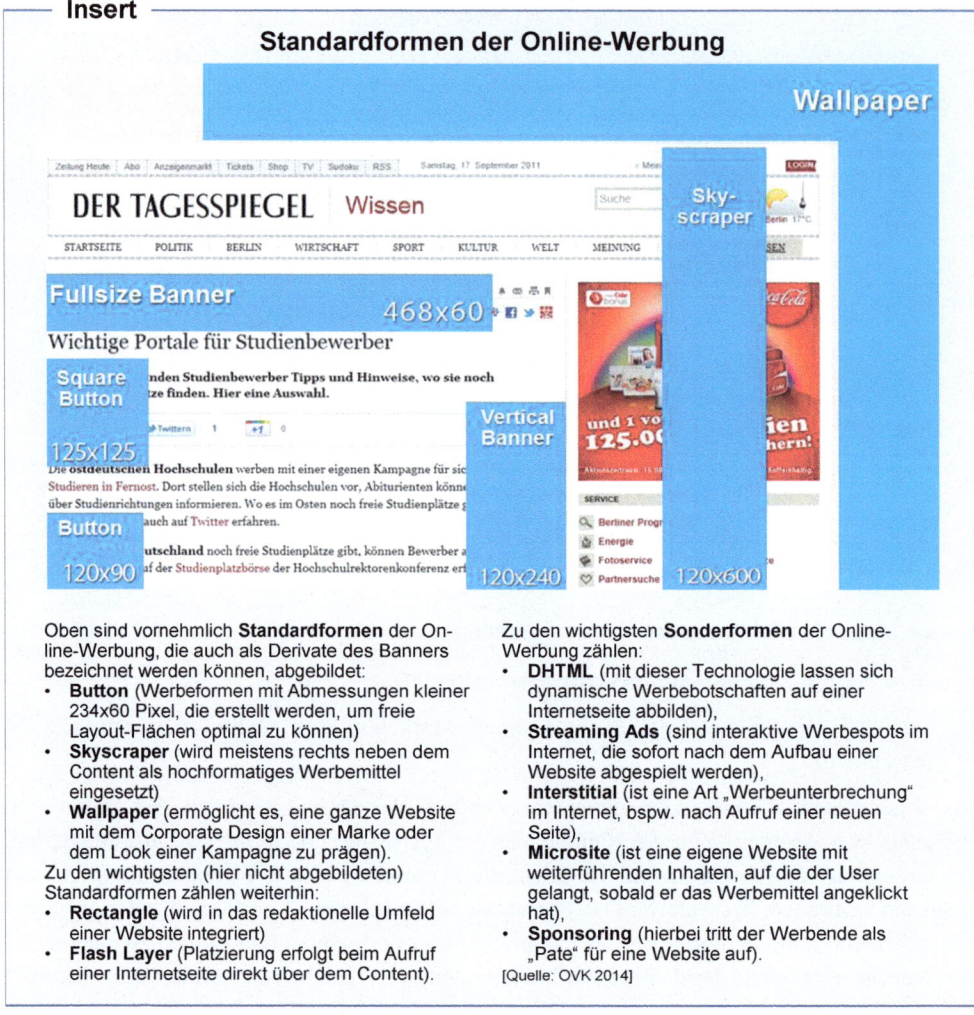

Insert 3-06:   *Beispiele für Standard-Bannerformate mit Pixel-Angabe*

Das **Affiliate Marketing**, bei dem es sich mehr um eine Online-Vertriebskooperation als um eine Werbeform im eigentlichen Sinne handelt, ist für das Beratungsmarketing weniger von Bedeutung.

Beratungsunternehmen verbinden häufig ihr Beratungsangebot und ihre Website mit Suchbe-griffen, die für ihr Angebot relevant sind. Diese als **Suchmaschinen-Marketing** (engl. *Se-arch Engine Marketing – SEM*) bezeichnete Online-Werbeform schließt Streuverluste weit-gehend aus und zeichnet sich durch eine hohe Kostentransparenz aus, da der Werbende nur dann bezahlt, wenn ein Interessent auf das entsprechende Suchergebnis klickt (*Pay per Click*).

Eine Schlüsselstellung in der Online-Werbung erhält das Suchmaschinen-Marketing auch dadurch, dass die Suchmaschinen mit deutlichem Abstand die beliebtesten Startseiten im Internet sind, d.h. mehr als die Hälfte der Internet-Nutzer öffnet zunächst eine Suchmaschine als Startseite ihres Internet-Browsers, wenn sie online geht (sieh Insert 3-07).

Insert

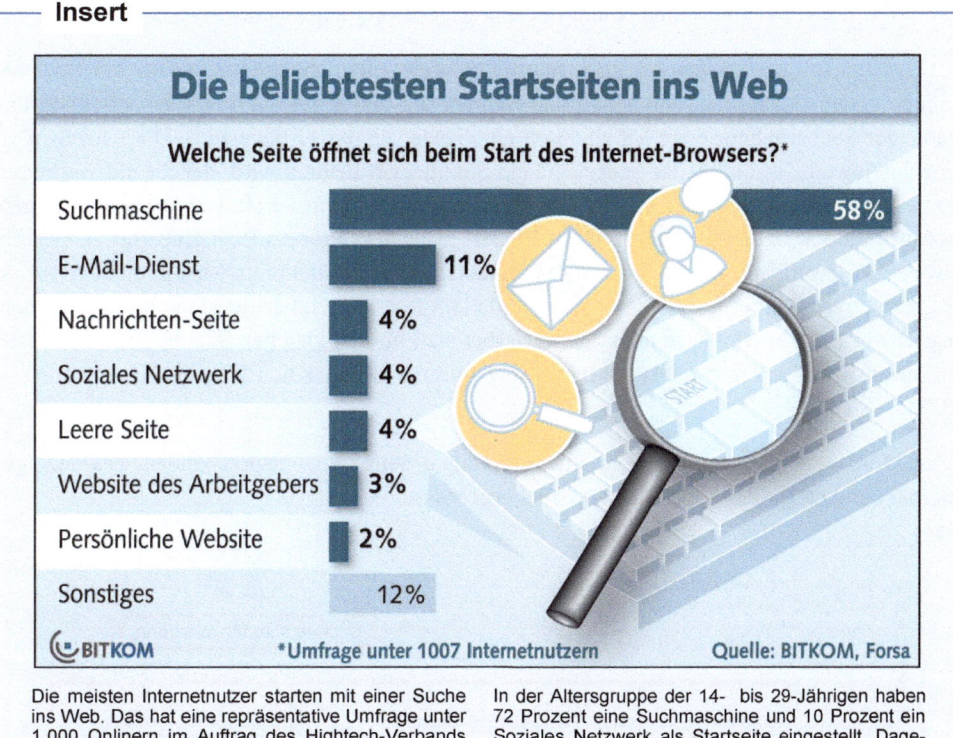

Die beliebtesten Startseiten ins Web

Welche Seite öffnet sich beim Start des Internet-Browsers?*

Suchmaschine	58%
E-Mail-Dienst	11%
Nachrichten-Seite	4%
Soziales Netzwerk	4%
Leere Seite	4%
Website des Arbeitgebers	3%
Persönliche Website	2%
Sonstiges	12%

BITKOM   *Umfrage unter 1007 Internetnutzern   Quelle: BITKOM, Forsa

Die meisten Internetnutzer starten mit einer Suche ins Web. Das hat eine repräsentative Umfrage unter 1.000 Onlinern im Auftrag des Hightech-Verbands BITKOM ergeben. Danach öffnet sich bei 58 Prozent der Internetnutzer zunächst eine Suchmaschine wie GOOGLE oder BING als Startseite ihres Internetbrowsers, wenn sie online gehen. An zweiter Stelle der häufigsten Startseiten stehen E-Mail-Dienste wie Web.de oder T-Online mit 11 Prozent. Auf Platz Drei liegen gleichauf Soziale Online-Netzwerke wie FACEBOOK oder XING mit vier Prozent und Nachrichten-Seiten mit ebenfalls vier Prozent. Lediglich drei Prozent der Internetnutzer starten mit einer Webseite ihres Arbeitgebers. Die Wahl der Startseite hat für die Internetfirmen wirtschaftliche Bedeutung, da sie hohe Zugriffszahlen erzeugt und den Weg zu weiteren Diensten eines Anbieters ebnet. Zudem gebe sie Hinweise auf Änderungen des Nutzerverhaltens im Web. Das zeige die Auswertung der Umfrage bei den Jüngeren.

In der Altersgruppe der 14- bis 29-Jährigen haben 72 Prozent eine Suchmaschine und 10 Prozent ein Soziales Netzwerk als Startseite eingestellt. Dagegen sind die Anteile von E-Mail-Diensten als Startseite bei den jüngeren Nutzern mit fünf Prozent, Nachrichtenseiten mit drei Prozent und naturgemäß von Arbeitgeber-Webseiten mit ein Prozent deutlich niedriger als bei den Älteren. Statt E-Mails nutzen die Jüngeren verstärkt Soziale Netzwerke und die darin integrierten Funktionen wie Chats für den Austausch mit Freunden und Bekannten. Die Bedeutung der Internetsuche sei für die Jüngeren dagegen noch wichtiger als bei den Älteren.

Methodik: Im Auftrag des BITKOM hat das Marktforschungsinstitut Forsa 1.007 Internetnutzer ab 14 Jahre befragt. Die Umfrage ist repräsentativ für die Internetnutzer in Deutschland.

[Quelle: BITKOM-Pressemitteilung vom 12.03.2012]

Insert 3-07: Die beliebtesten Startseiten ins Web

Das Suchmaschinen-Marketing ist in zwei Bereiche unterteilt:

- Suchmaschinen-Optimierung (engl. *Search Engine Optimization – SEO*)
- Suchmaschinen-Werbung (engl. *Search Engine Advertising – SEA*).

Mit der **Suchmaschinen-Optimierung** zielt das Unternehmen darauf ab, die eigene Website möglichst weit vorne in den „organischen" Suchergebnissen zu platzieren. Dadurch wird in der Regel eine Steigerung der Besucherfrequenz angestrebt. Dabei wird versucht, die eigene Website den Algorithmen der Suchmaschinen bestmöglich anzupassen. Allerdings werden diese Algorithmen und deren genau Zusammensetzung, die laufend optimiert bzw. verändert werden, von den Suchmaschinen nicht bekannt gegeben [Quelle: MARKETING.CH 2011].

Mit **Suchmaschinen-Werbung** sind sämtliche Werbemöglichkeiten gemeint, die Suchmaschinen gegen Bezahlung anbieten. Dazu räumen die meisten Suchmaschinen oberhalb und rechts der Suchergebnisse die Möglichkeit ein, Textanzeigen zu platzieren. Die Anzeigen erscheinen jeweils, wenn bei der Websuche ein Suchbegriff benutzt wird, der für das werbetreibende Unternehmen relevant und im Vorfeld definiert worden ist (Beispiel: Eine Unternehmensberatung schaltet Anzeigen für den Begriff „Business Process Reengineering"). Berechnet werden jeweils nur die Klicks auf die Textanzeige. Der Klickpreis wird in einer Art Auktionsverfahren bestimmt: Jeder Anzeigenkunde legt fest, wie viel er für einen Klick pro Suchbegriff zu zahlen bereit ist. Je mehr Mitbewerber sich für den gleichen Suchbegriff interessieren, desto höher gehen die Gebote und desto teurer wird der Klick [Quelle: MARKETING.CH 2011].

Insert 3-08 zeigt beispielhaft eine Suchmaschinen-Seite mit entsprechenden Textanzeigen oberhalb und rechts der „organischen" Suchergebnisse.

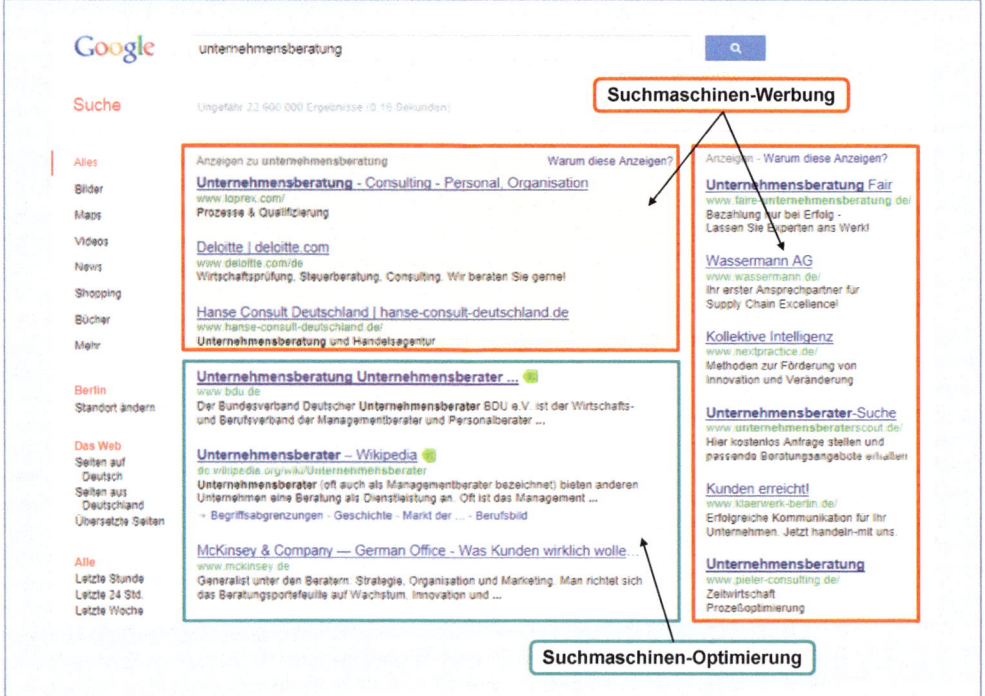

Insert 3-08:   Beispiel für Suchmaschinen-Werbung und -Optimierung

3.4.4.2 Wirkungsweisen von Online-Werbung

Bei der Online-Werbung lassen sich zwei Wirkungsdimensionen unterscheiden [vgl. ROD-DEWIG 2003, S. 89]:

- Kommunikationsleistung
- Interaktionsleistung.

Die **Kommunikationsleistung** zielt auf die Beeinflussung des Wissens und der Einstellung des Betrachters. Zu den wichtigsten Messkriterien der Kommunikationsleistung von Unternehmensberatungen zählen der Bekanntheitsgrad und das Image des Unternehmens. Bei der **Interaktionsleistung** geht es um die Veränderung des Verhaltens des Betrachters. Messkriterien sind hierbei die Klickrate, die Anzahl der nachgefragten Informationen oder das Hinterlassen von Informationen z. B. durch Registrierung. Um sowohl die Kommunikations- als auch die Interaktionsleistung zu erhöhen, steht dem Webdesigner eine ganze Reihe von Wirkungselementen zur Verfügung.

In Abbildung 3-31 sind beispielhaft einige Wirkungselemente der Banner-Werbung auf verschiedene Werbeziele zusammengestellt.

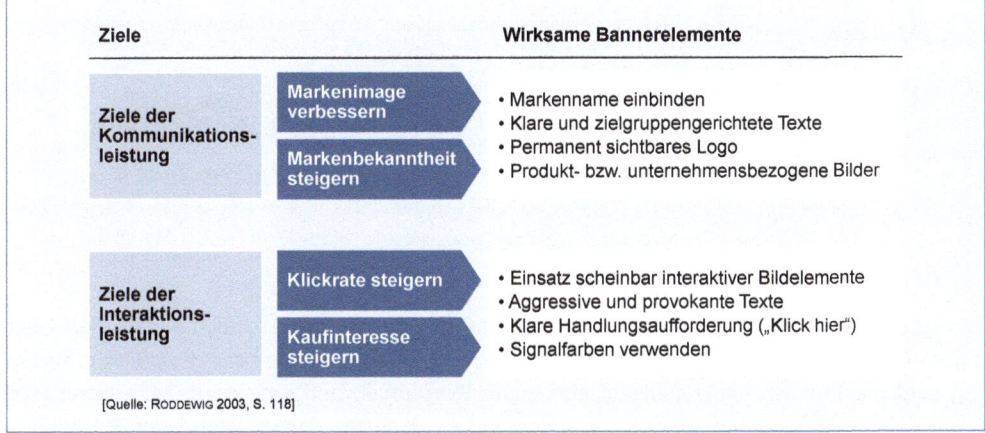

Abb. 3-31: Wirksamkeit einzelner Bannerelemente auf verschiedene Werbeziele

Zusammenfassend lässt sich feststellen, dass Online-Werbung zur Erreichung vieler Werbeziele der Unternehmensberatung einen erheblichen Beitrag leisten kann. Dabei stellt die Möglichkeit, eine direkte real-time Erfolgskontrolle eines Werbemittels durchführen zu können, einen bedeutenden Vorteil gegenüber anderen Signalisierungsinstrumenten dar.

3.4.4.3 Web 2.0-Entwicklung und Social Media

Die Nutzung des Internets im Beratungsmarketing beschränkt sich nicht nur auf das reine, kundengerichtete Online-Marketing. Seitdem **Foren**, **Blogs** und **Social Networks** bestehen, haben sich sowohl für Unternehmen, als auch für Kunden und Interessenten neue Potenziale eröffnet, wenn es um die Suche nach Informationen über die jeweils andere Seite geht.

Die Kommunikation verlagert sich also zunehmend vom privaten in den öffentlichen Raum. Zusammengefasst wird diese Entwicklung unter dem Schlagwort **Web 2.0**, das die Kommunikation in beide Richtungen zulässt. Web 2.0-Anwendungen ermöglichen den Kunden heutzutage, eigenständig zu kommunizieren und produkt- und unternehmensspezifische Botschaften im Netz zu verbreiten [vgl. ECKARDT 2010, S. 165].

In Abbildung 3-32 ist eine ganze Reihe von Anwendungsformen der Web 2.0-Entwicklung dargestellt und im Einzelnen erläutert. Diese Anwendungsformen stehen sowohl Unternehmen als auch Kunden und Mitarbeitern zur Verfügung.

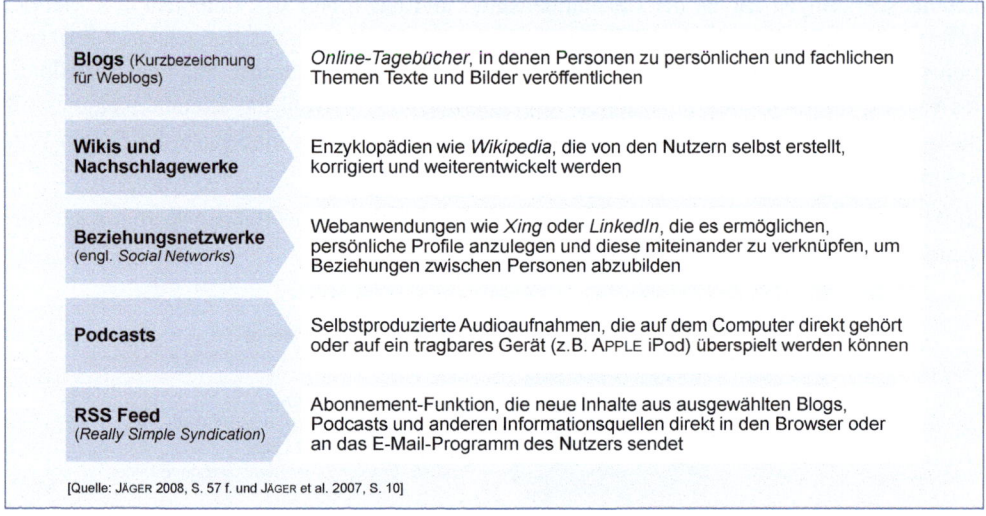

Abb. 3-32:   Anwendungsformen der Web 2.0-Entwicklung

Bei einem Corporate-Blog sind die Unternehmen im Gegensatz zu sozialen Netzwerken oder Micro-Blogs in höherem Maße gefordert, selbst regelmäßig Inhalte zu erstellen. Das erfordert gut geplante Prozesse, ausreichende personelle Ressourcen und engagierte Mitarbeiter. Oft lohnt sich dieser Aufwand aber für die Unternehmen, denn ein eigener Blog kann sich auch in Firmen mit knappem Budget zum erfolgreichen PR- und Marketinginstrument entwickeln und damit den Geschäftserfolg vorantreiben. Es verwundert allerdings nicht, dass unter den oben aufgeführten Anwendungsformen der Web 2.0-Entwicklung die Beziehungsnetzwerke mit deutlichem Abstand dominieren. So sind Unternehmenspräsenzen in sozialen Netzwerken mit 86 Prozent am weitesten verbreitet. Auf dem zweiten Platz folgen Präsenzen auf Video-Plattformen (28 Prozent). Solche Video-Kanäle besitzen insbesondere für Großunternehmen eine hohe Relevanz: 81 Prozent der Großunternehmen, die Social Media einsetzen, stellen auf diesen Plattformen eigene Filme ins Internet (siehe Insert 3-09, obere Grafik).

Die Attraktivität von sozialen Netzwerken liegt für Unternehmen in der Möglichkeit, eine Vielzahl Menschen dort zu erreichen, wo sie einen Großteil ihrer Internet-Zeit verbringen: Denn Internetnutzer in Deutschland verbringen derzeit fast ein Viertel (23 Prozent) ihrer gesamten Online-Zeit in sozialen Netzwerken. Internet-User sind also durchaus eine attraktive Zielgruppe, um nicht nur den Bekanntheitsgrad von Unternehmen zu steigern, sondern auch um neue Kunden zu akquirieren bzw. Kundenbeziehungen herzustellen und zu festigen (siehe Insert 3-09, untere Grafik).

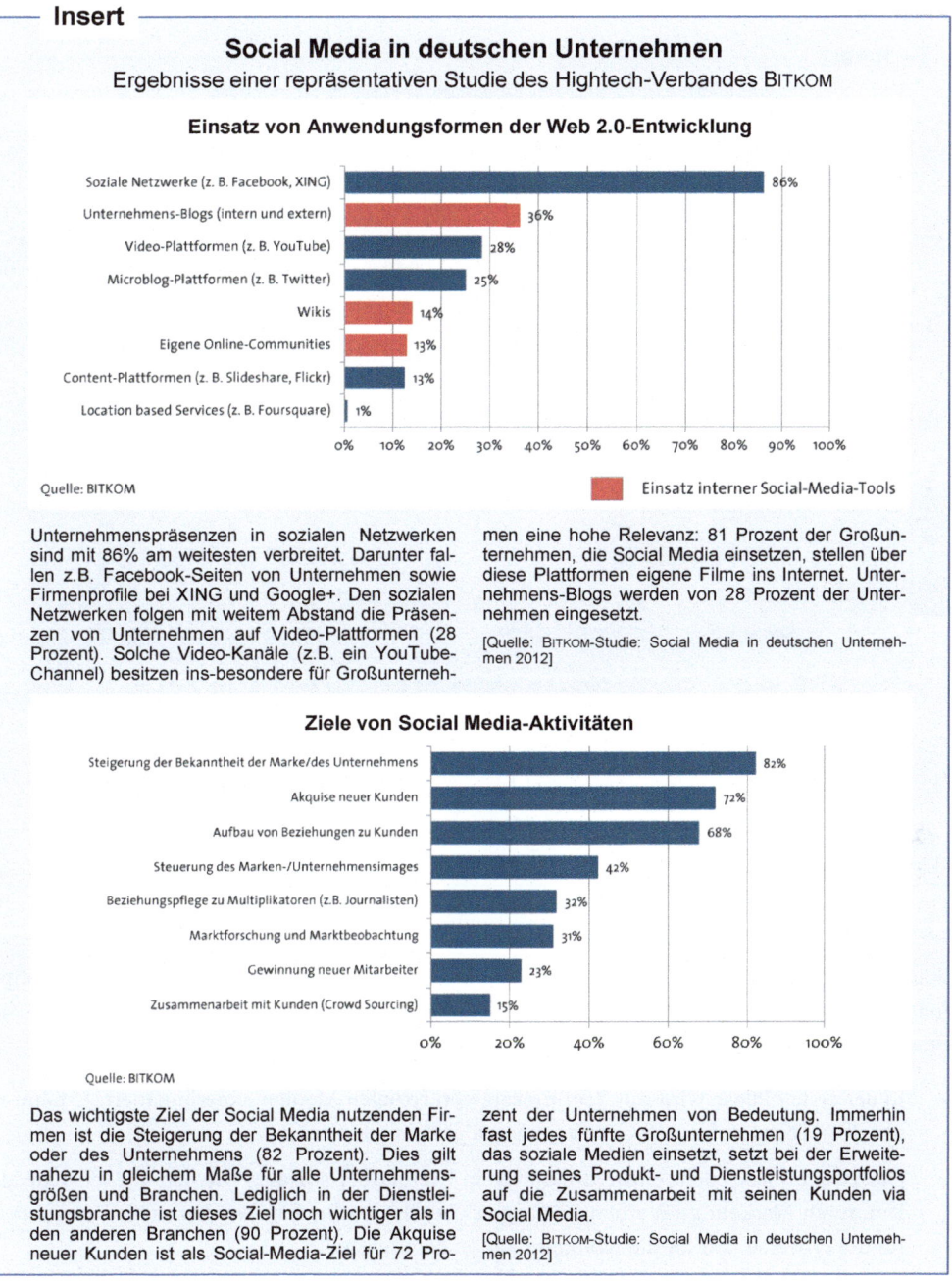

Insert

Social Media in deutschen Unternehmen
Ergebnisse einer repräsentativen Studie des Hightech-Verbandes BITKOM

Einsatz von Anwendungsformen der Web 2.0-Entwicklung

Unternehmenspräsenzen in sozialen Netzwerken sind mit 86% am weitesten verbreitet. Darunter fallen z.B. Facebook-Seiten von Unternehmen sowie Firmenprofile bei XING und Google+. Den sozialen Netzwerken folgen mit weitem Abstand die Präsenzen von Unternehmen auf Video-Plattformen (28 Prozent). Solche Video-Kanäle (z.B. ein YouTube-Channel) besitzen ins-besondere für Großunterneh-men eine hohe Relevanz: 81 Prozent der Großunternehmen, die Social Media einsetzen, stellen über diese Plattformen eigene Filme ins Internet. Unternehmens-Blogs werden von 28 Prozent der Unternehmen eingesetzt.

[Quelle: BITKOM-Studie: Social Media in deutschen Unternehmen 2012]

Ziele von Social Media-Aktivitäten

Das wichtigste Ziel der Social Media nutzenden Firmen ist die Steigerung der Bekanntheit der Marke oder des Unternehmens (82 Prozent). Dies gilt nahezu in gleichem Maße für alle Unternehmensgrößen und Branchen. Lediglich in der Dienstleistungsbranche ist dieses Ziel noch wichtiger als in den anderen Branchen (90 Prozent). Die Akquise neuer Kunden ist als Social-Media-Ziel für 72 Pro-zent der Unternehmen von Bedeutung. Immerhin fast jedes fünfte Großunternehmen (19 Prozent), das soziale Medien einsetzt, setzt bei der Erweiterung seines Produkt- und Dienstleistungsportfolios auf die Zusammenarbeit mit seinen Kunden via Social Media.

[Quelle: BITKOM-Studie: Social Media in deutschen Unternehmen 2012]

Insert 3-09: Social Media in deutschen Unternehmen 2012

Ebenso wie die sozialen Netzwerke die verschiedenen Anwendungsformen der Web 2.0-Entwicklung dominieren, so beherrscht FACEBOOK die Online-Communitys (siehe Insert 3-10).

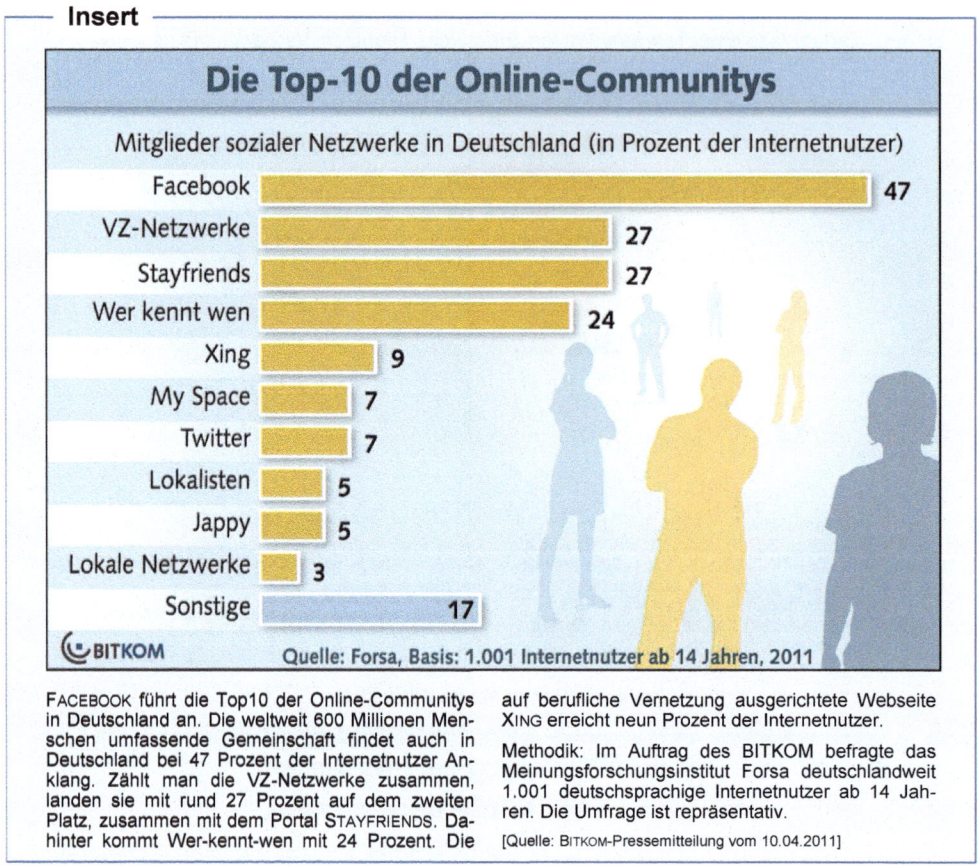

Insert 3-10:   Die Top-10 der Online-Communitys

Social Media ist also auf dem besten Weg, sich vom Kommunikationskanal zum Wertschöpfungsfaktor zu entwickeln. Dazu werden in der Regel drei Phasen durchlaufen [vgl. BITKOM-Präsentation v. 9.5.2012]:

- In der ersten Phase wird mit dem Einsatz von sozialen Medien experimentiert. Erfahrungen über Technologie und Gesetze müssen gesammelt werden.

- Die zweite Phase sieht einen strukturierten Einsatz der sozialen Medien vor, der vor allem durch Marketing (Werbung, PR) getrieben ist. Außerdem werden mehr Ressourcen für die Prozesse und für die Kommunikation bereitgestellt.

- In Phase drei werden soziale Medien in die internen Prozesse und Strukturen der Unternehmen eingebunden. Damit wird Social Media zu einem wichtigen Wertschöpfungsfaktor. Beispiele sind die Integration sozialer Netzwerke in den Kundenservice, die

Zusammenarbeit von Projekt-Teams auf Basis von social Software oder die Einbindung von externen Interessengruppen in den Innovationsprozess. Die Stichworte lauten hier **Open Innovation** und **Crowd Sourcing**.

Als Beispiel für die unternehmensweite Nutzung einer freizeitorientierten Netzwerkplattform ist in Insert 3-11 die FACEBOOK-Seite von DELOITTE dargestellt. Auf diese Weise ist es für interessierte Kunden (und bspw. auch Bewerber) leicht und unkompliziert möglich, mit dem Beratungsunternehmen in Verbindung zu treten. Die Beteiligung an einer Netzwerkplattform bedeutet für das Unternehmen ein gewisses Investment, da sich ein autorisiertes Team um die Beantwortung der Fragen, Reklamationen etc. zeitnah bemühen muss.

Insert

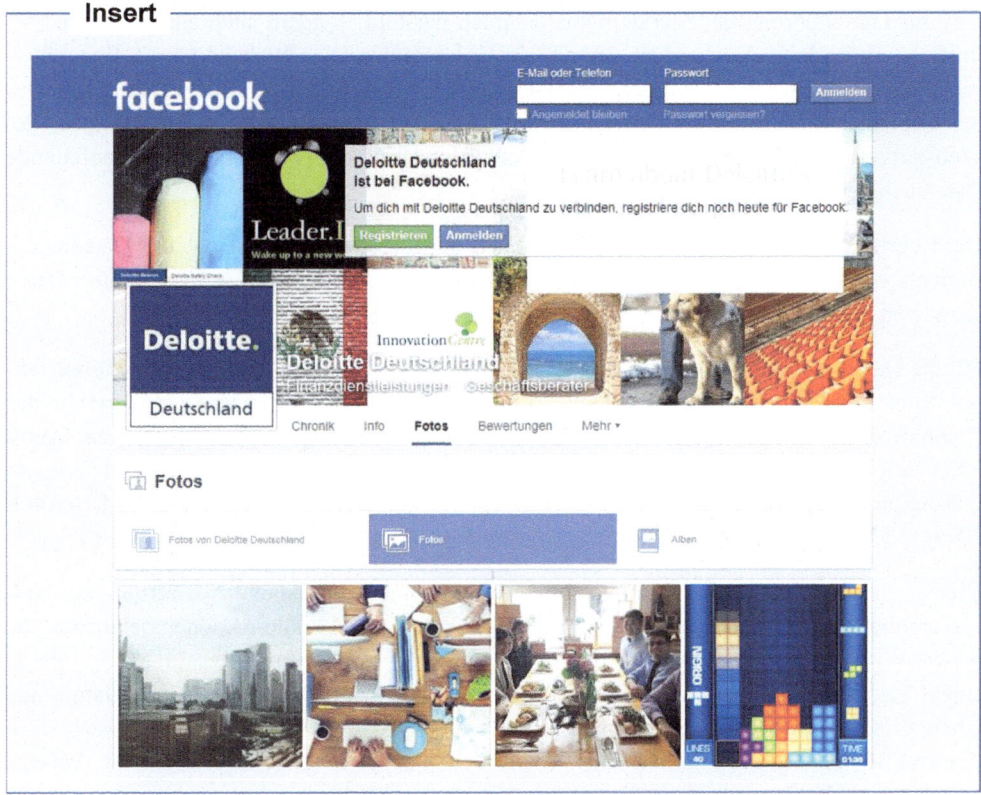

Insert 3-11: Die FACEBOOK-Seite von DELOITTE

Fazit: Die Nutzung von Web 2.0-Anwendungen haben nicht nur die Kommunikationsmöglichkeiten für Unternehmen, sondern auch für Kunden erheblich erweitert. Denn mit dem aktiven Einsatz sozialer Medien betreten die Unternehmen nicht nur einen, sondern – je nach Mitarbeiterzahl – Tausende von Kommunikationskanälen. Damit verlieren die Unternehmen die absolute Kontrolle über ihre Kommunikation. Sie stehen vor der Herausforderung, die Kunden aktiv einzubeziehen und auf diese zu hören. Im Social Web reicht es nicht mehr, einseitig Botschaften zu verbreiten. Stattdessen rückt der Dialog mit den Interessengruppen in den Vordergrund. Darauf müssen sich die Unternehmen einstellen [vgl. ECKARDT 2010, S. 165].

3.4.4.4 Erfolgsmessung im Online-Marketing

Die Nutzung von Online-Angeboten durch Internetnutzer sagt viel darüber aus, wie die Gestaltung dieser Angebote auf den Nutzer wirkt. Diese Gestaltung immer wieder zu prüfen und den Optimierungsprozess stetig voranzutreiben, ist eine der wichtigsten Aufgaben von Unternehmen, die eine Onlinepräsenz betreiben. Der große Vorteil von Marketingmaßnahmen im Internet ist, dass die Basis, auf der sie ausgeführt werden, nämlich das Internet selbst bzw. die Website, die durch das Internet präsentiert wird, nicht nur die notwendige technische Grundlage zur Durchführung der Marketingmaßnahmen darstellt, sondern auch ein gutes Kontrollinstrument für deren Nutzung ist. Sobald ein Internetnutzer eine Website betritt, findet zwischen ihm und dem Server, auf dem sie platziert ist, ein Austausch von Daten statt. Diese Daten beinhalten eine Fülle von Informationen, die dokumentieren, wie sich der Nutzer der Website verhalten hat bzw. wie er sich auf ihr bewegte. Die bei diesem Prozess anfallende Datenmenge nennt man **Traffic**.

Der Begriff **Web Analytics** kann als Oberbegriff der folgenden Teilbereiche des Datenmanagements verstanden werden: Daten sammeln, Daten speichern, Daten verarbeiten und Daten auswerten [vgl. DÜWEKE/RABSCH 2012, S. 749].

Für die Datensammlung im Online-Marketing ist das **Page Tagging** das maßgebliche Verfahren. Beim Page Tagging wird der Quelltext, also die Übersetzung der Maschinensprache des Computers, genutzt, um darin einen kleinen Zusatzcode (den sog. Tag) zu verstecken. Damit ist es möglich, die verwendete Spracheinstellung, Anzahl der getätigten Klicks, Mausbewegungen und Cursor-Position, Tastatureingaben etc. zu erfassen [vgl. HEßLER/MOSEBACH 2013, S. 374 f.].

Die **Logfile-Analyse** ist eine der ersten Formen der Dokumentation und Auswertung des Nutzerverhaltens im Internet. Ein Logfile ist ein Textdokument, das alle Aktionen beinhaltet, die der Server im Zusammenhang mit der angemeldeten URL (Uniform Resource Locator) an einem Tag protokolliert hat. Dementsprechend enthalten Logfiles Daten wie z.B. Datum und Uhrzeit des Aufrufs, sämtliche abgerufenen Dateien, Typ des verwendeten Browsers (z.B. Firefox), IP-Adresse des Internetnutzers sowie Status der Anfrage (z.B. erfolgreiche Anfrage oder Serverfehler) [vgl. AMTHOR/BROMMUND 2010, S. 45 ff.].

Die beschriebenen Methoden zur Erfassung und Dokumentation des Verhaltens von Internetnutzern liefern lediglich Rohdaten. Um diese für die Beurteilung des Erfolgs oder die zukünftige Steuerung einer Marketingmaßnahme verwertbar zu machen, müssen sie aufbereitet werden. Ein wesentliches Instrument für die Erfolgskontrolle ist der Einsatz eines **Ad-Servers** bestehend aus speziellen Softwareprogrammen (Reporting-Tools), die die Abwicklung, Steuerung und statistische Aufbereitung von komplexen (Banner-)Kampagnen erlauben. Diese Aufbereitung erfolgt in Form von Kennzahlen (engl. Key Performance Indicators – KPIs).

Im Einzelnen sind folgende **Kennzahlen** zur Beschreibung der Qualität für die Werbeplatz-vermarktung von Websites von Bedeutung [vgl. RODDEWIG 2003, S. 152 ff.]:

- **Visit:** Ein ununterbrochener Nutzungsvorgang eines Besuchers auf einer Website, unabhängig von Verweildauer und Anzahl der aufgerufenen Seiten;

- **Hit:** Zugriff eines Browsers auf ein Element der Website (enthält eine Website drei Bilder und zwei Tabellen, so werden fünf Hits erzeugt);

- **Page-Impressions** (früher Page-Views): Anzahl der aufgerufenen Seiten einer Website (Page-Impressions sind zusammen mit den Visits das wichtigste Messkriterium);

- **Ad-Impressions** (früher Ad-Views): Anzahl der Sichtkontakte mit einer Werbebotschaft;

- **Ad-Clicks:** Anzahl der Nutzer, die dazu animiert werden konnten, das Werbemittel anzuklicken;

- **Click-Through-Rate:** Prozentualer Anteil der Ad-Clicks an der Gesamtzahl der Ad-Impressions;

- **Unique Visitor:** Bestimmter User, der in einem bestimmten Zeitraum eine Website aufgerufen hat (Voraussetzung für diese Messung ist, dass der User über seine IP-Adresse identifiziert werden konnte);

- **Unique Identified Visitors:** Identified Visitor, der neben seiner Identifizierung durch seine IP-Adresse auf der Website registriert ist bzw. ein Kundenkonto besitzt.

Die folgenden **kundenbezogenen Kennzahlen** geben Aufschluss darüber, wie stark eine Marketingmaßnahme im Bereich Online-Marketing das Interesse eines Kunden für ein Unternehmen geweckt bzw. verstärkt hat und ob sie zu einer **Neukundengewinnung** führen konnte [vgl. AMTHOR/BROMMUND 2010, S. 104f.]:

- **Ansprache:** Summe aller Nutzer, die die Möglichkeit haben, auf ein bestimmtes Online-Angebot aufmerksam zu werden, also der Wert der potentiellen Reichweite dieses Angebots (Betreibt ein Unternehmen eine eigene Website und E-Mail-Marketing, so setzt sich die Ansprache aus der Anzahl der Page-Impressions und den versendeten E-Mails zusammen);

- **Akquisition:** Klickt ein Kunde eine Werbeanzeige an, die ihn auf eine Website führt, auf der er sich daraufhin aufhält und ihr Produktangebot studiert, stellt dies einen Akquisitionsprozess dar (Gemessen werden kann dies durch die Anzahl der Page-Impressions und der Besuchsdauer dieses einen speziellen Nutzers);

- **Conversionrate:** Anteil der Besucher einer Website, die zu Käufern wurden, sich registrierten oder eine vergleichbare erwünschte Handlung erbracht haben (Geht es z. B. um einen Online-Shop, so ist der Kauf eines Produkts die gewünschte Handlung, geht es um eine Unternehmenswebsite, die über Produkte informieren soll, so stellt der Download eines Produktkatalogs die gewünschte Handlung dar).

Wenn Werbemittel im Rahmen von Online-Werbung, Electronic Commerce, Social-Media-Marketing, Suchmaschinenwerbung oder Affiliate-Marketing auf externen Plattformen präsentiert werden, können zur **Kostenkontrolle** folgende Kennzahlen angesetzt werden [vgl. KREUTZER 2012, S. 187 f.]:

- **Cost-per-Click (CPC):** Abrechnungsform für eine Werbetätigkeit auf Basis der erzielten Klicks;
- **Cost-per-Mille (CPM):** Abrechnungsform für eine Werbetätigkeit auf Basis von 1.000 erzielten Kontakten oder Ad-Impressions;
- **Cost-per-Order (CPO):** Abrechnungsform für eine Werbetätigkeit auf Basis der erzielten Verkäufe;
- **Cost-per-Conversion (CPC):** Abrechnungsform für eine Werbetätigkeit auf Basis der vereinbarten Handlungen (z. B. Registrierungen);
- **Kosten pro Zeitintervall:** Abrechnungsform für eine Werbetätigkeit auf Basis eines bestimmten Zeitintervalls (Die Kosten beziehen sich nicht auf eine bestimmte Aktivität des Nutzers, sondern des Werbepartners. Für die Schaltung eines Online-Werbemittels können – unabhängig von der erzielten Nutzungsintensität – pro Tag, Woche oder Monat vereinbarte Beträge fällig werden).

In Abbildung 3-33 sind die oben beschriebenen Kennzahlen des Online-Marketings zusammengefasst.

Kennzahl	Messkriterium
Kennzahlen zur Qualität der Werbeplätze:	
Visit	Ununterbrochener Nutzungsvorgang eines Besuchers auf einer Website
Hit	Jeder Zugriff eines Browsers auf ein Element der Website
Page-Impressions	Anzahl der Seitenabrufe
Ad-Impressions	Anzahl der aufgerufenen Seiten einer Website
Ad-Clicks	Häufigkeit des Anklickens einer Werbebotschaft (z. B. Banner)
Click-Through-Rate (CTR)	Verhältnis der Ad-Clicks zu den Ad-Impressions (in Prozent)
Unique Visitor	Bestimmte Person, die innerhalb einer gewissen Zeit, eine oder mehrere Webseiten aufruft
Unique Identified Visitor	Bestimmte Person, die auf der Website registriert ist bzw. er ein Kundenkonto besitzt
Kennzahlen zur Neukundengewinnung:	
Ansprache	Wert der potentiellen Reichweite eines Online-Angebots
Akquisition	Anzahl Kunden, die durch Anklicken einer Werbeanzeige zum Online-Angebot geführt werden
Conversionrate	Prozentualer Anteil der Besucher einer Website mit einer gewünschten Handlung
Kennzahlen zur Kostenkontrolle:	
Cost-per-Click (CPC)	Abrechnungsform für eine Werbetätigkeit auf Basis der erzielten Klicks
Cost-per-Mille (CPM)	Abrechnungsform für eine Werbetätigkeit auf Basis von 1.000 erzielten Kontakten
Cost-per-Order (CPO)	Abrechnungsform für eine Werbetätigkeit auf Basis der erzielten Verkäufe
Cost-per-Conversion (CPC)	Abrechnungsform für eine Werbetätigkeit auf Basis der vereinbarten Handlungen
Kosten pro Zeitintervall	Abrechnungsform für eine Werbetätigkeit auf Basis eines bestimmten Zeitintervalls
[Quellen: RODDEWIG 2003, S. 152 ff., AMTHOR 2010, S. 104f., KREUTZER 2012, S. 187 f.]	

Abb. 3-33:   Wichtige Kennzahlen in der Online-Werbung

Im Bereich der Online-Werbung werden direkte Messungen im Moment des Geschehens vorgenommen. Im Print-Bereich sind entweder frei zugängliche oder eigens in Auftrag gegebene Studien der Mediennutzung die Grundlage für die Berechnung der angesprochenen Größen.

Daher handelt es sich hier eher um eine nachträgliche Bewertung bzw. Einschätzung des Erfolgs als um eine direkte, konkrete Messung wie es bei der Online-Werbung möglich ist.

Durch die Nutzung des Internets als technische Grundlage seiner Durchführung hat das Online-Marketing die Möglichkeit, eine Vielzahl von Messungen vorzunehmen, die im Print-Marketing nicht durchführbar sind. Die Identifizierung eines Nutzers im Moment des Kontakts mit einer Werbeanzeige oder einer Website (Unique Visitors oder Unique Identified Visitors) ist im Print-Marketing nicht möglich. Wissen über technische Eigenschaften, geografische Daten oder zeitliche Nutzung von Online-Angeboten lassen in der Online-Werbung eine stetige Optimierung dieser Angebote zu. In der Print-Werbung ist ab dem Zeitpunkt des Drucks einer Anzeige keine Optimierung mehr durchführbar.

Auch die Verteilung der verursachten Kosten ist in der Online-Werbung exakt kontrollierbar. Oft kommen Abrechnungsmodelle zum Einsatz, bei denen nur dann Kosten entstehen, wenn ein Nutzer eine bestimmte Handlung (z.B. ein Klick oder ein Kaufabschluss) getätigt hat. Durch eine Reihe von Kennzahlen (z.B. CPC, CPM oder CPL) ist eine Kostenkontrolle gut durchführbar.

3.4.5 Direktmarketing

Das Direktmarketing (auch als *Direktwerbung* bezeichnet) umfasst alle Kommunikationsmaßnahmen, die darauf ausgerichtet sind, durch eine gezielte Einzelansprache einen direkten Kontakt zum Adressaten herzustellen [vgl. DALLMER 2002, S. 11]. Wichtigste Zielsetzung des Direktmarketings für Unternehmensberatungen ist die gezielte Information von Interessenten und die intensivere Betreuung bestehender Kunden (→ Kundenbindung).

Nach der Art der Interaktion zwischen Anbieter und Nachfrager lassen sich drei **Erscheinungsformen des Direktmarketings** unterscheiden [vgl. BRUHN 2007, S. 387 f.]:

* Passives Direktmarketing
* Reaktionsorientiertes Direktmarketing
* Interaktionsorientiertes Direktmarketing.

Passives Direktmarketing liegt vor, wenn Kunden bzw. Interessenten mit adressierten Informationsschreiben angesprochen werden. Dies kann z. B. in Form von E-Mails, von E-Newslettern oder von Informationsschreiben und Newslettern in gedruckter Form erfolgen. Diese passive Form der Direktwerbung ist für Unternehmensberatungen durchaus interessant.

Beim **reaktionsorientierten Direktmarketing** wird mit der direkten und individuellen Ansprache des Kunden/Interessenten die Möglichkeit einer Reaktion gegeben. Dies kann in Form sog. Mail Order Packages oder online erfolgen. Diese Form des Direktmarketings wird häufig für Einladungen zu bestimmten Veranstaltungen des Beratungsunternehmens (z. B. Messen, Seminare, Kamingespräche) eingesetzt.

Die dritte Erscheinungsform ist das **interaktionsorientierte Direktmarketing**. Durch die individuelle Kundenansprache über das Telefon treten Anbieter mit selektierten Personen in einen unmittelbaren Dialog.

Bei den genannten drei Erscheinungsformen werden unterschiedliche Medien genutzt. Zu den wichtigsten **Direktwerbemedien** zählen

- Werbebriefe (engl. *Mailings*) per Post oder Fax,
- E-Mails (per Internet) und
- Telefonate (Telefonmarketing).

Die klassische Form der adressierten Werbesendung ist der **Werbebrief** bzw. das **Mailing**. Mailings bzw. Mail-Order-Packages setzen sich je nach individueller Zielsetzung aus verschiedenen Teilen zusammen. Neben dem Anschreiben, einem Prospekt oder Katalog, einem Bestellschein und einer Bestell- bzw. Antwortkarte können auch „Give Aways", Gutscheine und ähnliches beigefügt werden. Zu einem der wichtigsten Medien zur direkten Kundenkommunikation hat sich die **E-Mail** entwickelt. Die drei gebräuchlichsten Formen sind E-Mail-Werbebriefe, E-Newsletter und E-Kataloge.

Besonderes Kennzeichen des **Telefonmarketings**, mit dessen Durchführung **Call Center** beauftragt werden, ist der persönliche, direkte Kontakt mit dem Kunden bzw. Interessenten. Beim sogenannten *Outbound-Telefonmarketing* wird eine ausgesuchte Zielperson direkt durch den Anbieter oder durch eine Vermittlungsagentur (Call Center) kontaktiert, um Produkte oder Serviceleistungen anzubieten bzw. Informationen zu erfragen. Im B2B-Bereich werden Unternehmen, zu denen eine Geschäftsbeziehung besteht, telefonische Nachfassaktionen (z.B. nach dem Versand einer Seminareinladung) durchgeführt. Auch kann das Outbound-Telefonmarketing im Rahmen der Marktforschung genutzt werden, um Kundendaten für den Aufbau und die Pflege einer Kundendatenbank zu erfragen. Beim sogenannten *Inbound-Telefonmarketing*, das häufig durch die Einrichtung eines Servicetelefons unterstützt wird, nimmt die Zielperson von sich aus telefonischen Kontakt zum Anbieter auf. Auslöser solcher Kontaktaufnahmen können Beschwerden, der Wusch zur Kontaktaufnahme, die Teilnahme an Gewinnspielen oder spezielle Promotion-Kampagnen mit einem kostenlosen Bestellservice unter einer 0800er-Telefonnummer (z. B. Teleshopping) sein [vgl. BRUHN 2007, S. 394].

Abbildung 3-34 liefert einen Überblick über die wichtigsten Direktwerbemedien.

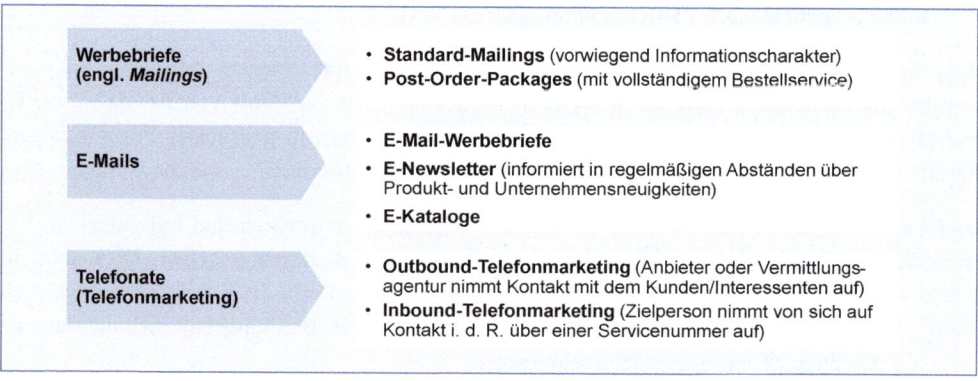

Abb. 3-34:   Wichtige Direktwerbemedien

Eine wichtige Voraussetzung für ein leistungsfähiges Direktmarketing ist die Verfügbarkeit von leistungsfähigen *Kundendatenbanken*. Das **Database-Marketing** ermöglicht eine individualisierte Kunden- und Interessentenansprache, wobei die Daten über Kunden und Interessenten in einer Datenbank systematisch organisiert sind. In dieser Datenbank müssen alle erforderlichen Daten gespeichert, aktualisiert und jederzeit segmentspezifisch abrufbar sein. Der Trend geht dabei mehr und mehr zum Aufbau von E-Mail-Datenbanken, um selektierte Zielpersonen direkt über das Internet anzusprechen.

Die Gefahr des E-Mail-Marketings besteht allerdings darin, dass immer mehr Personen, die unaufgefordert E-Mails erhalten, Bedenken hinsichtlich Datenschutz und Privatsphäre äußern. Daher kommt dem sogenannten **Permission Marketing** eine immer größere Bedeutung zu; d. h. dem Kunden/Interessenten bleibt die Entscheidung überlassen, ob er Informationen über das Unternehmen erhalten möchte oder nicht [vgl. BRUHN 2007, S. 395 f.].

3.4.6 Öffentlichkeitsarbeit und Sponsoring

3.4.6.1 Öffentlichkeitsarbeit

Während alle bislang diskutierten werblichen Maßnahmen (Print, Online, Direktmarketing) auf die Absatzaktivierung und auf die Kundenbeziehungen ausgerichtet sind, wendet sich die **Öffentlichkeitsarbeit** (engl. *Public Relations (PR)*) mit ihren Aktivitäten an alle **Anspruchsgruppen** (engl. *Stakeholder*) des Unternehmens. Ziel der PR ist es, diese Gruppen (z. B. Kunden, Aktionäre, Lieferanten, Mitarbeiter, öffentliche Institutionen) über das Unternehmen zu informieren und auf diese Weise Vertrauen aufzubauen und zu erhalten. Dabei gehen die Anforderungen dieser Anspruchsgruppen heutzutage deutlich über die Profilierung des Produkt- und Leistungsprogramms hinaus und stellen die gesellschaftliche Verantwortung des Unternehmens – **Corporate Social Responsibility (CSR)** – in den Mittelpunkt. So muss eine glaubwürdige und nachhaltige Öffentlichkeitsarbeit (verkürzt auch *Pressearbeit* genannt) den Nachweis dieser Verantwortung in Form von sicheren Arbeitsplätzen, Engagement für die Umwelt, Weiterbildungsangeboten u. a. erbringen [vgl. BECKER 2009, S. 600 f.].

In den meisten Beratungshäusern ist die Öffentlichkeitsarbeit in der Kommunikationsabteilung (Unternehmenskommunikation) organisatorisch verankert und wendet sich an zwei Zielgruppen:

- **Unternehmensinterne Öffentlichkeit** (interne Zielgruppen: Mitarbeiter, Eigentümer, Management, Betriebsrat),

- **Externe Öffentlichkeit** (externe Zielgruppen: Kunden, Presse und Journalisten, Lieferanten, Fremdkapitalgeber, Verbraucherorganisationen, Staat und Gesellschaft).

In Abbildung 3-34 sind wichtige PR-Maßnahmen den entsprechenden Ansprechpartnern der internen und externen Kommunikation zugeordnet.

Interne Kommunikation	Externe Kommunikation		
Mitarbeiter	**Kunden**	**Presse und Journalisten**	**Geschäftspartner, Investoren etc.**
• Mitarbeiterzeitschriften • Prospekte, Flyer, Broschüren • Berichte, Protokolle, Rundschreiben • Briefe und E-Mails • Newsletter und Informationsdienste • Aushänge, Plakate	• Kundenzeitschriften • Image-Broschüren • Prospekte, Flyer • Mailings • Q & A-Papiere • Newsletter und Informationsdienste • PR- und Werbeanzeigen • Plakate • Beilagen für Zeitschriften • Kataloge	• Pressemitteilungen (Pressemeldung, Presse-erklärung, Pressebericht, Factsheets) • Themenexposées • Pressemappen • Pressedienste und Newsletter • PR-Anzeigen • Interviews • Pressekonferenz, -gespräch, -empfang • Journalistenreisen • Presseseminar	• Geschäftsbericht • Umweltbericht • (Image-) Broschüren, Prospekte, Flyer • Mailings • Newsletter und Informationsdienste • PR- und Werbeanzeigen

[Quelle: LIPPOLD 2012, S. 203]

Abb. 3-35:   Wichtige PR-Maßnahmen und ihre Zielgruppen

Grundlage und sicherlich das wichtigste Instrument der klassischen PR-Arbeit ist die **Pressemitteilung**. Hauptanlässe für die Herausgabe von Pressemitteilungen sind bei größeren Unternehmensberatungen:

- Neue Leistungen, neue Kunden, neue Projekte
- Personalveränderungen
- Jahresabschlüsse
- Großaufträge
- Messebeteiligungen
- Jubiläen
- Wichtige Besuche
- Soziales Engagement (Sozialbilanz)
- Krisenkommunikation.

Neben Pressemitteilungen bilden Pressekonferenzen sowie der persönliche Dialog mit Journalisten und Medienvertretern die Grundlage für eine den Unternehmenszielen entsprechende Berichterstattung im redaktionellen Teil der Medien.

Die Nutzung von Web 2.0-Applikationen und Suchmaschinen haben aber nicht nur die Möglichkeiten der Kommunikation durch das Internet für Unternehmen und Kunden, sondern auch für die eigenen **Mitarbeiter** des Unternehmens erheblich erweitert. Diese können ihre Meinungen nun auch fernab von Presse- und Kommunikationsabteilungen veröffentlichen. Zukünftig werden also immer mehr Mitarbeiter freiwillig oder unfreiwillig zu Botschaftern ihres Unternehmens bzw. der Unternehmensmarke. Auf diese (weitgehend unkontrollierbaren) Kommunikationswege müssen sich die Verantwortlichen für die Unternehmenskommunikation einstellen und vorbereiten [vgl. LIPPOLD 2011, S. 71].

3.4.6.2 Sponsoring

In engem Zusammenhang mit der Öffentlichkeitsarbeit hat sich mit dem Sponsoring ein vergleichsweise neues Kommunikationsinstrument etabliert. Sponsoring bedeutet die systematische Förderung von Personen, Organisationen oder Veranstaltungen im sportlichen, kulturellen, sozialen oder ökologischen Bereich zur Erreichung von Marketing- und Kommunikationszielen. Anders als bei Spenden beinhaltet Sponsoring das Prinzip von Leistung und Gegenleistung, d. h. der Sponsor stellt seine Fördermittel in der Erwartung zur Verfügung, dass der Gesponserte ihn bei dessen Aktivitäten ausdrücklich nennt. Entsprechend wird von einem Sponsorship gesprochen, wenn Sponsor und Gesponserter ein konkretes Projekt in einem bestimmten Zeitraum gemeinsam durchführen [vgl. BRUHN 2007, S. 411].

Bei der Auswahl des Sponsorings bzw. Sponsorships sollte darauf geachtet werden, dass ein Mindestmaß an Gemeinsamkeit zwischen Sponsor und gesponsertem Bereich gegeben ist, damit sich positive Imagekomponenten übertragen lassen (Imagetransfer). Insert 3-12 zeigt in diesem Zusammenhang das Beispiel des Sportsponsorings der Wirtschaftsprüfungsgesellschaft KPMG. Als langjähriger Hauptsponsor des Golfprofis PHIL MICHELSON verspricht sich KPMG die Übertragung der Werte des erfolgreichen Golfstars (Vision, Fokus, Disziplin, Anpassungsfähigkeit, Leidenschaft und Ausdauer). Gerade im Sportbereich hat das Sponsoring allerdings den Nachteil, dass sich eine veränderte öffentliche Meinung auch auf die Sponsoren auswirken kann, so wie dies im Radsport (Stichwort „Doping") oder bei TIGER WOODS (Stichwort „Sex-Skandal") geschah.

Mögliche Ziele der Sponsoring-Aktivitäten sind die Erhöhung des Bekanntheitsgrades, die Aktualisierung des Images oder die Dokumentation gesellschaftlicher Verantwortung. Folgende Sponsoring-Bereiche kommen in Frage [vgl. BRUHN 2007, S. 414 ff]:

Insert

Insert 3-12:   KPMG sponsert den Golfprofi PHIL MICHELSON

- **Sportsponsoring** (mit Einzelsportlern, Mannschaften, Sportveranstaltungen und Sport-arenen als Kommunikationsträger),

- **Kultursponsoring** (mit Künstlern, Kulturgruppen, Kulturorganisationen, Kulturveran-staltungen und Stiftungen als Kommunikationsträger),

- **Soziosponsoring** (mit sozialen, staatlichen, wissenschaftlichen und bildungspolitischen Institutionen als Kommunikationsträger),

- **Umweltsponsoring** (mit lokalen, nationalen und internationalen Umweltschutzorganisa-tionen als Kommunikationsträger),

- **Mediensponsoring** (mit Fernsehen, Rundfunk, Kino und Internet-Unternehmen als Kommunikationsträger).

In Abbildung 3-36 sind den einzelnen Sponsoring-Bereichen verschiedene Sponsoring-Maßnahmen zugeordnet.

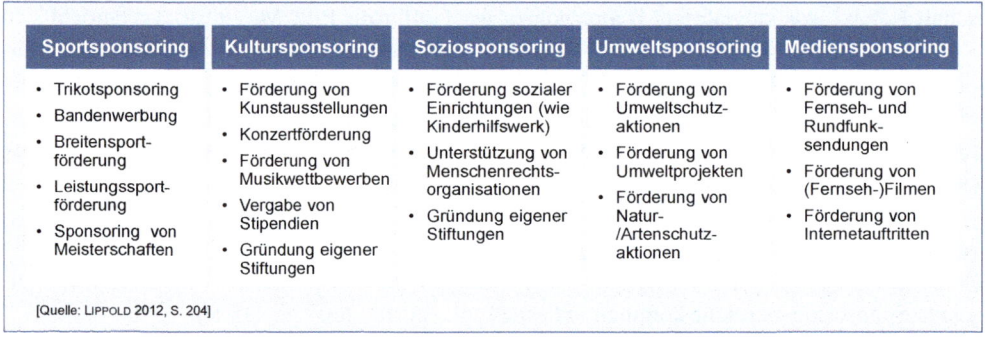

Abb. 3-36:   Sponsoring-Bereiche und Sponsoring-Maßnahmen (Auswahl)

Da die Dokumentation gesellschaftlicher Verantwortung eine der Ziele des Sponsorings ist, lässt sich Sponsoring – zumindest das Sozio-, Kultur- und Umweltsponsoring – auch als stra-tegisches Instrument von **Corporate Social Responsibility (CSR)** verstehen und nutzen. Zur Abgrenzung zwischen Sponsoring und CSR siehe detailliert Lippold 2015a, S. 270 f.

In vielen Beratungsunternehmen ist Sponsoring ein fester Bestandteil der CSR-Aktivitäten und damit auch fester Bestandteil des Kommunikationsbudgets. Es werden Hochschulen, Stif-tungen, soziale Zwecke oder andere gemeinnützige Projekte unterstützt.

Auch hier gibt die BDU-Benchmarkstudie einen guten Überblick darüber, welche CSR- bzw. Sponsoringaktivitäten von den Unternehmensberatungen bevorzugt wahrgenommen werden (siehe Insert 3-13).

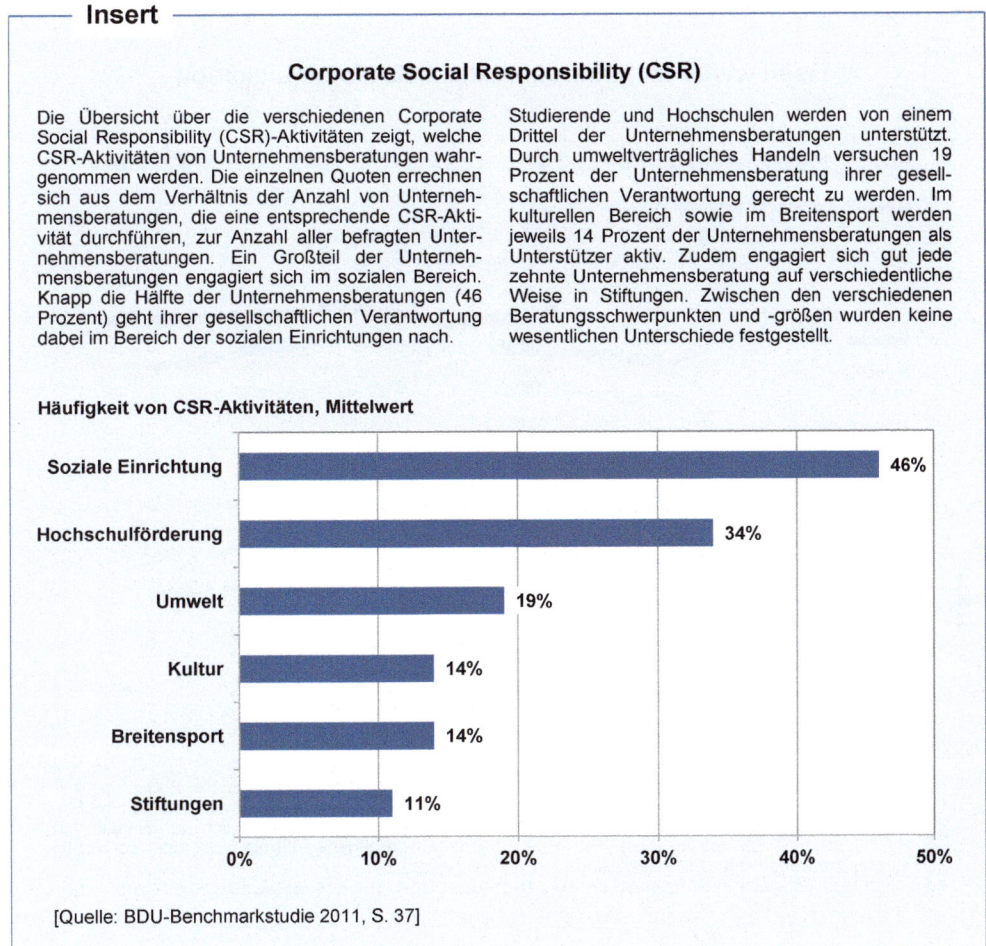

Insert

Corporate Social Responsibility (CSR)

Die Übersicht über die verschiedenen Corporate Social Responsibility (CSR)-Aktivitäten zeigt, welche CSR-Aktivitäten von Unternehmensberatungen wahrgenommen werden. Die einzelnen Quoten errechnen sich aus dem Verhältnis der Anzahl von Unternehmensberatungen, die eine entsprechende CSR-Aktivität durchführen, zur Anzahl aller befragten Unternehmensberatungen. Ein Großteil der Unternehmensberatungen engagiert sich im sozialen Bereich. Knapp die Hälfte der Unternehmensberatungen (46 Prozent) geht ihrer gesellschaftlichen Verantwortung dabei im Bereich der sozialen Einrichtungen nach.

Studierende und Hochschulen werden von einem Drittel der Unternehmensberatungen unterstützt. Durch umweltverträgliches Handeln versuchen 19 Prozent der Unternehmensberatung ihrer gesellschaftlichen Verantwortung gerecht zu werden. Im kulturellen Bereich sowie im Breitensport werden jeweils 14 Prozent der Unternehmensberatungen als Unterstützer aktiv. Zudem engagiert sich gut jede zehnte Unternehmensberatung auf verschiedentliche Weise in Stiftungen. Zwischen den verschiedenen Beratungsschwerpunkten und -größen wurden keine wesentlichen Unterschiede festgestellt.

Häufigkeit von CSR-Aktivitäten, Mittelwert

- Soziale Einrichtung — 46%
- Hochschulförderung — 34%
- Umwelt — 19%
- Kultur — 14%
- Breitensport — 14%
- Stiftungen — 11%

[Quelle: BDU-Benchmarkstudie 2011, S. 37]

Insert 3-13:   Corporate Social Responsibility-Aktivitäten in der Beratungsbranche

3.4.7 Messen und Events

Messen haben im B2B-Marketing einen hohen Stellenwert. Sie ermöglichen eine direkte Kundenansprache und dienen der Bekanntmachung von neuen Lösungen und Leistungen ebenso wie der Anbahnung und Pflege von Kunden- bzw. Geschäftsbeziehungen. Zur besonderen Bedeutung der Messen siehe Insert 3-14.

Deutschland ist weltweit der größte Messeplatz; von den **sechs** größten Messegeländen der Welt liegen **vier** in Deutschland (Hannover, Frankfurt, Köln, Düsseldorf). Jährlich werden in Deutschland zwischen 150 und 160 internationale Messen und Ausstellungen durchgeführt, die von ca. **170.000 Ausstellern** genutzt und von 9 bis 10 Mio. Besuchern besucht werden [Quelle: AUMA 2011].

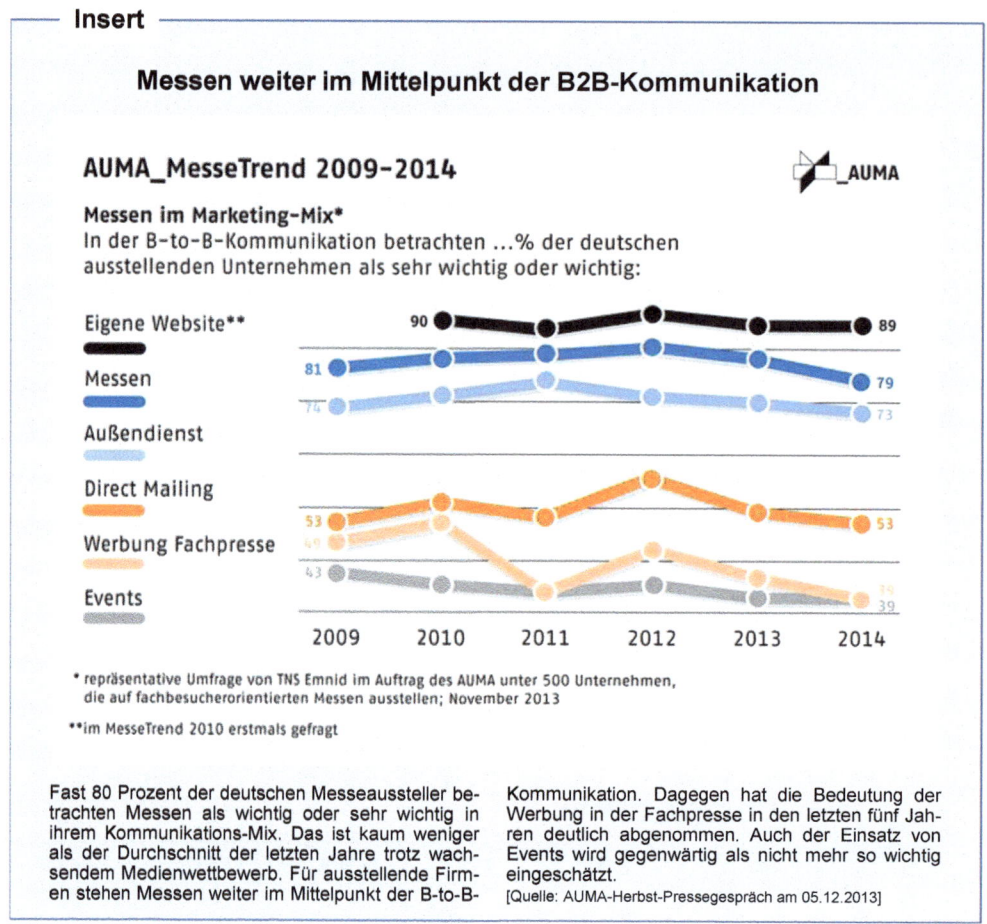

Messen weiter im Mittelpunkt der B2B-Kommunikation

AUMA_MesseTrend 2009–2014   ◢◣_AUMA

Messen im Marketing-Mix*
In der B-to-B-Kommunikation betrachten ...% der deutschen
ausstellenden Unternehmen als sehr wichtig oder wichtig:

Eigene Website**   90 ●━━━●━━━●━━━━━●━━━━● 89

Messen   81 ●━━●━━━●━━━━━●━━━━● 79

                              74 ●━━●━━━●━━━━━●━━━━● 73
Außendienst

Direct Mailing

                              53 ●━━●━━━●━━━━━●━━━━● 53
Werbung Fachpresse   49

Events   43 ●━━●━━━●━━━━━●━━━━━● 39
                                                              39

              2009   2010   2011   2012   2013   2014

* repräsentative Umfrage von TNS Emnid im Auftrag des AUMA unter 500 Unternehmen,
  die auf fachbesucherorientierten Messen ausstellen; November 2013

**im MesseTrend 2010 erstmals gefragt

Fast 80 Prozent der deutschen Messeaussteller betrachten Messen als wichtig oder sehr wichtig in
ihrem Kommunikations-Mix. Das ist kaum weniger
als der Durchschnitt der letzten Jahre trotz wachsendem Medienwettbewerb. Für ausstellende Firm-
en stehen Messen weiter im Mittelpunkt der B-to-B-

Kommunikation. Dagegen hat die Bedeutung der
Werbung in der Fachpresse in den letzten fünf Jah-
ren deutlich abgenommen. Auch der Einsatz von
Events wird gegenwärtig als nicht mehr so wichtig
eingeschätzt.
[Quelle: AUMA-Herbst-Pressegespräch am 05.12.2013]

Insert 3-14:   Messen im Kommunikations-Mix

Normalerweise kommt eine Messebeteiligung nur für Unternehmen in Betracht, die Produkte
(und nicht Dienstleistungen) anbieten und diese einer breiten Abnehmergruppe bekannt machen wollen. Trotzdem zieht auch die Beratungsbranche – und hier insbesondere größere IT-
Beratungsunternehmen – eine Messebeteiligung immer häufiger in Erwägung. Dabei kommen
folgende Formen einer Messebeteiligung in Betracht:

- Beteiligung mit einem eigenen Messestand,
- Beteiligung mit einem Messestand als Unteraussteller z. B. von Hardware- oder Softwarehäusern oder
- als Katalysator zwischen IT-Herstellern und Anwendern.

Einen wichtigen Augenmerk sollten die Beratungshäuser auf die **Wirtschaftlichkeit** einer
Messebeteiligung legen, da die Zielgruppe nur mit einem hochkonzentrierten, aber erheblichen Aufwand sehr gut erreicht werden kann. So haben in der Vergangenheit einige wichtige

Anbieter (zumindest vorübergehend) auf die Präsenz bei der CEBIT verzichtet, da augenscheinlich Kosten und Nutzen nicht mehr in einem ausgewogenen Verhältnis zueinander stehen [vgl. GODEFROID/PFÖRTSCH (2008), S. 377].

Eine detaillierte Aufstellung der Verteilung aller Messekosten für ein durchschnittliches Messejahr liefert Insert 3-15.

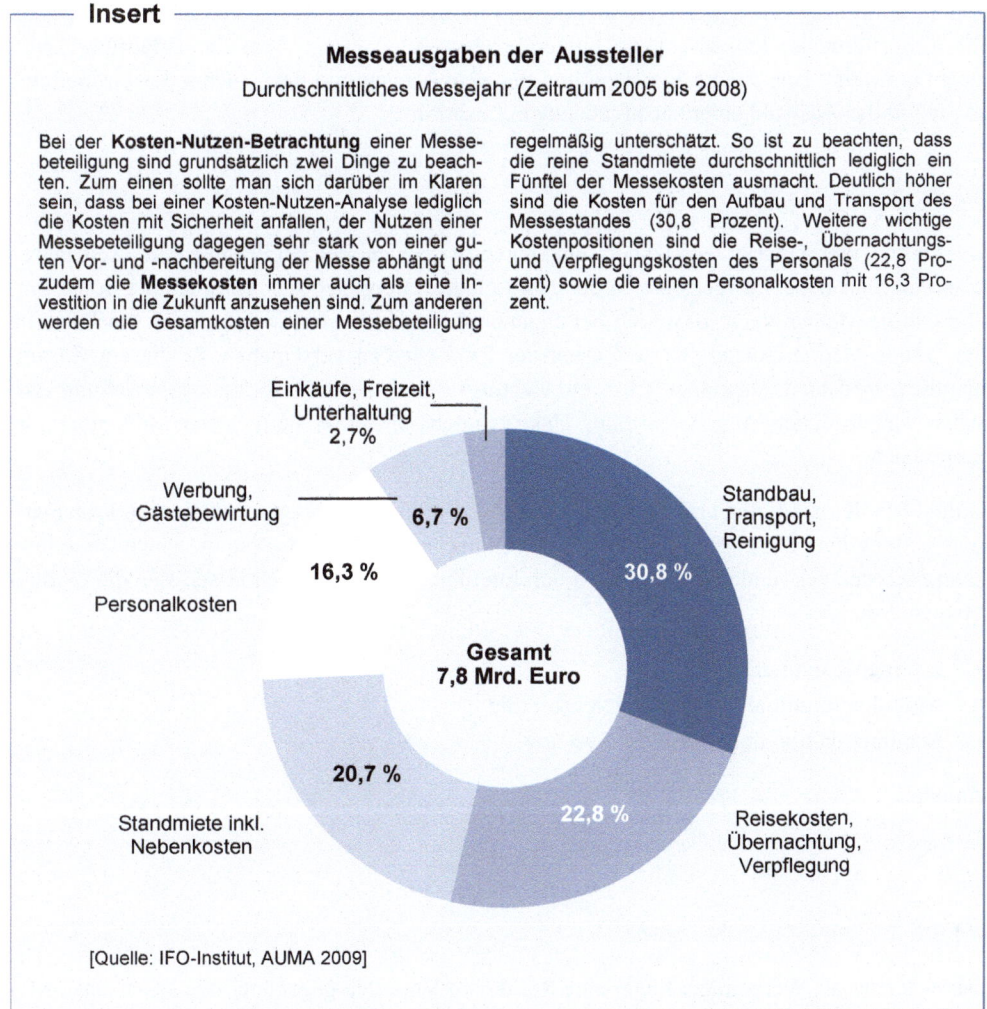

Insert

Messeausgaben der Aussteller

Durchschnittliches Messejahr (Zeitraum 2005 bis 2008)

Bei der **Kosten-Nutzen-Betrachtung** einer Messebeteiligung sind grundsätzlich zwei Dinge zu beachten. Zum einen sollte man sich darüber im Klaren sein, dass bei einer Kosten-Nutzen-Analyse lediglich die Kosten mit Sicherheit anfallen, der Nutzen einer Messebeteiligung dagegen sehr stark von einer guten Vor- und -nachbereitung der Messe abhängt und zudem die **Messekosten** immer auch als eine Investition in die Zukunft anzusehen sind. Zum anderen werden die Gesamtkosten einer Messebeteiligung

regelmäßig unterschätzt. So ist zu beachten, dass die reine Standmiete durchschnittlich lediglich ein Fünftel der Messekosten ausmacht. Deutlich höher sind die Kosten für den Aufbau und Transport des Messestandes (30,8 Prozent). Weitere wichtige Kostenpositionen sind die Reise-, Übernachtungs- und Verpflegungskosten des Personals (22,8 Prozent) sowie die reinen Personalkosten mit 16,3 Prozent.

Einkäufe, Freizeit, Unterhaltung
2,7 %

Werbung, Gästebewirtung
6,7 %

Standbau, Transport, Reinigung
30,8 %

Personalkosten
16,3 %

Gesamt
7,8 Mrd. Euro

Standmiete inkl. Nebenkosten
20,7 %

Reisekosten, Übernachtung, Verpflegung
22,8 %

[Quelle: IFO-Institut, AUMA 2009]

Insert 3-15: Durchschnittliche Verteilung der Kosten einer Messebeteiligung

Hat sich das Beratungsunternehmen für eine Messebeteiligung entschieden, so kann eine intensive Messevorbereitung erfolgsentscheidend sein. Dazu zählen spannend aufgemachte **Messeeinladungen** ebenso wie ein intensives Training der Messemannschaft. Es gibt kaum eine andere Gelegenheit an einem Ort in so kurzer Zeit so viele Gespräche mit so vielen Kunden und Interessenten zu führen. Wichtigstes Kapital der Messebeteiligung sind schließlich die **Messebesuchsberichte**, in der für Nachfassaktionen die wichtigsten Gesprächsinhalte und vereinbarten Folgeaktivitäten festgehalten werden.

Neben einer etwaigen Messebeteiligung kommt für viele Beratungsunternehmen auch die Durchführung von bestimmten **Events** in Betracht. Besonders bewährt hat sich das Format eines *„Kamingesprächs"*, bei dem ein Gastredner in ein bestimmtes Thema, das entweder von allgemeinem oder von besonderem fachlichen Interesse ist, einführt und damit die Diskussion für weiterführende, teilweise auch bilaterale Gespräche anregt. Wie die Erfahrung zeigt, „steht und fällt" eine solche Veranstaltung mit dem Namen und dem Thema des Gastredners sowie mit der Auswahl einer entsprechenden „Location".

3.4.8 Online-Medien

Der Online-Werbemarkt verzeichnet – im Gegensatz zu den meisten Printmedien – seit Jahren kontinuierlich hohe Zuwachsraten. Ein unmittelbarer Vergleich der Marktanteile von Print- und Online-Medien zeigt, dass sich bei annähernd gleichem Marktvolumen die Marktanteile der Online-Medien sukzessive zu Lasten der Print-Medien verschieben. In diesem Zusammenhang wird auch von einem **Kannibalisierungseffekt**, der die Substitutionsbeziehung zwischen verschiedenen Angeboten eines Unternehmens charakterisiert, in der Medienbranche gesprochen.

Online-Medien sind zunehmend von **Multimediasystemen** geprägt, so dass eine systematische Unterteilung dieses Kommunikationsmediums erschwert wird. Eine mögliche Einteilung kann nach den verwendeten Endgeräten durchgeführt werden. Danach lassen sich die Online-Medien grob in

- Internet-Kommunikation,
- Mobilkommunikation (mobile Dienste) und
- Kommunikation über Terminal Systeme

einteilen.

3.4.8.1 Internet-Kommunikation

Das **Internet** als Werbeträger bietet eine Reihe von Vorteilen gegenüber den klassischen Medien. So ist das Kommunikationsangebot im Internet 24 Stunden am Tag und international verfügbar. Als aktives und dialogfähiges Medium ermöglicht es die direkte Kommunikation mit den Kunden. Es bietet rasche Reaktionsmöglichkeiten und Informationen können jederzeit aktualisiert und modifiziert werden. Das Internet ist das einzige Medium, das unmittelbar Nutzungsdaten liefert, da es ständig Leistungszahlen mitprotokolliert. Die Leistungsmessung kann serverseitig oder nutzerseitig vorgenommen werden [vgl. SCHWEIGER/SCHRATTENECKER 2005, S. 287 ff.]:

- Bei der **serverseitigen Methode** werden alle Nutzungsvorgänge über die Verbindungsda-
  ten, die einem Serverprotokoll, den sogenannten Log-Files, erfasst werden, aufgezeichnet. Die Auswertung und Analyse der Log-Files liefert eine Fülle von Kennzahlen wie z.
  B. Anzahl *Visits*, *Page Impressions*, *Ad Impressions*, *Ad Clicks*. Allerdings geben diese
  Kennzahlen keinerlei Auskunft über Anzahl, demografische Struktur und Motive der Besucher. Eine weitgehend vollständige Aufstellung und Erläuterung serverseitiger Kennzahlen zur Beurteilung der Leistungsstärke von Websites ist in Abschnitt 4.5.5 aufgeführt.

- Die **nutzerseitigen Methoden** setzen dagegen direkt beim Besucher auf und liefern nicht
  nur Daten über Zahl, Struktur und Motive der User bestimmter Websites, sondern auch
  eine qualitative Bewertung der besuchten Websites. Zu den nutzerseitigen Methoden zählen klassische Befragungen wie z. B. Telefonumfragen über die am häufigsten besuchten
  Websites, Online-Befragungen oder Internet-Panels, mit denen täglich aufgezeichnet
  wird, wer wie lange welche Websites besucht. Zu den wichtigsten nutzerseitigen Kennzahlen von Websites zählen *Unique Visitors* und *Reichweiten* (siehe Abschnitt 4.5.5).

Die **Internet-Kommunikation** basiert auf dem Anschluss der Endgeräte an das World-Wide-
Web (www). Die wichtigsten Werbekunden im Internet sind Telekommunikationsanbieter
und Betreiber von Online-Diensten. Aber auch die Versand- und Handelsbranche, die Medi-
en- und Entertainment-Branche, die KFZ-Branche und der Finanzsektor nutzen zunehmend
die Kommunikation mit Werbebannern, Banderolen und Streaming Ads. Hauptvorteile der
Internet-Werbung sind die guten Individualisierungsmöglichkeiten und die exakte Werbeer-
folgskontrolle in Form von Klickraten und Online-Käufen. Hinzu kommt, dass der Internet-
Nutzer die Möglichkeit zur direkten Interaktion mit dem werbetreibenden Unternehmen
wahrnehmen kann [vgl. HOMBURG/KROHMER 2009, S. 783].

3.4.8.2 Mobilkommunikation

Mit Hilfe **mobiler Dienste** (engl. *Mobile Services*) können nicht nur werbliche Texte und
Bilder als SMS (Short Message Services) oder MMS (Multimedia Messaging Services) auf
mobile Endgeräte (z. B. Mobiltelefone, Smartphones, Handhelds) von Kunden gesendet werden, auch **mobile Webanwendungen** und **Apps** erlauben eine personalisierte Zielgruppenan-
sprache. Sie ermöglichen die Kommunikation und Transaktion mit Kunden an jedem Ort und
zu jeder Zeit und bieten Mitarbeitern mobile Services wie etwa den Zugriff auf Unternehmensprozesse von unterwegs. Bereits jetzt zeichnet sich ab: Mobile Endgeräte und entsprechende Anwendungen setzen sich mit großer Wirkung auch im Unternehmensumfeld durch.
Besonders den Apps (engl. *Application Software*) kommt eine besondere Bedeutung zu, denn
über 21 Millionen Deutsche nutzen die kleinen Programme mittlerweile auf ihrem mobilen
Endgerät. 23 Apps hat jeder Smartphone-Besitzer durchschnittlich installiert. Bei jedem Sieb-
ten (14 Prozent) sind es sogar mehr als 40 mobile Anwendungen [Quelle: BITKOM-
Pressemitteilung vom 10. 10. 2012].

Smartphones und Tablets entwickeln sich zum primären Zugangskanal der Unternehmen zu
ihren Kunden und gleichzeitig zu einem zentralen Instrument im Service und Vertrieb. Der-

zeit lassen sich folgende Anwendungsfelder möglicher mobiler Lösungen für Unternehmen ausmachen [vgl. BITKOM 2012, S. 7]:

- Für Produktion und Handwerk werden mobile Anwendungen im Service und Support (z. B. Bearbeitung von Reparatur- und Supportanfragen) zunehmend wichtiger.

- Immer mehr Produktions- und Dienstleistungsunternehmen setzen auf Tablet-Anwendungen zur Unterstützung der eigenen Vertriebs- und Servicemitarbeiter. Dabei werden CRM-Systeme, Informationen zum Bestellvorgang, Produkt- und Ersatzteilkataloge sowie Vertragsformulare mobil verfügbar gemacht und mit verbesserten, interaktiven Darstellungen angereichert. Dies zielt ebenfalls auf eine Verbesserung der Beratungs- und Servicequalität beim Kunden.

- Für alle Branchen rücken im internen Einsatz vor allem Reporting- und Genehmigungsprozesse in den Vordergrund. Entscheider, die viel unterwegs arbeiten, können Pausen und Wartezeiten nutzen, um aus der Ferne Geschäftsvorgänge voranzutreiben, deren weiterer Fortgang sonst auf ihre Rückkehr ins Unternehmen hätte warten müssen.

3.4.8.3 Kommunikation über Terminal Systeme

Die Kommunikation über Terminal Systeme kann sowohl für die externe, als auch für die interne, also an Mitarbeiter gerichtete Kommunikation relevant sein. In der externen Kommunikation kommen interaktiv bedienbare Terminal Systeme primär am *Point of Purchase (PoP)* zum Einsatz. Diese Endgeräte werden durch das kommunizierende Unternehmen (z. B. LUFTHANSA-Check-in-Terminals) bereitgestellt und bieten eine zielgruppenspezifische Werbeplattform für dritte Unternehmen [vgl. BRUHN 2007, S. 454 f.].

Auch für das interne Kommunikationsmanagement ergeben sich zusätzlich über die Plattform Intranet, also das unternehmenseigene Internet, verschiedenste Konzepte, um das Informationsmanagement zu verbessern. Zwar werden die klassischen internen Kommunikationsmittel wie Schwarzes Brett, Betriebsversammlung, Mitarbeiterzeitungen und -zeitschriften, Gespräche und Mitarbeiterbesprechungen auch weiterhin ihre Bedeutung haben, aber im Gegensatz zu den Mitarbeitern auf den Büroetagen verfügen bspw. gewerbliche Mitarbeiter in der Regel nicht einmal über einen Intranet-Zugang. Abhilfe schaffen hier geeignete Terminals, die als Mitarbeiter-Infosysteme an festgelegten Standorten beispielsweise in Fertigungsbereichen, Kantinen, Pausenräumen oder sogar auf dem Werksgelände aufgestellt werden. Aber auch für Besucher können in Empfangshallen, Schulungs- und Präsentationsräumen entsprechende System Terminals aufgestellt werden.

3.4.9 Kommunikationsverhalten von Strategie- und IT-Beratungen

Zwischen den Kommunikationsaktivitäten der beiden Beratungsfelder bestehen z. T. erhebliche Unterschiede. Während viele IT-Beratungsgesellschaften in Anzeigen mit ihrer Dienstleistungsqualität werben, liegt der inhaltliche Fokus der Anzeigenwerbung von Strategieberatungen eindeutig auf der Personalbeschaffungsseite. Damit soll den Kundenunternehmen gezeigt werden, dass immer nur die Besten gesucht und eingestellt werden und damit von vornherein eine hohe Dienstleistungsqualität sichergestellt ist.

Teilt man – in Anlehnung an BARCHWITZ/ARMBRÜSTER – die Beratungsunternehmen hinsichtlich ihres Kommunikationsverhaltens in vier Gruppen ein, so ergibt sich folgende Typologie [vgl. BARCHWITZ/ARMBRÜSTER 2007, S. 225 ff.]

- **Marketing-Verweigerer** nutzen die Kommunikationsmöglichkeiten mit Ausnahme des Online-Marketings so gut wie gar nicht;

- **Direktvermarkter**, d. h. dieser Typ setzt vor allem auf Direktmarketing mit Mailings, Telemarketing, schriftliche Direktansprache und Gruppenmailings;

- **Publizisten** nutzen vor allem Veröffentlichungen (Fachartikel, Fachzeitschriften, Fachbücher, Studien, Fallbeschreibungen etc.) und Medienkooperationen, um auf sich aufmerksam zu machen;

- **Marketing-Profis** verwenden nahezu alle Kommunikationsmöglichkeiten, die das moderne Marketing bietet.

Ordnet man die beiden Beratungsfelder diesen vier Typen zu, so liegt der Schwerpunkt der IT-Beratungen bei den Direktvermarktern und bei den Publizisten. In der Neukundenakquisition nehmen insbesondere die größeren IT-Berater sogar die Rolle der Marketing-Profis mit Mailings, Anzeigenwerbung, Messen und Ausstellungen, Zertifizierungen und Sponsoring ein. Strategieberatungen hingegen zählen vor allem zu den Publizisten.

3.5 Vertrieb – Optimierung der Kundennähe

3.5.1 Aufgabe und Ziel des Vertriebs

Der *Vertrieb* ist das vierte Aktionsfeld im Rahmen des Vermarktungsprozesses von Beratungsleistungen (siehe Abbildung 3-37). Es umfasst im Wesentlichen die Festlegung der Vertriebsformen, die Wahl der Vertriebskanäle und der jeweils einzuschaltenden Vertriebsorgane. Der Vertrieb zielt somit auf die Optimierung der *Kundennähe*:

$$\textbf{Kundennähe = f (Vertrieb)} \rightarrow \textbf{optimieren!}$$

Die Notwendigkeit zur Optimierung der Kundennähe und dem damit verbundenen Aufbau einer schlagkräftigen Vertriebsorganisation ergibt sich zwangsläufig durch den Wunsch nach *Ausweitung des potentiellen* Kundenkreises.

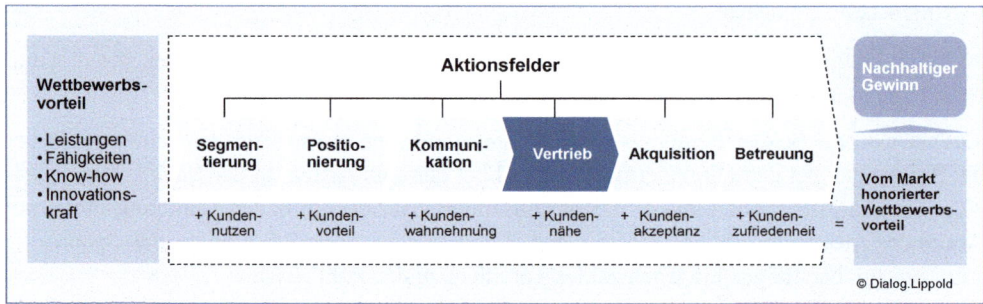

Abb. 3-37:   Vertrieb als viertes Aktionsfeld der Marketing-Gleichung

Es sei angemerkt, dass dieses vierte Aktionsfeld in der „Original"-Terminologie der Marketing-Gleichung nicht als „Vertrieb", sondern als „Distribution" bezeichnet wird. Damit soll eine zu starke Nähe (und Verwechslung) des Begriffs „Vertrieb" mit dem Begriff „Akquisition" (als fünftes Aktionsfeld) vermieden werden. Im Rahmen des Marketings von Beratungsleistungen ist der Begriff „Distribution" allerdings zumindest irreführend, wenn nicht sogar fehl am Platz, so dass hier der Begriff „Vertrieb" gewählt wird.

Im Mittelpunkt des Aktionsfeldes *Vertrieb* steht der Aufbau eines leistungsfähigen und schlagkräftigen **Vertriebssystems**, das die institutionelle und strukturelle Grundlage der Auftragsgewinnung darstellt. Die Komponenten des Vertriebssystems sind:

- Vertriebsformen (direkter/indirekter Vertrieb)
- Vertriebskanäle (Einkanal-/Mehrkanalsystem)
- Vertriebsorgane (interne/externe Organe).

Abbildung 3-38 gibt einen Überblick über die Komponenten des Vertriebssystems.

Für das Beratungsgeschäft ist ein Großteil dieser Optionen weitgehend ohne Bedeutung, es sei denn, dass das Beratungsunternehmen gleichzeitig auch im Produktgeschäft (z. B. mit selbstentwickelter Software) tätig ist.

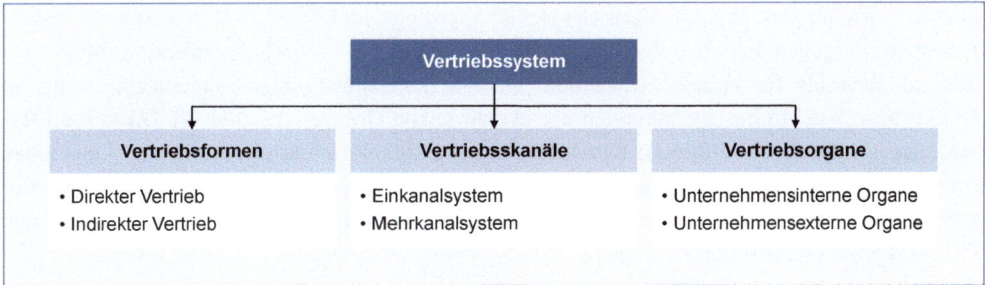

Abb. 3-38:   Elemente eines Vertriebssystems

3.5.2 Vertriebsformen

Die Vertriebsform steht in einem unmittelbaren Zusammenhang mit den Vertriebskanälen und -organen und betrifft die Auswahlentscheidung zwischen direktem und indirektem Vertrieb.

3.5.2.1 Direkter Vertrieb

Eindeutig vorherrschende Vertriebsform im Beratungsgeschäft ist der **direkte Vertrieb**. Er ist dadurch gekennzeichnet, dass der Anbieter den Absatz seiner Leistungen in eigener Regie, also mit seinen unternehmenseigenen Vertriebsorganen durchführt.

Einer der Hauptgründe für den Vertrieb über die eigene Organisation liegt in der absoluten **Loyalität** der eigenen Vertriebsmitarbeiter, die sich ausschließlich für die Vermarktung des eigenen Produkt- und Leistungsprogramms einsetzen können und müssen. Ein weiteres Argument für den Direktvertrieb ist die erforderliche **Kenntnis** beim Vertrieb dieser höchst erklärungsbedürftigen Dienstleistungen.

Um hochgesteckte Vertriebsziele zu erreichen, reicht es häufig nicht aus, die Vertriebsorganisation rein zahlenmäßig auf- bzw. auszubauen. Es ist vielmehr zusätzlich zu gewährleisten, dass die Vertriebsmitarbeiter den hohen Informations- und Beratungsansprüchen mit einem umfassenden Wissensstand und hinreichender **Qualifikation** entsprechen [vgl. STROTH-MANN/KLICHE 1989, S. 17 f.].

Damit ist neben der quantitativen Dimension, die sich allein durch Wachstumsambitionen ergibt, auch das Qualifikationsproblem angesprochen. Mitarbeiter eines Direktvertriebs treten dem Kunden i. d. R. mit einem größeren Problemverständnis gegenüber als eine indirekte Vertriebsorganisation, deren Beratungsleistung häufig zu wünschen übrig lässt. Wesentlicher Vorteil des Direktvertriebs ist seine Akzeptanz als kompetenter **Problemlöser**, denn nur für die Vertriebsmitarbeiter der eigenen Organisation lassen sich ein umfassender Wissensstand und eine hinreichende Qualifikation sicherstellen. Daher ist es auch nicht verwunderlich, dass im B2B-Bereich in aller Regel der direkte Vertrieb vorherrscht.

Diesen Vorteilen des direkten Vertriebs stehen allerdings auch kosten- und kapazitätsmäßige Nachteile gegenüber. Die Personalkosten für die eigene Vertriebsorganisation müssen im Wesentlichen als fix angesehen werden, da eine kapazitätsmäßige Personalanpassung an Markt- bzw. Nachfrageschwankungen nur in sehr engen Grenzen möglich ist. Da sich im Beratungsgeschäft ein (komplexes) Kundenproblem manchmal nicht allein mit den Leistungen (und Produkten) eines einzelnen Anbieters lösen lässt, ist der Direktvertrieb zudem gezwungen, in Generalunternehmerschaften oder ähnliche Vertragskonstruktionen einzusteigen [vgl. GODEFROID/PFÖRTSCH 2008, S. 260].

Generell lässt sich aber festhalten, dass Beratungsunternehmen, die ausschließlich das Projektgeschäft betreiben, eindeutig den Direktvertrieb präferieren.

3.5.2.2 Indirekter Vertrieb

Demgegenüber schaltet der Anbieter beim indirekten Vertrieb bewusst unternehmensfremde, rechtlich selbständige Vertriebsorgane ein. Diese Vertriebsform ist für Beratungsunternehmen, die Software anbieten und damit im Produktgeschäft tätig sind, eine überlegenswerte Alternative. So liegt bei der Erstellung von Standardsoftware ein ganz anderes Geschäftsmodell zugrunde als bei der individuellen Softwareentwicklung. Entsprechend ist der Absatz von Standardsoftware typischerweise über ein Vertriebspartnernetz organisiert. Hierzu bieten sich folgende Vertriebswege an:

- Vertrieb über Händler/Distributoren
- Vertrieb über Value-Added-Reseller (VARs).

Zwischen den Begriffen „Händler" und „Distributor" soll im B2B-Geschäft nicht differenziert werden, weil beide Absatzmittler das gleiche Geschäftsmodell verfolgen: Sie kaufen vom Softwarehersteller Produktlizenzen ein und verkaufen diese nahezu unverändert an andere Händler oder an Endkunden weiter. Neben dem Vertrieb der Softwareprodukte übernimmt der Händler/Distributor auch die Beratung und Betreuung der Kunden und ggf. die entsprechende Werbung und Verkaufsförderung. Der Vertrieb über Händler/Distributoren ist für das Softwarehaus i. d. R. immer dann vorteilhaft, wenn es sich um ein relativ geringes Umsatzvolumen pro Transaktion und um geografisch große Märkte handelt, die sich mit einem Direktvertrieb wirtschaftlich nicht sinnvoll abdecken lassen [vgl. GODEFROID/PFÖRTSCH 2008, S. 265 ff.].

Der indirekte Vertrieb über Value-Added-Reseller (VAR) geht einen Schritt weiter als der Vertrieb über Distributoren. Während der Distributor das Softwareprodukt weitgehend unverändert anbietet, „veredelt" der VAR das Produkt durch wesentliche eigene Komponenten und bietet dem Käufer eine vollständige Lösung an, bei der er die Software des Herstellers „mitverkauft" und dafür eine Vermittlungsprovision erhält. Der entscheidende Unterschied zum Distributor besteht darüber hinaus darin, dass der VAR auf Rechnung des Softwareherstellers verkauft und damit nicht Eigentümer der Ware wird [vgl. GODEFROID/PFÖRTSCH 2008, S. 268].

Der Vertrieb von kundenindividueller Software erfolgt dagegen regelmäßig über persönliche Kontakte, also über den direkten Vertriebsweg.

Doch selbst im Umfeld der Standardsoftware kann es eine Vielzahl **produktbezogener Dienstleistungen** (Einführungs-, Umfeld-, Organisations- und Wartungsdienstleistungen) geben, die sich sinnvollerweise nur über den **direkten Vertriebsweg** vermarkten lassen. Gerade in diesem Bereich hat sich eine Vielzahl von IT-Dienstleistern etabliert. Zudem besteht die Möglichkeit, **„Software as a Service"** (SaaS) zu liefern.

Abbildung 3-39 liefert einen Überblick über die wichtigsten Vertriebsformen im Beratungs- und Softwaregeschäft.

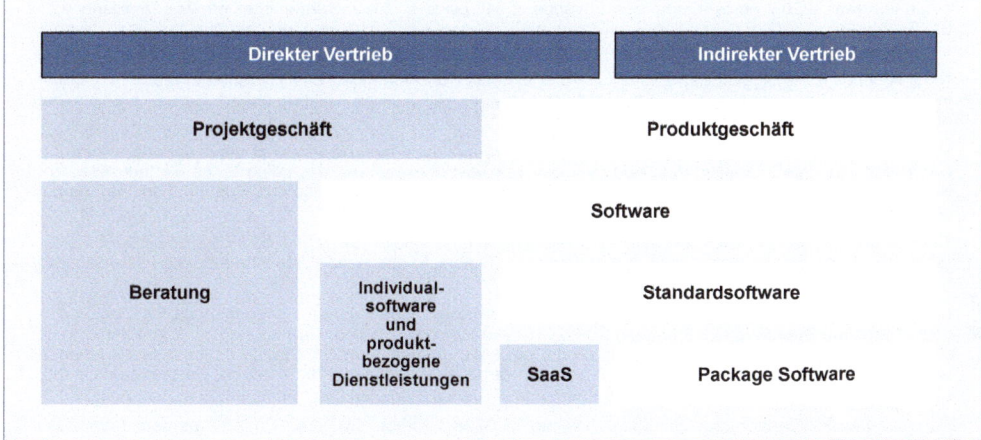

Abb. 3-39:   Vertriebsformen im Beratungs- und Softwaregeschäft

Beim **SaaS-Modell** wird die Software im Rechenzentrum des Anbieters betrieben und Funktionalitäten über das Internet zur Nutzung angeboten. Aus dem Softwareprodukt wird ein Service und damit ist auch hier der direkte Vertriebsweg dominierend. Neben den klassischen Softwarehäusern bieten insbesondere größere IT-Beratungsunternehmen diese Form der Dienstleistung vermehrt an. Im Gegensatz zum herkömmlichen Software-Lizenzgeschäft, bei dem der Kunde für die Installation der Software eine komplette IT-Infrastruktur (Hardware, Betriebssystem, Datenbanksystem etc.) benötigt, wird beim SaaS-Modell die Software und die IT-Infrastruktur bei einem externen IT-Dienstleister und vom Kunden als Service genutzt. Für die Nutzung wird ausschließlich ein internetfähiger PC sowie die Internetanbindung an den externen IT-Dienstleister benötigt. Der Zugriff auf die Software wird über einen Webbrowser realisiert. Experten gehen sogar davon aus, dass in wenigen Jahren der größte Teil der Geschäftsanwendungen im SaaS-Modell betrieben werden. So hat das Marktforschungsunternehmen GARTNER für 2011 bereits einen SaaS-Umsatz von 12,1 Milliarden US-Dollar weltweit errechnet (siehe hierzu die ausführliche Darstellung in Insert 3-16).

Insert

Gartner: SaaS Growth Shows No Signs of Slowing

Gepostet von Ann All 14.09.2011 12:35:00

The enterprise software market saw some ups and lots of downs during the recession and slow recovery. One category that experienced surprisingly strong growth was software-as-a-service, with SaaS vendors in 2010 adding large enterprises to their client rosters and taking away business from on-premise software companies. Earlier this summer Gartner predicted SaaS will account for some 15 percent of enterprise application purchases by 2015, up from 10 percent today.

SaaS growth shows no signs of slowing. According to Gartner (again), global SaaS revenue should hit $12,1 billion this year, a 20.7 percent jump from revenue of $10 billion in 2010. Gartner cites growing familiarity with SaaS, interest in cloud computing, growth in platform-as-a-service developer communities and still-tight budgets as among the drivers for SaaS adoption.

North America is the biggest SaaS buyer. Gartner expects North American SaaS revenue to reach $7.7 billion in 2011, an 18.7 percent increase from last year's revenue of $6.5 billion. Looking ahead, Gartner predicts that number will grow to $12.9 billion in 2015.

While North American companies no doubt like to save money, ease and speed of deployment are their top two reasons for SaaS adoption, followed by lower total cost of ownership, according to the Gartner research. North American companies also value SaaS' ability to lower capital expense more highly than their global counterparts do, says Gartner Research Director Sharon Mertz.

CRM is the top SaaS application across all regions, almost surely due to the dominant position of Salesforce.com. North Americans are more likely than other regions to use SaaS Web conferencing, e-learning and travel booking.

Other regions are far behind North America in SaaS adoption. SaaS revenue should reach $2.7 billion this year in Western Europe, up 23.3 percent from 2010 revenue of $2.2 billion. Gartner expects that number to hit $4.8 billion in 2015. The market is growing more quickly in Eastern Europe, Gartner believes SaaS revenue will grow to $131.4 million in 2011, up 29.8 percent from 2010 revenue of $101.2 million. Gartner predicts that number will grow to $270.1 million in 2015.

For Asia-Pacific, Gartner projects SaaS revenue of $768.3 million this year, up 27.7 percent from 2010 revenue of $601.8 million. It believes SaaS revenue will reach $1.7 billion in 2015. Australia, New Zealand, Hong Kong, Singapore and South Korea are the leading adopters in Asia-Pacific.

While Gartner categorizes the Latin American SaaS market as "embryonic," it says revenue is on pace to total $328.4 million in 2011, a 23.5 percent increase from 2010 revenue of $266 million. It expects that number to rise to $694.2 million in 2015.

It's worth noting that this kind of growth is what lands enterprise software in Gartner's famous (or infamous) "Trough of Disillusionment." If SaaS follows Gartner's usual Hype Cycle technology adoption trajectory, it will spend some time in the trough before emerging into the Slope of Enlightenment and Plateau of Productivity.

[Quelle: IT BUSINESS EDGE 2011]

Insert 3-16:   GARTNER-Prognosen über die SaaS-Entwicklung

3.5.3 Vertriebskanäle

Vertriebskanäle entstehen durch die Auswahl und Kombination der obigen Vertriebswege. Die Festlegung der Vertriebskanäle ist *strukturell-bindend*, d. h. sie ist kurz- und mittelfristig nur mit erheblichem organisatorischen Aufwand und entsprechenden Kosten revidierbar. Entscheidungen im Zusammenhang mit der Auswahl der Vertriebskanäle haben also **Grundsatzcharakter** [vgl. BECKER 2009, S. 528]. Vornehmlich im B2C-Marketing hat sich eine Vielzahl von Distributionskanälen herausgebildet. Begünstigt durch die Möglichkeiten der Online-Vermarktung nutzen diese Unternehmen mehrere Distributionskanäle für den Absatz ihrer Produkte. Solche **Mehrkanalsysteme** (engl. *Multi-Channel*) sind in sehr unterschiedlichen Branchen zu finden (z. B. Fluggesellschaften, Automobilhersteller, Versicherungsgesellschaften).

Für das Beratungsgeschäft sind solche Mehrkanalsysteme allerdings weniger von Bedeutung. Hier dominiert eindeutig das **Einkanalsystem**, d. h. der direkte Vertriebskanal für das Projektgeschäft. Lediglich IT-Beratungsgesellschaften, die neben Beratungsleistungen gleichzeitig auch Standardsoftware in ihrem Angebotsportfolio haben, verfügen in der Regel über zwei Vertriebskanäle: zum einen den direkten Vertriebskanal für das Projektgeschäft und zum anderen den indirekten Vertrieb über Absatzmittler (siehe Abbildung 3-40).

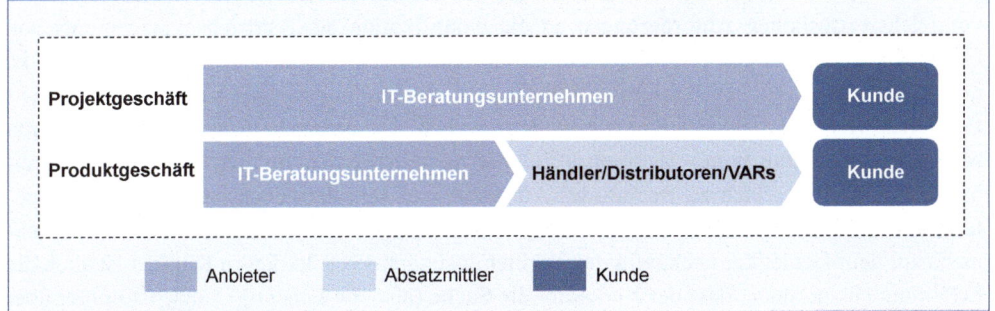

Abb. 3-40:   „Standard"-Vertriebskanäle von IT-Beratungsunternehmen

3.5.4   Vertriebsorgane

Zu den Vertriebsorganen zählen alle unternehmensinternen und unternehmensexternen Personen, Abteilungen und Institutionen, die an den Vertriebsaktivitäten der Unternehmensberatung beteiligt sind. Bei der **unternehmensinternen Vertriebsorganisation** geht es um die zentrale Frage, ob der Vertrieb aus dem Leistungsbereich heraus wahrgenommen wird oder ob der Vertrieb über eine eigenständige organisatorische Einheit erfolgen soll.

Größere Beratungsunternehmen bevorzugen in der Regel den „institutionellen" Ansatz, d. h. die Akquisition von Neukunden, die Pflege des vorhandenen Kundenstamms, die Betreuung von Vertriebspartnern (z. B. Händler) sowie das Key Account Management (Betreuung von Groß- bzw. Schlüsselkunden) werden von einer hierfür vorgesehenen organisatorischen Einheit wahrgenommen. Für diesen „arbeitsteiligen" Ansatz spricht die Erfahrung, dass ein ausgebildeter Vertriebsmitarbeiter mit dem entsprechenden fachlichen Hintergrund erfolgreicher an der Vertriebsfront agiert als ein Nur-Berater. Außerdem lässt sich der Vertriebsmitarbeiter zeitlich problemloser in die Vertriebsprozesse einbinden als der Berater, der sich aus den laufenden Projekten immer wieder „freischaufeln" muss. Demgegenüber steht das immer wieder hervorgebrachte Argument, dass der Vertriebsmitarbeiter zum *Overselling* neigt, d. h. er verkauft Projekte, die zu knapp kalkuliert oder fachlich nicht genügend abgesichert sind. Mit einem gemeinsamen Verkaufsteam im Sinne eines „Selling Centers" (siehe 3.6.2), das sich sowohl aus Vertriebs- als auch aus Fachmitarbeitern zusammensetzt, kann dieser Gefahr begegnet werden. Kleinere Beratungsunternehmen sind allerdings aus Kosten- oder Kapazitätsgründen häufig nicht in der Lage, eine separate Vertriebsabteilung aufzubauen. In solchen Fällen bietet es sich an, dass die erfahrenen (Fach-)Berater (z. B. Senior Manager) die Führung des Accounts (engl. *Lead*) übernehmen.

Bei den **unternehmensexternen Vertriebsorganen**, die letztlich nur für Beratungsunternehmen interessant sind, die gleichzeitig auch im Produktgeschäft tätig sind, handelt es sich vornehmlich um Distributoren und Value-Added-Reseller (VAR).

3.5.5 Vertriebliche Qualifikationen

Alle bislang genannten vertrieblichen Aufgaben machen nur ansatzweise deutlich, welche vergleichsweise hohen Anforderungen an die Qualifikation des Vertriebsmanagements von Unternehmensberatungen zu stellen sind. Im Geschäft mit komplexen Beratungsleistungen ist neben dem erforderlichen betriebswirtschaftlichen Anwendungswissen häufig auch ein sehr fundiertes systemtechnisches Know-how erforderlich. Da derartige Ansprüche meist schon bei Kontaktaufnahme an den Vertriebsmitarbeiter gestellt werden, müssen die Anbieter darauf bedacht sein, dass gleich zu Beginn des Auswahl- und Entscheidungsprozesses die Kompetenz des Vertriebsmitarbeiters eine Assoziation zur Leistungsstärke des Anbieterunternehmens auf dem Gebiet der nachgefragten Problemlösung auslöst. In diesem Kontext ist auch die Erfahrung einzuordnen, dass der Verkäufer die Sache (also die Leistung) zunächst immer über die (eigene) Person verkauft [vgl. LIPPOLD 1993, S. 233].

Zu dem fachlichen Informationsanspruch, den die Entscheidungsgremien auf der Kundenseite an den Vertrieb stellen, kommen noch die typischen kaufmännischen Gesprächsthemen wie Preise, Fertigstellungstermine, Zahlungsmodalitäten bis hin zu juristischen Feinheiten der Angebots- und Vertragsgestaltung hinzu.

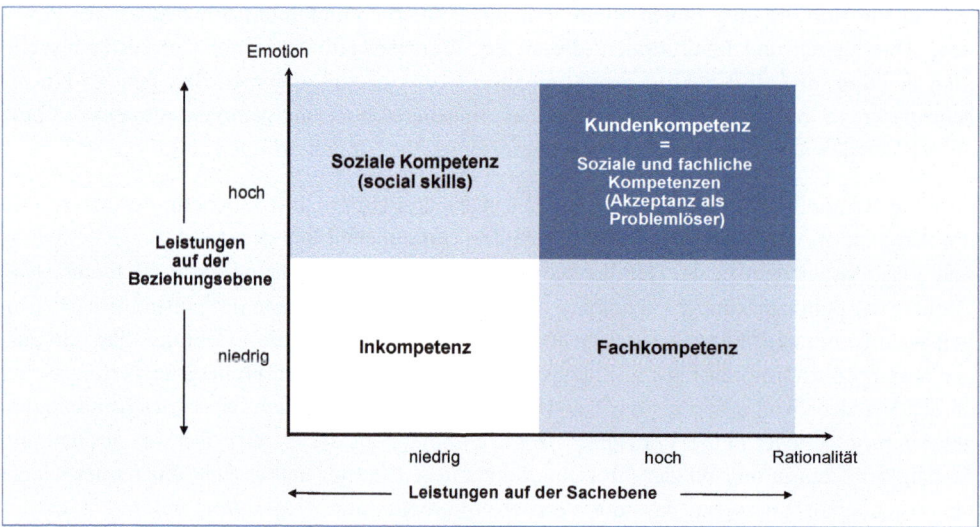

Abb. 3-41:   Kompetenzen des Key Account Managers

Darüber hinaus hängt der Erfolg des persönlichen Verkaufs neben der Persönlichkeit in hohem Maße von der Fachkompetenz (→ Fachebene) und den interaktionsbezogenen Fähigkeiten (→ Beziehungsebene) des Verkäufers ab. Ein wichtiger Erfolgsfaktor ist dabei die angemessene Veränderung des Verkäuferverhaltens innerhalb einer Interaktion mit dem Kunden.

Eine derartige flexible Vorgehensweise während des Verkaufsgesprächs wird auch als **Adaptive Selling** bezeichnet [vgl. HOMBURG/KROHMER 2009, S. 867 ff.].

In Abbildung 3-41 sind die entsprechenden Kompetenzen eines Key Account Managers beispielhaft in einer Matrix zusammengestellt.

Ein weiterer Ansatz zur systematischen Einordnung des Verkäuferverhaltens ist in dem sogenannten **GRID-System** zu sehen. In diesem „Verkaufsgitter" werden die unterschiedlichen Ausprägungen im Verkaufsstil auf der Basis von zwei Kriterien erfasst. Das eine Kriterium beschreibt das Bemühen um den Kunden, das andere Kriterium zeigt das Interesse am Kaufabschluss auf [vgl. BECKER 2009, S. 547 f.]. Abbildung 3-42 zeigt eine vereinfachte Darstellung dieses Verkaufsgitters.

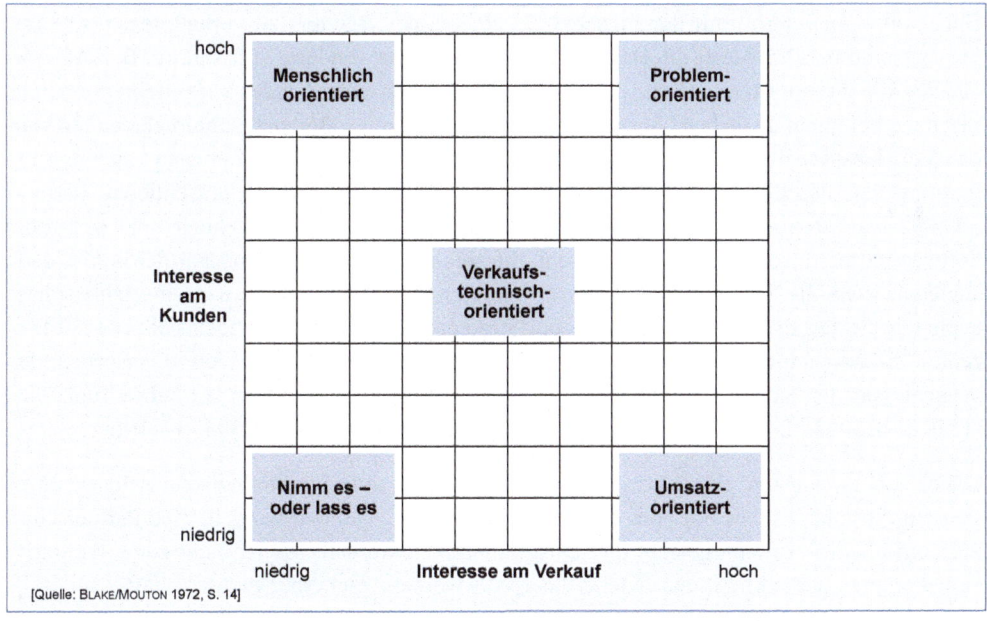

Abb. 3-42: Das Verkaufsgitter (GRID-System)

Die aufgeführten Ansätze zur Einordnung des Verkäuferverhaltens weisen im Prinzip jedoch den Nachteil auf, dass jeweils nur zwei Verhaltensdimensionen (Kriterien) in Betracht gezogen werden.

3.5.6 Vertriebskooperationen

Obwohl nach wie vor der direkte Vertriebsweg im Beratungsgeschäft vorherrscht, gibt es aus Sicht des einzelnen Beratungsunternehmens mehrere Optionen, Leistungen (und Produkte) auch indirekt zu vertreiben. Aufgrund der Komplexität und Erklärungsbedürftigkeit dieser Leistungen sind die indirekten Vertriebswege vornehmlich durch **zwischenbetriebliche Kooperationen** gekennzeichnet. Hierzu zählt neben dem Vertrieb über Händler/Distributoren oder Value-Added-Reseller (VARs) – der naturgemäß nur für Softwarehäuser in Frage kommt – vor allem die Bildung von strategischen Allianzen.

Die **strategische Allianz** (auch: strategische Partnerschaft) ist eine besonders intensive Form der Kooperation, bei der beide Partner das Ziel einer langfristigen Steigerung der Rentabilität und Ertragskraft (z. B. durch gemeinsame Markterschließung) verfolgen. Das Management von strategischen Partnerschaften spielt für **IT-Beratungsunternehmen** eine deutlich wichtigere Rolle als für Strategieberatungen. Typisch sind hier Service-, Software- und Hardwarepartnerschaften.

Hardwarepartner sind die großen Hardwarehersteller wie IBM oder HP, die durch ein ausgeprägtes Partnering versuchen, Unternehmensberater im Sinne eines „verlängerten Vertriebs- und Marketingarms" an sich zu binden und damit ihre Hardware als zumeist austauschbares Gut (engl. *Commodity*) mit der *Business Excellence* des Beraters zu verknüpfen. **Software-partner** sind in aller Regel die Hersteller von Standardanwendungssoftware (z. B. SAP oder Oracle), die ihren Partnern günstige Lizenzmodelle bieten oder Kunden vermitteln, die bereits Lizenzen bei ihnen erworben haben. Auf diese Weise können Beratungsunternehmen am starken Vertriebsnetz der Softwarehäuser partizipieren. Als *Certified Partner* bietet sich den IT-Beratern überdies die Möglichkeit, sich auf gemeinsamen Messen zu präsentieren. Partnerschaften existieren aber auch bei **Strategieberatungen** – allerdings weniger mit Hard- oder Softwarepartnern, sondern mit IT-Beratern, die sich als Implementierungspartner immer dann anbieten, wenn die Strategieberatung ihre Kundenunternehmen nur bis zur Umsetzungsphase begleiten. So lag die Umsetzungsquote bei Strategieberatungen 1998 noch bei etwa 50 Prozent, d. h. lediglich die Hälfte aller strategischen Beratungen nahm für sich in Anspruch, den Wandel von der Konzeptberatung zur Umsetzungsberatung vollzogen zu haben [vgl. NISSEN/KINNE 2008, S. 97 f. unter Bezugnahme auf FRITZ/EFFENBERGER 1998, S. 110].

Gleich, ob es sich um eine Vertriebspartnerschaft oder um eine strategische Allianz, ob es sich um ein inländisches oder um ein übernationales Engagement handelt, eine Partnerschaft muss von beiden Seiten „gelebt" und ernst genommen werden. Sie ist nicht zum „Nulltarif" zu bekommen und sollte immer wieder überprüft werden. Ziel einer Partnerschaft – sei es als vertikale Kooperation mit Hardware- oder Softwareherstellern oder als horizontale Kooperation zwischen Wettbewerbern – ist die Schaffung einer **Win-Win-Situation** für alle Beteiligten. Generell können folgende Kriterien für eine erfolgversprechende Vertriebskooperation herangezogen werden [vgl. LIPPOLD 1998, S. 217]:

- Es sollte Konsens über die Beurteilung und Einschätzung der Marktsegmententwicklung (Chancen, Risiken) bestehen.

- Es ist ein ernsthaftes Engagement beider Partner zur gegenseitigen Unterstützung erforderlich (Vertriebsschulungen, Vertriebssupport).

- Die Marketing-Strategien beider Partner sollten mittel- und langfristig zusammen passen oder sich ergänzen.

- Das gemeinsame Marktpotenzial sollte erfolgversprechend sein.

- Synergien können genutzt und umgesetzt werden, d. h. eins plus eins sollte größer als zwei werden.

- Qualität, Kompetenz und Anspruch beider Partner sollten übereinstimmen.

Beispiele für Vertriebskooperationen liefert der Beratungs- und Softwarebereich in ausreichender Anzahl. Dennoch sind viele Partnerschaften, die zu Beginn der Liaison teilweise sogar als „strategisch" angekündigt wurden, nach kurzer Zeit wieder vom Markt verschwunden. In jedem Fall sollten klare Kooperationsvereinbarungen geschaffen werden. Zu den wichtigsten Punkten eines vertrieblich orientierten Kooperationsvertrages zählen [vgl. LIPPOLD 1998, S. 217 f.]:

- Klare Aufgaben- und Zieldefinition sowie eine ebenso deutliche Abgrenzung des angestrebten Zusammenwirkens, um mögliche Interessenkonflikte zu vermeiden;

- Genaue Festlegung und Abgrenzung der einzelnen Marktsegmente, denen sich der jeweilige Partner widmet;

- Regelungen über das vertriebliche Vorgehen bei Doppelkontakten;

- Regelungen über Provisions- und Lizenzaufteilungen bei gemeinsamen vertrieblichen Vorgehen;

- Schaffung gemeinsamer Kontrollgremien;

- Vertragsdauer, Vertragskündigung, ggf. Erwerb und Verkauf von Kapitalanteilen.

Es wird häufig sehr viel Zeit in die vertraglichen Vereinbarungen einer Vertriebspartnerschaft bzw. einer strategischen Allianz investiert. Insbesondere Provisions- und Lizenzaufteilungsmodelle werden sehr intensiv und teilweise akademisch verhandelt. Doch nur wenn neben der Sach-, Kultur- und Marktidentität auch der gute Wille aller Mitarbeiter auf Dauer vorhanden ist, werden beide Vertragsparteien Nutznießer der Vertriebsallianz sein – unabhängig davon, welche Lizenzaufteilungen vereinbart worden sind.

3.6 Akquisition – Optimierung der Kundenakzeptanz

3.6.1 Aufgabe und Ziel der Akquisition

In vielen Branchen – und dazu zählt auch die Beratungsbranche – ist der persönliche Verkauf (engl. *Personal Selling*) hauptverantwortlich für den Markterfolg. Um dieser besonderen Bedeutung des persönlichen Verkaufs gerecht zu werden, wird die *Akquisition* als eigenständiges Aktionsfeld der Marketing-Gleichung behandelt. Bei der *(persönlichen) Akquisition* geht es darum, die vorhandenen Kundenkontakte zu qualifizieren und in Aufträge umzumünzen. Die *Akquisition* ist das fünfte Aktionsfeld im Vermarktungsprozess (siehe Abbildung 3-43) und zielt auf die Optimierung der *Kundenakzeptanz*:

Kundenakzeptanz = f (Akquisition) → optimieren!

Insbesondere bei erklärungsbedürftigen Produkten und Leistungen zählt der *persönliche Verkauf* zu den wirksamsten, aber zugleich auch zu den teuersten Kommunikationsinstrumenten. Die *Akquisition* ist vielleicht das wichtigste Aktionsfeld nicht nur der Marketing-Gleichung sondern im Beratungsunternehmen insgesamt, da sie die Auslastung des Unternehmens und seiner Berater bestimmt.

Bei der Systematisierung der Aktionsfelder der hier zugrundeliegenden Marketing-Gleichung bestehen hinsichtlich der persönlichen Akquisition durchaus Abgrenzungsprobleme. So ließe sich die persönliche Akquisition bzw. der persönliche Verkauf auch im Zusammenhang mit dem Aktionsfeld *Kommunikation* oder mit dem Aktionsfeld *Vertrieb* behandeln.

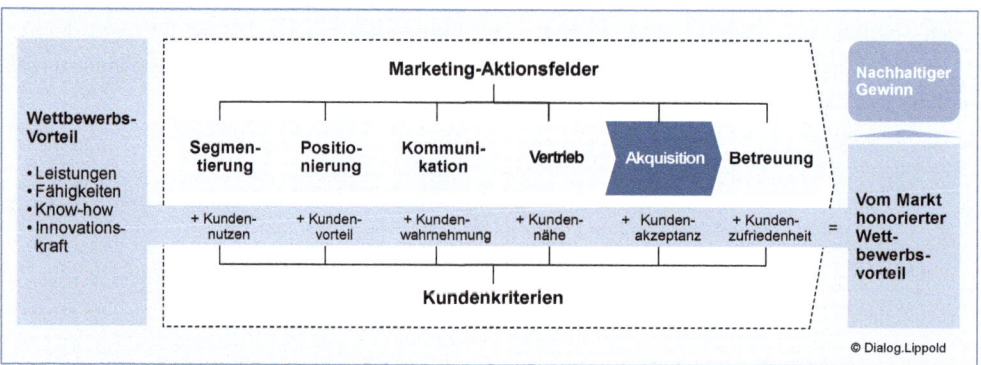

Abb. 3-43:   Akquisition als fünftes Aktionsfeld der Marketing-Gleichung

Im Rahmen des Aktionsfeldes *Akquisition* sollten folgende Fragen behandelt werden [vgl. LIPPOLD 1998, S. 220]:

- Wie läuft der organisationale Kaufprozess ab?
- Wie kann der Akquisitionsprozess strukturiert werden?
- Wie lässt sich die Effizienz des persönlichen Verkaufs steigern?
- Für welche Marketing-Aktivitäten sollte dieses teure Instrument eingesetzt werden?
- Wie lässt sich die Abschlussquote erhöhen?

- Wie kann der Akquisitionszyklus verkürzt werden?

Die wesentliche Aufgabe des persönlichen Verkaufs besteht darin, den kundenseitig verlaufenden Auswahl- und Entscheidungsprozess so zu beeinflussen, dass letztlich der Auftrag gewonnen wird.

Eine zweite Aufgabe des persönlichen Verkaufs besteht in der Pflege bestehender Kundenbeziehungen. Dies hat für den Anbieter deshalb eine besondere Bedeutung, weil der bereits erbrachte Nachweis der Leistungsfähigkeit sowohl für das **Folgegeschäft** (bei demselben Kunden) als auch für das **Neugeschäft** eine verkaufsauslösende Wirkung hat. Dieses sog. *Referenz-Selling* ist damit ein aktiver Bestandteil des Aktionsfeldes *Akquisition*.

Schließlich obliegt dem persönlichen Verkauf auch die Aufgabe, Informationen zu gewinnen. Der (potenzielle) Kunde ist als Informationsquelle für die Marktforschung von besonderer Bedeutung. Ob es sich dabei um Informationen über Leistungen, Aktionen und Vorgehen der wichtigsten Wettbewerber, um die Aufnahme spezifischer Kundenanforderungen oder um Informationen über bestimmte betriebswirtschaftliche oder technologische Ausrichtungen der Kundenunternehmen handelt, in jedem Fall bietet das Verkaufsgespräch eine Fülle von Ansatzpunkten für das eigene Leistungsportfolio.

3.6.2 Akquisitionsbegriffe

Ebenso wie das Marketing sind auch Systematik, Begriffe und Vorgehensweise des klassischen "Verkaufens" sehr stark von der englischsprachigen Literatur geprägt. Begriffe wie *Selling Center*, *Targeting*, *Cross Selling* und *Key Accounting* stehen auf der vertrieblichen Tagesordnung.

3.6.2.1 Selling Center

Quasi als Antwort auf das **Buying Center** der Kundenunternehmen (siehe 3.2.2) hat sich auf der Angebotsseite das **Selling Center** als multipersonale Form der Akquisition für größere Projekte etabliert. Teammitglieder im Vertrieb von komplexen Leistungen (und Produkten) können Verkäufer, Key Account Manager, System- und Anwendungsspezialisten oder die Geschäftsführung selbst sein. Gerade die Geschäftsführung ist häufig in der Lage, evtl. vorhandene Defizite im Qualifikationsprofil durch ihre hierarchische Stellung wettzumachen. Mit dieser *Teambildung* kann man dem vielfältigen Informationsanspruch der Einkaufsseite ein entsprechendes Gewicht auf der Verkaufsseite gegenüber stellen [vgl. BACKHAUS/VOETH 2010, S. 37 ff.]

In Abbildung 3-44 sind die Teammitglieder des *Buying Center* den entsprechenden Vertriebsrepräsentanten des *Selling Center* beispielhaft gegenübergestellt [vgl. BÄNSCH 2002, S. 207 ff.].

Die Darstellung kann als typisch für die meisten größeren Akquisitionsprozesse besonders im Geschäft mit komplexen Produkten und Leistungen (z. B. High Tech-Produkte, Anlagen, Systeme) angesehen werden. Eine etwas vereinfachte Form des Selling Center ist die Bildung eines **Tandems**, bestehend aus einem Kunden- und einem Konzeptmanager, aus einem anwendungsorientierten und einem systemorientierten Verkäufer oder aus einem strategie- und einem umsetzungsbetonten Berater. Der Vorteil einer solchen Tandemlösung liegt in der Einsparung von Kosten unter Aufrechterhaltung eines arbeitsteiligen Vorgehens.

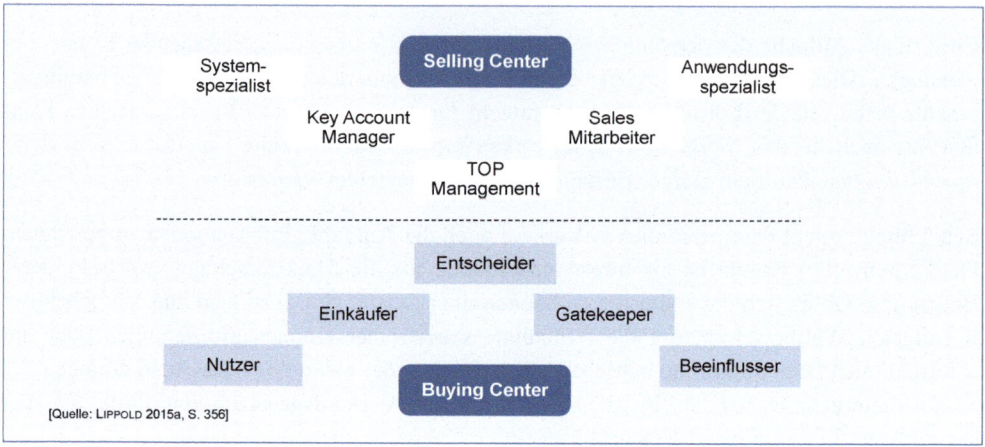

Abb. 3-44: Gegenüberstellung von Buying Center und Selling Center

In Abbildung 3-45 sind Anbieter- und Kundenseite im Akquisitionsprozess mit ihren jeweiligen Center-Mitgliedern beispielhaft dargestellt. Dabei wird deutlich, dass sich in Abhängigkeit der Prozessphase die Zusammensetzung des jeweiligen Centers ändern kann.

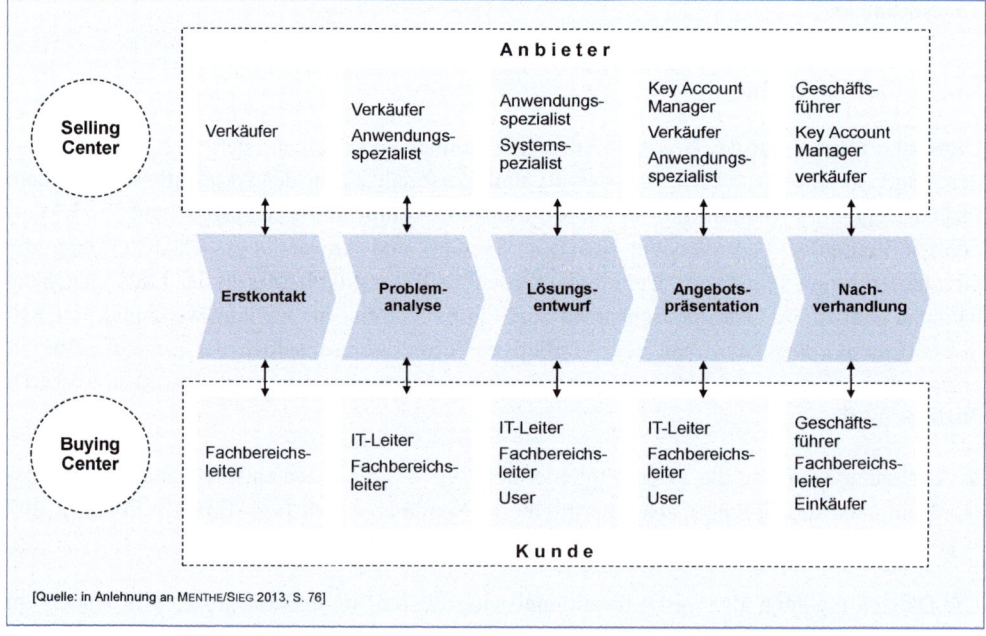

Abb. 3-45: Buying Center und Selling Center im Akquisitionsprozess (Beispiel)

3.6.2.2 Targeting, Cross Selling und Key Accounting

Die gezielte akquisitorische Auswahl und Bestimmung von Unternehmen, die einem bestimmten zielgruppen-orientierten Profil entsprechen, wird als **Targeting** bezeichnet. Das Besondere an einem Targetingprozess ist die systematische Herangehensweise und das gezielte Nachfassen unter bestimmten Vorgaben, so dass auch das Ergebnis entsprechend gemessen werden kann.

Unter **Cross Selling** wird die Ausdehnung der bestehenden Kundenbeziehung bzw. der Produktverkäufe einer Geschäfteinheit des Anbieters auf die Produkte und Leistungen anderer (benachbarter) Geschäftseinheiten des Anbieters verstanden. Wenn also Kundenunternehmen des Strategiebereichs einer Unternehmensberatung auch für den Technologiebereich empfohlen werden oder wenn Prüfungsmandate einer Wirtschaftsprüfungsgesellschaft künftig auch für Steuerberatungsleistungen akquiriert werden, so sind dies klassische Cross Selling-Maßnahmen.

Absatz-, Umsatzerfolg und Gewinn des Unternehmens hängen häufig stark davon ab, ob es gelingt, bestimmte **Schlüsselkunden** (engl. *Key Accounts*) zu gewinnen und zu halten. Mit solchen Schlüsselkunden (= Großkunden) wird ein nicht unbeträchtlicher Teil des Gesamtumsatzes erzielt. Die Analyse-, Planungs-, Verhandlungs-, Steuerungs- und Koordinationsprozesse, die im Zusammenhang mit der Betreuung von Schlüsselkunden durchzuführen sind, werden als **Key Accounting** bezeichnet. Diese Aufgaben werden vom sog. *Key Account Manager* wahrgenommen. Das *Key Account Management* zählt somit zu den wichtigsten Aufgaben des Aktionsfeldes *Akquisition* [vgl. BECKER 2009, S. 542 f.].

In Abbildung 3-46 sind die unterschiedlichen Zielrichtungen beim Targeting, Cross Selling und Key Accounting am Beispiel eines Unternehmens dargestellt.

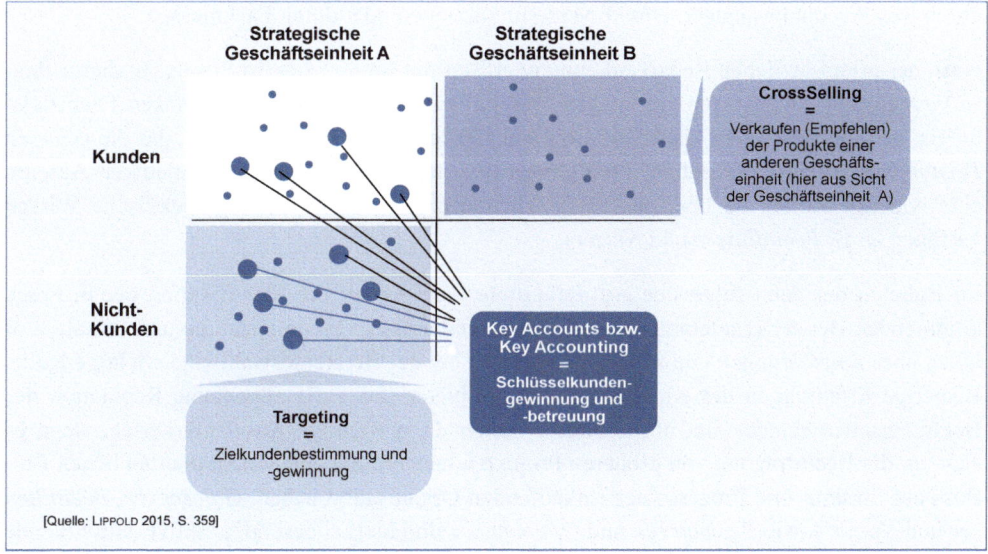

[Quelle: LIPPOLD 2015, S. 359]

Abb. 3-46:   Wichtige Akquisitionsbegriffe

3.6.3 Der organisationale Kaufprozess

Der Kaufprozess im B2B-Bereich läuft grundsätzlich rationaler, systematischer, formeller und langfristiger ab als im B2C-Bereich. Doch ebenso wie bei Konsumgütern gibt es auch beim (Ein-)Kauf von Beratungsleistungen keinen festgeschriebenen Prozess. Zur besseren Veranschaulichung ist es aber auch hier hilfreich, den organisationalen Kaufprozess in Phasen zu unterteilen. Das in Abbildung 3-47 dargestellte Phasenmodell ist idealtypisch für die Beauftragung bei Projekten mit größerem Volumen; es können Phasen wegfallen, übersprungen werden oder auch die Reihenfolge kann variieren [vgl. HOMBURG/KROHMER 2009, S. 146].

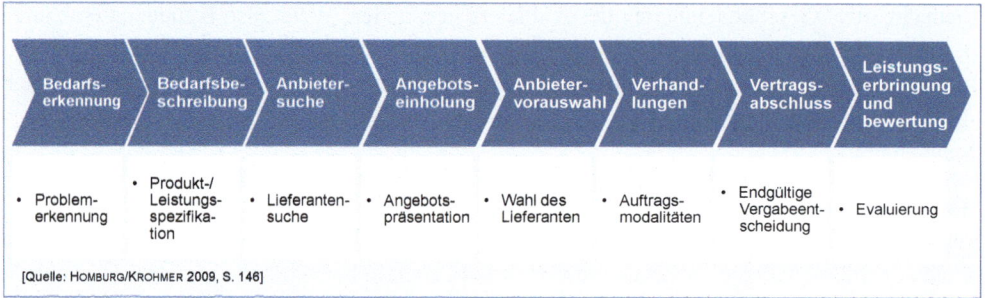

Abb. 3-47:   Phasen des organisationalen Kaufprozesses

Ausgangspunkt des organisationalen Kaufprozesses ist die Phase der **Bedarfserkennung**. Hier geht es um die Analyse und Definition des grundsätzlichen Bedarfs. Die Bedarfsauslösung kann durch interne oder durch externe Anregungen erfolgen. Während intern der Bedarf zumeist durch einen Angehörigen der Kundenorganisation (*Initiator*) ausgelöst wird, erfolgen externe Anregungen zum Beratungsbedarf durch Benchmarks, Reference Selling, Hinweise durch Key Account Manager, Direkt-Marketingaktionen oder durch Fachmessen.

Nach der grundsätzlichen Bedarfserkennung erfolgt die **Bedarfsbeschreibung**. In dieser Phase werden die gewünschten Leistungseigenschaften spezifiziert. Bei komplexen Dienstleistungen geschieht dies sehr häufig in Form eines Pflichten- oder Lastenheftes, das die genauen *Leistungsspezifikationen* enthält. Im Rahmen des Buying Center spielen diejenigen Akteure eine wichtige Rolle, die über das entsprechende produkt- und leistungsspezifische Wissen verfügen (z. B. *Beeinflusser* und *Nutzer*).

Im Rahmen der dann folgenden **Anbietersuche** geht es um die Identifikation der in Frage kommenden Berater (Lieferanten). Branchenverzeichnisse, Online-Kataloge und Portale, vor allem aber *Empfehlungen* und *Referenzen* spielen bei der Beraterauswahl eine wichtige Rolle. Bisherige Erfahrungen des Kunden mit dem Anbieter sowie die allgemeine Reputation des Beratungsunternehmens sind insbesondere immer dann wichtige Auswahlkriterien, wenn es sich um die Beauftragung von größeren Projekten handelt, die einen nicht unerheblichen Einfluss auf Struktur und Prozesse der einkaufenden Organisation haben. *Gatekeeper*, *Beeinflusser* und *Nutzer* sowie *Promotoren* und *Opponenten* sind hierbei besonders aktive Mitwirkende im Buying Center.

Im nächsten Schritt steht die **Angebotseinholung** im Vordergrund. Aus Sicht des potenziellen Lieferanten geht es vor allem darum, die Nutzenkriterien und Vorteile des eigenen Angebotes besonders herauszustellen. Angebote sind damit Marketingdokumente, deren Erstellung durchaus sehr aufwändig sein kann. Bestimmte Beschaffungsvorhaben und dies gilt insbesondere für öffentliche Aufträge, müssen ausgeschrieben werden (EU-Richtlinien). Bei der Angebotseinholung und -bewertung wirken in der Regel *Nutzer* und *Einkäufer* der Kundenorganisation mit.

Auf der Grundlage der vorliegenden Angebote wird eine **Anbietervorauswahl** getroffen, an der aus dem Buying Center ebenfalls *Nutzer* und *Einkäufer* schwerpunktmäßig beteiligt sind. Häufig werden die potenziellen Lieferanten auch zu einer förmlichen Präsentation ihres Angebots gebeten. Solche Wettbewerbspräsentationen (engl. *Pitch*) sind in vielen Branchen üblich und bedeuten für die konkurrierenden Beratungsunternehmen eine nicht unerhebliche Vorleistung. Ergebnis dieser Qualifizierung ist zumeist eine sogenannte *Shortlist*. Diese enthält nur noch eine sehr kleine Anzahl von Anbietern, die sämtliche Mindestvoraussetzungen (engl. *Order Qualifications*) erfüllen.

Mit den Unternehmen, die auf der Shortlist stehen, wird nun in die Phase der **Verhandlungen** eingetreten. Hier werden alle Auftragsmodalitäten wie Art, Qualität, Umfang und Dauer des Projektes, der Preis inkl. Fahrtkosten, Spesen, Ergänzungsleistungen, Gewährleistungsaspekte sowie Lieferungs- und Zahlungsbedingungen verhandelt. Aus dem Buying Center wirken *Einkäufer*, *Nutzer* und *Entscheider* als zentrale Akteure auf der Einkaufsseite mit.

Die Verhandlungsphase mündet ein in den **Vertragsabschluss** mit dem Lieferanten, der bei sehr komplexen Projekten auch als Generalunternehmer fungieren kann. An der Auftragsvergabe bzw. am Vertragsabschluss direkt beteiligt sind in der Regel *Einkäufer* und *Entscheider*.

In der abschließenden Phase der **Leistungserbringung und -bewertung** geht es um die Erfüllung der vertraglich festgelegten Leistungen sowie um deren Beurteilung. Bei größeren Projekten oder Investitionsvorhaben (z. B. Entwicklung von Individualsoftware) werden Leistungserbringung (engl. *Delivery*) und deren Bewertung auch in zeitlichen Abschnitten durchgeführt. Maßgeblich hierfür sind Meilensteinpläne, die dem Nutzer bzw. Anwender die Möglichkeit bieten, Zwischenkontrollen durchzuführen und ggf. – bei Schlechterfüllung – den Lieferanten zu wechseln.

In Insert 3-17 ist der Einkaufsprozess für Beratungsleistungen der DAIMLER AG als Beispiel für den Einkauf von Dienstleistungen dargestellt.

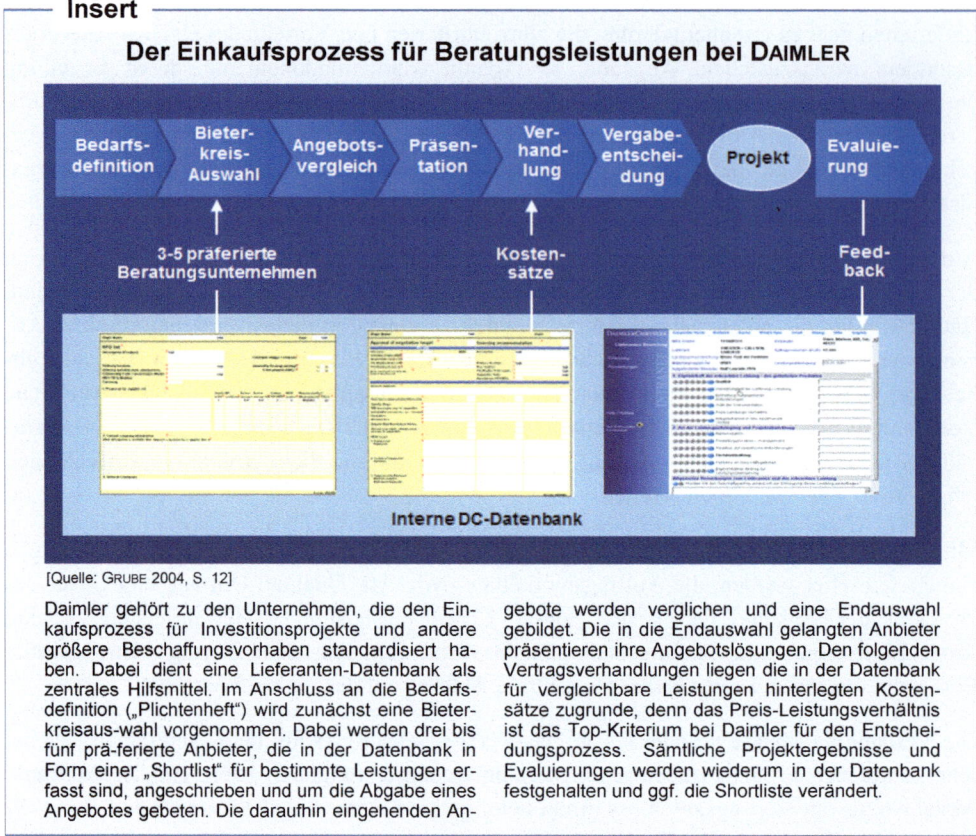

Insert 3-17:   *Der Einkaufsprozess für Beratungsleistungen der* DAIMLER *AG*

3.6.4 Akquisitionszyklus (Sales Cycle)

Der **Akquisitionszyklus** (engl. *Sales Cycle*) befasst sich mit den vertrieblichen Aktivitäten innerhalb eines Zeitraumes, der sich vom Erstkontakt mit einem Interessenten bzw. Kunden bis zum Auftragseingang oder der Ablehnung eines Angebotes erstreckt. Besonderes Merkmal von Beratungsleistungen und stark erklärungs- und unterstützungsbedürftigen Produkten ist ein relativ *langer* Akquisitionszyklus. Neben Entscheidungstragweite und Risiko dürfte die Länge des Akquisitionszyklus von der Anzahl der am Entscheidungsprozess beteiligten Personen (bzw. von der Größe des Buying Centers) abhängen. Im Geschäftskundenbereich und bei Systemprodukten kann der Sales Cycle durchaus mehrere Monate oder auch ein Jahr dauern [vgl. LIPPOLD 1993, S. 233].

Die beiden Prozesse, die den Akquisitionszyklus bestimmen, sind der **Leadmanagement-Prozess** sowie der eigentliche **Akquisitionsprozess**, wobei die Grenze zwischen dem Leadmanagement und den nachfolgenden Sales-Prozessen, die zuweilen auch als **Opportunity Management** bezeichnet werden, nicht klar zu ziehen ist.

Abbildung 3-48 gibt einen Überblick über die verschiedenen Begrifflichkeiten und Prozesse im Vertriebsmanagement.

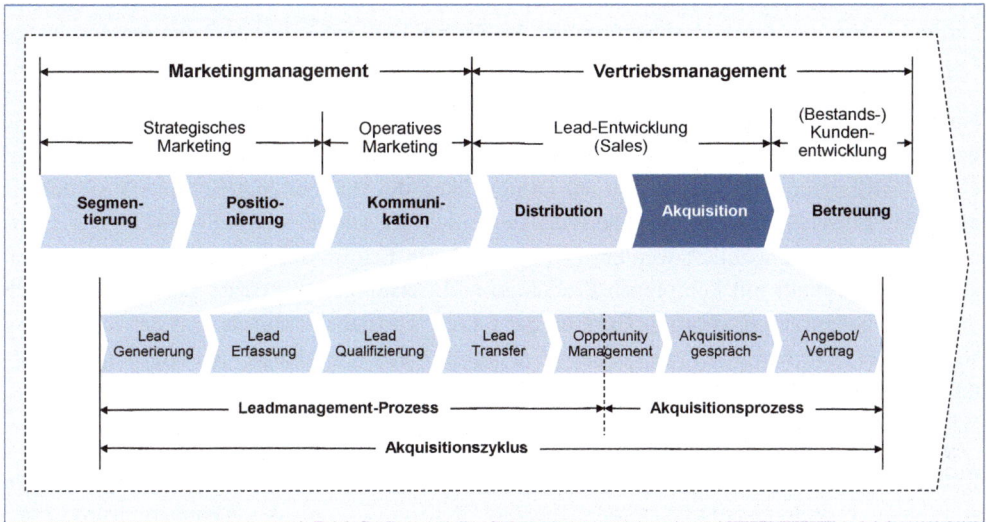

Abb. 3-48:   Begrifflichkeiten und Prozesse im Vertriebsmanagement

3.6.4.1 Leadmanagement

In Anlehnung an das englische Wort „Lead", das für Hinweis oder Anhaltspunkt steht, wird die systematische Kundenidentifizierung und -verfolgung als Leadmanagement bezeichnet. Dabei ist das Leadmanagement nicht auf Interessenten bzw. Neukunden beschränkt, denn auch bei bestehenden Kunden können sich neue Geschäftspotenziale ergeben. **Leadmanagement** ist die Generierung, Qualifizierung und Priorisierung von Interessenbekundungen der Kunden mit dem Ziel, dem Sales werthaltige Kontakte bereitzustellen [vgl. LEUßER et al. 2011, S. 632].

Der Leadmanagement-Prozess umfasst die Stufen

- Lead Generierung,
- Lead Erfassung,
- Lead Qualifikation und
- Lead Transfer (Übergang des Leads in den Vertrieb zur Kundengewinnung).

Die erste Phase im Prozess ist die **Lead Generation**. Hier werden erste Informationen von Interessenten gesammelt werden, die als Ausgangspunkt für eine Kundengewinnung dienen. Zur Erstellung eines Leads kommt es über verschiedene Kontaktkanäle, wie z.B. Web, Telefon, E-Mail, Filialen, Marketing-Kampagnen etc. Initialzündung der Lead Generation ist somit das Kampagnen-Management, für das das Marketing (und nicht der Vertrieb) verantwortlich zeichnet [vgl. BITKOM 2010, S. 18 f.].

Über diese Kanäle erhält das Unternehmen die Daten des Interessenten (Anschrift, Branche, Unternehmensgröße etc.). Je nach Channel der Werbekampagne erfolgt die Antwort des Kunden auf unterschiedliche Weise (Ausfüllen von Web-Formularen oder gedruckten Antwortkarten, Anrufe bei einer Hotline, Besuche in einer Filiale etc.). Diese Daten werden in der **Lead Erfassung** zusammengetragen.

Nach der Lead Erfassung reichert der Vertrieb die Leads mit weiteren Informationen wie demografische und psychografische Daten an. Im Rahmen der **Lead Qualifizierung** erfolgt eine Klassifizierung der Leads nach der Dringlichkeit der Bearbeitung. Besonders wichtig ist auch eine Einschätzung der Abschlusswahrscheinlichkeit. Damit sollen die wirklich ernsthaften Kontakte herausgefiltert werden. Der mangelhafte Erfolg vieler Vertriebsorganisationen gerade im Geschäft mit komplexen Produkten und Leistungen (B2B) ist ganz offensichtlich darauf zurückzuführen, dass ein Großteil der teuren Vertriebsressourcen mit der Verfolgung sogenannter „Luftnummern" vergeudet wird. Nur durch eine gezielte Qualifizierung der Kontakte, in der bewusst Schwellenwerte gesetzt werden, lassen sich Akquisitionen kostengerechter und damit rentabel gestalten.

Eine gute Möglichkeit für eine Qualifizierung von Kontakten ist die ABC-Analyse, die in Abbildung 3-49 dargestellt ist. In dem Beispiel dienen der Status des Akquisitionsprozesses, das voraussichtliche Datum der Auftragserteilung und die Einschätzung der eigenen Chancen als Kriterien und damit als Schwellen für die jeweilige Bewertung und Einstufung der Kontakte.

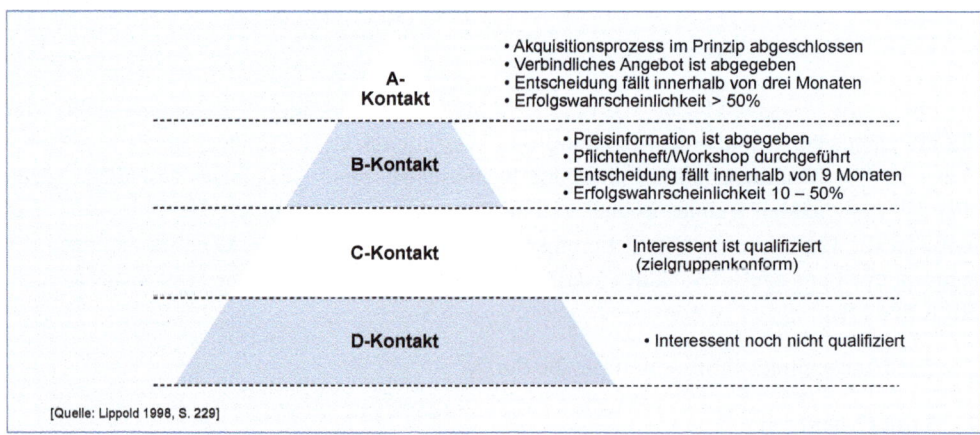

Abb. 3-49: *ABC-Analyse bestehender Kontakte im B2B-Bereich (Beispiel)*

Die im Marketing generierten und im Vertrieb qualifizierten Kontakte müssen nun in den Sales Prozessen weiterbearbeitet werden. Dazu ist es erforderlich, die Leads an diejenigen Vertriebsmitarbeiter weiterzuleiten, die diese bearbeiten sollen (**Lead Transfer**).

3.6.4.2 Opportunity Management

Sales Prozesse gliedern sich in das Opportunity Management sowie das Angebots- und Auftragsmanagement. Teilweise wird das Opportunity Management aber auch dem Leadmanagement zugerechnet und als **Lead Verfolgung** bezeichnet. Das **Opportunity Management** beschreibt die systematische Identifikation und Nutzung konkreter Verkaufschancen (engl. *Opportunities*) mit dem Ziel, diese zu bearbeiten und in ein Angebot und einen Auftrag zu verwandeln [vgl. JOST 2000, S. 334].

Letztlich geht es im Opportunity Management also darum, die Leads zeitnah in Abschlüsse umzumünzen. Nimmt der Vertrieb bspw. zu spät mit den Interessenten Kontakt auf, kann sich die sogenannte **Konversionsrate** (engl. *Conversion rate*), d. h. die Quote der Geschäftsabschlüsse im Vergleich zu allen Leads, deutlich verschlechtern. Daher haben stark vertriebsorientierte Unternehmen elektronische Eskalationssysteme für Fristüberschreitungen installiert. Das Opportunity Management unterstützt die Vertriebsmitarbeiter durch Analysen zum Status einer Opportunity, der jederzeit abgefragt werden kann, um einen aktuellen Gesamtüberblick über bestehende Verkaufschancen (Abschlusswahrscheinlichkeiten, erwartetes Abschlussvolumen und -datum) zu erhalten. Unterstützt werden die Vertriebsmitarbeiter durch grafische Pipeline-Analysen, in denen die einzelnen Opportunities in den verschiedenen Stufen des Akquisitionszyklus dargestellt werden [vgl. LEUßER et al. 2011, S. 143].

Heutzutage übernehmen moderne **Costumer Relationship Management-Systeme** (CRM-Systeme wie z. B. ORACLE SIEBEL, SAP CRM) die Analyse und Verfolgung bestehender Kontakte. Dabei erfolgt die Verwaltung und Dokumentation von Geschäften in Anbahnung nach den einzelnen Stufen (engl. *Stages*) des Sales Cycle. Auf diese Weise ist es möglich, Vertriebsanalysen, Auftragswahrscheinlichkeiten und Erfolgsquotenmessungen je Kontaktstufe vorzunehmen. Ein so eingerichtetes **Pipeline Performance Management** erlaubt überdies periodenspezifische Vertriebsprognosen anhand der Bewertung der ungewichteten oder gewichteten Vertriebspipeline auf jeder Kontaktstufe.

In Abbildung 3-50 ist der Sales Cycle auf der Grundlage von sieben Kontaktstufen beispielhaft dargestellt. Der Sales Cycle hat die Form eines „Vertriebstrichters" (engl. *Sales Funnel*). Während in Stufe (Stage) 1 sämtliche Kontakte als Leads des Unternehmens erfasst sind, verdünnt sich der Trichter stufenweise bis zur Stufe 7, in der nur noch jene Kontakte enthalten sind, die eine hohe Auftragswahrscheinlichkeit besitzen und bei denen die Akquisition prinzipiell abgeschlossen ist.

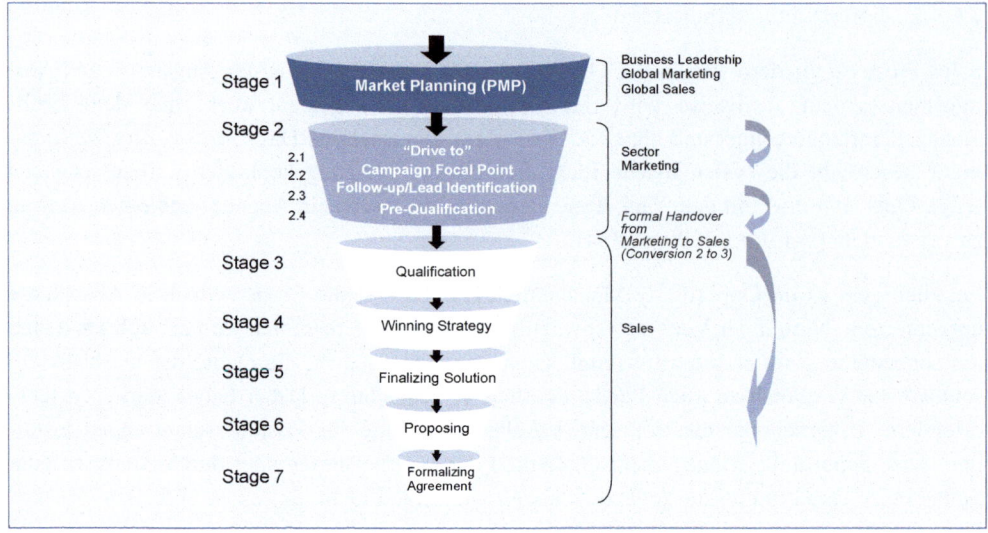

Abb. 3-50:   Beispiel eines Sales Cycle

Es hat sich dabei durchgesetzt, die einzelnen Kontaktstufen eines Sales Cycle in Form eines **„Vertriebstrichters"** (engl. *Sales Funnel*) abzubilden. Allerdings ist diese Bezeichnung im Grunde genommen verwirrend, denn bei einem Trichter kommt alles, was man oben in ihn hineingegeben hat, auch unten wieder heraus. Das ist beim Akquisitionsprozess ganz anders, denn auf jeder Kontaktstufe werden Interessenten herausgefiltert und erreichen nicht die nächste Kontaktstufe. Daher wäre **„Vertriebsfilter"** die treffendere Bezeichnung.

Insert 3-18 liefert mit „The Collaborative Selling Wheel" ein Beispiel dafür, wie das beratungsunternehmen CAPGEMINI seinen Sales Cycle in die Praxis umsetzt.

Insert

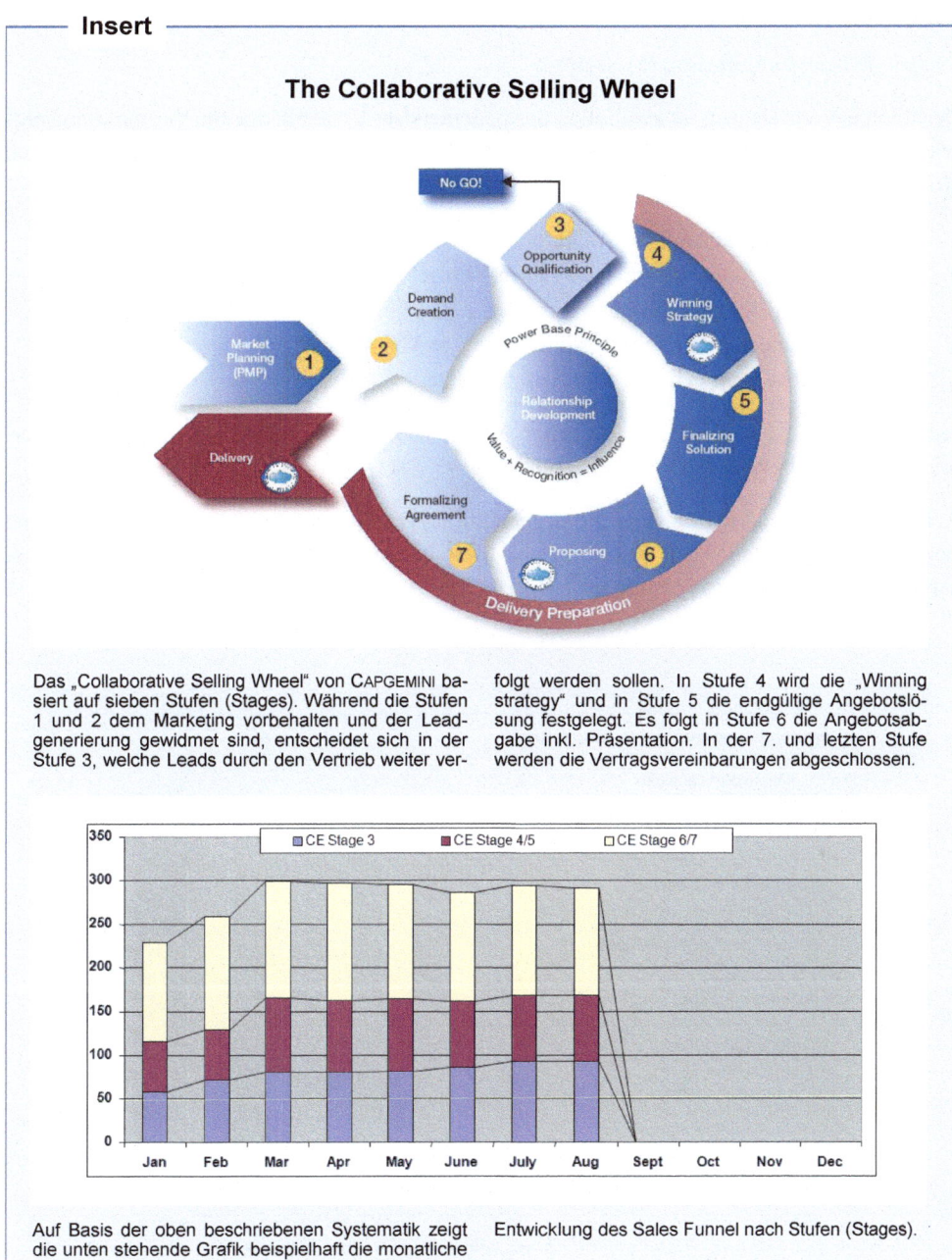

The Collaborative Selling Wheel

Das „Collaborative Selling Wheel" von CAPGEMINI basiert auf sieben Stufen (Stages). Während die Stufen 1 und 2 dem Marketing vorbehalten und der Leadgenerierung gewidmet sind, entscheidet sich in der Stufe 3, welche Leads durch den Vertrieb weiter verfolgt werden sollen. In Stufe 4 wird die „Winning strategy" und in Stufe 5 die endgültige Angebotslösung festgelegt. Es folgt in Stufe 6 die Angebotsabgabe inkl. Präsentation. In der 7. und letzten Stufe werden die Vertragsvereinbarungen abgeschlossen.

Auf Basis der oben beschriebenen Systematik zeigt die unten stehende Grafik beispielhaft die monatliche Entwicklung des Sales Funnel nach Stufen (Stages).

Insert 3-18: „The Collaborative Selling Weel" von CAPGEMINI

3.6.5 Akquisitionscontrolling

3.6.5.1 Effizienzsteigerung im Vertrieb

Der direkte Vertriebsweg ist zweifellos der bedeutendste Kostenfaktor im Vermarktungsprozess von Beratungsleistungen. Mögliche Ansatzpunkte, um die Wirtschaftlichkeit im Vertrieb zu steigern, sind:

- Straffung der administrativen Abläufe
- Förderung der Zusammenarbeit zwischen Vertrieb und Beratung
- Vereinfachung des Berichtswesens
- Einsatz des Internets für vertriebsunterstützende Maßnahmen
- Abbau von Hierarchieebenen sind Ansatzpunkte.

Jede Stunde, die der Vertriebsmitarbeiter mit vertrieblich unproduktiven Tätigkeiten verbringt, fehlt für die qualifizierte Vertriebsarbeit [vgl. BITTNER 1994, S. 180 f.].

Abbildung 3-51 zeigt als Beispiel die Ergebnisse einer Untersuchung, die das Software- und Beratungsunternehmen ADV/ORGA in den 80er Jahren durchgeführt hat und zum Anlass nahm, seine Vertriebsorganisation grundlegend neu zu formieren [vgl. LIPPOLD 1998, S. 231 ff.].

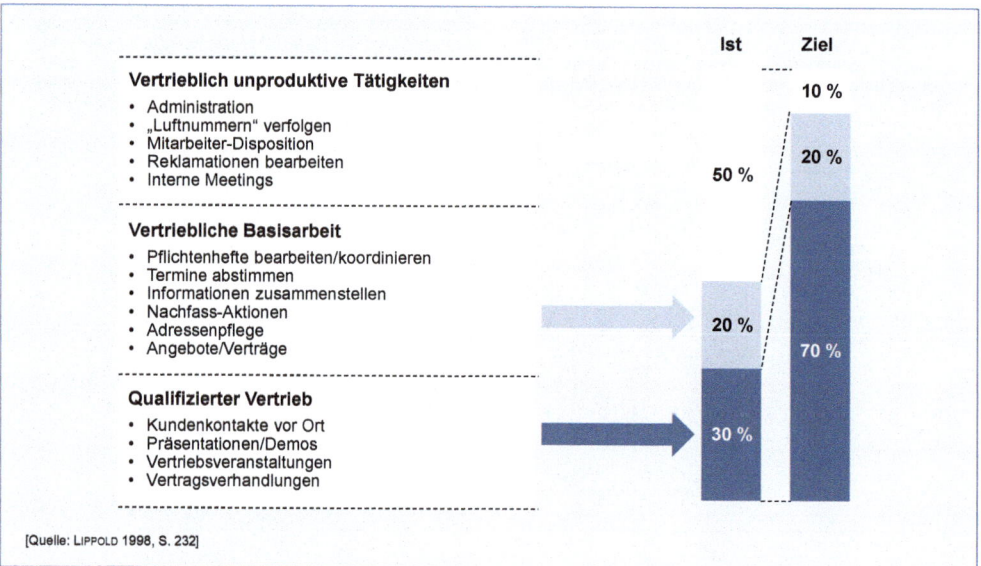

Abb. 3-51:   Tätigkeiten eines Vertriebsbeauftragten im Software- und Beratungsbereich

Um die oben bereits angesprochenen „Luftnummern" rechtzeitig zu erkennen, bietet es sich an, bereits direkt im Verkaufsgespräch oder im Vertriebsaudit **Akquisitionsschwellen** zu setzen (siehe Abbildung 3-52). Mögliche Fragen in diesem Zusammenhang können sein [vgl. LIPPOLD 1993, S. 233]:

- Stimmt das Anforderungsprofil des Kundenunternehmens grundsätzlich mit dem Profil der angebotenen Beratungsleistung überein?

- Wann soll das das Projekt wirklich gestartet werden?

- Ist überhaupt ein Budget (und wenn ja, welches) für die Problemlösung eingeplant?

- Wer entscheidet letztendlich über die Vergabe des Auftrags, d. h. wird in der Endphase des Akquisitionsprozesses auch mit dem richtigen Ansprechpartner verhandelt?

Sollten keine zufriedenstellenden Antworten auf diese oder ähnliche Fragen gegeben werden, so ist die Ernsthaftigkeit des Vertriebskontakts mehr als in Frage gestellt. Ggf. ist der Kontakt aus der Auftragserwartung zu streichen.

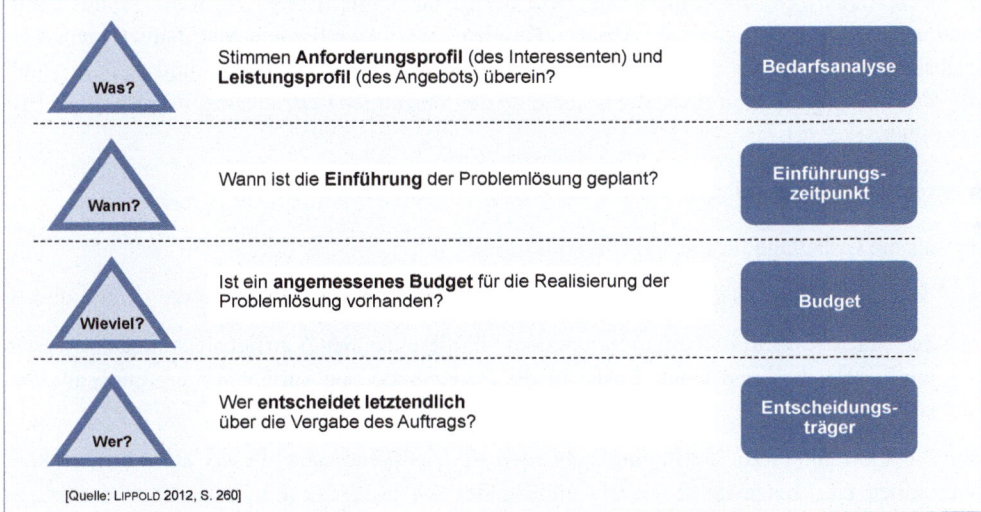

Abb. 3-52:   Vier Fragen zur Überprüfung der Ernsthaftigkeit eines Akquisitionskontaktes

Der stärkste Hebel zur Steigerung der Wirtschaftlichkeit im Vertrieb ist im Einsatz von Informations- und Kommunikationstechnologien zu sehen. Im Vordergrund stehen hierbei die bereits oben erwähnten **CRM-Systeme**, die eine konsequente Ausrichtung des Unternehmens auf ihre Kunden und die systematische Gestaltung der Kundenbeziehungsprozesse zum Gegenstand haben. Die dazu gehörende Verfolgung (Historie) von Kunden- und Interessentenbeziehungen ist ein wichtiger Baustein und ermöglicht ein vertieftes Beziehungsmanagement. Gerade in der Beratungsbranche sind Beziehungen zwischen Unternehmen und Kunden langfristig ausgerichtet. Mit Hilfe von CRM-Systemen werden diese Kundenbeziehungen gepflegt und eine differenzierte Kundenbetreuung (z. B. Fokus auf „wertvolle" Kunden) ermöglicht. Gleichzeitig dienen die CRM-Daten der Vorbereitung und Durchführung des Kundenbesuchs.

3.6.5.2 Kennzahlen im Vertrieb

Für den Vertriebsbereich bietet sich eine ganze Reihe wichtiger Kennzahlen (engl. *Key Performance Indicators – KPIs*) als **Steuergrößen** bzw. verdichtete Informationen über quantifizierbare Tatbestände im Akquisitionsprozess an. Allerdings gibt es nicht die „besten Kennzahlen" oder das „beste Kennzahlensystem" – zu unterschiedlich sind Ziele und Strategien einzelner Unternehmen und Branchen. Kennzahlen sind unternehmensindividuell und sollen **Potenzial für Verbesserungen** aufzeigen und nicht als pure Kontrolle missverstanden werden. Kennzahlen sollten nicht isoliert betrachtet werden. Ihre größte Aussagekraft entfalten sie erst im Gesamtzusammenhang des Kennzahlensystems in einer langfristigen Entwicklung. Für eine erfolgreiche Vertriebssteuerung ist es daher wichtig, die für das Unternehmen wirklich relevanten Kennzahlen auszuwählen und zeitnah zur Verfügung zu stellen. Denn mit einem effektiven Vertriebskennzahlensystem besitzt das Unternehmen ein umfassendes Informationsinstrument für sämtliche Absatz-, Kunden-, Wettbewerbs- und Marktsituationen. Vertriebskennzahlen bilden die Zielvorgaben für einzelne Vertriebsprozesse und steuern somit die Vertriebsorganisation als Ganzes als auch den einzelnen Vertriebsbeauftragten [vgl. BITKOM 2006, S. 2 ff.].

Vertriebskennzahlen füllen in erster Linie drei Funktionen aus. Sie dienen

- als die Grundlage für die **Vertriebsplanung**,

- dem Controlling als Grundlage für das Aufspüren von **Verbesserungspotenzialen** und

- der **Motivation der Mitarbeiter**, indem sie die einzelnen Vertriebsleistungen bewerten und vergleichen und damit Basis für die Berechnung von variablen Vergütungsanteilen sind.

Um die Vielzahl der zur Verfügung stehenden Vertriebskennzahlen besser einordnen zu können, sollen eine ausgewählte Anzahl entlang des Akquisitionszyklus mit den Phasen *Lead Generierung*, *Lead Qualifizierung* und *Akquisitionsprozess* aufgeführt werden. Darüber hinaus lassen sich noch Kennziffern aus den anfallenden Akquisitionskosten bilden.

Abbildung 3-53 liefert den entsprechenden Überblick.

Phase des Akquisitionszyklus	Kennziffer	Ziel
Lead Generierung	• Rücklaufquote (Feedback) pro Vertriebs-/ Marketingaktion	• Erfolg der Aktionen erhöhen
	• Prozentualer/absoluter Anteil von Messe-/ Event-/Aktionsaufwendungen am Marketingbudget	• Marketingkosten ergebnisorientiert steuern
	• Veranstaltungsindex bestehend aus Hausmessen/Ausstellungen/Roadshow, Messen, Präsentationen, Demo's etc.	• Erfolgsorientiertes Eventmanagement
	• Adress-/Bedarfs-qualifiziertes Potenzial zu Gesamtpotenzial	• Direktmarketing-kosten optimieren
Lead Qualifizierung	• Gewonnene Prospects, d. h. das Verhältnis der Anzahl der bearbeiteten Leads in einer Kategorie mit hoher Abschlusswahrscheinlichkeit zur nächst niedrigeren Stufe	• Messung und Steuerung des Lead-Qualifizierungsprozesses
	• Forecast Sales Pipeline	• Planbarkeit AEs erhöhen
Akquisitionsprozess (Abschluss)	• Realisierte Auftragseingangs-, Umsatz-, DB-Quote, d. h. Anzahl Mitarbeiter zu Auftragseingang, Umsatz, DB	• Erhöhung der Vertriebsproduktivität
	• Angebotserfolgsquote, d. h. die Anzahl der erfolgreichen Angebote im Verhältnis zu allen abgegebenen Angeboten	• Angebotserfolge erhöhen
	• Total Contract Value (TCV) abgegebener Angebote	• Transparenz der TCV-Entwicklung
	• Auftragsverlustquote, d. h. Anzahl der nicht erzielten Aufträge im Verhältnis zu allen abgegebenen Angeboten	• Anzahl der Aufträge aus Angeboten erhöhen
	• Gewährte Rabatte/Erlösschmälerungen zu Brutto-Auftragseingang/Umsatz-Auftragswerten	• Einhaltung geplanter Marktpreise
	• Neukundenquote, d. h. Anzahl der Aufträge bei Erstkunden im Verhältnis zur Anzahl aller Aufträge innerhalb einer definierten Periode	• Entwicklung des Neugeschäfts
	• Entwicklung des Kundenbestands („Schlagzahl")	• Erhöhung der Angebotsattraktivität
	• Abschlussquote (engl. *Conversion rate*), d. h. Anzahl aller erzielten Aufträge im Verhältnis zur Gesamtzahl der Auftragserwartungen innerhalb einer definierten Periode	• Klarheit über die erfolgreichen Zielkundensegmente erhalten
	• Auftragsquote, d. h. Anzahl der erzielten Aufträge pro 10 Kundenbesuche	• Verbesserung der Vertriebseffektivität
	• Zeitlicher Anteil der Vertriebskontakte im Verhältnis zur gesamt verfügbaren Arbeitszeit	• Produktivität der Vertriebsmitarbeiter optimieren

[Quelle: BITKOM 2006, S. 13 ff. ; GÖRGEN 2014, S. 56]

Abb. 3-53:   Ausgewählte Akquisitionskennzahlen

3.6.6   Das Akquisitionsgespräch

3.6.6.1 Voraussetzungen für den Akquisitionserfolg

Das wesentliche Ziel des persönlichen Verkaufs besteht darin, den Auswahl- und Entscheidungsprozess beim Kunden so zu beeinflussen, dass letztlich der Verkaufsabschluss realisiert
wird. Drei Voraussetzungen sind für den Akquisitionserfolg eines Verkäufers im Beratungsgeschäft unabdingbar:

- Der Vertriebsmitarbeiter muss sein Beratungsangebot mit seinen Leistungsmerkmalen
  und dem daraus folgenden Nutzen für das Kundenunternehmen kennen.

- Der Vertriebsmitarbeiter muss den objektiven Bedarf und die subjektiven Bedürfnisse der
  Kunden so gut kennen, dass er beurteilen kann, mit welchem Leistungsprogrammaus-
  schnitt er den Bedarf/die Bedürfnisse am besten befriedigen kann.

- Der Vertriebsmitarbeiter muss in der Lage sein, durch angemessenes Verhalten das Kundenunternehmen zu der Überzeugung kommen zu lassen, dass bei ihm seine Wünsche am
  besten erfüllt werden.

Da die vom Kunden gewünschte Beratungsleistung (= Anforderungsprofil) häufig mit dem
(Erst-)Angebot des Beratungsunternehmens (= Leistungsprofil) nicht übereinstimmt bzw.
nicht deckungsgleich ist, ist es Aufgabe des Vertriebsmitarbeiters, Abweichungen zu analysieren, zu bewerten und zu priorisieren. Abweichungen treten immer dann auf, wenn aus
Kundensicht ein Teil der Beratungsleistung die Anforderungen nicht abdeckt, oder dann,
wenn die angebotene Leistung mehr bietet als nachgefragt bzw. honoriert wird (siehe Abbildung 3-54).

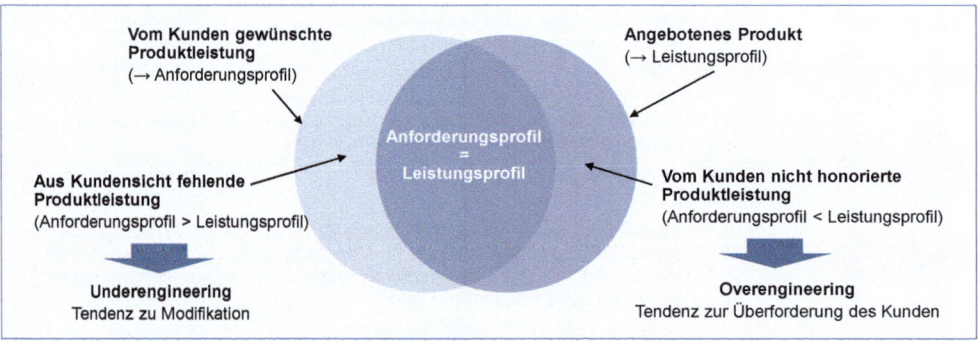

Abb. 3-54:   Gegenüberstellung von Anforderungsprofil und Leistungsprofil

Beim Akquisitionsgespräch lassen sich nach den *Gesprächsphasen* das **Kontaktgespräch**,
das **Vertiefungsgespräch** und das **Abschlussgespräch** unterscheiden. Nach dem *Gesprächs-
inhalt* kann zwischen dem **Fachgespräch** und dem (reinen) **Informationsgespräch** differenziert werden. Besonders wichtig ist die Einteilung des Verkaufsgesprächs nach dem *Standar-
disierungs- bzw. Strukturierungsgrad* (siehe Abbildung 3-55). Ein standardisiertes Gespräch
wird in aller Regel nur im **Telefonverkauf** (vornehmlich durch Call Center) durchgeführt.
Der persönliche direkte Vertriebskontakt wird im Beratungsgeschäft in Form eines **nicht-**

standardisierten Gesprächs wahrgenommen. Verlässt sich der Verkäufer dabei ausschließlich auf seine Intuition und seine „Tagesform", so wird er ein **nicht-strukturiertes Gespräch** führen. Eine solche unvorbereitete Gesprächsform ist allerdings nicht zu empfehlen, denn angesichts unterschiedlicher Zielsetzungen zwischen Käufer und Verkäufer sollte ein Verkaufsgespräch gut vorbereitet und zuvor gedanklich strukturiert sein. Daher wird für den Vertrieb von komplexen Beratungsleistungen immer das **strukturierte Verkaufsgespräch** die Grundlage für einen erfolgreichen Abschluss bilden.

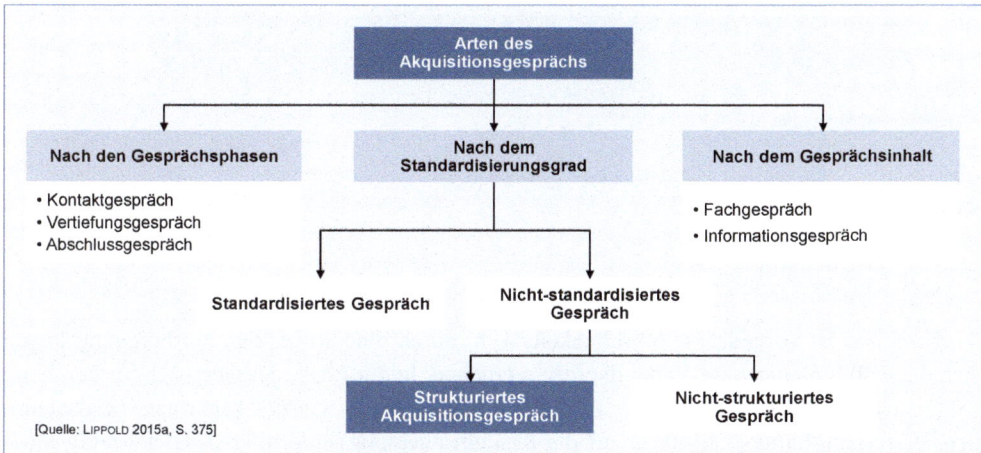

Abb. 3-55:   Arten des Akquisitionsgesprächs

Im Folgenden werden sechs Phasen unterschieden (siehe Abbildung 3-56), die im Verkaufsgespräch durchlaufen werden und die einen vorgedachten Gesprächsaufbau im Sinne eines strukturierten Verkaufsgesprächs darstellen [vgl. HEITSCH 1985, S. 181 ff.]:

- Gesprächsvorbereitung
- Gesprächseröffnung
- Bedarfsanalyse
- Nutzenargumentation
- Einwandbehandlung
- Gesprächsabschluss.

Wesentlich dabei ist, dass diese Phasen nicht zwingend in obiger Reihenfolge durchlaufen werden müssen. Auch kann es sein, dass die eine oder andere Phase übersprungen werden kann. So wird ein Abschlussgespräch andere Schwerpunkte bei den Gesprächsphasen legen als ein Kontaktgespräch oder ein Informationsgespräch. Prinzipiell sollte sich aber jeder Verkäufer im Vorfeld eines Verkaufsgesprächs darüber im Klaren sein, dass die in diesen Phasen zu berücksichtigenden Punkte im Verkaufsgespräch auch tatsächlich auf ihn zukommen.

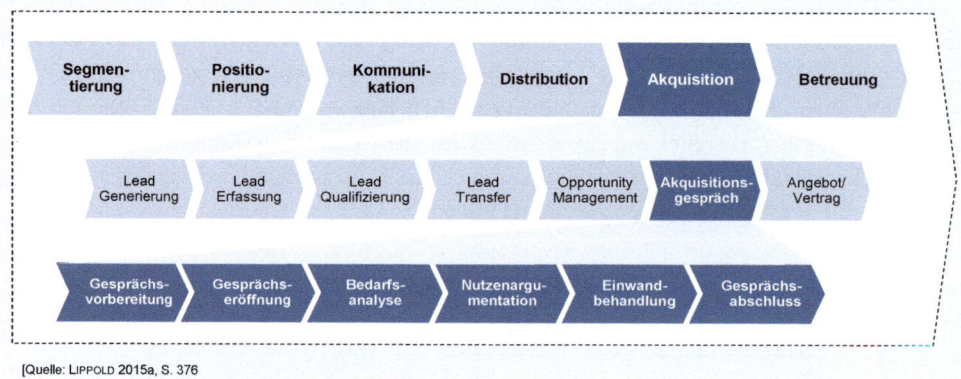

[Quelle: LIPPOLD 2015a, S. 376

Abb. 3-56:   Phasen des Akquisitionsgesprächs

3.6.6.2 Gesprächsvorbereitung

Vorbereitung ist vorgedachte Wirklichkeit, d. h. durch eine sorgfältige Vorbereitung lassen sich die Erfolgschancen im Verkaufsprozess erhöhen. In der Phase der Gesprächsvorbereitung sollte sich der Vertriebsmitarbeiter über die Situation seines Gesprächspartners (Zielsetzungen, Erwartungshaltung, Einfluss auf die Kaufentscheidung) informieren. Gleichzeitig muss der Vertriebsmitarbeiter die Situation seines eigenen Unternehmens im Hinblick auf die spezifische Kundensituation reflektieren (Kundenzufriedenheit, Kaufhistorie etc.). Auch muss er seine eigenen Vertriebsziele und seine Vorgehensweise abstecken sowie evtl. Konfliktstoffe ins Kalkül ziehen.

Was bei der Gesprächsvorbereitung im Einzelnen zu beachten ist und welches die wichtigsten Punkte dieser Phase sind, ist in Abbildung 3-57 zusammengetragen.

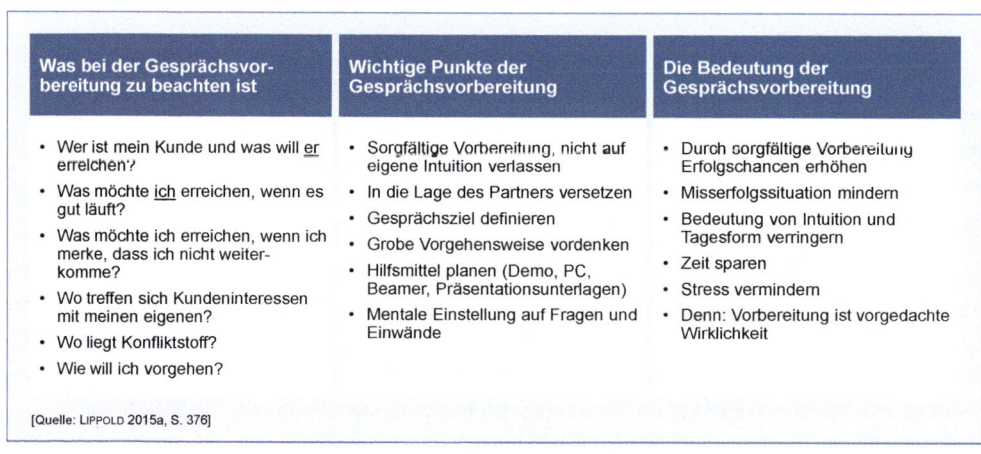

[Quelle: LIPPOLD 2015a, S. 376]

Abb. 3-57:   Die Gesprächsvorbereitung im Überblick

3.6.6.3 Gesprächseröffnung

Die Gesprächseröffnung ist deshalb so wichtig, weil der erste Eindruck, den sich ein Gesprächspartner von seinem Gegenüber macht, sehr viel nachhaltiger ist, als die Zeitabschnitte, die dann folgen. So haben Verhaltensforscher nachgewiesen, dass es max. 30 Sekunden dauert, bis zwei wissen, ob sie sich sympathisch sind oder nicht. Der erste Eindruck bestimmt das Akquisitionsgespräch also in hohem Maße, wobei auch "Kleinigkeiten" wie z.B. Kleidung zählen. Hinzu kommt, dass es wesentlich leichter ist, einen guten Eindruck aufrechtzuerhalten als einen negativen Eindruck aufzuheben und positiv neuzugestalten. Da es dem Gesprächspartner an Erfahrung mit seinem Gegenüber mangelt, wird er alles an Vorurteilen und Augenblickseindrücken heranziehen, um sich ein Urteil über sein Gegenüber zu bilden [vgl. HEITSCH 1985, S. 275].

In diesem Zusammenhang ist es wichtig, dass der Vertriebsmitarbeiter auf seine Sprache, Gestik, Mimik und Körperhaltung besonders achtet. Auch muss er sich ein genaues Bild von der Gesprächsatmosphäre, von der Rollen- und Machtverteilung seiner Gesprächspartner und von der eigenen Situation im Gespräch machen [vgl. HOMBURG/KROHMER 2009, S. 862].

3.6.6.4 Bedarfsanalyse

Der Bedarfsanalyse kommt bei Erst- und Kontaktgesprächen eine besondere Bedeutung zu. Hier geht es darum, die Kaufmotive des Kunden zu ergründen. Diese Kaufmotive sind personenbezogen und haben einen Einfluss auf die einzusetzenden Argumente des Verkäufers. Ist das dominante Kaufmotiv des Ansprechpartners bspw. *Sicherheit*, so sollte der Vertriebsmitarbeiter mit Formulierungen wie „ … das sichert Ihnen …" oder „…das gewährleistet Ihnen …" verstärkt den Sicherheitsaspekt ansprechen. Ist das Kaufmotiv dagegen *Kosten* oder *Gewinn*, so sind Verbalisierungen wie „ … das bringt Ihnen …" oder „ … damit erreichen Sie …" wirkungsvolle Formulierungen.

In dieser Phase gilt es, konzentriert *aktiv* (z. B. in Form von Fragen) oder *passiv* (z. B. in Form von signalisierter Zuwendung und Interesse) zuzuhören. Der Einsatz von Fragetechniken (offene und geschlossene Fragen) steht im Zentrum der Bedarfsanalyse, denn wer fragt, führt das Gespräch. Abbildung 3-58 gibt einen Überblick über wichtige Punkte dieser Phase.

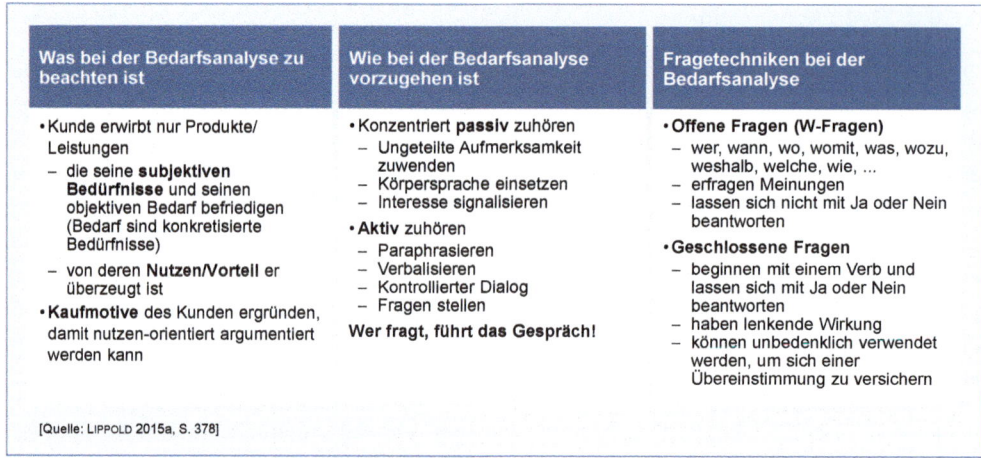

Abb. 3-58:   Die Bedarfsanalyse im Überblick

3.6.6.5 Nutzenargumentation

Die Nutzenargumentation im Rahmen des Verkaufsgesprächs (engl. *Benefit Selling*) sollte vor dem Hintergrund erfolgen, dass der Kunde keine Leistungen oder Produkte erwerben will, sondern den Nutzen bzw. den Vorteil, den er sich von den Leistungen erhofft. D. h. die verwendeten Argumente müssen den Nutzen von Leistungsmerkmalen anschaulich und glaubhaft machen. Solche **Merkmals-/Nutzen-Argumentationen** werden dann zu schlagenden Argumenten, wenn sie zusätzlich die Motivlage des Ansprechpartners treffen („Der Köder soll dem Fisch schmecken und nicht dem Angler").

In Abbildung 3-59 ist an einem einfachen Beispiel illustriert, wie nachteilig eine Argumentation, die sich auf reine Leistungseigenschaften konzentriert (engl. *Character Selling*), im Vergleich zu einer Merkmals-/Nutzen-Argumentation wirkt.

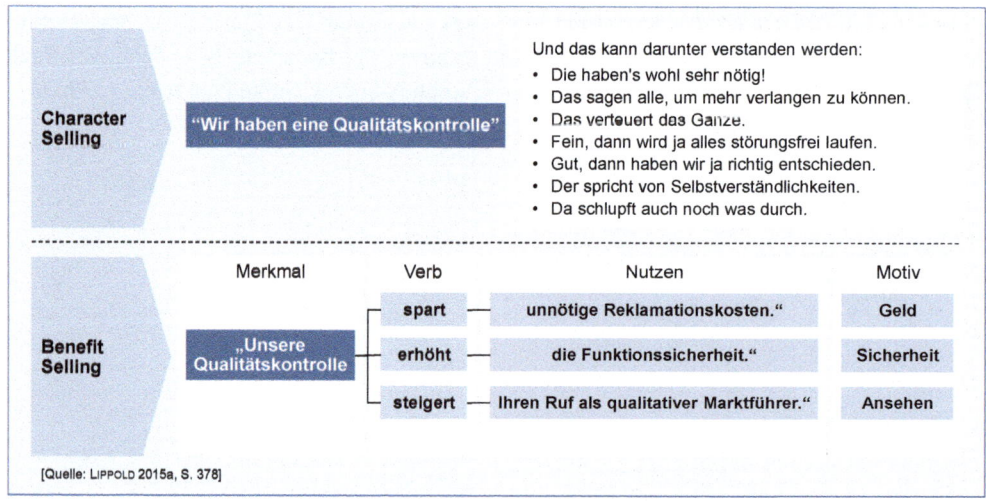

Abb. 3-59:   Gegenüberstellung von Character Selling und Benefit Selling

Wichtig bei der Nutzenargumentation ist darüber hinaus, dass der Verkäufer diskutierte Leistungsmerkmale *zweiseitig* argumentiert. Dadurch erhöht er die Glaubwürdigkeit seiner Aussagen, denn nur Vorteile gibt es nicht. Dem erwarteten Nutzen stehen zumindest immer Kosten gegenüber. Ferner sollten Fachausdrücke vermieden werden (es sei denn, der Kunde spricht sie aus). Auch sollte der Vertriebsmitarbeiter die Lernbereitschaft des Kunden nicht überfordern, sondern die Argumente zusammenfassen, Zwischenergebnisse festhalten und die vom Gesprächspartner akzeptierten Argumente wiederholen. Auch sollte man mit der Argumentation erst dann fortschreiten, wenn Einigkeit über ein wichtiges Argument erzielt worden ist.

3.6.6.6 Einwandbehandlung

Einwände sind für jeden Verkäufer lästig. Sie ziehen seine Glaubwürdigkeit in Zweifel oder zeigen, dass der Kunde die Argumente nicht verstanden hat oder nicht verstehen will. In jedem Fall verzögern Einwände das Verkaufsgespräch. Ursachen für Einwände können sein, dass die gegebenen Informationen nicht verstanden werden. Es kann aber auch sein, dass der Gesprächspartner die Information sehr wohl verstanden hat, diese aber anders bewertet. Schließlich kann es auch sein, dass der Kunde im Vorfeld des Verkaufsgesprächs andere Informationen hatte, die ihn zu anderen Schlüssen kommen lässt.

Ziel der Einwandbehandlung ist es, eine gemeinsame Informationsbasis zwischen Verkäufer und Kunden zu schaffen, d. h. es sollte eine Einigung über die Bewertung der Informationen geben, ohne dass es Sieger oder Besiegte gibt.

Die Einwandbehandlung wird in den einschlägigen Vertriebstrainings und Verkäuferschulungen immer wieder geprobt. Bewährte **Einwandbehandlungstechniken** sind

- die „Ja-aber-Methode",
- die „Gesetzt-den-Fall-dass-Methode",
- die „Pro-und-Kontra-Methode",
- die Vorwegnahme des Einwands,
- das Wiederhohlen und Versachlichen der Einwände sowie
- die Bumerang-Methode, bei der ein Einwand in ein positives Argument umgewandelt wird (… ja, gerade deshalb …").

Bei der Behandlung von Einwänden geht es letztlich nicht darum, wer Recht hat. Selbst wenn der Verkäufer immer Recht bekommt, unterliegt er mindestens einmal: Wenn er die Unterschrift unter den Vertrag nicht bekommt.

3.6.6.7 Gesprächsabschluss

Für den Kunden kommt die Entscheidung fast immer zu früh, denn es besteht in aller Regel – trotz bester Argumente – immer noch ein Stück Restunsicherheit. Trotzdem: Wenn alle Fragen geklärt sind und keine Einwände mehr bestehen, ist die Zeit für eine Entscheidung reif. Häufig sendet der Kunde auch bereits **Kaufsignale**, z. B. wenn er sehr häufig und unaufgefordert zustimmt oder Fragen stellt, die erst nach dem Kauf relevant sind. Weitere Kaufsignale können sein, dass sich der Kunde über die Erfahrung anderer Kunden (= Referenzen) informiert, um die eigene Entscheidung final abzusichern. Ein recht zuverlässiges Kaufsignal ist auch, wenn der Kunde bereits nach Zahlungsterminen fragt oder sich mit Details beschäftigt, die ebenfalls erst nach dem Kaufabschluss zu Tragen kommen. Wenn der Kunde ungeduldig wird, sollte man darauf verzichten, seine noch so guten Argumente fortzuführen. Der Kunde entscheidet!

Häufig muss dem Gesprächspartner beim Abschluss über die Schwelle hinweg geholfen werden. Hierzu bietet sich dem Verkäufer die direkte Aufforderung („Ich meine, wir sind uns einig, was meinen Sie?") oder die indirekte Aufforderung („Was steht aus Ihrer Sicht einer Entscheidung noch im Wege?") an.

Sollte allerdings keine Entscheidung erreichbar sein, so müssen die Teilergebnisse gesichert und das weitere Vorgehen vereinbart werden (z. B. Aktionsplan, Referenzbesuch, Termin bei der Geschäftsführung).

Generell stellt der Gesprächsabschluss für jeden Vertriebsmitarbeiter eine besondere Herausforderung dar. Die Anforderung, die in diesem Zusammenhang an die Qualifikation des erfolgreichen Verkäufers zu stellen ist, betrifft seine **Abschlusssicherheit**. Da ganz offensichtlich die Dauer der Auswahl- und Entscheidungsprozesse mit der Komplexität der einzusetzenden Lösung zunimmt, droht häufig die Gefahr, dass sich die Prozesse schier endlos und für beide Seiten unbefriedigend hinziehen.

3.6.7 Angebots- und Vertragsgestaltung

Das Aktionsfeld *Akquisition* wird in der Regel mit der Angebots- und Vertragsgestaltung abgeschlossen. Die Aufforderung zur Abgabe eines Angebotes kann mündlich („Senden Sie uns doch bitte ein Angebot zu") oder formal als „Request for Proposal – RfP" erfolgen.

3.6.7.1 Vertragliche Grundlagen

Mit der Abgabe eines Angebots existiert aber noch kein Vertrag. Ein Vertrag kommt grundsätzlich erst durch die Übereinstimmung von Antrag und Annahme zustande. Da der Antrag sowohl vom Auftragnehmer als auch vom Auftraggeber ausgehen kann, kommt ein Vertrag zustande durch

- Angebot des Auftragnehmers *und* Auftrag (Bestellung) des Auftraggebers oder durch
- Auftrag (Bestellung) des Auftraggebers *und* Auftragsbestätigung des Auftragnehmers.

In der Beratungsbranche ergeben sich somit für den Vertragsabschluss folgende Möglichkeiten:

- Der Berater macht ein Angebot, das Kundenunternehmen erteilt den Auftrag rechtzeitig und ohne Abänderungen. Damit ist der Vertrag zustande gekommen.

- Der Berater unterbreitet ein Angebot, das Kundenunternehmen bestellt zu spät oder mit Abänderungen (Erweiterungen oder Einschränkungen). Die verspätete Annahme des Antrages oder eine Annahme mit Änderungen gelten als neuer Antrag. Der Vertrag kommt erst durch Annahme des neuen Antrags zustande.

- Das Kundenunternehmen erteilt einen Auftrag ohne vorhergehendes Angebot, der Berater bestätigt den Auftrag. Der Vertrag kommt mit der Annahme des Auftrages zustande.

Da es sich bei dem Angebot von Beratungsunternehmen in aller Regel um ausgesprochen erklärungsbedürftige Leistungen handelt, wäre die Abfassung und Unterzeichnung eines **formellen (schriftlichen) zweiseitigen Vertrages**, in dem das Kundenunternehmen die Rechtsposition des Beraters ausdrücklich zur Kenntnis nimmt, der beste Weg zur Eingrenzung der vertraglichen Rechte und Pflichten beider Vertragspartner.

Wie heißt es so schön: „Die besten Verträge sind die, die in der Schublade bleiben können." Nun zeigt die Praxis allerdings immer wieder, dass eben nicht alle Verträge in der Schublade bleiben – auch nicht in der Beratungsbranche. In solchen Fällen, d. h. wenn Konfliktsituationen zwischen Auftraggeber und Auftragnehmer auftreten, dann stellen gute Verträge so etwas wie ein „Krisenmanagement" dar. Das Ergebnis schlechter Verträge sind dagegen ganz oder teilweise „uneinbringliche Forderungen". Die Lehre daraus lautet: Wer in Verträgen für Konfliktlösungen vorgesorgt hat, kann sich erlauben, Konflikte geschäftspolitisch großzügig zu klären.

Wie die Praxis aber auch immer wieder zeigt, werden solche zweiseitig entwickelten Vertragsentwürfe im Allgemeinen eingehenden, vor allem aber zeitraubenden Prüfungen durch die Rechtsabteilungen der Kundenunternehmen unterzogen.

Im Sinne einer zügigen Vertragsabwicklung haben sich daher viele Beratungsunternehmen nicht für die Aushandlung eines formellen zweiseitigen Vertrages, sondern mit dem Aufbau und der Vorlage eines ausführlichen Angebots auf der Basis von Angebotsbausteinen mit entsprechenden Mustertexten für eine etwas elastischere Vorgehensweise entschieden. Zwar handelt es sich dabei aus juristischer Sicht nur um den zweitbesten, allerdings deutlich schnelleren Weg der Vertragsgestaltung:

- Der potentielle Auftraggeber, also das Kundenunternehmen, erhält vom Berater zunächst ein ausführliches, schriftliches Angebot, an das der Berater sechs Wochen gebunden ist.

- Das Kundenunternehmen erteilt dem Berater einen schriftlichen Auftrag, in dem es sich auf das ihm vorliegende Angebot bezieht. Sollte das Kundenunternehmen den Auftrag zu spät, d. h. nach Ablauf von sechs Wochen, oder mit Abänderungen erteilen, so gilt dies wieder als neuer Antrag. Die Reaktion des Beraters auf ein solches Vorgehen muss entweder die Formulierung eines neuen Angebotes oder die Bestätigung dieser Bestellung sein.

- Das Kundenunternehmen erhält in jedem Fall eine abschließende Auftragsbestätigung vom Berater.

Somit orientieren sich die Rechtsgeschäfte dieses vereinfachten Verfahrens an der dreistufigen Kette: **„Angebot – Auftrag (Bestellung) – Auftragsbestätigung"**.

Sollte ein Kundenunternehmen dem Berater einen schriftlichen Auftrag erteilen, indem es von dem vorliegenden Angebot abweicht, so muss der Berater sofort, prompt und unverzüglich reagieren, da Schweigen als Bestätigung der Abänderung betrachtet werden kann. Derartige **Abweichungen** können sein:

- Geänderte Preise
- Veränderte Termine
- Einkaufsbedingungen des Auftraggebers als Grundlage der Bestätigung
- Haftungserweiterungen
- Änderungen der Gewährleistungsfristen
- Geänderte Zahlungsbedingungen
- Änderung des Gerichtsstandes.

Abbildung 3-60 verdeutlicht die unterschiedlichen Möglichkeiten, bei denen ein Vertrag im Beratungsgeschäft zustande kommen kann.

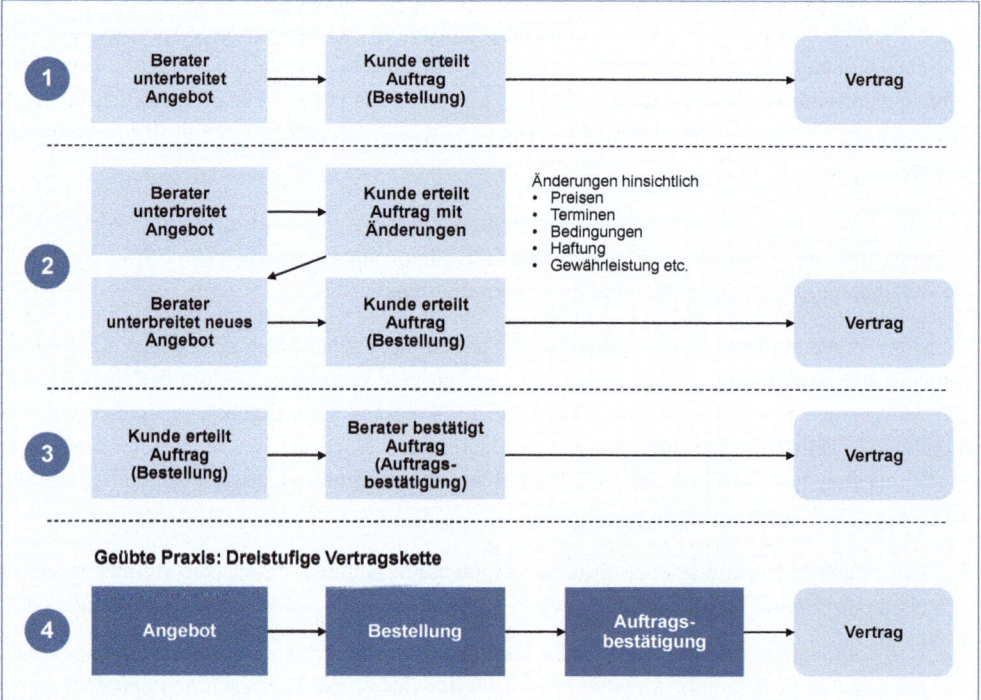

Abb. 3-60:   Möglichkeiten des Vertragsabschlusses in der Beratungsbranche

3.6.7.2 Dienstvertrag vs. Werkvertrag

Die nächste wichtige Frage, die sich im Zusammenhang mit der Vertragsgestaltung stellt, ist die Frage nach der schuldrechtlichen Zuordnung des Vertrages. Handelt es sich bei der Beratungstätigkeit also um einen Dienstvertrag oder um einen Werkvertrag?

Die Abgrenzung ist im Wesentlichen dahingehend vorzunehmen, dass ein Dienstvertrag dann vorliegt, wenn die Tätigkeit *selbst* geschuldet wird, ein Werkvertrag dagegen dann, wenn der *Erfolg* der Tätigkeit geschuldet wird. Beim Werkvertrag ist das Tätigwerden lediglich Mittel zum Zweck der Vertragserfüllung, beim Dienstvertrag dagegen die fachlich qualifizierte Tätigkeit die Vertragserfüllung selbst.

Praktisch gesehen hängt die vertragliche Zuordnung vom Grad der Aufgabenstellung ab: Liegt eine klar abgegrenzte, wohldefinierte Aufgabenstellung vor, bei der entsprechende Voraussetzungen und Vorleistungen zu erfüllen sind, so handelt es sich regelmäßig um einen Werkvertrag. Sind diese Bedingungen nicht erfüllt, so dass sich der Berater nicht in der Lage sieht bzw. auch gar nicht sehen kann, den Erfolg seiner Tätigkeit zu garantieren, ist die rechtliche Basis der Dienstvertrag.

Reine Beratung ist also regelmäßig eine Dienstleistung. Besonders bei der IT-nahen Dienstleistung wird der Berater allerdings nicht umhinkommen, für bestimmte Tätigkeitsbereiche einen **Werkvertrag** nach §§ 631 ff. BGB abzuschließen. Dies gilt insbesondere für die softwaretechnische Realisierung oder für klar umrissene Aufgabenstellungen wie z. B. die Erstellung eines Gutachtens oder die Anfertigung eines Organisationshandbuches. Im Gegensatz zum Dienstvertrag ist der Berater beim Werkvertrag im Rahmen der Gewährleistung zur Mängelbeseitigung oder Nachbesserung verpflichtet.

Ob Dienstvertragsrecht oder Werkvertragsrecht oder beides gemischt gilt, darüber entscheidet im Zweifel das Gericht, für das letztlich nicht die gewählte Bezeichnung des Vertrages maßgebend ist, sondern das wirtschaftlich Gewollte in Verbindung mit dem tatsächlichen Abgelieferten [vgl. NIEDEREICHHOLZ 2010, S. 315 unter Bezugnahme auf FISCHER/KÜSTER 1994].

Viele Kundenunternehmen wünschen unbedingt den Werkvertrag auf Festpreisbasis. Sie nehmen lieber einen entsprechenden Risikozuschlag in Kauf, wollen dafür aber Klarheit hinsichtlich der Preisstellung und des Fertigstellungstermins bekommen. Auf der anderen Seite kann der Kunde beim Werkvertrag nicht mehr lenkend auf die Aufgabenstellung und Zielsetzung, die sich im Zeitablauf ja durchaus ändern kann, Einfluss nehmen. Damit gibt der Kunde das Heft bei der Auftragsdurchführung vollständig aus der Hand, was ihm sicherlich in den meisten Fällen nicht angenehm sein dürfte. Im Zweifelsfall ist demnach der Dienstvertrag für beide Seiten die bessere Lösung: Für das Kundenunternehmen deshalb, weil es das Projekt besser steuern kann, für den Berater deshalb, weil er beim Dienstvertrag keine Gewährleistungsverpflichtung eingeht. Eine Gegenüberstellung von Dienst- und Werkvertrag liefert Abbildung 3-61.

	Dienstvertrag § 611 ff. BGB	Werkvertrag § 631 ff. BGB
Gegenstand	Leistung von Diensten (Arbeit)	Herstellung eines körperlichen oder unkörperlichen Werks
Kennzeichen	tätigkeitsbezogen	erfolgsbezogen (§ 631 Abs. 2)
Beispiele	• Beratung und Unterstützung, z.B. bei Erstellung eines Pflichtenhefts • Supportleistungen (Hotline) • Schulung	• Erstellung eines Pflichtenhefts • Software-Erstellung oder Anpassung • Implementierung • Erstellung eines Pflichtenhefts
Vergütung	i.d.R. nach Aufwand, laufend zu entrichten	• i.d.R. Festvergütung, fällig mit Abnahme (§ 641) • Anspruch auf Abschlagszahlungen (§ 632a)
Abnahme	nicht erforderlich	(Haupt-)Pflicht des Auftraggebers (§ 640)
Mitwirkung des Auftraggebers	grundsätzlich nicht geschuldet	Obliegenheit, § 642 BGB
Rechtsfolgen bei Mängeln	• keine Sachmängelgewährleistung • Schadensersatz nach allgemeinen Regeln (§ 280) • ordentliche Kündigung (§ 621) • außerordentliche Kündigung (§ 626)	• Sachmängelgewährleistung inkl. Schadensersatz (§ 634) • freie Kündigung (§ 649) • ggf. außerordentliche Kündigung (§ 314)
Vertragsdauer und Beendigung	Dauerschuldverhältnis: • auf bestimmte Zeit (§ 620 Abs. 1) • auf unbestimmte Zeit (§ 620 Abs. 2) • außerordentliche Kündigung möglich (§ 626)	bis zur Vollendung des Werks: • Kündigungsrecht des Auftraggebers (§ 649) • Kündigungsrecht des Beraters (§ 642) • außerordentliche Kündigung möglich (§ 314)

[Quelle: SCHNEIDER-BRODTMANN 2007, S. 25 ff.]

Abb. 3-61:   Gegenüberstellung von Dienst- und Werkvertrag

3.6.7.3 Aufwandsbezogene Vergütung vs. Festpreis

Häufig wird unterstellt, dass ein Werkvertrag auch immer eine fixe Vergütung erfordert, während der Dienstvertrag zwingend mit einer **aufwandsbezogenen Vergütung** in Verbindung gebracht wird. Das muss aber nicht so sein, denn der Gestaltungsfreiheit der Vertragsparteien sind keine Grenzen gesetzt, d. h. die Ausprägung eines Vertragsverhältnisses ist grundsätzlich unabhängig von der Art der Vergütung. So kann ein Werkvertrag durchaus vorsehen, dass sich die Vergütung nach der Höhe des Aufwands bemisst. Ebenso kann ein Dienstvertrag eine Pauschalvergütung beinhalten.

Wird ein Werkvertrag zu einem **Festpreis** abgeschlossen, so übernimmt der Berater neben der Ergebnisverantwortung auch das Risiko, dass sein Aufwand den vereinbarten Festpreis nicht übersteigt. Umgekehrt hat das Kundenunternehmen beim Festpreis das Risiko, dass im Festpreis viele Reserven zugunsten des Beraters einkalkuliert sind, so dass diese Reserven bei optimalem Projektverlauf einen Extraprofit für den Berater darstellen. Als Alternative wird daher häufig eine **Vergütung nach Aufwand mit einer Obergrenze** vereinbart, die nicht überschritten werden darf. Zwar hat das Kundenunternehmen hierbei die Chance, keine Risikoprämie für das Einhalten des Festpreises zahlen zu müssen, für den Berater gibt es aber keinen Anreiz, mit seinem Aufwand unter der Höchstgrenze zu bleiben [vgl. CLIFFORD CHANCE 2004, S. 6 f.].

Insbesondere bei *IT-Projekten* setzen sich in der Praxis zunehmend **gemischt-typische Verträge** durch. Die werkvertragliche Komponente umfasst dabei die Realisierung (Entwicklung, Customizing, Modifikationen) und ggf. die Installation von Software und Datenbanken. Mit dem Projekt einhergehende Schulungsleistungen sowie sonstige Beratungs- und Unterstützungsleistungen sind dagegen dienstvertragliche Komponenten. In Abbildung 3-62 sind wichtige Preisgestaltungsmodelle dargestellt.

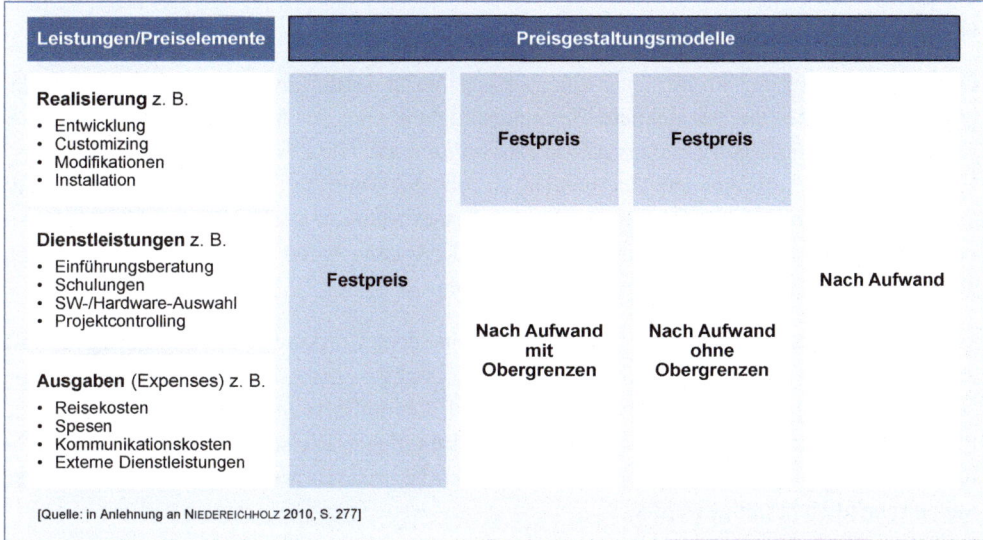

Abb. 3-62:   *Preiselemente und Vertragstypen bei IT-Projekten*

Aus werkvertraglicher Sicht besonders wichtig ist in diesem Zusammenhang die **Leistungsbeschreibung**. Sie bildet letztlich die Grundlage für die Festlegung der vereinbarten Beschaffenheit der bereitzustellenden Leistung i. S. d. §§ 434 Abs. 1, 633 Abs. 2 BGB. Die Leistungsbeschreibung, die in der Regel in einem **Pflichtenheft** festgelegt ist, ist somit die Basis für die Prüfung, ob die erbrachte Leistung frei von Sachmängeln ist [vgl. SCHNEIDER-BRODTMANN 2007, S. 21 ff.].

3.6.7.4 Allgemeine Auftragsbedingungen

Was nützen die besten Verträge, wenn sie sich gegenüber wirtschaftlich übermächtigen Auftraggebern nicht durchsetzen lassen? Sich der Bedeutung solcher guten, allseits akzeptierten Verträge bewusst, hat der BDU bereits sehr frühzeitig Allgemeine Geschäftsbedingungen (AGBs) für seine Mitgliedsfirmen erarbeitet und als „ Allgemeine Beratungsbedingungen der Unternehmensberatungen" dem Bundeskartellamt zur Genehmigung vorgelegt. Solche Geschäftsbedingungen stellen quasi das „Kleingedruckte" dar und regeln rechtliche Tatbestände wie *Haftung* oder *Gewährleistung*. Sie werden dem Angebot beigefügt und erlauben dem Kundenunternehmen, sich nach einmaliger Prüfung des rechtlichen Rahmens direkt auf den sachlichen Inhalt eines Angebots zu konzentrieren. Dieses Bedingungswerk des BDU, das inhaltlich der **Strategieberatung** zuzuordnen ist, enthält folgende Abschnitte:

Nach **§ 1 (Geltungsbereich)** gelten die Allgemeinen Beratungsbedingungen für Verträge, *„deren Gegenstand die Erteilung von Rat und Auskünften durch den Auftragnehmer an den Auftraggeber bei der Planung, Vorbereitung und Durchführung unternehmerischer oder fachlicher Entscheidungen und Vorhaben"* ist. Damit nimmt der Berater dem Kundenunternehmen keine Entscheidung ab, sondern agiert ausschließlich als Helfer zur Selbsthilfe und Vorbereiter von Entscheidungen des Kunden. Die Entscheidung, ob die Beraterempfehlungen auch umgesetzt werden sollen, bleibt ausschließlich dem Kunden vorbehalten [vgl. NIEDER-EICHHOLZ (2010), S. 314].

Der **§ 2 (Vertragsgegenstand; Leistungsumfang)** weist darauf hin, dass die im Vertrag (Angebot) vereinbarte und bezeichnete Beratungtätigkeit und *„nicht die Erzielung eines bestimmten wirtschaftlichen Erfolges oder die Erstellung von Gutachten oder anderen Werken"* Gegenstand des Auftrages ist. Unerheblich ist, ob und wann der Kunde die Empfehlungen umsetzt. Damit soll deutlich gemacht werden, dass es sich von vornherein um einen **Dienstvertrag** nach §§ 611 ff. BGB handeln soll, denn der Berater haftet im Rahmen dieses Vertrages nicht für den aus seiner Arbeit erwarteten Erfolg.

Mit **§ 3 (Leistungsänderungen; Schriftform)** wird dem Umstand Rechnung getragen, dass das Kundenunternehmen im Zeitablauf einer Beratung – insbesondere bei längeren und komplexeren Projekten – immer wieder zu neuen Erkenntnissen gelangt. Dadurch kann es zu Planungskorrekturen und zu Änderungen der ursprünglichen Zielsetzungen kommen. Solche Fälle, deren Mehraufwand angemessen zu vergüten ist, müssen protokolliert und von beiden Seiten schriftlich bestätigt werden.

In **§ 4 (Schweigepflicht; Datenschutz)** ist geregelt, dass der Berater zeitlich unbegrenzt verpflichtet ist, „über alle als vertraulich bezeichneten Informationen oder Geschäfts- und Betriebsgeheimnisse des Auftraggebers, die ihm im Zusammenhang mit dem Auftrag bekannt werden, Stillschweigen zu wahren". Die Weitergabe an Dritte darf nur mit schriftlicher Einwilligung des Kunden erfolgen. Der Berater ist aber befugt, die ihm anvertrauten Daten unter Beachtung der Datenschutzbestimmungen (z. B. für Benchmarks) zu verarbeiten.

Der **§ 5 (Mitwirkungspflichten des Auftraggebers)** macht deutlich, dass der Berater bei der Durchführung des Auftrags auf eine umfassende Unterstützung des Kundenunternehmens und seiner Mitarbeiter angewiesen ist.

In **§ 6 (Vergütung; Zahlungsbedingungen; Aufrechnung)** wird betont, dass die Vergütung des Beraters entweder *„nach den für die Tätigkeit aufgewendeten Zeiten berechnet (Zeithonorar) oder als Festpreis schriftlich vereinbart"* wird. Die Zahlung eines Erfolgshonorars ist in jedem Fall ausgeschlossen, da es den Dienstleistungscharakter in Frage stellen kann. Eine Aufrechnung gegen Forderungen des Beraters auf Vergütung und Auslagenersatz ist nur mit rechtskräftig festgestellten Forderungen zulässig.

Gemäß **§ 7 (Haftung)** haftet der Berater grundsätzlich für Schäden, die von ihm vorsätzlich oder grob fahrlässig verursacht wurden. Bei leichter Fährlässigkeit tritt der Berater für die von ihm (mit-)verursachten Schäden nur dann ein, *„wenn und soweit diese auf der Verletzung solcher Pflichten beruhen, deren Erfüllung die ordnungsgemäße Durchführung des Vertrags* *überhaupt erst ermöglicht und auf deren Einhaltung der Auftraggeber regelmäßig vertrauen darf"*. Die Haftungshöhe ist für den einzelnen Schadensfall auf 250.000 Euro begrenzt.

Gemäß **§ 8 (Schutz des geistigen Eigentums)** darf das Kundenunternehmen die vom Berater gefertigten Berichte, Organisationspläne, Entwürfe, Zeichnungen, Aufstellungen, Berechnungen etc. nur für die vertraglich vereinbarten Zwecke verwenden und nicht ohne ausdrückliche Zustimmung verbreiten.

In **§ 9 (Treuepflicht)**, der sich auf die Mitarbeiter beider Vertragspartner bezieht, verpflichten sich Berater und Kundenunternehmen zur gegenseitigen Loyalität. *„Sie informieren sich unverzüglich wechselseitig über alle Umstände, die im Verlauf der Projektausführung auftreten und die Bearbeitung nicht nur unerheblich beeinflussen können"*.

Der **§ 10 (Höhere Gewalt)** enthält keine beratungsspezifischen Besonderheiten.

In **§ 11 (Kündigung)** ist geregelt, dass – sofern nichts anderes vereinbart ist – der Auftrag durch den Kunden jederzeit, durch den Berater mit einer Frist von 14 Tagen zum Monatsende gekündigt werden kann. Hierbei handelt es sich allerdings um eine Regelung, die nicht unbedingt als ausgewogen bezeichnet werden kann, so dass sich der Berater in jedem Fall um eine Einzelfallregelung bemühen sollte.

Der **§ 12 (Zurückbehaltungsrecht; Aufbewahrung von Unterlagen)** gibt vor, dass der Berater bis zur vollständigen Begleichung seiner Forderungen ein Zurückbehaltungsrecht an den ihm überlassenen Unterlagen hat.

In **§ 13 (Sonstiges)** sind schließlich ein mögliches Abtretungsrecht an den Vertragsrechten sowie der Gerichtsstand geregelt. Schließlich wird darauf hingewiesen, dass Änderungen der Bedingungen oder des Vertrages in jedem Fall schriftlich erfolgen müssen.

3.6.7.5 Angebotstypen

Es existieren nahezu genauso viele Angebotstypen wie es Beratungsleistungen gibt. Viele Beratungsunternehmen haben sich einen Vorrat an Standardtextbausteinen für die verschiedenen Angebotstypen zugelegt, um eine möglichst einheitliche und zeitsparende Angebotsgestaltung vornehmen zu können. Mit solch einem Reservoir an Textbausteinen ist es für Vertriebs- und Fachmitarbeiter relativ leicht, ein individuelles (maßgeschneidertes) Angebot zusammenzustellen.

Wichtige Angebotstypen für die *„klassische"* Unternehmensberatung sind:

- Angebotstyp **„Situationsanalyse"** (auch: Schwachstellenanalyse) → Dienstvertrag
- Angebotstyp **„Analyse/Planung"** (auch: Strategische Planung) → Dienstvertrag
- Angebotstyp **„Realisierung"** (vor allem Gutachten) → vorwiegend Werkvertrag
- Angebotstyp **„Unterstützung"** → Dienstvertrag
- Angebotstyp **„Rahmenplanung"** → Dienstvertrag.

Speziell für die *IT-nahe* Unternehmensberatung kommen folgende Angebotstypen in Betracht:

- Angebotstyp **„Projektplanung und Beratung"** → vorwiegend Dienstvertrag
- Angebotstyp **„Hard- und Softwareüberlassung"** → vorwiegend Kauf- bzw. Nutzungsvertrag
- Angebotstyp **„Anpassung von Standardsoftware"** → vorwiegend Werkvertrag
- Angebotstyp **„Erstellung von Individual-Software"** → Werkvertrag
- Angebotstyp **„Implementierung und Schulung"** → Dienstvertrag
- Angebotstyp **„Betrieb von Hard- und Software"** → spezifischer Outsourcing-Vertrag
- Angebotstyp **„Wartung und Pflege"** → Wartungsvertrag.

Die Standard- und Individualtexte für die o. g. Angebotstypen sollten folgenden Gliederungspunkten zugeordnet werden:

- Ausgangssituation (obligatorisch für jedes Angebot)
- Aufgabenstellung und Zielsetzung (obligatorisch für jedes Angebot)
- Lösungsidee (sollte nur dann aufgenommen werden, wenn entsprechende Vorüberlegungen gemacht wurden)
- Vorgehensweise (kann beim Angebotstyp ‚*Unterstützung*' entfallen)
- Projektdurchführung (mit möglichen Hinweisen auf Projektverantwortung, Entscheidungs- und Abstimminstanzen sowie Projektmanagement)
- Arbeitsort, Sachmittel, Arbeitszeit (obligatorisch für jedes Angebot)
- Daten, Test, Entwicklungsumgebung (nur beim Angebotstyp ‚*Realisierung*')
- Zeitlicher Rahmen (obligatorisch für jedes Angebot)
- Personaleinsatz (obligatorisch für jedes Angebot)
- Honorare und Konditionen (obligatorisch für jedes Angebot).

3.7 Betreuung – Optimierung der Kundenzufriedenheit

3.7.1 Aufgabe und Ziel der Betreuung

Die *Betreuung* ist das sechste und letzte wichtige Aktionsfeld im Rahmen des Vermarktungsprozesses von Beratungsleistungen (siehe Abbildung 3-63). Da die Marketingaktivitäten eines Unternehmens nicht mit dem Auftragseingang enden, zielt die Betreuung auf die Optimierung der *Kundenzufriedenheit* ab:

Kundenzufriedenheit = f (Betreuung) → optimieren!

Die Komponente *Betreuung* unterscheidet sich insofern von den übrigen Aktionsfeldern der Marketing-Gleichung, weil sie erst *nach* der Auftragsvergabe zur Wirkung gelangt. Innerhalb des Vermarktungsprozesses ist sie der *Post-Sales-Phase* zuzuordnen.

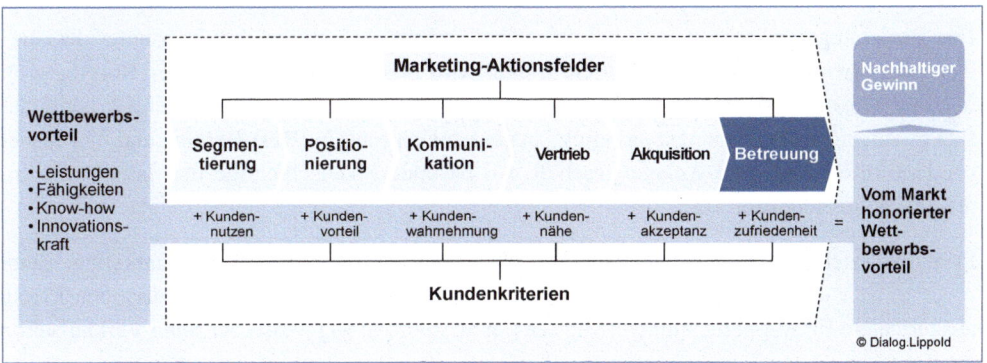

Abb. 3-63:   *Die Betreuung als sechstes Aktionsfeld der Marketing-Gleichung*

Dem Aktionsfeld *Betreuung* kommt in zweifacher Hinsicht eine besondere Bedeutung zu [vgl. LIPPOLD 1998, S. 237 f.]:

Zum einen ist die vorhandene Kundenbasis immer dann das am leichtesten zu erreichende Absatzpotenzial für das **Folgegeschäft**, wenn es gelingt, die bisherige Beziehung zur Zufriedenheit des Kunden zu gestalten. Im B2C-Marketing lässt sich die Kundenzufriedenheit relativ leicht an den unmittelbaren Wiederholungskäufen festmachen. Im Beratungsmarketing mit komplexen Leistungen ist dies dann der Fall, wenn das Projekt aufwandsgerecht durchgeführt wird, der Funktionsumfang den Erwartungen entspricht und das Kundenunternehmen auch nach dem Projekteinsatz das Gefühl hat, jederzeit kompetent (und bevorzugt) betreut zu werden. Mit den daraus resultierenden Folgeaufträgen wächst das Unternehmen mit seinem Kunden. Kurzum: Die verkauften Leistungen sollten dem abgegebenen Nutzen- und Qualitätsversprechen entsprechen und damit Wiederholungsaufträge initiieren.

Zum anderen ist ein gut betreuter Kunde in idealer Weise auch immer eine **Referenz** für das **Neugeschäft**, d. h. zur Gewinnung neuer Kunden. Besonders im Beratungsgeschäft sind Referenzen in einem Markt, dessen Entscheidungsprozesse häufig vom Kaufmotiv *Sicherheit* geprägt sind, in vielen Fällen ein wesentlicher Schritt zur Absicherung der Kaufentscheidung.

In diesem Zusammenhang ist anzumerken, dass dem Aktionsfeld *Betreuung* in der Marketing-literatur im Rahmen des marketingpolitischen Instrumentariums (Marketing-Mix) generell keine sehr große Bedeutung beigemessen worden ist. Im Mittelpunkt stand das „Neukunden-Marketing" und nicht das „Bestandskunden-Marketing". Erst mit dem Aufkommen der Idee des Customer Relationship Managements (CRM) ist die Beziehung zu den Bestandskunden stärker in das Bewusstsein der verschiedenen Marketingansätze gerückt.

Um die Betreuung, d. h. um die Bearbeitung der Bestandskunden zu optimieren, ist es erforderlich, sich zunächst mit den Aspekten des Kundenbeziehungsmanagements zu befassen.

3.7.2 Grundlagen der Kundenbeziehung

Das Beziehungsmarketing (engl. *Relationship Marketing*), das eine Zeit lang unter dem Begriff *Beziehungsmanagement* diskutiert wurde, wird inzwischen als Customer Relationship Management (CRM) immer stärker als ein wesentlicher, erfolgsbestimmender Marketingansatz gesehen. Das Beziehungsmarketing hat seinen Ursprung im B2B-Bereich und hier insbesondere im System- und Anlagengeschäft, wo besonders vielschichtige und intensive Kundenbeziehungen typisch sind.

Prinzipiell steht das Beziehungsmarketing im Gegensatz zum Transaktionsmarketing. Beim Transaktionsmarketing steht die „übliche instrumentelle, eher auf den kurzfristigen Erfolg ausgerichtete Einwegbetrachtung" [MEFFERT et al. 2008, S. 41] – also der reine Verkaufsakt – im Vordergrund.

Das Beziehungsmarketing betrachtet dagegen die Austauschbeziehungen zwischen Anbieter und Nachfrager prozessual und ganzheitlich. Damit wird es beeinflusst von den betriebswirtschaftlichen Zusammenhängen zwischen Kundenbindung und Gewinnerzielung.

Abbildung 3-64 zeigt die wesentlichen Unterschiede zwischen dem Transaktions- und dem Beziehungsmarketing auf. Die Gegenüberstellung darf aber nicht so verstanden werden, dass das Beziehungsmarketing dem Transaktionsmarketing immer und in jeder Weise überlegen ist. Die Entscheidung, ob Transaktionsmarketing oder Beziehungsmarketing der bessere Weg ist, hängt auch von den Wünschen und Vorstellungen des einzelnen Kunden ab. Eine Vielzahl von Kunden schätzt ein umfassendes Leistungsangebot des Beratungsunternehmens und bleibt lange Zeit Stammkunde. Andere Kunden hingegen zielen auf Kostenvorteile und wechseln bei niedrigeren Kosten sofort den Anbieter. Insofern ist das Beziehungsmarketing nicht bei allen Kunden der richtige Ansatz, da sich die hohen Aufwendungen der Beziehungspflege nicht immer bezahlt machen. Bei Kunden jedoch, die sich gern auf ein bestimmtes Leistungspaket festlegen und zudem eine kontinuierliche und gute Betreuung erwarten, ist das Beziehungsmarketing ein außerordentlich wirkungsvolles Instrument [vgl. KOTLER et al. 2007, S. 842 unter Bezugnahme auf ANDERSON/NARUS 1991, S. 95 ff.].

Transaktionsmarketing	Beziehungsmarketing
Orientierung am kurzfristigen Transaktionserfolg	**Orientierung am langfristigen Beziehungserfolg**
• Priorität der kurzfristigen Kundenabschöpfung • Wachstum durch neue Kunden • Transaktionsorientierte Sicht der Kundenbeziehung	• Langfristige Ausschöpfung aller Kundenpotentiale • Wachstum durch Kundenbindung • Evolutorisches Verständnis der Kundenbeziehung
Prioritäten des Produkterfolges	**Priorität des Kundenerfolgs**
• Umsatz und Marktanteil als oberste Marketing-Ziele • Gesamtmarkt – oder Segmentbetrachtung • Kontrolle der Vorteilhaftigkeit von Transaktionen	• Kundennähe, -zufriedenheit und -bindung als Ziele • Individuelle Steuerung von Kundenbeziehungen • Vertrauen in Fairness der Geschäftsprozesse
Aktionistische Marketingprozesse	**Interaktive Marketingprozesse**
• Breitangelegte Kommunikation • Standardisierte Marketingaktivitäten • Klare Grenzen zum Kunden	• Dialog-Kommunikation • Individualisierte Marketingaktivitäten • Integration des Kunden

Abb. 3-64:   Transaktionsmarketing vs. Relationship Marketing

Die Akquisition von Folgeaufträgen und die Steigerung des Umsatzes mit Kunden, für die bereits Beratungsaufgaben wahrgenommen wurden (engl. *Repeat Business*), sind für alle Unternehmensberatungen von hoher Bedeutung. Wie eine Untersuchung der Universität Mannheim aus dem Jahre 2003 zeigt, werden rund 80 Prozent des gesamten Umsatzes von Beratungsunternehmen aller Sparten mit Aufträgen bei bestehenden Kunden erzielt (siehe Insert 3-19). Damit wird zugleich deutlich, dass die nachhaltige Pflege der Kundenbeziehung zugleich auch zur Steigerung des Unternehmenswertes beiträgt [vgl. BECKER 2009, S. 631].

Auch das Beratungsmarketing hat erkannt, dass eine auf Dauerhaftigkeit angelegte Beziehungspflege von besonderer Bedeutung für den Geschäftserfolg ist. Grundvoraussetzung einer dauerhaften Beziehung ist der Aufbau von **Vertrauen**. So verwundert es auch nicht, dass die DEUTSCHE BANK ihren Slogan „Vertrauen ist der Anfang von allem" zur Grundlage ihrer Geschäftsbeziehung gemacht hat. Beratung hat fast ausschließlich mit Vertrauen zu tun – Vertrauen in die Verschwiegenheit (= Vertraulichkeit), aber auch Vertrauen in die professionelle Erfüllung eines Auftrags [vgl. BERGER 2004, S. 12].

Der Wert einer Geschäftsbeziehung ist auch deshalb für den Beratungsbereich von besonderer Bedeutung, weil die Unsicherheit gegenüber der Leistung einer Beratung immer dann am geringsten ist, wenn der betreffende Kunde bereits in einem oder mehreren Projekt(en) mit dem Berater zusammengearbeitet hat und wenn diese (positive) Zusammenarbeit auf das neue Projekt übertragen werden kann. So ist es auch wenig verwunderlich, dass Kundenunternehmen häufig, überwiegend oder sogar ausschließlich einen bestimmten Berater zur Lösung betrieblicher Probleme heranziehen [vgl. SCHADE 2000, S. 200 f.].

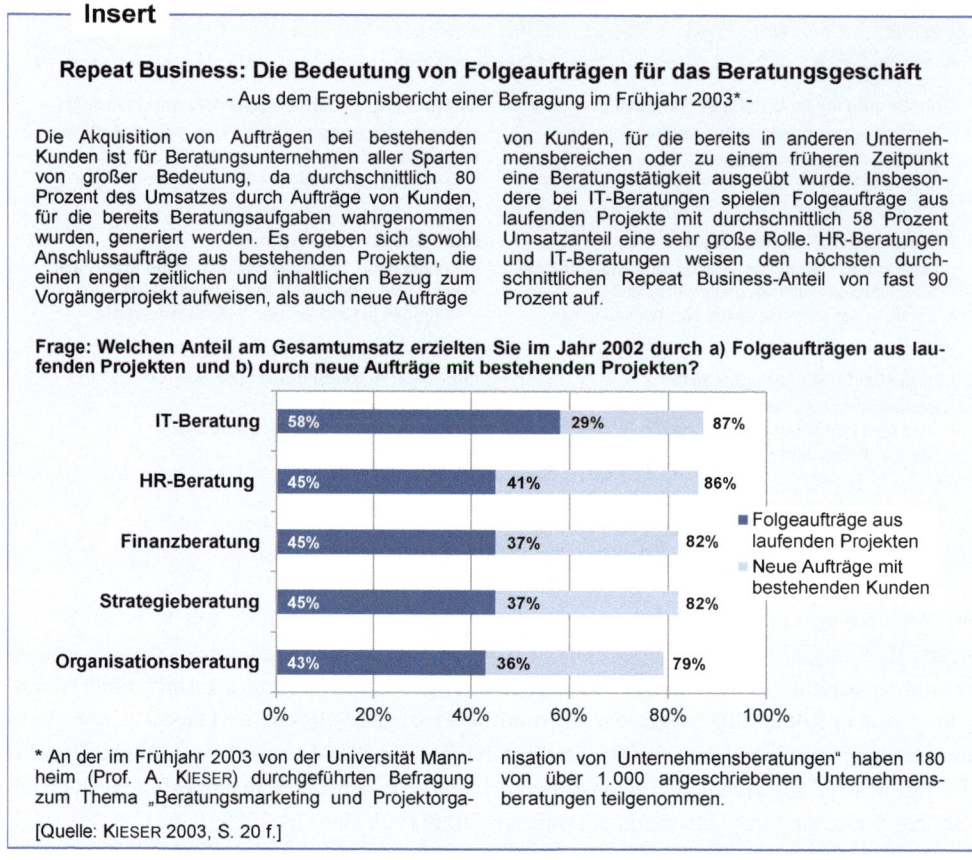

Insert

Repeat Business: Die Bedeutung von Folgeaufträgen für das Beratungsgeschäft
- Aus dem Ergebnisbericht einer Befragung im Frühjahr 2003* -

Die Akquisition von Aufträgen bei bestehenden Kunden ist für Beratungsunternehmen aller Sparten von großer Bedeutung, da durchschnittlich 80 Prozent des Umsatzes durch Aufträge von Kunden, für die bereits Beratungsaufgaben wahrgenommen wurden, generiert werden. Es ergeben sich sowohl Anschlussaufträge aus bestehenden Projekten, die einen engen zeitlichen und inhaltlichen Bezug zum Vorgängerprojekt aufweisen, als auch neue Aufträge von Kunden, für die bereits in anderen Unternehmensbereichen oder zu einem früheren Zeitpunkt eine Beratungstätigkeit ausgeübt wurde. Insbesondere bei IT-Beratungen spielen Folgeaufträge aus laufenden Projekte mit durchschnittlich 58 Prozent Umsatzanteil eine sehr große Rolle. HR-Beratungen und IT-Beratungen weisen den höchsten durchschnittlichen Repeat Business-Anteil von fast 90 Prozent auf.

Frage: Welchen Anteil am Gesamtumsatz erzielten Sie im Jahr 2002 durch a) Folgeaufträgen aus laufenden Projekten und b) durch neue Aufträge mit bestehenden Projekten?

* An der im Frühjahr 2003 von der Universität Mannheim (Prof. A. KIESER) durchgeführten Befragung zum Thema „Beratungsmarketing und Projektorganisation von Unternehmensberatungen" haben 180 von über 1.000 angeschriebenen Unternehmensberatungen teilgenommen.

[Quelle: KIESER 2003, S. 20 f.]

Insert 3-19:   Repeat Business im Beratungsgeschäft

Eine gute Geschäftsbeziehung ist darüber hinaus auch Ursprung einer **Referenz**. Speziell im Beratungsgeschäft kann zwischen Personen-Referenzen und Know-how-Referenzen unterschieden werden. *Know-how-Referenzen* beziehen sich auf die Beratungsleistungen an sich und stellen einen wichtigen Grund dafür, dass ein Anbieter nach entsprechenden Vorgesprächen und Angebotspräsentation den letztendlichen Zuschlag erhält. *Personen-Referenzen* werden von Personen abgegeben, die positive Erfahrungen mit dem Berater gemacht haben und entweder bereit sind, sich als Referenz nennen zu lassen (passive Referenz) oder aktiv als Referenz wirksam zu werden (aktive Referenz) [vgl. SCHADE 2000, S. 216 f.].

3.7.3 Customer Relationship Management

Customer Relationship Management (CRM) steht für die konsequente Ausrichtung aller Unternehmensprozesse auf den Kunden. Der Kerngedanke des CRM ist die Steigerung des Unternehmens- und Kundenwerts durch das systematische Management der existierenden Kundenbeziehungen. Mit CRM lassen sich besonders wertvolle Kundengruppen identifizieren und mit gezielten Maßnahmen der Kundenbindung (engl. *Customer Retention*) an das Unternehmen binden. Dies wird durch Konzepte wie Loyalitätsmaßnahmen, Personalisierung und Dialogmanagement erreicht [vgl. RAPP 2000, S. 42 f.].

Wie eine CRM-Untersuchung aus dem Jahre 2009 zeigt, sind die Erhöhung der Kundenbindung, der Aufbau von Kundenwissen und die Steigerung der Vertriebseffizienz die Hauptziele der 110 befragten Unternehmen (siehe Insert 3-13). Bei dieser CRM-Untersuchung handelt es sich allerdings nicht um eine Befragung innerhalb der Zielgruppe der Beratungsunternehmen. Da der größte Teil der befragten Unternehmen jedoch dem B2B-Bereich zuzuordnen ist, können die Erkenntnisse dieser Untersuchung durchaus auf Beratungsunternehmen übertragen werden. Ohnehin zählt die CRM-Beratung bei vielen Beratern zum Leistungsportfolio und was für die Kundenunternehmen richtig ist, sollte auch für die Anbieter von CRM-Konzepten gelten.

Generell beruht der Erfolg von CRM auf der Beantwortung folgender strategischer Fragen [vgl. RAPP 2000, S. 46 f.]:

- Welche Kunden sind die profitabelsten in der Dauer der Kundenbeziehung und wie unterscheiden sich diese in ihrem Verhalten und ihren Prozessen?

- Welche Leistungen und Personalisierungsangebote müssen geboten werden, damit sie dem Unternehmen langfristig verbunden bleiben?

- Wie können ähnliche neue profitable Kunden nachhaltig gewonnen werden?

- Wie lässt sich ein differenziertes Leistungsangebot für unterschiedliche Kunden entwickeln ohne die Kosten zu erhöhen?

Zur Beantwortung dieser Fragen benötigen Unternehmen differenzierte Daten über ihre Kunden. Diese sind zumeist in mehr oder weniger strukturierter Form (als numerische Daten, als Fließtext, als Grafiken etc.) in verschiedenen Kunden- oder Produktdatenbanken des Unternehmens vorhanden. Für Zwecke des Customer Relationship Management müssen diese Daten in geeigneten IT-gestützten CRM-Systemen zusammengefügt werden, um die notwendigen Kundeninformationen herausfiltern zu können. Wesentliche Instrumente dazu sind Data Warehouse- und Data Mining-Systeme [vgl. BECKER 2009, S. 633].

Beim **Data Warehouse** handelt es sich um ein speziell für die Entscheidungsfindung aufgebautes Informations- bzw. Datenlager, in dem Daten aus unternehmensweiten, operativen IT-Systemen (Call Center, Internet, Vertrieb etc.) gesammelt, transformiert, konsolidiert, gefiltert und fortgeschrieben werden. Das **Data Mining** wiederum dient nun dazu, aus diesem Datenberg wertvolle Informationen zu extrahieren, um Aussagen im Sinne der Kundenorientierung und Gewinnmaximierung treffen zu können [vgl. RAPP 2000, S. 73 ff.].

Wie die Umfrageergebnisse des CRM-Barometers 2009/2010 weiter zeigen, wird die Vielzahl der gesammelten Daten von der Mehrheit der befragten Unternehmen analytisch ausgewertet. So nehmen zwei Drittel der befragten Unternehmen eine Effektivitätsmessung in Marketing, Vertrieb und Service vor. Hier wird die Profitabilität von Marketingkampagnen oder die Effektivität von Vertriebs- und Serviceprozessen gemessen (siehe Insert 3-20).

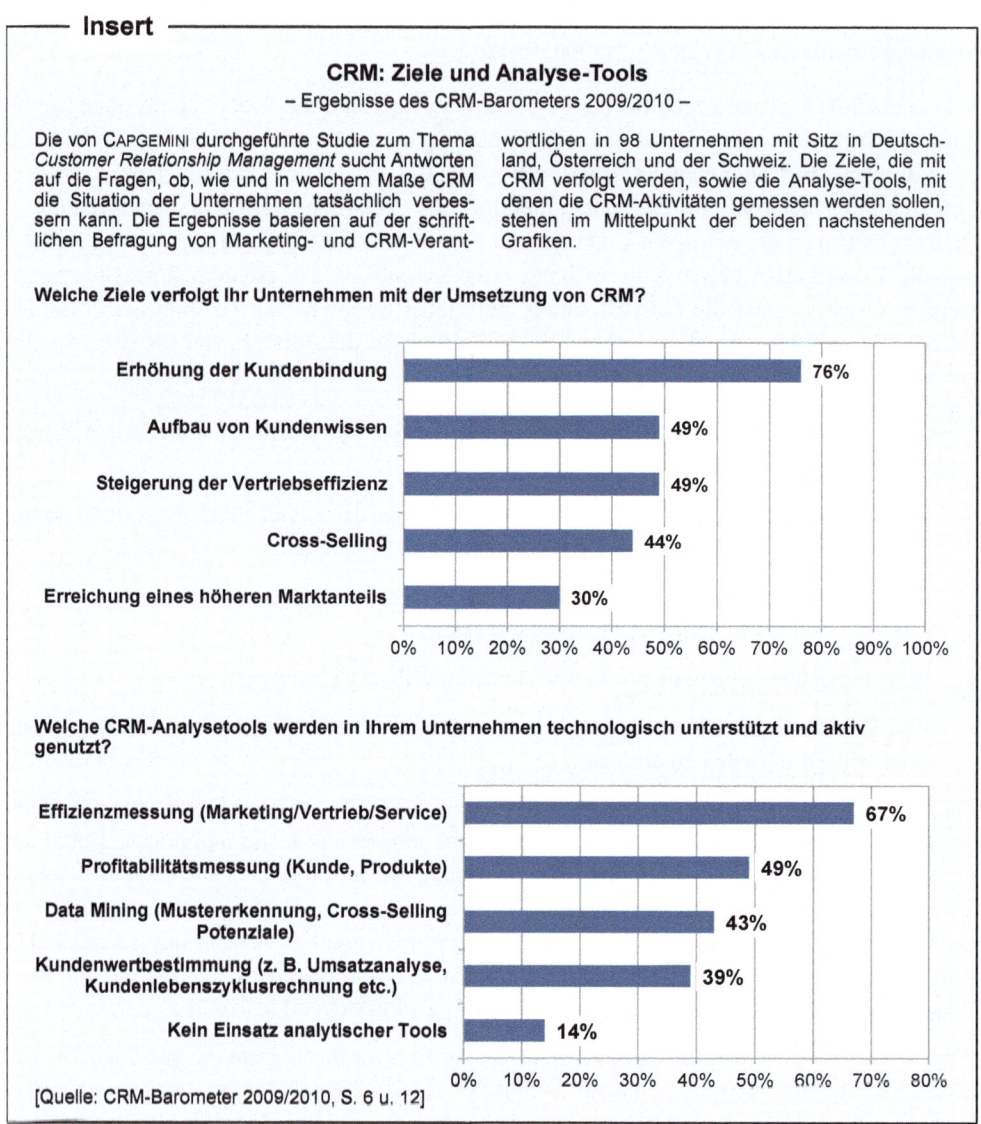

┌─ **Insert** ───

CRM: Ziele und Analyse-Tools
– Ergebnisse des CRM-Barometers 2009/2010 –

Die von CAPGEMINI durchgeführte Studie zum Thema *Customer Relationship Management* sucht Antworten auf die Fragen, ob, wie und in welchem Maße CRM die Situation der Unternehmen tatsächlich verbessern kann. Die Ergebnisse basieren auf der schriftlichen Befragung von Marketing- und CRM-Verant-wortlichen in 98 Unternehmen mit Sitz in Deutschland, Österreich und der Schweiz. Die Ziele, die mit CRM verfolgt werden, sowie die Analyse-Tools, mit denen die CRM-Aktivitäten gemessen werden sollen, stehen im Mittelpunkt der beiden nachstehenden Grafiken.

Welche Ziele verfolgt Ihr Unternehmen mit der Umsetzung von CRM?

Ziel	Prozent
Erhöhung der Kundenbindung	76%
Aufbau von Kundenwissen	49%
Steigerung der Vertriebseffizienz	49%
Cross-Selling	44%
Erreichung eines höheren Marktanteils	30%

Welche CRM-Analysetools werden in Ihrem Unternehmen technologisch unterstützt und aktiv genutzt?

Tool	Prozent
Effizienzmessung (Marketing/Vertrieb/Service)	67%
Profitabilitätsmessung (Kunde, Produkte)	49%
Data Mining (Mustererkennung, Cross-Selling Potenziale)	43%
Kundenwertbestimmung (z. B. Umsatzanalyse, Kundenlebenszyklusrechnung etc.)	39%
Kein Einsatz analytischer Tools	14%

[Quelle: CRM-Barometer 2009/2010, S. 6 u. 12]

└──

Insert 3-20:　CRM-Ziele und -Analysetools

Die Umsetzung von CRM-Maßnahmen ist allerdings nicht frei von Problemen und Herausforderungen. Keine klare Zielsetzung und zu viele Aktivitäten, die nicht priorisiert wurden, sind bei 55 Prozent der befragten Unternehmen das entscheidende Umsetzungsproblem [Quelle: CRM-Barometer 2009/2010, S. 8].

CRM muss nicht zwingend als ein umfassendes Maßnahmenpaket im Rahmen eines Großprojektes eingeführt werden. Oft ist es effektiver, die Umsetzung – entsprechend der unternehmerischen Priorisierung und der Gesamtstrategie – in Einzelteile zu zerlegen. Geschieht dies, können zahlreiche CRM-Aktivitäten auch parallel mit Erfolg umgesetzt werden. Diese Vorgehensweise hat neben dem Vorteil des geringeren Umsetzungsrisikos auch den Vorzug, dass die Mitarbeiter CRM als schrittweisen Veränderungsprozess erkennen und dadurch den eingeschlagenen Weg nicht nur mitgehen, sondern im Idealfall sogar aktiv unterstützen [vgl. CRM-Barometer 2009/2010, S. 7 f.].

Schließlich noch ein weiterer Aspekt, der beim Auf- und Ausbau eines nachhaltigen CRM – zumindest in weiten Teilen des B2C- und B2B-Marketings – zukünftig eine bedeutende Rolle spielen wird: der Trend zur Kommunikation über Social Media. Bereits in wenigen Jahren wird es selbstverständlich sein, Kundenanfragen über Blogs zu beantworten oder Podcasts zur Erläuterung der Produktnutzung online anzubieten. Ob dies auch im sehr erklärungsbedürftigen Beratungsgeschäft der Fall sein wird, bleibt allerdings abzuwarten.

70 Prozent der Teilnehmer einer DETECON-Studie zum „Kundenservice der Zukunft" glauben, dass Social Media ein bedeutender Servicekanal der Zukunft ist. Unternehmen werden künftig wesentliche Prozesse des Kundenservice über öffentliche Dialoge abwickeln und Kundenbindung auf einer neuen, viel persönlicheren Ebene etablieren. Social Media wird so immer mehr zu einer Herausforderung im Rahmen des Zufriedenheits-, Beschwerde- und Kündigungsmanagements – zum Social CRM. Diesen Austausch aktiv zu gestalten, ihn zu moderieren, wird ein wichtiges Merkmal des Kundenservice der Zukunft sein [vgl. DETECON 2010, S. 4].

3.7.4 Kundenbindungsprogramme

Um die Stabilität der Geschäftsbeziehung und damit ihre Wettbewerbsposition zu verbessern, tun Unternehmensberater gut daran, wenn sie auch nach dem Projektende Maßnahmen zum Aufbau und zum langfristigen Erhalt der Kundenbindung einsetzen. Zu solchen Maßnahmen im After-Sales (zuweilen auch als *Post-Sales* bezeichnet) zählen vor allem Kundenbindungsprogramme, wie sie seit Jahren im Konsumgüterbereich obligatorisch sind. Kundenbindungsprogramme zeichnen sich im B2B-Marketing dadurch aus, dass sie sich wesentlich stärker personifizieren lassen. Die Anzahl der Kunden/Organisationen und damit auch die Anzahl der Zielpersonen für Bindungsmaßnahmen sind im Gegensatz zum Konsumgüterbereich zumeist sehr überschaubar. Aus diesem Grunde werden Bonusprogramme, Kundenkarten und das Couponing im B2B-Marketing weniger eingesetzt. Zu den wichtigsten Kundenbindungsmaßnahmen im B2B-Geschäft zählen hingegen

- Kundenveranstaltungen,
- Kunst- und Sportveranstaltungen,
- Kundenclubs sowie
- Kundenzeitschriften.

Zu Kundenveranstaltungen wird in mehr oder weniger regelmäßigen Abständen ein relativ kleiner Kreis aus Geschäftskunden eingeladen. Besonders bewährt hat sich auch hier die Form des *Kamingesprächs*, bei dem zu Beginn der Veranstaltung ein politisches oder wirtschaftliches Thema von allgemeiner Bedeutung referiert wird. Ein solches Referat bietet den Aufhänger für Diskussionen und für das anschließende Get-together. Die Exklusivität der Veranstaltung vermittelt bei den eingeladenen Gästen den Eindruck, besonders bevorzugt behandelt zu werden.

Eine ähnliche Zielsetzung verfolgen **Kunst- und Sportveranstaltungen**. Auch hier steht im Hintergrund, bewusst geschäftsfremde Themen (wie Ballett, Theater, Malerei, Konzert oder Sport) zum Anlass für ein Get-together auszusuchen. Besonders die VIP-Bereiche bei großen Sportveranstaltungen (Fußball, Basketball, Handball, Eishockey) bieten eine gute Gelegenheit, unmittelbar mit dem Kunden ins Gespräch zu kommen. Besonders nachgefragt sind in jüngster Zeit Einladungen zu firmeneigenen Golfturnieren. Sehr häufig sind diese Veranstaltungen, die von unternehmensfremden Organisatoren initiiert und durchgeführt werden, in engem Zusammenhang mit den **Sponsoring-Aktivitäten** des Unternehmens zu sehen (siehe hierzu auch Abschnitt 3.4.6.2).

Kundenclubs, die ihren Ursprung im Endkundensegment haben (z. B. Dr. OETKER-Back-Club), werden zunehmend von Softwarehäusern (und bislang weniger von Beratungsunternehmen) als Bindungsmaßnahme ins Leben gerufen. Solche Clubs bieten einem ausgewählten Segment exklusive Leistungen und Services an. Durch regelmäßige Kontakte und eine intensive Kommunikation bauen sie eine emotionale Bindung zum Unternehmen auf.

Eine weitere, sehr häufig angewendete Kundenbindungsmaßnahme sind **Kundenzeitschriften**, die einem ausgewählten Verteilerkreis zugänglich gemacht werden. Informationen über neue Managementansätze, Kundenlösungen, Service Offerings und Aktivitäten im Bereich des Corporate Social Responsibility (CSR) bilden den Inhalt dieser teilweise sehr hochwertig aufgemachten Zeitschriften.

3.7.5 After-Sales im Produktgeschäft

Für Beratungsunternehmen, die mit einem Bein auch im (Standard-)Softwaregeschäft tätig sind, bietet sich in der After-Sales-Phase eine Reihe von Möglichkeiten an, das Absatzpotential bei bestehenden Kunden zu nutzen, obwohl viele Unternehmen dem akquisitorischen Potenzial im Kundenstamm häufig nicht die gleiche Bedeutung wie dem Neugeschäft beimessen. Erst wenn sich das Wachstum verlangsamt, das Innovationspotenzial erlahmt oder der Wettbewerb bereits eine neue Produktgeneration einführt, wenden sich die Softwareunternehmen verstärkt dem Folgegeschäft in der eigenen Kundenbasis zu. Das Absatzpotenzial bei bestehenden Kunden ist wiederum in zweierlei Hinsicht von strategischer Bedeutung [vgl. LIPPOLD 1998, S. 238 ff.]:

Zum einen besteht die Möglichkeit, im Rahmen der bereits installierten Produktleistung zusätzliche Leistungen wie Ergänzungskomponenten, Organisationsberatung u. ä. m. zu verkaufen. Diese Vorgehensweise bietet sich immer dann an, wenn der Kunde zunächst lediglich ein Basissystem oder nur bestimmte Teilkomponenten erworben hat.

Zum anderen bietet der aktuelle Kundenkreis eine ideale Basis, um in dieser Zielgruppe die **nächste Produktgeneration** zu akquirieren. Da sich eine neue Produktgeneration i. d. R. weniger durch gravierende organisatorische sondern mehr durch technologische Neuerungen auszeichnet, lässt sie sich innerhalb dieser Zielgruppe wesentlich leichter, d. h. ohne große Eingriffe in die bestehende Aufbau- und Ablauforganisation, einführen. Naturgemäß reicht das Absatzpotenzial im bestehenden Kundenstamm für sich genommen nicht aus. Als Plattform für die Ausweitung auf neue Segmente und Zielgruppen sowie zur Überbrückung schwerfälliger Anlaufphasen ist es aber sehr gut geeignet.

Zu den wichtigsten Instrumenten, die im Rahmen der After-Sales-Phase für das Softwaregeschäft sinnvoll und nützlich sind, zählen

- die Zusammenarbeit mit **Benutzergruppen**,
- die Organisation von **Benutzertreffen** sowie
- die Organisation von **Referenzbesuchen**.

3.7.5.1 Benutzergruppen

Verfügen Produkte über eine hinreichend große Installationszahl und darüber hinaus über einen entsprechend großen (strategischen) Stellenwert bei den Anwenderunternehmen, so kommt es häufig zur Bildung von Benutzergruppen (engl. *User-Groups*). Dabei geht es zunächst um einen informellen Informations- und Erfahrungsaustausch unter Fachleuten der Anwenderunternehmen, die in regelmäßigen Zeitabständen zusammentreffen. Im Zusammenhang mit der Systemeinführung wird in diesen Gruppen vor allem auch erörtert, inwieweit die Hersteller ihren werblichen und verkaufspolitischen Versprechungen gerecht geworden sind. Die damit vorgenommene Bewertung des Anbieterunternehmens kann dessen Image u. U. erheblich beeinflussen. Softwareunternehmen sind somit vor die Entscheidung gestellt, ob sie die User-Groups zum Gegenstand ihres Marketing machen sollen oder nicht [vgl. STROTH-MANN/KLICHE 1989, S. 119].

Hat sich das Herstellerunternehmen für eine aktive und konstruktive Mitarbeit in diesen Anwendergremien entschieden, so kann es die Zusammenkünfte der Anwender dazu nutzen, kompetente Referenten für Fachvorträge abzustellen und damit zum Abbau der kognitiven Dissonanz beizutragen. Insofern bietet die Benutzergruppe einerseits eine ideale Möglichkeit für den Absatz evtl. Zusatzleistungen (Erweiterungsmodule, Ergänzungsbausteine, Beratungsleistungen) und andererseits dient sie als Referenz zur Gewinnung neuer Kundenpotenziale [vgl. BAAKEN/LAUNEN 1993, S. 168].

Die Einrichtung einer User-Group muss allerdings nicht nur positive Wirkungen auf das Anbieter-Image haben, sondern kann auch Risiken für das Unternehmen in sich bergen. So kann der Einfluss der Benutzer dazu führen, dass der Anbieter seine Entwicklungspolitik entgegen den ursprünglichen Planungen verändern muss. Ggf. müssen eliminierungswürdige Teilsysteme (Module) auf Druck der User in der Produktpalette verbleiben oder bestimmte Produktfunktionen ins Angebot aufgenommen werden, ohne dass jemals eine Amortisierung der Entwicklungskosten in Aussicht steht [vgl. BAAKEN/LAUNEN 1993, S. 168 f.].

Besonders hinzuweisen ist schließlich auf die Möglichkeit, sich mit der Etablierung einer Benutzergruppe zugleich auch eine wichtige **Informationsquelle** zu erschließen, die für das Gebiet der Marktforschung von erheblichem Wert ist. Erhebungen innerhalb der Anwenderschaft können nicht nur wichtige Hinweise für die Weiterentwicklung des Produktes liefern, sondern auch evtl. Unzulänglichkeiten in der Einführungsphase oder in der Funktionalität aufzeigen [vgl. STROTHMANN/KLICHE 1989, S. 121].

3.7.5.2 Benutzertreffen

Unabhängig davon, ob für ein Produkt eine Benutzervereinigung existiert oder nicht, in jedem Fall bietet sich zur Intensivierung der Kundenbetreuung die periodische Organisation und Durchführung von Benutzertreffen an. In diesen Veranstaltungen kann der gastgebende Hersteller sein gesamtes Marketing-Instrumentarium gezielt und ohne Streuverluste einsetzen. Der Veranstaltungserfolg hängt entscheidend von der *Programmgestaltung* ab. Themen- und Referentenauswahl sind dabei ebenso wichtig wie Organisation und Inhalt des Rahmen- und Beiprogramms. Insbesondere durch das Angebot themen- bzw. problembezogener Workshops, die den Benutzern die Möglichkeit zum Informations- und Erfahrungsaustausch bieten, kann es dem Veranstalter gelingen, eine besonders starke Bindung zum Geschäftskunden herzustellen.

Zweifellos sind Benutzertreffen neben ihrer Funktion als Informationsbörse zugleich auch immer Verkaufsveranstaltungen. So sind Vorträge über die künftige Unternehmens- und Entwicklungsstrategie ebenso fester Programmbestandteil wie die Präsentation neuer Programmbausteine oder die Vorstellung eines Kooperationspartners mit seinem ergänzenden Produkt- und Leistungsangebot. Darüber hinaus kann ein Benutzertreffen in ähnlicher Form der Informationsbeschaffung dienen wie eine User-Group. Entsprechend konzipierte Fragebögen, die im Rahmen der Veranstaltung ausgeteilt werden, können dabei wichtige Aufschlüsse über zukünftige Benutzeranforderungen und damit über Teilaspekte der einzuschlagenden Entwicklungsstrategie geben.

3.7.5.3 Referenzbesuche

Insbesondere im Geschäft mit komplexen Produkten und Leistungen gehört der Nachweis von Referenzen zu einem der wichtigsten Marketing-Bestandteile überhaupt. Als Referenzen werden Kunden bezeichnet, bei denen ein Produkt oder Projekt erfolgreich und zur Zufriedenheit des Kunden durchgeführt wurde. Die Nachfrage nach Referenzen drückt in besonderem Maße das hohe Sicherheitsbedürfnis des potentiellen Anwenders bei der Beschaffung von Produkten oder Systemen aus. Grundsätzlich ist zu unterscheiden zwischen *aktiver* und *passiver* Form des Referenznachweises [vgl. STROTHMANN/KLICHE 1989, S. 122].

Eine aktive Referenzpolitik liegt dann vor, wenn auf Referenzunternehmen bereits hingewiesen wird, ohne dass ein darauf gerichtetes Kundeninteresse erkennbar ist. Die aktive Form des Referenznachweises setzt voraus, dass der Anbieter über eine hinreichend große Anzahl von Kunden verfügt, bei denen das Produkt zur Zufriedenheit der Benutzer eingeführt wurde und die *jederzeit bereit sind*, Auskunft über die Tauglichkeit des Systems - auch gegenüber möglichen Wettbewerbern - zu geben. Wird bei der Angabe von Referenzen Zurückhaltung geübt und werden Referenzadressen nur dann genannt, wenn der potentielle Kunde darauf besteht, so wird von einer passiven Referenzpolitik gesprochen. Die passive Form des Referenznachweises ist in der Praxis wesentlich häufiger anzutreffen, weil die meisten Anwender (trotz allgemeiner Zufriedenheit mit dem installierten Produkt) i. d. R. nicht bereit sind, einem Dritten ohne entsprechende „Vorwarnung" durch den Anbieter Auskunft über die Installation zu geben [vgl. STROTHMANN/ KLICHE 1989, S. 122].

Besonders wirkungsvoll sind Referenzanwender, die ihre Räumlichkeiten zur *Besichtigung* oder zum *Test* des bei ihnen installierten Produkts durch den potentiellen Kunden zur Verfügung stellen. Ein solcher Besichtigungstermin sollte jedoch sehr gut vorbereitet sein, da Komplikationen bei der Vorführung das Entscheidungsrisiko der potentiellen Investoren nicht gerade abbauen hilft [vgl. BAAKEN/LAUNEN 1993, S. 170].

Dies alles setzt voraus, dass sich Anbieter eine Datei von potentiellen Referenzanwendern anlegen. In dieser **Referenzdatei** sollten alle Funktionsbausteine, die der jeweilige Anwender im Einsatz hat, aufgeführt sein. Weiterhin sollten die technologische Infrastruktur sowie Strukturmerkmale, wie Unternehmensgröße und Branchenzugehörigkeit, in der Datei festgehalten werden. In der Systematik der Referenzdatei spiegeln sich somit im Prinzip nichts anderes wider als die Kriterien der *Makrosegmentierung* (siehe auch Abschnitt 3.2.3), die der Festlegung des relevanten Marktausschnittes dienen. Eine solche Systematik ist insbesondere deshalb von Bedeutung, weil viele potentielle Kunden bei einem Referenzbesuch besonderen Wert auf eine vergleichbare Systemumgebung legen. Der Referenznehmer verspricht sich davon den Vorteil, den Systemeinsatz unter ähnlichen Bedingungen zu erleben [vgl. STROTHMANN/ KLICHE 1989, S. 124].

Unter dem Gesichtspunkt unterschiedlicher Branchenanforderungen kommt der Etablierung eines *Lead User* pro Branche eine besondere Bedeutung zu. Als Lead User werden Referenzkunden bezeichnet, die den Produktentwicklungsprozess aktiv mitgestalten und somit Einfluss auf das Entwicklungsergebnis nehmen. Besonders wichtig bei der Auswahl der Lead User ist, dass diese *typische* Vertreter ihrer Branche sind und über ein entsprechend positives Image verfügen [vgl. BAAKEN/LAUNEN 1993, S. 170 unter Bezugnahme auf VON HIPPEL 1986, S. 791-805].

In Abbildung 3-65 sind die wichtigsten Instrumente im After-Sales-Geschäft im Überblick dargestellt.

Gründung von Benutzergruppen (User-Groups)	Organisation von Benutzertreffen	Organisation von Referenzbesuchen

• Informeller Erfahrungsaustausch unter Fachleuten (User)
 • Eine aktive und konstruktive Mitarbeit des Herstellers bietet sich an
 • Ideale Möglichkeit um Zusatzbausteine und Ergänzungsleistungen anzubieten
 • Einbindung der User in die künftige Entwicklungspolitik
 • Erheblicher Wert für die Marktforschung
	• Intensivierung der Kundenbetreuung durch periodische Organisation von Zusammenkünften
	 • Gesamtes Marketing-Instrumentarium kann ohne Streuverluste eingesetzt werden
	 • Neben der Funktion als Informationsbörse zugleich auch Verkaufsveranstaltung
	 • Ggf. auch Einbindung von Kooperationspartnern
		• Aktive Referenzpolitik:
		    - Setzt voraus, dass genügend zufriedene Kunden bereit sind, Auskunft zu geben
		 • Passive Referenzpolitik
		    - In der Praxis wesentlich häufiger anzutreffen
		    - Viele Kunden sind nicht bereit, ohne entsprechende Vorwarnung Auskunft zu geben
		 • Besonders wirkungsvoll, wenn der Kunde seine Räumlichkeiten für den Referenzbesuch zur Verfügung stellt

Abb. 3-65: Instrumente im After-Sales-Geschäft

3.7.6 Kundenlebenszyklus

Trotz aller bindungserhaltenden und -steigernden Maßnahmen halten Geschäfts- bzw. Kundenbeziehungen nicht ewig. Ähnlich wie bei Produkten unterliegt auch die Kundenbeziehung einem Lebenszyklus. Der Kundenbeziehungs- bzw. **Kundenlebenszyklus** (engl. *Customer Lifecycle*) beschreibt idealtypisch die verschiedenen Phasen einer (langfristigen) Geschäftsbeziehung. Nach diesem Konzept, das Steuerungsansätze zur systematischen Kundenbindung in den Mittelpunkt stellt, können sechs Phasen unterschieden werden [vgl. BECKER 2009, S. 632 ff. und DWYER et al. 1987, S. 15]:

- Anbahnungsphase
- Explorationsphase
- Expansionsphase
- Reife- bzw. Gefährdungsphase
- Kündigungsphase
- Revitalisierungsphase.

Zielgruppe der **Anbahnungsphase** sind Interessenten, die bislang noch keine Kunden sind. Im Mittelpunkt steht das Interessentenmanagement, dessen Ziel die Anbahnung von neuen Geschäftsbeziehungen ist. In dieser Phase kommen vornehmlich die Kommunikationsinstrumente des Beratungsunternehmens zum Einsatz (Werbung, Direktmarketing, Messen, Fachartikel etc.).

Die **Explorationsphase** beschreibt die frühe Entwicklung der Kundenbeziehung. Im Mittelpunkt steht das Neukundenmanagement, das in der Regel durch geringfügige Umsätze bei hohen (kundenbezogenen) Kosten gekennzeichnet ist. Erst-, Kontakt- und Informationsgespräche der Vertriebsmitarbeiter des Beratungsunternehmens kennzeichnen diese Phase. Inhaltlich steht hierbei die Bedarfsanalyse im Vordergrund.

Bei der **Expansionsphase** geht es um die Stärkung einer stabilen Kundenbeziehung mit signifikant steigenden Umsätzen und sinkenden Kosten. Im Mittelpunkt steht das Zufriedenheitsmanagement. Die Expansion einer Kundenbeziehung ist die typische Aufgabe eines Key Account Managers.

Die **Reifephase** einer Kundenbeziehung ist zugleich auch die Phase der höchsten Gefährdung. Einer hohen Kundenbindung mit minimalen Kosten und maximalen Umsätzen kann hier die Gefahr sich beschwerender Kunden gegenüberstehen. Beschwerdemanagement bzw. Kündigungspräventionsmanagement ist hier die zielführende Managementaufgabe des Beratungsvertriebs.

Ziel der **Kündigungsphase** sollte es sein, dass der Kunde seine Kündigungsabsicht überdenkt und ggf. zurücknimmt. Ein hierfür eingesetztes Kündigungsmanagement kann dieses Ziel unterstützen.

Die **Revitalisierungsphase** ist auf die Wiederanbahnung einer stabilen Geschäftsbeziehung ausgerichtet. Das hierzu eingesetzte Rückgewinnungsmanagement ist demnach ein Spezialfall des Kundenbeziehungsmanagements.

Damit konzentrieren sich die Aufgaben des Vertriebsmanagements einer Unternehmensberatung im Rahmen des Kundenlebenszyklus auf die drei Schwerpunkte

- Interessentenmanagement,
- Kundenbindungsmanagement und
- Rückgewinnungsmanagement.

In Abbildung 3-66 sind die Phasen des Kundenlebenszyklus sowie die entsprechenden Managementaufgaben dargestellt.

Phase	Anbahnungs-phase	Explorations-phase	Expansions-phase	Reifephase (Gefährdungs-phase)	Kündigungs-phase	Revitalisie-rungsphase
Ziel	Anbahnung von neuen Geschäfts-beziehungen	Festigung von neuen Geschäfts-beziehungen	Stärkung von stabilen Geschäfts-beziehungen	Stabilisierung gefährdeter Geschäfts-beziehungen	Rücknahme von Kündigungen	Wiederan-bahnung der Geschäfts-beziehung
Kunden-bezogene Umsätze und Kosten		Geringe Umsätze – hohe Kosten	Steigende Umsätze – sinkende Kosten	Maximale Umsätze – minimale Kosten		
Management-aufgabe	Interessenten-management	Neukunden-management	Zufriedenheits-management	Beschwerde-management	Kündigungs-management	Revitalisie-rungs-management
	Interessenten-management	Kundenbindungsmanagement			Rückgewinnungs-management	

[Quelle: BECKER 2009, S. 632 unter Bezugnahme auf STAUSS 2000, S. 15]

Abb. 3-66: Phasen des Kundenlebenszyklus

Literatur zum 3. Kapitel

ABELL, D. F. (1980): Defining the Business. The Starting Point of Strategic Planning, Englewood Cliffs, N. J. 1980.

ALDERSON, W. (1957): Marketing Behavior and Executive Action, Homewood (Il.) 1957.

AMTHOR, A./BROMMUND, T. 2010: Mehr Erfolg durch Web Analytics: Ein Leitfaden für Marketer und Entscheider, München 2010.

ANDERSON, J. C./NARUS, J. A. (1991): Partnering as a Focused Market Strategy, in: California Management Review, Spring, 1991, S. 95–113.

AUMA (2011), URL.:

http://www.auma.de/_pages/d/01_Branchenkennzahlen/0101_InternationaleMessen/0101 01_Hallenkapazitaeten.aspx

AUMA Messe Trend (2010), URL.:

http://www.ttw.ch/upload/kfm/Texte/Diverses/2011/AUMA_MesseTrend2010.pdf

BAAKEN, T./LAUNEN, M. (1993): Software-Marketing, München 1993.

BACKHAUS, K./VOETH, M. (2004): Industriegütermarketing – eine vernachlässigte Disziplin?, in: BACKHAUS, K./VOETH, M. (Hrsg.): Handbuch Industriegütermarketing: Strategien, Instrumente, Anwendungen, Wiesbaden 2004, S. 5-21.

BACKHAUS, K./VOETH, M. (2010): Industriegütermarketing, 9. Aufl., München 2010.

BÄNSCH, A. (2002): Käuferverhalten, 9. Aufl., München, Wien 2002.

BARCHWITZ, C./ARMBRÜSTER, T. (2007): Marktmechanismen und Marketing in der Beratungsbranche, in: Nissen, V. (Hrsg.): Consulting Research. Unternehmensberatung aus wissenschaftlicher Perspektive, Wiesbaden 2007.

BAUMGARTH, C. (2004): Markenführung von B-to-B-Marken, in: BRUHN, M. (Hrsg.): Handbuch Markenführung, Wiesbaden 2004.

BDU-Benchmarkstudie (2011): Benchmarks in der Unternehmensberatung 2010/2011.

BECKER, J. (1993): Marketing-Konzeption. Grundlagen des strategischen Marketing-Managements, 5. Aufl., München 1993.

BECKER, J. (2009): Marketing-Konzeption. Grundlagen des ziel-strategischen und operativen Marketing-Managements, 9. Aufl., München 2009.

BERGER, R. (2004): Unternehmen und Beratung im Wandel der Zeit, in: NIEDEREICHHOLZ et al. (Hrsg.): Handbuch der Unternehmensberatung, Bd. 1, 0100, Berlin 2004.

BITKOM (Hrsg.) (2006): Vertriebskennzahlen für ITK-Unternehmen. Leitfaden Vertriebs-Measurement.

BITTNER, L. (1994): Innovatives Software-Marketing, Landsberg/Lech 1994.

BLAKE, R. R./MOUTON, J. S. (1972): Besser verkaufen durch GRID, Düsseldorf - Wien 1972.

BRUHN, M. (2007): Kommunikationspolitik, 4. Aufl., München 2007.

CLIFFORD CHANCE (Hrsg.) (2004): IT-Projekt-Vertragsmanagement. Kritischer Erfolgsfaktor und Fels in der Krise, URL: www.intargia.com/misc/filePush.php?id=118&name...it...pdf

CRM-Barometer 2009/2010, hrsg. v. CAPGEMINI Consulting.

DALLMER, H. (2002): Direct Marketing, in: Das System des Direct Marketing – Entwicklung und Zukunftsperspektiven, in: Dallmer, H. (Hrsg.): Das Handbuch Direct Marketing & More, 8. Aufl., Wiesbaden 2002, S. 3-32.

DETECON (2010): Kundenservice der Zukunft. Mit Social Media und Self Services zur neuen Autonomie des Kunden. Empirische Studie: Trends und Herausforderungen des Kundenservice-Managements.

DGFP e. V. (Hrsg.) (2004): Wertorientiertes Personalmanagement – ein Beitrag zum Unternehmenserfolg. Konzeption – Durchführung – Unternehmensbeispiele, Düsseldorf 2004.

DÜWEKE, E./RABSCH, S. (2012): Erfolgreiche Websites: SEO, SEM, Online-Marketing, Usability, 2. Aufl., Bonn 2012.

DWYER, R. F./SCHURR, P. H./OH, S. (DWYER et al. 1987): Developing Buyer-Seller Relationships, Journal of Marketing, 51, 11-27.

ECKARDT, G. H. (2010): Business-to-Business-Marketing. Eine Einführung für Studium und Beruf, Stuttgart 2010.

FASSNACHT, M. (2003): Preisdifferenzierung, in: Diller, H./Herrmann, A. (Hrsg.): Handbuch Preispolitik. Strategien – Planung – Organisation, Wiesbaden 2003, S. 481-502.

FESTINGER, L.: Theory of Cognitive Dissonance, Stanford, Cal. 1957.

FOHMANN, L. (2005): Projektergebnisrechnung in Beratungsunternehmen, in: STOLORZ, C./ FOHMANN, L. (Hrsg.): Controlling in Consultingunternehmen. Instrumente, Konzepte, Perspektiven, 2. Aufl., Wiesbaden 2005, S. 61-166.

FRETER, H. (1983): Marktsegmentierung, Stuttgart 1983.

FRITZ, W./EFFENBERGER, J. (1998): Strategische Unternehmensberatung. Verlauf und Erfolg von Projekten der Strategieberatung, in: Die Betriebswirtschaft, vol. 58, no. 1, 1998, S. 103-118.

GODEFROID, P./PFÖRTSCH, W. A. (2008): Business-to-Business-Marketing, 4. Aufl., Ludwigshafen 2008.

GROSSE-OETRINGHAUS, W. (1986): Die Bedeutung des strategischen Marketings für den Vertrieb, Siemens-interne Vortragsvorlage, München 1986.

HANSEN, H. R./AMSÜSS, W. L./FRÖMMER, N. S. (HANSEN et al. 1983): Standardsoftware. Beschaffungspolitik, organisatorische Einsatzbedingungen und Marketing, Berlin - Heidelberg - New York 1983.

HEITSCH, D. (1985): Das erfolgreiche Verkaufsgespräch, 2. Aufl., Landsberg am Lech 1985.

HESSELER, M. (2011a): Service-Teil zu: Unternehmensethik und Consulting. Berufsmoral für professionelle Beratungsprojekte, München 2011.

HEßLER, A,/MOSEBACH, P. (2012): Strategie und Marketing im Web 2.0: Handbuch für Steuerberater und Wirtschaftsprüfer, Wiesbaden 2012.

HIPPEL, E., VON (1986): Lead Users: A Source of Novel Product Concepts, in: Management Science, 32 (July 1986), S. 791-805.

HOMBURG, C./KROHMER, H. (2006): Grundlagen des Marketingmanagements. Einführung in Strategie, Instrumente, Umsetzung und Unternehmensführung, Wiesbaden 2006.

HOMBURG, C./KROHMER, H. (2009): Marketingmanagement. Strategie – Umsetzung – Unternehmensführung, 3. Aufl., Wiesbaden 2009.

IT BUSINESS EDGE (2011): GARTNER: SaaS Growth Shows No Signs of Slowing, URL: http://www.itbusinessedge.com/cm/blogs/all/gartner-saas-growth-shows-no-signs-of-slowing/?cs=48600

JÄGER, W. (2008): Die Zukunft im Recruiting: Web 2.0. Mobile Media und Personalkommunikation, in: BECK, C. (Hrsg.): Personalmarketing 2.0. Vom Employer Branding zum Recruiting, Köln 2008.

JÄGER, W./JÄGER, M./FRICKENSCHMIDT, S. (JÄGER ET al. 2007): Verlust der Informationshoheit, in: Personal 02/2007, S. 8-11.

KIESER, A. (2003): Beratungsmarketing und Projektorganisation von Unternehmensberatungen. Ergebnisbericht einer Befragung im Frühjahr 2003.

KLEINALTENKAMP, M. (2000): Einführung in das Business-to-Business Marketing, in: KLEINALTENKAMP, M./PLINKE, W. (Hrsg.): Technischer Vertrieb: Grundlagen des Business-to-Business Marketing, 2. Aufl., Berlin 2000, S. 171-247.

KOTLER, P. (1977): Marketing-Management. Analyse, Planung und Kontrolle, Stuttgart 1977.

KOTLER, P./KELLER, K. L./BLIEMEL, F. (KOTLER et al. 2007): Marketing-Management. Strategien für wertschaffendes Handeln, 12. Aufl., München 2007.

KUß, A. (2013): Marketing-Theorie. Eine Einführung, 3. Aufl., Wiesbaden 2013.

LIPPOLD, D. (1993): Marketing als kritischer Erfolgsfaktor der Softwareindustrie. In: ARNOLD, U./EIERHOFF, K. (Hrsg.): Marketingfocus: Produktmanagement, Stuttgart 1993, S. 223-236.

LIPPOLD, D. (1998): Die Marketing-Gleichung für Software. Der Vermarktungsprozess von erklärungsbedürftigen Produkten und Leistungen am Beispiel von Software, 2. Aufl., Stuttgart 1998.

LIPPOLD, D. (2010a): Die Marketing-Gleichung für Unternehmensberatungen, in: NIEDEREICHHOLZ et al. (Hrsg.): Handbuch der Unternehmensberatung, Bd. 2, 7440, Berlin 2010.

LIPPOLD, D. (2014): Die Personalmarketing-Gleichung. Einführung in das wert- und prozessorientierte Personalmanagement, 2. Aufl., München 2014.

LIPPOLD, D. (2015a): Die Marketing-Gleichung. Einführung in das prozess- und wertorientierte Marketingmanagement, 2. Aufl., Berlin/Boston 2015.

LIPPOLD, D. (2015d): Einführung in die Marketing-Gleichung, Wiesbaden 2015.

MARKETING.CH – Das Schweizer Fachportal für Marketing. URL: http://www.marketing.ch/wissen/suchmaschinenmarketing/textanzeigen.asp

MEFFERT, H. (1998): Marketing. Grundlagen marktorientierter Unternehmensführung. Konzepte – Instrumente – Praxisbeispiele, 8. Aufl., Wiesbaden 1998.

MEFFERT, H./BURMANN, C./KIRCHGEORG, M. (MEFFERT et al. 2008): Marketing. Grundlagen marktorientierter Unternehmensführung. Konzepte – Instrumente – Praxisbeispiele, 10. Aufl., Wiesbaden 2008.

MÜLLER, W. (1995): Geschäftsfeldplanung, in: TIETZ, B. (Hrsg.): Handwörterbuch des Marketing, 2. Aufl., Stuttgart 1995, Sp. 760-785.

MÜLLER-STEWENS, G./LECHNER, C. (2001): Strategisches Management. Wie strategische Initiativen zum Wandel führen, Stuttgart 2001.

NIEDEREICHHOLZ, C. (2010): Unternehmensberatung, Band 1, Beratungsmarketing und Auftragsakquisition, 5. Aufl., München 2010.

NISSEN, V./KINNE, S. (2008): IV- und Strategieberatung: eine Gegenüberstellung, in: LOOS, P./BREITNER, M./DEELMANN, T. (Hrsg.): IT-Beratung. Consulting zwischen Wissenschaft und Praxis, Berlin 2008, S. 89-106.

RAPP, R. (2000): Customer Relationship Management. Das neue Konzept zur Revolutionierung der Kundenbeziehungen, Frankfurt/Main 2000.

REGER, G. (2009): Innovationsmanagement – Change Management. Präsentationsvorlage Potsdam 12.12.2009.

RODDEWIG, S. (2003): Website Marketing. So planen, finanzieren und realisieren Sie den Marketing-Erfolg Ihres Online-Auftritts, Braunschweig/Wiesbaden 2003.

SCHADE, C. (2000): Marketing für Unternehmensberatung. Ein institutionenökonomischer Ansatz, 2. Aufl., Wiesbaden 2000.

SCHILDHAUER, T. (1992): Strategisches Softwaremarketing. Übersicht und Bewertung, Wiesbaden 1992.

SCHNEIDER-BRODTMANN, J. (2007): IT-Projekte mit System: Vertragsmanagement als Erfolgsfaktor, URL: http://www.ttr-gmbh.de/ttr/download/dokument/106601.pdf

SEBASTIAN, K.-H./MAESSEN, A. (2003): Pricing-Strategie. Wege zur nachhaltigen Gewinnmaximierung, in: Preismanagement, hrsg. v. SIMON, KUCHER & PARTNERS, Bonn 2003.

SIMON, H. (1988): Management strategische Wettbewerbsvorteile, in: ZfB, 58. Jg. (1988). Heft 4, S. 461-480.

STAUSS, B. (2000): Perspektivenwandel: Vom Produktlebenszyklus zum Kundenbeziehungslebenszyklus, in Thexis 2/2000, S. 15-18.

STROTHMANN, K.-H./KLICHE, M. (1989): Innovationsmarketing. Markterschließung für Systeme der Bürokommunikation und Fertigungsautomation, Wiesbaden 1989.

SZYPERSKI, N./WINAND, U. (1979): Duale Organisation. Ein Konzept zur organisatorischen Integration der strategischen Geschäftsfeldplanung, in: ZfbF-Kontaktstudium 31 (1979), S. 195-205.

TÜSCHEN, N. (1989): Unternehmensplanung in Softwarehäusern. Entwurf und Weiterentwicklung eines Bezugsrahmens auf der Basis empirischer Explorationen in Softwarehäusern in der Bundesrepublik Deutschland, Bergisch-Gladbach, Köln 1989.

UNGER, F./DURANTE, N.-V./GABRYS, E./KOCH, R./WAILERSBACHER, R. (UNGER et al. 2004): Mediaplanung. Methodische Grundlagen und praktische Anwendungen, 4. Aufl., Heidelberg 2004.

WEBSTER, F. E./WIND, Y. (1972): Organizational Buying Behavior, Englewood Cliffs, N. J. 1972.

WIND, Y./CARDOZO, R.: Industrial Market Segmentation, in: IMM, 3 (1974), S. 153-166.

4. Leistung und Technologie der Unternehmensberatung

4. Leistung und Technologie der Unternehmensberatung

In diesem Kapitel geht es um den eigentlichen Inhalt der Beratung, d. h. um den Leistungserstellungsprozess und das Leistungsergebnis einer Unternehmensberatung. Die Rede ist also vom Kernbereich der „Produktion" von Beratungsleistungen. Die zu liefernde Leistung (engl. Delivery) ist die Existenzberechtigung der Unternehmensberatung. Es gibt aber nicht nur eine (klar umrissene) Leistung einer Unternehmensberatung, sondern eine Vielzahl inhaltlich unterschiedlicher Leistungen. Für die Erstellung dieser extrem vielfältigen Leistungen und den damit verbundenen Problemlösungen steht dem Berater eine Vielzahl von Methoden, Konzepten und ggf. auch Produkten zur Verfügung.

Entlang den einzelnen Phasen der Strategischen Planung soll eine relevante Auswahl dieser Hilfsmittel und Werkzeuge (engl. Tools) vorgestellt und erläutert werden. Im Mittelpunkt stehen dabei Analyse-Tools sowie Tools zur Ziel- und Strategieformulierung. Diesen vorangestellt werden allgemeine Darstellungstools zur Problemerkennung und -analyse sowie zur Visualisierung und Interpretation von Daten, wie sie der Berater immer wieder verwendet. Damit verbunden sind:

➤ Aussagen über die Grundlagen des Beratungsprozesses

➤ Aussagen über die Wirkungsweise von Techniken und Tools zur Situationsanalyse

➤ Aussagen über die Wirkungsweise von Techniken und Tools zur Zielformulierung

➤ Aussagen über die Wirkungsweise von Techniken und Tools zur Strategiewahl

➤ Aussagen über die Implementierung von Wachstums-, Wettbewerbs-, Konsolidierungs- und Markteintrittsstrategien.

4.1 Grundlagen des Beratungsprozesses

Sicherlich ist kein Erfolgsfaktor im Beratungsgeschäft so schwer zu beschreiben und zu erklären wie die Beratungsleistung an sich. Zu unterschiedlich sind die Beratungsinhalte und die Beratungsprozesse. Zu verschieden ist das Zusammenspiel von Leistungspotenzial, Leistungsprozess und Leistungsergebnis von Beratungsauftrag zu Beratungsauftrag. Daher kann hier nur der Versuch unternommen werden, auf die Besonderheiten des Leistungserstellungsprozesses hinzuweisen sowie Beratungskonzepte, -methoden und -produkte, die in den Leistungserstellungsprozess einfließen, zu systematisieren und zu erläutern.

Als Dienstleistung gehört die Beratung zu jenen Angeboten, bei denen Informations- und Unsicherheitsprobleme sowohl auf der Kunden- als auch auf der Lieferantenseite groß sind. Beratungsleistungen sind immateriell und integrativ. Daher können sie nicht auf Vorrat gefertigt werden. Für den Kunden hat dies zur Folge, dass er kein fertiges, überprüfbares Produkt bestellt, sondern dass die Beauftragung zunächst nur auf der Grundlage eines *Leistungsversprechens* erfolgt [vgl. KAAS 2001, S. 109].

Der Schlüssel zu einem erfolgreichen Wettbewerbskonzept für Unternehmensberater liegt in einem genauen Verständnis des Beratungsprozesses, also der *Dienstleistungsproduktion*. Zu diesem Kernbereich zählen die Entwicklung, Formalisierung, Speicherung, Bereitstellung, der Transfer, aber auch der Schutz von Wissen. Angesprochen sind damit auch die verschiedenen Aspekte des **Managements von Wissen** (engl. *Knowledge Management*) als Grundlage der Leistungserstellung von Beratungsunternehmen [vgl. BAMBERGER/WRONA 2012, S. 21].

Die Entwicklung, Speicherung und Diffusion des „Kernrohstoffes" Information bzw. Wissen ist die Grundlage und Voraussetzung des Erfolgsfaktors *Beratungstechnologie*, der im Mittelpunkt dieses Kapitels steht.

4.1.1 Beratungstechnologie

Beratungsleistungen sind also nicht nur immateriell und integrativ, sondern auch – wie in Abschnitt 1.2.5 gezeigt – indeterminiert, d. h. unbestimmt. Diese Zusammenhänge sind von zentraler Bedeutung für die Gestaltung der Beratungsaufträge und hier insbesondere für die **Problemlösungstechnologie** des Beraters (= Beratungstechnologie) sowie für die vertragliche Ausgestaltung (Dienstvertrag vs. Werkvertrag).

Unter **Beratungstechnologie** werden alle Tool- und Know-how-Komponenten zusammengefasst, die Berater nutzen, um ihre Kunden zu beraten. Dies schließt auch das Erfahrungswissen des Beraters mit ein.

Hinsichtlich des *Standardisierungsgrades* lässt sich Beratungstechnologie unterteilen in

- individuelle, flexible Technologie,
- standardisierte Technologie (Tools) und
- starre Technologie (Beratungsprodukte).

Die wichtigsten Vor- und Nachteile dieser unterschiedlichen Beratungstechnologien *(Technologietypen)* sollen anhand der Kriterien Kommunizierbarkeit, Imitierbarkeit, Handlungsspielraum, Wachstum und Preisniveau kurz dargestellt werden [vgl. SCHADE 2000, S. 256 ff.]:

Kommunizierbarkeit. Beratungsprodukte sind aufgrund ihres Signalcharakters in jedem Fall besser zu kommunizieren als individuelle, weitgehend namenlose Leistungen. Der potentielle Kunde erhält ein konkreteres Bild, als dies bei flexibleren Leistungsangeboten der Fall ist. Auch stellen Beratungsprodukte (sowie auch Zertifizierungen) ein glaubwürdiges Signal für die Qualität der Leistung und des Beratungsunternehmens dar.

Imitierbarkeit. Beratungsprodukte und Tools sind immer besser kopierbar als „stilles" Wissen. Dies stellt im Innenverhältnis einen beträchtlichen Vorteil dar, da so neue Mitarbeiter wesentlich leichter an die angebotenen Leistungsprogramme herangeführt werden können. Im Außenverhältnis ist dies allerdings ein erheblicher Nachteil, denn die Imitierbarkeit führt gemeinsam mit den hohen Entwicklungskosten dazu, die Produkte und Tools intensiv zu nutzen und damit einen hohen Auslastungsgrad der einzelnen Berater zu erreichen.

Handlungsspielraum. Mit dem Einsatz einer starren Technologie (ein Beratungsprodukt) verzichtet der Unternehmensberater freiwillig auf Handlungsspielräume. Konkret bedeutet dies, dass es bei Zieldefinitionen, bei der Personaleinsatzplanung, bei Projektfortschrittskontrollen und auch bei den Honorarzahlungen kaum Freiheitsgrade gibt.

Wachstum. Ohne kodiertes Wissen, d. h. ohne Tools oder Beratungsprodukte, können Beratungsunternehmen nur sehr schwer wachsen. Insbesondere bei der Suche und Einstellung neuer, noch nicht qualifizierter Berater ist die Übertragung kodierten Wissens nicht so langwierig und schwierig wie bei der Übertragung stillen Wissens.

Preisniveau. Grundsätzlich steigt die Preisbereitschaft des Kunden mit der Effizienz der Beratungstechnologie, mit seiner Wertschätzung für diese Beratungsleistung und mit den Opportunitätskosten der eigenen Mitarbeiter. Daher kann man vereinfachend davon ausgehen, dass Unternehmensberater ein umso höheres durchschnittliches Preisniveau erzielen können, je standardisierter ihre Problemlösungstechnologien sind.

In Abbildung 4-01 sind die Konsequenzen dieser drei Technologietypen auf verschiedene Kriterien optisch zusammengefasst.

Strategieberatungen haben naturgemäß früher damit begonnen, auftragsindividuell entwickelte Vorgehensweisen als **Beratungsprodukte** zu entwickeln und zu vermarkten, als IT-Beratungsgesellschaften. Zu solchen Beratungsprodukten zählen – neben den klassischen Beratungs- bzw. Managementansätzen der BCG-Matrix (siehe 4.5.3.1), McKinsey-Matrix (siehe 4.5.3.2) und der ADL-Matrix (siehe 4.5.3.3) – unter anderem folgende Beratungsansätze [siehe FINK 2004]:

- **Economic Value Added (EVA)** von STERN STEWART
- **Value Building Growth** von A. T. KEARNEY
- **Business Transformation** von CAPGEMINI Consulting
- **CRM-Value-Map** von DELOITTE Consulting.

Zwischenzeitlich werden aber auch von den **IT-Beratungsgesellschaften** gezielt (IT-)Beratungsprodukte entwickelt, die aber – mit wenigen Ausnahmen – noch bei weitem nicht den Bekanntheitsgrad und Einfluss erzielt haben wie Produkte der großen Strategieberater. Das bekannteste Beispiel in diesem Bereich ist das Prozessmodellierungstool ARIS der IDS SCHEER AG [vgl. NISSEN/KINNE 2008, S. 95 f.].

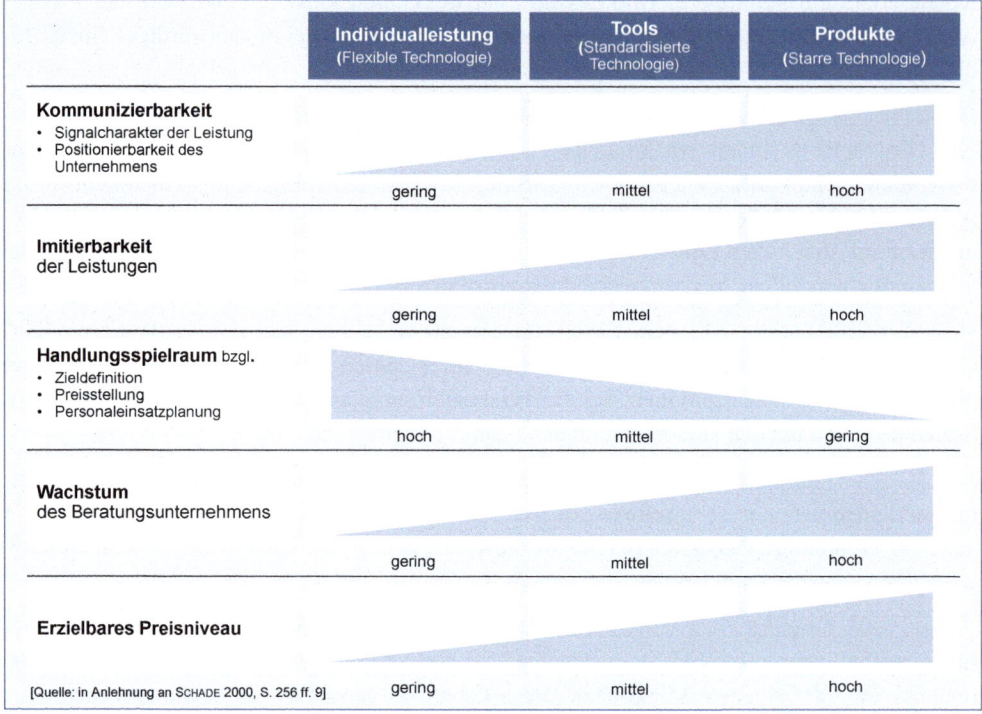

Abb. 4-01:   Konsequenzen unterschiedlicher Beratungstechnologien

4.1.2 Problemlösung als Kern der Beratungsleistung

Von einer Unternehmensberatung wird erwartet, dass sie ihrem Auftraggeber handlungsorientierte Ratschläge unterbreitet, die zu einer *Problemlösung* im Sinne des Kunden führen. Die Problemlösung ist somit Ziel und Kern der beauftragten Beratungsleistung. Eine befriedigende Problemlösung kann nur dann erzielt werden, wenn das Problem korrekt definiert ist und die zur seiner Lösung erforderlichen Informationen vorliegen.

Ein *Problem* beruht im betriebswirtschaftlichen Sinne auf einer Abweichung von einem angestrebten Soll- zu einem realisierten Ist-Zustand und gibt ganz allgemein Anlass zum Handeln. Diese Abweichung muss nicht nur negativer, sondern kann durchaus auch positiver Natur sein. Wenn ein Unternehmen bspw. ein Umsatzwachstum von 10 Prozent geplant hat, tatsächlich jedoch einen Anstieg um 25 oder 30 Prozent realisiert, dann hat es bestenfalls Wachstumsschmerzen und damit eben auch ein Problem, das zum Handeln Anlass geben kann. Wichtig in diesem Zusammenhang ist, dass ein Problem nicht unabhängig von den Personen ist, die es definieren; d. h. ein Problem als solches gibt es nicht. Erst wenn eine Person in einer bestimmten Situation vor dem Hintergrund ihrer individuellen Zielsetzungen einen Handlungsdruck empfindet, wird diese Situation zu ihrem Problem [vgl. FINK 2009, S. 43 f.].

Da sich in aller Regel beim Kundenunternehmen die *Manager* eines Problems annehmen, sind denn auch die **Managementprobleme** die Objekte der Beratung und die Lösung dieser Probleme das Ziel der Beratungstätigkeit. Allerdings wäre es zu kurz gesprungen, wenn man nur jene Probleme, die in den Verantwortungsbereich der obersten Leitungsebenen eines Unternehmens fallen, als relevant für eine beraterische Unterstützung ansieht. Auch auf unteren Unternehmensebenen wird eine Unterstützung durch den Berater durchaus praktiziert (z. B. bei der Einführungsunterstützung von ERP-Systemen). Daher wird hier im Folgenden auch nicht von Managementproblemen, sondern ganz allgemein von *Problemen*, und im weiteren Verlauf auch nicht von Managementkonzepten, -methoden oder -produkten, sondern von *Beratungskonzepten, -methoden und -produkten* gesprochen.

Wichtig ist zuvor die Unterscheidung zwischen **Problem** und **Aufgabe**. So ist eine schwierige Unternehmenssituation für das Management oder für betroffene Mitarbeiter eines Unternehmens zumeist ein Problem; für den externen Berater dagegen ist sie eine (ggf. schwierige) Aufgabe, das Unternehmen bei der Lösung des Problems zu unterstützen. Bei gleicher Zielsetzung sind also die Probleme eines Kunden nicht unmittelbar auch die Probleme des Beraters. Dieser ist persönlich weniger stark involviert als der Kunde selbst und auch die Problemlösung sieht er schon deshalb nicht als Problem, sondern als lösbare Aufgabe an, weil er über das geeignete methodische Rüstzeug oder auch über entsprechende Kapazitäten verfügt [vgl. FINK 2009, S. 46].

Versucht man die verschiedenen Formen und Ausprägungen von Problemen zu systematisieren, so ist die Unterscheidung der folgenden drei **Typen von Problemen** hilfreich [vgl. GOMEZ/PROBST 1999, S. 17 ff.]: einfache, komplizierte und komplexe Probleme. In Abbildung 4-02 sind die Charakteristika und möglichen Lösungstechniken dieser drei Problemtypen dargestellt.

Problemtyp	Charakteristik	Lösungstechniken
Einfache Probleme	• Wenig Einflussfaktoren • Wenig Verknüpfungen • Stabile Beziehungen	„Gesunder Menschenverstand"
Komplizierte Probleme	• Viele Einflussfaktoren • Viele Verknüpfungen • Stabile Beziehungen	z. B. Methoden des Operations Research
Komplexe Probleme	• Viele Einflussfaktoren • Viele Verknüpfungen • Instabile Beziehungen	• Vernetztes Denken • Systemtheorie • Kybernetik

[Quelle: FINK 2009, S. 48 f.]

Abb. 4-02: *Charakteristika und Lösungstechniken von Problemtypen*

Unabhängig davon, ob es sich um ein einfaches, ein kompliziertes oder ein komplexes Problem handelt, kann das Grundschema eines **idealtypischen Problemlösungsprozesses** als Informationsverarbeitungsprozess verstanden werden, der mit der Gegenüberstellung von Soll- und Ist-Zustand beginnt. Um das aus dieser Diskrepanz resultierende Problem zu lösen, wird die Ist-Situation analysiert und darauf aufbauend Alternativen zur Veränderung der Situation entworfen. Die sich daraus ergebenden Konsequenzen werden ermittelt und bewertet und zeigen so Entscheidungen bzw. Handlungen zur Lösung des Problems auf [vgl. BRAUCHLIN 1978, S. 77].

Drei grundsätzliche Problemlösungsansätze lassen sich dabei unterscheiden [vgl. FINK 2009, S. 49 ff.]:

- **Psychologische Ansätze**, die effektive Lösungsschritte in Form begründeter Lern- und Denkschritte aufzeigen;

- **Analytische Ansätze**, die ein Problem in möglichst kleine Teilaspekte aufspalten, um durch Verknüpfung der einzelnen Lösungsteile zu einer Gesamtlösung zu gelangen;

- **Holistische Ansätze**, die die Problemlösung aus einem ganzheitlichen Prinzip ableiten und die einzelnen Aspekte eines Problems als ein netzartiges System mit komplexen wechselseitigen Abhängigkeiten und Rückkopplungen verstehen.

4.1.3 Systematisierung der Beratungsansätze

Wenn hier von *Beratungsansätzen* die Rede ist, dann sind damit zugleich auch immer *Managementansätze* gemeint, denn die Beratungsansätze richten sich – zumindest in der Managementberatung – an das **Management als Beratungsträger**. Die Tools und Techniken, auf die der Berater (und damit das Management) zurückgreifen kann, sind so zahlreich und so unterschiedlich konzipiert, dass es ein schwieriges Unterfangen ist, Ordnung in diese Vielfalt zu bringen. Einige Techniken sind sehr einfach, andere wiederum sehr komplex konzipiert. Manche Techniken stellen lediglich einen Formalismus, ein Schema dar. Andere Techniken beruhen auf empirischen Studien und haben gesetzesähnlichen Charakter [vgl. BEA/HAAS 2005, S. 50 und 58].

Wie lässt sich die Vielzahl von Beratungs- bzw. Managementansätzen systematisieren? Die Mehrzahl der in der Literatur vorgestellten Systematiken orientiert sich an den verschiedenen **Strategien**, für deren Entwicklung und Formulierung schließlich ein Großteil der Beratungsansätze konzipiert wurde. Zu dieser (strategieorientierten) Kategorie zählen die Systematik von FINK sowie der Ansatz von MACHARZINA/WOLF. Die Systematiken von ANDLER sowie von BEA/HAAS orientieren sich dagegen mehr am Prozess und am Anwendungsbezug der **Planung**. Alle vier Systematiken sollen hier kurz vorgestellt werden. Darüber hinaus wird hier eine Systematik vorgeschlagen, die sich an den Phasen des **Beratungsprozesses** orientiert. Diese Systematik ist zugleich auch die Grundlage für die Einordnung der im Kapitel 4 vorgestellten Beratungsansätze und -tools.

4.1.3.1 Systematik von FINK

Ein Beispiel für die Strategieorientierung ist die Systematik von DIETMAR FINK [2009], die auf der ersten Gliederungsstufe zwischen wertorientierten Strategien (auf Unternehmensebene) und Wettbewerbsstrategien (auf Geschäftsbereichsebene) unterscheidet. Auf der zweiten Gliederungsstufe wird dann zwischen Konzepten, Methoden und Produkten differenziert und diesen werden dann die konkreten Beratungsansätze (bei FINK: Managementansätze) zugeordnet. FINK fasst also die verschiedenen Managementansätze als *Instrumente der Strategieentwicklung* auf. Diese Systematik ist zwar in sich schlüssig, jedoch ausschließlich auf das Beratungsgebiet der Strategieberatung ausgerichtet. Darüber hinaus werden so wichtige Beratungstools wie die Wertkettenanalyse oder das Benchmarking nicht berücksichtigt. Abbildung 4-03 fasst diese Systematik synoptisch zusammen.

Abb. 4-03:   Systematik von FINK

4.1.3.2 Systematik von MACHARZINA/WOLF

KAUS MACHARZINA und JOACHIM/WOLF [2010] teilen die verschiedenen Managementkonzepte und -ansätze in *Instrumente der Strategieformulierung* und in *Techniken der Unternehmensführung* auf. Bei den Instrumenten der Strategieformulierung gehen sie in drei Arbeitsschritten vor (siehe Abbildung 4-04):

- 1. Arbeitsschritt: Strategisch orientierte Gegenwarts- und Zukunftsbeurteilung (Wo stehen wir?)
- 2. Arbeitsschritt: Entwicklung der strategischen Stoßrichtung (Wo wollen wir hin?)
- 3. Arbeitsschritt: Festlegung der (Produkt-/Markt-) Strategie (Wie kommen wir dahin?)

Bei den Techniken der Unternehmensführung wird zwischen

- Kostenmanagementtechniken und
- Prognose- und Planungstechniken

unterschieden. MACHARZINA/WOLF weisen darauf hin, dass aus der Fülle der existierenden Techniken der Unternehmensführung nur diejenigen dargestellt werden, bei denen ein praktisches Problemlösungspotenzial nachgewiesen worden ist [vgl. MACHARZINA/WOLF 2010, S. 817].

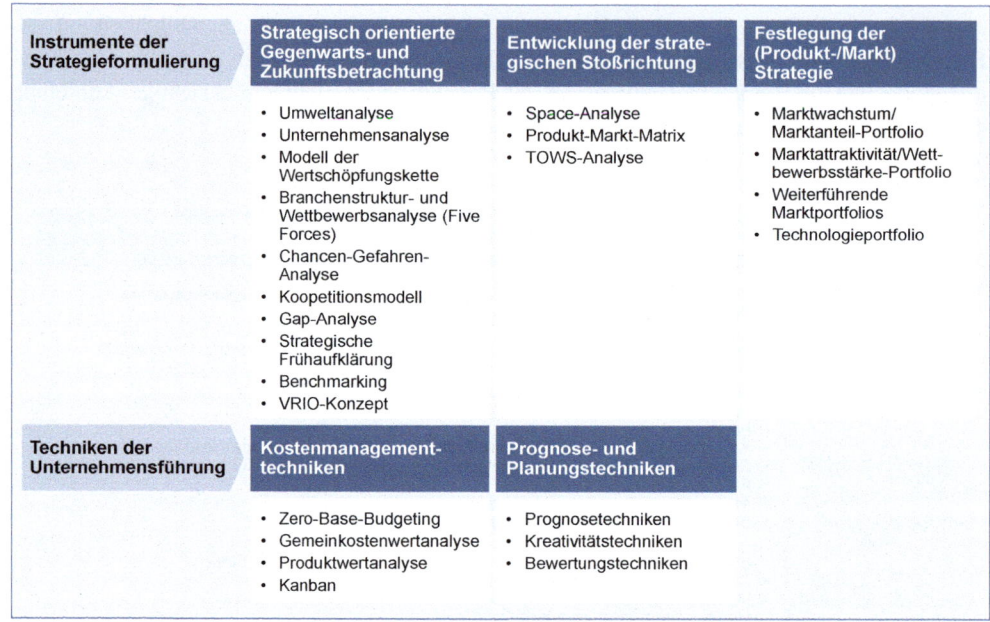

Abb. 4-04: Systematik von MACHARZINA/WOLF

4.1.3.3 Systematik von ANDLER

Einen sehr weitgehenden Systematisierungsansatz, der nahezu alle bekannten Tools und Techniken berücksichtigt, liefert NICOLAI ANDLER [2010]. Als Richtschnur dient der Problemlösungsprozess mit den formalen Phasen (Prozessstufen)

- Diagnose,
- Zielformulierung,
- Analyse und
- Entscheidungsfindung.

Diesen Phasen werden nun insgesamt mehr als 100 Tools und Techniken zugeordnet. Zweck der Tools in der Prozessstufe *Diagnose* ist, die gegenwärtige Situation abzubilden, alle relevanten Informationen zu beschaffen und neue Ideen zu entwickeln. Die Tools und Techniken der Prozessstufe *Zielformulierung* dienen dazu, den gewünschten Endzustand zu definieren. In der Prozessstufe *Analyse* sind alle Tools und Techniken zusammengefasst, die eine Organisationsstruktur analysieren, die sich mit Aspekten von Technologie und Systemen befassen und die die Möglichkeiten prüfen, eine starke Marktposition aufrechtzuhalten oder auszubauen. Tools der Phase *Entscheidungsfindung* bewerten, priorisieren und vergleichen die vorgeschlagenen Problemlösungsalternativen. In dieser Systematisierung fehlen allerdings gängige Beratungskonzepte wie Business Process Reengineering, Gemeinkostenwertanalyse etc.

Abbildung 4-05 gibt einen Überblick über die einzelnen Problemlösungsschritte und relevante Kategorien von Tools, wobei auch hier nur die Tools und Techniken aufgeführt sind, die über ein nachgewiesenes Problemlösungspotenzial verfügen.

Abb. 4-05:   Systematik von ANDLER

4.1.3.4 Systematik von BEA/HAAS

FRANZ XAVER BEA und JÜRGEN HAAS [2005] konzentrieren sich in ihrer Systematik auf den Einsatz von *Planungstechniken* entlang den Komponenten des strategischen Planungsprozesses und stellen auf diese Weise einen konkreten Anwendungsbezug der einzelnen Planungstechniken her. Dies sind im Einzelnen:

- Techniken der Zielbildung,
- Techniken der Umweltanalyse,
- Techniken der Unternehmensanalyse,
- Techniken der Strategiewahl und
- Techniken der Strategieimplementierung.

In Abbildung 4-06 sind diese Planungstechniken den Komponenten der strategischen Planung zugeordnet.

Die **strategische Planung** hat in den letzten Jahren eine Renaissance erfahren und ist aus den Planungs- und Strategieabteilungen insbesondere der größeren Kundenunternehmen nicht mehr wegzudenken. Hinzu kommt, dass die strategische Planung wohl das betriebswirtschaftliche Betätigungsfeld ist, auf dem die sachlichen und auch personellen Verflechtungen von Theorie und Praxis am weitesten fortgeschritten sind.

Abb. 4-06:   Systematik von BEA/HAAS

4.1.3.5 Hier zugrundeliegende Systematik

Die hier verwendete Systematik soll sich an den einzelnen Phasen eines typischen Beratungs-prozesses orientieren. Als Beispiel dient der in Abschnitt 1.2.5 vorgestellte Beratungsprozess mit den Prozessphasen:

- Akquisitionsphase
- Analysephase
- Problemlösungsphase
- Implementierungsphase.

Ein so definierter Beratungsprozess ist im Allgemeinen typisch für mittlere und größere Auf-träge sowohl in der Strategie- als auch in der Umsetzungsberatung. Allerdings muss berück-sichtigt werden, dass die einzelnen Phasen in der Realität in ganz unterschiedlichen Formen durchgeführt werden. Während die *Analysephase* und die *Problemlösungsphase* praktisch in jedem Beratungsprojekt vorkommen und damit als konstitutive Bestandteile einer Beratungs-leistung aufgefasst werden können, nehmen die Angebotsphase und die Implementierungs-phase eine Sonderrolle in Bezug auf Umfang und Form der Zusammenarbeit ein. So reicht das Spektrum der *Angebotsphase* von der Angebotsabgabe auf der Basis eines Telefonge-sprächs bis hin zu bezahlten Vorstudien. Ebenso unterschiedlich sind die Durchführungsfor-men bei der *Implementierungsphase*, die von der einfachen Projektbegleitung über die ge-meinsame Umsetzung im Team mit dem Kunden bis hin zur vollverantwortlichen Realisie-rung und Umsetzung durch den Berater reichen.

Abbildung 4-07 liefert für diese Phasen einen ersten Überblick über Beratungsinhalte, Beratungsvorgehen und Beratungstechnologien.

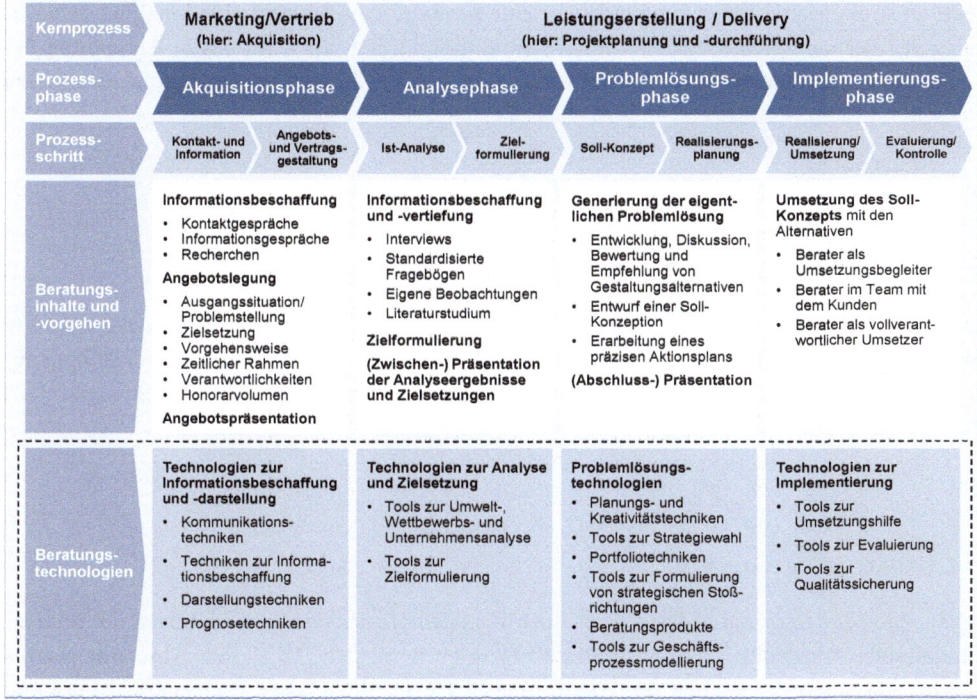

Abb. 4-07: Systematik der hier vorgestellten Beratungstools und -konzepte

4.2 Phasenstruktur von Beratungsprojekten

Bevor die Beratungstechnologien im Einzelnen vorgestellt werden, müssen die Beratungsprojekte so strukturiert werden, dass nicht nur eine formale, sondern auch eine inhaltliche Zuordnung der Technologien möglich wird. Als Strukturierungsansatz dient das in Abschnitt 1.2.5 (Abbildung 1-10) vorgestellte Prozessmodell eines idealtypischen Beratungsprojektes mit den Phasen

- Akquisition,
- Analyse,
- Problemlösung und
- Implementierung.

Die Vorstellung einer jeden Phase wird so vorgenommen, dass zunächst die **Prozessschritte** als Untermenge der Beratungsphase kurz erläutert werden. Es folgt eine kurze Aufzählung der jeweils zugeordneten **Beratungstechnologien** sowie eine Beschreibung der wichtigsten **Risiken**, die innerhalb der jeweiligen Phase auftreten können.

4.2.1 Akquisitionsphase

Akquisitionsprozess und Sales Cycle einer Unternehmensberatung sind bereits an anderer Stelle (siehe Abschnitt 3.6.4) ausführlich beschrieben worden. In diesem Abschnitt geht es um die besondere Bedeutung der Akquisitionsphase für die spätere Projektabwicklung und den Einsatz der in dieser Phase benötigten Tools und Techniken sowie um die besonderen Risiken dieser Phase.

4.2.1.1 Prozessschritte und Beratungstechnologien der Akquisitionsphase

Die Akquisition eines Beratungsprojektes setzt sich in aller Regel aus den beiden Prozessschritten *Kontakt- und Informationsbeschaffung* und *Angebots- und Vertragsgestaltung* zusammen und ist quasi das Gegenstück zum Einkaufsprozess der Kundenunternehmen (siehe 3.6.3). Die Besonderheit der Akquisitionsphase liegt darin, dass beide Prozessschritte im Normalfall nicht Teil des eigentlichen Projektes sind. Die Akquisitionsphase liegt zeitlich vor der Leistungserstellung (engl. *Delivery*) und wird in der Regel vom Kundenunternehmen nicht bezahlt. Dennoch ist sie bei Kontraktgütern für den Verlauf und das Ergebnis des Projektes von enorm wichtiger Bedeutung. Zum einen wird in dieser Phase entschieden, ob der Berater den Auftrag für die Projektdurchführung überhaupt erhält. Zum anderen werden hier die Erwartungshaltungen beider Partner im Hinblick auf das letztlich angestrebte Projektergebnis festgelegt.

Prozessschritt: Kontakt- und Informationsbeschaffung. Vorgehen und Inhalt dieses Prozessschrittes hängen sehr davon ab, ob es sich um einen Erstkontakt, d. h. um ein potentielles Neugeschäft, oder um ein mögliches Folgegeschäft handelt. Beim **Neugeschäft** ist das Beratungsproblem zu Beginn dieser Phase in der Regel noch nicht oder nur unvollständig bekannt, so dass hier die Informationsbeschaffung, die zumeist über Kontakt- und Informationsgespräche sowie gezielte Recherchen erfolgt, überwiegt. Gerade bei Erstkontakten und der besonderen Bedeutung einer Neukundengewinnung können die Investitionen des Beraters in dieser Phase recht erheblich sein. Diese Akquisitionsinvestitionen sind naturgemäß dann verloren, wenn der Berater bei der Vergabe des Projektes nicht zum Zuge kommt. Um in einem solchen Fall das anbietende Beratungsunternehmen finanziell nicht zu überfordern, können sich Berater und Kundenunternehmen (insbesondere bei komplexeren Beratungsprojekten) anstelle eines klassischen Angebots auch auf eine bezahlte *Vorstudie* einigen. Bei einem möglichen **Folgegeschäft** (z. B. als Anschlussauftrag) hat der Anbieter bereits den Nachweis seiner Leistungsfähigkeit erbracht. Auch liegen in einem solchen Fall zumeist mehr Informationen über die Problemstellung beim Kundenunternehmen als bei einem Erstkontakt vor. Teilweise wird die Problemstellung auch mit dem Kunden gemeinsam erarbeitet. Dies ist sehr häufig dann der Fall, wenn es sich bei dem Kundenunternehmen um einen Key Account handelt und der Key Account Manager versucht, den kundenseitig verlaufenden Auswahl- und Entscheidungsprozess so zu beeinflussen, dass er letztlich den Auftrag gewinnt.

Prozessschritt: Angebots- und Vertragsgestaltung. Im Mittelpunkt dieses Prozessschrittes steht die Ausarbeitung eines aussagekräftigen, verkaufsauslösenden Angebots, das Aussagen über die Problemstellung, Zielsetzung, Vorgehensweise, zeitlichen Rahmen, Verantwortlichkeiten und Honorarvolumen enthält, und/oder die Erstellung und Durchführung einer Angebotspräsentation sowie die zweiseitige Vertragsgestaltung. Detaillierte Hinweise über Angebotsformen, Angebotsstruktur und Erfolgsfaktoren der Angebotslegung sowie über die entsprechenden Rechtsgrundlagen sind bereits in Abschnitt 3.6.7 gegeben worden.

Beratungstechnologien der Akquisitionsphase. Inhaltlich gesehen steht die Akquisitionsphase ganz im Zeichen einer *generalistischen Informationsbeschaffung* [SCHADE 2000, S. 188]. Daher herrschen in dieser Phase die Beratungstechnologien zur Informationsbeschaffung und -darstellung vor. Die wichtigste Informationsquelle ist dazu der mögliche Auftraggeber, also der potentielle Kunde mit seinen Mitarbeitern. Zu den Beratungstechnologien, die in dieser Phase zum Einsatz kommen können, zählen in erster Linie:

- **Kommunikationstechniken** wie Workshop, Moderation, Diskussion, Kartenabfrage, Präsentation

- **Techniken zur Informationsbeschaffung und -darstellung** wie Sekundärauswertungen (z. B. Company Profiling) und Primärerhebungen auf der Basis von Befragungen und Beobachtungen

- **Prognosetechniken** auf der Basis von Befragungen, von Indikatoren, von Zeitreihen und von Funktionen.

Die genannten Beratungstechnologien befinden sich allerdings logisch nicht auf der gleichen Ebene. So ist das *Company Profiling* eher eine Darstellungstechnik auf der Grundlage von sekundärstatistischen Daten, während bspw. Befragungen und Beobachtungen klassische Erhebungsmethoden der Marktforschung darstellen.

4.2.1.2 Risiken in der Akquisitionsphase

Obgleich die Akquisitionsphase nicht dem eigentlichen Beratungsprozess angehört, sind die Risiken im Vorfeld der Leistungserstellung durchaus umfangreich und können erhebliche Auswirkungen auf das spätere Vertragsverhältnis haben.

Eine besondere Gefahr ist gleich zu Beginn der Kontaktaufnahme gegeben. Hier werden häufig überzogene und falsche Kompetenz- und Leistungsversprechen abgegeben, so dass beim Kunden eine zu hohe Erwartungshaltung aufgebaut wird. Auch kann der enorme Auftragsdruck dazu führen, dass Projekte akquiriert werden, die man unter „normalen Umständen" vielleicht gar nicht weiterverfolgt hätte, weil das Anforderungsprofil des Kundenunternehmens mit dem Leistungsprofil des Beraters keine allzu große Schnittfläche aufweist. Weitere Risiken liegen naturgemäß darin, dass der Kunde gewisse Informationen zurückhält oder dass der Berater nicht in ausreichendem Maße in der Lage ist, eine zielführende Bedarfsanalyse zu führen. Hektisches, unsensibles oder gar keine Nachfragen kennzeichnen allzu oft das unsichere Verhalten des Beraters im Akquisitionsgespräch und führen so zu einer unzuverlässigen Informationsbasis hinsichtlich Aufgaben, Projektablauf, Terminen, sachlichen und personellen Einsatzmitteln, Zusammensetzung des Projektteams etc.

Hohe Risiken sind naturgemäß mit dem Prozessschritt *Angebots- und Vertragsgestaltung* verbunden. Insbesondere die Angebots- bzw. Projektkalkulation kann durch falsche Einschätzung der zu erbringenden Eigenleistungen, der einzuholenden Fremdleistungen, der umsatzabhängigen Kosten, der Projektmanagementkosten etc. eine besonders hohe Risikoposition einnehmen [vgl. HESSELER 2011a, S. 11 f.].

4.2.2 Analysephase

Die Analysephase setzt unmittelbar nach dem Vertragsabschluss auf. Auch in dieser Phase stehen die einzuholenden Informationen im Vordergrund. Die Beschaffung, Vertiefung und Analyse der Informationen konzentrieren sich aber bereits auf das in der Angebotsphase spezifizierte Beratungsproblem. Interviews, standardisierte Fragbögen und Beobachtungen – letztlich also die Methoden der Marktforschung – dominieren den Informationsbeschaffungsteil in der Analysephase.

4.2.2.1 Prozessschritte und Beratungstechnologien der Analysephase

Die Analysephase setzt sich aus den beiden Prozessschritten *Ist-Analyse* und *Zielformulierung* zusammen.

Prozessschritt: Ist-Analyse. Inhalt und Umfang der Ist-Analyse hängen vom Problembereich ab. Dieser kann das Unternehmen in seiner Gesamtheit oder einzelne Teilbereiche betreffen. Dabei ist darauf zu achten, dass der risiko- und entscheidungsarme Analyseteil nicht unnötig ausgedehnt wird, sondern der Umfang dieses Prozessschrittes in einem angemessenen Verhältnis zum Umfang der Problemlösungsphase steht [vgl. NIEDEREICHHOLZ 2008, S. 8].

War die Akquisitionsphase noch durch eine *generalistische* Informationsbeschaffung gekennzeichnet, sollte die in dieser Phase eingesetzte Problemlösungstechnologie eher als *projektbezogene* oder *zielgerichtete* Informationsbeschaffung bezeichnet werden. Auch sind diese Technologien in der Regel weniger flexibel als die Beratungstechnologien, die in der Angebotsphase eingesetzt werden. Das liegt daran, dass sich die zielgerichtete Informationsbeschaffung recht gut standardisieren lässt [vgl. SCHADE 2000, S. 194].

Prozessschritt: Zielformulierung. Zwischen der Ist-Analyse und der Soll-Konzeption ist der Prozessschritt der *Zielformulierung* eingefügt. Die Zielformulierung nimmt die Ergebnisse der Ist-Analyse und hier vornehmlich der Umfeldanalyse sowie der Stärken-/Schwächenanalyse auf und schafft eine einvernehmliche Grundlage für die weiteren Projektschritte. Hierbei geht es je nach Problemlösungsbereich um die Festlegung von

- Unternehmens- oder Bereichszielen,
- Formal- oder Sachzielen,
- Funktionsbereichs- oder Aktionsbereichszielen,
- qualitativen oder quantitativen Zielen sowie
- strategischen oder operativen Zielsetzungen.

Sollten die Ergebnisse der Analyse und die daraus resultierenden Zielformulierungen nicht den Vorstellungen des Auftraggebers entsprechen (z. B. weil der Berater nichts als „nebulöse" Vorstellungen präsentiert), so besteht hier häufig noch die Option des Aussteigens [vgl. SCHADE 2000, S. 195 f.].

Beratungstechnologien der Analysephase. Die in dieser Phase eingesetzten Problemlösungstechnologien lassen sich in drei Kategorien einteilen. Zum einen sind es Informationsbeschaffungstools, wie sie bereits in der Akquisitionsphase zum Einsatz kommen und daher an dieser Stelle nicht noch einmal erläutert werden sollen (vornehmlich Befragungen, Darstellungs- und Prognosetechniken). Des Weiteren handelt es um standardisierte

- **Tools zur Umwelt-, Wettbewerbs- und Unternehmensanalyse** wie SWOT/TOWS-Analyse, Five-Forces-Modell, Analyse der Kompetenzposition, Wertkettenanalyse und Benchmarking,
- **Tools zur Zielformulierung** wie das SMART-Prinzip, Kennzahlensysteme, Zielsysteme und Balanced Scorecard sowie
- **Tools zur Problemstrukturierung** wie Aufgaben-, Kernfragen- und Sequenzanalyse.

4.2.2.2 Risiken in der Analysephase

Der Prozessschritt *Ist-Analyse* ist die eigentliche Startphase des Beratungsprojektes. Risiken liegen hauptsächlich in lückenhaften oder falschen Auftragsinformationen und in einer ungeklärten Zusammensetzung von Fach- und Informationsteam. Auch erfolgt zuweilen keine systematische Projekt-Start-up-Sitzung mit einer sorgfältigen Prüfung aller Auftragsinformationen. Ständige Umwidmung der Ziele, mangelnde Sozialkompetenz des Projektleiters oder sogar der „Neuverkauf" des Projektes zählen zu den weiteren Risiken.

Im Prozessschritt Zielformulierung besteht ein besonderes Risiko darin, dass zwischen Auftragnehmer und Auftraggeber keine gemeinsame Vereinbarung über die angestrebten Ziele einschließlich harter Kriterien wie z. B. Messbarkeit getroffen werden. Auch erfolgt häufig keine Dokumentation der (Zwischen-)Ergebnisse, so dass eine mühsame Rekonstruktion der gedanklichen Richtschnur zur Orientierung, Planung, Koordination und Erfolgsmessung erforderlich wird [vgl. HESSELER 2011a, S. 14].

4.2.3 Problemlösungsphase

Wichtige Voraussetzung für einen befriedigenden Verlauf der Problemlösungsphase ist, dass das Problem in den ersten beiden Phasen (Akquisitionsphase und Analysephase) korrekt definiert wurde, die richtigen Informationen zur Verfügung stehen und die Ziele der Problemlösungsphase einvernehmlich bestimmt sind.

4.2.3.1 Prozessschritte und Beratungstechnologien der Problemlösungsphase

Die Problemlösungsphase ist in der Regel die Kernphase eines Beratungsprojekts. Sie lässt sich in die Projektschritte *Soll-Konzept* und *Realisierungsplanung* unterteilen.

Prozessschritt: Soll-Konzept. Bei diesem Prozessschritt handelt es sich um einen kreativen Prozess, der aufzeigen soll, wie man von einem analysierten, unbefriedigendem Ist-Zustand zu einem Zustand gelangt, der für den Auftraggeber wünschenswert ist. Bei komplexeren Auftragsinhalten sind dabei häufig mehrere Lösungsalternativen plausibel. Sie müssen entwickelt, diskutiert und auf ihren Zielerreichungsgrad hin bewertet werden. Die Gestaltungsalternative mit dem höchsten Zielerreichungsgrad und einem möglichst niedrigem Risikowert ist dann *das* zur Umsetzung empfohlene Soll-Konzept [vgl. NIEDEREICHHOLZ 2008, S. 205].

In diesem Zusammenhang wird immer wieder diskutiert, ob die Analyse- und insbesondere die Problemlösungsphase als Dienst- oder als Werkvertrag vergeben werden soll. Nur wenn es sich um eine klar abgegrenzte Aufgabenstellung handelt (z. B. die Erstellung eines Gutachtens), bei der das Kundenunternehmen während der Projektlaufzeit weder mitwirkt noch eingreift und wo während des Projektes durch die Berücksichtigung zusätzlicher, neuer Erkenntnisse kein Mehraufwand entsteht, kann der Berater ohne weitere große Prüfungen einem Werkvertrag zustimmen. In allen anderen Fällen muss zunächst von den Rahmenbedingungen eines Dienstvertrages ausgegangen werden.

Prozessschritt: Realisierungsplanung. Im Prozessschritt der *Realisierungsplanung* wird die beste Gestaltungsalternative der Soll-Konzeption in einen Maßnahmenkatalog umgesetzt und ein präziser Aktionsplan erarbeitet. Kernstück der Realisierungsplanung ist somit ein *Maßnahmenplan*, der nach Bereichen geordnet sämtliche Termine, Verantwortlichkeiten, Umsetzungskosten (meist in bewerteten Personen-Tagen) und ggf. eine *Machbarkeitsprüfung* (engl. *Feasibility Study*) enthält. Bei IT-Realisierungsprojekten kommen zur Maßnahmenabsicherung noch die *Risikoanalyse* sowie die *Maßnahmenwirkungskontrolle* hinzu. Begleitet wird die Realisierungsplanung schließlich von einer Reihe von *Qualitätssicherungsmaßnahmen*, die bspw. bei der Machbarkeitsprüfung kontrolliert, ob eine Maßnahme nicht nur personell, sondern auch finanziell, betrieblich und sozial durchführbar ist. Im Rahmen der Abschlusspräsentation werden dann die weiteren Schritte zur Umsetzung des Lösungsvorschlags unterbreitet [vgl. NIEDEREICHHOLZ 2008, S. 301 ff.].

Beratungstechnologie der Problemlösungsphase. Die in der Problemlösungsphase eingesetzte Beratungstechnologie dient vornehmlich der Generierung von Gestaltungsalternativen. Im Vordergrund stehen hierbei:

- **Planungs- und Kreativitätstechniken** wie Brainstorming, Brainwriting, Methode 635, Synektik, Bionik, Morphologischer Kasten

- **Tools zur Strategiewahl** wie Erfahrungskurve, Produktlebenszyklusmodelle

- **Portfoliotechniken** wie BCG-Matrix, McKinsey-Matrix, ADL-Matrix

- **Tools zur Formulierung der strategischen Stoßrichtung** (Wachstumsstrategien, Wettbewerbsstrategien, Markteintrittsstrategien) wie Produkt-Markt-Matrix

- **Beratungsprodukte** wie Gemeinkostenwertanalyse, Zero-Base-Budgeting, Nachfolgeregelung, Mergers & Acquisitions, Business Process Reengineering

- **Tools zur Geschäftsprozessmodellierung** wie EPK und BPMN.

4.2.3.2 Risiken in der Problemlösungsphase

In der Problemlösungsphase besteht ein hohes Risiko darin, dass die personellen Zuständigkeiten und Verantwortlichkeiten für den kompetenten Personaleinsatz nicht oder nur ungenügend vorgenommen werden. Zu spätes Einziehen von Meilensteinen und keine Unterscheidung zwischen Zeit- und Terminplanung erzeugen regelmäßig Stress bei allen Projektbeteiligten. Häufig erfolgt keine exakte Berechnung des Bruttozeitbedarfs einschließlich der zusätzlichen ungeplanten Aufgaben mit Risikozuschlag, z.B. hinsichtlich Konfliktgesprächen, Abstimmung mit Betriebsrat oder nicht geplanten Nebentätigkeiten (wie z.B. Zwischenpräsentationen/-berichte, unvorhergesehener Ausfall der IT-Infrastruktur, unproduktive Nebenzeiten z.B. für Akquisitionen außerhalb des Projekts). Manchmal führen auch „dreiste" Nachforderungen des Kunden während des Projekts zu einer Gefährdung des Zeitplans [vgl. HESSELER 2011a, S. 14 f.].

4.2.4 Implementierungsphase

Der Zweck der abschließenden Implementierungsphase besteht darin, die in der Problemlösungsphase verabschiedeten und abgesicherten Maßnahmen termin- und kostengerecht umzusetzen, in der Praxis zu erproben und Auswirkungen auf andere Bereiche zu analysieren. In den meisten Fällen übernimmt der Kunde in dieser Phase wieder die Hauptverantwortung, obwohl in diesem Projektabschnitt über den endgültigen ökonomischen Erfolg des Projektes entschieden wird.

4.2.4.1 Prozessschritte und Beratungstechnologien der Implementierungsphase

Die Implementierungsphase besteht in der hier gezeigten idealtypischen Form aus den beiden Prozessschritten *Realisierung/Umsetzung* und *Evaluierung/Kontrolle*.

Prozessschritt: Realisierung/Umsetzung. Die Beteiligung des Beraters an diesem Prozessschritt kann in sehr unterschiedlicher Weise geschehen. Folgende Realisierungsformen können unterschieden werden [vgl. NIEDEREICHHOLZ 2008, S. 335 f.]:

- **Vollrealisierung:** Das Beratungsunternehmen übernimmt alleine die Durchführung aller Maßnahmen.

- **Gemeinsame Realisierung:** Der Berater setzt gemeinsam im Team mit dem Kunden die Lösung um.

- **Realisierungsbegleitung:** Der Berater begleitet das Kundenunternehmen bei der Realisierung und Einführung der Problemlösung in dem er dem Kunden beratend, kontrollierend oder modifizierend zur Seite steht.

- **Unterstützung auf Anforderung:** Eine weitere Realisierungsform kann darin bestehen, dass der Berater nur zur Lösung besonderer Probleme oder nur auf Anforderung zur Verfügung steht.

- **Hotline-Service:** Auch besteht die Möglichkeit, während der Umsetzung einen Hotline-Service einzurichten, so dass der Projektleiter des Beratungsunternehmens jederzeit für Fern-Diagnosen zur Verfügung stehen kann.

Prozessschritt: Evaluierung/Kontrolle. Dieser letzte Prozessschritt im Rahmen eines Projektes ist von besonderer Bedeutung für die weitere Beziehung zwischen Kunde und Berater. Selbst wenn es in den Phasen zuvor Probleme und Meinungsverschiedenheiten gegeben hat oder es sogar in der gemeinsamen Arbeit zu Konflikten gekommen ist, der Berater sollte alles daran setzen, den Auftrag in einer positiven Grundstimmung abzuschließen. Bei der abschließenden Evaluierung geht es zum einen um die Bewertung des Beratungserfolgs (Beratungsnutzen) und zum anderen um den Beratungsprozess und hier insbesondere um die Beurteilung der Zusammenarbeit zwischen Beratungs- und Kundenteam. Letztlich mündet die Evaluierung in die Beantwortung der Fragen, ob der Kunde mit der Leistung des Beraters und ob der Berater selbst mit der Durchführung und den Ergebnissen dieses Auftrages zufrieden war [vgl. NIEDEREICHHOLZ 2008, S. 345].

Beratungstechnologie der Implementierungsphase. Zur Sicherstellung der Qualität in der letzten Auftragsphase haben die meisten Beratungsunternehmen Checklisten erstellt, die vom Projektleiter sukzessive abgearbeitet werden. Die darüber hinaus eingesetzte Beratungstechnologie in der Implementierungsphase bezieht sich in erster Linie auf

- **Projektmanagement-Tools** wie Prince2 oder PMBoK,

- **Qualitätsmanagement-Tools** wie Fehlersammelliste, Histogramm, Kontrollkarte, Ursache-Wirkungsdiagramm, Pareto-Diagramm, Korrelationsdiagramm, Flussdiagramm sowie

- **Tools zur Evaluierung** wie Kundenzufriedenheitsanalyse, Auftragsbeurteilung, Abschlussakquisition.

4.2.4.2 Risiken in der Implementierungsphase

Eine der größten Gefahren in der Implementierungsphase besteht darin, dass die einzelnen Arbeitspakete nur „irgendwie" koordiniert werden. Keine Berücksichtigung von Widerständen, Ängsten und Reibungsverlusten sind die Folgen. Ein weiteres Risiko ist die mangelnde oder zu späte Kommunikation der Lösung vor der Implementierung. Die kommunikative Schieflage erzeugt eine Misstrauenskultur mit fehlender Offenheit, Einzelkämpfertum, Dienst nach Vorschrift und Schlechtreden des Projektes gegenüber Dritten. Schließlich kann es zu einem Kompetenzgerangel zwischen Beratungs- und Kundenunternehmen im Hinblick auf die Realisierungsverantwortung kommen.

Auch der letzte Prozessschritt, die Evaluierung und Kontrolle, birgt einige Risiken in sich, die hauptsächlich auf unklare Vorstellungen vom Procedere des Abschlusses zurückzuführen sind. So ist häufig keine Fehlerkultur erkennbar, d. h. die eigenen Fehler und Schwächen im Projektablauf werden nicht offengelegt. Stattdessen werden in solchen Fällen „geschönte" Präsentationen und Abschlussberichte vorgetragen und der eigene Erfolg gesund gebetet. Der unprofessionelle Umgang mit Misserfolg führt zu Schuldzuweisungen an Sündenböcke und offenes Abstreiten der Verantwortung. Schließlich erfolgt auch keine Dokumentation der Erfahrungen für nachfolgende Projekte („lessons learnt") [vgl. HESSELER 2011a, S. 16 f.].

Wenn man diesen Phasenverlauf für Beratungsprojekte zugrunde legt, so ergibt sich zusammenfassend die in Abbildung 4-08 dargestellte Übersicht einer Zuordnung von Beratungstechnologien zu Beratungsphasen. Die Zuordnung ist dabei nach dem Schwerpunktprinzip erfolgt, da einige Beratungstechnologien durchaus in mehreren Beratungsphasen zum Einsatz kommen können. Die so gegliederten Beratungstechnologien werden in den nächsten Abschnitten vorgestellt und kurz erläutert.

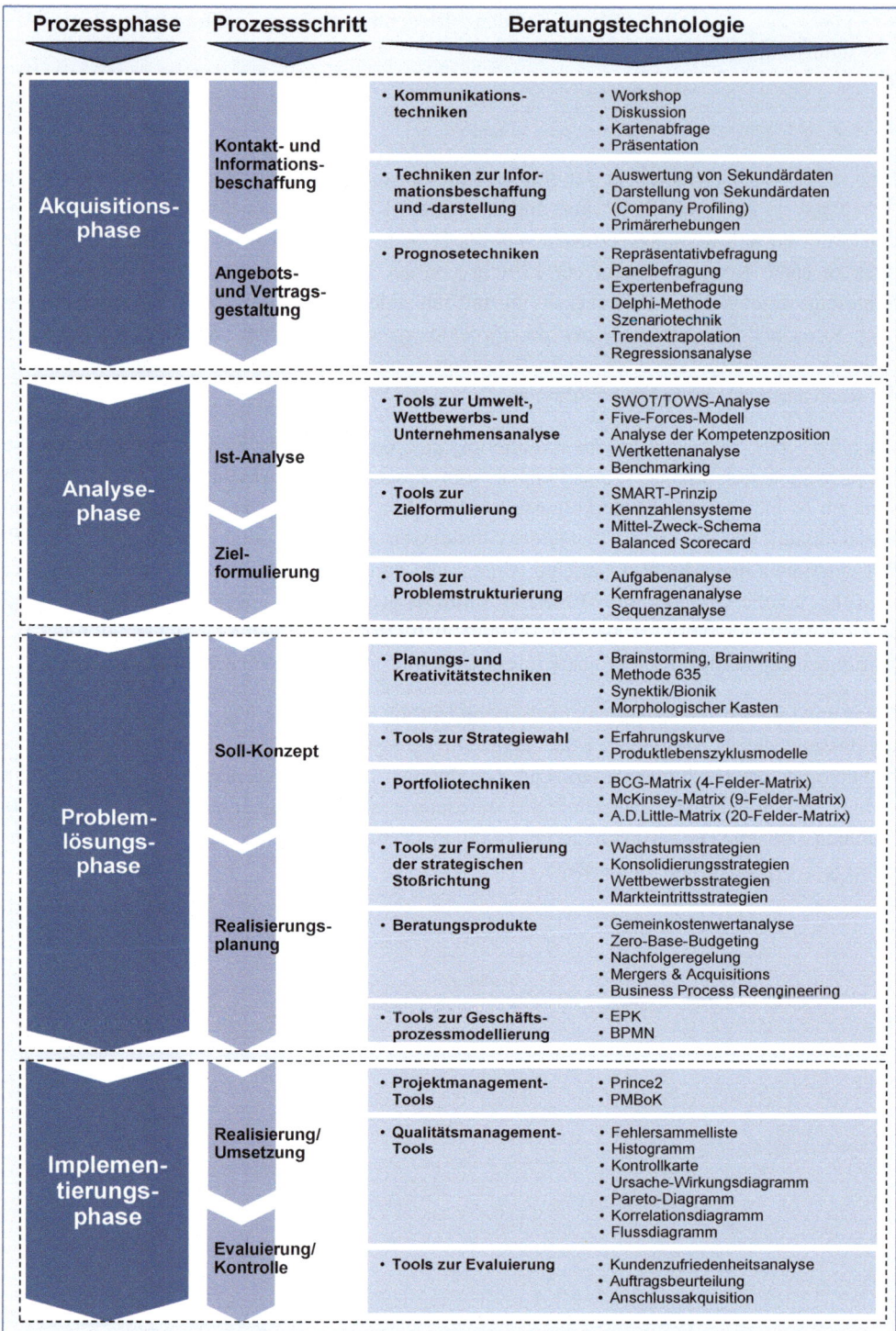

Abb. 4-08:   Zuordnung der Beratungstechnologien zu Beratungsphasen

4.3   Beratungstechnologien zur Informationsbeschaffung und -aufbereitung

Die Beratungstechnologien zur Informationsbeschaffung und -darstellung sind hier der *Akquisitionsphase* zugeordnet, gleichwohl werden sie in gleicher Weise auch in der Analysephase eingesetzt. Unter dem besonderen Gesichtspunkt der **Akquisition** geht es bei diesen Beratungstechnologien darum, sich ein erstes umfassendes („generalistisches") Bild über den (möglichen) Auftraggeber und über seine Problemfelder zu verschaffen. Für die Qualität und Aussagekraft dieses „Bildes" ist die Verfügbarkeit von Daten und somit die Informationsbeschaffung eine wichtige Grundlage. Relevante Daten müssen aber nicht nur beschafft, sondern auch ausgewertet und für die jeweiligen Zielpersonen entsprechend dargestellt werden.

Grundlage aller Beratungstechnologien sind – unabhängig von der jeweiligen Beratungsphase – die verschiedenen Kommunikationstechniken, die daher zuerst vorgestellt werden sollen.

4.3.1 Kommunikationstechniken

Während der gesamten Akquisitionsphase und während des gesamten Analyseverlaufs, wie auch später beim Problemlösungs- und Umsetzungsprozess muss der Berater immer wieder Kommunikationstechniken einsetzen. Die vielleicht wichtigste und umfassendste Kommunikationsform ist der **Workshop**. Wichtig deshalb, weil der Workshop die Möglichkeit bietet, sich mit mehreren Personen in Ruhe auf ein Thema zu konzentrieren und die Workshop-Ergebnisse zugleich auch immer Gruppenergebnisse sind. Umfassend deshalb, weil im Rahmen eines Workshops auch nahezu alle anderen Kommunikationstechniken wie

- Moderation,
- Diskussion,
- Kartenabfrage und
- Präsentation

zum Einsatz kommen können. Daher steht der Workshop auch im Mittelpunkt dieses Abschnitts.

4.3.1.1 Workshop

Workshops sind Arbeitstreffen, in denen sich Personen in einer ungestörten Atmosphäre einem speziellen Thema widmen. Die Leitung übernimmt ein **Moderator**, die Teilnehmer sind Betroffene oder Beteiligte und das Workshop-Ergebnis sollte über den Workshop hinaus wirken. *Inhaltlich* kann unterschieden werden zwischen

- Informations-Workshop,
- Problemlösungs-Workshop,
- Konfliktlösungs-Workshop,
- Konzeptions-Workshop und
- Entscheidungs-Workshop.

Workshops machen Sachverhalte und Positionen sichtbar und dienen dem Austausch von Erfahrungen, Meinungen und Ideen. Sie können Kontakte herstellen, Vertrauen aufbauen, gemeinsame Erlebnisse schaffen und den Teamgeist fördern. Allerdings gibt es keine fertige Rezeptur für den Workshop. Jeder Workshop hat seine eigene Dramaturgie. Ein möglicher Workshop-Ablauf, der sich stark an der klassischen Moderationsmethode orientiert, kann aus folgenden 10 Schritten bestehen [vgl. LIPP/WILL 2008, S. 20 ff.]:

- Schritt 1: Vorbereitungsphase
- Schritt 2: Eröffnung
- Schritt 3: Informationsphase
- Schritt 4: Zielphase
- Schritt 5: Ideensuche und Ordnung
- Schritt 6: Vertiefung
- Schritt 7: Präsentation und Diskussion der Ergebnisse
- Schritt 8: Bewerten und Entscheiden
- Schritt 9: Maßnahmenkatalog
- Schritt 10: Schlusspunkt und Nachsorge

4.3.1.2 Diskussion

Workshops leben vom Informationsaustausch. Die **Diskussion** ist dafür eine gebräuchliche Methode. Allerdings ist es wichtig, dass sich Diskussionen nicht endlos hinziehen und dass dieselben Personen nicht ständig dasselbe sagen. Dafür benötigt man klar umrissene Fragestellungen, einen Moderator, der die Diskussion leitet, aber nicht führt und einige Spielregeln. Zu solchen Spielregeln zählen das

- Mitvisualisieren der Diskussion, so dass alle Teilnehmer das gleiche Verständnis haben,
- Redezeitbegrenzungen, die vorher vereinbart wurden und
- Signalkarten, deren unterschiedliche Farben z. B. „Zustimmung" oder „Widerspruch" signalisieren [vgl. LIPP/WILL 2008, S. 61 ff.].

4.3.1.3 Kartenabfrage

Unter dem Aspekt der Informationsgewinnung nimmt die **Kartenabfrage** eine besondere Rolle ein, da in Gruppen zumeist mehr Ideen und mehr Know-how vorhanden sind, als normalerweise vermutet wird. Die Kartenabfrage hat den Vorteil, dass nicht nur die rhetorisch geschickten Teilnehmer oder die Vielredner, sondern alle Teilnehmer „zu Wort" kommen. Kein Beitrag geht verloren. Alle Karten sollten gut lesbar geschrieben sein und an eine Sammel-Pinnwand geheftet werden. Wichtig ist schließlich, dass der Moderator Karte für Karte von der Sammel-Pinnwand abnimmt und – thematisch geordnet – an eine zweite, noch leere Ordnungs-Pinnwand heftet. Sind alle Karten geordnet, so ergeben sich „Cluster", die zum besseren Verständnis mit einer Überschrift, die den thematischen Zusammenhang wiedergeben soll, versehen werden [vgl. LIPP/WILL 2008, S. 75 ff.].

4.3.1.4 Präsentation

Bei einer **Präsentation** geht es um die Kommunikation von **Botschaften**, um z. B. die Ergebnisse eines Workshops zusammenfassend darzustellen. Eine Botschaft, die verstanden wird, basiert zu einem Großteil auf einem überzeugenden Einsatz von Stimme und Körpersprache. Denn die überzeugendste Botschaft verpufft, wenn sie die Zuhörerschaft nicht richtig erreicht. Erst die richtige "Verpackung" der Botschaft sorgt dafür, dass sie ihre Wirkung voll entfaltet und bei den Zuhörern im Gedächtnis haften bleibt. Zu dieser Verpackung zählt der Einsatz verschiedener **Medien**. Gerade bei komplexen Themen fällt es den Zuhörern schwer, auf Dauer konzentriert zu bleiben. Das Visualisieren solcher Themen fördert die Konzentration, denn optische Reize regen das Interesse an. Außerdem können Inhalte visuell vereinfacht werden, so dass sie besser im Gedächtnis bleiben.

Für eine Präsentation eignen sich besonders folgende Medien:

- Flip-Charts
- Tafeln/Whiteboards
- Moderationswände.

Diese Medien sind dynamisch und bieten sehr gute Interaktionsmöglichkeiten mit den Zuhörern (z. B. durch das gemeinsame Sammeln von Argumenten). Nachteilig ist allerdings, dass der Redner seiner Zuhörerschaft oft den Rücken zudrehen muss. Auch gibt es je nach Handschrift Schwierigkeiten mit der Leserlichkeit oder zu wenig Platz für die Darstellung auf diesen Hilfsmitteln.

Die **Powerpoint-Präsentation** ist für viele *das* Programm schlechthin, um Präsentationen zu halten. Powerpoint hat sich inzwischen so sehr durchgesetzt, dass man dazu neigt, andere Formen eines Vortrags überhaupt nicht mehr in Betracht zu ziehen. So gibt es heutzutage in den Seminarräumen kaum noch Overhead-Projektoren, obwohl diese jahrzehntelang nahezu das einzige Medium waren, um komplexe Sachverhalte verständlich und visuell ansprechend „rüber" zu bringen. Die Powerpoint-Präsentation per Beamer als Präsentationsmedium hat die **Overhead-Präsentation** vollends abgelöst. Sicherlich, Powerpoint ist nicht das leistungsfähigste Präsentationsprogramm, aber es ist das Programm, das sich im Markt der Präsentationssoftware-Systeme durchgesetzt hat.

Bevor man beginnt, eine Powerpoint-Präsentation vorzubereiten, sollte man sich überlegen, ob Powerpoint für den eigenen Vortrag auch tatsächlich das beste „Werkzeug" ist. Ein Vortrag, ein Referat oder eine Kundenveranstaltung wird durch den Einsatz von Powerpoint nicht automatisch besser. Es kann einen Vorteil gegenüber der „klassischen" Methode mit Overhead-Folien und Overhead-Projektor darstellen, insbesondere wenn man farbige Fotos, Grafiken, Animationen oder Videos zeigen möchte. Allerdings verführt Powerpoint sehr leicht dazu, schnell und unbedacht eine Präsentation per „Copy and paste" zusammen zu stellen. Das Werkzeug Powerpoint ist in jedem Fall mit Bedacht einzusetzen und nicht weil es irgendwie „State-of-the-art" ist.

4.3.2 Techniken zur Informationsbeschaffung und -darstellung

Datenquellen können Primärdaten, Sekundärdaten oder eine Mischung aus beiden sein. **Primärdaten** sind Daten, die speziell für eine bestimmte Fragestellung (erstmalig) erhoben werden. **Sekundärdaten** basieren auf vorhandenem Informationsmaterial, das bereits für einen anderen Zweck erhoben wurde. Aus diesen Begriffen leitet sich auch die Einteilung der Marktforschung in **Primärforschung** (engl. *Field Research*) und **Sekundärforschung** (engl. *Desk Research*) ab [vgl. LIPPOLD 2012, S. 87].

4.3.2.1 Auswertung von Sekundärdaten

Da Sekundärdaten in der Regel schneller und kostengünstiger beschafft werden können als Primärdaten, wird der Berater zunächst versuchen, auf Sekundärdaten zurückzugreifen. Als **externe Informationsquellen** bieten sich an:

- **Internet.** Im weltweit größten Informationsspeicher (*World Wide Web*) sind über *Suchmaschinen* (z. B. GOOGLE, YAHOO, BING) zeitnah und häufig kostenlos umfassende Informationen zu den verschiedensten Themen verfügbar.
- **Online-Datenbanken.** Kommerzielle Online-Datenbanken (z. B. GENIOS, EBSCO, DATASTAR) haben einen Zugriffsschwerpunkt auf Wirtschaftsdatenbanken bis hin zum Volltext von Zeitungen und Zeitschriften.
- **Wirtschaftsforschungsinstitute.** Neben den klassischen Marktforschungsinstituten (z. B. GfK, A. C. NIELSEN, INFRATEST) hat sich bspw. für den Bereich der Informationstechnologie eine Reihe von Market Research-Firmen (z. B. GARTNER, FORRESTER, PAC, IDC, LÜNENDONK) etabliert, deren Analysen und Rankings insbesondere für IT-Dienstleistungsunternehmen von Bedeutung sind.
- **Informationsdienste.** Medien- und Informationsdienste sowie Informationsbroker (z. B. HOPPENSTEDT, REUTER, VWD) beschaffen firmenspezifische Informationen, erschließen sie systematisch und bereiten diese anwendergerecht auf.
- **Verbände/IHK.** Wirtschaftsverbände und -organisationen, Behörden sowie Wirtschaftsmagazine bieten (zumeist auch über ihre Webseiten) eine Vielzahl von branchenspezifischen Informationen und Berichten an.
- **Sonstige.** Nützliche Informationen finden sich zudem in der Wirtschafts- und Fachpresse, in Messekatalogen, Branchenverzeichnissen und Nachschlagewerken (z. B. Statistisches Jahrbuch mit speziellen Fachserien).

Neben diesen externen Daten bieten aber auch **interne Informationsquellen**, d. h. Informationen aus den verschiedenen Bereichen und Abteilungen des Kundenunternehmens wichtige Informationen. Zu diesen unternehmensinternen Quellen zählen Absatz- und Umsatzstatistiken, Außendienstberichte, Kundendateien sowie Berichte früherer Primär- und Sekundäruntersuchungen.

4.3.2.2   Darstellung von Sekundärdaten (Company Profiling)

Auf der Grundlage der ausgewählten Sekundärdaten sind leistungsfähige Beratungsunternehmen dazu übergegangen, das Unternehmensprofil (engl. *Company Profil*) des relevanten Kundenunternehmens nach einem standardisierten Format zu erstellen. Dieses **Company Profiling** dient allen Beteiligten des Beratungsunternehmens als Grundlage für ein qualifiziertes Angebot oder für einen schnellen Einstieg in ein bereits laufendes Kundenprojekt. Ein Company Profil, das man auch als „Unternehmenssteckbrief" bezeichnen kann, beschreibt in einer strukturierten Form das Kundenunternehmen mit allen relevanten Merkmalen wie z.B. Eigentümer, Management, Organigramme, Geschäftsbereiche, Umsatzstruktur und -entwicklung, Produktportfolio, Kunden- und Lieferantenstruktur, Mitbewerber, SWOT-Analyse (siehe Abbildung 4-09).

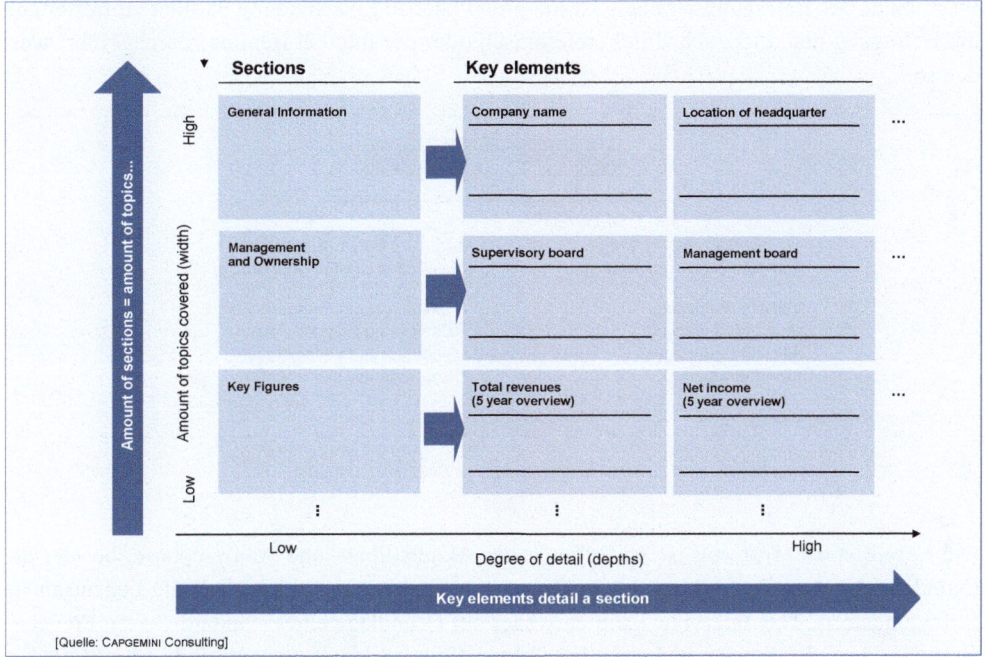

Abb. 4-09:   Beispielformat für ein Company Profil

Das Company Profiling kann neben seiner Funktion als *Informationstool* zugleich auch als **Ausbildungstool** für neue Mitarbeiter (insbesondere Hochschulabsolventen) herangezogen werden. Da Hochschulabsolventen nicht sofort in Kundenprojekten eingesetzt werden sollten, können sie sich auf diese Weise „im Hintergrund" in relevante Kundenunternehmen und Branchen sowie in die Handhabung von Werkzeugen wie SWOT oder Benchmarking einarbeiten. Darüber hinaus ist die Erstellung eines Company Profils eine ideale Übung, um möglichst viele und umfassende Informationen über einen neuen, strategisch wichtigen Vertriebskontakt (engl. *Lead*) zu bekommen. Auch im Falle eines personellen Wechsels in einem Projekt leistet das Company Profiling gute Dienste, um die Einarbeitung der neuen Mitarbeiter in die Umgebung des Kundenunternehmens zu erleichtern.

4.3.2.3 Primärerhebungen

Zu den wichtigsten Methoden der Primärerhebung zählen die Befragung, die Beobachtung, das Experiment (Test) sowie als Sonderform das Panel. Für die Informationsbeschaffung im Rahmen der Akquisitionsphase ist grundsätzlich nur die Befragung (engl. *Survey Method*) von Bedeutung. Es kann zwischen Befragungsformen (auch: Befragungsstrategie) und Arten der Fragestellung (auch: Befragungstaktik) unterschieden werden [vgl. SCHÄFER/KNOBLICH 1978, S. 276 ff.].

In Abbildung 4-10 sind die strategischen und taktischen Elemente einer Befragung gegenübergestellt.

(1) Befragungsstrategie

Im Rahmen der Befragungsstrategie ist die grundlegende Entscheidung darüber zu treffen, ob die Befragung mündlich, schriftlich, telefonisch oder per Internet (Online) durchgeführt werden soll.

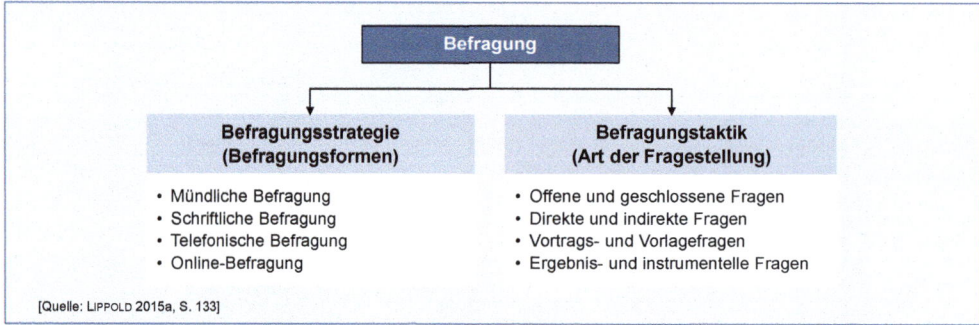

Abb. 4-10:   Strategische und taktische Elemente einer Befragung

Die mündliche Befragung ist im Rahmen der Akquisitions- und Analysephase, bei der die (Kunden-) Informationen durch einen *Berater* erhoben werden, sicherlich die bedeutsamste Befragungsform. Das Interview kann entweder auf Grundlage eines standardisierten Fragebogens, bei dem die Fragen in Form, Inhalt und Reihenfolge festgelegt sind, oder als freies (nicht-standardisiertes) Interview durchgeführt werden. Beim freien Interview ist dem Interviewer lediglich das Ziel der Befragung vorgegeben. Diese Methode hebt mehr auf die Gewinnung qualitativer Tatbestände und weniger auf die Generierung quantitativer Sachverhalte ab. Die schriftliche Befragung dagegen, bei der die Befragungsteilnehmer die Fragebögen auf dem Postweg erhalten, ist für Akquisitions- und Analysezwecke des Beraters weniger geeignet. Eine besondere Form der mündlichen Befragung ist die telefonische Befragung, bei der die Befragten per Telefon kontaktiert und befragt werden. Die Kosten dieser sehr zeitsparenden Befragungsform sind geringer als bei der reinen mündlichen Befragung. Allerdings ist es sehr schwer, bestimmte Kundenzielgruppen – insbesondere Entscheider – telefonisch zu erreichen.

Zunehmender Beliebtheit erfreuen sich Online-Befragungen, die als Sonderform der schriftlichen Befragung aufgefasst werden können. Bei diesen Befragungen haben die Adressaten die Möglichkeit, einen Online-Fragebogen oder einen per E-Mail zugeschickten Fragebogen auszufüllen. Die mit dieser Informationsbeschaffungsform einhergehende Anonymität kommt in der Analysephase beim Kunden allerdings nicht immer gut an.

Abbildung 4-11 fasst die wesentlichen Vor- und Nachteile dieser vier Befragungsformen zusammen.

	Mündliche Befragung	Schriftliche Befragung	Telefonische Befragung	Online-Befragung
Vorteile	• Hohe Erfolgsquote • Fragebogenumfang kaum eingeschränkt • Möglichkeit von Rückfragen • Befragungssituation kontrollierbar	• Relativ niedrige Kosten • Keine Beeinflussung durch Interviewer • Erreichbarkeit großer Fallzahlen	• Geringere Kosten als bei mündlicher Befragung • Zeitersparnis • Geringer Interviewereinfluss	• Kostengünstig • Zeitersparnis • Kein Interviewereinfluss • Hohe Reichweite • Automatische Erfassung der Daten
Nachteile	• Relativ hohe Kosten • Beeinflussung durch Interviewer möglich (Interviewereffekt)	• Geringe Rücklaufquote • Fragebogenumfang ist eingeschränkt • Keine Möglichkeit von Rückfragen • Befragungssituation nicht kontrollierbar	• Fehlender Sichtkontakt zum Interviewer • Schwierige Erreichbarkeit bestimmter Zielgruppen (z. B. Manager)	• Rücklaufquoten teilweise gering • Eingeschränkte Repräsentativität • Befragungssituation nicht kontrollierbar

[Quelle: LIPPOLD 2015a, S. 134]

Abb. 4-11:   Vor- und Nachteile quantitativer Befragungsformen

(2) Befragungstaktik

Nachdem im Rahmen der Befragungsstrategie die grundlegende Entscheidung über die Befragungsform getroffen worden ist, geht es bei der Befragungstaktik um die Fragestellung an sich. Nach Art der Fragestellung kann unterschieden werden zwischen

- offenen und geschlossenen Fragen,
- direkten und indirekten Fragen,
- Vortrags- und Vorlagefragen sowie
- Ergebnis- und instrumentellen Fragen.

Bei der Art der Fragenformulierung kann grundsätzlich zwischen offenen und geschlossenen Fragen differenziert werden. Die gebräuchlichsten Fragestellungen sind **geschlossene Fragen**, da sie am leichtesten auszuwerten sind. Bei geschlossenen Fragestellungen werden die Antwortmöglichkeiten vorgegeben. **Offene Fragen** lassen dagegen alle möglichen – also auch vom Berater zuvor nicht bedachten – Antwortkategorien zu. Die besondere Problematik dieser Art der Fragestellung liegt in der nachträglichen Kategorisierung und Quantifizierung der individuellen Antworten und Reaktionen [vgl. SCHÄFER/KNOBLICH 1978, S. 289 ff.].

Eine weitere grundsätzliche Unterscheidung kann in direkte und indirekte Fragen vorgenommen werden. Die **direkte Fragestellung**, bei der der Befragte aufgefordert wird, Auskünfte über seine Person oder sein Verhalten zu geben, stand lange Zeit im Mittelpunkt der Marktforschung. Bei Fragen insbesondere aus dem Prestigebereich oder bei tabuisierten Themen kann es jedoch zu Antwortverzerrungen kommen. Daher wird in diesen Bereichen heute die **indirekte Fragestellung** bevorzugt. Beispiel: Anstatt zu fragen „Haben Sie schon an einer SAP-Schulung teilgenommen?" (direkte Frage), wird man eher folgende Formulierung wählen: „Haben Sie demnächst vor, an einer SAP-Schulung teilzunehmen?" (indirekte Frage). Bei einer Bejahung der indirekten Frage, die ja einer Verneinung der direkten Fragestellung gleichkommt, hat der Befragte nicht das Gefühl, bloßgestellt zu sein.

Ferner kann zwischen Vortrags- und Vorlagefragen unterschieden werden. **Vortragsfragen** werden der Auskunftsperson vorgelesen und sind die Regel bei Befragungen in der Akquisitions- und Analysephase. **Vorlagefragen** liegen dem Befragten in lesbarer Form vor und sind die Grundlage der schriftlichen und der Online-Befragung.

Neben den **Sachfragen**, die den Hauptteil einer Befragung darstellen, werden zusätzlich **instrumentelle Fragen** zur Steuerung der Befragung eingesetzt. Dazu zählen Kontakt- und Eisbrecherfragen zur Einleitung in das Interview, Filterfragen, Kontrollfragen und Plausibilitätsfragen zur Überprüfung der Konsistenz der Antworten sowie Fragen zur Person.

4.3.3 Prognosetechniken

Die **Prognose** (Vorhersage) ist eine Wahrscheinlichkeitsaussage über Ereignisse, Zustände oder Entwicklung in der Zukunft. Prognosen basieren auf Daten der Vergangenheit sowie bestimmten Annahmen über die Zukunft. Vorhergesagt werden können Umsätze, Absatzmengen (Stückzahlen), Marktanteile, Lagerbestände, Aktienkurse, die Gewinnentwicklung einer Aktiengesellschaft, das Wetter, die Unterhaltskosten eines neuen PKWs, die Ergebnisse einer Landtagswahl etc.

Prognosetechniken bzw. Prognoseverfahren lassen sich auf verschiedene Arten einteilen. Hinsichtlich des Prognosehorizonts (Fristigkeit) lassen sich *kurz-, mittel- und langfristige* Prognosen unterscheiden. Darüber hinaus unterscheidet man *qualitative* und *quantitative* Techniken sowie nach der Erstellungsperspektive in *Top-Down* und *Bottom-Up*. Nach dem Gegenstand, auf den sich die Prognose bezieht, unterteilt man in *Wirkungsprognosen, Lageprognosen* und *Entwicklungsprognosen.*

Im Rahmen der hier getroffenen Auswahl an Prognosetechniken soll nach der *Art der Datenbasis* unterschieden werden [vgl. BEA/HAAS 2005, S. 279 ff.]:

- Prognosetechniken auf der Basis von Befragungen
- Prognosetechniken auf der Basis von Indikatoren
- Prognosetechniken auf der Basis von Zeitreihen
- Prognosetechniken auf der Basis von Funktionen.

Abbildung 4-12 gibt einen Überblick über die einzelnen Prognosetechniken nach Art der Datenbasis.

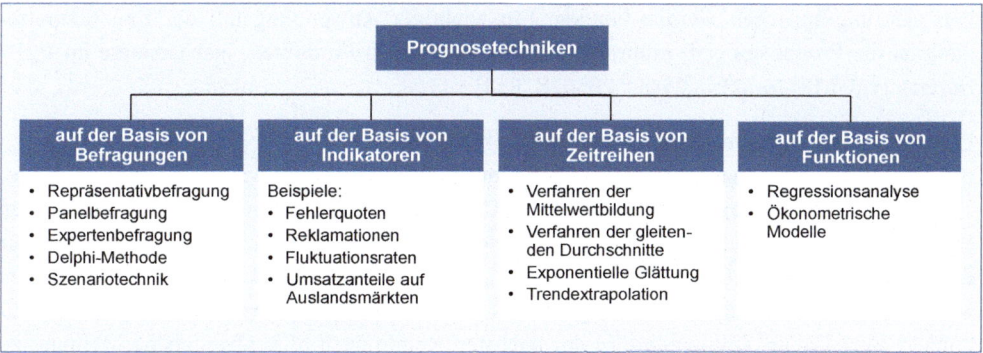

Abb. 4-12:   Wichtige Prognosetechniken im Überblick

4.3.3.1 Prognosetechniken auf Basis von Befragungen

Prognosen auf der Basis von Befragungen zählen zu den qualitativen Prognosetechniken. Die **Repräsentativbefragung** stellt eine Prognosetechnik dar, bei der aus einer repräsentativen Grundgesamtheit eine Stichprobe von Personen gezogen wird, die dann zu einem bestimmten Themenkomplex befragt werden. Repräsentativbefragungen kommen vor allem im Marketingbereich vor. So wird bspw. im Rahmen von Verbraucherbefragungen das Nachfrageverhalten von Konsumenten in bestimmten Situationen ermittelt und zur Prognose von Absatzzahlen verwendet. Die Ergebnisse von Repräsentativbefragungen zu Prognosezwecken sind zum Teil deutlich besser als die Ergebnisse einfacher quantitativer Prognosetechniken (z. B. lineare Extrapolationen). Antwortverweigerungen, Unerreichbarkeit von Stichprobenmitgliedern oder Verfälschungen/Verzerrungen durch den Interviewer (engl. *Interviewer Bias*) sind mögliche methodische Schwächen und damit nicht ganz unproblematisch für dieses Instrument der qualitativen Prognose.

Im Marketingumfeld kommen Repräsentativbefragungen auch häufig in Form von **Panelbefragungen** zum Einsatz. Dabei handelt es sich um Untersuchungen, bei denen ein bestimmter, gleichbleibender und repräsentativer Personenkreis (z. B. Konsumenten oder Händler) in regelmäßigen Zeitabständen Informationen über gleiche oder gleichartige Erhebungsmerkmale (z. B. Preis, Marktanteil, Warenbewegungen) liefern soll. Der Vorteil dieser Form der Befragung liegt darin, dass Veränderungen wirtschaftlicher Größen (z. B. Marktanteilsverschiebungen) besser prognostiziert werden können als bei einer einmaligen Repräsentativbefragung. Allerdings können auch die Ergebnisse von Panelbefragungen durch methodische Probleme wie Paneleffekt, Panelsterblichkeit und Panelerstarrung eingeschränkt werden [vgl. LIPPOLD 2012, S. 96].

Bei der **Expertenbefragung** werden nicht jene Personen, die die künftige Entwicklung der interessierenden wirtschaftlichen Größen direkt beeinflussen (z. B. Käufer), sondern Dritte, nämlich Experten befragt. Experten begründen mit ihrem Spezialwissen die fachliche Autorität zur Einschätzung zukünftiger Entwicklungen. Dabei ist es die Güte der verfügbaren Informationen sowie die Fähigkeit, aus diesen Informationen die entsprechenden Schlüsse zu ziehen und in Empfehlungen umzusetzen, die einen Experten ausmachen. Solche Personen sind allerdings rar, so dass für die Mehrzahl von Expertenbefragungen immer nur sehr wenige

Personen angesprochen werden können. Ein wichtiger Anwendungsfall der Expertenbefragung ist die Prognose der Einführungschancen von neuen Produkten, insbesondere im B2B-Bereich [vgl. MACHARZINA/WOLF 2010, S. 838].

Eine besondere Form der Expertenbefragung ist die Delphi-Methode. Hierbei handelt es sich um eine schriftliche, mehrphasige und anonyme Befragung von Experten, die zu Beginn der 1960er Jahre von der amerikanischen RAND Corporation entwickelt wurde. Bei jeder neuen Fragerunde werden die Experten, die aus unterschiedlichen Fachdisziplinen stammen, über die Ergebnisse der vorherigen Runde informiert. Experten, deren Antworten stark von den Mittelwerten abweichen, werden aufgefordert, ihre Antworten zu begründen. Diese Begründungen dienen allen Teilnehmern in der nächsten Runde dazu, ihre abgegebene Meinung zu überprüfen und gegebenenfalls zu ändern. Durch den beschriebenen organisatorischen Rahmen nutzt die Delphi-Methode das Wissen mehrerer Experten mit kontrollierter Informationsrückkopplung. Durch die Wahrung der Anonymität wird gleichzeitig eine Beeinflussung der Experten untereinander ausgeschlossen. Trotz dieser Vorteile sind die Ergebnisse durch ein hohes Maß an Subjektivität gekennzeichnet. Nicht auszuschließen ist auch, dass Wunschvorstellungen der Experten in das Prognoseergebnis einfließen. Namensgeber der Metode ist das *Orakel von Delphi*, das in der Antike Ratschläge für die Zukunft erteilte.

Abbildung 4-13 zeigt die Delphi-Methode als temporär konfiguriertes Expertensystem, das heute vor allem in der Zukunftsforschung zur Abschätzung von Technologiefolgen eingesetzt wird.

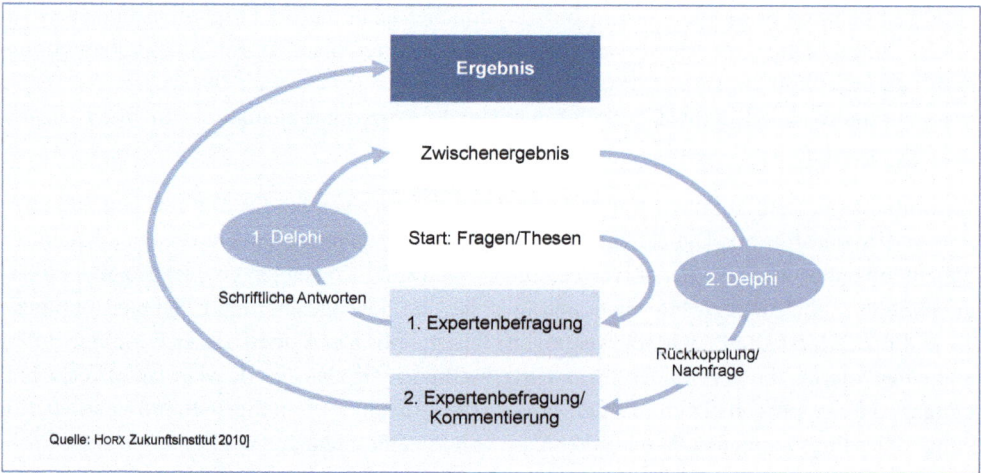

Abb. 4-13:   Die Delphi-Methode

Experten sind auch die Input-Geber bei der Szenariotechnik. Ein Szenario ist die Beschreibung einer zukünftigen Situation und des Pfades, der zu dieser Situation führt. Ziel der Szenariotechnik ist demnach, mögliche alternative Situationen der Zukunft (Zukunftsbilder) sowie die Wege, die zu diesen zukünftigen Situationen führen, zu analysieren und zusammenhängend darzustellen. Szenarien stellen hypothetische Folgen von Ereignissen auf, um auf kausale Prozesse und Entscheidungsmomente aufmerksam zu machen. Neben der Darstellung, wie eine hypothetische Situation in der Zukunft zustande kommen kann, werden Varianten und Alternativen dargestellt und aufgezeigt, in welchem Prognosekorridor sich die künftige Entwicklung voraussichtlich einpendeln wird. Der Prognosekorridor, der das Gesamtbild der künftigen Handlungssituationen eines Unternehmens widergibt, wird begrenzt durch die alternativen Ausprägungen für den günstigsten und den ungünstigsten Eintrittsfall.

Abbildung 4-14zeigt ein anschauliches Bild zur Darstellung von Szenarien in Form eines sich öffnenden Trichters, dessen Spannweite durch das positive Extrem-Szenario *(Best Case)* einerseits und durch das negative Extrem-Szenario *(Worst Case)* andererseits gekennzeichnet ist. Auf der Schnittfläche des Trichters befinden sich alternative Szenarien. In der Mitte befindet sich das Trendszenario, das dem Ergebnis einer Trendextrapolation entspricht. Alternative A zeigt ein anderes, für plausible erachtetes Szenario. Durch Eintritt eines Störereignisses zum Zeitpunkt t_1 und der Reaktion zum Zeitpunkt t_2 führt dieses Szenario zum Alternativszenario A' [vgl. BEA/HAAS 2005, S. 288 f.].

Die Szenariotechnik, die in den 1950er Jahren im Rahmen militärstrategischer US-Studien entwickelt wurde, betrachtet einen langfristigen Planungshorizont, wobei keine Extrapolation der Vergangenheit in die Zukunft, sondern eine vorausschauende Betrachtung unter Berücksichtigung relevanter Einflussfaktoren vorgenommen wird. Dabei geht sie von einer beschränkt vorhersehbaren Zukunft aus und kann auch spekulative Entwicklungen in Form von *Störereignissen* berücksichtigen. Wie kaum eine andere Prognosetechnik ist sie in der Lage, Interdependenzen zwischen den Einflussgrößen der künftigen Umweltentwicklung in den Vordergrund zu stellen. Allerdings hängt die Güte der Prognose – wie letztlich bei allen qualitativen Prognoseverfahren – auch hier von subjektiven Einschätzungen der ausgewählten Experten ab.

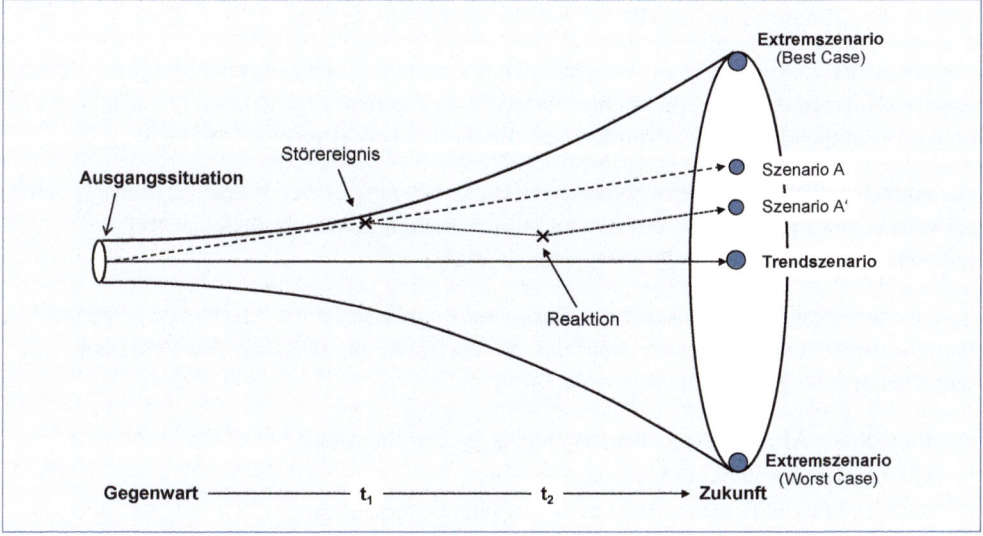

Abb. 4-14:   Szenario-Analyse

4.3.3.2 Prognosetechniken auf der Basis von Indikatoren

Bei diesen Prognosetechniken wird die künftige Entwicklung der zu prognostizierenden Größe aus einer vergleichbaren Entwicklung in einem anderen Bereich abgeleitet. Indikatoren sind quasi Vorboten, die Hinweise für die Entwicklung der eigentlich interessierenden, jedoch nur eingeschränkt beobachtbaren Größen in der Zukunft geben. Der Indikator ist ein quantitativer Ausdruck, der der Prognosegröße zeitlich vorgelagert sowie schnell und problemlos zu ermitteln ist. Zwischen Indikator und Prognosegröße besteht aber kein Ursache-Wirkungszusammenhang sondern die Gültigkeit eines „Symptomgesetzes", d. h. die vorgelagerte Entwicklung des Indikators ist symptomatisch für die Entwicklung der Prognosegröße. Daher ist es von zentraler Bedeutung, dass die gewählten Indikatoren gute „Frühinformationseigenschaften" besitzen.

Prognosen auf der Basis von Indikatoren werden besonders häufig in der Volkswirtschaft abgegeben. Der Geschäftsklimaindex des IFO-INSTITUTS oder der Konsumklimaindex der GFK sind typische Frühindikatoren in diesem Bereich. Frühindikatoren im direkten Unternehmensbereich sind bspw.

- Fehlerquoten oder Reklamationen für das Beobachtungsfeld „Leistungsprozess",
- Fluktuationsraten für das Beobachtungsfeld „Unternehmenskultur" oder
- Umsatzanteile auf Auslandsmärkten für das Beobachtungsfeld „Marktpotential".

Mit dieser Art der betriebswirtschaftlichen Frühwarnsysteme gehen die Prognosen auf Basis von Indikatoren zwar deutlich über die Kennzahlensysteme des klassischen Rechnungswesens hinaus, durch den monokausalen Zusammenhang zwischen dem Indikator und der Prognosegröße bleiben die Prognoseergebnisse aber stark eingeschränkt.

4.3.3.3 Prognosetechniken auf der Basis von Zeitreihen

Verfahren der **Zeitreihenanalyse** dienen der Abschätzung von Gesetzmäßigkeiten, die sich aus der zeitlichen Abfolge von Beobachtungswerten ergeben. Eine *Zeitreihe* ist demnach eine Folge von zeitlich hintereinander erhobenen Beobachtungswerten eines Merkmals.

Die einfachste Form der Zeitreihenanalyse ist das **Verfahren der Mittelwertbildung**. Hierbei wird aus der Berechnung des einfachen arithmetischen Mittels aus einer Reihe von Vergangenheitswerten direkt ein Prognosewert abgeleitet.

Eine weitere Prognosetechnik auf der Basis von Zeitreihen ist die **Methode der gleitenden Durchschnitte**. Es handelt sich dabei um ein Verfahren zur *Glättung* von Zeitreihen. Typische Beispiele für Zeitreihen sind:

- Monatliche Arbeitslosenzahlen der Bundesagentur für Arbeit
- Quartalsumsätze eines DAX-Unternehmens
- Jährliche Produktionsmengen eines Smartphone-Herstellers.

Die Glättung von Zeitreihen setzt voraus, dass innerhalb der Zeitreihe (kurzfristige) Schwankungen zyklisch auftreten (z. B. das Weihnachtsgeschäft im Einzelhandel) und dass die Werte gleiche Abstände aufweisen (Jahr, Monat, Woche, Tag). Ein gleitender Durchschnitt wird aus einer gleichbleibenden Anzahl zeitlich benachbarter Beobachtungswerte als Folge von arithmetischen Mitteln berechnet und dem in der Mitte des jeweiligen Zeitintervalls liegenden Zeitpunkt zugeordnet. Das Zeitintervall kann dabei sowohl aus einer geraden, als auch aus einer ungeraden Zahl von Werten bestehen. Wichtig ist, dass das Zeitintervall mit dem zugrunde liegenden Zyklus übereinstimmt. Soll die Gleichgewichtung der Vergangenheitswerte aufgehoben und die aktuellen Daten stärker berücksichtigt werden, so kann man die gleitenden Durchschnitte unterschiedlich gewichten *(Verfahren der gewogenen gleitenden Durchschnitte)*. Der Vorteil gegenüber der Regressionsmethode liegt darin, dass man keinerlei Vorwissen über den Funktionstyp des Trends benötigt. Die größte Schwierigkeit der Methode liegt in der richtigen Auswahl des Zyklus.

Bei der **Trendextrapolation** wird versucht, den bisherigen Datenverlauf (Trend) durch eine Funktion zu beschreiben, deren Verlauf dann in die Zukunft fortgeschrieben wird. Hierbei wird die vorherzusagende Größe (z. B. Preise, Umsätze, Kosten) allein anhand des Kriteriums der Zeit ermittelt. Es wird also bewusst darauf verzichtet, die unterschiedlichen Einflussfaktoren, die für den Verlauf der vorherzusagenden Größe ausschlaggebend sind, einzeln auszuweisen. Dabei geht die Trendextrapolation von der Grundannahme aus, dass die in der Vergangenheit wirkenden Einflussfaktoren auch in der Zukunft gelten. Bevor der Trend für eine Zeitreihe berechnet werden kann, muss zunächst über den Funktionstyp – linear, exponentiell oder logistisch – entschieden werden (siehe Abbildung 4-15). Ist die Entscheidung über den Funktionstyp gefallen, so erfolgt das Anpassen der Trendfunktionen an eine Zeitreihe durch Schätzen der Parameter (*a*, *b*, ...) auf der Basis dieser Daten. Dazu wird zumeist die **Methode der kleinsten Quadrate** verwendet (siehe dazu auch den nächsten Abschnitt).

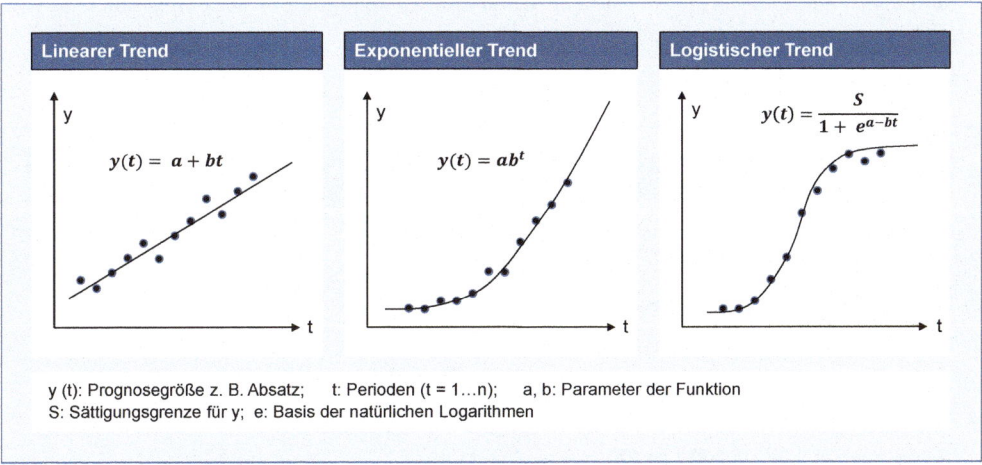

Abb. 4-15:   Funktionstypen der Trendextrapolation

Das methodische Kernproblem der Trendextrapolation liegt in der Wahl der „richtigen" Trendfunktion sowie darin, dass die einzelnen Verursachungs- bzw. Einflussfaktoren nicht isoliert analysiert werden. Insofern erscheint das Verfahren zur Prognose von diskontinuierlichen Entwicklungen, denen heute eine Schlüsselbedeutung zukommt (Bankenkrise, Eurokrise), nur bedingt geeignet [vgl. MACHARZINA/WOLF 2010, S. 843].

4.3.3.4 Prognosetechniken auf der Basis von Funktionen

Die **Regressionsanalyse** ist das wichtigste Verfahren, um funktionale bzw. kausale Zusammenhänge auszudrücken. Je nachdem, ob die Prognose auf der Grundlage einer oder mehrerer Einflussgrößen erfolgt, sind *einfache* und *multiple Regressionsmodelle* zu unterscheiden. Ebenso wie bei der Zeitreihenanalyse wird auch bei der Regressionsanalyse von einer Extrapolierbarkeit der Vergangenheitswerte in die Zukunft ausgegangen.

Bei der *Einfachregression* wird unterstellt, dass das erste Merkmal (X) unabhängig und das zweite Merkmal (Y) vom ersten Merkmal abhängig ist. Diesen Zusammenhang beschreibt die *Regressionsfunktion*

$$y = f(x) .$$

Welches Merkmal unabhängig und welches abhängig ist, richtet sich nach der vermuteten Kausalität. In der Betriebswirtschaft ist die erklärte (abhängige) Variable Y sehr häufig eine Zielgröße (Gewinn, Umsatz), während die erklärende (unabhängige) Variable X eine Instrumentgröße (Preis, Werbeausgaben) ist (siehe Abbildung 4-16). Als Regressionsfunktion wird meist eine lineare Funktion gewählt, weil dies die einfachste Form der Abhängigkeit ist:

$$y = a + b\,x .$$

Eine solche Funktion hat allerdings nur approximativen Charakter, d. h. dass beim Einsetzen von tatsächlichen zweidimensionalen Beobachtungswerten

$$(x_t,\, y_t) \qquad (t = 1,2,\, …)$$

fast immer eine Abweichung u_t zwischen dem Beobachtungswert der abhängigen Variablen y_t und dem Funktionswert $f(x_t)$ auftritt. Unter Berücksichtigung dieser empirischen Abweichung lautet das lineare Regressionsmodell

$$y_t = a + b\,x_t + u_t \qquad (t = 1,2,…).$$

Beispiel	Unabhängige Variable	Abhängige Variable
Umsatzentwicklung in Abhängigkeit von Werbemaßnahmen	▶ Werbebudget	▶ Umsatz
Anzahl Seminarteilnehmer in Abhängigkeit von Nachfassaktionen	▶ Anzahl Nachfassaktionen	▶ Anzahl Seminarteilnehmer
Umsatzentwicklung in Abhängigkeit vom Messebudget	▶ Messebudget	▶ Umsatz
Umsatzentwicklung in Abhängigkeit von der Conversion-Rate	▶ Conversion-Rate	▶ Umsatz

Abb. 4-16:   Anwendungsbeispiele der Regressionsanalyse

Im Rahmen der Regressionsanalyse sind nunmehr zwei Fragen zu beantworten [vgl. WEWEL 2011, S. 102]:

- Wie können die beiden Regressionskoeffizienten a und b, die als Lageparameter den Verlauf der Geraden beschreiben, optimal passend zu den vorliegenden Beobachtungswerten bestimmt werden?

- Wie lässt sich die Aussagefähigkeit der ermittelten Regressionsfunktion und damit die Güte der aus ihr abgeleiteten Prognosen beurteilen?

Zur optimalen Anpassung der beiden Lageparameter a und b wird die *Methode der kleinsten Quadrate* angewandt, nach der die Summe der quadrierten Fehler minimiert wird. Im Streuungsdiagramm wird also diejenige Gerade gesucht, deren Summe der quadrierten senkrechten Abstände zu den einzelnen Beobachtungswerten am kleinsten ist. Für das lineare Regressionsmodell bedeutet das:

$$\sum_{t=1}^{n} u_t^2 = \sum_{t=1}^{n} (y_t - a - bx_t)^2 \rightarrow min!$$

Nach einigen Umformungen erhält man folgende Werte für die beiden Regressionsparameter:

$$a = \bar{y} - b\,\bar{x} \quad und \quad b = \frac{\sum_{t=1}^{n} x_t\,y_t - n\bar{x}\bar{y}}{\sum_{t=1}^{n} x_t^2 - n\bar{x}^2}$$

Die Schätzformel für b, die den Anstieg der Regressionsgeraden angibt, zeigt folgenden Zusammenhang zur Korrelation der Merkmale X und Y:

- Steigende Regressionsgerade $\leftrightarrow$ positive Korrelation
- Fallende Regressionsgerade $\leftrightarrow$ negative Korrelation
- Horizontale Regressionsgerade $\leftrightarrow$ keine Korrelation

Derartige Regressionsgeraden können allerdings nur dann zu Prognosezwecken verwendet werden, wenn der Funktionsverlauf aus den Daten richtig spezifiziert werden kann und die zukünftigen Werte der unabhängigen Variablen zeitnah für die Prognose ermittelt werden können bzw. vorliegen. Außerdem zeigt sich immer wieder, dass sich die abhängigen und unabhängigen Variablen in der Unternehmenspraxis gegenseitig beeinflussen. So ist einerseits der Umsatz von der Höhe der Werbeausgaben abhängig; andererseits richten viele Unternehmen ihre Werbeetats nach dem erzielten Umsatz aus. Ein ähnlicher doppelseitiger Zusammenhang besteht auch zwischen dem Unternehmensgewinn und den F&E-Aufwendungen.

Können solche Wirkungsbeziehungen nicht mit der Regressionsanalyse gelöst werden, müssen sie in einem Simulationsmodell formuliert und programmiert werden. *Mehrgleichungsmodelle* sind Bestandteil weiterführender ökonometrischer Verfahren. Der Erfolg von Mehrgleichungsmodellen zu Prognosezwecken ist allerdings wie bei allen ökonometrischen Verfahren in erster Linie von der Güte der Schätzung der unabhängigen (nicht durch das Modell bestimmten) Variablen abhängig, so dass sich das Prognoseproblem lediglich auf eine frühere Stufe vorverlagert, nicht jedoch prinzipiell gelöst wird. So gesehen scheinen Prognosen auf der Grundlage von Befragungen aufgrund ihrer Offenheit gegenüber einem breiten Spektrum von unterschiedlichen Informationen am ehesten geeignet, strategisch relevante Veränderungen frühzeitig zu erkennen [vgl. MACHARZINA/WOLF 2010, S. 841; BEA/ HAAS 2005, S. 286].

4.4 Beratungstechnologien zur Analyse und Zielsetzung

Ein Großteil der in der Akquisitionsphase vorgestellten Tools und Techniken wird – wie immer wieder betont – regelmäßig auch in der Analysephase eingesetzt. Nahezu ausschließlich in der Analyse und Zielsetzung werden dagegen die Tools zur Umwelt-, Wettbewerbs- und Unternehmensanalyse sowie die Tools zur Zielformulierung verwendet.

4.4.1 Tools zur Umwelt-, Wettbewerbs- und Unternehmensanalyse

Die Tools zur Umwelt-, Wettbewerbs- und Unternehmensanalyse zählen zu den beliebtesten und bekanntesten Managementwerkzeugen. Ziel dieser Werkzeuge ist es, Verbesserungspotenziale zu identifizieren. Hierzu werden im Folgenden mit

- der SWOT/TOWS-Analyse,
- dem Five-Forces-Modell,
- der Analyse der Kompetenzposition,
- der Wertkettenanalyse und
- dem Benchmarking

fünf Konzepte vorgestellt, die sich durch Benutzerfreundlichkeit und einen recht hohen Anwendungsnutzen auf dem Gebiet der Situationsanalyse eines Unternehmens auszeichnen.

4.4.1.1 SWOT/TOWS-Analyse

Eines der bekanntesten Hilfsmittel für eine solche Systematisierung ist die **SWOT-Analyse**. Hier werden in einem ersten Schritt Stärken (engl. *Strengths*) und Schwächen (engl. *Weeknesses*), die in der Unternehmensanalyse identifiziert wurden, gegenübergestellt und eine Stärken-Schwächen-Analyse erstellt. Stärken machen ein Unternehmen wettbewerbsfähiger. Dazu zählen die besonderen Ressourcen, Fähigkeiten und Potenziale, die erforderlich sind, um strategische Ziele zu erreichen. Schwächen sind dagegen Beschränkungen, Fehler oder Defizite, die das Unternehmen vom Erreichen der strategischen Ziele abhalten. Dieser Teil der SWOT-Analyse, der sich aus einer kritischen Betrachtung des *Mikro*-Umfeldes ergibt, ist gegenwartsbezogen.

Der zweite Schritt der SWOT-Analyse bezieht sich auf das *Makro*-Umfeld des Unternehmens. Er ist in die Zukunft gerichtet und stellt die identifizierten Chancen und Möglichkeiten (engl. *Opportunities*) den Risiken bzw. Bedrohungen (engl. *Threats*) gegenüber (Chancen-Risiken-Analyse). Möglichkeiten bzw. Chancen sind alle vorteilhaften Situationen und Trends im Umfeld eines Unternehmens, die die Nachfrage nach bestimmten Produkten oder Leistungen unterstützen. Bedrohungen bzw. Risiken sind dagegen die ungünstigen Situationen und Trends, die sich negativ auf die weitere Entwicklung des Unternehmens auswirken können. Das Ergebnis dieser beiden Analysen ist ein möglichst vollständiges und objektives Bild der Ausgangssituation (Wo stehen wir?).

Die SWOT-Analyse ist eines der ältesten Tools für die Strategieentwicklung. Sie stellt eine gute Übersicht und Zusammenfassung der Ausgangssituation sicher. Das SWOT-Tool bietet allerdings keine konkreten Antworten, sondern stellt lediglich Informationen zusammen, um darauf aufbauend Strategien zu entwickeln. Darüber hinaus sind positive Nebeneffekte bei der Durchführung der SWOT-Analyse – wie Kommunikation und Zusammenarbeit – mindestens ebenso wichtig wie die erzielten Ergebnisse [vgl. ANDLER 2008, S.178].

Abbildung 4-17 zeigt das Grundmodell der SWOT-Analyse mit beispielhaften Stärken, Schwächen, Chancen und Risiken.

Abb. 4-17:   Das Grundmodell der SWOT-Analyse

Während die SWOT-Analyse rein deskriptiver Natur ist, wird mit der **TOWS-Analyse** die Entwicklung strategischer Stoßrichtungen angestrebt. Die TOWS-Analyse kann somit als Weiterentwicklung der SWOT-Analyse angesehen werden. Sie zeigt, wie die unternehmens-internen Stärken und Schwächen mit den externen Bedrohungen und Chancen kombiniert werden können, um daraus vier grundsätzliche Optionen zu entwickeln:

- **SO-Strategien** basieren auf den vorhandenen Stärken eines Unternehmens und zielen darauf ab, die Chancen, die sich im Unternehmensumfeld bieten, zu nutzen.

- **ST-Strategien** basieren ebenfalls auf den vorhandenen Stärken. Sie haben aber das Ziel, diese Stärken zu nutzen, um drohende Risiken abzuwenden oder doch mindestens zu mi-nimieren.

- **WO-Strategien** sollen interne Schwächen beseitigen, um die bestehenden Chancen nut-zen zu können. Auf diese Weise sollen die betreffenden Schwächen in Stärken transfor-miert werden, um dann mittelfristig eine SO-Position zu erlangen.

- **WT-Strategien** haben schließlich das Ziel, die Gefahren im Umfeld durch einen Abbau der Schwächen zu reduzieren. Die Kombination aus Schwächen und Risiken ist zweifel-los für ein Unternehmen die gefährlichste Konstellation, die es zu vermeiden gilt.

Die TOWS-Struktur kann hilfreich bei der Strukturierung und Entwicklung alternativer Strategien sein. Daher ist der TOWS-Ansatz vom Einsatzbereich her gesehen nicht den „Tools der Situationsanalyse", sondern den „Tools zur Strategiewahl" zuzurechnen. Durch die unmittelbare Verbindung zum Grundmodell der SWOT-Analyse ist der TOWS-Ansatz bereits an dieser Stelle aufgeführt.

In Abbildung 4-18 ist das TOWS-Diagramm widergegeben, das die vier Kombinationen und strategischen Richtungen beschreibt.

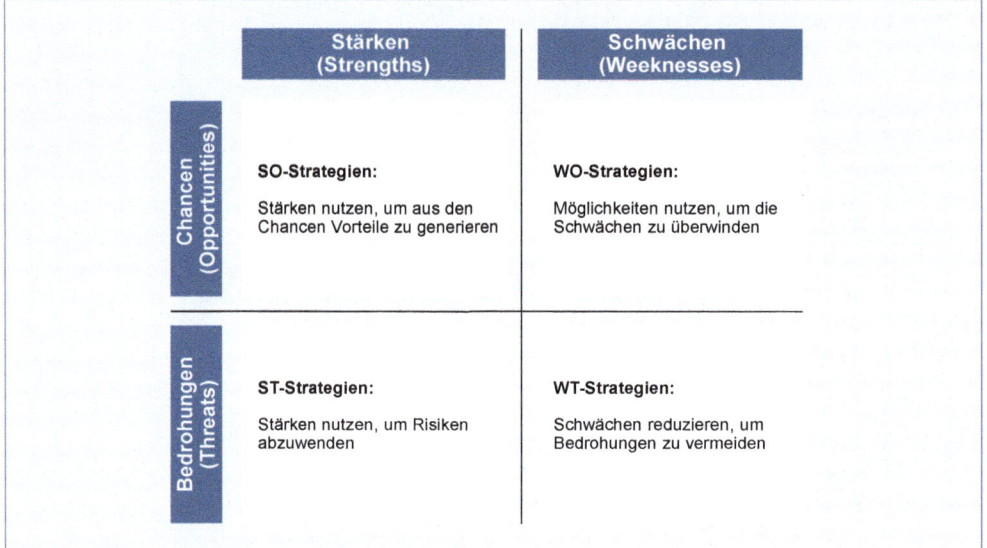

Abb. 4-18:   TOWS-Diagramm

4.4.1.2 Five-Forces-Modell

Ein weiterer Ansatz zur Systematisierung der Situationsanalyse ist das Five-Forces-Modell von MICHAEL E. PORTER. Dieses Konzept der **Branchenstrukturanalyse** stellt folgende fünf Wettbewerbskräfte (engl. *Five Forces*) als zentrale Einflussgrößen auf die Rentabilität einer Branche in den Mittelpunkt der Analyse [vgl. PORTER 1995, S. 25 ff]:

- Verhandlungsmacht der Kunden
- Verhandlungsmacht der Lieferanten
- Rivalität der Wettbewerber untereinander
- Bedrohung durch künftige Anbieter
- Bedrohung durch Substitutionsprodukte.

Die **Verhandlungsstärke der Abnehmer** wirkt sich direkt auf die Rentabilität einer Branche aus. Dies gilt vor allem dann, wenn die Konzentration auf dem Absatzmarkt besonders hoch ist und die Produkte nur wenig differenziert und damit leicht austauschbar sind. Ein Beispiel dafür ist der Preisdruck von großen Handelsunternehmen/Handelsketten, den diese aufgrund ihrer starken Verhandlungsposition auf Konsumgüterhersteller ausüben.

Je stärker die **Verhandlungsmacht der Lieferanten** auf einem Markt ausfällt, desto geringer ist der Gewinnspielraum auf der Abnehmerseite. Eine starke Verhandlungsmacht ist immer dann zu erwarten, wenn eine relativ geringe Anzahl von Lieferanten in einem bestimmten Marktsegment einer großen Anzahl von Abnehmern gegenübersteht. Ein Beispiel hierfür ist der Verhandlungsdruck der Anbieter klassischer Markenartikel auf den Facheinzelhandel, für den die betreffenden Inputgüter von hoher Bedeutung sind und eine Substitution durch Ersatzprodukte nur bedingt möglich ist.

Die **Rivalität der Wettbewerber** untereinander wird vor allem beeinflusst durch die Anzahl der Marktteilnehmer, durch die Marktgröße und durch die Stellung der Branche im Lebenszyklus. So ist eine hohe Wettbewerbsintensität vor allem dann zu erwarten, wenn

- die in der Branche vorhandenen Kapazitäten nicht ausgelastet sind,
- sich die Produkte bzw. Dienstleistungen nicht stark differenzieren,
- ein Anbieterwechsel ohne große Umstellungskosten vorgenommen werden kann und
- hohe Marktaustrittsbarrieren bestehen, die dazu führen, dass unrentable Kapazitäten im Markt verbleiben [vgl. FINK 2009, S. 178 f.].

Die **Bedrohung durch neue Anbieter** hat dann Einfluss auf die Rentabilität einer Branche, wenn potentielle Anbieter auch tatsächlich in den Markt eintreten. Denn mit steigender Anzahl der Wettbewerber sinkt der durchschnittliche Anteil eines Anbieters am Branchenumsatz bzw. Branchengewinn. Für den Zugang neuer Anbieter spielen die Markteintrittsbarrieren eine wichtige Rolle. Diese sind umso höher, je stärker die Käuferloyalität, je ausgeprägter die Produktdifferenzierung, je schwieriger der Zugang zu bestehenden Distributionssystemen und je höher die Umstellungskosten auf der Abnehmerseite sind. Ein aktuelles Beispiel für das Bedrohungspotential neuer Anbieter ist der zunehmende Drang der Hardwarehersteller in das IT-Beratungsgeschäft.

Die **Bedrohung durch Substitutionsprodukte** oder durch neue Technologien ist umso größer, je besser das Preis-/Leistungsverhältnis gegenüber den brancheneigenen Produkten ausfällt. Ähnlich wie bei den Markteintrittsbarrieren ist auch hier zu untersuchen, wie gut sich die Branche oder einzelne Unternehmen gegen Ersatzprodukte zur Wehr setzen können. Die Bedrohung der Handys durch Smartphones ist das derzeit wohl markanteste Beispiel für diese Wettbewerbskraft. Andere Beispiele sind Kunststoff vs. Glas, Kontaktlinsen vs. Brillen, digitale vs. analoge Technologien.

Abbildung 4-19 stellt die fünf Triebkräfte des Branchenwettbewerbs im Zusammenhang dar.

Ist die entsprechende Einschätzung für alle fünf Triebkräfte durchgeführt, kann es im nächsten Schritt darum gehen, den Einfluss der fünf Marktkräfte besser zu kontrollieren und ggf. zu reduzieren. Dabei geht es im Einzelnen um Maßnahmen

- zur Minderung der Verhandlungsmacht der Abnehmer (z. B. durch Etablierung von Partnerschaften mit den Käufern, Erhöhung der Anreiz- und Bonussysteme, Einsatz von Supply Chain Management),

- zur Einschränkung der Verhandlungsmacht der Lieferanten (z. B. durch Bildung von Allianzen, Verwendung von Supply Chain Management, Vorwärtsintegration (Aufkauf eines Lieferanten)),

- zur Eindämmung der Wettbewerbsrivalität (z. B. durch Vermeiden von Preiskämpfen, Aufkauf von Wettbewerbern, Neuorientierung auf andere Marktsegmente),

- zur Minderung der Gefahr durch Neueinsteiger (z. B. durch Patente und Schutz des geistigen Eigentums, Allianzen mit Lieferanten und Vertriebspartnern, Schaffung einer starken Marke),

- zur Vermeidung der Gefahr durch Substitute (z. B. durch Wahrung der Produkt und Urheberrechte (Warenzeichen), Allianzen oder direkte Kooperation mit dem Substitute-Hersteller, Erhöhung der Produktwechselkosten) [vgl. ANDLER 2008, S. 191 f.].

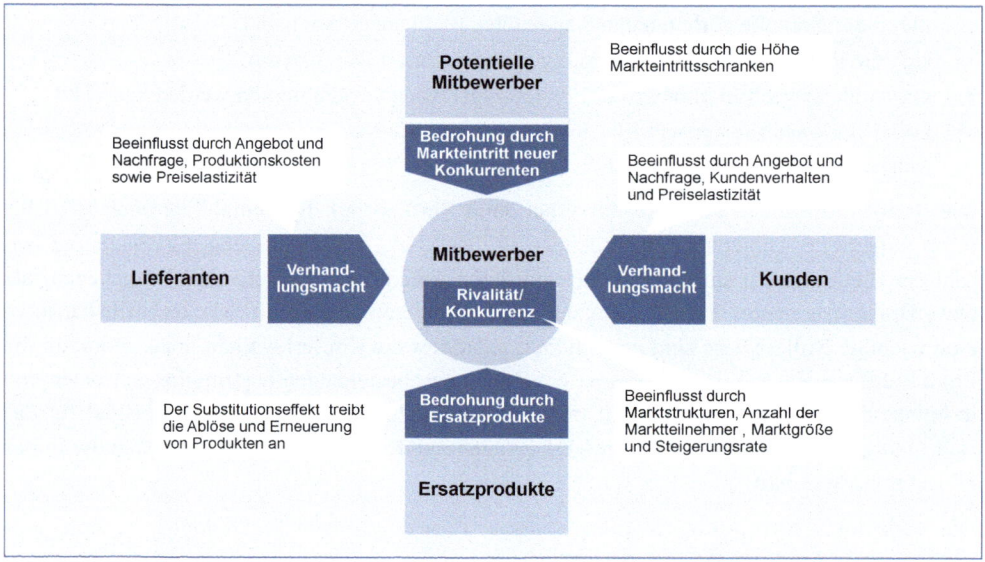

Abb. 4-19:   Das Five-Forces-Modell von PORTER

PORTERS Branchenstrukturanalyse ist eine veritable Methode zur Einschätzung der Attraktivität und des Wettbewerbs in einer Branche. Sie ist ein sehr guter Startpunkt, um ein besseres Verständnis und einen Einblick in wichtige Trends und Triebkräfte einer Branche zu erhalten. Trotzdem werden PORTERS Five Forces aus den verschiedensten Gründen kritisch diskutiert (siehe hierzu Insert 4-01).

Insert

Sind PORTERS Five Forces noch gültig?

von Dagmar Recklies

Innerhalb des letzten Jahrzehnts und beeinflusst durch die sich entwickelnde Internet-Ökonomie wurden PORTERS Ideen zunehmend in Frage gestellt. Die Kritik führt dabei an, dass sich die wirtschaftlichen Rahmen-bedingungen inzwischen grundlegend geändert haben. Der Siegeszug des Internet und der vielfältigen E-Business-Anwendungen haben die Dynamik nahezu aller Branchen stark beeinflusst.

Tatsächlich stellen PORTERS Theorien auf die in den 80ern vorherrschende wirtschaftliche Situation ab. Diese war gekennzeichnet durch starken Wettbewerb, zyklische Konjunkturentwicklungen und ein relativ stabiles Marktumfeld. PORTERS Modelle stellen hauptsächlich auf eine Betrachtung der aktuellen Situation (Kunden, Lieferanten, Wettbewerber etc.) sowie auf vorhersehbare Entwicklungen (neue Marktteilnehmer, Substitute) ab. Wettbewerbsvorteile ergeben sich danach aus einer dauerhaften Stärkung der eigenen Position innerhalb des Fünf-Kräfte-Systems. Damit können die Modelle nicht auf extrem dynamische Entwicklungen oder Transformationsprozesse ganzer Branchen eingehen. Tatsächlich sind in den letzten Jahren mit der Digitalisierung, Globalisierung und Deregulierung neue Triebkräfte zur Wirkung gekommen, die von PORTERS Theorien nur unzureichend einbezogen werden. In dem heutigen Markt-

geschehen, das sehr stark von dem rasanten Fortschritt der Informationstechnologie geprägt ist, kann eine erfolgreiche Strategie nicht mehr allein auf Basis von PORTERS Modellen entwickelt werden.

Wenn man aus alledem jedoch schlussfolgert, dass PORTERS Modelle heute zur Strategiefindung nicht mehr geeignet sind, muss man auch bedenken, dass eine Strategie nie nur auf einigen ausgewählten Managementmodellen basieren sollte. Strategieentwicklung muss stets auf einer sorgfältigen Analyse aller internen und externen Faktoren sowie ihrer möglichen Veränderungen aufbauen. Dies ist keine neue Erkenntnis. Außerdem hat das Umschlagen der Dot-com-Euphorie in zahlreiche Crashs schmerzhaft gezeigt, dass die wirt-schaftlichen Grundgesetze auch für die New Economy bzw. die Informationsökonomie gelten. Genau darin liegt die dauerhafte Bedeutung von PORTERS Modellen. PORTER ist Wirtschaftswissenschaftler. Sein Modell der Fünf Kräfte basiert letztlich auf den Gesetzen der Mikroökonomie, die es anschaulicher und allgemeiner darstellt. PORTER spricht von der Attraktivität einer Branche, die durch die fünf Triebkräfte beeinflusst wird; in der Mikroökonomie beeinflusst die Konstellation bzw. Ausprägung der Faktoren die Gewinnmaximierung bzw. Monopolgewinne.

PORTERS 5 Wettbewerbskräfte	Teilgebiete der Mikroökonomie
Verhandlungsstärke der Lieferanten	Angebots- und Nachfragetheorie; Produktions- und Kostentheorie; Preiselastizität
Verhandlungsstärke der Kunden	Angebots- und Nachfragetheorie; Konsumverhalten; Preiselastizität
Konkurrenz zwischen vorhandenen Wettbewerbern	Marktstrukturen; Anzahl der Marktteilnehmer; Marktgröße und Wachstumsraten
Bedrohung durch Ersatzprodukte	Substitutionsgesetz; Substitutionseffekte
Bedrohung durch neue Wettbewerber	Markteintrittsbarrieren

Illustration am Rande:

In einer Vorlesung, an der die Autorin teilnahm, gab der Professor seine ganz persönliche Beurteilung zu PORTERS Modellen zum Besten:

„Porters Fünf Kräfte Modell ist banal. Das ist nichts als Mikroökonomie. Der Mann hat sich ein paar Jahre in einer Bibliothek eingeschlossen und ein paar Un-

ternehmen analysiert und hat es dann geschafft, die ganze Mikroökonomie in einem einzigen völlig simplen Modell zusammenzufassen. Deshalb sind nun alle anderen Wirtschaftswissenschaftler sauer auf ihn – weil sie sich ärgern, dass ihnen selbst so etwas offensichtliches nicht eingefallen ist."

[Quelle: RECKLIES 2001, verkürzt]

Insert 4-01:   Sind Porters Five Forces noch gültig?

Ein wichtiger Kritikpunkt besteht darin, dass es sich lediglich um eine Momentaufnahme der untersuchten Wettbewerbskräfte handelt, dynamische Veränderungen jedoch nicht zum Tragen kommen. Dieser Dynamik wird aber mit der Verbindung zu **Lebenszyklusmodellen** Rechnung getragen. Solche Modelle gehen auf der Grundlage von empirischen Untersuchungen davon aus, dass eine Branche – ebenso wie Produkte – im Zeitablauf verschiedene Phasen durchläuft, in denen sich der Gesamtumsatz – wie im oberen Teil der Abbildung 4-20 gezeigt – entwickelt. Es ist ersichtlich, dass sich die einzelnen Phasen – Einführung, Wachstum, Reife und Rückgang – durch unterschiedliche Wachstumsraten charakterisieren lassen. Befindet sich nun eine Branche in einer Wachstumsphase, in der die Umsätze stark ansteigen, ist es für ein Unternehmen bspw. möglich, in den betreffenden Markt einzudringen, ohne dass sich der Umsatz seiner relevanten Wettbewerber reduzieren muss. In einer reifen oder alternden Branche wird meistens mit wesentlichen „härteren Bandagen" um das verbleibende Umsatzpotential konkurriert.

Verbindet man das Lebenszykluskonzept mit den Five Forces, so lässt sich die Dynamik der Branchenstruktur wie in Abbildung 4-20 dargestellt beschreiben.

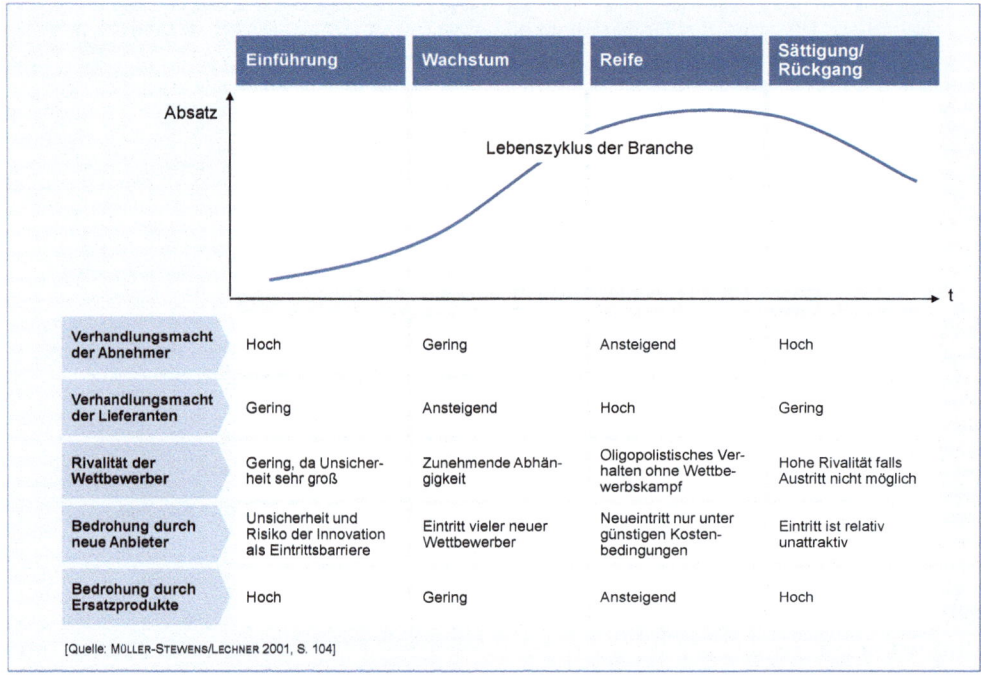

Abb. 4-20:   Verbindung der Five Forces mit dem Lebenszykluskonzept

Das Konzept des Branchenlebenszyklus wird in der wissenschaftlichen Literatur ebenso kritisch diskutiert wie PORTERS Five Forces. Zwar ist unstrittig, dass Branchen – ebenso wie Produkte oder Dienstleistungen – einen Lebenszyklus durchlaufen, allerdings ist es nahezu unmöglich, die Lebenszyklusphase zu bestimmen, in der sich eine Branche oder ein Geschäftsfeld gerade befindet. Das ist darauf zurückzuführen, dass sich nähere Erkenntnisse über den konkreten Verlauf der Lebenszykluskurve in aller Regel erst rückblickend gewinnen lassen. Eine fundierte Prognose im Hinblick auf die Verweildauer einer Branche oder eines Geschäftsfeldes in den einzelnen Zyklusphasen ist im Vornhinein kaum möglich [vgl. FINK 2009, S. 180].

4.4.1.3 Analyse der Kompetenzposition

Will sich ein Unternehmen in einem neuen Geschäftsfeld engagieren, so muss es prüfen, ob die entsprechend erforderlichen Kompetenzen bereits im Unternehmen vollumfänglich vorhanden sind oder ob diese durch Akquisitionen, Fusionen oder Partnerschaften ergänzt werden müssen.

Zur Analyse der Kompetenzposition eines Unternehmens bietet sich die in Abbildung 4-21 dargestellte Vier-Felder-Matrix an. Auf der Abszisse ist die **relative Kompetenzstärke** eines Unternehmens im Vergleich zu seinen relevanten Wettbewerbern in dem betrachteten Geschäftsfeld erfasst. Das damit angeführte Kriterium der **Kernkompetenz** (engl. *Core Competences*) besagt, dass die entsprechende Kompetenz nur schwer imitierbar und vor dem Zugriff durch Wettbewerber geschützt sein muss. HAMAL/PRAHALAD definieren Kernkompetenz als *„the collective learning in the organization, especially how to coordinate diverse production skills and integrate multiple streams of technology"*. Sie führen weiter aus, dass sich Wettbewerbsvorteile vor allem aus der Fähigkeit ergeben, solche Kombinationsprozesse schneller und preiswerter vornehmen und damit Kernkompetenzen besser als andere Unternehmen bündeln zu können [vgl. HAMAL/PRAHALAD 1990, S. 79 ff.].

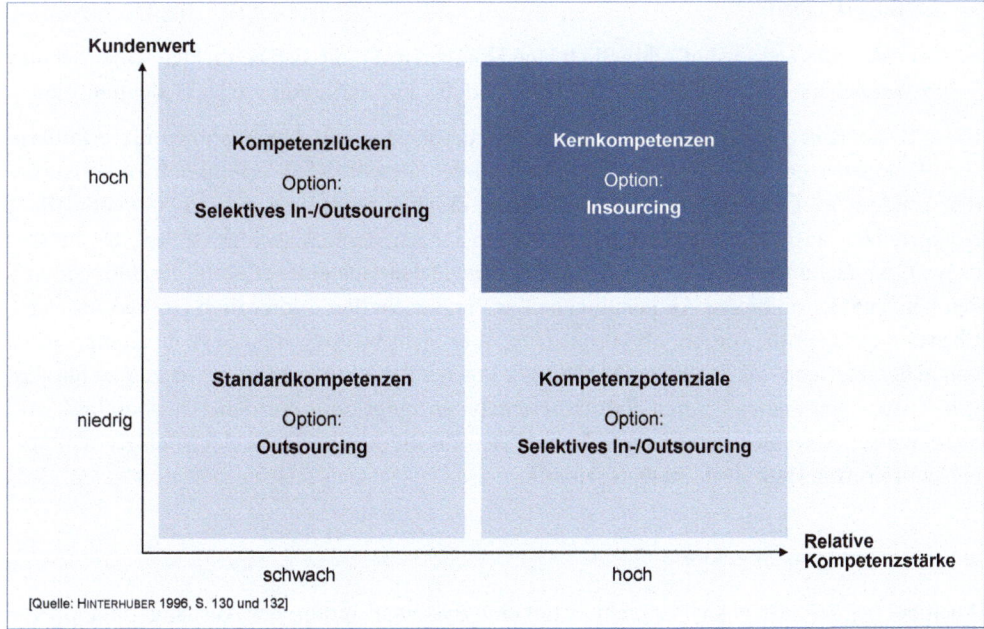

Abb. 4-21: Portfolio der Kompetenzen und Handlungsoptionen

Auf der Ordinate ist der **Kundenwert** einer Kompetenz abgetragen. Damit wird dem Umstand Rechnung getragen, dass der Nutzen einer Kernkompetenz von den Kunden durchaus unterschiedlich wahrgenommen wird. Als Grundlage für die Bestimmung des Kundenwertes dienen Umwelt- und Unternehmensanalysen, aus denen die externen Erfolgsfaktoren des Wettbewerbs in dem betrachteten Geschäftsfeld hervorgehen (z. B. ein attraktiver Preis). Auf der Grundlage der relativen Kompetenzstärke einerseits und des Kundenwertes der betrachteten Kompetenzen anderseits lassen sich die vier in Abbildung 4-26 dargestellten Kompetenzkategorien ableiten [vgl. FINK 2009, S. 181 ff. und HINTERHUBER 1996, S. 130 f.]:

- **Standardkompetenzen** sind Kompetenzen mit geringem Kundenwert und einer schwachen Kompetenzsituation. Sie besitzen aus Sicht des Marktes keine große Bedeutung und werden von den Wettbewerbern mindestens genauso gut wie das analysierte Unternehmen beherrscht. Gleichwohl dienen Standardkompetenzen zur Aufrechterhaltung des normalen Geschäftsbetriebes.

- **Kompetenzlücken** sind Kompetenzen, bei denen das analysierte Unternehmen eine vergleichsweise schwache Position besitzt, die jedoch eine hohe Bedeutung im Markt haben.

- **Kompetenzpotentiale** sind Kompetenzen, bei denen das Unternehmen leistungsfähiger als seine Wettbewerber eingestuft wird, denen der Markt jedoch (noch) eine geringere Bedeutung beimisst. Die geringe Marktrelevanz kann aber auch darauf zurückgeführt werden, dass es sich um Kompetenzen handelt, die in der Vergangenheit für den Markterfolg des analysierten Unternehmens maßgebend waren, deren Bedeutung sich aber durch Marktverschiebungen, die vom Unternehmen nicht mit vollzogen wurden, im Zeitablauf verringert haben.

- **Kernkompetenzen** sind schließlich jene Kompetenzen, die das betrachtete Unternehmen besser beherrscht als seine Wettbewerber und die am Markt von großer Bedeutung sind.

Diese Systematik gibt nicht nur Anhaltspunkte darüber, ob ein Unternehmen die erforderlichen Kompetenzen besitzt, um in einem bestimmten Geschäftsfeld erfolgreich zu konkurrieren, sondern es können auch Entscheidungen darüber abgeleitet werden, ob vorhandene Kompetenzen ausgelagert oder fehlende Kompetenzen ergänzt werden sollen. So müssen bspw. Optionen untersucht werden, ob Kompetenzlücken aus eigener Kraft geschlossen werden können oder ob hierzu Akquisitionen oder Partnerschaften erforderlich (*Insourcing*) sind. Ebenso muss geprüft werden, ob vorhandene, aber nicht wettbewerbsrelevante Kompetenzen von außen bezogen werden können. Häufig können solche Standardkompetenzen zu attraktiven Kosten von spezialisierten Partnerunternehmen eingekauft werden (Outsourcing). Auf diese Weise lassen sich dann interne Kapazitäten für die wettbewerbsrelevanten Kernkompetenzen freisetzen [vgl. FINK 2009, S. 183 f.].

4.4.1.4 Wertkettenanalyse

Auch bei der Wertkettenanalyse geht es um eine Systematisierung der Ausgangssituation von Unternehmen mit dem Ziel, Prozessoptimierungen vorzunehmen. Sie untersucht alle kosten- und gewinntreibenden Prozesse und Teilprozesse und gibt Antwort auf die Frage: Wo entstehen welche Kosten und welcher Mehrwert wird dabei geschaffen? Die Wertkettenanalyse basiert auf der Annahme, dass jedes vorherige Glied (Aktivität) in der Wertkette einen Mehrwert bzw. eine Wertschöpfung für das nachfolgende Glied bietet. Wertschöpfung bezeichnet den Prozess des Schaffens von Mehrwert, der wiederum die Differenz zwischen dem Wert der Abgabeleistungen   und   der   übernommenen   Vorleistungen   darstellt   [vgl.   MÜLLER-STEWENS/LECHNER 2001, S. 287].

Konzeptionelle Grundlagen. Das Konzept der Wertkette (engl. *Value chain*), das in Abschnitt 2.1.2 bereits einführend behandelt wurde, entspricht im Kern der traditionellen betrieblichen Funktionskette *Beschaffung – Produktion – Absatz*. Neu am Wertketten-Konzept ist jedoch der Grundgedanke, *„den Leistungsprozess zum Gegenstand strategischer Überlegungen zu machen und die Prozesse der Wertkette als Quellen für Kosten- oder Differenzierungsvorteile gegenüber Wettbewerbern zu betrachten"* [BEA/HAAS 2005, S. 113].

Entscheidend für das Unternehmen ist daher die Frage, ob die vorhandenen Ressourcen zielorientiert eingesetzt werden. Dies gilt einmal nach innen, d. h. hinsichtlich der Optimierung ihres Beitrags zur Wertschöpfung des Unternehmens und andererseits nach außen, d. h. in Bezug auf die Entwicklung und den Erhalt von relativen Wettbewerbsvorteilen und den damit verbundenen Nutzenpotentialen. Die Idee der strategischen Kostenanalyse auf Wertkettenbasis gründet demzufolge auf der Tatsache, dass die einzelnen Wertaktivitäten einerseits Abnehmernutzen schaffen und andererseits Kosten verursachen. Als strategische Richtung von Wertschöpfungsmodellen kommen daher grundsätzlich Kostenminimierung oder Nutzen- bzw. Erlösmaximierung in Frage. Wird Kostenminimierung als Zielsetzung gewählt, werden im Rahmen der Wertkettenanalyse Rationalisierungspotentiale gesucht und als Konsequenz Prozesse bzw. Wertschöpfungsstufen eliminiert. Ist die Wertkettenanalyse wiederum eher Nutzen- bzw. Erlöszielen verpflichtet, so werden insbesondere jene Aktivitäten verfolgt, die sich möglicherweise positiv auf das Erlöswachstum auswirken.

Abgrenzung relevanter Aktivitäten. In der Praxis wird die Abgrenzung der einzelnen Wertaktivitäten von Unternehmen zu Unternehmen und von Geschäftseinheit zu Geschäftseinheit variieren. Das liegt daran, dass sich die Bestimmung einer Wertkette häufig als sehr aufwändig erweist, so dass bei einer standardisierten Analyse der Erkenntnisgewinn bisweilen in keiner Relation zum notwendigen Aufwand steht. Es müssen also vorab jene Aktivitäten/Prozesse ausgewählt werden, die einen großen Teil des Ressourceneinsatzes ausmachen und gleichzeitig bedeutende Beiträge zur Wertschöpfung und zur Sicherung der Wettbewerbsposition bringen. Bei dieser Abgrenzung sind folgende **Prinzipien** zu berücksichtigen [vgl. BEA/HAAS 2005, S. 113]:

- Abgrenzung von Aktivitäten nach Kostenantriebskräften (engl. *Cost drivers*)
- Fokussierung auf Aktivitäten mit nennenswertem Anteil an den Gesamtkosten
- Abgrenzung von Aktivitäten mit hohem Kostenwachstum
- Abgrenzung von Aktivitäten, bei denen der Wettbewerb überlegen ist.

In der Praxis reicht es häufig nicht aus, lediglich die unternehmenseigenen Wertketten mit den dahinter liegenden Ressourcen zu analysieren, um Wettbewerbsvorteile zu identifizieren. In einer hocharbeitsteiligen und komplexen Wirtschaft muss das Gesamtsystem gesehen werden, mit dem die eigenen Wertketten vernetzt sind. Innerhalb eines solchen **Wert(ketten)systems** (engl. *Value System*) gibt es eine Vielzahl an möglichen Leistungsbeziehungen. So ist es z. B. im Falle eines Mischkonzerns denkbar, dass einzelne Produktionsketten dieselben Vorleistungen beziehen und die daraus realisierbaren Verbundeffekte Wettbewerbsvorteile begründen.

Konzeption von Wertschöpfungsmodellen. Um die Wertketten einer unternehmerischen Einheit konzeptionell zu erfassen und zu analysieren, bedarf es einer geeigneten Form der Darstellung. Man benötigt also ein Wertschöpfungsmodell, das aufzeigt, welcher Wert mit welchem Prozess geschaffen wird. Im Hinblick auf den Detaillierungs- und Vernetzungsgrad des Wertschöpfungsmodells bieten sich grundsätzlich zwei Optionen an [vgl. MÜLLER-STEWENS/LECHNER 2001, S. 311.]:

- Einfache, im Regelfall lineare Modelle mit wenig Aktivitäten
- Modelle mit komplexen Strukturen, die den Netzwerkcharakter der einzelnen Prozesse betonen.

Welche der beiden Alternativen gewählt werden sollte, hängt in erster Linie von der spezifischen Situation des Unternehmens und seiner Wettbewerbslandschaft ab. Ein hoher Standardisierungsgrad der Leistung bzw. der dahinter liegenden Prozesse spricht eher für einfachere Strukturen. Komplexe Prozesse und eine hohe Wettbewerbsintensität verlangen dagegen nach einer Modellarchitektur, die Strukturen mit einem hohen Grad an Vernetzung zwischen den einzelnen Aktivitäten abbilden kann.

Zuordnung von Kosten zu Aktivitäten. Sobald das Prozessmodell, die Prozessschritte und Sequenzen für die Wertketten bestimmt sind, müssen jeder Aktivität als Kettenglied die vollen Kosten und andere angebrachte Leistungsindikatoren zugefügt werden. Dabei sind (Aktivitäts-) Einzelkosten wie Löhne und Betriebsmittel den entsprechenden Aktivitäten direkt zuzurechnen. (Aktivitäts-) Gemeinkosten wie Gehälter im Support-Bereich oder Anlagen sind anteilig jenen Aktivitäten zuzuordnen, die sie verursachen. Allerdings ist bei dieser Kostenzuordnung, die sowohl in absoluten Zahlen als auch in Prozentangaben erfolgen kann, keine rechnerische Präzision erforderlich [vgl. BEA/HAAS 2005, S. 325].

In Abbildung 4-22 ist ein fiktives Beispiel aus dem verarbeitenden Gewerbe für die Zuordnung von Kosten zu einzelnen Teilprozessen in Form von Prozentangaben dargestellt.

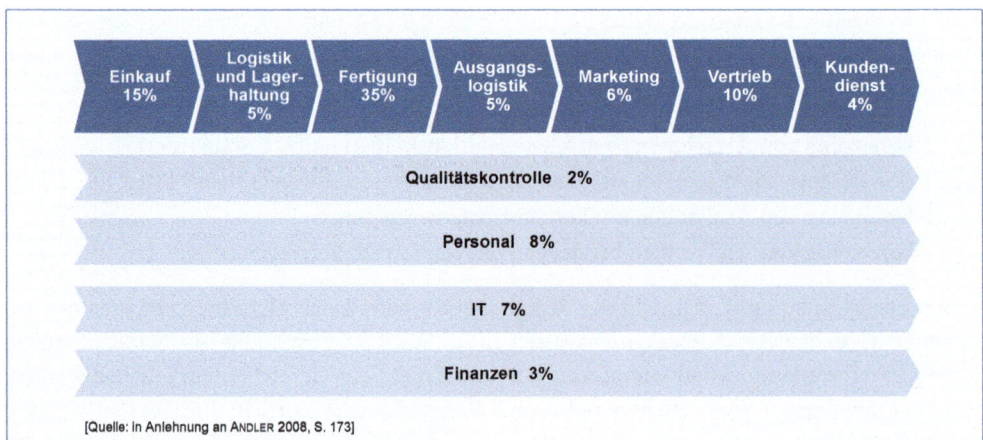

[Quelle: In Anlehnung an ANDLER 2008, S. 173]

Abb. 4-22:   Beispiel für die Kostenverteilung einer Wertschöpfungskette in der Industrie

Die Grenze zwischen den primären Aktivitäten (Kernaktivitäten) und den sekundären Aktivitäten (Supportaktivitäten) ist fließend und hängt hauptsächlich von der Branche und den jeweiligen Unternehmen ab. Eine Aktivität, die wettbewerbsrelevant oder einfach nur überlebenswichtig ist, wird generell als Kernaktivität bezeichnet. Hier wird die Abschätzung des Beitrags einzelner Ressourcen bzw. Ressourcenkombinationen zur gesamten Wertschöpfung des Unternehmens noch relativ einfach sein. Schwieriger ist die qualitative und quantitative Evaluierung von Ressourcen und Prozessen, die im Rahmen der Wertkette des Unternehmens unterstützende Aktivitäten darstellen und damit auf verschiedenen Stufen der Kette in unterschiedlichem Ausmaß wirken. Aber auch hier sollte das Zurechnungsproblem pragmatisch angegangen werden.

Zuordnung von Nutzen zu Aktivitäten. Aktivitäten verursachen nicht nur Kosten, sie stiften in aller Regel auch Nutzen. Dessen Erfassung ist ebenso wichtig wie die der Kosten, da nicht selten Aktivitäten zur Diskussion stehen, deren Beibehaltung oder Eliminierung in Abhängigkeit vom Kosten-Nutzen-Verhältnis getroffen wird. Dieses Vorgehen ist allerdings bei den Support-Aktivitäten nur mit gewissen Einschränkungen möglich. Hier sollte man insbesondere beachten, dass es trotz des allgemein herrschenden Fabels der Berater für Kosteneinsparungen im „Overhead" ein Niveau gibt, unter dem weitere Kostensenkungsmaßnahmen nur noch Nachteile und negative Auswirkungen auf den Kundennutzen hat [vgl. ANDLER 2008, S. 172].

Um den Beitrag von Ressourcen bzw. Wertaktivitäten im Rahmen des Wertschöpfungsprozesses und damit die Effizienz von einzelnen Prozessen richtig einschätzen zu können, müssen Vergleiche herangezogen werden. In diesem Zusammenhang bedient man sich u.a. des Instruments des *Benchmarking*, das Gegenstand des nächsten Abschnitts ist.

4.4.1.5 Benchmarking

Ein weiterer Ansatz zur Analyse und Verbesserung der Situation eines Unternehmens ist das **Benchmarking**. Diese Methode ist darauf gerichtet, durch systematische und kontinuierliche Vergleiche von Unternehmen oder Unternehmensteilen das jeweils beste als Referenz zur Produkt-, Leistungs- oder Prozessverbesserung herauszufinden. Die Benchmarking-Durchführung beruht auf der Orientierung an den besten Vergleichsgrößen und Richtwerten („Benchmark" = Maßstab) einer vergleichbaren Gruppe. Als Vergleichsgruppen können das eigene Unternehmen, der eigene Konzern, der Wettbewerb oder sonstige Unternehmen herangezogen werden. Daraus lassen sich folgende vier **Benchmarking-Grundtypen**, die in Abbildung 4-23 dargestellt sind, ableiten [vgl. FAHRNI et al. 2002, S. 23 ff.]:

- Internes Benchmarking ("Best in Company")
- Konzern-Benchmarking ("Best in Group")
- Konkurrenz-Benchmarking ("Best in Competition")
- Branchenübergreifendes Benchmarking ("Best Practice").

Die Benchmarking-Methode entstand in den 70er Jahren bei RANK XEROX angesichts des zunehmenden Konkurrenzdrucks durch japanische Kopiergerätehersteller. Heute zählt das Benchmarking zu den beliebtesten Methoden der Unternehmensanalyse. Bei der Vorgehensweise sollten folgende Phasen eingehalten werden:

- Auswahl des Analyseobjekts (Produkt, Methode, Prozess)
- Nominierung des Benchmarking-Teams
- Auswahl des Vergleichsunternehmens
- Datengewinnung
- Feststellung der Leistungsdifferenzen und ihrer Ursachen
- Festlegung und Durchführung der Verbesserungsschritte.

Ein richtig durchgeführtes Benchmarking hilft, die eigenen Stärken und Schwächen besser einzuschätzen und von den besten Unternehmen zu lernen. Über das Benchmarking haben viele Unternehmen den kontinuierlichen Prozess der Verbesserung zu einem festen Bestandteil ihrer Unternehmenskultur gemacht. Durch die gewonnenen Informationen sind solche Unternehmen eher in der Lage, ihre Produkte, Leistungen und Prozesse zu optimieren und dadurch ihre Wettbewerbsposition zu verbessern.

Allerdings ist es für viele Unternehmen häufig nicht ganz leicht, Benchmark-Daten in der gewünschten Form zu erhalten. Hier leistet das Beratungsunternehmen mit seinem Benchmark-Know-how (als Kernkompetenz) entsprechende Hilfestellung. Es ist den Strategieabteilungen der Kundenunternehmen (Inhouse Consulting) naturgemäß deutlich überlegen, weil es in aller Regel über eine Vielzahl von Benchmark-Zahlen aus den Branchen- und Funktionsbereichen seiner Kunden verfügt.

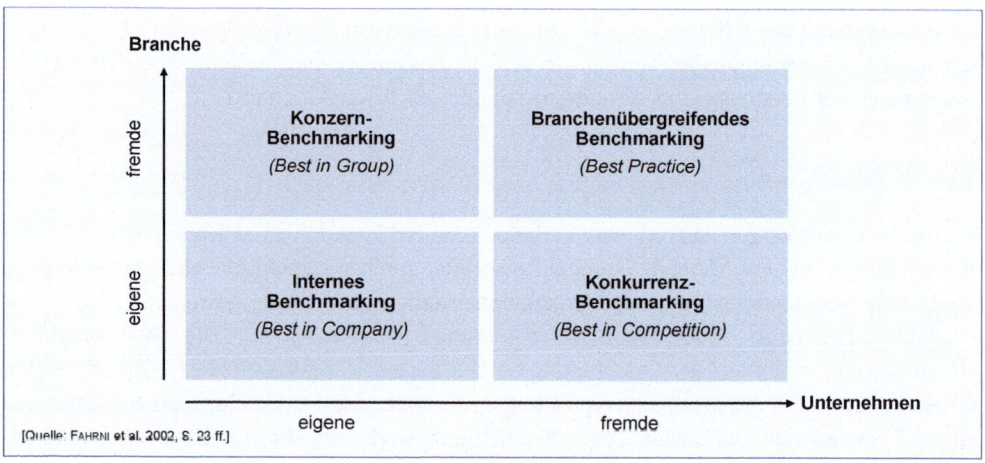

Abb. 4-23:   Benchmarking-Grundtypen

Zur Überprüfung von strukturellen Effizienzen wird das Benchmarking sehr gerne auch im Personalsektor angewendet. Die am häufigsten benutzte Kennzahl hierfür im Personalbereich ist die **Betreuungsquote**. Sie drückt die Anzahl von Mitarbeitern eines Unternehmens aus, die im Durchschnitt von einem Mitarbeiter aus dem Personalbereich (HR-Mitarbeiter) betreut werden.

In Insert 4-02 ist ein entsprechendes Beispiel für ein branchenübergreifendes Benchmarking aus dem HR-Barometer von CAPGEMINI Consulting dargestellt.

― **Insert** ――――――――――――――――――――――――――――――

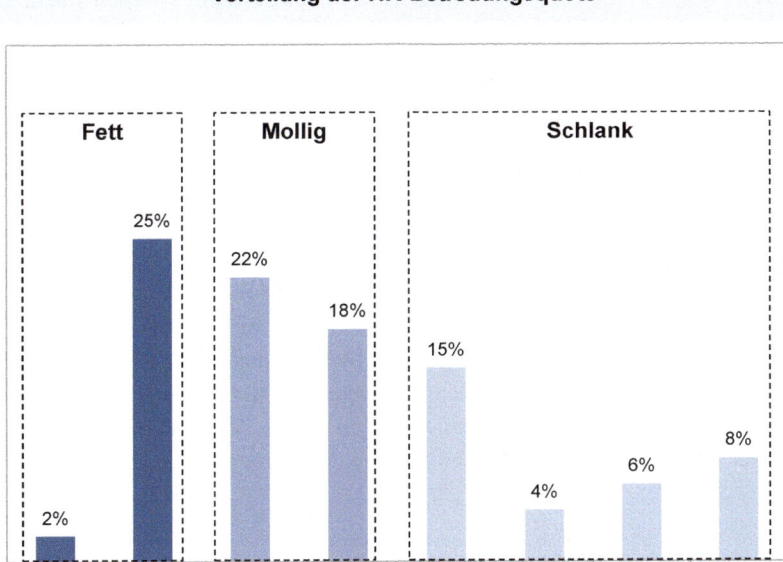

Verteilung der HR-Betreuungsquote*

Fett | Mollig | Schlank

25%
22%
18%
15%
8%
2% | 6%
4%

unter 20 | 20 - 59 | 60 - 79 | 80 - 99 | 100 - 119 | 120 - 139 | 140 - 159 | über 160

* Betreuungsquote = Anzahl aller Mitarbeiter/Anzahl HR-Mitarbeiter; n = 98

Im Rahmen des alle zwei Jahre von CAPGEMINI CONSULTING durchgeführten HR-Barometers ist die Er-mittlung der Betreuungsquote ein fester Bestandteil. Im Fokus des HR-Barometers stehen mittelgroße, große und sehr große Unternehmen aus Deutsch-land, der Schweiz und Österreich. In ihrer Gesamt-heit repräsentieren die befragten Unternehmen die gesamte Bandbreite der Wirtschaft. Bei 73 Prozent der Antworten wurde der Fragebogen vom „obersten Personaler" (Personalvorstand, Arbeitsdirektor, Per-sonalleiter, Head Global HR, Head Corporate HR) selbst beantwortet.

Da die Betreuungsquote so etwas wie der „Body-Mass-Index" (BMI) der Personalwirtschaft ist, unter-scheidet das HR-Barometer drei Cluster:

- „Fette" Personalbereiche: Betreuungsquoten von 59 und kleiner;
- „Mollige" Personalbereiche: Betreuungsquoten zwi-schen 60 („stark mollig") und 99 („leicht mollig");
- „Schlanke" Personalbereiche: Betreuungsquoten von 100 und größer.

Nach den Benchmark-Ergebnisse des HR-Baro-meters von 2011, an der 98 Unternehmen teilnah-men, gibt ein Drittel der teilnehmenden Unternehmen an, eine Betreuungsquote von 1:100 oder darüber zu haben und damit in die Kategorie „schlank" zu fallen. Vor allem schlanke, gut durchdachte Prozesse, die durch IT unter-stützt werden, gezieltes und sinnvolles Outsourcing sowie die Konzentration auf die wesent-lichen HR-Themen helfen, ein solches Ziel zu erreichen.

Am anderen Ende der Skala hat mehr als ein Viertel der Unternehmen eine Betreuungsquote von eins zu unter 60 und ist damit der Kategorie „fett" zuzu-ordnen. Bei 6000 Mitarbeitern wären das über 100 HR-Mitarbeiter! Eine Zahl, die nicht so ohne weiteres zu erklären sein dürfte.

40 Prozent der befragten Unternehmen verfügen über einen „molligen" Personalbereich. Eine solche Betreuungsquote zwischen 1:60 und 1:100 ist sicher-lich differenzierter zu sehen. In Unternehmen, die nicht outsourcen, in denen Personalthemen in hohem Maße erfolgskritisch sind, lässt sich für eine solche HR-Stärke im Personalbereich möglicherweise Rück-halt finden. Trotzdem gilt auch hier: Ein HR-Bereich, der seine eigene Personalstärke bzw. das Input-Output-Verhältnis stets kritisch hinterfragt, wird sich Handlungsspielräume erhalten und Akzeptanz sichern.

[Quelle: HR-Barometer 2011, S. 53 ff.]

Insert 4-02: Benchmarking Betreuungsquote

4.4.2 Tools zur Zielformulierung

Ein *Problem* ist – wie in Abschnitt 4.1.3 beschrieben – die Lücke zwischen einem angestrebten Soll- und einem realisierten Ist-Zustand und übt bei einem Entscheider einen subjektiven Handlungsdruck aus. Während mit Hilfe der Analysetools in aller Regel Einigkeit über den *Ist-Zustand* erzielt werden kann, gibt es bezüglich des *Soll-Zustands* durchaus unterschiedliche Vorstellungen, die sich in unscharfen Absichtserklärungen oder einfach nur im Wunsch nach Veränderung artikulieren. Um ein Problem zu lösen, bedarf es also einer präzisen Angabe, wie der angestrebte Soll-Zustand aussehen soll. Die Formulierung eindeutiger Ziele ist demnach Ausgangspunkt des Problemlösungsprozesses [vgl. FINK 2009, S. 63].

In der Betriebswirtschaftslehre ist die Zielformulierung also eine Voraussetzung für betriebliches Entscheiden. Zielsetzungen beginnen meistens mit Fragen wie: „Was wollen wir erreichen oder was wollen wir vermeiden?" Die Antworten können lauten: „Wir wollen den Umsatz erhöhen" oder „die Produktionskosten sollen gesenkt werden". Das sind die Ziele bzw. die gewünschten Ergebnisse. Im Folgenden sollen Tools beschrieben werden, die solche Antworten identifizieren, verstärken, spezifizieren und definieren können [vgl. ANDLER 2008, S. 117].

4.4.2.1 Zielvereinbarung nach dem SMART-Prinzip

Damit Ziele eine Motivations- und Koordinationsfunktion einnehmen können, sollten sie bestimmten Anforderungen genügen, die im sogenannten SMART-Prinzip verankert sind. SMART ist ein Akronym für „Specific Measurable Accepted Realistic Timely" und dient als Kriterium zur eindeutigen Definition von Zielen im Rahmen einer Zielvereinbarung (Abbildung 4-24

Buchstabe	Englische Bedeutung	Englische Alternativen	Deutsche Bedeutung
S	Specific	Significant, Stretching, Simple	Spezifisch
M	Measurable	Meaningful, Motivational, Manageable	Messbar
A	Accepted	Appropriate, Achievable, Agreed	Akzeptiert
R	Realistic	Reasonable, Relevant, Result-based	Realistisch
T	Time-specific	Time-oriented, Time framed, Time-based	Terminierbar

Abb. 4-24:   Das SMART-Prinzip

Vielleicht ist es ein wenig zu hochgegriffen, die Anwendung der SMART-Kriterien als *Tool* zu bezeichnen, aber letztlich ist das SMART-Prinzip eine gute Führungshilfe, um die Qualität und Vollständigkeit der festgelegten Ziele zu verbessern. Insofern ist das SMART-Tool eher eine Richtlinie, um die Qualitätsanforderungen für die Zielformulierung einheitlich zu implementieren und Stabilität und Vollständigkeit zu gewährleisten [vgl. ANDLER 2008, S. 121].

Ein Ziel ist immer dann „smart", wenn es folgende fünf Bedingungen erfüllt:

S – spezifisch:	Spezifisch meint, dass Ziele hinsichtlich der betroffenen Bereiche oder Produkte eindeutig definiert sein müssen, d. h. nicht vage formuliert, sondern so präzise wie möglich.
M – messbar:	Messbar hebt auf die Operationalisierung der Ziele ab, d. h. die Ziele sollten möglichst in Zahlen festgelegt sein.
A – akzeptiert:	Die Ziele müssen mit den Empfängern vereinbart und von diesen akzeptiert werden.
R – realistisch:	Realistisch, aber anspruchsvoll besagt, dass die Ziele zum Leistungsvermögen des betroffenen Bereichs passen müssen, gleichwohl idealerweise etwas höher anzusetzen sind als das gegenwärtige Leistungsniveau.
T – terminierbar:	Zu jedem Ziel gehört eine klare Terminvorgabe, bis wann das Ziel erreicht sein muss.

Entscheidend ist also letztlich, qualitative Größen messbar zu machen und in quantitative Beurteilungsgrößen zu überführen. Für jede Zielformulierung, die dem SMART-Prinzip genügen soll, werden also operationalisierbare und empirisch überprüfbare Indikatoren gesucht, die eindeutig quantifizierbar sind. Beispiele für eine Führungskraft bzw. einen Mitarbeiter im Vertriebsbereich sind:

- (Bereichs-)Ergebnis
- Anzahl akquirierter Kunden
- Anzahl durchgeführter Kundenbesuche
- Auftragseingang
- Umsatz
- Anzahl Reklamationen
- Fehlzeiten u.v.a.m.

4.4.2.2 Kennzahlensysteme

Kennzahlen eignen sich in besonderem Maße, um strategische Ziele konkretisieren und einordnen zu können. Durch ihre Klarheit und Präzision bieten sie die Voraussetzungen für eine eindeutige Kontrolle der Zielerreichung. Damit gehen Kennzahlen in ihrer Aussagekraft deutlich über das SMART-Prinzip hinaus, das lediglich die Art und Weise der Zielformulierung vorschreibt. Kennzahlen helfen dem Management eines Unternehmens (und seinen Beratern) darüber hinaus, potentielle Übernahmekandidaten zu identifizieren und diesen einer ersten Analyse zu unterziehen. In der betriebswirtschaftlichen Literatur wird eine Vielzahl von Systematiken für Kennzahlen und Kennzahlensysteme zur Beurteilung der Attraktivität eines Unternehmens angeboten. Die folgenden Ausführungen konzentrieren sich auf die Systematik von FINK [2009], weil sie den täglichen Grundanforderungen des Beraters am nächsten kommt.

Grundsätzlich kann zwischen *statischen* und *dynamischen* Größen unterschieden werden. Während sich statische Kennzahlen auf einen bestimmten *Zeitpunkt* beziehen, decken dynamische Kennzahlen einen bestimmten *Zeitraum* ab. Einen entsprechenden Überblick über statische und dynamische Kennzahlen und deren Ausprägungen liefert Abbildung 4-25.

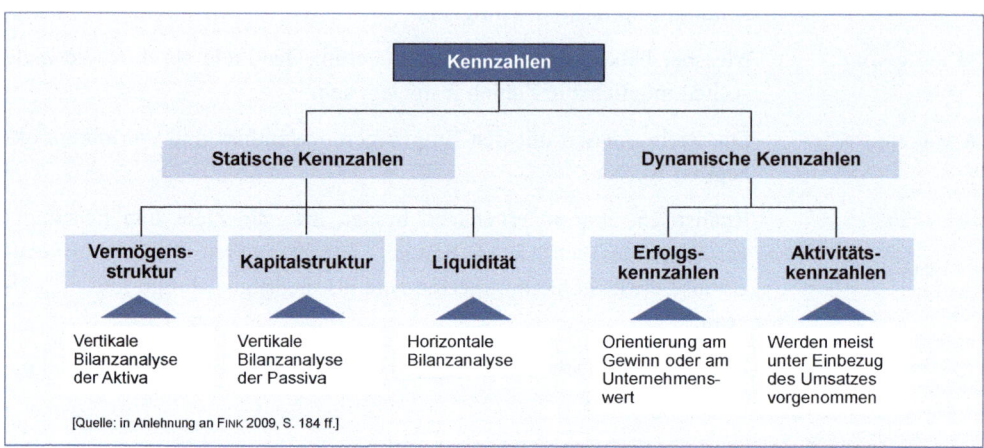

Abb. 4-25:   Kennzahlensystematik

(1) Statische Kennzahlen

Folgende Kennzahlen, die aus der Bilanz eines Unternehmens entnommen werden können, zählen zu den wichtigsten statischen Größen:

- Vermögensstruktur
- Kapitalstruktur
- Liquidität.

Die **Vermögensstruktur** eines Unternehmens gibt die bilanzielle Zusammensetzung des Betriebsvermögens (Aktiva) an. Als Kennzahl wird entweder die *Anlagenintensität*, die den Anteil des Anlagevermögens (Gebäude, Maschinen und sonstige Einrichtungen) am Gesamtvermögen angibt, oder die *Umlaufintensität*, d. h. der Anteil des Umlaufvermögens (Bankguthaben, Forderungen und sonstige Außenstände) am Gesamtvermögen, herangezogen. Unternehmen mit einer relativ geringen Anlagenintensität können sich aufgrund der niedrigen Fixkostenbelastung und einer vergleichsweise geringen Kapitalbindung leichter an Beschäftigungsschwankungen anpassen als anlagenintensive Unternehmen. Anderseits kann gerade bei Industrieunternehmen ein relativ niedriges Anlagevermögen darauf hinweisen, dass ein Unternehmen mit älteren, abgeschriebenen Anlagen operiert und damit u. U. den Anschluss an den technischen Fortschritt verliert.

Äquivalent zur Vermögenstruktur auf der Aktivseite der Bilanz bezieht sich die **Kapitalstruktur** eines Unternehmens auf die Zusammensetzung des Kapitals, das auf der Passivseite ausgewiesen wird. Sie beschreibt das Verhältnis von Eigen- zu Fremdkapital im Vergleich zum Gesamtkapital und gibt Aufschluss über die Finanzierung eines Unternehmens. Wichtige Kennzahlen sind die *Eigenkapitalquote*, die das Verhältnis vom Eigenkapital zum Gesamtkapital angibt, und die *Fremdkapitalquote*, die den Anteil des Fremdkapitals am Gesamtkapital ausdrückt. Je höher die Eigenkapitalquote (bzw. je niedriger die Fremdkapitalquote) ist, desto höher sind die finanzielle Sicherheit und die Unabhängigkeit des Unternehmens. Eine weitere wichtige Kennzahl der Kapitalstruktur ist der *Verschuldungsgrad*, der das Verhältnis zwischen Fremd- und Eigenkapital angibt. Je niedriger der Verschuldungsgrad ist, desto geringer ist die Abhängigkeit des Unternehmens von fremden Geldgebern.

Kennzahlen, die die **Liquidität** eines Unternehmens ausdrücken, basieren auf einer horizontalen Bilanzanalyse, d. h. die Vermögensseite wird mit der Kapitalseite verglichen. Grundsätzlich werden dabei drei Liquiditätsgrade unterschieden:

- Bei der *Liquidität 1. Grades*, die auch als Barliquidität (eng. *Liquidity Ratio* oder *Cash Ratio*) bezeichnet wird, werden die Zahlungsmittel (Kassenbestände und Bankguthaben) den kurzfristigen Verbindlichkeiten gegenübergestellt.

- Die *Liquidität 2. Grades* (engl. *Net Quick Ratio* oder *Acid Test Ratio – ATR*) gibt den Anteil des monetären Umlaufvermögens (Zahlungsmittel + Wertpapiere + Forderungen) an den kurzfristigen Verbindlichkeiten wider.

- Die *Liquidität 3. Grades* (engl. *Current Ratio*) ist das Verhältnis des kurzfristigen Umlaufvermögens (Zahlungsmittel + Wertpapiere + Forderungen + Vorräte) zu den kurzfristigen Verbindlichkeiten.

Für die Liquiditätsrelationen gilt grundsätzlich, dass die Liquidität (und damit die Sicherheit) eines Unternehmens umso größer ist, desto höher die Werte der obigen Kennzahlen ausfallen. In der Praxis sollte die **Liquidität 1. Grades** nicht größer als 0,2 sein, da kurzfristige Liquiditätsengpässe normalerweise ohne Schwierigkeiten durch Bankkredite abgedeckt werden können.

Bei der **Liquidität 2. Grades** wird ein Wert von *eins* (engl. *One-to-one Rate*) angestrebt, da bei einer ATR kleiner *eins* ein Teil der kurzfristigen Verbindlichkeiten nicht durch kurzfristig zur Verfügung stehendes Vermögen gedeckt ist.

Nach der sogenannten *„Bankers Rule"* sollte die **Liquidität 3. Grades** den Mindestwert von *zwei* anstreben (engl. *Two-to-One Rate*).

Bei der Analyse der genannten statischen Strukturkennzahlen – Vermögensstruktur, Kapitalstruktur und Liquidität – sollte einschränkend berücksichtigt werden, dass es sich immer um vergangenheitsbezogene Daten handelt, die sich zum Zeitpunkt der Analyse bereits maßgeblich verändert haben können.

Einen vollständigen Überblick über die statischen Kennzahlen liefert Abbildung 4-26.

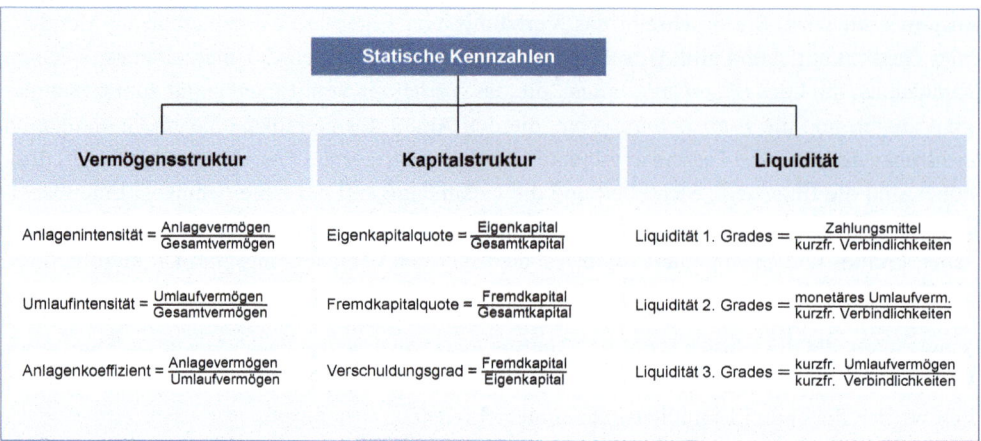

Abb. 4-26:   Statische Kennzahlen

(2) Dynamische Kennzahlen

Anders als die statischen Kennzahlen basieren die **dynamischen Kennzahlen** nur zum Teil auf Daten einer Bilanz. So werden die Daten bei der dynamischen Betrachtung mehreren aufeinander folgenden Bilanzen entnommen und zueinander in Beziehung gesetzt oder mit Stromgrößen aus der Gewinn- und Verlustrechnung, die ja als solche bereits periodische Bewegungen erfassen, kombiniert. Dynamische Kennzahlen werden üblicherweise in Erfolgskennzahlen und Aktivitätskennzahlen unterteilt. Bei den Erfolgskennzahlen wiederum werden absolute und relative Größen unterschieden. Zu den wichtigsten absoluten Erfolgskennzahlen zählen der Bilanzgewinn, der Jahresüberschuss und der Cashflow.

Der Gesetzgeber sieht grundsätzlich eine Aufstellung der Bilanz mit Ausweis des Postens „Jahresüberschuss/Jahresfehlbetrag" vor. Dieser ist das GuV-Ergebnis nach Steuern und bezeichnet den Gewinn vor dessen Verwendung. Zur Berechnung des **Bilanzgewinns** wird der Jahresüberschuss bzw. der Jahresfehlbetrag

- um den Gewinn- oder Verlustvortrag des Vorjahres korrigiert,
- um Entnahmen aus Kapital- und Gewinnrücklagen erhöht und
- um Einstellungen in die Gewinnrücklagen vermindert.

Da der Bilanzgewinn demnach durch Entnahmen bzw. Einstellungen in die Rücklagen beeinflusst werden kann, ist er keine adäquate Kennzahl eines Unternehmens in einer bestimmten Periode. Der Bilanzgewinn dient bei Aktiengesellschaften in erster Linie als Grundlage für den Gewinnverwendungsvorschlag, den Vorstand und Aufsichtsrat zur Ausschüttung an die Anteilseigner unterbreiten. Fazit: Der Jahresüberschuss ist das, was die Aktiengesellschaft verdient hat, der Bilanzgewinn ist das, was sie davon an die Aktionäre abgibt.

Besser als der Bilanzgewinn kennzeichnet der **Jahresüberschuss** den Periodenerfolg einer Aktiengesellschaft. Als Ergebnis der Gewinn- und Verlustrechnung fließen in die Berechnung des Jahresüberschusses sämtliche Erträge und Aufwendungen der laufenden Periode ein. Es beinhaltet das Ergebnis der gewöhnlichen Geschäftstätigkeit (Betriebs- und Finanzergebnis), außerordentliche Erträge und Aufwendungen und die Auswirkungen der Steuern vom Einkommen und Ertrag.

Mit zunehmender Internationalisierung der Rechnungslegung haben sich im deutschen Sprachgebrauch weitere wichtige Varianten von Periodenergebnisgrößen durchgesetzt:

- **EBT** – *Earnings before Taxes*
- **EBIT** – *Earnings before Interest and Taxes*
- **EBITDA** – *Earnings before Interest, Taxes, Depreciation and Amortization*

sowie der **Cashflow** als zahlungsstromorientierte Größe. Die konkrete Anwendung und Ausgestaltung hängt vor allem von den jeweils zugrundeliegenden Rechnungslegungsvorschriften (HGB, US-GAAP, IFRS) und den intern verwendeten Planungs- und Kostenrechnungssystemen ab.

Statt einer Interpretation ist in Abbildung 4-27 die Herleitungen dieser Größen aus den bereits bekannten Kennzahlen vorgenommen worden.

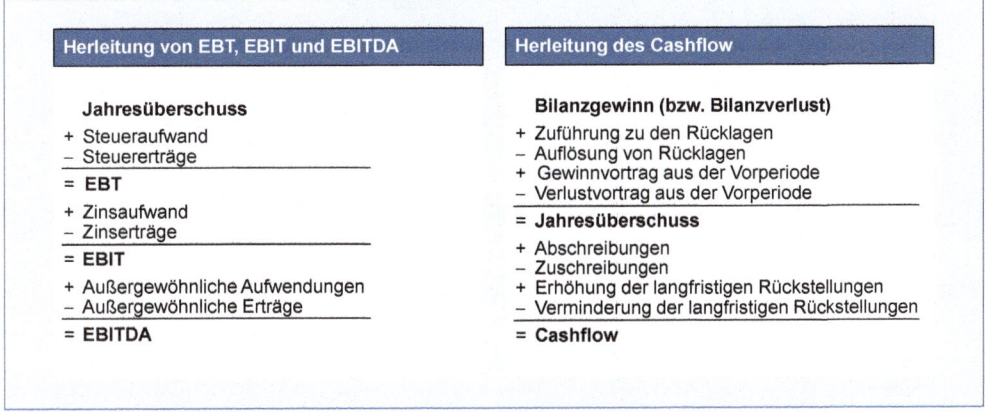

Abb. 4-27:   Herleitung von EBT, EBIT, EBITDA und Cashflow

Aus diesen absoluten Kennzahlen lassen sich nun zur externen Analyse eines Unternehmens verschiedene relative Erfolgskennzahlen bilden, die eine Beurteilung der Rentabilität und Wirtschaftlichkeit des Kapitaleinsatzes ermöglichen. Dazu wird eine Relation zwischen den absoluten Erfolgsgrößen und dem Mitteleinsatz hergestellt. Zu den wichtigsten **Rentabilitätskennziffern** zählen die **Eigenkapitalrentabilität** und die **Gesamtkapitalrentabilität**. Bei der Berechnung beider Größen kann der Jahresüberschuss oder auch der Cashflow angesetzt werden. Das Verhältnis von Eigenkapitalrentabilität zu Gesamtkapitalrentabilität ist der sogenannte **Leverage-Faktor**. Neben diesen klassischen Rentabilitätskennziffern hat sich vor allem bei international agierenden Unternehmen der **Return on Investment** (RoI) als alternative Kennzahl für die Messung der Rentabilität des Kapitaleinsatzes durchgesetzt.

Neben den Erfolgskennzahlen bilden die **Aktivitätskennzahlen** die zweite Untergruppe dynamischer Kennzahlen. Aktivitätskennzahlen stellen die Verbindung von Bestands- und Stromgrößen her und beschreiben dementsprechend häufig das Verhältnis zwischen dem Umsatz und den zur Ausübung der operativen Tätigkeit benötigten Vermögenswerten (z. B. Anlagevermögen, Vorräte etc.). Diese Umschlagskoeffizienten geben dabei an, wie häufig eine Vermögensposition in einer Periode umgeschlagen wurde. Die Interpretation dabei lautet, dass ein höherer Koeffizient einen effizienteren Einsatz der unternehmensspezifischen Ressourcen bedeutet. Um einen gegebenen Umsatz zu erreichen, muss das Unternehmen somit weniger Ressourcen einsetzen [vgl. COENENBERG 2003, S. 911].

Weitere Aktivitätskennzahlen, die nach demselben Muster gebildet werden können, sind:

- Umsatz pro Mitarbeiter;
- Zahlungsziele, die ein Unternehmen seinen Kunden einräumt oder bei seinen Lieferanten in Anspruch nimmt;
- Investitionsquote.

In Abbildung 4-28 sind wichtige dynamische Kennzahlen, unterteilt in Erfolgskennzahlen und Aktivitätskennzahlen, zusammengestellt.

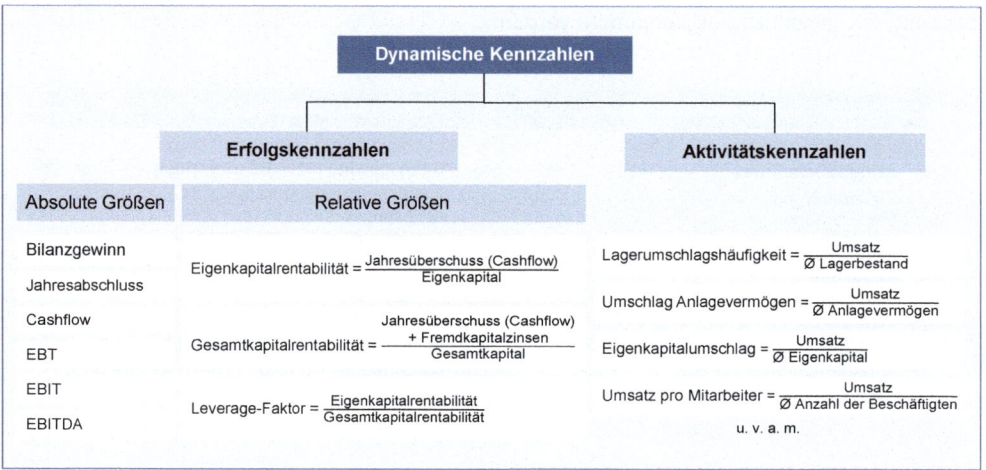

Abb. 4-28:   Dynamische Kennzahlen (Beispiele)

4.4.2.3 Mittel-Zweck-Schema zur Zielbildung

Die verschiedenen Ziele, die in einem Unternehmen verfolgt werden, können als Elemente eines komplexen mehrstufigen Zielsystems aufgefasst werden, die in vertikaler und in horizontaler Beziehung zueinander stehen. Werden die Einzelaufgaben und Aufgabenkomplexe stets in Verbindung mit diesen Zielen vorgegeben, so spricht man vom Organisationskonzept der **zielgesteuerten Unternehmensführung** (engl. *Management by objektives*) [vgl. BIDLINGMAIER 1973, S. 134].

Damit die zielgesteuerte Unternehmensführung ihre Koordinationsfunktion wahrnehmen kann, muss ein solches Zielsystem geordnet werden. Das wohl bekannteste Zielordnungsschema ist das 1922 von der Firma DUPONT entwickelte **Kennzahlensystem**, das in Abbildung 4-29 dargestellt ist.

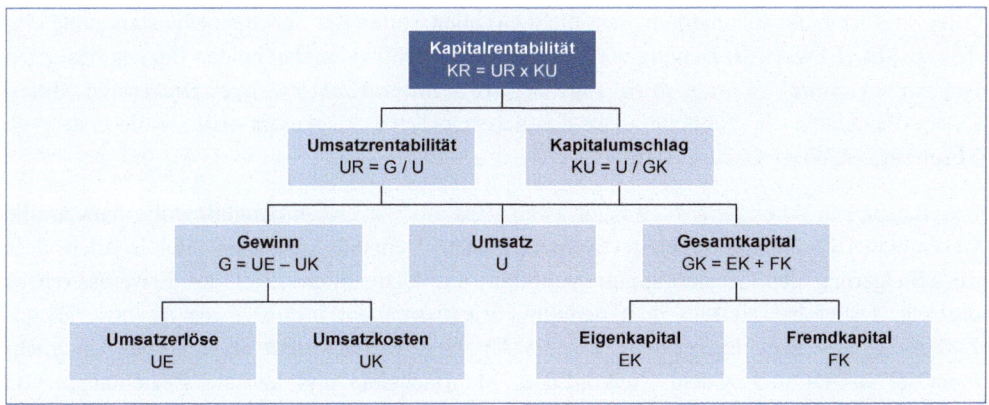

Abb. 4-29:   Das DUPONT-Kennzahlensystem

Das DuPont-Kennzahlensystem basiert auf einer funktionalen **Mittel-Zweck-Beziehung**, d.
h. bis auf das oberste Ziel nimmt jedes Ziel sowohl die Rolle eines Mittels als auch die eines
Zweckes ein. Untergeordnete Ziele sind *Mittel* zum Erreichen der Ziele auf der nächst höheren Stufe. Der Zweck ist somit die Realisierung der höherrangigen Ziele. Für nachrangige
Ziele stellen sie wiederum den übergeordneten Zweck dar. Dieses Mittel-Zweck-Schema ist
charakteristisch für alle hierarchisch strukturierten Zielsysteme [vgl. FINK 2009, S. 66].

Nach EDMUND HEINEN [1966, S. 126 ff.] können dabei grundsätzlich zwei Varianten unterschieden werden:

- das *deduktiv* orientierte Mittel-Zweck-Schema und
- das *induktiv* orientierte Mittel-Zweck-Schema.

Das **deduktiv orientierte Mittel-Zweck-Schema** ergibt sich aus den Beziehungen zwischen
Ober-, Zwischen- und Unterzielen, in dem die *Gesamtkapitalrentabilität* als Oberziel dargestellt ist (siehe Abbildung 4-30).

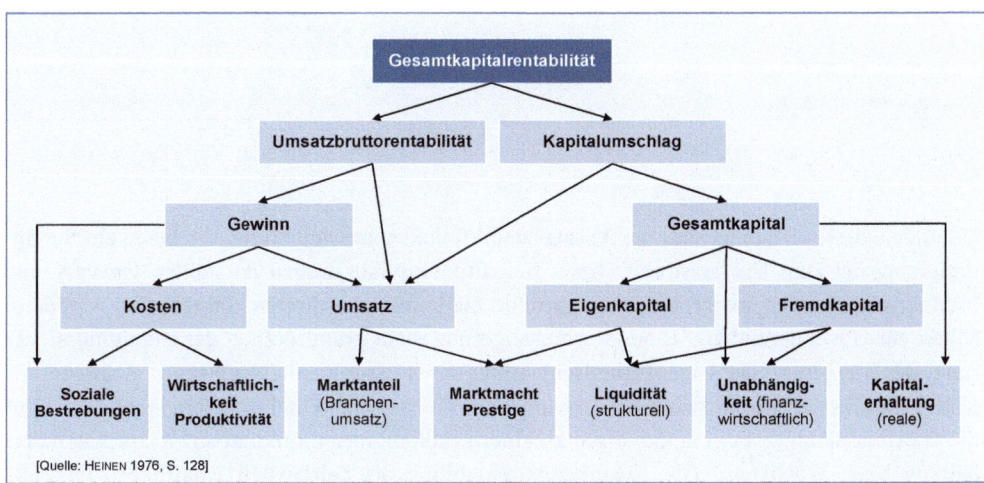

Abb. 4-30:   Deduktiv orientiertes Mittel-Zweck-Schema der wichtigsten Unternehmensziele

Allerdings ist dabei anzumerken, dass nicht auf allen Stufen des Schemas eine starke und eindeutige Mittel-Zweck-Beziehung vorliegt. Dies wird deutlich an den beiden Beziehungsketten *Gewinn – Umsatz – Kosten* sowie *Eigenkapital – Marktmacht/Prestige*. Die zweite Mittel-Zweck-Beziehung wird üblicherweise deutlich schwächer ausgeprägt sein als die erste [vgl. MACHARZINA/WOLF 2010, S. 216].

Das Beispiel in Abbildung 4-29 zeigt zwar, dass aus der Gesamtkapitalrendite nahezu alle wesentlichen Zielinhalte abgeleitet werden können. Dennoch kann bezweifelt werden, dass die „Steigerung der Gesamtkapitalrentabilität" das letztendliche Ziel des Erwerbsstrebens darstellt. Daher hat HEINEN dem deduktiv orientierten ein **induktiv orientiertes Mittel-Zweck-Schema** gegenübergestellt, das die *Eigenkapitalrentabilität* als zentrales Unternehmensziel ansetzt und zudem Zielkonflikte, Mehrfachziele und kausale Beziehungen von gleichrangigen Zielen stärker berücksichtigt (siehe Abbildung 4-31).

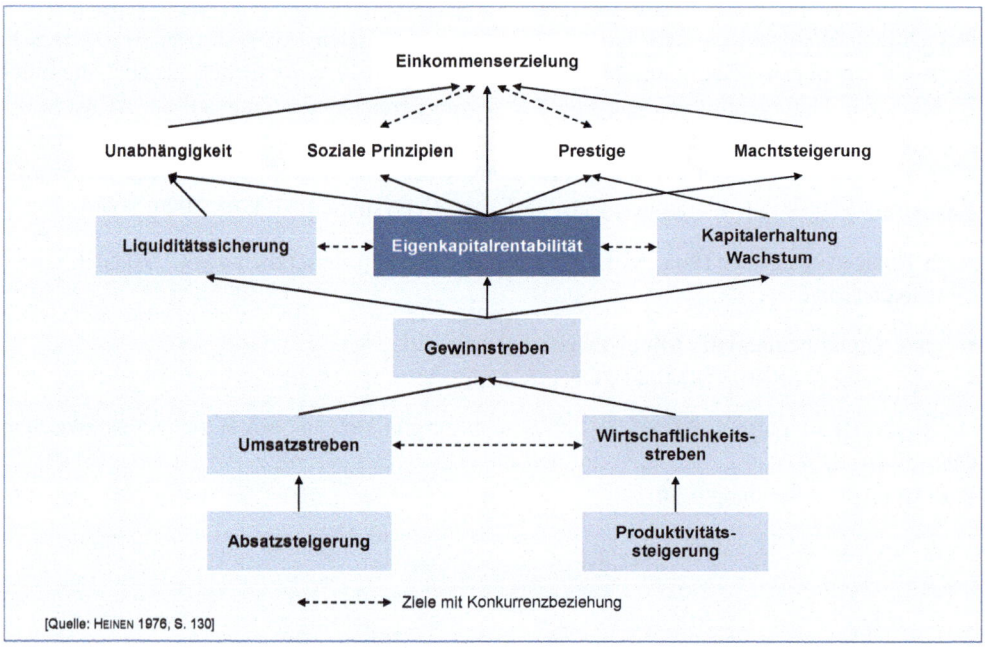

Abb. 4-31:   Induktiv orientiertes Mittel-Zweck-Schema der wichtigsten Unternehmensziele

Unterziele dieses Systems sind die Absatz- und Produktivitätssteigerung, die beide ein Suboptimierungsziel zum Umsatzstreben bzw. zum Produktivitätsstreben darstellen. Umsatz- und Produktivitätsstreben, zwischen denen partielle Zielkonflikte auftreten können, sind wiederum Mittel zur Gewinnerzielung. Eine Gewinnsteigerung dient grundsätzlich der Liquiditätssicherung, der Steigerung der Eigenkapitalrentabilität sowie dem Kapitalwachstum. Während das Mittel-Zweck-Verhältnis zwischen Gewinn und Eigenkapitalrentabilität eindeutig ist, führt die Gewinnerhöhung nicht automatisch zu einer Erhöhung der Liquidität sowie zur Kapitalerhaltung bzw. Wachstum. Die Eigenkapitalrentabilität als betriebswirtschaftliches Oberziel dient in erster Linie der Einkommenserzielung des Individuums und ermöglicht die Verwirklichung zahlreicher Imperative „höherer Ordnung". Dazu zählen finanzielle Unabhängigkeit, soziale Verantwortung sowie Macht- und Prestigestreben. Aus dem so geordneten induktiv orientierten Zielsystem wird darüber hinaus deutlich, welche Ziele in einer Konkurrenzbeziehung zueinander stehen können [vgl. HEINEN 1976, S. 129 ff.].

4.4.2.4 Balanced Scorecard

In der Praxis werden Unternehmensziele zunehmend mit der von KAPLAN/NORTON [1992] entwickelten **Balanced Scorecard**, in der quantitativ bewertbare Beurteilungskriterien formuliert werden, systematisiert und dann sukzessive auf Bereichs-, Abteilungs- und Mitarbeiterebene herunter gebrochen. Damit liefert die Balanced Scorecard ein Modell zur Entwicklung von Zielsystemen, *„das der zeitlichen Verzögerung zwischen ökonomischer Aktivität und ökonomischen Erfolg Rechnung trägt und damit die Probleme älterer Kennzahlensysteme überwinden hilft"* [MACHARZINA/WOLF 2010, S. 221].

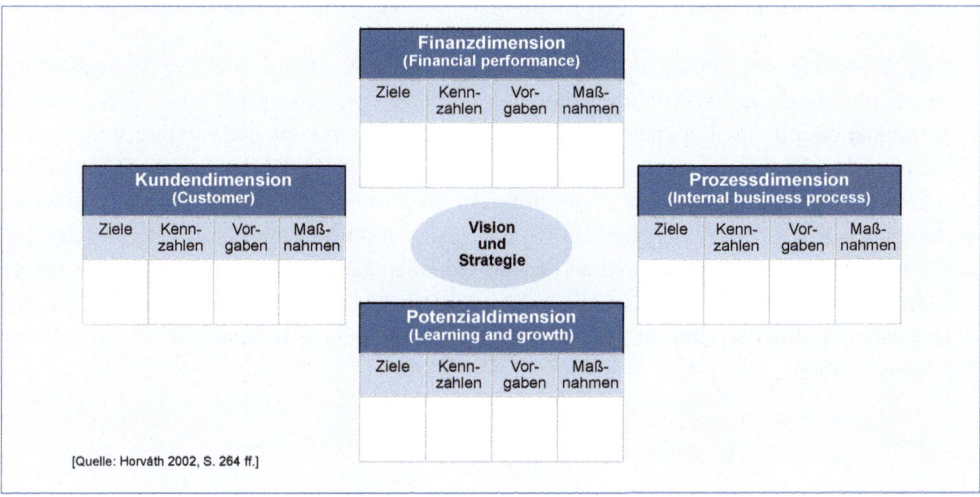

Abb. 4-32:   Die vier Dimensionen des Balanced Scorecard

Grundgedanke der Balanced Scorecard ist die Umsetzung von Visionen und Strategien des Unternehmens in operative Maßnahmen. Das dazu entwickelte Kennzahlenraster der Balanced Scorecard umfasst insgesamt vier Dimensionen (siehe Abbildung 4-32):

- **Finanzwirtschaftliche Dimension** (Sicht des Aktionärs bzw. Investors): Bei dieser Aktionärsperspektive spielen Ziele wie *Liquidität* und *Rentabilität* eine entscheidende Rolle.

- **Kundenbezogene Dimension** (Sicht des Kunden): Bei dieser Perspektive geht es darum, Unternehmensziele aus der Sicht des Kunden zu formulieren. In diese Kategorie gehören Ziele wie *Kundenzufriedenheit* oder *Marktanteil*.

- **Prozessbezogene Dimension** (Sicht nach innen auf die Geschäftsprozesse): Ziele der internen Perspektive sind *Produktivität* und *Geschwindigkeit* der internen Prozesse.

- **Potenzialbezogene Dimension** (Sicht aus der Lern- und Entwicklungsperspektive): In dieser Perspektive der Neuausrichtung geht es um die Weiterentwicklung des Unternehmens im Sinne einer kontinuierlichen Verbesserung und Innovationsfähigkeit. Ein wichtiges Ziel ist hier die *Mitarbeiterzufriedenheit*.

Die Balanced Scorecard ermöglicht einen wesentlich umfassenderen Überblick über Unternehmen, als dies Finanzkennzahlen leisten können, denn sie betrachtet Unternehmen nicht nur aus der finanziellen, sondern aus drei weiteren Perspektiven. Insbesondere aus der potential-bezogenen Dimension (Perspektive der Neuausrichtung) wird deutlich, dass die Balanced Scorecard als Grundlage für eine Neuformierung dienen kann. Aber nicht nur Ziele einer Reorganisation sondern auch die Verbindung der Balanced Scorecard mit der klassischen Zielvereinbarung führt zwangsläufig dazu, auch in die Zielvereinbarung verstärkt quantitative Ziele als sogenannte *Key Performance Indicators (KPIs)* zu übernehmen. Durch diese ganzheitliche Zielentwicklung kann jeder einzelne Mitarbeiter seinen Anteil am Erreichen der Team-, Bereichs- und Gesamtunternehmensziele verfolgen. Wenn das strategische Ziel des Unternehmens z.B. die Steigerung der Kundenzufriedenheit ist, könnte ein Service-mitarbeiter als persönliches Ziel die Erhöhung der Anzahl seiner Kundenkontakte ableiten.

Mit der Kopplung von Führungs- und Anreizsystemen ist auch eine wichtige Voraussetzung für die Einführung von **variablen, leistungsabhängigen Vergütungsbestandteilen** gegeben. In Kombination mit einem garantierten fixen Vergütungsanteil kann der variable Vergütungsanteil die erbrachten Leistungen angemessen honorieren. Die Höhe des variablen Entgeltbestandteils hängt dabei vom Ausmaß ab, mit dem die in der Balanced Scorecard definierten Zielvorgaben bzw. Kennzahlen erreicht werden. Das variable Entgelt ist bei der beschriebenen Vorgehensweise sowohl vom Grad der individuellen Zielerreichung als auch vom Erfolg auf Gruppen- und Unternehmensebene abhängig. Die Kennzahlen der Balanced Scorecard liefern dabei für alle drei Ebenen (Team-, Bereichs-, Unternehmensebene) die entsprechenden Erfolgsindikatoren.

4.4.3 Tools zur Problemstrukturierung

Sind die Ziele und Wertvorstellungen identifiziert und im Zuge der Zielbildung in eine widerspruchsfreie und stabile Rangordnung gebracht, dann muss das Problem möglichst exakt erfasst und *strukturiert* werden. Im Folgenden werden mit

- der Aufgabenanalyse,
- der Kernfragenanalyse und
- der Sequenzanalyse

drei Analysearten vorgestellt, die nach dem sogenannten **Pyramidenprinzip** zur Strukturierung komplexer Gedankengänge aufgebaut sind. Entwickelt wurde das Prinzip Ende der 1960er Jahre von der damaligen MCKINSEY-Beraterin BARBARA MINTO mit dem Ziel, die Struktur und Klarheit von Geschäftsdokumenten und insbesondere Präsentationen auf der Grundlage logischer Gestaltungsregeln zu verbessern. Heute hat sich das Pyramidenprinzip („Minto-Pyramide") aufgrund seiner stringenten inhaltlichen Logik in vielen Beratungsunternehmen als Standard durchgesetzt *(„to make it minto")*.

Die Gestaltungsregeln des Pyramidenprinzips sehen vor, dass zunächst alle Teilaspekte eines Problems und ihre Abhängigkeiten untereinander erfasst werden. Danach werden über- und untergeordnete Problemaspekte gezielt herausgearbeitet und in Beziehung zueinander gesetzt, so dass eine geordnete Problemstruktur entsteht, die eine systematische Analyse der Einzelaspekte und deren Auswirkungen auf den Gesamtzusammenhang ermöglicht. Dieses Prinzip führt dazu, dass die betrachteten Aspekte die Form einer Pyramide annehmen, wobei der Hauptaspekt oder das Ausgangsproblem oder die entscheidende Frage immer die Spitze der Pyramide einnehmen. Die Pyramidenspitze wird dann Stufe für Stufe in seine Teilaspekte (Teilprobleme) herunter gebrochen (siehe beispielhaft Abbildung 4-33).

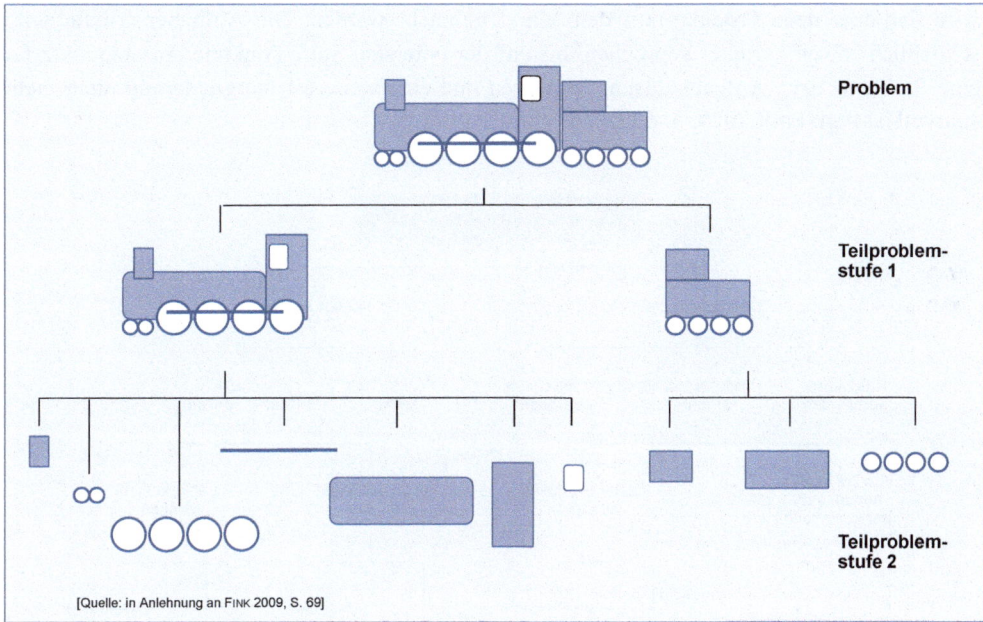

[Quelle: in Anlehnung an FINK 2009, S. 69]

Abb. 4-33:   Problemstrukturierung mit Hilfe des Pyramidenprinzips

Zum zentralen Gestaltungsprinzip zählt dabei, dass jede einzelne Stufe die sogenannte **ME-CE-Bedingung** erfüllen muss. ME *(„mutually exclusive")* ist sie dann, wenn sich die einzelnen Teilaspekte inhaltlich nicht überschneiden. CE *(„collectively exhaustive")* ist die Problemstruktur, wenn die auf jeder Stufe angeordneten Teilaspekte das auf der nächst höheren Stufe stehende Problem jeweils vollständig abdecken. Diese Gestaltungsregeln lassen sich auf viele betriebswirtschaftliche Problem- und Fragestellungen anwenden – etwa zur Gliederung von Absatzmärkten, zur Strukturierung von Zielgruppen, zur Analyse von Kundengruppen, zur Klärung von Weisungsbefugnissen und Hierarchien oder zur Analyse von finanziellen Strukturen [vgl. FINK 2009, S. 68 f.].

4.4.3.1 Aufgabenanalyse

Mit Hilfe der Aufgabenanalyse, der einfachsten Variante einer Pyramidenstruktur, lassen sich nahezu beliebige Zusammenhänge stufenweise in immer feinere Teilaspekte untergliedern.

Dabei werden die einzelnen Elemente bzw. Teilaspekte als Aufgaben so formuliert, dass sie dazu beitragen, die übergeordnete Aufgabe zu erfüllen.

Ausgehend von der Spitze der Pyramide, an der bspw. die Ergebnisverbesserung eines Unternehmens als Gesamtaufgabe steht (siehe Abbildung 4-34), gelangt man zur jeweils nächsten Stufe, indem das *Wie* oder das *Was* herausgearbeitet wird. Die Frage „*Wie* kann das Ergebnis verbessert werden?" führt entweder zu einer Erhöhung des Umsatzes oder zu einer Senkung der Kosten. *Was* könnte wiederum getan werden, um den Umsatz zu erhöhen? Es kann der Produktmix verbessert, die Produktverkäufe und/oder der Produktpreis erhöht werden. *Wie* lassen sich die Produktverkäufe steigern? Indem der Absatz der bestehenden Produkte erhöht wird und/oder neue Produkte auf den Markt gebracht werden. Die Aufgabenstruktur wird schließlich soweit herunter gebrochen, bis auf der untersten Stufe konkrete Ansatzpunkte für eine Problem- bzw. Aufgabenlösung vorliegen und eine weitere Untergliederung nicht mehr sinnvoll ist [vgl. FINK 2009, S. 69 f.].

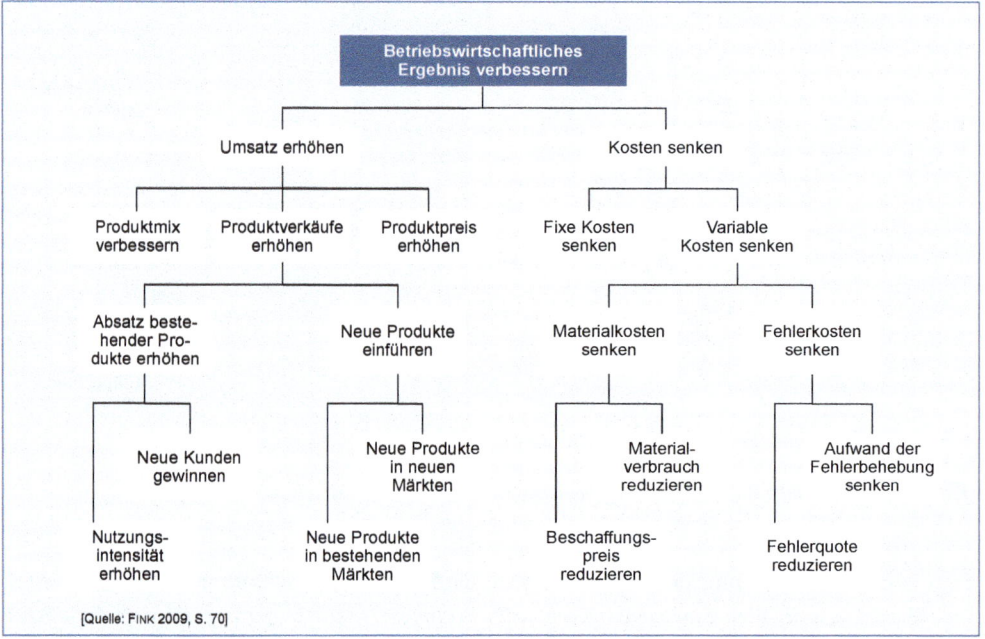

Abb. 4-34:   Beispiel einer Aufgabenanalyse

4.4.3.2 Kernfragenanalyse

Der Unterschied zwischen Aufgabenanalyse und Kernfragenanalyse liegt darin, dass die einzelnen Elemente der Pyramide nicht als Aufgaben, sondern als Fragen formuliert werden. Bei der **Kernfragenanalyse** werden zwei Varianten unterschieden: die deduktive und die dichotome. Die **deduktive Kernfragenanalyse** verläuft analog zur Vorgehensweise der Aufgabenanalyse, d. h. die Ausgangsfrage wird von Stufe zu Stufe in immer detailliertere Teilfragen herunter gebrochen. Abbildung 4-35 liefert eine beispielhafte deduktive Struktur einer Fragenanalyse, wobei die Ausgangsfrage zu beantworten ist, ob die Vertriebsleistung eines Unternehmens verbessert werden muss [vgl. Fink 2009, S. 70 f.].

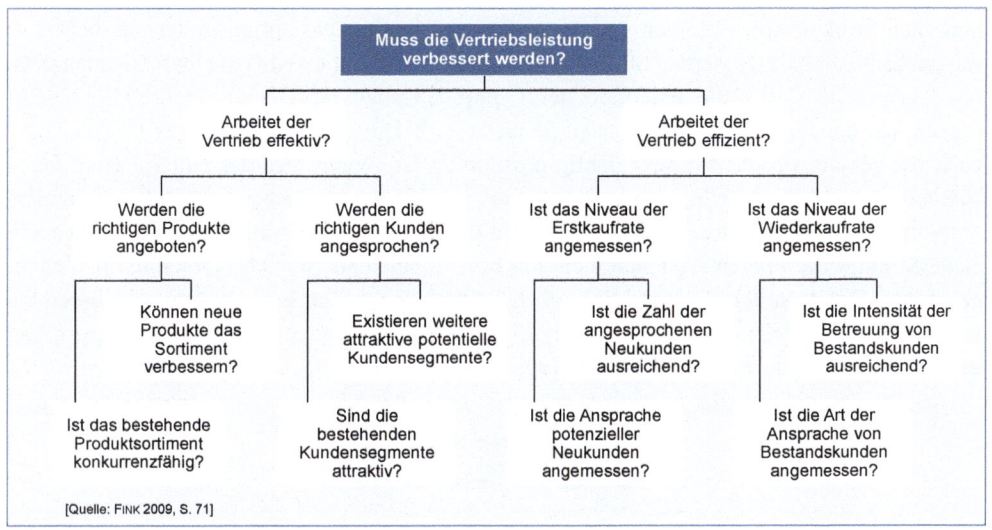

Abb. 4-35: Beispiel einer deduktiven Kernfragenanalyse

Bei der **dichotomen Kernfragenanalyse** werden sowohl die Ausgangsfrage an der Spitze der Pyramide als auch die einzelnen Teilfragen jeweils als Ja/Nein-Fragen formuliert. Die unterste Stufe der Pyramide besteht aus konkreten Handlungsoptionen (siehe Abbildung 4-36).

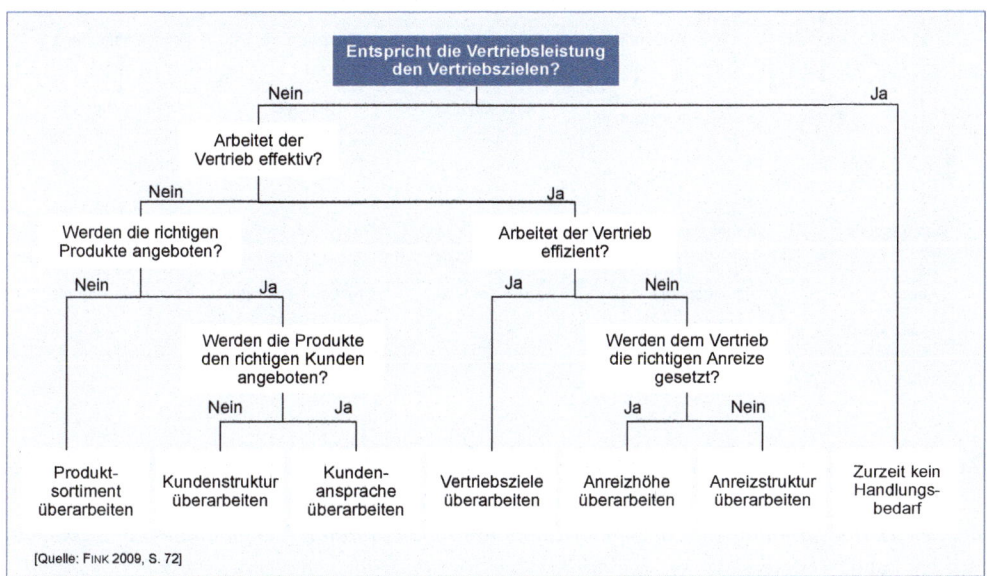

Abb. 4-36: Beispiel einer dichotomen Kernfragenanalyse

4.4.3.3 Sequenzanalyse

Die anspruchsvollste Variante des Pyramidenprinzips ist die **Sequenzanalyse**, die neben der logischen Struktur eines Problems auch die Reihenfolge berücksichtigt, in der mögliche Lösungsschritte umgesetzt werden müssen. In Abbildung 4-37 ist eine beispielhafte Sequenzanalyse dargestellt. Die Stufe unterhalb der Pyramidenspitze besteht aus mehreren Ja/Nein-Fragen, die entlang einer vorgegebenen Sequenz zu beantworten sind. In dem Beispiel wird zunächst geklärt, ob das Produkt richtig positioniert ist. Wenn dies der Fall ist, dann ist es sinnvoll, sich mit der Verfügbarkeit zu befassen. Ist diese in ausreichendem Maße vorhanden, muss im nächsten Schritt der Bekanntheitsgrad des Produktes überprüft werden. Die sequenzielle Struktur der Fragen setzt sich nicht nur horizontal, sondern auch vertikal auf den nachgelagerten Stufen in der gleichen Weise fort. Sollte keine der aufgestellten Analyselinien ein Problem offen legen, so beginnt die Analyse erneut mit dem ersten Schritt – der Überprüfung des Zielmarktes und des Kundennutzens [vgl. FINK 2009, S. 72 f.].

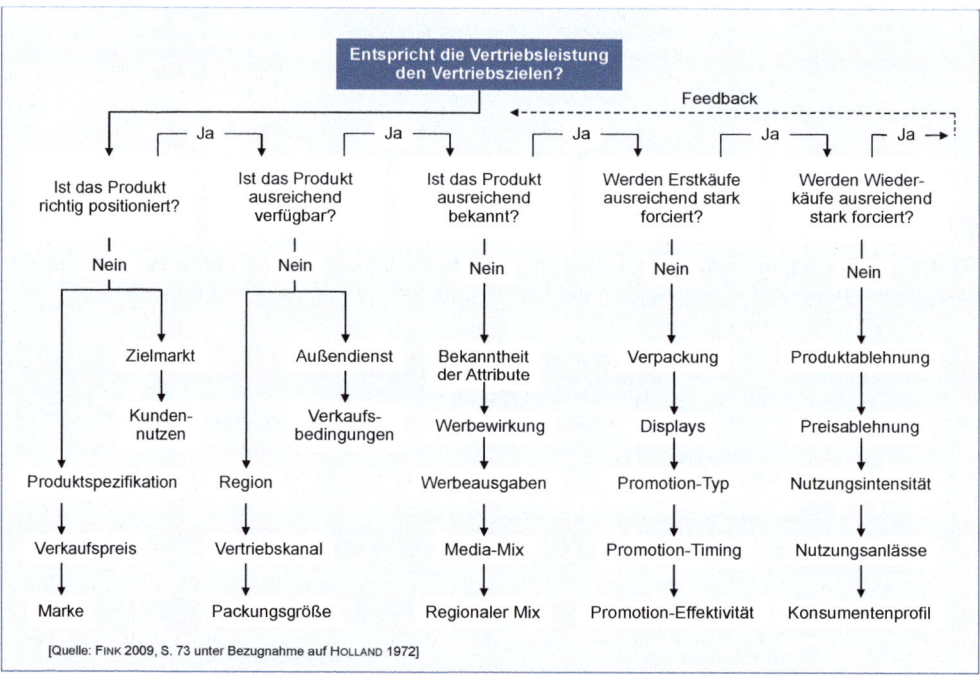

Abb. 4-37:   Beispiel einer Sequenzanalyse

Zu den **Vor- und Nachteilen** des Pyramidenprinzips merkt FINK an, dass einerseits die zugrunde liegende Problemstruktur „auf einen Blick" veranschaulicht wird *„und die Komplexität der Lösungsfindung durch einen klaren, logischen Aufbau (...) handhabbar"* gemacht werden kann. Andererseits sei *„die mithilfe des Pyramidenprinzips entwickelte Problemstruktur, wenn sie einmal aufgestellt wurde, relativ starr"* und Diskontinuitäten und überraschende Entwicklungen seien kaum fassbar. Dennoch ist das Pyramidenprinzip *„das in der Beratungspraxis vermutlich meistgenutzte Verfahren zur Strukturierung von Managementproblemen"* [FINK 2009, S. 74 f.].

4.5 Beratungstechnologien zur Problemlösung

Nachdem die verschiedenen Verfahren und Tools zur Zielformulierung als Ausgangspunkt des Problemlösungsprozesses beschrieben wurden, geht es nun um den Problemlösungsprozess an sich. Dabei soll nicht verschwiegen werden, dass ein Berater sehr häufig ein ganz anderes Problem- und auch Problemlösungsverständnis hat als seine Kunden. Um ein Problem zu lösen – also um die Lücke zwischen Soll und Ist zu schließen – hat sich in der Praxis eine ganze Reihe von Problemlösungsmethoden etabliert, von denen im Folgenden die aus Beratersicht wichtigsten Ansätze vorgestellt werden sollen. Dabei sollte berücksichtigt werden, dass *„standardisierte Problemlösungsmethoden oder Beratungsprodukte (...) in der Regel nichts anderes als Flussdiagramme des Phasenablaufs eines bestimmten Lösungsvorgehens (sind), das sich in der Praxis über Jahre oder gar Jahrzehnte hinweg als sinnvoll, realisierbar und erfolgreich erwiesen hat“* [NIEDEREICHHOLZ 2008, S. 208].

4.5.1 Planungs- und Kreativitätstechniken

Eine wichtige Rolle im Rahmen des Problemlösungsprozesses nehmen Kreativitätstechniken ein. Dabei steht die Suche nach alternativen und innovativen Ideen im Vordergrund. Aus dem nahezu unbegrenzten Katalog an Kreativitätstechniken (= Techniken der Ideenfindung) sollen hier kurz sechs grundlegende Techniken, dessen Anwendung vom Berater immer wieder erwartet wird, vorgestellt werden:

- Brainstorming
- Brainwriting
- Methode 635
- Synektik
- Bionik
- Morphologischer Kasten

4.5.1.1 Brainstorming

Die Brainstorming-Technik stützt sich auf das Prinzip der Assoziation, um möglichst viele problembezogene Ideen hervorzubringen. Es handelt sich dabei um die Methode eines gemeinsamen Nachdenkens innerhalb einer Problemlösungsgruppe. ALEX F. OSBORNE, der Erfinder der Methode, benannte sie nach ihrem Wesen, nämlich *„using the brain to storm a problem“*. Durch einen vergleichsweise genau geregelten Ablauf, bei der während der Brainstorming-Sitzung von den Teilnehmern keinerlei Kritik an den Ideen Anderer geübt werden darf, sollen möglichst viele Ideen entwickelt werden, d. h. Quantität geht vor Qualität. In Abbildung 4-38 sind die Vorgehensweise sowie die wichtigsten Regeln zusammengefasst.

Als Einsatz- bzw. Anwendungsgebiet wird häufig die Werbung genannt. Brainstorming kommt aber ebenso mit mehr oder weniger Erfolg bei der Produktentwicklung oder allgemein bei der Ideenfindung in den unterschiedlichsten Bereichen zum Einsatz.

Brainstorming gilt als leicht zu erlernende, einfach durchzuführende Kreativitätstechnik, deren Einsatz zudem nur mit geringen Kosten verbunden ist. Die Güte der Ergebnisse ist allerdings sehr von der Zusammensetzung der Teilnehmer abhängig. Auch besteht die Gefahr von gruppendynamischen Konflikten bei unterschiedlichen hierarchischen Ebenen der Teilnehmer.

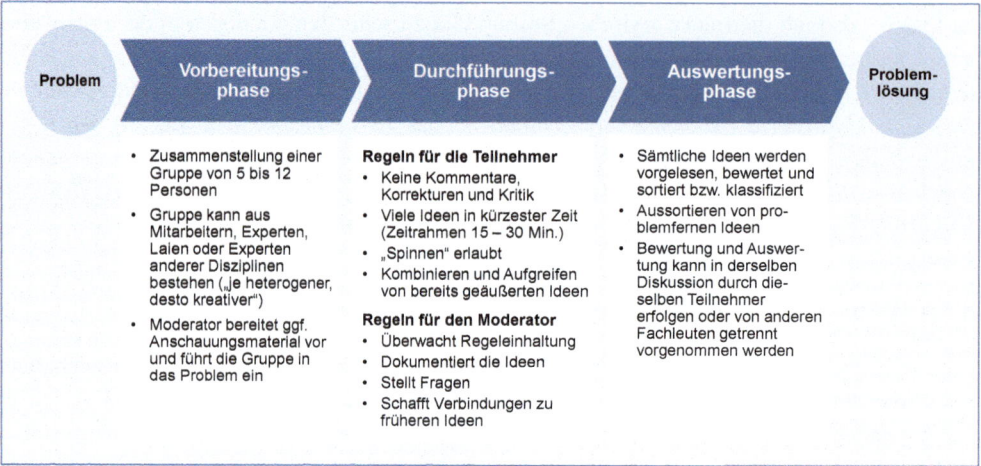

Abb. 4-38:   Vorgehensweise und Regeln der Brainstorming-Methode

4.5.1.2 Brainwriting

Brainwriting ist im Prinzip die *schriftliche* Variante des Brainstormings. Das Besondere beim Brainwriting ist, dass jeder Teilnehmer in Ruhe Ideen sammeln und diese schriftlich festhalten kann. Auch sind im Gegensatz zum Brainstorming die Anonymität und damit die Gleichwertigkeit der Ideen gewährleistet. Beim Brainwriting wird wie beim Brainstorming darauf geachtet, dass alle Faktoren, die den Prozess der Ideenfindung hemmen, ausgeschaltet werden. Die Teilnehmer sollen ohne jede Einschränkung Ideen produzieren und diese mit anderen Ideen kombinieren. Im Idealfall inspirieren sich die Teilnehmer während des Schreibprozesses gegenseitig mit ihren Ideen, die sie dann weiterentwickeln können. Ebenso wie beim Brainstorming gibt es auch beim Brainwriting verschiedene Techniken und Ausprägungen.

4.5.1.3 Methode 635

Die Methode 635 ist die bekannteste Form der Brainwriting-Techniken. Danach besteht die Gruppe aus *sechs* Teilnehmern, die jeweils ein gleich großes Blatt Papier erhalten (siehe Abbildung 4-39). Dieses ist mit drei Spalten und sechs Zeilen in 18 Kästchen aufgeteilt. Jeder Teilnehmer wird aufgefordert, in der ersten Zeile *drei* Ideen (je Spalte eine) zu einem bestimmten Problemfeld zu formulieren. Jedes Blatt wird nach angemessener Zeit – je nach Schwierigkeitsgrad der Problemstellung etwa 3 bis 5 Minuten – von allen gleichzeitig, im Uhrzeigersinn weitergereicht. Der Nächste soll versuchen, die bereits genannten Ideen aufzugreifen, zu ergänzen und weiterzuentwickeln. Diese Ideen werden so lange weitergereicht, bis jeder Teilnehmer sämtliche Blätter eingesehen hat, d. h. jede Idee wird *fünf* Mal weitergegereicht. Sechs Teilnehmer mit je drei Ideen und 5 Mal weiterreichen - daher die Bezeichnung der Methode [vgl. ROHRBACH 1969, S. 73 ff.].

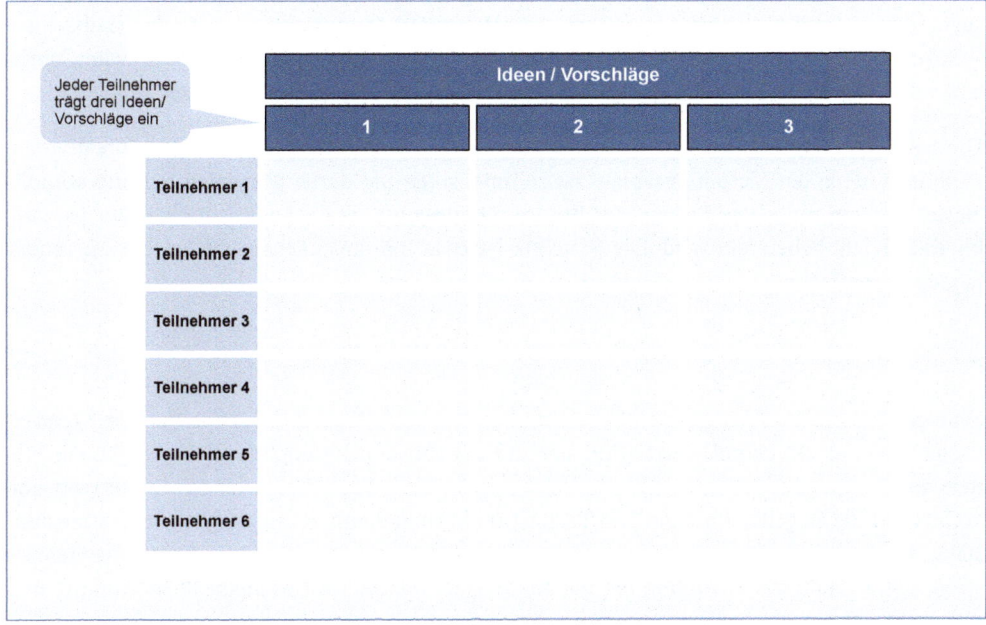

Abb. 4-39:   Das Arbeitspapier der Methode 635

Die Methode, die 1968 vom Unternehmensberater BERND ROHRBACH entwickelt wurde, wird eingesetzt bei Spannungen oder Schwierigkeiten in der Gruppe, bei dominanten Gruppenmitgliedern sowie bei komplexen Ideen, die schwierige Denkprozesse erfordern. Der Vorteil der Methode liegt in der Fülle von Ideen in kurzer Zeit (ca. 30 Minuten). Die Ideen werden nicht zerredet, sondern jeder Teilnehmer kann selbständig arbeiten und sich von den Ideen der anderen anregen lassen. Nachteilig kann sein, dass zu wenig Zeit bleibt, um seine Ideen klar darzulegen und dass viele Redundanzen auftreten.

4.5.1.4 Synektik

Die Synektik zählt zu den verfremdenden Kreativitätstechniken, bei denen die Suche nach ähnlichen oder vergleichbaren Strukturen und Mustern in anderen Erfahrungsbereichen im Vordergrund steht. Mit dieser Analogiebildung sollen problemfremde Strukturen übertragen bzw. sachlich nicht zusammenhängende Wissenselemente kombiniert werden. Aus diesem Vorgang leitet sich auch der Name der Methode ab: Synektik (griech. *synechein* = etwas miteinander in Verbindung bringen, verknüpfen). WILLIAM GORDON entwickelte diese Methode 1944 auf der Grundlage intensiver Studien über Denk- und Problemlösungsprozesse. Bei der Synektik entfernen sich die Teilnehmer bewusst vom eigentlichen Problem. Es geht darum, Wissen aus völlig anderen Sachbereichen (Natur, Technik, Politik, Gesellschaft) mit dem Ausgangsproblem zu verknüpfen und daraus kreative Lösungsmöglichkeiten abzuleiten.

Das Grundprinzip der Synektik heißt: *„Mache Dir das Fremde vertraut und verfremde das Vertraute."* Begonnen wird daher mit einer gründlichen Problemanalyse. Danach erfolgt die Verfremdung der ursprünglichen Problemstellung durch Bildung von Analogien. Es wird versucht, durch Analogieschlüsse neue und überraschende Lösungsansätze zu finden (Fallschirm – Pusteblume; Regenschirm – Fliegenpilz). Insgesamt besteht die Methode aus zehn Schritten, wobei der letzte Schritt in die Entwicklung von konkreten Lösungsansätzen mündet.

Die Synektik stellt regelmäßig höhere Anforderungen an die Gruppe als andere Kreativitätsmethoden, denn der Verfahrensablauf ist zeitintensiver und durch die vielen Schritte komplizierter. Zudem muss das Prinzip der Strukturübertragung bzw. -kombination geübt werden, bis es effizient beherrscht wird. Die Synektik ist zwar trainingsintensiv, für geübte Anwender jedoch sehr effektiv.

4.5.1.5 Bionik

Weniger anspruchsvoll angelegt ist die Bionik, die ebenfalls zu den verfremdenden Kreativitätstechniken zählt. Bionik beschäftigt sich mit der Entschlüsselung von Erfindungen der Natur und ihre innovative Umsetzung in die Technik. Das Wort Bionik ist ein Kofferwort und kombiniert die Begriffe *Bio*logie und Tech*nik* und bringt damit zum Ausdruck, wie für technische Anwendungen Prinzipien verwendet werden können, die aus der Biologie abgeleitet werden. Im Laufe der Evolution hat die Natur viele optimierte Lösungen für bestimmte mechanische, strukturelle oder organisatorische Probleme hervorgebracht. Die Bionik analysiert diese vorhandenen natürlichen Lösungen zunächst. Anschließend können die gefundenen Prinzipien aufbereitet und in einer abstrahierten Form der Technik zugänglich gemacht werden. Die Bionik stellt keine Blaupausen für die Technik bereit, sondern lebt vom Austausch von Experten aus verschiedenen Fachrichtungen. So können interdisziplinär Naturwissenschaftler und Ingenieure mit Architekten, Philosophen oder Designern zusammenarbeiten. Als großer Vordenker und Protagonist der Bionik gilt LEONARDO DA VINCI. Beispiele für Entsprechungen von technischen Entwicklungen und Natur sind:

- Regentropfen als Vorbild für die Lupe
- Saugnäpfe, die auch bei Kraken und Käfern vorkommen
- Strahltriebwerk, das dem Rückstoßprinzip bei Quallen und Tintenfischen entspricht
- Propeller, deren Funktionsweise der Flügelfrucht des Ahorns entspricht etc.

4.5.1.6 Morphologischer Kasten

Die morphologische Methode ist eine systematisch-strukturierende Kreativitätstechnik. Sie versucht, eine Darstellung aller theoretisch denkbaren Kombinationen und Variationen von Lösungen zu einem gegebenen Problem zu finden. Die bekannteste morphologische Technik ist der von dem Schweizer Physiker FRITZ ZWICKY (1898 – 1974) entwickelte morphologische Kasten.

Die Methode des morphologischen Kastens eignet sich besonders gut bei der Produktentwicklung. Dabei werden für verschiedene Parameter alle denkbaren Kombinationsmöglichkeiten

an Merkmalsausprägungen dargestellt und auf ihre Eignung hin überprüft. Viele der Möglichkeiten werden aufgrund technischer oder wirtschaftlicher Gegebenheiten sinnlos sein. Doch
möglicherweise werden auch zukunftsträchtige Kombinationsmöglichkeiten erkannt, an die
bisher noch niemand gedacht hat. Diese sind anhand von geeigneten Kriterien (Preis, Funktion, Herstellkosten, Absatzchancen, bestehende Konkurrenzprodukte etc.) weiter zu analysieren. Wenn diese in besonders hohem Maße Kundenerwartungen und zugleich technisch her-
stellbar sind, ist der Weg frei für eine Produktinnovation.

In Abbildung 4-40 ist ein anschauliches Beispiel eines morphologischen Kastens für ein zu
entwickelndes Lastfahrzeug dargestellt. Dabei wird deutlich, dass die Methode die Nutzung
des Kastens als Ordnungsgerüst vorsieht, indem die verschiedenen Teillösungsansätze zusammengetragen werden und so ein Gesamtlösungssystem entwickelt werden kann [vgl.
MACHARZINA/WOLF 2010, S. 856].

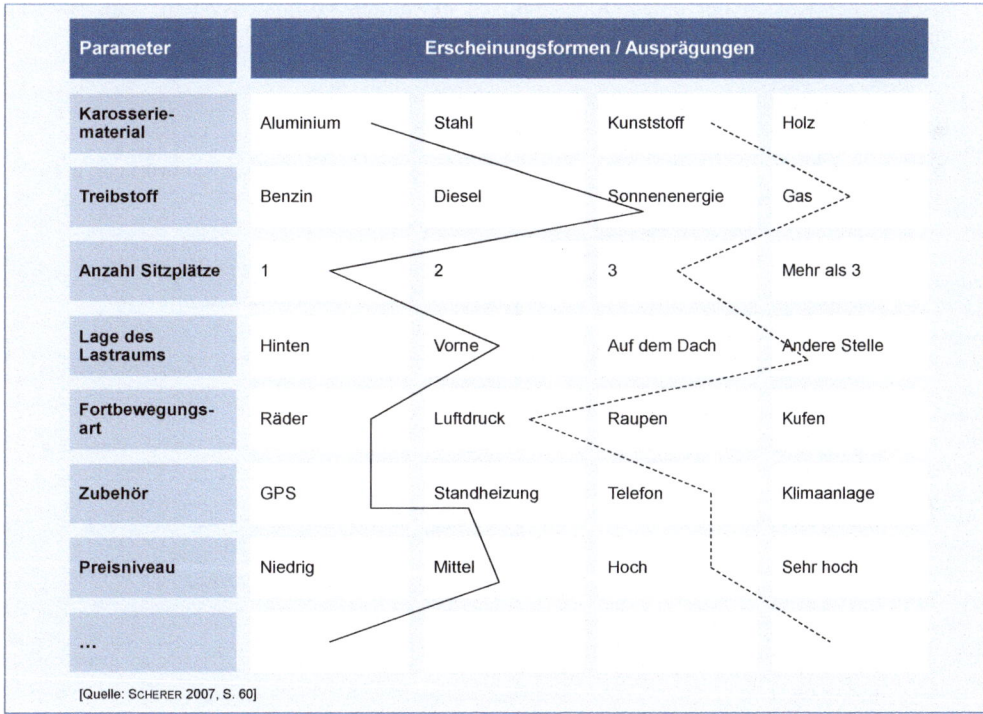

Abb. 4-40:   Beispiel eines morphologischen Kastens

4.5.2 Tools zur Strategiewahl

Im nächsten Schritt der strategischen Planung geht es um die Auswahl und Festlegung der
richtigen Unternehmensstrategie. Hierzu bieten sich mit den Konzepten der **Erfahrungskurve** und dem **Produktlebenszyklus** zwei Tools zur Wahl der richtigen Markteintritts- (und
Marktaustritts-)strategie an. Darauf aufbauend hat die **Portfoliotechnik** mit ihren verschiede-

nen Ausprägungen und Varianten eine zentrale Bedeutung bei der Bestimmung von Produkt-Markt-Strategien erlangt.

4.5.2.1 Erfahrungskurve

Im Zusammenhang mit der Wahl der richtigen Markteintrittsstrategie spielen die Erkenntnisse über den sog. *Erfahrungskurveneffekt* eine wichtige Rolle. Aufgrund von empirischen Untersuchungen hat die BOSTON Consulting Group festgestellt, dass die auf die Wertschöpfung bezogenen preisbereinigten Stückkosten eines Produkts konstant um 20 bis 30 Prozent zurückgehen, wenn sich im Zeitablauf die kumulierte Produktionsmenge verdoppelt. In Abbildung 4-41 ist der Kostenverlauf in Abhängigkeit von der kumulierten Menge einmal bei linearer Skaleneinteilung und einmal bei logarithmischer Einteilung des Ordinatenkreuzes dargestellt. Besonders deutlich wird das Phänomen der Erfahrungskurve mit *konstanten* Änderungsraten der Kosten bei einem logarithmisch gewählten Ordinatensystem [vgl. BECKER 2009, S. 422 f.].

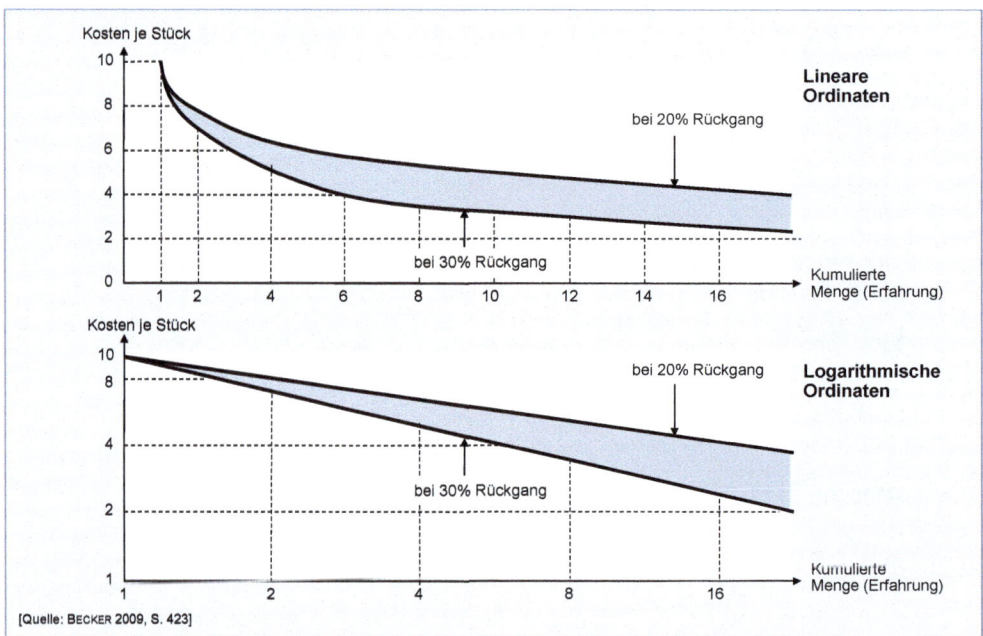

Abb. 4-41:   Kosten-Erfahrungskurve bei linear und logarithmisch eingeteilten Ordinaten

Die Ursache der Stückkostendegression ist vornehmlich auf zwei Faktoren zurückzuführen. Zum einen ist es die **Lernkurve**, die davon ausgeht, dass bei steigendem Produktionsvolumen Lerneffekte in Form von

- geringeren Ausschüssen,
- besserer Koordination der Arbeitsabläufe,
- effizienterer Planung und Kontrolle sowie durch einen
- höheren Ausbildungsgrad der Mitarbeiter

erzielt werden. Zum anderen sind es Skaleneffekte (engl. *Economies of Scale*), die davon ausgehen, dass ein Unternehmen bei wachsender Ausbringungsmenge von sinkenden Kosten profitiert (u. a. bei Einkauf und Lagerhaltung). Diese auch als „Gesetz der Massenproduktion" bekannten *Größendegressionseffekte*, die besagen, dass mit einer Erhöhung des Inputs eine überproportionale Erhöhung des Outputs realisiert werden kann, wirken einerseits als Kostensenkungs- und andererseits als Erlöserhöhungspotenziale [vgl. MÜLLER-STEWENS/LECHNER 2001, S. 199].

4.5.2.2 Lebenszyklusmodelle

Lebenszyklusmodelle untersuchen und beschreiben die Verbreitung und das wettbewerbsstrategische Potential von Produkten und Dienstleistungen im Zeitablauf. Dabei wird die Annahme zugrunde gelegt, dass sich ein Produkt (oder eine Dienstleistung) nicht unendlich lang verkaufen lässt, sondern dass es einem Lebenszyklus unterliegt, dessen Länge und Verlauf im Voraus nicht bekannt sind, dessen Existenz aber prinzipiell endlich ist.

Abbildung 4-42 zeigt den idealtypischen Verlauf von Absatz- und Gewinnkurve über die Lebensdauer eines Produkts. Im Rahmen des Lebenszyklusmodells können vier Phasen unterschieden werden:

- Einführung
- Wachstum
- Reife
- Sättigung bzw. Rückgang.

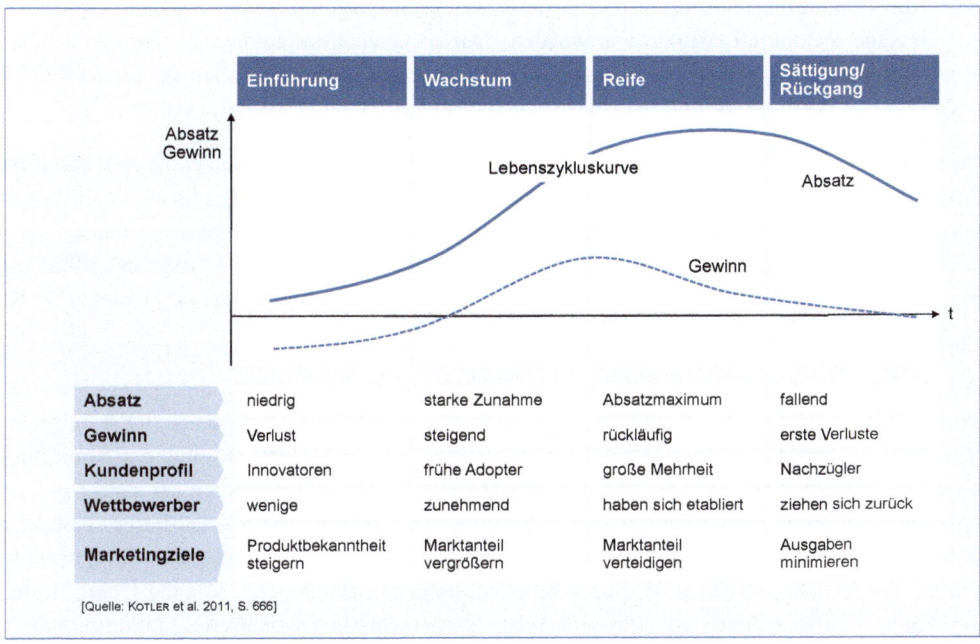

Abb. 4-42:   Der Produktlebenszyklus

In der **Markteinführungsphase** wächst der Absatz langsam. Gewinne entstehen aufgrund der hohen Einführungskosten noch nicht und die Anzahl der Wettbewerber ist gering. Auch ist das Marktpotenzial noch nicht überschaubar und die Entwicklung der Marktanteile ist nicht vorhersehbar.

Die **Wachstumsphase** ist durch eine starke Zunahme des Absatzes gekennzeichnet. Erste Gewinne werden erzielt und weitere Wettbewerber treten in den Markt ein. In dieser Phase gilt es, den eigenen Marktanteil signifikant zu vergrößern.

In der anschließenden **Reifephase** verlangsamt sich das Absatzwachstum. Die Gewinne geraten unter Druck, der Wettbewerb hat sich etabliert. Das Produkt muss durch erhöhte Marketingaufwendungen gegen den Wettbewerb verteidigt werden.

In der **Sättigungsphase** geht der Absatz zurück und die Gewinne brechen ein. Wettbewerber ziehen sich zurück. Das Unternehmen steht vor der Frage, ob das Produkt auslaufen und durch einen Nachfolger ersetzt werden soll, oder ob das Produkt durch weitere Verbesserungen (engl. *Relaunch*) noch einmal reanimiert werden kann.

Nicht jedes Produkt folgt zwangsläufig diesem idealtypischen Verlauf des Lebenszyklusmodells. Einige Produkte verschwinden sehr schnell wieder vom Markt, andere können nach Eintritt in die Sättigungsphase durch Relaunching-Maßnahmen in eine neue Wachstumsphase gebracht werden.

Das Konzept des Produktlebenszyklus lässt sich auf ganze **Produktklassen** (z. B. Fernseher oder Autos), auf eine **Produktkategorie** (z. B. Flachbildschirme oder Sportwagen) oder eben auf einzelne Produkte/Leistungen anwenden. Dabei haben Produktklassen naturgemäß den längsten Lebenszyklus. Darüber hinaus wird das Lebenszykluskonzept auch für ganze **Märkte** bzw. **Branchen** unterstellt (siehe hierzu auch Abschnitt 4.4.1 (Five Forces)).

Da sich in der Regel nicht bestimmen lässt, in welcher Phase des Lebenszyklus sich das Produkt zum aktuellen Zeitpunkt befindet, eignet sich das Modell nur bedingt für die Vorhersage von Erfolgsaussichten eines Produkts oder zur Entwicklung einer Marketingstrategie. Dennoch kann die Lebenszyklusanalyse durchaus als Beschreibungsmodell zur Unterstützung marketingstrategischer Entscheidungen herangezogen werden [vgl. KOTLER et al. 2011, S. 669].

Als ein Beispiel hierfür kann der verspätete Markteinstieg einer neuen Produktgeneration oder Produktgruppe herangezogen werden. Lässt sich die in Abbildung 4-43 dargestellte zeitliche Verzögerung der Markteinführung der Produktgruppe B (also B2 statt B1) und der damit verbundene Umsatzausfall (Gesamtumsatzkurve 2 statt 1) nicht kompensieren, so kann das Unternehmen in erhebliche Schwierigkeiten geraten. Eine Kompensation für dieses **Time-to-Market-Problem** könnte hier nur durch eine Verlängerung des Lebenszyklus der Produktgruppe A erreicht werden z. B. durch Kundenbindungsmaßnahmen, laufende Überprüfung der Kundenzufriedenheit und eine anwender- statt technologieorientierte Marketingpolitik (vgl. LIPPOLD 1998, S. 149 unter Bezugnahme auf WIMMER et al. 1993, S. 20).

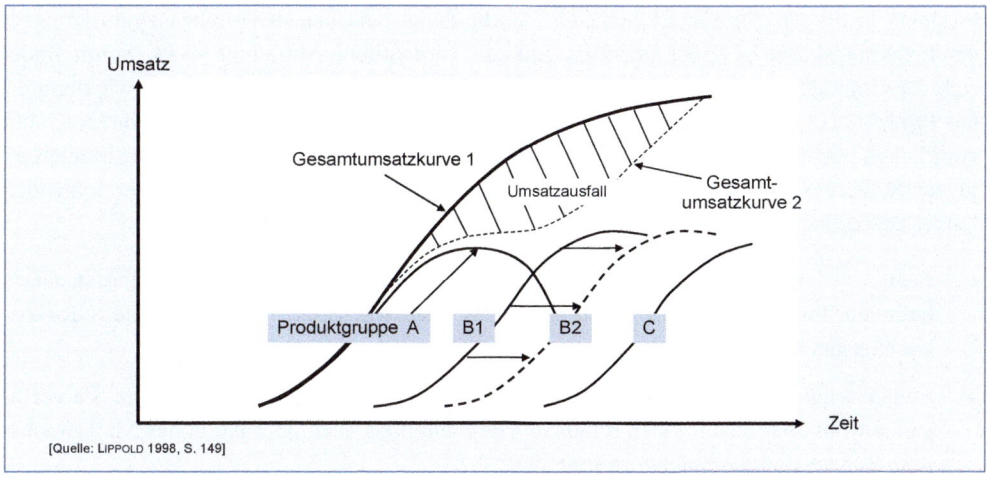

Abb. 4-43:   Lebenszyklusanalyse bei verspätetem Markteinstieg

4.5.3 Portfoliotechniken

Mit seinen verschiedenen Varianten hat die **Portfoliotechnik,** die auf den grundlegenden Annahmen des Lebenszykluskonzepts und der Erfahrungskurve beruht, unter den vorliegenden Tools zur Bestimmung von *Produkt-Markt-Strategien* eine zentrale Bedeutung erlangt. Die strategieorientierte Portfoliotechnik wurde ursprünglich zur optimalen Aufteilung des Vermögens auf verschiedene Anlageformen wie Geldvermögen, Wertpapiere und Sachgegenstände zum Zweck der Ertragsmaximierung und Risikominimierung für den Anleger entwickelt. Dieses Grundkonzept wurde dann später zu einer systematischen Analyseform für *Mehrproduktunternehmen* weiterentwickelt. Es setzt eine klare Abgrenzung der Produktlinien mit einer Aufgliederung des Produktspektrums in *strategische Geschäftseinheiten* voraus. Zur Bildung von strategischen Geschäftseinheiten und zur Abgrenzung von strategischen Geschäftsfeldern wird auf Abschnitt 3.2.5 verwiesen.

Folgende Varianten des *absatzmarktorientierten* Portfolios sollen hier vorgestellt werden:

- **4-Felder-Matrix der Boston Consulting Group (BCG)** (auch als Marktanteils-Marktwachstums-Portfolio bezeichnet)

- **9-Felder-Matrix von McKinsey** (auch als Marktattraktivitäts-Wettbewerbsstärke-Portfolio bezeichnet)

- **20-Felder-Matrix von Athur D. Little (ADL)** (auch als Marktlebenszyklus-Wettbewerbsposition-Portfolio bezeichnet).

4.5.3.1 BCG-Matrix (4-Felder-Matrix)

In ihrer einfachsten Form als **4-Felder-Matrix** werden das *Marktwachstum* und der *relative Marktanteil* als Ordinaten sowie deren Unterteilung in „niedrig" und „hoch" benutzt, um die

Produkte in die Matrix einzuordnen. Die Verbindung zwischen dem Lebenszykluskonzept, der Erfahrungskurve und der Portfolio-Analyse verdeutlicht Abbildung 4-44. Somit findet sich der Grundgedanke in der 4-Felder-Matrix wieder, dass für die zeitliche Entwicklung eines Produkts ein *idealtypischer* Lebenszyklus angenommen wird, der sich im Uhrzeigersinn vom linken oberen zum linken unteren Quadranten der Matrix spannt. Je nach Positionierung in der **Marktanteils-Marktwachstums-Matrix** ist jedes Produkt einem der vier folgenden Felder zugeordnet:

- **Fragezeichen** (engl. *Question marks*) sind Produkte, die sich in der Einführungsphase befinden. Ihr relativer Marktanteil sowie das Marktwachstum sind gering, die Stückkosten dagegen hoch.

- **Sterne** (engl. *Stars*) sind Produkte, die sich in der Wachstumsphase befinden. Sie verfügen sowohl über einen hohen relativen Marktanteil als auch über ein hohes Marktwachstum. Zudem sind die Stückkosten gering.

- **Melkkühe** (engl. *Cash cows*) befinden sich in der Reifephase des Lebenszyklus. Sie zeichnen sich durch einen hohen relativen Marktanteil und niedrige Stückkosten aus. Allerdings ist das Marktwachstum gering.

- **Arme Hunde** (engl. *Poor dogs*) sind solche Produkte, die bereits länger auf dem Markt sind und sich in der Sättigungsphase befinden. Sie verfügen über einen niedrigen relativen Marktanteil, hohe Stückkosten und nur noch über ein geringes Marktwachstum.

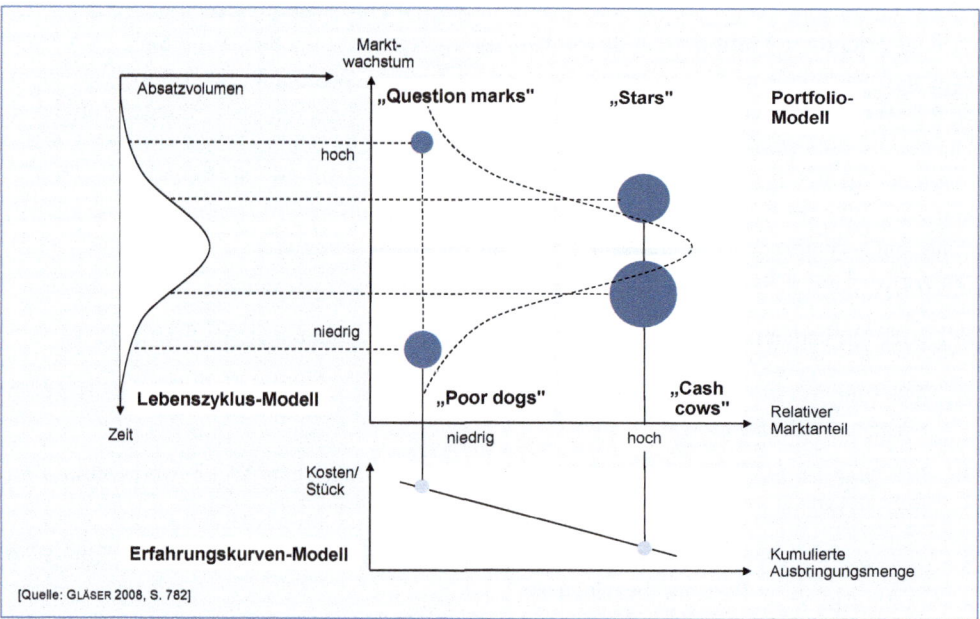

Abb. 4-44:   Theoretische Grundlagen der Marktanteils-Marktwachstums-Matrix

Die Portfolio-Analyse als 4-Felder-Matrix wurde von der BOSTON Consulting Group vornehmlich zur optimalen Positionierung von strategischen Geschäftseinheiten (SGEs) eines

Unternehmens entwickelt. Für die Verteilung der SGEs in den vier Quadranten werden folgende Parameter herangezogen [vgl. BECKER 2009, S. 424 f.]:

- **Umsatz** (grafisch verdeutlicht als unterschiedlich große Kreise, die der jeweiligen Umsatzbedeutung der SGE entsprechen)

- **Relativer Marktanteil** (als Marktanteil der eigenen SGE, dividiert durch den Marktanteil des stärksten Wettbewerbers; dabei bedeutet die vertikale Trennlinie 1,0 auf der Abszisse, dass eine SGE, die rechts von dieser Trennlinie positioniert ist, einen relativen Marktanteil > 1 hat und damit Marktführer ist)

- **Zukünftiges Marktwachstum** (wobei sich die horizontale Trennlinie bei verändertem Marktwachstum im Laufe der Zeit auch verschieben kann).

In Abbildung 4-45 ist die Ableitung eines Portfolios für ein Beispiel-Unternehmen mit fünf strategischen Geschäftseinheiten auf unterschiedlichen Märkten dargestellt.

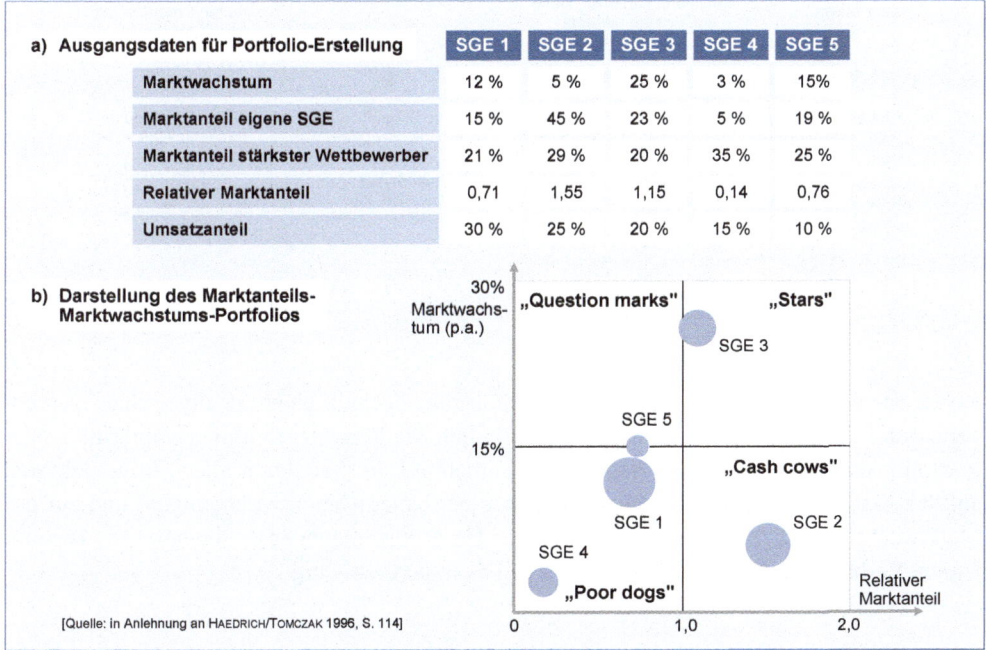

Abb. 4-45:   Ableitung eines Portfolios für ein Beispiel-Unternehmen

Auf der Grundlage dieser Portfolio-Ableitung lassen sich nunmehr Strategieempfehlungen als sogenannte **Normstrategien** unmittelbar ableiten. Die Normstrategien für die 4-Felder-Matrix lassen sich wie folgt auf den Punkt bringen:

Neue Produkte sollten energisch unterstützt werden, damit sie zu Stars werden. Stars reifen zu Cows. Die von den Cows erwirtschafteten Finanzmittel sollten genutzt werden, um aus Question marks Stars zu machen. Die Dogs sind zu eliminieren.

Grundsätzlich basieren diese Normstrategien auf der Idee, ein Portfolio von Geschäftseinheiten durch Zuteilung von Finanzmittelüberschüssen aus erfolgreichen Einheiten an andere, vielversprechende Geschäftseinheiten zu managen. Eine erfrischend andere Sichtweise der klassischen BCG-Matrix ist in Abbildung 4-46 der herkömmlichen Normstrategie gegenübergestellt. Die Gegenüberstellung macht deutlich, dass eine sklavische Anwendung und Interpretation der Normstrategie durchaus zu irreführenden strategischen Empfehlungen führen kann [vgl. ANDLER 2008, S. 208 unter Bezugnahme auf GLASS 1996].

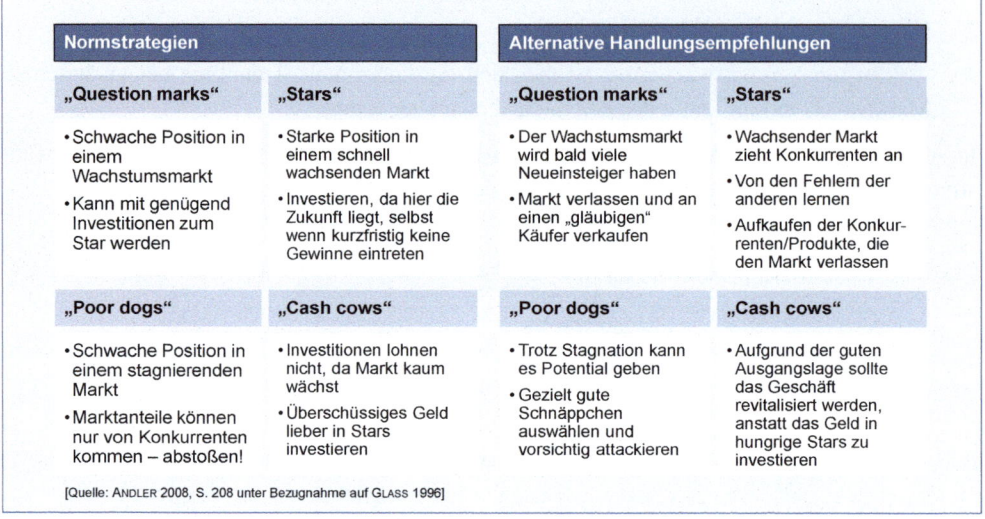

Abb. 4-46:   Normstrategien und alternative Handlungsempfehlungen für die BCG-Matrix

Neben der grundsätzlichen **Kritik**, dass die Portfolio-Technik einen idealtypischen Kurvenverlauf des Lebenszyklus quasi als gesetzmäßig unterstellt, richtet sich die Hauptkritik an der Portfolio-Analyse als 4-Felder-Matrix vornehmlich auf die Reduktion aller Einflussfaktoren auf den Marktanteil (als hochverdichtete Größe der Unternehmensbedingungen) und auf das Marktwachstum (als hochverdichte Größe der Umweltbedingungen). Innovationen, Technologien, Verbundeffekte, Allianzen u. ä. werden nicht berücksichtigt.

4.5.3.2 McKinsey-Matrix (9-Felder-Matrix)

Die kritische Auseinandersetzung mit der 4-Felder-Matrix hat zur Entwicklung weiterer Ausprägungen der Portfolio-Analyse geführt. Besonders hervorzuheben ist die **Marktattraktivitäts-Wettbewerbsstärke-Matrix**, die MCKINSEY in Zusammenarbeit mit GENERAL ELECTRIC (GE) entwickelt hat. Um die Komplexität des Analysefeldes stärker zu berücksichtigen, wird die Matrix in neun (statt vier) Felder unterteilt. Zusätzlich stellen die beiden Ordinaten jeweils Aggregate einer durch den Anwender selbst zu bestimmenden Menge quantifizierbarer Variablen dar. So wird die Umweltordinate *Marktwachstum* aus der 4-Felder-Matrix durch ein Faktorenbündel mit der Bezeichnung **Marktattraktivität** ersetzt. Die Marktattraktivität setzt sich aus Faktoren wie Marktwachstum, Marktprofitabilität, Marktvolumen, Preisniveau oder

Wettbewerbsintensität zusammen. Die Unternehmensordinate *relativer Marktanteil* aus der 4-Felder-Matrix wird durch das Faktorenbündel **Wettbewerbsstärke** ersetzt. Hierzu zählen Faktoren wie Marktanteil, Marktanteilswachstum, Kosten- bzw. Preisposition, Profitabilität oder Kapazitäten. Das grundsätzliche Problem besteht hierbei allerdings in der Erfassung und vor allem Gewichtung der Faktoren [vgl. MÜLLER-STEWENS/LECHNER 2001, S. 229 f.].

Unter der Voraussetzung, dass die angesprochen Faktoren für jede Geschäftseinheit tatsächlich vorliegen, können mit der 9-Felder-Matrix Normstrategien weitaus differenzierter durchgeführt werden. Dazu hat MCKINSEY die 9-Felder-Matrix in zwei grundlegende Zonen aufgeteilt (siehe Abbildung 4-47). Die Zone rechts oberhalb der Matrix-Diagonalen legt Wachstums- bzw. Investitionsstrategien (Zone der Mittelbindung) und die Zone links unterhalb der Matrix-Diagonalen legt Abschöpfungs- bzw. Desinvestitionsstrategien (Zone der Mittelfreisetzung) nahe [vgl. BECKER 2009, S. 432 f.].

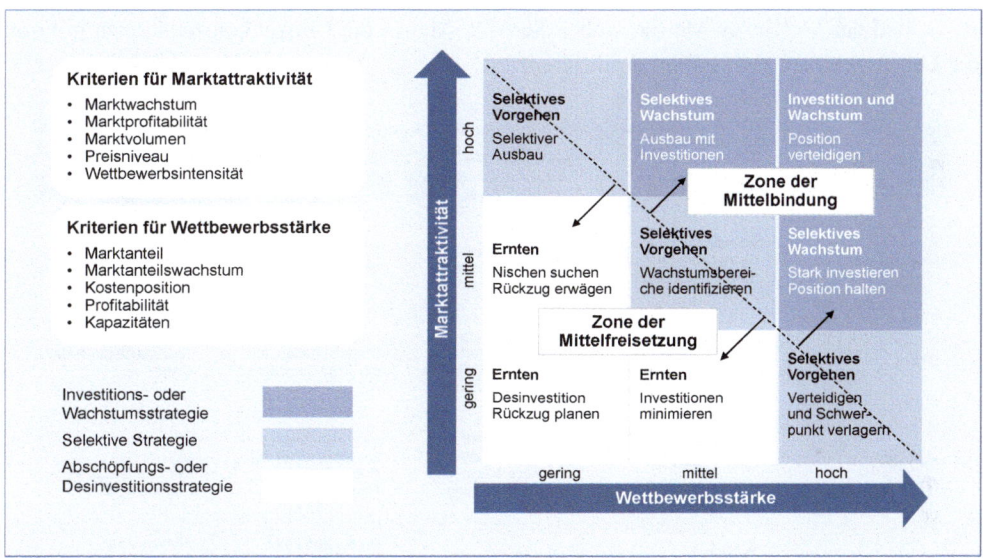

Abb. 4-47:   Normstrategien der 9-Felder-Matrix von MCKINSEY

Neben den allgemeinen Kritikpunkten gegenüber Portfolio-Analysen und gegenüber Normstrategien ist es vor allem die **Kritik** an der Komplexität der Analyse und der vorgelagerten Datenbeschaffung, die gegenüber der MCKINSEY-Matrix vorgebracht werden. Vor allem die Gewichtung der einzelnen Faktoren, aus denen sich die Marktattraktivität und die Wettbewerbsstärke zusammensetzt, ist immer wieder kritisiert worden. Andererseits ist ein Gewichtungsprozess unvermeidbar, wenn der Einschätzung einer strategischen Geschäftseinheit mehrere Bewertungsfaktoren zugrunde gelegt werden sollen [vgl. FINK 2009, S. 221].

4.5.3.3 ADL-Matrix (20-Felder-Matrix)

Ein weiterer Portfolio-Ansatz ist die **Marktlebenszyklus-Wettbewerbsposition-Matrix**, die in den 1970er Jahren von der Managementberatung ARTHUR D. LITTLE entwickelt wurde. Der Ansatz greift die Grundidee der BCG- und der McKinsey-Matrix auf, indem zur Einschätzung

von strategischen Geschäftseinheiten einerseits die unternehmensexternen, nicht beeinflussbaren Kräfte der Unternehmensumwelt (Marktattraktivität) und andererseits die spezifischen
Stärken eines Unternehmens (Wettbewerbsstärke) berücksichtigt werden. Im Gegensatz zur
BCG-Matrix werden zur Bestimmung der Wettbewerbsstärke nicht *ein* quantitatives Kriterium wie der relative Marktanteil, sondern – vergleichbar mit dem McKinsey-Ansatz – mehrere
Ausprägungen der Wettbewerbsposition herangezogen. Dabei werden die fünf Stufen „dominant", „stark", „günstig", „haltbar" und „schwach" unterschieden. Ein weiterer Unterschied
besteht darin, dass die Marktattraktivität nicht durch das Kriterium „Marktwachstum" abgebildet wird, sondern unmittelbar durch die Lebenszyklusphase, in der sich die Geschäftseinheit befindet. Bei fünf Wettbewerbspositionen und vier Phasen des Marktlebenszyklus (Einführung, Wachstum, Reife, Rückgang) ergeben sich insgesamt 20 Matrixfelder.

Den Matrixfeldern werden sodann die in Abbildung 4-48 dargestellten 20 Normstrategien
zugeordnet. Die Liste dieser Strategieempfehlungen ähnelt durchaus den Normstrategien der
BCG- und der McKinsey-Matrix, wobei die ADL-Matrix die Umweltkonstellationen in Form
der Lebenszyklusphasen stärker ausdifferenziert.

Wettbewerbs-position	Lebenszyklusphase			
	Einführung	**Wachstum**	**Reife**	**Rückgang**
Dominant	Marktanteil hinzugewinnen oder mindestens halten	Position halten, Marktanteil halten	Position halten, mit der Branche wachsen	Position halten
Stark	Investieren, um Position zu verbes-sern; Marktanteils-gewinnung (intensiv)	Investieren, um Position zu verbes-sern; selektive Markt-anteilsgewinnung	Position halten, mit der Branche wachsen	Position halten oder ernten
Günstig	Selektive oder volle Marktanteilsgewin-nung; selektive Verbesserung der Wettbewerbsposition	Versuchsweise Position verbessern; selektive Markt-anteilsgewinnung	Minimale Investition zur Instandhaltung; Aufsuchen einer Nische	Ernten oder stufenweise Reduzierung des Engagements
Haltbar	Selektive Verbesserung der Wettbewerbsposition	Aufsuchen und Erhalten einer Nische	Aufsuchen einer Nische oder stufen-weise Reduzierung des Engagements	Stufenweise Reduzierung des Engagements oder Liquidierung
Schwach	Starke Verbesserung oder Rückzug	Starke Verbesserung oder Liquidierung	Stufenweise Reduzierung des Engagements	Liquidierung

[Quelle: BEA/HAAS 2005, S. 156 unter Bezugnahme auf DUNST 1983, S. 59]

Abb. 4-48:   Normstrategien der 20-Felder-Matrix von ARTHUR D. LITTLE

Die Berater von ARTHUR D. LITTLE nutzen die Marktlebenszyklus-Wettbewerbsposition-
Matrix aber nicht nur zur Ableitung von Normstrategien, sondern auch zur Leistungsanalyse,
d. h. zur Überwachung der Implementierung. Das zu diesem Zweck von ADL zusätzlich entwickelte Instrument, der sogenannte **Ronagraph** (abgeleitet von RONA = *Return on Net Assets*), bildet auf der Ordinate den RONA (also die Nettokapitalrendite) einer Geschäftseinheit
und auf der Abszisse den Anteil der von einer Geschäftseinheit erwirtschafteten und von ihr

selbst weiterverwendeten finanziellen Mittel ab (siehe Abbildung 4-49). Bei einem Wert von 100 Prozent werden sämtliche Mittel in die betreffende Geschäfteinheit reinvestiert. Ist der Wert über 100 Prozent, wird die Geschäfteinheit zu einem Mittelverbraucher, bei einem Wert unter 100 Prozent zu einem Mittelfreisetzer. Ein negativer Wert bedeutet, dass eine Veräußerungs- oder Liquiditätsstrategie verfolgt wird. Entsprechend können im Ronagraph eine Subventionierungs-, eine Beitrags- und eine Liquidierungszone unterschieden werden [vgl. FINK 2009, S. 230 f.].

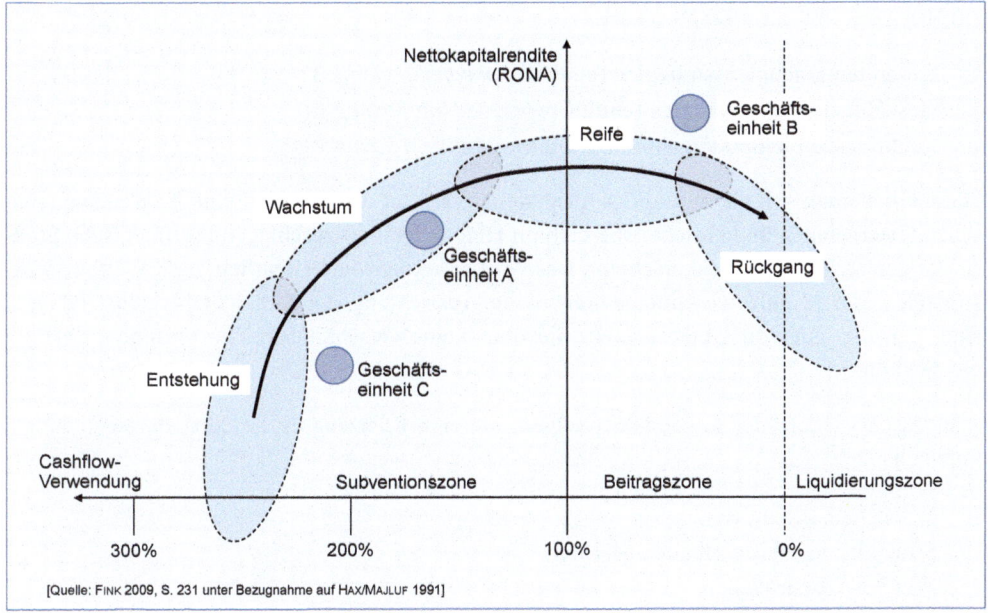

Abb. 4-49:   Der Ronagraph

Die am Portfolio-Ansatz von Arthur D. Little geübte **Kritik** richtet sich neben der „Gesetzeshypothese" eines idealtypischen Lebenszyklusverlaufs vor allem auf die generellen Schwierigkeiten einer Orientierung an Normstrategien, insbesondere weil hier die Vielzahl der Handlungsempfehlungen die Gefahr einer allzu mechanischen Ableitung strategischer Vorgehensweisen in sich bergen. Hinzu kommt, dass einige Strategietypen nicht überschneidungsfrei und präzise formuliert sind [vgl. FINK 2009, S. 231 f.].

Fazit: Portfolio-Matrizen wurden maßgeblich von Unternehmensberatungen entwickelt und zählen zu den bekanntesten Instrumenten der Strategielehre. So ist es auch nicht verwunderlich, dass die Portfolio-Analyse auch heute noch mit der Managementberatung assoziiert wird. Zweifelsohne hat die Portfolio-Analyse Beiträge von bleibendem Wert für die unternehmerische Praxis geliefert. Gleichwohl birgt ihre Anwendung aber auch Gefahren, die sich insbesondere aus Fehlinterpretationen oder Simplifizierung ergeben können [vgl. SCHERR et al. 2012, S. 86].

4.5.4 Tools zur Formulierung der strategischen Stoßrichtungen

Strategien werden bewusst gestaltet und sind somit geplant. Der Prozess der Strategieformulierung ist vernunftgeleitet. Strategien sind der Weg, der zum Ziel führen soll. Sie werden aus den Unternehmenszielen abgeleitet und bilden das Fundament für die Maßnahmenrealisierung. Da sich die Beschäftigung mit Unternehmensstrategien in erster Linie auf den Typ der modernen diversifizierten Großunternehmen (Konzerne) bezieht, hat sich folgende Unterscheidung eingebürgert [vgl. MACHARZINA/WOLF 2010, S. 256 und 265 ff. unter Bezugnahme auf HOFER/SCHENDEL 1978, S. 18 f.]:

● Gesamtunternehmensstrategien (engl. *Corporate Strategies*)

● Geschäftsbereichsstrategien (engl. *Corporate Unit Strategies*)

● Funktionsbereichsstrategien (engl. *Functional Area Strategies*).

Diese Gliederung soll hier allerdings nicht weiter verfolgt werden, weil eine Abgrenzung zwischen Unternehmen und Geschäftsbereich im Hinblick auf einzuschlagende strategische Stoßrichtungen nicht zielführend erscheint. Das wird besonders daran deutlich, dass Wettbewerbsstrategien, die ja eine wesentliche inhaltliche Ausrichtung der Geschäftsbereichsstrategien sind, genauso gut von Unternehmen, die über keine Geschäftsbereiche verfügen, verfolgt werden können.

Stattdessen werden hier folgende Strategien, die zum Rüstzeug eines jeden Beraters zählen, kurz behandelt:

● Wachstumsstrategien

● Strategien in schrumpfenden Märkten

● Wettbewerbsstrategien

● Markteintrittsstrategien.

4.5.4.1 Wachstumsstrategien

Um die groben Ausrichtungsdimensionen der Produkte bzw. strategischen Geschäftseinheiten eines Unternehmens zu bestimmen, kann die sog. **Produkt-Markt-Matrix** von ANSOFF herangezogen werden. Die danach generell möglichen strategischen Stoßrichtungen ANSOFF [1966, S. 132] spricht von *Wachstumsvektoren*) lassen sich durch vier grundlegende Produkt/Markt-Kombinationen **(Marktfelder)** beschreiben (siehe Abbildung 4-50). Die finale strategische Stoßrichtung für jedes Produkt/jede Dienstleistung bzw. jede Geschäftseinheit wird auch als **Marktfeldstrategie** bezeichnet [vgl. BECKER 2009, S. 148 ff.].

Diese bietet vier Optionen an:

● Marktdurchdringungsstrategie (gegenwärtiges Produkt/gegenwärtige Dienstleistung im gegenwärtigen Markt)

● Marktentwicklungsstrategie (gegenwärtiges Produkt/gegenwärtige Dienstleistung in einem neuen Markt)

- Produktentwicklungsstrategie (neues Produkt/neue Dienstleistung im gegenwärtigen Markt)

- Diversifikationsstrategie (neues Produkt/neue Dienstleistung in einem neuen Markt).

Um die prinzipielle Entscheidung, welches oder welche Marktfelder auszuwählen sind, kommt kein Unternehmen herum. Typisch für die Produkt-Markt-Entscheidung ist, dass einzelne, aber auch mehrere Marktfelder besetzt werden können. Dies kann gleichzeitig geschehen, oder aber in einer bestimmten Abfolge [vgl. BECKER 2009, S. 148].

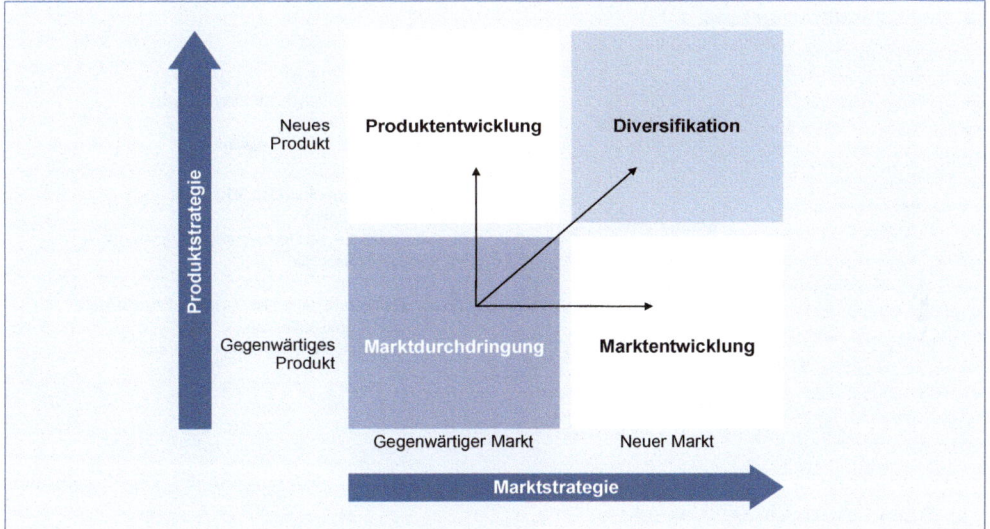

Abb. 4-50:   Produkt-Markt-Matrix nach ANSOFF

(1) Marktdurchdringungsstrategie

Das Strategiefeld der Marktdurchdringung wird auch als die *„marketingstrategische Urzelle eines Unternehmens"* [BECKER 2009, S. 148] bezeichnet, weil es die nahe liegende Strategierichtung des Unternehmens ist. Ansatzpunkte für die Ausschöpfung des gegenwärtigen Marktes mit den gegenwärtigen Produkten sind [vgl. KOTLER et al. 2007, S. 106]:

- **Erhöhung der gegenwärtigen Produktnutzungsrate bei bestehenden Kunden**, z. B. durch Verbesserung des Produkts (Produktmodifikationen), Beschleunigung des Ersatzbedarfs durch künstliche Veralterung (engl. *Planned Obsolescence*) oder Vergrößerung der Verkaufseinheit (Familienflasche bei alkoholfreien Getränken);

- **Kunden vom Wettbewerb gewinnen**, z. B. durch wettbewerborientierte Preisstellung (entsprechende Preissenkung oder -anhebung);

- **Akquisition von Neukunden**, z. B. durch die Wahl neuer Vertriebswege (z. B. Online-Vertrieb), Schaffung eines Einstiegsprodukts oder aktivierender Probiergelegenheiten bei Nahrungsmitteln.

Die Beispiele der strategischen Ansatzpunkte machen deutlich, dass Unternehmen latente Potentiale für bestehende Produkte/Leistungen in bestehenden Märkten auf drei verschiedenen Basiswegen ausschöpfen können [vgl. BECKER 2009, S. 148]:

- Intensivierung der Produktnutzung
- Abwerben von Kunden des Wettbewerbs
- Gewinnung von Neukunden.

In Abbildung 4-51 sind die wichtigsten Anknüpfungspunkte für eine Marktdurchdringungsstrategie zusammengefasst.

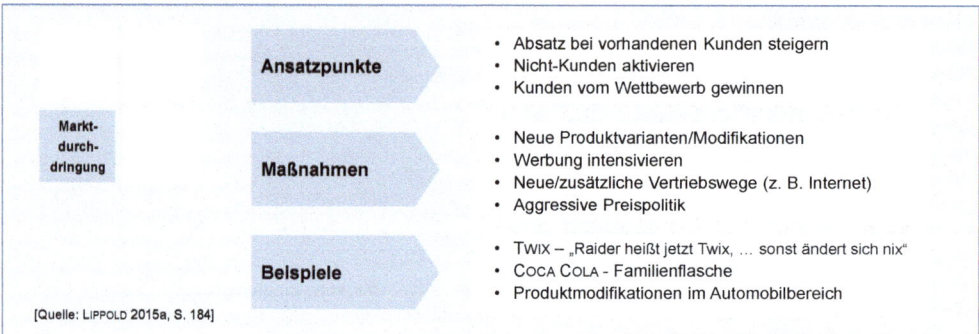

Abb. 4-51:   Grundlagen der Marktdurchdringungsstrategie

(2) Marktentwicklungsstrategie

Diese strategische Stoßrichtung zielt darauf ab, ein bestehendes Produkt künftig auch in anderen, bislang nicht genutzten Märkten bzw. Marktsegmenten zu etablieren. Anknüpfungspunkte für Markterweiterungen sind [vgl. MEFFERT et al. 2008, S. 262]:

- **Gebietserweiterungen**, d.h. räumliche Ausdehnung auf Märkte, die bislang noch nicht bearbeitet wurden (z. B. Softwarehäuser, die ihre Produkte jetzt auch europaweit anbieten);

- **Gewinnung neuer Marktsegmente** durch speziell auf bestimmte neue Zielgruppen abgestimmte Produktvarianten (z. B. SAP-Software für den Mittelstand).

Abbildung 4-52 liefert einen Überblick über wichtige Anknüpfungspunkte bei der Marktentwicklungsstrategie.

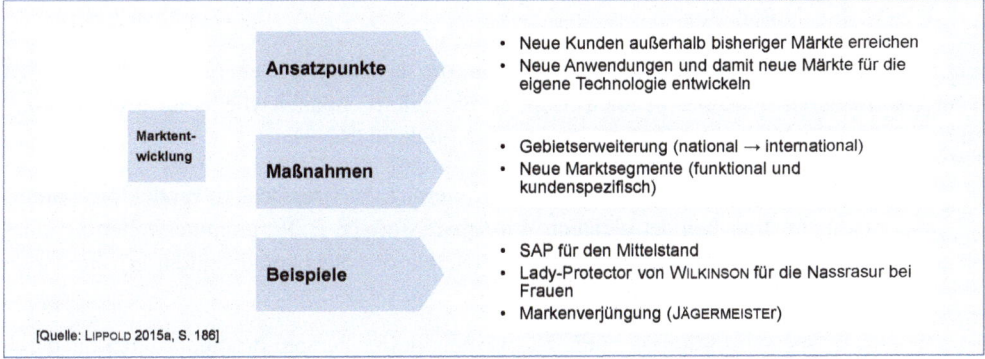

Abb. 4-52:   Grundlagen der Marktentwicklungsstrategie

(3) Produktentwicklungsstrategie

Die Strategie der Produktentwicklung ist Folge einer systematischen Innovationspolitik, die durch die verschärften Wettbewerbsbedingungen geradezu erzwungen wird. Als Ansatzpunkte bieten sich an [vgl. BECKER 2009, S. 156 f.]:

- **Schaffung von Innovationen** im Sinne echter Marktneuheiten, d. h. originäre Produkte, die es ursprünglich überhaupt nicht gab;

- **Quasi-neue Produkte**, d. h. neuartige Produkte, die an bestehende Produkte/Produktleistungen anknüpfen;

- **Me-too-Produkte**, d. h. Nachahmungsprodukte, die sich vom Original zumeist nur im Äußeren oder ggf. im Preis unterscheiden (z. B. Zweitmarken von Konsumgüterherstellern).

Abbildung 4-53 zeigt wichtige Ansatzpunkte für die Produktentwicklungsstrategie.

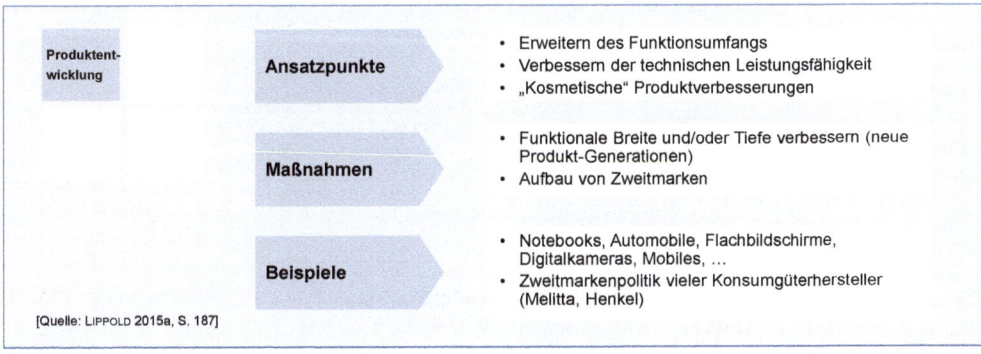

Abb. 4-53:   Grundlagen der Produktentwicklungsstrategie

(4) Diversifikationsstrategie

Für die strategische Stoßrichtung *Diversifikation*, die das Angebot neuer Produkte auf bisher vom Unternehmen nicht bearbeiteten Märkten bezeichnet, können wiederum drei Stoßrichtungen unterschieden werden [vgl. MEFFERT et al. 2008, S. 262 f.]:

- **Horizontale Diversifikation**, d. h. die Erweiterung des bestehenden Produktprogramms auf verwandte Branchen der gleichen Wirtschaftsstufe (z. B. Programmerweiterung eines PKW-Herstellers durch leichte LKWs, Hersteller von Schokoladentafeln erweitert sein Angebot durch Schokoladenaufstrich);

- **Vertikale Diversifikation**, d. h. die Ausweitung des bisherigen Produktprogramms durch Zukauf von Betrieben vor- oder nachgelagerter Wirtschaftsstufen (Unternehmensberater steigen ins Outsourcing-Geschäft ein);

- **Laterale Diversifikation**, d. h. Vorstoß in völlig neue Produkt- und Marktgebiete, wobei die neuen Produkte in keinem sachlichen Zusammenhang zum bisherigen Produktangebot stehen (Zigarettenhersteller engagiert sich im Buchmarkt). Gelegentlich wird diese Strategie auch als *konglomerate Diversifikation* bezeichnet.

Die Abgrenzung dieser drei Arten der Diversifikation ist nicht immer eindeutig. Auch besteht keine Einigkeit darüber, wie wenig verwandt oder wie fern ein neues Produkt – bezogen auf das bisherige Programm – sein muss, um überhaupt von einer echten Diversifikation sprechen zu können [vgl. BECKER 1993, S. 140].

Abbildung 4-54 gibt einen Überblick über die Stoßrichtungen der Diversifikationsstrategie.

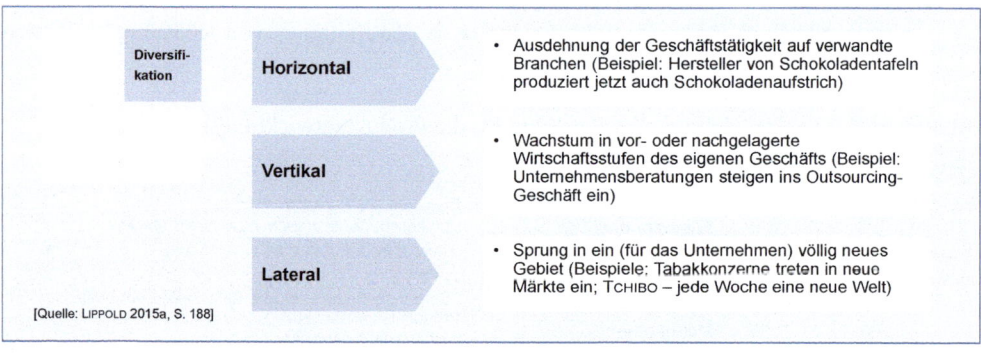

Abb. 4-54: Stoßrichtungen der Diversifikationsstrategie

Es soll in diesem Zusammenhang erwähnt werden, dass **Private-Equity-Unternehmen** – häufig auch als Finanzinvestoren bezeichnet – mit ihren Portfolio-Unternehmen ebenfalls als diversifizierte Unternehmen interpretiert werden können. Bekannte Private-Equity-Gesellschaften sind die BLACKSTONE Group, die CARLYLE Group, KOHLBERG, KRAVIS, ROBERTS & Co. (KKR) oder APOLLO Management. Diese Gesellschaften halten Unternehmen wie DUNKIN' DONUTS, A.T.U. (Auto-Teile-Unger), NORWEGIAN CRUISE LINE oder HILTON Hotels in ihren Portfolios. Allerdings besteht von vornherein die Absicht, die gekauften Unternehmen nach einiger Zeit möglichst gewinnbringend wieder zu veräußern [vgl. HUNGEN-BERG/WULF 2011, S. 140].

4.5.4.2 Strategien in schrumpfenden Märkten

Während den Wachstumsstrategien seit jeher eine besondere Aufmerksamkeit geschenkt wird, hat sich die betriebswirtschaftliche Literatur bislang nur wenig mit der Stagnation oder Schrumpfung von Märkten befasst. Doch genauso wie das Wachstum verlangt auch die Schrumpfung von Märkten, die in demografischen und technologischen Entwicklungen, im Wertewandel oder in veränderten staatlichen Rahmenbedingungen begründet sein können, ein strategisches und rational gestaltetes Vorgehen.

Als Grundlage der Formulierung von Schrumpfungsstrategien sollten die Umwelt- und Unternehmensfaktoren analysiert und prognostiziert werden, die sich auf die Vorteilhaftigkeit der möglichen Schrumpfungsstrategien auswirken. In Bezug auf die *externen* Unternehmensdaten sollten diese oder ähnliche Fragen beantwortet werden (vgl. WELGE/AL-LAHAM 1992, S. 344):

*   Lassen die Ursachen des Nachfragerückgangs (z.B. Marktsättigung, demografische Entwicklungen, technologische Verbesserungen oder Innovationen, Wertewandel oder Veränderungen rechtlich-politischer Bedingungen wie Subventionen, Gesetzgebung) Rückschlüsse auf mögliche Trendwenden oder verbleibende Marktpotentiale zu?

*   Bestimmt die Geschwindigkeit und der Verlauf des Schrumpfungsprozesses sowie die daraus resultierende 'Restnachfrage' die Gewinnpotentiale der Branche und die Marktaustritte?

*   Inwieweit bedingt die Differenzierbarkeit des Produktes, ob Nachfragenischen (über markentreue Käufer) aufgebaut werden können?

*   Beeinflusst die Nachfragemacht des Handels die eigene Position bei Preisverhandlungen?

Als *unternehmensinterne* Größen sind die Differenzierbarkeit des Produktes, die Wettbewerbsposition des Unternehmens, die Güte der Wahrnehmung des Schrumpfungsprozesses sowie die Austrittsbarrieren relevant. Besonders die **Austrittsbarrieren** eines Marktes bestimmen in hohem Maße die Möglichkeiten eines Ausstiegs in stagnierenden oder schrumpfenden Märkten. Dabei können im Wesentlichen folgende Barrieren unterschieden werden [vgl. BECKER 1993, S. 140]:

*   **Vorhandene Betriebsmittel** mit hoher Spezifität (z. B. Spezialanlagen mit Aussicht auf nur geringe Liquidationserlöse, weil der Interessentenkreis zu klein ist)

*   **Hohe Austrittskosten** (z. B. wegen Konventionalstrafen aufgrund langfristiger Verträge, Sozialplan oder zu hoher Garantieleistungen auf Produkte)

*   **Negative Verbundwirkung** auf andere Geschäftsbereiche

*   **Emotionale Barrieren** (Weigerung zum Eingeständnis des Misserfolgs, persönliche Identifikation des Managements oder der Anteilseigner mit aufzugebendem Bereich).

Die genannten Austrittsbarrieren können hoch oder niedrig sein. Dabei ergeben sich auch Beziehungen zu den (ursprünglichen) Eintrittsbarrieren (siehe Abbildung 4-55).

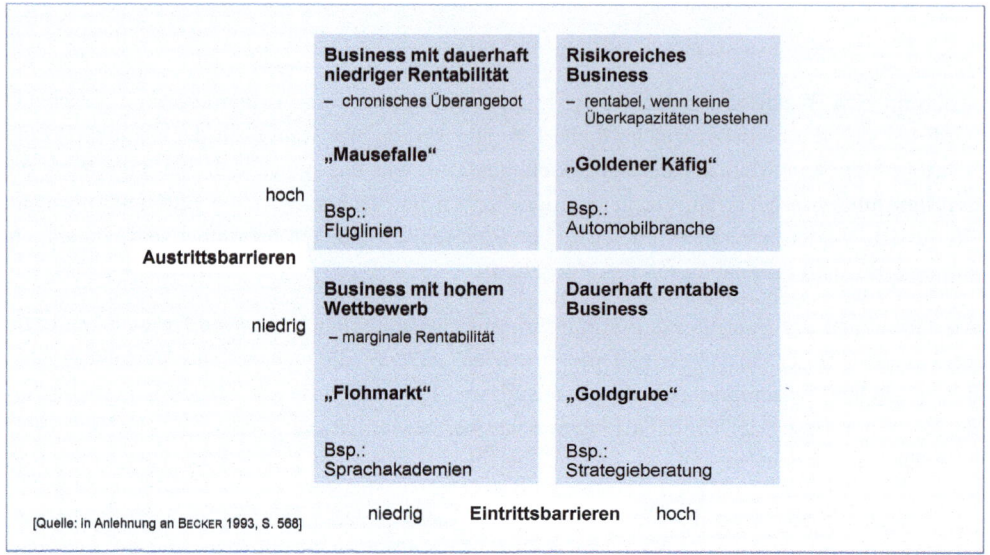

Abb. 4-55:   Konstellationen von Marktbarrieren

Die Ausstiegsmöglichkeiten aus einem Markt hängen somit auch von den Ursprungsbedingungen ab. Je niedriger die Eintrittsbarrieren in einem Markt ursprünglich waren, desto mehr Anbieter gehörten in der Regel später diesem Markt an und umso schwieriger ist die Realisierung einer mehr „passiven Strategie des Überlebenden", weil zu viele andere Wettbewerber den Markt erst verlassen müssen, ehe er wirksam zu Gunsten des eigenen Verbleibens entlastet wird [vgl. BECKER 2009, S, 752].

Grundsätzlich bestehen in schrumpfenden bzw. stagnierenden Märkten die Möglichkeiten zur Umsetzung einer Stabilisierungsstrategie oder einer Schrumpfungsstrategie (Desinvestitionsstrategie). Während sich bei der Stabilisierungsstrategie die Optionen einer Haltestrategie oder einer Konsolidierungsstrategie ergeben, besteht bei der Schrumpfungsstrategic die Möglichkeit der Veräußerung oder der Liquidation.

Abbildung 4-56 gibt einen Überblick über die genannten strategischen Stoßrichtungen.

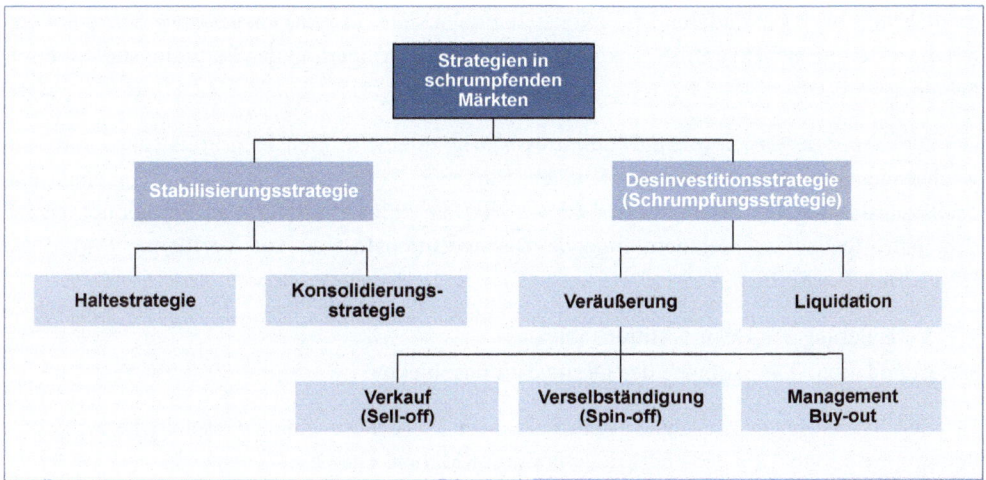

Abb. 4-56: Strategien in schrumpfenden Märkten

(1) Stabilisierungsstrategien

Die Stabilisierungsstrategie ist dadurch charakterisiert, dass weder eine Ausweitung noch einer Schrumpfung des Produkt-/Leistungsprogramms erfolgt. Stabilisierungsstrategien umfassen zwei Ausprägungen [vgl. WELGE/AL-LAHAM 1992, S. 292 f.]:

- Bei **Halte- oder Normalstrategien** wird der gegenwärtige Zustand beibehalten und auf die Verfolgung weiterer Strategien verzichtet.

- **Konsolidierungsstrategien** zielen dagegen auf die Effizienz der Aktivitäten und damit auf eine Verbesserung der Ertragssituation.

Konsolidierungsstrategien stellen somit Rationalisierungsbemühungen in den Vordergrund. Sie verzichten bewusst auf Wachstum. Daher werden solche Strategien häufig nach Phasen der Prosperität eingeschlagen. Folgende Maßnahmenbündel sind denkbar:

- Abbau von Überkapazitäten
- Kostensenkungsmaßnahmen, z.B. durch Reduktion von Lägern und Lagerbeständen
- Unterlassung von Neuinvestitionen
- Verbesserung der Organisationsstruktur und der Prozessabläufe
- Reduktion von Produktvarianten
- Einschränkung von Serviceleistungen.

(2) Desinvestitionsstrategien

Bei Desinvestitionsstrategien erfolgt eine Reduzierung des Produkt- und Leistungsprogramms. Überlegungen zur Desinvestition sind insbesondere dann anzustellen, wenn die Nachfrage auf dem Absatzmarkt abnimmt und damit eine *externe Schrumpfung* vorliegt. Mit dem Aufkommen des Shareholder Value und der Beschränkung auf Kernkompetenzen kann es allerdings auch bei anderen Marktkonstellationen sinnvoll sein, eine *interne Schrumpfung*, z.B. durch Konzentration auf Kernkompetenzen und Verringerung der Fertigungstiefe, vorzunehmen.

Bei der **externen Schrumpfung** kommt es häufig zu einem intensiven Preiswettbewerb und wachsendem Preisbewusstsein der Kunden. Sinkende Auftragseingänge und mangelnde Kapazitätsauslastungen sowie Ertragsprobleme sind die Folge. In derartigen Situationen stehen dem betroffenen Unternehmen folgende Desinvestitionsformen zur Verfügung [vgl. BEA/ HAAS 2005, S. 182 ff.]:

- Veräußerung des Desinvestitionsobjektes
- Liquidation, d. h. Aufgabe des Desinvestitionsobjektes.

Bei der **Veräußerung des Desinvestitionsobjektes** (Unternehmen, Geschäftsbereich, Produktgruppe, Produkt) bieten sich wiederum drei Möglichkeiten an:

- **Sell-off**, d. h. ein Unternehmensteil wird an ein anderes Unternehmen verkauft.

- **Spin-off**, d. h. ein Unternehmensteil wird aus dem Unternehmensverbund herausgelöst und rechtlich verselbständigt.

- **Management Buy-out**, d. h. das bisherige Management des Unternehmens übernimmt das Unternehmen oder einen Unternehmensteil.

Im Gegensatz zur Veräußerung des Desinvestitionsobjektes, bei der der betreffende Unternehmensteil erhalten bleibt, handelt es sich bei der **Liquidation** um die vollständige Aufgabe bzw. Stilllegung dieser Geschäftstätigkeit.

4.5.4.3 Wettbewerbsstrategien

Der **Produkt bzw. Leistungsvorteil** auf der einen und der **Preisvorteil** auf der anderen Seite bilden die beiden grundsätzlichen Alternativen zur Beeinflussung des Abnehmerverhaltens und damit zur Erzielung eines Wettbewerbsvorteils. Demzufolge können die Unternehmen zwischen zwei grundlegenden Wettbewerbshebeln bzw. Mechanismen der Marktbeeinflussung wählen [vgl. BECKER 2009, S. 180]:

- **Qualitätswettbewerb** (engl. *Non-Price Competition*) und
- **Preiswettbewerb** (engl. *Price Competition*).

Das Denken in Wettbewerbsvorteilen ist die zentrale Idee der beiden grundlegenden Strategiemuster:

- **Präferenzstrategie** und
- **Preis-Mengen-Strategie**.

Beide strategischen Beeinflussungsformen von Märkten bezeichnet JOCHEN BECKER als **Marktstimulierungsstrategien**. Die Präferenzstrategie verfolgt das Ziel, durch den Einsatz von nicht-preislichen Wettbewerbsmitteln eine bevorzugte Stellung bei den Abnehmern zu erzeugen. Die Preis-Mengen-Strategie dagegen konzentriert alle Marketingaktivitäten auf preispolitische Maßnahmen [vgl. BECKER 2009, S. 180].

In der Strategiesystematik von MICHAEL E. PORTER [1995, S. 63 ff.] werden die beiden Alternativen als

- **Qualitätsführerschaft** (Differenzierungsstrategie) und
- **Kostenführerschaft** (aggressive Preisstrategie)

bezeichnet. Sie bilden die Eckpfeiler der PORTERschen **Wettbewerbsstrategien** und entsprechen damit im Prinzip den Marktstimulierungsstrategien. Wenn es auch im Detail Unterschiede zwischen beiden Strategiesystematiken geben mag [zur Diskussion über diese Unterschiede siehe insbesondere BECKER 2009, S. 180 und MEFFERT et al. 2008, S. 299], so gehen doch beide Ansätze von zwei identischen Wettbewerbsvorteilen aus: dem Produkt- bzw. Leistungsvorteil einerseits und dem Preisvorteil andererseits. Diese Wettbewerbsvorteile nehmen Kunden entweder in Form von *Leistungsunterschieden*, d. h. bessere Leistung bei gleichem Preis, oder in Form von *Preisunterschieden*, d. h. niedrigerer Preis bei gleicher Leistung, wahr. Daher sind auch in Abbildung 4-57 beide Ansätze zu einer Grafik zusammengefasst.

Auf der Seite des **Qualitätswettbewerbs** ist die **Alleinstellung** (engl. *Unique Selling Proposition = USP*) eine wichtige Voraussetzung für eine erfolgreiche Präferenzstrategie bzw. Qualitätsführerschaft, denn besonders die Einzigartigkeit der Leistung begründet aus Sicht des Kunden einen Wettbewerbsvorteil. Quellen der Alleinstellung können unterschiedliche Faktoren sein:

- *Objektiv* beurteilbare Faktoren wie spezielle Funktionalitäten oder Ausstattungen eines Produktes oder ein flächendeckendes Händler- und Servicenetz;
- *Subjektiv* empfundene Faktoren wie die Aktualität der Markenführung oder ein exklusiver Ruf (Image).

Unternehmen, die eine **Preis-Mengen-Strategie** und damit die **Kostenführerschaft** verfolgen, verfügen über Produkte, die sie günstiger anbieten, obwohl sich diese materiell kaum von den Wettbewerbsprodukten unterscheiden. Um diesen Preisvorteil auch dauerhaft im Markt halten zu können, muss das Unternehmen zugleich auch Kostenführer sein. Beim Preiswettbewerb steht also die Realisierung eines Kostenvorsprungs (Erfahrungskosten-, Skalen- und Verbundeffekte) im Vordergrund einer erfolgreichen Preis-Mengen-Strategie.

	Qualitätswettbewerb	Preiswettbewerb	
Strategiebezeichnung nach BECKER	Präferenzstrategie	Preis-Mengen-Strategie	Marktstimulierungs-strategien
Strategiebezeichnung nach PORTER	Qualitätsführerschaft (Differenzierungsstrategie)	Kostenführerschaft (aggressive Preisstrategie)	Wettbewerbs-strategien
Wettbewerbsvorteil	Produkt- bzw. Leistungsvorteil	Preisvorteil	
Ziel	Gewinn vor Umsatz/Marktanteil	Umsatz/Marktanteil vor Gewinn	
Charakteristik	• Hochpreiskonzept über den Aufbau von Präferenzen durch Image, Design, Qualität, Service etc. • Erarbeitung eines „monopolistischen Bereichs" • Kundenfindung/-bindung durch klares Markenimage	• Niedrigpreiskonzept durch Verzicht auf Aufbau echter Präferenzen, dafür Preisvorteil • Kundenfindung/-bindung allein über aggressive Preispolitik • Kostenvorsprung u.a. durch Skaleneffekte, Verbundeffekte, Erfahrungskurveneffekte	
Hauptzielgruppe	Markenkäufer	Preiskäufer	
Wirkungsweise	„Langsam-Strategie" – Aufbau einer Markenprä-ferenz ist langwierig	„Schnell-Strategie" – angestrebtes Preisimage kann relativ schnell geschaffen werden	
Dominanter Bereich	Marketingbereich	Produktionsbereich	

[Quelle: BECKER 2009, S. 231 f.]

Abb. 4-57:   Unterschiede zwischen Qualitäts- und Preiswettbewerb

PORTER betont in diesem Zusammenhang, dass Unternehmen sich eindeutig für eine der beiden Optionen entscheiden müssen, da sonst die Gefahr eines *„Stuck in the Middle"*, also einer Zwischenposition ohne klare Wettbewerbsvorteile, drohe [vgl. PORTER 1986, S. 38 f.].

Abbildung 4-58 verdeutlicht diesen Zusammenhang. Allerdings stellt sich die Frage, ob eine einmalige Entscheidung zwischen Kostenführerschaft und Qualitätsführerschaft (Differenzierung) ausreicht, um den langfristigen Erfolg zu sichern. Ist es nicht vielmehr naheliegend, angesichts der laufenden Veränderungen im Markt- und Wettbewerbsumfeld auch eine Veränderung der strategischen Stoßrichtung bzw. eine Kombination beider Optionen vorzunehmen? Die hiermit angesprochenen **hybriden Wettbewerbsstrategien** verstoßen zwar auf den ersten Blick gegen die klassische Zweiteilung, wenn Unternehmen jedoch zum richtigen Zeitpunkt zwischen Kostenführerschaft und Differenzierung wechseln, können sie Wettbewerbern durchaus überlegen sein [vgl. MÜLLER-STEWENS/LECHNER 2001, S. 201].

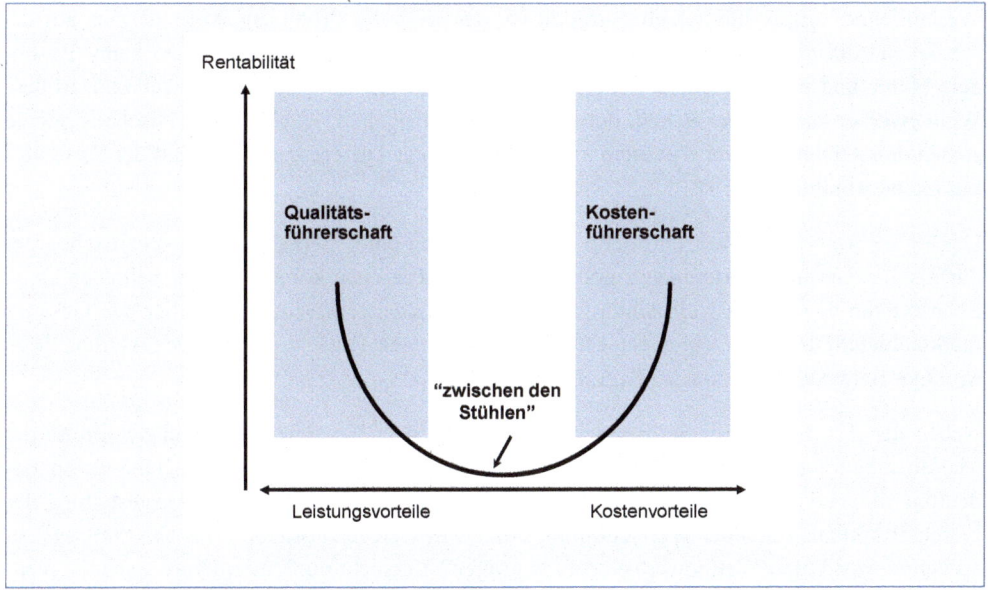

Abb. 4-58:   Die „Stuck-in-the-Middle"-Position

Mit jeder Wettbewerbsstrategie ist auch die Entscheidung über die **Breite der Marktbearbeitung** verbunden, da bei weitem nicht alle Unternehmen in der Lage sind, eine Abdeckung des Gesamtmarktes vorzunehmen. Somit stellt sich in einer *zweiten* Dimension die Frage nach der Fokussierung auf bestimmte Kundengruppen oder auf abgegrenzte Regionen. Solche **Fokus- oder Nischenstrategien** sind damit – neben der Differenzierung und Kostenführerschaft – der dritte *generische* Strategietyp nach PORTER.

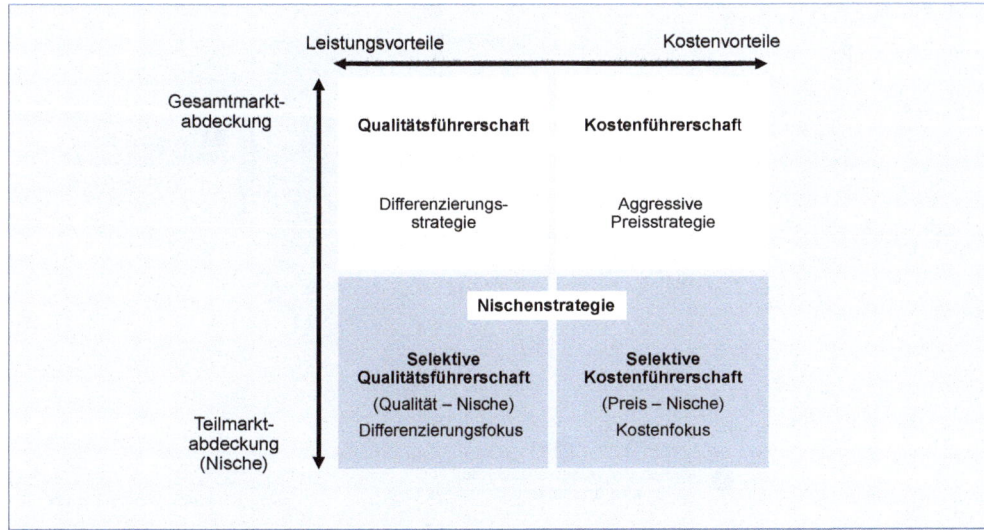

Abb. 4-59:   Wettbewerbsstrategien nach PORTER

Wesentlicher Vorteil dieser Konzentration ist, dass sich der Produzent voll und ganz auf die speziellen Anforderungen der Kunden im speziellen Marktsegment ausrichten kann. Besonders kleine und mittlere Anbieter fokussieren sich auf einzelne Segmente, während größere Wettbewerber zumeist versuchen, den Markt breit anzugehen. Auch bei der Nischenstrategie stehen den Anbietern zwei Optionen zur Verfügung: der Differenzierungs- und der Kostenfokus (siehe Abbildung 4-59).

Der **Differenzierungsfokus** empfiehlt sich dann, wenn ein Unternehmen ein spezifisches Bedürfnis, das Gesamtmarktanbieter nicht gut genug befriedigen können, besser bedienen kann. Ebenso kann es sein, dass ein Unternehmen einen *Kostenvorsprung* gegenüber den Gesamtmarktanbietern in Form einer **selektiven Kostenführerschaft** zu realisieren vermag [vgl. MÜLLER-STEWENS/LECHNER 2001, S. 204].

Neben der Art des Wettbewerbsvorteils (Leistungs- oder Kostenvorteil) und der Breite der Marktbearbeitung (Gesamt- oder Teilmarktabdeckung) hat noch eine *dritte* Dimension Bedeutung: die **Art der Marktbearbeitung**. Im Kern geht es dabei um die Ausgestaltung des Geschäftssystems (also der Wertschöpfungskette). In welcher Form soll das Geschäftssystem zu dem angestrebten Wettbewerbsvorteil beitragen? Versucht ein Unternehmen, seinen Wettbewerbsvorteil mit einem Geschäftssystem zu realisieren, das kaum von den Geschäftssystemen der Wettbewerber abweicht, dann spricht man vom „alten Spiel". Ein „neues Spiel" wird dagegen gespielt, wenn das Unternehmen sein Geschäftssystem andersartig gestaltet als dies bislang in der Branche üblich war (Beispiel: Das IKEA-Geschäftssystem in der Möbelbranche) [vgl. HUNGENBERG/WULF 2011, S. 163 f.].

Stellt man nun alle Handlungsmöglichkeiten entlang der drei genannten Dimensionen dar, so erhält man das sogenannte strategische Spielbrett, das in Abbildung 4-60 dargestellt ist.

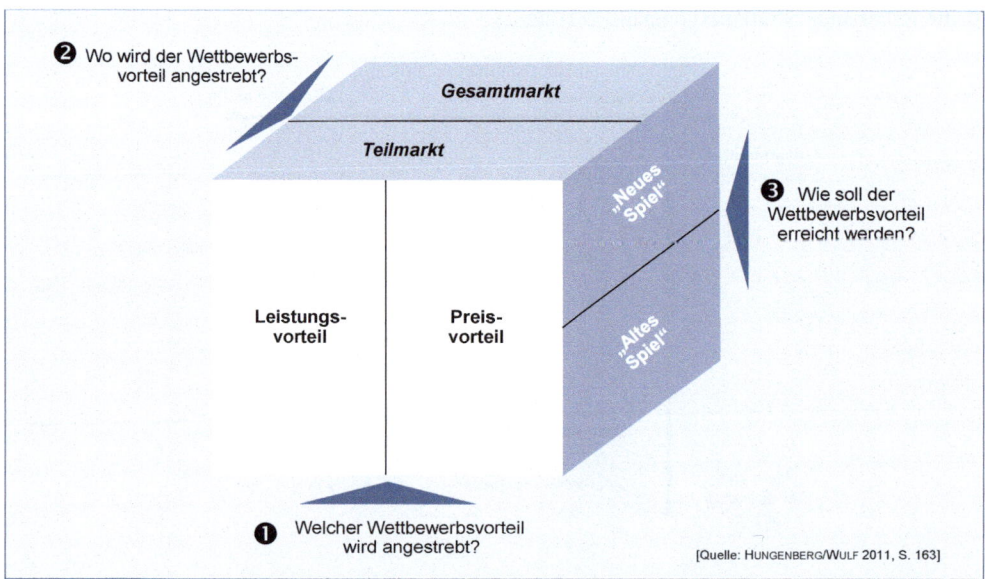

Abb. 4-60:   Strategisches Spielbrett

4.5.4.4 Markteintrittsstrategien

Nachdem die Fragen geklärt sind, welcher Wettbewerbsvorteil wo und in welcher Art und Weise erreicht werden soll, kann die *Entwicklung und Auswahl der Markteintrittsstrategie* erfolgen. Dabei sind vor allem die Entscheidungen über den Markteintrittszeitpunkt sowie über die Form des Markteintritts von strategischer Bedeutung.

(1) Strategien für den Markteintrittszeitpunkt

Die technologie-orientierten strategischen Stoßrichtungen beim Markteintritt (engl. *Time-to-Market*) sind die Pionierstrategie und die Nachfolgerstrategie. Letztere unterteilt sich wiederum in Strategien des frühen Nachfolgers und des späten Nachfolgers (siehe Abbildung 4-61).

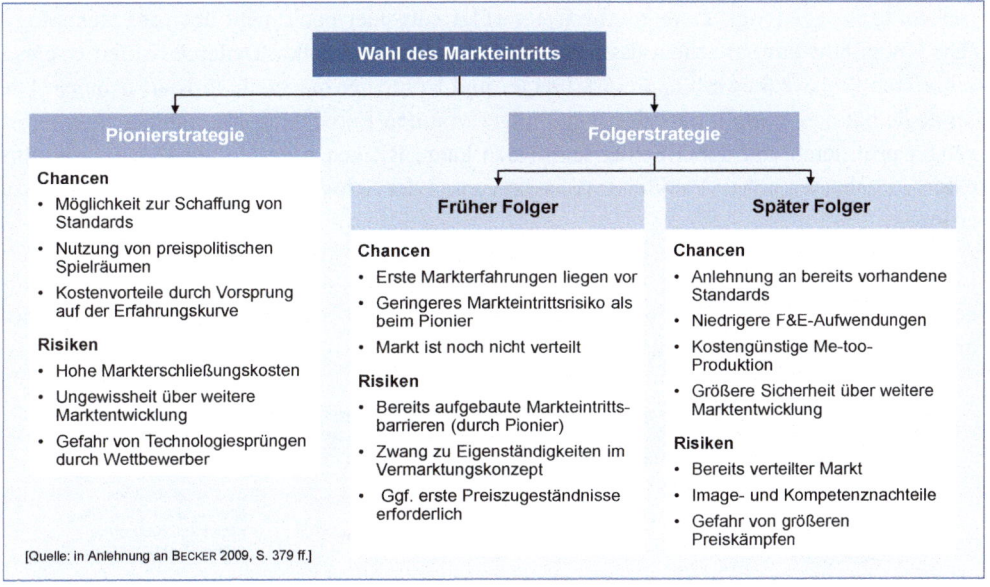

Abb. 4-61:   Typische Markteintrittsmuster

Die **Pionierstrategie** (engl. *First-to-Market*), bei dem das Unternehmen mit dem neuen Produkt als Erstes in den Markt eintritt, hat zunächst einmal den Vorteil einer kurzzeitigen Monopolstellung. Damit hat der Pionier – zumindest vorübergehend – die Möglichkeit, den Preis abzuschöpfen und Marktstandards zu setzen. Der Schwerpunkt dieser Strategie liegt zunächst in der Markterschließung, später in der Verteidigung der Marktposition. So kann der Pionier wirksame Markteintrittsbarrieren erzeugen und in der Regel das Produkt über einen längeren Zeitraum absetzen als die Nachfolger. Dem hohen Chancenpotenzial sind jedoch die Nachteile eines Pioniers gegenüberzustellen, die vor allem aus den hohen Kosten und dem Zeitaufwand für die Forschung und Entwicklung, den hohen Kosten der Markterschließung (von denen auch die nachfolgenden Unternehmen profitieren), dem Markt- bzw. Nachfragerisiko und dem technologischen Risiko bestehen.

Der **frühe Folger** (engl. *Second-to-Market*) tritt vergleichsweise kurz nach dem Pionier in den Markt ein und kann unmittelbar an das Pionier-Konzept anknüpfen. Der frühe Folger hat durchaus gute Marktchancen, muss aber bereits mit ersten Preiszugeständnissen rechnen. Die Strategie des frühen Folgers bringt die Vorteile mit sich, ähnliche, wenn auch geringer ausgeprägte Absatz-, Kosten- und Preisvorteile wie der Pionier erreichen und langfristig einen relativ großen Marktanteil erzielen zu können. Gleichzeitig werden aber die anfangs hohen Risiken des Pioniers vermieden. Aus dem beobachtbaren Verhalten des Pioniers und der Kunden können zusätzliche Erkenntnisse für den eigenen späteren Markteintritt gewonnen werden. Das Risiko der Strategie des frühen Folgers ist darin zu sehen, dass der Pionier zunächst so hohe Eintrittsbarrieren errichtet (z.B. Patentanmeldung oder Limit-Preis-Angebote), dass ein Markteintritt unattraktiv wird.

Der **späte Folger** (engl. *Later-to-Market*) verfügt entweder noch nicht über das technologische Know-how oder er scheut das hohe Markterschließungsrisiko. Dadurch riskiert er einen schärferen Preiswettbewerb und muss Image- und Kompetenznachteile in Kauf nehmen. Die Strategie hat den Vorteil, dass der späte Folger von den Entwicklungsbemühungen der Vorgänger profitieren und deren Fehler vermeiden kann. Risiken bestehen allerdings in den bis dahin aufgebauten hohen Markteintrittsbarrieren und der Schwierigkeit, noch Marktanteile zu erringen.

In Abbildung 4-62 sind einige bekannte Beispiele aus der dem Bereich der Informationstechnologie und Telekommunikation (ITK-Branche) aufgeführt, in denen nicht immer die Pionierstrategie „das Rennen" gemacht hat.

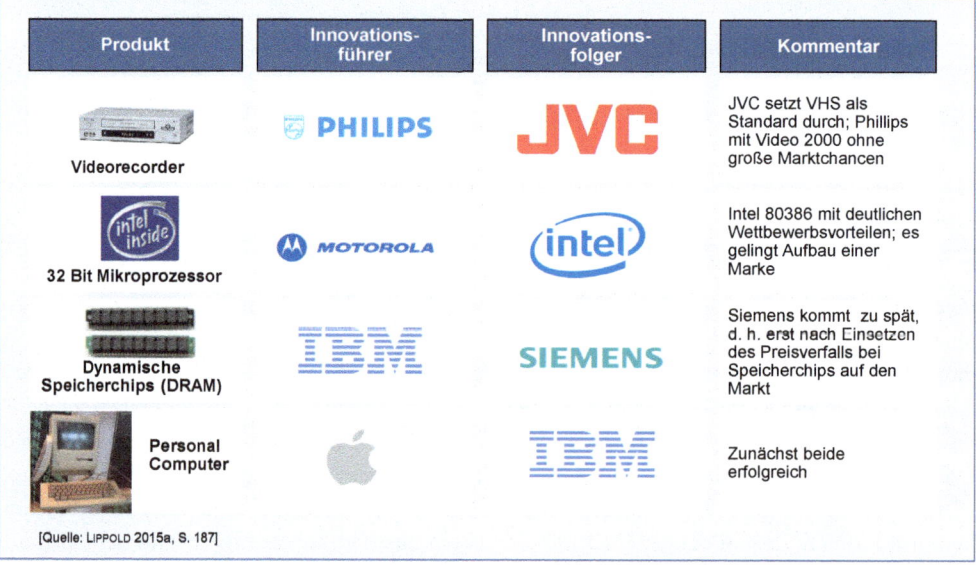

Abb. 4-62:   Beispiele für Innovationsführer und Innovationsfolger in der ITK-Branche

Die Diskussion der Vor- und Nachteile verdeutlicht, dass es keine Markteintrittsstrategie gibt, die ausschließlich Vorteile mit sich bringt. Zwar sind die Erfolgsaussichten der späten Folger schon aufgrund der hohen Markteintrittsbarriere insgesamt als geringer einzustufen, dennoch können auch sie von den technologie- bzw. marketing-konzeptionellen Fehlern des Pioniers bzw. frühen Folgers profitieren. Die Wahl der richtigen Markteintrittsstrategie hängt von verschiedenen Faktoren ab und ist in hohem Maße situationsabhängig. Risikofreudige Unternehmen mit ehrgeizigen Wachstumszielen werden eher Pionierkonzepte verfolgen. In der Konsumgüterbranche, deren Forschungs- und Entwicklungsaufwand im Schnitt deutlich geringer ist als bei Industriegütern, haben Folger mindestens genauso gute Chancen wie Pioniere. Neben Risikobereitschaft und strukturellen Branchenbedingungen spielt auch der Grad der Innovation eine beeinflussende Rolle bei der Wahl der Timing-Strategie. So setzen echte Pionierstrategien vor allem auf Basisinnovationen mit großen Ertragschancen unter Inkaufnahme eines hohen Risikos (siehe hierzu Insert 4-03) [vgl. BECKER 2009, S. 380 ff.].

Insert

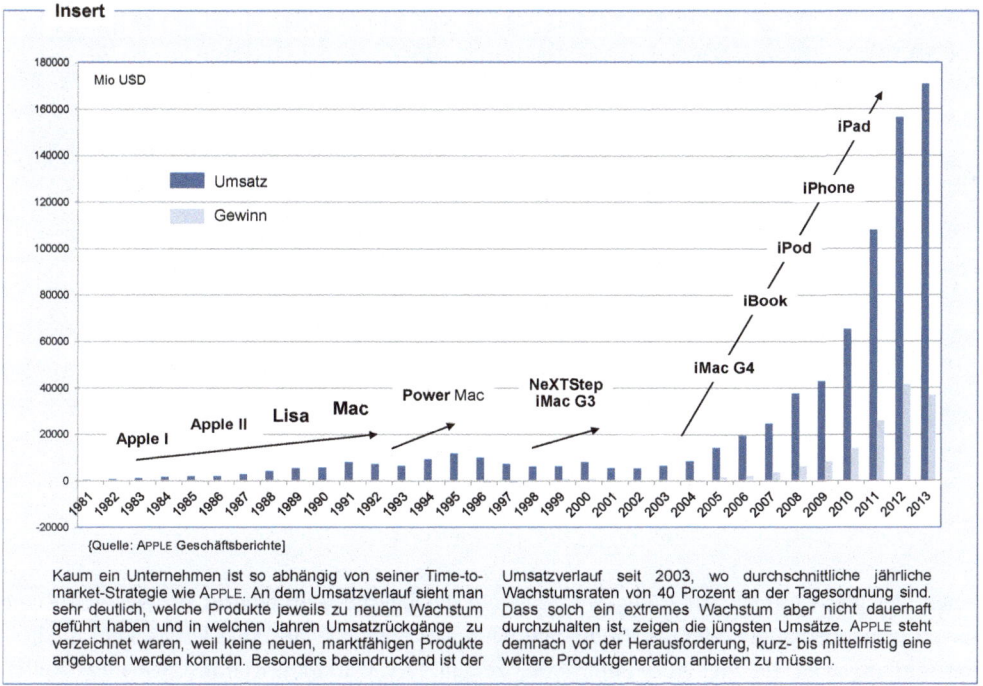

{Quelle: APPLE Geschäftsberichte]

Kaum ein Unternehmen ist so abhängig von seiner Time-to-market-Strategie wie APPLE. An dem Umsatzverlauf sieht man sehr deutlich, welche Produkte jeweils zu neuem Wachstum geführt haben und in welchen Jahren Umsatzrückgänge zu verzeichnet waren, weil keine neuen, marktfähigen Produkte angeboten werden konnten. Besonders beeindruckend ist der

Umsatzverlauf seit 2003, wo durchschnittliche jährliche Wachstumsraten von 40 Prozent an der Tagesordnung sind. Dass solch ein extremes Wachstum aber nicht dauerhaft durchzuhalten ist, zeigen die jüngsten Umsätze. APPLE steht demnach vor der Herausforderung, kurz- bis mittelfristig eine weitere Produktgeneration anbieten zu müssen.

Insert 4-03:   Umsatz- und Gewinnentwicklung APPLE 1981 bis 2011

(2) Strategien für die Form des Markteintritts

Bei der Planung des Markteintritts ist neben dem Zeitpunkt auch die Form festzulegen. Hierbei kann grundsätzlich zwischen einem internen und einem externen Wachstumsweg unterschieden werden. Beim **internen Eintritt** versucht das Unternehmen, durch eigene Forschungs- und Entwicklungstätigkeiten sein Leistungsprogramm zu erweitern und die entsprechenden innovativen Produkte in bekannte oder neue Märkte einzuführen. Dieser Eigenaufbau wird auch als interne Eintrittsstrategie im engeren Sinne bezeichnet. Interne Eintrittsstrategien im weiteren Sinne sind dagegen der Kauf von Lizenzen und Patenten sowie die Aufnahme von Handelswaren (vgl. *Becker*, 2001, S. 171 f.).

Ein **externer Markteintritt** liegt vor, wenn ein Unternehmen nicht selbständig, sondern zusammen mit einem bereits auf dem betreffenden Markt agierenden Unternehmen tätig wird. Für diese Art des Markteintritts besteht zum einen die Möglichkeit der Unternehmensakquisition, d.h. des Erwerbs von oder der Beteiligung an Unternehmen bzw. Unternehmensteilen (Unternehmenskauf). Zum anderen kann der Markteintritt über eine Kooperation erfolgen, z.B. über ein Joint Venture, eine strategische Allianz oder über sonstige Formen vertraglich geregelter partnerschaftlicher Zusammenarbeit (Partnerkauf) [vgl. WELGE/AL-LAHAM 1992, S. 308]

Die internen und externen Markteintrittsstrategien sind in Abbildung 4-63 hinsichtlich ihrer Wirkungen auf die Auswahlkriterien Zeit, Kosten, Organisationsprobleme und Risiko charakterisiert.

Realisierungs-formen des Markteintritts / Auswahl-kriterien	Interne Markteintrittsstrategien			Externe Markteintrittsstrategien	
	Eigene Forschung und Entwicklung (= Eigenaufbau)	Lizenzüber-nahme (= Know-how-Kauf)	Aufnahme von Handelsware (= Produktkauf)	Kooperation in Form von Joint Ventures (= Partnerkauf)	Unternehmensbe-teiligung/-zusam-menschluss (= Unternehmens-kauf)
Zeitfaktor	langsam	schnell	schnell	ziemlich schnell	ziemlich schnell
Kosten	hoch	ziemlich niedrig	ziemlich niedrig	niedrig	niedrig
Organisations-probleme	wenige	praktisch keine	praktisch keine	wenige	zahlreiche
Risiko	groß	klein	klein	relativ groß	relativ groß

[Quelle: Becker 2009, S. 172]

Abb. 4-63:   Interne und externe Markteintrittsstrategien

Auch hier gibt es nicht den Königsweg, obwohl der interne Markteintritt im weiteren Sinne (also Lizenzübernahme oder die Produktaufnahme als Handelsware) im Durchschnitt die besten Wirkungen auf die vier Auswahlkriterien zeigen. Der Markteintritt mit selbst entwickelten Produkten weist die geringsten organisatorischen Anforderungen auf. Dagegen stehen allerdings erhebliche Zeit- und Kostennachteile gegenüber den externen Markteintrittsstrategien.

4.5.5 Beratungsprodukte

Die „höchste" Form der Standardisierung ist das Produkt. Beratungsprodukte sind somit die ausgeprägteste Form der Standardisierung und lassen sich am leichtesten im Markt kommunizieren (siehe auch Abschnitt 4.1.3). Im Folgenden sollen unter der Vielzahl von existierenden Beratungsprodukten fünf Beispiele vorgestellt werden:

- Gemeinkostenwertanalyse (GWA)
- Zero-Base-Budgeting (ZBB)
- Nachfolgeregelung

- Mergers & Acquisitions (M&A)
- Business Process Reengineering.

4.5.5.1 Gemeinkostenwertanalyse

Fragt man in der Beratungsszene nach bekannten Beratungsprodukten, so wird zuerst immer wieder die **Gemeinkostenwertanalyse (GWA)** genannt. Sie ist wohl weltweit nicht nur das bekannteste, sondern auch eines der effektivsten Produkte im Beratungsumfeld. Die Gemeinkostenwertanalyse (engl. *Overhead Value Analysis – OVA*) wurde zu Beginn der 1970er Jahre von zwei MCKINSEY-Partnern in New York entwickelt und zur Sanierung von mehreren Unternehmen erfolgreich eingesetzt. Es zeigte sich, dass gerade im Gemeinkostenbereich, der bis dahin kaum angetastet wurde, ein erhebliches Kosteneinsparungspotential besteht. Bereits 1985 wurde die GWA in mehr als 100 deutschen Unternehmen eingesetzt. Es wird davon ausgegangen, dass der aus der Analyse unmittelbar hervorgegangene materielle Nutzen über die Höhe des Kostensenkungspotentials zwischen 10 Prozent und 20 Prozent des ursprünglichen Gemeinkostenvolumens liegt [vgl. MACHARZINA/WOLF 2010, S. 828 unter Bezugnahme auf ROEVER 1985, S. 20 f.].

Die GWA ist ein von Beratern begleitetes Interventionsprogramm mit dem Ziel der Kostensenkung im Verwaltungsbereich von Unternehmen durch

- den Abbau nicht zielgerichteter, d. h. unnötiger Leistungen (= Effektivität) und

- eine rationellere Aufgabenerfüllung (= Effizienz), d. h. erhaltenswerte Leistungen sollen kostengünstiger erstellt werden.

In einem systematischen Prozess, der aus **drei Phasen** besteht (siehe Abbildung 4-64), wird nach dem Prinzip der Wertanalyse untersucht, ob in den einzelnen Gemeinkostenstellen Kosten und Nutzen der erbrachten Leistungen in einem sinnvollen Verhältnis zueinander stehen. Hauptziel des Prozesses ist die Senkung der Gemeinkosten um bis zu 40 Prozent.

MCKINSEY knüpft den Erfolg der GWA (also die Senkung der Gemeinkosten um bis zu 40 Prozent) an einige wesentliche Bedingungen [vgl. SCHWARZ 1983, S. 5 f.]:

- Die GWA muss höchste Priorität im Unternehmen haben und von den obersten Führungskräften uneingeschränkt unterstützt werden.

- Die GWA dient nicht der Vergangenheitsbewältigung und kennt keine „heilige Kühe" und Tabus.

- Die GWA erfordert den Zugang zu allen Unterlagen und die Analyse sämtlicher Kosten-Nutzen-Verhältnisse.

- Die GWA soll nur von den besten Mitarbeitern durchgeführt werden.

Ausgehend von der jeweiligen Zielsetzung (z. B. 15 oder 20 Prozent Gemeinkostensenkung) wird in der **Vorbereitungsphase** der organisatorische Rahmen des Projekts festgelegt. Dazu zählt neben der Bestimmung der Untersuchungseinheiten und des Projektteams vor allem die Ernennung der Hauptbeteiligten des Verfahrens. Hierzu zählen in erster Linie der GWA-

Verantwortliche, ein Lenkungsausschuss, der aus Mitgliedern der Geschäftsleitung gebildet wird, die Leiter der Untersuchungseinheiten sowie die begleitenden externen Berater. In der vorbereitenden Phase werden auch die notwendigen Informations- und Schulungsmaßnahmen festgelegt. Ein weiterer wichtiger Punkt ist das Einfrieren des gegenwärtigen Personalbestandes, das mit einem sofortigen Einstellungsstopp verbunden ist.

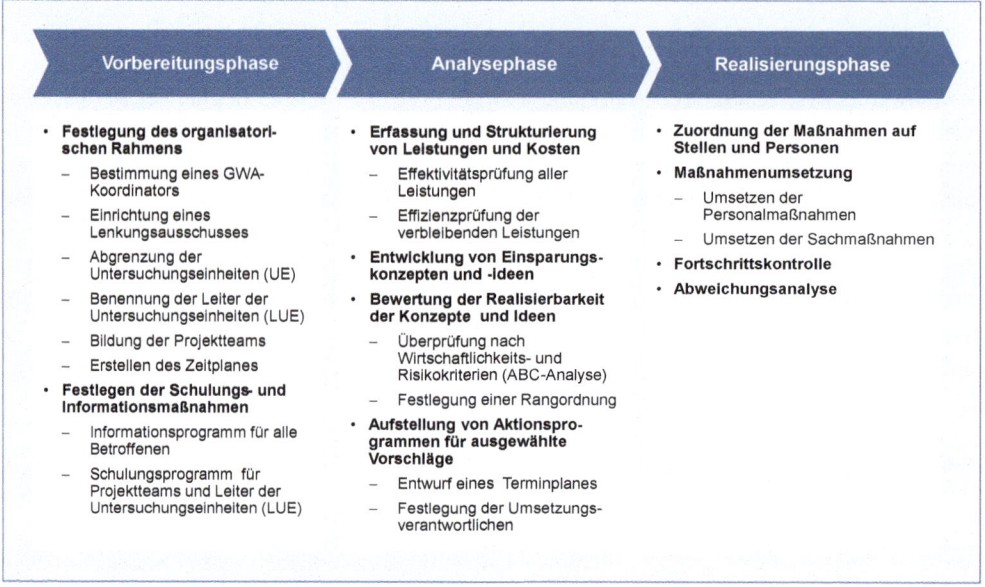

Abb. 4-64:   Ablauf der Gemeinkostenwertanalyse

In der anschließenden **Analysephase** haben die Leiter der Untersuchungseinheiten anzugeben, welche Leistungen für wen erbracht werden und welche Kosten dadurch entstehen. Danach erfolgt eine Gegenüberstellung von Ist-Kosten und Ist-Beitrag (Nutzen) sowie die Antizipation eines bewusst unrealistischen (hypothetischen) Kostensenkungsziels, um die Suche nach Reduktionsmöglichkeiten bewusst zu intensivieren. Danach werden Einsparungsvorschläge erarbeitet und nach Wirtschafts- und Risikokriterien überprüft. Schließlich werden die von der obersten Führungsebene akzeptierten und entschiedenen Ideen in Handlungsprogramme sowie in einen Terminplan gefasst und die Umsetzungsverantwortlichen bestimmt [vgl. MACHARZINA/WOLF 2010, S. 830].

In der **Realisierungsphase** erfolgt die faktische Umsetzung der Handlungsprogramme. Der Lenkungsausschuss bestimmt einen Realisierungsverantwortlichen, der die verabschiedeten Maßnahmen in laufenden Fortschrittskontrollen durch Soll-Ist-Vergleiche absichert. In besonderen (Not-) Fällen muss er in Abstimmung mit dem Lenkungsausschuss Maßnahmenkorrekturen durchführen.

Die **Reaktionen** auf die von MCKINSEY durchgeführten Gemeinkostenwertanalysen sind unterschiedlich. Gegner der GWA führen an, dass Änderungen in der Organisationsentwicklung harmonisch und nicht wie bei der GWA abrupt und unter Druck verlaufen sollten. Auch seien Freistellungen der besten Mitarbeiter für die Durchführung der GWA häufig nicht möglich. Schließlich wird angeführt, dass die Berater von MCKINSEY durch ihre aggressive Vorgehensweise zu viel Unruhe ins Unternehmen bringen. Die Befürworter der Methode berufen sich vor allem auf die nachgewiesenen Einsparungen sowie auf zusätzliche Effekte wie eine erhöhte Schlagkraft durch Abbau von Bürokratie und die Sammlung von zusätzlichen Ideen zur Stärkung der Wettbewerbsfähigkeit über die reine Kostensenkung hinaus [vgl. SCHWARZ 1983, S. 13 ff.].

4.5.5.2 Zero-Base-Budgeting

Neben der Gemeinkostenwertanalyse ist das **Zero-Base-Budgeting (ZBB)** das zweite wichtige Verfahren der Gemeinkostensenkung. Während die GWA ausschließlich auf eine Kostensenkung innerhalb der Gemeinkostenbereiche abzielt, will die Null-Basis-Budgetierung hingegen nicht nur unnötige Tätigkeiten erkennen und eliminieren und damit Kosten senken, sondern über Ressourcenumverteilungen zu einer Effizienzsteigerung des Gesamtunternehmens gelangen. Im Vergleich zur GWA werden Strukturen, Aufgaben und Prozesse im Unternehmen noch radikaler in Frage gestellt.

Die Null-Basis-Budgetierung wurde in den 1960er Jahren von PETER PHYRR (TEXAS INSTRUMENTS) erarbeitet. Die Methode besteht aus einem **neun Stufen** umfassenden Analyse- und Planungsprozess, der von jeder Führungskraft abverlangt, dass sie ihr Budget vollständig und detailliert begründet (siehe Abbildung 4-65). Wie auch bei einer Unternehmensgründung geht man bei der Budgetvergabe von der „Basis Null" aus, d. h. die bisherigen Festlegungen werden vollständig in Frage gestellt. Dazu hat der Manager jeweils zu begründen, warum überhaupt welche Kosten verursacht werden [vgl. WEBER 2006, S. 291].

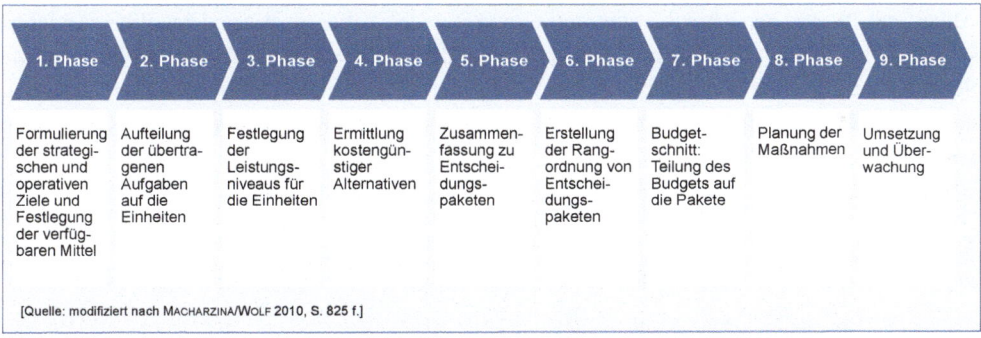

Abb. 4-65:   Der Zero-Base-Budgeting-Prozess

Der Analyse- und Planungsprozess des ZBB zeigt noch einen weiteren wesentlichen Unterschied zur GWA: Während die GWA das Kostensenkungsziel „Top-down" vorgibt, ist es beim ZBB genau umgekehrt. Hier wird von Null ausgehend – also „Bottom-up" – Schritt für Schritt ermittelt, welche Pakete realisiert werden sollen (Budgetschnitt). Abbildung 4-66 soll diesen Unterschied verdeutlichen.

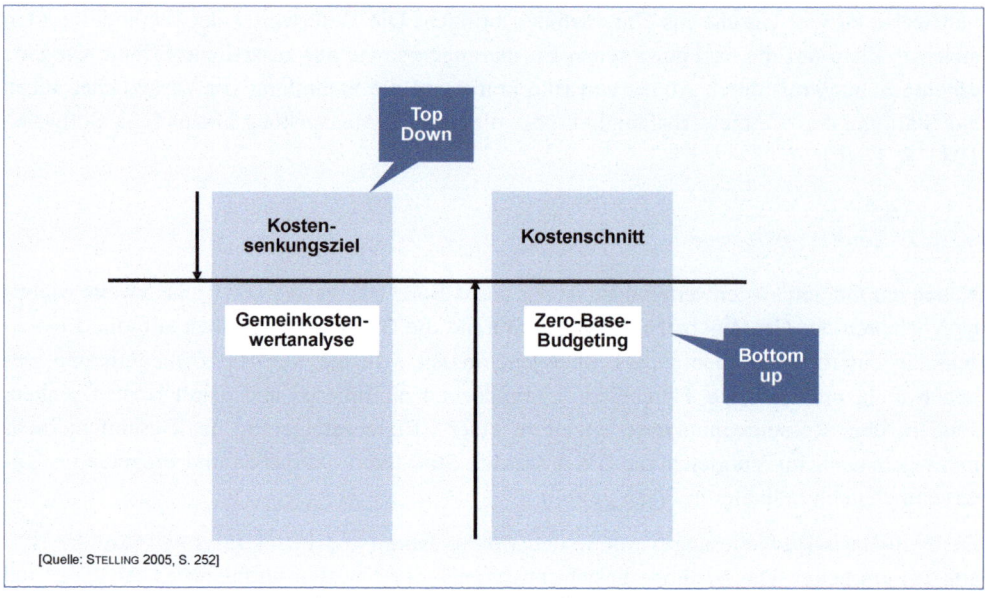

[Quelle: STELLING 2005, S. 252]

Abb. 4-66:   Unterschiedliche Vorgehensweisen von GWA und ZBB

Die ZBB-Methode findet seit Jahren eine breite Anwendung in den USA, vor allem in den öffentlichen Verwaltungen, zunehmend aber auch im privatwirtschaftlichen Bereich. In Deutschland gilt die Methode aufgrund des großen Arbeitsaufwandes, der für den exakten Ablauf der Phasen betrieben werden muss, immer noch als begrenzt praxistauglich. Andererseits sind die Akzeptanzprobleme geringer als bei der GWA, da das ZBB nicht primär auf die Senkung von Personalkosten abzielt. Trotzdem kann es zu Motivationsproblemen kommen, da das ZBB große organisatorische und auch personelle Veränderungen mit sich bringen kann [vgl. STELLING 2005, S. 252].

Bei einem direkten Vergleich der beiden Gemeinkostensenkungstechniken kommen MACH-ARZINA/WOLF [2010, S. 829] zu dem Ergebnis, dass *„das Zero-Base-Budgeting im Hinblick auf die konzeptionelle Geschlossenheit der Gemeinkosten-Wertanalyse überlegen"* ist.

4.5.5.3 Nachfolgeregelung

Mit der Regelung seiner Nachfolge muss sich jeder Unternehmer zwangsläufig früher oder später befassen. **Nachfolgeregelung** wird als Synonym für den Begriff *Unternehmensnachfolge* verwendet und beschreibt den Prozess der Übergabe der Leitung eines typischerweise mittelständischen Unternehmens an einen Nachfolger. Da die Nachfolgeregelung aus Sicht des Beraters zu den wiederholbaren, standardisierten Problemlösungsprozessen zählt, lässt sich die Nachfolgeregelung ebenfalls den *Beratungsprodukten* zuordnen. Zwar gibt es eine Vielzahl von individuellen Varianten und Gestaltungsmöglichkeiten einer Nachfolgeregelung, jedoch ist das Ablaufschema, also das Phasenkonzept bzw. das Flussdiagramm für die beraterische Unterstützung von Fall zu Fall nahezu identisch und damit standardisierbar.

Die **Nachfolgeregelungsberatung** umfasst folgende Schwerpunkte [vgl. NIEDEREICHHOLZ 2008, S. 240]:

- Suche und Auswahl eines Nachfolgers
- Regelung der schrittweisen Führungsübergabe
- Planung der Übergangsregelungen
- Einsetzen eines Beirats
- Vermeidung unnötiger Liquiditätsabflüsse (z. B. vorweggenommene Erbfolge durch Schenkung).

Der Standardprozess für die beraterische Unterstützung der Nachfolgeregelung besteht in der Regel aus folgenden **fünf Phasen**, die zusätzlich in Abbildung 4-67 aufgelistet sind [vgl. NIEDEREICHHOLZ 2008, S. 241 ff.]:

In der **Vorbereitungsphase** sammelt der Berater zunächst sämtliche Informationen über das Unternehmen, über den Unternehmer und sonstige beteiligte Personen. Mit dem Unternehmer werden eine gemeinsame Definition der Ziele sowie ein Projektplan über das weitere Vorgehen festgelegt. Zusätzlich wird ein Beirat gebildet, der sich aus dem Unternehmer, den betroffenen Familienangehörigen sowie Externen (Steuerberater, Rechtsanwalt, Berater) zusammensetzt.

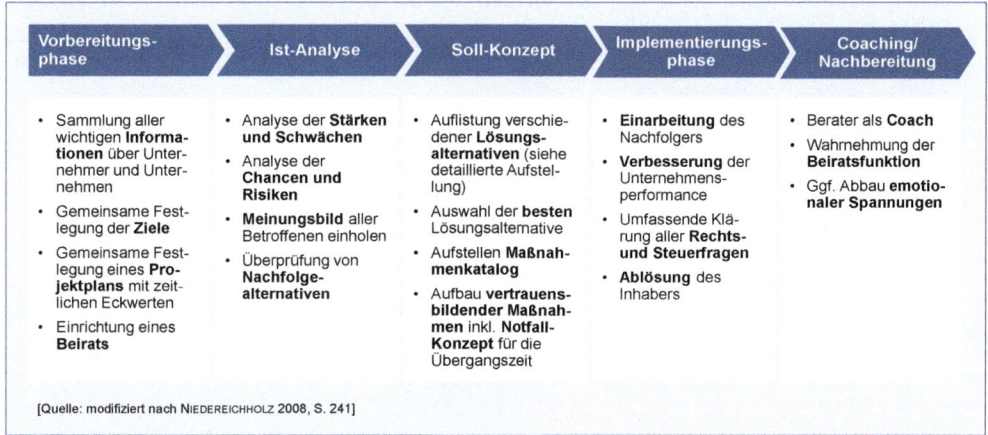

Abb. 4-67:   Prozessphasen der Nachfolgeregelung

In der anschließenden **Ist-Analyse** werden die Stärken und Schwächen sowie die Chancen und Risiken des Unternehmens unter dem besonderen Aspekt der Finanzkraft bzw. des Finanzierungspotentials analysiert. Darüber hinaus verschafft sich der Berater ein Meinungsbild aller betroffenen Personen und stellt Nachfolgealternativen gegenüber.

Mit dem **Soll-Konzept** beginnt der konzeptionelle Teil des Prozesses. Zunächst werden - sofern der Nachfolger nicht bereits feststeht – die verschiedenen Lösungsalternativen zur Regelung der Nachfolge aufgelistet. Neben der familieninternen Nachfolgeregelung gibt es eine Reihe externer Alternativen (siehe auch Abbildung 4-68):

- Verkauf
- Verpachtung
- Vermietung
- Management-Buy-Out
- Management-Buy-In
- Stiftung
- Gang an die Börse

Nach Auswahl der besten Lösungsalternative wird ein Maßnahmenkatalog für den Übergangsprozess aufgestellt. Flankierend werden vertrauensbildende Maßnahmen festgelegt. Auch sollte ein Notfallplan für den Fall aufgestellt werden, dass der Unternehmer vor Vollzug der eigentlichen Nachfolgeregelegung verstirbt.

Die **Umsetzungsphase** ist geprägt von der Einarbeitung des Nachfolgers sowie vom Willen aller Beteiligten, die Unternehmensperformance und damit die Attraktivität des Unternehmens zu verbessern. Auf diese Weise lassen sich eine Verunsicherung und nachlassende Motivation der Mitarbeiter angesichts des bevorstehenden Inhaberwechsels vorbeugen. Schließlich erfolgt die Ablösung des Inhabers, der auf eine weitere Einflussnahme verzichtet.

In der letzten Phase des **Coaching/Nachbereitung** übernimmt der Berater eine reine Coachingfunktion. Auch sollte der Berater den Vorsitz des Beirats weiterhin wahrnehmen, um damit bei evtl. aufkommenden emotionalen Spannungen besser eingreifen bzw. schlichten zu können.

Vorweggenom-mene Erbfolge	• Erblasser überträgt zu seinen Lebzeiten Vermögen auf seine zukünftigen Erben • Vorteil u. a.: Steuern sparen durch mehrfache Ausschöpfung der Erbschaftssteuer-freibeträge
Übertragung durch Gründung einer Gesellschaft	• Schrittweise Übertragung eines Unternehmens an Familienmitglieder oder familien-externe Personen durch Gründung einer Personen- oder Kapitalgesellschaft • Nachfolger wird am Betrieb beteiligt und somit zum Mitgesellschafter • Vorteil: Übergabe kann in Etappen erfolgen
Verkauf gegen Einmalzahlung	• Verkauf des Unternehmens gegen einmalige Zahlung an einen Nachfolger • Käufer hat ab sofort freie Verfügungsgewalt • Vorteil: Verkäufer ist nicht von dem unternehmerischen Geschick des Nachfolgers abhängig
Verkauf gegen Ratenzahlung	• Aufteilung des Kaufpreises, die dem Nachfolger die Finanzierung erleichtert • Zahlungen erstrecken sich über einen im voraus eindeutig festgelegten Zeitraum
Verkauf gegen Rente	• Veräußerungsrente stellt angemessene Gegenleistung für das übertragende Unternehmen dar • Versorgungsrente dient dazu, den Lebensunterhalt des ausscheidenden Unternehmers zu sichern • Beide Formen können als Leibrente (Laufzeit hängt vom Leben einer oder mehrerer Personen ab) oder Zeitrente (feste Laufzeit) gestaltet werden
Verkauf gegen dauernde Lasten	• Eine dauernde Last besteht aus wiederkehrenden Aufwendungen über einen Mindestzeitraum von zehn Jahren • Orientierung z. B. an der Umsatzhöhe oder an den Lebenshaltungskosten des Verkäufers
Verpachtung	• Ist der Unternehmer nicht oder noch nicht bereit, das Eigentum sofort an den Nachfolger zu übertragen, besteht die Möglichkeit, das Unternehmen zu verpachten • Dem Unternehmer können somit laufende Einnahmen gesichert werden.
Vermietung	• Dem Nachfolger werden lediglich die Betriebsräume zur Nutzung gegen Entgelt überlassen • Im Unterschied zur Verpachtung kauft der Nachfolger z. B. die Einrichtung und die Maschinen
Management-Buy-Out (MBO)	• Wird kein Nachfolger innerhalb der Familie gefunden, besteht die Möglichkeit, das Unternehmen an das eigene Management zu veräußern • Vorteil: Der neue Eigentümer kennt sich bestens im Unternehmen aus
Management-Buy-In (MBI)	• Übernahme des Unternehmens von externen Managern • Vorteil: Mit dem neuen Eigentümer kommen neue Impulse in das Unternehmen • Nachteil: Die Einarbeitungszeit ist länger
Stiftung	• Charakteristisch ist die juristische Trennung des Stiftungsvermögens vom Stifter und dessen Nachkommen • Erben sind von Unternehmensnachfolge ausgeschlossen, also praktisch "enterbt" • Das Unternehmen zerfällt nicht in einzelne Erbteile, sondern bleibt durch die Stiftung erhalten • Die Stiftung ist eine vielfältig ausgestaltbare Rechtsform mit steuerlichen Vorteilen
Gang an die Börse (Going Public)	• Um im Zuge der Nachfolgeregelung die Einheit von Kapitaleigner und Geschäfts-führung aufzulösen, bietet sich die Möglichkeit, das Unternehmen in eine Aktiengesellschaft umzuwandeln • Die Börseneinführung eines Unternehmens ist jedoch an Mindestvoraussetzungen geknüpft: Jahresumsatz bei produzierenden Unternehmen grundsätzlich höher als 25 Mio. Euro, gute Ertragssituation, etablierte Marktstellung, gute Perspektiven der Unternehmensentwicklung • Die Börseneinführung ist ein langwieriger Prozess • Voraussetzung u. a.: Es muss ein umfangreiches Informationssystem sowie eine klare Organisations- und Führungsstruktur geschaffen werden

Abb. 4-68: Varianten der Nachfolgeregelung

4.5.5.4 Mergers & Acquisitions

Im Falle des Eintritts in ein neues Geschäftsfeld oder der Ausweitung eines bestehenden Geschäftsfeldes stellt sich die Frage, ob diese Wachstumsstrategien aus eigener Kraft oder durch den Erwerb des bereits bestehenden Geschäfts eines anderen Unternehmens erfolgen sollen. Damit erlangen Fragestellungen, die den Kauf von oder die Fusion mit anderen Unternehmen oder deren Geschäftseinheiten betreffen, eine besondere Bedeutung. Spiegelbildlich gesehen gilt das Gleiche für den Fall, dass – falls es das eigene Portfolio nahe legt – eine vorhandene Geschäftseinheit aufgegeben bzw. veräußert werden soll. Alle Aspekte, die mit dem Erwerb, dem Verkauf oder dem Zusammenschluss von Unternehmen oder Unternehmenseinheiten zusammenhängen, werden dem angelsächsischen Begriff **Mergers & Acquisitions (M&A)** zugeordnet. Neben Unternehmensberatern sind hier vor allem Investmentbanken sowie Wirtschaftsprüfungs- und Steuerberatungsgesellschaften zur Unterstützung des jeweiligen Managements aktiv [vgl. FINK 2009, S. 157].

Folgende **Transaktionsformen** werden unter dem Begriff *M&A* zusammengefasst [vgl. SCHRAMM 2011, S. 5]:

- Kauf oder Verkauf von Unternehmensteilen (z. B. im Rahmen einer Auktion oder eines Carve-outs bzw. Spin-offs)

- Erwerb aus einer Insolvenz

- Beteiligungserwerb mit Mehr- oder Minderheitsbeteiligung im weiteren Sinne

- Börsengang

- Joint Venture.

Ähnlich wie das Beratungsprodukt *Nachfolgeregelung* lassen sich auch die M&A-Aktivitäten durch einen standardisierbaren Prozess beschreiben. Folgende Phasen (siehe Abbildung 4-69) sind dabei relevant [vgl. WÖHLER/CUMPELIK 2006, S. 455 ff.; SCHRAMM 2011, S. 5 ff.]:

Grundsätzliches Ziel einer M&A-Transaktion ist immer die nachhaltige Sicherung oder Steigerung des *Unternehmenswerte*s. Dazu können verschiedene Strategien (Wachstum, Kostenoptimierung, Risikoreduktion) verfolgt werden. Ausgangspunkt des M&A-Prozesses ist die Formulierung einer **Strategie**, die in einem *Masterplan* zur Weiterentwicklung des Unternehmensportfolios ihren Niederschlag findet. Aus dem Masterplan geht hervor, welche Geschäftseinheiten (engl. *Business Units*) verstärkt werden sollen und welche künftig nicht mehr zum Kerngeschäft gehören und zu veräußern sind. Dabei ist M&A neben dem organischen Wachstum oder einer Partnerschaft mit anderen Unternehmen immer nur eine Lösungsoption.

Im Mittelpunkt der nächsten Phase steht das **Screening** von attraktiven Kaufobjekten. Bei der Suche kann das Unternehmen aktiv und systematisch vorgehen oder eher – falls Investmentbanker oder Berater mit möglichen Kaufoptionen an das Unternehmen herantreten – eine passive Rolle einnehmen. Wichtig bei diesem Prozess ist, dass alle Akquisitionsideen erfasst, bewertet und die Höhe des Transaktionswertes überschlägig quantifiziert werden. Das Top-Management entscheidet letztlich darüber, welche Ideen abgelehnt werden und welche im Rahmen einer M&A-Shortlist weiter verfolgt werden sollen.

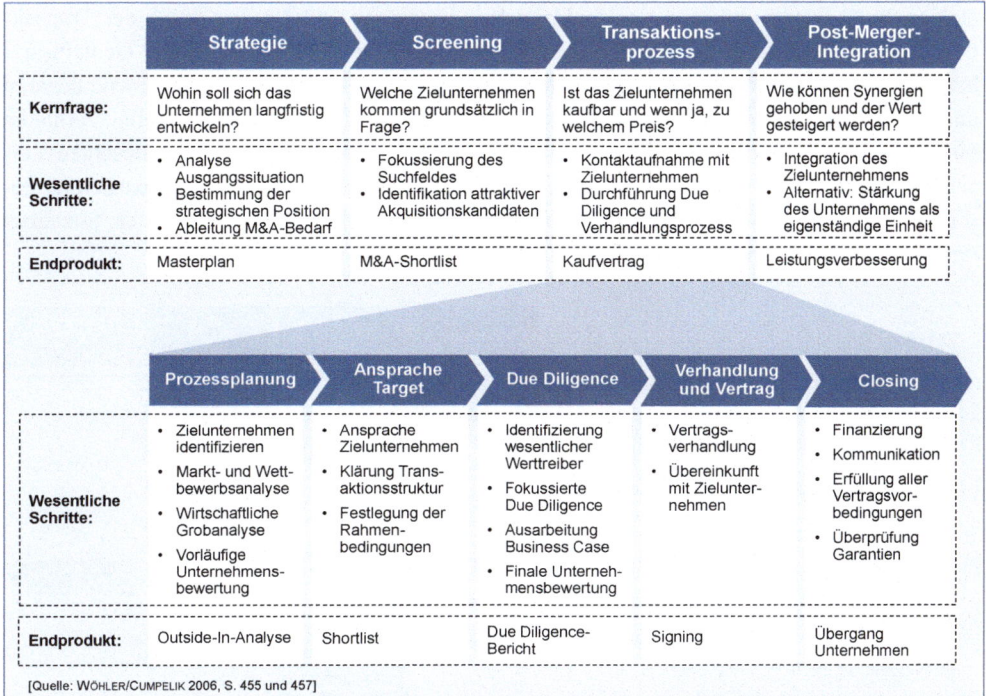

Abb. 4-69:   Ganzheitlicher M&A-Prozessansatz

Mit der Entscheidung über die Weiterverfolgung bestimmter M&A-Ideen bzw. -Projekte beginnt der eigentliche **Transaktionsprozess**. Nachdem das Zielunternehmen identifiziert und eine grobe Schätzung des Wertsteigerungspotentials vorgenommen wurde, erfolgt die Ansprache des Zielunternehmens bzw. dessen Eigentümern. Ist eine Einigung über die gemeinsame Fortsetzung und über das Timing der Transaktion erzielt, wird mit der Durchführung einer *Due Diligence*, die den Kern der Transaktionsphase darstellt, begonnen. Die Due Diligence ist eine fokussierte Analyse eines Unternehmens oder Unternehmensteils, um einen Gesamteindruck der wirtschaftlichen Lage, der Zukunftsaussichten und der Risiken zu bekommen. Sie dient vor allem einer Abschätzung der wertbestimmenden Faktoren, die den Kaufpreis wesentlich beeinflussen, und bildet damit die Grundlage für den anschließenden *Verhandlungsprozess*. Bei der Vertragsgestaltung werden die finanziellen, steuerrechtlichen und rechtlichen Aspekte der Transaktion zusammengeführt. Die Vertragsunterzeichnung (engl. *Signing*) dokumentiert die Übereinkunft mit dem Zielunternehmen. Mit dem rechtlichen Abschluss und dem juristische Inkrafttreten des Vertrags (engl. *Closing*) wird schließlich ein Schlusspunkt hinter die Transaktion gesetzt.

Die Erkenntnisse, die in der Transaktionsphase gewonnen wurden, fließen in die Phase der **Post-Merger-Integration** ein. Damit können die Zeiträume, innerhalb derer die Integration stattfinden soll, die Integrationstiefe, die Integrationsreihenfolge sowie die begleitende Organisation leichter festgelegt werden. Das vielleicht wichtigste Thema in der Integrationsphase ist die *Analyse der Unternehmenskulturen*. Hierbei trägt insbesondere eine konsistente und

zielgerichtete Kommunikation entscheidend zur Akzeptanz und Unterstützung der Transaktion durch die Führungskräfte und Mitarbeiter bei. Kulturelle Differenzen und Gemeinsamkeiten (z. B. bei Werten, Führungsverhalten oder Anreizstrukturen) sollten umgehend benannt
und untersucht werden. Schließlich sind solche Führungskräfte auszuwählen, deren Verhalten
im Einklang mit der gewünschten Zielkultur stehen und die maßgeblich zur erwünschten Veränderung beitragen können. Gerade in der Integrationsphase ist der Unternehmensberater besonders stark eingebunden. Andere Externe (Investmentbanker, Wirtschaftsprüfer, Steuerberater) sind in dieser Phase so gut wie keine Konkurrenz (siehe Abbildung 4-70).

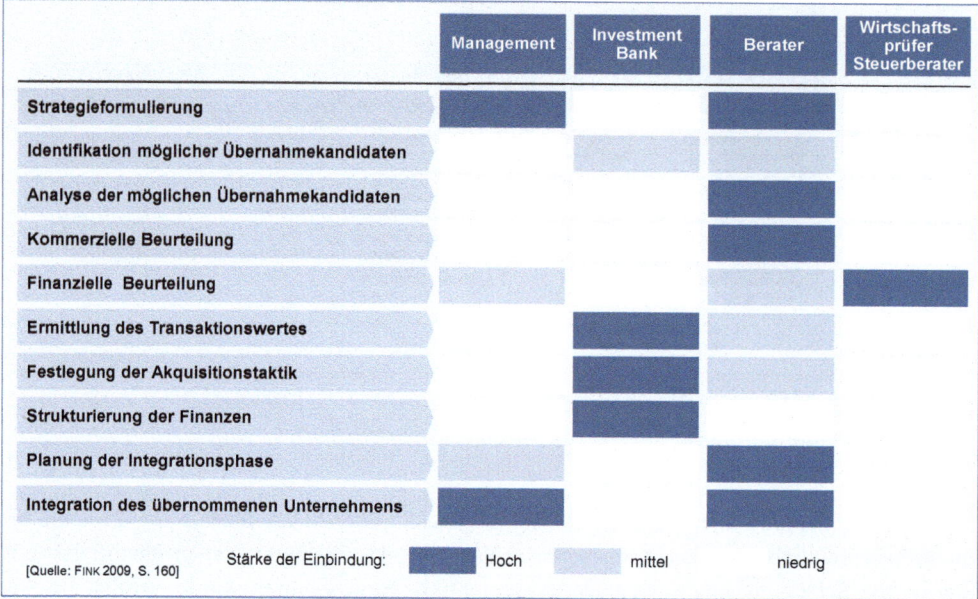

Abb. 4-70:   Die Rolle des Unternehmensberaters im M&A-Transaktionsprozess

4.5.5.5 Business Process Reengineering

Das Geschäftsprozessmanagement – und damit die Prozessidee – hat über das Business Process Reengineering von HAMMER/CHAMPY Eingang in die moderne Managementlehre gefunden. Die Prozessidee besteht darin, gedanklich einen 90-Grad-Shift der Organisation vorzunehmen (siehe Abbildung 4-71). Durch den Wechsel der Perspektive dominieren bei der Prozessorganisation nicht mehr die Abteilungen die Abläufe, sondern der Fokus liegt auf Vorgangsketten bzw. Prozessen, die auf den Kunden ausgerichtet sind.

Ein Prozess ist eine Struktur, deren Aufgaben durch logische Folgebeziehungen miteinander
verknüpft sind. Jeder Prozess wird durch einen Input initiiert und führt zu einem Output, der
einen Wert für den Kunden schafft. Innerhalb des Prozesses werden Vorgaben (= Input) in
Ergebnisse (= Output) umgewandelt. Geschäftsprozesse betrachten die einzelnen Funktionen
in Unternehmen also nicht isoliert, sondern als wertsteigernde Abfolge von Funktionen und

Aufgaben, die über mehrere organisatorische Einheiten verteilt sein können [vgl. SCHMEL-ZER/SESSELMANN 2006].

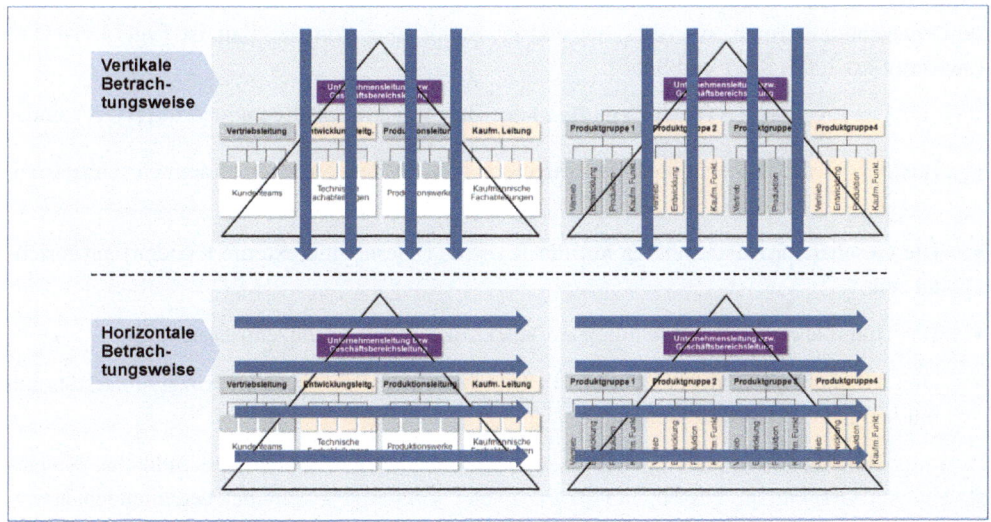

Abb. 4-71:   Der 90-Grad-Shift

Prozesse wiederum bilden eine Folge von Prozessen im Unternehmen und werden durch Anforderungen des Kunden für den Kunden umgesetzt. Unter Kunden sind dabei sowohl externe als auch interne Kunden zu verstehen. Jeder Prozess liefert Ergebnisse, mit denen der anschließende Prozess weiter arbeitet. Das Verhältnis zwischen aufeinander folgenden Prozessen ist eine Kunde-Lieferant-Beziehung. Mit dem letzten Prozess der Prozesskette erfolgt die Erstellung der betrieblichen Leistung für den Kunden. Die Prozesskette ist linear und Teil der betrieblichen Wertschöpfungskette. Die Durchführung von Prozessschritten wird durch Informationen gesteuert. Die Verbesserung der Prozesse wird heutzutage durch betriebswirtschaftliche Software vorgenommen.

Jedem Prozess kommen damit drei verschiedene Rollen zu:

- Der betrachtete Prozess ist **Kunde** von Materialien und Informationen eines vorausgehenden Prozesses.

- Der betrachtete Prozess ist **Verarbeiter** der erhaltenen Leistungen.

- Der betrachtete Prozess übernimmt die Rolle eines **Lieferanten** gemäß den Anforderungen des nachfolgenden Prozesses und gibt die erstellten Ergebnisse weiter.

Bei der prozessorientierten Organisation eines Unternehmens wird versucht, Prozessziele und die hieraus resultierenden Ergebnisse in den Vordergrund zu stellen. Diese sind im Regelfall nicht deckungsgleich, wenn man sie mit den Abteilungs- bzw. Bereichszielen und -ergebnissen der klassischen Organisation vergleicht.

Der zunehmende Zwang zur Dezentralisierung im Hinblick auf Markt- und Kundennähe, zur Umgestaltung der Produktpalette, zur Reduktion des Verwaltungsaufwands, zur Verflachung der Hierarchien u. ä. führt in immer kürzeren Abständen zur Verlagerung oder zum Wegfall von Aufgaben und zu neuen Schnittstellen in der Organisation. Diesem permanenten Wandel wird das herkömmliche Organisationsverständnis mit hochgradig zentralistischen und arbeitsteiligen Strukturen aber nicht mehr gerecht. Gefragt sind also weniger stör- und krisenanfällige Organisationsformen, wie dies bei der Prozessorganisation der Fall ist [vgl. DOPPLER/ LAUTERBURG 2005, S. 37 und S. 55].

Die **vier Grundaussagen** (engl. *Essentials*) des Business Process Reengineering (BPR) sind:

- Business Process Reengineering orientiert sich an den entscheidenden **Geschäftsprozessen**.

- Die Geschäftsprozesse müssen auf die **Kunden** (interne und externe Kunden) ausgerichtet sein.

- Das Unternehmen muss sich auf seine **Kernkompetenzen** konzentrieren.

- Die Möglichkeiten der aktuellen **Informationstechnologie** zur Prozessunterstützung müssen intensiv genutzt werden.

Business Process Reengineering bedeutet fundamentales Umdenken und radikales Neugestalten von Geschäftsprozessen, um **dramatische Verbesserungen** bei bedeutenden Kennzahlen wie Kosten, Qualität, Service und Durchlaufzeit zu erreichen. Beim Business Process Reengineering geht es nicht um marginale Veränderungen, sondern um **Quantensprünge**. Verbesserungen von 50 Prozent und mehr sind gefordert. Das bedeutet nicht nur die Abkehr vom rein funktionalen Denken, sondern **neue Management- und Teamkulturen** sind erforderlich [vgl. HAMMER/CHAMPY 1994, S. 12 und S. 113 f.].

Lag in der Vergangenheit das Hauptaugenmerk des Managements auf leicht quantifizierbaren und vor allem finanziellen Elementen, so bietet die Prozessanalyse eine Plattform für einen ganzheitlichen und integrativen Ansatz, der sich auch als **Transformation** bezeichnen lässt. Transformation ist die Neugestaltung der „genetischen Struktur" eines Unternehmens. Dabei gibt es kein Patentrezept. Jede Transformation erfordert einen spezifischen Weg, einen individuellen Transformationspfad. Das bedeutet, dass unterschiedliche Unternehmensbereiche auch unterschiedlich stark von Veränderungen betroffen sind [vgl. SCHNIEDER 2004, S. 233 ff.].

Business Process Reengineering befasst sich mit den Arbeitsabläufen und versucht diese aus Sicht des Geschäftes, d. h. aus Kundensicht zu optimieren. Business Process Reengineering soll helfen, die traditionelle funktionsorientierte Organisationsentwicklung zu überwinden. Es beschränkt sich nicht nur auf die Arbeitsabläufe in den klassischen betrieblichen Funktionsbereichen, sondern es beschäftigt sich intensiv mit den Kundenbedürfnissen. Demzufolge werden die Prozesse an den Anforderungen der (externen und internen) Kunden ausgerichtet und nicht an den Anforderungen der Organisation [vgl. GADATSCH 2008, S. 12].

Kundenorientierung ist also die zentrale Leitlinie des Geschäftsprozessmanagements. Je besser und effizienter ein Unternehmen seine Geschäftsprozesse beherrscht und die Kundenanforderungen erfüllt, umso wettbewerbsfähiger wird es sein. Beispiele für die wichtigsten Geschäftsprozesse eines Industrieunternehmens liefert Abbildung 4-72. Die dort aufgeführten Geschäftsprozesse haben jeweils einen Bezug zum Kunden.

Prozesse in Unternehmen müssen schnell, kundenorientiert und qualitativ hochwertig ablaufen. Die „Entschlackung" eines häufig als hinderlich (weil zu teuer) empfundenen Verwaltungsapparates (engl. *Overhead*) steht daher oftmals ganz oben auf der Liste des Handlungsbedarfs.

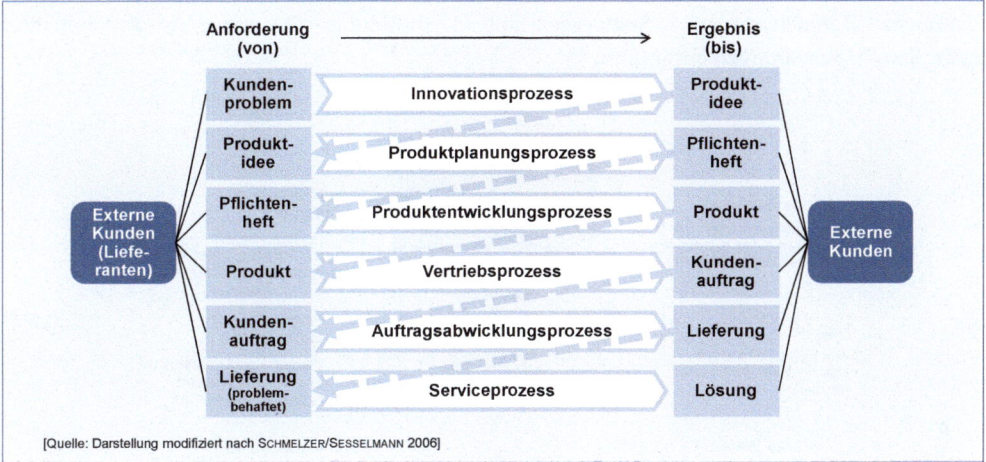

Abb. 4-72:   Geschäftsprozesse in Industrieunternehmen mit Serienprodukten

Vier zentrale Begriffe (die vier „R") sind es, die die Regeln im Umfeld des Business Process Reengineering vorgeben [vgl. SCHNIEDER 2004, S. 234 ff.]:

- Beim **Renew** (Erneuerung) geht es um verbesserte Schulung und organisatorische Einbindung von Mitarbeitern in das Unternehmen. Neue Fähigkeiten sollen erworben und die Motivation der Mitarbeiter verbessert werden.

- **Revitalize** (Revitalisierung) zielt auf die gesamte Überarbeitung und Neugestaltung der Geschäftsprozesse ab. Ziel der Revitalisierung ist die Verbindung der Organisation zu ihrem Wettbewerbsumfeld sowie Wachstum in existierenden Geschäften und Innovation neuer Tätigkeiten.

- Beim **Reframe** (Einstellungsveränderung) sollen herkömmliche Denkmuster abgelegt werden und neue Wege bei der Prozessgestaltung beschritten werden. Neue Visionen und Entschlusskraft stehen hierbei im Vordergrund.

- **Restructure** (Restrukturierung) hat die Neugestaltung bzw. Änderung des Aktivitätenportfolios zum Ziel. Mit der Restrukturierung soll ein wettbewerbsfähiges Niveau finanzieller Performance erreicht werden.

Amerikanische und deutsche Unternehmensberatungen trugen wesentlich dazu bei, das Prozessbewusstsein zu verbreiten. So hat fast jedes Beratungsunternehmen zwischenzeitlich seine eigenen Methoden und Techniken zur Prozessorganisation entwickelt. Es verwundert daher auch nicht, dass sich für ein und dieselbe Idee eine ganze Reihe **synonymer Begriffe** etabliert haben: *Business Process Redesign, Business Reengineering, Process Innovation, Core Process Redesign, Process Redesign* und *Business Engineering*.

Im Gegensatz zu dieser Begriffsvielfalt rund um das *Business Process Reengineering* gibt es aber noch weitere, teilweise ergänzende Ansätze, die sich im „magischen" Dreieck von Qualität, Zeit und Kosten mit etwas anderen Zielsetzungen bei der Prozessbetrachtung bewährt haben [siehe hierzu insbesondere die ausführliche Darstellung bei SCHMELZER/SESSELMANN 2006]. Eine Beschreibung dieser Beratungs- bzw. Managementansätze würde den hier vorgegebenen Rahmen sprengen. Stattdessen sind in Abbildung 4-73 einige Ansätze mit ihrer zentralen Fragestellungen aufgeführt.

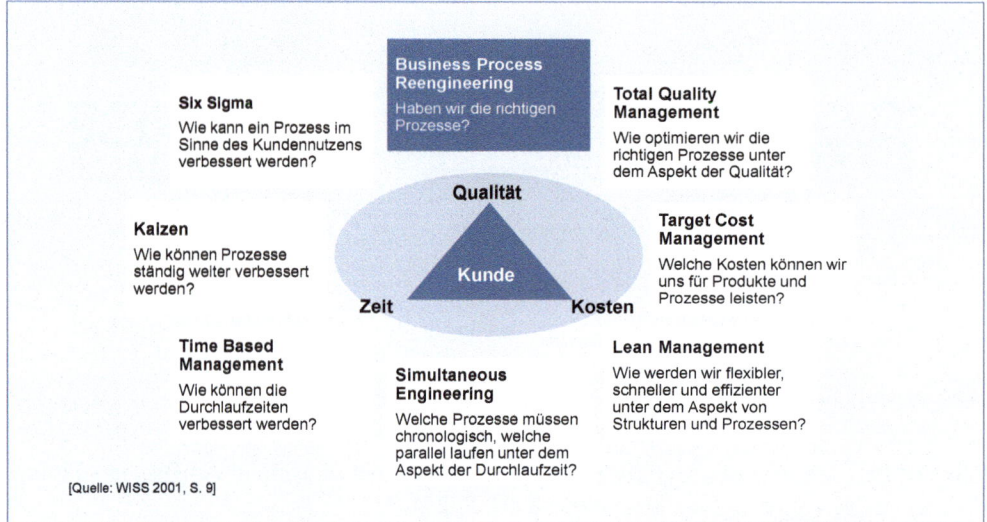

Abb. 4-73:   Beratungsansätze (Auswahl) bei der Prozessgestaltung

Geschäftsprozesse, die zu Prozessketten verknüpft sind und deren Output idealerweise einen höheren Wert für das Unternehmen darstellt als der ursprünglich eingesetzte Input, werden als Wertschöpfungsketten (Wertketten) bezeichnet. Zu den bekanntesten Wertschöpfungsketten zählen:

- CRM (Customer Relationship Management) beschreibt die Geschäftsprozesse zur Kundengewinnung, Angebots- und Auftragserstellung sowie Betreuung und Wartung.

- PLM (Product Lifecycle Management) beschreibt die Geschäftsprozesse von der Produktportfolio-Planung über Produktplanung, Produktentwicklung und Produktpflege bis hin zum Produktauslauf sowie Individualentwicklungen.

- SCM (Supply Chain Management) beschreibt die Geschäftsprozesse vom Lieferantenmanagement über den Einkauf und alle Fertigungsstufen bis zur Lieferung an den Kunden ggf. mit Installation und Inbetriebnahme.

Wichtige Beiträge für die organisatorische Gestaltung der Geschäftsprozesse leisten prozessorientierte ERP-Systeme *(ERP = Enterprise Resource Planning)*. Das bekannteste ERP-System ist SAP R/3, das sowohl in Deutschland als auch international in diesem Anwendungsgebiet Marktführer ist.

Insert 4-04 gibt einen Überblick über die Marktanteile im deutschen ERP-Markt.

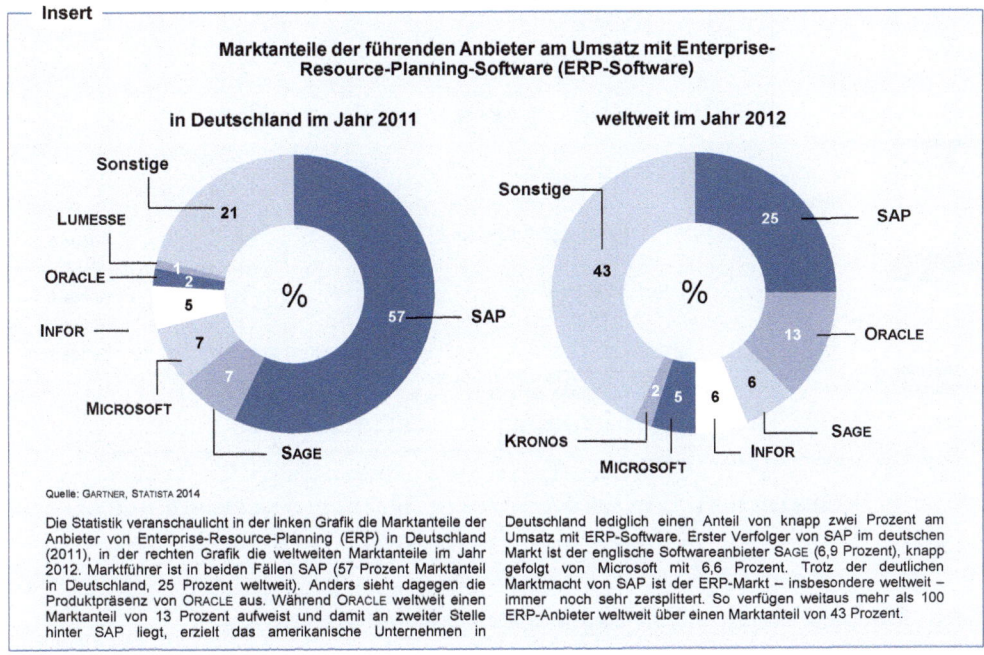

Insert 4-04:   Marktanteile im deutschen ERP-Markt 2008

ERP-Systeme drängen Individualsoftware, die eigens für ein bestimmtes Anwendungsgebiet entwickelt wird, immer stärker zurück. Maßgebend dafür sind die hohen Entwicklungs- und Wartungskosten sowie die mangelnde Portierbarkeit von Individualsoftware über die Unternehmensgrenzen hinaus. ERP-Systeme wurden zunächst nahezu ausschließlich für Großunternehmen konzipiert, heute gewinnen sie auch in mittleren Betrieben zunehmend an Bedeutung.

In Abbildung 4-74 ist der Zusammenhang zwischen internen und externen Informationssystemen skizziert.

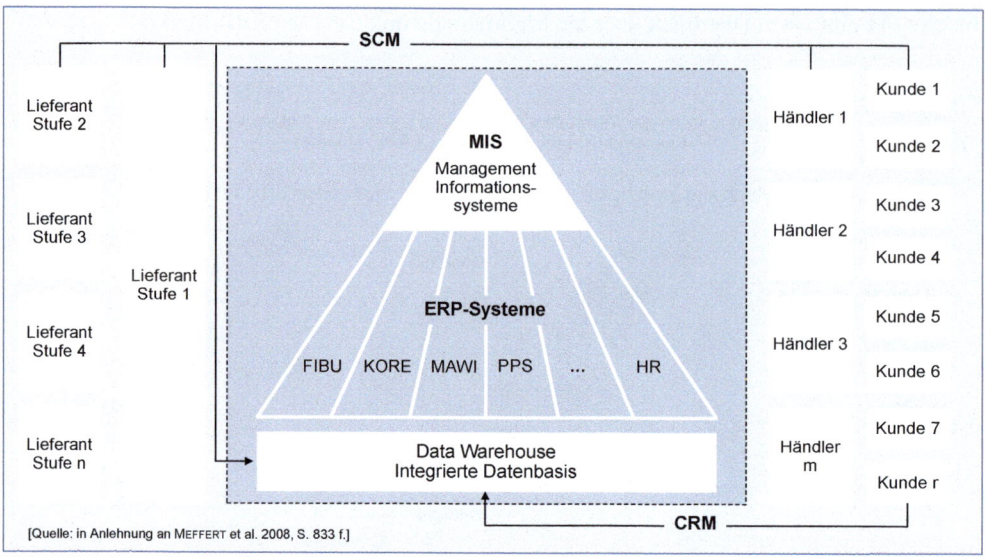

[Quelle: in Anlehnung an MEFFERT et al. 2008, S. 833 f.]

Abb. 4-74:   Zusammenhang zwischen internen und externen Informationssystemen

4.5.6 Modellierungstools im Geschäftsprozessmanagement

Im Rahmen des **Geschäftsprozessmanagements** (engl. *Business Process Management –
BPM*) werden Abläufe in Unternehmen beschrieben, dokumentiert, optimiert und überwacht.
Zur standardisierten Beschreibung von Prozessen werden grafische Modellierungsmethoden
verwendet. Aufgrund des hohen Standardisierungsgrades werden diese Modellierungsmethoden hier den Beratungsprodukten zugeordnet. Sie haben den Vorteil gegenüber mathemati-
schen Beschreibungssprachen, dass sie sich auch für Fachanwender aus betriebswirtschaftlichen Abteilungen leicht erschließen. Modellierungsmethoden geben zur Beschreibung der
Realität eine spezifische Notation vor. Eine **Notation** legt fest, mit welchen Symbolen die
verschiedenen Elemente von Prozessen dargestellt werden, was die Symbole bedeuten und
wie sie kombiniert werden können. Ergebnis der Modellierung sind Prozessmodelle, aus denen sich die betriebswirtschaftliche Bedeutung auch für die sogenannten „business people"
herauslesen lässt [vgl. KOCIAN 2011, S. 5 unter Bezugnahme auf SCHEER 1995, S. 16 und
ALLWEYER 2009, S. 2 ff.].

Die standardisierte Beschreibung von Prozessen hat mehrere Vorteie bzw. Zielsetzungen [vgl. KOCIAN
2011, S. 5]:

- Grafische Prozessmodelle bieten insbesondere fachlichen Anwendern sowie Anwen-
  dungsentwicklern eine grafische Basis für die gemeinsame Kommunikation.

- Prozessdokumentationen lassen zur ISO-Zertifizierung und damit zum Qualitätsmanagement nutzen.

- Die Definition von Abläufen dient dazu, Gesetze und Vorschriften im Rahmen von Com-
  pliance Management (to comply = befolgen) Rechnung zu tragen.

- Schließlich ist es zukünftig vermehrt das Ziel, aus Prozessmodellen ausführbare, d.h. maschinenlesbare Prozesse zu generieren.

Im Folgenden sollen die beiden Notationen **ereignisgesteuerte Prozesskette (EPK)** (das „deutsche" Modell) sowie **Business Process Model and Notation (BPMN)** (das „amerikanische" Modell) als Darstellungsmethoden kurz vorgestellt werden. Beide Methoden haben ein großes Benutzerpotenzial

4.5.6.1 Ereignisorientierte Prozesskette (EPK)

Die EPK-Methode wurde 1992 von einer Arbeitsgruppe unter Leitung von AUGUST-WILHELM SCHEER an der Universität des Saarlandes im Rahmen eines von der SAP finanzierten Forschungsprojektes zur Beschreibung von Geschäftsprozessen entwickelt und in das **ARIS-Framework** (ARIS = Architecture of Integrated Information Systems) integriert [Vgl. SCHEER 1998, S. 20.]

Die Methode beschreibt den logischen Tätigkeitsfluss durch eine Folge von Funktionen und Ereignissen sowie durch logische Operatoren. Insert 4-05 gibt einen Überblick über die Hauptelemente – also Ereignis, Funktion, Organisationseinheit, Informationsobjekt und Operatoren – der EPK-Notation.

Insert ─

Notationselemente der ereignisgesteuerten Prozessketten (EPK)

Ereignis		Organisationseinheit
Funktion		Informationsobjekt
XOR-Verknüpfung		Kontrollfluss
OR-Verknüpfung		Datenfluss / Zuordnung
AND-Verknüpfung		Prozessschnittstelle

Ein Ereignis, z.B. „Kundenanfrage erfasst", ist auf einen Zeitpunkt bezogen und wird durch Sechsecke dargestellt. Funktionen sind fachliche Aufgaben bzw. Tätigkeiten zur Unterstützung eines oder mehrerer Unternehmensziele. Sie werden durch Rechtecke mit abgerundeten Ecken dargestellt. Ereignisse lösen Funktionen aus und sind Ergebnisse von Funktionen. Durch das Hintereinanderschalten dieses Ereignis-Funktionswechsels entsteht die sogenannte ereignisgesteuerte Prozesskette (EPK). Um Verzweigungen und Bearbeitungsschleifen in einer EPK darstellen zu können, werden Konnektoren verwendet. Diese definieren die logischen Verknüpfungen der Objekte.

Prozessschnittstellen am Anfang und am Ende der EPK verweisen auf vor- und nachgelagerte Prozesse. Organisationseinheiten führen Funktionen aus. Informationsobjekte liefern den Dateninput oder stellen Datenoutput für Funktionen dar. Der Schwerpunkt der EPK-Methode liegt auf der Abbildung des Kontrollflusses, der beschreibt, in welcher logischen Reihenfolge Funktionen und Vorgänge ausgeführt werden sollen. Es können sequentielle, parallele, alternative und zusammenführende Wege mit logischen Verknüpfungen bestehen.
[Quelle: KOCIAN 2011, S. 22]

Insert 4-05:   Notationselemente der ereignisgesteuerten Prozessketten (EPK)

4.5.6.2 Business Process Model and Notation (BPMN)

Business Process Model and Notation (BPMN 2.0) wurde in der Version 2.0 offiziell im Januar 2011 durch die Object Management Group (OMG) veröffentlicht. Entwickelt wurde die „Business Process Modeling Notation" (Bezeichnung bis zur Version 1.2) maßgeblich von Stephen A. White, einem Mitarbeiter von IBM.BPMN ist eine sogenannte Spezifikation, die von der Webseite der OMG kostenfrei heruntergeladen werden kann (Open Source). Die Spezifikation zur BPMN definiert alle Symbole sowie die Regeln, nach denen sie kombiniert werden dürfen, um graphische Prozessmodelle zu erstellen. Sie regelt damit Syntax und Semantik. Die Syntax ist das System an Regeln, wie die Symbole kombiniert werden dürfen. Die Semantik legt die Bedeutung von Symbolen und ihren Beziehungen fest [vgl. KOCIAN 2011, S. 6].

Die grafischen Elemente der BPMN werden eingeteilt in

- **Flow Objects** – die Knoten (Activity, Gateway und Event) in den Geschäftsprozessdiagrammen
- **Connecting Objects** – die verbindenden Kanten in den Geschäftsprozessdiagrammen
- **Pools und Swimlanes** – die Bereiche, mit denen Aktoren und Systeme dargestellt werden
- **Artifacts** – weitere Elemente wie *Data Objects*, *Groups* und *Annotations* zur weiteren Dokumentation.

Eine entsprechende Übersicht über die grafischen Elemente der BPMN-Methode liefert Insert 4-06.

Insert

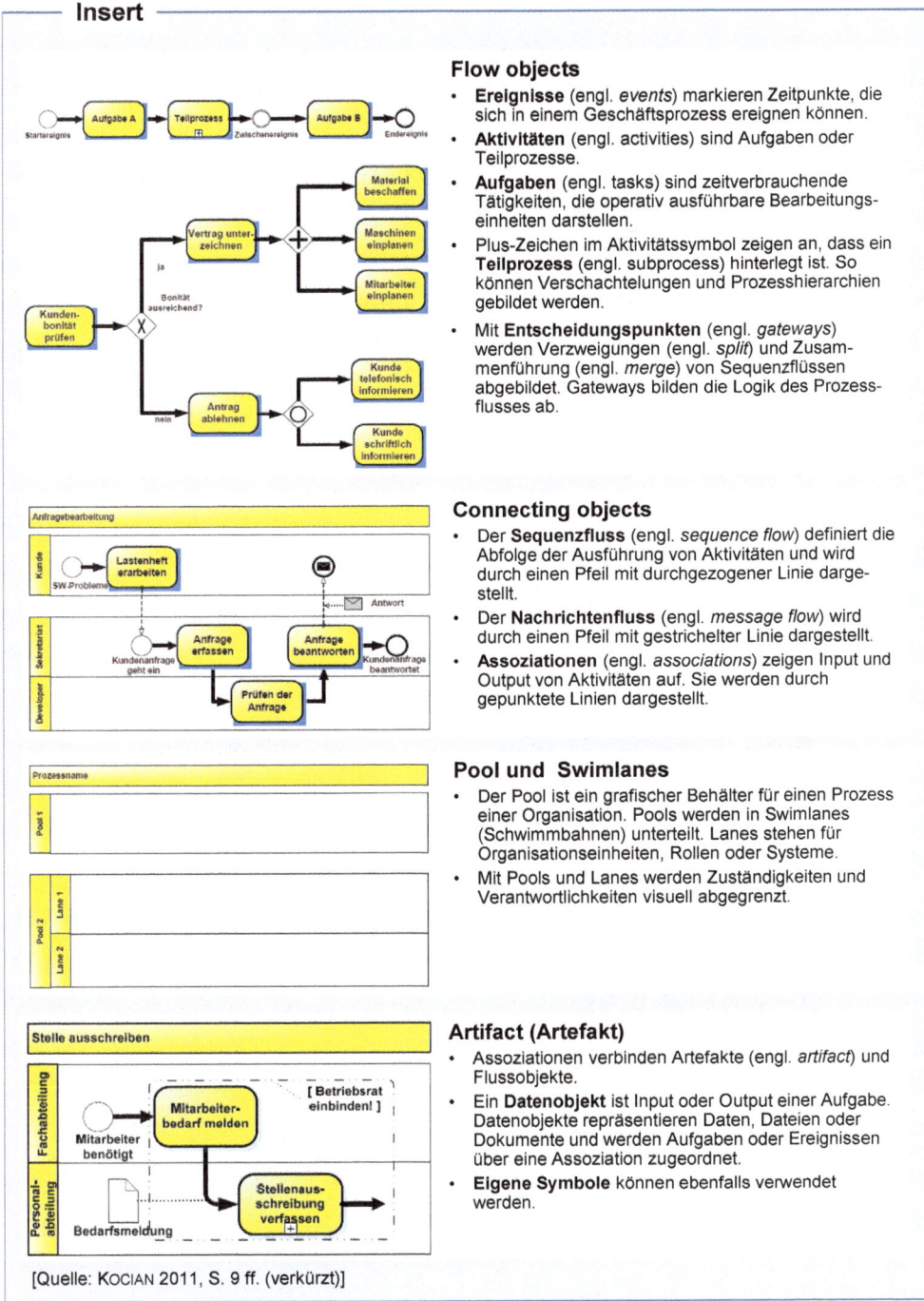

Flow objects

- **Ereignisse** (engl. *events*) markieren Zeitpunkte, die sich in einem Geschäftsprozess ereignen können.
- **Aktivitäten** (engl. activities) sind Aufgaben oder Teilprozesse.
- **Aufgaben** (engl. tasks) sind zeitverbrauchende Tätigkeiten, die operativ ausführbare Bearbeitungseinheiten darstellen.
- Plus-Zeichen im Aktivitätssymbol zeigen an, dass ein **Teilprozess** (engl. subprocess) hinterlegt ist. So können Verschachtelungen und Prozesshierarchien gebildet werden.
- Mit **Entscheidungspunkten** (engl. *gateways*) werden Verzweigungen (engl. *split*) und Zusammenführung (engl. *merge*) von Sequenzflüssen abgebildet. Gateways bilden die Logik des Prozessflusses ab.

Connecting objects

- Der **Sequenzfluss** (engl. *sequence flow*) definiert die Abfolge der Ausführung von Aktivitäten und wird durch einen Pfeil mit durchgezogener Linie dargestellt.
- Der **Nachrichtenfluss** (engl. *message flow*) wird durch einen Pfeil mit gestrichelter Linie dargestellt.
- **Assoziationen** (engl. *associations*) zeigen Input und Output von Aktivitäten auf. Sie werden durch gepunktete Linien dargestellt.

Pool und Swimlanes

- Der Pool ist ein grafischer Behälter für einen Prozess einer Organisation. Pools werden in Swimlanes (Schwimmbahnen) unterteilt. Lanes stehen für Organisationseinheiten, Rollen oder Systeme.
- Mit Pools und Lanes werden Zuständigkeiten und Verantwortlichkeiten visuell abgegrenzt.

Artifact (Artefakt)

- Assoziationen verbinden Artefakte (engl. *artifact*) und Flussobjekte.
- Ein **Datenobjekt** ist Input oder Output einer Aufgabe. Datenobjekte repräsentieren Daten, Dateien oder Dokumente und werden Aufgaben oder Ereignissen über eine Assoziation zugeordnet.
- **Eigene Symbole** können ebenfalls verwendet werden.

[Quelle: KOCIAN 2011, S. 9 ff. (verkürzt)]

Insert 4-06:   Basiselemente der BPMN 2.0

In Insert 4-07 ist ein einfaches Anwendungsbeispiel „Auftragsbearbeitung" mit beiden Methoden grafisch dargestellt.

Insert

Anwendungsbeispiel „Auftragsbearbeitung" mit EPK und BPMN (Vergleich)

Nachdem der Auftrag eingegangen ist, wird dieser analysiert. Durch die Analyse wird entschieden, ob der Auftrag entweder angenommen oder abgelehnt wird. Der Fall der Ablehnung wird im Ablauf nicht weiter verfolgt. Ist der Auftrag angenommen, erfolgt die Prüfung des Lagerbestandes. Befinden sich die Produkte auf Lager, kann sofort mit der Versendung der Produkte begonnen werden. Befinden sich die Produkte nicht auf Lager, so muss Rohmaterial eingekauft werden und parallel dazu ein Produktions-plan erstellt werden. Sind die Rohmaterialien verfügbar und der Produktionsplan erstellt, so kann mit der Fertigung begonnen werden. Wenn die Produkte gefertigt sind bzw. schon im Lager vorhanden waren, werden diese versendet. Danach erfolgt die Versendung der Rechnung. Anschließend wird überprüft, ob noch offene Rechnungen vorhanden sind. Diese Prüfung kann sowohl positiv als auch negativ ausfallen. Wenn die Zahlung erfolgt, ist der Prozess komplett.

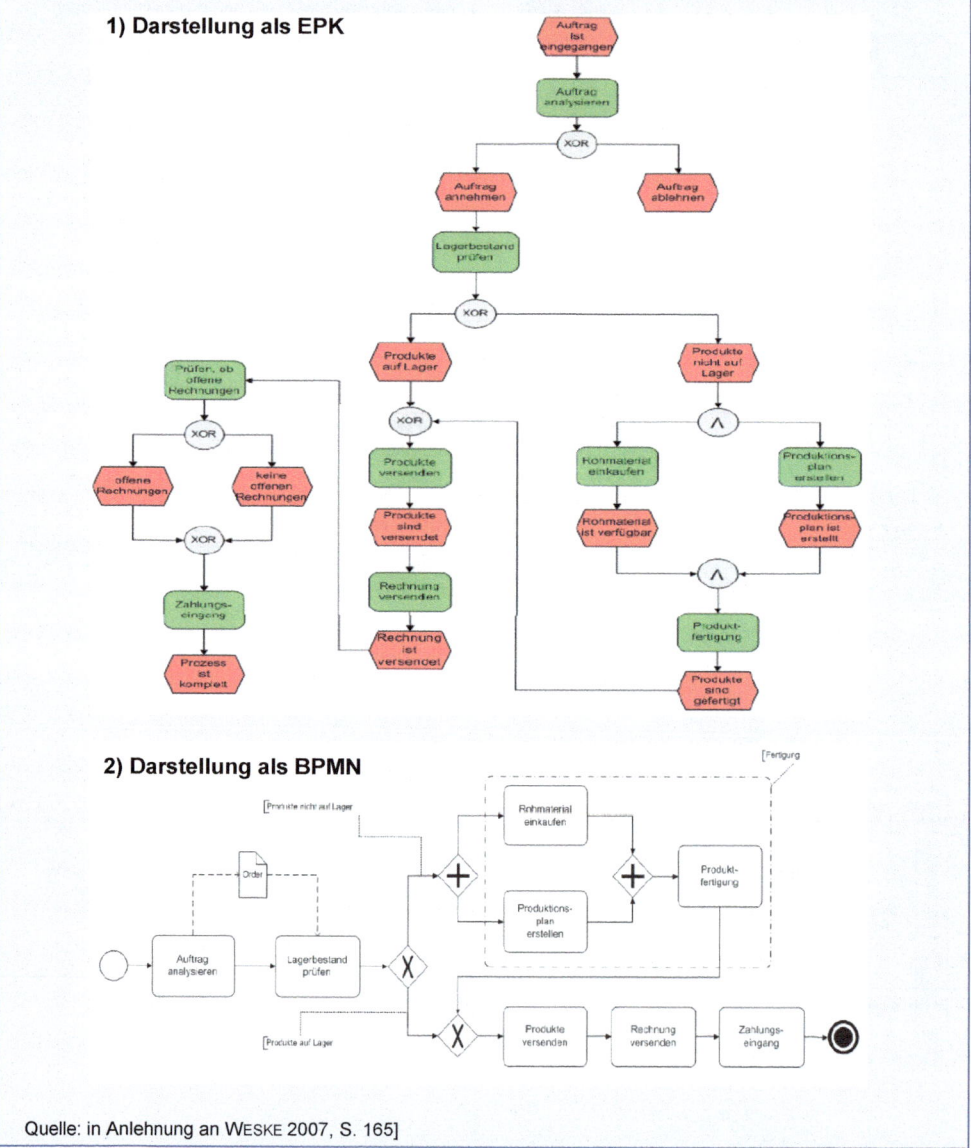

1) Darstellung als EPK

2) Darstellung als BPMN

Quelle: in Anlehnung an WESKE 2007, S. 165]

Insert 4-07:   Anwendungsbeispiel „Auftragsbearbeitung" mit EPK und BPMN (Vergleich)

Einen ausführlichen Vergleich der beiden Methoden hat CLAUDIA KOCIAN anhand folgender Kriterien vorgenommen [vgl. KOCIAN 2011, S. 25 ff.]:

- Ziel und Anspruch der Methode
- Verbreitung und Standardisierung der Methode
- Erlernbarkeit und Akzeptanz der Methode.

Ziel und Anspruch. Zielsetzung der EPK-Methode ist es, im Rahmen des Fachkonzeptes und der Anforderungsanalyse Prozessketten grafisch darzustellen. Der Schwerpunkt der EPK-Methode liegt auf der Abbildung des Kontrollflusses von Prozessen, der beschreibt, in welcher logischen Reihenfolge Vorgänge ausgeführt werden sollen. Die erste Ordnungsdimension ist die logische Abfolge der Funktionen. Organisationseinheiten werden als ausführende Verantwortliche den Funktionen zugeordnet. Die BPMN-Methode verwendet dagegen als erste Ordnungsdimension die Organisationseinheiten in Form der Swimlanes. Diesen Swimlanes werden dann die Aktivitäten bzw. Funktionen zugeordnet, die durch Sequenz- oder Nachrichtenflüsse verbunden werden. Die EPK-Methode wurde zur Zeit der monolithischen ERP-Systeme entwickelt und unterstützt vor allem unternehmensinterne Prozesse sehr gut. Unternehmensübergreifende, d. h. kollaborative Prozesse können durch den fehlenden Nachrichtenfluss schlecht abgebildet werden. Die BPMN-Methode bietet hier mehrere Modellierungsmöglichkeiten durch den Nachrichtenfluss zwischen Lanes in Business Process Diagrammen oder durch weitere Diagrammtypen wie Choreographiediagramm.

Verbreitung und Standardisierung. Die EPK-Methode hat sich in der Unternehmenspraxis im deutschsprachigen Raum als federführende Methode zur grafischen Modellierung von Prozessen etabliert. Zwar konnte sie sich nicht als formeller Standard durchsetzen, kann aber als wichtiger und angesehener de-facto-Standard betrachtet werden. Sicherlich hat die modellgestützte Konfiguration des SAP R/3-Systems zu ihrer schnellen Verbreitung in der Wirtschaftspraxis geführt. Dadurch liegen zahlreiche Prozessreferenzmodelle in Form der EPK vor. Mit der Übernahme durch die Object Management Group (OMG) im Jahre 2005 gewann die BPMN erstmals an Aufmerksamkeit, da die Unterstützung durch ein weltweit wirkendes Standardisierungsgremium ein wichtiger Erfolgsfaktor für eine Methode ist. Die Übernahme der BPMN durch die OMG ist ein Zeichen für die Relevanz einer industriellen und weltweiten Standardisierung im Bereich der Prozessbeschreibung. Die OMG hat mittlerweile 800 Mitglieder und entwickelt international anerkannte Standards. Die Standardisierung hat zahlreiche Veröffentlichungen in der Wissenschaft sowie Projekte in vielen Unternehmen bewirkt [vgl. GADATSCH 2008, S. 96 ff. und 202 ff.].

Erlernbarkeit und Akzeptanz. Die EPK-Methode ist leicht erlernbar und eignet sich gut für die Erstellung und Diskussion von Prozessmodellen zwischen Mitarbeitern von Fachabteilungen und IT-Spezialisten. Sie ist in unterschiedlichen Schwierigkeitsstufen darstellbar und verwendbar. Die EPK-Methode unterscheidet nicht streng zwischen Leistungs-, Kontroll- oder Nachrichtenfluss. Diese Vereinfachungen haben zur Akzeptanz der Methode beigetragen. BPMN umfasst in der Version 2.0 mehr als 100 Modellierungselemente. Dadurch verleitet BPMN zum überdetaillierten Modellieren. Eine Folge des großen Symbolumfangs und der daraus resultierenden Modelle ist, dass die entstehenden Modelle umfangreich und schwer verständlich sind. Auch der Leser des Modells benötigt die Legende für die Bedeutung der

Symbole. Dies widerspricht der Zielsetzung von semantischen Modellen: grafische Darstellung sollen anschaulich sein und das Verständnis des betriebswirtschaftlichen Sachverhalts erleichtern. Auch existieren kritische Stimmen zur Benutzerfreundlichkeit von BPMN [vgl. ALLWEYER 2010 und SCHEER 1998, S. 18 ff.].

Fazit: Während das BPMN-Modell eine *effektivere* Anwendung zulässt, steht beim EPK-Modell die Anwender*freundlichkeit* im Vordergrund.

4.6 Beratungstechnologien zur Implementierung

Die letzte Phase eines typischen Beratungsprozesses ist die *Implementierungsphase*, die sich aus den Prozessschritten *Realisierung/Umsetzung* und *Evaluierung/Kontrolle* zusammensetzt. Die Beratungstechnologien, die dem Berater für diese Phase zur Verfügung stehen, lassen sich demnach in *Projektmanagement- und Qualitätsmanagement-Tools sowie in Tools zur Evaluierung* unterteilen. Obgleich diese Tools grundsätzlich *allen* Phasen des Beratungsprozesses zuzuordnen sind, sollen sie hier im Rahmen der Implementierungs- bzw. Realisierungsphase einer Problemlösung behandelt werden.

4.6.1 Projektmanagement-Tools

Das Projektmanagement befasst sich allgemein mit der Planung, Steuerung und Kontrolle von Projekten und ist damit eine zentrale Aktivität im Beratungsgeschäft. Somit sind Tools für das Projektmanagement zu wertvollen Instrumenten für jeden Projektmanager geworden. Mit ihrer Hilfe lassen sich Projekte so strukturieren, dass der Projektfortschritt jederzeit abrufbar ist und die individuellen Fortschritte aller Projektbeteiligten dokumentiert werden können. Verzögerungen und/oder Budgetüberschreitungen werden rechtzeitig sichtbar gemacht, so dass geeignete Gegenmaßnahmen eingeleitet werden können.

Angesichts der Vielzahl der zur Verfügung stehenden Projektmanagement-Tools, die von verschiedensten Unternehmen angeboten werden, soll hier jedoch auf eine Einzeldarstellung verzichtet werden. Stattdessen sollen im Folgenden ein weit verbreiteter methodischer Ansatz (PRINCE2) sowie eine Systematik (PMBoK), die eine *„Zusammenfassung des Wissens der Fachrichtung Projektmanagement"* enthält, herausgegriffen werden, um den derzeitigen Stand der Projektmanagement-Anwendung und -Forschung skizzieren zu können. In einem weiteren Unterabschnitt werden sodann noch einige wesentliche Aspekte aus der täglichen Projektmanagement-Praxis beleuchtet. Zuvor sollen aber die Projektmanagement-Phasen im Projektablauf kurz besprochen werden.

4.6.1.1 Phasen im Projektmanagement

Der Prozess der Erstellung von Beratungsleistungen kann in einem Phasenablauf abgebildet werden, der von der Zusammenarbeit und Kommunikation zwischen Beratern und Mitarbeitern des Kundenunternehmens in einem Beratungsumfeld bestimmt wird. Diesen Ablauf unterstützt das Projektmanagement zeitlich und methodisch in den einzelnen Phasen. Ebenso wie man den Ablauf eines Projektes (also das *Was*) als Phasenmodell darstellen kann, so lässt sich auch das Projektmanagement (also das *Wie*) als Phasenablauf beschreiben.

Abbildung 4-75 liefert eine grafische Übersicht über die Ablaufphasen im Management von Beratungsprojekten. Unterstützt werden die einzelnen Phasen von projektbegleitenden und projektübergreifenden Maßnahmen wie Qualitäts-, Vertrags-, Risiko-, Änderungs- und Informationsmanagement.

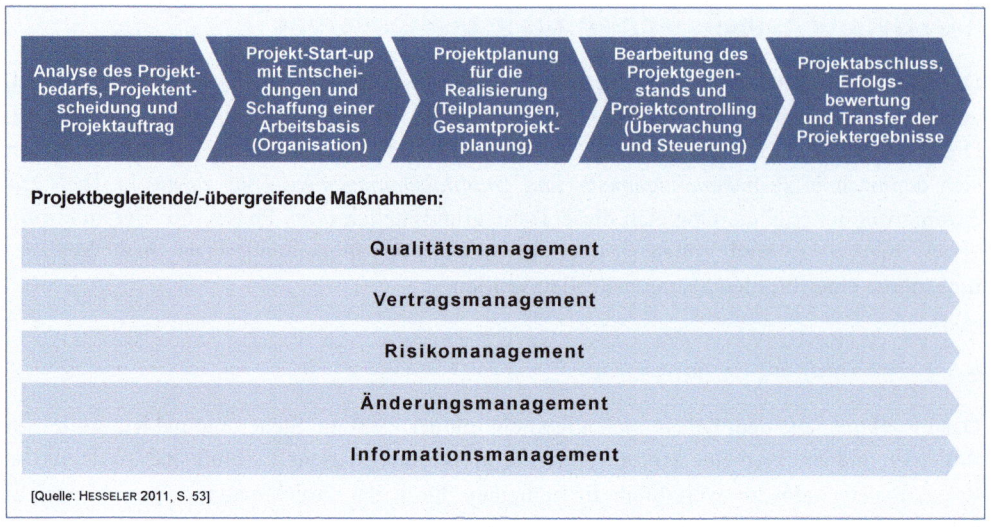

Abb. 4-75:   Ablaufphasen im Management von Beratungsprojekten

4.6.1.2 PRINCE2

PRINCE2 *(Projects in Controlled Environments)* ist eine der bekanntesten und am weitesten verbreiteten Projektmanagement-Methoden. So wurden bis Ende 2010 mehr als 750.000 PRINCE2-Zertifikate ausgestellt, davon allein 500.000 in Europa. In Großbritannien, wo die Methode 1989 mit dem Namen PRINCE im Auftrag der Regierung speziell für IT-Projekte entwickelt und 1996 als allgemeine Management-Methode mit der Bezeichnung PRINCE2 veröffentlicht wurde, hat sie sich zum De-facto-Standard für das Projektmanagement entwickelt. Die Weiterentwicklung der Methode erfolgt nach dem *Best-Practice*-Gedanken. Eigentümer der Methode ist das Office of Government Commerce (OGC), das auch die Akkreditierung für Prince2-Schulungsanbieter vornimmt. Die Verwendung der Methode steht jedem frei [vgl. OGC 2013].

PRINCE2 ist ein prozessorientiertes Vorgehensmodell innerhalb eines strukturierten Rahmens (engl. *Framework*), das den Mitgliedern des Projektmanagementteams konkrete Handlungsempfehlungen für jede Projektphase liefert. Es besteht aus vier integrierten Bausteinen [vgl. OGC 2009, S. 11 ff.]:

- **Sieben Grundprinzipien**, die das Fundament der Methode bilden und daher nicht verändert werden dürfen;

- **Sieben Themen**, die auch als Wissensbereiche zu verstehen sind und jene Aspekte des Projektmanagements beschreiben, die bei der Abwicklung eines Projekts kontinuierlich behandelt werden müssen;

- **Sieben Prozesse**, die alle Aktivitäten definieren, die für das erfolgreiche Lenken, Managen und Liefern eines Projekts erforderlich sind;

- **Anpassung an die Projektumgebung**, die als standardisierter Baustein deshalb erforderlich ist, weil PRINCE2 in allen Projekten (unabhängig von Größe und Branche) angewendet werden kann.

Abbildung 4-76 zeigt die vier integrierten PRINCE2-Bausteine im Zusammenhang.

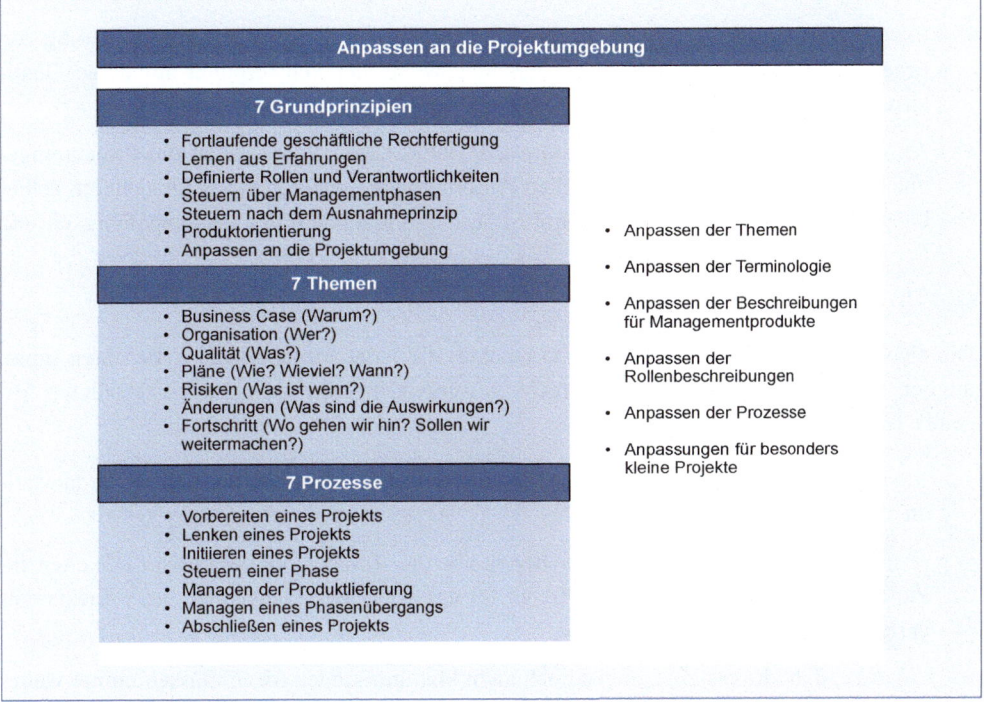

Abb. 4-76: Die vier integrierten Bausteine von PRINCE2

(1) Grundprinzipien

Die sieben Grundprinzipien, auf denen die gesamte Philosophie von PRINCE2 aufbaut, lassen sich wie folgt zusammenfassen [vgl. OGC 2009, S. 11 ff.]:

- **Fortlaufende geschäftliche Rechtfertigung**, d. h. ein PRINCE2-Projekt dokumentiert seine Rechtfertigung in einem Business Case, der während der Projektlaufzeit seine Gültigkeit behalten muss.

- **Lernen aus Erfahrungen**, d. h. während der gesamten Laufzeit eines PRINCE2-Projekts werden Erfahrungswerte gesammelt, aufgezeichnet und in diesem sowie in späteren Projekten umgesetzt.

- **Definierte Rollen und Verantwortlichkeiten**, d. h. ein PRINCE2-Projekt hat definierte und vereinbarte Rollen und Verantwortlichkeiten innerhalb einer Organisationsstruktur, in der die Interessen des Unternehmens, der Benutzer und der Lieferanten vertreten sind.

- **Steuern über Managementphasen**, d. h. die Planung, Überwachung und Steuerung eines PRINCE2-Projektes ist nach Phasen gegliedert.

- **Steuern nach dem Ausnahmeprinzip**, d. h. ein PRINCE2-Projekt definiert für jedes Projektziel bestimmte Toleranzen, die den Handlungsrahmen für delegierte Befugnisse festlegen, so dass bei Überschreiten der Toleranzgrenzen unverzüglich die nächst höhere Managementebene informiert wird und über das weitere Vorgehen entscheiden kann.

- **Produktorientierung**, d. h. ein PRINCE2-Projekt ist auf die Definition und Lieferung von Ergebnissen (=Projekt*produkte*) ausgerichtet, wobei der Schwerpunkt auf deren Qualitätsanforderungen liegt.

- **Anpassen an die Projektumgebung**, d. h. PRINCE2 wird jeweils an die Projektumgebung angepasst, um auf die speziellen Anforderungen eines Projekts hinsichtlich seiner Umgebung, des Umfangs, der Komplexität, der Wichtigkeit, der Leistungsfähigkeit und des Risikos eingehen zu können.

(2) Themen

Die sieben PRINCE2-Themen behandeln Aspekte, die jeder Projektmanager beachten muss, um den Anforderungen seiner Rolle gerecht zu werden. Im Einzelnen handelt es sich um folgende Themen [vgl. OGC 2009, S. 19]:

- **Business Case**, d. h. am Anfang des Projekts steht eine Idee, von der sich die Organisation einen bestimmten Nutzen erhofft.

- **Organisation**, d. h. dieses Thema beschreibt die Rollen und Verantwortlichkeiten im PRINCE2-Managementteam, das befristet für das effektive Management des Projekts eingerichtet wird.

- **Qualität**, d. h. die ersten, zumeist noch nicht klar umrissenen Ideen müssen immer weiter ausgearbeitet werden, bis allen Teilnehmern klar ist, welche Qualitätskriterien die zu liefernden Produkte erfüllen müssen.

- **Pläne**, d. h. dieses Thema beschreibt als Ergänzung zum Thema Qualität die einzelnen Schritte zur Planentwicklung und die anzuwendenden PRINCE2-Techniken. Dabei werden die Pläne an die unterschiedlichen Informationsbedürfnisse der Mitarbeiter auf den verschiedenen Hierarchiestufen der Organisation angepasst.

- **Risiken**, d. h. dieses Thema beschäftigt sich damit, wie das Projektmanagement mit den Unsicherheiten in den Plänen und der sonstigen Projektumgebung umgeht.

- **Änderungen**, d. h. hier geht es darum, wie das Projektmanagement offene Punkte und Änderungsanträge bewertet und behandelt, die potenziell Auswirkungen auf das Projekt haben können.

- **Fortschritt**, d. h. dieses Thema befasst sich mit der fortlaufenden Kontrolle der Durchführbarkeit der Pläne und somit im Endeffekt um die Frage, ob und wie das Projekt fortgeführt werden soll.

(3) Prozesse

Den eigentlichen Kern eines jeden Projektes bilden **sieben Prozesse**. Sie definieren die Aktivitäten, die für das erfolgreiche Lenken, Managen und Liefern eines Prozesses erforderlich sind:

- Vorbereiten eines Projekts
- Initiieren eines Projekts
- Lenken eines Projekts
- Managen eines Phasenübergangs
- Steuern einer Phase
- Managen der Produktlieferung
- Abschließen eines Projekts.

Wichtig ist nun die Trennung der o.a. sieben Prozesse von den **Projektphasen** (engl. *Stages*). Eine Phase besteht aus mehreren Prozessen. Ein PRINCE2-Projekt muss aus mindestens zwei Phasen bestehen: der *Initiierungsphase* und mindestens einer *Managementphase* (Ausführungsphase). Die Initiierungsphase besteht aus den Prozessen *Initiieren eines Projekts* und *Managen eines Phasenübergangs*, eine Managementphase aus den Prozessen *Steuern einer Phase*, *Managen der Produktlieferung* und *Managen eines Phasenübergangs*. Wenn die Managementphase die letzte ist, wird der Prozess *Managen eines Phasenübergangs* durch den Prozess *Abschließen eines Projekts* ersetzt. Der Prozess *Lenken eines Projekts* bezieht sich auf die gesamte Projektdauer. Typische Managementphasen eines Projekts können z. B. eine „Konzeptphase" und eine „Implementierungsphase" sein. Abbildung 4-77 verdeutlicht diesen Zusammenhang [vgl. OGC 2009, S. 131 ff.].

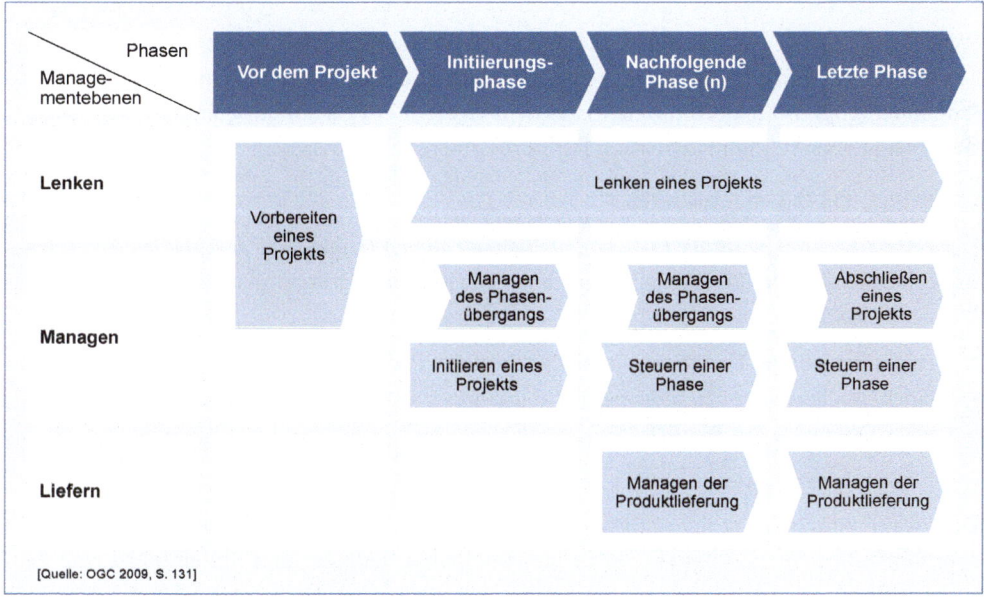

[Quelle: OGC 2009, S. 131]

Abb. 4-77:   Diagramm zu PRINCE2-Prozessen

Es mag etwas irritierend sein, dass immer wieder der Begriff „Produktlieferung" verwendet wird. Das liegt daran, dass PRINCE2 nach dem Grundprinzip der *Produktorientierung* arbeitet. Ein Produkt kann ein körperlicher Gegenstand wie ein Dokument oder ein eher immaterieller Gegenstand wie ein Dienstleistungsvertrag sein. Tatsächlich dienen die von der Methode PRINCE2 definierten Produkte zur Steuerung des Projektes; es sind also „Managementprodukte". Die Aktivitäten bspw. des Prozesses *Managen der Produktlieferung* sind *Arbeitspaket annehmen*, *Arbeitspaket ausführen* und *Arbeitspaket abliefern* [vgl. OGC 2009, S. 2007 ff.].

Der wesentliche **Vorteil** der Methode liegt darin, dass sie für einen kontrollierten Start, Verlauf und Ende von Projekten sorgt, die sich zudem durch ein einheitliches Vorgehen, einheitliches Vokabular und einheitliche Dokumente auszeichnen.

Als besondere **Schwäche** – insbesondere bei kleineren Projekten – wird der hohe Dokumentenballast der Methode angeführt, der zu einem überproportional hohen Anteil an den Projektmanagementkosten führen kann.

4.6.1.3 PMBoK

Der **Project Management Body of Knowledge (PMBoK)** ist ein international weit verbreiteter Projektmanagement-Standard. Er wird vom amerikanischen Project Management Institute (PMI) herausgegeben und unterhalten. Seit der Erstausgabe von 1987 wurde PMBoK in unregelmäßigen Abständen neue Versionen veröffentlicht. Die fünfte und jüngste Version erschien im Januar 2013 und bildet die Grundlage aller PMBoK-Zertifizierungsprüfungen. Vom *Guide to the Project Management Body of Knowledge* wurden über 3,5 Millionen Exemplare verkauft [vgl. PMI 2013].

PMBoK beschäftigt sich mit der Anwendung von Fachwissen, Fertigkeiten, Werkzeugen und Techniken, um Projektanforderungen zu erfüllen, und sieht sich als umfassende Wissenssammlung (engl. *Body of Knowledge*) auf dem Gebiet des Projektmanagements. Der PMBoK Guide ist in drei Abschnitte unterteilt [vgl. PMI 2004, S. 9 und 41]:

(1) Projektmanagementrahmen

Der erste Abschnitt wird als *Projektmanagementrahmen* (engl. *Project Management* Framework) bezeichnet. Der Projektmanagementrahmen bietet eine Grundstruktur zum Verständnis des Projektmanagements mit

- einer allgemeinen Einführung in die Struktur des PMBoK Guide,
- einer Beschreibung der allgemeine Projektorganisation sowie
- einer Definition des Begriffs "Projektlebenszyklus".

(2) Projektlebenszyklus

Der zweite Abschnitt ist der *Standard für das Projektmanagementsystem eines Projekts* mit dem fünfstufigen **Projektlebenszyklus** im Mittelpunkt. Jede der fünf Stufen bildet eine **Prozessgruppe**:

- Die **Initiierungsprozessgruppe** definiert das Projekt oder eine Projektphase und gibt diese frei.

- Die **Planungsprozessgruppe** legt die Ziele fest, verfeinert diese und plant den Ablauf von Handlungen, die erforderlich sind, um die Ziele inhaltlich und umfänglich zu erreichen.

- Die **Ausführungsprozessgruppe** integriert das Personal und weitere Einsatzmittel, um den Projektmanagementplan für das Projekt auszuführen.

- Die **Überwachungs- und Steuerungsprozessgruppe** misst und überwacht regelmäßig den Fortschritt, um Abweichungen vom Projektmanagementplan zu identifizieren, so dass gegebenenfalls notwendige Korrekturmaßnahmen eingeleitet werden können, um die Projektziele einzuhalten.

- Die **Abschlussprozessgruppe** bestätigt formell die Abnahme des Produkts, der Dienstleistung oder des Ergebnisses und bringt das Projekt oder eine Projektphase zu einem ordnungsgemäßen Abschluss.

(3) Wissensgebiete im Projektmanagement

Der dritte Abschnitt befasst sich mit den *Wissensgebieten im Projektmanagement*. Es handelt sich dabei um insgesamt neun Wissensgebiete (engl. *Knowledge Areas*), auf die insgesamt 44 Managementprozesse verteilt werden:

- Integrationsmanagement (engl. *Integration Management*) in Projekten
- Inhalts- und Umfangsmanagement (engl. *Scope Management*) in Projekten
- Termin- bzw. Zeitmanagement (engl. *Time Management*) in Projekten
- Kostenmanagement (engl. *Cost Management*) in Projekten
- Qualitätsmanagement (engl. *Quality Management*) in Projekten
- Personalmanagement (engl. *Human Resources Management*) in Projekten
- Kommunikationsmanagement (engl. *Communications Management*) in Projekten
- Risikomanagement (engl. *Risk Management*) in Projekten
- Beschaffungsmanagement (engl. *Procurement Management*) in Projekten

Abbildung 4-78 liefert eine Zuordnung der einzelnen Prozesse zu den neun Wissensgebieten.

Um den Unterschied zwischen Prozessgruppen und Managementprozessen, die zu Wissensgebieten zusammengefasst werden, zu verdeutlichen, wird in Abbildung 4-79 als Beispiel das Wissensgebiet *Inhalts- und Umfangsmanagement* herangezogen. Das Wissensgebiet besteht aus fünf Managementprozessen. Davon zählen drei Prozesse zur Planungsprozessgruppe und zwei Prozesse zur Überwachungs- und Steuerungsprozessgruppe. Das Beispiel macht deutlich, dass Prozessgruppen nicht dasselbe sind wie Prozessphasen. Prozessgruppen werden – im Gegensatz zu Phasen – mehrfach durchlaufen. Prozessgruppen sollen der Garant dafür sein, dass das Projektmanagement sachgerecht durchgeführt wird. Sie stellen die schnelle Identifizierung von Fokuspunkten in einem gegebenen Projekt zu einem festgelegten Zeitpunkt während des Projektlebenszyklus sicher und führen dadurch zu den richtigen und benötigten Projektmanagementprozessen [vgl. SNIJDERS et al. 2011, S. 48 und 70].

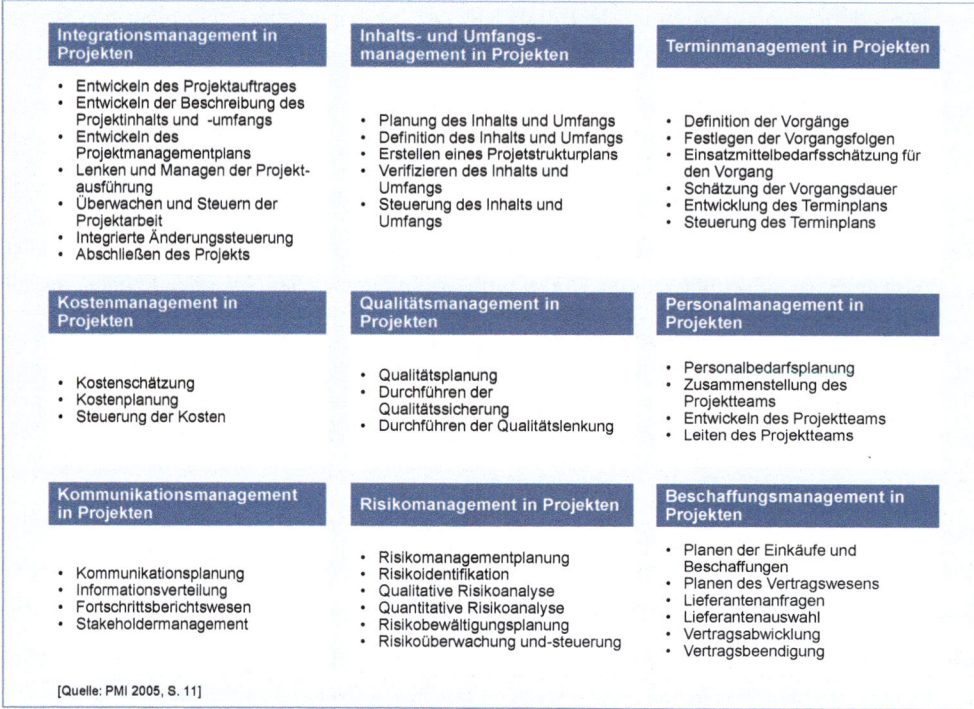

Abb. 4-78:   Die neun Wissensgebiete und zugehörige Prozesse von PMBoK

Stellt man die Stärken und Schwächen von PMBoK gegenüber, so lässt sich auf der **Haben-seite** feststellen, dass es dem verantwortlichen Projektmanagement sämtliche Werkzeuge, Techniken und Verfahren zur Verfügung stellt, die es über den gesamten Lebenszyklus eines Projekts hinweg benötigt. Damit ist zugleich aber auch die entscheidende **Schwäche** von PMBoK angesprochen: Der Ansatz ist zu komplex für kleine Projekte.

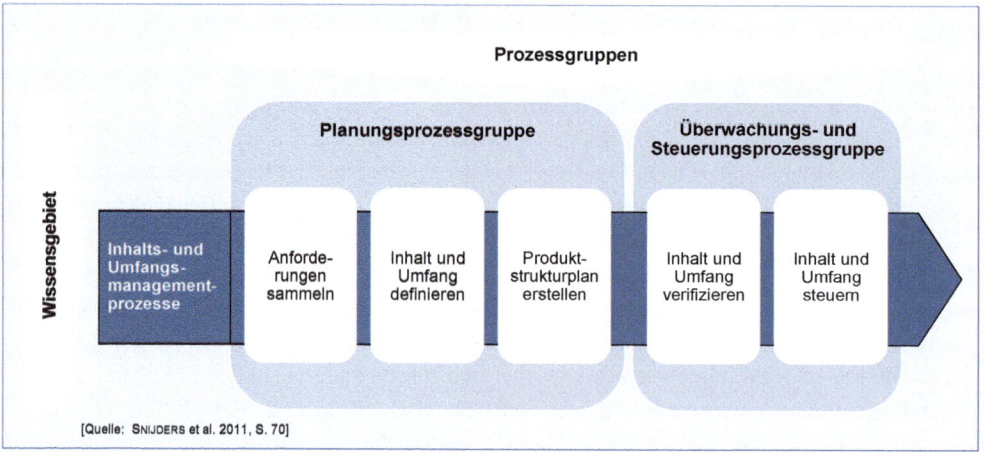

Abb. 4-79:   Überblick der Inhalts- und Umfangsmanagementprozesse

4.6.1.4 Besondere Aspekte des Projektmanagements

Betrachtet man die Organisation und Führung eines Projektes – und damit das Projektmanagement – unter dem besonderen Aspekt der Berater-Kunde-Beziehung, so lassen sich drei
Grundmodelle darstellen (siehe Abbildung 4-80):

- **Führungsmodell**, d. h. in dieser Form der Projektorganisation übernimmt der Berater die
  Führung des Projekts und die Mitarbeiter des Kundenunternehmens setzen die Empfehlungen und Vorgaben des Beraters um.

- **Ressourcenmodell**, d. h. der Kunde entwickelt die Vorgaben und der Berater setzt diese
  um, weil das Kundenunternehmen nicht über ausreichende Umsetzungskapazitäten verfügt.

- **Partnerschaftsmodell**, d. h. das Kundenunternehmen und der Berater entscheiden und
  handeln gemeinsam. Diese Form der Zusammenarbeit gilt auf allen Ebenen der Projektorganisation.

In der Praxis setzt sich – nicht nur in der IT-Beratung – der kooperative Beratungsansatz zunehmend durch, d. h. Kunde und Berater entscheiden und handeln auf allen Projektebenen
gemeinsam. Dieses Partnerschaftsmodell setzt gemischte Teams nicht nur auf der Arbeits-,
sondern auch auf der Führungsebene voraus. Insbesondere bei größeren Projekten mit weit-
reichender Bedeutung hat sich eingebürgert, zusätzliche Verantwortliche z. B. aus dem Un-
ternehmensmanagement mit einzubinden. So wird beispielsweise die Gesamtverantwortung
für ein Projekt häufig durch einen Lenkungsausschuss getragen. Die Verantwortung für den
Nutzen des Projektes trägt der Benutzervertreter aus dem Fachbereich.

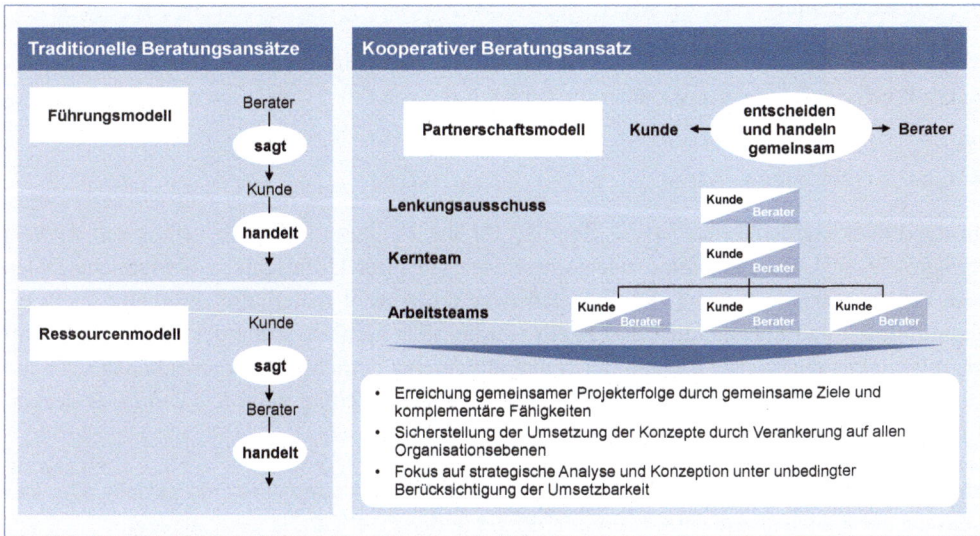

Abb. 4-80:   Grundmodelle der Kunde-Berater-Beziehung

Eine der wichtigsten Aufgaben des Projektmanagements ist das Change Management, d. h.
der sinnvolle Umgang mit Änderung von Leistungen, von Mengengerüsten, von Kosten oder
Terminen. Solche Änderungen müssen als **Change Requests** rechtzeitig erfasst, kommuni-

ziert und zur Genehmigung vorgelegt werden. Ggf. führen Change Requests auch zu entsprechenden vertraglichen Anpassungen (siehe auch Unterabschnitt 3.3.3.3).

4.6.2 Qualitätsmanagement-Tools

Die Auswahl und Zusammenstellung der **sieben Techniken der Qualitätssicherung** (engl. *Seven Tools of Quality*, auch Q7) gehen auf den Japaner Kaoru Ishikawa zurück. Es handelt sich dabei um eine Sammlung elementarer Qualitätswerkzeuge, die zur Unterstützung von Problemlösungsprozessen eingesetzt werden kann. Zum einen dienen sie zur Problemerkennung und zum anderen zur Problemanalyse.

Bei der **Problemerkennung** (bzw. Fehlererfassung) werden die Werkzeuge

- Fehlersammelliste (auch Strichliste),
- Histogramm und
- Kontrollkarte (auch Regelkarte)

eingesetzt. Sie liefern Informationen über Fehlerarten, -orte und -häufigkeiten und stellen diese grafisch dar.

In der **Problemanalyse** (bzw. Fehleranalyse) wird schwerpunktmäßig mit den Werkzeugen

- Ursache-Wirkungsdiagramm (auch Fischgräten- oder Ishikawa-Diagramm),
- Pareto-Diagramm (auch ABC-Analyse oder 80:20-Regel),
- Korrelationsdiagramm (auch Streudiagramm) und
- Flussdiagramm

gearbeitet. Mit diesen Tools werden Aussagen über Bedeutung und Ursachen von Fehlern, deren Wechselwirkungen sowie über die Reihenfolge von Prozessabläufen ermöglicht.

4.6.2.1 Fehlersammelliste

In der Praxis werden verschiedene Begriffe für die **Fehlersammelliste** verwendet: *Fehlersammelkarte*, *Datensammelblatt* oder *Strichliste*. Mit ihrer Hilfe können betriebliche Daten wie Fehleranzahl, -arten und -häufigkeiten oder die Anzahl fehlerhafter Produkte leicht erkannt, erfasst und übersichtlich dargestellt werden. Für die Festlegung der Fehlerarten kommen Produkte, eingesetzte Technologien und allgemeine betriebliche Gegebenheiten während des Herstellungsprozesses (z. B. Ausschuss) bis zur Anlieferung beim Kunden (z. B. Reklamationen) in Betracht.

In Abbildung 4-81 ist ein allgemeines Beispiel einer Fehlersammelliste dargestellt. Die Gestaltung der Fehlersammelliste wird in der Regel in den QM-Unterlagen festgelegt.

Fehlersammelliste

Identnummer des Produktes:		W 21 480		→	Ort: Platz 171
Produktbezeichnung:		Maschine 401		→	Prozess: Montage Maschine
Nr.:	Fehlerart	Datum 01.09 2005	Datum 02.09.2005	→	Summe
1	Kratzer am Gehäuse	┼┼┼┼	|||	→	56
2	Verschmutzung	┼╫┼ ┼╫┼ ||	╫╫	→	78
3	Anschlußschlauch fehlt				→	5
4	Abwasserschlauch fehlt				→	1
5	Zusatzpaket fehlt			→	0

Prüfart: Nach Verfahrensanweisung 6413.0

| Uhrzeit nach Prüfplan 6413.1 | 10 Uhr - 11 Uhr | 6 Uhr 30 - 7 Uhr 30 | |

Zeitraum 1. 09. 2004 bis 30. 09. 2004

[Quelle: SCHNÖCKEL 2012, S. 13]

Abb. 4-81: Beispiel einer Fehlersammelliste

Neben Fehlerarten können auch Klassen von Messwerten in übersichtlicher Form dargestellt werden. Die Klasseneinteilung lässt sich dann später dazu nutzen, die Verteilung der Messwerte in einem Histogramm (siehe nächster Abschnitt) grafisch zu dokumentieren. Abbildung 4-82 fasst die wichtigsten Fakten der Fehlersammelliste noch einmal zusammen.

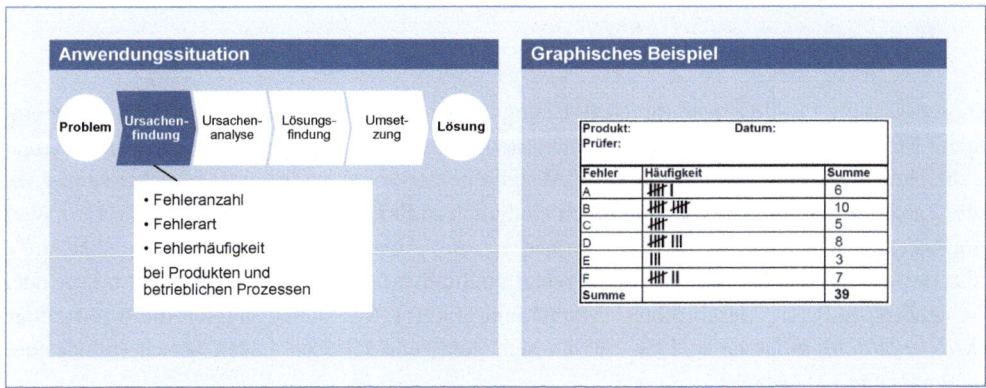

Abb. 4-82: Anwendungssituation und Beispiel für die Fehlersammelliste

4.6.2.2 Histogramm

In einem **Histogramm** werden gesammelte Daten der Größe nach geordnet, zu Klassen zusammengefasst und als Säulen dargestellt. Die Höhe der Säule entspricht dabei dem Wert der Klasse. Die Säulen müssen nicht notwendig gleich breit sein. Anders als im Stab- oder Balkendiagramm werden bei der grafischen Darstellung der Verteilungen in den Klassen die relativen Klassenhäufigkeiten nicht durch die Höhen der Säulen, sondern durch die Flächeninhalte der Rechtecke beschrieben (siehe Abbildung 4-83).

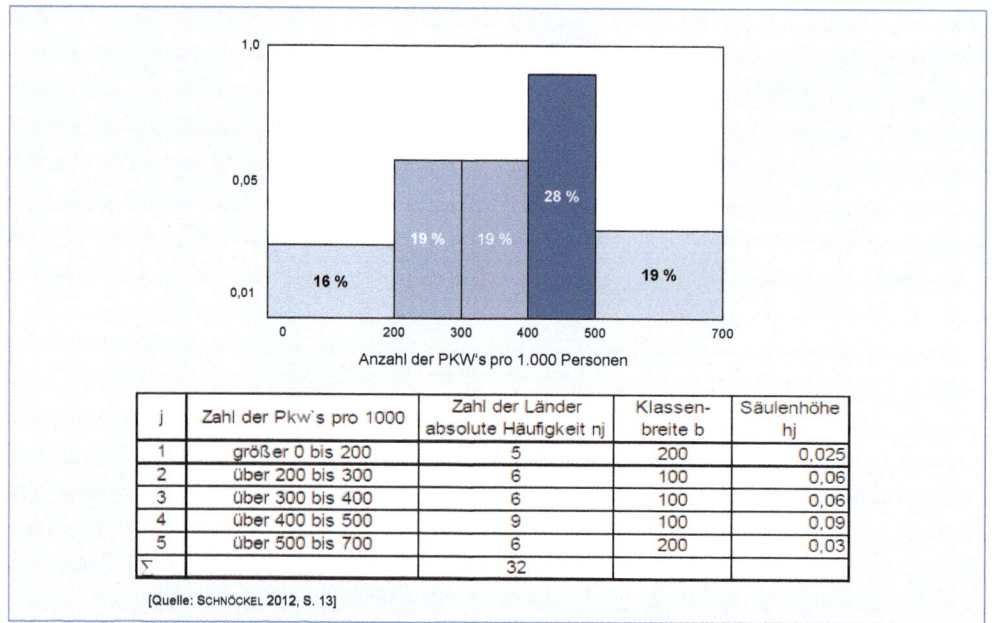

j	Zahl der Pkw's pro 1000	Zahl der Länder absolute Häufigkeit nj	Klassen-breite b	Säulenhöhe hj
1	größer 0 bis 200	5	200	0,025
2	über 200 bis 300	6	100	0,06
3	über 300 bis 400	6	100	0,06
4	über 400 bis 500	9	100	0,09
5	über 500 bis 700	6	200	0,03
Σ		32		

[Quelle: SCHNÖCKEL 2012, S. 13]

Abb. 4-83:   Beispiel für ein Histogramm

Voraussetzung für die Erstellung eines Histogramms ist die Vorlage ausreichender und geeigneter Messdaten. Diese Messdaten sollten *metrisch skaliert* sein (ein Wert muss besser oder schlechter sein als ein anderer und der Abstand beider voneinander muss messbar sein; z. B. die Zahlen 2 und 4). In Ausnahmefällen sind auch ordinal skalierte Daten zulässig (ein Wert muss besser oder schlechter sein als ein anderer, der Abstand ist jedoch nicht messbar; z. B. die Bewertungen „gut" und „sehr gut") oder qualitative Merkmale (kein Wert ist besser oder schlechter; z. B. die Geschlechter „Mann" und „Frau"). Messdaten müssen die beabsichtige *Klassenbildung* zulassen und es müssen sich genügend Klassen bilden lassen (mindestens mehr als eine).

Abbildung 4-84 fasst Anwendungssituation und Beispiel für das Histogramm noch einmal zusammen.

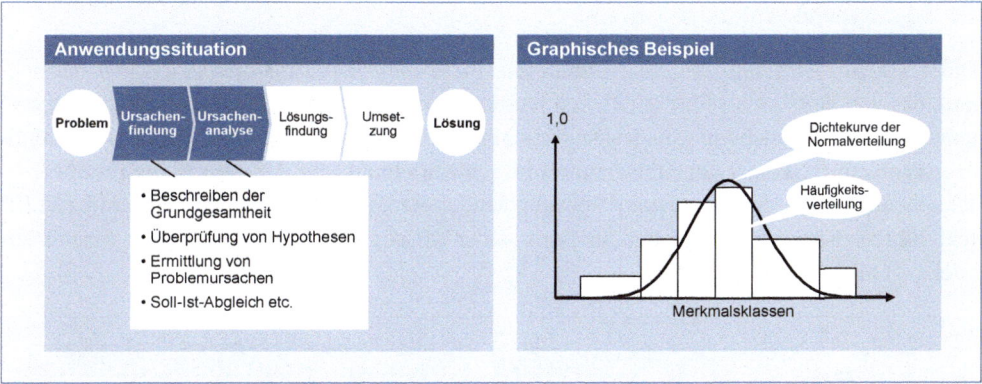

Abb. 4-84:   Anwendungssituation und Beispiel für das Histogramm

4.6.2.3 Kontrollkarte

Die **Kontrollkarte** (Kurzbeschreibung für *Qualitätsregelkarte (QRK)* oder auch einfach *Regelkarte* (engl. *[quality] control chart)*) wird vorwiegend im Qualitätsmanagement zur grafischen Darstellung und Auswertung von Prüfdaten eingesetzt. Auf ihr werden statistische Stichprobenkennzahlen (z. B. Stichprobenmittelwert und Standardabweichung) grafisch dargestellt. Ebenso sind auf der Kontrollkarte Warn- und Eingriffsgrenzen eingezeichnet (siehe Abbildung 4-85). Ziel ist es, Leistungsabweichungen zu erkennen und zu lokalisieren und damit Problemstellen im Prozess zu identifizieren. Voraussetzung zur Kontrollkartenerstellung sind eine auf Wiederholung angelegte Erhebungsmethode sowie umfangreiche, konsistente Messdaten.

Die Kontrollkarte liefert ein datengestütztes, qualitatives Qualitätsbild eines Prozesses und verdeutlicht kritische Problemfelder und Tendenzen. Der Aufwand zur Datengenerierung und -aufbereitung darf jedoch nicht unterschätzt werden. Der Einsatz eignet sich ganz besonders bei Verdacht großer Leistungsschwankungen innerhalb eines Prozesses.

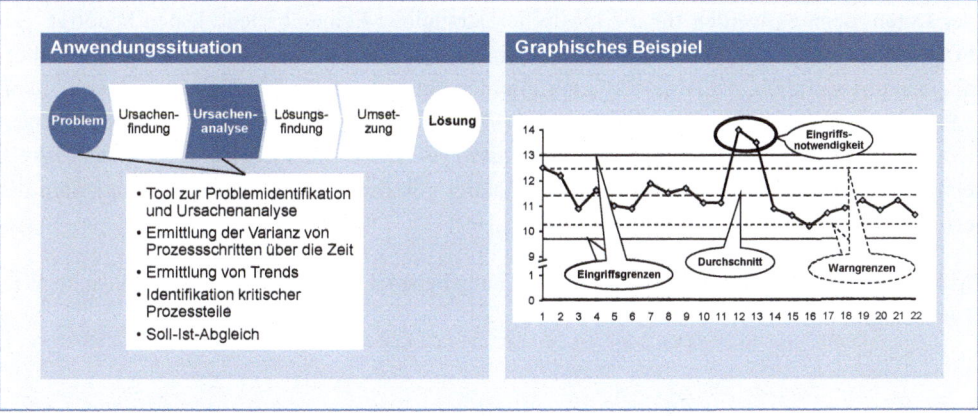

Abb. 4-85:   Anwendungssituation und Beispiel für die Kontrollkarte

4.6.2.4 Ursache-Wirkungsdiagramm

Das **Ursache-Wirkungsdiagramm** (auch als *Fishbone-* oder *Ishikawa-Diagramm* bezeichnet), das von ISHIKAWA selbst entwickelt wurde, ist ein grafisches Analyseinstrument zur systematischen Untersuchung von Kausalbeziehungen. Dabei wird stets ein besonders dringliches Problem (z. B. ein Qualitätsmangel) in den Mittelpunkt der Untersuchung gestellt. Anschließend werden die Haupt- und Nebenursachen, die zu dem definierten Problem bzw. Effekt führen, herausgearbeitet und in Form einer „fischgrätenähnlichen" Grafik visualisiert (siehe Abbildung 4-86, rechts).

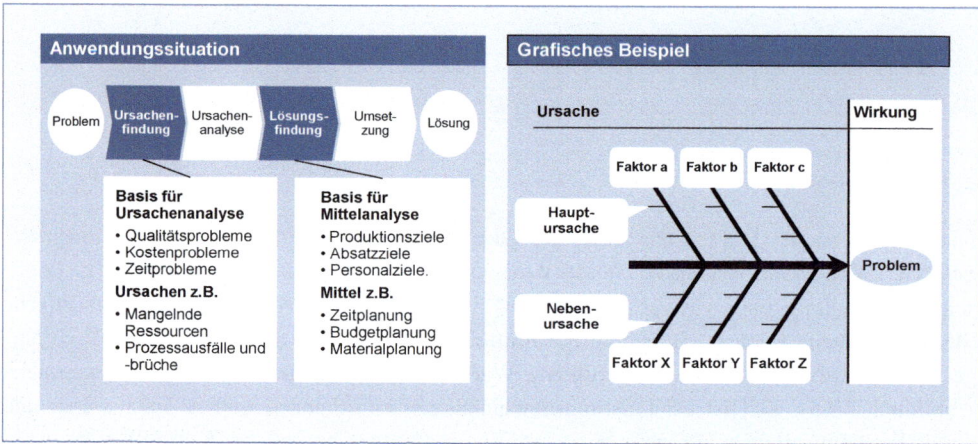

Abb. 4-86:   Anwendungssituation und Beispiel für Ursache-Wirkungsdiagramm

Dieses Tool wird eingesetzt, um ein vorhandenes Problem in einem sehr frühen Stadium (bei der Ursachenfindung) zu untersuchen, oder bei der Lösungsfindung noch „tiefer zu graben". Das Ursache-Wirkungs-Diagramm ist einfach, vielseitig anwendbar, ermöglicht ein besseres Kausalverständnis und liefert den Einstieg für eine detaillierte Problemanalyse. Sie ist eine gute Diskussionsgrundlage zur Problemanalyse für Team- und Kundengespräche. Ein weiterer Vorteil dieses leicht erlernbaren Werkzeugs ist der relativ geringe Beschaffungsaufwand der Daten, denn es werden für die grafische Darstellung keine „harten" Daten benötigt. Bei Fragestellungen mit komplexen und vielseitigen Ursachen wird die Darstellungsform allerdings unübersichtlich. Außerdem können Interdependenzen und zeitliche Anhängigkeiten von Faktoren und Ursachen nicht erfasst werden. Zu berücksichtigen ist ferner, dass es sich beim Ursache-Wirkungsdiagramm um ein subjektives Verfahren handelt, d. h. Vollständigkeit, Gewichtung und Überprüfung der Ursachen hängt von den Erfahrungen und Fähigkeiten der erstellenden Person ab [vgl. ANDLER 2008, S. 109].

Abbildung 4-87 zeigt ein konkretes Anwendungsbeispiel für die Struktur des Ursache-Wirkungsdiagramms.

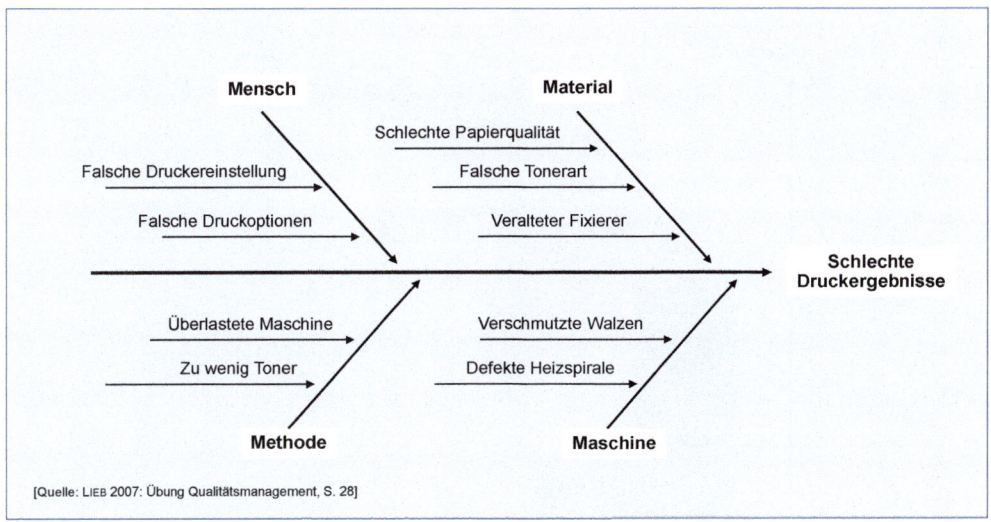

Abb. 4-87:   Beispiel für ein Ursache-Wirkungsdiagramm

4.6.2.5 Pareto-Diagramm

Das **Pareto-Diagramm** dient im Rahmen des Qualitätsmanagements zur Lokalisierung von Ursachen, die am stärksten zu einem Problem beitragen und damit zur Trennung von kleinen Problemen bzw. Ursachen. Die grafische Darstellungsform beruht auf dem sog. Pareto-Prinzip, das auf den italienischen Ökonom VILFREDO PARETO (1848-1923) zurück geht und allgemein als *80:20-Regel* oder *ABC-Analyse* bekannt ist. Es besagt, dass ein großer Teil eines Problems (ca. 80 Prozent) von nur wenigen wichtigen Ursachen (ca. 20 Prozent) beeinflusst wird oder auch – positiv ausgedrückt – dass mit 20 Prozent der eingesetzten Ressourcen 80 Prozent des Gesamterfolges erzielt werden kann. Als Ordnungsverfahren zur Klassifizierung großer Datenmengen zeigt das Pareto-Diagramm, welche Elemente eines Problems die größte Auswirkung haben. Die Voraussetzung zur Erstellung des Diagramms ist die Vorlage vollständiger, konsistenter und klassifizierbarer Daten.

Das Pareto-Diagramm wird zur Fokussierung auf wesentliche Faktoren des Problems eingesetzt, wobei komplexe Daten nach ihrem Ergebnisbeitrag in Klassen zusammengefasst werden. Um das Diagramm erstellen zu können, wird aus der absoluten Häufigkeit (beziehungsweise der entsprechenden Messgröße) jeder Kategorie deren prozentualer Anteil ermittelt. Die Kategorien werden absteigend nach ihrer Bedeutung sortiert und dann auf der waagerechten Achse von links nach rechts abgetragen. Über jeder Fehlerkategorie wird eine Säule gezeichnet, deren Höhe der Häufigkeit des Auftretens entspricht. Werden die Säulen von links nach rechts aufeinander gestapelt, ergibt sich die Pareto-Kurve, über die der summierte Prozentwert abgelesen werden kann (siehe Abbildung 4-88).

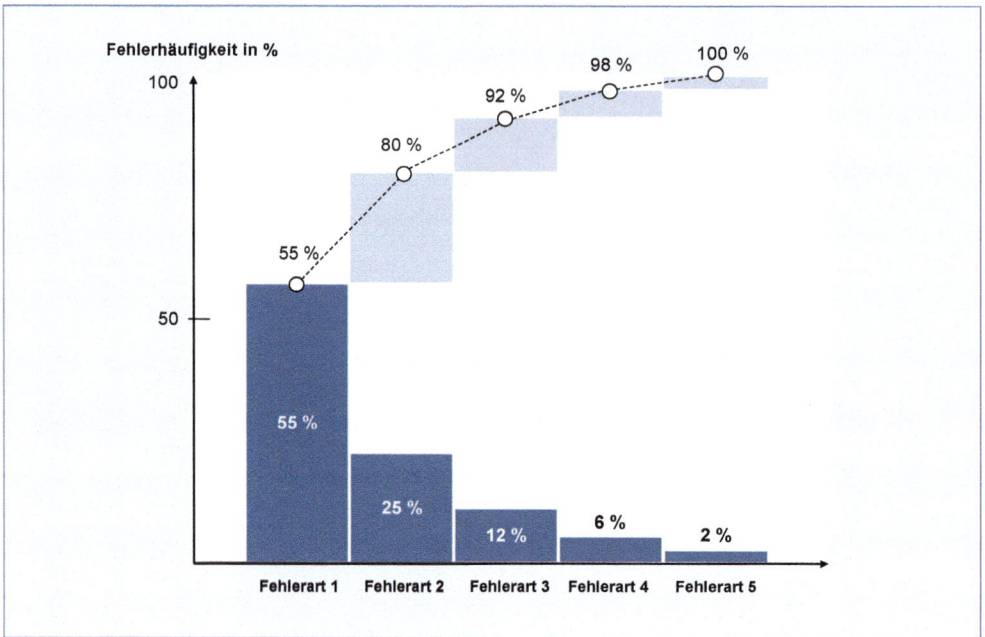

Abb. 4-88:   Beispiel für ein Pareto-Diagramm

Ebenso wie in diesem Beispiel die Häufigkeit von Fehlerarten untersucht wird, so können in gleicher Weise auch Kosten oder Zeiten im Rahmen eines Pareto-Diagramms analysiert werden. Das Pareto-Diagramm ist einfach anwendbar, vom Untersuchungsgegenstand unabhängig und liefert eine leicht verständliche, übersichtliche Darstellung der Ergebnisse. Darüber hinaus ermöglicht das Diagramm eine Analyse komplexer Probleme, indem es sich auf die wesentliche Faktoren beschränkt. Nachteilig kann die hohe Anforderung an die Datenkonsistenz sein. Außerdem liefert das Pareto-Diagramm lediglich sehr grobe Ergebnisse.

Abbildung 4-89 zeigt die Anwendungssituation sowie ein weiteres Beispiel des Pareto-Diagramms.

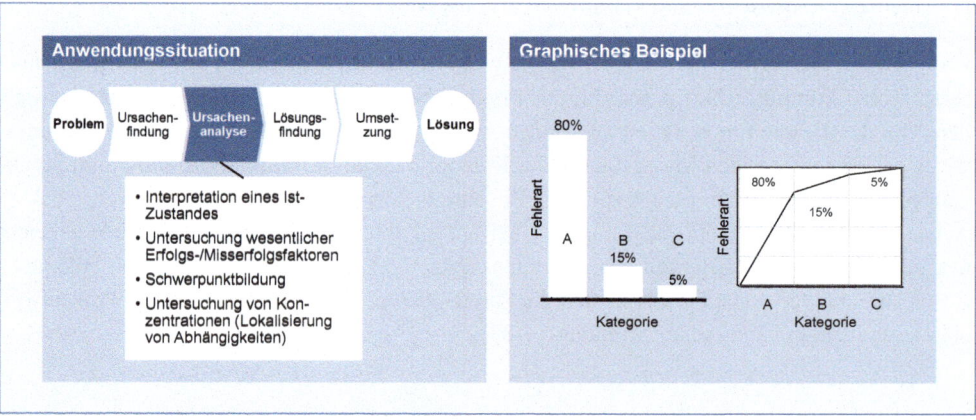

Abb. 4-89:   Anwendungssituation und Beispiel für Pareto-Diagramm

4.6.2.6 Korrelationsdiagramm

Das **Korrelationsdiagramm** ist ein **Streudiagramm**, das grafisch die Abhängigkeit zweier Größen darstellt. Dabei werden Datenpaare in einem Koordinatensystem als Punkte dargestellt. Die Korrelation gibt somit die Beziehung zwischen zwei (oder mehreren) quantitativen statistischen Variablen an. Das funktioniert immer dann besonders gut, wenn beide Größen durch eine „je … desto"-Beziehung miteinander zusammenhängen und eine der Größen nur von der anderen Größe abhängt. Beispielsweise kann man unter bestimmten Bedingungen nachweisen, dass der Umsatz eines Produktes steigt, wenn man die Werbeaufwendungen erhöht. Hängt die Höhe des Produktumsatzes aber noch von anderen Einflussfaktoren ab (z. B. Qualität des Produkts, Werbeanstrengungen des Wettbewerbs, saisonale Nachfrage etc.) , dann verwischt der kausale Zusammenhang in der Statistik immer mehr, falls nicht auch die anderen Einflussvariablen gleichzeitig untersucht werden. Im Gegensatz zur Proportionalität ist die Korrelation immer nur ein stochastischer Zusammenhang.

Das Maß für die Stärke und Richtung des Zusammenhangs zweier Größen ist der **Korrelationskoeffizient** r, der sich (nach BRAVAIS und PEARSON) nach folgender Formel berechnet:

$$r = \frac{S_{xy}}{S_x\,S_y} = \frac{\sum_{i=1}^{n}(x_i-\bar{x})(y_i-\bar{y})}{\sum_{i=1}^{n}(x_i-\bar{x})^2\,\sum_{i=1}^{n}(y_i-\bar{y})^2}$$

Der Korrelationskoeffizient nimmt den Wert $r = 1$ bzw. $r = -1$ an, wenn alle Punkte auf einer Geraden liegen. Je kleiner $|r|$ wird, desto weniger wird eine Trendlinie erkennbar. Die Gerade löst sich bei $r = 0$ zu einer strukturlosen Punktwolke auf, d. h. die Merkmale sind stochastisch unabhängig. Während die **Regressionsanalyse** angibt, welcher Zusammenhang zwischen zwei Größen besteht, steht bei der **Korrelationsanalyse** die Beantwortung der Frage im Vordergrund, wie stark dieser Zusammenhang ist.

In Abbildung 4-90 sind beispielhaft die Verteilungen zweier Variablen mit den dazugehörigen Korrelationskoeffizienten dargestellt.

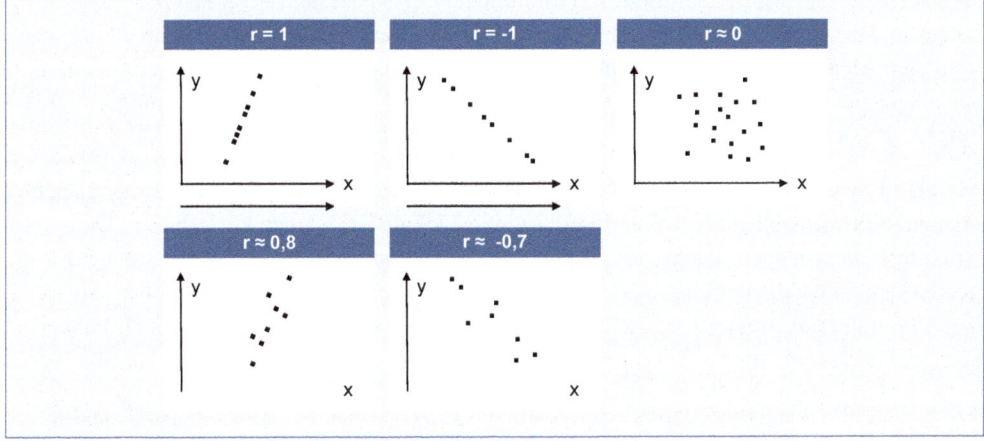

Abb. 4-90:   Beispiele für Verteilungen zweier Variablen

Das Korrelationsdiagramm eignet sich zur Gewinnung eines ersten Eindrucks über Stärke und Form des Zusammenhangs zweier Faktoren. Mit niedrigem Aufwand können so weiterführende statistische Verfahren angestoßen und unnötige Analysearbeit vermieden werden. Das Instrument ist jedoch nur bei metrisch skalierten Daten aussagekräftig.

Fazit: Das Korrelationsdiagramm liefert einen ersten Eindruck über die Beziehung zweier Faktoren zueinander und regt zu komplexeren Folgeuntersuchungen an. In Abbildung 4-91 sind Anwendungssituationen und ein grafisches Beispiel zum Korrelationsdiagramm dargestellt.

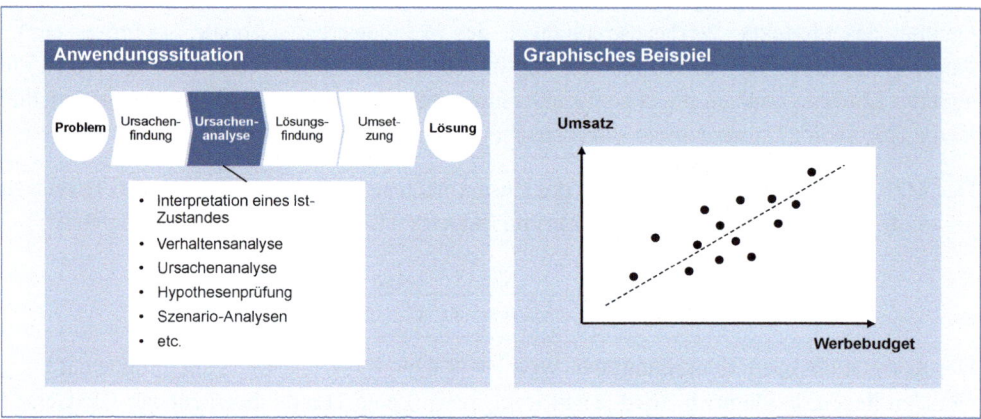

Abb. 4-91:   Anwendungssituation und Beispiel für Korrelationsdiagramm

4.6.2.7 Flussdiagramm

Ein weiteres grafisches Analyseinstrument zur systematischen Untersuchung von Prozessen ist das **Flussdiagramm**. Es strukturiert und bildet Prozesse ab und zeigt kausale Zusammenhänge in Form eines Ablaufdiagramms. Im Rahmen der standardisierten Darstellungsform wird der Ablauf – angefangen vom Initialisierungsereignis über Handlungsabfolgen, Entscheidungspunkten, involvierten Stellen, Funktionen und Medien bis zum Lösungsereignis – aufgezeigt (siehe Abbildung 4-92).

Mit dem Flussdiagramm wird das Prozessverständnis gestärkt, so dass Prozessbrüche leichter erkannt, Schwachstellen identifiziert und Engpässe lokalisiert werden können. Das Diagramm ist einfach anzuwenden, leicht zu erlernen und bietet eine gute Diskussionsgrundlage für die gemeinsame Lösungsfindung. Auf der anderen Seite entsteht ein relativ hoher Aufwand, wenn komplexe Prozesse dargestellt werden sollen. Auch nimmt die Unübersichtlichkeit in solchen Fällen stark zu.

Fazit: Das Flussdiagramm wird zur Stärkung des Prozessverständnisses eingesetzt und liefert den Einstieg in eine detaillierte Prozessanalyse (Warum-Fragestellung). Bei komplexen Prozessen und unter Einbindung von Funktionen, Stellen und Medien ist die Darstellungsform allerdings nur bedingt geeignet.

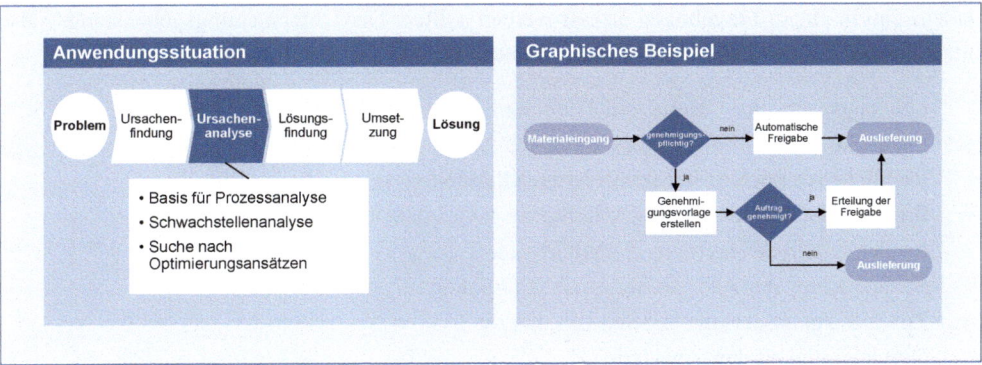

Abb. 4-92:   Anwendungssituation und Beispiel für das Flussdiagramm

4.6.3 Tools zur Evaluierung

Ebenso wie der eigentliche Beratungsprozess sollte auch der Auftragsabschluss professionell geplant und durchgeführt werden. Die abschließende Evaluierung eines Beratungsauftrags sollte eine Antwort auf folgende *drei Fragen* geben:

- War der Kunde mit uns und unserer Leistung zufrieden?
- Waren wir selbst mit der Durchführung und den Ergebnissen des Auftrags zufrieden?
- Bieten sich Möglichkeiten für Anschluss- bzw. Folgeaufträgen?

Es liegt auf der Hand, dass die zur Evaluierung verfügbaren Tools ausschließlich aus Fragebögen bzw. Checklisten bestehen.

4.6.3.1 Kundenzufriedenheitsanalyse

Im Beratungsgeschäft ist die **Kundenzufriedenheitsanalyse** in mehrfacher Hinsicht von Bedeutung. Sie dient zunächst allgemein der Ermittlung der Zufriedenheit der Kundenunternehmen mit den Beratungsleistungen des jeweiligen Anbieters. Darüber hinaus wird sie von vielen Unternehmensberatungen als Instrument eingesetzt, um die Bedürfnisse bzw. Erwartungen der Kundenunternehmen besser zu verstehen und Probleme frühzeitig zu erkennen.

Kundenzufriedenheit wird immer dann erreicht, wenn die Erwartungshaltung des Kunden vom Erfüllungsgrad der angebotenen Leistung ge- oder sogar übertroffen wird. Dabei spielt nicht die objektive Qualität der Beratungsleistung, sondern die vom Kunden subjektiv empfundene bzw. wahrgenommen Leistung. Kundenzufriedenheit ist die beste Voraussetzung für Nachfolgeaufträge und für Referenzen. Werden die Erwartungen des Kunden nicht erfüllt, entsteht Kundenunzufriedenheit, die zu einem Anbieterwechsel führen kann.

Eine Kundenzufriedenheitsanalyse wird auf der Grundlage einer Kundenbefragung vorgenommen. Diese kann mündlich, schriftlich oder auch online erfolgen, wobei die Ergebnisse in jedem Fall in einem Fragebogen erfasst werden sollten. Der Untersuchungsgegenstand – also die angebotene Beratungsleistung – kann in mehrere **Kriterien** unterteilt werden:

- Leistungsportfolio – Breite und Tiefe der angebotenen Leistung
- Lösungskompetenz des Unternehmens
- Fachliche Kompetenz der involvierten Mitarbeiter
- Engagement der involvierten Mitarbeiter
- Erreichbarkeit der involvierten Mitarbeiter
- Soziale Kompetenz der involvierten Mitarbeiter
- Zuverlässigkeit der involvierten Mitarbeiter
- Geschwindigkeit der Umsetzung
- Methodische Unterstützung
- Preis-/Leistungsverhältnis.

Diese und ähnliche Kriterien sind zunächst nach dem *Zufriedenheitsgrad* zu beantworten. Aufschlussreich ist darüber hinaus, für wie *wichtig* diese Kriterien für die Auftragsbewertung angesehen werden. Neben der reinen Beurteilung der Kriterien sind aber noch weitere Fragen von Bedeutung wie z. B.

- Würden Sie uns uneingeschränkt weiterempfehlen?
- Würden Sie bei entsprechendem Bedarf wieder ein Beratungsunternehmen beauftragen?
- Würden Sie in einem solchen Fall erneut mit uns zusammenarbeiten?

Schließlich bietet es sich an, im Rahmen einer Kundenzufriedenheitsanalyse zusätzlich eine **Bedarfsanalyse** durchzuführen. Hierzu sollten Fragen zu zukünftigen Themen- und Problemstellungen, Einführungszeitpunkten von bestimmten IT-Lösungen gestellt werden.

Von grundlegender Bedeutung für die Kundenzufriedenheitsanalyse ist eine Vorüberlegung, die sich aus der **Multipersonalität** in B2B-Beziehungen ergibt: Wer sollte eigentlich befragt werden? Wer ist Träger der Kundenzufriedenheit? Ist es nur eine Person und wenn ja, welche? Oder sollten mehrere Personen befragt werden? Eine richtige Antwort kann es hierzu nicht geben. Zu unterschiedlich sind die jeweiligen Rahmenbedingungen eines Beratungsprojektes. Entscheidend ist in jedem Fall, dass eine faire Evaluierung durch den/die Kundenmitarbeiter stattfindet, so dass entsprechende Rückschlüsse für die Zukunft daraus geschlossen werden können.

4.6.3.2 Auftragsbeurteilung

Die Auftragsbeurteilung ist das Synonym für eine Zufriedenheitsanalyse aus Sicht des Beratungsunternehmens selbst. Mit einem Satz von Checklisten wird der abgeschlossene Auftrag zeitnah und umfassend sowohl in quantitativer als auch in qualitativer Hinsicht beurteilt [vgl. NIEDEREICHHOLZ 2008, S. 350 ff.].

Dabei steht zunächst die **Wirtschaftlichkeit** des Projekts auf dem Prüfstand. Gab es einen selbstverschuldeten Mehraufwand (engl. *Overrun*) oder konnte der Auftrag im Rahmen der Vorkalkulation zeit- und qualitätsgerecht durchgeführt werden? In der Gesamtbeurteilung eines durchgeführten Auftrags spielen ferner die Qualität der abgelieferten Ergebnisse, die Kompetenz der Projektleitung (Projektmanagement) und der eingesetzten Mitarbeiter sowie das Engagement des verantwortlichen Partners bzw. Fachbereichsleiters eine Rolle. Darüber hinaus können – insbesondere bei größeren Projekten – auch bestimmte Einzelaspekte für die Evaluierung herangezogen werden [vgl. NIEDEREICHHOLZ 2008, S. 352 ff.]:

- Beurteilung der Angebotsphase
- Beurteilung der Problemlösung
- Beurteilung der Mitarbeiter
- Beurteilung der Projektabrechnung
- Beurteilung der Projektkommunikation und -dokumentation
- Beurteilung der Auftragsdurchführung
- Beurteilung der Qualitätssicherung
- Beurteilung des Projektabschlusses.

Ein weiterer wichtiger Evaluierungsaspekt ist, dass wichtige Ergebnisse, Erkenntnisse, Bausteine und Strukturen in einer Projektdatenbank festgehalten werden und anderen Teams für spätere Angebote, Benchmarks etc. zur Verfügung stehen, damit ggf. das Rad nicht immer wieder neu erfunden werden muss. Selbstverständlich ist dabei darauf zu achten, dass keine vertraulichen Kundeninformationen weitergegeben werden.

4.6.3.3 Anschlussakquisition

Die Anschlussakquisition ist kein Tool im eigentlichen Sinn. Sie ist aber ein wichtiger Baustein im Rahmen des Akquisitionsprozesses, da Anschlussaufträge – selbst bei nicht ganz zufriedenen Altkunden – wesentlich leichter zu bekommen sind, als einen neuen Kunden zu gewinnen. Hinzu kommt der inhaltliche Informationsvorsprung, den man im Zuge der Auftragsdurchführung gegenüber dem Wettbewerb zwangsläufig gewonnen hat. Im Übrigen sei hier auf die vielfältigen Kundenbindungsprogramme verwiesen, die dem Beratungsvertrieb heutzutage zur Verfügung stehen (siehe Abschnitt 3.7.4).

Mit Hinweis auf die bereits erwähnte **Multipersonalität** im B2B-Marketing ist es dabei wichtig, nicht nur eine Person des Kundenunternehmens, sondern mehrere Zielpersonen in solche Kundenbindungsprogramme aufzunehmen.

Literatur zum 4. Kapitel

ALLWEYER, T. (2009): BPMN 2.0. Business Process Model and Notation. Einführung in den Standard für die Geschäftsprozessmodellierung. 2. Aufl., Norderstedt 2009.

ALLWEYER, T. (2010): Eignet sich BPMN für das Business? Blog abrufbar unter URL:http://www.kurze-prozesse.de/2010/03/19/eignet-sich-bpmn-fur-das-business/

ANDLER, N. (2008): Tools für Projektmanagement, Workshops und Consulting. Kompendium der wichtigsten Techniken und Methoden, Erlangen 2008.

ANSOFF, H. I. (1966): Management-Strategie, München 1966.

BAMBERGER, I./WRONA, T. (2012): Konzeptionen der strategischen Unternehmensberatung, in: BAMBERGER, I./WRONA, T. (Hrsg.): Strategische Unternehmensberatung. Konzeptionen – Prozesse – Methoden, 6. Aufl., Wiesbaden 2012.

BEA, F. X./HAAS, J. (2005): Strategisches Management, 4. Aufl., Stuttgart 2005.

BECKER, J. (1993): Marketing-Konzeption. Grundlagen des strategischen Marketing-Managements, 5. Aufl., München 1993.

BECKER, J. (2009): Marketing-Konzeption. Grundlagen des ziel-strategischen und operativen Marketing-Managements, 9. Aufl., München 2009.

BRAUCHLIN, E. (1978): Problemlösungs- und Entscheidungsmethodik, Bern 1978.

COENENBERG, A. (2003): Jahresabschluss und Jahresabschlussanalyse: Betriebswirtschaftliche, handelsrechtliche, steuerrechtliche und internationale Grundlagen – HGB, IAS, US-Gaap. 19. Aufl., Stuttgart 2003.

DOPPLER, K./LAUTERBURG, C. (2005): Change Management. Den Unternehmenswandel gestalten, 11. Aufl., Frankfurt/Main 2005.

DUNST, K. W. (1983): Konzeption für die strategische Unternehmensplanung, 2. Aufl., Berlin, New York 1083.

FAHRNI, F./VÖLKER, R./BODMER, C. (FAHRNI et al. 2002): Erfolgreiches Benchmarking in Forschung und Entwicklung, Beschaffung und Logistik, München 2002.

FINK, D. (2009): Strategische Unternehmensberatung, München 2009.

FINK, G. (2004): Managementansätze im Überblick, in: FINK, D. (Hrsg.): Management Consulting Fieldbook. Die Ansätze der großen Unternehmensberater, 2. Aufl., München 2004.

GADATSCH, A. (2008): Grundkurs Geschäftsprozess-Management. Methoden und Werkzeuge für die IT-Praxis. Eine Einführung für Studenten und Praktiker, 5. Aufl., Wiesbaden 2008.

GERHARD, J. (1987): Dienstleistungsproduktion. Eine produktionstheoretische Analyse der Dienstleistungsprozesse, Bergisch-Gladbach/Köln 1987.

GLÄSER, M. (2008): Medienmanagement, München 2008.

GLASS, N. (1996): Management Masterclass – a practical guide to the new realities of business, Nicolas Brealey Publishing, London 1996.

GOMEZ, P./PROBST, G. (1999): Die Praxis des ganzheitlichen Problemlösens: vernetzt denken, unternehmerisch handeln, persönlich überzeugen, 3. Aufl., Bern, Stuttgart, Wien 1999.

HAEDRICH, G./TOMCZAK, T. (1996): Produktpolitik, Stuttgart u. a. 1996.

HAMAL, G./PRAHALAD, C. K. (1990): The core competence and the corporation, Harvard Business Review, 68, May-June, S. 79-91.

HAMMER, M./CHAMPY, J. (1994): Business Reengineering. Die Radikalkur für das Unternehmen, Frankfurt-New York 1994.

HAX, A.C./MAJLUF, N.S. (1991): The Strategy Concept and Process: A Pragmatic Approach, Upper Saddle River, NJ: Prentice Hall 1991.

HINTERHUBER, H. (1996): Strategische Unternehmensführung I: Strategisches Denken: Vision, Unternehmenspolitik, Strategie, 6. Aufl., Berlin, New York 1996.

HOFER, C. W./SCHENDEL, D. (1978): Strategy Formulation – Analytical Concepts, St. Paul et al. 1978.

HOLLAND, R. R. (1972): Sequential Analysis, Handbuch McKinsey & Company, London 1972.

HORVÁTH, P. (2002): Controlling, 8. Aufl., München 2002.

HR-BAROMETER 2011: Bedeutung, Strategien, Trends in der Personalarbeit (hrsg. v. CAPGEMINI CONSULTING).

HUNGENBERG, H./WULF, T. (2011): Grundlagen der Unternehmensführung, 4. Aufl., Heidelberg-Dordrecht-London-New York 2011.

KAAS, K. P. (2001): Zur „Theorie des Dienstleistungsmanagements", in: Bruhn, M./Meffert, H.: Handbuch Dienstleistungsmanagement. Von der strategischen Konzeption zur praktischen Umsetzung, Wiesbaden 2001, S. 103-121.

KAPLAN, R. S./NORTON, D. P. (1992): The Balanced Scorecard - Measures that Drive Performance. In: Harvard Business Review. 1992, January - February, S. 71-79.

KOCIAN, C. (2011): Geschäftsprozessmodellierung mit BPMN 2.0. Business Process Model and Notation im Methodenvergleich, HNU Working Paper, 07/2011.

KOTLER, P./KELLER, K. L./BLIEMEL, F. (KOTLER et al. 2007): Marketing-Management. Strategien für wertschaffendes Handeln, 12. Aufl., München 2007.

KOTLER, P./ARMSTRONG, G./WONG, V./SAUNDERS, J. (KOTLER et al. 2011): Grundlagen des Marketing, 5. Aufl., München 2011.

LIEB, H. (2007): Übung Qualitätsmanagement,
URL: www.wzl.rwth-aachen.de/de/.../01_ü_deu.pdf

LIPP, U./WILL, H. (2008): Das große Workshop-Buch. Konzeption, Inszenierung und Moderation von Klausuren, Besprechungen und Seminaren, 8. Aufl., Weinheim und Basel 2008.

LIPPOLD, D. (2014): Die Personalmarketing-Gleichung. Einführung in das wert- und prozessorientierte Personalmanagement, 2. Aufl., München 2014.

LIPPOLD, D. (2015a): Die Marketing-Gleichung. Einführung in das prozess- und wertorientierte Marketingmanagement, 2. Aufl., Berlin/Boston 2015.

LIPPOLD, D. (2015c): Marktorientierte Unternehmensplanung. Eine Einführung, Wiesbaden 2015.

MACHARZINA, K./WOLF, J. (2010): Unternehmensführung. Das internationale Managementwissen. Konzepte – Methoden – Praxis, 7. Aufl., Wiesbaden 2010.

MEFFERT, H./BURMANN, C./KIRCHGEORG, M. (MEFFERT et al. 2008): Marketing. Grundlagen marktorientierter Unternehmensführung. Konzepte – Instrumente – Praxisbeispiele, 10. Aufl., Wiesbaden 2008.

MÜLLER-STEWENS, G./LECHNER, C. (2001): Strategisches Management. Wie strategische Initiativen zum Wandel führen, Stuttgart 2001.

NIEDEREICHHOLZ, C. (2008): Unternehmensberatung, Band 2, Auftragsdurchführung und Qualitätssicherung, 5. Aufl., München 2008.

Office of Government Commerce (OGC 2009): Erfolgreiche Projekte managen mit PRINCE2, (Official PRINCE2 publication), Norwich 2009.

Office of Government Commerce (OGC 2013): Best Management Practice – PRINCE2 News: PRINCE2® - A Global Project Management Method, URL.: http://www.best-management-practice.com/Knowledge-Centre/News/PRINCE2-News/?DI=629649

Project Management Institute (Hrsg.) (PMI 2004): A Guide to the Project Management Body of Knowledge (PMBOK® Guide), 3. Ausgabe, Four Campus Boulevard, Newtown Square, PA 2004

Project Management Institute (Hrsg.) (PMI 2013): Library of PMI Global Standards, URL: http://www.pmi.org/PMBOK-Guide-and-Standards/Standards-Library-of-PMI-Global-Standards.aspx

PORTER, M. E. (1986): Wettbewerbsvorteile, Frankfurt-New York 1986.

PORTER, M. E. (1995): Wettbewerbsstrategie, 8. Aufl., Frankfurt-New York 1995.

RECKLIES, D.: (2001): Porters fünf Wettbewerbskräfte. URL: http://www.themanagement.de/Ressources/P5F.htm

ROEVER, M. (1985): Gemeinkosten-Wertanalyse, in: Kostenrechnungspraxis, o. Jg., Heft 1, 1985, S. 19-22.

ROHRBACH, B. (1969): Kreativ nach Regeln – Methode 635, eine neue Technik zum Lösen von Problemen. Absatzwirtschaft 12 (1969) 73-76, Heft 19, 1. Oktober 1969.

RÜSCHEN, T. (1990): Consulting-Banking: Hausbanken als Unternehmensberater, Wiesbaden 1990.

SCHADE, C. (2000): Marketing für Unternehmensberatung. Ein institutionenökonomischer Ansatz, 2. Aufl., Wiesbaden 2000.

SCHÄFER, E./KNOBLICH, H. (1978): Grundlagen der Marktforschung, 5. Aufl., Stuttgart 1978.

SCHEER, A.-W. (1995): Wirtschaftsinformatik. Referenzmodelle für industrielle Geschäftsprozesse. 6. Aufl., Berlin – Heidelberg – New York 1995.

SCHEER, A.-W. (1998): ARIS – Vom Geschäftsprozess zum Anwendungssystem, 3. Aufl., Berlin – Heidelberg – New York 1998.

SCHERER, J. (2007): Kreativitätstechniken. In 10 Schritten Ideen finden, bewerten und umsetzen, Offenbach 2007.

SCHERR, M./BERG, A./KÖNIG, B./RALL, W. (SCHERR et. al. 2012): Einsatz von Instrumenten der Strategieentwicklung in der Beratung, in: BAMBERGER, I./WRONA, T. (Hrsg.): Strategische Unternehmensplanung. Konzeptionen – Prozesse – Methoden, 6. Aufl., Wiesbaden 2012.

SCHMELZER, H. J./SESSELMANN, W. (2006): Geschäftsprozessmanagement in der Praxis. Kunden zufrieden stellen – Produktivität steigern – Wert erhöhen, 5. Aufl., München, Wien 2006.

SCHNIEDER, A. (2004): Business Transformation: Ein umfassendes Modell zur Unternehmenserneuerung, in: FINK, D. (Hrsg.): Management Consulting Fieldbook. Die Ansätze der großen Unternehmensberater, 2. Aufl., München 2004.

SCHNÖCKEL, G. (2012): 7 QM-Werkzeuge, URL: http://www.wso.de/Download/files/7%20QM%20Werkzeuge.pdf

SCHRAMM, M. (2011): Unternehmenstransaktionen, in: SCHRAMM, M./HANSMEYER, E. (Hrsg.): Transaktionen erfolgreich managen. Ein M&A-Handbuch für die Praxis, München 2011.

SCHWARZ, W. (1983): Die Gemeinkosten-Wertanalyse nach McKinsey & Company, Inc. Eine Methode des Gemeinkosten-Managements. Hrsg.: IHS - Institut für Höhere Studien. Forschungsbericht/Research Memorandum No.190, Wien Okt. 1983.

STELLING, J. N. (2005): Kostenmanagement und Controlling, 2. Aufl., München 2005.

SNIJDERS, P./WUTTILE, T./ZANDHUIS, A. (SNIJDERS et al. 2011): „Eine Zusammenfassung des PMBOK® Guide – Kurz und Bündig", 1. Auflage, Haren Van Publishing Verlag, Zaltbommel (NL), 2011

WELGE, M. K./ AL-LAHAM, A. (1992): Planung. Prozesse - Strategien - Maßnahmen, Wiesbaden 1992.

WESKE, M. (2007): Business Process Management. Concepts, Languages, Architectures, Berlin – Heidelberg – New York 2007.

WEWEL, M. C. (2011): Statistik im Bachelor-Studium der BWL und VWL. Methoden, Anwendung, Interpretation, München 2011.

WIMMER, F./ZERR, K./ROTH, G. (WIMMER et al. 1993): Ansatzpunkte und Aufgaben des Software-Marketing, in; WIMMER, F./BITTNER, L. (Hrsg.): Software-Marketing; Grundlage, Konzepte, Hintergründe, Wiesbaden 1993.

458

WISS-Autorenteam (WISS 2001): Prozessorganisation,
    URL: http://bwi.shell-co.com/03-01-01.pdf.

WÖHLER, C./CUMPELIK, C. (2006): Orchestrierung des M&A-Transaktionsprozesses in der
    Praxis, in: WIRTZ, B. W.: Handbuch Mergers & Acquisitions, Wiesbaden 2006.

5. Personal und Management der Unternehmensberatung

5. Personal und Management der Unternehmensberatung

Hochqualifiziertes Personal ist einer der wichtigsten Erfolgsfaktoren der Unternehmensberatung. Dies wird bereits daran deutlich, dass das Personalmanagement im Beratungsgeschäft nicht zu den Sekundär-, sondern zu den Primäraktivitäten gezählt wird. Immer wieder wird betont, dass der Erfolg einer Unternehmensberatung mit der Qualität der verfügbaren Mitarbeiter steht und fällt.

Zur Systematisierung der Wertschöpfungskette Personal im Beratungsbereich dient die Personalmarketing-Gleichung, die nicht nur die Prozessphase der Personalgewinnung sondern in gleichem Maße auch die Phase der Personalbetreuung beinhaltet. Die Beschreibung der Personalmarketing-Gleichung bezieht sich in den allgemeinen Teilen auf die Ausführungen von Lippold [2014].

Die Anwendung der Personalmarketing-Gleichung liefert:

➢ Aussagen über Bewerbernutzen und Bewerbervorteil in Verbindung mit potentiellen Arbeitgebern

➢ Aussagen über die wirkungsvolle Positionierung von Beratungsunternehmen als Arbeitgeber (Employer Branding)

➢ Aussagen über den Einsatz der Kommunikationsinstrumente im Bewerbermarkt

➢ Aussagen über die effektive Personalauswahl und -integration sowie über den erfolgreichen Personaleinsatz im Projektgeschäft

➢ Aussagen über aufgaben-, markt- und leistungsbezogene Vergütungssysteme

➢ Aussagen über einen nachhaltigen Führungsprozess in der Unternehmensberatung

➢ Aussagen über faire Beurteilungsprozesse

➢ Aussagen über die vielfältigen Möglichkeiten zur Förderung und Forderung der Mitarbeiter im Sinne einer nachhaltigen Personal- und Karriereentwicklung

➢ Aussagen über Personalfreisetzungen mit und ohne Personalabbau, wenn sich personelle Überdeckungen mit innerbetrieblichen Maßnahmen nicht beseitigen lassen.

5.1   Die Personalmarketing-Gleichung für Unternehmensberatungen

Die Idee der Personalmarketing-Gleichung beruht auf zwei Grundüberlegungen. Zum einen ist es die Darstellung und Analyse der Wertschöpfungs- und Prozessketten eines Unternehmens, zum anderen ist es die enge Analogie zur Marketing-Gleichung im (klassischen) Absatzmarketing (siehe hierzu ausführlich LIPPOLD 2014, S. 58 ff.).

Dem Personalmarketing-Begriff liegt dabei ein umfassendes **Denk- und Handlungskonzept** zugrunde, dass nicht nur auf die Bedürfnisse der *potentiellen*, sondern auch auf die Bedürfnisse *vorhandener* Mitarbeiter ausgerichtet ist. Somit ist auch das Ziel des Personalmarketings zweigeteilt: Zum einen gilt es, bedarfsgerechte und hochqualifizierte Mitarbeiter durch eine entsprechende Attraktivitätswirkung auf dem externen Arbeitsmarkt zu gewinnen. Zum anderen müssen die vorhandenen Mitarbeiter durch eine effiziente Gestaltung der Arbeitsbedingungen als wertvolle Ressourcen an das Unternehmen gebunden werden. Beide Zielsetzungen sind damit an einer Optimierung der personalen Wertschöpfung ausgerichtet.

5.1.1   Die personale Wertschöpfungskette

Zwar zählt das *Personalmanagement* nach dem Grundmodell von PORTER zu den Sekundär-oder Unterstützungsaktivitäten, die für die Ausübung der Primäraktivitäten die notwendige Voraussetzung sind. Allerdings bezieht sich dieses Modell in seiner Systematik schwerpunktmäßig auf die Wertschöpfungskette von *Industriebetrieben*. In der Beratungsbranche zählt das *Personalmanagement* nicht zu den Sekundär-, sondern aufgrund seiner besonderen Bedeutung für den Wertschöpfungsprozess zu den **Primäraktivitäten** (siehe auch Abschnitt 2.1.2). Abbildung 5-01 zeigt die Prozesshierarchie aus Sicht der personalen Wertschöpfungskette.

Generell sind es zwei Prozessphasen (= Aktionsbereiche), die die Wertschöpfungskette des Personalmanagements bzw. des Personalmarketings bestimmen:

- die Phase (= Aktionsbereich) der *Personalbeschaffung* und
- die Phase (= Aktionsbereich) der *Personalbetreuung*.

Während die Personalbeschaffung auf die Mitarbeitergewinnung abzielt, ist die Personalbetreuung auf die Mitarbeiterbindung ausgerichtet.

Um den Personalbeschaffungsprozess im Sinne einer Wertorientierung optimieren zu können, ist es sinnvoll, die Prozessphase **Personalbeschaffung** in seine einzelnen Prozessschritte (= Aktionsfelder) zu zerlegen und diese jeweils einem zu optimierenden *Bewerberkriterium* als Prozessziel zuzuordnen:

- *Segmentierung* (des Arbeitsmarktes) zur Optimierung des *Bewerbernutzens*
- *Positionierung* (im Arbeitsmarkt) zur Optimierung des *Bewerbervorteils*
- *Signalisierung* (im Arbeitsmarkt) zur Optimierung der *Bewerberwahrnehmung*
- *Kommunikation* (mit dem Bewerber) zur Optimierung des *Bewerbervertrauens*
- *Personalauswahl, -integration und -einsatz* zur Optimierung der *Bewerberakzeptanz.*

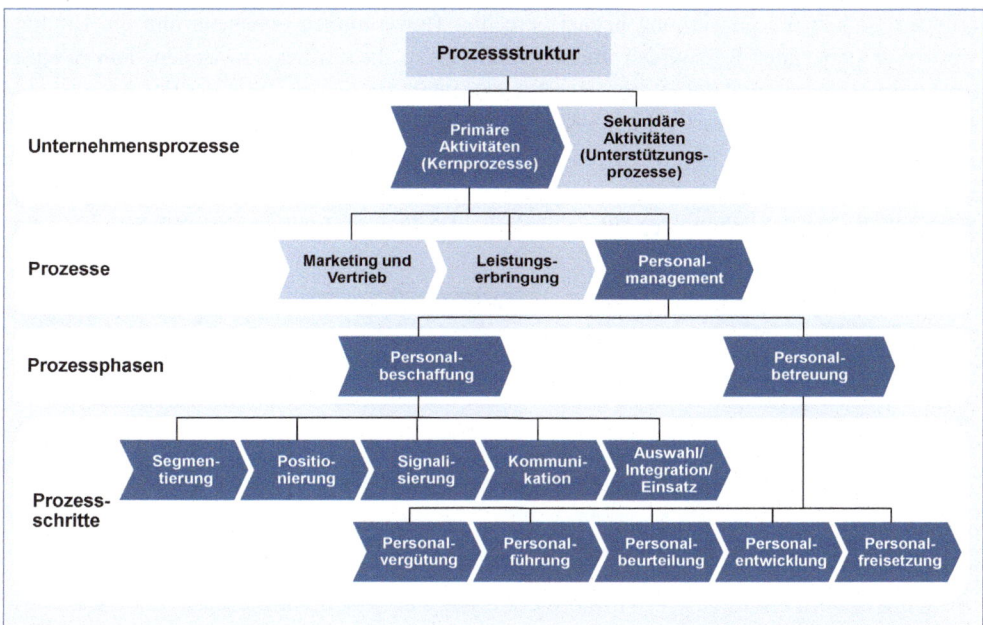

Abb. 5-01: Prozesshierarchie der personalen Wertschöpfungskette

Analog dazu wird die Prozessphase **Personalbetreuung** in ihre Prozessschritte (= Aktionsfelder) aufgeteilt und ebenfalls jeweils einem zu optimierenden *Bindungskriterium* zugeordnet:

- *Personalvergütung* zur Optimierung der *Gerechtigkeit* (gegenüber dem Mitarbeiter)
- *Personalführung* zur Optimierung der *Wertschätzung* (gegenüber dem Mitarbeiter)
- *Personalbeurteilung* zur Optimierung der *Fairness* (gegenüber dem Mitarbeiter)
- *Personalentwicklung* zur Optimierung der *Forderung und Förderung* (des Mitarbeiters)
- *Personalfreisetzung* zur Optimierung der *Erleichterung* (des Mitarbeiters).

Abbildung 5-02 liefert eine Darstellung der Zuordnungsbeziehungen zwischen Prozessphasen, Prozessschritte und Prozessziele im Personalsektor.

5.1.2 Analogien zum klassischen Marketing

Beide Teilziele der personalen Wertschöpfungskette, also die *Personalgewinnung* und die *Personalbindung*, lassen sich nur dann erreichen, wenn es dem Personalmanagement gelingt, die Vorteile des eigenen Unternehmens auf die Bedürfnisse vorhandener und potentieller Mitarbeiter (Bewerber) auszurichten. Die Bestimmungsfaktoren dieser Vorteile sind das Leistungsportfolio, die besonderen Fähigkeiten, das Know-how, die Innovationskraft und auch die Unternehmenskultur, kurzum: das **Akquisitionspotenzial** des Unternehmens.

Das Akquisitionspotenzial ist der Vorteil, den das Unternehmen gegenüber dem Wettbewerb hat. Dieser **Wettbewerbsvorteil** (an sich) ist aber letztlich ohne Bedeutung. Entscheidend ist vielmehr, dass der Wettbewerbsvorteil auch von den Bewerbern (innerhalb der Prozesskette *Personalbeschaffung*) und von den eigenen Mitarbeitern (innerhalb der Prozesskette *Personalbetreuung*) wahrgenommen wird. Erst die Akzeptanz im Bewerbermarkt und bei den Mitarbeitern sichert die Gewinnung bedarfsgerechter Bewerbungen einerseits und die Bindung wertvoller personaler Ressourcen andererseits. Genau diese Lücke zwischen dem Wettbewerbsvorteil *an sich* und dem vom Bewerbermarkt und den eigenen Mitarbeitern honorierten Wettbewerbsvorteil gilt es zu schließen. Damit sind gleichzeitig auch die Pole aufgezeigt, zwischen denen die beiden Prozessphasen der personalen Wertschöpfungskette einzuordnen sind. Eine Optimierung des Beschaffungsprozesses und des Betreuungsprozesses führt somit zwangsläufig zur Schließung der oben skizzierten Lücke [vgl. LIPPOLD 2014, S. 59].

Prozessphasen	Prozessschritte	Prozessziele
Personalbeschaffung		→ **Mitarbeitergewinnung**
	Segmentierung	→ Optimierung des Bewerbernutzens
	Positionierung	→ Optimierung des Bewerbervorteils
	Signalisierung	→ Optimierung der Bewerberwahrnehmung
	Kommunikation	→ Optimierung des Bewerbervertrauens
	Personalauswahl, -integration, -einsatz	→ Optimierung der Bewerberakzeptanz
Personalbetreuung		→ **Mitarbeiterbindung**
	Personalvergütung	→ Optimierung der Gerechtigkeit
	Personalführung	→ Optimierung der Wertschätzung
	Personalbeurteilung	→ Optimierung der Fairness
	Personalentwicklung	→ Optimierung der Forderung/Förderung
	Personalfreisetzung	→ Optimierung der Erleichterung

Abb. 5-02:   Prozessphasen, Prozessschritte und Prozessziele im Personalmanagement

Diese Aufgabenstellung erfordert eine Vorgehensweise, die in enger Analogie zum Vorgehen auf den Absatzmärkten steht. Im *Absatz*marketing (also im klassischen Marketing) ist der *Kunde* mit seinen Nutzenvorstellungen Ausgangspunkt aller Überlegungen. Im *Personal*marketing ist der gegenwärtige und zukünftige Mitarbeiter der Kunde. Die Anforderungen der Bewerber (engl. *Applicant*) und der Mitarbeiter (engl. *Employee*) an den (potenziellen) Arbeitgeber (engl. *Employer*) bilden die Grundlage für ein gezieltes Personalmarketing [vgl. SIMON et al. 1995, S. 64].

Aus den beiden Teilzielen der personalen Wertschöpfungskette (Personalgewinnung und Personalbindung) lassen sich zwei *Zielfunktionen* ableiten, eine zur Optimierung der Prozesskette *Personalbeschaffung* und eine zur Optimierung der Prozesskette *Personalbetreuung*. Dieser Optimierungsansatz lässt sich in seiner Gesamtheit auch – analog zur Marketing-Gleichung im Absatzmarketing [vgl. LIPPOLD 2015a, S. 70 ff.] – als (zweigeteilte) *Personalmarketing-Gleichung* darstellen:

(1) Für den **Personalbeschaffungsprozess**:

Vom Bewerber honorierter Wettbewerbsvorteil = Wettbewerbsvorteil (an sich) + Bewerbernutzen + Bewerbervorteil + Bewerberwahrnehmung + Bewerbervertrauen + Bewerberakzeptanz

(2) Für den **Personalbetreuungsprozess**:

Vom Mitarbeiter honorierter Wettbewerbsvorteil = Wettbewerbsvorteil (an sich) + Gerechtigkeit + Wertschätzung + Fairness + Forderung/Förderung + Erleichterung

Dabei geht es nicht um eine mathematisch-deterministische Auslegung dieses Begriffs. Angestrebt ist vielmehr der Gedanke eines herzustellenden *Gleichgewichts* (und Identität) zwischen dem Wettbewerbsvorteil an sich und dem vom Bewerber bzw. Mitarbeiter honorierten Wettbewerbsvorteil. Mit anderen Worten, hinter dieser Begriffsbildung steht die These, dass das Gleichgewicht durch die Addition der einzelnen, an Bewerber- bzw. Bindungskriterien ausgerichteten Aktionsfelder erreicht werden kann.

Abbildung 5-03 veranschaulicht den ganzheitlichen Ansatz der Personalmarketing-Gleichung, indem sie die einzelnen Aktionsfelder in einen zeitlichen und inhaltlichen Wirkungszusammenhang stellt.

In dem Bewusstsein, dass sich der Arbeitsmarkt zu einem *Käufermarkt* für hochqualifizierte Fach- und Nachwuchskräfte („High Potentials") gewandelt hat, besteht der Grundgedanke des hier skizzierten Personalmarketings darin, das Unternehmen als Arbeitgeber samt Produkt *Arbeitsplatz* an gegenwärtige und zukünftige Mitarbeiter zu „verkaufen".

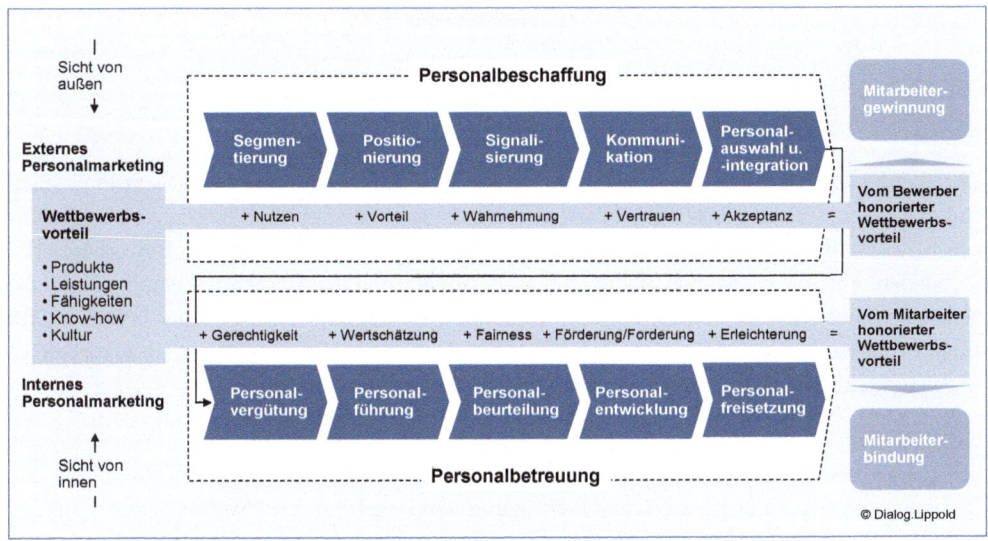

Abb. 5-03: Die Personalmarketing-Gleichung im Überblick

5.2 Personalakquisition – Optimierung der Personalgewinnung

Unter dem Begriff *Personalakquisition* sollen hier die Prozessschritte *Segmentierung, Positionierung, Signalisierung* und *Kommunikation* im Bewerbermarkt zusammengefasst werden (siehe Abbildung 5-04). Diese Prozessschritte sind zugleich auch die entscheidenden Aktionsfelder für die Unternehmensberatung in einem als *absurd* zu bezeichnenden Arbeitsplatzmarkt für akademische Nachwuchskräfte. Absurd deshalb, weil er einerseits die Grundzüge eines Verkäufermarktes und andererseits die Charakteristika eines Käufermarktes trägt. Einerseits können sich Unternehmen und Unternehmensberatungen fast uneingeschränkt bedienen, wenn es um die Rekrutierung von durchschnittlich begabten Hochschulabsolventen geht. Andererseits handelt es sich aus Sicht des Arbeitsplatzanbieters um einen klassischen Käufermarkt, wenn es darum geht, leistungsbereite Nachwuchskräfte mit hohem Potenzial – eben High-Potentials – zu gewinnen. Da solch besonders qualifizierte Bewerber zumeist die Wahl zwischen den Angeboten mehrerer Unternehmen haben, können sie auch besonders selbstbewusst bei ihrer Arbeitsplatzwahl auftreten. Somit stehen sich auf dem Arbeitsmarkt für High Potentials zwei Partner „auf Augenhöhe" gegenüber.

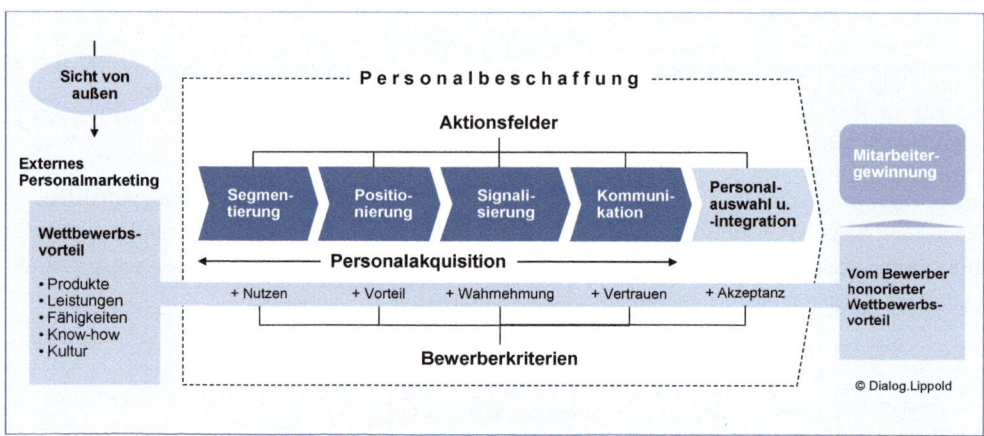

Abb. 5-04:   Die Aktionsfelder der Personalakquisition

Der Wettbewerb um hochqualifizierte und leistungsbereite Mitarbeiter sollte allerdings nicht dadurch gelöst werden, dass bei Bedarf entsprechendes Personal vom Wettbewerb abgeworben wird. Zielführender ist zumeist eine sorgfältige Personalauswahl auf dem Bewerbermarkt, verbunden mit einer späteren nachhaltigen Personal- und Karriereentwicklung. Denn die Wahrscheinlichkeit des Scheiterns abgeworbener Führungskräfte ist oftmals höher als für einen Mitarbeiter aus den eigenen Reihen, der im Rahmen einer systematischen Karriereentwicklung gefordert und gefördert wurde.

Um in diesem Wettbewerb um die Besten erfolgreich zu bestehen, müssen geeignete Bewerber quasi als Kunden genauso umworben werden, wie potenzielle Käufer von Produkten und Dienstleistungen. Daher ist auch die Übertragung von Begriffen wie *Positionierung, Segmentierung, Kommunikation* oder auch *Branding*, die allesamt ihren Ursprung und ihre konzeptionellen Wurzeln im klassischen Marketing haben, auf das Personalmarketing eine wichtige Grundlage für den „War for Talents".

5.2.1 Segmentierung des Arbeitsmarktes

Im Rahmen des Personalbeschaffungsprozesses ist die **Arbeitsmarktsegmentierung** das ers-te wichtige Aktionsfeld für das Personalmarketing. Von besonderer Bedeutung ist dabei das Verständnis für eine *bewerberorientierte* Durchführung der Segmentierung, denn der Be-schaffungsprozess sollte grundsätzlich aus Sicht des Bewerbers beginnen. Die Segmentierung hat demnach die Optimierung des *Bewerbernutzens* zum Ziel:

Bewerbernutzen = f (Segmentierung) → optimieren!

Der Arbeitsmarkt ist keine homogene Einheit. Aufgrund der unterschiedlichsten Bewerberan-forderungen und -qualifikationen besteht er aus einer Vielzahl von Segmenten. Die Anforde-rungen, die ein Bewerber an seinen zukünftigen Arbeitgeber stellt, und die Fähigkeiten der Unternehmen, diese Anforderungen zu erfüllen, sind maßgebend für die Bewerberentschei-dung und damit für den Erfolg oder Misserfolg eines Unternehmens bei seinen Rekrutie-rungsbemühungen [vgl. SIMON et al. 1995, S. 64].

Damit wird deutlich, welche Bedeutung die Segmentierung des Arbeitsmarktes für das ver-antwortliche Personalmanagement hat. Im Vordergrund steht die Analyse der Ziele, Probleme und Nutzenvorstellungen der Bewerber. Es muss Klarheit darüber bestehen, was das Gemein-same und was das Spezifische dieser Bewerbergruppe im Vergleich zu anderen ist. Die hier-mit angesprochene Rasterung des Bewerbermarktes erhöht die Transparenz und damit die Rekrutierungschancen. Abbildung 5-05 gibt einen Überblick über die verschiedenen Stufen und Abhängigkeiten der Segmentierung im Personalbereich.

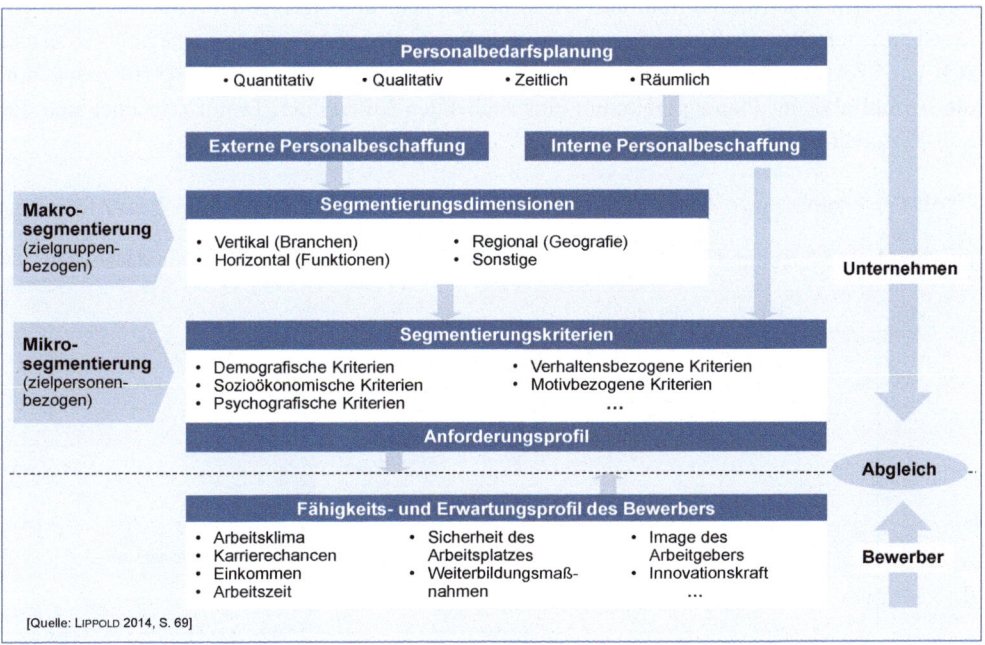

Abb. 5-05:   Stufen und Abhängigkeiten in der Arbeitsmarktsegmentierung

5.2.1.1 Personalbedarfsplanung

Ausgangspunkt und Grundlage der Arbeitsmarktsegmentierung ist die **Personalbedarfspla-nung**, die in quantitativer, qualitativer, räumlicher und zeitlicher Hinsicht vorgenommen wer-den kann. Die Personalbedarfsplanung zielt darauf ab, personelle Über- bzw. Unterkapazitä-ten mittel- und langfristig zu vermeiden. Sie ist vielleicht der wichtigste Teil der **Personalein-satzplanung** (engl. *Workforce Planning*), die bei Unternehmensberatungen in hohem Maße von den erwarteten Projektaufträgen abhängt und damit mit weitaus höheren Risiken behaftet ist als bspw. im kontinuierlichen B2C-Geschäft.

(1) Quantitative Personalbedarfsplanung

Im ersten Schritt der quantitativen Personalbedarfsplanung ist für jeden Bereich zu klären, welcher **Soll-Personalbestand** im Planungszeitraum erreicht werden soll. Die Höhe des Soll-Personalbestands hängt in erster Linie von den Zielen des Unternehmens bzw. der Unterneh-menseinheit ab (Wachstum, Konsolidierung, Restrukturierung). Die Differenz zum **Ist-Personalbestand** zu Beginn der Planungsperiode ist aber nicht zwangsläufig der Neubedarf an Mitarbeitern, da in der Planungsperiode zusätzliche Abgänge (Pensionierungen, Kündi-gungen, Elternzeit etc.), aber auch Zugänge (Neueinstellungen, Beendigung der Elternzeit etc.) zu berücksichtigen sind. Die Differenz zwischen den voraussichtlichen Abgängen und Zugängen wird als **Ersatzbedarf** bezeichnet. Der Ersatzbedarf gibt damit die Anzahl der Mit-arbeiter an, die bis zum Ende der Planungsperiode eingestellt werden müssen, um den (Ist-) Personalbestand zu Beginn des Planungszeitraums zu erreichen. Ist dieser Personalbestand niedriger als der Soll-Personalbestand, so entsteht ein **Zusatzbedarf**, dessen Höhe in erster Linie von den Wachstumsambitionen des Unternehmens abhängt. Ist der Saldo zwischen vo-raussichtlichem Personalbestand und dem Soll-Personalbestand allerdings negativ, so ergibt sich ein **Freistellungsbedarf**. Zusatzbedarf und Ersatzbedarf ergeben den **Neubedarf**, d.h. die Anzahl aller im Planungszeitraum einzustellenden Mitarbeiter. Damit errechnet sich der Soll-Personalbestand wie folgt:

Soll-Personalbestand = Ist-Bestand + Zugänge – Abgänge + Ersatzbedarf + Zusatzbedarf

In Abbildung 5-06 sind die quantitativen Elemente der Personalbedarfsplanung dargestellt.

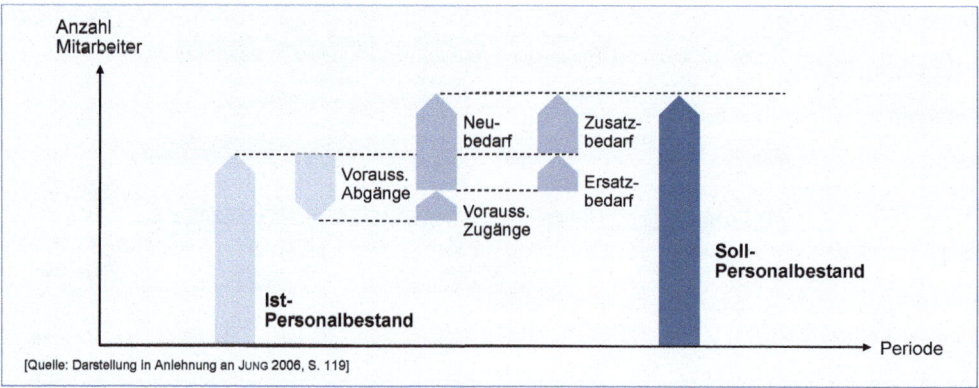

Abb. 5-06:   Arten des Personalbedarfs

Besonders wichtig für viele Unternehmensberatungen ist in diesem Zusammenhang die Beobachtung und Analyse der **Fluktuation**, die sich in der **Fluktuationsrate** (engl. *Attrition Rate*) ausdrückt:

Fluktuationsrate = (Abgänge / Durchschnittlicher Personalbestand) x 100 %

Das Ziel der **Fluktuationsanalyse** besteht darin, Gründe und Motive für das Ausscheiden in Erfahrung zu bringen und daraus zielgerichtete Maßnahmen zu entwickeln, um die Fluktuation im Rahmen der betrieblichen Gegebenheiten und die damit verbundenen Kosten zu senken. Die besondere Bedeutung der Fluktuationsrate für den Erfolg einer Unternehmensberatung zeigt das Rechenbeispiel in Insert 5-01.

(2) Qualitative Personalbedarfsplanung

Die qualitative Personalbedarfsplanung legt fest, über welche Fähigkeiten, Kenntnisse und Verhaltensweisen der Soll-Personalbestand (einer Beratergruppe) bis zum Planungshorizont verfügen sollte und zu welchen potenziellen Projekten diese Qualifikationen gebündelt werden können. Die Qualifikationen, d. h. die Anforderungen in Verbindung mit dem Beratereinsatz, werden im Rahmen eines **Anforderungsprofils** (engl. *Job Specification*) festgelegt.

(3) Zeitliche Personalbedarfsplanung

Je nachdem, welcher Planungshorizont der Personalbedarfsermittlung zugrunde liegt, kann zwischen *kurz-*, *mittel-* und *langfristiger* Personalbedarfsplanung unterschieden werden. Für das sehr schnelllebige Beratungsgeschäft ist die kurz- bis mittelfristige Personalbedarfsplanung (ein bis zwei Jahre) relevant. Auf der Grundlage der Eintrittswahrscheinlichkeit unterschiedlicher Auftragserwartungen („*Best Case*", „*Realistic Case*" oder „*Worst Case*") lassen sich dann verschiedene Personalplanungsalternativen entwickeln.

(4) Räumliche Personalbedarfsplanung

Die räumliche Personalbedarfsplanung legt den (Einsatz-) Ort fest, an dem der bzw. die neue(n) Mitarbeiter benötigt wird (werden). Besonders bei stark dezentral organisierten Unternehmen mit entsprechend vielen Niederlassungen oder Geschäftsstellen ist die räumliche Dimension der Personalbedarfsplanung von Bedeutung.

Insert

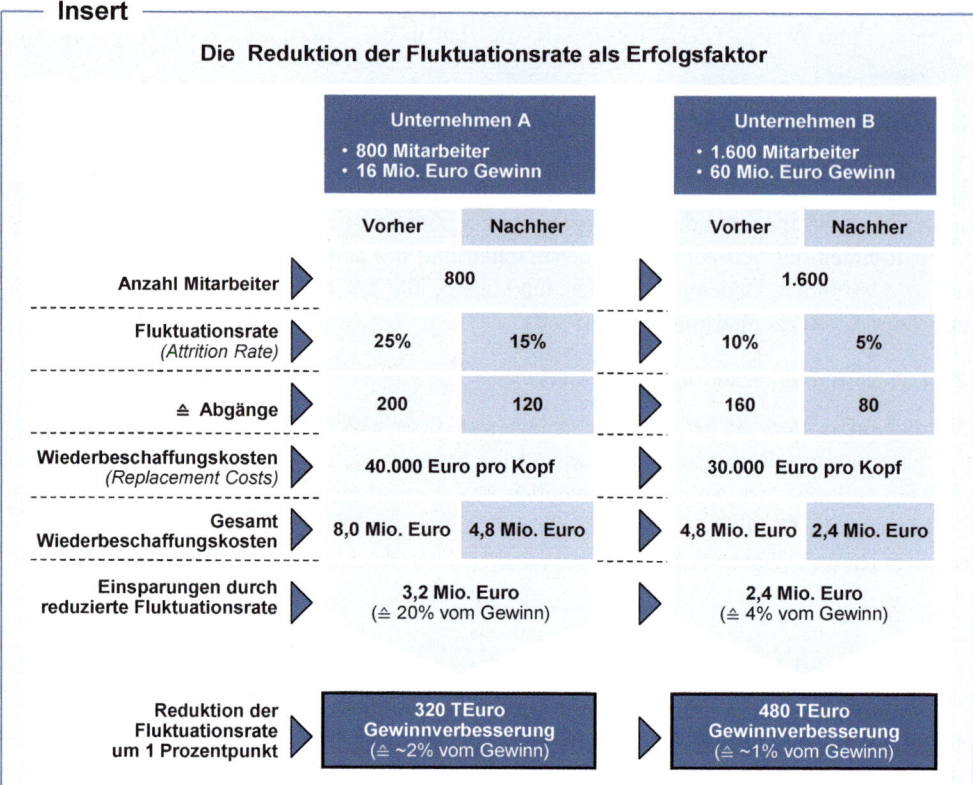

Das Rechenbeispiel zeigt wichtige Unternehmensdaten zweier fiktiver Unternehmensberatungen:

Das **Unternehmen A**, eine Management- und Strategieberatung, beschäftigt 800 Mitarbeiter, erzielt einen Jahresgewinn von 16 Mio. Euro und weist eine Fluktuationsrate von 25 Prozent auf. Die Wiederbeschaffungskosten für einen neuen Berater betragen 40.000 Euro. Damit belaufen sich die Wiederbeschaffungskosten für 200 neue Berater auf insgesamt 8 Mio. Euro, um die Fluktuation auszugleichen. Lässt sich diese Fluktuationsrate von 25 auf 15 Prozent senken, so verringern sich ceteris paribus die Wiederbeschaffungskosten für 120 Berater auf 4,8 Mio. Euro. Damit ließen sich die Rekrutierungskosten allein durch diese Absenkung der Fluktuationsrate um 3,2 Mio. Euro vermindern. Bei einem angenommenen Gewinn von 16 Mio. Euro bedeutet dies eine Gewinnverbesserung für das Consulting-Unternehmen um 20 Prozent. Die Absenkung der Fluktuationsrate um jeweils nur einen Prozentpunkt führt in diesem Fall also zu einer Gewinnverbesserung von zwei Prozent.

Das **Unternehmen B** ist ein IT-Beratungs- und Serviceunternehmen. Es beschäftigt 1.600 Mitarbeiter und erzielt einen Jahresgewinn von 60 Mio. Euro. Das Unternehmen weist eine Fluktuationsrate (engl *Attrition Rate*) von 10 Prozent auf. Die Wiederbeschaffungskosten für einen neuen IT-Berater betragen 30.000 Euro. Um die Fluktuation ceteris paribus auszugleichen, belaufen sich die Wiederbeschaffungskosten für 160 neue IT-Berater auf insgesamt 4,8 Mio. Euro. Bei einer Absenkung der Fluktuationsrate auf 5 Prozent, lassen sich in dem Fall die Wiederbeschaffungskosten um 2,4 Mio. Euro vermindern. Bei einem angenommenen Gewinn dieses Unternehmens von 60 Mio. Euro p. a. bedeutet diese Reduzierung eine Gewinnverbesserung von vier Prozent. Die Reduktion der Fluktuationsrate um einen Prozentpunkt führt hier also zu einer Gewinnverbesserung von rund einem Prozent.

Fazit: Angesichts der hohen Wiederbeschaffungskosten für hochqualifiziertes Personal kann die Reduktion der Fluktuationsrate ceteris paribus einen sehr beachtlichen Erfolgsfaktor mit unmittelbarem Einfluss auf die Gewinnsituation eines Unternehmens darstellen. Um die Fluktuationsrate nachhaltig abzusenken sind Mitarbeiterbindungsprogramme erforderlich, die sich an den Kriterien Gerechtigkeit, Wertschätzung, Fairness sowie Forderung und Förderung orientieren.

Insert 5-01:   Rechenbeispiel zur Fluktuationsrate in der Beratungsbranche

5.2.1.2 Personalbeschaffungswege

Grundsätzlich stehen jedem Unternehmen zwei Beschaffungswege zur Personalbedarfsdeckung zur Verfügung: die *interne* und die *externe* Personalbeschaffung. Abbildung 5-07 gibt einen Überblick über die vielfältigen Möglichkeiten der internen und externen Personalgewinnung.

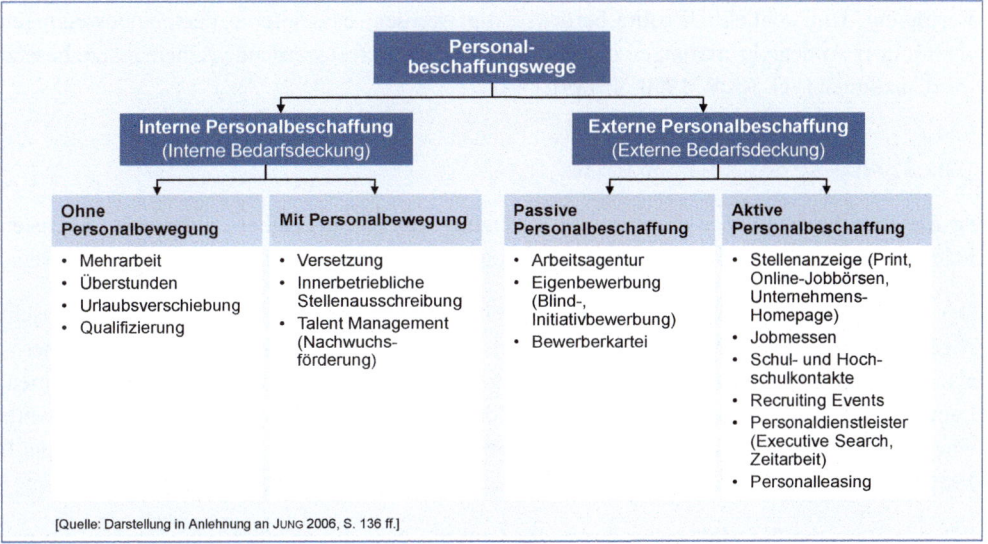

Abb. 5-07:   *Interne und externe Personalbeschaffungswege*

(1) Interne Personalbeschaffung

Die interne Personalgewinnung umfasst alle Aktivitäten, die sich auf die Besetzung von Stellen durch bereits im Unternehmen beschäftigte Führungskräfte und Mitarbeiter beziehen.

Allgemein gilt der Grundsatz, dass vor einer Stellenbesetzung zunächst geprüft werden sollte, ob und inwieweit *vorhandene* Mitarbeiterpotenziale genutzt werden können. Den Vorteilen der internen Personalbeschaffung (z. B. geringeres Risiko einer Fehlbesetzung, höhere Motivation bei interner Stellenbesetzung, Kosten- und Zeitersparnis), stehen aber auch einige Nachteile (z. B. Gefahr der zunehmenden Betriebsblindheit, fehlende Impulse von außen) gegenüber.

Obwohl augenscheinlich die Vorteile überwiegen, sollte der personalpolitische Grundsatz, auf eine Beschaffungspriorität von innen zu setzen, allerdings nicht überzogen werden.

(2) Externe Personalbeschaffung

Bei der externen Personalgewinnung werden Führungskräfte bzw. Mitarbeiter außerhalb des Unternehmens gesucht. Externe Personalbeschaffung ist vor allem dann von Bedeutung, wenn

- der quantitative Bedarf nicht ausreichend durch intern verfügbare Führungskräfte und Mitarbeiter gedeckt werden kann bzw.

- Fähigkeitspotenziale benötigt werden, die im Unternehmen nicht vorhanden sind und nicht selbst entwickelt werden können.

Ein Großteil der externen Personalbeschaffung in der Unternehmensberatung befasst sich mit der Anwerbung von *Berufsanfängern* bzw. *Hochschulabsolventen*, um langfristig und gezielt Qualifikationen für das Unternehmen aufzubauen. Die externe Personalbeschaffung ist zwar aufwendiger als die interne, aber durch sie steht letztlich ein größeres Bewerberpotenzial zur Verfügung. Und schließlich sollte berücksichtigt werden, dass interne Personalbewegungen auch immer Außenrekrutierungen nach sich ziehen, damit frei werdende Arbeitsplätze besetzt werden können [vgl. RKW 1990, S. 139].

5.2.1.3 Analyse des Arbeitsmarktes

Ist die Entscheidung über eine *externe* Besetzung der Stelle gefallen, geht es im nächsten Schritt darum, den Arbeitsmarkt im Hinblick auf die relevanten Zielgruppen zu analysieren.

Der Arbeitsmarkt ist der Ort, auf dem Arbeitskraft nachgefragt, angeboten und getauscht wird. Solche Austauschbeziehungen kommen dann zustande, wenn die Austauschpartner – also Bewerber und Unternehmen – jeweils einen individuellen Nutzenzuwachs wahrnehmen. Laut *Anreiz-Beitrags-Theorie* ist dies immer dann der Fall, wenn von beiden Seiten jeweils eine gewisse Gleichwertigkeit von *Anreizen* und *Beiträgen* verspürt wird [vgl. HIMMELREICH 1989, S. 25 ff.].

Für den Bewerber/Kandidaten bedeutet das konkret, dass die angebotenen Anreize, die mit dem (neuen) Arbeitsplatz verbunden sind, die erwarteten zukünftigen Belastungen mindestens kompensieren oder übersteigen. Seitens des Unternehmens ist der Beitrag des Bewerbers/Kandidaten in Form der erwarteten Aufgabenerfüllung mindestens gleich oder höher einzuschätzen als die dafür notwendigerweise zu zahlende Vergütung. Nur wenn gleichzeitig auf Unternehmens- und Kandidatenseite die so beschriebenen Gleichgewichtszustände vorherrschen, kommt ein Arbeitsverhältnis zustande. Andernfalls besteht von der einen und/oder anderen Seite kein Interesse [vgl. RINGLSTETTER/KAISER 2008, S. 250 f.].

In Abbildung 5-08 sind die verschiedenen Varianten beim Zustandekommen von Arbeitsverhältnissen dargestellt.

Der Wettbewerb um besonders qualifizierte Bewerber ist umso härter, je knapper und bedeutsamer die Arbeitskraft dieser Bewerber ist und je größer für diese die Auswahl zwischen den Angeboten mehrerer Unternehmen ist. In einer derartigen Wettbewerbssituation ist der Bewerber/Kandidat als ein potentieller *Kunde* des Unternehmens anzusehen. Der angebotene Arbeitsplatz ist also das *Produkt*, das es dem potentiellen Kunden zu *„verkaufen"* gilt. Darüber hinaus ist zu berücksichtigen, dass bei einem *Arbeitsplatzwechsel* für den Bewerber eine gewisse *Risikoaversion* auftritt, d.h. die neue Position muss vom Bewerber signifikant besser eingeschätzt werden als die bisherige [vgl. RINGLSTETTER/KAISER 2008, S. 252 unter Bezugnahme auf LAMPERT 1994, S. 348].

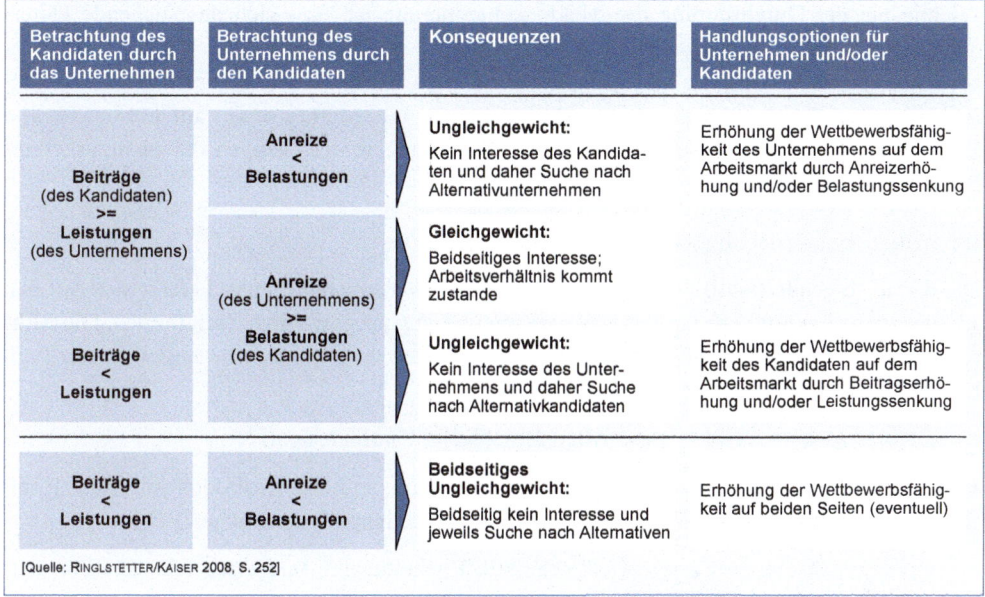

[Quelle: RINGLSTETTER/KAISER 2008, S. 252]

Abb. 5-08: Zustandekommen von Arbeitsverhältnissen

5.2.1.4 Auswahl und Relevanz der Marktsegmente

Für die einzelne Unternehmensberatung sind immer nur bestimmte Ausschnitte des Arbeitsmarktes von Bedeutung. Daher ist es notwendig, zunächst diese Ausschnitte (Segmente) zu bestimmen, in denen das Unternehmen tatsächlich aktiv ist bzw. aktiv werden sollte. Zur Differenzierung der unterschiedlichen Zielgruppen und Zielpersonen bietet sich – analog zum Absatzmarketing – eine Segmentierung des Arbeitsmarktes in zwei **Segmentierungsstufen** an: die **Makrosegmentierung** zur Auswahl und Ansteuerung der relevanten *Segmentierungsdimensionen* und die **Mikrosegmentierung** zur Festlegung der relevanten *Segmentierungskriterien*.

(1) Makrosegmentierung

In der Stufe der Makrosegmentierung, die den strategischen Aspekt der Arbeitsmarktsegmentierung beinhaltet, wird der Arbeitsmarkt in seinen verschiedenen Dimensionen betrachtet und in möglichst homogene Segmente aufgeteilt. Die wichtigsten Dimensionen sind:

- **Vertikale Märkte** (Branchen wie die Automobilindustrie (engl. *Automotive*), Chemie, Pharmazeutische Industrie, Banken, Versicherungen, Konsumgüter etc.)

- **Horizontale Märkte** (betriebliche Funktionsbereiche wie Marketing/Vertrieb, Produktion, Logistik, Forschung und Entwicklung etc.)

- **Regionale Märkte** (national, international, global)

- **Sonstige Märkte** (Markt für Hochschulabsolventen, Berufseinsteiger, Projektleiter, Führungskräfte etc.).

Wichtig bei der Durchführung der Makrosegmentierung ist, dass sich das suchende Unternehmen nicht nur in ein oder zwei Dimensionen festlegt. Erst eine **mehrdimensionale Arbeitsmarktausrichtung**, die sich beispielsweise auf eine Branche, auf einen oder zwei betriebliche Funktionsbereiche, auf ein oder zwei regionale Märkte sowie auf Führungskräfte konzentriert, kann der Gefahr einer möglichen Verzettelung der knappen Personalmarketing-Ressourcen vorbeugen.

(2) Mikrosegmentierung

Die darauf folgende (taktisch ausgelegte) Stufe der *Mikrosegmentierung* befasst sich mit den **Zielpersonen** innerhalb der in der Makrosegmentierung ausgewählten Zielgruppen. Die Mikrosegmentierung basiert auf den Ausprägungen ausgewählter *Segmentierungskriterien* [vgl. HOMBURG/KROHMER 2006, S. 487]:

- **Demografische Kriterien** wie Alter, Geschlecht, Familienstand;

- **Sozioökonomische Kriterien** wie aktuelles Einkommen, Ausbildungsniveau, Branchenerfahrung, aktuelle Position, Berufsgruppe, Stellung im beruflichen Lebenszyklus;

- **Psychografische Kriterien** wie Lebensstil, Einstellungen, Interessen oder auch bedürfnisbezogene Motive;

- **Verhaltensbezogene Kriterien** wie durchschnittliche Betriebszugehörigkeit, Häufigkeit des Arbeitgeberwechsels;

- **Motivbezogene Kriterien** wie monetäre Motive, imagebezogene Motive, arbeitsinhaltliche Motive, karrierebezogene Motive bei der Stellensuche.

Die Segmentierung kann sich auf *eine* Kategorie von Segmentierungskriterien (z. B. verhaltensbezogene Kriterien) beziehen; es können aber auch verschiedene Gruppen von Segmentierungskriterien miteinander kombiniert werden. Die Segmente können sich dann aus scharf abgrenzbaren Zielgruppen oder aus Typen von Bedürfnisträgern zusammensetzen. Eine Typenbildung ist immer dann sinnvoll, wenn eine bedürfnisindividuelle Ansprache einzelner, potentieller Kandidaten aus ökonomischen Gründen nicht durchführbar scheint [vgl. RINGLSTETTER/KAISER 2008, S. 257].

Abbildung 5-09 stellt beispielhafte Segmente als Typen von Bedürfnisträgern für die o. g. Segmentierungskriterien gegenüber.

Unabhängig vom inhaltlichen Fokus der Segmentierung sind die einzelnen Ausprägungen der Segmentierungskriterien und -dimensionen hinsichtlich *Relevanz*, *Messbarkeit* und *Erreichbarkeit* zu prüfen [vgl. LIPPOLD 2011, S. 40 f., SCHAMBERGER 2008, S. 50 ff.].

Segmentierungs-kategorie	Beispielhafte Segmentierungs-kriterien	Beispielhafte Segmente			
		1	2	3	4
Demografische Segmentierung	• Alter • Geschlecht • Familienstand	Junge Internationale	Reife Erfahrene		
Sozioökonomische Segmentierung	• Berufsgruppe • Beruflicher Lebens-zyklus • Einkommen • Position • Vermögen • Bildungsniveau	Technische Fachrichtung Schul-abgänger Oberes Management	Kaufm. Fachrichtung Hochschul-absolventen Mittleres Management	Berufs-erfahrene Unteres Management	
Psychografische Segmentierung	• Bedürfnisbezogene Motive • Kognitive Orientierung • Einstellung zur Arbeit • Aufstiegsstreben	„Auf das richtige Pferd setzen"-Typ Optimistisch Extrovertierte	„Viel verdienen, viel riskieren"-Typ Stille Hoffer	„Die Welt retten"-Typ Pessimisten	„Arbeiten, um zu leben"-Typ
Verhaltensbezogene Segmentierung	• Informationsverhalten • Arbeitsverhalten • Verhalten bei der Stellensuche	Informierte Job Hopper	Traditionelle Loyale	Interessierte Loyale	
Motivbezogene Segmentierung	• Monetäre • Imagebezogene • Karrierebezogene • Arbeitsinhalts-bezogene Motive	Image-orientierte	Karriere-orientierte	Gehalts-orientierte	Selbst-beweisende

[Quelle: in Anlehnung an STOCK-HOMBURG 2008, S. 124]

Abb. 5-09: Beispielhafte Segmentierungskriterien und Segmente

5.2.1.5 Wettbewerbsintensität

Sind die relevanten Marktsegmente identifiziert und die Bedürfnisse, Ziele und Erwartungen der anzusprechenden Zielgruppe (Bewerber/Kandidat) transparent, stehen Überlegungen an, welche besonderen Herausforderungen in den jeweiligen Marktsegmenten vorherrschen. Typische Kennzeichen der besonderen Rivalität im Beratungsgeschäft beim „War for Talents" sind Positionskämpfe in Form der Zahlung von Spitzengehältern, Zusatzleistungen oder der Verbesserung von Weiterbildungsmaßnahmen oder Karrierechancen. In der Regel initiieren solche Maßnahmen entsprechende Gegenmaßnahmen bei den Wettbewerbern, so dass letztlich eine Veränderung der Rentabilität aller Wettbewerber die Folge ist [vgl. RINGLSTETTER/KAISER 2008, S. 261].

In der Beratungsbranche hat diese besondere Rivalität dazu geführt, dass sich die Gehälter nahezu aller Karrierestufen in der Höhe zum Teil deutlich von den entsprechenden Gehältern anderer Branchen entfernt haben. Schließlich ist weiterhin zu berücksichtigen, dass insbesondere Führungs- und Führungsnachwuchskräfte nur dann zu einem Arbeitsplatzwechsel zu bewegen sind, wenn das neue Gehalt (und/oder Zusatzleistungen) deutlich über den bisherigen Konditionen liegt. Häufig gilt hierbei das ungeschriebene Gesetz, dass ein Wechsel aus einer gesicherten Position nur dann vorgenommen werden sollte, wenn das neue Gehalt mindestens 20 Prozent über dem bisherigen liegt. Dies hängt nicht zuletzt auch mit der berechtigten *Risikoaversion* zusammen, da der wechselbereite Kandidat letztlich erst die Probezeit bei seinem neuen Arbeitgeber „überstehen" muss.

5.2.2 Positionierung im Arbeitsmarkt

Jede Personal suchende Unternehmensberatung tritt in ihren Segmenten in aller Regel gegen einen oder mehrere Wettbewerber an, da – wie bereits erwähnt – besonders qualifizierte Bewerber mit hohem Potenzial i. d. R. zwischen den Angeboten mehrerer potentieller Arbeitgeber auswählen können. In einer solchen Situation kommt der Positionierung des Unternehmens als Arbeitgeber eine zentrale Rolle zu.

Die Positionierung ist das zweite wichtige Aktionsfeld im Personalbeschaffungsprozess und beinhaltet die Optimierung des *Bewerbervorteils*:

$$\text{Bewerbervorteil} = \text{f (Positionierung)} \rightarrow \text{optimieren!}$$

Die Positionierung verfolgt die Aufgabe, innerhalb der definierten Bewerbersegmente eine klare Differenzierung gegenüber dem Stellenangebot des Wettbewerbs vorzunehmen. Die Einbeziehung des Wettbewerbs mit seinen Stärken und Schwächen ist demnach ein ganz entscheidendes Merkmal der Positionierung.

5.2.2.1 Bewerbernutzen und Bewerbervorteil

In dieser (Wettbewerbs-) Situation reicht es für das Unternehmen nicht aus, *ausschließlich* nutzenorientiert zu argumentieren. Neben den reinen Bewerber*nutzen* muss vielmehr der Bewerber*vorteil* treten. Das ist der Vorteil, den der Bewerber bei der Annahme des Stellenangebots gegenüber dem (alternativen) Stellenangebot des Wettbewerbers hat.

Wer überlegenen Nutzen *(Bewerbervorteil)* bieten will, muss die Bedürfnisse, Probleme, Ziele und Nutzenvorstellungen des Bewerbers sowie die Vor- und Nachteile bzw. Stärken und Schwächen seines Angebotes gegenüber denen des Wettbewerbs kennen. Die wesentlichen Fragen in diesem Zusammenhang sind:

- Wie differenziert sich das eigene Stellenangebot von dem des Wettbewerbs?

- Welches sind die wichtigsten Alleinstellungsmerkmale (engl. *Unique Selling Proposition*) aus Bewerbersicht?

Bei der Beantwortung geht es allerdings nicht so sehr um die Herausarbeitung von Wettbewerbsvorteilen an sich. Entscheidend sind vielmehr jene Vorteile, die für den Bewerber interessant sind. Vorteile, die diesen Punkt nicht treffen, sind von untergeordneter Bedeutung. Unternehmen, die es verstehen, sich im Sinne der Bewerberanforderungen positiv vom Wettbewerb abzuheben, haben letztendlich die größeren Chancen bei der Rekrutierung von geeigneten Bewerbern [vgl. LIPPOLD 2010, S. 10].

5.2.2.2 Positionierungselemente

Die Positionierung schafft eine klare Differenzierung aus Sicht des Bewerbers. Inhaltlich hat die Positionierung die Aufgabe, die wichtigsten Ausprägungen des Bewerbervorteils herauszuarbeiten. Die Durchführung einer *Stärken-/Schwächenanalyse* sowie einer *Imageanalyse* sind hierbei wesentliche Aktivitäten. Die Kenntnis über das *Personal- oder Arbeitgeberimage*, das die Anziehungskraft eines Unternehmens auf potentielle Mitarbeiter bestimmt, ist dabei von besonderer Bedeutung. Das Personal- oder Arbeitgeberimage ist ein Vorstellungsbild, das sich Menschen über Unternehmen als (möglichen) Arbeitgeber bilden. Es ist durch die *Interaktion mit dem Unternehmens- und Branchenimage* im höchsten Maße subjektiv und emotional fundiert und setzt sich aus mehreren Merkmalen zusammen [vgl. ASHFORTH/MAEL 1989, S. 24 und TROMMSDORFF 1987, S. 121].

Abbildung 5-10 zeigt beispielhaft eine Reihe von Merkmalen, die für die Auswahlentscheidung von Hochschulabsolventen und damit für das Personalimage eines Unternehmens relevant sind. In dieser Untersuchung ist zusätzlich die Interaktion des Personalimages mit dem Branchen- und Unternehmensimage sowie dem Image der Arbeitsplatzgestaltung berücksichtigt.

(1) Branchenimage

Gerade das Image der Beratungsbranche kann wie ein Filter auf die Wahrnehmung des Personalimages einer Organisation wirken. So kann bei weniger bekannten Beratungsunternehmen das Branchenimage durchaus einen positiven Einfluss auf das Personalimage und die individuelle Stellenwahl haben. Schließlich ist das positive Image der Beratungsbranche bei den Bewerbern vor allem durch die Wachstumsaussichten, durch die Ertragslage, durch die erwarteten Karrierechancen sowie durch das überdurchschnittliche Gehaltsniveau gekennzeichnet.

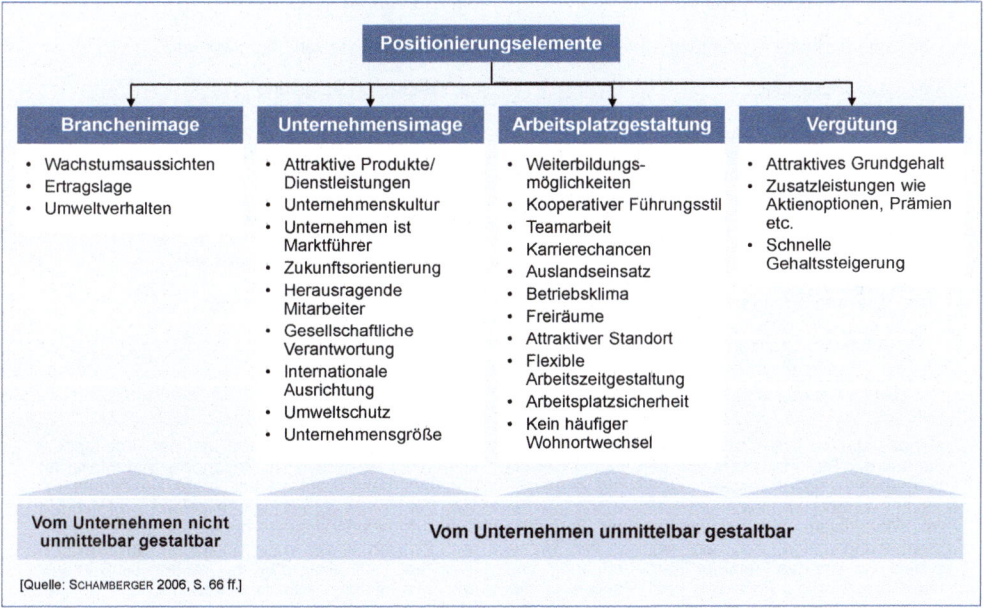

Abb. 5-10: Positionierungselemente im Hochschulmarketing

(2) Unternehmensimage

Das Positionierungselement *Unternehmensimage* ermöglicht dem Beratungsunternehmen, das positive Branchenimage noch weiter zu verstärken. Hauptkriterien zur Beurteilung des Unternehmensimages sind die Bekanntheit des Unternehmens, seine Wirtschaftskraft sowie die vorherrschende Unternehmenskultur. Die Bekanntheit eines Unternehmens steht in enger Beziehung zum Image und der Bekanntheit seiner Produkte und Leistungen. Deshalb stehen Unternehmen mit attraktiven Produkten und Dienstleistungen sowie prestigeträchtigen Marken häufig an der Spitze der beliebtesten Arbeitgeber und sind somit auch die härtesten Wettbewerber der Beratungsunternehmen beim „Kampf um die Besten"[vgl. SCHAMBERGER 2006, S. 69 und BECK 2008a, S. 33].

Insert

Rangfolge High Potentials	Rangfolge Sonstige Studierende
1. Gutes Betriebsklima	1. Gutes Betriebsklima
2. Weiterbildungsmöglichkeiten	2. Freiräume für selbstständiges Arbeiten
3. Freiräume für selbstständiges Arbeiten	3. Weiterbildungsmöglichkeiten
4. Kooperativer Führungsstil	4. Kooperativer Führungsstil
5. Freiräume, um Ziele zu verwirklichen	5. Freiräume, um Ziele zu verwirklichen
6. Karriereplanung	6. Unternehmenskultur
7. Übernahme von Verantwortung	**7. Zukunftsorientierung**
8. Internationale Ausrichtung	8. Übernahme von Verantwortung
9. Auslandseinsatz	9. Attraktive Vergütung
10. Unternehmenskultur	10. Teamarbeit
11. Attraktive Vergütung	11. Auslandseinsatz
12. Teamarbeit	12. Flexible Arbeitszeitgestaltung
13. Flexible Arbeitszeitgestaltung	13. Sicherheit des Arbeitsplatzes
14. Zukunftsorientierung	14. Internationale Ausrichtung
15. Attraktiver Standort	**15. Karriereplanung**

[Quelle: SCHAMBERGER 2006, S. 70]

Nahezu alle der oben aufgeführten Merkmale werden bei der Stellenauswahl von den beiden Bewerbergruppen „High Potentials" und „Sonstige Studierende" annähernd gleich gewichtet. Lediglich bei den Merkmalen „Karriereplanung" und „Zukunftsorientierung" zeigt sich ein signifikanter Unterschied: So wird das Merkmal „Karriereplanung" von der Gruppe „High Potentials" auf Rang 6 in der Prioritätenliste eingestuft, während es bei den „Sonstigen Studierenden" mit Rang 15 nur eine untergeordnete Bedeutung einnimmt. Das Merkmal „Zukunftsorientierung" wird dagegen von den „Sonstigen Studierenden" deutlich höher eingestuft, als von den „High Potentials". Hierbei liegt die Vermutung nahe, dass „Zukunftsorientierung" ein hohes Maß an Sicherheit vermittelt, die für die „High

Potentials" ganz offensichtlich bei der Arbeitgeberwahl nicht so wichtig ist. Besonders augenfällig ist überdies, dass das Merkmal „Attraktive Vergütung" von beiden Bewerbergruppen relativ weit niedrig eigestuft wird (Priorität 11 bei den „High Potentials" und Priorität 9 bei den „Sonstigen Bewerbern"). Dies macht deutlich, dass bei weitem nicht immer das Gehalt der entscheidende Faktor bei der Stellenauswahl ist. Andererseits werden von den beiden Bewerbergruppen gerade jene Merkmale besonders hoch eingestuft, deren tatsächliches Eintreffen sich erst nach der Einstellung herausstellen wird. Insofern ist es ganz besonders wichtig, dass das vom Bewerber ausgewählte Unternehmen das in ihm gesetzte Vertrauen nicht enttäuscht.

Insert 5-02:   Merkmalsrangfolge bei der Wahl des Arbeitsplatzes

(3) Image der Arbeitsplatzgestaltung

Häufig bewerten die Stellensuchenden die Bedingungen des Arbeitsplatzes, also die konkrete Ausgestaltung der zukünftigen Tätigkeit, höher als das Branchen- oder Unternehmensimage. Im Rahmen der Arbeitsplatzgestaltung sind Kriterien wie Weiterbildungs- und Karrieremöglichkeiten, Führungsstil und Fragen der Vergütung (Kompensation) oder Zusatzleistungen (z.B. Firmenwagen) von Bedeutung für die Wahl des Arbeitgebers. Schließlich spielen „weiche" Faktoren wie die Vereinbarkeit von Privat- und Berufsleben (engl. *Work-Life-Balance*) oder ein attraktiver Firmenstandort eine Rolle. Interessant in diesem Zusammenhang ist die Fragestellung, ob die beiden Bewerbergruppen „High Potentials" und „Sonstige Studierende" die einzelnen Merkmale der Arbeitsplatzgestaltung unterschiedlich priorisieren. Eine Antwort auf diese Fragestellung gibt Insert 5-02 [vgl. SCHAMBERGER 2006, S. 70].

(4) Vergütung

Als viertes Positionierungselement soll die Vergütung angeführt werden. Die Vergütung ist der Preis des Arbeitsplatzes und könnte daher auch als Komponente der Arbeitsplatzgestaltung aufgefasst werden. Die Gesamtvergütung, die häufig mit attraktiven Zusatzleistungen wie Aktienoptionen, Prämien oder ähnliches angereichert wird, ist aus der Sicht des potentiellen Kandidaten ein hoher Anreiz, der den einzugehenden Belastungen bei einem Arbeitsplatzwechsel gegenübergestellt wird.

5.2.2.3 Employer Branding

Als unternehmensstrategische Maßnahme mündet die Positionierung ein in die Schaffung einer attraktiven **Arbeitgebermarke** (engl. *Employer Branding*), bei dem Konzepte aus dem Absatzmarketing (besonders der Markenbildung) angewandt werden, um ein Unternehmen als attraktiven Arbeitgeber darzustellen und von anderen Wettbewerbern im Arbeitsmarkt positiv abzuheben (zu positionieren).

Der Employer Branding-Prozess verfolgt das Ziel, eine glaubwürdige und positiv aufgeladene Arbeitgebermarke aufzubauen. Diese soll den Arbeitgeber gleichsam profilieren und von anderen Arbeitgebern differenzieren. Dabei nutzen Unternehmen ihre „Employer Value Proposition" nicht nur für das Rekruting neuer Talente, sondern zunehmend auch um die Mitarbeiterbindung und -Identifikation zu stärken [vgl. KUNERTH/MOSLEY 2011, S. 19 ff.].

Bei der Arbeitssuche werden meist folgende Faktoren evaluiert [vgl. WILDEN et al. 2010, S. 56 ff.]:

- die Arbeitgeberattraktivität (basierend auf der eigenen Erfahrung mit dem Unternehmen und Erfahrungen, die in der Branche gesammelt wurden),
- die Klarheit, Glaubwürdigkeit und Konsistenz der Markensignale des potenziellen Arbeitgebers,
- das Arbeitgebermarkeninvestment sowie
- die eigene Wahrnehmung der Produkte oder Dienstleistungen des Arbeitgebers.

Employer Branding kann den Aufbau der Corporate Brand, also der Unternehmensmarke, unterstützen. Corporate Branding ist jedoch durch die Ansprache aller Stakeholder-Gruppen des Unternehmens weiter gefasst und überwiegend nach außen gerichtet.

Eine gute Positionierung ermöglicht es, Mitarbeiter und Führungskräfte auf die strategischen Ziele des Unternehmens auszurichten und gleichzeitig ihr Bekenntnis (engl. *Commitment*) zum, sowie ihre Identifikation mit dem Unternehmen zu stärken. Das Ergebnis ist ein höheres Mitarbeiterengagement. In der Summe aller Effekte steigert ein fundierter Employer Branding-Prozess also die Attraktivität und Wettbewerbsfähigkeit eines Arbeitgebers, seine Reputation bei allen Stakeholder-Gruppen und letztlich seinen Unternehmenserfolg insgesamt. Das Ergebnis ist eine wettbewerbsfähige Arbeitgebermarke, deren Bedeutung insbesondere auch von hochqualifizierten Bewerbern sehr hoch eingeschätzt wird (siehe Insert 5-03).

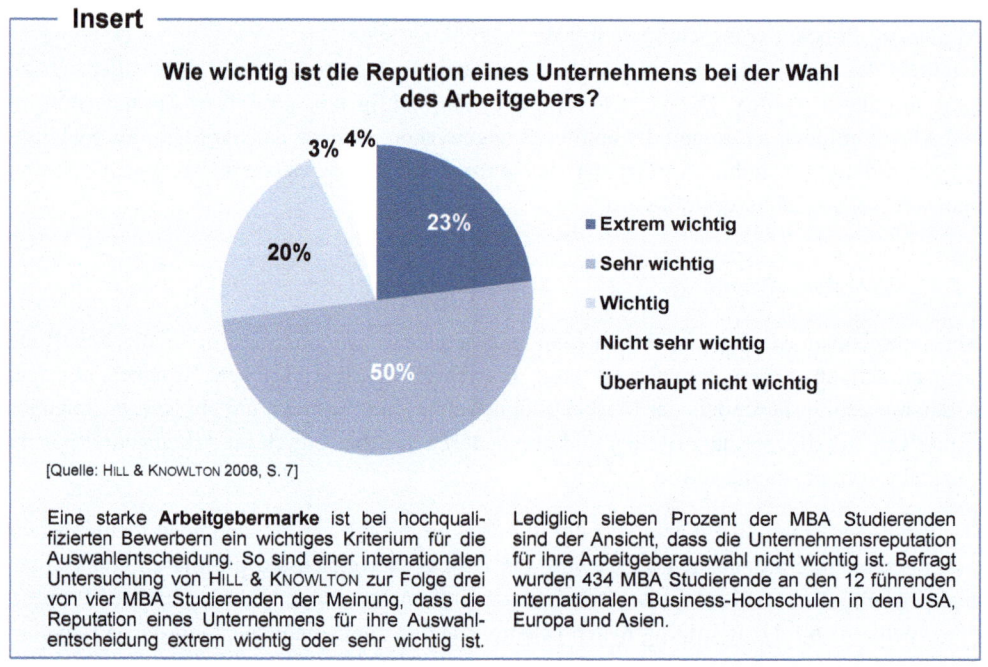

Insert

Wie wichtig ist die Repution eines Unternehmens bei der Wahl des Arbeitgebers?

- ■ Extrem wichtig
- ■ Sehr wichtig
- Wichtig
- Nicht sehr wichtig
- Überhaupt nicht wichtig

[Quelle: HILL & KNOWLTON 2008, S. 7]

Eine starke **Arbeitgebermarke** ist bei hochqualifizierten Bewerbern ein wichtiges Kriterium für die Auswahlentscheidung. So sind einer internationalen Untersuchung von HILL & KNOWLTON zur Folge drei von vier MBA Studierenden der Meinung, dass die Reputation eines Unternehmens für ihre Auswahlentscheidung extrem wichtig oder sehr wichtig ist.

Lediglich sieben Prozent der MBA Studierenden sind der Ansicht, dass die Unternehmensreputation für ihre Arbeitgeberauswahl nicht wichtig ist. Befragt wurden 434 MBA Studierende an den 12 führenden internationalen Business-Hochschulen in den USA, Europa und Asien.

Insert 5-03:   Bedeutung der Unternehmensreputation für MBA Studierende

Das Vorgehen zur Schaffung einer attraktiven Arbeitgebermarke entspricht im Prinzip dem der Marketingabteilung, wenn es um die Verbesserung des Unternehmensimages geht: Gesucht wird eine Positionierung der Unternehmensberatung als Arbeitgeber, nach den Medien oder Kanälen, über die die gewünschten Bewerber bzw. Kandidaten am besten zu erreichen sind, sowie nach der geeigneten Form der Ansprache. Doch diese Logik hat in der Praxis ihre Tücken, weil an einem Projekt zur Verbesserung der Arbeitgeberpositionierung immer mehrere Bereiche beteiligt sind. Der *Personalsektor* hat naturgemäß das größte Interesse an der Durchführung des Projektes, der *Marketingbereich* verfügt über die erforderliche methodische Kompetenz und die *Kommunikationsabteilung* sorgt für die Inhalte [vgl. DAHRENDORF 2013, S. 37].

Die Entwicklung einer durchschlagskräftigen Arbeitgeberpositionierung basiert auf Identität, Werten, Kultur und Zielen des Unternehmens. Eine gute Arbeitgeberpositionierung ist damit auch ein zukunftsorientiertes Führungsinstrument – verbunden mit dem Bekenntnis des Managements, die angestrebte Positionierung auch faktisch in Prozessen, Strukturen, Arbeitgeberverhalten und -angebote umzusetzen. Letztlich sind es drei Merkmale, auf die das Employer Branding abzielt: Arbeitgeberauftritt, Arbeitgebermarke und Arbeitgeberattraktivität.

(1) Arbeitgeberauftritt

Der Arbeitgeberauftritt beschreibt die Gesamtheit aller medialen Signale eines Arbeitgebers (Anzeigen, Homepage, Broschüren, Messestand, Raumdesign u. v. m.). Die Gestaltung des Arbeitgeberauftritts sichert einen einheitlichen Gesamteindruck über alle Medien hinweg und sollte mit dem Corporate Design des Unternehmens übereinstimmen. Möglichst jede Maßnahme sollte auf das Konto der Arbeitgebermarke eingezahlt werden.

(2) Arbeitgebermarke

Ein Unternehmen wird als Arbeitgebermarke wahrgenommen, wenn es ein unverwechselbares inneres Vorstellungsbild erzeugt, das sich bei seinen Zielgruppen dauerhaft festsetzt. Die Voraussetzungen dafür sind eine treffende, zugespitzte Arbeitgeberpositionierung sowie die Unternehmensmarke, mit der die Arbeitgebermarke eng verzahnt sein sollte. Wer eine starke Arbeitgebermarke etabliert und weiterentwickelt, kann der Herausforderung, Talente zu gewinnen und langfristig ans Unternehmen zu binden, leichter begegnen. Niedrigere Kosten in der Anwerbung, Auswahl und Bindung von Mitarbeitern werden mit einem schlagkräftigen Employer Branding in Verbindung gebracht. So kann die Arbeitgebermarke in den Bewerbermärkten wie ein Filter wirken, der gezielt die passenden Kandidaten anzieht und die anderen fernhält. [Zur Employer-Branding-Strategie in der Praxis siehe insbesondere STEINLE/THIES 2008.]

Eine weitere Möglichkeit zum Auf- und Ausbau einer Arbeitgebermarke bieten die **netzwerkorientierten Internetplattformen** (engl. *Social Networks*) wie XING, FACEBOOK, TWITTER und LINKEDIN.

Positiv wirkt sich eine starke Arbeitgebermarke auch auf den Verbleib der Mitarbeiter im Unternehmen aus. Eine geringere Mitarbeiterfluktuation wiederum sichert eine höhere Rendite der Personalentwicklungsmaßnahmen (engl. *Return on Development*). Employer Branding beugt vor allem auch der Abwanderung von Potenzial- und Leistungsträgern vor. Dieses Phänomen tritt verstärkt auf, sobald die Chancen zum Wechseln zunehmen. Also meistens dann, wenn die konjunkturellen Daten stimmen.

(3) Arbeitgeberattraktivität

Die Positionierung als Arbeitgebermarke steigert die Anziehungskraft eines Arbeitgebers für Bewerber wie Mitarbeiter. Sie kann sich aus verschiedenen Quellen speisen und führt zu Vorteilen im Wettbewerb der Arbeitgeber um qualifizierte Arbeitskräfte sowie zu einem höheren Mitarbeiterengagement. Arbeitgeberattraktivität ist umso nachhaltiger, je besser das nach außen kommunizierte Bild mit der Unternehmensrealität übereinstimmt – denn Glaubwürdigkeit ist die Voraussetzung für nachhaltige Arbeitgeberattraktivität.

5.2.3 Signalisierung im Arbeitsmarkt

Unter Signalisierung soll im Personalmarketing die Gestaltung des *äußeren* Kommunikationsprozesses eines Unternehmens verstanden werden. Sie besteht in der systematischen Bewusstmachung des Bewerbervorteils und schließt damit unmittelbar an die Ergebnisse der Positionierung an. Die Positionierung gibt der Signalisierung vor, *was* im Markt zu kommunizieren ist. Die Signalisierung wiederum sorgt für die Umsetzung, d.h. *wie* das Was zu kommunizieren ist. Die Signalisierung ist damit das dritte wesentliche Aktionsfeld im Rahmen des Personalbeschaffungsprozesses einer Unternehmensberatung und hat die Optimierung der *Bewerberwahrnehmung* zum Ziel:

Bewerberwahrnehmung = f (Signalisierung) → optimieren!

Signale haben im klassischen (Absatz-)Marketing die Aufgabe, einen Ruf aufzubauen und innovative Produkt- und Leistungsvorteile glaubhaft zu machen. Das gilt in gleicher Weise für das Personalmarketing im Arbeitsmarkt. Unverzichtbare Elemente sind dabei Seriosität, Glaubwürdigkeit und Kompetenz in den Aussagen und Darstellungen. Dazu ist es erforderlich, dass die Signale mehrere Quellen (z. B. Unternehmens-, Stellenanzeigen, Internetauftritt, Rekrutingprospekte) haben und in sich konsistent sind.

Im Gegensatz zum Aktionsfeld *Kommunikation* (siehe Abschnitt 5.3.4) befasst sich das Aktionsfeld *Signalisierung* ausschließlich mit den *unpersönlichen* (anonymen) Kommunikationskanälen. Bei der Signalisierung muss es also – im Gegensatz zur Kommunikation – nicht notwendigerweise zu einer Interaktion (zwischen Sender und Empfänger) kommen.

5.2.3.1 Signalisierungsinstrumente

Zu den Signalisierungsinstrumenten, die auf eine **generelle Positionierung im Arbeitsmarkt** abzielen, zählen in erster Linie die Imagewerbung im Print- und Online-Bereich, die Platzierung von Unternehmens- und Rekrutingbroschüren sowie Veröffentlichungen von Fachbeiträgen. Damit übernimmt das *Personalmarketing* im Wesentlichen auch die Signalisierungselemente, die im *Absatzmarketing* verwendet werden: **Geschäftsberichte, Imageanzeigen, Fachbeiträge** und **Unternehmensbroschüren**. Speziell für die Positionierung im Arbeitsmarkt kommen **Personalberichte, Unternehmens- und Business-TV, Mitarbeiterzeitschriften** sowie **Personalimagebroschüren** hinzu. Diese Instrumente dienen mehr oder weniger dem „Grundrauschen" im Arbeitsmarkt, sie sorgen i. d. R. aber nicht für die zeitnahe Besetzung von vakanten Stellen. Anders sieht es bei **Stellenanzeigen** aus, die sich an den Bewerbermarkt wenden, um unmittelbar für die Besetzung von vakanten Stellen im Unternehmen zu werben. Im Folgenden sollen mit *Arbeitgeber-Imageanzeigen, Stellenanzeigen* und dem *E-Recruiting* die wichtigsten Instrumente im Bewerbermarkt vorgestellt werden.

(1) Arbeitgeber-Imageanzeigen

Im Bereich der Arbeitgeber-Imageanzeigen greifen hinsichtlich *Werbegestaltung* und *Werbe-botschaft* prinzipiell die gleichen Mechanismen wie bei einer Unternehmens- oder Produktan-zeige aus dem klassischen Absatzmarketing [siehe hierzu insbesondere LIPPOLD 2012, S. 178].

Die **Werbegestaltung,** die die *Handschrift* der Werbung kennzeichnet, kann auf eine mehr *rationale*, d. h. sachargumentierende Positionierung oder auf eine mehr *emotionale*, d. h. er-lebnisorientierte Positionierung als Arbeitgeber hinzielen (siehe hierzu Insert 5-04, das ein gelungenes Beispiel für eine erlebnisorientierte Positionierung zeigt).

Zu den wichtigsten (und kreativsten) Aufgaben der Werbegestaltung zählt die Formulierung der **Werbebotschaft.** Von den textlichen Gestaltungselementen verfügt die Überschrift (engl. *Headline*) der Anzeige über die höchste physische Reizqualität. Bei der Vermittlung emotio-naler Werbebotschaften steht häufig die *Verwendung von Bildern* im Vordergrund, denn Bil-der werden besser erinnert als Wörter. Auch fällt in einer Bild-Text-Anzeige der Blick des Lesers fast immer zuerst auf das Bild. Besonders die *Testimonial-Werbung* ist eine effektive Methode, um eine Botschaft bildlich zu übermitteln. Als Testimonials einer Arbeitgeber-Imageanzeige eignen sich besonders gut glaubwürdige und kompetente Mitarbeiter des Un-ternehmens. Auf diese Weise sollen bei der Zielgruppe (also bei den Bewerbern) Prozesse ausgelöst werden, die eine Identifikation mit der werbenden Person ermöglichen [vgl. LIP-POLD 2012, S. 184 ff.].

Insert

Die Arbeitgeber-Imageanzeige von McKINSEY zeichnet sich durch eine emotionale Gestaltungsart in Verbindung mit einem erzählungsorientierten Werbemuster aus. Mit wenig gestalterischen Mitteln wird eine vielschichtige Geschichte erzählt. Diese Anzeige wirbt nicht konkret für eine vakante Stelle, sondern für das Unternehmen als Arbeitgeber insgesamt.

Insert 5-04:   Erzählungsorientiertes Werbemuster eine Arbeitgeber-Imageanzeige

(2) Stellenanzeigen

Im Gegensatz zur Arbeitgeber-Imageanzeige wird mit einer Stellenanzeige unmittelbar für die Besetzung von freien Stellen geworben. In den allermeisten Fällen handelt es sich bei Stellenanzeigen um reine typografische Anzeigen, d. h. es werden i. d. R. keine Bilder verwendet. Im Mittelpunkt steht die Beschreibung der angebotenen Stelle bzw. Position sowie eine Darstellung des gesuchten Personalprofils.

Bei der *typografischen Gestaltung* einer Stellenanzeige geht es insbesondere um die räumliche Aufteilung, die Gliederung von Texten sowie um die Wahl geeigneter Schrifttypen.

Das Signalisierungsinstrument der Stellenanzeige hat durch den Einsatz des Internets zu einem *Paradigmenwechsel* im Personalmarketing geführt. Mittlerweile dominiert das Internet bei der Bewerberansprache die klassischen Instrumente wie Stellenanzeigen in Zeitungen und Zeitschriften deutlich. Insert 5-05 verdeutlicht diese Trendumkehrung.

(3) E-Recruiting

Das E-Recruiting (auch als *E-Cruiting* bezeichnet) als internet- und intranetbasierte Personalbeschaffung und -auswahl hat sich also als das entscheidende Medium im Arbeitsmarkt etabliert. Lediglich noch sieben Prozent der Top 1.000-Unternehmen möchten von ihren Bewerbern eine papierbasierte Bewerbungsmappe per Post erhalten [vgl. RECRUITING TRENDS 2010, S. 17]. Der Wirkungskreis des E-Recruiting reicht von der Personalakquisition in Stellenbörsen bis zur Abwicklung des kompletten Bewerbungsprozesses im Inter-/ oder Intranet.

Vier verschiedene **Recruiting-Kanäle** prägen den Stellenmarkt im Internet [in Anlehnung an WEIDENEDER 2001]:

- Kommerzielle Stellenmärkte im Internet (Jobbörsen)
- Stellenmärkte von Tageszeitungs- und Zeitschriftenverlagen
- Nicht-kommerzielle Initiativen, Verbände, Behörden
- Unternehmen mit eigenem Internetservice.

Kommerzielle Stellenmärkte im Internet (Jobbörsen). Die Anzahl der Internet-Jobbörsen wächst ständig. Neben den bundesweit tätigen Stellenbörsen wie STEPSTONE, MONSTER.DE oder JOBPILOT haben sich auch regionale und branchenspezifische Jobbörsen etabliert. Internet-Stellenbörsen machen Anzeigen mit Hilfe technischer Grundlagen des Internets und Datenbanksystemen einer breiten Öffentlichkeit zugänglich. Internet-Jobbörsen akquirieren Stellenangebote und Bewerber und veröffentlichen diese über einen eigenen Server im Internet. Die Dienstleistung betrifft neben der Einstellung ins World Wide Web, auch die Pflege und teilweise Gestaltung der Daten. Jobbörsen haben aus Kostengründen und Effektivität in der Informationsbereitstellung (24 Stunden, sieben Tage, globale Verfügbarkeit) sowie Schnelligkeit und Funktionalität in der Prozessabwicklung nachhaltige Vorteile im Medienwettbewerb und bei den E-Recruiting-Prozessen erreicht.

Stellenmärkte von Tageszeitungs- und Zeitschriftenverlagen. Auf die zunehmende Dominanz der Internet-Stellenbörsen haben die Printmedien, über die noch in den 90er Jahren der größte Teil der offenen Stellen signalisiert wurde, nur sehr langsam reagiert. Der wachsende Konkurrenzdruck hat mittlerweile die Verlage dazu veranlasst, ebenfalls den Weg ins World Wide Web zu suchen. Daher bieten heute viele Printmedien ihren Inserenten eine unentgeltliche Parallelschaltung ihrer Anzeigen in einem Online-Stellenmarkt an.

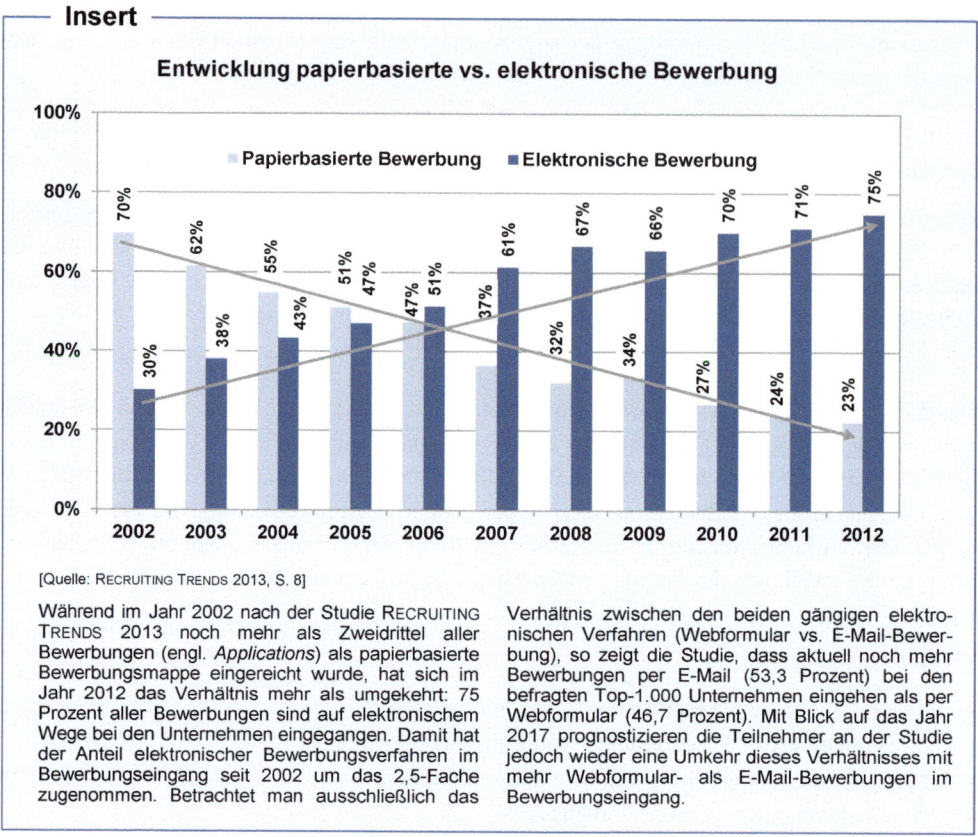

┌─ **Insert** ───

Entwicklung papierbasierte vs. elektronische Bewerbung

[Quelle: RECRUITING TRENDS 2013, S. 8]

Während im Jahr 2002 nach der Studie RECRUITING TRENDS 2013 noch mehr als Zweidrittel aller Bewerbungen (engl. *Applications*) als papierbasierte Bewerbungsmappe eingereicht wurde, hat sich im Jahr 2012 das Verhältnis mehr als umgekehrt: 75 Prozent aller Bewerbungen sind auf elektronischem Wege bei den Unternehmen eingegangen. Damit hat der Anteil elektronischer Bewerbungsverfahren im Bewerbungseingang seit 2002 um das 2,5-Fache zugenommen. Betrachtet man ausschließlich das

Verhältnis zwischen den beiden gängigen elektronischen Verfahren (Webformular vs. E-Mail-Bewerbung), so zeigt die Studie, dass aktuell noch mehr Bewerbungen per E-Mail (53,3 Prozent) bei den befragten Top-1.000 Unternehmen eingehen als per Webformular (46,7 Prozent). Mit Blick auf das Jahr 2017 prognostizieren die Teilnehmer an der Studie jedoch wieder eine Umkehr dieses Verhältnisses mit mehr Webformular- als E-Mail-Bewerbungen im Bewerbungseingang.

└───

Insert 5-05:   Papierbasierte vs. elektronische Bewerbung

Nicht-kommerzielle Initiativen, Verbände, Behörden. In diese Kategorie fallen beispielsweise die Agentur für Arbeit, Lehrstühle und Forschungsinstitute an Universitäten und Fachhochschulen, die mit ihren Bewerber-Börsen den Bewerbungsprozess von Absolventen unterstützen. Mengenmäßig wird der Markt von der Bundesagentur für Arbeit mit ihrem neu entwickelten „virtuellen" Arbeitsmarkt in Bezug auf Stellenanzeigen und Stellengesuche dominiert.

Unternehmen mit eigenem Internetservice. Während Unternehmensberatungen das Internet zunächst ausschließlich im Absatzmarketing zur Selbstdarstellung bzw. zur Präsentation ihres Serviceprogramms nutzten, stellen sie mittlerweile ihren internen Stellenbedarf sowie die eigene Personalarbeit im Internet mit einem eigenen Stellenservice vor. Insert 5-06 zeigt den derzeitigen Stand der Entwicklung und macht deutlich, dass nahezu alle Firmen heute in den Aufbau einer „karrieregetriebenen" Website genauso viel investieren wie in die Präsentation der Produkte und Dienstleistungen. Das Insert zeigt darüber hinaus, dass unter den ersten 30 Unternehmen, denen die Online-Kommunikation mit den Bewerbern am besten gelingt, alleine vier Consulting-Companies zu finden sind.

Insert

Die Bewerber-Flüsterer
von *Matthias Kaufmann*

Wer einen Job sucht, geht ins Internet. Für Arbeitgeber heißt das: Dort kann man junge Talente aufgabeln - wenn man es geschickt anstellt. Ein neues Ranking zeigt, welche großen deutschen Unternehmen die beste Figur machen.

Aus der Sicht der Bewerber ist es ganz leicht: Ein Unternehmen muss auf allen möglichen Online-Kanälen informieren, welche Jobs und Perspektiven es bietet. Alle Informationen müssen leicht zu finden sein. Habe ich Fragen, muss es schnell eine Antwort geben, und zwar eine brauchbare, keine Luftblasen. Kommentare und Kritik, etwa auf Facebook-Seiten der Personalabteilungen, sollten ernst genommen werden. Der erste Bewerbungsschritt sollte online möglich sein, ohne dass ich dafür ein Informatik-studium brauche und stundenlang damit beschäftigt bin.

Aus der Sicht der Unternehmen ist das ziemlich schwer: Alle Online-Kanäle - das sind ziemlich viele. Informationen, leicht auffindbar - wir sind doch nicht GOOGLE. Fragen und Kritik - und zwar öffentlich - dafür war bisher die Pressestelle zuständig, und die ist gewohnt, nie etwas Konkretes zu sagen. Und das mit der Online-Bewerbung ist zwar praktisch für die Personalabteilung, aber wieso bewerben sich eigentlich so viele Leute, die unsere bürokratischen Abläufe nicht verstehen? Kurz: Es war schon immer eine heikle Sache, Bewerber und Unternehmen zusammenzubringen. Das Internet ist dabei zwar eine große Hilfe, aber irgendwie werden die Dinge trotzdem nicht einfacher.

Die Entwicklung in diesem Bereich beobachtet die Beratungsfirma POTENTIALPARK, die auf Arbeitge-bermarken spezialisiert ist, seit zehn Jahren. Gerade hat sie wieder die Unter-nehmen weltweit gekürt, denen die Online-Kommunikation mit potentiellen Bewerbern am besten gelingt. Sieger in der deut-schen Auswahl diesmal: der Medizinkonzern FRESENIUS, der Finanzmulti ALLIANZ und der OTTO-Versand mit all seinen Tochtergesellschaften.

Für die Studie wurden rund 31.000 Studenten befragt, gut 2000 in Deutschland. Von 2400 Online-Auftritten wurden je 200 Funktionen ausgewertet. In Deutschland wurden 463 Auftritte begutachtet, nach Kriterien wie Übersichtlichkeit, Handhabbarkeit, Responsivität oder Vernetzung. Ob nun Siegertreppchen oder nicht: Die Entwicklung ist für die Bewerber eigentlich gut. Denn das Niveau steigt insgesamt. Viele Konzerne, aber auch mittelständische Unternehmen, stecken viel Mühe und Geld in übersichtliche Karriereseiten, in eine flotte Bewerberkommunikation und in eine gelungene Selbstdarstellung bei FACEBOOK, TWITTER & Co.

Inzwischen hat gut die Hälfte der untersuchten Unternehmen eine FACEBOOK-Seite. Gerade die sozialen Netzwerke sind eine große Herausforderung, weil sie den Druck erhöhen, "die Realität hinter den Jobversprechen zu zeigen", sagt Julian Ziesing von POTENTIALPARK. Da kann man freilich viele Fehler machen:

Platz	FIRMA	Punkte
1	FRESENIUS	71,8
2	ALLIANZ	71,6
3	OTTO	70,3
4	ERNST & YOUNG	67,7
5	DEUTSCHE TELEKOM	66,7
6	BAYER	66,6
7	DEUTSCHE POST DHL	66,1
8	BERTELSMANN	65,9
9	ACCENTURE	64,8
10	PwC	64,7
11	BASF	63,0
12	AUDI	62,2
13	DAIMLER	62,0
14	ROCHE	61,6
15	THYSSENKRUPP	61,6
16	IBM	61,1
17	BMW	59,2
18	PROCTER & GAMBLE	59,0
19	ABB	59,0
20	SMA SOLAR TECHNOLOGY	58,6
21	MERCK KGAA	58,5
22	POSTBANK	58,2
23	SIEMENS	57,2
24	EISMANN	57,1
25	EVONIK	57,1
26	CAPGEMINI	56,9
27	HENKEL	56,8
28	COMMERZBANK	56,8
29	ADIDAS GROUP	56,4
30	CONTINENTAL	56,2

Quelle: POTENTIALPARK OTaC Study

Wer Diskussionen auf den Profilseiten abwürgt, mit PR-Geschwafel langweilt oder eine statische Seite anbietet, vermittelt ein langweiliges Bild seiner Firma. Die Konzerne, die am erfolgreichsten kommunizieren, haben solche Fehler teils auch schon gemacht - aber dazugelernt. Das hebt Ziesing ganz besonders hervor: "Es ist typisch, dass sich die Unternehmen mit Versuch und Irrtum einer gelungenen Web-Präsenz annähern. "Das ist die schlechte Nachricht für die Unternehmen: Für den Aufbau einer gelungenen Präsenz vergehen oft Jahre. Kleiner Trost: Selbst der aktuelle Sieger, FRESENIUS, ist nicht in jedem Bereich top. So hat zum Beispiel THYSSENKRUPP ein besser gelungenes Online-Bewerbungssystem, findet Ziesing. "Aber FRESENIUS ist eben sehr stark auf allen Kanälen."

[Quelle: SPIEGEL-Online, 09.02.2012]

Insert 5-06:   „Die Bewerber-Flüsterer"

Insert 5-07 beantwortet die Frage, über welche Recruiting-Kanäle offene Stellen schwerpunktmäßig veröffentlicht werden: Neun von zehn offenen Stellen werden von den deutschen 1.000 Top-Unternehmen in den Jahren 2009 und 2012 über die eigene Unternehmenswebseite kommuniziert.

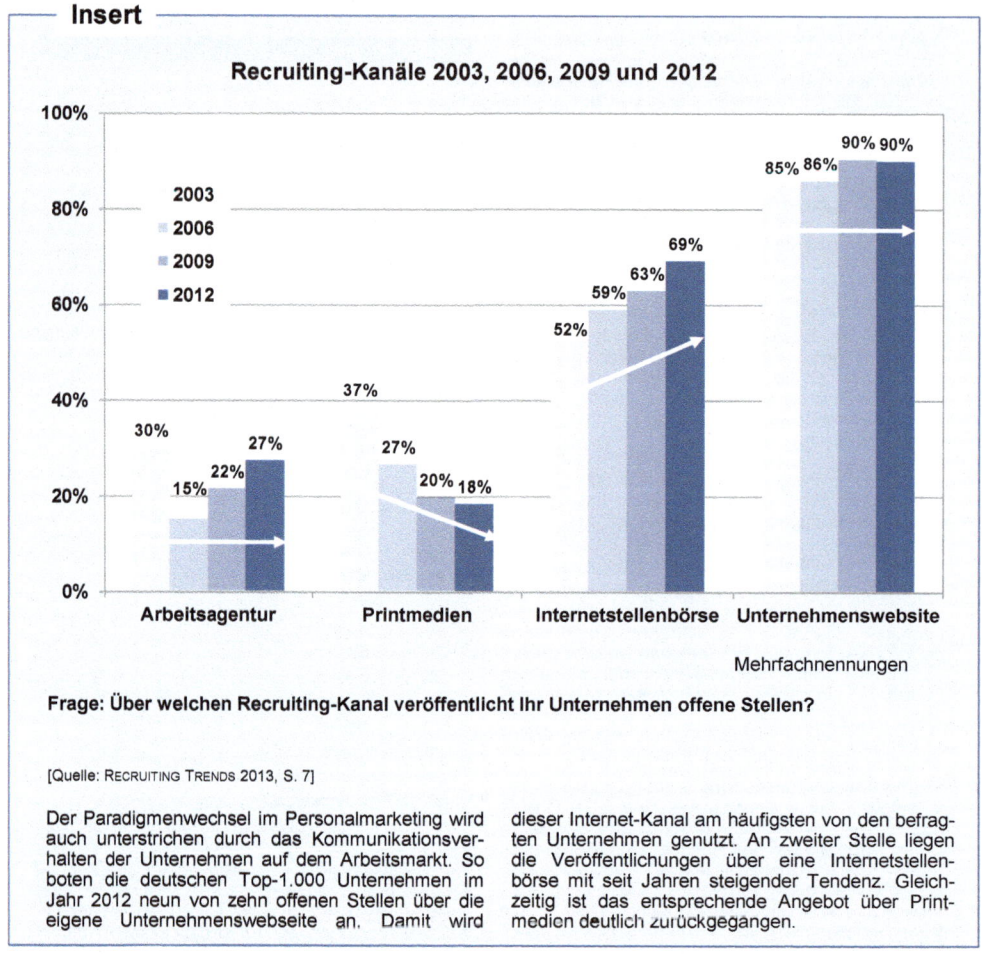

Insert 5-07:   Veröffentlichte offene Stellen nach Recruiting-Kanälen 2003 bis 2012

In diesem Zusammenhang kommt dem Aufbau und der Gestaltung einer funktionierenden HR-Website eine besonders wichtige Bedeutung zu. Für die Beurteilung von (Personal-) Websites bietet die **CUBE-Formel** hilfreiche Anhaltspunkte. Diese Formel steht – ähnlich dem AIDA-Modell für die generelle Werbewirkung – für die Analyse folgender Aspekte:

- **C**ontent (d. h. ein informatorischer und ständig aktualisierter Inhalt der Website),
- **U**sability (d. h. die Handhabbarkeit bzw. intuitive Erschließung der Stellenangebote),
- **B**randing (d. h. der Aufbau einer klaren Identität des Arbeitgeberunternehmens) und
- **E**motion (d. h. der Besuch einer Website muss Spaß machen).

Als Beispiel für die **Karriereseite** eines Consulting-Unternehmens ist in Insert 5-08 der deutsche Internetauftritt von DELOITTE dargestellt.

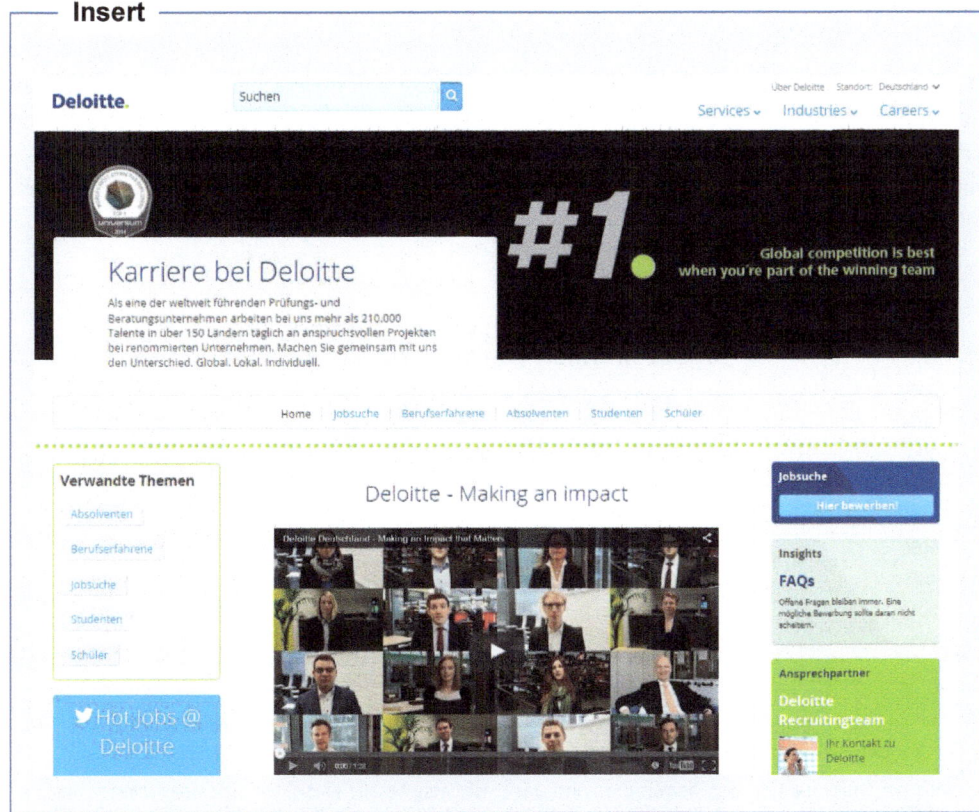

Insert 5-08:   Die Karriereseite von DELOITTE

5.2.3.2 Signalisierungsmedien

In den letzten Jahren übertrafen in der Beratungsbranche die Insertionskosten für die Personalsuche teilweise deutlich die Kosten für die Schaltung von (klassischer) Unternehmenswerbung. Daher sollen hier – und nicht im Kapitel *Marketing/Vertrieb* – die Fragen zur Auswahl geeigneter **Werbeträger** behandelt werden. Für das Personalmarketing kommen in erster Linie Printmedien und Online-Medien als Werbeträger in Betracht. Weitere Medien wie Fernsehen, Radio, Kino (also die klassischen elektronischen Medien) oder Außenwerbung werden nahezu ausschließlich im Absatzmarketing eingesetzt und sind für das Personalmarketing weniger relevant.

(1) Printmedien

Unter den Printmedien sind **Zeitungen** und **Zeitschriften** sowie **Verzeichnis-Medien** (Kompendien und Fachbücher) für das Personalmarketing im Beratungsbereich von Bedeutung. Zeitungen werden vorwiegend nach der Erscheinungshäufigkeit (täglich/wöchentlich) und nach dem Verbreitungsgebiet (regional/überregional) differenziert. In Deutschland existieren rund 380 Zeitungen, darunter 32 Wochen- bzw. Sonntagszeitungen, sowie etwa 2.000 Zeitschriftentitel, die in Publikums- und in Fachzeitschriften unterteilt werden.

(2) Online-Medien

Der Online-Werbemarkt verzeichnet – im Gegensatz zu den klassischen Werbeformen – seit Jahren kontinuierlich hohe Zuwachsraten. Ein unmittelbarer Vergleich der Marktanteile von Print- und Online-Medien zeigt, dass sich bei annähernd gleichem Marktvolumen die Marktanteile der Online-Medien sukzessive zu Lasten der Print-Medien verschieben (siehe Insert 5-09).

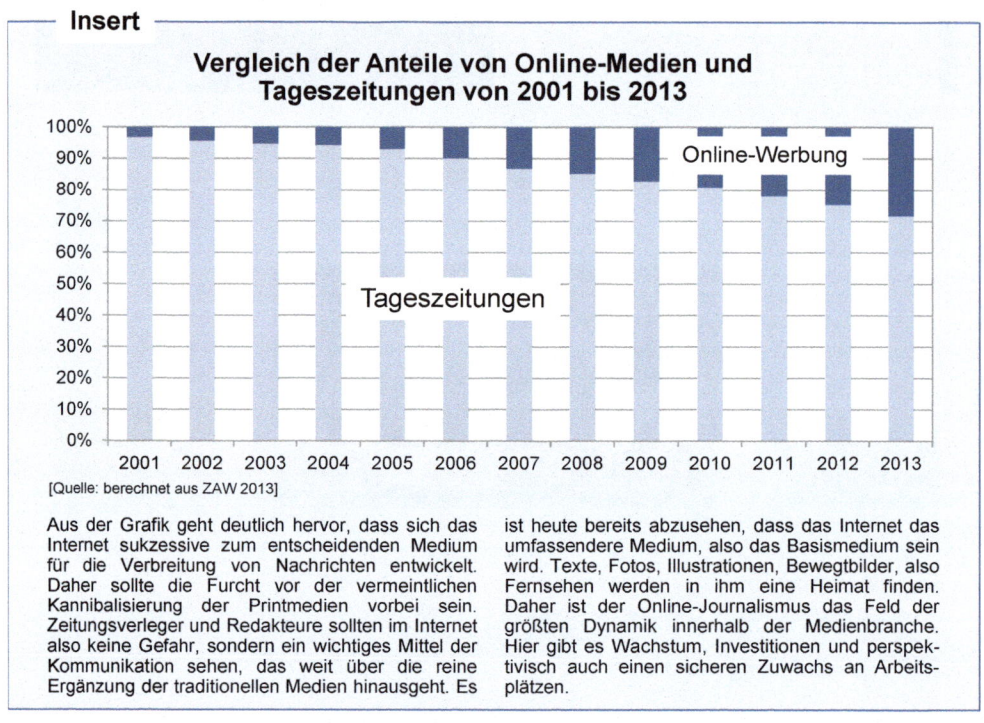

──── **Insert** ────────────────────────────────

Vergleich der Anteile von Online-Medien und Tageszeitungen von 2001 bis 2013

[Quelle: berechnet aus ZAW 2013]

Aus der Grafik geht deutlich hervor, dass sich das Internet sukzessive zum entscheidenden Medium für die Verbreitung von Nachrichten entwickelt. Daher sollte die Furcht vor der vermeintlichen Kannibalisierung der Printmedien vorbei sein. Zeitungsverleger und Redakteure sollten im Internet also keine Gefahr, sondern ein wichtiges Mittel der Kommunikation sehen, das weit über die reine Ergänzung der traditionellen Medien hinausgeht. Es ist heute bereits abzusehen, dass das Internet das umfassendere Medium, also das Basismedium sein wird. Texte, Fotos, Illustrationen, Bewegtbilder, also Fernsehen werden in ihm eine Heimat finden. Daher ist der Online-Journalismus das Feld der größten Dynamik innerhalb der Medienbranche. Hier gibt es Wachstum, Investitionen und perspektivisch auch einen sicheren Zuwachs an Arbeitsplätzen.

Insert 5-09: Marktanteilsverschiebungen zwischen Tageszeitungen und Online-Medien

Da der Siegeszug der Online-Medien schon seit längerer Zeit absehbar ist, sind die Anbieter von Tageszeitungen und Publikumszeitschriften dazu übergegangen, neben ihrem Printmedium auch ein aktuelles Online-Angebot vorzuhalten. In diesem Zusammenhang wird auch von einem **Kannibalisierungseffekt** gesprochen, der die Substitutionsbeziehung zwischen verschiedenen Angeboten eines Unternehmens der Medienbranche charakterisiert. Hauptvorteile der Internet-Werbung sind die guten Individualisierungsmöglichkeiten und die exakte Erfolgskontrolle in Form von Klickraten. Hinzu kommt, dass der Internet-Nutzer die Möglichkeit zur direkten Interaktion mit dem stellensuchenden Unternehmen wahrnehmen kann [vgl. LIPPOLD 2015a, S. 279 f.].

5.2.4 Kommunikation mit dem Bewerber

Das Aktionsfeld *Kommunikation* dient als Weichenstellung für den Entscheidungsprozess des Bewerbers und ist das vierte Aktionsfeld im Rahmen des Personalbeschaffungsprozesses. Ziel der Kommunikation ist der Einstellungswunsch des Bewerbers und der Aufbau eines Vertrauensverhältnisses. Bei der Kommunikation geht es somit um die Optimierung des *Bewerbervertrauens:*

$$\text{Bewerbervertrauen} = f\ (\text{Kommunikation}) \rightarrow \text{optimieren!}$$

Während die *Signalisierungs*instrumente nur in eine Richtung wirken, betonen die *Kommunikations*instrumente den **Dialog**. Es geht im Aktionsfeld *Kommunikation* also um den **persönlichen Kontakt** des Unternehmens mit dem Bewerber.

5.2.4.1 Kommunikationsmaßnahmen

Für die (persönliche) Kommunikation gibt es – ebenso wie für die (unpersönliche) Signalisierung – ein ganzes Bündel von Maßnahmen. Es reicht über das Angebot von Praktika und Werkstudententätigkeiten über Seminare und Vorträge an Hochschulen bis zur Durchführung von Sommerakademien und Career Camps. Insgesamt werden diese Kommunikationsmaßnahmen dem **Hochschulmarketing**, das für Unternehmensberatungen eine zentrale Rolle spielt, zugerechnet.

Eine Bestandsaufnahme des Hochschulmarketings macht deutlich, dass bei der Auswahl und Entwicklung von Kommunikationsmaßnahmen der Kreativität keine Grenzen gesetzt sind. Oft reichen im Wettbewerb um den geeigneten Bewerber die klassischen Wege der Bewerberansprache nicht mehr aus. Entscheidend aber ist in jedem Fall, dass ein glaubwürdiger Dialog im Vordergrund jeglicher Kommunikation steht. Nur über Glaubwürdigkeit lässt sich das notwendige Vertrauen beim Bewerber aufbauen [vgl. LIPPOLD 2015a, S. 129 f.].

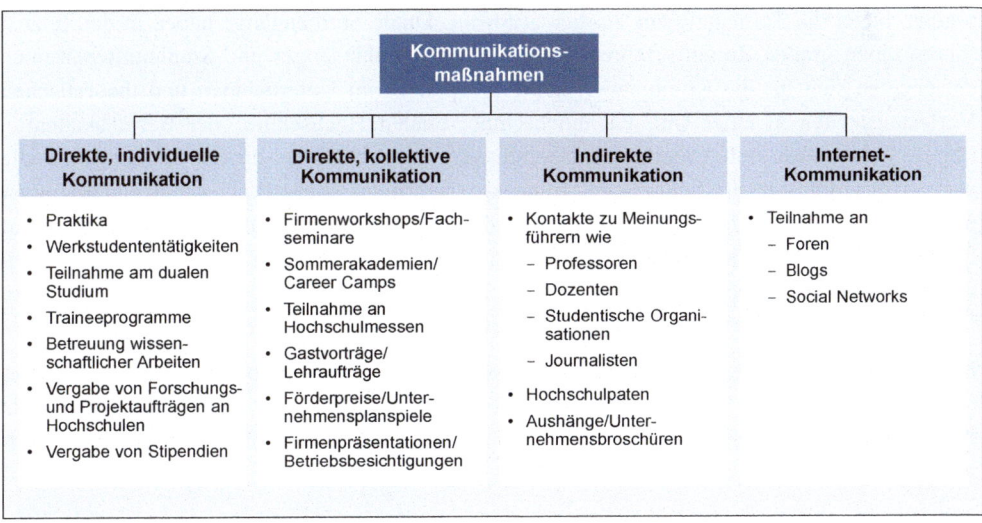

Abb. 5-11: Kommunikationsmaßnahmen

Nach der **Form der Kommunikation** mit den Bewerbern sind folgende Maßnahmengruppen zu unterscheiden [vgl. LIPPOLD 2010, S. 14]:

- Maßnahmen der *direkten, individuellen* Kommunikation,
- Maßnahmen der *direkten, kollektiven* Kommunikation,
- Maßnahmen der *indirekten* Kommunikation und
- Maßnahmen der *Internet*-Kommunikation.

In Abbildung 5-11 ist eine Zuordnung der wichtigsten Kommunikationsmaßnahmen im Personalmarketing zu diesen Kommunikationsformen vorgenommen worden.

(1) Maßnahmen der direkten, individuellen Kommunikation

Zu den häufigsten Maßnahmen der direkten, individuellen Kommunikation zählt die Vergabe von Praktikumsplätzen. Das **Praktikum** ermöglicht eine frühzeitige Kontaktaufnahme mit interessierten Studierenden und dient dazu, Informationen bezüglich ihres Arbeitseinsatzes, -ergebnisses und -verhaltens zu gewinnen. Durch die zusätzlich gewonnenen Informationen kann der Auswahlprozess teilweise verkürzt oder ganz entfallen, besonders dann, wenn das Praktikum gegen Ende des Studiums absolviert wird. Im Gegenzug ermöglicht es den Studierenden, erste Einblicke in ein Unternehmen und seine Kultur zu erhalten. Diese Einblicke können entscheidend für die Wahl der ersten Arbeitsstelle sein. Zu unterscheiden ist zwischen *vorgeschriebenen* und *freiwilligen Praktika*. Durch die Studienreform (Bologna-Prozess) ist das Praktikum für Bachelor-Studierende obligatorisch geworden, so dass erst das Absolvieren eines weiteren Praktikums als freiwillig einzustufen ist. Um besonders gute Studierende frühzeitig zu binden, bieten (größere) Unternehmensberatungen vermehrt strukturierte *Praktikantenförderprogramme* an. Teilnehmer solcher Programme werden oftmals besser bezahlt und sind sehr stark in den normalen betrieblichen Ablauf eingebunden. So zahlt die KPMG im Rekruting-Bereich ein durchschnittliches Praktikantengehalt von 1.000 Euro monatlich.

Eine weitere Möglichkeit, interessierte und leistungsstarke Studierende frühzeitig an sich zu binden, bietet die Teilnahme am **dualen Studium**. Duale Studiengänge haben in den letzten Jahren einen großen Zulauf erfahren. Immer mehr Schulabgänger und Studieninteressenten entscheiden sich für die Kombination aus Praxisphasen im Unternehmen und theoretischen Vorlesungszeiten in einer Uni, Fachhochschule, dualen Hochschule oder Berufsakademie. Ebenso haben auch viele Unternehmensberatungen die Vorteile der dualen Studiengänge, die nach einer Grundsatzentscheidung des Bundessozialgerichts generell als sozialversicherungspflichtige Beschäftigungsverhältnisse einzuordnen sind, erkannt und sich für das Angebot entsprechender Ausbildungsplätze entschieden. Insert 5-10 zeigt beispielhaft das umfangreiche duale Studienangebot der Prüfungs- und Beratungsgesellschaft PWC in den Bereichen Wirtschaftsprüfung, Steuerberatung und Consulting.

Eine frühzeitige Bindung an die Unternehmensberatung kann auch über die **Werkstudententätigkeit** erfolgen. Werkstudenten sind im Normalfall eine über eine längere Zeit angestellte Arbeitskraft. Die übertragenen Aufgaben können allerdings unterschiedliche Qualitäten aufweisen.

Die **Betreuung wissenschaftlicher Arbeiten** bietet Unternehmensberatungen die Möglichkeit zur gezielten Rekrutierung besonders leistungsfähiger Nachwuchskräfte. Darüber hinaus steht der Wissenstransfer zwischen Hochschule und Praxis im Mittelpunkt einer solchen Maßnahme. Zu den wissenschaftlichen Arbeiten zählen Seminar-, Bachelor-, Master- und Diplomarbeiten. Durch Vergabe eines vom Unternehmen definierten Themas können sich die Studierenden weitgehend selbstständig mit der Problemstellung auseinandersetzen und Gestaltungsempfehlungen abgeben. Der Grad der Unterstützung kann dabei sehr stark variieren.

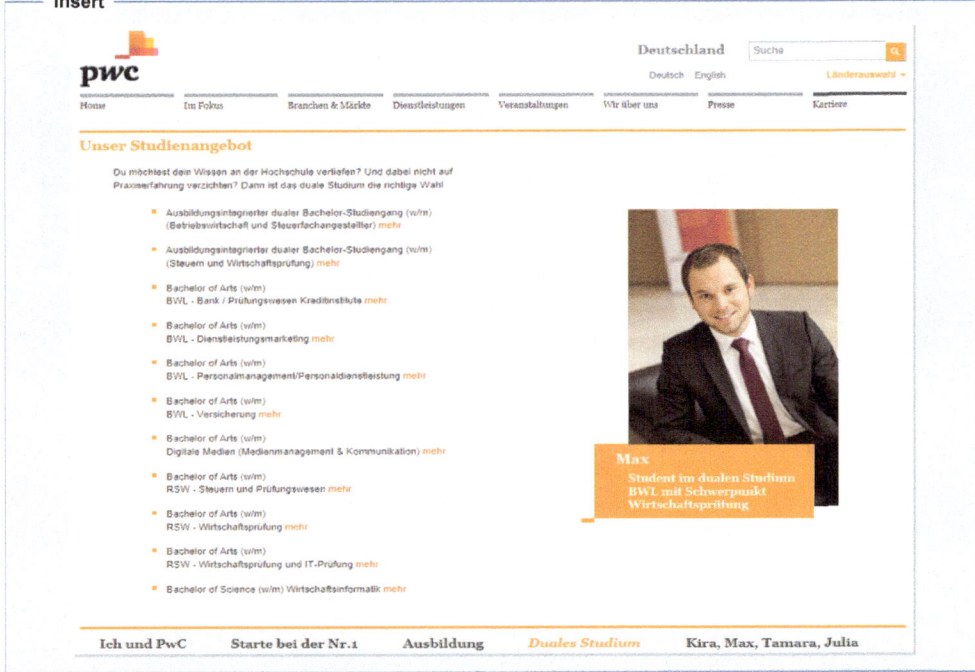

Insert 5-10:   Das duale Studienangebot von PwC

Auch die Zusammenarbeit mit Hochschulen im Bereich *Forschung und Entwicklung* kann die Unternehmensberatung gezielt für das Personalmarketing verwenden. Bei Vergabe von **Forschungs- und Projektaufträgen** können Qualitäten der Projektteilnehmer beobachtet werden. Ähnlich wie bei der Betreuung wissenschaftlicher Arbeiten steht vor allem der Wissenstransfer von der Hochschule in das Unternehmen im Vordergrund.

Auch durch die Vergabe von **Stipendien** kann frühzeitig Kontakt zu qualifizierten Studierenden aufgenommen werden. Die Förderung von Wissenschaft und Forschung trägt zum einen zur positiven Imagebildung und zum anderen zur Rekrutierung von geeigneten Absolventen bei. Die Unterstützung kann entweder direkt durch finanzielle Förderung oder indirekt durch Sachleistungen wie Fachbücher erfolgen.

(2) Maßnahmen der direkten, kollektiven Kommunikation

Bei den Maßnahmen der direkten, aber kollektiven Kommunikation steht die Direktansprache von *Personengruppen* und nicht von einzelnen Personen im Vordergrund. Im Rahmen von **Firmenworkshops** oder **Fachseminaren** können Fallbeispiele, Diskussionsrunden oder Präsentationen bei einer vorselektierten Gruppe durchgeführt werden. Dadurch wird ein aktiver Austausch zwischen Unternehmensberatung und Studierenden sichergestellt. Zudem kann eine solche Maßnahme ähnlich wie bei einem *Assessment Center* für eine erste betriebliche Qualifizierung genutzt werden. Die Dauer der Workshops kann dabei von mehreren Stunden bis hin zu einer Woche variieren. Internationale Unternehmensberatungen bieten beispielsweise *Wochenendworkshops, Sommerakademien* oder *Career Camps* für High Potentials zum Thema Consulting an (siehe Insert 5-11).

Insert

Das Career Camp

Brechen Sie aus dem Berufsalltag aus und erleben Sie ein Wochenende mit spannenden Fallstudien. Für zwei Tage übernehmen Sie die Rolle eines Capgemini Consulting Beraters.

Im Team mit anderen herausragenden Young Professionals, die wie Sie über mindestens ein bis zu fünf Jahre Beratungs- und/oder Industrieerfahrung verfügen, bearbeiten Sie konkrete Aufgaben aus der Beratungsumfeld-Praxis. Unterstützen Sie Kunden, komplexe Herausforderungen im CFO-Umfeld zu meistern.

Erarbeiten Sie in diesem Zusammenhang Ihre Strategieempfehlung und präsentieren Sie diese gemeinsam mit Ihrem Team einer Jury.

Zur Rekrutierung leistungsfähiger Young Professionals, die bereits über eine gewisse praktische Erfahrung verfügen, haben sich in der Consultingbranche **Sommerakademien** und **Career Camps** etabliert. Die Teilnehmer bearbeiten im Team konkrete Problemstellungen aus der Praxis und werden dabei von erfahrenen Mitarbeitern des Unternehmens betreut und bewertet. Auf diese Weise verschaffen sich die Teilnehmer erste Einblicke in ein für sie neues Unternehmensumfeld.

Insert 5-11: Einladung zum Career Camp der CAPGEMINI Consulting

Eine viel genutzte Möglichkeit der ersten Kontaktaufnahme mit potentiellen Hochschulabsolventen stellen **Hochschulmessen** dar. Durch die Präsenz vor Ort kann sich das Unternehmen als zukünftiger Arbeitgeber präsentieren und so eine effiziente zielgruppengerechte Ansprache ermöglichen. Der Messeauftritt hat demzufolge sowohl eine Image- als auch eine Rekrutierungsfunktion. Insert 5-12 zeigt den Auftritt von STERIA MUMMERT Consulting auf der Firmenkontaktmesse KISS ME an der LEIBNIZ Universität Hannover.

Neben den hochschuleigenen Messen haben sich **kommerzielle Messen** mit teilweise über 100 Ausstellern durchgesetzt. Hierbei treffen Unternehmen mit eigenen Recruitingständen auf sehr viele Interessenten. Durch die hohe Präsenz der Zielgruppe erhoffen sich jene Arbeitgeber bessere Erfolgschancen, die jährlich größere Kontingente von Hochschulabsolventen einstellen.

Insert

Zu den typischen Formen der **Hochschulmessen** zählen Firmenkontaktveranstaltungen, die zumeist von Studentenorganisationen (z. B. AIESEC) auf dem Campus selbst organisiert werden. Darüber hinaus haben sich verschiedene Arten von Hochschulmessen etabliert, die sich vor allem durch den Durchführungsort, den Einsatz von Auswahlverfahren, die Anzahl und Qualifikation der Besucher sowie die Anzahl der teilnehmenden Unternehmen unterscheiden. Anhand bestimmter Kriterien wie Besucherzahl, Besucherqualität, anwesende Konkurrenzunternehmen und der Möglichkeit zur Selbstdarstellung obliegt es dem Unternehmen, die geeigneten Messen auszuwählen. Das obige Beispiel zeigt den Messeauftritt von STERIA MUMMERT Consulting auf der KISS ME, der größten, ehrenamtlichen Firmenkontaktmesse an der LEIBNIZ Universität Hannover.

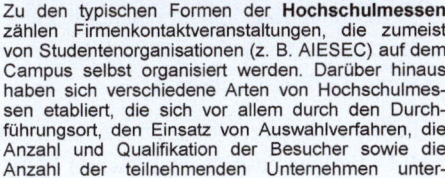

Insert 5-12:   Hochschulmesseauftritt von STERIA MUMMERT Consulting

Eine weitere Möglichkeit zur direkten, kollektiven Kontaktaufnahme mit potentiellen Bewerbern sind themenbezogene **Gastvorträge**, zu denen Unternehmensberater während der Vorlesungszeiten gerne eingeladen werden. Die Verbindung von Praxis und Lehre sowie die Möglichkeit, das Beratungsunternehmen mit seiner Leistungsfähigkeit zu präsentieren, kommen beiden Seiten zugute.

Eine besonders effektive Möglichkeit, Theorie und Praxis zu „verlinken" und damit lebensnahe Wissenschaft zu ermöglichen, ist die Übernahme von **Lehraufträgen** durch Unternehmensberater. Besonders leistungsstarke Studierende können im Rahmen der Vorlesung/Übung frühzeitig identifiziert und angesprochen werden. Bei dieser Kommunikationsmaßnahme steht neben dem Wissenstransfer und der allgemeinen Imagefunktion besonders die Recruitingfunktion im Vordergrund.

Die Ausschreibung von **Förderpreisen** zielt ebenfalls darauf ab, leistungsfähige Studierende zu identifizieren. Die Auszeichnungen erfolgen zumeist durch eine finanzielle Prämierung oder durch die Vergabe von attraktiven Praktikumsplätzen.

Eine Möglichkeit zur praxisbezogenen Themenbearbeitung stellen **Unternehmensplanspiele** dar. Anhand einer konkreten Fragestellung wird versucht, innerhalb eines bestimmten Zeitraumes eine Lösung auszuarbeiten. Planspiele können entweder in der Hochschule, im Unternehmen oder via Internet durchgeführt werden.

Firmenpräsentationen werden vorwiegend im Umfeld von Messeveranstaltungen, bei themenspezifischen Veranstaltungen, in Vorlesungen oder im Rahmen von Betriebsbesichtigungen durchgeführt.

Betriebsbesichtigungen haben zum Ziel, Besucher mit dem Unternehmen bekannt zu machen. Durch die Kombination von Fachvorträgen, Diskussionen und Betriebsbegehungen wird versucht, ein positives Arbeitgeberimage zu verankern.

(3) Maßnahmen der indirekten Kommunikation

Maßnahmen der indirekten Kommunikation haben zumeist die direkte Kommunikation zum Ziel, d. h. sie bereiten die direkte Kontaktaufnahme mit dem Arbeitgeber vor. Eine wichtige Gruppe umfasst dabei **Kontakte zu Meinungsführern** wie z. B. studentische Organisationen, Professoren, Dozenten, Journalisten oder Berufsberatern. Diese wirken als Multiplikatoren und üben einen nicht zu unterschätzenden Einfluss auf potentielle Bewerber aus. Es wird sogar behauptet, dass diese Kommunikationsform zu den wirkungsvollsten Einflussfaktoren bei der Arbeitgeberwahl zählen [vgl. SCHAMBERGER 2006, S. 71].

Um zielführende Kontakte mit Professoren und Dozenten zu vertiefen, haben Unternehmen mit größeren Einstellungskontingenten **Hochschulpaten** etabliert. Solche Paten, die entweder aus Absolventen der betreffenden Hochschule oder aus Personalreferenten gebildet werden, übernehmen für einen längeren Zeitraum die Betreuung der Ziel-Hochschule.

Zur indirekten Kommunikationsform zählen schließlich die generellen Unternehmensinformationen, die häufig nach Gastvorträgen bzw. nach Unternehmenspräsentationen in Form von **Broschüren** abgegeben werden. Informationen bezüglich Praktika, Projektarbeiten oder Stellenangeboten werden oft als **Aushänge** am „Schwarzen Brett" publiziert.

Eine nicht so sehr bekannte, dennoch aber sehr durchschlagskräftige Maßnahme der indirekten Kommunikation ist die Durchführung von **Referral-Programmen**. Darunter sind Personalbeschaffungsmaßnahmen zu verstehen, bei denen die Mitarbeiter des eigenen Unternehmens gebeten werden, interessante Kandidaten (z. B. aus ihrem Bekannten- oder Freundeskreis) für bestimmte Positionen vorzuschlagen. Nach erfolgreichem Ablauf der Probezeit des Kandidaten erhält der Mitarbeiter, der den Kandidaten vorgeschlagen hat, eine entsprechende Prämie. Die Rekrutierung über Mitarbeiterempfehlungen hat sich immer dann bewährt, wenn ein Mangel an qualifizierten Mitarbeitern vorherrscht. So deckt CAPGEMINI Consulting jährlich rund ein Fünftel seines Rekrutierungsbedarfs über ein attraktives Referral-Programm ab und spart dadurch einen nicht unbeträchtlichen Teil der Personalbeschaffungskosten ein.

(4) Internet-Kommunikation

Die Nutzung des Internets in der Personalbeschaffung beschränkt sich nicht nur auf den Bewerbungseingang und die Bewerbungsabwicklung sowie auf die Veröffentlichung von Stellenanzeigen auf der unternehmenseigenen Homepage oder in Jobbörsen. Seitdem Foren, Blogs und Social Networks bestehen, haben sich sowohl für Unternehmen, als auch für Bewerber neue Potenziale eröffnet, wenn es um die Suche nach Informationen über die jeweils andere Seite geht.

Die Kommunikation verlagert sich also zunehmend vom privaten in den öffentlichen Raum. Zusammengefasst wird diese Entwicklung unter dem Schlagwort **Web 2.0**, dessen spezifische Anwendungsformen (Applikationen) für das Personalmarketing mehr und mehr an Bedeutung gewinnen.

Im Einzelnen stehen dem Personalmarketing folgende Anwendungsformen der Web 2.0-Entwicklung zur Verfügung [vgl. JÄGER 2008, S. 57 f. und JÄGER et al. 2007, S. 10]:

- **Blogs** (Kurzbezeichnung für **Weblogs**) sind eine Art *Online-Tagebücher*, in denen Personen zu persönlichen und fachlichen Themen Texte und Bilder veröffentlichen.

- **Wikis und Nachschlagewerke** sind Enzyklopädien wie WIKIPEDIA, die von den Nutzern selbst erstellt, korrigiert und weiterentwickelt werden.

- **Beziehungsnetzwerke** (engl. *Social Networks*) sind Webanwendungen wie FACEBOOK, XING oder LINKEDIN, die es ermöglichen, persönliche Profile anzulegen und diese miteinander zu verknüpfen, um Beziehungen zwischen Personen abzubilden und somit „Kontakte zweiten Grades" herzustellen.

- **Podcasts** sind selbstproduzierte Audioaufnahmen, die auf dem Computer direkt gehört oder auf ein tragbares Gerät (z.B. APPLE iPod) überspielt werden können.

- **RSS Feed** (Kurzbezeichnung für *Really Simple Syndication*) ist eine Abonnementfunktion, die neue Inhalte aus ausgewählten Blogs, Podcasts und anderen Informationsquellen direkt in den Browser oder an das E-Mail-Programm des Nutzers sendet.

Im Mittelpunkt dieser Aufzählung stehen die Beziehungsnetzwerke, die aufgrund ihrer besonderen Bedeutung für das Personalmarketing im Folgenden näher beleuchtet werden sollen.

5.2.4.2 Social Media

Die Attraktivität von sozialen Netzwerken liegt für Unternehmensberatungen in der Möglichkeit, eine Vielzahl Menschen dort zu erreichen, wo sie einen Großteil ihrer Internet-Zeit verbringen: Denn Internetnutzer in Deutschland verbringen derzeit fast ein Viertel (23 Prozent) ihrer gesamten Online-Zeit in sozialen Netzwerken. Internet-User sind also durchaus eine attraktive Zielgruppe, um nicht nur den Bekanntheitsgrad von Unternehmen zu steigern und um neue Kunden zu akquirieren bzw. Kundenbeziehungen herzustellen und zu festigen, sondern auch um **neue Mitarbeiter** zu gewinnen (siehe Insert 5-13, untere Grafik).

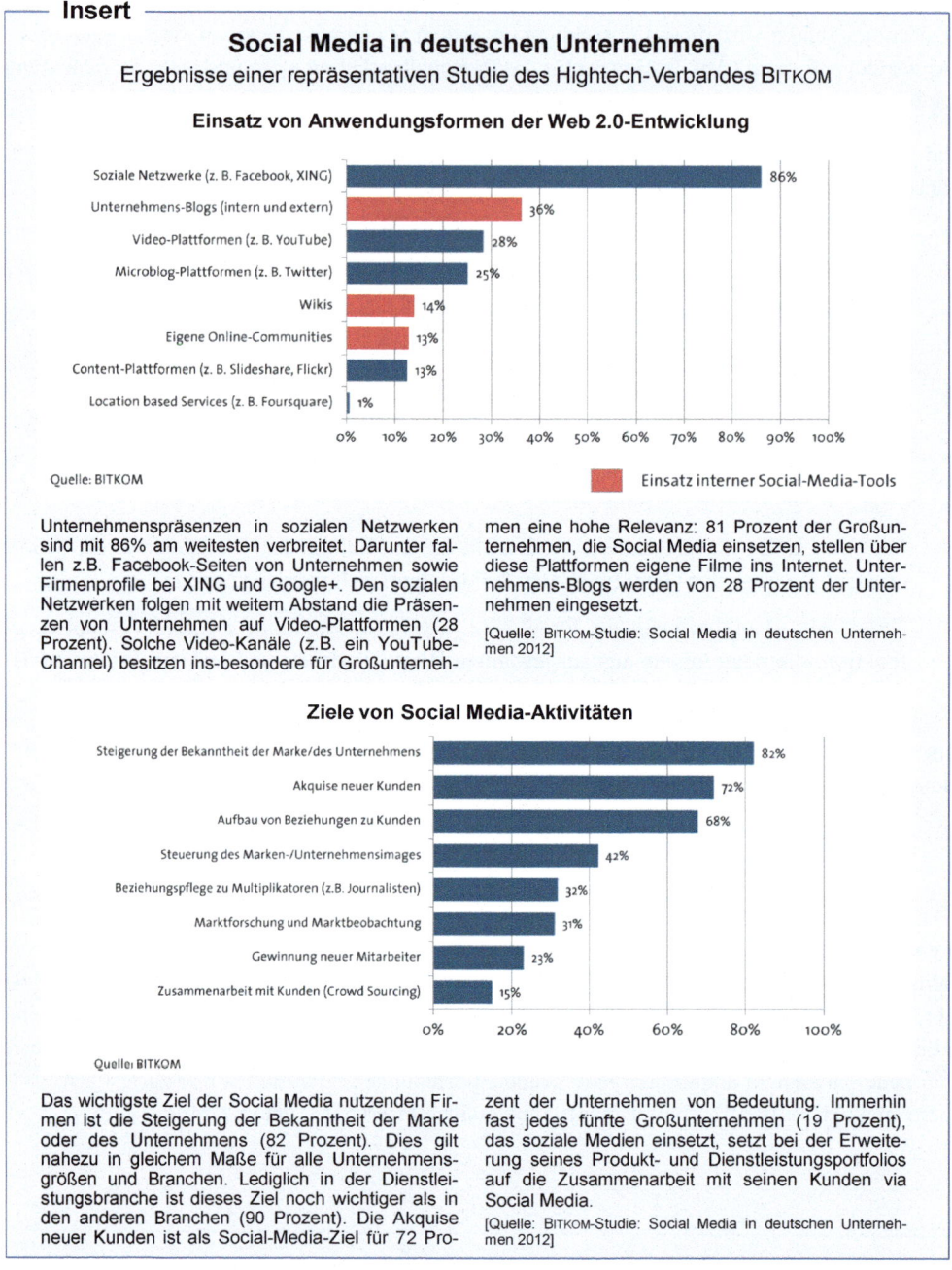

Insert 5-13: Social Media in deutschen Unternehmen 2012

Letztlich sind es drei Zielgruppen, die das Personalmarketing in Verbindung mit der Nutzung von sozialen Netzwerken berücksichtigen muss: die Bewerber, das Unternehmen in seiner Gesamtheit sowie die eigenen Mitarbeiter.

(1) Nutzung von Social Media-Kanälen durch Bewerber

Eine Eingrenzung der Netzwerk-User auf die für das Personalmarketing relevanten Bewerberzielgruppen zeigt deutliche Unterschiede beim Nutzungsgrad der Social Media-Kanäle. Insert 5-14 liefert eine Übersicht über die unterschiedlichen Nutzungsgrade nach Bewerbergruppen. So liegen bei den Bewerbergruppen mit weniger als drei Jahren Berufserfahrung FACEBOOK und die VZ-Netzwerke in der Beliebtheitsskala deutlich vorn, während bei den Bewerbern mit mehr als drei Jahren Berufserfahrung das Netzwerk XING am beliebtesten ist.

Generell lässt sich sagen, dass sich die Bewerber/Kandidaten bei der beruflichen Nutzung noch in der Findungsphase befinden. Einerseits wollen sie Unternehmen ungern Einblicke in ihre private Sphäre geben, andererseits lieben sie die persönliche Ansprache [vgl. PETRY/ SCHRECKENBACH 2010].

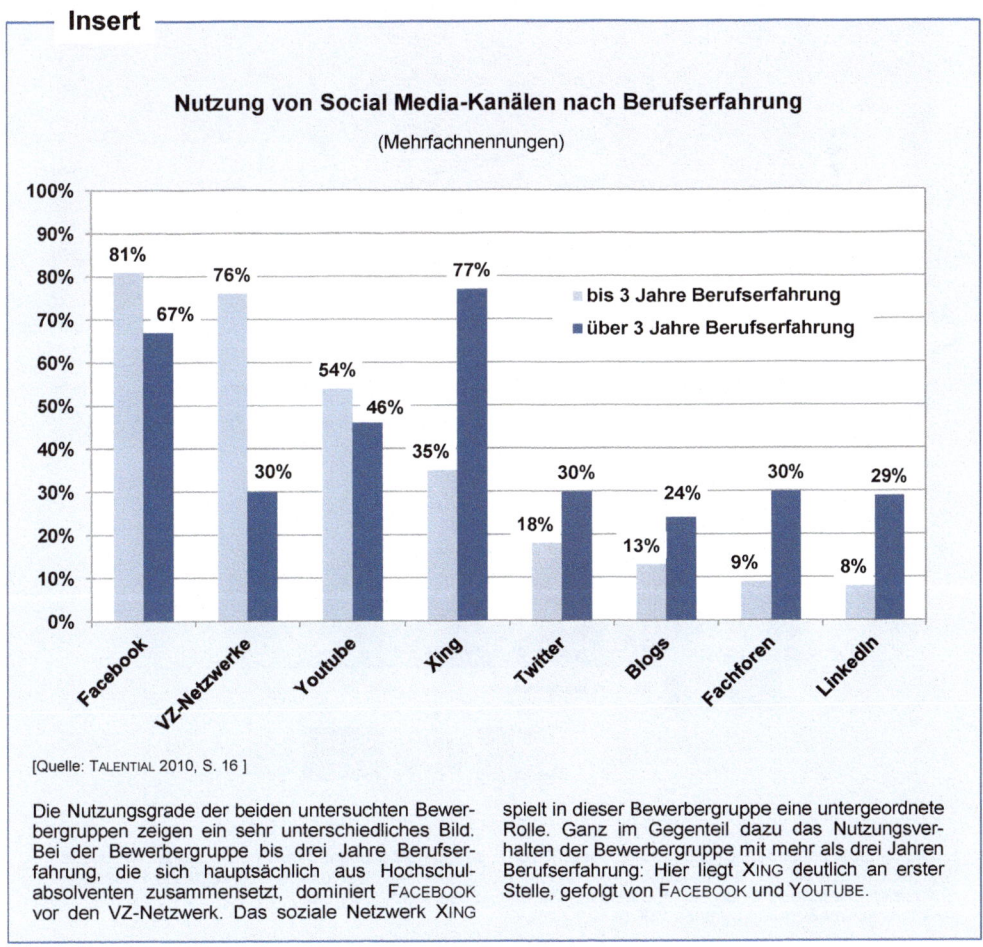

Insert

Nutzung von Social Media-Kanälen nach Berufserfahrung

(Mehrfachnennungen)

■ bis 3 Jahre Berufserfahrung
■ über 3 Jahre Berufserfahrung

[Quelle: TALENTIAL 2010, S. 16]

Die Nutzungsgrade der beiden untersuchten Bewerbergruppen zeigen ein sehr unterschiedliches Bild. Bei der Bewerbergruppe bis drei Jahre Berufserfahrung, die sich hauptsächlich aus Hochschulabsolventen zusammensetzt, dominiert FACEBOOK vor den VZ-Netzwerk. Das soziale Netzwerk XING spielt in dieser Bewerbergruppe eine untergeordnete Rolle. Ganz im Gegenteil dazu das Nutzungsverhalten der Bewerbergruppe mit mehr als drei Jahren Berufserfahrung: Hier liegt XING deutlich an erster Stelle, gefolgt von FACEBOOK und YOUTUBE.

Insert 5-14: Nutzung von Social Media-Kanälen nach Bewerbergruppen

(2) Nutzung von Social Media-Kanälen durch Unternehmen

Wie haben sich Unternehmensberatungen auf den Social Media-Boom eingestellt? Zunächst lässt sich feststellen, dass viele Unternehmensberatungen auf ihrer Homepage bereits einen Hinweis auf FACEBOOK (und teilweise auch auf andere soziale Netzwerke, siehe Insert 5-15) haben, d. h. diese Unternehmen pflegen jeweils ihre eigene FACEBOOK-Seite. Allerdings ist Social Media kein Event mit einem klar definierten Ende wie bspw. eine Messe, sondern ein kontinuierlicher Kommunikationsprozess zwischen den Beteiligten. Daher ist es auch so schwierig, hier eine nachhaltige Kommunikationsstrategie mit entsprechenden Kommunikationsverantwortlichen aufzubauen [vgl. PETRY/SCHRECKENBACH 2010].

Insert

Die untere Zeile der Einstiegsseite (oben) von ACCENTURE weist auf die Beteiligung an diversen sozialen Netzwerken (z. B. FACEBOOK, XING), Arbeitgeberbewertungsportalen (KUNUNU) sowie auf die Möglichkeit hin, Podcasts oder Newsletter zu erhalten. Der untere Teil zeigt die FACEBOOK-Seite von ACCENTURE.

Insert 5-15:   Homepage und FACEBOOK-Seite von ACCENTURE

Die Frage, die sich unmittelbar an die generellen Ziele und Zielerreichungsgrad der Social Media-Nutzung anschließt, befasst sich mit der Nutzung und Bedeutung von Netzwerkplattformen zur Informationssuche über Bewerber/Kandidaten.

Insert 5-16 zeigt, inwieweit die deutschen Top-1.000-Unternehmen, die an der Studie *RECRUITING TRENDS 2010* teilgenommen haben, derartige Web 2.0-Netzwerkplattformen und Suchmaschinen nutzen und wie sie deren Bedeutung einschätzen.

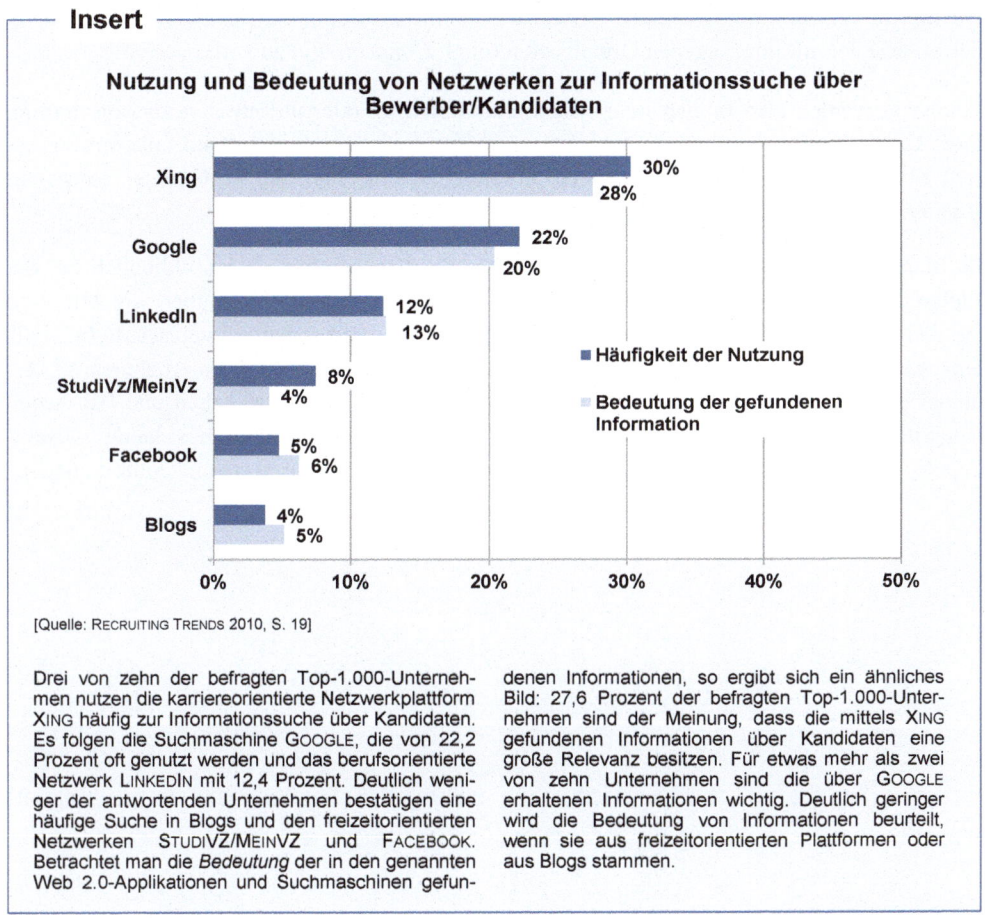

Insert

Nutzung und Bedeutung von Netzwerken zur Informationssuche über Bewerber/Kandidaten

[Quelle: RECRUITING TRENDS 2010, S. 19]

Drei von zehn der befragten Top-1.000-Unternehmen nutzen die karriereorientierte Netzwerkplattform XING häufig zur Informationssuche über Kandidaten. Es folgen die Suchmaschine GOOGLE, die von 22,2 Prozent oft genutzt werden und das berufsorientierte Netzwerk LINKEDIN mit 12,4 Prozent. Deutlich weniger der antwortenden Unternehmen bestätigen eine häufige Suche in Blogs und den freizeitorientierten Netzwerken STUDIVZ/MEINVZ und FACEBOOK. Betrachtet man die *Bedeutung* der in den genannten Web 2.0-Applikationen und Suchmaschinen gefundenen Informationen, so ergibt sich ein ähnliches Bild: 27,6 Prozent der befragten Top-1.000-Unternehmen sind der Meinung, dass die mittels XING gefundenen Informationen über Kandidaten eine große Relevanz besitzen. Für etwas mehr als zwei von zehn Unternehmen sind die über GOOGLE erhaltenen Informationen wichtig. Deutlich geringer wird die Bedeutung von Informationen beurteilt, wenn sie aus freizeitorientierten Plattformen oder aus Blogs stammen.

Insert 5-16: Bedeutung von Netzwerkplattformen zur Informationssuche über Kandidaten

Es ist selbstverständlich der Albtraum für jeden Bewerber, wenn sein neuer Job zum Greifen nahe scheint und dann doch eine Absage aufgrund eines peinlichen Fotos auf FACEBOOK kommt. Tatsächlich nutzen immer mehr Personaler die sozialen Netzwerke, um sich über potenzielle Mitarbeiter zu informieren. Doch das eigentliche Potenzial des Web 2.0 liegt nicht in kompromittierenden Fakten, sondern in der Möglichkeit, von Mensch zu Mensch mit zukünftigen Kandidaten zu kommunizieren. Die Beteiligung an einer sozialen Netzwerkplattform bedeutet für jedes Unternehmen aber auch immer ein gewisses Investment, da sich ein autorisiertes Team um die Beantwortung der Fragen etc. zeitnah kümmern muss.

(3) Nutzung von Social Media-Kanälen durch Mitarbeiter

Die Nutzung von sozialen Netzwerken und Suchmaschinen haben aber nicht nur die Möglichkeiten der Kommunikation durch das Internet für Unternehmen und Bewerber, sondern auch für die eigenen Mitarbeiter des Unternehmens erheblich erweitert. Diese können ihre Meinungen nun auch fernab von Presse- und Unternehmensmedien oder Kommunikationsabteilungen veröffentlichen. Auch das Personalmanagement hat ganz offensichtlich erkannt, wie wichtig die Nutzung neuer Medien ist, um die interne Zusammenarbeit und die Verbindung der Mitarbeiter mit ihrer eigenen Organisation (engl. *Connectivity*) zu verbessern.

Zukünftig werden also immer mehr Mitarbeiter freiwillig oder unfreiwillig zu Botschaftern ihres Unternehmens bzw. der Unternehmensmarke. Auf diese (weitgehend unkontrollierbaren) Kommunikationswege müssen sich Arbeitgeber einstellen und vorbereiten. Employer Branding wächst also auch „von innen heraus".

Es ist also zu kurz gesprungen, wenn sich Unternehmensberatungen ausschließlich bei der Zielgruppe der potentiellen Bewerber positionieren. Auch andere Zielgruppen wie Mitarbeiter, Analysten, Kunden, Journalisten, Lieferanten, Alumni und sonstige Interessierte (also die *Stakeholder* eines Unternehmens) sind daran interessiert, wie sich das Unternehmen als Arbeitgeber präsentiert oder sich sozial engagiert. Hier müssen also PR-Arbeit und HR-Arbeit Hand in Hand gehen, auch (oder gerade!) wenn ein Arbeitgeber schon längst keine vollständige Kontrolle mehr darüber hat, was über ihn veröffentlicht wird [vgl. JÄGER 2008, S. 64 f.].

5.3 Personalauswahl und -integration – Optimierung der Bewerberakzeptanz

Das fünfte und letzte Aktionsfeld im Rahmen der personalbeschaffungsorientierten Prozesskette ist die *Auswahl und Einstellung* des Bewerbers. Bei diesem Aktionsfeld geht es um die Optimierung der Bewerberakzeptanz:

Bewerberakzeptanz = f (Auswahl und Integration)→ optimieren!

Ziel der Personal*auswahl* ist es, den geeignetsten Kandidaten für die entsprechende Projektbesetzung zu finden. Ziel der Personal*integration* ist es, dem neuen Mitarbeiter die Einarbeitung in die Anforderungen des Unternehmens zu erleichtern. Bei der Unternehmensberatung beinhaltet die Personal*integration* zugleich auch den Personal*einsatz*, d. h. den Einsatz des Mitarbeiters in einem (neuen) Projekt. Während die Personalauswahl noch eindeutig der Personalbeschaffungskette zuzuordnen ist, bildet die Personalintegration die Nahtstelle zwischen der Personalbeschaffungskette und der Personalbetreuungskette (siehe Abbildung 5-12).

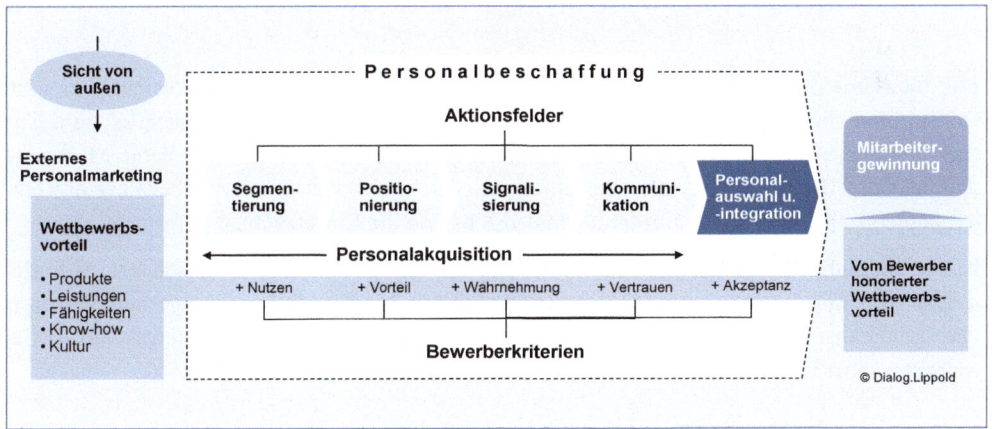

Abb. 5-12: Das Aktionsfeld Personalauswahl und -integration

5.3.1 Personalauswahlprozess

Der Personalauswahlprozess läuft in mehreren Phasen ab (siehe Abbildung 5-13). Gleich ob es sich um eine Bewerbung, die auf ein Jobangebot gezielt abhebt *(gezielte Bewerbung)*, um eine unaufgeforderte Bewerbung *(Initiativbewerbung)* oder um eine Bewerbung handelt, die sich auf eine Empfehlung bezieht *(Empfehlungsbewerbung)*, in jedem Fall sollte das Unternehmen jede Bewerbung in seine Bewerberdatei (Bewerbungspool) aufnehmen und über den Bewerbungszeitraum hinweg sammeln [vgl. BRÖCKERMANN 2007, S. 96].

Im Anschluss daran erfolgt eine Bewerbungsanalyse (Bewerberscreening) mit dem Ziel, den bzw. die besten Kandidaten zu einem Vorstellungsgespräch, das ggf. mit einem Eignungstest oder Assessment Center kombiniert wird, einzuladen. Zielsetzung des Vorstellungsgesprächs ist es, die *Könnens- und Wollenskomponenten* des Bewerbers im Hinblick auf das Jobangebot zu betrachten.

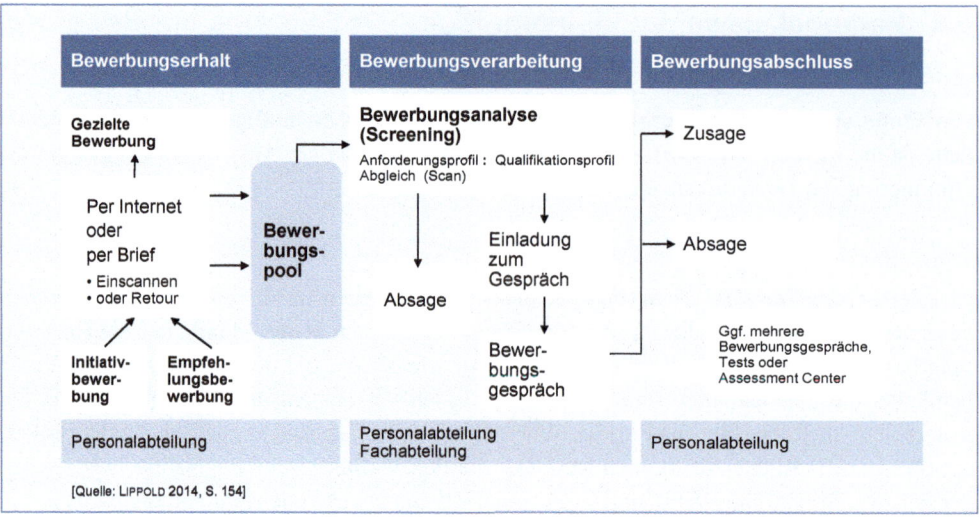

Abb. 5-13:   Personalauswahlprozess (Schema)

Das Interview dient darüber hinaus der Klärung von Details aus dem Lebenslauf. Letztlich soll im Einstellungsinterview festgestellt werden, ob der Bewerber auch tatsächlich zum Unternehmen passt, wobei emotionale Komponenten, aber auch rein äußerliche Merkmale durchaus eine Rolle spielen. Das Einstellungsinterview soll auch die Bewerber über das Unternehmen selbst, über die Anforderungen des Jobs und die Einsatzgebiete informieren.

Ist die endgültige Personalauswahlentscheidung (nach einem finalen Abgleich des Anforderungsprofils mit dem Eignungsprofil des Bewerbers) getroffen, folgen Zusage und Vertragsunterzeichnung. Insert 5-17 zeigt beispielhaft konkrete Zahlen beim Bewerbungs- und Ausleseprozess einer Unternehmensberatung.

5.3.2 Instrumente der Personalauswahl

Im Wesentlichen sind es drei Ausleseschwerpunkte, die die Grundlage für die Entscheidung bei der Auswahl externer Bewerber bilden [vgl. JUNG 2006, S. 154]:

- die detaillierte Prüfung der *Bewerbungsunterlagen*,
- die Durchführung von *Bewerbungsgesprächen* sowie ggf.
- die Durchführung von *Einstellungstests*.

5.3.2.1 Bewerbungsunterlagen

Zwar wird kaum eine Unternehmensberatung einen Bewerber ausschließlich aufgrund seiner Bewerbungsunterlagen einstellen, dennoch sind Bewerbungsunterlagen – unabhängig davon, ob sie schriftlich oder via Internet eingereicht werden – der Türöffner für das Vorstellungsgespräch.

Die formalen Bewerbungsunterlagen umfassen üblicherweise folgende Dokumente:

- Bewerbungsanschreiben
- Bewerbungsfoto (nur im deutschsprachigen Raum)
- Lebenslauf (i. d. R. tabellarisch)
- Schul- und Ausbildungszeugnisse
- Arbeitszeugnisse
- Leistungsnachweise (Zertifikate)

Weitere Dokumente wie Personalfragebogen, Referenzen oder Arbeitsproben sind nicht immer erforderlich. Das Bewerbungsschreiben, der Lebenslauf sowie beigefügte Arbeitszeugnisse haben dabei die größte Aussagekraft.

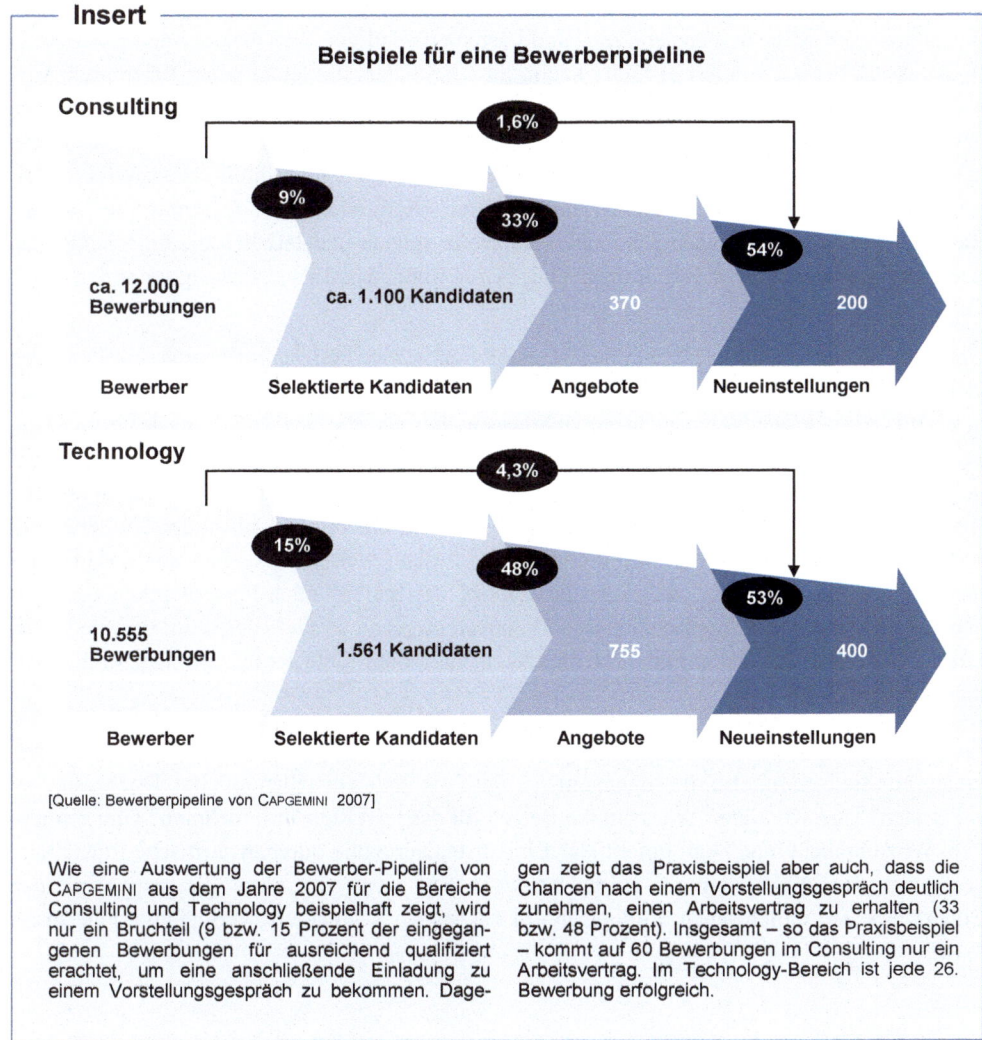

Insert

Beispiele für eine Bewerberpipeline

Consulting

1,6%

9% 33% 54%

ca. 12.000 Bewerbungen   ca. 1.100 Kandidaten   370   200

Bewerber   Selektierte Kandidaten   Angebote   Neueinstellungen

Technology

4,3%

15% 48% 53%

10.555 Bewerbungen   1.561 Kandidaten   755   400

Bewerber   Selektierte Kandidaten   Angebote   Neueinstellungen

[Quelle: Bewerberpipeline von CAPGEMINI 2007]

Wie eine Auswertung der Bewerber-Pipeline von CAPGEMINI aus dem Jahre 2007 für die Bereiche Consulting und Technology beispielhaft zeigt, wird nur ein Bruchteil (9 bzw. 15 Prozent der eingegangenen Bewerbungen für ausreichend qualifiziert erachtet, um eine anschließende Einladung zu einem Vorstellungsgespräch zu bekommen. Dagegen zeigt das Praxisbeispiel aber auch, dass die Chancen nach einem Vorstellungsgespräch deutlich zunehmen, einen Arbeitsvertrag zu erhalten (33 bzw. 48 Prozent). Insgesamt – so das Praxisbeispiel – kommt auf 60 Bewerbungen im Consulting nur ein Arbeitsvertrag. Im Technology-Bereich ist jede 26. Bewerbung erfolgreich.

Insert 5-17: Praxisbeispiel zum Bewerbungs- und Ausleseprozess bei CAPGEMINI

Das **Anschreiben** sollte die Motivation bzw. Beweggründe der Bewerbung nachvollziehbar widergeben. Mit der Analyse des **Lebenslaufs** sollen Informationen über die bisherigen Tätigkeitsfelder des Bewerbers und dem damit verbundenen Erfolg eingeholt werden. **Schul- und Ausbildungszeugnisse** sind – neben Auslandspraktika und **Sprachkenntnissen** – ein wichtiges Selektionskriterium. **Arbeitszeugnisse** können Hinweise auf das Arbeitsverhalten des Bewerbers geben und bestimmte Schlüsse auf die Eigenschaften des Bewerbers zulassen.

Das **Screening**, d. h. die strukturierte Analyse der Bewerbungsunterlagen liefert erste Anhaltspunkte über die fachliche und persönliche Eignung des Bewerbers. Dieser Profilabgleich wird heutzutage zumeist anhand von Online-Formularen durchgeführt (Online-Profilabgleich). Einem sorgfältig durchgeführten Screening der Bewerbungsunterlagen kommt auch deshalb eine besondere Bedeutung zu, weil hier regelmäßig das größte Einsparungspotenzial im Zuge des im Allgemeinen sehr zeit- und kostenaufwendigen Personalauswahlprozesses zu finden ist. Daher verwundert es leider kaum, dass besonders die leicht quantifizierbaren Auswahlkriterien wie Schul- und Examensnoten die dominierende Rolle beim Screening spielen und somit – gerade in der Unternehmensberatung – immer nur sehr gute Noten als „Eintrittskarte" zum Vorstellungsgespräch dienen. Dies hat allerdings den Nachteil, dass „weiche" Kriterien wie Persönlichkeit, Kommunikationsfähigkeit, Motivation und Kreativität, die (erst) im Rahmen des Vorstellungsgesprächs eine Hauptrolle spielen und letztlich die entscheidenden Kriterien für einen „guten" Kandidaten sind, in der Vorauswahl zwangsläufig unter den Tisch fallen.

Überhaupt ist im Beratungsbereich der „Tunnelblick" vieler Personalreferenten auf die Noten vielfach weder gerechtfertigt noch zielführend für das personalsuchende Unternehmen. Natürlich sind (Abschluss-) Noten nicht unwichtig, sie aber als *einziges* Zulassungskriterium zum persönlichen Vorstellungsgespräch zu missbrauchen, ist häufig kurzsichtig und wenig dienlich, um die richtigen Kandidaten für den ausgeschriebenen Job zu bekommen. Sportliche Bestleistungen, ein selbstfinanziertes Studium, ein Engagement als Schul- oder Studierendensprecher, Praktika oder Auslandsaufenthalte, die allesamt vielleicht zu einer etwas schlechteren Durchschnittsnote, aber auch zur Entwicklung der individuellen Persönlichkeit beigetragen haben, sollten den Unternehmen doch mindestens genau so viel Wert sein, wie die Noten mit der „Eins vor dem Komma". Persönlichkeit kann man nicht lernen, Sprachen oder Mathematik sehr wohl.

Es ist sicherlich legitim, dass jedes Unternehmen und ganz besonders jede Unternehmensberatung nur die Besten, also die sogenannten High Potentials einstellen möchte. Doch wer sind die Besten? Und vor allem: Wer sind die Besten für das jeweilige Unternehmen? Und schließlich: Wozu braucht man High Potentials? Eine distanzierte und durchaus kritische Einstellung gegenüber den High Potentials zeigt HEINRICH WOTTAWA, der diese Zielgruppe mit den Condottieri, den italienischen Söldnerführern des späten Mittelalters, vergleicht (siehe Insert 5-18).

Insert ──

High Potentials – Die Condottieri unserer Zeit
von Hermann Wottawa

Condottieri sind Söldnerführer, die von den italienischen Stadtstaaten im späten Mittelalter beschäftigt wurden. Sie waren berüchtigt für ihre Launen, wechselten oft die Seiten für bessere Bezahlung und dies nicht nur vor, sondern auch mitten in der Schlacht. Aufgrund ihres Einflusses und ihrer Macht begannen sie, ihren Arbeitgebern die Bedingungen zu diktieren – waren aber dennoch enorm begehrt und unverzichtbar. Sind High Potentials die »Condottieri« unserer Zeit?

Am Anfang steht die Überlegung, wofür wir High Potentials brauchen. Als spätere Führungskraft? In der F&E-Abteilung? Als Top-Vertriebler? Und braucht man tatsächlich einen High Potential, der absolute Spitze ist oder »nur« einen guten Leistungsträger? High Potentials dienen häufig der Selbst-aufwertung („Je mehr High Potentials ich habe, desto besser und angesehener bin ich selber"), sie dienen dem Image („Bei uns arbeiten nur die Besten") oder sie dienen der Risikominimierung („Wenn ich nur die Besten einstelle, kann mir nichts passieren"). Ob das aber wirklich so ist, muss doch zumindest in Frage gestellt werden. High Potentials können zwar enorm fit sein bei der Erreichung bestimmter Ziele (auch in schwierigen Fällen), aber sie wirken häufig souveräner und stabiler als sie wirklich sind. Viele hatten in ihrem ganzen Leben bezüglich Ausbildung und Beruf nie Misserfolge, waren immer ganz selbstverständlich die Besten und haben in diesem Kontext selten Grenzen erlebt, die ihnen andere gesetzt haben. Es ist nicht leicht, auf dieser Basis eine reife, gefestigte Persönlichkeit zu werden. Das kann dazu führen, dass es bei einer echten Krise zu Überreaktionen kommt.

Cesare Borgia

Einer der erfolgreichsten Condottieri, Cesare Borgia, ist beim Tod seines Vaters, der auch sein »Arbeitgeber« war, psychisch zusammengebrochen und hatte in kürzester Zeit keine Erfolge mehr. Manche High Potentials haben auch Akzeptanzprobleme bei schwächeren Kollegen. Sie werden von diesen oft geachtet und vielleicht auch gefürchtet, aber seltener geliebt. Sie haben eine sehr spezielle Persönlichkeit und brauchen dafür eine sensible Führung, um voll motiviert zu sein. High Potentials sind zuweilen geschickte Manipulatoren und wenig mitarbeiterorientiert. Sie haben kaum Mitleid mit schwächeren Vorgesetzten und sind – besonders auch aus finanziellen Gründen – durchaus bereit, schnell zum Konkurrenten des Arbeitgebers zu wechseln. Ein besonderes Problem ist aber, dass die Investitionen in die Beziehung zum Unternehmen bei High Potentials für eine dauerhafte Bindung häufig fehlen. Oft beginnt das schon bei der Bewerbung: Nicht der High Poten-tial investiert um die Stelle zu bekommen, sondern das Unternehmen, um den High Potential zu rekrutieren.

Das steigert zwar die spätere Loyalität des Unternehmens zu diesem Mitarbeiter, aber nicht umgekehrt. Und das setzt sich fort: Immer wieder investiert das Unternehmen, weniger der High Potential. Bei so wenig emotionaler Bindung ist das nächste attraktive Angebot eines Headhunters herzlich willkommen. Schon die Condottieri waren gerade dann besonders geachtet und angesehen, wenn sie oft den »Arbeitgeber« wechselten, auch dann, wenn dieser sie gerade dringend gebraucht hätte. Wir erleben ähnliche Vorgänge nicht selten in der Wirtschaft. High Potentials sind etwas Wunderschönes und können viel für das Unternehmen leisten, aber ihre Pflege und Führung ist oft schwieriger, als man denkt. Kurzum: High Potentials sind sehr nützlich, aber ihr Beitrag zum Output des Unternehmens wird häufig überschätzt. Daher sollte man das große Potenzial der vielen „guten, normalen" Mitarbeiter nicht vernachlässigen und dort die Instrumente der Potenzialerkennung und Förderung ansetzen.

[Quelle: WOTTAWA 2008 – gekürzte Fassung]

───

Insert 5-18:   High Potentials – die Condottieri unserer Zeit

5.3.2.2 Bewerbungsgespräch

Das Bewerbungsgespräch (oder Vorstellungsgespräch oder Einstellungsinterview) ist das verbreitetste Instrument der Personalauswahl. Mit dem Bewerbungsgespräch werden mehrere

Ziele verfolgt: Das Unternehmen wird versuchen, die Einstellungen, Zielvorstellungen und Werte des Bewerbers kennenzulernen und ggf. offengebliebenen Fragen aus den Bewerbungsunterlagen nachzugehen.

Hier geht es vor allem darum, über die offensichtlichen Eigenschaften des bzw. der Kandidaten wie Ausbildung, Noten, Erfahrung und Wissen hinaus möglichst tief in jene Eigenschaften einzutauchen, die das Unternehmen erst später zu spüren bekommt. Dies sind u.a. so wichtige Eigenschaften wie Interessen, Talente, Werte, Gewissenhaftigkeit, Teamorientierung, Intelligenz, Motivation, Loyalität und Lernfähigkeit.

Das Einstellungsgespräch ist mit einem *Eisberg* zu vergleichen: Bestimmte Eigenschaften des Kandidaten sind offensichtlich, die Mehrzahl der Eigenschaften liegt aber unter der Oberfläche (siehe Abbildung 5-14). Die Aussagefähigkeit von Interviews lässt sich durch Steigerung des Strukturierungsgrades sowie durch die Schulung und den Einsatz mehrerer Interviewer erhöhen. Auch ist es durchaus üblich, mehrere Interviews mit unterschiedlichen Gesprächspartnern (auch an verschiedenen Tagen und Orten) durchzuführen. Selbst bei Einstiegspositionen für Hochschulabsolventen sind durchschnittlich drei Bewerbungsgespräche üblich.

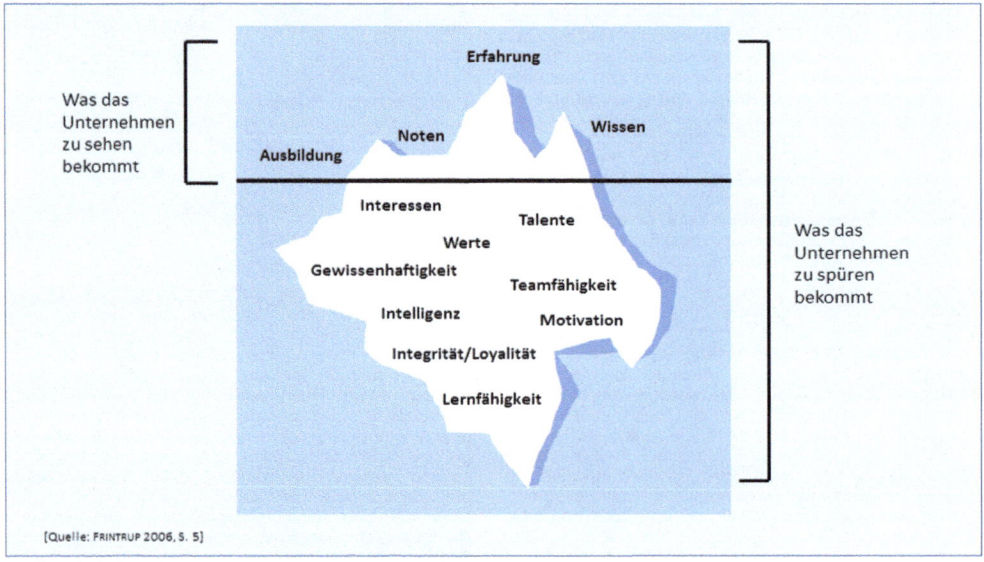

[Quelle: FRINTRUP 2006, S. 5]

Abb. 5-14:   Das Eisberg-Modell des Vorstellungsgesprächs

Die Gesprächsanteile beim Bewerbungsgespräch liegen zu etwa 80 Prozent beim Bewerber und lediglich zu 20 Prozent beim potenziellen Arbeitgeber. Übliche Fragen sind:

- „Wie sind Sie auf unser Unternehmen gestoßen?"
- „Warum haben Sie sich gerade bei unserem Unternehmen beworben?"
- „Was spricht Sie bei dem ausgeschriebenen Job besonders an?"
- „Warum sind gerade Sie für den Job besonders geeignet?"
- „Warum wollen Sie den Arbeitsplatz wechseln?"
- „Wie gehen Sie mit Stresssituationen um?"
- „Welche Stärken (bzw. Schwächen) schreiben Ihnen Freunde zu?"
- „Was war Ihr bislang größter beruflicher Erfolg/Misserfolg?"

- „Welche Gehaltsvorstellungen haben Sie?"
- „Wie hoch ist Ihre Bereitschaft, einen Teil Ihres Einkommens als variablen Teil zu akzeptieren?"
- „Welche Hobbys betreiben Sie?"

Ebenso wird der Bewerber im Vorstellungsgespräch versuchen, sich ein genaues Bild über das Unternehmen, die Arbeitsbedingungen, die Arbeitsplatzgestaltung sowie über die Entwicklungsmöglichkeiten zu machen. Da der besonders qualifizierte Bewerber zumeist die Wahl zwischen Angeboten mehrerer Unternehmen hat, erwartet er konkrete und glaubwürdige Antworten auf seine Fragen [vgl. JUNG 2006, S. 168].

Während bei der Analyse der Bewerbungsunterlagen also generell mehr „harte" (also quantitative) Auswahlkriterien im Vordergrund stehen, sind es beim Bewerbungsgespräch überwiegend „weiche" (also qualitative) Faktoren. Dies belegt auch eine Umfrage des Research-Unternehmens CRF INSTITUTE bei den Top-Arbeitgebern Deutschlands (siehe Insert 5-19).

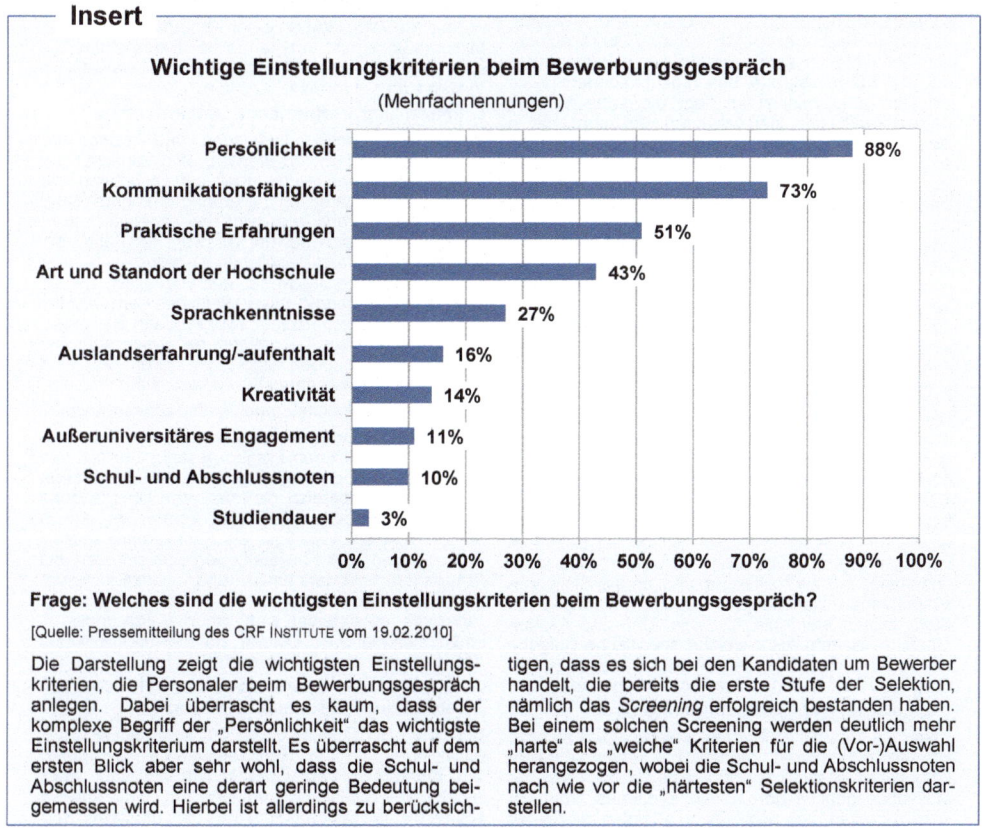

Insert

Wichtige Einstellungskriterien beim Bewerbungsgespräch

(Mehrfachnennungen)

Persönlichkeit	88%
Kommunikationsfähigkeit	73%
Praktische Erfahrungen	51%
Art und Standort der Hochschule	43%
Sprachkenntnisse	27%
Auslandserfahrung/-aufenthalt	16%
Kreativität	14%
Außeruniversitäres Engagement	11%
Schul- und Abschlussnoten	10%
Studiendauer	3%

Frage: Welches sind die wichtigsten Einstellungskriterien beim Bewerbungsgespräch?

[Quelle: Pressemitteilung des CRF INSTITUTE vom 19.02.2010]

Die Darstellung zeigt die wichtigsten Einstellungskriterien, die Personaler beim Bewerbungsgespräch anlegen. Dabei überrascht es kaum, dass der komplexe Begriff der „Persönlichkeit" das wichtigste Einstellungskriterium darstellt. Es überrascht auf dem ersten Blick aber sehr wohl, dass die Schul- und Abschlussnoten eine derart geringe Bedeutung beigemessen wird. Hierbei ist allerdings zu berücksichtigen, dass es sich bei den Kandidaten um Bewerber handelt, die bereits die erste Stufe der Selektion, nämlich das *Screening* erfolgreich bestanden haben. Bei einem solchen Screening werden deutlich mehr „harte" als „weiche" Kriterien für die (Vor-)Auswahl herangezogen, wobei die Schul- und Abschlussnoten nach wie vor die „härtesten" Selektionskriterien darstellen.

Insert 5-19: Einstellungskriterien bei Hochschulabsolventen und Young Professionals

Einige sehr radikale, aber durchaus ernst zu nehmende Empfehlung für den Personalauswahl-auswahlprozess speziell von Führungs- und Führungsnachwuchskräften sind in Insert 5-20 (etwas verkürzt) wiedergegeben. Der Autor dieser Empfehlungen ist Partner und Geschäftsführer bei dem internationalen Beratungsunternehmen ACCENTURE.

--- Insert ---

Radikalkur in der Personalauswahl

von *Thorsten Schumacher*

Ein Schlagwort hat Geschichte gemacht: „War for talents" ist ein Begriff, der zugleich Entschlossenheit, martialische Nachdrücklichkeit und Siegeswillen ausstrahlt. Doch ein realistischer Blick in den Alltag des Personalgeschäfts lässt einen häufig erschaudern. Die Personalauswahl befindet sich – so die Auffassung des Autors – in zu vielen Unternehmen in einem schlechten Zustand. Die folgenden sieben Empfehlungen stellen die Praxis der Personalauswahl auf den Kopf. Wer sie beherzigt, wird nach Meinung des Autors eine weitgehend unentdeckte Quelle für Leistungs- und Wettbewerbsfähigkeit in der Personalbeschaffung erschließen.

1. Empfehlung: Glaubwürdigkeit statt Übertreibung

Fragt man die Personalrecruiter nach den Eigenschaften, die eine Führungskraft auf sich vereinigen sollte, so hören sich die Antworten regelmäßig wie das „Einmaleins zum Universalgenie" an, zum Beispiel: unternehmerisch denken, teamorientiert, emphatisch, sensibel, durchsetzungsstark, entscheidungsfreudig, visionär, kommunikativ, begeisterungsfähig, begeisternd, sozial ausgerichtet, multikulturell. Die in den Personalabteilungen vorherrschende Meinung, dass Top-Leute eine Mischung aus Nobelpreisträger für Mathematik, Oberstleutnant und Show-Master sein müssten, ist allerdings nicht nur auf Führungskräfte beschränkt, sondern auch bei Hochschulabsolventen liegt die Latte für den Wunschkandidaten ziemlich hoch: 25 Jahre, hat in zwei Ländern studiert, diverse Praktika absolviert, spricht natürlich verhandlungssicheres Englisch (99 Prozent der Absolventen haben noch nie eine Verhandlung in englischer Sprache führen können), ist in verschiedenen Institutionen sozial, kulturell oder sonst wie engagiert und hat natürlich eine erste zwei- bis dreijährige berufliche Praxis erfolgreich hinter sich gebracht. Drehen wir mal den Spieß herum. Für mich scheinen diejenigen Unternehmen glaubwürdig, die diese Immer-schneller-höher-weiter-Spirale nicht mitmachen und ambitionierte, aber eben auch realistische Erwartungen formulieren.

2. Empfehlung: Assignments statt Stellen

Die Personalauswahl wird in der Praxis auf Basis einer falschen Fragestellung durchgeführt. Diese lautet: Welcher Kandidat passt am besten zu der offenen Stelle und der dazugehörigen Stellenbeschreibung? Ich habe in meiner Arbeit kaum etwas finden können, das so überflüssig und nichtssagend ist wie Stellenbeschreibungen. Schon der Begriff ist vielsagend: eine Stelle steht, ist unbeweglich, starr und statisch. Entsprechend sind auch die Stellenbeschreibungen statisch und zudem unverständlich. Statt dessen empfehle ich, den Blick auf Assignments zu lenken. Also: welche spezifische Aufgabe stellt sich für den nächsten überschaubaren Zeithorizont und welche Ergebnisse sind zu erwarten?

3. Empfehlung: An Stärken orientieren

Wenn die Mitarbeiter ihre individuellen Stärken nicht zur Geltung bringen können, hat dies vier fatale Folgen: die Stärken werden relativ schwächer, die Motivation geht in den Keller, Zynismus droht um sich zu greifen, und schließlich verlassen die besten Leute das Unternehmen. Die hiermit einhergehenden Kosten sind „verdeckt"; ihre Größenordnung wird in den meisten Fällen unterschätzt oder gar nicht erkannt. Für eine Umkehr der betrieblichen Praxis lautet die Leitfrage: „Was fällt Ihnen leicht?" Die wesentliche Gestaltungsaufgabe besteht darin, vorhandene Aufgaben mit individuellen Stärken weitgehend zur Deckung zu bringen.

4. Empfehlung: Kanten statt Rundungen

Statt Leute mit ausgeprägten Stärken für Führungsaufgaben einzusetzen, werden die Kandidaten mit den geringsten Schwächen ausgewählt. So sind die Unternehmen voller „abgerundeten Persönlichkeiten" – dermaßen abgerundet, dass keine Idee und kein wirksamer Vorschlag an einer Kante hängenbleiben. Mittelmäßigkeit ist programmiert. Entscheiden Sie sich auch und gerade in der Personalauswahl für Vielfalt statt Konformität.

5. Empfehlung: Performance statt Potentiale

Potentiale, die bei der Besetzung von Führungsaufgaben eifrig aufgespürt werden, sind zunächst nur vage Erwartungen; Hoffnungen auf Leistungen, die der Kandidat später einmal erbringen könnte. Oder auch nicht. Woraus aber wird das abgeleitet? Konzentrieren Sie sich bei der Auswahl für Führungsaufgaben auf die tatsächlichen Leistungen, die der Kandidat bisher erbracht hat, und überlassen Sie die Potentialeinschätzung Ihren Wettbewerbern. Achten Sie dabei auf die (maximal zwei Prozent) Bewerber, die einen Lebenslauf schreiben, der Ergebnisse und nicht Positionen in den Mittelpunkt stellen. Dies sind die besonders wirksamen Führungskräfte.

6. Empfehlung: Einstellungen statt Sachkenntnisse

Immer noch werden in der Mehrzahl der Auswahlverfahren die falschen Fragen gestellt. Gefragt wird nach den fachlichen Fähigkeiten des Bewerbers. Seine Sachkompetenz, die inhaltliche Überzeugung stehen im Mittelpunkt. Darauf kommt es jedoch primär nicht an. Wichtiger als Sachkenntnisse sind Einstellungen, Sensibilitäten, Verhaltensmuster und Prägungen, Grundannahmen und innere Einstellungen, insbesondere zur Selbstverantwortung. Hierdurch entscheidet sich, ob die Führungskraft einen substantiellen Beitrag zur Weiterentwicklung des Unternehmens liefern wird.

7. Empfehlung: Professionelle Auswahl statt Reparaturzirkus Personalentwicklung

Schichten Sie Geld und Zeit um von der Personalentwicklung hin zur Personalauswahl. Investieren Sie mehr Zeit und Geld in die Auswahl Ihres wichtigsten Assets. Je erfolgreicher eine Organisation bei der Personalauswahl ist, desto weniger Zeit, Energie und Geld ist für spätere, oft mühsame Maßnahmen für Personalentwicklung, Trainings, Anpassungsmaßnahmen, Umorganisationen oder, nicht selten, vorzeitigen Trennungen erforderlich.

[Quelle: FAZ vom 14.08.2006, S. 18]

Insert 5-20:   „Radikalkur in der Personalauswahl"

5.3.2.3 Assessment Center

Mit der Einstellung von neuen Mitarbeitern sind erhebliche Investitionen verbunden. Da die Ergebnisse des Vorstellungsgesprächs u. U. nicht die notwendige Entscheidungssicherheit beispielsweise über Fragen der Einordnungsfähigkeit in ein Team oder Fragen der Persönlichkeitsentwicklung gewährleisten, führen Unternehmensberatungen Testverfahren durch, die eine bessere Bewerberbeurteilung erlauben sollen.

Ein besonders differenziertes Auswahlverfahren, in dem mehrere eignungsdiagnostische Instrumente und Techniken bzw. Aufgaben zusammengestellt werden und das vornehmlich bei Hochschulabsolventen, Nachwuchsführungskräften und Führungspersonal eingesetzt wird, ist das **Assessment Center** (kurz auch als *AC* bezeichnet). Das Assessment Center hat sich (mit unterschiedlicher Intensität) in nahezu allen größeren Unternehmensberatungen etabliert, wenn auch teilweise unter alternativen Bezeichnungen wie *Personalauswahlverfahren, Recruiting Center, Bewerbertag, Potenzialanalyse-Tag, Development Center* oder *Personal Decision Day*. Teilnehmern an einem Assessment Center traut man die fachliche Bewältigung des neuen Aufgabenbereichs zu. Nun möchte der potenzielle Arbeitgeber erfahren, ob der Teilnehmer sein Wissen auch anwenden kann und die notwendige soziale Kompetenz für den neuen Job mitbringt. Darunter fallen vor allem zwischenmenschliche, analytische und administrative Fähigkeiten sowie das Leistungsverhalten [vgl. HAGMANN/HAGMANN 2011, S. 9 ff.].

Die Teilnehmer eines Assessment Center müssen zahlreiche Aufgaben und Übungen absolvieren und Prüfungen erfolgreich bestehen, damit auch alle notwendigen Qualifikationen abgefragt werden können. Die Teilnehmer werden dabei von mehreren Beobachtern (Verhältnis 2:1) beurteilt bzw. bewertet (engl. *to assess*). Verhaltensorientierung, Methodenvielfalt, Mehrfachbeurteilung und Anforderungsbezogenheit sind Aspekte, die ein Assessment Center zur aufwendigsten und anspruchsvollsten Form des Gruppengesprächs machen. Eingesetzt wird das Verfahren auch für die (interne) Personalbeurteilung, Laufbahnplanung, Potenzialbeurteilung und Trainingsbedarfsanalyse. Individuelle Arbeitsproben, Gruppendiskussion mit oder ohne Rollenvorgabe, Präsentationen, Rollenspiele, Fallstudien, Schätzaufgaben, Postkorbübungen, Planspiele, Konstruktionsübungen, Selbst- und Fremdeinschätzung, Interviews sowie Fähigkeits- und Leistungstests sind häufig eingesetzte Bausteine im Assessment Center.

Trotz aller Weiterentwicklung und zahlreicher psychologischer Begleitstudien steht das Assessment Center weiterhin in der Kritik. Dabei werden aber nicht das Auswahlverfahren und die eingesetzten Bewertungsbausteine an sich kritisiert. Beanstandet wird vielmehr, dass das Verfahren die in ihm gesetzte Erwartung nicht erfüllt und somit eine Trefferquote und Sicherheit bei der Auswahl suggeriert, die nicht unbedingt zutreffen muss [vgl. HAGMANN/HAGMANN 2011, S. 9].

5.3.2.4 Unterstützung durch Bewerbermanagementsysteme

Bewerber erwarten heutzutage nutzerfreundliche Suchmöglichkeiten nach Stellenangeboten auf der Karriereseite der Unternehmen, in den Internet-Jobbörsen oder in den einschlägigen sozialen Medien. Im Vordergrund stehen dabei einfache Bewerbungsmöglichkeiten, eine Eingangsbestätigung sowie eine jederzeitige Auskunftsmöglichkeit, wie es denn um ihre Bewerbung steht. Um diesen externen Anforderungen der Bewerber einerseits und den internen Anforderungen an die Messung der Prozessqualität andererseits gerecht zu werden, setzen viele Unternehmen verstärkt IT-gestützte Systeme für das Bewerbermanagement ein.

Eine Untersuchung zum **Wertbeitrag** von Bewerbermanagementsystemen zeigt, dass durch den Einsatz dieser Systeme primär **Zeitreduktionen** innerhalb einzelner Prozessabschnitte der Personalbeschaffung und eine **Kostenreduktion** für die interne Bearbeitung von Bewerbungen erreicht werden. Eine Verbesserung der Qualität der eingestellten Wunschkandidaten kann hingegen nicht realisiert werden. Auch die Unternehmensgröße hat keinen Einfluss auf den Wertbeitrag der Bewerbermanagementsysteme [vgl. ECKARDT et al. 2012, S. 88].

5.3.3 Rekrutierungsunterschiede zwischen Strategie- und IT-Beratung

Die zentrale Ressource aller Beratungsunternehmen ist hochqualifiziertes und motiviertes Personal. Bei der Intensität, mit der die einzelnen Rekrutierungsinstrumente eingesetzt werden, gibt es kaum Unterschiede zwischen einer Strategieberatung oder einer IT-Beratung; die **Rekrutierungsintensität** hängt vielmehr von der Unternehmensgröße ab, d. h. kleinere Beratungsfirmen nutzen nahezu ausschließlich die Stellenanzeige, während größere Unternehmen das gesamte Spektrum der Signalisierungs- und Kommunikationsinstrumente (einschließlich Jobmessen, Vergabe von Praktika, Hochschulkontakte etc.) anwenden. Die Unternehmensgröße beeinflusst auch die **Komplexität des Auswahlverfahrens**, gleichwohl spielt hierbei auch der Beratungsschwerpunkt eine Rolle. So ist die **Akzeptanzquote**, d. h. die Anzahl der in der Vorauswahl bzw. in der Endauswahl als geeignet akzeptierten Bewerber zur Gesamtzahl aller Bewerber, in der Strategieberatung teilweise deutlich geringer als in der IT-Beratung (siehe auch Insert 5-17). Auch ist der **Auswahlprozess** in der Strategieberatung zumeist deutlich aufwändiger, wobei die Gründe neben den höheren Anforderungen an Bewerber auch im angestrebten Eliteimage liegen [vgl. NISSEN/KINNE 2008, S. 99].

Unterschiede gibt es auch bei den **Studienrichtungen** der rekrutierten Hochschulabsolventen. Im Bereich der IT-Beratung sind es neben Betriebswirten vor allem Informatiker und zunehmend auch Mathematiker, Ingenieure oder Physiker. In der Strategieberatung hingegen haben knapp die Hälfte der Berater keinen betriebswirtschaftlichen Abschluss, sondern Medizin, Jura, Natur- und Geisteswissenschaften studiert [vgl. BAUMBACH 2007, S. 54 und HOFMANN 2007, S. 60].

Auch bei der **Karriereförderung** lassen sich Unterschiede zwischen Strategie- und IT-Beratungen ausmachen. Das vorherrschende Karriereprinzip bei MCKINSEY, BOSTON CONSULTING und Co. ist das *Up-or-Out-Prinzip*. Danach soll die nächsthöhere Karrierestufe (engl. *Grade*) innerhalb eines vorgegebenen Zeitraums erreicht werden, ansonsten muss der Berater das Unternehmen verlassen. Der IT-Berater hingegen orientiert sich eher am Prinzip *Grow-or-Die*, d. h. der Mitarbeiter entwickelt sich mit dem Unternehmen weiter und steigt in der Hierarchie nach oben. Andernfalls bleibt der Berater auf der erreichten Stufe stehen, ohne dass eine zwangsweise Freisetzung erfolgt [vgl. NISSEN/KINNE 2008, S. 100].

In Abildung 5-15 sind wichtige personalpolitische Merkmale von Strategieberatung und IT-Beratung gegenübergestellt.

Kriterium	Strategieberatung	IT-Beratung
Intensität der Rekrutierungsinstrumente	Größenabhängig	Größenabhängig
Akzeptanzquote	Sehr niedrig	Niedrig
Komplexität des Auswahlverfahrens	Komplex, aufwändig	Einfacher gehalten
Studienfächer	Sehr gemischt	Überwiegend BWL und Informatik
Image-Fokus	Elite	IT-Dienstleister
Karriereprinzip	Up-or-Out	Grow-or-Die

[Quelle: NISSEN/KINNE 2008, S. 102]

Abb. 5-15:   Gegenüberstellung personalpolitischer Merkmale

5.3.4 Personalintegration

Der Übergang zwischen den Phasen der Personalbeschaffungskette und der Phasen der Personalbetreuungskette wird durch die *Personalintegration* gekennzeichnet. Hier treffen Bewerber und Unternehmen nach einem positiv verlaufenen Auswahlprozess aufeinander, um das geschlossene Arbeitsverhältnis in eine für beide Seiten gedeihliche Zusammenarbeit umzusetzen. Die Personalintegration beschreibt die Einarbeitung des Mitarbeiters in die Anforderungen des Unternehmens. Sie ist ein wesentlicher Erfolgsfaktor dafür, dass der Neueinsteiger von Beginn an die an ihn gestellten Erwartungen erfüllt. Gleichzeitig erwartet aber auch der Mitarbeiter, dass seine im oben skizzierten Auswahl- und Entscheidungsprozess aufgebaute Erwartungshaltung gefestigt wird. Die Erfahrungen der Integrationsphase entscheiden sehr häufig über die zukünftige Einstellung (Loyalität) zum Unternehmen und prägen den weiteren Werdegang als Mitarbeiter. Daher sollte dem Neueinsteiger gerade in der ersten Zeit ein hohes Maß an Aufmerksamkeit geschenkt werden [vgl. DGFP 2006, S. 80].

Wie Erfahrungen in der Praxis allerdings immer wieder zeigen, lässt sich bei vielen Unternehmen gerade in der Integrationsphase ein großes Verbesserungspotenzial erkennen. Hier geht es vor allem darum, der besonderen Situation des neuen Mitarbeiters an seinem "ersten Tag" gerecht zu werden. Da der neue Mitarbeiter in aller Regel mehrere Optionen bei der Wahl seines Arbeitgebers hatte, wird er Zweifel hegen, ob er die richtige Entscheidung getroffen hat. Dieses in der Sozialpsychologie als *kognitive Dissonanz* bezeichnete Phänomen tritt immer dann verstärkt auf, je wichtiger die Entscheidung, je ähnlicher die Alternativen, je dringlicher der Entschluss und je niedriger der Informationsstand ist. Somit kommt dem Arbeitgeber die Aufgabe zu, alle Anstrengungen zu unternehmen, um die kognitive Dissonanz des Mitarbeiters aufzulösen bzw. zu beseitigen. Unzufriedene und enttäuschte Neueinsteiger neigen dazu, das Unternehmen bereits in der Probezeit zu verlassen und dadurch hohe Fluktuationskosten zu verursachen [vgl. DGFP 2006, S. 80].

Typische Einführungsmaßnahmen, um den Grundstein für eine zukünftige und nachhaltige **Mitarbeiterbindung** zu legen, sind *Einarbeitungspläne, Einführungsseminare* und *Mentorenprogramme*.

Die Vorbereitung und Aushändigung eines **Einarbeitungsplans**, der Termine mit wichtigen Gesprächspartnern, bestehende Arbeitsabläufe, Organigramme, Informationen über Standorte und Abteilungen etc. enthält, sollte für jeden neuen Arbeitgeber obligatorisch sein.

Eine der wirksamsten Maßnahmen ist es, den neuen Mitarbeiter am ersten Tag nicht direkt an seinen neuen Arbeitsplatz „zu setzen", sondern ihn im Rahmen eines **Einführungsseminars** zusammen mit anderen neuen Mitarbeitern willkommen zu heißen und über die besonderen Vorzüge des Unternehmens nachhaltig zu informieren. Das speziell für neue Mitarbeiter ausgerichtete Einführungsseminar wird von international orientierten Unternehmen sehr häufig als **Onboarding** bezeichnet. Ein solches Onboarding kann durchaus mehrere Tage umfassen und sollte von der Geschäftsleitung und dem Personalmanagement begleitet werden. Es vermittelt Kontakte über die Grenzen der eigenen Abteilung hinaus und fördert ein besseres Verständnis der Zusammenhänge von Personen und Prozesse im Unternehmen. Die neuen Mitarbeiter erfahren dadurch eine besondere Anerkennung, werden in ihrer Auswahlentscheidung bestärkt und für die weitere Arbeitsphase motiviert.

In Abbildung 5-16 sind die einzelnen Phasen und Vorzüge einer motivierenden Einarbeitung und Einführung neuer Mitarbeiter dargestellt.

Im Anschluss an das Onboarding ist es sinnvoll, dem Neueinsteiger einen Paten (Mentor) an die Seite zu stellen, der die Einarbeitungszeit systematisch begleitet und bei Fragen und Problemen entsprechende Hilfestellung leistet. Ein **Mentorenprogramm** sollte mindestens bis zum Ablauf der Probezeit befristet sein.

Erkennt das Unternehmen oder der neue Mitarbeiter, dass die Erwartungshaltungen nicht erfüllt worden sind bzw. der Mitarbeiter nicht für den Job geeignet ist, so ermöglicht die Probezeit eine sinnvolle Vereinfachung des Trennungsverfahrens [vgl. JUNG 2006, S. 183].

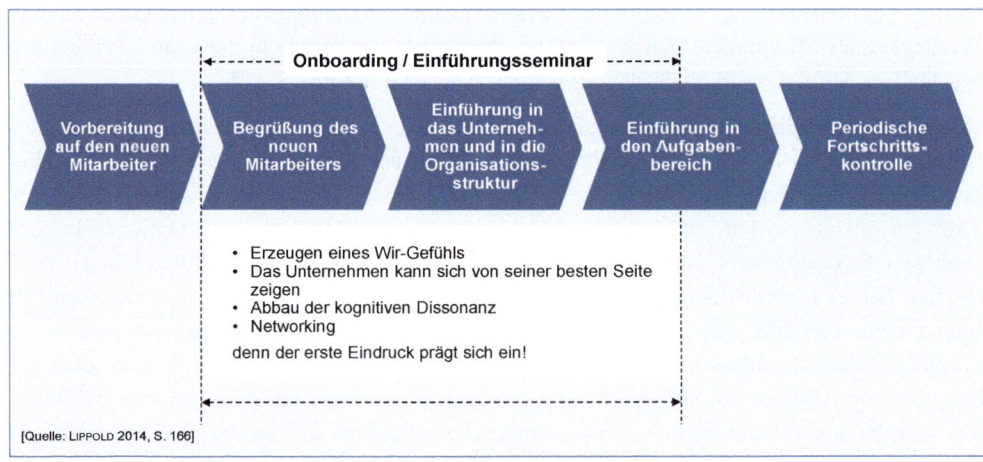

Abb. 5-16:   Prozess der Einführung und Einarbeitung neuer Mitarbeiter

5.3.5 Personaleinsatz

Eine besondere Form der Personalintegration ist der **Personaleinsatz** (engl. *Staffing*), der gerade bei Unternehmensberatungen eine wichtige Rolle spielt. Bei dieser Form der Integration, die auch als **Workforce Management** bezeichnet wird, geht es nicht um den (Erst-) Einstieg in das Beratungsunternehmen, sondern um die Integration bzw. den Einsatz des (ggf. neuen) Mitarbeiters in einem Beratungsprojekt. Aus Unternehmenssicht geht es also letztlich darum, den richtigen Mitarbeiter mit der richtigen Qualifikation zur richtigen Zeit am richtigen Einsatzort im richtigen Projekt verfügbar zu machen.

Grundsätzlich gibt es drei Ausgangssituationen für die **Personaleinsatzplanung**:

- **Personalbedarf = Personalverfügbarkeit.** Die Übereinstimmung von Personalbedarf und Personalverfügbarkeit ist der Idealfall, der allerdings höchst selten eintritt.

- **Personalbedarf > Personalverfügbarkeit.** Die Bedarfsunterdeckung kann entweder qualitativer oder quantitativer Art sein. Lässt sich diese Situation nicht ändern, so entgehen der Unternehmensberatung Umsätze und Gewinne.

- **Personalbedarf < Personalverfügbarkeit.** Die Bedarfsüberdeckung kann ebenfalls entweder qualitativer oder quantitativer Art sein. Das Ergebnis ist eine geringere Auslastung bei gleichbleibenden Personalkosten.

Gerade bei größeren Beratungsunternehmen ist eine Planung mit dem Anspruch eines bedarfsoptimierten Personaleinsatzes ohne die Unterstützung leistungsstarker IT-Instrumente (Staffing-Software) kaum möglich. Die richtige Anwendung solcher Systeme, in denen nicht nur die Qualifikationen, Erfahrungen und Fähigkeiten aller Berater verfügbar sind, sondern auch spezifische Arbeitszeitmodelle, Arbeitszeitwünsche und -orte mit Blick auf den demografischen Wandel berücksichtigt werden können, steigern Produktivität, Servicequalität und Mitarbeiterzufriedenheit.

Ist der Personalbedarf größer als die Personalverfügbarkeit, so zeigen leistungsfähige Staffing-Systeme Lösungen auf, die über das übliche Reaktionsverhalten in Form von Mehrarbeit, studentischen Aushilfskräften oder Zeitarbeit hinausreichen. Kann dagegen ein Auslastungsloch über einen längeren Zeitraum nicht „gestopft" werden, so ist immer wieder das Phänomen zu beobachten, dass leistungsstarke, aber nicht unbedingt loyale Berater „mit den Füßen abstimmen" und sich sehr schnell einen neuen Arbeitgeber suchen.

5.4   Personalvergütung – Optimierung der Gerechtigkeit

Der zweite Teil der zweigeteilten Personalmarketing-Gleichung, der auf die Personalbetreuung abzielt, beginnt mit der Bereitstellung von markt-, anforderungs- und leistungs-
gerechten **Anreiz- und Vergütungssystemen** (engl. *Compensation & Benefits*). Die zu zahlende Vergütung als materielle Gegenleistung für die Arbeitsleistung seiner Mitarbeiter ist für
die Unternehmensberatung ein *Kostenfaktor*. Für den Berater ist die ausgezahlte Vergütung
Einkommen, aber zugleich ein Leistungsanreiz. Leistungsfördernd ist die Vergütung aber nur
dann, wenn sie vom Berater als *gerecht* empfunden wird.

Die *Personalvergütung* zielt auf die Optimierung der *Gerechtigkeit*, die als Grundvoraussetzung für die Akzeptanz eines Anreiz- und Vergütungssystems bei den Mitarbeitern gilt.

Daraus ergibt sich folgende Zielfunktion:

Gerechtigkeit = f (Personalvergütung) → optimieren!

Das Aktionsfeld *Personalvergütung* ist das erste Aktionsfeld der Prozesskette Personalbetreuung (siehe Abbildung 5-17).

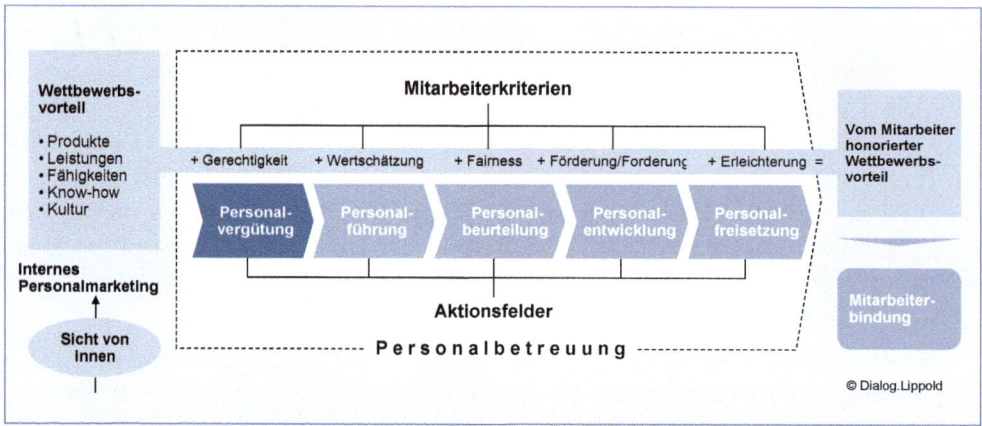

Abb. 5-17:   Das Aktionsfeld Personalvergütung

Nicht wenige Personalverantwortliche von Beratungsunternehmen stellen das *Entgelt* – besonders unter dem Aspekt der Mitarbeiterbindung – als den entscheidenden Baustein des betrieblichen Anreiz- und Vergütungssystems heraus. Eine solch eindimensionale Betrachtung
wird den unterschiedlichen Verhaltensmotiven der Mitarbeiter jedoch nicht gerecht. Eine Untersuchung von TOWERS PERRIN zeigt, dass der entscheidende *Bindungsfaktor* augenscheinlich nicht so sehr die finanziellen (also materiellen) Anreize, sondern mehr die immateriellen
Anreize wie Kommunikation von Karrieremöglichkeiten, Reputation des Arbeitgebers, ausreichende Entscheidungsfreiheit, Trainingsangebot, Work-Life-Balance u. ä. sind [vgl. TO-
WERS PERRIN 2007].

5.4.1 Funktionen der Personalvergütung

Die Gestaltung des Vergütungssystems zählt zu den zentralen Herausforderungen des Personalmanagements. Für eine Unternehmensberatung sollte ein effektives und effizientes Vergütungssystem folgenden Funktionen gerecht werden [vgl. STOCK-HOMBURG 2008, S. 328 f. und LOCHER 2002, S. 17 ff.]:

- **Sicherungsfunktion.** Hauptsächlich das Festgehalt (fixe Basisvergütung) trägt zur Sicherstellung der Grundversorgung des Beraters bei.
- **Motivationsfunktion.** Besonders den variablen Vergütungsbestandteilen wird ein hohes Motivationspotenzial im Beratungsgeschäft beigemessen.
- **Steuerungsfunktion.** Diese Funktion hat die Aufgabe, das Leistungsverhalten der Mitarbeiter auf bestimmte Ziele des Unternehmens (z. B. der verstärkte Umsatz von definierten Service Offerings) auszurichten. Als Steuerungsfunktion eignen sich die Ziele für die variablen Gehaltsanteile.
- **Leistungssteigerungsfunktion.** Stärkere Anreize können dazu führen, dass Mitarbeiter insgesamt ihre Leistung steigern.
- **Selektionsfunktion.** Bei relativ hohen variablen Gehaltsbestandteilen werden tendenziell leistungsorientiertere und risikofreudigere Berater angesprochen. Oftmals bewirken solche stark leistungs- bzw. erfolgsabhängigen Gehälter eine Selbstselektion (engl. *Self Selection*), die dazu führt, dass bestimmte Jobs nur mit besonders risikofreudigen Mitarbeitern besetzt sind.
- **Bindungsfunktion.** Ein als fair und attraktiv wahrgenommenes Vergütungssystem schafft Anreize für Führungskräfte und Mitarbeiter, im Unternehmen zu verbleiben.
- **Kooperationsförderungsfunktion.** Ein Vergütungssystem, das kooperative Verhaltensweisen (wie z. B. Teamarbeit) besonders honoriert, trägt zur Förderung der Zusammenarbeit bei.

Der Wirkungsgrad der hier aufgezeigten Funktionen kann durch eine entsprechende Zusammensetzung und Ausgestaltung der *Komponenten* des Vergütungssystems beeinflusst werden.

5.4.2 Komponenten der Personalvergütung

Die Gesamtvergütung (engl. *Total Compensation*) eines Mitarbeiters setzt sich aus folgenden grundlegenden Komponenten zusammen:

- Fixe und variable Vergütung
- Zusatzleistungen.

Eine Systematisierung dieser Komponenten liefert Abbildung 5-18. Für das Personalmanagement in der Unternehmensberatung ist es nun wichtig zu erkennen, welche dieser Komponenten besondere Differenzierungsmöglichkeiten gegenüber anderen Arbeitgebern bieten. Besonders bei den Zusatzleistungen lassen sich „Goodies" entwickeln, die sich teilweise als „Zünglein an der Waage" für die Gewinnung und Bindung von hochmotivierten und leistungsstarken Mitarbeitern herausstellen können.

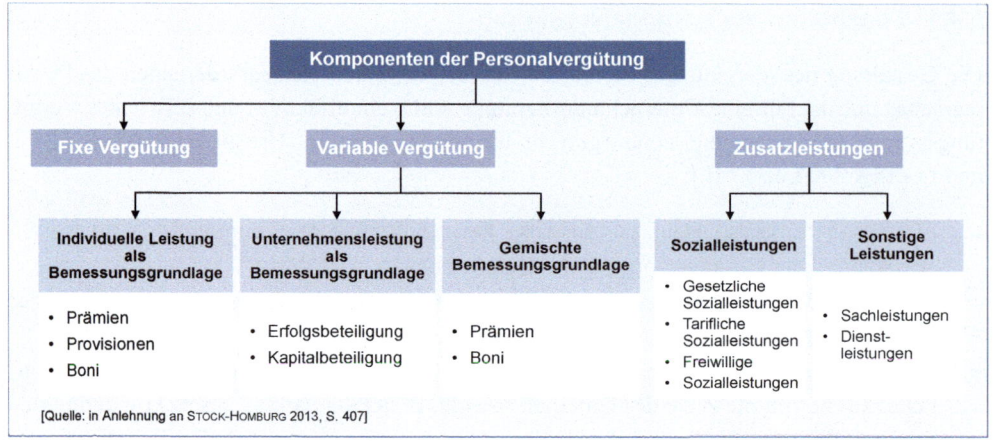

Abb. 5-18:   Grundlegende Komponenten der Personalvergütung

5.4.2.1 Fixe und variable Vergütung

Die fixe Vergütung wird als Basisvergütung regelmäßig ausgezahlt und orientiert sich an den Anforderungen des Arbeitsplatzes sowie an der internen Wertigkeit, d. h. an der Bedeutung und am Wertschöpfungsbeitrag des Jobs. Sie stellt eine Mindestvergütung sicher und bildet somit das *Garantieeinkommen* für den Berater.

Wie die einschlägigen Gehaltsstatistiken immer wieder zeigen, liegen die Grundgehälter der Berater auf nahezu allen Karrierestufen (engl. *Grade* oder *Level*) zum Teil deutlich über den vergleichbaren Grundgehältern in anderen Branchen.

Im Gegensatz zur fixen ist die variable Vergütung eine Einkommenskomponente, die von den individuellen Leistungen der Arbeitnehmer bzw. dem Unternehmenserfolg abhängt. Dieser Vergütungsbestandteil wird also nur unter der Voraussetzung ausgezahlt, dass bestimmte *Ergebnisse* erbracht werden.

Immer mehr Unternehmen gehen dazu über, einen Teil des unternehmerischen Risikos auf die Mitarbeiter zu verlagern. Vor allem im Management-Bereich setzt sich die erfolgsabhängige Vergütung zunehmend durch. So zeigen die Ergebnisse einer Online-Befragung des MANAGER MAGAZINS aus dem Jahre 2009, dass im Consulting-Bereich eine vertraglich geregelte, variable Vergütung nahezu selbstverständlich ist (siehe dazu Insert 5-21).

Insert

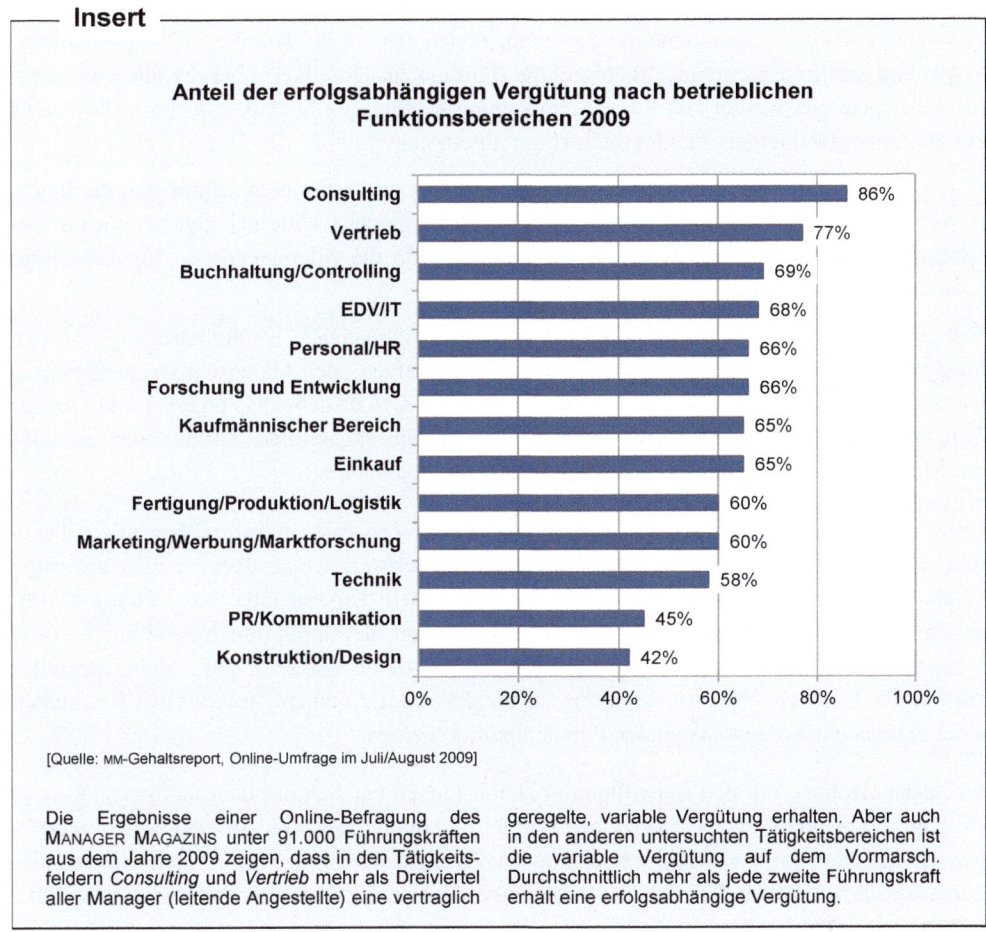

Anteil der erfolgsabhängigen Vergütung nach betrieblichen Funktionsbereichen 2009

[Quelle: MM-Gehaltsreport, Online-Umfrage im Juli/August 2009]

Die Ergebnisse einer Online-Befragung des MANAGER MAGAZINS unter 91.000 Führungskräften aus dem Jahre 2009 zeigen, dass in den Tätigkeitsfeldern *Consulting* und *Vertrieb* mehr als Dreiviertel aller Manager (leitende Angestellte) eine vertraglich geregelte, variable Vergütung erhalten. Aber auch in den anderen untersuchten Tätigkeitsbereichen ist die variable Vergütung auf dem Vormarsch. Durchschnittlich mehr als jede zweite Führungskraft erhält eine erfolgsabhängige Vergütung.

Insert 5-21: Variable Gehaltsanteile nach Funktionsbereichen

Die variable Vergütung von Führungskräften und Mitarbeitern zählt aber nach wie vor zu den intensiv diskutierten Bereichen der Personalvergütung. Eine Reduktion der fixen Personalkosten sowie eine erhöhte Attraktivität für leistungsstarke, ziel- und risikoorientierte Mitarbeiter und Führungskräfte sind sicherlich die Vorteile der variablen Vergütung. Demgegenüber stehen ein höheres finanzielles Risiko bei persönlichen Leistungsausfällen oder Verfehlen von Unternehmenszielen sowie die Gefahr eines lethargischen Mitarbeiter- und Führungsverhaltens, wenn frühzeitig erkannt wird, dass die persönlichen oder Unternehmensziele nicht (mehr) erreicht werden können [vgl. STOCK-HOMBURG 2008, S. 335].

5.4.2.2 Zusatzleistungen

Diese dritte Komponente der Personalvergütung lässt sich in Sozialleistungen und sonstige Leistungen unterteilen.

Zu den **gesetzlichen Sozialleistungen**, die vom Gesetzgeber unter dem Sammelbegriff der **Sozialversicherung** zusammengefasst werden, zählen die Unfall-, Kranken-, Pflege-, Arbeitslosen- und Rentenversicherung. Während die Beiträge zur Unfallversicherung allein vom Arbeitgeber getragen werden, wird die Finanzierung der übrigen Sozialversicherungen jeweils zur Hälfte vom Arbeitgeber und Arbeitnehmer übernommen.

Tarifliche Sozialleistungen verpflichten Unternehmen zu bestimmten Zahlungen, die in Tarifverträgen geregelt sind. Darüber hinaus gewähren manche Unternehmensberatungen bestimmte *freiwillige Sozialleistungen* (z. B. Zuschüsse für die Altersvorsorge, Ausbildungszuschüsse, Jubiläumsgelder, Umzugsgeld).

Sonstige Zusatzleistungen (wie z. B. Firmenwagen, Sabbaticals, Kinderbetreuung, Firmenhandy, Laptop bzw. Tablet, individuelle Urlaubsregelungen oder Aktien-Optionsprogramme) werden von Unternehmensberatungen als freiwillige Gehaltsnebenleistungen (engl. *Fringe Benefits*) nicht nur zur Gewinnung und Bindung von Führungskräften (Partner) sondern auch zur Motivation von leistungsstarken Nachwuchskräften eingesetzt.

Unter den sonstigen Zusatzleistungen wird in jüngerer Zeit das **Sabbatical** besonders diskutiert. Hierbei handelt es sich um eine mehrmonatige, teilweise sogar über ein Jahr hinausgehende Unterbrechung der Berufstätigkeit. Da immer mehr Unternehmen ihren Führungskräften (bis hin zu Vorständen) längere Auszeiten anbieten, gewähren zunehmend auch Unternehmensberatungen ihren Leistungsträgern eine berufliche Auszeit. Unter dem speziellen Aspekt der *Work-Life-Balance* kann das Sabbatical somit zu einem strukturellen Bestandteil einer aktiven und vorausschauenden Personalpolitik werden.

Im Zusammenhang mit den freiwilligen Sozialleistungen hat sich mit dem **Cafeteria-System** ein Konzept etabliert, das dem einzelnen Berater innerhalb eines vom Arbeitgeber vorgegebenen Budgets erlaubt, zwischen verschiedenen Zusatzleistungen gemäß seinen eigenen Bedürfnissen auszuwählen, ähnlich der Menüauswahl in einer Cafeteria [vgl. EDINGER 2002, S. 7].

Das Cafeteria-System besteht aus

- einem **Wahlbudget**, das sich häufig an dem Betrag orientiert, den das Unternehmen bislang für freiwillige Sozialleistungen ausgegeben hat,

- einem **Wahlangebot** mit mehreren Alternativen (z. B. Firmenwagen, Gewinnbeteiligung, Arbeitgeberdarlehen, Kindergartenplatz, Fortbildung, Urlaubstage u. ä.) und aus

- einer periodischen **Wahlmöglichkeit**, da sich die Bedürfnisse des Mitarbeiters im Zeitablauf ändern können [vgl. JUNG 2006, S. 901 f.].

Die häufigste Ausprägung des Cafeteria-Modells in deutschen Unternehmen sind sogenannte **Flexible Benefits**. Flexible Benefits-Programme sind Pläne, in deren Rahmen die Mitarbeiter aus einem Angebot verschiedener Zusatzleistungen oder durch Gehaltsumwandlung bestimmte Zusatzleistungskomponenten oder -niveaus auswählen können. Betriebliche Altersvorsorge, Hinterbliebenenrente, Todesfallkapital, Berufsunfähigkeitsleistungen, Firmenwagen oder Extraurlaub sind die häufigsten Zusatzleistungen im Rahmen von Flexible Benefits-Programmen [vgl. RAUSER TOWERS PERRIN 2006, S. 3 und 17 f.].

Eine besonders attraktive Variante der Zusatzleistungen ist das Modell der **Deferred Compensation**, bei dem der Arbeitnehmer auf einen Teil seiner Gesamtvergütung zugunsten einer Altersvorsorgezusage verzichtet. Die aufgeschobene Auszahlung unterliegt damit nicht der sofortigen Versteuerung. Der angesammelte Betrag wird erst bei Eintritt in den Ruhestand besteuert. Als Durchführungsweg bietet sich für den Arbeitgeber die Pensionskasse, der Pensionsfonds oder die Direktversicherung an. Deferred Compensation bietet sowohl dem Arbeitgeber als auch dem Arbeitnehmer erhebliche Vorteile. Für das Unternehmen eröffnen sich neue Möglichkeiten im Rahmen seines Anreiz- und Vergütungssystems, ohne dass zusätzliche Kosten entstehen. Im Gegenteil, durch die aufgeschobene Auszahlung entsteht ein zusätzlicher *Innenliquiditätseffekt*. Für den Berater senkt sich die heutige Steuerlast, denn der Umwandlungsbetrag reduziert in voller Höhe sein steuerpflichtiges Einkommen. So werden Vergütungsbestandteile aus der Phase des aktiven Berufslebens, die zumeist durch eine höhere Besteuerung gekennzeichnet ist, in das Rentenalter verlagert, wo die Steuerlast üblicherweise geringer ist. Außerdem kann der Berater auf diese Weise seine Ruhestands- bzw. Risikovorsorge deutlich verbessern.

5.4.3 Aspekte der Entgeltgerechtigkeit

Bei der Konzeption von Vergütungssystemen, die sowohl Unternehmens- als auch Mitarbeiterinteressen berücksichtigen sollte, steht ein Kriterium im Vordergrund, das als Grundvoraussetzung für die Akzeptanz bei den Mitarbeitern gilt: **Gerechtigkeit.** Die „faire Vergütung im Vergleich zu Kollegen" zählt zu den Top-3-Treibern der Mitarbeiterbindung (engl. *Retention)* und ist zweifellos der entscheidende Hygienefaktor aller Anreiz- und Vergütungssysteme [vgl. TOWERS PERRIN 2007].

Bei Fragen der Vergütung empfindet der Mitarbeiter sein Gehalt ganz subjektiv als gerecht oder auch ungerecht. Eine Aussage über die *absolute* Gerechtigkeit einer Vergütung kann nicht getroffen werden, lediglich eine Aussage über die *relative* Gerechtigkeit (im Vergleich zu den Kollegen, zum Branchendurchschnitt, zur Leistung, zum Alter oder auch zur Ausbildung) ist sinnvoll [vgl. TOKARSKI 2008, S.63].

5.4.3.1 Gerechtigkeitsprinzipien

Die verschiedenen Komponenten der Entgeltgerechtigkeit, die in Abbildung 5-19 dargestellt sind, werden auch als **Gerechtigkeitsprinzipien** bezeichnet.

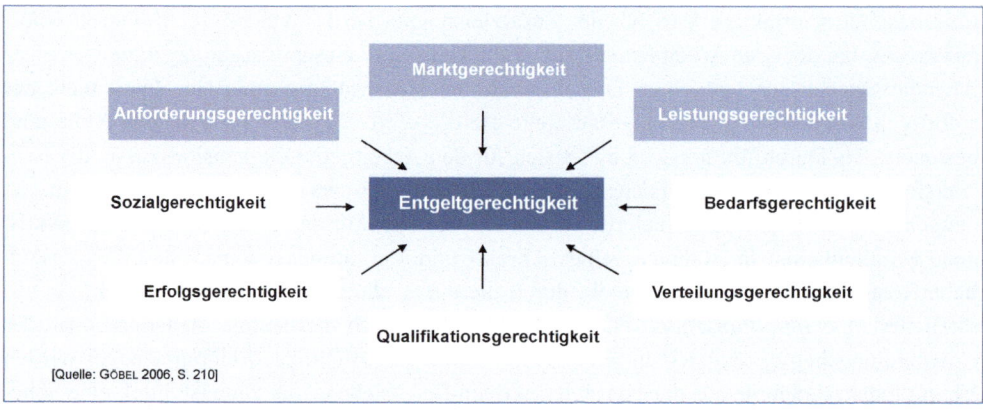

Abb. 5-19:   Komponenten der Entgeltgerechtigkeit

Angesichts dieser Vielzahl von nicht überschneidungsfreien Prinzipien ist es nahezu unmöglich, einen allgemein als gerecht empfundenen Maßstab für die Vergütungsdifferenzierung zu finden. Letztendlich sind es aber drei **Kernprinzipien der Entgeltgerechtigkeit**, die für die Zusammensetzung der Gehaltsstruktur maßgeblich sind [vgl. LIPPOLD 2010, S. 18]:

* **Anforderungsgerechtigkeit** (im Hinblick auf Qualität, Schwierigkeitsgrad oder Verantwortungsbereich des jeweiligen Jobs),

* **Marktgerechtigkeit** (im Hinblick auf die Vergütungsstruktur der Branche bzw. des Wettbewerbs) sowie

* **Leistungsgerechtigkeit** (im Hinblick auf die Leistung der Führungskraft einerseits und des Unternehmens andererseits).

5.4.3.2 Gerechtigkeitsdimensionen

Diesen Gerechtigkeits*prinzipien* stehen sogenannte Gerechtigkeits*dimensionen* gegenüber, die sich mit den konkreten Austauschbeziehungen zwischen Personen und Organisationen befassen [vgl. STOCK-HOMBURG 2008, S. 61]:

* **Interaktionale Gerechtigkeit** als wahrgenommene Gerechtigkeit im zwischenmenschlichen Umgang mit dem Austauschpartner (Beispiel: Persönliches Überzeugen der Führungskraft vom gewählten Vergütungsmodell),

* **Prozedurale Gerechtigkeit** als wahrgenommene Gerechtigkeit der Abläufe und Praktiken in einer Austauschbeziehung (Beispiel: Transparent machen von Vergütungsstufen) und

* **Distributive Gerechtigkeit** als wahrgenommene Gerechtigkeit des materiellen Ergebnisses einer Austauschbeziehung (Beispiel: Festlegen der Gehaltsstruktur, Leisten von Bonuszahlungen bzw. Prämien).

Werden die Gerechtigkeitsdimensionen den drei Gerechtigkeitsprinzipien gegenüber gestellt, so ergibt sich eine 3 x 3-Matrix. In Abbildung 5-20 ist diese Matrix mit beispielhaften Ansatzpunkten vervollständigt. Wie die Erfahrungen aus der Praxis zeigen, erfüllen viele Unternehmen die distributive und teilweise auch die prozedurale Gerechtigkeitsdimension. Die interaktionale Gerechtigkeit, d. h. das Aushandeln bestimmter Vergütungselemente wird bislang noch wenig praktiziert [vgl. BRIETZE/LIPPOLD 2011, S. 231 ff.].

Dimension / Prinzip	Interaktionale Gerechtigkeit	Prozedurale Gerechtigkeit	Distributive Gerechtigkeit
Anforderungs-gerechtigkeit	Aushandeln der jeweils passenden Karrierestufe	Transparent machen von Karrierestufen	Festlegen der generellen Karrierestufen
Marktgerechtigkeit	Aushandeln der jeweils passenden Gehalts-strukturelemente	Transparent machen von Gehaltsbandbreiten	Festlegen der generellen Gehaltsstruktur
Leistungs-gerechtigkeit	Aushandeln der jeweils passenden Zielvereinbarung	Transparent machen des Review-Prozesses	Leisten von Bonuszahlungen/ Prämien

[Quelle: BRIETZE/LIPPOLD 2011, S. 231]

Abb. 5-20:   Gegenüberstellung von Gerechtigkeitsdimensionen und -prinzipien

5.4.4 Anforderungsgerechtigkeit und Kompetenzmodell

Der erste Schritt der Gehaltsfindung bezieht sich auf die *Anforderungsgerechtigkeit*. Sie orientiert sich an den Anforderungen des Jobs (Ausbildung, Erfahrung, Kompetenz, Verantwortung etc.). Aus diesem Grund haben viele Unternehmen ein **Karrierestufen-Modell** (engl. *Grading System*) aus Rollen und Kompetenzen entwickelt, das jeder Karrierestufe (engl. *Grade*) ein bestimmtes Zieleinkommen (100%-Gehalt) zuordnet. Das Grading-System dient einerseits der grundsätzlichen Einstufung des Mitarbeiters in Abhängigkeit vom Anforderungsgrad seines Jobs (Position/Rolle) und andererseits zur Festlegung des (relativen) variablen Gehaltsbestandteils, d. h. je größer die Anforderung an die Position/Rolle und damit die Verantwortung des Beraters ist, desto höher ist der variable Gehaltsanteil.

In Abbildung 5-21 ist ein sechsstufiges Karriere-Modell am Beispiel des Beraters dargestellt. Jeweils eine Rolle/Position ist dabei einem Grade zugeordnet. Grundlage der Zuordnung ist ein rollenbezogenes **Kompetenzmodell** (engl. *Competency Model*), in dem die erforderlichen fachlichen, sozialen und methodischen Qualifikationen, Fähigkeiten und Erfahrungen für jede Karrierestufe aufgeführt sind. Wie aus dem beispielhaften Grading-System weiter zu entnehmen ist, wird für jede Karrierestufe eine Aufteilung des Zielgehalts (100%) in Fixgehalt und variables Gehalt vorgenommen. Ein solches Karrierestufen-Modell bildet den Orientierungsrahmen sowohl für die anforderungsgerechte Einstufung der Berater als auch für die entsprechende Entgeltfindung. Darüber hinaus zeigt es den Beratern zugleich die Entwicklungsmöglichkeiten im Rahmen der persönlichen Laufbahnplanung.

Grade (Karrierestufe)	Rolle/Position	Anteil Fixgehalt am 100%-Zieleinkommen	Anteil variables Gehalt am 100%-Zieleinkommen
6	Partner	60 %	40 %
5	Principal	70 %	30 %
4	Manager	75 %	25 %
3	Senior Consultant	80 %	20 %
2	Consultant	85 %	15 %
1	Analyst Consultant	90 %	10 %

Abb. 5-21:   Rollenbezogenes Karrierestufen-Modell am Beispiel des Beraters

5.4.5 Marktgerechtigkeit und Gehaltsbandbreiten

Der zweite Schritt der Gehaltsfindung bezieht sich auf die **Marktgerechtigkeit**. Hier geht es in erster Linie darum, das *relative Vergütungsniveau* im Vergleich zu anderen Unternehmen festzulegen [vgl. BROWN et al. 2003, S. 752]. Es ist in erster Linie an der Vergütungsstruktur der Branche bzw. des Wettbewerbs sowie im internationalen Bereich zusätzlich an Kaufkraft-kriterien ausgerichtet. Um grundsätzlich bei der Gewinnung und Bindung strategisch wichtiger Führungskräfte und Mitarbeiter entsprechend flexibel reagieren zu können, bietet sich die Gestaltung von **Vergütungsbandbreiten** an. Solche Bandbreiten sind in das unternehmens-weite Grading-System eingebettet und eröffnen die Möglichkeit, jeden Mitarbeiter entspre-chend bestimmter Merkmale (z. B. Alter, Erfahrung, Spezialkenntnisse) innerhalb einer Kar-rierestufe unterschiedlich zu vergüten. In Abbildung 5-22 ist ein Vergütungsbandbreiten-System modellhaft dargestellt. Jede Hierarchiestufe ist mit einem Vergütungsband belegt, dessen Grenzen maximal 25 Prozent vom jeweiligen Mittelwert abweichen können. Außer-dem liegt die durchschnittliche Vergütung jeder Hierarchiestufe jeweils 25 Prozent über der darunterliegenden Stufe. Ein derart gestaltetes Bandbreiten-System gestattet eine individuell gerechte Positionierung des Beraters in jedem Grade.

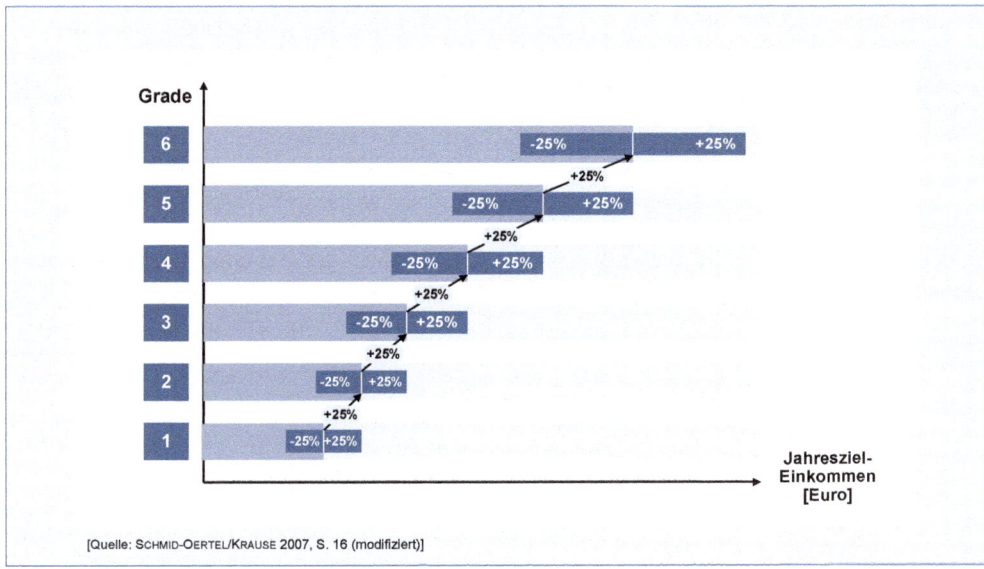

Abb. 5-22: Vergütungsbandbreiten

5.4.6 Leistungsgerechtigkeit und variable Vergütung

Der dritte Schritt der Gehaltsfindung zielt auf die **Leistungsgerechtigkeit** ab. Dieses Gerechtigkeitsprinzip wird vorzugsweise durch die Gestaltung *variabler Vergütungskomponenten* realisiert.

5.4.6.1 Bemessungsgrundlagen der variablen Vergütung

Als Bemessungsgrundlagen der variablen Vergütung können die *individuellen* Leistungen des Beraters und/oder die Leistungen des Unternehmens- bzw. eines Unternehmensbereichs (*kollektive* Leistung) herangezogen werden.

Die **individuelle Leistung** kann am Zielerreichungsgrad, am Potenzialabgleich sowie im Mitarbeitervergleich (Kalibrierung) gemessen werden, wobei die Ergebnisse der Personalbeurteilung (vgl. Hauptabschnitt 5.6) hierzu die Grundlage bilden. Besonders wichtig ist, dass die betroffenen Berater ihre Leistungen direkt beeinflussen können und diese auch messbar sind. Dies hat in der Praxis dazu geführt, dass vorzugsweise im Vertrieb die individuelle Leistung (z. B. der erzielte Auftragseingang (engl. *Bookings*)) als Bemessungsgrundlage für die variable Vergütung herangezogen wird. In Bereichen, in denen die Leistungen der Mitarbeiter und Führungskräfte nur begrenzt quantifiziert und nicht eindeutig zugeordnet werden können (z.B. in den zentralen Support-Bereichen), müssen quantifizierbare Hilfsgrößen herangezogen werden (z. B. die Attrition-Rate zur Bemessung der Leistungen des Personalmanagements). Andernfalls kann die Einführung einer leistungsbezogenen variablen Vergütung in bestimmten Bereichen zu Umsetzungs- und Akzeptanzproblemen führen.

Bestimmungsgrund für die **kollektive Leistung** ist zumeist die Jahresperformance (Gewinn, Umsatz, Deckungsbeitrag o. ä.) des Unternehmens bzw. relevanter Teilbereiche. Im Vergleich zur Messung der individuellen Leistung sind die Bestimmungsfaktoren der Unternehmensleistung i. d. R. deutlich einfacher zu quantifizieren.

5.4.6.2 Zusammensetzung der variablen Vergütung

In der Praxis haben sich im Wesentlichen drei Grundformen der Zusammensetzung der variablen Vergütungsbestandteile durchgesetzt (siehe Abbildung 5-23):

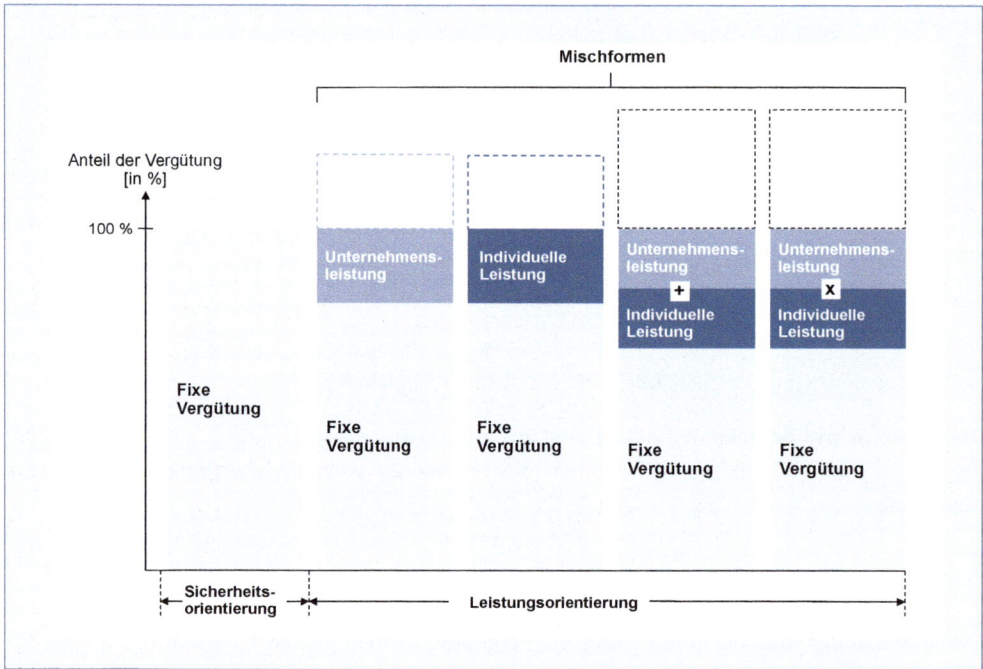

Abb. 5-23:   Ausgewählte Kombinationsmöglichkeiten von fixer und variabler Vergütung

- Der variable Anteil wird ausschließlich durch die Ergebnisse der **individuellen Leistung** bestimmt.

- Nur die **Leistung des Unternehmens** bzw. relevanter Unternehmensteile wird zur Bestimmung des variablen Anteils herangezogen.

- Es wird sowohl die individuelle Leistung als auch die Unternehmensperformance berücksichtigt. Bei dieser **Mischform** gibt es zwei Varianten, die sich auf die Verknüpfung der beiden variablen Gehaltsanteile beziehen. In der einen Variante werden der individuelle Anteil (auch als *individueller Faktor* (IF) bezeichnet) und der Unternehmensanteil (auch als Unternehmens- oder *Businessfaktor* (BF) bezeichnet) addiert. Bei der zweiten Variante wird der individuelle Faktor mit dem Businessfaktor multiplikativ miteinander verknüpft, so dass unter bestimmten Umständen (z. B. bei vollständiger Schlechtleistung des

Unternehmens oder des Mitarbeiters und damit BF=0 bzw. IF=0) kein variables Gehalt ausgezahlt wird.

Alle drei beschriebenen Varianten sollten eine Deckelung des variablen Anteils bei 200 Prozent vorsehen, d. h. selbst bei einer deutlichen Planüberfüllung des Unternehmens und des Mitarbeiters kann der auszuzahlende variable Anteil demnach das Zweifache seiner (100%-) Zielgröße nicht überschreiten. Auf diese Weise können exorbitant hohe Beratergehälter vermieden werden.

5.4.6.3 Zielarten variabler Vergütung

Im modernen Personalmanagement setzt sich zunehmend die Erkenntnis durch, dass Vergütungssysteme die Potenziale der Mitarbeiter und Führungskräfte nur dann optimal nutzen, wenn sie individualisiert sind [vgl. LOCHER 2002, S. 1]. Ein Ausdruck dieser Individualisierung sind ausdifferenzierte **Zielkataloge** für Berater, die aus mehreren Zielarten pro Grade bestehen. Damit wird den unterschiedlichen Anforderungen, den spezifischen Kenntnissen und Fähigkeiten sowie den individuellen Zielsetzungen der Berater Rechnung getragen. Ein modellhaftes Beispiel für die verschiedenen Zielarten in der Beratungsbranche liefert Abbildung 5-24. Danach werden jedem Grade sowohl Unternehmens- als auch persönliche Ziele zugeordnet. Je nach unternehmerischer Zielsetzung lassen sich die Ziele zusätzlich gewichten, wobei durchaus zu berücksichtigen ist, dass mathematische Scheingenauigkeiten den eigentlichen Nutzeffekt überlagern können.

Zielart	Bewertung	Grade (Karrierestufe)					
		6	5	4	3	2	1
Unternehmensziele	Ergebnisziele	●	●	●	●	●	●
Bereichsziele	Ergebnisziele	●	●	●	●	●	●
Strategische Ziele	Persönliche Ziele	●	●				
Verantwortetes Delivery-Volumen	Ergebnisziele	●	●	●			
Sales	Auftragseingang	●	●	●	●		
Delivery	Auslastung			●	●	●	●
Qualität Projekte	Persönliche Ziele			●	●	●	●
Innovation/Konzeption	Persönliche Ziele			●	●	●	●
Führungsverhalten	Persönliche Ziele			●	●		
Teamverhalten	Persönliche Ziele				●	●	●
Kundenverhalten	Persönliche Ziele				●	●	●
Persönliche Kompetenzentwicklung	Persönliche Ziele				●	●	●

[Quelle: PREEN 2009, S. 22]   ● Unternehmensziele   ● Individuelle Ziele

Abb. 5-24   Zielkatalog am Beispiel der Beratungsbranche

5.4.6.4 Praktiziertes Anreizsystem

Als Beispiel für ein praktiziertes Anreizsystem, das die drei Gerechtigkeitsprinzipien (Anforderungs-, Markt- und Leistungsgerechtigkeit) vollumfänglich umgesetzt hat, soll hier abschließend ein Vergütungsmodell vorgestellt werden, das das Beratungsunternehmen CAPGEMINI als *„Salary Split Model"* weltweit für seine strategischen Geschäftseinheiten *Consulting*, *Technology* und *Outsourcing* eingeführt hat (siehe Insert 5-20).

Insert

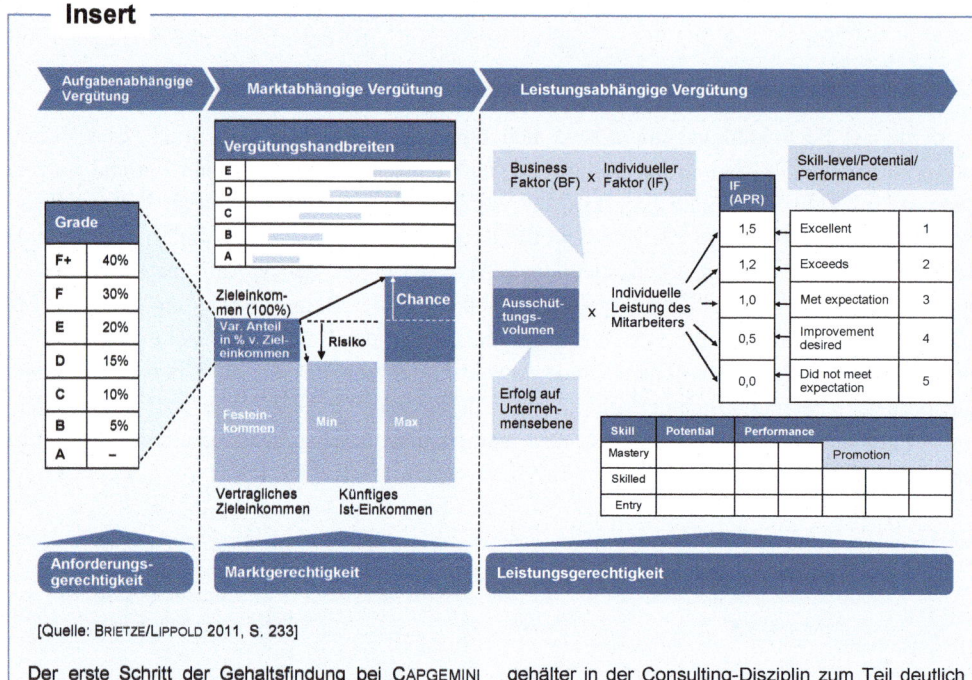

[Quelle: BRIETZE/LIPPOLD 2011, S. 233]

Der erste Schritt der Gehaltsfindung bei CAPGEMINI bezieht sich auf die **Anforderungsgerechtigkeit**. Der Anforderungsgrad der Position/Stelle bestimmt die Einstufung in das Grading-System und zugleich des relativen variablen Gehaltsanteil.

Der zweite Schritt bezieht sich auf die **Marktgerechtigkeit**. Die hierzu festgelegten Gehaltsbandbreiten sind an der Vergütungsstruktur der Branche und im internationalen Bereich an Kaufkraftkriterien ausgerichtet. Die Bandbreiten sind nicht nur den Hierarchiestufen zugeordnet, sondern sind zudem auch an den drei Disziplinen *Consulting*, *Technology* und *Outsourcing* ausgerichtet; d. h. jede Hierarchiestufe verfügt über drei unterschiedliche Bandbreiten. Dies ist auch deshalb erforderlich, weil die Durchschnitts-

gehälter in der Consulting-Disziplin zum Teil deutlich über denen der anderen Disziplinen liegen.

Der dritte Schritt der Gehaltsfindung zielt sowohl auf die kollektive als auch auf die individuelle **Leistungsgerechtigkeit** ab. Bestimmungsgrund für die kollektive Leistung ist die Jahresperformance (Gewinn, Umsatz) des Unternehmens bzw. relevanter Teilbereiche. Sie bestimmt als Business Faktor (BF) den ersten Teil des variablen Gehalts. Die individuelle Leistung wird am Zielerreichungsgrad, am Potential- abgleich sowie im Mitarbeitervergleich (Kalibrierung) gemessen und in einem individuellen Faktor (IF) ausgedrückt. Der individuelle Faktor bestimmt den zweiten Teil des variablen Gehaltsanteils. Beide Faktoren sind multiplikativ miteinander verknüpft.

Insert 5-22:   Praxisbeispiel für ein Anreiz- und Vergütungssystem

5.5 Personalführung – Optimierung der Wertschätzung

Das zweite wichtige Aktionsfeld im Personalbetreuungsprozess ist die *Personalführung*. Es hat die Optimierung der *Wertschätzung* zum Ziel (siehe Abbildung 5-26):

Wertschätzung = f (Personalführung) → optimieren!

Der Führungsbegriff wird häufig gleichgesetzt mit Management und Leitung. Verallgemeinert wird er anstelle von Unternehmensführung oder Mitarbeiterführung verwendet. Hier soll ausschließlich das Führen von Menschen durch Menschen diskutiert und dargestellt werden. Am geeignetsten (und kürzesten) erscheint deshalb die **Definition von Führung** durch VON ROSENSTIEL [2003, S. 4]:

„Führung ist zielbezogene Einflussnahme. Die Geführten sollen dazu bewegt werden, bestimmte Ziele, die sich meist aus den Zielen des Unternehmens ableiten, zu erreichen."

Die grundsätzlichen Aufgaben eines Managers sind es, ein Unternehmen bzw. eine Organisation zu leiten und die Menschen in diesem System zu führen. Der Bereich der Unternehmensführung beinhaltet dabei die „klassischen" sachbezogene Führungs-, Leitungs- und Verwaltungsaufgaben aus der Betriebswirtschaftslehre. Mitarbeiterführung ist dagegen die personenbezogene, verhaltenswissenschaftliche Komponente des Managements, die auch als **Personalführung** (engl. *Leadership*) bezeichnet wird [vgl. STAEHLE 1999, S. 72].

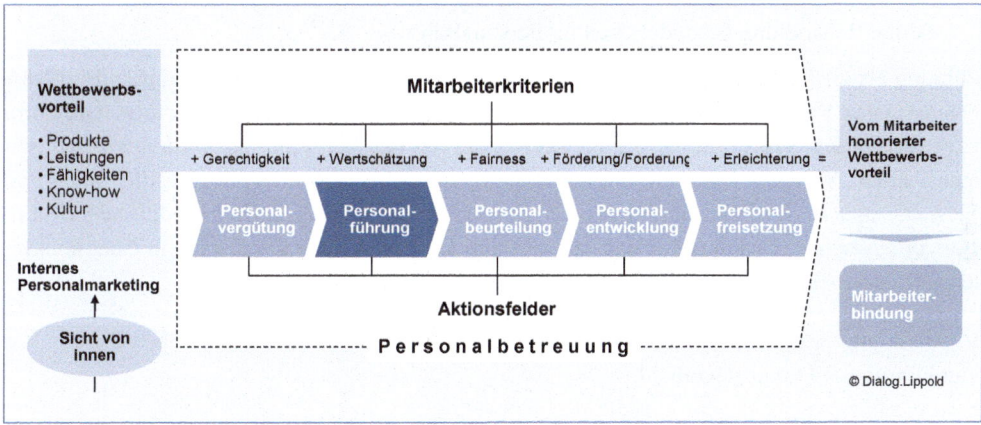

Abb. 5-25: Das Aktionsfeld Personalführung

Für viele Unternehmensberatungen kommt bei der Personalführung die Besonderheit hinzu, dass das Beratungsmanagement über seine Führungsfunktionen hinaus auch Projektaufgaben übernehmen und damit zugleich einen Teil seiner Kapazität fakturieren muss.

5.5.1 Bedeutung der Personalführung

In der Personalführung zeichnet sich in den letzten Jahren ein Paradigmenwechsel ab. Während bislang Mitarbeiter in erster Linie mit Aufgaben bzw. mit Aufträgen geführt wurden, orientieren sich Führungsentscheidungen heute mehr und mehr an den Ergebnissen. Mitarbeiter werden früh in die Planungs- und Entscheidungsprozesse ihrer Unternehmen eingebunden und bekommen Handlungsspielraum. Damit werden die Unternehmensziele zu Zielen der Mitarbeiter [vgl. SCHRÖDER 2002, S. 2].

Der damit angesprochene Trend zur **dezentralen Selbststeuerung** der Mitarbeiter trifft bei diesen auf einen fruchtbaren Boden. Zum einen sind viele Mitarbeiter heute beruflich qualifizierter als früher und deshalb in der Lage, dispositive Aufgaben im Sinne einer Ergebnisorientierung zu übernehmen. Zum anderen haben vor allem die Vertreter der jüngeren Generation eine andere Einstellung zu ihrem Beruf: Ein hohes Maß an Selbstständigkeit und Handlungsspielraum gehören zu ihren wichtigsten Motivationsfaktoren. Dementsprechend verlagern sich die Aufgaben der Führungskräfte im Wesentlichen in drei Richtungen [vgl. DOPPLER/LAUTERBURG 2005, S. 67 f.]:

- **Zukunftssicherung**, d. h. der Vorgesetzte muss die notwendigen Rahmenbedingungen hinsichtlich Infrastruktur und Ressourcen schaffen, damit die Mitarbeiter ihre Aufgaben auch in Zukunft selbständig, effektiv und effizient erfüllen können;

- **Menschenführung**, d. h. die Ausbildung und Betreuung der Mitarbeiter und die Unterstützung bei speziellen Problemen stehen hierbei ebenso im Vordergrund wie die Entwicklung leistungsfähiger Teams und das Führen mit Zielvereinbarungen;

- **Veränderungsmanagement** (engl. *Change Management*), d. h. Koordination von Tagesgeschäft und Projektarbeit, Steuerung des Personaleinsatzes, Bereinigung von Konfliktsituationen, Sicherstellen der internen und externen Kommunikation sowie die sorgfältige Behandlung besonders heikler Personalfälle.

Führung als zielbezogene Einflussnahme ist ein **Prozess**, dessen Umsetzung durch die Wahrnehmung von **Führungsaufgaben** (z. B. Zielvereinbarung, Delegation etc.) erfolgt. Die Form bzw. die Art und Weise, in der die Führungsaufgaben von den Führungskräften wahrgenommen werden, wird als **Führungsstil** (z. B. kooperativ) bezeichnet. Führungsstile sind somit *Verhaltensmuster* für Führungssituationen, in denen eine Führungskraft ihre Mitarbeiter führt. **Führungsverhalten** ist dagegen das *aktuelle* Verhalten einer Führungsperson in einer konkreten **Führungssituation** [vgl. BRÖCKERMANN 2007, S. 343].

In Abbildung 5-26 sind die Zusammenhänge zwischen Führungsprozess, Führungsaufgaben und Führungsstil veranschaulicht.

5.5.2 Führungsprozess

Im Rahmen des Personalführungsprozesses sind folgende Phasen angesprochen, die bei der Wahrnehmung der eigentlichen Führungsaufgaben immer wieder durchlaufen werden müssen [vgl. JUNG 2006, S. 441 ff.]:

- Zielsetzung (engl. *Target Setting*),
- Planung (engl. *Planning*),
- Entscheidung (engl. *Decision*),
- Realisierung (engl. *Realization*) und
- Kontrolle (engl. *Controlling*).

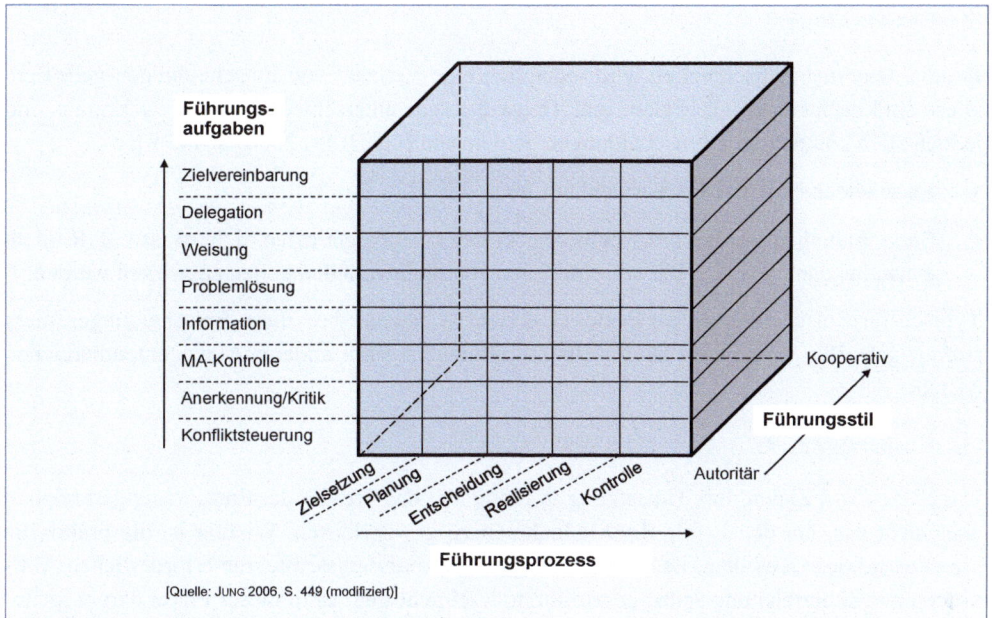

Abb. 5-26: Zusammenhang zwischen Führungsprozess, -aufgaben und -stil

(1) Zielsetzung

Der Mechanismus der Zielsetzung ermöglicht eine Fokussierung der Handlungsthemen, die zum Gegenstand konkreter Pläne gemacht werden sollen [vgl. STEINMANN/SCHREYÖGG 2005, S. 146]. Ziele erzeugen so etwas wie eine „Sogwirkung". Sie helfen Arbeitsabläufe, Arbeitsaufgaben sowie die Zusammenarbeit der Organisationseinheiten und der Mitarbeiter untereinander transparent zu machen.

Mitarbeiter wollen motiviert und wertgeschätzt werden. Freundlichkeit, Engagement, Identifikation, Motivation und Begeisterung lassen sich nicht verordnen. Man kann jedoch Spielregeln der Kooperation entwickeln, von denen alle Beteiligten profitieren und eine Art „Win-Win-Situation" erzeugen. Hierzu sind *Ziele* eine entscheidende Voraussetzung [vgl. EYER/HAUSSMANN 2005, S. 12].

(2) Planung

Die Planung gibt eine Orientierung dessen an, was zu tun ist, um die definierten Ziele zu erreichen. Sie befasst sich mit den Maßnahmen, Mitteln und Wegen zur Zielerreichung. Planung ist kein einmaliger, in sich abgeschlossener Akt, sondern ein rollierender Prozess. Unter den vielfältigen Aspekten der Planung, die sich durch eine starke Analysetätigkeit auszeichnet, soll hier lediglich der zeitliche Gesichtspunkt erwähnt werden. Während die **strategische Planung** den grundsätzlichen und damit zumeist längerfristigen Handlungsrahmen für zentrale Unternehmensentscheidungen vorgibt, zielt die **operative Planung** darauf ab, eine konkrete Orientierung für das Tagesgeschäft zu gewinnen [vgl. STEINMANN/SCHREYÖGG 2005, S. 163].

(3) Entscheidung

In allen Unternehmenseinheiten wird tagtäglich eine Vielzahl von Entscheidungen getroffen. Diese sind nach Inhalt, Häufigkeit und Tragweite sehr unterschiedlich. Zwei Merkmale sind jedoch allen komplexeren Entscheidungen gemeinsam [vgl. JUNG 2006, S. 445 f.]:

- Entscheiden bedeutet die Auswahl aus mehreren **Handlungsalternativen**.

- Entscheidungen werden unter dem Aspekt des **Risikos** getroffen, d. h. es ist i. d. R. nicht genau bekannt, wie sich die verschiedenen Handlungsmöglichkeiten auswirken werden.

Typisch für Entscheidungen im Personalbereich ist zudem, dass diese Entscheidungen nicht *isoliert* getroffen werden, da häufig ein Zusammenhang mit anderen Managementbereichen besteht.

(4) Realisierung

Das Setzen von Zielen, ihre Umsetzung in Pläne und das Treffen der Entscheidungen reichen aber nicht aus, um den Erfolg der Maßnahmen zu gewährleisten. Wichtig ist die praktische **Umsetzung** des Gewollten. Es ist nicht Aufgabe der Führungskräfte, die erforderlichen Aktivitäten zur Zielerreichung selbst auszuführen. Vielmehr geht es in dieser Phase darum, generelle organisatorische Regelungen zu treffen und durch Einwirken auf die Mitarbeiter (z. B. durch Veranlassen, Unterweisen bzw. Einweisen) dafür zu sorgen, dass der Plan umgesetzt wird [vgl. JUNG 2006, S. 446].

(5) Kontrolle

Erst durch eine Kontrolle der umgesetzten Maßnahmen ist es möglich, dass eine für die Regelung des Unternehmensgeschehens erforderliche **Rückkopplung** (engl. *Feedback*) stattfindet. Die Kontrollfunktion, die Soll-Größen der Planung mit den Ist-Größen der Realisierung vergleicht, gibt Auskunft über den Grad der Zielerreichung.

5.5.3 Führungsaufgaben

Die konkrete Anwendung des Führungsprozesses erfolgt durch die Wahrnehmung der Führungsaufgaben, wie z. B. Ziele und Zielvereinbarungen erarbeiten, Mitarbeiter auswählen, beurteilen und entwickeln, Projekte managen, Teams bilden, entwickeln und lenken. Im Zuge einer stärkeren Systematisierung können diese Führungsaufgaben unterteilt werden in die teilweise *formalisierten Sachaufgaben* wie Personalvergütung, Personalbeurteilung oder Personalentwicklung, die in diesem Buch jeweils in eigenen Abschnitten behandelt werden, und den mehr *situations- und personenbezogenen Aufgaben* wie [vgl. JUNG 2006, S. 449 ff.]

- Zielvereinbarung,
- Delegation und Weisung,
- Problemlösung,
- Information und Kontrolle,
- Anerkennung und Kritik sowie
- Konfliktsteuerung.

Grundsätzlich sind die Führungsaufgaben eingebettet in die übergelagerten Management-funktionen eines Unternehmens (Planung, Organisation, Personaleinsatz, Führung und Kon-trolle.

5.5.3.1 Zielvereinbarung

Die Zielvereinbarung ist ein besonderer Aspekt des Führungsmodells „Führen mit Zielen" (engl. *Management by Objectives – MbO*). In einem Zielvereinbarungsgespräch werden aus den Unternehmenszielen, den Zielvorstellungen des Vorgesetzten und des einzelnen Mitarbei-ters gemeinsame Mitarbeiterziele, deren Zielerreichungsgrad und Maßnahmen zur Zielerrei-chung vereinbart und schriftlich fixiert. Wichtig ist, dass die Zielvereinbarung nicht aus einem reinen Aufgabenkatalog besteht, sondern vielmehr konkrete Ziele und messbare Ergebnisse enthält. Damit gewinnt jenes Führungsverhalten an Bedeutung, das den (beteiligten) Mitarbei-ter in seiner komplexen und vernetzten Arbeitswelt am besten würdigt (wertschätzt) [vgl. LIP-POLD 2010, S. 21].

Der Vorteil einer Zielvereinbarung gegenüber einer reinen Zielvorgabe liegt darin, dass der aktiv beteiligte Mitarbeiter einen konkreten Orientierungsrahmen erhält und damit seine Iden-tifikation mit den Zielen seiner Tätigkeit erhöht wird. Nachteilig ist der zweifellos höhere Zeitaufwand [vgl. JUNG 2006, S. 450].

5.5.3.2 Delegation und Weisung

Um seine Führungsaufgaben erfüllen zu können, muss ein Vorgesetzter Tätigkeiten mit genau abgegrenzten Befugnissen (Kompetenzen) und Verantwortlichkeiten zur selbständigen Erle-digung an geeignete Mitarbeiter übertragen. Die Vorteile der **Delegation** sind im Wesentli-chen [vgl. JUNG 2006, S. 451; STOCK-HOMBURG 2008, S. 457]:

- Zeitersparnis und Entlastung der Führungskraft,
- Vergrößerung des Freiraums der Führungsperson für strategische Fragestellungen,
- Erfüllung der Mitarbeiterbedürfnisse nach Anerkennung und Selbstverwirklichung,
- Nutzung von Kenntnissen, Fähigkeiten und Erfahrungen der Mitarbeiter und
- Ausbau der Fähigkeiten potenzialstarker Mitarbeiter.

Demgegenüber stehen folgende Verhaltensweisen, die ein Delegieren erschweren [vgl. JUNG 2006, S. 451]:

- Geringes Zutrauen der Führungskraft in die Fähigkeiten seiner Mitarbeiter,
- Nichtanerkennung brauchbarer Vorschläge der Mitarbeiter und
- Scheuen des Erklärungsaufwands bei der Übertragung anspruchsvoller Aufgaben.

Um Mitarbeiter zu bestimmten Handlungen zu veranlassen, bedient sich die Führungskraft **Weisungen**. Diese sollten eindeutig, klar und vollständig sein. Typische Weisungsformen sind [vgl. JUNG 2006, S. 452]:

- **Der Befehl.** Diese Form der Weisung ist heutzutage in den wenigsten Fällen als Mittel zur Führung geeignet. Der Befehl schließt Mitdenken und Eigenverantwortlichkeit aus.

- **Die Anweisung.** Eine Anweisung ist dann erforderlich, wenn genau vorgeschrieben ist, wie eine Arbeit erledigt werden soll. Eine Anweisung wird zumeist schriftlich fixiert.

- **Der Auftrag.** Wesentlich zeitsparender als die Anweisung ist der Auftrag. Hierbei wird dem Mitarbeiter nur ein grober Rahmen vorgegeben, so dass es ihm weitgehend überlassen bleibt, wie und womit er den Auftrag ausführt.

5.5.3.3 Problemlösung

„Führung durch Anerkennung" ist eine häufig praktizierte Maxime, wenn es darum geht, Führungspositionen zu besetzen. Eine Führungskraft erwirbt sich vor allem dann bei ihren Mitarbeitern Anerkennung, wenn sie neben dem formalen Führungsverhalten auch entsprechende Problemlösungskompetenz nachweisen kann.

Dabei geht es manchmal gar nicht so sehr darum, dass die Führungskraft auftretende Probleme selber löst. Vielmehr muss sie in der Lage sein, Probleme rechtzeitig zu erkennen, ihre Ursachen zu analysieren, sie zu vermeiden bzw. Lösungswege aufzuzeigen, um gemeinsam mit den Mitarbeitern eine Problemlösung zu erarbeiten [vgl. JUNG 2006, S. 454].

5.5.3.4 Information und Kontrolle

Eine der wichtigsten Führungsaufgaben ist es, Mitarbeiter hinreichend mit **Informationen** zu versorgen, damit sie bereit und in der Lage sind, Mitverantwortung zu übernehmen. Ein gut informierter Mitarbeiter ist zugleich auch immer ein guter Mitarbeiter.

Grundsätzlich ist zu unterscheiden zwischen Informationen, die für die Aufgabenerfüllung erforderlich sind, und aufgabenunabhängigen, aber wünschenswerten Informationen. Die Auswertung vieler Mitarbeiterbefragungen zeigt, dass die Informationsversorgung zu den wichtigsten zu verbessernden Maßnahmen zählen. Fehlende, falsche, unzureichende oder missverständliche Informationen über den (wahren) Geschäftsverlauf oder die Kostensituation führen häufig zu Unverständnis für manch unternehmerische Entscheidung und heizen die „Gerüchteküche" an. Motivations- und Vertrauensverluste sind häufig die Folge. Gerade in prekären Situationen ist das Management gut beraten, offen, ehrlich und vertrauensvoll zu informieren, statt zu dementieren [vgl. auch JUNG 2006, S. 456].

Mit der Mitarbeiterkontrolle ist nicht die allgemeine Kontrollfunktion aus dem Führungsprozess (siehe 3.3.3) angesprochen. Hier geht es vielmehr um die Kontrolle der konkreten Umsetzung einer Aufgabe, die dem Mitarbeiter vom Vorgesetzten zugewiesen wurde. In der Regel handelt es sich bei der Mitarbeiterkontrolle um eine **Ergebniskontrolle**, d. h. es wird geprüft, mit welchem qualitativen oder quantitativen Ergebnis der Mitarbeiter die ihm übertragene Aufgabe durchgeführt hat. Eine solche Art der Kontrolle wird von den Mitarbeitern nicht nur hingenommen, sondern im Sinne einer Information und Bestätigung auch gewünscht. Ohne Kontrolle lassen sich Ziele nicht zuverlässig erreichen. Zu viel Kontrolle wird allerdings nicht nur als lästig empfunden, sondern viele Mitarbeiter sehen dahinter auch Misstrauen in ihre Fähigkeiten [vgl. JUNG 2006, S. 457 f.].

5.5.3.5 Anerkennung und Kritik

Das durch die Mitarbeiterkontrolle gegebene „Feedback" ist daneben auch für die Führungskraft eine gute Möglichkeit, dem Grundbedürfnis des Mitarbeiters nach **Anerkennung** nachzukommen. Anerkennung ist ein ganz entscheidender Motivationsfaktor – nicht nur im Arbeitsleben. Auf der anderen Seite ist der Vorgesetzte aber auch verpflichtet, die Schlechtleistung seines Mitarbeiters sachlich zu kritisieren, denn ohne Kritik und der daraus folgenden Einsicht ist keine Veränderung möglich [vgl. JUNG 2006, S. 459 ff.].

Damit der Mitarbeiter Fehler einsieht und bereit ist, sein Verhalten zukünftig zu verändern, sollten bei der negativen Kritik einige Regeln eingehalten werden [vgl. JUNG 2006, S. 461 f.]:

- Fehlerhaftes Verhalten sollte möglichst sofort angesprochen werden, da sonst Fehler zur Gewohnheit werden.

- Der Vorgesetzte sollte nicht persönlich werden, sondern ausschließlich die Sache kritisieren (konstruktive Kritik).

- Die Kritik sollte nur „unter vier Augen" ausgesprochen werden, da sonst die Gefahr des „Gesichtsverlusts" besteht.

- Kritik sollte nicht hinter dem Rücken des betroffenen Mitarbeiters ausgeübt werden.

5.5.3.6 Konfliktsteuerung

„Wo immer es menschliches Leben gibt, gibt es auch Konflikt" [DAHRENDORF 1975, S. 181]. Die Ursachen für Konflikte im Unternehmen können ebenso vielfältig sein wie ihre Gestaltungsformen. Nachteilig können Konflikte sein, wenn sie zur Instabilität führen und das Vertrauen erschüttern. Vorteilhaft sind Konflikte dann, wenn sie Energien und Kreativität freisetzen und zu gewünschten Veränderungen führen [vgl. JUNG 2006, S. 462 f.].

Neben Konflikten zwischen Personen sind in der betrieblichen Praxis vor allem Konflikte zwischen verschiedenen Gruppen (insbesondere Organisationseinheiten) anzutreffen. Konflikte zwischen Organisationseinheiten entstehen häufig nach Fusionen oder Unternehmensübernahmen und können sehr lange andauern. Konfliktursache ist hier das „Aufeinanderprallen" unterschiedlicher Unternehmenskulturen, d. h. Menschen mit unterschiedlichsten Kenntnissen, Fähigkeiten und Werthaltungen treffen aufeinander, so dass Konflikte immer wahrscheinlicher werden. Können solche Konflikte nicht bewältigt werden, führt dies zur Enttäuschung und Frustration bei den Betroffenen. Die Konfliktbewältigung nach Unternehmenszusammenschlüssen ist deshalb besonders wichtig, weil ansonsten die mit einer Fusion gewünschten Synergieeffekte zunichte gemacht werden können.

Es gehört zu den Aufgaben einer Führungskraft, Bedingungen zu schaffen, die zur Konfliktvermeidung beitragen oder eine entsprechende Lösung herbeiführen. Daher ist es wichtig, die Entstehung eines Konfliktes richtig „einordnen" zu können.

Folgende Konflikttypen können auftreten [vgl. SCHULER 2006, S. 626 f.]:

- **Bewertungskonflikt,** d. h. der Wert eines Ziels wird unterschiedlich bewertet;

- **Beurteilungskonflikt**, d. h. die Parteien sind sich über das Ziel einig, aber nicht über den Weg zur Zielerreichung;

- **Verteilungskonflikt**, d. h. die Parteien streiten über die Verteilung knapper Ressourcen (Anreize, Statussymbole, Aufgaben);

- **Beziehungskonflikt**, d. h. eine Partei fühlt sich durch die andere persönlich herabgesetzt oder zurückgewiesen.

In Gruppen kommt es vor allem dann zu Konflikten, wenn Verantwortlichkeiten und Entscheidungsbefugnisse nicht geklärt sind. Unkoordiniertes Handeln und auch Streit um die Verantwortung für das Scheitern, nachdem das Ziel nicht erreicht wurde, sind in solchen Fällen vorprogrammiert. In jedem Fall sollte die Führungskraft versuchen, einen Konflikt zu lösen und damit eine Eskalation zu vermeiden. Unterdrücken oder Akzeptieren von Konflikten sollte vermieden werden, da dies für eine gedeihliche Zusammenarbeit in Teams, Gruppen oder Abteilungen ungeeignet ist [vgl. KELLNER 2000, S.112 ff.].

5.5.4 Führungsansätze und -theorien

Die praktische Bedeutung, wie *Führungserfolg* erklärt und wie gute Führung erreicht werden kann, lässt sich allein an der Vielzahl von jährlich erscheinenden Führungsratgebern erkennen. Allerdings kann auch die Wissenschaft hierzu bislang keine generell gültige Führungstheorie und damit keine allgemein akzeptierte Sichtweise vorlegen. Es gibt weder *die* Führungskraft, noch *den* Führungsstil oder *die* Führungstheorie. Es ist – zumindest bis heute – nicht möglich, anhand eines Modells das Führungsverhalten allgemeingültig zu erklären.

Es lassen sich im Zeitablauf aber bestimmte Perspektiven in der Entwicklung von Führungstheorien erkennen, die Aussagen über die Bedeutung von Führungseigenschaften, Führungsverhaltensweisen und Führungssituationen im Hinblick auf den Erfolg von Führungskräften treffen. Kenntnisse über menschliche und zwischenmenschliche Prozesse sowie über die Mechanismen bestimmter Führungsansätze und -theorien erhöhen die Wahrscheinlichkeit, dass sich eine Führungskraft in einer bestimmten Situation richtig bzw. erfolgreich verhält. Solche Ansätze und Theorien aus verschiedenen Wissenschaften (vor allem der Psychologie und Soziologie) werden im Folgenden kurz vorgestellt.

Die Begriffe *Führungsansatz* und *Führungstheorie* werden in der Fachliteratur mit unterschiedlichen Bedeutungen belegt. Hier wird „Ansatz" als übergeordneter Begriff für Theorien und Modelle gewählt. Er beschreibt ein grundsätzliches Konzept, das den Theorien und Modellen innerhalb eines Ansatzes zugrunde liegt.

Im Kern kann zwischen drei verschiedenen *Strömungen* der Personalführungsforschung unterschieden werden [vgl. STOCK-HOMBURG 2008, S. 381 ff.]:

- **Eigenschaftsorientierte Führungsansätze** stellen die älteste dieser Strömungen dar. Sie gehen davon aus, dass herausragende menschliche Leistungen letztendlich die koordinierende Kraft angeborener oder erworbener *Persönlichkeitseigenschaften* zurückzuführen sind. In gleicher Weise wie die Eigenschaftstheorie die Persönlichkeitsmerkmale einer Führungskraft in den Mittelpunkt stellt, werden die Merkmale der Geführten und auch die jeweilige Führungssituation als eher nebensächlich angesehen [vgl. MACHARZI-NA/WOLF 2010, S. 573].

- **Verhaltensorientierte Führungsansätze**, die in der zeitlichen Entwicklung folgen, haben nicht die Persönlichkeitsmerkmale, sondern das *Verhalten* der Führungsperson im Fokus. Dabei wird unterstellt, dass der Erfolg einer Führungskraft von seinem Verhalten gegenüber den Mitarbeitern abhängt. Im Mittelpunkt der Verhaltenstheorien stehen die Führungsstile. Außerdem erlaubt die verhaltensorientierte Perspektive die Annahme, dass Führungsverhalten erlern- und trainierbar ist.

- **Situative Führungsansätze** schreiben den Erfolg einer Führungsperson vornehmlich ihrer *situativen Anpassungsfähigkeit* zu. Diese Ansätze gehen über die ausschließliche Betrachtung von Persönlichkeitsmerkmalen bzw. Verhaltensweisen hinaus, indem sie unterstellen, dass der erfolgreiche Einsatz bestimmter Merkmale bzw. Verhaltensweisen in Abhängigkeit von der jeweiligen Führungssituation variiert. Die situativen Führungstheorien haben sich bis heute unter den theoretisch-konzeptionellen Führungsforschungsansätzen am stärksten durchgesetzt.

Abbildung 5-27 liefert einen Überblick über die Schemata der drei Führungsansätze.

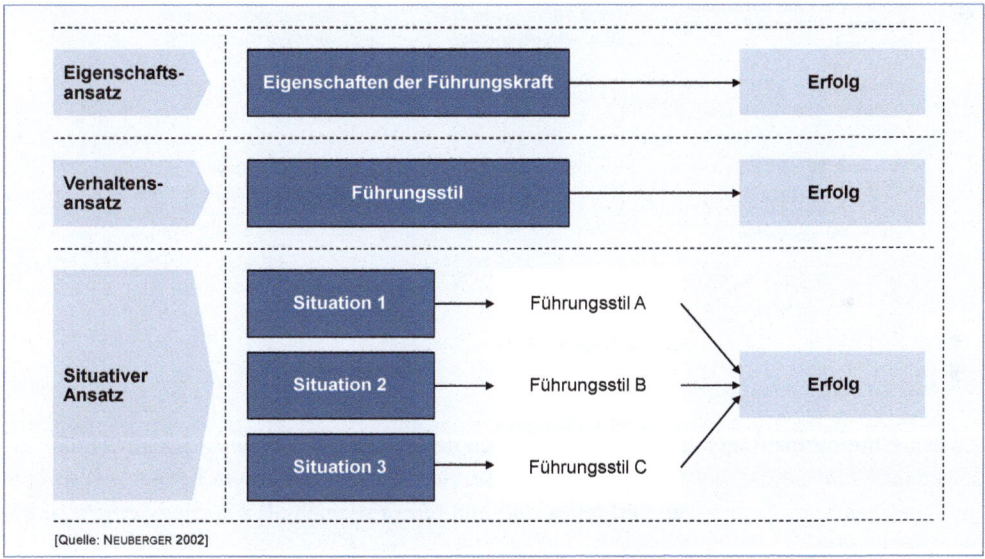

[Quelle: NEUBERGER 2002]

Abb. 5-27: Schema des eigenschafts-, des verhaltens- und des situativen Ansatzes

Eine weitere Unterteilung der verschiedenen Führungstheorien kann anhand der Anzahl der verwendeten *Kriterien* zur Beschreibung des Führungsverhaltens vorgenommen werden [vgl. BRÖCKERMANN 2007, S. 343 f.]:

- **Eindimensionale Führungsansätze** normieren das Führungsverhalten lediglich nach einem Kriterium, dem Entscheidungsspielraum der Führungskraft.

- **Zweidimensionale Führungsansätze** basieren in der Mehrzahl auf den Kriterien Beziehungsorientierung und Aufgabenorientierung zur Beschreibung des Führungsverhaltens.

- **Mehrdimensionale Führungsansätze** verwenden mehr als zwei Kriterien zur Beschreibung von Führungsstilen.

Abbildung 5-28 gibt einen Überblick über die gängigsten theoretisch-konzeptionellen Ansätze in der Personalführung.

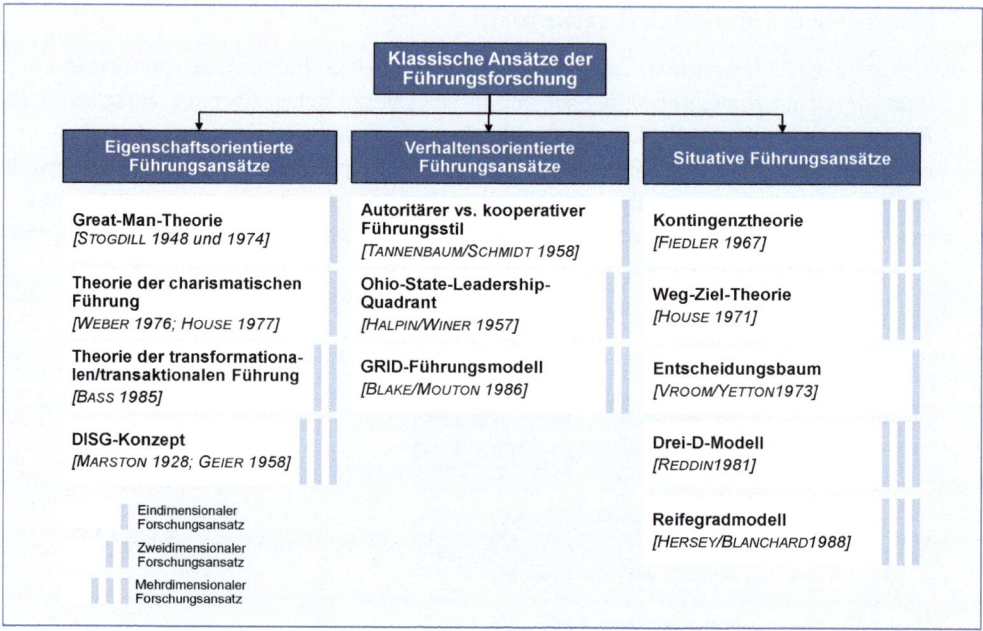

Abb. 5-28:   Theoretisch-konzeptionelle Ansätze der Personalführung

5.5.5 Führungsinstrumente

Zu den Führungsinstrumenten zählen die Formen der *Führungskommunikation* sowie die verschiedenen *Führungstechniken*, die unter der Bezeichnung „Management by ..." – Konzepte im deutschen Sprachraum weit verbreitet sind und teilweise auch als *Führungsprinzipien* bezeichnet werden.

5.5.5.1 Führungskommunikation

Die Kommunikation ist wohl das wichtigste Führungsinstrument. Führungskommunikation zielt darauf ab, den Informationsaustausch zwischen der Führungskraft und ihren Mitarbeitern zu verbessern. Im Gegensatz zur Mitarbeiterinformation (siehe 5.5.3.5), die nur in eine Richtung wirkt, ist die Kommunikation immer zweiseitig ausgerichtet. Gleichgültig, wie man sich in einer zwischenmenschlichen Situation verhält, ob man spricht oder sich abwendet, es wirkt auf den anderen ein und es findet eine Rückkopplung statt. Untersuchungen belegen, dass wir maßgeblich auch über die Körpersprache, also Gestik, Mimik, Körperhaltung und Bewegungen, sowie auch über Aussehen und Kleidung kommunizieren. Kommunikation ist also ein Verhalten, das anderen etwas mitteilt [vgl. JUNG 2006, S. 466; BRÖCKERMANN 2007, S. 365].

Manager müssen permanent kommunizieren, sei es mit Kollegen oder Mitarbeitern, mit wichtigen (Schlüssel-) Kunden (engl. *Key Accounts*), mit Aufsichtsgremien oder Analysten. Kurz gesagt: Kommunikation ist die Kernaufgabe des Managements [vgl. BUSS 2009, S. 246].

Kommunikation in Führungssituationen findet im Wesentlichen mündlich oder schriftlich statt. Zu den Gesprächen als Mittel der **mündlichen Kommunikation** zählen

- das **Mitarbeitergespräch** als Gespräch zwischen Führungskraft und Mitarbeiter unter vier Augen, um wichtige Entscheidungstatbestände oder bedeutsame Vorgänge im Arbeitsablauf zu erörtern und

- die **Besprechung** als Zusammenkunft mit mehreren Mitarbeitern gleichzeitig, um diese Personengruppe im Hinblick auf einen zu erreichenden Zustand zu überzeugen, zu aktivieren und zu motivieren [vgl. JUNG 2006, S. 478 ff.].

In der **schriftlichen Führungskommunikation** hat sich die **E-Mail** als nahezu einziges Kommunikationsmittel durchgesetzt. Ihre leichte Handhabung hat allerdings auch dazu geführt, dass sie zunehmend andere Kommunikationsformen verdrängt. Es ist zu beobachten, dass viele Manager dazu übergegangen sind, nahezu ausschließlich per E-Mail zu kommunizieren („Management by E-Mail"). Hier ist vor allem auch die richtige Dosierung der Informationsmenge angesprochen.

Besonders hinzuweisen ist auf die Unterscheidung zwischen formeller und informeller Kommunikation. Während die **formelle Kommunikation** dem Informations- und Gedankenaustausch hinsichtlich der Aufgabenerfüllung dient, ist die **informelle Kommunikation** an keine Regelung gebunden. Sie wird vornehmlich als Lückenbüßer für Mängel in der formellen Kommunikation benutzt und schlägt sich häufig in der sogenannten „Gerüchteküche" nieder [vgl. BRÖCKERMANN 2007, S. 364].

5.5.5.2 Führungstechniken

Eine weitere Gruppe von Führungsinstrumenten zielt auf die bessere *Koordination* des Verantwortungsbereichs einer Führungskraft ab. Die wichtigsten Führungstechniken (= Prinzipien) für die Koordination der Personalführung sind:

- Führen durch Ziele (engl. *Management by Objectives – MbO*)
- Führen durch Delegation (engl. *Management by Delegation*) und
- Führen durch Partizipation (engl. *Management by Participation*).

Management by Objectives. Das Führen durch Ziele bzw. **Zielvereinbarungen** ist das bekannteste Führungsprinzip. Auf die Bedeutung der Zielvereinbarung wurde bereits im Zusammenhang mit der Wahrnehmung von Führungsaufgaben eingegangen (vgl. Abschnitt 5.5.3).

Grundgedanke dieses Führungsprinzips ist die Frage: Wie stellt die Führungskraft sicher, dass der geführte Mitarbeiter das Richtige tut *(Effektivität)* und dass er es richtig tut *(Effizienz)*?

Voraussetzung beim MbO ist, dass die Mitarbeiter eine Vorstellung von dem haben, was von ihnen erwartet wird. Den Orientierungsrahmen geben Ziele vor, die in einer Zielvereinbarung festgelegt werden.

Beim MbO werden nicht bestimmte Aufgaben, die nach festgelegten Vorschriften zu erledigen sind, sondern grundsätzlich Ziele vorgegeben. Im Sinne einer besseren Umsetzungswahrscheinlichkeit werden die Ziele gemeinsam von Vorgesetzten und Mitarbeitern erarbeitet, nicht jedoch Regelungen darüber getroffen, wie diese Ziele zu erreichen sind. Insgesamt fordert das MbO einen eher kooperativen Führungsstil, da sich sowohl die Führungskraft als auch die Mitarbeiter den erarbeiteten Zielen verpflichtet fühlen sollten [vgl. JUNG 2006, S. 501; BRÖCKERMANN 2007, S. 330].

Ziele sollten bestimmten Anforderungen genügen, die im SMART-Prinzip verankert sind (siehe Unterabschnitt 4.4.2.1).

Management by Delegation. Der Grundgedanke des Führens durch Delegation ist die weitgehende Übertragung von Aufgaben, Entscheidungen und Verantwortung auf die Mitarbeiterebene. Die Notwendigkeit dieses Führungsprinzips ergibt sich aus der Überlegung, dass eine Führungsperson unmöglich alle Aufgaben selbst erledigen kann. Dies führt im schlimmsten Fall zum Erlahmen aller Prozesse im Verantwortungsbereich der Führungskraft [vgl. STOCK-HOMBURG 2006, S. 457].

Erfolgreiches Delegieren setzt voraus, dass

- die Aufgaben rechtzeitig an die Mitarbeiter übertragen werden, damit die Aufgabenerfüllung termingerecht sichergestellt werden kann,

- gleichzeitig Verantwortung und Kompetenzen übertragen werden, damit die Mitarbeiter auch über die zur Aufgabendurchführung evtl. benötigten Weisungskompetenzen verfügen,

- die Aufgabenstellung eindeutig und klar formuliert ist und damit Unsicherheiten bei der Aufgabenerfüllung vermieden werden sowie

- alle erforderlichen Informationen bereitgestellt werden, damit die Aufgabenerfüllung vollumfänglich erfolgen kann [vgl. STOCK- HOMBURG 2013, S. 546 ff.].

Management by Participation. Ein weiteres Führungsinstrument zur besseren Koordination des Verantwortungsbereichs einer Führungskraft ist die Einbindung von Mitarbeitern in den Entscheidungsprozess. Sie dient in erster Linie dazu, weitere Perspektiven der Aufgabenerfüllung zu berücksichtigen sowie die Motivation der Mitarbeiter bei der Umsetzung der Entscheidungen zu erhöhen [vgl. STOCK-HOMBURG 2013, S. 548].

Um diese Vorteile der Partizipation zu gewährleisten, sollten folgende Rahmenbedingungen vorliegen [vgl. STAEHLE 1999, S. 536; STOCK-HOMBURG 2013, S. 550]:

- Die Mitarbeiter haben in Bezug auf die Aufgabenstellung gleiche Ziele.

- Die Mitarbeiter sind aufgrund ihrer Kenntnisse und Erfahrungen in der Lage, zur Entscheidungsfindung beizutragen.

- Die Mitarbeiter haben ein hohes Maß an Eigenständigkeit und Selbstbestimmung.

Alle drei aufgeführten Führungsprinzipien sind nicht isoliert zu betrachten, d. h. sie schließen sich nicht gegenseitig aus. Dies zeigt sich besonders am Führungsprinzip *Management by Objectives*, das eine Zusammenarbeit und Partizipation (bei der Zielvereinbarung) sowie eine Delegation (bei der Aufgabenerfüllung) bewusst vorsieht.

Darüber hinaus gibt es noch eine Reihe anderer, weitgehend selbsterklärender Führungsprinzipien wie

- Führung durch Eingriff in Ausnahmefällen (engl. *Management by Exception – MbE*),
- Management durch Systemsteuerung (engl. *Management by Systems – MbS*),
- Management durch Motivation (engl. *Management by Motivation – MbM*) und
- Management by Walking Around.

Gerade das **Management by Walking Around**, bei dem der häufige direkte Kontakt zwischen der Führungskraft und ihren Mitarbeitern im Vordergrund steht, wird aufgrund der hohen Zeitbelastung des Managements zunehmend vernachlässigt. Dabei zählt dieses Führungsprinzip zu den effektivsten überhaupt, um Mitarbeiter zu guten Leistungen zu motivieren und damit zu den gewünschten Ergebnissen zu kommen.

5.6   Personalbeurteilung – Optimierung der Fairness

Die Personalbeurteilung setzt als drittes Aktionsfeld in der Personalbetreuungsprozesskette auf den beiden Säulen *Leistungsbeurteilung* und *Potenzialbeurteilung* auf (siehe Abbildung 5-29). Eine jederzeit *faire* Beurteilung ist das Kriterium. Das Aktionsfeld *Personalbeurteilung* ist also auf die Optimierung der *Fairness* ausgerichtet:

Fairness = f (Personalbeurteilung) → optimieren!

Aufgabe und Zielsetzung der Personalbeurteilung ist es, Personalentlohnung, -entwicklung und -einsatz zu objektivieren. Durch eine Beurteilung können die unterschiedlichen Potenziale der Mitarbeiter besser genutzt und aufeinander abgestimmt werden. Schwachstellen innerhalb der Organisation sollen auf diesem Wege aufgedeckt und behoben werden [vgl. KIEFER/KNEBEL 2004, S. 24 ff.].

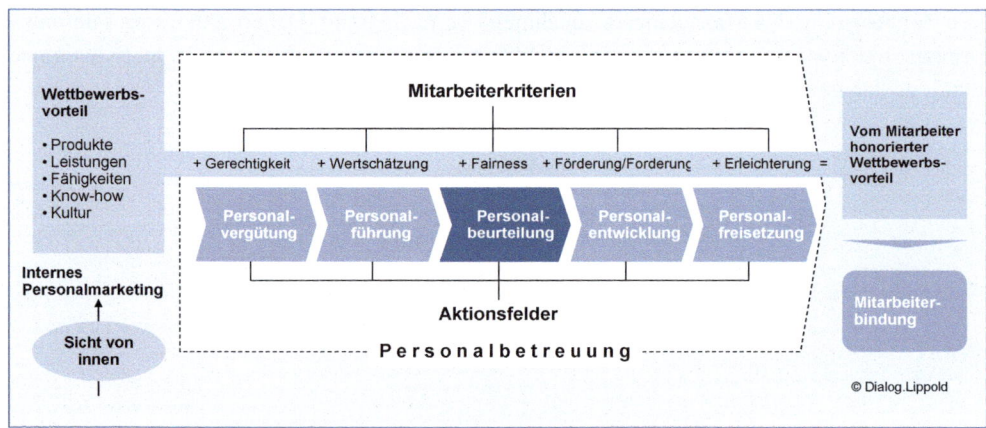

Abb. 5-29:   Das Aktionsfeld Personalbeurteilung

Durch die systematische Auswertung einer Vielzahl von Beobachtungen und Beurteilungen im Unternehmen lassen sich Erkenntnisse sammeln, die für die verschiedensten Entscheidungen des Personalmanagements erforderlich sind [vgl. JUNG 2006, S. 743 ff.; STEINMANN/SCHREYÖGG 2005, S. 794]:

- Durch die Bereitstellung von Daten über die Leistungen der Mitarbeiter kann ein **leistungsgerechtes Entgelt** ermittelt werden.

- Durch die periodische Beurteilung stehen aktuelle Daten zur Personalstruktur zur Verfügung, die im Rahmen der **Personaleinsatzplanung** verwendet werden können.

- Die Personalbeurteilung liefert relevante Informationen zur Bestimmung des **Fort- und Weiterbildungsbedarfs**.

- Die systematische Personalbeurteilung kann als Instrument zur **Unterstützung des Führungsprozesses** dienen.

- Die Leistungs- und Potenzialbeurteilung (inkl. Beurteilungsfeedback) erhöht die **Motivation und Förderung der individuellen Entwicklung** der Mitarbeiter.

- Hinzu kommt noch die **Informationsfunktion für die Mitarbeiter**, denn nach § 82 II BetrVG können Arbeitnehmer verlangen, dass mit ihnen die Leistungsbeurteilung und die Möglichkeiten der weiteren beruflichen Entwicklung im Unternehmen erörtert werden.

Damit wird deutlich, dass das Aktionsfeld *Personalbeurteilung* eine gewisse Querschnitts-funktion darstellt. So werden die Ergebnisse der Personalbeurteilung zugleich auch für die *Personalgewinnung* (Personalbedarfsplanung, interne Personalbeschaffung) sowie in den Aktionsfeldern *Personalentwicklung*, *Personalfreisetzung*, *Personalvergütung* und *Personal-führung* verwendet.

Die **Anlässe** für die Durchführung einer Personalbeurteilung sind vielfältig. Beurteilungen können u. a. erstellt werden

- bei Jahres-/Halbjahresbeurteilungen,
- nach Ablauf der Probezeit,
- beim Wechsel des Vorgesetzten,
- bei Versetzung sowie
- bei Beendigung des Arbeitsverhältnisses.

Im Rahmen dieser Darstellung soll lediglich auf den (periodischen) Aspekt der Jahres- bzw. Halbjahresbeurteilung eingegangen werden.

5.6.1 Beteiligte und Formen der Personalbeurteilung

Die häufigste Form der Personalbeurteilung ist die **Mitarbeiterbeurteilung**. In der Regel ist der Beurteilende der direkte Vorgesetzte des Beurteilten. Da das aktuelle Arbeitsverhalten Gegenstand der Beurteilung ist, hat i. d. R. nur dieser ausreichende Beurteilungsinformatio-nen. Bei mehreren Vorgesetzten (z. B. in einer Matrixorganisation) kann eine gemeinsame Beurteilung in Betracht gezogen werden. Im Rahmen von Assessments für bestimmte Positi-onen kann aber auch ein **Review-Team** die Rolle des Beurteilenden einnehmen. Ein solches Review-Team besteht aus Mitarbeitern bzw. Führungskräften, die mindestens eine Hierar-chiestufe über der zu beurteilenden Person angesiedelt sind. Zeitweise werden Review-Teams auch aus externen Beratern gebildet, um so ein höheres Maß an Neutralität und Objektivität zu gewährleisten. Neben der Mitarbeiterbeurteilung existieren weitere Formen der Personal-beurteilung:

- **Vorgesetztenbeurteilungen** sind Verfahren, bei denen Mitarbeiter das Arbeits- und Füh-rungsverhalten sowie die Fähigkeiten und Kenntnisse ihrer direkten Vorgesetzten nach qualitativen Beurteilungskriterien bewerten. Vorgesetztenbeurteilungen können konkrete Hinweise auf notwendige bzw. aus Sicht des Mitarbeiters wünschenswerte Änderungen des Führungsverhaltens geben [vgl. BRÖCKERMANN 2007, S. 224].

- Die **Selbstbeurteilung** wird häufig in Zusammenhang mit der Zeugniserstellung durch-geführt. Der betroffene Mitarbeiter wird gebeten, sein Arbeitszeugnis vorzuformulieren. Die Erstellung eines *Arbeitszeugnisses* ist bei Ausscheiden des betroffenen Mitarbeiters obligatorisch. Sie wird aber auch regelmäßig bei einem *Vorgesetztenwechsel* oder bei *Versetzungen* vorgenommen. Wichtig ist in diesem Zusammenhang die sogenannte

Zeugnissprache, deren Formulierung an bestimmte Kriterien gebunden ist [zu Formulierungsbeispielen und deren Bedeutung siehe JUNG 2006, S. 792f. und 796 ff.].

- Weniger häufig wird die **Kollegenbeurteilung** praktiziert. Die Beurteilung erfolgt entweder in Beurteilungskonferenzen oder jeder Einzelne gibt seine Beurteilung beim Vorgesetzten ab.

- Manche Unternehmen setzen zur Beurteilung ihrer Mitarbeiter und Führungskräfte auch die Expertise von **Externen** ein. Diese Gruppe von Beurteilenden setzt sich zumeist aus Beratern zusammen, die sich auf Beurteilungsverfahren spezialisiert haben. Die Ergebnisse ermöglichen im Branchenvergleich ein objektives und neutrales Bild der Beurteilungszielgruppe.

- Eine besondere Form der Beurteilung ist das **360^0-Feedback**, das eine anonyme Beurteilung des Mitarbeiters von verschiedenen Seiten vorsieht. Im Normalfall wird die 360^0-Beurteilung von Führungskräften, Mitarbeitern und Kollegen vorgenommen. Es können aber auch zusätzlich die Beurteilungen von Kunden, Lieferanten oder Dienstleistern in den Beurteilungsprozess einbezogen werden [vgl. SCHOLZ 2011, S. 391].

5.6.2 Beurteilungsfehler

Grundsätzlich sollten alle Beurteilende über Kenntnisse und Erfahrungen in der Personalbeurteilung verfügen. Dadurch lassen sich Beurteilungsfehler zwar nicht vollständig vermeiden, jedoch erheblich reduzieren. Jeder Beurteilende unterliegt einer Reihe von subjektiven Einflüssen, die dazu führen, bestimmte Aspekte stärker oder verfremdet zu sehen und andere eher auszublenden. Diese Wahrnehmungsverzerrungen werden durch *intrapersonelle, interpersonelle* und *sonstige* Einflüsse hervorgerufen (siehe Abbildung 5-30).

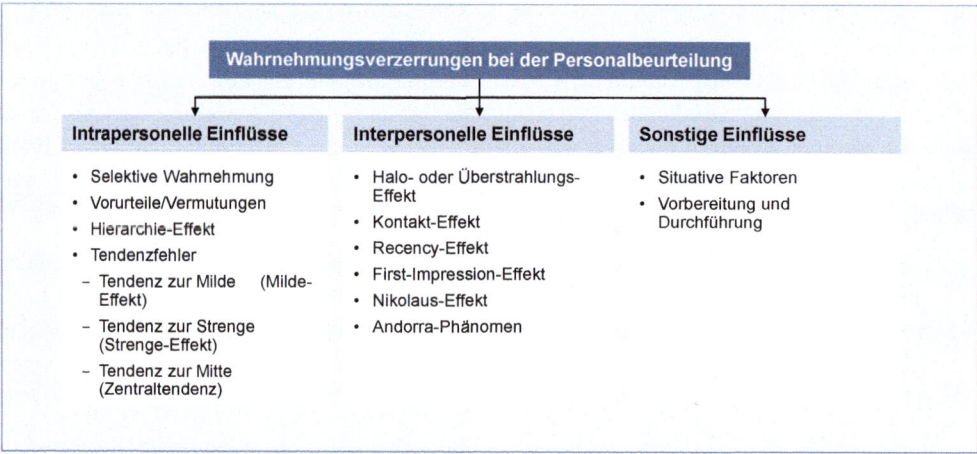

Abb. 5-30:   Wahrnehmungsverzerrungen bei der Personalbeurteilung

5.6.2.1 Intrapersonelle Einflüsse

Intrapersonelle Einflüsse lassen sich unmittelbar auf den Beurteilenden zurückführen bzw. liegen in der Persönlichkeitsstruktur des Beurteilenden begründet. Hierzu zählt zunächst die **selektive Wahrnehmung**, bei der der Betreffende aus einer Vielzahl von Informationen nur einen kleinen Ausschnitt bewusst oder unbewusst auswählt und diese zur Grundlage seines Urteils macht. **Vorurteile und Vermutungen** beruhen auf positiven oder negativen Erfahrungen, die der Beurteilende mit ähnlichen Personen gemacht hat. Sie überdecken die tatsächlichen Fakten und Zusammenhänge. Der **Hierarchieeffekt** liegt dann vor, wenn die Beurteilung umso besser ausfällt, je höher die hierarchische Position des Beurteilten ist [vgl. STEINMANN/SCHREYÖGG 2005, S. 799].

Beurteiler können durch die **Projektion ihres persönlichen Wertesystems** zu einer Fehleinschätzung gelangen. In diesem Fall übertragen sie Vorstellungen und Erwartungen, die sie bei sich selbst wahrnehmen, unreflektiert auf andere.

Zu den intrapersonellen Einflüssen zählen schließlich noch **Tendenzfehler**, die aus den unterschiedlichen Beurteilungsgewohnheiten des Beurteilenden resultieren:

- Bei der **Tendenz zur Milde** *(Milde-Effekt)* neigt der Beurteilende dazu, generell keine negativen Aussagen über die Beurteilten zu machen. Der Milde-Effekt tritt empirischen Untersuchungen zur Folge dann verstärkt auf, wenn die Beurteilung für Beförderungszwecke durchgeführt wird [vgl. STEINMANN/SCHREYÖGG 2005, S. 799].

- Im Gegensatz dazu steht die **Tendenz zur Strenge** *(Strenge-Effekt)*, bei der der Beurteilende aufgrund seines sehr hohen individuellen Anspruchsniveaus gute oder sehr gute Leistungen als normal ansieht.

- Eine **Tendenz zur Mitte** *(Zentraltendenz)* liegt dann vor, wenn bei der Beurteilung einer Person positive und negative Extremurteile vermieden werden. Der vorsichtige Beurteilende nimmt eine Maßstabsverschiebung derart vor, dass er überproportional häufig mittlere Urteilswerte über seine Mitarbeiter abgibt.

5.6.2.2 Interpersonelle Einflüsse

Interpersonelle Einflüsse liegen in der Beziehung zwischen den Beteiligten der Personalbeurteilung begründet und können ebenfalls zu Wahrnehmungsverzerrungen führen. Diese Einflüsse können sich als Sympathie oder Antipathie bemerkbar machen [vgl. JUNG 2006, S. 764 f.].

- Bedeutsam ist der sogenannte **Halo- oder Überstrahlungseffekt**, bei dem die beurteilende Person von einer prägnanten Eigenschaft bzw. einem spezifischen Verhalten auf andere Merkmale des Beurteilten schließt.

- Der **Kontakt-Effekt** besagt, dass die Beurteilung eines Mitarbeiters umso besser ausfällt, je häufiger er Kontakt mit dem Beurteilenden hat.

- Der **Recency-Effekt** drückt aus, dass der Beurteilende bei der Bewertung speziell auf Ereignisse, die erst kürzlich stattgefunden haben, abzielt.

- Der **First-Impression-Effekt** drückt aus, dass die in einer Beurteilungsperiode zuerst erhaltenen Informationen bzw. Eindrücke auf den Beurteilenden größere Wirkung erzielen als später erhaltene und von daher unbewusst bei der Bewertung übergewichtet werden.

- Der **Nikolaus-Effekt** geht davon aus, dass der Beurteilte seine Leistung im Hinblick auf den Beurteilungszeitpunkt sukzessiv steigert.

- Das **Andorra-Phänomen**, das nach einem Schauspiel von MAX FRISCH benannt ist, geht von einer gegenseitigen Einflussnahme dahingehend aus, dass der Beurteilte in die Rolle schlüpft, die sein Gegenüber (also der Beurteilende) von ihm erwartet.

Zu den **sonstigen Einflüssen**, die beim Personalbeurteilungsprozess zu Fehleinschätzungen führen können, zählen situative Einflüsse und Fehler bei der Vorbereitung und Durchführung einer Beurteilung. **Situative Einflüsse** gehen auf die besondere Situation einer Prüfung und die augenblickliche Rolle der Beteiligten zurück. Unzureichende Erfahrung der Beurteilenden bei der **Vorbereitung und Durchführung** sowie unbestimmte Beurteilungskriterien führen zu weiteren Beurteilungsfehlern.

5.6.3 Kriterien der Personalbeurteilung

Zu den vorbereitenden Maßnahmen einer Personalbeurteilung gehört die Auswahl und Festlegung der Beurteilungskriterien. Unter der Vielzahl der zur Verfügung stehenden Beurteilungskriterien lassen sich folgende Hauptgruppen einteilen (siehe Abbildung 5-31):

- Systematisierung nach den Bezugsgrößen,
- Systematisierung nach dem zeitlichen Horizont und
- Systematisierung nach dem Grad der Quantifizierung.

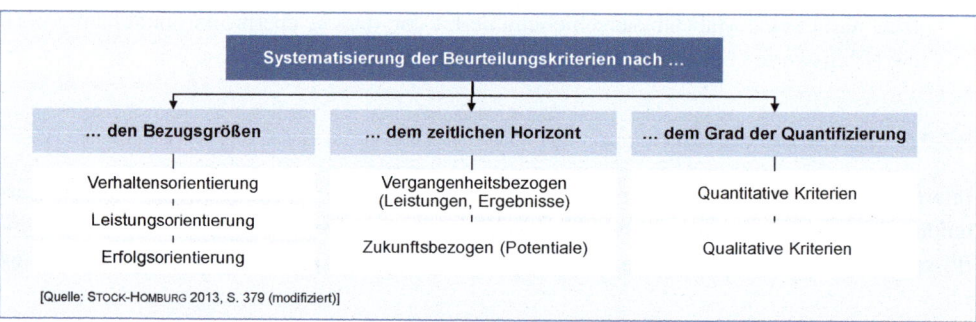

Abb. 5-31: Systematisierung von Kriterien der Personalbeurteilung

5.6.3.1 Systematisierung nach den Bezugsgrößen

Bei diesem Systematisierungsansatz geht es um die drei Beurteilungsgegenstände Arbeits*verhalten*, Arbeits*leistung* und Arbeits*ergebnis* (siehe Abbildung 5-32).

- Im Mittelpunkt des **verhaltensorientierten Ansatzes** steht die Beurteilung der Persönlichkeit des Mitarbeiters. Es interessieren vor allem die Input-Eigenschaften des Mitarbeiters wie Loyalität, Dominanz, Intelligenz und Kreativität [vgl. STEINMANN/SCHREYÖGG 2005, S. 796].

- Der **leistungsorientierte Ansatz** stellt den Tätigkeitsvollzug, also die Arbeitsleistung des Mitarbeiters in den Mittelpunkt der Beurteilung. Beurteilt wird also nicht die Persönlichkeit, sondern das im Transformationsprozess konkret beobachtete Leistungsvermögen des Mitarbeiters.

- Beim **ergebnisorientierten Ansatz** zählt weder die Persönlichkeit noch das Leistungsvermögen eines Mitarbeiters, entscheidend ist vielmehr das tatsächlich erreichte Ergebnis, d. h. der Output des Transformationsprozesses. Insbesondere das Entscheidungsverhalten von Führungskräften wird heutzutage ausschließlich am erzielten Ergebnis gemessen.

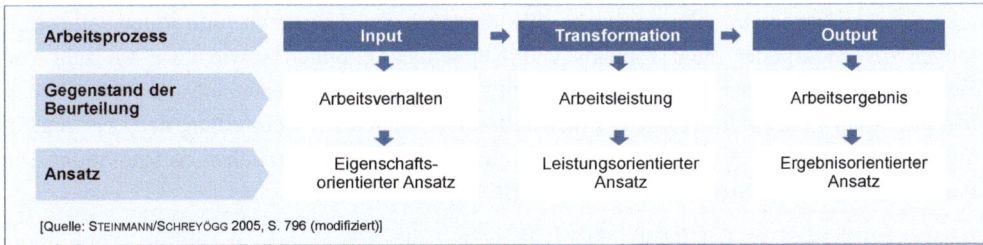

Abb. 5-32: Systematisierungsansätze nach Bezugsgrößen

5.6.3.2 Systematisierung nach dem zeitlichen Horizont

Bei diesem Systematisierungsansatz geht es um die Frage, ob Mitarbeiter bzw. Führungskräfte mehr an der erreichten Leistung (Ergebnis, Output) oder mehr an ihrem Leistungsvermögen (Potenzial) gemessen werden sollten.

- Die **Leistungs- bzw. Ergebnisbeurteilung** ist vergangenheitsbezogen und berücksichtigt den „Output" des Mitarbeiters. Das Leistungsergebnis, also das Ausmaß der Erreichung der vorgegebenen Ziele, wird bei diesem Verfahren erfasst und bewertet. Sie ist maßgebend bei der Bewertung der Zielerreichung und damit zugleich das entscheidende Kriterium für eine gerechte, differenzierte Vergütung [vgl. JUNG 2006, S. 738].

- Die **Potenzialbeurteilung** ist eher zukunftsbezogen und bewertet Qualifikation und Eignung des Mitarbeiters. In die Beurteilung geht vor allem der erwartete zukünftige Beitrag von Führungskräften bzw. Mitarbeitern zur Erreichung der Unternehmensziele ein [vgl. STOCK-HOMBURG 2008, S. 309].

Werden beide Kriterien miteinander kombiniert, so ergibt sich – wie in Abbildung 5-33 dargestellt – eine **Leistungs-Potenzial-Matrix** (engl. *Performance-Potential-Matrix*). In dieser Portfolio-Matrix werden Mitarbeiter bzw. Führungskräfte entsprechend ihrer Leistungsergebnisse und ihrer Potenziale positioniert.

Besondere Aufmerksamkeit sollte das Personalmanagement den „*Solid Performers*" und den „*Promotable Performers*" widmen. Bei diesen Personengruppen besteht offensichtlich der größte Personalentwicklungsbedarf. Die „*Solid Performers*" erbringen zwar eine gute Leistung im Hinblick auf die an sie gestellten Anforderungen; sie verfügen aber über keine hohe Entwicklungsfähigkeit. „*Promotable Performers*" verfügen über ein hohes Entwicklungspotenzial, das aber durch das bisherige Aufgabengebiet nicht ausgeschöpft wird.

Durch geeignete Entwicklungsmaßnahmen, die einerseits den Bindungswillen erhöhen und andererseits Karrieremöglichkeiten aufzeigen, ließen sich beide Personengruppen entsprechend motivieren. Insgesamt ermöglicht die Leistungs-Potenzial-Matrix eine Analyse der Ist-Situation über die Leistungs- und Potenzialträger im Unternehmen. Vorhandene und zukünftig zu erwartende quantitative und qualitative Ungleichgewichte in der Mitarbeiterstruktur lassen sich auf diese Weise aufzeigen [vgl. KOSUB 2009, S. 112].

Die oben beschriebene Matrix ist auch gleichzeitig Teil umfassender **Performance-Measurement-Systeme**, die zwischenzeitlich Einzug in viele, vor allem größere Unternehmen gehalten haben. In solche Systeme fließen neben den Leistungs- und Potenzialbeurteilungen der Mitarbeiter auch Projekt- und Kundenbeurteilungen sowie eine Vielzahl von Kennziffern (z. B. über Fluktuation, Mitarbeiter- und Kundenzufriedenheit u. ä.) ein. Sie dienen neben der Performance-Messung von Mitarbeitern auch zur Beurteilung der Leistungsfähigkeit von Abteilungen und Unternehmensbereichen [zur grundsätzlichen Ausgestaltung von Performance-Measurement-Systemen siehe GRÜNING 2002].

Als zentrales Element der Personalbeurteilung gilt die **Jahresendbeurteilung** (engl. *Year-End-Review*). Sie ist in vielen Unternehmen Grundlage für die Bestimmung der Höhe des variablen Gehaltsanteils, für evtl. Vergütungserhöhungen sowie für Beförderungen (engl. *Promotions*) im Rahmen des Grading-Systems.

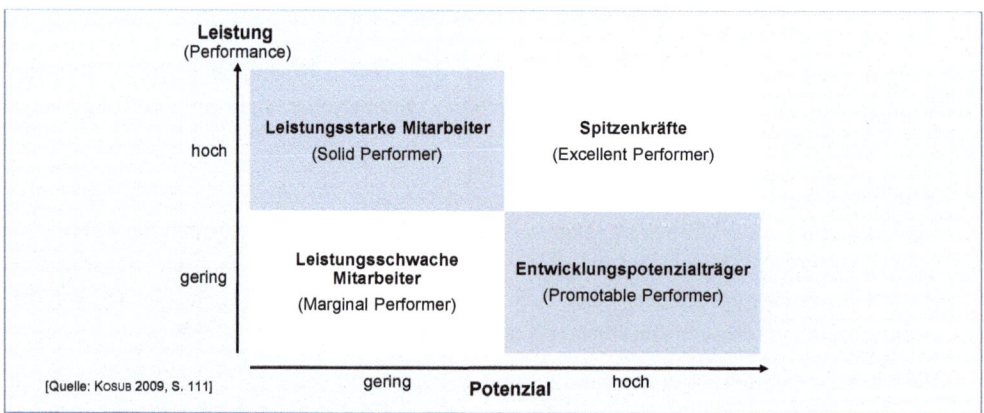

Abb. 5-33:   Leistungs-Potenzial-Matrix

Als **Praxisbeispiel** soll hier die Vorgehensweise und Struktur des *Year-End-Reviews* des Beratungsunternehmens CAPGEMINI angeführt werden. Neben der Performance- und der Potenzialbeurteilung als Soll-Ist-Vergleich wird bei diesem Year-End-Review mit dem sogenannten *Skill-Level*, das die Verweildauer des Mitarbeiters auf einer Karrierestufe (engl. *Time in*

Grade) kennzeichnet, noch eine weitere Dimension in der Beurteilungssystematik berücksichtigt. Insert 5-23 gibt einen Überblick über die Funktionsweise dieses Praxisbeispiels mit der Skill-Level/Potential/Performance-Matrix als zentrales Darstellungsmittel.

Insert

Skill-Level	Potential	Performance				
		Low		Normal	High	
		Did not meet expectations	Improvement desired	Met expectations	Exceeds	Excellent
Mastery	High potential			Promotion possible	Lehmann	
	Steady growth	Müller		Schulze	Jansen	
	Steady		Meier Krause	Neumann	Becker	Schmidt
	At risk					
Skilled	High potential			Fischer	Wagner	
	Steady growth		Becker	Baumann		
	Steady			Weber Koch		
	At risk		Schneider			
Entry	High potential					
	Steady growth			Bauer		
	Steady					
	At risk					

[Quelle: Lippold 2010, S. 23]

Grundlage für den **Jahresendprozess** (engl. *Year End Review*) ist die *Zielvereinbarung*, die Anfang eines jeden Geschäftsjahres zwischen Mitarbeitern und Vorgesetzten verabschiedet wird. Sie orientiert sich an den vorgegebenen Standardzielen pro Grade (Karrierestufe). Diesen Standardzielen liegen – neben individuellen Zielen wie Auslastung, Sales-Beitrag, Delivery-Volumen etc. – vier Verhaltensdimensionen zu Grunde:

- Managementverhalten,
- Führungsverhalten,
- Teamverhalten und
- kundenorientiertes Verhalten.

Die Führungskraft (der Vorgesetzte/Mentor) verdichtet diese Kriterien zu einem Gesamteindruck, der dann im Year-End-Review einem *Peer-Vergleich* gestellt wird. In diesem Peer-Vergleich werden alle Mitarbeiter der gleichen Karrierestufe (Grade) gegeneinander kalibriert (siehe Abbildung). Dies geschieht anhand einer vorbereiteten Matrixdarstellung mit den drei Dimensionen

- **Performance** mit den Ausprägungen *„excellent"* (1), *„exceeds"* (2), *„met expectations"* (3), *„improvement desired"* (4) und *„did not meet expectations"* (5),
- **Potential** mit den Ausprägungen *„high potential"* (A), *„steady growth"* (B), *„steady"* (C) und *„at risk"* (D) und
- **Time in Grade** mit den Ausprägungen *„mastery"*, *„skilled"* und *„entry"*.

Nur diejenigen Mitarbeiter, die in dieser Darstellung gleichzeitig den Bereichen Mastery, Performance 1 bis 3 und Potential A und B zugeordnet sind, können befördert und beim nächsten Review im Grade n+1 geführt werden. Bei der Kalibrierung ist ferner darauf zu achten, dass die zu beurteilenden Mitarbeiter hinsichtlich der Performance-Beurteilung *gleichverteilt* eingestuft werden. D. h. der Performance-Wert muss für alle Mitarbeiter im Durchschnitt dem *Normal-Wert* „Met expectations" (= 3) entsprechen. Die derart vorgenommene Kalibrierung wirkt in drei Richtungen: Sie ist maßgebend für die Berechnung des variablen Gehaltsanteils, für eine evtl. strukturelle Gehaltserhöhung sowie für die Möglichkeit einer Beförderung.

Insert 5-23: Die Skill-Level/Potential/Performance-Matrix von CAPGEMINI

5.6.3.3 Systematik nach dem Grad der Quantifizierung

Eine weitere Systematisierung kann anhand der Unterscheidung zwischen quantitativen und qualitativen Kriterien erfolgen. **Quantitative Beurteilungsgrößen** sind eindeutig und objektiv messbare Größen. Bei der objektiven Messung werden operationalisierbare und empirisch überprüfbare Indikatoren verwendet, die eindeutig quantifizierbar sind. Beispiele für eine Führungskraft bzw. einen Mitarbeiter im Vertriebsbereich sind:

- Erzieltes (Bereichs-)Ergebnis,
- Anzahl akquirierter Kunden,
- Anzahl durchgeführter Kundenbesuche,
- Erzielter Auftragseingang,
- Erzielter Umsatz,
- Anzahl Reklamationen,
- Fehlzeiten u.v.a.m.

In der Praxis werden Unternehmensziele zunehmend mit der von KAPLAN/NORTON [1992] entwickelten **Balanced Scorecard**, in der quantitativ bewertbare Beurteilungskriterien formuliert werden, systematisiert und dann sukzessive auf Bereichs-, Abteilungs- und Mitarbeiterebene herunter gebrochen (siehe auch 4.4.2.4). Grundgedanke der Balanced Scorecard ist die Umsetzung von Visionen und Strategien des Unternehmens in operative Maßnahmen. Das dazu entwickelte Kennzahlenraster der Balanced Scorecard umfasst insgesamt vier Dimensionen:

- Finanzwirtschaftliche Dimension (Sicht des Aktionärs bzw. Investors),
- Kundenbezogene Dimension (Sicht des Kunden),
- Prozessbezogene Dimension (Sicht nach innen auf die Geschäftsprozesse) und
- Potenzialbezogene Dimension (Sicht aus der Lern- und Entwicklungsperspektive).

Für den Personalbereich besonders relevant ist die Lern- und Entwicklungsperspektive. Die daraus resultierende Verbindung der klassischen Zielvereinbarung mit der Balanced Scorecard führt zwangsläufig dazu, auch in die Zielvereinbarung verstärkt quantitative Ziele als sogenannte *Key Performance Indicators* (KPIs) zu übernehmen.

Durch die ganzheitliche Zielentwicklung kann jeder einzelne Mitarbeiter seinen Anteil am Erreichen der Team-, Bereichs- und Gesamtunternehmensziele verfolgen. Wenn das strategische Ziel des Unternehmens z.B. die Steigerung der Kundenzufriedenheit ist, könnte ein Servicemitarbeiter als persönliches Ziel die Erhöhung der Anzahl seiner Kundenkontakte ableiten.

Mit dieser Kopplung von Führungs- und Anreizsystemen ist eine wichtige Voraussetzung für die Einführung von variablen, leistungsabhängigen Vergütungsbestandteilen gegeben. In Kombination mit einem garantierten fixen Vergütungsanteil kann der variable Vergütungsanteil die erbrachten Leistungen angemessen honorieren. Die Höhe des variablen Entgeltbestandteils hängt dabei vom Ausmaß ab, mit dem die in der Balanced Scorecard definierten Zielvorgaben bzw. Kennzahlen erreicht werden. Das variable Entgelt ist bei der beschriebenen Vorgehensweise sowohl vom Grad der individuellen Zielerreichung als auch vom Erfolg auf Gruppen- und Unternehmensebene abhängig. Die Kennzahlen der Balanced Scorecard liefern dabei für alle drei Ebenen die entsprechenden Erfolgsindikatoren.

Eine Vielzahl von Untersuchungsmerkmalen bei der Bewertung von Führungskräften und Mitarbeitern bezieht sich auf deren Fähigkeiten und Verhalten. Hierbei handelt es sich um **qualitative Bewertungskriterien**, die sich einer eindeutigen und objektiven Messbarkeit entziehen. Die Beurteilung solcher qualitativen Größen unterliegt subjektiven Einflüssen, d. h. die Bewertung kann von Beurteilendem zu Beurteilendem erheblich variieren [vgl. STOCK-HOMBURG 2008, S. 311].

Mögliche Beurteilungskriterien über das Verhalten von Führungsnachwuchskräften liefert Abbildung 5-34.

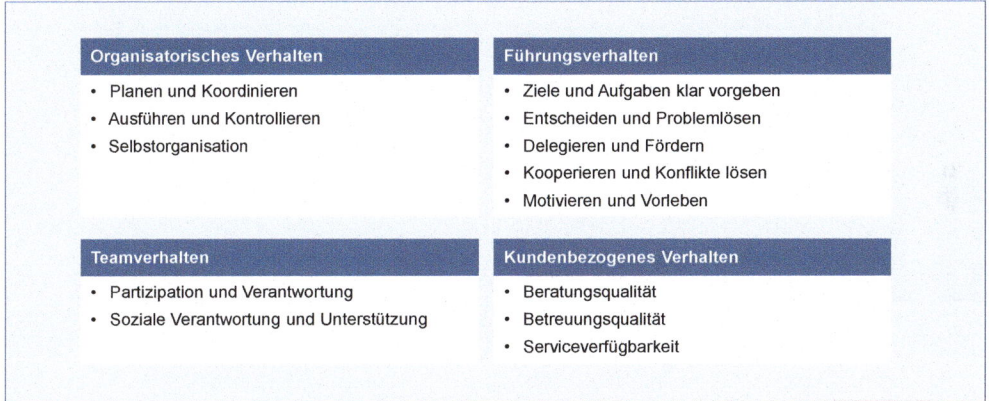

Abb. 5-34:   Verhaltensdimensionen von Führungsnachwuchskräften (Beispiel)

5.6.4 Das Beurteilungsfeedback

Dem **Feedback-Gespräch** zwischen Mitarbeiter und Vorgesetzten, das sich grundsätzlich an eine Beurteilung anschließen sollte, kommt im Rahmen des gesamten Verfahrens eine erhebliche Bedeutung zu. Auch hierbei steht das Ziel der Personalbeurteilung, nämlich die **Fairness** im Mittelpunkt.

Das Beurteilungsgespräch kann bei richtiger Handhabung ein wesentliches Instrument innerhalb des Führungsprozesses darstellen und in erheblichem Maße zur Motivation der Mitarbeiter beitragen. Soll ein Beurteilungsgespräch die daran gestellten Erwartungen erfüllen, so ist neben einer gründlichen Vorbereitung (z.B. anhand einer Checkliste) eine konstruktive, offene und zielorientierte Gesprächsführung unabdingbar. Bei der Gesprächsführung hat es sich als vorteilhaft erwiesen, gewisse Ablaufstrukturen vorzusehen.

Bei der **Gesprächseröffnung** sollte versucht werden, eine entspannte Stimmung zu schaffen und Verkrampfungen abzubauen. Nach der Begrüßung ist der Anlass des Gesprächs noch einmal darzulegen. In der **Überleitung** sollte ein Überblick über den Gesprächsverlauf und die Ziele der Besprechung gegeben werden. Die Besprechung der positiven und negativen Beurteilungen bildet den **Hauptteil** des Gesprächs. Dabei sollte mit den positiven Ergebnissen bzw. Entwicklungen seit der letzten Beurteilung begonnen werden. Die Besprechung negativer Ergebnisse sollte immer auf Grundlage gesicherter und sachlicher Informationen beruhen und für den Beurteilten transparent sein. Schwächen dürfen nicht als unüberwindbar, sondern immer nur in Verbindung mit Förderungsmöglichkeiten dargestellt werden. Als Grundsatz gilt: keine negative Kritik ohne anschließende Handlungsimplikation. Ziel ist es, zwischen den Beteiligten eine Einigung zu erzielen. Gelingt dies nicht, sollte dem Beurteilten die Gelegenheit gegeben werden, seinen Widerspruch, der anschließend in schriftlicher Form in die Personalakte eingeht, zu formulieren. Am Schluss des Gespräches sollten die wesentlichen Ergebnisse und die geplanten Aktionen noch einmal zusammengefasst werden. Der Vorgesetzte sollte darauf achten, das Gespräch einvernehmlich ausklingen zu lassen.

5.7 Personalentwicklung – Optimierung der Forderung und Förderung

5.7.1 Aufgabe und Ziel der Personalentwicklung

Die Qualifizierung von Mitarbeitern und Führungskräften stellt eine zentrale Voraussetzung für Unternehmensberatungen dar, um langfristig wettbewerbsfähig zu sein. Berater mit *der richtigen* fachlichen Qualifikation und den *richtigen* sozialen und kommunikativen Kompetenzen sowie die Managementqualitäten einer Führungskraft sind wesentliche Erfolgsfaktoren.

Somit gilt es, die Personalentwicklung und hier speziell die Führungskräfteentwicklung (engl. *Leadership Development*) als viertes Aktionsfeld im Rahmen der Prozesskette *Personalbindung* im Hinblick auf die *Mitarbeiterforderung und -förderung* zu optimieren (siehe Abbildung 5-35):

Forderung und Förderung = f (Personalentwicklung) → optimieren!

Inhalte der Personalentwicklung sind zum einen die Vermittlung von Qualifikationen im Sinne einer unternehmensgerechten *Aus- und Weiterbildung* (Forderung) und zum anderen Maßnahmen zur Unterstützung der beruflichen Entwicklung und Karriere (Förderung).

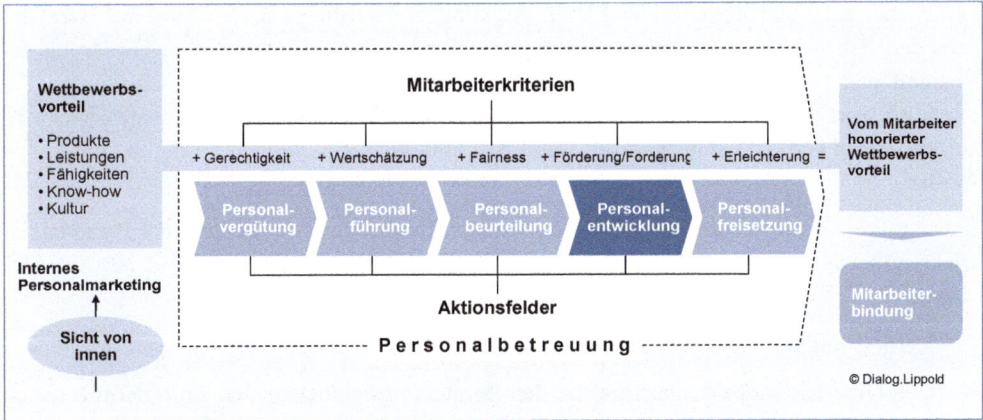

Abb. 5-35: Das Aktionsfeld Personalentwicklung

Von besonderer Bedeutung ist darüber hinaus die Entwicklung von Führungsnachwuchskräften. Ihre Funktion als Repräsentant, Vorbild, Entscheidungsträger und Meinungsbildner macht die Führungskraft zum Multiplikator in der Personalentwicklung [vgl. STOCK-HOMBURG 2008, S. 153].

In Abbildung 5-36 ist der Zusammenhang zwischen Inhalten und generellen Zielen der Personalentwicklung dargestellt.

Bei Unternehmen lassen sich nach JUNG [2006, S. 250 f.] im Allgemeinen zwei **Ansätze der Personalentwicklung** beobachten. Die eine Vorgehensweise versucht, die aktuellen Arbeitsplatzanforderungen mit den entsprechenden Qualifikationen in Einklang zu bringen. Der zweite (und sicherlich effektivere) Ansatz verfolgt das Ziel, über die gegenwärtigen Anforderungen hinaus flexible Mitarbeiterqualifikationen zu schaffen und eine individuelle Personalentwicklung zu praktizieren. Im Vordergrund steht dabei die Vermittlung weitgehend arbeitsplatzunabhängiger **Schlüsselqualifikationen**, die der Halbwertszeit des Wissens und dem lebenslangen Lernen Rechnung tragen.

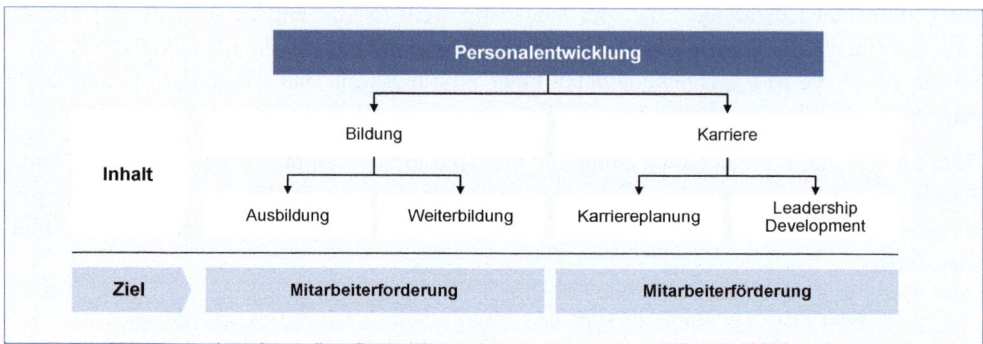

Abb. 5-36:   Inhalte und Ziele der Personalentwicklung

Die zentrale Aufgabe der Personalentwicklung liegt darin, die Menschen durch Lernen zu befähigen, sich in der dynamischen Welt der Arbeit zurechtzufinden. Nur mit systematisch betriebener Aus- und Weiterbildung kann es gelingen, über die gesamte Dauer des Berufslebens den sich wandelnden Anforderungen gewachsen zu sein. Systematische Förderung der Eignung und Neigung sichert qualifizierte und motivierte Mitarbeiter. Daneben muss der durch die veränderten Bedürfnisse entstandene **Wertewandel** von der Personalentwicklung aufgenommen und die daraus gewonnenen Erkenntnisse in Bildung und Förderung umgesetzt werden.

Sowohl das Beratungsunternehmen als auch seine Mitarbeiter verbinden mit der Personalentwicklung jeweils eigene Zielvorstellungen. **Ziele** der Personalentwicklung **aus Sicht des Unternehmens** sind [vgl. STOCK-HOMBURG 2008, S. 155.]:

- Verbesserung der Arbeitsleistung der Berater,

- Erhöhung der Anpassungsfähigkeit der Berater hinsichtlich neuer Anforderungen und neuer Situationen,

- Steigerung von Eigenverantwortlichkeit, Eigeninitiative und Selbständigkeit der Berater,

- Steigerung der Identifikation und Motivation der Berater,

- Erhöhung der Attraktivität als Arbeitgeber auf dem Arbeitsmarkt.

Beraterbezogene Ziele der Personalentwicklung sind [vgl. STOCK-HOMBURG 2008, S. 155.]:

- Verbesserung der Karriere- und Aufstiegsmöglichkeiten innerhalb und außerhalb des Unternehmens,

- Klarheit über die beruflichen Ziele und Aufstiegsmöglichkeiten im Unternehmen,

- Schaffung von Möglichkeiten, um über das fachliche Wissen hinaus betriebsspezifisches Know-how und Flexibilität zur Bewältigung anstehender Veränderungsprozesse zu erlangen,

- Steigerung der individuellen Mobilität auf dem Arbeitsmarkt,

- Schaffung von Möglichkeiten zur Selbstverwirklichung z. B. unter dem Aspekt der Übernahme von größerer Verantwortung einerseits und der *Work-Life-Balance* andererseits.

5.7.2 Qualifikation und Kompetenzmanagement

Die oben beschriebenen Ziele der Personalentwicklung können erst dann erreicht werden, wenn die Leistungsanforderungen des jeweiligen Projektes den Qualifikationen des Beraters entsprechen. Folglich ist eine genaue Kenntnis der Qualifikationen notwendig, um die Berater in den richtigen Projekten einsetzen und gezielte Fördermaßnahmen durchführen zu können.

Da sich die Anforderungen an die funktionelle Flexibilität der Berater zunehmend erhöhen, ist neben der fachlichen Qualifizierung ein besonderer Wert auf die Förderung der überfachlichen Qualifizierung zu legen, um die Berater mit umfassender Handlungskompetenz auszustatten.

In diesem Zusammenhang kommt dem *Kompetenzmanagement* eine besondere Bedeutung zu. Es legt fest, welche Fähigkeiten und Verhaltensweisen verändert bzw. entwickelt werden sollen. Das Kompetenzmanagement weist in zwei Richtungen. Zum einen geht es darum, was das Unternehmen oder die Unternehmenseinheit können muss, um seine/ihre Ziele zu erreichen (organisationale Kompetenz). Zum anderen sind die Fähigkeiten, Kenntnisse und Verhaltensweisen gefragt, die der Berater benötigt, um seine individuellen Anforderungen (im Sinne der gesetzten Ziele) zu bewältigen (rollenbezogene Kompetenz). Im Allgemeinen werden dabei folgende drei *Kompetenzfelder* angesprochen: *fachliche, soziale und methodische Kompetenzen* [vgl. LIPPOLD 2010, S. 25].

Unter der **fachlichen Kompetenz** werden alle Fähigkeiten und Kenntnisse eines Beraters zusammengefasst, die sich auf ein bestimmtes Aufgabengebiet beziehen. Hierzu zählen spezifische Branchenkenntnisse ebenso wie funktionale Kenntnisse im Bereich des Rechnungswesens, des Marketings etc. Die fachliche Kompetenz ist also stark vom jeweiligen Umfeld der Beratungsprojekte abhängig.

Die **soziale Kompetenz** beschreibt, in wieweit ein Berater in der Lage ist, sich in die Organisation durch Kommunikationsfähigkeit und Kooperationsbereitschaft positiv einzubringen. Teamfähigkeit und Einfühlungsvermögen sind weitere Indikatoren für eine hohe Sozialkompetenz, die für die berufliche Entwicklung auf allen Unternehmensebenen von Bedeutung ist.

Methodische Kompetenz bezieht sich auf die Fähigkeit, bestimmte Aufgabenstellungen mit einem methodisch-systematischen Vorgehen zu bewältigen. Projektmanagement, Präsentations- und Moderationstechniken aber auch die Fähigkeit, innovative Ideen einzubringen sind beispielhaft für diese Kategorie zu nennen.

Aufbauend auf diesen Kompetenzfeldern entwickeln Unternehmensberatungen eigene *Kompetenzmodelle*, die den jeweiligen spezifischen Organisationsanforderungen entsprechen.

Ebenso sind die Kompetenzfelder inhaltliche Grundlage für die Darstellung von Rollen, Karrierepfaden und Leadership Development-Programmen.

Die Personalentwicklung greift bei der Ermittlung des Entwicklungsbedarfs zwangsläufig auf die Ergebnisse der Personalbeurteilung zurück. Qualifikations- und Kompetenzdefizite, die in der Beurteilung aufgezeigt werden, sind der Ausgangspunkt für die Entwicklungsziele und -inhalte. Lag bislang in vielen Unternehmensberatungen der Schwerpunkt im Bereich der *Ausbildung*, wird heute auch der *Weiterbildung* eine angemessene Priorität eingeräumt. Zu diesem Zweck gründen vor allem größere Unternehmensberatungen eigene Trainingszentren.

5.7.3 Führungskräfteentwicklung

Das Thema *Führungskräfteentwicklung* (engl. *Leadership Development*) steht seit Jahren ganz oben auf der Liste der Top-Themen des Personalmanagements. Ein besonderes Augenmerk müssen Unternehmensberatungen auf die Karriereplanung ihrer Führungsnachwuchskräfte legen. Hierbei geht es darum, die persönlichen und beruflichen Ziele der Potenzialträger mit den Interessen des Unternehmens in Einklang zu bringen. Diese Facette der Personalentwicklung zielt somit auf die Mitarbeiterförderung und -bindung ab. Mit dem Begriff *Karriere* wird in erster Linie die *Führungs*laufbahn assoziiert. Der Aufstieg im Rahmen einer Führungskarriere bedeutet in der Regel einen Zuwachs an Kompetenz, Status, Macht und Vergütung in Verbindung mit den einzelnen Karriereschritten. In der Unternehmenspraxis gewinnt zunehmend aber auch die *Fach*karriere an Bedeutung. Aus Unternehmenssicht liegt hierbei der Fokus auf der Förderung und Bindung von Spezialisten.

5.7.3.1 Führungs- und Fachlaufbahn

Bei der Karriereplanung sollte das Unternehmen berücksichtigen, dass Mitarbeiter – gleich ob sie eine Führungs- oder eine Fachlaufbahn anstreben – im Hinblick auf ihre Karriere unterschiedliche Ziele verfolgen können. Eine gute Grundlage für eine zielgerichtete Förderung ist daher eine richtige Einschätzung des Unternehmens über die Karriereziele und -motive der betroffenen Nachwuchs- und Führungskräfte. Hilfreich bei der Bewertung kann eine Typologie von Karrieretypen sein.

In Abbildung 5-37 ist beispielhaft eine Typologie weiblicher und männlicher Führungskräfte aufgeführt. Nach diesem Ansatz werden *berufliche*, *persönliche* und *familiäre Kriterien* zur Typenbildung herangezogen [vgl. STOCK-HOMBURG 2013, S. 271 ff.].

	Weibliche Führungskräfte	Männliche Führungskräfte
Typ 1	Die Beziehungsorientierte	Der Isolierte
Typ 2	Die Karrierefokussierte	Der immer Erreichbare
Typ 3	Die Familienorientierte	Der konsequent Beziehungsorientierte
Typ 4	Die Unabhängige	Der unterstützte Karriereorientierte
[Quelle: STOCK-HOMBURG 2013, S. 273 f.]		

Abb. 5-37:   Karrieretypen weiblicher und männlicher Führungskräfte

Die Führungskräfteentwicklung ist bei vielen Unternehmen in den Mittelpunkt aller Personalentwicklungsmaßnahmen, teilweise sogar des gesamten Personalmarketings gerückt. Ob als *Talents*, *High Potentials* oder als *Leaders of Tomorrow* bezeichnet, nahezu alle größeren und international agierenden Unternehmen entwerfen derzeit Programme, um die Zielgruppe der Führungsnachwuchskräfte adäquat fördern und binden zu können.

Eine besondere Bedeutung im Rahmen der Führungskräfteentwicklung kommt dem **Auslandseinsatz** zu. Er wird gewählt, wenn eine Karriere durch den Aufbau internationaler beruflicher Erfahrung angestrebt wird. Im Vordergrund stehen der Erwerb und die Vertiefung von Sprachkenntnissen und das Kennenlernen ausländischer Geschäftspraktiken und Verhaltensweisen. Je nach Zielsetzung kann der Auslandseinsatz zwischen wenigen Wochen und mehreren Jahren dauern.

Im Rahmen der Vermittlung von Führungsverhaltensweisen sind folgende **feedbackbasierte Methoden zur Persönlichkeitsentwicklung** sind das Coaching und das Mentoring zu nennen.

5.7.3.2 Coaching

Coaching ist ein Mittel zur Förderung der Entwicklung von Führungskräften und Mitarbeitern und vereinfacht in der Regel dadurch angestoßene Veränderungsprozesse. Es wird auf Basis einer tragfähigen und durch gegenseitige Akzeptanz gekennzeichneten Beratungsbeziehung – gesteuert durch einen dafür qualifizierten *Coach* (m/w) - in mehreren freiwilligen und vertraulichen Sitzungen abgehalten. Der Coach zieht für die einzelnen Sessions diverse Gesprächstechniken und seine professionelle Erfahrung heran, um den *Coachee* (m/w) dabei zu unterstützen, dessen gesetzten Ziele zu erreichen. Klassisches Coaching wird immer als Begleitprozess verstanden. Der Coachee als Partner auf Augenhöhe legt seine Ziele selbst fest und führt Lösungen (Veränderungen) eigenständig herbei. Ein professioneller Coaching-Prozess ist jederzeit transparent zu gestalten. Der Coach bespricht mit dem Coachee die Vorgehensweise, erklärt Techniken und Tools und beendet jede Sitzung mit der Möglichkeit zu beidseitigem Feedback. Ein Coaching kann generell nur dann erfolgreich sein, wenn der Wunsch nach Unterstützung und die Änderungsbereitschaft beim Coachee vorhanden sind.

Ging man in der Vergangenheit überwiegend von defizitär veranlassten Coachings aus (Negativanlass: Behebung einer bestimmten Problemsituation und dadurch Erreichung von gesetzten Leistungsstandards) setzen sich heute verstärkt der Potential- sowie der Präventivansatz durch. Unter dem **Potenzialansatz** versteht man die effektive Nutzung vorhandener, aber noch nicht ausgeschöpfter Potenziale, oder sogar erst deren Entdeckung. Beim **Präventivansatz** des Coachings sollen bestimmte, als störend empfundene Verhaltensweisen oder Situationen in Zukunft vermieden werden.

5.7.3.3 Mentoring

Im Gegensatz zum Coaching ist Mentoring geprägt durch seinen losen Beziehungscharakter, d.h. es besteht kein wie auch immer gearteter Vertrag zwischen den Gesprächsparteien. Der *Mentor* zeichnet sich durch einen gewissen Erfahrungsvorsprung gegenüber dem *Mentee* (m/w) aus und berät diesen losgelöst von disziplinarischer Weisungsbefugnis. Für die konkrete Auswahl eines passenden Mentors für einen neu an Bord kommenden Mitarbeiter bedeutet dies, dass der Vorgesetzte nie gleichzeitig auch Mentor sein kann. Der Vorteil an dieser Konstellation liegt darin, dass der Mentee so immer eine Anlaufstelle hat, falls es Probleme oder Herausforderungen gibt, die nicht mit dem Vorgesetzten besprochen werden können oder wollen. Mentoring zeichnet sich vor allem dadurch aus, dass Mentee und Mentor freiwillig miteinander arbeiten. Beim Mentoring handelt es sich um einen langfristig angelegten Entwicklungsprozess, während das klassische Coaching nach einem halben, maximal einem Jahr seinen Abschluss findet. Im Idealfall arbeiten Mentor, Mentee und Vorgesetzter konstruktiv miteinander, tauschen sich aus, beraten sich und bringen das Potenzial des Mentees gemeinsam zur Entfaltung.

Mentoring als unterstützende Lernbeziehung hat das Ziel, Wissen und Erfahrung auszutauschen und weiterzugeben. Ferner hilft Mentoring beim Ausbilden von Führungsqualitäten und der Leistungssteigerung. Die Partnerschaft zwischen Mentor und Mentee ist idealerweise geprägt von professioneller Freundschaft, der Mentee empfindet das Mentoring als geschützten Raum, indem er auch seine Ängste und Nöte preisgeben kann. Nicht zuletzt ist der Mentor aufgerufen, seinem Mentee ein Stück weit den Weg zu ebnen, indem er ihn z.B. seinem persönlichen Netzwerk zuführt oder ihn mit erfahrenen, langjährigen Firmenmitgliedern bekannt macht.

5.7.4 Genderspezifische Personalentwicklung

Es ist eine Tatsache, dass Frauen aus familiären Gründen häufiger Abstriche in Bezug auf den eigenen Beruf und die eigene Karriere machen als Männer. Besonders die High Potentials unter den weiblichen Arbeitnehmern werden immer wichtiger und damit begehrter für die Unternehmensberatungen. Um Frauen an das Unternehmen zu binden und besser zu integrieren, sollten Beratungsunternehmen neben einer familienfreundlichen Gestaltung der Arbeitszeiten gezielt auf die Förderung der Karriere von weiblichen Arbeitnehmern achten.

Besonders interessant ist die Erfahrung, dass Personalentwicklungsmaßnahmen, die gezielt auf Frauen und ihre vielfältigen Lebensmuster zugeschnitten sind, sich in aller Regel auch optimal für Männer erweisen. Das Personalentwicklungsmanagement darf und soll sich sogar an den Frauen orientieren, wenn sie für beide Geschlechter Gültigkeit haben sollen. Überhaupt kann durch geschlechtergemischte Fortbildungen die Zusammenarbeit von Frauen und Männern gefördert werden. Weibliche und männliche Teilnehmer können so voneinander lernen. Die Unterschiede in den Verhaltens- und Denkweisen können während einer Maßnahme thematisiert und einander näher gebracht werden [vgl. STALDER 1997, S. 22].

Es geht aber nicht nur darum, auf welche Personalentwicklungsmaßnahmen Frauen am besten ansprechen. Vielmehr sollten die Rahmenbedingungen so angepasst werden, dass mehr Frauen die Teilnahme an solchen Maßnahmen ermöglicht wird. So werden Weiterbildungen häufig nicht für Teilzeitstellen angeboten, obwohl gerade diese vielfach von Frauen besetzt sind. Fortbildungen, die weit entfernt vom Arbeitsplatz oder Wohnort durchgeführt werden oder gar eine Übernachtung erfordern, sind zumeist Ausschlusskriterien für berufstätige Mütter.

5.8 Personalfreisetzung – Optimierung der Erleichterung

Das letzte Aktionsfeld im Rahmen der Wertschöpfungskette *Personalbetreuung* stellt die Personalfreisetzung dar (siehe Abbildung 5-38). Ziel der Personalfreisetzung ist es, eine Überkapazität des Personalbestands zu vermeiden bzw. den Personalbestand abzubauen. Auf diese Situation müssen Unternehmen mit einer erhöhten Flexibilität reagieren. Diese Flexibilität erstreckt sich auf den aktuellen Personalbestand, aber auch auf vorhandene Arbeitszeitstrukturen und Vergütungssysteme, auf die Personalqualifikation, auf die Personalorganisation und auf die Personalführung. Erst wenn sich personelle Überdeckungen nicht mit Hilfe innerbetrieblicher Maßnahmen beseitigen lassen, müssen Freisetzungen durch Beendigung bestehender Arbeitsverhältnisse in Betracht gezogen werden.

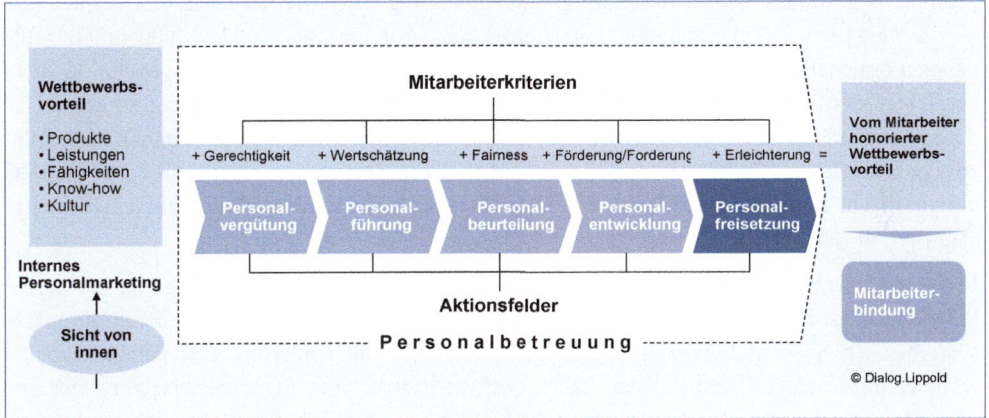

Abb. 5-38: Das Aktionsfeld Personalfreisetzung

Die Förderung des freiwilligen Ausscheidens von Mitarbeitern kann sich – zumindest beim Einsatz *positiver* Förderung – als eine Lösung („Erleichterung") im Interesse der betroffenen Mitarbeiter und des Unternehmens erweisen. Daher geht es bei der Personalfreisetzung in erster Linie um die Optimierung der *Erleichterung*.

$$\text{Erleichterung} = f\,(\text{Personalfreisetzung}) \rightarrow \text{optimieren!}$$

Formal gesehen bedeuten Personalfreisetzungen den Abbau einer personellen Überdeckung in quantitativer, qualitativer, örtlicher und zeitlicher Hinsicht. Die Ausgangsinformation einer Personalfreisetzung ist ein negativer Saldo zwischen voraussichtlichem Personalbestand und dem Soll-Personalbestand (siehe auch Unterabschnitt 5.2.1.1) [vgl. SPRINGER/SAGIRLI 2006, S. 6].

5.8.1 Rahmenbedingungen der Personalfreisetzung

Die Freisetzung personeller Kapazitäten kann verschiedene Ursachen haben. Einige von ihnen lassen sich weitgehend vorhersagen und ermöglichen somit eine frühzeitige und antizipative Planung des Freisetzungsbedarfs. Im Rahmen einer solchen *antizipativen Personalfreisetzung* wird versucht, das Entstehen von Personalüberhängen frühzeitig zu prognostizieren und entsprechende Maßnahmen einzuleiten. So können vorübergehende oder vorhersehbare Auf-tragsrückgänge verstärkt für Aktivitäten im Bereich der Personalentwicklung sowie für Urlaub oder Betriebsferien genutzt werden. Andere Entwicklungen sind weitgehend unvorhersehbar wie z. B. konjunkturelle Einbrüche oder die Nichtverlängerung von Großaufträgen und erlauben nur eine *reaktive Planung der Personalfreisetzung* [vgl. SCHOLZ 2011, S. 490].

Neben diesen unternehmens- oder konjunkturell bedingten Ursachen existieren grundsätzlich aber auch *mitarbeiterbezogene* Gründe der Personalfreisetzung. Diese Ursachen können im Verhalten oder in der Person (z. B. mangelnde Fähigkeiten) des Mitarbeiters begründet sein [vgl. JUNG 2006, S. 315].

Notwendige Maßnahmen der Personalfreisetzung sind in jedem Fall möglichst frühzeitig einzuleiten. Nur so lässt sich eine bestmögliche Anpassung der bestehenden Arbeitsverhältnisse an die veränderten Rahmenbedingungen erreichen. Auf einschneidende Maßnahmen sollte dabei möglichst verzichtet werden. Kann allerdings auf schwerwiegende Einschnitte nicht verzichtet werden, ist auf die sozialverträgliche Ausgestaltung der Freisetzung zu achten, so dass negative Folgen für den betroffenen Arbeitnehmer gemildert werden können. Eine frühzeitige Information der betroffenen Mitarbeiter und des Betriebsrats ist gemäß § 102 BetrVG obligatorisch. Eine ohne Anhörung des Betriebsrats ausgesprochene Kündigung ist unwirksam [vgl. SCHOLZ 2011, S. 496].

Personalfreisetzung ist nicht in jedem Fall gleichzusetzen mit einer Kündigung; sie besagt lediglich, dass ein weiterer Verbleib des Stelleninhabers auf seiner jetzigen Position auszuschließen ist. So sind Personalfreisetzungen auch über die Änderung bestehender Arbeitsrechtsverhältnisse realisierbar. Man kann somit zwischen einer Personalfreisetzung *mit* und *ohne* Personalabbau unterscheiden. Eine Freisetzungsmaßnahme mit Personalabbau ist z. B. die Entlassung von Mitarbeitern. Der Abbau von Überstunden oder die Einführung der Kurzarbeit stellt dagegen eine Maßnahme ohne Bestandsreduktion dar (siehe Abbildung 5-39).

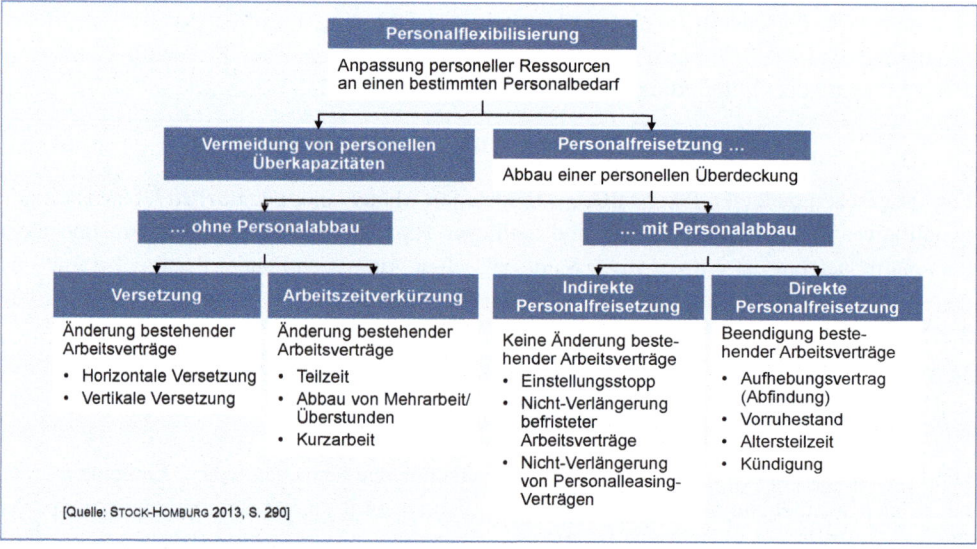

Abb. 5-39: Maßnahmen zur Personalfreisetzung

5.8.2 Personalfreisetzung ohne Personalabbau

Die beiden zentralen Maßnahmengruppen zur Personalfreisetzung ohne Personalabbau sind

- die *Versetzung* sowie
- die Maßnahmen zur *Arbeitszeitverkürzung*.

5.8.2.1 Versetzung

Versetzungen innerhalb eines Unternehmens stellen für die aufnehmende Organisationseinheit einen Personalbeschaffungsvorgang und für die abgebende Einheit eine Freisetzung dar. Versetzungen sind zumeist mit Personalentwicklungsmaßnahmen verbunden, die darauf abzielen, Mitarbeiter für andere gleichwertige oder höherwertige Tätigkeiten zu befähigen. Bei Tätigkeiten auf derselben Hierarchieebene handelt es sich um **horizontale Versetzungen**, bei höher- oder minderwertigen Tätigkeiten um **vertikale Versetzungen**, die mit einem hierarchischen Auf- oder Abstieg verbunden sind [vgl. STOCK-HOMBURG 2008, S. 226 unter Bezugnahme auf HENTZE/GRAF 2005, S. 379].

Im Gegensatz zur (Beendigungs-)Kündigung spricht man bei einer Versetzung von einer **Änderungskündigung**, da der Arbeitgeber mit der Kündigung ein Vertragsangebot verbindet, das Arbeitsverhältnis zu geänderten Bedingungen fortzusetzen. Eine Änderungskündigung hat stets Vorrang vor einer (Beendigungs-)Kündigung. Verfügt der Arbeitgeber über eine zumutbare Beschäftigungsmöglichkeit, so kann er eine Änderungskündigung aussprechen. Der Betriebsrat muss in jedem Fall in Kenntnis gesetzt werden und wegen der Kündigung (§ 102 BetrVG) und Neueinstellung (§ 99 BetrVG) sein Einverständnis erklären. Ob dem Arbeitnehmer die neue Tätigkeit zuzumuten ist, hängt davon ab, wie stark sich die neue und die bisherige Beschäftigung nach ihren Anforderungen und Arbeitsbedingungen unterscheiden. Dabei kommt es vor allem auf die geforderte Qualifikation, die Höhe der Vergütung, die Stellung im Betrieb und das gesellschaftliche Ansehen der Tätigkeiten an. Ist der Arbeitnehmer mit der Änderungskündigung nicht einverstanden, will aber sein bisheriges Arbeitsverhältnis behalten, muss er innerhalb der Kündigungsfrist seinen Vorbehalt erklären und beim Arbeitsgericht Klage erheben [vgl. SPRINGER/SAGIRLI 2006, S. 13].

5.8.2.2 Arbeitszeitverkürzung

Zu den relevanten Maßnahmen der Arbeitszeitverkürzung für beratungsunternehmen zählen

- Teilzeitarbeit,
- Job Sharing,
- Abbau von Mehrarbeit,
- Zeitwertkonten und
- Kurzarbeit.

Die Umwandlung von Vollzeit- in **Teilzeitarbeit** ist – ebenso wie die Versetzung – eine Möglichkeit der Personalfreisetzung ohne direkten Personalabbau. Arbeitnehmer gelten als teilzeitbeschäftigt, wenn ihre regelmäßige Arbeitszeit kürzer ist als die regelmäßige Arbeitszeit vergleichbarer vollzeitbeschäftigter Personen im Unternehmen (§ 2 BeschFG). Das Kündigungsschutzgesetz ebenso wie die Entgeltfortzahlung im Krankheitsfall gilt für Teilzeitarbeitnehmer wie für Vollzeitbeschäftigte gleichermaßen.

Darüber hinaus bekommt die Teilzeitbeschäftigung wegen der Diskussion über die *Frauenquote* eine neue Qualität. Für Frauen, die in Führungspositionen drängen, muss die Balance zwischen Beruf und Privatleben (Kindererziehung) verbessert werden. Hier bietet die Teilzeit häufig die einzige Möglichkeit.

Teilzeitarbeit ist ein Mittel für Arbeitgeber, schnell auf unterschiedliche Arbeitsaufkommen zu reagieren. Mit diesen Schwankungen richtig umzugehen, wird immer häufiger zu einer wettbewerbsentscheidenden Frage. Zudem ermöglicht Teilzeitarbeit vielen Arbeitnehmerinnen und Arbeitnehmern, mehr Zeit mit der Familie, mit Freunden, Hobbies, ehrenamtlichen Tätigkeiten und sozialem Engagement zu verbringen.

Die Verkürzung der täglichen Arbeitszeit ist die traditionelle und bisher immer noch am meisten praktizierte Form der Teilzeitarbeit. Bei dem aus den USA stammenden **Job Sharing** wird Teilzeitarbeit geschaffen, indem sich zwei oder mehrere Arbeitnehmer einen Vollzeitarbeitsplatz teilen. Von der klassischen Form der Teilzeitarbeit unterscheidet sich Job Sharing dadurch, dass der Arbeitnehmer innerhalb bestimmter Grenzen über seinen Tagesablauf frei verfügen kann. So sind feste Einsatzzeiten lediglich für das Job Sharing-Team als Ganzes vorgegeben [vgl. BISANI 1995, S. 39].

Eine weitere „sanfte" Maßnahme der Personalfreisetzung ist die Arbeitszeitverkürzung in Form des **Abbaus von Mehrarbeit bzw. Überstunden.** Unter Mehrarbeit wird die Arbeitszeit verstanden, die die im Arbeitszeitgesetz (ArbZG) festgelegte Arbeitszeit überschreitet. Durch den Abbau von Überstunden ergeben sich Vorteile für Arbeitgeber und Arbeitnehmer. Zum einen reduzieren sich die Personalkosten und zum anderen dürften sich die Fehlzeiten aufgrund eines verbesserten Gesundheitszustandes der von den Überstunden betroffenen Arbeitnehmern verringern. Unter dem Freisetzungsaspekt gilt der Abbau von Mehrarbeit daher als Rückkehr zum Normalzustand [vgl. JUNG 2006, S. 321].

Als besonders attraktive Form der *Arbeitszeitflexibilisierung* ist das **Zeitwertkonto** einzustufen. Hierbei handelt es sich um ein Arbeitszeitkonto, in das der Berater Arbeitsentgelt oder Arbeitszeit einbringen kann, um es damit beispielsweise zur Verlängerung des Erziehungsurlaubs, für eine Fortbildung, für einen vorzeitigen Ruhestand oder für die Teilzeitarbeit zu nutzen. Auch die Umwandlung des Wertguthabens in eine betriebliche Altersversorgung kommt bei einer entsprechenden Vereinbarung in Betracht. Einer repräsentativen Umfrage aus dem Jahr 2008 zur Folge gaben 12 Prozent aller befragten Unternehmen (n = 1.710) an, Langzeitkonten für ihre Mitarbeiter zu führen [vgl. HILDEBRANDT et al. 2009, S. 54].

Durch das Gesetz zur Verbesserung der Rahmenbedingungen für die Absicherung flexibler Arbeitszeitregelungen („Flexi II"), das am 1. Januar 2009 in Kraft getreten ist, haben Zeitwertkonten weiter an Attraktivität und Verbreitung gewonnen. Nicht nur der Arbeitnehmer sondern auch der Arbeitgeber profitiert von einer flexibleren Ausgestaltung der Arbeitszeiten über einen längeren Zeitraum hinweg. Betriebsbedingte Kündigungen und die damit einhergehenden Kosten für Abfindungen und Sozialpläne lassen sich so leichter vermeiden [siehe auch KÜMMERLE et al. 2006, S. 1 f.].

Bei **Kurzarbeit** wird die betriebsübliche Arbeitszeit ebenfalls vorübergehend reduziert. Sie stellt somit eine Abkehr vom Normalzustand dar und führt zu einer Verringerung der Personalkosten einerseits und zu unfreiwilligen Verdiensteinbußen der Beschäftigten andererseits. Eine Reduktion des Mitarbeiterbestandes findet dagegen nicht statt. Kurzarbeit ist eine Freisetzungsmaßnahme, bei der zahlreiche rechtliche Grundlagen zu beachten sind und die durch das Arbeitsförderungsgesetz (AFG) geregelt wird. Neben rechtlichen Voraussetzungen bedarf es zur Einführung von Kurzarbeit der Mitbestimmung des Betriebsrats (§ 87 BetrVG). Um den betroffenen Mitarbeitern ihre Arbeitsplätze zu erhalten, wird der Einkommensausfall der Arbeitnehmer gemäß § 63 AFG in Form von *Kurzarbeitergeld* teilweise von der Bundesagentur für Arbeit ausgeglichen) [vgl. STOCK-HOMBURG 2013, S. 293].

5.8.3 Personalfreisetzung mit Personalabbau

Lässt sich eine Personalbestandsreduktion nicht vermeiden, so hat der Arbeitgeber prinzipiell die Wahl zwischen *indirekten* und *direkten* Personalfreisetzungsmaßnahmen. Die indirekte Freisetzung zielt auf einen Personalabbau ab, ohne dass bisherige Arbeitsverhältnisse davon berührt werden. Die direkte Personalfreisetzung ist dagegen immer mit einer Beendigung bestehender Arbeitsverhältnisse verbunden.

5.8.3.1 Indirekte Personalfreisetzung

Zu den Maßnahmen der indirekten Personalfreisetzung, bei denen es sich um eine Personalflexibilisierung durch Umgehung der Arbeitgeberverantwortung handelt, zählen

- Einstellungsbeschränkungen,
- Nichtverlängerung befristeter Arbeitsverträge sowie
- Nichtverlängerung von Personalleasing-Verträgen.

Kann eine Unternehmensberatung trotz des Einsatzes arbeitsverkürzender Maßnahmen seine Arbeitnehmer im bestehenden, zahlenmäßigen Umfang nicht halten, so bietet es sich an, die natürliche Fluktuation durch **Einstellungsbeschränkungen** zu nutzen. Einstellungsbeschränkungen können einen *generellen* Einstellungsstopp, einen *qualifizierten* Einstellungsstopp (Begrenzung auf bestimmte Bereiche) oder einen *modifizierten* Einstellungsstopp (besonders intensive Prüfung der Einstellung neuer Mitarbeiter) bedeuten [vgl. STOCK-HOMBURG 2013, S. 302].

Einstellungsbeschränkungen werden i. d. R. befristet angesetzt, da ansonsten negative Auswirkungen zu erwarten sind. So besteht die Gefahr des Imageverlustes als Arbeitgeber, der Verschlechterung der Alters- und Qualifikationsstruktur sowie einer allgemeinen Verunsicherung bei den Mitarbeitern, die dazu führen kann, dass qualifizierte Mitarbeiter einen Unternehmenswechsel anstreben und weniger qualifizierte Mitarbeiter im Unternehmen verbleiben [vgl. JUNG 2006, S. 324].

Eine weitere indirekte Maßnahme der Personalfreisetzung ist die **Nichtverlängerung befristeter Arbeitsverträge**. Sie stellt ebenfalls eine Möglichkeit dar, die Flexibilität im Personalbereich zu erhöhen. Befristete Arbeitsverhältnisse räumen dem Arbeitgeber grundsätzlich Flexibilitätsspielräume ein. Beide Vertragsparteien vereinbaren, dass das Arbeitsverhältnis nach einer bestimmten Zeit automatisch endet, ohne dass es einer Kündigung bedarf. Innerhalb der Befristung sind Kündigungen von beiden Seiten nur bei schwerwiegenden Gründen möglich. Ein befristetes Arbeitsverhältnis bedarf eines sachlich gerechtfertigten Grundes. Es kann zwischen einer *Zeit-* und einer *Zweckbefristung* unterschieden werden. Eine Zeitbefristung liegt vor, wenn die Dauer des Arbeitsverhältnisses auf einen begrenzten Zeitraum beschränkt ist (z.B. Zeitarbeitsvertrag für Saisonarbeit im Gaststättengewerbe). Bei einer Zweckbefristung ergibt sich die Dauer des Arbeitsverhältnisses aus der Erfüllung einer Arbeitsleistung (z.B. zweckbestimmter Arbeitsvertrag für die Dauer eines IT-Umstellungsprojektes) (§15 Abs. 2 Teilzeit- und Befristungsgesetz – TzBfG). Generell können befristete Verträge bis zu einer Dauer von zwei Jahren geschlossen werden. Bis zu dieser Gesamtdauer ist auch die höchstens dreimalige Verlängerung eines befristeten Arbeitsvertrags zulässig [vgl. SPRINGER/SAGIRLI 2006, S. 39].

Eine weitere Maßnahme der indirekten Personalfreisetzung ist die Nichtverlängerung von Personalleasing-Verträgen. Beim Personalleasing stellt der Leasing-Geber Leiharbeitnehmer („Leiharbeiter") – unter Aufrechterhaltung eines geschlossenen Arbeitsvertrages – einem Dritten (Leasing-Nehmer) zur Verfügung (§1 Arbeitnehmerüberlassungsgesetz AÜG). Der Leasing-Geber erhält für die zeitlich befristete Bereitstellung von Leiharbeitnehmern eine entsprechende Vergütung vom Leasing-Nehmer. Der Leasing-Geber übernimmt als Arbeitgeber sämtliche Arbeitgeberpflichten, insbesondere übernimmt er die Vergütung und den Arbeitgeberanteil an der Sozialversicherung. Der Leasing-Nehmer schließt mit dem Leasing-Geber einen Arbeitnehmerüberlassungsvertrag. Mit diesem Vertrag erhält der Leasing-Nehmer ein Weisungsrecht gegenüber dem Leiharbeitnehmer. Gleichzeitig meldet der Leasing-Nehmer Beginn und Ende der Leiharbeit bei der Krankenkasse des Leiharbeitnehmers an. Im Arbeitnehmerüberlassungsvertrag und im Arbeitsvertrag des Leiharbeitnehmers sind die zu erfüllenden Arbeitsaufgaben und die zulässigen Einsatzorte anzugeben. Für den Leasing-Nehmer ist die Kündigung oder die Nichtverlängerung eines Leasingvertrages eine relativ problemlose Freisetzungsmaßnahme. Für den Leiharbeitnehmer bedeutet diese Maßnahme keine Entlassung, da er mit dem Leasing-Geber einen Arbeitsvertrag abgeschlossen hat [vgl. STOCK-HOMBURG 2008, S. 237 f.].

Für die Unternehmensberatung kommt eine Zusammenarbeit mit Personalleasing-Firmen zumeist nur bei der Besetzung von Stellen in den zentralen Diensten (engl. *Enabling*) in Betracht.

5.8.3.2 Direkte Personalfreisetzung

Direkte Maßnahmen der Personalfreisetzung zielen darauf ab, einen relativ kurzfristigen Personalabbau herbeizuführen. Im Vordergrund steht dabei die Beendigung bestehender Arbeitsverhältnisse. Folgende Maßnahmen sollen näher betrachtet werden:

- Aufhebungsvertrag,
- Outplacement,
- Vorruhestand/Altersteilzeit sowie
- Entlassung/Kündigung.

Lässt sich eine Personalbestandsreduktion nicht vermeiden, so ist eine positive Förderung des freiwilligen Ausscheidens durch einen **Aufhebungsvertrag** einer arbeitgeberseitigen Kündigung in aller Regel vorzuziehen. Bei einer Aufhebungsvereinbarung verständigen sich Arbeitgeber und Arbeitnehmer in gegenseitigem Einvernehmen, den Arbeitsvertrag zu einem bestimmten Zeitpunkt aufzulösen. Die Initiative geht hierbei i. d. R. vom Arbeitgeber aus und muss begründet werden. Das Einverständnis eines Arbeitnehmers zu einem Aufhebungsvertrag wird in der Regel über die Vereinbarung einer Abfindungssumme erreicht. Das Unternehmen kann Aufhebungsverträge gezielt anbieten, so dass die Möglichkeit besteht, die Alters- und Qualifikationsstruktur zu lenken und zu verbessern [vgl. JUNG 2006, S. 326].

Im Rahmen der Aufhebungsvereinbarung kann auch ein **Outplacement** vereinbart werden, das zusätzliche Leistungen wie Beratung und Hilfe bei der Suche nach einer neuen Stelle beinhaltet. Outplacement, das im angloamerikanischen Raum bereits seit Ende der 60er Jahre praktiziert wird, findet in Deutschland erst seit einigen Jahren zunehmende Verbreitung. Häufig wird ein Beratungsunternehmen mit der Betreuung der direkt betroffenen Arbeitnehmer beauftragt. Der Schwerpunkt des Outplacement-Prozesses liegt auf der beruflichen Neuorientierung und Weiterentwicklung des betroffenen Mitarbeiters. Die Beratung kann auf *einen* Arbeitnehmer beschränkt sein, sie kann aber auch für *mehrere* Personen erfolgen. Ein Gruppen-Outplacement bietet die Möglichkeit, eine qualifizierte Trennungsberatung zu einem relativ günstigen Preis für einen größeren Adressatenkreis nutzbar zu machen. Ein individuelles Outplacement wird i. d. R. bei Führungskräften bevorzugt. Das Outplacement bringt aber auch einige wesentliche Vorteile für das Unternehmen mit sich. So können zeit- und kostenaufwendige Arbeitsgerichtsprozesse ebenso vermieden werden wie ein etwaiger Imageverlust des Unternehmens in der Öffentlichkeit. Auch unterbleiben beim Outplacement zumeist negative Auswirkungen auf die verbleibenden Mitarbeiter [vgl. STOCK-HOMBURG 2013, S. 296 f.].

Der **Vorruhestand** bzw. die *vorgezogene Pensionierung* soll älteren Arbeitnehmern das vorzeitige Ausscheiden aus dem Erwerbsleben ermöglichen und damit Arbeitsplätze für junge Arbeitnehmer freimachen. Neben dem Abbau von Überkapazitäten kann somit auch eine Herabsetzung des Durchschnittsalters erreicht werden. Der Vorruhestand ist für die Betroffenen nur dann von Interesse, wenn für sie dadurch keine wesentlichen materiellen Nachteile erwachsen. Vor diesem Hintergrund setzen Unternehmen Anreize in Form von Abfindungen bzw. betrieblicher Altersvorsorge [vgl. JUNG 2006, S. 326 und STOCK-HOMBURG 2013, S. 296].

Eine besonders bevorzugte Form des „sanften" Vorruhestands ist die **Altersteilzeit,** die sowohl für Arbeitnehmer als auch Arbeitgeber eine ganze Reihe von (primär steuerlichen) Vorteilen beinhaltet. Die Altersteilzeit, deren Durchführung im Altersteilzeitgesetz (AltZG) geregelt wird, soll Beschäftigten, die mindestens das 55. Lebensjahr vollendet haben, einen gleitenden Übergang vom Erwerbsleben in den Ruhestand ermöglichen. Mit dieser Regelung ist gleichzeitig eine neue Beschäftigungsmöglichkeit für Arbeitslose verbunden, die für den freiwerdenden Arbeitsplatz eingesetzt werden [vgl. JUNG 2006, S. 325].

Das Modell der Altersteilzeit sieht vor, dass die bisherige Arbeitszeit des Arbeitnehmers halbiert wird. Wie dann die Arbeitszeit während der Altersteilzeit verteilt wird, können Arbeitnehmer und Arbeitgeber frei vereinbaren. Grundsätzlich werden zwei Modelle praktiziert: Das *Gleichverteilungsmodell* sieht eine schrittweise Reduktion der Arbeitszeit vor (z.B. erstes

Jahr 100 Prozent Arbeitszeit, zweites Jahr 80 Prozent, drittes Jahr 60 Prozent usw.). Bei der neueren und heute fast ausschließlich genutzten Form des *Block-Modells* werden zwei gleich lange Zeitblöcke gebildet: eine Vollarbeitszeitphase und eine anschließende Freistellungsphase. Während der gesamten Altersteilzeit zahlt der Arbeitgeber 50 Prozent des bisherigen Gehalts plus gesetzlich geregelte Aufstockungsbeträge, unabhängig davon, wie die Arbeitszeit verteilt wird (siehe Abbildung 5-40).

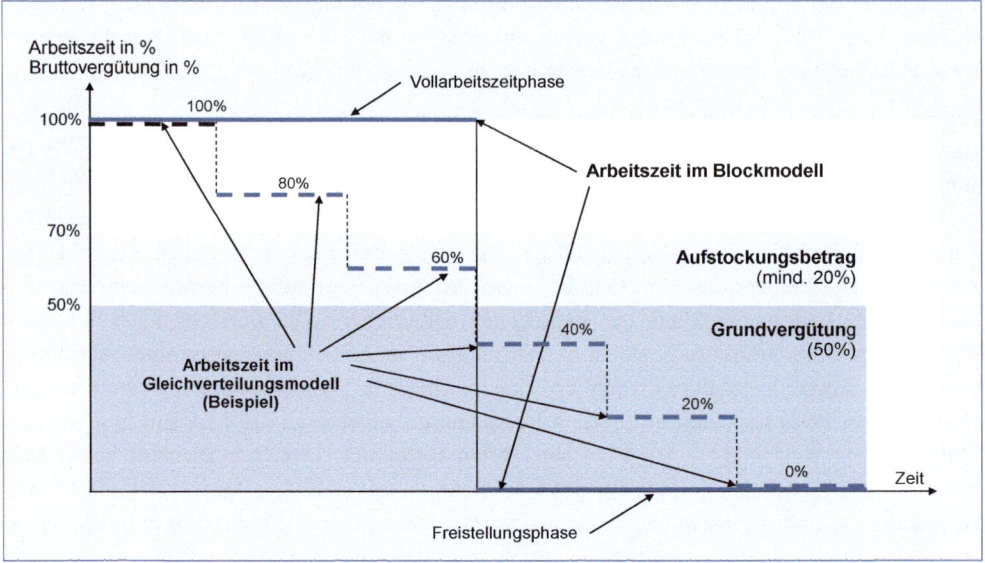

Abb. 5-40:   Gegenüberstellung von Gleichverteilungs- und Blockmodell

5.8.4 Die Kündigung

Lässt sich eine Aufhebungsvereinbarung nicht ermöglichen, so ist die **Kündigung** der letzte in Betracht kommende Weg zum Personalabbau. Die Kündigung stellt die bedeutsamste Art der Beendigung von Arbeitsverhältnissen dar. Bestehende Arbeitsrechtsverhältnisse sind in Deutschland durch Vorschriften in verschiedenen Gesetzen sowie durch Tarifverträge und Betriebsvereinbarungen geschützt. Bei Personalfreisetzungen durch Aufhebung des Arbeitsverhältnisses sind besonders das Kündigungsschutzgesetz (KSchG) und Teile des Betriebsverfassungsgesetzes (BetrVG) von Bedeutung. Grundsätzlich ist eine Entlassung von Arbeitnehmern, die mindestens seit sechs Monaten im Unternehmen beschäftigt sind, nur dann möglich, wenn gewichtige Gründe in der Person bzw. im Verhalten des Arbeitnehmers vorliegen oder wenn dringende betriebliche Erfordernisse einer Weiterbeschäftigung entgegenstehen [vgl. Springer/Sagirli 2006, S. 23].

Vor jeder Kündigung ist der Betriebsrat schriftlich über die Gründe der Kündigung zu unterrichten. Ohne Anhörung des Betriebsrates sind ausgesprochene Kündigungen unwirksam (§ 102 BetrVG). Der Betriebsrat kann der Kündigung innerhalb einer Woche widersprechen, wenn soziale Gesichtspunkte nicht ausreichend berücksichtigt wurden (§ 1 KSchG) oder ein Verstoß gegen betriebliche Auswahlrichtlinien (§ 95 BetrVG) vorliegt. Eine Kündigung ist aber trotz Widerspruch des Betriebsrats möglich. Der Arbeitnehmer hat in diesem Falle die

Möglichkeit, eine *Kündigungsschutzklage* (§ 4 KSchG) vor dem Arbeitsgericht einzureichen. Bis zu einer rechtskräftigen Entscheidung kann er in der Regel seine Weiterbeschäftigung erwirken (§ 102 BetrVG). Eine Kündigung kann sowohl *ordentlich* als auch *außerordentlich* erfolgen (siehe Abbildung 5-41). Beide Formen der Kündigung müssen dem Vertragspartner schriftlich zugehen (§ 623 BGB).

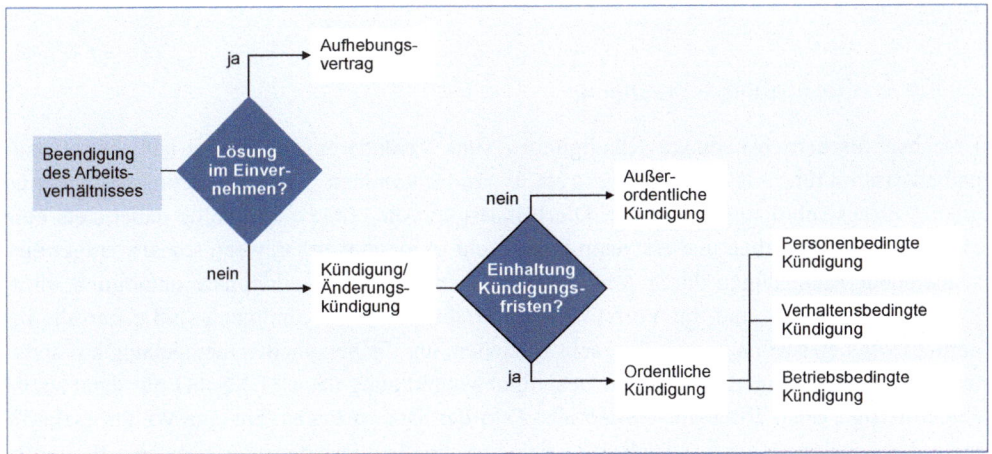

Abb. 5-41:   Ablaufstruktur bei der Beendigung des Arbeitsverhältnisses

Die **außerordentliche (fristlose) Kündigung**, die nur bei schweren Verstößen im Vertrauensbereich ausgesprochen werden kann, ist mit sofortiger Wirkung zulässig, wenn eine Fortsetzung des bestehenden Arbeitsverhältnisses aufgrund eines schwerwiegenden Grundes unzumutbar ist. Wichtige Gründe für den Arbeitgeber können sein: Anstellungsbetrug, dauerhafte Arbeitsunfähigkeit, beharrliche Arbeitsverweigerung, grobe Verletzung der Treuepflicht sowie Verstöße gegen das Wettbewerbsverbot. Aus Sicht des Arbeitnehmers können folgende Gründe zu einer außerordentlichen Kündigung führen: Nichtzahlung der Vergütung durch den Arbeitgeber, dauerhafte Arbeitsunfähigkeit sowie Tätlichkeit oder erheblicher Ehrverlust [vgl. JUNG 2006, S. 337].

Eine **ordentliche Kündigung** bedarf zu ihrer Wirksamkeit keines sachlichen Grundes, wenn sie durch den Arbeitnehmer ausgesprochen wird. Dagegen bedarf es bei der Kündigung durch den Arbeitgeber eines Grundes, der sozial gerechtfertigt ist. Grundsätzlich ist bei folgenden, als besonders schutzbedürftig eingestuften Personen eine ordentliche Kündigung ausgeschlossen bzw. nur unter bestimmten Voraussetzungen zulässig: Schwerbehinderte, Auszubildende, Schwangere bzw. Personen in Erziehungsurlaub, Betriebsratsmitglieder, Abgeordnete sowie Wehr- und Zivildienstleistende. Eine ordentliche Kündigung kann gemäß Kündigungsschutzgesetz (§ 1 KSchG) bei folgenden Gründen durch den Arbeitgeber ausgesprochen werden:

- Betriebsbedingte Gründe (z.B. bei Rationalisierung, Umstellung oder Einschränkung der Produktion),

- Verhaltensbedingte Gründe (z.B. bei Fehlverhalten, Vertragsverletzung),

- Personenbedingte Gründe (z.B. bei Krankheit, mangelnder Eignung, Nachlassen der Arbeitsfähigkeit).

Bei *betriebsbedingten* Kündigungen handelt es sich in der Regel um eine gruppenbezogene Form der Personalfreisetzung. *Verhaltens- und personenbedingte* Kündigungen werden hingegen einem einzelnen, konkreten Mitarbeiter ausgesprochen (einzelfallbezogene Personalfreisetzung).

5.8.4.1 Betriebsbedingte Kündigung

Ursachen für betriebsbedingte Kündigungen sind Veränderungen der betrieblichen Personalbedarfsstruktur. Als betriebsbedingte Gründe kommen Rationalisierungsmaßnahmen oder Auftragseinbrüche in Betracht. Die Entlassung von Mitarbeitern sollte dabei stets eine „Ultima ratio" darstellen und erst dann in Betracht gezogen werden, wenn sozial weniger einschneidende Maßnahmen durch Änderung bestehender Arbeitsverhältnisse unmöglich, sinnlos oder unzumutbar sind. Im Vorfeld einer betriebsbedingten Kündigung sind daher alle innerbetrieblichen Maßnahmen in Betracht zu ziehen, um die personelle Überdeckung auf anderem Wege zu beseitigen. So ist eine Beendigungskündigung nach §1 KSchG nur dann sozial gerechtfertigt, wenn dringende betriebliche Erfordernisse vorliegen, die eine Weiterbeschäftigung des Arbeitnehmers im gleichen Betrieb ausschließen. Das bedeutet, dass eine Weiterbeschäftigung weder an einem anderen freien Arbeitsplatz, noch unter geänderten Arbeitsbedingungen oder nach Umschulungs- bzw. Fortbildungsmaßnahmen möglich ist [vgl. SPRINGER/SAGIRLI 2006, S. 26].

Nach § 1 des KSchG muss bei einer betriebsbedingten Kündigung eine Sozialauswahl stattfinden. Der mit dem Betriebsrat abzustimmende Kriterienkatalog orientiert sich primär am Grundsatz der sozialen Angemessenheit (§ 1 KSchG). Eine betriebsbedingte Kündigung ist nur dann gerechtfertigt, wenn unter vergleichbaren und in ihrer Funktion austauschbaren Arbeitnehmern dem sozial am wenigsten hart Betroffenen gekündigt wird. Der Arbeitgeber muss daher unter vergleichbaren Arbeitnehmern eine Interessenabwägung vornehmen, eine soziale Auswahl treffen und diese begründen. Die Auswahl der betroffenen Arbeitnehmer basiert i. d. R. auf einem Punktesystem [siehe hierzu die Darstellung bei JUNG 2006, S. 335].

Bei Freisetzung einer größeren Zahl von Mitarbeitern (gruppenbezogene Personalfreisetzung) sind weiterführende Aktivitäten zur Freisetzungsabwicklung nötig. In einem ersten Schritt ist die Dauer des Personalüberhangs zu antizipieren. Besteht dieser nur vorübergehend, ist die Einführung von Kurzarbeit zu prüfen (§ 19 KSchG), ansonsten stellt sich die Frage nach einer Betriebsänderung (§ 111 BetrVG). Liegt eine Betriebsänderung vor, so können sich die Betriebspartner auf einen Interessenausgleich oder die Aufstellung eines Sozialplans verständigen. Als Betriebsänderung gelten bereits grundlegende Änderungen der Betriebsorganisation oder die Einführung grundlegend neuer Arbeitsmethoden. Auch ein bloßer Personalabbau ohne betriebliche Organisations- oder Strukturveränderung kann als Betriebsänderung angesehen werden [vgl. SCHOLZ 2011, S. 497].

5.8.4.2 Verhaltensbedingte Kündigung

Verhaltensbedingt ist eine Kündigung, wenn sie im willentlichen Verhalten des einzelnen Mitarbeiters begründet liegt. Folgende Verhaltensweisen können zu einer verhaltensbedingten Kündigung führen [vgl. JUNG 2006, S. 333]:

- Pflichtverletzung im Leistungsbereich (z. B. Schlecht- oder Minderleistung)
- Pflichtverletzung im Vertrauensbereich (z. B. Fälschung, Diebstahl)
- Pflichtverletzung im betrieblichen Bereich (z. B. „Krankfeiern", Störung des Betriebsablaufs).

Grundsätzlich ist bei einer Pflichtverletzung im Leistungsbereich eine Kündigung nur nach einer vorherigen **Abmahnung** möglich. Eine Abmahnung, die sozusagen eine „gelbe Karte" darstellt, ist die Erklärung eines Arbeitgebers, dass er ein bestimmtes Verhalten des Arbeitnehmers missbilligt. Die Abmahnung sollte ereignisbezogen formuliert sein und zum Bestandteil der Personalakte werden. Der Arbeitgeber verbindet damit den Hinweis, dass im Wiederholungsfall Inhalt oder Bestand des Arbeitsverhältnisses gefährdet sind. Dieser Hinweis, d.h. die Androhung einer arbeitsrechtlichen Konsequenz, muss für den betroffenen Arbeitnehmer hinreichend bestimmt und deutlich erteilt werden [vgl. SCHOLZ 2011, S. 499].

5.8.4.3 Personenbedingte Kündigung

Bei einer personenbedingten Kündigung liegt der Freisetzungsgrund in den **mangelnden Fähigkeiten** des Mitarbeiters zur Erbringung der geforderten Arbeitsleistung. Im engeren Sinne ist hier der Umstand der Arbeitsunfähigkeit durch **Krankheit** zu verstehen. Krankheitsbedingte Kündigungen als Unterfall der personenbedingten Kündigung (§ 1 KSchG) können bei häufigen Kurzerkrankungen oder lang andauernden Erkrankungen ausgesprochen werden. Die Berechtigung zur krankheitsbedingten Kündigung resultiert aus einer umfassenden Kette von Prüffragen, nämlich die

- ungünstige Zukunftsprognose, die besagt, dass auch in Zukunft mit erheblichen Fehlzeiten des Arbeitnehmers aufgrund des bisherigen Krankheitsverlaufs zu rechnen ist,
- Maßgeblichkeit, d. h. kommt es durch den Ausfall zu Störungen im Betriebsablauf,
- fehlende Alternativbeschäftigungsmöglichkeiten, d. h. kann der Arbeitnehmer ggf. auf einer anderen Position im Unternehmen weiterbeschäftigt werden sowie
- Interessenabwägung, d. h. was ist dem Unternehmen und was ist dem Mitarbeiter zuzumuten [vgl. SCHOLZ 2011, S. 494 f.].

5.8.5 Entlassungsgespräch und Austrittsinterview

Die Entlassung von Mitarbeitern gehört zu den schlimmsten Pflichten, die eine Führungskraft wahrnehmen muss. Entlassungen gehören zum Führungsgeschäft dazu. Die Frage ist allerdings, wie eine solche Aufgabe anzugehen ist. Das Einfachste ist, die Aufgabe dem Personalmanagement zu überlassen und sich zurückzuziehen oder sich hinter dem Sozialplan zu verstecken. Doch wer seine Führungsaufgabe ernst nimmt und dem Image des Unternehmens nicht schaden will, muss sich persönlich mit dem Betroffenen einlassen – so schwer es einem auch fällt, denn **Entlassungsgespräche** gehen unter die Haut [vgl. DOPPLER/LAUTERBURG 2005, S. 44 f.].

Werden sie aber fair, aufrichtig und ohne geliehene Autorität mit der Intension geführt, dass der Betroffene sein Gesicht nicht verliert, dann wird die für das Aktionsfeld *Personalfreisetzung* angestrebte **Erleichterung** nicht eine ironische Attitüde, sondern im beidseitigem Interesse die Zielsetzung eines seriösen Freistellungsprozesses.

Kommt es im Unternehmen zu einer Personalfreisetzung, so sind auch vom Personalmanagement verschiedene Maßnahmen zu ergreifen. Neben der Erstellung eines **Arbeitszeugnisses** sollte der ausscheidende Mitarbeiter mit Hilfe eines **Austrittsinterviews** (engl. *Exit Interview*) zu charakteristischen Merkmalen des Unternehmens, zu Stärken und Schwächen in der Personalführung sowie zu seiner subjektiven Bewertung dieser Aspekte befragt werden. Kündigt der Berater, so bietet ein Austrittsinterview zudem die Gelegenheit, Gründe für das geplante Ausscheiden zu erheben. Darüber hinaus dient ein Exit-Interview meist auch praktischen Angelegenheiten wie der Information des Arbeitnehmers über weitere Rechte und Pflichten oder der Rückgabe firmeneigener Gegenstände. Mit einem Austrittsinterview lassen sich verschiedene Problembereiche in einem Unternehmen identifizieren. Die erhobenen Daten bilden somit eine wesentliche Grundlage für die Formulierung von Personalentwicklungsmaßnahmen.

Austrittsinterviews können schriftlich oder mündlich durchgeführt werden, es sind dabei freie oder strukturierte Formen der Interviewdurchführung denkbar. Als Interviewer sollte ein unbeteiligter Dritter fungieren (z.B. ein Mitarbeiter des Personalbereichs), nicht der unmittelbare Vorgesetzte oder ein Mitglied der eigenen Arbeitsgruppe. Austrittsinterviews finden in der betrieblichen Praxis bislang nur wenig Anwendung. Eine Ursache hierfür könnte in der möglichen Informationsverfälschung durch den ausscheidenden Mitarbeiter liegen. So besteht bei einer Kündigung die Gefahr, dass der Mitarbeiter Merkmale des Unternehmens übertrieben negativ bewertet oder sich mit seinen Antworten an Vorgesetzten und Kollegen rächt. Kündigt der Mitarbeiter selbst, so könnte er versuchen, sich durch harmlose Antworten der langwierigen Frageprozedur zu entziehen.

Diese Probleme lassen sich durch eine **Standardisierung der Interviews** reduzieren. So stellt ein einheitlich formulierter Interviewleitfaden sicher, dass alle relevanten Themen behandelt werden und nicht nur bestimmte Fragestellungen im Mittelpunkt des Gesprächs stehen. Die Standardisierung der Interviewfragen kann auch über sogenannte Imagekarten erfolgen. Der ausscheidende Mitarbeiter ordnet dabei Karten mit Imagefaktoren (gutes Betriebsklima, gute Sozialleistungen, gute Arbeitsplatzgestaltung etc.) verschiedenen Kategorien zu (z.B. im Unternehmen verwirklicht, im Unternehmen nicht verwirklicht). Im Anschluss wird die Einschätzung des Unternehmens mit dem Mitarbeiter besprochen. Im Rahmen von Entlassungen erleiden sowohl Arbeitnehmer als auch Arbeitgeber i. d. R. materielle und ideelle Schäden. Der möglichst weitgehende Verzicht auf betriebsbedingte Personalfreisetzungen liegt somit auch im Interesse des Unternehmens. So geht mit der Entlassung eines Mitarbeiters auch wertvolles Know-how verloren, welches bei einem Anstieg des Personalbedarfs durch aufwendige Beschaffungs- oder Entwicklungsmaßnahmen neu erworben werden muss. In der Beratungsbranche müssen für die reinen Kosten der Ersatzbeschaffung (engl. *Replacement* *costs*) eines neuen Mitarbeiters etwa die Höhe eines halben Jahresgehaltes angesetzt werden [vgl. LIPPOLD 2010, S. 27].

Literatur zum 5. Kapitel

ASHFORTH, B. E./MAEL, F. (1989). Social Identity Theory and the Organization. Academy of Management Review, 14, 20-39.

BAUMBACH, A. (2007): Wie Berater die Nadel im Heuhaufen finden, in: Frankfurter Allgemeiner Hochschulanzeiger, Vol. 89, 2007, S. 54-55.

BECK, C. (2008): Personalmarketing 2.0. Personalmarketing in der nächsten Stufe ist Präferenz-Management, in: BECK, C. (Hrsg.): Personalmarketing 2.0. Vom Employer Branding zum Recruiting, Köln 2008.

BECKER, G./SEFFNER, S. (2002): Erfolgsfaktor Personal – Wachstum und Zukunftsorientierung im Mittelstand, Kienbaum Consultants International.

BISANI, F. (1995): Personalwesen und Personalführung. Der State oft he Art der betrieblichen Personalarbeit, 4. Aufl., Wiesbaden 1995.

BRIETZE, R./LIPPOLD, D. (2011): Gerecht und motivierend. Eine Fallstudie zur Vergütungsgerechtigkeit bei Führungskräften, in: Zeitschrift für Organisation (zfo), 04/11, S. 230-237.

BRÖCKERMANN, R. (2007): Personalwirtschaft. Lehr- und Übungsbuch für Human Resource Management, 4. Aufl., Stuttgart 2007.

BROWN, M./SIMMERLING, M./STURMAN, M. (BROWN et al. 2003): Compensation Policy and Organizational Performance: The Efficiency, Operational, and Financial Implications of Pay Levels and Pay Structure, Academy of Management Journal, 46, 6, S. 752–762.

BRUHN, M. (2007): Kommunikationspolitik, 4. Aufl., München 2007.

BUSS, E. (2009): Managementsoziologie. Grundlagen , Praxiskonzepte, Fallstudien, 2. Aufl., München 2009.

CONRADI, W. (1983): Personalentwicklung, Stuttgart 1983.

DAHRENDORF, R. (1975): Gesellschaft und Demokratie in Deutschland, München 1975.

DAHRENDORF, S. (2013): Standardinstrumente für eine innovative Personalarbeit, in: PAPMEHL, A./TÜMMERS, H. J. (Hrsg.): Die Arbeitswelt im 21. Jahrhundert. Herausforderungen, Perspektiven, Lösungsansätze, Wiesbaden 2013, S. 33-45.

DEHNER, H./LABITZKE, F. (2007): Praxishandbuch für Verhaltenstrainer. Das wichtigste Know-how für Akquisition, Konzeption und Intervention, Bonn 2007.

DGFP e.V. (Hrsg.) (2006): Erfolgsorientiertes Personalmarketing in der Praxis. Konzept – Instrumente – Praxisbeispiele, Düsseldorf 2006.

DOPPLER, K./LAUTERBURG, C. (2005): Change Management. Den Unternehmenswandel gestalten, 11. Aufl., Frankfurt/Main 2005.

ECKARDT, A./LAUMER, S./MAIER, C./WETZEL, T. (ECKART et al. 2012): Bewerbermanagement-Systeme in deutschen Großunternehmen. Wertbeitrag von IKT für dienstleistungsproduzierende Leistungs- und Lenkungssysteme, in: Zeitschrift für Betriebswirtschaftslehre, Sonderheft 4/2012.

EDINGER, T. (2002): Cafeteria-Systeme. Ein EDV-gestützter Ansatz zur Gestaltung der Arbeitnehmer-Entlohnung, Herdecke 2002.

EYER, E./HAUSSMANN, T. (2007): Zielvereinbarung und variable Vergütung. Ein praktischer Leitfaden – nicht nur für Führungskräfte, 3. Aufl., Wiesbaden 2005.

FRINTRUP, A (2006): (ohne Titel) Gastvortrag der HR Diagnostics an der Fachhochschule Pforzheim am 13.06.2006.

GÖBEL, E. (2006): Unternehmensethik – Grundlage und praktische Umsetzung, Stuttgart 2006.

GRÜNING, M. (2002): Performance-Measurement-Systeme. Messung und Steuerung von Unternehmensleistung, Wiesbaden 2002.

HAGMANN, C./HAGMANN, J. (2011): Assessment Center, 4. Aufl., Freiburg 2011.

HENTZE, J./GRAF, A. (2005): Personalwirtschaftslehre 2, 7. Aufl., Bern 2005.

HILDEBRANDT, E./WOTSCHAK, P./KIRSCHBAUM, A. (HILDEBRANDT et al. 2009): Zeit auf der hohen Kante. Langzeitkonten in der betrieblichen Praxis und Lebensgestaltung von Beschäftigten, Berlin 2009.

HILL & KNOWLTON (Hrsg.) (2008): Reputation & the war for talent. Corporate Reputation Watch 2008.

HIMMELREICH, F.-H. (1989): Arbeitsmarktanalyse. In: STRUTZ, H. (Hrsg.): Handbuch Personalmarketing, Wiesbaden 1989, S. 25-37.

HOFMANN, M. (2007): Viele Exoten in der IT-Beratung, in: Frankfurter Allgemeiner Hochschulanzeiger, Vol. 89, 2007, S. 60-61.

HOMBURG, C./KROHMER, H. (2006): Marketing-Management, 2. Aufl., Wiesbaden 2006.

HOMBURG, C./KROHMER, H. (2009): Marketingmanagement. Strategie – Umsetzung – Unternehmensführung, 3. Aufl., Wiesbaden 2009.

HUNGENBERG, H./WULF, T. (2011): Grundlagen der Unternehmensführung. Einführung für Bachelorstudierende, 4. Aufl., Berlin-Heidelberg 2011.

JÄGER, W. (2008): Die Zukunft im Recruiting: Web 2.0. Mobile Media und Personalkommunikation, in: BECK, C. (Hrsg.): Personalmarketing 2.0. Vom Employer Branding zum Recruiting, Köln 2008.

JÄGER, W./JÄGER, M./FRICKENSCHMIDT, S. (JÄGER et al. 2007): Verlust der Informationshoheit, in: Personal 02/2007, S. 8-11.

JUNG, H. (2006): Personalwirtschaft, 7. Aufl., München 2006.

KAPLAN, R. S./NORTON, D. P. (1992): The Balanced Scorecard - Measures that Drive Performance. In: Harvard Business Review. 1992, January - February, S. 71-79.

KELLNER, H. (2000): Konflikte verstehen, verhindern, lösen. Konfliktmanagement für Führungskräfte, München 2000.

KIEFER, B. U./KNEBEL, H. (2004): Taschenbuch Personalbeurteilung – Feedback in Organisationen, 11. Aufl., Heidelberg 2004.

KOSUB, B. (2009): Personalentwicklung, in DGFP e.V. (Hrsg.): Personalcontrolling. Konzept – Kennzahlen – Unternehmensbeispiele, Bielefeld 2009, S. 109–128.

KÜMMERLE, K./BUTTLER, A./KELLER, M. (KÜMMERLE et al. 2006): Betriebliche Zeitwertkonten. Einführung und Gestaltung in der Praxis, Heidelberg/München/Landsberg/Berlin 2006.

KUNERTH, B./MOSLEY, R. (2011): Applying employer brand management to employee engagement. Strategic HR Review, Vol. 10, Iss: 3, pp.19-26.

LAMPERT, H. (1994): Lehrbuch der Sozialpolitik, Berlin 1994.

LIPPOLD, D. (2010): Die Personalmarketing-Gleichung für Unternehmensberatungen, in: Niedereichholz et al. (Hrsg.): Handbuch der Unternehmensberatung, Berlin 2010.

LIPPOLD, D. (2011): Die Personalmarketing-Gleichung. Einführung in das wertorientierte Personalmanagement, München 2011.

LIPPOLD, D. (2012): Die Marketing-Gleichung. Einführung in das wertorientierte Marketingmanagement, München 2012.

LIPPOLD, D. (2014): Die Personalmarketing-Gleichung. Einführung in das wert- und prozessorientierte Personalmanagement, 2. Aufl., München 2013.

LIPPOLD, D. (2015a): Die Marketing-Gleichung. Einführung in das prozess- und wertorientierte Marketingmanagement, 2. Aufl., Berlin – Boston 2015.

LOCHER, A. (2002): Individualisierung von Anreizsystemen, Basel 2002.

MACHARZINA, K./WOLF, J. (2010): Unternehmensführung. Das internationale Managementwissen. Konzepte – Methoden - Praxis, Wiesbaden 2010.

MENTZEL, W. (2005): Personalentwicklung. Erfolgreich motivieren, fördern und weiterbilden, 2. Aufl., München 2005.

NEUBERGER, O. (2002): Führen und führen lassen. Ansätze, Ergebnisse und Kritik der Führungsforschung, 6. Aufl., Stuttgart 2002.

NISSEN, V./KINNE, S. (2008): IV- und Strategieberatung: eine Gegenüberstellung, in: LOOS, P./BREITNER, M./DEELMANN, T. (Hrsg.): IT-Beratung. Consulting zwischen Wissenschaft und Praxis, Berlin 2008, S. 89-106.

PETRY, T./SCHRECKENBACH, F. (2010): Web 2.0 – Königs- oder Holzweg? In: Personalwirtschaft 09-2010.

PREEN, VON A. (2009): Mitarbeiterentlohnung und Partnerschaftsmodelle in Unternehmensberatungen, Präsentationsvortrag KIENBAUM Unternehmensberatung v. 08.10.2009.

RATIONALISIERUNGSKURATORIUM DER DEUTSCHEN WIRTSCHAFT E.V. (RKW 1990): RKW-Handbuch Personalplanung, 2. Aufl., Neuwied 1990.

RAUSER TOWERS PERRIN (2006): Flexible Benefits im gesamteuropäischen Kontext. Trends und Potenziale, Studie Juli 2006.

RECRUITING TRENDS 2010, hrsg. vom Centre of Human Resources Information Systems (CHRIS) der Otto-Friedrich-Universität Bamberg und der Goethe-Universität Frankfurt.

RINGLSTETTER, M./KAISER, S. (2008): Humanressourcen-Management, München 2008.

ROSENSTIEL, VON, L. (2003): Führung zwischen Stabilität und Wandel, München 2003.

SCHAMBERGER, I. (2006): Differenziertes Hochschulmarketing für High Potentials, Schriftenreihe des Instituts für Unternehmensplanung (IUP), Band 43, Norderstedt 2006.

SCHMID-OERTEL, M./KRAUSE, T. (2007): Compensation & Benefits – Vergütungssystematik und Performance Management für Führungskräfte, Präsentationsvorlage ENBW vom 09.11.2007.

SCHOLZ, C. (2011): Grundzüge des Personalmanagements, München 2011.

SCHRÖDER, W. (2002): Ergebnisorientierte Führung in turbulenten Zeiten, 2002, URL: http://www.dr-schroeder-personalsysteme.de/pdffiles/Artikel17/ .

SCHULER, H. (2006): Lehrbuch der Personalpsychologie, 2. Aufl., Göttingen 2006.

SIMON, H./WILTINGER, K./SEBASTIAN, K.-H./TACKE, G. (SIMON et al. 1995): Effektives Personalmarketing. Strategien, Instrumente, Fallstudien, Wiesbaden 1995.

SPRINGER, J./SAGIRLI, A.: Personalmanagement – Personalfreisetzung,

URL: http://www.iaw.rwth-aachen.de/download/lehre/vorlesungen/2006.

STAEHLE, W. (1999): Management, 8. Aufl., München 1999.

STALDER, B. (1997): Frauenförderung konkret. Handbuch zur Weiterbildung im Betrieb, Zürich 1997.

STEINLE, M./THIES, A. (2008): Employer Branding in der Praxis: Nachhaltige Investitionen in die Arbeitgebermarke, in: Personalführung 5/2008.

STEINMANN, H./SCHREYÖGG, G. (2005): Management. Grundlagen der Unternehmensführung. Konzepte – Funktionen – Fallstudien, 6. Aufl., Wiesbaden 2005.

STOCK-HOMBURG, R. (2008): Personalmanagement: Theorien – Konzepte – Instrumente, Wiesbaden 2008.

STOCK-HOMBURG, R. (2013): Personalmanagement: Theorien – Konzepte – Instrumente, 3. Aufl., Wiesbaden 2013.

TALENTIAL & WIESBADEN BUSINESS SCHOOL (2011): Nutzung von Social Media im Employer Branding und im Online-Recruiting 2011,

URL: http://www.slideshare.net/talential/nutzung-von-social-media-im-employer-branding-und-im-onlinerecruiting.

TOKARSKI, K. O. (2008): Ethik und Entrepreneurship. Eine theoretische und empirische Analyse junger Unternehmen im Rahmen einer Unternehmensethikforschung, Wiesbaden 2008.

TOWERS PERRIN (2007): Global Workforce Study 2007.

TROMMSDORFF, V. (1987). Image als Einstellung zum Angebot, in: HOYOS et al. (Hrsg.): Wirtschaftspsychologie in Grundbegriffen, 2. Aufl., München 1987, S. 117–128.

WEIDENEDER, M. (2001): Erfahrungsbericht: Personalvermittlung im Internet. In: Personal, 07/2001.

WILDEN, R./GUDERGAN, S./LINGS, I. (WILDEN et al. 2010): Employer branding: strategic implications for staff recruitment. Journal of Marketing Management, Vol. 26, Iss: 1-2, pp. 56-73.

WOTTAWA, H. (2008): High Potentials – Die Condottieri unserer Zeit, Vortrag im Rahmen der Management Meetings-Konferenz „Talent Management in der Praxis" am 8. Mai 2008 in München.

6. Controlling und Organisation der Unternehmensberatung

6. Controlling und Organisation der Unternehmensberatung

Beratungsunternehmen weisen eine Reihe von Besonderheiten auf, die einen Vergleich mit Unternehmen anderer Branchen nur schwer zulassen. Insbesondere die projektorientierte Organisation in Beratungsunternehmen setzt einen hohen Koordinationsaufwand voraus und erfordert eine Kombination spezifischer Controlling-Instrumente. Neben dem Controlling bildet eine Reihe von Organisationsvorschlägen für eine effiziente Unternehmensberatung den Inhalt abschließenden Kapitels.

Im Mittelpunkt des *6. Kapitels, das* darüber hinaus ein wenig als „Sammelbecken" für weitere Themen dient, die bislang noch nicht oder in ausreichenden Umfang angesprochen werden konnten (z. B. Change Management) zählen:

➢ Aussagen über spezifische Controlling-Anforderungen in Beratungsunternehmen

➢ Aussagen über spezifische Controlling-Instrumente im Projektgeschäft

➢ Aussagen über das Controlling als Frühwarnsystem

➢ Aussagen über das Personal-Controlling

➢ Aussagen über verschiedene Organisationsvarianten von Beratungsunternehmen

➢ Aussagen über Change Management.

6.1 Controlling als Konzept der Unternehmensführung

Für ein branchentypisches, mittelgroßes Beratungsunternehmen war Controlling noch vor wenigen Jahren ein Konzept, das man seinem Kundenunternehmen empfahl, aber kein Instrument, das man bei seiner eigenen unternehmerischen Planung und Führung einsetzte. Heute gelten für das Beratungsgeschäft mit großen Auftragsvolumina andere Rahmenbedingungen und Herausforderungen, die nur mit modernen Management-Systemen zu bewältigen sind. Während der typische (Strategie-)Berater nach Tagessätzen abrechnet und zumeist ohne ausgeklügelte Kostenrechnungssysteme auskommt, erwarten die Kundenunternehmen gerade im Bereich der Informationsverarbeitung Komplettlösungen, die auf ihre Bedürfnisse zugeschnitten sind. Solche Großprojekte sind ohne moderne Controlling-Instrumente nicht mehr zu stemmen [vgl. STOLORZ 2005, S. 11 f.].

Vor allem sind leistungsfähige Controlling-Systeme eine Voraussetzung dafür, die Rentabilität von Geschäftsbeziehungen und Branchenstrategien sowie die eigene Marktposition in ausgewählten Segmenten zu ermitteln und zu bewerten. Solche Informationen sind wiederum erforderlich, um profunde Geschäfts- oder Kundenstrategien bspw. in Form einer Einstiegs-, Ausbau-, Konsolidierungs- oder Ausstiegsentscheidung zu treffen [vgl. FOHMANN 2005, S. 65].

6.1.1 Der Controlling-Begriff

Im Gegensatz zum deutschen Sprachgebrauch darf der Begriff „to control" oder „Controlling" nicht einfach mit „kontrollieren" oder „Kontrolle" übersetzt werden, sondern bedeutet sinngemäß Beherrschung, Lenkung oder Steuerung eines Vorgangs. Zwar existiert nach wie vor keine einheitliche Definition des Controlling-Begriffs, dennoch gibt es *drei* grundlegende Perspektiven, die dem modernen Controlling-Ansatz zugrunde liegen [vgl. WEBER/SCHÄFFER 2008, S. 4]:

- Das zeitlich gesehen **erste Grundverständnis** des Controllings besteht darin, dass es eine betriebswirtschaftliche Transparenz- und Informationsfunktion erfüllt. Konkret handelt es sich dabei um die **I**nformationsversorgung mit Rechengrößen, die aus dem internen Rechnungswesen stammen. Im Gegensatz zur Kosten- und Leistungsrechnung, die darauf ausgerichtet ist, die richtigen Kosten einer Kostenstelle zuzuordnen oder das richtige Ergebnis eines Produkts oder eines Projekts zu ermitteln, zielt das Controlling darauf ab, dass mit diesen Informationen die richtigen unternehmerischen Entscheidungen getroffen werden.

- Das **zweite Grundverständnis** bezieht sich auf die Aufgabe des Controllings, die zielbezogene, erfolgsorientierte **Planung und Kontrolle** des Unternehmens wahrzunehmen. Diese Aufgabe reicht vom Management des Planungsprozesses bis hin zur periodischen Überprüfung der Zieleinhaltung.

- In dem Bestreben, dem Controlling eine eigenständige Funktion zuzuweisen, ist das **dritte Grundverständnis** entstanden. Nicht die Informationsversorgung, Planung und Kontrolle selbst, sondern ihre **Koordination** und ihre Verbindung zu anderen Bereichen macht das Besondere des Controllings aus. Daraus folgt die Aufgabe des Controllings, das gesamte Führungssystem des Unternehmens zu koordinieren.

Sucht man nach einem „Bild" für die Funktion des Controllings, so wird häufig die Assoziation mit der eines *Navigators* an Bord eines Schiffes, der dem Kapitän Empfehlungen hinsichtlich Kurs und Fahrt des Schiffes gibt oder mit der eines Rallye-Copiloten, der dem Fahrer Informationen hinsichtlich der nächsten Kurven, Hügel etc. gibt, herangezogen. Die letztendliche Entscheidung und das Lenken obliegen jedoch grundsätzlich dem führenden Kapitän bzw. Piloten [vgl. JENTZSCH 2008, S. 27 f.].

6.1.2 Controlling als Koordinationsfunktion

Controlling lässt sich als Koordination des Regelkreises der Managementfunktionen *Planung*, *Organisation*, *Personaleinsatz*, *Führung* und *Kontrolle* beschreiben. Dieser Funktionsumfang, der auch als **Fünferkanon** der modernen Managementlehre bezeichnet wird, ist in Abbildung 6-01 dargestellt. Als Regelkreis lässt er sich auf das Gesamtunternehmen oder auf einzelne Bereiche bzw. Profit-Center herunterbrechen. Erfolgreiches Controlling ist abhängig von einer genauen Formulierung der Unternehmens- und Bereichsziele. Die Zielvorgaben sollten dabei möglichst in Form von Kennzahlen erfolgen.

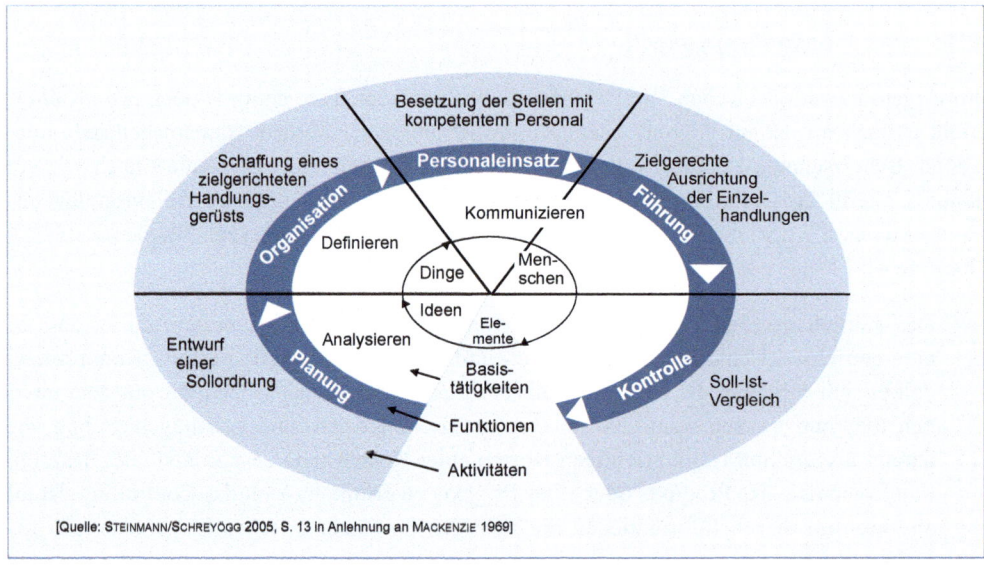

[Quelle: STEINMANN/SCHREYÖGG 2005, S. 13 in Anlehnung an MACKENZIE 1969]

Abb. 6-01:   Die Abfolge von Managementfunktionen als Regelkreis

Controlling als Koordination von Führungs- bzw. Managementfunktionen lässt sich aber nicht nur auf *Bereiche*, sondern auch auf (zeitlich begrenzte) **Projekte** anwenden. Zu den Grundlagen des Projektmanagements, das ja nichts anderes als eine spezielle Führungskonzeption zur Lösung komplexer, terminierter Aufgaben darstellt, zählen ebenfalls die dispositiven Tätigkeiten *Planung, Organisation, Personaleinsatz, Führung* und *Kontrolle.* Folgende Prozesslogik ist damit verbunden [vgl. STEINMANN/SCHREYÖGG 2005, S. 10 ff.]:

- **Planung** (engl. *Planning*): In der Projektplanung, dem logischen Ausgangspunkt des Projektmanagementprozesses, wird der Projektgegenstand analysiert, die Projektziele festgelegt sowie ein detaillierter Zeit- und Ressourcenplan aufgestellt.

- **Organisation** (engl. *Organizing*): Im Rahmen der Projektorganisation wird ein Handlungsgefüge hergestellt, das die Gesamtaufgabe spezifiziert, in Teilaufgaben zerlegt und so aneinander anschließt, dass eine Umsetzung der Pläne sichergestellt ist. Auch die Einrichtung eines Kommunikationssystems, das alle Beteiligten und Betroffenen mit den notwendigen Informationen versorgt, ist Bestandteil der Projektorganisation.

- **Personaleinsatz** (engl. *Staffing*): Im Rahmen des Personaleinsatzes werden eine anforderungsgerechte Besetzung des Projektes mit Personal sowie eine Zuordnung von Aufgaben, Kompetenzen und Verantwortung vorgenommen.

- **Führung** (engl. *Directing*): Im Führungsprozess geht es um die Koordination aller am Projekt beteiligten Akteure, um das Durchsetzen von Entscheidungen während der Projektabwicklung sowie um die Einleitung gegensteuernder Maßnahmen bei Planabweichungen. Motivation, Kommunikation und Konfliktsteuerung sind weitere Themen dieser Projektmanagementfunktion.

- **Kontrolle** (engl. *Controlling*): Die Kontrolle stellt logisch den letzten Schritt des Projektmanagementprozesses dar. Sie besteht im Wesentlichen aus dem Soll/Ist-Vergleich der Leistungen, Kosten und Termine und zeigt, ob es gelungen ist, die Pläne zu verwirklichen.

6.2 Unternehmenscontrolling

Das Besondere am Controlling für Unternehmensberatungen ist nicht das *Unternehmens*controlling, sondern das Controlling für *Projekte*. Dennoch sollen zunächst einige Aspekte des Unternehmenscontrollings beleuchtet werden. Hierbei soll die Besonderheit der Honorarhöhe von Unternehmensberatungen im Vordergrund stehen. So befindet sich die Unternehmensberatung seit Jahren in dem Ruf, teuer zu sein, wobei gleichzeitig eine hohe Unsicherheit über den eigentlichen Wert der Beratungsleistung besteht. Besonders die Höhe der Tagessätze steht immer wieder in der Kritik.

Aus diesem Grunde stellen sich die Fragen, wie die Tagessätze der Unternehmensberatung gebildet werden, wie hoch ein etwaiger Verhandlungsspielraum ist und wie sich mögliche Unterschiede zwischen den Beratungsunternehmen erklären. Zur Beantwortung der Fragen müssen zunächst die Kostenstrukturen von Beratungsunternehmen betrachtet werden [vgl. SOMMERLATTE 2004].

6.2.1 Kostenstrukturen von Beratungsunternehmen

Wesentlich für das Verständnis der Kostenstruktur von Beratungsunternehmen ist die (nicht überraschende) Erkenntnis, dass die **Personalkosten** in der Regel nicht nur den größten Kostenblock, sondern deutlich mehr als die Hälfte aller Kosten einer Unternehmensberatung ausmacht. Zwar halten die Beratungsunternehmen ihre Kostenstrukturen strikt geheim, doch die BDU-Benchmarkstudie von 2011 zeigt aussagekräftige Durchschnittswerte. Den zweitgrößten Kostenblock bilden die *Fremdleistungen*, die im Mittel etwa ein Achtel (15,9 Prozent) aller Kosten ausmachen. Es folgen mit großem Abstand die *Reisekosten* (6,6 Prozent), die Kosten für den *Fuhrpark* (6,3 Prozent), die *Raumkosten* (5,7 Prozent) sowie die Kosten für *Marketing und Kommunikation* (3,3 Prozent). In den verbleibenden weiteren betrieblichen Aufwendungen (4,6 Prozent) sind Kosten u. a. für Fortbildung, Versicherungen, Wartung und Instandhaltung enthalten (siehe Abbildung 6-02).

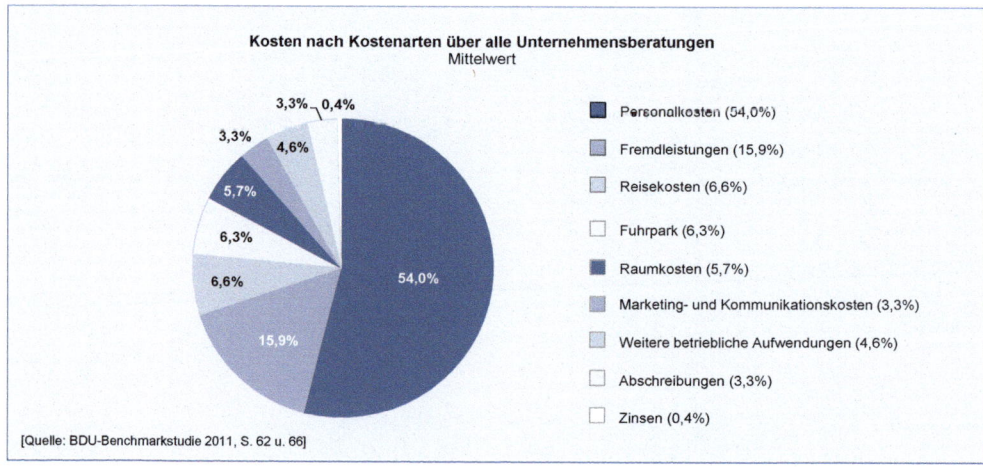

Abb. 6-02:   Kosten nach Kostenarten über alle Unternehmensberatungen

Analysiert man die durchschnittliche Kostenstruktur nach **Beratungsfeldern**, so zeigt sich, dass IT-Beratungen mit durchschnittlich 61 Prozent den höchsten Personalkostenanteil aufweisen. Bei den Strategieberatungen sind es mit 51,9 Prozent nahezu 10 Prozentpunkte weniger. Lässt man bei der Kostenstrukturanalyse die Aufwendungen für Fremdleistungen unbeachtet, so beträgt bei den IT-Beratungen der Personalkostenanteil unter den verbleibenden Kosten sogar durchschnittlich fast 76 Prozent und über alle untersuchten Beratungsunternehmen hinweg immer noch 64 Prozent (siehe Abbildung 6-03).

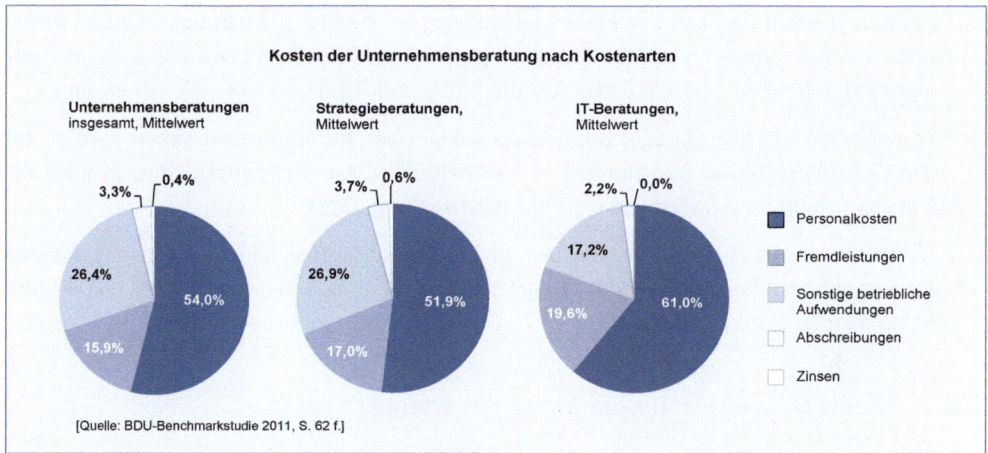

Abb. 6-03:   Kostenstruktur der Unternehmensberatungen nach Beratungsfeldern

Im nächsten Schritt sollen die hinter den Personalkosten stehenden **Mitarbeiterstrukturen** analysiert werden. Dazu ist es erforderlich, die Anzahl der Mitarbeiter innerhalb einer Hierarchiestufe (engl. *Grade*) festzustellen. Aus dem Gesamtbild aller Hierarchiestufen ergibt sich die sogenannte **Beratungspyramide**, in der sich das Zahlenverhältnis der Mitarbeiter in den einzelnen Grades widerspiegelt (engl. *Leverage*). MAISTER [1982] betont, dass eine schmale Pyramide mit einer anspruchsvollen und kreativen Beratungsleistung einhergeht *(„Brains"* *project structure)*. Häufig kommen dann auf einen Partner nur sehr wenige Consultants. Bei Beratungsleistungen, die sich eher durch fachspezifische und analytische Aufgaben (z. B. SAP- oder ORACLE-Kenntnisse) auszeichnen, kommen auf einen Partner deutlich mehr Berater. Eine solche, eher breite Pyramide ist für das IT-Beratungsgeschäft *(„Procedural work"* *project structure)* typisch [vgl. SOMMERLATTE 2004, S. 5; ARMBRÜSTER 2006, S. 127].

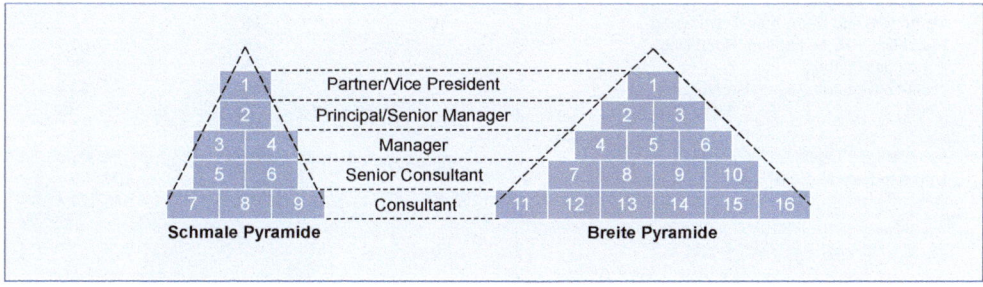

Abb. 6-04:   Schmale und breite Beratungspyramide

Während in dem Beispiel in Abbildung 6-04 bei der schmalen Pyramide auf einen Partner insgesamt acht Manager bzw. Consultants kommen, ist das Beispielverhältnis bei der breiten Pyramide eins zu fünfzehn. Im Folgenden dienen die beiden Pyramiden als Grundlage für die Darstellung der Kosten- und Ergebnisstruktur für die Strategieberatung einerseits und für die IT-Beratung andererseits. Um die Komplexität ein wenig zu reduzieren, sollen die nachfolgenden Beispielrechnungen lediglich mit drei Hierarchieebenen durchgeführt werden (siehe auch BDU-Benchmarkstudie 2011, S. 78]:

- **Partner** (erfüllt mindestens einen der folgenden Punkte: Anteilseigner einer Firma und/oder vollverantwortlich für Projektakquisition und Kundenbeziehung und/oder verantwortlich für einen Geschäftsbereich, die Firma, ein Büro oder eine Niederlassung)

- **Projekt Manager** (erfahrener Berater, der mindestens für ein Projekt verantwortlich ist, den Consultants seiner Projektteams die erforderliche Anleitung gibt und z. T. auch die Verantwortung für Kunden und Geschäftsentwicklung trägt)

- **Consultant** (Mitarbeiter vom Einstieg in die Beraterlaufbahn bis hin zur angehenden Projektleitungsfähigkeit, der in der Regel auf einem Projekt eingesetzt ist und teils Module selbständig erledigt).

6.2.2 Modellrechnungen für die Strategieberatung

Die in Abbildung 6-05 dargestellte Kosten- und Ergebnisstruktur bei Vollkostenrechnung zeigt ein sehr unterschiedliches Bild für die drei Hierarchieebenen bei Strategieberatern.

Kostenposition	Consultant (Teuro/Jahr)	Manager (Teuro/Jahr)	Partner (Teuro/Jahr)
Festgehalt	60	100	200
Variables Gehalt/Bonus	10	40	80
Sozialkosten	12	20	40
Sekretariat, Raum-/Gemeinkosten	20	40	80
IT-, Telekommunikationskosten inkl. Abschreibungen	8	16	20
Material, Literatur, PR	5	9	15
Schulungskosten	5	5	-
Nicht verrechenbare Reisekosten	5	20	40
Gesamtkosten	**125**	**250**	**475**

Kalkulatorische Auslastungspositionen	Consultant (Personentage/Jahr)	Manager (Personentage/Jahr)	Partner (Personentage/Jahr)
Verfügbare Arbeitstage nach Urlaub, Feiertagen und Krankheit	215	215	215
Schulung, Weiterbildung	10	10	-
Methoden- und Know-how-Entwicklung	10	15	10
Marketing, PR, Akquisition, Recruiting	-	20	50
Führungsaufgaben	-	15	25
Nicht-konvertierte Angebotserstellung	20	30	30
Fakturierbare Arbeitstage	**175**	**125**	**100**

	Consultant	Manager	Partner
Marktfähiges Tageshonorar (Euro)	1.000	2.000	4.000
Umsatzpotenzial (Euro)	175.000	250.000	400.000
Gesamtkosten (Euro)	125.000	250.000	475.000
Über-/Unterdeckung (Euro)	**+ 50.000**	**+/- 0**	**-75.000**

[Quelle: in Anlehnung an SOMMERLATTE 2004, S. 7]

Abb. 6-05:   Kosten- und Ergebnisstruktur pro Strategieberater

So können lediglich die Consultants aufgrund ihrer hohen Auslastung eine Überdeckung ihrer direkten und anteiligen Kosten erzielen. Die Unterdeckung bei den Partnern entsteht dadurch, dass diese nur einen wesentlich geringeren Teil ihrer verfügbaren Arbeitstage auf Kundenprojekte verrechnen können, da sie eine höhere Zahl von Arbeitstagen für Führungsaufgaben sowie Marketing- und Vertriebsaktivitäten einsetzen müssen. Gleichwohl ist die Überdeckung bei den Consultants erforderlich, um die Unterdeckung bei den Partnern zu kompensieren, während sich die Projekt Manager in dieser Modellrechnung gerade selber tragen. Umgekehrt ist die hohe Auslastung der Consultants nur darstellbar, wenn die Partner (und teilweise auch die Manager) ein für alle ausreichendes Auftragsvolumen akquirieren. Aus dieser wechselseitigen Abhängigkeit (Consultants finanzieren mit ihrer hohen Auslastung die erforderlichen Arbeitsbeschaffungsaktivitäten der Partner und Manager) ergibt sich zwangsläufig ein Pyramidenmodell [vgl. SOMMERLATTE 2004, S. 6].

	Modell 1	• Schmale Pyramide • Verbleibende Arbeitstage voll (zu 100%) fakturiert				Modell 2	• Breite Pyramide • Verbleibende Arbeitstage voll (zu 100%) fakturiert			
	An-zahl	Fakt. Tage	Umsatz	Kosten	Gewinn	An-zahl	Tage	Umsatz	Kosten	Gewinn
Partner	1	100	400	475	-75	1	100	400	475	-75
Projekt Manager	1	125	250	250	-	3	375	750	750	-
Consultant	4	700	700	500	200	8	1.400	1.400	1.000	400
Gesamt	6	925	1.350	1.225	125	12	1.525	2.550	2.225	325
Umsatzrendite					9,3%					12,7%

	Modell 3	• Schmale Pyramide • Verbleibende Arbeitstage zu 90% fakturiert				Modell 4	• Breite Pyramide • Verbleibende Arbeitstage zu 90% fakturiert			
	An-zahl	Fakt. Tage	Umsatz	Kosten	Gewinn	An-zahl	Fakt. Tage	Umsatz	Kosten	Gewinn
Partner	1	90	360	475	-115	1	90	360	475	-115
Projekt Manager	1	112,5	225	250	-25	3	337,5	675	750	-75
Consultant	4	630	630	500	130	8	1.260	1.260	1.000	260
Gesamt	6	832,5	1.215	1.225	-10	12	1.688	2.295	2.225	70
Umsatzrendite					-0,8%					3,1%

Abb. 6-06: Modellrechnungen für Strategieberatungen

In Abbildung 6-06 werden insgesamt vier Modellrechnungen gezeigt, wobei einmal die *Pyramidenzusammensetzung* und einmal die *Auslastung* variiert werden.

- **Modell 1** zeigt eine schmale Pyramide mit lediglich sechs Mitarbeitern und einer Auslastung, die auf den Annahmen der kalkulatorischen Auslastungspositionen in Abbildung 6-05 beruht, d. h. für einen Partner können 100, für einen Manager 125 und für einen Consultant 175 Tage fakturiert werden. Die aus diesen Parametern resultierende Umsatzrendite liegt bei knapp zehn Prozent.

- **Modell 2** beruht ebenfalls auf der Annahme, dass die verbleibenden Arbeitstage voll, d.h. zu 100 Prozent fakturiert werden. Im Unterschied zu Modell 1 handelt es sich hier aber um eine relativ breite Pyramide mit insgesamt 12 Personen. Dabei wird deutlich, dass diese Pyramidenstruktur mit 12,7 Prozent Umsatzrendite etwas profitabler ist.

- **Modell 3** weist wiederum eine schmale Pyramidenstruktur mit insgesamt sechs Personen auf. Allerdings ist hier die Auslastung 10 Prozent geringer als in den Modellen 1 und 2.

Das führt im Modell 3 dazu, dass die Kosten durch die Umsätze nicht mehr ganz gedeckt werden können.

- **Modell 4** zeigt eine breite Pyramide, die nicht einmal ganz ausreicht, um die um 10 Prozent geringere Auslastung gegenüber Modell 1 zu kompensieren.

Insgesamt machen die verschiedenen Modellvarianten deutlich, dass vor allem über eine breitere Pyramide sowie über eine hohe Auslastung eine tragfähige Umsatzrendite erzielt werden kann. Besonders problematisch sind Auslastungsdefizite, die aufgrund fehlender oder rückläufiger Aufträge jederzeit auftreten können und kurzfristig so gut wie gar nicht kompensiert werden können. Das ist auch der Grund dafür, warum viele Unternehmensberatungen mit Neueinstellungen in schwierigeren Zeiten sehr zurückhaltend sind.

6.2.3 Modellrechnungen für die IT-Beratung

Die Kosten- und Ergebnisstruktur bei Vollkostenrechnung für IT-Berater zeigt ein ähnliches Bild wie für Strategieberater (siehe Abbildung 6-07). Zwar sind insgesamt die Kostenpositionen in allen drei Hierarchiestufen bei den IT-Beratern gehaltsbedingt etwa 10 bis 20 Prozent niedriger als bei den Strategieberatern, dafür sind aber auch die Umsatzpotenziale pro Person nicht so hoch wie bei den Strategieberatern.

Kostenposition	Consultant (Teuro/Jahr)	Manager (Teuro/Jahr)	Partner (Teuro/Jahr)
Festgehalt	50	90	150
Variables Gehalt/Bonus	9	30	70
Sozialkosten	10	18	30
Sekretariat, Raum-/Gemeinkosten	18	35	70
IT-, Telekommunikationskosten inkl. Abschreibungen	8	16	20
Material, Literatur, PR	5	8	12
Schulungskosten	5	5	-
Nicht verrechenbare Reisekosten	5	18	38
Gesamtkosten	**110**	**220**	**390**

Kalkulatorische Auslastungspositionen	Consultant (Personentage/Jahr)	Manager (Personentage/Jahr)	Partner (Personentage/Jahr)
Verfügbare Arbeitstage nach Urlaub, Feiertagen und Krankheit	215	215	215
Schulung, Weiterbildung	10	10	-
Methoden- und Know-how-Entwicklung	10	15	10
Marketing, PR, Akquisition, Recruiting	-	15	40
Führungsaufgaben	-	15	25
Nicht-konvertierte Angebotserstellung	15	20	20
Fakturierbare Arbeitstage	**180**	**140**	**120**

	Consultant	Manager	Partner
Marktfähiges Tageshonorar (Euro)	850	1.600	2.800
Umsatzpotenzial (Euro)	144.000	224.000	336.000
Gesamtkosten (Euro)	110.000	220.000	390.000
Über-/Unterdeckung (Euro)	**+ 34.000**	**+4.000**	**-54.000**

[Quelle: in Anlehnung an SOMMERLATTE 2004, S. 7]

Abb. 6-07:   Kosten- und Ergebnisstruktur pro IT-Berater

Die grundlegenden Unterschiede bezüglich der Kosten- und Ergebnisstruktur gegenüber der Strategieberatung liegen bei der IT-Beratung vor allem in einer deutlich breiteren Pyramidenstruktur, in einem insgesamt niedrigeren Kostenniveau sowie in einer besseren Auslastung.

	Modell 1	• Schmale Pyramide • Verbleibende Arbeitstage voll (zu 100%) fakturiert				Modell 2	• Breite Pyramide • Verbleibende Arbeitstage voll (zu 100%) fakturiert			
	An- zahl	Fakt. Tage	Umsatz	Kosten	Gewinn	An- zahl	Fakt. Tage	Umsatz	Kosten	Gewinn
Partner	1	120	336	390	-54	1	120	336	390	-54
Projekt Manager	2	280	448	440	8	5	700	1.120	1.100	20
Consultant	7	1.260	1.071	770	301	14	2.520	2.142	1.540	602
Gesamt	10	1.660	1.855	1.600	255	20	3.340	3.598	3.030	568
Umsatzrendite					13,7%					15,8%

	Modell 3	• Schmale Pyramide • Verbleibende Arbeitstage zu 90% fakturiert				Modell 4	• Breite Pyramide • Verbleibende Arbeitstage zu 90% fakturiert			
	An- zahl	Fakt. Tage	Umsatz	Kosten	Gewinn	An- zahl	Fakt. Tage	Umsatz	Kosten	Gewinn
Partner	1	108	302,4	390	-87,6	1	108	302,4	390	-87,6
Projekt Manager	2	252	403,2	440	-36,8	5	630	1008	1.100	-92
Consultant	7	1.134	963,9	770	193,9	14	2268	1.927,8	1.540	387,8
Gesamt	10	1.494	1.669,5	1.600	69,5	20	3.006	3.238,2	3.030	2.08,2
Umsatzrendite					4,2%					6,4%

Abb. 6-08:   Modellrechnungen für IT-Beratungen

Auch für die IT-Beratung werden vier Modellrechnungen durchgeführt, die in Abbildung 6-08 dargestellt sind. Variiert werden ebenfalls die Pyramidenstruktur und die Auslastung:

- **Modell 1** zeigt eine für IT-Verhältnisse recht schmale Pyramide mit lediglich 10 Mitarbeitern und einer Auslastung, die auf den Annahmen der kalkulatorischen Auslastungspositionen in Abbildung 6-07 beruht, d. h. für einen Partner können 120, für einen Manager 140 und für einen Consultant 180 Tage fakturiert werden. Die fakturierte Auslastung liegt damit höher als bei der Strategieberatung. Die aus diesen Parametern resultierende Umsatzrendite liegt bei 13,7 Prozent.

- **Modell 2** zeigt im Unterschied zu Modell 1 eine deutlich breitere Pyramidenstruktur mit insgesamt 20 Personen. Diese Verdopplung führt unter sonst gleichen Annahmen zu einer Umsatzrendite von 15,9 Prozent.

- **Modell 3** weist wiederum eine schmalere Pyramidenstruktur mit insgesamt 10 Personen auf. Allerdings ist hier die Auslastung 10 Prozent geringer als in den Modellen 1 und 2. Das führt im Modell 3 dazu, dass die Umsatzrendite gegenüber Modell 1 um etwa 10 Prozentpunkte zurückgeht. Dennoch trägt sich dieses Modell immer noch selbst.

- **Modell 4** zeigt wieder die breite Pyramide mit 20 Personen, die ausreicht, um die um 10 Prozent geringere Auslastung gegenüber Modell 1 zur Hälfte zu kompensieren.

6.2.4 Zusammenfassung der wichtigsten Modellparameter

Um die hier behandelten Modellfälle herum gibt es selbstverständlich eine Vielzahl von Varianten, wobei die wesentlichen Stellschrauben folgende Parameter sind [vgl. SOMMERLATTE 2004, S. 9 ff.]:

- **Pyramidenstruktur:** Je breiter die Pyramide ist, desto wirtschaftlicher ist in der Regel die Beratungseinheit. Damit sind aber auch die Beratungsprojekte eingekreist, bei denen eine breite Pyramide überhaupt wirtschaftlich funktionieren kann: große Projekte mit größerer Anzahl von relativ jungen Consultants, wie dies sehr häufig in der IT-Beratung der Fall ist. Beratungsboutiquen dagegen, die durch sehr schmale Pyramiden gekennzeichnet sind, können ihre Wirtschaftlichkeit häufig nur dadurch erreichen, dass Partner und Manager selber stärker in die Projekte involviert sind und auch deutlich weniger verdienen, als im Modellfall ausgewiesen.

- **Auslastung:** Die Anzahl der fakturierten Tage ist sicherlich der stärkste Hebel für den Wirtschaftlichkeitsnachweis von Beratungseinheiten. Wichtig sind dabei allerdings nur jene Tage, die nach Abzug von Schulung, Weiterbildung, Methoden- und Know-how-Entwicklung sowie nicht-konvertierbarer Angebotserstellung zur Fakturierung übrig bleiben. Der Spielraum in diesem Bereich ist nicht sehr groß und hängt in erster Linie von der Auftragslage ab. Allerdings lässt sich immer wieder feststellen, dass in Zeiten hoher Auslastung sehr häufig die vertrieblichen Aktivitäten für Anschluss- oder Neuaufträge vernachlässigt werden.

- **Kostenstruktur:** Die Kostenstruktur eines Beratungsunternehmens wird durch die Personalkosten dominiert. Diese werden wiederum durch die Höhe der Gehälter und Boni bestimmt. Zweifellos zählt das Gehaltsniveau in der Beratungsbranche über alle Hierarchiestufen hinweg zu den höchsten im Branchenvergleich. Doch auch hier ist der Spielraum nicht sehr groß, denn es bringt sicherlich nicht sehr viel, wenn die Beratungsunternehmen ihren Beratern auf Consultant-Niveau geringere Gehälter anbieten. Der Beraterberuf würde an Reiz verlieren und ein Großteil der engagierten, klugen, hochqualifizierten und überzeugenden Professionals würde die Branche verlassen. Wenn, dann liegt der Spielraum eher auf Partner-Niveau, denn ein Beratungspartner mit einer Personalverantwortung von 10 bis 20 Mitarbeitern verdient häufig mehr als ein angestellter Geschäftsführer eines mittelständischen Unternehmens mit 500 und mehr Mitarbeitern.

- **Nicht-konvertierte Angebote:** Jeder Berater verbringt im Jahr durchschnittlich 20 Tage mit der Bearbeitung nicht-konvertierter Angebote, d. h. mit Angeboten, die nicht zum Auftrag führen. Geht man davon aus, dass im Durchschnitt nur etwa jedes dritte oder vierte Angebot zu einem Auftrag führt, so entspricht dies einer **Konvertierungsrate** (engl. *Conversion rate*) von 3:1 bzw. 4:1. Eine Reduktion der Konvertierungsrate lässt sich *strategisch* vor allem durch Konzentration auf Projekte mit einer hohen Laufzeit, durch Konzentration auf Ausschreiben, an denen bspw. nicht mehr als vier Anbieter teilnehmen, sowie durch Konzentration auf Ausschreibungen mit einem potenziellen Auftragsvolumen (inklusive Folgeprojekte) von z. B. mehr als 300.000 Euro darstellen [vgl. SOMMERLATTE 2008, S. 12].

Fazit: Die Analysen zeigen, dass die Tagessätze der Beratungsunternehmen nicht aus der „Luft gegriffen" sind, sondern durchaus ihre kalkulatorische Grundlage mit relativ wenig Spielraum haben. Ausnahmen bestehen lediglich im Honorarbereich und in der Gehaltshöhe auf Partner-Niveau, die ein überragendes Qualitäts- und Leistungsniveau voraussetzen.

6.3 Projektcontrolling

Im Mittelpunkt des Controllings für Unternehmensberatung steht – wie bereits erwähnt – das **Projektcontrolling** als Fundament der projektorientierten Organisation in Beratungsunternehmen. Da jedes Projekt einzigartig und damit anders als jedes andere Projekt ist, lassen sich Projekte auch als *Individualprodukte* eines Beratungsunternehmens ansehen. Sie verfolgen das Ziel, die im Leistungsverzeichnis eines (externen oder internen) Auftrages definierten Projektergebnisse (engl. *Deliverables*) innerhalb eines bestimmten Zeitraumes zu erstellen. Um die Projektergebnisse im Zeitablauf ermitteln und überwachen zu können, bedarf es einer Projektergebnisrechnung, die als **Kosten- und Leistungsrechnung** die erbrachte Projektleistung den angefallenen Kosten des Projektes periodengerecht gegenüberstellt [vgl. FOHMANN 2005, S. 61 ff.].

6.3.1 Projekte und Projektergebnisrechnung

Ein Kosten- und Leistungsrechnungssystem für Projekte sollte folgende Anforderungen bzw. Kalkulationsschritte erfüllen [vgl. FOHMANN 2005, S. 64]:

- **Angebotskalkulation**, d. h. die Unterstützung der individuellen Kalkulation aller Angebote (Projektpreis und interne Projektkosten);

- **Vorkalkulation**, d. h. die Unterstützung bei der (Neu-)Kalkulation eines Projekts. Die Vorkalkulation unterscheidet sich nur dann von der Angebotskalkulation, wenn der Auftrag vom Angebot abweicht;

- **Begleitkalkulation**, d. h. die Unterstützung der Verfolgung der Auftragsabwicklung;

- **Nachkalkulation**, d. h. die die Nachrechnung des Auftrags nach Projektabschluss.

Über das Ergebnis der einzelnen Projekte hinaus benötigt das Beratungsunternehmen das kumulierte Ergebnis eines komplexen Großprojektes, das sich aus einzelnen Teilprojekten zusammensetzt. Ein Rechnungssystem, das diese Anforderungen über die vier Kalkulationsschritte hinweg erfüllt, wird als **Projektergebnisrechnung** bezeichnet.

Das praktische Umfeld der Projektergebnisrechnung in Beratungsunternehmen ist durch folgende Besonderheiten gekennzeichnet [vgl. FOHMANN 2005, S. 66 f.]:

- Im Beratungsunternehmen sind die einzelnen Projekte die Kostenträger.

- Die Projektleistung als Anzahl geleisteter fakturierbarer Projekttage bzw. Projektstunden muss zur Einstellung in die Ergebnisrechnung *bewertet* werden.

- Während in der Kostenstellen- und Profitcenterrechnung die Kosten für die festangestellten Mitarbeiter fixe Kosten und die Beschäftigung von freien Mitarbeitern und von Subunternehmern proportionale Personalkosten darstellen, sind aus Sicht der Projektergebnisrechnung *alle* Personalkosten *proportionale* Kosten. Personalkosten sind, da Mitarbeiter häufig in mehreren Projekten gleichzeitig eingesetzt werden, nur entsprechend der angefallenen Projekttage/Projektstunden auf die einzelnen Projekte verrechenbar.

6.3.2 Varianten der Projektergebnisrechnung

Die Gestaltung der Projektergebnisrechnung hängt maßgeblich davon ab, welches Kosten-rechnungssystem eingesetzt wird. FOHMANN, der sich intensiv mit der Prüfung verschiedener Projektergebnisrechnungen befasst hat, schlägt folgende vier Varianten vor, die hier kurz vor-gestellt werden sollen [siehe ausführlich FOHMANN 2005, S. 69 ff.]:

- Projektergebnisrechnung als Vollkostenrechnung
- Projektergebnisrechnung als Proportionalkostenrechnung
- Projektergebnisrechnung als Einzelkostenrechnung
- Projektergebnisrechnung als gestufte Deckungsbeitragsrechnung auf Einzelkostenbasis

6.3.2.1 Projektergebnisrechnung als Vollkostenrechnung (Variante 1)

Bei der Projektergebnisrechnung als Vollkostenrechnung werden *alle* im Unternehmen anfal-lenden Kosten auf die Projekte als Kostenträger verrechnet. Das bedeutet, dass zusätzlich zu den Projekteinzelkosten – dies sind vornehmlich Personalkosten für eigenes und fremdes Pro-jektpersonal – *sämtliche* Gemeinkosten auf die Projekte verrechnet werden müssen. Gemein-kosten aus Projektsicht sind bspw.

- Kosten von Management und Sekretariat des Profitcenters, zu dem das Projekt gehört,
- Kosten von Services dieses Profitcenter (z. B. Grafikservice),
- Kosten zentralen Unternehmensbereiche (z. B. Marketing, Human Resources) und
- Kosten der Unternehmensleitung (Top-Management).

Zur Verrechnung der verschiedenen Gemeinkostenarten auf die einzelnen Projekte werden aussagekräftige *Schlüssel* benötigt, deren konkrete Ausprägung den vom Projekt zu tragenden Gemeinkostenanteil festlegt. Als **Gemeinkostenverteilungsschlüssel** für die Management-und Sekretariatskosten des Profitcenters wird häufig die Zahl der Projektmitglieder herange-zogen. Bei der Frage nach einem Schlüssel für eine möglichst verursachungsgerechte Vertei-lung der zentralen Bereiche und der Unternehmensleitung wird die sachliche Problematik der Gemeinkostenverteilungsschlüssel besonders deutlich: Je weiter die Gemeinkostenebenen von den einzelnen Projekten entfernt sind, desto schwerer wird eine trag- und akzeptanzfähige Kostenverrechnungsgröße zu finden sein. Lediglich bei der Verrechnung von Servicekosten lässt sich mit dem Umfang der Inanspruchnahme ein akzeptabler Verteilungsschlüssel darstel-len.

Die rechnerische Verteilung der Gemeinkosten täuscht eine Genauigkeit über Ergebnisse und Renditen der einzelnen Projekte vor, die sachlich nicht gerechtfertigt ist. Damit wird dem Pro-jektverantwortlichen die Gesamtverantwortung für ein Projektergebnis zugewiesen, auf das er in erheblichem Umfange – nämlich hinsichtlich der Projektgemeinkosten – keinen Einfluss hat. Die Lösung kann demnach nur in einem Projektergebnis auf Teilkostenbasis liegen.

6.3.2.2 Projektergebnisrechnung als Proportionalkostenrechnung (Variante 2)

Um die Schwäche des Vollkostensystems (Variante 1) zu vermeiden, werden bei der Projektergebnisrechnung als Proportionalkostenrechnung alle Projektkostenarten in proportionale und fixe Kosten aufgeteilt und sodann die fixen Gemeinkosten aus der Projektergebnisrechnung eliminiert. **Proportionale Projektkosten** sind hauptsächlich:

- Personalkosten für eigenes Projektpersonal;

- Personalkosten für fremdes Projektpersonal (freie Mitarbeiter und Mitarbeiter von Subunternehmen);

- Sachgemeinkosten des Projektes wie Sachkosten für Management, Sekretariat und Servicebereiche des Profitcenters, zu dem das Projekt gehört, sowie alle Sachkosten für Unternehmensleitung und zentrale Servicebereiche. Als Gemeinkostenverteilungsschlüssel bietet sich hier wiederum die Anzahl der Projektmitglieder an.

Fixe Kosten des Projekts sind vorwiegend:

- Personalgemeinkosten des Projekts wie Personalkosten für Management, Sekretariat und Servicebereiche des Profitcenters, zu dem das Projekt gehört, sowie alle Sachkosten für Unternehmensleitung und zentrale Servicebereiche;

- Sacheinzelkosten des Projektes wie IT- und kommunikationstechnologische Hard- und Software (AfAs für Beschaffungskosten/Mieten/Leasingraten).

Von diesen fixen Einzelkosten werden die Personalgemeinkosten aus dem Rechenschema entfernt. Damit entspricht diese Proportionalkostenrechnung (Variante 2) einer um die fixen Sacheinzelkosten des Projektes erweiterten Grenzkostenrechnung.

Vorteilhaft bei dieser Variante ist, dass das Rechenschema um die vom Projektleiter nicht beeinflussbaren fixen Personalgemeinkosten gegenüber dem Vollkostenschema schlanker ausfällt. Allerdings wird die Problematik der Gemeinkostenverteilungsschlüssel bei der Umlage der proportionalen Sachgemeinkosten des Projekts weiter mitgeschleppt.

6.3.2.3 Projektergebnisrechnung als Einzelkostenrechnung (Variante 3)

Um den aufgezeigten Nachteil der Proportionalkostenrechnung (Variante 2) zu vermeiden, bietet es sich an, nunmehr alle, d. h. auch die verbliebenen proportionalen Gemeinkosten aus der Projektergebnisrechnung zu entfernen. Auf die Weise erhält man das Rechenschema einer reinrassigen **Einzelkostenrechnung**.

Der entscheidende Vorteil der einzelkostenbasierten Projektergebnisrechnung besteht darin, dass der Projektdeckungsbeitrag ausschließlich aufgrund solcher Kostenarten ermittelt wird, die der Projektmanager auch tatsächlich beeinflussen kann. Damit kommt dieses Rechenschema dem Gedanken sehr nahe, dass ein Manager fairerweise auch nur an dem gemessen werden kann, wofür er die *Verantwortung* trägt und was er beeinflussen kann.

Allerdings ist mit der reinen Einzelkostenrechnung nunmehr der große Block der Gemeinkosten vollständig aus dem Blickfeld der Projektergebnisrechnung verschwunden. Es ist daher wünschenswert, dass einerseits die Projektergebnisse nur mit direkt zurechenbaren Kosten belastet werden und andererseits die tatsächlich vorhandene und ausgeübte Verantwortung für den Gemeinkostenblock transparent gemacht wird. Die Lösung sieht FOHMANN [2005, S. 99 ff.] in einer Projektergebnisrechnung als *gestufte* Deckungsbeitragsrechnung auf Einzelkostenbasis.

6.3.2.4 Projektergebnisrechnung als gestufte Deckungsbeitragsrechnung auf Einzelkostenbasis (Variante 4)

In der Projektergebnisrechnung als Einzelkosten (Variante 3) werden also alle Kosten eines Projekts in Einzelkosten und Gemeinkosten aufgelöst und die Projekteinzelkosten der Projektebene, d. h. der Ebene 1 zugeordnet und auf dieser Grundlage der einzelkostenbasierte Deckungsbeitrag des Projekts ermittelt.

Aufbauend auf diesem Auflösungsverfahren lassen sich hinsichtlich der Stufung zwei Blickwinkel betrachten. Der erste Aspekt bezieht sich auf die *Organisation* des Beratungsunternehmens und sieht vor, den Block der Projektgemeinkosten in Teilblöcke aufzulösen, und zwar in

- die Menge der Teilblöcke der Projektgemeinkosten der Geschäftsstellen oder Profit Center (Ebene 2), so dass sich daraus der **Deckungsbeitrag pro Geschäftsstelle oder Profit Center** ergibt, und

- den Teilblock der Projektgemeinkosten der obersten Unternehmensebene (Ebene 3), so dass sich nach Abzug der Kosten für Unternehmensleitung und zentrale Servicebereiche von der Summe der Projektdeckungsbeiträge aller Geschäftsstellen bzw. Profit Center das **Projektergebnis des Gesamtunternehmens** ergibt.

Der zweite Aspekt bezieht sich auf die Projektgröße. So bestehen große Projekte in der Regel aus mehreren Teilprojekten. Vereinfacht können demnach folgende Projektebenen unterschieden werden:

- Projektebene 1 mit den einzelnen Teilprojekten, jeweils bestehend aus Teilprojektleiter und Teilprojektteam, und

- Projektebene 2, bestehend aus Gesamtprojektleitung, Projektsekretariat, Projekt-Controlling, Risk Manager und Qualitätsbeauftragten des Projektes.

Die Stufung nach Projektebenen hat den Vorteil, dass es insbesondere bei Festpreisprojekten im IT-Bereich für die Projektleitung, das Projekt-Controlling und die Unternehmensleitung von Interesse ist, nicht nur das Ergebnis des Gesamtprojektes zu kennen, sondern auch, wie sich das Gesamtergebnis aus den einzelnen Teilbereichen zusammensetzt.

Insgesamt kommt FOHMANN zu dem Ergebnis, dass die Projektergebnisrechnung auf der Grundlage von Einzelkosten und Projektebenenstufung die „interessanteste" Variante der Projektergebnisrechnung darstellt.

6.4 Organisationsstrukturen von Beratungsunternehmen

Die naturgemäße Personenabhängigkeit des Beratungsgeschäfts, das durch hohe Individualität und Einzigartigkeit der Aufträge sowie durch die Besonderheit gekennzeichnet ist, spezifisches Wissen und Arbeitsmethoden zu verkaufen, aber auch externe Einflussfaktoren wie die Tendenz zur Konzentration und Globalisierung bei den Kundenunternehmen, erfordern für die Strukturorganisation von Beratungsunternehmen ein besonderes Profil. Dies betrifft die Kommunikationsmittel und -wege und die Wissensspeicherung und -weitergabe ebenso wie die Einbindung der Personalarbeit und die Optimierung des Ressourceneinsatzes. Damit sind die Anforderungen an eine moderne Beratungsorganisation schon einmal plakativ vorgegeben: hochflexibel, adaptionsfähig, störunanfällig, kommunikativ und innovativ [vgl. KLATT 2004, S. 1].

6.4.1 Organisationsansätze und Anforderungen von Beratungsunternehmen

Ohne allzu tief in die theoretische Organisationslehre einsteigen zu wollen, lassen sich Organisationsstrukturen grob in *klassische* und in *moderne* Organisationsansätze unterscheiden. Klassische Organisationsformen sind in erster Linie funktional oder divisional strukturierte Organisationen sowie die Matrixorganisation. Zu den moderneren Organisationsansätzen zählen vor allem Projektorganisationsformen, modulare Organisationsstrukturen sowie Netzwerk- und Clusterorganisationen.

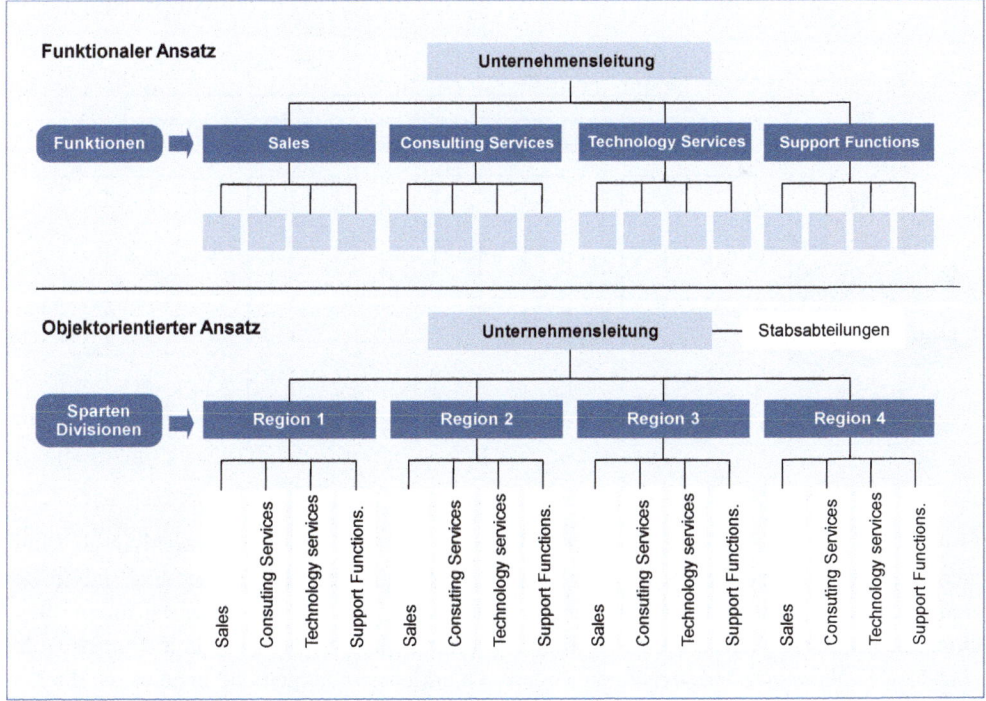

Abb. 6-09: Funktional und objektorientiert strukturierte Unternehmensberatungen

Eine **funktionale Gliederung** liegt vor, wenn die zweitoberste Hierarchieebene des Unternehmens eine Spezialisierung nach den betrieblichen Funktionen (z. B. Vertrieb, Leistungserstellung/Projekte, kaufmännischer Bereich) vorsieht. Im kaufmännischen Bereich sind i. d. R. unterstützende Funktionen wie Finanzierung, Controlling oder Personal integriert. Eine **objektorientierte Gliederung** liegt dagegen vor, wenn die zweitoberste Hierarchieebene eine Orientierung an Objekten vorsieht. Hier bilden Geschäftsbereiche (engl. *Business Units*), Service-Lines, Branchen (engl. *Industries*), Kundengruppen oder Regionen/Märkte das Spezialisierungskriterium. Häufig wird die Objektorientierung einer Organisation auch als **divisionale Organisation, Spartenorganisation** oder **Geschäftsbereichsorganisation** bezeichnet. Unterhalb der Spartenebene erfolgt der Organisationsaufbau häufig nach funktionalen Kriterien (siehe Abbildung 6-09).

Bei der (zweidimensionalen) **Matrixorganisation** (siehe Abbildung 6-10) werden genau zwei Leitungssysteme miteinander kombiniert. Die Mitarbeiter stehen dementsprechend in zwei Weisungsbeziehungen, d. h. sie sind gleichzeitig dem Leiter eines horizontalen Verantwortungsbereichs (z. B. Vertriebsmanager) und dem Leiter eines vertikalen Verantwortungsbereichs (z. B. Service-Line-Manager) unterstellt. Die Besonderheit bei der Matrixorganisation liegt darin, dass bei Konflikten oder Meinungsverschiedenheiten keine organisatorisch bestimmte Dominanz zugunsten der horizontalen oder der vertikalen Achse geschaffen ist. Die Befürworter dieses Strukturtyps vertrauen vielmehr auf die besseren Argumente und die Bereitschaft zur Kooperation [vgl. LIPPOLD 2011, S. 178 ff.].

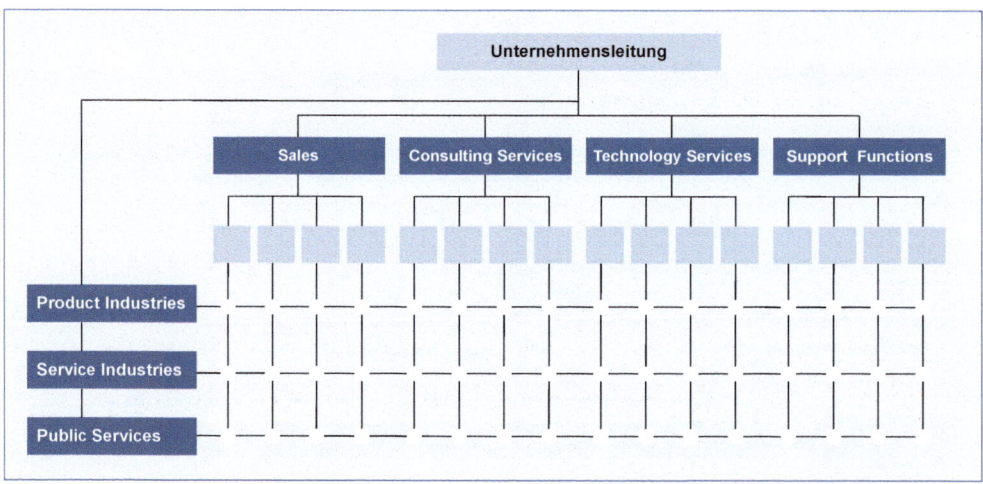

Abb. 6-10:   Matrixorganisation

Funktional und objektorientiert strukturierte Organisationen sind hierarchisch als Einlinien- oder Stabliniensysteme aufgebaut. Damit werden „klare Verhältnisse" und stabile Beziehungen geschaffen. Mit zunehmender Spezialisierung und Dezentralisierung führen diese Organisationsansätze allerdings zu Problemen: Verschiedene Sichtweisen und Prioritäten der einzelnen Funktionen oder Divisionen fördern Autarkiebestrebungen und erschweren die Koordination.

Der Einsatz einer **Matrixorganisation** verhindert zwar Verselbständigungstendenzen und verbessert die Koordination, allerdings ist hier die hohe Zahl von Abstimm- und Koordinationsprozessen zeitraubend; auch kann es hier zu Problemen bei der Prioritätensetzung kommen.

Im Gegensatz dazu sind bei den meisten **modernen Organisationsformen** die Befugnisse stärker dezentralisiert. Entscheidungen können dort getroffen werden, wo die inhaltliche Kompetenz liegt. Das verbessert die Reaktionsfähigkeit und Schnelligkeit. Die Steuerung durch gemeinsame Wert- und Zielvorstellungen, deren einheitliche Ausrichtung häufig durch eine starke Unternehmenskultur gefördert wird, und das Vertrauen in das Verantwortungsbewusstsein und die Kompetenz der Mitarbeiter lösen die Hierarchie und die Kontrollmechanismen der klassischen Organisationsform ab. Über Zielvereinbarungssysteme und Ergebniscontrolling wird schließlich die Leistung überwacht [vgl. KLATT 2004, S. 7].

Unter den modernen Organisationsformen nehmen die **Netzwerkstrukturen** eine dominierende Stellung ein. Netzwerke verfügen über durchlässige Grenzen und befinden sich dank ihrer flexiblen, organischen Gestalt in einem permanenten „Zustand der Bewegung" und sind deshalb Ausdruck einer dynamischen Organisationskonfiguration [vgl. BLEICHER 2011, S. 231].

Erste Unterschiede zwischen einer klassischen Führungsstruktur und der Führung von Netzwerken liefert Abbildung 6-11.

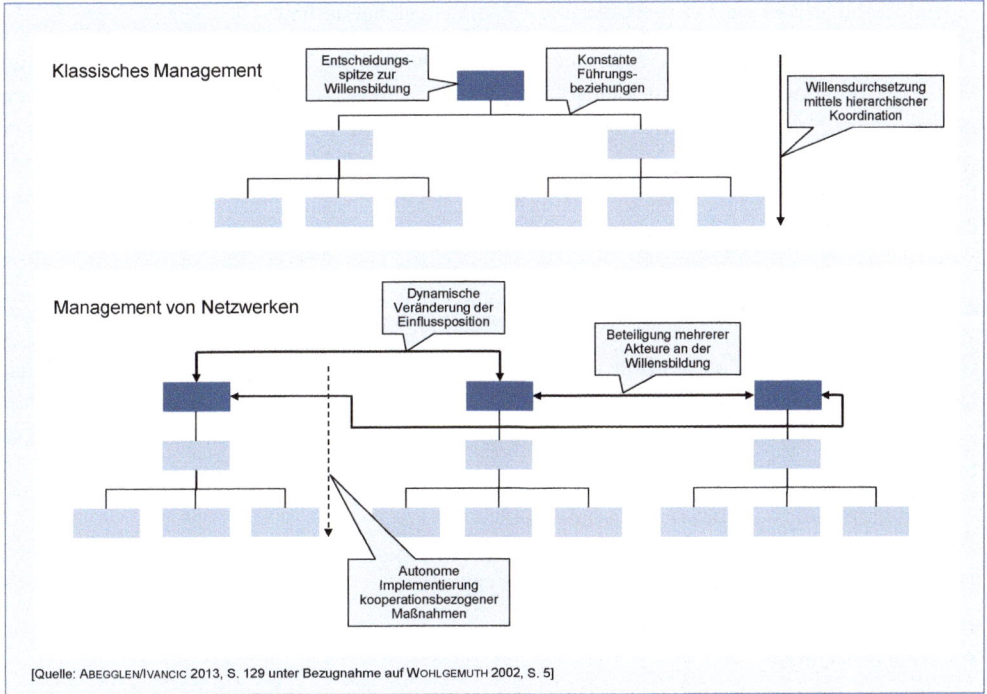

Abb. 6-11: Klassische vs. netzwerkorientierte Führungsstruktur

Den klassischen und modernen Strukturelementen stehen folgende **spezielle Anforderungen** der Beratungsfirmen gegenüber [vgl. KLATT 2004, S. 4 f.]:

- Da sich Berater, die sich durch fachliche und soziale Kompetenz sowie durch einen hohen Interaktionsgrad mit den Kunden auszeichnen, selbständig und verantwortlich arbeiten wollen und sollen, sind **flache Hierarchien** und weitgehend autonom handelnde, **dezentrale Organisationseinheiten** in den operativen Bereichen erforderlich.

- Trotz dieser Spielräume müssen Führung, Forderung und Förderung der Mitarbeiter sowie die Entwicklung der Wissensplattform sichergestellt werden. Daher sind eine **klare Zuordnung der Consultants zu Führungskräften**, zu regionalen **Home Units** und eine **Einbindung in die Gesamtstruktur** des Unternehmens nötig.

- Die Arbeit in Teams, die grundsätzlich projektbezogen, aber über unterschiedlich lange Zeiträume durchgeführt wird, erfordert eine hohe **Flexibilität** hinsichtlich personeller und zeitlicher Besetzung von Teams.

- Da das Beratungsgeschäft in hohem Maße wissensbasiert ist, muss eine Beratungsorganisation den **Austausch von Wissen** zwischen den Beratern sowie die Speicherung von Wissen sicherstellen.

- Administrations-, Support- und Backoffice-Tätigkeiten sowie Standard-Beratungsaufgaben müssen effektiv, arbeitsteilig und mit hoher Zuverlässigkeit durchgeführt werden. Daher muss eine Beratungsorganisation eine **arbeitsteilige, stabile Bearbeitung der administrativen und unterstützenden Prozesse** sicherstellen.

Fast man diese Überlegungen zusammen, so kommt man zu dem Schluss, dass weder die klassische funktionale oder divisionale Organisationsform sowie die Matrixorganisation noch die modernen Netzwerk- oder Projektorganisationen alleine alle geforderten Anforderungen erfüllen. Eine flache, flexible, wenig formalisierte, dezentralisierte, gleichzeitig aber verbindliche und klare Organisationsstruktur ist nur als Mischform, d. h. als Kombination verschiedener Strukturmerkmale der einzelnen Modelle zu erreichen [vgl. KLATT 2004, S. 9].

6.4.2 Kriterien für die Wahl von Strukturformen

Gesucht wird also eine Mischform, die alle jeweils geeigneten Merkmale der verschiedenen Organisationsmodelle kombiniert. Die optimale Ausgestaltung der Unternehmensorganisation sollte dabei anhand verschiedener Kriterien erfolgen [vgl. KLATT 2004, S. 7 ff. und RICHTER/ SCHMIDT/TREICHLER 2005, S. 3 ff.]:

- Strukturierungs- und Formalisierungsgrad
- Steuerungs- und Qualitätssicherungsfunktion
- Zentralisierungsgrad und Unternehmensgröße
- Arbeits- und Projektumgebung
- Teamstrukturen
- Wissensmanagement
- Support-Funktionen
- Eigentümer- bzw. Governance-Struktur.

Ein hoher **Strukturierungs- und Formalisierungsgrad**, der für die klassischen Organisationsformen typisch ist, ist verbunden mit einer klaren Hierarchie und gilt als „chaossicher", ist allerdings unflexibel und langsam bei Änderungen. Weniger strukturierte Organisationsformen sind dagegen flexibel, kommunikationsfördernd und erleichtern übergreifende Abstimmprozesse. Andererseits sind sie anfälliger für Fehler und langsamer in „normalen" Situationen.

Für die Durchsetzung einer zentralen **Steuerungs- und Qualitätssicherungsfunktion** empfiehlt sich ebenfalls ein klassisch hierarchisches Modell, das mit geringem Aufwand einheitliche Ziele, eine gemeinsame strategische Ausrichtung und gemeinsame Qualitätsstandards sichert.

Zentrale Strukturen korrelieren eher mit einem funktionalen Modell, **dezentrale Strukturen** eher mit einem divisionalen Modell. Die Matrixorganisation vereinfacht sogar noch die Einbindung einer weiteren Führungsdimension, ohne dass dadurch die hierarchische Steuerungsfunktion beeinträchtigt wird.

Große Beratungsunternehmen verfügen zumeist über mehrere Service-Lines, bedienen eine ganze Reihe von Branchen und sind in mehreren Regionen tätig. Eine solche **Unternehmensgröße** lässt sich in aller Regel nur mit einer divisionalen Organisationsform sinnvoll führen und lenken.

Die **Arbeits- und Projektumgebung** eines Beraters muss einerseits genügend Spielraum für eigenständiges Handeln und andererseits eine eindeutige Ergebniszuweisung ermöglichen. Hierfür bietet sich die Form der reinen Projektorganisation ebenso wie Projektgruppen innerhalb lateraler Netzwerke als innovationsfördernde Alternative an.

Bei **Teamstrukturen**, die durch komplementäre Fähigkeiten, einen gemeinsamen Arbeitsansatz und wechselseitige Verantwortung gekennzeichnet ist, steht ebenfalls eine flache Aufbaustruktur im Vordergrund. Die ständige Bildung und Auflösung von Teams für zeitlich begrenzte Projekte erfordern die hohe Flexibilität einer Projektorganisation oder – alternativ – hierarchiefreie Clustermodelle.

Das **Wissensmanagement** (engl. *Knowledge Management*) wird am besten von kommunikationsfreundlichen Modellen wie Matrixstrukturen oder Netzwerkmodellen unterstützt. Besonders die Matrix hat den Vorteil, eine permanente Auseinandersetzung zwischen den verschiedenen Dimensionen zu erzwingen, was der Erzeugung und Weitergabe von Wissen förderlich ist.

Eine zuverlässige Bereitstellung der **Support-Funktionen** für die Berater erfordert eine klar geregelte, arbeitsteilige und hierarchisch aufgebaute funktionale Gliederung, wobei in diesem Zusammenhang auch an eine Ausgliederung (engl. *Outsourcing*) bestimmter Teilaspekte der administrativen Aufgaben in Betracht gezogen werden kann.

Schließlich soll noch die **Eigentümer- bzw. Governance-Struktur** als Kriterium für *Führung und Kontrolle* von Strukturorganisationen angeführt werden: Eigentümergesellschaften haben ein ähnliches Selbstverständnis wie die Angehörigen freier Berufe (Ärzte, Rechtsanwälte, Steuerberater etc.). Sie organisieren sich häufig als Partnerschaften, in denen die Partner an Gewinn und Verlust ihres Unternehmens teilhaben und selbst Einfluss auf die Führung und

Kontrolle nehmen. Im Vergleich dazu verstehen sich die Mitglieder des Managements, das eigens zur Führung von Beratungsunternehmen eingesetzt wird, in erster Linie als Mitarbeiter. Sie erhalten häufig leistungsbezogene Anreize wie z. B. Stock Options, ohne allerdings über nennenswerte Mitsprache- und Kontrollfunktionen zu verfügen.

6.4.3 Modell einer Organisationsstruktur für Beratungsunternehmen

Im Folgenden soll in enger Anlehnung an KLATT [2004] eine Modellorganisation für eine größere, international operierende Unternehmensberatung entwickelt und vorgestellt werden. Dabei wird versucht, die Vorzüge der klassischen mit den Vorzügen der modernen Organisationsformen im Sinne der Anforderungen von großen Beratungsunternehmen zu kombinieren.

6.4.3.1 Kern-Matrix-Struktur

Die grundsätzliche Aufbauorganisation der Modell-Unternehmensberatung findet sich – nicht zuletzt aufgrund der vorgegebenen Unternehmensgröße und internationalen Marktausrichtung – in einer dreidimensionalen Matrix wieder. Diese Kern-Matrix-Struktur besitzt Überschneidungen von drei weitgehend homogenen Gliederungskriterien, die die Ausrichtung der Dimensionen bestimmen. Solche Dimensionen können sein:

- **Beratungsart** (auch Beratungsdisziplinen wie z. B. Managementberatung, IT-Beratung, Outsourcing)

- **Service-Lines** (nach Branchen, Funktionen oder Service-Offerings)

- **Regionen** (nach Länder, Ländergruppen).

Eine der genannten Dimensionen wird jeweils als „führend" bestimmt. In internationalen Beratungsunternehmen ist dies zumeist die Dimension *Region*, die sich aus mehreren *Ländern* zusammensetzt. Eine Region wird häufig auch als *strategische Geschäftseinheit* (SBU) bezeichnet. Für Beratungsunternehmen, die weitgehend die gesamte Bandbreite aller Beratungsdisziplinen (z. B. Consulting Services, Technology Services und Outsourcing Services) anbieten, spielt die Beratungsart eine wichtige Rolle und kann zuweilen die Region als führende Dimension ablösen. Unternehmen dagegen, die nicht über ein solch breites Angebotsprofil verfügen, werden eher die Branche (z. B. Financial Services, Automotive, Public Services) oder bestimmte Funktionsbereiche (z. B. Marketingberatung, Controllingberatung, Logistikberatung) als strukturbestimmende, führende Dimension auswählen. Darüber hinaus ist es möglich, *innerhalb* einer Dimension (z. B. Beratungsart bzw. Services) nach unterschiedlichen Kriterien zu gliedern. So kann z. B. eine Beratungsart bzw. Service-Line nach Branchen und eine andere Service-Line nach Funktionen untergliedert werden.

In Abbildung 6-12 ist eine solche Kern-Matrix am Beispiel der strategischen Geschäftseinheit „Zentral- und Osteuropa" von CAPGEMINI aus dem Jahr 2006 mit unterschiedlichen Gliederungskriterien für einzelne Beratungsarten dargestellt.

Die meisten Unternehmensberatungen ändern ihre generelle Grundausrichtung mit einer gewissen Regelmäßigkeit. So hatten drei von fünf befragten international ausgerichteten Beratungsunternehmen die Ausrichtung ihrer Kern-Matrix innerhalb der zurückliegenden zwei Jahre geändert – und zwar in unterschiedliche Richtungen [vgl. KLATT 2004, S. 14].

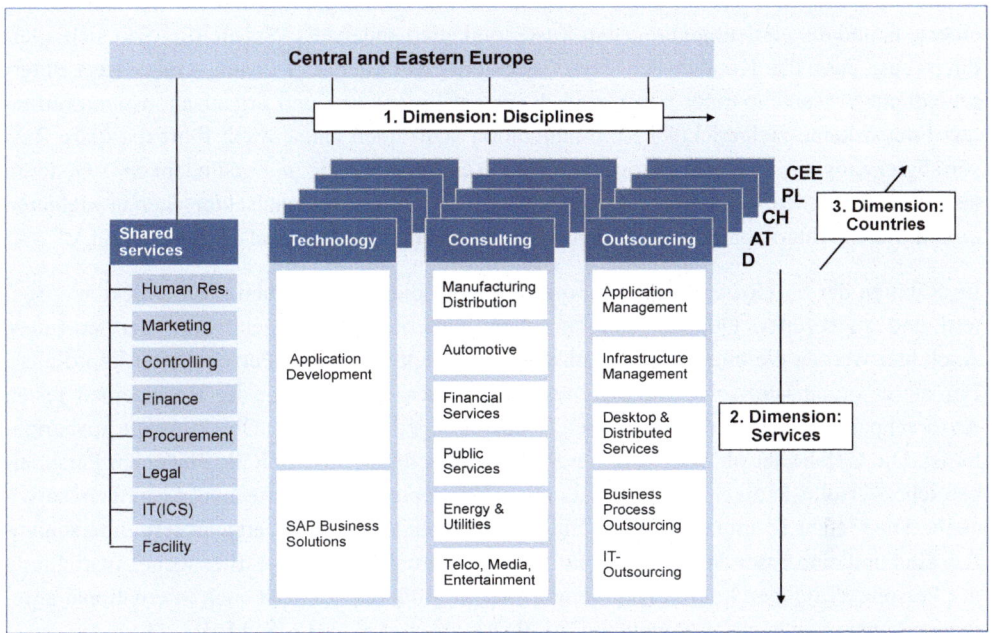

Abb. 6-12: Beispiel einer Kern-Matrix von CAPGEMINI Zentral- und Osteuropa 2006

6.4.3.2 Enabling-Struktur

Neben den operativen Linienfunktionen, die in der Kern-Matrix abgebildet sind, existiert in jedem größeren Beratungsunternehmen eine Reihe von permanenten Service- und administrativen Funktionen, die den Beratern den Rücken freihalten bzw. diese bei ihren operativen Tätigkeiten unterstützen sollen. Im angelsächsischen Sprachgebrauch werden diese wichtigen Funktionen – durchaus zu Recht – auch als *Enabling Functions* (und nicht despektierlich als *Overhead Functions*) bezeichnet. Zu den zentralen Funktionen zählen u. a. das Rechnungswesen und das Controlling, die Steuer- und Rechtsabteilung, die Öffentlichkeitsarbeit, die IT-Abteilung, der Einkauf und vor allem die Personalabteilung. Aber auch Back-Office-Bereiche wie die Research- oder Grafikabteilung können ein wichtiger Bestandteil der zentralen Dienste sein.

Die genannten Funktionen sind in der Regel entweder hierarchisch funktional oder objektorientiert gegliedert. Die funktionale Gliederung geht zumeist einher mit einer zentralen Organisation, während die objektorientierte bzw. divisionale Gliederung eher dezentral organisiert ist. Am **Beispiel des Personalsektors** sollen die funktionale und die objektbezogene Perspektive der Enabling-Bereiche kurz skizziert werden [vgl. LIPPOLD 2014, S. 309 ff.]:

Bei der **funktionalen Perspektive** erfüllt der Personalsektor seine Aufgaben entsprechend der personalwirtschaftlichen Funktionen wie z. B. Personalplanung, Personalbeschaffung, Personalbetreuung oder Personalentwicklung. Diese Organisationsform ist gekennzeichnet durch eine *zentrale Ausrichtung*, d. h. eine Leitungsperson (Personalchef) koordiniert die direkt untergeordneten Abteilungen und hat die zentrale Entscheidungsgewalt über alle personalwirtschaftlichen Fragen. Vorteile dieser funktionalen Ausrichtung sind die hohe Spezialisierung einerseits und die eindeutig geregelten Zuständigkeiten andererseits. Nachteilig wirkt sich allerdings aus, dass die Kunden des Personalsektors (Mitarbeiter, Führungskräfte etc.) unterschiedliche Ansprechpartner haben und damit bei komplexen und organisationsübergreifenden Fragen keine zielgerichtete Kommunikation stattfinden kann. Auch führt die klare Ressortabgrenzung im Personalsektor häufig zu Ressortegoismen und „Silodenken". Generell lässt sich feststellen, dass die funktionale Organisation des Personalsektor eher in kleineren und mittleren Unternehmen zum Tragen kommt [vgl. BARTSCHER et al. 2012, S. 157 f.].

Im Rahmen der **objektbezogenen Perspektive** wird die Personalarbeit nach Objekten aufgeteilt und zugeordnet. Objekte sind vor allem Unternehmensbereiche oder Service-Lines. Auch hier werden die einzelnen Organisationseinheiten von einem Personalleiter koordiniert. Bei dieser organisatorischen Ausrichtung haben interne Kunden in der Regel einen festen Ansprechpartner, der auf die besonderen Bedürfnisse jeder einzelnen Objektgruppe ausgerichtet ist. Die Gefahr der objektbezogenen Struktur liegt darin, dass sich die einzelnen Personalbereiche verselbständigen und eigenständige Konzepte, Instrumente und Lösungen entwickeln. Die Gefahr ist immer dann besonders groß, wenn die Objektbereiche sehr unterschiedlich sind und eine besondere Stellung für sich beanspruchen. Die objektbezogene Ausrichtung der Personalaktivitäten kommt naturgemäß eher in größeren, zumeist auch international agierenden Unternehmen zur Anwendung [vgl. BARTSCHER et al. 2012, S. 159].

Die Bereitschaft zur Umsetzung des **Business Process Outsourcing** („Make-or-Buy") in Verbindung mit dem allgegenwärtigen Kostendruck auf alle administrativen Bereiche hat zur Weiterentwicklung der Organisationsformen nahezu aller „zentralen Dienste" (Marketing, Personal, Controlling etc.) geführt. So hat sich im Personalsektor ein Organisationsmodell entwickelt, das sich vor allem bei größeren, international agierenden Unternehmen als **„Trias der HR-Organisation"** durchgesetzt hat. Hinter diesem Begriff steht ein *HR Service Delivery-Modell* mit folgenden drei Organisationsmodulen [vgl. HR-BAROMETER 2011, S. 14]:

- **Competence Center:** Im strategisch ausgerichteten Competence Center (Strategic HR) ist die gesamte HR-Expertise für bestimmte Personalthemen wie Personalgrundsatzfragen, Anreiz- und Vergütungsfragen, Demografie Management, Employer Branding sowie Personalentwicklungsthemen wie Talent und Leadership Management gebündelt. Die Experten in diesem Bereich bearbeiten demnach Themen, die ganz oben auf der Agenda der Top-Themen des Personalmanagements stehen. Dieser Bereich ist eher **zentral** zu organisieren, weil die notwendige Expertise für das Gesamtunternehmen gebündelt und nur an einer Stelle vorgehalten werden sollte. Dazu bietet es sich an, das hoch spezialisierte Competence Center als sogenanntes **Corporate Center** direkt an die Unternehmensleitung anzubinden.

- **Business Partner:** Das Aufgabenspektrum des Business Partner-Organisationsmoduls ist prozessorientiert. Führungskräfte und Mitarbeiter der Gesamtorganisation sind nach dem Prozessmodell (interne) Kunden und zugleich (interne) Lieferanten der HR-Business Partner. Diese hohe Beziehungsorientierung (engl. *Relationship*) führt zur Bezeichnung

„Relationship HR". Als Ansprechpartner für Management und Mitarbeiter sind die Business Partner u. a. zuständig für die Personalauswahl und -integration, für die Betreuung und Beratung im Rahmen der Karriereplanung und für die Planung und Durchführung der Jahresendgespräche (engl. *Year-End-Review*). Um im Rahmen dieses Prozessmodells der Anforderung nach Kundennähe gerecht werden zu können, ist dieses Organisationsmodul eher **dezentral** zu organisieren.

- **Service Center:** Im Organisationsmodul Service Center sind alle transaktionsorientierten Dienstleistungen gebündelt, die zur Unterstützung der personalen Prozesse erforderlich sind („Transactional HR"). Es handelt sich dabei in erster Linie um Dienstleistungen mit einem hohen Transaktionsvolumen wie die Personalabrechnung inkl. Steuern und Versicherungen, Personalentsendungen (bei international agierenden Unternehmen), die Verwaltung von *Cafeteria-Modellen, Zeitwertkonten, Flexible Benefits* und *Deferred Compensation* sowie das *E-Recruiting*. In diesem Organisationsmodul sollte auch die technologische Plattform mit seinem Angebot an *Self Services* verwaltet werden. Ähnlich wie das Competence Center sollte auch das Service Center **zentral** organisiert sein, da solche kostenoptimierten Dienstleistungen ebenfalls nur an einer Stelle des Unternehmens administriert werden sollten. Da sich alle Geschäftsbereiche die in diesem Center angebotenen Dienstleistungen teilen, wird es auch als **Shared Service Center** bezeichnet.

In Abbildung 6-13 sind die einzelnen Aufgaben der drei Organisationsmodule zu Aufgabenbereichen zusammengefasst und im Überblick dargestellt.

Gliedert man diese personale Organisationsstruktur in eine Gesamtorganisation ein, die nach Geschäftsbereichen strukturiert ist, so bietet es sich an, die zentralen Organisationsmodule auf der hierarchischen Ebene der Unternehmensleitung anzubinden. Das für das Personal zuständige Vorstands- oder Geschäftsführungsmitglied hätte dann unmittelbare Weisungsbefugnis sowohl für das Corporate Center als auch für das Shared Service Center. Die Business Partner-Organisation ist dagegen dezentral organisiert, d. h. jedem Geschäftsbereich sind die zugehörigen HR-Business Partner direkt zugeordnet.

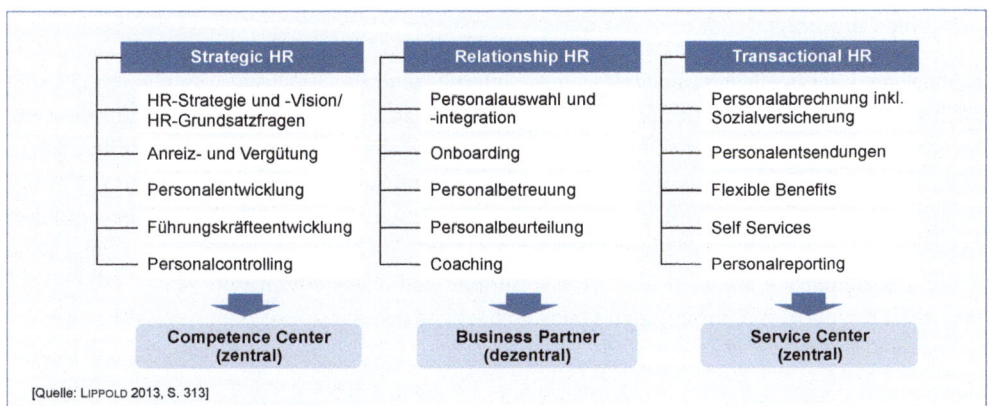

Abb. 6-13:   Aufgabenbereiche der drei personalen Organisationsmodule

Die oben gezeigte Dreiteilung gilt nicht nur für den Personalsektor. Die gleiche Modellstruktur lässt sich auch auf den Marketing-Bereich übertragen. Auch hier kann zwischen *Strategic, Relationship und Transactional Marketing* unterschieden werden (siehe Abbildung 6-14).

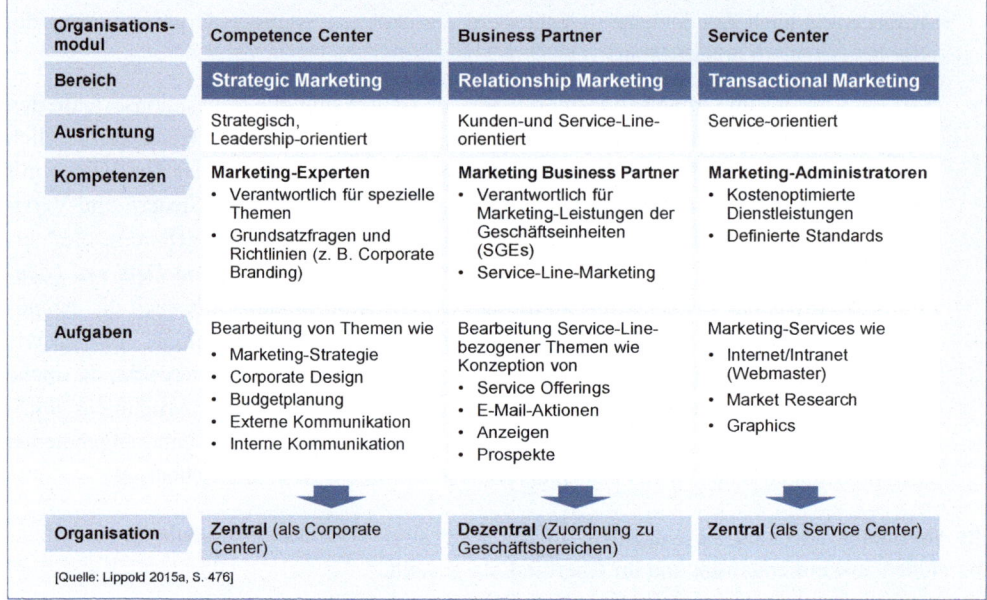

Organisations-modul	Competence Center	Business Partner	Service Center
Bereich	**Strategic Marketing**	**Relationship Marketing**	**Transactional Marketing**
Ausrichtung	Strategisch, Leadership-orientiert	Kunden-und Service-Line-orientiert	Service-orientiert
Kompetenzen	**Marketing-Experten** • Verantwortlich für spezielle Themen • Grundsatzfragen und Richtlinien (z. B. Corporate Branding)	**Marketing Business Partner** • Verantwortlich für Marketing-Leistungen der Geschäftseinheiten (SGEs) • Service-Line-Marketing	**Marketing-Administratoren** • Kostenoptimierte Dienstleistungen • Definierte Standards
Aufgaben	Bearbeitung von Themen wie • Marketing-Strategie • Corporate Design • Budgetplanung • Externe Kommunikation • Interne Kommunikation	Bearbeitung Service-Line-bezogener Themen wie Konzeption von • Service Offerings • E-Mail-Aktionen • Anzeigen • Prospekte	Marketing-Services wie • Internet/Intranet (Webmaster) • Market Research • Graphics
Organisation	**Zentral** (als Corporate Center)	**Dezentral** (Zuordnung zu Geschäftsbereichen)	**Zentral** (als Service Center)

[Quelle: Lippold 2015a, S. 476]

Abb. 6-14:   Aufgaben- und Kompetenzzentrum eines Marketing-Service-Delivery-Modells

Gliedert man diese Organisationsstruktur in die Gesamtorganisation (Kern-Matrix-Struktur) ein, so bietet es sich an, die zentralen Organisationsmodule (Competence- und Service-Center) auf der hierarchischen Ebene der Unternehmensleitung anzubinden und als **Shared Service Center** (SSC) zu bereichsübergreifenden Organisationseinheiten zusammenzufassen. Die Business Partner-Organisation ist dagegen dezentral organisiert und den jeweiligen Service-Lines zugeordnet.

Beim Shared Service Center handelt sich um interne, zentrale Organisationseinheiten, die ihre Dienstleistungen nun für alle Unternehmensbereiche an verschiedenen Standorten anbieten. Sie versprechen für die Durchführung der Prozesse messbare wirtschaftliche Vorteile und ein höheres Maß an Kundenorientierung. Im Gegensatz zur klassischen Zentralisierung von unterstützenden Funktionen wird das Shared Service Center als eigenständige Einheit geführt. Im Zuge der Einrichtung von Shared Service Centern bietet es sich – nicht zuletzt unter Kostengesichtspunkten – an, auch über eine rechtliche und/oder geografische Auslagerung, also über das **Outsourcing** von zentralen Diensten nachzudenken.

6.4.3.3 Arbeitsstruktur

Die als **Arbeitsstruktur** (engl. *Working Structure*) bezeichnete Organisationsform ist der Teil der Consulting-Organisation, in der die eigentliche Beratungsleistung erbracht wird. Hier arbeiten die Berater innerhalb einer Projektorganisation in hierarchisch gemischten Teams und teilweise mit Kundenbeteiligung. Gelegentlich sind auch einige in der Support-Struktur angesiedelten Einheiten wie die Grafik-Abteilung oder Research an den Projekten direkt beteiligt. Diese Beraterteams, die räumlich gesehen sowohl im eigenen Unternehmen als auch beim Kunden angesiedelt sein können, werden jeweils für Kundenaufträge aufgestellt und sind daher nur **temporäre** Organisationseinheiten. Die Leitung der Teams übernehmen Projektleiter, die aber nicht unbedingt in der Kern-Matrix die höchste Rangposition der beteiligten Berater einnehmen müssen. Nach Projektabschluss lösen sich die Teams wieder auf und ihre Mitglieder nehmen vorübergehend in der Kern-Matrix ihre Position wieder ein, wo sie Routineaufgaben (Führungsaufgaben, Projektdokumentation, Schulung, Weiterbildung, Recruiting, Angebotserstellung etc.) wahrnehmen.

Die so beschriebene Arbeitsstruktur stellt demnach so etwas wie eine virtuelle Organisation dar, die die Kern-Matrix überlagert, sobald sie in Kraft tritt. Ist das Projekt beendet, verschwindet die Arbeitsstruktur aus der Matrix. Die gleiche Vorgehensweise gilt auch für interne Projekte sowie für die Neu- und Weiterentwicklung von Beratungsprodukten und -methoden. Diese temporären Research & Development-Teams sind fachliche Kompetenzzentren (engl. *Practices*), deren Mitglieder aufgrund ihrer besonderen Erfahrungen und Kenntnisse und weitgehend ungeachtet ihrer Hierarchiestufe in der Kern-Struktur zusammengestellt werden.

In Abbildung 6-15 ist die oben skizzierte *Working Structure* mit den Ausprägungen *Kundenprojekte*, *interne Projekte* und *Practices* als Überlagerung einer dreidimensionalen Kern-Matrix dargestellt.

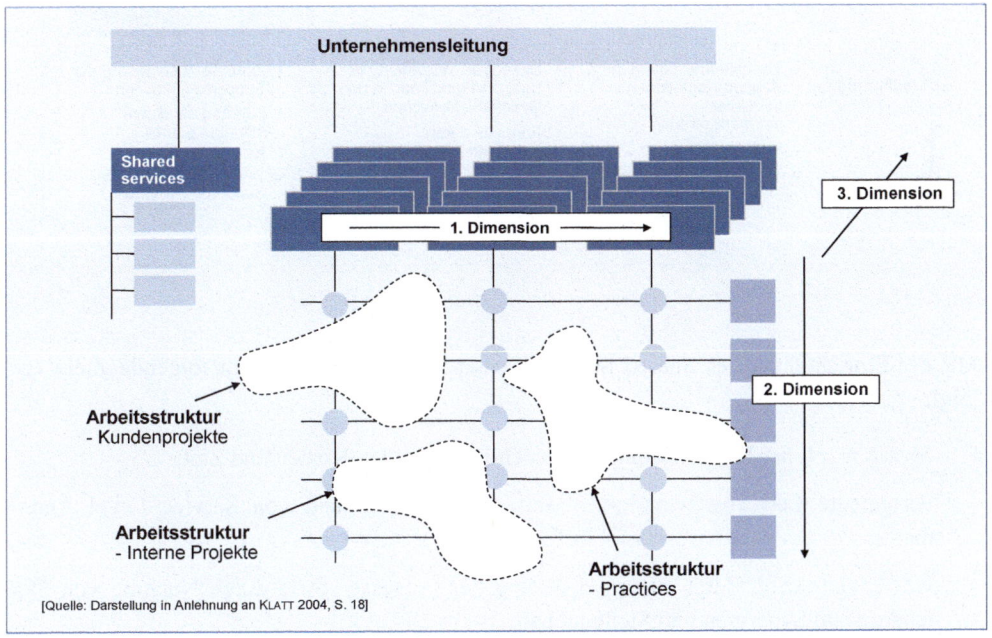

Abb. 6-15: Vollständiges Modell der Organisationsstruktur einer Unternehmensberatung

6.5   Auslagerung von Organisationseinheiten

6.5.1 Shared Service Center

Seit einigen Jahren zeichnet sich der Trend ab, unterstützende Geschäftsprozesse aus einzelnen Unternehmensbereichen herauszulösen und als *Shared Service Center (SSC)* zu einer bereichsübergreifenden Organisationseinheit zusammenzufassen. Es handelt sich dabei um interne, zentrale Organisationseinheiten, die ihre Dienstleistungen nun für alle Unternehmensbereiche an verschiedenen Standorten anbieten. Sie versprechen für die Durchführung der Prozesse messbare wirtschaftliche Vorteile und ein höheres Maß an Kundenorientierung. Im Gegensatz zur klassischen Zentralisierung von unterstützenden Funktionen (engl. *Support Functions*) wird das Shared Service Center als eigenständige Einheit geführt. Einen Konzeptvergleich zur klassischen Zentralisierung sowie zur Dezentralisierung von Support-Funktionen liefert Abbildung 6-16.

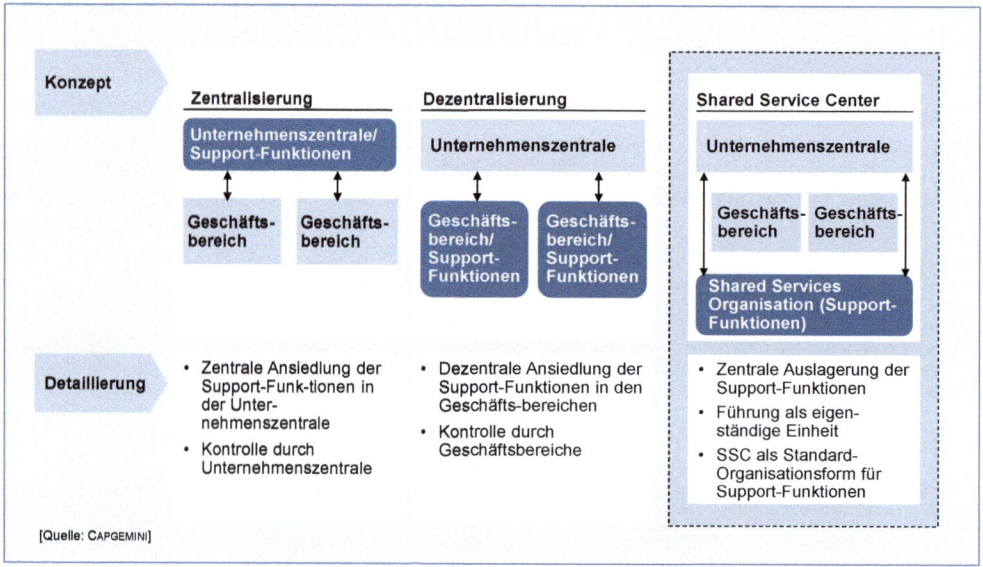

Abb. 6-16:   Konzept und Detaillierung des Shared Service Center

Mit der Einrichtung eines Shared Service Center werden grundsätzlich folgende Ziele verfolgt:

- **Messbarkeit** der Dienstleistungen hinsichtlich Qualität, Kosten und Zeit;

- Festgelegte **Leistungserbringung und -kontrolle** anhand von Service Level Agreements,

- **Kostenreduktion** durch Standardisierung der Prozesse sowie durch Nutzung von Skalenerträgen, Synergien und Stellenabbau;

- Eindeutige (Prozess- und Leistungs-)**Verantwortlichkeiten** bei gleichzeitiger Entlastung der Personalbetreuer von unterstützenden Aufgaben;

- Steigerung der **Prozessqualität**;

- Sicherstellung definierter **Qualitätsstandards**;

- Konzentration auf **Kernprozesse** in den Geschäftseinheiten,

- **Wettbewerbsfähigkeit** der Shared Services.

Shared Service Center sind in der Beratungsbranche derzeit noch selten. Es ist aber davon auszugehen, dass angesichts des immer stärker werdenden Kostendrucks auf alle Unternehmensbereiche auch Teile der Supportfunktionen mit ihren Serviceleistungen von dieser Entwicklung nicht verschont bleiben. Unter den Prozessen, für die ein Shared Service Center geplant ist, liegt der Bereich „Personal" mit 22,7 Prozent an erster Stelle, gefolgt von Prozessen in den Bereichen „Einkauf" (18,2 Prozent) und „Rechnungswesen" (13,5 Prozent). Insert 6-01 gibt einen Überblick über geplante und bereits realisierte Shared Service Center nach Prozessarten bzw. Bereichen. Allerdings eignen sich nicht alle Teilprozesse eines Funktionsbereiches in gleicher Weise, um in ein Shared Service Center ausgelagert zu werden.

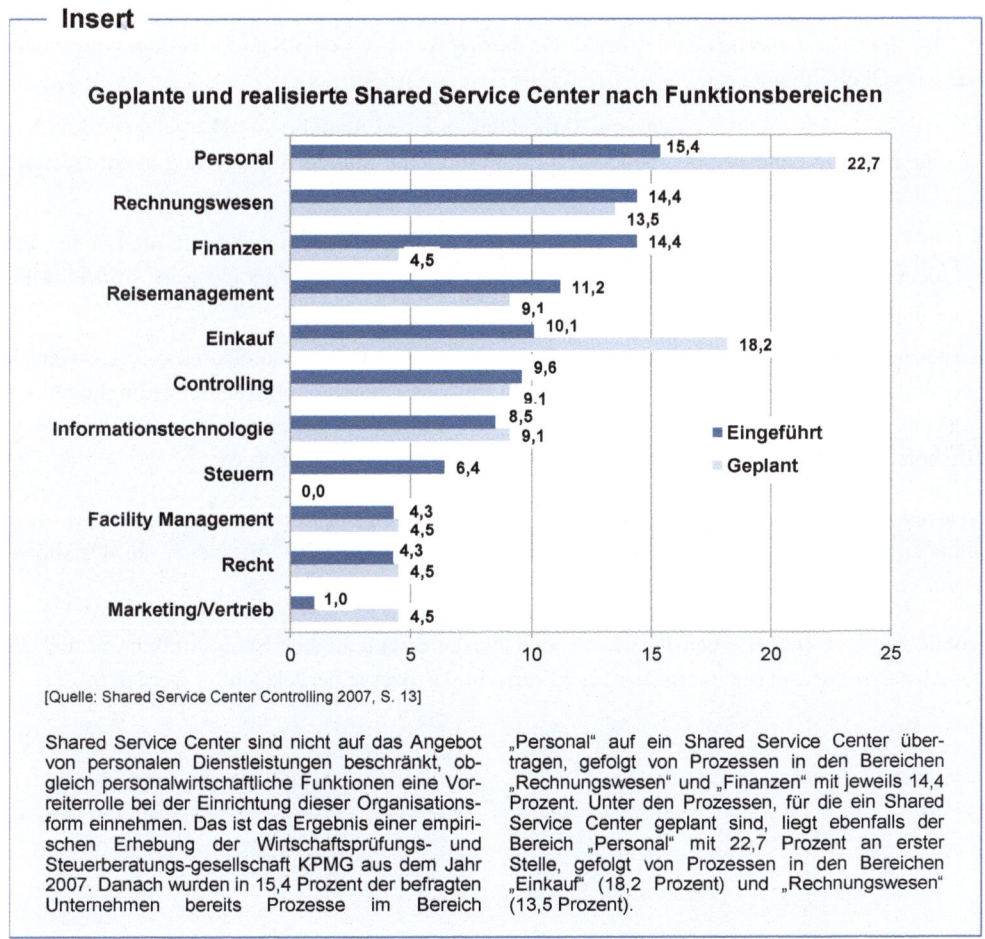

─ **Insert** ──

Geplante und realisierte Shared Service Center nach Funktionsbereichen

[Quelle: Shared Service Center Controlling 2007, S. 13]

Shared Service Center sind nicht auf das Angebot von personalen Dienstleistungen beschränkt, obgleich personalwirtschaftliche Funktionen eine Vorreiterrolle bei der Einrichtung dieser Organisationsform einnehmen. Das ist das Ergebnis einer empirischen Erhebung der Wirtschaftsprüfungs- und Steuerberatungs-gesellschaft KPMG aus dem Jahr 2007. Danach wurden in 15,4 Prozent der befragten Unternehmen bereits Prozesse im Bereich „Personal" auf ein Shared Service Center übertragen, gefolgt von Prozessen in den Bereichen „Rechnungswesen" und „Finanzen" mit jeweils 14,4 Prozent. Unter den Prozessen, für die ein Shared Service Center geplant sind, liegt ebenfalls der Bereich „Personal" mit 22,7 Prozent an erster Stelle, gefolgt von Prozessen in den Bereichen „Einkauf" (18,2 Prozent) und „Rechnungswesen" (13,5 Prozent).

Insert 6-01:   Status quo und zukünftige Betrachtung von Shared Service Centern 2007

Das wichtigste Instrument zum erfolgreichen Betrieb eines Shared Service Center ist das **Service Level Agreement** (SLA). Es handelt sich dabei um eine Vereinbarung zwischen dem Center und seinem Kunden und beschreibt die für den Kunden zu erbringenden Leistungsbestandteile und deren Qualität zu einem definierten Preis. Im SLA sind Verantwortlichkeiten, Rechte und Pflichten des Dienstleistungserbringers und dessen Kunden definiert. Zusätzlich bestimmt es die Ansprechpartner auf beiden Vertragsseiten. Inhalt und Umfang der erbrachten Leistungen des Shared Service Center wird mit Hilfe wichtiger Leistungsindikatoren (engl. *Key Performance Indicators – KPI's*) gemessen und ggf. veränderten Geschäftsbedürfnissen angepasst.

6.5.2 Geografische Auslagerung von Organisationseinheiten (X-Shoring)

Im Zuge der Einrichtung von Shared Service Centern kommt es – nicht zuletzt unter Kostengesichtspunkten – häufig zu Standortverlagerungen. Hierbei wird je nach Entfernung der **geografischen Verlagerung** zwischen folgenden Varianten („*X-Shoring*") unterschieden:

- **Onshoring** – Verlagerung von Aktivitäten an einen anderen Standort im eigenen Land; für deutsche Unternehmen bedeutet Onshoring demnach eine Standortverlagerung innerhalb Deutschlands;

- **Nearshoring** – Verlagerung von Aktivitäten an einen Standort in nahe gelegene Länder; für deutsche Unternehmen bedeutet Nearshoring eine Standortverlagerung in europäische Länder wie z. B. Polen, Rumänien oder Slowakei;

- **Offshoring** – Verlagerung von Aktivitäten an einen Standort in weit entfernte Länder; für deutsche Unternehmen bedeutet Offshoring eine Standortverlagerung z. B. in asiatische Länder wie China, Indien oder Vietnam.

Auslöser für die Entscheidung zur geografischen Auslagerung von Shared Service Center oder sonstigen Organisationseinheiten sind die teilweise günstigeren Rahmenbedingungen im Ausland insbesondere bei den Arbeitskosten. So kann die Verlagerung an einen Near- oder Offshore-Standort durchaus ein beachtliches Einsparungspotenzial bergen.

Nearshoring-Konzepte bergen den Vorteil von geringeren Risiken und schnelleren Abstimmungen, verbunden allerdings mit höheren Personalkosten im Vergleich zu Offshore-Standorten.

Abbildung 6-17 liefert einen Überblick über die unterschiedlichen Standortfaktoren, die bei der Auslagerung unternehmerischer Funktionen und Prozesse berücksichtigt werden müssen.

Onshoring (Deutschland)	Nearshoring (Osteuropa)	Offshoring (Asien)
+ Keine Sprachbarrieren	+ Keine/geringe Sprachbarrieren	+ Sehr niedrige Lohnkosten
+ Deutsches Rechtssystem	+ Niedrige Lohnkosten	+ Flexible Rahmenbedingungen
+ Gute Infrastruktur	+ Nähe zu Deutschland	
+ Technisches Know-how vorhanden	+ Geringe kulturelle Anpassungen	
+ Qualifiziertes Personal		
+ Nähe zum Unternehmen		
- Hohe Lohnkosten	- Weniger qualifiziertes Personal verfügbar	- Größere Sprachbarrieren
- Unflexible Rahmen-bedingungen	- Schlechtere Infrastruktur	- Kulturelle Unterschiede
- Arbeitnehmerfreundliches Kündigungsschutzgesetz	- Größerer Implementierungs-aufwand des Shared Service Center	- Fremdes Rechtssystem
		- Schlechtere Infrastruktur
		- Weniger qualifiziertes Personal verfügbar
		- Große räumliche Distanz
		- Sehr großer Implementierungs-aufwand des Shared Service Center

Abb. 6-17: Vor- und Nachteile von On-, Near- und Offshore-Standorten

Wichtig für die Standortentscheidung sind die Relevanz einzelner Punkte, die Identifizierung der Risikobereitschaft und die Formulierung einer eindeutigen Risiko-Gewinn-Spanne.

6.5.3 Rechtliche Auslagerung von Organisationseinheiten (Outsourcing)

Im Zusammenhang mit der geografischen Verlagerung von Organisationseinheiten kann auch über die **rechtliche Ausgliederung** von Organisationseinheiten entschieden werden. Die Abgabe der rechtlichen und damit unternehmerischen Verantwortung an ein Drittunternehmen wird als **Outsourcing** bezeichnet. Outsourcing ist damit eine spezielle Form des Fremdbezugs von bisher intern erbrachten Leistungen. Zwischen On-, Near- und Offshoring einerseits und dem Outsourcing andererseits besteht grundsätzlich kein zwingender sachlicher Zusammenhang, obgleich die verschiedenen Begriffe immer wieder zu Missverständnissen führen.

Abbildung 6-18 liefert eine entsprechende begriffliche Abgrenzung.

Vorreiter beim Fremdbezug von bislang intern erbrachten Leistungen ist das IT-Outsourcing. Hierbei dominierte zunächst das infrastrukturorientierte Outsourcing (Hardware, IT-Netze). Aktuell gewinnen aber das anwendungsbezogene Outsourcing (engl. *Application Management*) und das prozessorientierte Outsourcing (engl. *Business Process Outsourcing*) zunehmend an Bedeutung im Rahmen des IT-Outsourcings.

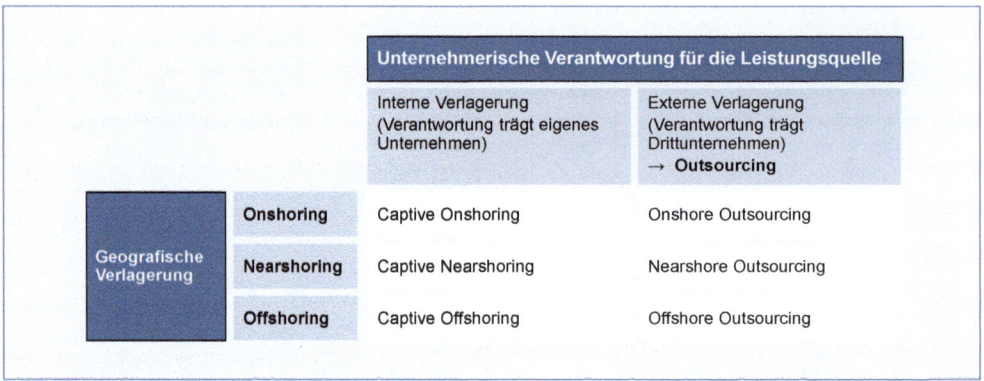

Abb. 6-18:   Begriffliche Abgrenzung zwischen On-, Near- und Offshoring sowie Outsourcing

Wesentliche Gründe für die Auslagerung eines Shared Service Center im Rahmen eines Outsourcing-Vertrags sind:

- **Kostenreduktion** durch geringere *Total Cost of Ownership*, die nicht nur die Anschaffungskosten einer bestimmten Infrastruktur, sondern auch die späteren Nutzungskosten (Modifikationen, Wartung) berücksichtigt

- Konzentration auf die eigentliche **Kernkompetenz**

- Mangel an Know-how oder qualifizierten Arbeitskräften

- Höhere Leistung und bessere Qualität

- Schnellere Reaktion auf Veränderungen

- Höhere Spezialisierung.

Demgegenüber sind aber auch einige Risiken zu berücksichtigen, die mit dem Outsourcing einhergehen können:

- Qualität der ausgelagerten Prozesse kann nicht beeinflusst werden

- Abhängigkeit vom Drittunternehmen

- Möglicher Verlust von internem Know-how

- Fehler bei der Wirtschaftlichkeitsberechnung eines Outsourcing-Projekts

- Kommunikationsmängel bei der Umsetzung der Outsourcing-Maßnahme *(Change Management)*.

6.6 Change Management

Das Veränderungsmanagement (engl. *Change Management*) steuert und begleitet kulturelle, strukturelle und organisatorische Veränderungen im Unternehmen, um die Risiken zu reduzieren, die sich durch Veränderung und Transformation ergeben können [vgl. REGER 2009, S. 5].

Dabei steht die Umsetzung von neuen Strategien, Strukturen, Systemen oder Verhaltensweisen im Vordergrund. Bei Restrukturierungen, umfassenden Prozessveränderungen, der Implementierung von ERP-Systemen und der Neuausrichtung von Strategien oder Post-Merger-Integrationen gilt es, das entsprechende Geschäftsmodell möglichst schnell in operative Ergebnisse umzuwandeln. Entscheidend für den Erfolg einer notwendigen Umsetzungsmaßnahme ist, wie gut und wie schnell sich Mitarbeiter an die Veränderung anpassen und ihre Arbeit daran ausrichten.

Führungskräfte und Mitarbeiter müssen zielgerichtet mobilisiert und motiviert werden, damit sie die bevorstehenden Veränderungen mitgestalten und vorantreiben. Flexibilität und Veränderungsfähigkeit ist demnach ein wichtiger Erfolgsfaktor im Wettbewerb. Wandel ist somit zu einer Daueraufgabe geworden, der sich Führungskräfte und Mitarbeiter immer wieder stellen müssen. Diese Erkenntnisse gelten bei Veränderungen naturgemäß sowohl in der Consultingbranche als auch bei den Kundenunternehmen.

6.6.1 Ursachen und Handlungsfelder des Change Managements

6.6.1.1 Ursachen

In der Erhebung zur Change Management-Studie 2008 von CAPGEMINI wurde nach den wichtigsten Gründen für Veränderungen in Unternehmen gefragt. Die Ergebnisse der Studie zeigen, dass Restrukturierungs- bzw. Reorganisierungsmaßnahmen als wichtigste Gründe für Veränderungen in Unternehmen genannt werden (siehe Insert 6-02). Aus diesen Gründen für Veränderungen, lassen sich zwei grundlegende Ursachenkomplexe ausmachen [vgl. VAHS 2009, S. 310 ff.]:

- **Externe Ursachen**, die von *außen* auf die Organisation als Problemdruck wirken. Zu den wichtigsten unternehmensexternen Einflüssen zählen der Druck des Marktes und des Wettbewerbs, Firmenübernahmen sowie technologische Veränderungen. Hinzu kommt ein gesellschaftlicher Wertewandel, der hierzulande besonders durch ein vergleichsweise hohes Bildungs- und Wohlstandsniveau beeinflusst wird.

- **Interne Ursachen**, die von *innen* als Problemdruck auf die Organisation wirken. Interne Auslöser für Veränderungsprozesse können Fehlentscheidung der Vergangenheit, Kostendruck, Wachstumsinitiativen, eine Neuformulierung der Unternehmensstrategie oder neue Managementkonzepte sein.

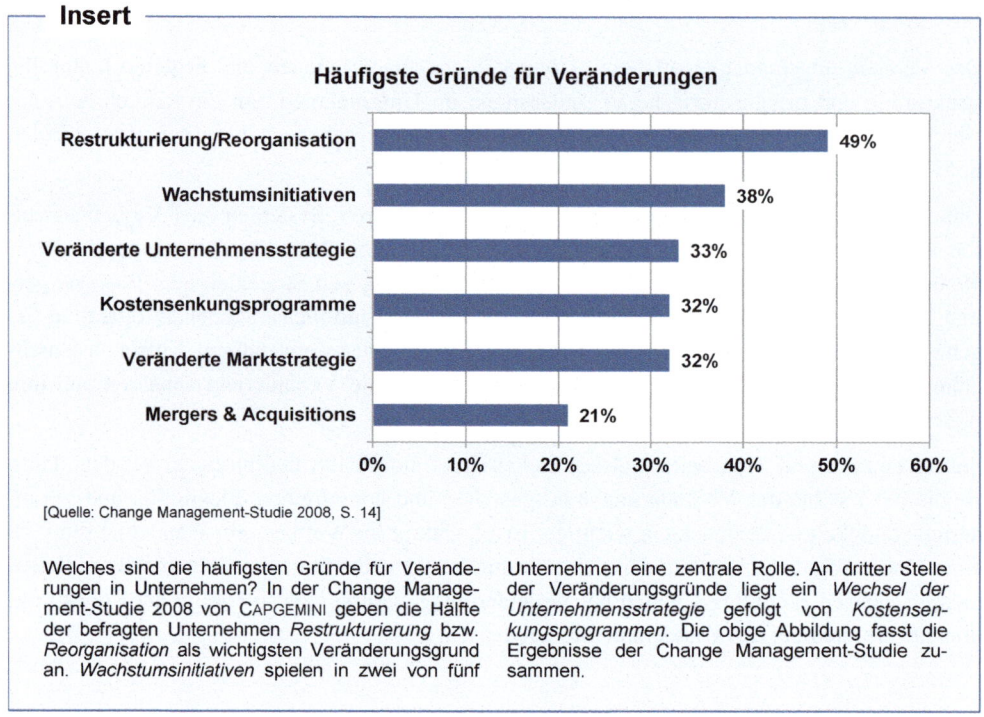

Häufigste Gründe für Veränderungen

[Quelle: Change Management-Studie 2008, S. 14]

Welches sind die häufigsten Gründe für Veränderungen in Unternehmen? In der Change Management-Studie 2008 von CAPGEMINI geben die Hälfte der befragten Unternehmen *Restrukturierung* bzw. *Reorganisation* als wichtigsten Veränderungsgrund an. *Wachstumsinitiativen* spielen in zwei von fünf Unternehmen eine zentrale Rolle. An dritter Stelle der Veränderungsgründe liegt ein *Wechsel der Unternehmensstrategie* gefolgt von *Kostensenkungsprogrammen*. Die obige Abbildung fasst die Ergebnisse der Change Management-Studie zusammen.

Insert 6-02: Häufigste Gründe für Change Management

6.6.1.2 Handlungsfelder

Veränderungsprozesse mit einer großen Reichweite und Tiefe für Aufbau-, Ablauf- und Prozessstrukturen werden auch als transformativer Wandel bezeichnet und sollten nicht isoliert betrachtet werden. Vielmehr ist dafür Sorge zu tragen, dass die erkannten Ursachen und die geplanten Veränderungsmaßnahmen in dem dynamischen Gesamtzusammenhang der vier **Handlungsfelder des Change Managements** zu sehen sind [vgl. VAHS 2009, S. 334 ff.]:

Handlungsfeld 1: Strategie. Die Strategie – also der Weg zum Ziel – wird durch bereits eingetretene oder noch zu erwartende Veränderungen beeinflusst. Erfolgt die Strategie reaktiv, so spricht man von einer *Anpassungsstrategie*. Sie kann aber auch aktiv als *Innovationsstrategie* formuliert werden. In Bezug auf die Reichweite der in den Veränderungsprozess einbezogenen Strategieebenen kann zwischen *Unternehmensstrategie*, *Geschäftsbereichsstrategien* oder *Funktionsbereichsstrategien* unterschieden werden. Unabhängig von den einbezogenen Unternehmensebenen wirkt die Formulierung einer neuen Strategie nicht nur nach *außen*, sondern auch nach *innen*, d. h. sie bleibt in aller Regel nicht ohne Auswirkungen auf die bestehenden Organisationsstrukturen.

Handlungsfeld 2: Kultur. Gegenüber den „harten" Faktoren gewinnt die Unternehmenskultur als „weiches" Handlungsfeld für ein erfolgreiches Veränderungsmanagement zunehmend an Bedeutung. Mitarbeiter erwarten abwechslungsreiche und verantwortungsvolle Aufgaben, die Freiräume für ihre persönliche Entfaltung bieten. Daher müssen sie auch rechtzeitig über

Veränderungen informiert und in den Veränderungsprozess eingebunden werden. Geschieht dies nicht oder nicht rechtzeitig, so meldet sich allzu häufig das „natürliche Immunsystem" einer Organisation.

Handlungsfeld 3: Technologie. Versteht man unter *Technologie* ganz allgemein Verfahren, Methoden, Maschinen, Werkzeuge, Werkstoffe und das damit verbundene Anwendungswissen, so werden diese vorrangig im Produktionsbereich von Industriebetrieben eingesetzt. Anstehende Veränderungen betreffen hier also vornehmlich den Herstellungsprozess. Veränderungen im Bereich der **Informations- und Kommunikationstechnologie** (IKT) betreffen jedoch nicht nur den Fertigungsbereich (z. B. als Embedded Software), sondern auch den Verwaltungsbereich sowie ganz besonders auch Dienstleistungsunternehmen wie Banken, Versicherungen, Logistik- und Handelsbetriebe. Hier hat die Entwicklung der IKT einen unmittelbaren Einfluss auf die Veränderung der Unternehmensstrukturen. So eröffnet die IKT heute in einem zunehmenden Maße die Chance zur Gestaltung von Prozessen und Strukturen. Mehr noch, in vielen Branchen hat sich die IKT als strategischer Erfolgsfaktor entpuppt. Ein Stichwort hierzu ist die **Digitale Transformation**.

Handlungsfeld 4: Organisation. Mit dem Handlungsfeld *Organisation* sind typische Maßnahmen der **Reorganisation** von Unternehmen angesprochen. Dazu zählen der Abbau von Hierarchieebenen ebenso wie die Einrichtung von Cost- und Profit-Centern oder der Übergang von einer funktionalen zu einer prozessorientierten Struktur. **Restrukturierungsmaßnahmen** (engl. *Restructuring*) sind die konsequenteste Form eines transformativen Wandels, wenn eine strategische Neuausrichtung andere Strukturen verlangt.

6.6.2 Umgang mit Widerständen

Jede Veränderung löst Verunsicherung, teilweise sogar Ängste und das Gefühl von Kontrollverlust bei den Mitarbeitern aus. Sie wissen nicht, was auf sie zu kommt, wie sie sich in der neuen Situation oder während der Übergangsphase verhalten sollen. So sind Widerstände (engl. *Resistance to Change*) ganz normale und unvermeidliche Begleiterscheinungen von Veränderungsprozessen. Widerstände lassen sich oftmals auf fehlende Akzeptanz und Perspektiven zurückführen. Die Zufriedenheit mit der aktuellen Situation oder auch sachliche, persönliche oder machtpolitische Gründe können für das Nicht-Wollen vorliegen. Widerstände können aber auch auf fehlender Qualifikation beruhen. Aus Angst vor Versagen nimmt man am Veränderungsprozess nicht teil oder versucht ihn zu unterlaufen. Häufig ist es auch fehlendes Verständnis für den Veränderungsdruck. Mangelnde oder falsche Informationen über die Gründe und Notwendigkeit der Veränderung sind i. d. R. auf fehlerhafte Kommunikation zurückzuführen [vgl. REGER 2009, S. 18 f.].

6.6.2.1 Reaktionen auf geplante Veränderungen

Hinsichtlich der Reaktionen auf geplante Veränderungen lassen sich unterschiedliche Personengruppen unterscheiden. Etwa ein Drittel der Betroffenen steht den Veränderungen offen und positiv gegenüber, ein Drittel verhält sich abwartend und neutral und das letzte Drittel lehnt den Wandel leidenschaftlich ab. Differenziert man diese Einteilung weiter, so können sieben Typen von Personen in Verbindung mit Veränderungsreaktionen ausgemacht werden, wobei eine Normalverteilung der einzelnen Typen unterstellt wird [vgl. VAHS 2009, S. 344 ff. unter Bezugnahme auf KREBSBACH-GNATH 1992, S. 37 ff.]:

- **Visionäre und Missionare.** Diese eher kleine Schlüsselgruppe gehört in der Regel dem Top-Management an und haben die Ziele und Maßnahmen des geplanten Wandels mit erarbeitet oder mit initiiert. Sie sind vom Veränderungserfolg überzeugt und versuchen nun, die übrigen Organisationsmitglieder von der Notwendigkeit der Veränderung zu überzeugen.

- **Aktive Gläubige.** Auch diese Personengruppe akzeptiert den bevorstehenden Wandel und ist bereit, ihre ganze Arbeits- und Überzeugungsarbeit einzusetzen, um die Ziele und neuen Ideen in die Organisation zu tragen.

- **Opportunisten.** Sie wägen zunächst einmal ab, welche persönlichen Vor- und Nachteile der Wandel für sie bringen kann. Gegenüber ihren veränderungsbereiten Vorgesetzten äußern sie sich positiv, gegenüber ihren Kollegen und Mitarbeitern eher zurückhaltend und skeptisch.

- **Abwartende und Gleichgültige.** Diese größte Personengruppe zeigt eine sehr geringe Bereitschaft, sich aktiv an der Veränderung zu beteiligen. Sie wollen erst einmal Erfolge sehen und eine spürbare Verbesserung ihrer persönlichen Arbeitssituation erfahren.

- **Untergrundkämpfer.** Sie gehen verdeckt vor und betätigen sich als Stimmungsmacher gegen die Neuerungen.

- **Offene Gegner.** Diese Gruppe von Widerständlern, der es um die Sache und nicht um persönliche Privilegien geht, zeigt ihre ablehnende Haltung offen. Sie argumentiert mit „offenem Visier" und ist davon überzeugt, dass die Entscheidung falsch und der eingeschlagene Weg nicht zielführend ist.

- **Emigranten.** Diese eher kleine Gruppe hat sich entschlossen, den Wandel keinesfalls mitzutragen und verlässt das Unternehmen. Häufig handelt es sich dabei um Leistungsträger, die nach der Veränderung keine ausreichende Perspektive für sich sehen.

In Abbildung 6-19 sind die typischen Einstellungen gegenüber dem organisatorischen Wandel als Normalverteilung so dargestellt, dass auf der Abszisse die Veränderungsbereitschaft von links (Begeisterung, Zustimmung) nach rechts (Skepsis, Ablehnung) immer weiter abnimmt. Allerdings muss auch hierzu angemerkt werden, dass die unterstellte Normalverteilung durchaus plausibel erscheint, empirisch aber nicht abgesichert ist.

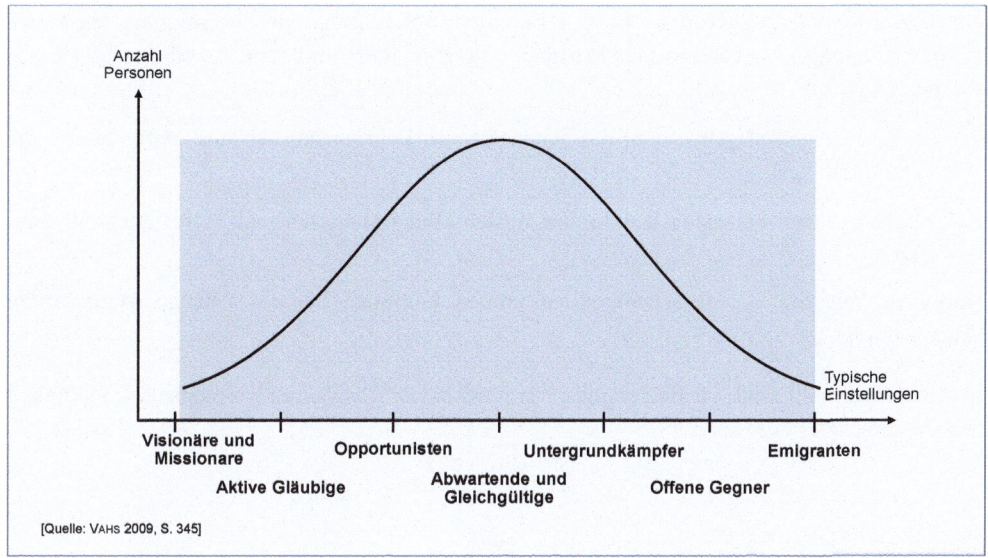

Abb. 6-19: *Typische Einstellungen gegenüber dem organisatorischen Wandel*

6.6.2.2 Phasen der Veränderung

Jede Veränderung ist ein Prozess, der zweckmäßiger Weise in folgenden fünf Phasen ablaufen sollte [vgl. KRÜGER 2002, S. 49]:

- **Initialisierung**, d. h. der Veränderungsbedarf wird festgestellt und die Veränderungsträger müssen informiert werden,

- **Konzipierung**, d. h. die Ziele der Veränderung sind festzulegen und die entsprechenden Maßnahmen zu entwickeln,

- **Mobilisierung**, d. h. das Veränderungskonzept muss kommuniziert und Veränderungsbereitschaft und Veränderungsfähigkeit geschaffen werden,

- **Umsetzung**, d. h. die priorisierten Veränderungsvorhaben sind durchzuführen und Folgeprojekte anzustoßen,

- **Verstetigung**, d. h. die Veränderungsergebnisse müssen verankert und Veränderungsbereitschaft und -fähigkeit abgesichert werden.

6.6.2.3 Erfolgsfaktoren von Change Management-Projekten

Generell sind es drei Voraussetzungen, die den Erfolg von Change Management-Projekten bestimmen [vgl. REGER 2009, S. 14]:

- **Veränderungsbedarf**, d. h. die grundsätzliche Erkenntnis und Überzeugung, dass eine Veränderung zu einer besseren Ausgangssituation führt und damit wettbewerbsrelevant ist,

- **Veränderungsfähigkeit**, d. h. das Potenzial von Führungskräften und Mitarbeitern, die Veränderung erfolgreich umzusetzen und

- **Veränderungsbereitschaft**, d. h. den Willen aller Beteiligten und Betroffenen zur Umsetzung.

Nur wenn alle drei Voraussetzungen zusammen kommen, hat das Change Management „leichtes Spiel".

In Abbildung 6-20 sind die Beziehungszusammenhänge von Veränderungsbedarf, -fähigkeit und -bereitschaft dargestellt.

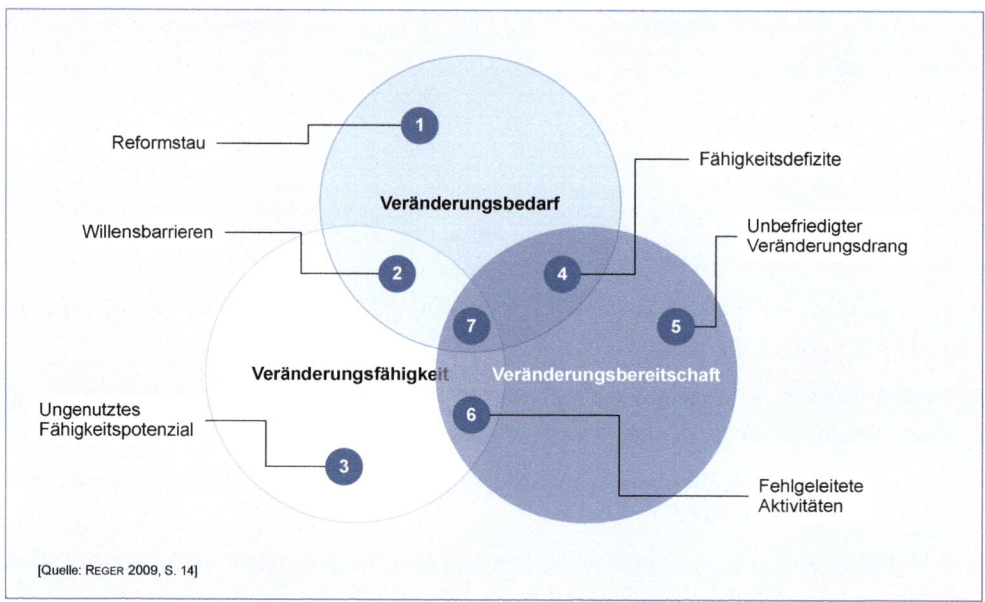

[Quelle: REGER 2009, S. 14]

Abb. 6-20:   Zusammenhang von Veränderungsbedarf, -fähigkeit und -bereitschaft

Ein wichtiger Bestandteil des Change Management ist eine klare, konsequente und konsistente **Kommunikation**. Eine rechtzeitige und offene Information der Organisationsmitglieder über die Ursachen, Ziele und Fortschritte des Wandels stellt sicher, dass die Gründe für die Einleitung eines Veränderungsprozesses auch verstanden werden. Führungskräfte und Mitarbeiter werden sich nur dann für den Wandel einsetzen, wenn sie ausreichend über das Veränderungsvorhaben informiert sind und den Gesamtzusammenhang zur Unternehmens- bzw. Marktstrategie kennen. Alle Beteiligten und Betroffenen müssen mit geeigneten Kommunikationsmitteln und -maßnahmen angesprochen werden, um ein konsistentes Bild der Veränderung zu erzeugen. Der Aufbau eines vertrauensvollen Kommunikations- und Arbeitsklimas, das ein laufendes Feedback über den Veränderungsprozess fordert und in die Maßnahmengestaltung einfließen lässt, ist somit eine ganz wichtige Voraussetzung für den erfolgreichen Unternehmenswandel [vgl. VAHS 2009, S. 355].

Jedes Change Management-Team sollte sich darüber im Klaren sein, dass sich ohne Ziele, Aktionspläne, Ressourcen, Fähigkeiten, Anreize und Informationen die gewünschte Veränderung nicht einstellen wird. Im Gegenteil, fehlt bereits eine dieser Komponenten, so ist Aktionismus, Chaos, Frustration, Angst oder Verwirrung vorprogrammiert.

Abbildung 6-21 zeigt sehr anschaulich, was das Fehlen einzelner Komponenten im Change Management-Prozess bewirken kann. Besonders deutlich werden diese Effekte, wenn man die Ursachen fehlgeschlagener Change Management-Projekte analysiert.

Ohne Ziele	?	+	Aktionspläne	+	Ressourcen	+	Fähigkeiten	+	Anreize	+	Information	=	**Aktionismus**
Ohne Pläne	Ziele	+	?	+	Ressourcen	+	Fähigkeiten	+	Anreize	+	Information	=	**Chaos**
Ohne Ressourcen	Ziele	+	Aktionspläne	+	?	+	Fähigkeiten	+	Anreize	+	Information	=	**Frustration**
Ohne Fähigkeiten	Ziele	+	Aktionspläne	+	Ressourcen	+	?	+	Anreize	+	Information	=	**Angst**
Ohne Anreize	Ziele	+	Aktionspläne	+	Ressourcen	+	Fähigkeiten	+	?	+	Information	=	**Kaum Veränderung**
Ohne Information	Ziele	+	Aktionspläne	+	Ressourcen	+	Fähigkeiten	+	Anreize	+	?	=	**Verwirrung**
	Ziele	+	Aktionspläne	+	Ressourcen	+	Fähigkeiten	+	Anreize	+	Information	=	**Gewünschte Veränderung**

[Quelle: UNKRIG 2005, S. 45]

Abb. 6-21:   Komponenten der gewünschten Veränderung

In Insert 6-03 sind die häufigsten Ursachen für IT-Projekte, die die Erwartungen nicht erfüllt haben, aufgelistet. Daran wird deutlich, dass es im Wesentlichen immer wieder an der Vernachlässigung mindestens einer der o. g. Komponenten liegt, wenn Projekte nicht den gewünschten Erfolg bringen.

Konkret muss das Unternehmen Sorge dafür tragen, dass die Veränderung zu einer Anreizkompatiblen Organisationslösung führt, d. h. der Mitarbeiter sollte durch Erfüllung der gestellten Aufgabe auch seine eigenen Ziele erreichen können. Des Weiteren ist die Motivation der Mitarbeiter auf ein gemeinsames Ziel auszurichten, um den Abbau von Blockaden zu erleichtern. Auch eine gezielte Steuerung der Erwartungen sowie eine entsprechende Qualifizierung der Mitarbeiter sind Grundlagen für einen erfolgreichen Change Management-Prozess.

Fazit: Eine der Veränderung positiv gegenüberstehende Unternehmenskultur, eine angemessene und zielgruppenorientierte Kommunikation sowie ein kompetentes Change Management-Team, das mit entsprechenden Ressourcen ausgestattet ist, bilden die wichtigsten Grundlagen für einen erfolgreichen Wandel im Unternehmen.

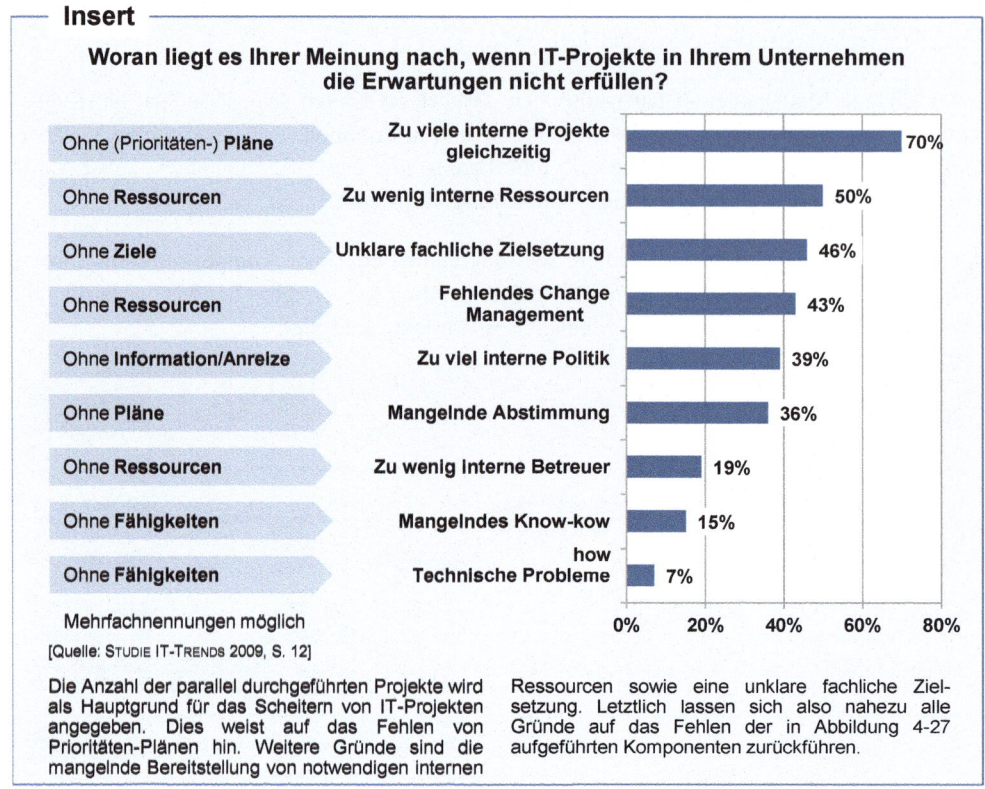

Insert

Woran liegt es Ihrer Meinung nach, wenn IT-Projekte in Ihrem Unternehmen die Erwartungen nicht erfüllen?

Ohne (Prioritäten-) **Pläne**	Zu viele interne Projekte gleichzeitig	70%
Ohne **Ressourcen**	Zu wenig interne Ressourcen	50%
Ohne **Ziele**	Unklare fachliche Zielsetzung	46%
Ohne **Ressourcen**	Fehlendes Change Management	43%
Ohne **Information/Anreize**	Zu viel interne Politik	39%
Ohne **Pläne**	Mangelnde Abstimmung	36%
Ohne **Ressourcen**	Zu wenig interne Betreuer	19%
Ohne **Fähigkeiten**	Mangelndes Know-kow how	15%
Ohne **Fähigkeiten**	Technische Probleme	7%

Mehrfachnennungen möglich

[Quelle: STUDIE IT-TRENDS 2009, S. 12]

Die Anzahl der parallel durchgeführten Projekte wird als Hauptgrund für das Scheitern von IT-Projekten angegeben. Dies weist auf das Fehlen von Prioritäten-Plänen hin. Weitere Gründe sind die mangelnde Bereitstellung von notwendigen internen Ressourcen sowie eine unklare fachliche Zielsetzung. Letztlich lassen sich also nahezu alle Gründe auf das Fehlen der in Abbildung 4-27 aufgeführten Komponenten zurückführen.

Insert 6-03:   Ursachen fehlgeschlagener IT-Projekte

Literatur zum 6. Kapitel

ABEGGLEN, C./IVANCIC, R. (2013): Leben und Führen innerhalb fluider Strukturen – Herausforderungen der Netzwerkgesellschaft meistern, in: PAPMEHL, A./TÜMMERS, H. J. (Hrsg.): Die Arbeitswelt im 21. Jahrhundert. Herausforderungen, Perspektiven, Lösungsansätze, Wiesbaden 2013, S. 125-136.

ARMBRÜSTER, T. (2006): Economics and Sociology of Management Consulting, Cambridge University Press 2006.

BARTSCHER, T./STÖCKL, J./TRÄGER, T. (BARTSCHER et al. 2012): Personalmanagement. Grundlagen, Handlungsfelder, Praxis, München 2012.

BLEICHER, K. (2011): Das Konzept Integriertes Management. Visionen – Missionen – Programme, 8. Aufl., Frankfurt a. M. 2011.

CHANGE MANAGEMENT-STUDIE (2008): Business Transformation – Veränderungen erfolgreich gestalten (hrsg. v. CAPGEMINI CONSULTING).

HR-BAROMETER 2011: Bedeutung, Strategien, Trends in der Personalarbeit (hrsg. v. CAPGEMINI CONSULTING).

IT-TRENDS 2009, hrsg. v. CAPGEMINI 2010.

JENTZSCH, O. (2005): Projekt-Controlling als Frühwarnsystem. In: STOLORZ, C./FOHMANN, L. (Hrsg.): Controlling in Consultingunternehmen. Instrumente, Konzepte, Perspektiven, 2. Aufl., Wiesbaden 2005, S. 27-60.

KREBSBACH-GNATH, C. (1992): Wandel und Widerstand, in: Den Wandel von Unternehmen steuern. Faktoren für ein erfolgreiches Change-Management, Frankfurt/M. S. 37–55.

KRÜGER, W. (2002): Excellence in Change. Wege zur strategischen Erneuerung, 2. Aufl., Wiesbaden 2002.

LIPPOLD, D. (2011): Die Personalmarketing-Gleichung. Einführung in das wertorientierte Personalmanagement, München 2011.

LIPPOLD, D. (2012): Die Marketing-Gleichung. Einführung in das wertorientierte Marketingmanagement, München 2012.

LIPPOLD, D. (2014): Die Personalmarketing-Gleichung. Einführung in das wert- und prozessorientierte Personalmanagement, 2. Aufl., München 2014.

LIPPOLD, D. (2015a): Die Marketing-Gleichung. Einführung in das prozess- und wertorientierte Marketingmanagement, 2. Aufl., Berlin/Boston 2015.

MACKENZIE, R. A. (1969): The Management Process 3-D, in: Harvard Business Review 47, S. 81-86.

MAISTER, D. H. (1982): Balancing the professional service firm, Sloan Management Review 24, S. 15-29.

REGER, G. (2009): Innovationsmanagement – Change Management. Präsentationsvorlage Potsdam 12.12.2009.

RICHTER, A./SCHMIDT, S. L./TREICHLER, C. (2005): Organisation und Mitarbeiterentwicklung als Differenzierungsfaktoren, in: NIEDEREICHHOLZ et al. (Hrsg.): Handbuch der Unternehmensberatung, Bd. 2, 7220, Berlin 2010.

SOMMERLATTE, T. (2004): Kosten und Wirtschaftlichkeit von Unternehmensberatung, in: NIEDEREICHHOLZ et al. (Hrsg.): Handbuch der Unternehmensberatung, Bd. 2, 5210, Berlin 2010.

SOMMERLATTE, T. (2008): Kosten und Wirtschaftlichkeit von Unternehmensberatungen. Vortrag im Rahmen des Deutschen Beratertages 2008 am 31.10.2008.

STEINMANN, H./SCHREYÖGG, G. (2005): Management. Grundlagen der Unternehmensführung. Konzepte – Funktionen – Fallstudien, 6. Aufl., Wiesbaden 2005.

STOLORZ, C. (2005): Controlling in Beratungsunternehmen: Aufgaben, Probleme und Instrumente. In: STOLORZ, C./FOHMANN, L. (Hrsg.): Controlling in Consultingunternehmen. Instrumente, Konzepte, Perspektiven, 2. Aufl., Wiesbaden 2005, S. 9-26.

WEBER, J./SCHÄFFER, U. : Einführung in das Controlling, 12. Aufl., Stuttgart 2008.

WOHLGEMUTH, O. (2002): Management netzwerkartiger Kooperationen. Instrumente für die unternehmensübergreifende Steuerung, Wiesbaden 2002.

UNKRIG, R. (2005): Business Partner Personalmanagement. Auf dem Weg von der Verwaltung zur Wertschöpfung, Präsentationsvortrag RWE SOLUTIONS, Pforzheim, 27. April 2005.

VAHS, D. (2009): Organisation. Ein Lehr- und Managementbuch, 7. Aufl., Stuttgart 2009.

Abbildungsverzeichnis

Insertverzeichnis

Sachwortverzeichnis

Ebner Stolz Management
Consultants GmbH
Holzmarkt 1
50676 Köln
Tel. 02 21 / 206 43 - 0
www.ebnerstolz.de
Ansprechpartner: Dr. Jens Petersen
Tel. 02 21 / 206 43- 965
jens.petersen@ebnerstolz.de

Das Unternehmen

Ebner Stolz Management Consultants ist
eine führende deutsche Top-Management-
Beratung für mittelständische Unternehmen und Konzerne. Mit rund 100 Kollegen
beraten wir unsere Kunden in sämtlichen
unternehmerischen Situationen. Unser
Know-how bündeln wir in den Kompetenzfeldern Corporate Development, Restrukturierung, Controlling, Performance
Management und Corporate Finance. Wir
verbinden exzellente Analyse und maßge-
schneiderte Kundenlösungen mit großer
Umsetzungskompetenz. Unsere qualitative
Spitzenstellung führt zu einer außerordentlich hohen Kundenzufriedenheit und
kontinuierlichem, überdurchschnittlichem
Wachstum.

Das Angebot

Für Studenten laufend Praktika
Personalplanung 5 Hochschulabsolventen, 5– 10 Young Professionals
Fachrichtungen Wirtschaftswissenschaften, Wirtschaftsingenieurwesen
Startprogramme individuelles Training-on-
the-job in internen und externen Kundenprojekten
Interne Weiterbildung systematische und
individuelle Weiterbildung
Auslandseinsatz je nach Projekt

Der Einstieg

Bewerbung vollständige Bewerbungsunterlagen per Mail
Auswahl Bewerbungsgespräche, strukturierte Interviews
Pluspunkte einschlägige Praktika
Fachliche Qualifikation exzellenter Hochschulabschluss, mehrere anspruchsvolle
Praktika in Industrie oder Unternehmensberatung bzw. erste Berufserfahrung in
diesen Branchen, gute IT-Kenntnisse in den
gängigen MS-Office-Produkten, verhandlungssicheres Englisch
Persönliche Qualifikation sehr gute analytische Fähigkeiten, lösungsorientiertes
Arbeiten, Teamfähigkeit, Flexibilität,
Motivation und hohe Einsatzbereitschaft,
Kommunikationsstärke

Printed by Printforce, the Netherlands